Ein Viertel in Bewegung

Europäische Hochschulschriften

Publications Universitaires Européennes
European University Studies

Reihe III
Geschichte und ihre Hilfswissenschaften

Série III Series III
Histoire, sciences auxiliaires de l'histoire
History and Allied Studies

Bd./Vol. 785

PETER LANG
Frankfurt am Main · Berlin · Bern · New York · Paris · Wien

Monika Leopold-Rieks

Ein Viertel in Bewegung

Hausbesitz, Mobilität und Wohnverhalten in der südlichen Vorstadt Bremens zwischen 1875 und 1914

PETER LANG
Europäischer Verlag der Wissenschaften

Die Deutsche Bibliothek - CIP-Einheitsaufnahme

Leopold-Rieks, Monika:

Ein Viertel in Bewegung : Hausbesitz, Mobilität und Wohnverhalten in der südlichen Vorstadt Bremens zwischen 1875 und 1914 / Monika Leopold-Rieks. - Frankfurt am Main ; Berlin ; Bern ; New York ; Paris ; Wien : Lang, 1998
(Europäische Hochschulschriften : Reihe 3, Geschichte und ihre Hilfswissenschaften ; Bd. 785)
Zugl.: Bremen, Univ., Diss., 1996
ISBN 3-631-33104-5

D 46
ISSN 0531-7320
ISBN 3-631-33104-5

Für Pippo

Gastfeldstraße 54, Sommer 1910

Die verwitwete Laden- und Hausbesitzerin Beta Sophie Fangmann, geborene Plate, vor ihrem 1892 erworbenen Wohn- und Geschäftshaus, zählte zur seßhaften Wohnbevölkerung der südlichen Vorstadt Bremens. In dem 1874 errichteten, zweistöckigen Gebäude verbrachte die Kurz- und Wollwarenhändlerin, die bereits vor ihrem Einzug in die Gastfeldstraße in diesem Stadtviertel ansässig war, einen Großteil ihres Lebens. Von 1893 bis über das Jahr 1914 hinaus diente das stets gemeinsam mit mehreren, im Laufe der Jahre häufig wechselnden Mietparteien bewohnte Haus der Witwe Fangmann gleichermaßen als Wohn- und Arbeitsplatz.

Vorwort

Die mehrjährige Beschäftigung mit einem zentralen Forschungsgegenstand der Sozialgeschichte setzt selbst bei einer solch breit gefächerten und vielschichtigen Thematik wie der des Wohnens ein hohes Maß an Ausdauer voraus, die ich nicht zuletzt der von verschiedenen Seiten erfahrenen Unterstützung zu verdanken habe. Ein schon während des Studiums gewecktes Interesse an der Stadtgeschichte beeinflußte ebenso die Themenwahl, wie persönliche Motivationen zur Auseinandersetzung vornehmlich mit Fragen der Wohnerfahrungen und des Wohnverhaltens beitrugen.

Die vorliegende Studie wurde durch ein dreijähriges Promotionsstipendium der Universität Bremen gefördert und im Wintersemester 1995/96 angenommen.

Zu Dank verpflichtet bin ich meinem Betreuer Prof. Dr. Heinz-Gerhard Haupt, der die Untersuchung eines Stadtviertels anregte und die Arbeit von der Idee bis zur Fertigstellung mit wichtigen Impulsen und großem Interesse begleitete. Dem Direktor des Staatsarchivs Bremen, Dr. Hartmut Müller, habe ich für die großzügige Geste zu danken, mir Archivalien in außergewöhnlichem Umfang zur Verfügung stellen zu lassen, die eine systematische Analyse der südlichen Vorstadt Bremens ermöglichten. Dr. Klaus Schwarz, der mein Interesse auf bis heute wenig beachtete Forschungspfade lenkte, danke ich insbesondere für die sachkundige Lektüre großer Teile des Manuskripts und seinen herzlichen Zuspruch. Den Mitarbeitern des Staatsarchivs Bremen bin ich für ihre Hilfsbereitschaft und die Mühe der Bereitlegung ganzer Wagenladungen von Archivalien verbunden. Dem Leiter des Bauordnungsamtes Bremen, Herrn Saul, schulde ich für die Gewährung der Einsicht in die umfangreichen Bestände der Bauakten Dank.

Dr. Karen Schniedewind, Barbara Leidinger-Sommer und Sabine Schönholz übernahmen die Durchsicht erheblicher Teile des Manuskripts; ihnen bin ich für die tatkräftige Hilfe, ihre Diskussionsbereitschaft und manche Aufmunterungen dankbar. Mein besonderer Dank gilt Dr. Hans-Hermann Rieks, der mein anhaltendes Interesse an der südlichen Vorstadt Bremens nie teilen konnte. Seiner umfassenden Unterstützung verdanke dennoch ich die Fertigstellung der Arbeit.

Bremen, im Januar 1998 — Monika Leopold-Rieks

INHALT

Verzeichnis der Tabellen im Text

Verzeichnis der Tabellen im Anhang

Verzeichnis der Abbildungen

Verzeichnis der Schaubilder

KAPITEL I

Einleitung

Kaum ein anderer Bereich der deutschen Geschichtswissenschaft erfreut sich heute eines solch großen Interesses wie die Stadt- bzw. Urbanisierungsgeschichte. Dieser seit den siebziger Jahren zunehmend favorisierte Zweig historischer Forschung findet nicht nur in einer mittlerweile nahezu unüberschaubaren Fülle vorliegender Studien und Sammelbände seinen Niederschlag, sondern spiegelt sich auch in der Existenz verschiedener Institute[1] und Arbeitskreise,[2] deren Fachzeitschriften[3] ein wichtiges Forum wissenschaftlicher Auseinandersetzung[4] bieten. Dennoch besitzt die nicht zuletzt aufgrund ihres unerschöpflich anmutenden Reservoirs unterschiedlichster Themengebiete und analytischer Zugriffsmöglichkeiten ungemein reizvolle Stadtgeschichtsforschung eine weitaus geringere Kontinuität, als etwa die außerordentlich hohe, zudem stetig wachsende Zahl diesbezüglicher Publikationen annehmen läßt. Macht der Problemkomplex "Stadt" auch keineswegs erst in jüngerer Zeit Furore, so wurde die ältere Forschung doch weitgehend dem Betätigungsfeld anderer Disziplinen überlassen[5]. Trotz der nach dem Zweiten Weltkrieg zögerlich einsetzenden Abwendung vom Historismus[6] und der Umsetzung neuer struktur- und sozialgeschichtlicher Konzepte, die unverkennbar unter dem Einfluß der sich durch die Verfolgung neuer Ansätze auszeichnenden Wirtschaftswissenschaften und Stadtsoziologie sowie der vornehmlich in den USA, England und Frankreich deutlich vorangeschrittenen Sozialgeschichte standen, blieb der von Historikern gelieferte Beitrag zur Erforschung der Stadt im Industriezeitalter eher gering.

Eine grundlegende Neuorientierung der von deutschen Historikern betriebenen Stadtgeschichte setzte sich erst Ende der 1970er Jahre durch. An die Stelle der alten Wissenschaftstradition traten nunmehr Forschungsstrategien, die mit der Verfolgung innovativer thematischer Schwerpunkte, Fragestellungen und Methoden der gegenwärtigen Forschungslandschaft ein völlig neues Gepräge verliehen. In diesem Rahmen bildeten sich drei Forschungsrichtungen heraus, die bis heute indes durchaus keinen gleichwertigen Stand erreicht haben. Fragen der städtischen Selbstverwaltung kennzeichnen einen dieser Kernbereiche, dessen weites Forschungsfeld alle um die moderne Leistungsverwaltung der Stadt kreisenden Aspekte, wie etwa die der Stadtplanung, Stadthygiene, Infrastruktur und kommunalen Daseinsvorsorge, sowie die zunehmende Bürokratisierung und Professionalisierung des städtischen Verwaltungsapparates, aber auch die Untersuchung kommunalpolitischer Kräfteverhältnisse und die Einflußnahme von Parteien und Sozialgruppen auf das politische Geschehen in diesen Agglomerationsräumen umfaßt. Über ein in seinen Untersuchungsgegenständen nicht minder breites Spektrum verfügt ein weiteres Forschungsgebiet, das den globalen Prozeß der

Urbanisierung und Binnenwanderung bevorzugt mittels durchgeführter Lokalstudien beleuchtet, indem die wirtschaftliche und demographische Entwicklung ausgewählter Städte, Fragen des durch die Industrialisierung ausgelösten sozialen Wandels und hieraus erwachsener Konflikte oder auch Veränderungen im Stadt-Land-Verhältnis eingehenden Analysen unterzogen werden.

Diese in ihrem inhaltlich gesteckten Rahmen gleichwohl zahlreiche Überlappungen aufweisenden Forschungszweige nehmen heute bereits einen relativ festen Platz in der historischen Stadt- und Urbanisierungsforschung ein, während der dritte, auf die Erforschung des komplexen Gebildes der Stadt als Lebens- und Sozialraum abzielende Themenbereich demgegenüber zweifelsohne noch in den Anfängen steckt. Dies bleibt umso erstaunlicher, als weder die seit den 1970er Jahren enorme Fortschritte erzielte deutsche Sozialgeschichte noch die indes von Anbeginn im Kreuzfeuer der Kritik stehende Alltagsgeschichte[7] oder die seit längerem raumbezogen orientierte Stadtsoziologie[8] den Weg für eine verstärkte Hinwendung zu diesem überaus relevanten Aspekt der Urbanisierung ebneten und die Ergebnisse der auf diesem Gebiet traditionsreicheren amerikanischen, englischen oder französischen Forschung[9] nicht früher rezipiert wurden. Von letzteren, insbesondere aber von dem schon Ende der 1960er Jahre in den USA entwickelten Konzept der "New Urban History"[10] gingen fraglos die stärksten Impulse aus. Blieben die Möglichkeiten und Grenzen dieses mit der Zielsetzung verknüpften Ansatzes, mittels betont quantitativer Verfahren und unter Einbeziehung soziologischer Modelle vergleichende Analysen von Städten und Stadtsystemen zu realisieren, die dem qualitativ zu begreifenden Prozeß der Urbanisierung Profil geben, auch nicht unumstritten,[11] so setzte die "New Urban History" mit ihrer vorexerzierten Methode doch auch für die hiesige Forschung klare Akzente.

Ein streng sozialwissenschaftliches Vorgehen zählt inzwischen zum Selbstverständnis zahlreicher Historiker. Quantifizierung erlebt heute nicht ohne guten Grund Hochkonjunktur; denn der Einsatz neuer Informationstechnologien schafft die unerläßliche Voraussetzung zur Erschließung neuer historischer Quellen und Erfassung standardisierbarer Massendaten, deren Analyse erst die Untersuchung solch elementarer Fragen wie etwa der sich langfristig vollzogenen Bevölkerungsentwicklung, grundlegender Veränderungen der Sozialstruktur, existierender Phänomene sozialer Ungleichheit, des Ausmaßes sowie der Formen räumlicher und sozialer Mobilität oder der Wohnverhältnisse und des Wandels vorgefundener Wohnstrukturen ermöglicht. So mehrten sich in den letzten Jahren auch diejenigen Arbeiten, die von der auf äußerliche Merkmale reduzierten Sichtweise abrückten und sich gleichsam dem "Innenleben" der Stadt widmeten.[12] Eine schwerlich zu verkennende Konzentration der jüngeren Studien auf die Zeit des 19. Jahrhunderts nimmt insofern nicht wunder, als dieser bis 1914 reichende Zeitraum für den Urbanisierungsprozeß eminente Bedeutung besaß und hiermit der stets nachdrücklich erhobenen Forderung nach Beseitigung des noch hinlänglich bestehenden Defizits in der deutschen Urbanisierungsforschung[13] zumindest in Form von Teilbeiträgen nachgekommen wurde. Das von Hans Jürgen Teuteberg und Jürgen Reulecke, zwei ausgesprochenen Experten dieses Fachs, anläßlich einer aufgestellten Zwischenbilanz Mitte der 1980er Jahre unabhängig voneinander, indessen einhellig gezogene Fazit, die deutsche Stadt- und Urbanisierungsforschung habe sich "bisher als relativ unfähig erwiesen, die gesamte Fülle des modernen verstädterten Daseins streng systematisierend zu durchdringen und generelle Erklärungen zu geben",[14] so daß trotz unbestritten zu verzeichnender Fortschritte kein befriedigendes Gesamtbild[15] entstanden sei, besitzt selbst heute noch seine Gültigkeit.

In der Tat kann der nicht zu leugnende Facettenreichtum des aktuellen Forschungsstandes[16] nicht darüber hinwegtäuschen, daß dieser Zweig historischer Forschung sich noch nicht ausreichend etablieren konnte und eine eigene, in sich geschlossene, gemeinhin anerkannte und damit richtungweisende Theorie nicht existiert. Demzufolge liefern die vorliegenden Arbeiten der Stadt- und Urbanisierungsgeschichte ein zwar durch schillernde Vielfalt und vereinzelte Glanzlichter geprägtes, insgesamt aber immer noch unvollständiges Mosaik, das die bestehenden Lücken der Forschung allenfalls partiell zu schließen vermochte. Verwirrung stiftende begriffliche Unklarheiten sind dank der von Jürgen Reulecke präzisierten, auf breite Akzeptanz stoßenden Terminologie weitgehend ausgeräumt, ebenso wie die von ihm vorgenommene Periodisierung des tiefgreifenden Wandlungsprozesses der Urbanisierung zu überzeugen vermag.[17]

So zeichnet sich in der neueren Forschung ein dahingehender Konsens ab, Urbanisierung keinesfalls mit bloßem Städtewachstum gleichzusetzen; denn eine aus Wanderungsgewinnen resultierende Bevölkerungszunahme stellte durchaus kein Spezifikum der sich im 19. Jahrhundert ausformenden modernen deutschen Stadt dar. Erst die bis zur Mitte des 19. Jahrhunderts geschaffenen rechtlich-politischen Grundlagen zur Öffnung der Städte leiteten die nunmehr einsetzende, mit einem fundamentalen sozioökonomischen Wandel parallel laufende Verstädterung ein. Dieser in erster Linie quantitative Prozeß markierte in der Frühindustrialisierungsphase zunächst die im Zuge allgemeinen Bevölkerungszuwachses erfolgte Verlagerung von einer primär ländlichen auf eine sich durch beschleunigtes Wachstum auszeichnende, vermehrt in den Städten konzentrierende Population. Im Rahmen der sich in dieser Periode bahnbrechenden Urbanisierung nahmen einerseits die Großstädte modernen Typs Gestalt an und bildeten sich andererseits die förmlich wie Pilze aus dem Boden schießenden industriellen Agglomerationen heraus. Die wechselseitig wirksam werdenden Prozesse von Bevölkerungswachstum, Industrialisierung, Binnenwanderung und massiv voranschreitender Verstädterung förderten in entscheidendem Maße die seit Mitte der 1870er Jahre vollends zum Durchbruch gelangende, im letzten Jahrzehnt des 19. Jahrhunderts ihren Höhepunkt erreichende Urbanisierung. In gleichem Maße, wie die

Städte als präferierte Standorte der industriekapitalistischen Produktion zunehmend zentralörtliche, Dienstleistungs- und Verwaltungsfunktionen übernahmen, unterlag der städtische Raum seinerseits funktionellen Differenzierungsvorgängen. Als wesentliches Element dieser sich in der Hochindustrialisierungsperiode vollziehenden Umwälzungen trat die Spezialisierung von Raumnutzungen, die in der Separierung von Wohn- und Arbeitsstätten ihren bedeutsamsten Niederschlag fanden, hervor.

Urbanisierung kennzeichnet somit nicht nur die eng miteinander verwobenen Prozesse der Verstädterung, der Entfaltung umfassenderer wie neuer interner und externer Funktionen der Stadt und ihres sich zusehends ausdifferenzierenden Apparates und das beziehungsreiche Geflecht rechtlicher und politischer Neuerungen sowie wirtschaftlicher, technischer und sozialer Innovationen, sondern schließt überdies eine weitere Dimension, die Herausbildung einer neuartigen städtischen Lebensform, ein. Vornehmlich in der Großstadt formte sich ein spezifisches soziokulturelles Milieu aus, das sich zunächst primär über die im Zuge der Urbanisierung entstandenen Stadtviertel vermittelte. In der Quartierbildung fand das zwar keinesfalls erstmalig auftretende, wohl aber eine ungemein starke Zuspitzung erfahrene gesellschaftliche Phänomen der Segregation seinen konzentriertesten Ausdruck. Das Bürgertum hatte die alten Stadtkerne bereits frühzeitig verlassen, um sich in einer attraktiveren Wohnlage außerhalb der Stadtmauern einzurichten. Die rasch durch Spuren der Vernachlässigung gezeichneten, hygienisch unzulänglichen Behausungen des alten Baukörpers der zudem durch gewerbliche Belästigungen beeinträchtigten Innenstädte wurden fortan in erster Linie von städtischen Unterschichten bevölkert. Ungeachtet der gleichwohl vom jeweiligen Stadttyp abhängigen Gliederung des Stadtraumes verlief die Citybildung in allen deutschen Großstädten stets nach gleichbleibendem Muster. Das Vordringen von Banken, Versicherungen, öffentlichen Bauten, Geschäftshäusern und Firmenverwaltungen ging mit durchgreifenden Sanierungsmaßnahmen einher, die das Preisniveau der Grundstücke und Mieten in schwindelerregende Höhen schraubten, den alten Wohnhausbestand drastisch reduzierten und breite Teile der mittellosen Bewohner zur Übersiedelung in die Stadterweiterungsgebiete oder Randbezirke zwangen, während der im alten Kernbereich verbliebene Bewohnerkreis sich auf engstem Raum zusammendrängte.

Vorrangig in den neu erstellten Vierteln in unmittelbarer Nähe der sich am Stadtrand oder in den Vororten angesiedelten Industrie formierte sich indes eine Bewohnerschaft, die hier - geeint durch ihre ökonomische, rechtliche und soziale Lage - Lebensbedingungen vorfand, die gravierend von denen auf dem Lande, in der Kleinstadt oder auch in der älteren Residenzstadt abwichen. Das Leben in der Großstadt verband sich mit Erfahrungen, die solch starke Prägekraft besaßen, daß sie - das Denken und Handeln gleichermaßen grundlegend beeinflussend - zu einer neuen Identität führten. Die Ausbildung und Verfestigung eines städtischen

Lebensstils blieb jedoch nicht auf den großstädtischen Raum begrenzt, sondern wirkte und wies über diesen hinaus, so daß sich Urbanität zur beherrschenden Lebensform entwickelte, die als wichtigstes Resultat der die Kluft zwischen Stadt und Land zunächst deutlich verschärfenden Verstädterung langfristig auch diesen Gegensatz abschwächte, ohne indessen die Abweichungen in den verschiedenen soziokulturellen Milieus vollständig aufzuheben.[18]

Die sich im Verlaufe der Urbanisierung herausbildende moderne Stadt bietet mithin als Schauplatz gesellschaftlichen Wandels ein Forschungsgebiet, das in Anbetracht seiner evidenten Vielschichtigkeit die Konzentration auf einen thematischen Schwerpunkt erfordert. Die vorliegende Arbeit lenkt den Blick gezielt auf ein sich in der Gründerzeit ausformendes Bremer Stadtviertel und beschreitet damit nicht unbetretenes Neuland, wohl aber ein in der historischen Stadt- und Urbanisierungsforschung bisher weitgehend brachliegendes Feld, dessen "Kultivierung" erst jüngst in Angriff genommen wurde. Mit der Untersuchung eines spezifischen städtischen Teilbereichs verbindet sich allerdings durchaus nicht zwangsläufig eine rigorose Reduzierung des überaus komplexen Forschungsgegenstandes "Stadt"; denn zum einen pflegten sich alle für den Entwicklungsgang einer bestimmten Stadt bedeutsamen Ereignisse und Prozesse auch auf Stadtteil-ebene niederzuschlagen - und sei es in der unverkennbaren Vernachlässigung eines speziellen Stadtbezirks. Zum anderen läßt sich die Geschichte eines Stadtteils ohne die Einbettung in den gesamtstädtischen Kontext schwerlich ergründen, so daß die räumliche Begrenzung des auf ein Viertel zugeschnittenen Untersuchungsobjektes die historische Analyse nicht von der generellen Notwendigkeit enthebt, den jeweiligen Charakter der ausgewählten Stadt angemessen zu berücksichtigen, indem sowohl deren tragende Funktionen als auch die innere Struktur derselben in die Untersuchung einbezogen werden.

Der analytische Zugriff auf ein Stadtviertel schafft jedoch die vorteilhafte Voraussetzung, den Urbanisierungsprozeß gleichsam von innen ausleuchten zu können. Die vorliegende historische Lokalstudie rückt mit der südlichen Vorstadt Bremens einen Stadtteil in den Mittelpunkt der Untersuchungen, der von Bremer Zeitgenossen im Rahmen öffentlicher Debatten ausschließlich als Arbeiterbezirk typisiert und reflektiert wurde. Demnach schien sich dieser Stadtteil in die Reihen all jener in der zweiten Hälfte des 19. Jahrhunderts, insbesondere aber der in den Gründerjahren zuhauf entstandenen Viertel einzugliedern, die als bevorzugte Standorte industrieller Produktionsstätten und kleingewerblicher Betriebe mit einem minderwertigen Baubestand für eine mehrheitlich mittellose Bewohnerschaft die Schattenseite städtischen Daseins repräsentierten. Zielt diese Schlußfolgerung auch nicht vollauf an der historischen Realität vorbei, so spiegelt diese Grobcharakterisierung doch nur eine Seite der im Zeitraum von 1875 bis 1914 auf diesen Stadtteil zutreffenden Verhältnisse und Lebensbedingungen. Das weitflächige Gebiet der südlichen Vorstadt zeichnete sich indessen keineswegs durch solch ausgesprochene Homogenität aus, wie bremische Zeitgenossen aus Politik und Behördenkreisen dies offenbar zu suggerieren suchten. Mit einer gleichermaßen von städtischen Unterschichten wie Angehörigen des Kleinbürgertums geprägten Wohnbevölkerung stand dieser Stadtteil vielmehr Pate für ein heterogenes Viertel.

Mit der bewußt getroffenen Wahl eines unter sozialstrukturellen Gesichtspunkten "gemischten" Viertels nimmt diese Arbeit somit einen Stadtteil ins Visier, dessen Typ innerhalb des ohnedies erst seit wenigen Jahren verfolgten, auf die sozialräumliche Binnengliederung der Stadt abzielenden Ansatzes der historischen Urbanisierungsforschung bis heute keine Beachtung fand. Fragen des Arbeiterwohnens wurden bereits unter vielfältigen Aspekten thematisiert.[19] Eine systematische und eingehende Untersuchung der Bedingungen proletarischen Daseins aus der räumlichen Perspektive eines Arbeiterviertels liegt hingegen erst seit der von Stephan Bleek durchgeführten Studie über das proletarische Münchner Westend für den Zeitraum von 1890 bis 1933 vor.[20]

Diese quantifizierend ausgerichtete, primär auf zwei Stichproben der 1905 und 1925 im Münchner Westend lebenden Bewohner basierende Arbeit vermag mittels verketteter Adreßbucheintragungen und dazugehöriger Angaben der annähernd vollständig überlieferten Polizeimeldebögen eine umfassende Analyse der sich auf 511 Personen summierenden Untersuchungsgruppe vorzunehmen. Demzufolge bleiben weder Fragen der geographischen und sozialen Herkunft noch des Alters, Familienstandes und der Berufszugehörigkeit dieser Bewohner offen. Auf der Grundlage einer beneidenswert exzellenten Quellensituation wird nicht nur die hohe Bedeutung der Zuwanderung für dieses ursprünglich in den 1870er Jahren, verstärkt aber erst zwischen 1885 und 1900 vorzugsweise mit Mietshäusern bebaute Münchner Viertel herausgestellt, sondern auch ein exaktes Bild der sozialen Gliederung der Wohnbevölkerung und der vorgefundenen, die typischen Merkmale benachteiligter Arbeiterbezirke aufweisenden Wohnverhältnisse gezeichnet. Der Problemkomplex der Besitzstrukturen erfährt allerdings, gemessen an seiner hohen Relevanz für die Entwicklung eines Stadtviertels, in der allzu kurz abgehandelten Form keine adäquate Berücksichtigung. Fragen der sozialen und geographischen Mobilität werden demgegenüber in angemessener Breite und Tiefe erörtert. So dokumentiert die Bevölkerung dieses Münchner Arbeiterviertels, daß starke Wohnungsfluktua-tion und außerordentlich hohe Umzugshäufigkeit durchaus nicht als Indiz für ein in erster Linie durch Instabilität gekennzeichnetes Viertel zu werten sind. Da die Mehrzahl der Wohnungswechsel innerhalb des Stadtviertels abgewickelt wurden und in aller Regel lediglich die mit einem sozialen Aufstieg kor-respondierenden Wohnsitzveränderungen in einen anderen, mit vorteilhafteren Wohnbedingungen aufwartenden Stadtteil führten, zeichnete sich das Westend trotz hohen Mobilitätsaufkommens durch eine ausgesprochen ausgeprägte Ortsbeständigkeit seiner Bewohner aus. Mit diesem zentralen Untersuchungsergebnis erbringt die Münchner Studie zweifelsohne einen wichtigen Beitrag zur Mobilitätsforschung und rückt insbesondere das schiefe Bild eines zu hoch veranschlagten mobilen sowie eines zu niedrig angenommenen seßhaften Bevölkerungsteils in der Großstadt zurecht.[21] Inwiefern indes das von Stephan Bleek gezogene Fazit, der mehrheitlich zu verzeichnende Verbleib vornehmlich der minder bemittelten Wohnbevölkerung verweise generell auf eine starke Bindung an das Stadtviertel, in der von ihm bezeichneten Tragweite seine Berechtigung besitzt, wird anhand eines komparativen, empirisch fundierten Härtetests zu prüfen sein.

Die differenzierte Münchner Untersuchung bietet, wenn auch das soziale Gefüge jenes Quartiers von dem der südlichen Vorstadt Bremens abwich, günstige Bedingungen für einen zur Eruierung lokaler Spezifika oder stadtübergreifender Konvergenzen unverzichtbaren interstädtischen Vergleich. Vergleichbar war offensichtlich auch die Vorgeschichte bzw. Ausgangssituation dieser beiden Stadtviertel. Der in Bleeks Arbeit aufgeworfene Widerspruch, das Münchner Westend sei auf der grünen Wiese entstanden und aus diesem Grunde als Untersuchungsobjekt für die sich mit der Quartierbildung verbindenden typischen Vorgänge besonders geeignet,[22] obwohl an anderer Stelle berechtigt die Weichenstellung der bis in die ersten Jahrzehnte des 19. Jahrhunderts zurückreichenden Existenz eines Wohngebietes mit vorstädtischer Unterschichtenbevölkerung für die Zukunft dieses Viertels[23] hervorgehoben wird, stößt allerdings auf Unverständnis. Konnte der ursprüngliche Charakter eines Stadtviertels durch äußere Eingriffe, wie etwa die Ansiedlung von Industriebetrieben, die Anlegung von Bahnanlagen oder auch einschneidende Sanierungsmaßnahmen, gleichwohl einen fundamentalen Wandel erfahren, so sind die von dem jeweiligen Ursprung ausgehenden Einflüsse auf die weitere Entwicklung der sich im Zuge der Urbanisierung ausformenden Quartiere nicht zu unterschätzen.

Die besonderen Entstehungsvoraussetzungen liefern jedoch nur einen Anhaltspunkt der die Quartierbildung steuernden Faktoren. Die südliche Vorstadt Bremens stellt, wie andere sich in den letzten Jahrzehnten des 19. Jahrhunderts herausbildende Stadtviertel, weder einen beliebigen Ausschnitt eines Stadtraumes noch ein als starres Gebilde zu begreifendes, ausschließlich von der Natur vorgegebenes geographisches Gebiet dar, wenngleich topographische Besonderheiten sehr wohl über die Güte und damit über die von einem solchen Raum eingenommene Gunst- oder Ungunstlage entscheiden und vornehmlich die Grenzen desselben markieren konnten.[24] Über diese Indikatoren hinaus wurde die Qualität und Eigenart eines Stadtviertels ganz wesentlich durch dessen spezifische Raumnutzungsstrukturen determiniert. So übten die spezielle Ausgestaltung des Siedlungskörpers und die Bebauungsdichte ebenso maßgeblichen Einfluß auf den Charakter eines Viertels aus wie die Merkmale der Produktions- und Infrastruktur. Diese quantitativ greifbaren, qualitativen Bestimmungsgrößen, zu denen nicht zuletzt auch das Niveau der Boden- und Mietpreise zählte, entschieden ihrerseits über die gleichzeitig als weitere Erkennungszeichen fungierende soziale Zusammensetzung der Bewohner und die sich beispielsweise an der Wohndichte abzeichnende Form des Wohnens in einem derartig strukturierten Raum. Mittels solch vielfältiger, überdies historisch erfaßbarer Kennzeichen gewinnt die Stadtteilanalyse einerseits eine solide Grundlage zur Verortung quartierspezifischer Existenzbedingungen und erhält andererseits wichtige Hinweise auf eine etwaige sozialräumliche Gliederung innerhalb eines Viertels; denn die von städtischen Behörden gezogenen Grenzen eines Stadtbezirks korrespondierten nicht zwangsläufig mit denen eines Sozialraumes. Ob ein Viertel aber auch die Qualität eines sich durch die Entfaltung einer besonderen, einheitlichen Lebensform auszeichnenden Sozialraumes erlangte, läßt sich nur ermessen, indem die handlungsgeschichtliche Ebene beschritten und dem zu beleuchtenden Verhalten der Stadtteilbewohner Transparenz verliehen wird.

Dieses gewissermaßen als Leitfaden zur Analyse eines Quartiers fungierende Gerüst besaß sowohl für die zu treffende Wahl des Stadtviertels als auch für die vorgenommene Strukturierung dieser Arbeit in hohem Maße Verbindlichkeit.

Das erforderliche Selektionsverfahren zur Bestimmung eines Stadtviertels, das dem auf die exemplarische Veranschaulichung des Urbanisierungsprozesses abhebenden Forschungszweck gerecht zu werden versprach, entpuppte sich als verhältnismäßig aufwendiges Unterfangen. Der potentiell geeignete Stadtteil hatte zweierlei Anforderungen zu genügen. Zum einen sollte eine relativ spät, vorzugsweise in der Gründerzeit erfolgte Bebauung die Untersuchung der sich in der zweiten Hälfte des 19. Jahrhunderts durchsetzenden, sogenannten ungesteuerten Wohnungswirtschaft gewährleisten. Mit dieser Voraussetzung verband sich die Absicht, der noch unzulänglich erforschten Sonderstellung Bremens im 19. Jahrhundert auf den Grund zu gehen, die sich in einer atypischen städtebaulichen Entwicklung und einer ungewöhnlich breiten Streuung des Hausbesitzes manifestierte. Zum anderen ließ eine gemischte, vorrangig von Arbeitern und Kleinbürgern getragene Wohnbevölkerung erwarten, daß die divergierenden Existenzbedingungen zweier in einem Stadtviertel lebenden Bevölkerungsschichten sich auch räumlich, gleichermaßen in der Art des Wohnens wie in der Form des Wohnverhaltens, ausdrückten. Da eine Sozialgeschichte Bremens, die den gezielten und schnellen Zugang zu allen diesbezüglich unentbehrlichen Informationen sichergestellt hätte, bis heute nicht existiert und durch die gleichwohl große Bandbreite der sich um Bremen rankenden älteren wie neueren Untersuchungen keinesfalls wettgemacht wird, bleibt die Gewinnung eines verläßlichen Überblicks über die sozialstrukturelle Gliederung und die Baumorphologie Bremens notgedrungen auf die mit hohem Arbeitsaufwand verbundene Begutachtung der alternativ zur Verfügung stehenden zeitgenössischen Statistiken und Bremer Adreßbücher verwiesen.

Auf dieser Grundlage kristallisierte sich die südliche Vorstadt Bremens als nachgerade prädestiniertes Untersuchungsgebiet heraus. Ausgehend von einer ursprünglich relativ geringen Anzahl vorhandener Wohngebäude und niedrigen Einwohnerzahlen erfuhr dieses im Jahre 1875 den Status eines Bremer Stadtteils erlangende Viertel ein rapides Bevölkerungswachstum, mit dem die Erweiterung des Wohnhausbestandes offenkundig nur partiell in Einklang stand, so daß die südliche Vorstadt als typisches Beispiel für die sich in den drei bis vier Jahrzehnten vor dem Ersten Weltkrieg voll entfaltende Urbanisierung anzusehen ist. Eine von Anbeginn gemischte, zunächst überwiegend proletarische, mit fortschreitendem Zeitraum zunehmend von kleinbürgerlichen Bewohnern geprägte Wohnbevölkerung stellte darüber hinaus in Aussicht, schichtenspezifische Unterschiede städtischen Daseins aufspüren und deren Auswirkungen auf das Leben in einem solchen Viertel aufzeigen zu können.

Eine sich der Sozialgeschichte "als Geschichte ganzer Gesellschaften"[25] verpflichtende Untersuchung, die dem übergeordneten Erkenntnisinteresse gilt, die räumliche Dimension von Klassenbeziehungen in einem sozial segregierten Quartier zu erhellen, räumt der Analyse sozialökonomischer Strukturen notwendig den Vorrang ein, ohne jedoch einzig auf dieser Untersuchungsebene zu verharren. Da die Quartierbildung in der Urbanisierung auf einer Vielzahl wirksam werdender, zudem in enger Wechselbeziehung zueinander stehender Faktoren beruhte, bewegt sich die vorliegende Arbeit auf drei unterschiedlichen Ebenen. Rechtliche und politische Bedingungen erwiesen sich für die Entstehung dieses Stadtteils und die Herausbildung quartierspezifischer Wohnstrukturen nicht minder bedeutsam wie wirtschaftliche Interessen und demographische Veränderungen. Strukturanalysen der (Immobilien-)Besitz- und Bevölkerungsverhältnisse in der südlichen Vorstadt Bremens bilden, analog ihrer herausragenden Relevanz für die Ausformung eines Viertels, auch einen gewichtigen Schwerpunkt dieser Studie. Entwicklung und Wandel dieses im zentralen Betrachtungszeitraum von 1875 bis 1914 nicht nur enorm expandierenden, sondern auch durch hohe Mobilität und starke Fluktuation gekennzeichneten Stadtviertels wurden aber, wie ein den zeitgenössischen Akteuren gewidmeter Perspektivwechsel zu illustrieren vermag, ebenso nachhaltig durch das variationsreiche (Wohn-)Verhalten seiner Bewohnerschaft geprägt.

Die Freie Hansestadt Bremen genoß in der zweiten Hälfte des 19. und zu Beginn des 20. Jahrhunderts vornehmlich bei zeitgenössischen Beobachtern den Ruf einer sich durch vorbildliche Wohnverhältnisse hervorhebenden deutschen Großstadt.[26] Das sich primär auf die weiträumige Bauweise,[27] die im interstädtischen Vergleich geringe Wohndichte und die weite Verbreitung von Hausbesitz[28] gründende Renommee vermochte sich diese Handels- und Hafenstadt, zumindest im Spiegel der älteren Bremen-Literatur, bis weit in das 20. Jahrhundert hinein zu bewahren.[29] Doch wie ließ sich dieses als krasser Gegensatz zum Wohnungselend anderer deutscher Großstädte gezeichnete Bild einer gleichsam vor Gesundheit strotzenden grünen Oase damit vereinbaren, daß die Bremer Behörden nicht umhin kamen, ihre für das 19. Jahrhundert typische wohnungspolitische Zurückhaltung aufzugeben und unter dem Druck der sich um die Jahrhundertwende zuspitzenden Wohnungsfrage Untersuchungen[30] durchzuführen, die der Erfassung des Ausmaßes einer sehr wohl auch in Bremen zutage getretenen Wohnungsnot galten? Ein solch eklatanter Widerspruch spiegelt die keineswegs nur älteren Studien anhaftende, unkritische Übernahme der keinen Anspruch auf Repräsentativität besitzenden gesamtstädtischen Durchschnittsangaben und unterstreicht die Notwendigkeit, die vermeintlich überaus vorteilhaften Wohnbedingungen Bremens in der Zeit des Deutschen Kaiserreichs im innerstädtischen Vergleich einer eingehenden Prüfung zu unterziehen. Die sich hieraus ableitende Frage, ob die südliche Vorstadt eine tendenziell begünstigte oder aber unverkennbar benachteiligte Wohnlage innerhalb des bremischen Stadtgebietes einnahm, stand zunächst im Vordergrund der vorliegenden Arbeit und bildete den Ausgangspunkt für die anhand zeitgenössischer Statistiken ermittelte Wohnqualität in diesem Viertel.

Mit der Stadtviertelanalyse verknüpfte sich indes ein ganzes Bündel unterschiedlichster, gleichermaßen auf die objektiven Strukturen und Prozesse wie den Wandel des Sozialgefüges ausgerichteter Fragen, unter denen zwei Aspekten zentrale Bedeutung zukam. Die Frage nach der Kontinuität kennzeichnet eine dieser übergeordneten Fragestellungen, die sich als roter Faden durch die gesamte vorliegende Arbeit zieht und demzufolge sowohl im Rahmen des Einflusses ursprünglicher Ausgangsbedingungen auf die weitere Entwicklung und den sich herausbildenden Charakter dieses Viertels thematisiert als auch im Zusammenhang der schichtenspezifisch differenziert betrachteten Auswirkungen vorhandenen Hausbesitzes auf die spezifische Verwertungsform der Immobilien, die Nutzung und wohnräumliche Auslastung sowie die Fluktuation in den Wohngebäuden problematisiert wird. Stetigkeit oder Unbeständigkeit waren allerdings ebenso für die Dauer der jeweilig ausgeübten Erwerbstätigkeit und vollzogene Berufswechsel der Stadtteilbewohner sowie für eingetretene sozialstrukturelle Veränderungen von hohem Interesse und - in Anbetracht der ausgeprägten geographischen Mobilität - nicht zuletzt für die von der Wohnbevölkerung erreichte Verweildauer in den verschiedenen räumlichen Einheiten der Häuser, der Straße und des Viertels wie auch für die Seßhaftigkeit ansässiger Fabriken, Handwerksbetriebe, Einzelhandelsgeschäfte und Dienstleistungsunternehmen von ausschlaggebender Bedeutung.

Vor diesem Hintergrund erhebt sich schließlich die Frage, ob sich die südliche Vorstadt Bremens trotz hoher Mobilität und starker Fluktuation im Untersuchungszeitraum von 1875 bis 1914 zu einem einheitlichen Viertel herausbildete, oder ob eine räumliche Verdichtung sozialökonomisch divergierender Bevölkerungsschichten in diesem städtischen Teilgebiet vielmehr die Ausformung zweier

Sozialräume zur Folge hatte, innerhalb derer sich jeweils besondere Lebenserfahrungen vermittelten und spezifische Lebensformen entfalteten.

Der mit der vorliegenden Stadtteilanalyse eingeschlagene Weg vom Stadtviertel zum Sozialraum erwies sich als ausgesprochen lang und ließ sich nur mit der Konzentration auf klar gesetzte thematische Schwerpunkte und der räumlichen Begrenzung des ausgedehnten Untersuchungsgebietes verkürzen. Da das Hauptinteresse der Wechselwirkung räumlicher Merkmale und sozialer Bedingungen innerhalb des ausgewählten Stadtteils galt, bildete die Erfassung des räumlichen Gefüges und der in diesem lebenden Bewohner eine unerläßliche Grundvoraussetzung für alle durchzuführenden Analysen. Die südliche Vorstadt Bremens vermochte, wie sich im Rahmen einer zunächst vorgenommenen Sekundäranalyse deutlich abzeichnete, weder als Gegenstand öffentlicher Debatten im Zeitraum von 1875 bis 1914 noch als Forschungsobjekt älterer oder jüngerer Untersuchungen erhöhte Aufmerksamkeit auf sich zu lenken und stellt demzufolge ein bisher außerordentlich mangelhaft dokumentiertes Bremer Viertel dar. Anhand der spärlichen Informationen nimmt die südliche Vorstadt allenfalls grobe, zudem unvollständige Konturen an, so daß detaillierte und umfassende Kenntnisse dieses Stadtviertels nur über die Aufarbeitung historischer Quellen zu gewinnen waren.

Bremen verfügt mit einem den Forschungszwecken dieser Arbeit weitgehend gerecht werdenden Fundus unterschiedlichster historischer Quellengattungen über eine alles in allem reichhaltige, etwa gegenüber München[31] jedoch vergleichsweise ungünstige Quellenlage. Das Gros der für die vorliegende Untersuchung genutzten Quellen befindet sich im Staatsarchiv Bremen. Unter der Vielzahl aller bearbeiteten Quellen dienten zum einen die Bremer Adreßbücher der Jahrgänge von 1875 bis 1914, zum anderen die Bremer Erbe- und Handfestenakten als Primärquellen. Während erstere einen eher begrenzten Informationsgehalt besitzen, kann der Wert letzterer nicht hoch genug veranschlagt werden.

Da ein Bremer Melderegister für den hier zugrundegelegten, zentralen Betrachtungszeitraum von 1875 bis 1914 nicht überliefert ist, wurde mit den alternativ herangezogenen Adreßbüchern gleichsam aus der Not eine Tugend gemacht; denn diese bieten den einzigen, obwohl keineswegs gleichwertigen Ersatz für die amtlichen Einwohnerverzeichnisse. Die sowohl nach Straßen als auch nach Einwohnern geordneten, jährlich publizierten Bremer Adreßbücher erteilen in erster Linie über die als Haushaltsvorstand fungierenden, ortsanwesenden Personen Auskunft. Angaben zur Person beschränken sich indes, im Gegensatz zu den Melderegistern, auf den Namen und Beruf sowie auf ein gegebenenfalls ausgeübtes Gewerbe der Bewohner. Frauen fanden nur dann Eingang in das Adreßbuch, wenn sie einen eigenständigen Haushalt leiteten. Dies traf gewöhnlich auf Witwen, die samt ihres Geburtsnamens nahezu ausnahmslos als solche ausgewiesen wurden, seltener hingegen auf ledige Frauen zu. Der Familienstand männlicher

Einwohner wurde demgegenüber nur in raren Ausnahmefällen verzeichnet. Männliche wie weibliche Bewohner, die zur Untermiete lebten oder gar ein sogenanntes Schlafgängerdasein führten, wurden grundsätzlich nicht aufgeführt. Ehefrauen teilten in aller Regel dieses Los, es sei denn, sie übernahmen zwischenzeitlich die Haushaltsführung oder legten aufgrund ihres Berufes Wert auf einen zusätzlichen Eintrag neben dem ihres Ehemannes. Diese eher begrenzten Informationen wurden erst im Jahre 1898 um den nunmehr ausgewiesenen juristischen Status der Haushaltsvorstände erweitert. Die seither erfolgte Kennzeichnung vorhandenen Hausbesitzes kam indessen nur zum Tragen, sofern der Eigentümer sein Haus auch selber bewohnte.

Mängel und Nachteile dieser Quelle liegen klar auf der Hand. Die geographische und soziale Herkunft, das Alter und eine vorübergehende oder auch längerfristige Arbeitslosigkeit der Bewohner lassen sich anhand der Adreßbücher ebensowenig ermitteln wie die jeweilige Haushalts- oder Familiengröße der Wohnverbände. Da im Falle außerhäuslicher Erwerbstätigkeit der Arbeitsplatz äußerst selten seinen Niederschlag in diesen Verzeichnissen fand, bleiben viele der auf den elementaren Zusammenhang von Arbeiten und Wohnen ausgerichteten Fragen offen. Veränderungen jeglicher Art, ob diese nun den Beruf, den Wohnsitz, die familiäre Situation oder das Wohnumfeld betrafen, spiegelten sich darüber hinaus lediglich in jährlichem Rhythmus. Bei aller angebrachten Quellenkritik an den Adreßbüchern überwiegt für historische Studien aber dennoch der aus diesen zu ziehende Nutzen.[32] So erlaubt die Erfassung und Auswertung dieser "Massenquelle" die Untersuchung vielfältiger Aspekte städtischer Lebensbedingungen, die gleichermaßen der Raumstruktur des Stadtgebietes und der spezifischen Nutzung der räumlichen Einheiten wie der sozialen Gliederung der Stadtbevölkerung plastische Züge verleihen. Auf dieser Basis lassen sich mithin solch vornehmlich für eine Stadtviertelanalyse grundlegende Fragen wie die der Erweiterung des Baubestandes, der Merkmale und Veränderungen in der Produktions- und Infrastruktur, der sozialen Homogenität oder Heterogenität, des eingetretenen Wandels in der Sozialstruktur, der beruflichen und sozialen Mobilität sowie der Umzugshäufigkeit und Wohndauer der Bewohner beantworten. Zielt das Interesse hingegen auf die im Viertel existierende Bebauungs- und Wohndichte ab, so bleiben die diesbezüglich gelieferten Informationen der Adreßbücher zwangsläufig an der Oberfläche; denn aus diesen gehen weder die Anordnung, Größe und innere Aufteilung der Bauten noch die tatsächliche wohnräumliche Auslastung derselben hervor. Empfiehlt sich für die Erörterung dieser Problematik die Hinzuziehung anderer Quellen, so gilt dies in Anbetracht der nicht nur lückenhaft erteilten, sondern auch mit hohen Fehlerquoten versehenen Angaben zur rechtlichen Stellung der Bewohner in besonders hohem Maße für die Untersuchung aller um den Hausbesitz kreisenden Fragen.

Mit den Erbe- und Handfestenakten steht in Bremen eine den Grundbüchern vergleichbare historische Quelle zur Verfügung, die bis heute allenfalls für "geschichtsträchtige" Objekte einzelner Repräsentationsbauten herangezogen, keinesfalls jedoch systematisch und flächendeckend für größere städtische Bereiche in Gestalt ganzer Straßenzüge erfaßt und aufgearbeitet wurde. Basierend auf der im Jahre 1833 erlassenen Erbe- und Handfestenordnung existierte in Bremen ein außergewöhnliches, grundlegend vom deutschen Hypothekenrecht abweichendes und im Zeitraum von 1834 bis 1900 ausschließlich geltendes Grundstücks- und Immobiliarpfandrecht, dessen Einführung die Anlegung der Erbe- und Handfestenakten für alle im bremischen Staatsgebiet belegenen Immobilien zur Folge hatte. Diese nach Stadtbezirken archivierten, nur über den jeweiligen Code der Grundstücksregister zugänglichen amtlichen Dokumente zeichnen sich durch außerordentlichen Informationsreichtum und hohe Verläßlichkeit ihrer Angaben aus.

Inhalt und Umfang der einzelnen Akten differieren - abhängig vom Alter des betreffenden Objektes, der Beständigkeit des Immobilienbesitzes und der Art erfolgten Besitzwechsels - ganz erheblich. Gleicht somit kaum eine Erbe- und Handfestenakte der anderen, so präsentiert sich bei aller Verschiedenartigkeit der sich im einzelnen um den Haus- und Grundbesitz rankenden Geschichte ein in seinen Grundzügen wiederkehrendes Muster im Aufbau der von der zuständigen Behörde verfaßten Schriftstücke. So enthalten diese häufig, wenn auch nicht prinzipiell, eine gewöhnlich von Katasterbeamten erstellte, in ihrer Ausführlichkeit indes variierende Beschreibung des Grundstücks und der auf diesem befindlichen Bauten. Lage und Größe des Grundstücks gehen aus nahezu allen Akten hervor, Angaben über die Art, Abmessungen und innere Raumanordnung der hierauf errichteten Gebäude sind dagegen in erster Linie für ältere, insbesondere in den 1870er Jahren entstandene Bauobjekte überliefert und weisen zudem hausintern eingerichtete Gewerberäume explizit aus. Erwähnung finden ferner alle separat gelegenen, neben dem Hauptgebäude existierenden Baulichkeiten. Die Benennung des amtlichen Taxwertes rundet schließlich das mehr oder minder detailgetreu skizzierte Bild der Immobilien ab.

Ungeachtet dieses deskriptiven Teils beinhaltet jede Erbe- und Handfestenakte selbstredend sämtliche Eigentümer, alle bis zu der ab 1900 sukzessiv erfolgten Anlegung des Grundbuches abgewickelten Besitzwechsel und nicht zuletzt die Höhe der handfestarischen Belastung einer jeden Immobilie. Je nach Art des Immobilienerwerbs schwanken die erteilten Auskünfte über die verschiedenen Besitzer in beträchtlichem Maße. Unter den sich vom Privatverkauf über die Erbschaft und Überschreibung bis hin zur freiwilligen öffentlichen Versteigerung und Distraktion erstreckenden Varianten des Besitzwechsels bieten die auf privatem Wege getätigten Veräußerungen und die Zwangsversteigerungen der Immobilien den diesbezüglich fraglos höchsten Informationsgehalt. Im Falle des Privatverkaufs legen die Lassungsentwürfe sowohl die hinsichtlich des Immobiliengeschäfts getroffenen Vereinbarungen als auch jegliche mit der rechtskräftigen Eigentumsübertragung wirksam werdenden Verpflichtungen und damit den erzielten Verkaufspreis, den Zeitpunkt der Lieferung und das Recht des Veräußerers sowie die Namen, Wohnsitze und jeweilige Berufszugehörigkeit beider Vertragsparteien offen. Mitunter finden sich weiterreichende biographische Daten wie die des Geburtsdatums, des Familienstandes, der Kinderanzahl oder des Sterbedatums. Vornehmlich alle aus der Zahlungsunfähigkeit der mit ihrem Zinsabtrag in Verzug geratenen Immobilieneigner resultierenden Zwangsversteigerungen, die mit gerichtlichen Pfändungsversuchen einhergingen, gewähren wertvolle Einblicke in die Eigentumsverhältnisse dieser Haus- und Grundbesitzer. Während sich in den akribisch verfaßten Pfändungsprotokollen der Gerichtsvollzieher das komplette Hab und Gut dieser Schuldner spiegelt, offenbart das stets gleichbleibende, schriftlich niedergelegte Procedere der Versteigerung überdies mit der namentlichen Benennung der handfestarischen Gläubiger die "Bezugsquellen" der zur Finanzierung des Immobilienbesitzes aufgenommenen Kredite und weist die ausgehandelte Zuschlagsumme des Versteigerungsobjektes wie auch den Folgebesitzer aus.

Die Informationsfülle dieser qualitativ hochwertigen Quelle gewährleistet demnach eine lückenlose Rekonstruktion der ursprünglich herrschenden Grundbesitzverhältnisse in Bremen und des der Bebauung im 19. Jahrhundert vorausgehenden Bodengeschäfts. Die jeweilige Höhe und etwaige Schwankungen der Bodenpreise treten infolgedessen ebenso zutage wie die verfolgten Prinzipien der Bautätigkeit und der lokalen Besonderheiten des in diesem Rahmen Gestalt annehmenden städtischen Siedlungskörpers. Hohe Transparenz erhalten somit auch die Gruppen der (Groß-)Grundbesitzer, der Bauführer und Bauherren. Mit der vollständigen Dokumentation aller erfolgten Besitzwechsel und der von den einzelnen Eigentümern in Anspruch genommenen Immobiliarkredite ermöglichen die Bremer Erbe- und Handfestenakten zudem eine exakte Analyse nicht nur der Finanzierung des Wohnungsbaus und des Hausbesitzes, sondern auch der sozialen Zusammensetzung der Immobilienbesitzer, eingetretener Veränderungen in den Besitzstrukturen und der Dauer in der Aufrechterhaltung vorhandenen Haus- und Grundeigentums. Auf dieser Quellenbasis läßt sich mithin die langfristige Entwicklung des Immobilienbesitzes in Bremen nachzeichnen und demzufolge die in ihren Erscheinungsformen und Ursachen noch unzulänglich erforschte Sonderstellung Bremens im 19. Jahrhundert beleuchten.

Die Palette aller für die vorliegende Studie herangezogenen Quellen war breit gefächert und umfaßte über die primär genutzten Bremer Adreßbücher und Erbe- und Handfestenakten hinaus diverse Einzelakten verschiedenster Quellengattungen und einen voluminösen Bestand der im Bauordnungsamt Bremen archivierten Bauakten. Letztere halten mit reichhaltig überlieferten Grundrissen und Längsschnitten sowie vereinzelt vorhandenen Fassadenzeichnungen einerseits nützliches Material zur Veranschaulichung der äußeren Gestalt und inneren Struktur der Häuser bereit, decken andererseits aber auch amtliche Beanstandungen der den Gebäuden anhaftenden baulichen Mängel auf und spiegeln darüber hinaus Auseinandersetzungen zwischen Immobilienbesitzern und Bremer Behörden wider.[33] Bevölkerungs- und Wohnungsstatistiken, so vor allem die Mitteilungen und Volkszählungen des Bremischen Statistischen Amts, erwiesen sich als wertvolle Informationsquelle für die Untersuchung gesamtstädtischer und stadtteilspezifischer Fragen, in erster Linie jedoch für die zur Ermittlung und Beurteilung quartiergebundener Charakteristika unverzichtbar vorzunehmenden innerstädtischen Vergleiche.

Steht die südliche Vorstadt Bremens gleichwohl stets im Mittelpunkt der Untersuchungen, so stellen komparative Analysen auf inner- und interstädtischer Ebene die erforderliche Ausweitung des Blickwinkels auf das gesamtbremische Stadtgebiet und andere deutsche Großstädte sicher. Die Bremer Quellenlage ließ eine vollständige Erhebung dieses Stadtviertels indessen nicht zu. Ein bemerkenswertes Bevölkerungswachstum hatte die im Jahre 1875 mit 9.089 Personen bereits zahlreiche Einwohnerschaft der sich über 448 Hektar erstreckenden südlichen Vorstadt binnen 25 Jahren auf 22.677 Bewohner erhöht, während der im gleichen Zeitraum von 1.279 auf 2.505 Privatgebäude angestiegene Wohnhausbestand durch eine kaum minder starke Expansion gekennzeichnet war.[34] In Anbetracht eines solch weitflächigen und bevölkerungsreichen, mit fortschreitendem Zeitraum zudem immer dichter besiedelten Stadtteils und angesichts der nur mittels aufwendiger, quantifizierender Verfahren zu erschließenden Primärquellen blieb eine zwecks Realisierung der Untersuchungen vorzunehmende Eingrenzung unumgänglich. Um dem Anspruch auf Präzision und Vielschichtigkeit dennoch gerecht zu werden und sowohl die langfristige Entwicklung als auch jeglichen Wandel dieses Stadtviertels zwischen 1875 und 1914 in kleinstmöglichen Intervallen erfassen zu können, wurden die sich alternativ anbietenden Methoden einer Stichprobenerhebung oder eines Querschnitts zugunsten der Längsschnittuntersuchung eines allerdings räumlich begrenzten Gebietes der südlichen Vorstadt verworfen.

So konzentrieren sich alle zwangsläufig stark quantitative Züge tragenden Analysen der Immobilienbesitzverhältnisse, des sozialen Gefüges und des Wohnverhaltens auf vier ausgewählte Straßen der südlichen Vorstadt. Die Rasing- und Wulfhoopstraße stehen stellvertretend für die dort zahlreich existierenden proletarischen Wohnstraßen; die Gastfeld- und Kornstraße besaßen hingegen als staatliche Planstraßen mit einer kleinbürgerlich geprägten Sozialstruktur den multifunktionalen Charakter zweier Hauptverbindungs-, Geschäfts- und Wohnstraßen. Mit Ausnahme eines schon in den 1850er Jahren hergerichteten und bewohnten Abschnitts der Wulfhoopstraße waren alle vier Straßenzüge in den Gründerjahren angelegt bzw. erweitert worden und fanden erstmals im Jahre 1875 mit einem noch unvollständigen Baubestand und einer begrenzten Bewohnerzahl Eingang in das Bremer Adreßbuch.

Diesem historischen Original entsprechend wurden sämtliche Adreßbucheintragungen für die Gastfeld-, Korn-, Rasing- und Wulfhoopstraße über den vierzigjährigen Betrachtungszeitraum von 1875 bis 1914 handschriftlich erhoben und in eine Bewohnerdatei übertragen. Diese Personendatei beinhaltet 19 Datenfelder, die die Merkmale der erfaßten Personen repräsentieren.[35] So summierten sich die angelegten Datensätze auf 16.244 sogenannte records, in denen 308.636 Informationen zu den insgesamt 4.274 unterschiedlichen Personen in allen vier Straßen enthalten sind. Diese Informationen wurden mit einer Datenbankabfragesprache nach den vorgegebenen Fragestellungen ausgewertet.

Die Bearbeitung der Erbe- und Handfestenakten erforderte hingegen ein grundverschiedenes Vorgehen.[36] So war nicht zuletzt aufgrund des mit der Heranziehung dieser Quelle verbundenen hohen Arbeitsaufwandes vorab die Entscheidung zu treffen, ob die Frage des Hausbesitzes exemplarisch, etwa anhand zweier Straßen, und lediglich für die Zeitspanne von 1875 bis 1914 untersucht wird. Ungeachtet eines geringfügig existierenden Fehlbestandes wurden alle überlieferten Erbe- und Handfestenakten der 254 in den vier ausgewählten Straßen befindlichen Immobilien genutzt und der Untersuchungszeitraum auf das dritte Viertel des 19. Jahrhunderts ausgedehnt. Die Informationsfülle dieser Quelle setzte indes ein klares Konzept für die Erfassung, Verarbeitung und Auswertung der Daten voraus, um eine systematische Analyse der Besitzstrukturen durchführen zu können. Die selektive Erhebung der Daten schlug sich in einer eingerichteten Hausbesitzerdatei mit 1.281 Datensätzen nieder, die - analog dieser jeweils aus 15 Feldern bestehenden Datei[37] - 19.215 abrufbereite Informationen zu allen 496 zwischen 1850 und 1914 über Immobilienbesitz in den vier Straßen verfügenden Personen umfaßt.

Die Personen- und die Hausbesitzerdatei wurden zur Auswertung mit Datenbankindizierungen über die Merkmale der Person und des Hauses eindeutig verkettet. Das konsolidierte Datengerüst bildete die Grundlage für die Bewertung und Darstellung der Ergebnisse.

Eine überwiegend quantifizierende Methode wurde indessen nicht um ihrer selbst willen praktiziert, sondern diente und versteht sich, den quellenbedingten Vorgaben des Machbaren folgend, ausschließlich als Mittel zum Zweck. Auf anderem Wege war den in der vorliegenden Arbeit das Hauptinteresse geltenden Bewohnern der südlichen Vorstadt kaum Profil zu verleihen. Die Skizzierung des sozialen Gefüges, markanter struktureller Veränderungen und des typischen wie atypischen Wohnverhaltens einer ausgewählten stadtbremischen Einwohnergruppe läuft jedoch Gefahr, schematisch zu geraten und wenig anschaulich zu bleiben, solange nicht zumindest einzelnen zeitgenössischen Akteuren gewissermaßen ein Minimum an Leben eingehaucht wird. Um mithin ein lebendigeres Bild dieser mehrheitlich zur minder bemittelten Bevölkerung zählenden und einen Teil der breiten, aber keineswegs schweigenden Masse repräsentierenden Bewohner zeichnen zu können, wurden, wo immer dies möglich war, zusätzlich verfügbare Quellen miteinbezogen und charakteristische Fallbeispiele geliefert. Da eingehende Ausführungen zur jeweilig angewandten Untersuchungsmethode und zum aktuellen Forschungsstand der behandelten Themengebiete in die einzelnen, mit einer vorangestellten Einführung in die jeweilige Problematik versehenen Kapitel dieser Arbeit einfließen, erschien eine an dieser Stelle bewußt knapp gehaltene Darlegung derselben vertretbar.

Die vorliegende Studie widmet sich drei thematischen Schwerpunkten.Den Auftakt bildet eine in ihrem räumlichen und zeitlichen Rahmen weitgesteckte Betrachtung des als zentraler Untersuchungsgegenstand gewählten Bremer Stadtteils. Vor dem Hintergrund der Entstehungsbedingungen und der sowohl im Spiegel bezirksinterner Differenzierungen als auch im inner- und interstädtischen Vergleich begutachteten Wohnverhältnisse der südlichen Vorstadt Bremens mündet das Kapitel in einer vorläufigen Typisierung dieses Viertels.

Strukturanalysen der vier erfaßten Straßen stehen im Vordergrund des sich anschließenden, inhaltlich zweigeteilten Kapitels. Der erste Abschnitt wendet sich dem Immobilienbesitz zu. Eingebettet in den wirtschaftlichen Kontext und die rechtlichen Grundlagen kreisen die Analysen um die Sonderstellung Bremens im deutschen Wohnungsbau des 19. Jahrhunderts und fragen anhand des exemplarisch beleuchteten Stadterweiterungsprozesses zum einen nach der Entwicklung und Finanzierung der Bautätigkeit, zum anderen nach den Auswirkungen des Hausbesitzes in Privathand. Der zweite Teil des dritten Kapitels leitet über zur Wohnbevölkerung aller vier untersuchten Straßen. Basierend auf der zunächst präsentierten sozialen Zusammensetzung in den einzelnen Straßenzügen wird die vergleichende Untersuchung sozialstrukturellen Wandels vorrangig unter dem Aspekt diskutiert, ob und inwieweit die Lebensbedingungen in den verschiedenen Straßen der südlichen Vorstadt gravierend voneinander abwichen.

Mobilität und Seßhaftigkeit im Stadtviertel spiegeln schließlich im vierten Kapitel das Ausmaß räumlicher Veränderungen im Zeitraum von 1875 bis 1914 gleichermaßen aus Sicht der zum Wohnen und Arbeiten genutzten Häuser wie aus der Blickrichtung der in den vier Straßen lebenden Bewohner wider. In Kenntnis des in den Mittelpunkt gerückten Wohnverhaltens der dort ansässigen Personen wird nicht nur zu ermessen sein, ob Mobilität und Seßhaftigkeit zwei generell unvereinbare Lebensformen kennzeichneten, sondern auch, ob und welchen Bevölkerungskreisen die südliche Vorstadt Bremens einen Anreiz zum längerfristigen Verbleib bot.

Resümee und Ausblick des Schlußkapitels dienen der kurzen Erörterung der bremischen Sonderentwicklung im 19. Jahrhundert und der sich aus der vorliegenden Studie eröffnenden, weitreichenden Perspektive für die sozialhistorische Forschung.

Überschwemmung in der südlichen Vorstadt Bremens (1880/1881)

KAPITEL II

Die Südliche Vorstadt Bremens im inner- und interstädtischen Vergleich

"Die Vorstadt auf dem linken Weserufer ist planmäßig angelegt und schließt sich mit ihren geraden Straßen im allgemeinen der Richtung des Buntenthorssteinweges und der Neuenlander Straße an. Sie wird in der Gegend des Buntenthores vorzugsweise von Arbeitern bewohnt und hat überwiegend kleine ein- und zweistöckige Häuser. Es finden sich dort seit dem Anschlusse an den Zollverein (1875) ziemlich viele technische Betriebe. - Die Partie in der Nähe des Hohenthores hat viel mehr den Charakter einer Wohnstadt, ähnlich wie die östliche Vorstadt in der Nähe des Dobbens."[1]

Diese knappe, im Jahre 1900 verfaßte Skizzierung der südlichen Vorstadt Bremens aus der Sicht des Zeitgenossen Franz Buchenau bildet eine der raren Ausnahmen unter der sehr wohl umfangreichen Fachliteratur, die - gleich welcher spezifischen Disziplin - Bremen in den Mittelpunkt ihrer Betrachtungen stellten und in diesem Rahmen auch die sogenannte Südervorstadt einer Erwähnung wert befanden. Jede noch so akribische Suche nach umfassenden Informationen zur Geschichte dieses Bremer Stadtteils erweist sich jedoch als vergeblich; denn dieses Viertel vermochte bis heute kein wissenschaftliches Interesse zu wecken. Da selbst ein mühseliges Zusammenfügen der in der älteren wie neueren Literatur lediglich verstreut vorzufindenden Anmerkungen zur südlichen Vorstadt kein auch nur annähernd vollständiges Mosaik ergibt, bleibt die historische Spurensuche notgedrungen auf zeitgenössische Statistiken und historische Quellen unterschiedlichster Gattungen verwiesen.

Der weitreichende Mangel jeglicher Dokumentation der südlichen Vorstadt reflektiert aber nicht nur ein offenkundig in der Forschung existierendes Desinteresse, sondern besitzt - gleichsam als historisch gewachsenes Phänomen - insofern eine lange, bis ins 19. Jahrhundert zurückreichende Tradition, als dieses zu überwiegenden Teilen in der Gründerzeit ausgebaute und verstärkt bevölkerte Viertel auch auf viele Zeitgenossen wenig Attraktivität ausübte und in der Öffentlichkeit, etwa von Bremens Bürgerschaft und Senat, allenfalls dann thematisiert wurde, wenn dies unumgänglich blieb. So ist die dennoch realisierbare, für die weitere Entwicklung dieses Viertels überaus relevante Rekonstruktion der Vorgeschichte und damit die Beantwortung der hier erhobenen Ausgangsfrage nach dem Ursprung und den Entstehungsbedingungen des im Jahre 1875 zum Bremer Stadtteil avancierenden Gebietes in erster Linie den Bewohnern der südlichen Vorstadt zu verdanken, die nicht davor zurückscheuten, ihre Belange auf höchster politischer Ebene vorzutragen und hartnäckig auf ihren Rechten zu insistieren. Diese aktenkundig gewordenen Vorgänge legen alle um die Eingemeindung, den Zollanschluß und die Steuerverhältnisse kreisenden Auseinandersetzungen zwischen den Einwohnern und den stadtbremischen Behörden offen, die den im ersten Abschnitt dieses Kapitels nachgezeichneten, hürdenreichen Weg von der Landgemeinde zum Stadtteil begleiteten.

Entwicklung und Wandel der Wohnstrukturen und Wohnbedingungen in der südlichen Vorstadt Bremens stehen anschließend im Mittelpunkt der komparativ angelegten Analysen. Das in den Blick genommene Verhältnis von Bevölkerungsentwicklung und Bautätigkeit spiegelt nicht nur den quantitativen Prozeß der mit einem starken Bevölkerungswachstum und einer beachtlichen Expansion des Siedlungskörpers einhergehenden Verstädterung, sondern gewährt zudem wertvolle Einblicke in die Qualität der Wohnverhältnisse. Gleichzeitig geben die solchermaßen gewonnenen Informationen Aufschluß über die Fragen, welche Rolle die Zuwanderung in diesem Viertel spielte, inwieweit die Bautätigkeit mit der Bevölkerungszunahme Schritt hielt und ob die im letzten Viertel des 19. Jahrhunderts fortschreitende wohnräumliche Verdichtung gewissermaßen flächendeckend den gesamten Stadtteil erfaßte oder nur Teilbereiche desselben ergriff. Während die ermittelte Auslastung der Wohneinheiten somit etwaig existierende Unterschiede stadtteilinterner Wohnbedingungen aufzudecken vermag, verhilft der innerstädtische Vergleich der in den verschiedenen Stadtbezirken erzielten Wohndichte zur Beurteilung dessen, ob dieser Stadtteil eine eher begünstigte oder deutlich benachteiligte Wohnlage Bremens darstellte. In Anbetracht der vornehmlich von Zeitgenossen vielfach als außerordentlich vorteilhaft und gesund glorifizierten Bremer Wohnverhältnisse werden diese, wo immer dies die verfügbaren Statistiken zulassen, im interstädtischen Vergleich betrachtet.

So wendet sich die Untersuchung im dritten Teil dem im Kaiserreich weitverbreiteten Phänomen überfüllter Wohnungen zu, das in Bremen ebenso anzutreffen war wie in anderen deutschen (Groß-)Städten. Da dieses - neben der Argumentation mit sogenannten Leerziffern (unbewohnter Wohnungen) - stets als Gradmesser für die Existenz und das Ausmaß von Wohnungsnot herangezogene Extrem wohnräumlicher Verdichtung insbesondere um die Jahrhundertwende die ohnedies heftig geführten Debatten um die Wohnungsfrage zu schüren drohte, bedienten sich die für die Wohnungsstatistik zuständigen Kommunen der zur Negierung derartiger Mißstände im Wohnungswesen überaus zweckdienlichen Methode eines willkürlich gewählten Maßstabes zur Anerkennung erreichter Überbelegung. Zur Gewährleistung der im Vordergrund stehenden Vergleichsebene werden zunächst die unterschiedlichen Standards referiert, bevor die Verbreitung und typischen Merkmale übervölkerter Wohnungen den Schwerpunkt der Untersuchung bilden.

Der vierte Abschnitt greift die komplexe Thematik der Auswirkungen solch beengten Wohnens auf, indem zum einen die zu Beginn des 20. Jahrhunderts vornehmlich in Bremen gehäuft registrierten Hausfriedensbrüche, zum anderen der Zusammenhang von Wohnen und Krankheit aufgezeigt werden.

Überlieferungsprobleme verhindern eine systematische Untersuchung der im 19. Jahrhundert erfolgten Zuwanderung nach Bremen und erschweren in erster Linie alle für eine Stadtteilanalyse elementaren Aspekte demographischen Wandels. Ausmaß, Bedeutung und Folgen der Migration bleiben demnach ebenso unbekannt wie die Verweildauer der in die südliche Vorstadt Bremens zugewanderten Einwohner und die Motive ihres ursprünglichen Zuzugs sowie ihres später gegebenenfalls stattgefundenen Fortzugs. Das die Jahrhundertwende markierende Jahr 1900 läßt indessen zumindest eine Momentaufnahme der im fünften Abschnitt referierten sozialen Zusammensetzung der Wohnbevölkerung dieses Viertels unter besonderer Berücksichtigung der Gebürtigkeit ihrer Bewohner zu. Eine Skizzierung der Altersstruktur, des Familienstandes und der Berufszugehörigkeit liefert somit auch wichtige Hinweise auf das übergeordnete Erkenntnisinteresse, ob und in welchem Maße dieser Stadtteil durch Zuwanderung geprägt wurde.

Der sechste und letzte Teil des vorliegenden Kapitels widmet sich schließlich der zentralen Frage, ob sich die südliche Vorstadt Bremens zu einem homogenen Viertel ausformte, das in seinen grundlegenden Merkmalen die typischen Züge der in der Gründerzeit zuhauf entstandenen Arbeiterviertel deutscher Großstädte besaß.

1. Von der Landgemeinde zum Bremer Stadtteil: Eingemeindung, Zollanschluß und Steuerverhältnisse

Im Dezember des Jahres 1875 wurde die am linken Weserufer gelegene ehemalige Landgemeinde Buntentorsteinweg-Neuenland der Stadt Bremen angeschlossen. Mit der Eingliederung in das Bremer Stadtgebiet wurde diesem Stadtteil die Bezeichnung "Südliche Vorstadt" erteilt. Die Eingemeindung ging jedoch nicht aus ohnehin existierenden, umfassenden Stadterweiterungsplänen hervor, sondern stellte das Resultat mehrjähriger Auseinandersetzungen der Einwohner dieser alten Landgemeinde mit den Bremer Behörden dar, die ihren Ausgangspunkt zu Beginn des Jahres 1871 nahmen.

Entgegen einer Vielzahl der in den Gründerjahren neu entstandenen, auf zuvor gänzlich unbebautem Grund förmlich aus dem Boden gestampften Viertel anderer deutscher Großstädte, die in erster Linie - und dies insbesondere wegen der notwendigen Nähe zum Arbeitsplatz der sich dort aufgrund gegebener Standortvorteile angesiedelten Industrie - von proletarischen Bevölkerungsteilen bewohnt wurden, besaß die südliche Vorstadt Bremens einen agrarisch-dörflichen Ursprung. Auf dem sich links der Weser erstreckenden, weitflächigen Areal der schon Anfang des 13. Jahrhunderts kultivierten Feldmark Lehnstätt war im Jahre 1623 die zur verstärkten Befestigung der Stadt dienende Bremer Neustadt angelegt worden.[2] Unmittelbar an die Neustadt grenzte das Gebiet der im zeitgenössischen Sprachgebrauch auch "Neuenland-Buntentorssteinweg" genannten Landgemeinde. Die im Norden vom Neustadts-Stadtgraben und dem Flußarm der Kleinen Weser, im Süden von der bereits 1355 urkundlich erwähnten, immerhin 3,35 km bemessenden Neuenlander Straße,[3] im Westen von der Landgemeinde Woltmershausen und im Osten von der Arster Feldmark umgebene Lehnstätter Feldmark stellte zwar nur den geringeren Teil der ab 1870 per Gesetz mit der sich im Süden anschließenden, sehr viel umfangreicheren Feldmark Neuenland zusammengefügten Landgemeinde, kennzeichnete aber die äußeren geographischen Grenzen und den inneren Flächenumfang der späteren südlichen Vorstadt. Die ausgedehnten, seit mehreren Jahrhunderten agrarisch genutzten Ländereien, auf denen zum einen Ackerbau, zum anderen Wiesen- und Weidewirtschaft betrieben wurde, markierten das Eigentum weniger, auf verstreut gelegenen Höfen ansässiger Großgrundbesitzer.

Dominierte auch im 19. Jahrhundert noch der agrarische Charakter, so hatte sich doch entlang einer der ältesten Straßen dieser Landgemeinde schon im 18. Jahrhundert ein gleichermaßen Arbeits- wie Wohnzwecke erfüllendes Gebiet herausgebildet, in dem sich Handwerker, Kleingewerbetreibende und Arbeiter niedergelassen hatten. Nicht von ungefähr war der im Nordosten der Landgemeinde verlaufende Buntentorsteinweg frühzeitig bebaut worden; denn über diese Ausfallstraße wurde bis zur Mitte des 19. Jahrhunderts der gesamte Frachtverkehr von und nach Hannover abgewickelt. Der Buntentorsteinweg fungierte somit als ein Hauptfernweg und galt als eine der wichtigsten Bremer Handelsstraßen. Mit der im Jahre 1847 eröffneten, rechts der Weser verlaufenden Eisenbahnlinie nach Hannover büßte der Buntentorsteinweg zwar seine Schlüsselfunktion, keineswegs jedoch den nach wie vor rege herrschenden Verkehr ein. An einer solch belebten Chaussee lag die Eröffnung von handwerklichen Betrieben, Läden und Gast- bzw. Schenkwirtschaften nahe.[4] In der Tat war das von 99 Bewohnern als Haupterwerb[5] ausgeübte Handwerk bereits zu diesem Zeitpunkt am Buntentorsteinweg bemerkenswert stark vertreten. Das Gros der überwiegend den Gesellenstatus vertretenden Handwerker gehörte dem Bau-, Textil- oder Holzgewerbe[6] an, während sieben Bewohner als Bäcker, Schlachter oder Branntweinbrenner den Nahrungs- und Genußmittelbedarf deckten. Fremden wie Ortsansässigen standen im Jahre 1847 drei Gasthöfe, vier Wirtschaften und eine Schenke zur Verfügung. Selbst kleinere Fabriken, eine Ziegelbrennerei und drei Zigarrenfabriken, boten den vielfach ungelernten Arbeitskräften dieser Landgemeinde eine Erwerbsmöglichkeit in nächster Nähe ihres Wohnortes.

Die Mehrzahl der in kleinen eingeschossigen Häusern lebenden Bewohnerschaft des Buntentorsteinweges, dessen Bevölkerung 1847 mit knapp 2.000 Einwohnern[7] noch einen bescheidenen Umfang einnahm, fristete unter armen Verhältnissen ihr Dasein. Insgesamt 146 Haushalte bestritten ihren Lebensunterhalt mit den schmalen Einkünften der sich als Arbeiter verdingten Haushaltsvorstände. Eine Verortung der Wohngebiete all derer, die in diesem Jahr unter der nicht näher spezifizierten Berufsbezeichnung als "Arbeiter" in das Bremer Adreßbuch eingingen (1.113 Bewohner), weist die Altstadt (370 Personen analog 33 Prozent) als meistbewohntes Gebiet aus, gefolgt von der die Altstadt umringenden Vorstadt (30 Prozent). Die Neustadt beherbergte hingegen einen deutlich verringerten Teil (24 Prozent) der unter dieser Berufsangabe verzeichneten Lohnabhängigen. In Anbetracht der selbst im damaligen Stadtgebiet kaum beeindruckend hohen Arbeiterzahlen verfügte der Buntentorsteinweg mit seinen 146 Arbeiterhaushaltungen (13 Prozent) über eine durchaus beachtliche Zahl diesbezüglicher Wohnverbände.[8] Der minder bemittelten Wohnbevölkerung dieses vor den Toren der Neustadt belegenen Teils der Landgemeinde waren jedoch ebenso die Zigarrenmacher (27 Haushaltsvorstände)[9] und die dort ansässigen 43 erwerbslosen Witwen[10] zuzurechnen, wie dies auch für eine Reihe weiterer, im Tagelohn stehender Einwohner[11] zutreffend gewesen sein wird.

Das soziale Gefüge der den Buntentorsteinweg bevölkernden Einwohnerschaft wies mithin schon Ende der 1840er Jahre jene Strukturmerkmale auf, die auch die Bewohnerschaft eines Großteils der zur Gründerzeit entstandenen Straßenzüge der südlichen Vorstadt prägen sollten.[12] Doch nicht nur die soziale Zusammensetzung der Bewohner, auch die Wohnstrukturen dieses in späteren Jahren in aller Regel "totgeschwiegenen" oder aber gleichermaßen von Mitgliedern des Bremer Senats und der Bürgerschaft wie von Behördenvertretern stets als abschreckendes Beispiel für die Verwahrlosung seiner Behausungen und die Armut seiner überdies zahlungsunwilligen, zur Miete lebenden Bewohnerschaft diskreditierten Arbeiterviertels erfuhren zwischen 1875 und 1914 keine gravierenden Veränderungen. Die ursprüngliche Baustruktur dieses um die Mitte des 19. Jahrhunderts noch unvollständig bebauten, mit winzigen Häusern bestückten Gebietes der künftigen südlichen Vorstadt, das vom Bremischen Statistischen Amt in die Bezirke 17 und 18 unterteilt wurde, wirkte richtungweisend und blieb, insbesondere im östlichen Bereich des Buntentorsteinweges (18. Bezirk), selbst im letzten Viertel des 19. Jahrhunderts weitgehend beibehalten.[13]

Trotz eines vergleichsweise kleinen Baubestandes und niedriger Einwohnerzahlen trug das Gebiet am Buntentorsteinweg ähnliche Züge wie die sich am rechten Weserufer um die Bremer Altstadt schließende Vorstadt. Ein in der räumlich eng begrenzten Bremer Vorstadt oder in der Landgemeinde gelegener Wohnsitz zeichnete sich bis zum Jahre 1848 vor dem Hintergrund der desolaten Einkommensverhältnisse breiter Bevölkerungsteile durch die übereinstimmenden Vorteile eines vornehmlich gegenüber der Altstadt wesentlich niedrigeren Mietpreisniveaus, einer geringeren Besteuerung und der Möglichkeit zur Ausübung eines die Familieneinkünfte aufbessernden landwirtschaftlichen Nebenerwerbs aus.

Die am 11. Dezember des Jahres 1848 erfolgte Stadterweiterung Bremens konzentrierte sich ausschließlich auf die Eingemeindung erheblicher Teile des Landgebietes[14] rechts der Weser; die Landgemeinden am linken Weserufer verharrten hingegen in ihrem alten juristischen Status. Mit der Ausdehnung des Stadtgebietes stand nunmehr ausreichendes Bauland bereit, das die hohe Nachfrage zur Unterbringung des sich Mitte des 19. Jahrhunderts angehäuften Kapitals auf dem Grundstücksmarkt[15] zu stillen vermochte; denn der alte, auf 300 ha beschränkte Flächenumfang der Vorstadt war um 1200 ha angewachsen. Mit den neu gezogenen Stadtgrenzen war aber nicht nur der geographische Raum stark erweitert und die Voraussetzung zur Umwandlung grüner Wiesen in wertvolles Bauland geschaffen worden, durch die Einbindung der Landgemeinden in die Stadt und die nahezu zeitgleich, mit Wirkung zum 1. Januar 1849 erlassene Aufhebung der Torsperre waren vielmehr auch die entscheidenden Weichen zur Beseitigung der zuvor existierenden, im bremischen Bürgerrecht verankerten Benachteiligung der Vorstädter gestellt worden.

Das Ende des 12. Jahrhunderts erstmals urkundlich erwähnte Bremer Bürgerrecht[16] erfuhr bis zur Mitte des 19. Jahrhunderts grundlegende Veränderungen. Eine klare, zwischen den drei Bremer Stadtgebieten vorgenommene Unterscheidung des in der Altstadt, Neustadt und Vorstadt geltenden Bürgerrechts wurde schon in den 1640er Jahren praktiziert[17] und annähernd drei Jahrhunderte aufrechterhalten. Um die Attraktivität der Neustadt zu erhöhen, war den ersten Ansiedlern, die zur Errichtung eines Hauses und damit zum längerfristigen Verbleib in diesem Stadtteil Bereitschaft zeigten, die Taxe für das Bürgerrecht erlassen worden. Die nachfolgend das Bürgerrecht beantragenden Neustädter hatten zunächst ein niedrigeres Entgelt zu entrichten als die Bewohner der Alt- oder Vorstadt. Da diese Regelung einen unerwartet starken Zustrom in die Neustadt auslöste, wurden die Gebühren für die Vorstadt (5 Thaler) gesenkt und die der Neustadt (10 Thaler) erhöht. Am kostspieligsten blieb das Bürgerrecht in der Altstadt (20 Thaler). Einhergehend mit der Einführung des sogenannten großen Bürgerrechts im Jahre 1729, das nunmehr auch den Altstädtern und den über Hausbesitz verfügenden Neustädtern[18] einen zusätzlichen Betrag von 50 bis 100 Thalern zur Erlangung der als Vorbedingung zum Betreiben eines Kaufmannsgeschäfts erforderlichen Handlungsfreiheit abverlangte, wurde ebenfalls das nach Stadtteilen gestaffelte Bürgergeld heraufgesetzt. Diese, wie auch die 1806 abermals drastisch angehobenen Kosten[19] zum Erwerb des Bürgerrechts, stießen bei der Bürgerschaft auf strikte Ablehnung, da auf diese Weise dringend benötigte Arbeitskräfte fortblieben. Der Senat machte indes aus der intendierten Wirkung seiner Maßnahmen kein Hehl, sondern setzte diesen Einwänden entgegen, "*daß beinahe in allen Ständen mehr als zuviele Individuen existieren, daß der Vorteil der bisherigen Bürger mit der zu großen Vermehrung der neuen Ankömmlinge streitet, daß der alte und achtenswerte bremische Nationalgeist durch das Übermaß von fremden Ansiedlern sich immer mehr und mehr zu verlieren droht, und daß die Erhöhung das einfachste Mittel ist, dem durch die Zeitumstände bedingten übergroßen Andrang von Fremden zu steuern."*[20]

Das bremische Bürgerrecht erfüllte somit in zweifacher Hinsicht seine ihm zugeschriebene Funktion[21]; denn einerseits regulierte es die Zuwanderung durch die Fernhaltung unwillkommener Fremder, andererseits förderte es durch die in den drei Stadtteilen divergierende Rechtslage, die den jeweiligen Bewohnern einen mehr oder minder großen Handlungsspielraum zugestand, den Prozeß sozialer Segregation[22] im städtischen Raum.

Die Bürger der Altstadt waren stets mit den größten Privilegien ausgestattet. Ihnen blieb die Ausübung von Staatsämtern und bis 1814 auch die Teilnahme am Bürgerkonvent ebenso vorbehalten wie die Nutzung der Bürgerweide und die uneingeschränkte Wahl des Wohnsitzes im gesamten Stadtgebiet. Die Einwohner der Neustadt genossen demgegenüber bereits eingeschränkte Rechte, obgleich ihnen, wie den Altstädtern, das dauerhafte Betreiben eines Handels und die Eröffnung eines Gewerbebetriebes gestattet war.[23] Für einen stadtteilübergreifenden Wohnungswechsel stand den Neustädtern jedoch nur das Gebiet der Vorstadt alternativ zur Verfügung. Nachdem die Bürger der Neustadt bereits 1814 ihre Konventsberechtigung[24] erhalten hatten, wurden sie im Jahre 1820 der Altstadt rechtlich gleichgesetzt.[25] Den von Anbeginn mit den geringsten Rechten ausgestatteten Bewohnern der Vorstadt blieben alle vorgenannten Rechte verwehrt. Großhandel etwa war in der Vorstadt grundsätzlich untersagt. Eine angestrebte Veränderung des Wohnsitzes blieb zudem auf das Terrain dieses Stadtteils verwiesen. Hielt sich der Aktionsradius der Vorstädter ohnedies in engen Grenzen, so wurde die Bewegungsfreiheit der Bewohner durch die nach Einbruch der Dunkelheit fällige Abgabe einer Steuer bei Passieren der Stadttore zusätzlich eingeschränkt. Angesichts der kärglichen Einkommen aller abhängig Beschäftigten stellte der Erwerb des Bürgerrechts selbst in der am niedrigsten veranlagten Vorstadt ein nachgerade unrealisierbares Ansinnen dar. Die hier mit 40 Thalern zum Anschlag gebrachte Gebühr für das Bürgerrecht ohne Handlungsfreiheit,[26] das sich in der Alt- und Neustadt auf 50 Thaler belief, hätte beispielsweise rund ein Fünftel bis zu einem Viertel vom Jahreseinkommen eines Zigarrenmachers verschlungen, obgleich dieser mit einem zwischen drei und vier Thalern liegenden Wochenlohn[27] in der ersten Hälfte des 19. Jahrhunderts noch zu den besser verdienenden Arbeitern zählte. Das Bürgerrecht - und damit die Möglichkeit zur Ausübung verschiedener, ein hinlängliches oder ansehnliches Einkommen sichernder Erwerbstätigkeiten - war teuer zu erkaufen, wenn es nicht ererbt worden war.[28] Am 23. April des Jahres 1849 wurde die Vorstadt der Stadt gleichgestellt, so daß fortan ein einheitliches städtisches Bürgerrecht existierte, das auch den Benachteiligungen der Vorstädter ein Ende setzte.

Das Bürgerrecht galt indessen nicht als Einwohnerpflicht. Die Vielzahl derer, die nicht imstande waren, um das Bürgerrecht nachzusuchen und allen damit verbundenen Formalien[29] Genüge zu leisten, wurden in der Stadt lediglich geduldet. So blieb jedem Nicht-Bürger der Zugang zu Staatsämtern, Handwerk und Handel verschlossen und die Sicherung des Lebensunterhalts auf die Ausübung zumeist schwerer körperlicher Tagelöhnertätigkeiten reduziert, wie auch kein Anspruch auf staatliche Fürsorge geltend gemacht werden konnte und die Wohnverhältnisse notgedrungen durch ein Mieterdasein geprägt waren, da der Erwerb von Haus- und Grundbesitz seit 1428 stets mit dem Besitz des Bürgerrechts gekoppelt war. Einschneidende Veränderungen erfuhr das bremische Bürgerrecht erst in den 1860er Jahren. Nachdem sich das große Bürgerrecht mit Handlungsfreiheit durch die Einführung der Gewerbefreiheit im Jahre 1861 überlebt hatte, wurde es zum 1. Januar 1863 aufgehoben und durch die Umsatzsteuer ersetzt, die gleichzeitig hoch angesetzten Kosten jedoch erst auf jahrelanges Drängen der opponierenden Bürgerschaft hin im Jahre 1869 gesenkt. Die Erlangung des Bürgerrechts war nunmehr erschwinglicher geworden. Die Bewohner des Bremer Stadtgebietes hatten 20 Thaler, die der Landgemeinden hingegen nur 10 Thaler an die Gemeindekassen zu zahlen.

Das Leben auf dem zum bremischen Staatsgebiet zählenden Lande mußte dem ersten Anschein nach mit erheblichen Vorteilen verbunden sein. Den einzelnen Landgemeinden, die das Bremer Stadtgebiet umschlossen, kam jedoch ein sehr unterschiedlicher Charakter zu. So bot ein ursprünglich agrarisch genutztes Gebiet wie das erst spät, im Jahre 1902, eingemeindete Schwachhausen zweifelsohne eine reizvolle Lage, die das Bürgertum denn auch zu schätzen wußte, indem es sich dort imposante Villen errichten ließ. Eine solche, in späteren Jahren als Gunstwohnlage ersten Ranges geltende, überwiegend von wohlhabenden Bevölkerungskreisen bewohnte Gegend hatte mit vielen anderen Bremer Landgemeinden, die sich im Zuge der Industrialisierung zu ausgesprochenen Arbeiterbezirken entwickelten, wenig gemein. Allerdings entsprach das Wohnen auf dem Lande keinesfalls dem sich hartnäckig haltenden, durch romantisch-verklärte Vorstellungen geprägten Mythos einer gesunden Idylle im Grünen, wie auch die vermeintlich beschaulichen, vorindustriellen Wohnverhältnisse in der Stadt[30] an der historischen Realität vorbeizielten.[31]

Die Landgemeinde der Lehnstätter Feldmark hatte indessen Ende der 1860er Jahre zusehends ihre primär ländlichen Züge verloren. Zwar überwog auch zu diesem Zeitpunkt noch die agrarische Nutzung, das östliche Gebiet rund um den Buntentorsteinweg aber war seit der Mitte des 19. Jahrhunderts durch eine kontinuierliche Expansion sowohl des um zahlreiche Neubauten aufgestockten Wohnhausbestandes als auch der sich deutlich vermehrten Einwohnerzahlen gekennzeichnet, während im äußersten Westen des künftigen Hohentorviertels eine neue Grenze Gestalt angenommen hatte, da bereits im Jahre 1867 die dort verlaufende Eisenbahnstrecke nach Oldenburg fertiggestellt und in Betrieb genommen worden war. Der permanente, wenn auch gegenüber dem enormen Bevölkerungswachstum im letzten Viertel des 19. Jahrhunderts noch schwache Zustrom neuer Wohnverbände hatte die Einwohnerzahlen dieses Landgebietes bis zum Jahre 1871 merklich ansteigen lassen. Für die 4.761 Personen zählende Wohnbevölkerung standen mittlerweile 810 Gebäude bereit, so daß im Durchschnitt jedes Wohnhaus 5,9 Bewohner bzw. 1,35 Haushaltungen beherbergte.[32] Die Anlegung neuer Straßen, die lebhafter gewordene Bautätigkeit, der zunehmende Verkehr und der stete, in erster Linie die Reihen der Arbeiterbevölkerung erweiternde Zuzug neuer Bewohner sowie die Ansiedlung kleinerer Betriebe hatten dieser Landgemeinde inzwischen typisch vorstädtische Merkmale verliehen. Gleichzeitig brachte diese Entwicklung umfangreichere und neue Anforderungen an die Verwaltung dieses bereits den Rahmen ländlicher Verhältnisse sprengenden Gebietes mit sich, denen das für alle öffentlichen Belange zuständige Gremium der Landgemeinde nicht mehr gewachsen zu sein schien.

Dennoch trug der Bremer Senat den gewandelten Verhältnissen am Buntentorsteinweg nicht Rechnung. Am 28. Dezember des Jahres 1870 war vielmehr ein Gesetz in Kraft getreten, das die Verordnung vom 1. März des Jahres 1850, die Gemeindeverfassungen der Landgemeinden betreffend, aufhob und die öffentlichen Verhältnisse der bürgerlichen Gemeinden des Landgebietes neu regelte. Gemäß Paragraph 131 wurde dem Gebiet des Buntentorsteinweges bis auf weiteres der Status einer Landgemeinde erteilt und die Zusammenfassung desselben mit der Feldmark Neuenland verankert. Dieses Gesetz gab den entscheidenden Ausschlag für die in den Folgejahren anhaltenden Bemühungen vornehmlich der Einwohner des Buntentorsteinweges, die Eingemeindung ihrer Landgemeinde in das Bremer Stadtgebiet zu forcieren.

Als unmittelbare Reaktion auf die Verabschiedung des Gesetzes richteten die Anwohner des Buntentorsteinweges im Januar 1871 ein erstes Schreiben an den Bremer Senat, mit dem sie um den Anschluß an das bremische Stadtgebiet und die Gleichstellung ihrer Landgemeinde nachsuchten. In dem unverkennbaren Bemühen, den am Buntentorsteinweg herrschenden Verhältnissen zugkräftige Argumente für die Eingemeindung abzugewinnen, verwiesen sie auf den Widerspruch, einerseits seit geraumer Zeit polizeilichen Vorschriften zu unterliegen, die auch im Bremer Stadtgebiet zur Anwendung kamen, andererseits aber nunmehr eine Gleichbehandlung mit der Feldmark Neuenland zu erfahren. Ungeachtet ihres vordringlichen Anliegens, einen städtischen Status zu erlangen, vermochten die sich für die Eingemeindung ihres Wohngebietes stark machenden Antragsteller ihre mit Unverständnis gepaarte Empörung über die Gleichsetzung mit der

Bauernschaft Neuenland nicht zu verhehlen; denn die Buntentorbewohner besaßen offensichtlich ein städtisches Selbstverständnis:

"Schon die äußere Gestaltung des Steinweges, (...) die dicht gedrängte Lage der Häuser, die fast unmittelbare Anlehnung an die Stadt, der alljährlich wachsende Verkehr, die vom Hauptwege an den verschiedensten Stellen ausführenden Straßen, dies Alles trägt einen von Dorf- und Bauerschaften, zumal der nach dem gedachten Gesetze hierfür gehörigen Feldmark Neueland, so sehr verschiedenen Charakter, daß schon hieraus die gleiche Behandlung beider Gegenden als etwas Abnormes erscheint. (...) Unter diesen Umständen bedingt das neue Gesetz für den Buntenthorssteinweg, dessen Anwohner sich seit lange gewöhnt haben ihre Gegend als eine Art Vorstadt zu betrachten, nicht nur einen Stillstand, sondern es enthält geradezu einen ganz bedeutenden Rückschritt. Es wird dem Steinweg mit seinen mehr als 3000 Seelen einerseits der Charakter einer Dorfschaft aufgeprägt, andererseits aber unterliegt er den schon angedeuteten polizeilichen Bestimmungen eben wegen der Nähe der Stadt, sowie wegen seiner gedrängteren Lage, mehr als jede andere Gemeinde; er wird dadurch in eine Zwitterstellung hineingedrängt, die nach jeder Seite hin Unannehmlichkeiten im Gefolge haben muß."[33]

Trotz allen Nachdrucks, den die Bittsteller ihrem Ansinnen zu verleihen suchten, rief die Petition zunächst keinerlei Veränderungen hervor. Der bestehende Status als Landgemeinde blieb noch für mehrere Jahre aufrechterhalten. Schien das Gesuch wirkungslos verhallt zu sein, so hatte es behördenintern sehr wohl eine rege Betriebsamkeit ausgelöst, die zur Niedersetzung zweier Deputationen aus Bürgerschaft und Senat führte. Die "Eingemeindungsfrage Buntentorsteinweg" kam in den folgenden Jahren nicht mehr vom Tisch, wenngleich eine diesbezügliche Beschlußfassung bewußt hinausgeschoben wurde. Nicht ohne guten Grund hatte sich etwa Senator Lürmann als Landherr für das Gebiet am linken Weserufer unmittelbar nach Eingang der Petition zu Beginn des Jahres 1871 dafür ausgesprochen, diese Angelegenheit ruhen zu lassen, bis die Frage des Anschlusses eines Teils der betreffenden Landgemeinde an den Zollverein geklärt sei,[34] da von dieser Entscheidung nicht zuletzt maßgeblich die Höhe der in Aussicht stehenden Steuereinnahmen für Bremen abhing. Durch die jahrelange Hinauszögerung der Eingemeindung machten Bürgerschaft und Senat den sprichwörtlich langsam mahlenden Mühlen der Behörden in diesem Falle alle Ehre.

Doch auch die Bewohnerschaft des Buntentorsteinweges ergriff erst nach annähernd vier Jahren erneut die Initiative. Mit einem zweiten Gesuch vom 25. Oktober des Jahres 1874 brachten sie abermals ihren Unmut über die unangemessene ländliche Gemeindeordnung der "*zukünftigen Fabrikstadt*" und die damit verbundenen Benachteiligungen, wie "*die ungerechte Vertheilung der Steuern für die Landwege und viele sonstige Übelstände*"[35] zum Ausdruck. Die Lage am Buntentorsteinweg hatte sich offenbar zugespitzt; denn nur wenige Tage später sah sich der Gemeindeausschuß veranlaßt, den Kommissarien der betreffenden Deputation einen umfangreichen Bericht über die aus den Fugen geratenen Verhältnisse in ihrer Landgemeinde vorzulegen, um auf eine baldige Beschlußfassung seitens des Senats und der Bürgerschaft zu dringen. Die Gemeindevertreter ließen in ihrer minuziösen Zustandsbeschreibung keinen Zweifel an der Überforderung durch ihre derzeitigen Aufgaben und der Unzulänglichkeit ihrer Kompetenzen, so daß allen Beanstandungen der lautstarke Ruf nach staatlichen Lenkungsmaßnahmen folgte. Die Wegeordnung etwa gab insofern Anlaß zur Klage, als sie den Bewohnern hohe Steuern für die Herstellung und Unterhaltung der Landstraßen abverlangte, obwohl die Kanalisierung, Pflasterung und Unterhaltung der an die Gemeinde abgetretenen Straßen wegen fehlender Arbeitskräfte nicht vorschriftsgemäß realisiert werden konnten. Der Gemeindevorsteher sah zudem das zumutbare Maß seiner ehrenamtlichen Tätigkeit weit überschritten. Sein Zuständigkeitsbereich umfaßte sowohl die mit dem Unterstützungswohnsitz und Armenwesen verbundenen Belange als auch die Begutachtung der Bauanträge. Letztere hatten sich in den ersten neun Monaten des Jahres 1874 auf 219 Wohnhäuser, mehrere Schlachtereien, Tischlerwerkstätten und Stallbauten sowie eine Zigarrenfabrik und verschiedene andere Bauvorhaben summiert. Zahlreiche Straßen waren hingegen von den Grundeigentümern willkürlich angelegt worden.

Waren all diese Mißstände, wie auch die geforderte Errichtung von Marktplätzen, nach Auffassung des Gemeindeausschusses durch zukunftsorientierte staatliche Planungsmaßnahmen zu beheben, so wurde die überkommene, noch immer geltende Gemeindeordnung als Hauptursache der durch verschärfte Auseinandersetzungen geprägten, mittlerweile unhaltbaren Situation in der Landgemeinde angesehen. Einen wesentlichen Bestandteil der ländlichen Gemeindeordnung bildete das auf den Grundbesitz ausgerichtete Stimmrecht der Gemeindemitglieder, das den 17 Vollbauern mit je 44 Stimmen den größten Stimmanteil sicherte, gefolgt von den acht Halbbauern (je 22 Stimmen), den 18 Köthern (je 6 Stimmen) und den 353 Hauseigentümern (je 2 Stimmen), während die 500 Mieter dieses Gebietes mit nur je einer Stimme am untersten Ende der Stimmskala plaziert waren. Stimmberechtigung besaßen in diesem Jahr mithin nur 896 der mittlerweile rund 7.000 Bewohner zählenden Landgemeinde. Die Wirkungslosigkeit verschiedener Versammlungen, deren Beschlußfähigkeit mehrfach an den Stimmverteilungen der anwesenden Gemeindemitglieder gescheitert war, hatte sich offenkundig nachhaltig auf das politische Klima ausgewirkt und insbesondere in der überwiegend proletarischen Wohnbevölkerung mit heftigen Reaktionen einhergehende Mißfallensbekundungen ausgelöst, die der Gemeindeausschuß nicht zuletzt der auferzwungenen Vereinigung der Bewohner des Buntentorsteinweges mit der Bauernschaft aus dem Neuenland zuschrieb, "*da dieselben (...) keinerlei Zusammengehörigkeit empfinden.*"[36] Der sich breit machenden politischen Unruhe galt die entsprechende Sorge:

"Diese Übelstände haben wesentlich zur Folge, daß die Arbeiterbevölkerung des Buntenthorssteinweges fortwährend in einer gewissen politischen Erregung gehalten wird, ohne durch verantwortliche Thätigkeit in gemeinsamen Angelegenheiten der Selbstverwaltung das nöthige beruhigende Gegengewicht zu haben. Das kann natürlich nie, zumal nicht bei einer wachsenden Arbeiterbevölkerung gute Früchte bringen."[37]

Aber auch die zunehmenden Diebstähle, Unruhestiftungen durch Betrunkene, Belästigungen auf den Straßen und Beschädigungen an Privateigentum ließen um die Sicherheit in der Landgemeinde fürchten, so daß die zur Verstärkung des von zwei Landjägern und einem Nachtwächter nicht mehr zu gewährleistenden Schutzes erhobene Forderung nach einem größeren Polizeiaufgebot nahe lag. Zwecks positiver Einstimmung des Senats auf den erbetenen Anschluß ihrer Landgemeinde an die Stadt nutzte die Gemeindevertretung denn auch die Gelegenheit zur Avisierung der aus dem wachsenden Wohlstand am Buntentorsteinweg entstehenden Mehreinnahmen für den Staat.

Die erwünschte Ordnung, Ruhe und Sicherheit sollten allerdings am Buntentorsteinweg so bald nicht einkehren. Erst am 10. März 1875 legte die vom Bremer Senat eigens zur Beratung über die Vereinigung einiger Teile des Landgebiets mit der Stadt eingesetzte Deputation der Bremer Bürgerschaft ihren Bericht zur Beschlußnahme vor. Dabei folgten die sich mehrheitlich für den Anschluß des Buntentorsteinweges aussprechenden Deputationsmitglieder weitgehend der Argumentation des Gemeindeausschusses:

"Dieser Gebietstheil ist in Wirklichkeit bereits eine Vorstadt Bremens. (...) Die gesammte Bevölkerung ist, etwa von den neun Landwirthen abgesehen, in ihren Lebens- und Erwerbsverhältnissen auf die Stadt hingewiesen. Es ist mit Sicherheit zu erwarten, daß (...) die Bevölkerung in diesem der Stadt zunächst belegenen Theile des neuen Zollgebietes in den nächsten Jahren noch weit rascher als in letzter Zeit anwachsen und daß sehr bald die ganze Feldmark mit in ihrer Mehrzahl Städtern gehörenden Fabrikanlagen und Arbeiterwohnungen bebaut sein wird. Diese rasche Entwickelung des Verkehrs fordert eine städtische Verwaltung, der Landgemeindeordnung ist der Buntenthorssteinweg entwachsen, die auf die Vertretung landwirthschaftlicher Interessen gegründete Gemeindeverfassung ist für ein städtisches Gemeinwesen nicht geeignet."[38]

Tatsächlich hatte der im Jahre 1874 beschlossene, aber erst am 4. November 1875 rechtskräftig vollzogene Anschluß des Buntentorsteinweges an den Zollverein bereits die vermehrte Niederlassung industrieller Betriebe entscheidend begünstigt. So hatte beispielsweise die renommierte Bremer Brauerei Remmer schon im Jahre 1873 am Buntentorsteinweg eine Lagerbier-Brauerei gegründet. Im Folgejahr war von den Inhabern der in der östlichen Vorstadt gelegenen Silberwarenfabrik Koch & Bergfeld ein weitflächiges, 32.268m^2 umfassendes Grundstück am Kirchweg erworben worden, auf dem die neuen Betriebsgebäude rasch Gestalt annahmen. Schon 1875 erfolgte der Umzug von der östlichen in die künftige südliche Vorstadt mit mehr als 100 Arbeitern. Das gewaltig expandierte Unternehmen nahm hier noch im gleichen Jahr die Produktion auf und sorgte fortan für ein nennenswertes Arbeitsplatzangebot vornehmlich für Arbeiter und Handwerker des Metallgewerbes.[39]

In Anbetracht der früh einsetzenden Entwicklung vermehrt aus dem bremischen Stadtgebiet abwandernder Betriebe hob die berichterstattende Deputation des Bremer Senats die gebotene Dringlichkeit der Eingemeindung dieses bei der Warenausfuhr künftig nicht mehr dem Zoll unterliegenden Gebietes hervor. Infolge der sich im Rahmen behördeninterner Debatten herauskristallisierten Bedenken, durch den Anschluß des Buntentorsteinweges habe die Stadt unverhältnismäßig hohe finanzielle Belastungen zu erwarten, war insbesondere das Armenwesen einer eingehenden Prüfung unterzogen worden. Die Armenpflege lag in der Zuständigkeit der Landgemeinde, deren Gemeindeausschuß aus den Reihen der Gemeindemitglieder sechs zuständige Armenpfleger für eine Amtsdauer von je drei Jahren wählte. Die erforderlichen Mittel zur Armenunterstützung setzten sich aus den obligatorisch zu zahlenden Beiträgen der Einwohner in Höhe von mindestens fünf Pfennigen pro Woche und städtischen sowie staatlichen Zuschüssen zusammen. Die Verwaltung des städtischen Armenhauses ließ der Armenverwaltung am Buntentorsteinweg einen jährlichen Zuschuß in Höhe von 738,53 Mark zukommen, während die Staatskasse 340 Mark pro Jahr zur Unterstützung der Kinder mittelloser Eltern für Schulgelder zahlte. Entstehende Defizite wurden aus der Gemeindekasse gedeckt.[40] Da die entrichteten Beiträge der Einwohner sich bisher als ausreichend erwiesen hatten, verwarf die mit der Begutachtung betraute Senatsdeputation alle diesbezüglich erhobenen Einwände als unbegründet. Der gleichzeitig erstellte Gesetzentwurf zur Festlegung sämtlicher mit der Einbindung der Landgemeinde in das bremische Stadtgebiet in Kraft tretenden Rechte bildete die Grundlage für die in den folgenden Monaten sowohl innerhalb der verschiedenen Bremer Behörden als auch zwischen Bürgerschaft und Senat geführten Verhandlungen, die Ende des Jahres 1875 zum Abschluß kamen.

Das am 29. Dezember 1875 verabschiedete "Gesetz, die Vereinigung einiger Theile des Landgebiets mit der Stadt Bremen betreffend"[41] verlieh demjenigen Teil der Landgemeinde Buntentorsteinweg-Neuenland einen städtischen Status, der gleichermaßen dem 1874 entworfenen Bremer Bebauungsplan wie den Vorstellungen der sich von der Bauernschaft des Neuenlandes distanzierenden Bewohner entsprach. Der neue, nunmehr als "Südliche Vorstadt" bezeichnete Bremer Stadtteil erhielt großzügig gesetzte Grenzen, die im Westen von der Oldenburger Eisenbahn, im Norden von der Kleinen Weser, im Osten von der Huckelriede und im Süden von der Neuenlander Straße markiert wurden. Diese Grenzen waren mit Bedacht gewählt, dienten sie doch nicht nur der klaren Trennung des vorstädtischen vom ländlichen Gebiet, sondern kennzeichneten vielmehr auch den

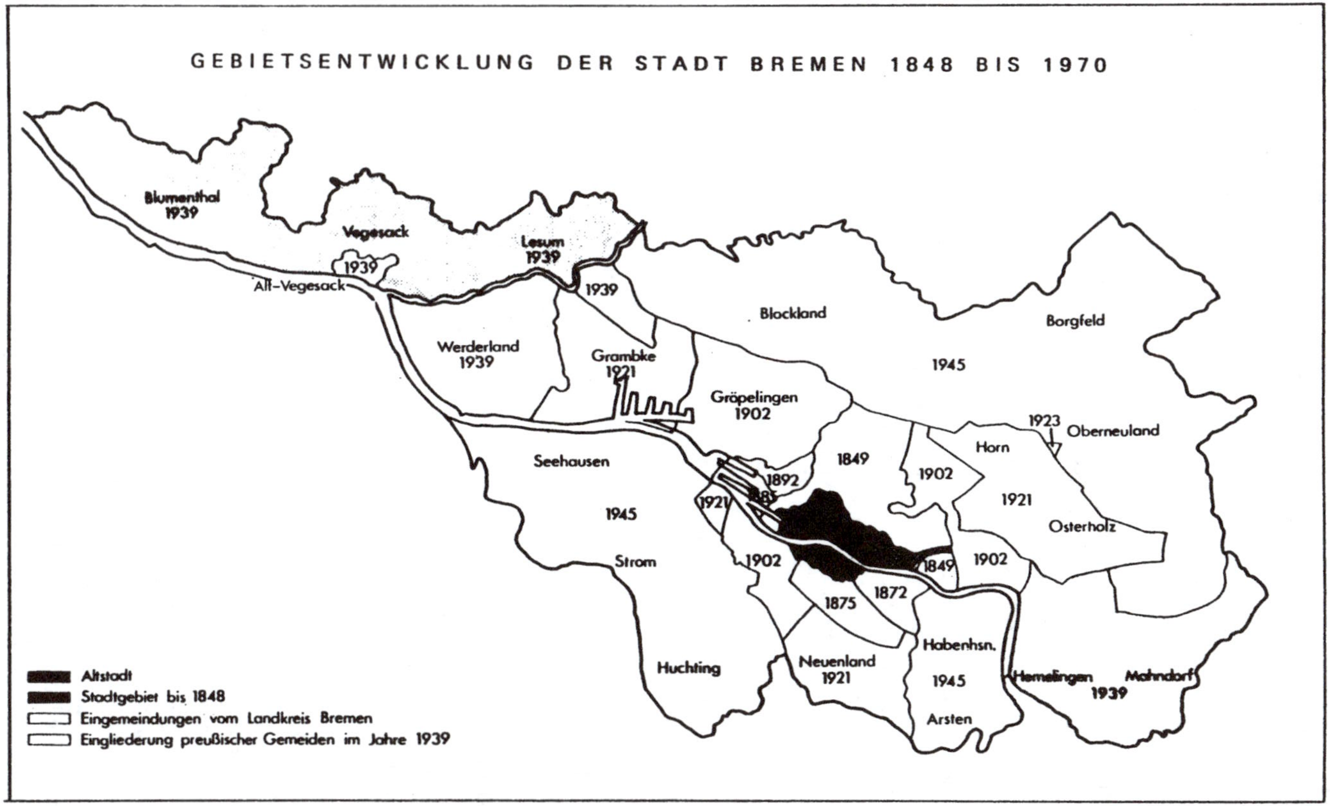

Gebietsentwicklung der Stadt Bremen 1848 bis 1970

fortan geltenden Rahmen des zur Konsumtionsabgabe herangezogenen Gebietes. Eine selbständige Verwaltung wurde der südlichen Vorstadt mangels geeigneter Organe und eines fehlenden technischen Apparates nicht erteilt.[42] Mit Ausnahme einiger auf das Landgebiet zugeschnittener Verordnungen unterlag der Stadtteil fortan dem geltenden stadtbremischen Recht. Das Polizei-, Schul- und Armenwesen wurden den städtischen Behörden übertragen und das gesamte, in erster Linie Immobilienbesitz umfassende Vermögen[43] der Stadt überschrieben.

Ging die Eingemeindung der südlichen Vorstadt demnach zwar auf die Initiative der schon im Jahre 1871 hartnäckig ihre Forderungen vertretenden Einwohner des ehemaligen Landgebietes am Buntentorsteinweg zurück, so wurde diesen Ansprüchen doch erst annähernd fünf Jahre später entsprochen, als der Anschluß dieses bereits dem Zollverein angehörenden Gebietes auch den zuständigen Bremer Behörden notwendig und nicht zuletzt lukrativ erschien.

Die nahezu zeitgleich erfolgte Eingliederung in den Zollverein und in das bremische Stadtgebiet war für die Bewohner der südlichen Vorstadt jedoch keinesfalls gleichbedeutend mit dem lange Zeit erhofften Anbruch besserer Zeiten; denn Bremen ließ sich die mit gleichwohl hohen Eigeninvestitionen verbundene Eingemeindung dieses Gebietes künftig teuer bezahlen. Im Jahre 1875 waren neben dem Buntentorsteinweg auch die am linken Weserufer gelegenen Landgemeinden Arsten, Habenhausen, Neuenland und ein Teil von Woltmershausen sowie das rechts der Weser befindliche Vegesack dem Zollverein angeschlossen worden. Bremen hatte hingegen, ebenso wie Hamburg, seinen Beitritt zum Zollverein verweigert. Während das bremische Stadtgebiet mit seinen bis 1875 bestehenden Grenzen weiterhin zum Zollausland zählte, gehörten Teile des Landgebietes und seit Eingmeindung der südlichen Vorstadt nunmehr auch vorstädtisches Areal dem Zollinland an. Demzufolge hatte Bremen seit der Gründung des Norddeutschen Bundes für seine Sonderstellung eine Ablösungssumme, das sogenannte Aversum, als Ausgleich für den Zollverlust zu zahlen und war überdies, wie alle Bundesstaaten, zur Abführung eines Bundesbeitrages an das Reich verpflichtet.[44] Solange Bremen seinen zollausländischen Status bewahrte, blieben die nicht unerheblichen, aus den Konsumtionsabgaben zufließenden Einnahmen gesichert. Die Entrichtung der Steuerabgaben auf verschiedenste Gegenstände des örtlichen Verbrauchs wurde von eigens zu diesem Zweck eingesetzten Beamten in den auf Staatsgrundstücken errichteten Erheberhäusern kontrolliert. Die Eingemeindung der im Zollinland belegenen südlichen Vorstadt erforderte allerdings eine Ausweitung der bestehenden Konsumtionsabgabenlinie, da die beiden am Buntentor und am Hohentor existierenden Erheberposten vom zuständigen Generalsteueramt als unzureichend erachtet worden waren.[45] Doch Bremen hatte zwecks Eingemeindung dieses als einträglich eingeschätzten neuen Stadtteils keine Kosten gescheut. Die durch Grundstückserwerb, infrastrukturelle Maßnahmen und Baukosten, etwa zur Errichtung einer Schule, eines Polizeilokals und einer neuen Konsumtionserheberstelle, zustandegekommenen außerordentlichen Ausgaben schlugen mit insgesamt 184.223,61 Mark zu Buche. Diesem hohen Kostenaufwand standen einmalige Einnahmen in Höhe von 105.663,90 Mark gegenüber, die Bremen aus dem übernommenen Immobilienbesitz und der Gemeindekasse dieser ehemaligen Landgemeinde zukamen. Das dem ersten Anschein nach entstandene Defizit machte Bremen jedoch sowohl durch eine für die südliche Vorstadt erhaltene Nachsteuer über 35.500,38 Mark[46] als auch durch beachtliche Mehreinnahmen der den Bewohnern dieses jüngst eingemeindeten Stadtteils abverlangten Steuern wieder wett.

Eingemeindung und Zollanschluß hatten die südliche Vorstadt in eine rechtliche "Zwitterstellung" gedrängt, die den Einwohnern nicht nur eine vom zollausländischen bremischen Stadtgebiet abweichende Besteuerung auferlegte, sondern überdies in einer doppelten Benachteiligung gegenüber anderen zum Zollinland zählenden Bremer Landgemeinden mündete. So entrichteten die Südervorstädter alle Zölle und Verbrauchssteuern und wurden darüber hinaus zur Zahlung des von Bremen an das Reich abzuführenden Aversums herangezogen. Allein im Jahre 1876 summierte sich die steuerliche Benachteiligung dieses Stadtbezirks auf 35.980,87 Mark. Da mit Ausnahme der südlichen Vorstadt allen 1875 dem Zollverein angeschlossenen Teilen des Bremer Staates auf Grundlage des Gesetzes vom 25. November 1875 eine Steuererstattung gewährt wurde, richteten die Südervorstädter im Mai des Jahres 1878 eine Petition an den Bremer Senat, um auch für ihren Stadtteil eine Steuerermäßigung zu erwirken.[47] Der 1874 noch voller Zuversicht vom Gemeindeausschuß der ehemaligen Landgemeinde Buntentorsteinweg-Neuenland angekündigte Wohlstand hatte sich allen Erwartungen und Hoffnungen zum Trotz nicht eingestellt. Von einer rasch voranschreitenden Industrialisierung, die der beständig anwachsenden Stadtteilbevölkerung mit der Schaffung neuer Arbeitsplätze zur Sicherung des Lebensunterhalts hätte verhelfen können, konnte keineswegs die Rede sein, wohl aber von blühendem Schmuggel am Buntentor.[48] Die veränderten Verhältnisse in der südlichen Vorstadt hatten vielmehr die steuerlichen Belastungen enorm verstärkt und die in diesen Jahren herrschende Krise die Zahl der Arbeitslosen gerade in einem überwiegend von Arbeitern bevölkerten Stadtviertel drastisch erhöht. Die Bedürftigkeit ortsgebürtiger und zugewanderter Bewohner nahm von Jahr zu Jahr zu und ließ allein die Kosten der Armenunterstützung für die südliche Vorstadt von 14.049,75 Mark im Jahre 1876 im Folgejahr auf 18.604,55 Mark in die Höhe klettern, so daß die stadtbremische Armenpflege unter Berücksichtigung aller weiteren Fürsorgeausgaben und nach Abzug der von den Einwohnern gezahlten Beiträge diesen Stadtteil jährlich mit 30.000 Mark bezuschußte.[49] Nicht Prosperität, sondern mehr und mehr um sich greifende Armut prägte in der zweiten Hälfte der 1870er Jahre dieses Viertel.

Der von Bewohnern der südlichen Vorstadt im Jahre 1878 um Unterstützung ersuchte Bremer Senat machte sich indessen mehrheitlich die Haltung zu eigen, eine Beurteilung des bisherigen Ausbleibens einer zügigen industriellen Entwicklung in diesem Stadtteil als verfrüht abzulehnen, und hing zudem der Auffassung an, den Südervorstädtern eine Steuererleichterung zu verwehren, da sowohl der Zollanschluß als auch die Eingemeindung auf Wunsch der Grundbesitzer zurückgingen und diese nunmehr die Kosten ihres letztlich selbst geschaffenen Problems zu tragen hätten. Widerspruch gegen diese Einschätzung der Lage in der südlichen Vorstadt erhob einzig Senator Albert Gröning:

"*Zu dem Gesuch von L. Krämer und Genossen, Bewohner der Südervorstadt, Anwendung des Gesetzes vom 25. Nov. 1875 auf diese, bin ich von Anfang an der Ansicht gewesen, daß den Bewohnern der Südervorstadt zu wehe geschehe. Ich kann nicht zugeben, daß der Anschluß lediglich im Interesse der dortigen Grundbesitzer erfolgte, vielmehr war ein Hauptgrund, ich glaube bei Vielen der ausschlaggebende, der, daß das Interesse einer ausreichenden Staatsverwaltung, Polizei etc. für die Südervorstadt nur durch den Anschluß zu sichern war. Auch kommen nicht nur die Grundbesitzer, sondern ebensowohl die Miether in Betracht. Thatsächlich bezahlt jetzt die Südervorstadt den Zoll und gleichzeitig ihren Antheil an dem wegen Zollfreiheit zu entrichtenden Aversum; daß das gerecht sei, wird den Leuten niemals einleuchten.*"[50]

Eine schnelle Beschlußfassung in der selbst innerhalb des Senats umstrittenen Frage, ob die Steuerverhältnisse der südlichen Vorstadt einer Revision bedurften, stand nicht in Aussicht. Die Bürgerschaft[51] entledigte sich im April des Jahres 1879 der Lösung dieses Problems, indem sie die Empfehlung aussprach, diese Angelegenheit der Steuerdeputation zu übertragen, der denn auch per Senatsbeschluß unverzüglich der Auftrag erteilt wurde, nur solche Vorschläge zur Neuregelung der steuerlichen Verhältnisse zu unterbreiten, die keine Verluste in den bisherigen Einnahmen der Staatskasse nach sich ziehen würden.[52] Im gleichen Jahr reichten die Südervorstädter zur Beschleunigung des noch immer in der Schwebe befindlichen Vorgangs abermals ein Gesuch an den Senat. Mit dieser mehrseitigen, von 362 Bewohnern unterzeichneten Eingabe wurde die Forderung nach einer bis 1875 rückwirkend zu leistenden, jährlichen Entschädigung in Höhe von 82.000 Mark erhoben - eine Summe, die der Bremische Staat durch die Eingemeindung und den Zollanschluß der südlichen Vorstadt alljährlich an Aversum[53] einsparte und diesem Stadtteil nunmehr für infrastrukturelle Maßnahmen, wie Kanalisation und Straßenbau, bereitstellen sollte. Überdies beantragten die Petenten den Entwurf eines Gesetzes, das den Bewohnern der südlichen Vorstadt für mehrere Jahre die gesamte Konsumtionsabgabe sowie die Wasser- und Erleuchtungssteuer erließ.[54]

Erst im April 1880 verkündete die Bürgerschaft in Anlehnung eines von Senator Gröning und der Steuerbehörde initiierten Lösungsvorschlages[55] ihren Beschluß, die Konsumtionsabgabe für die Südervorstadt mit Wirkung zum 1. Januar 1881 aufzuheben.[56] Mit diesem für die Bewohner der südlichen Vorstadt zweifellos vorteilhaften Beschluß löste die Bürgerschaft eine heftige, sich über Monate hinziehende senatsinterne Debatte aus. Waren sich Senat und Bürgerschaft über die Notwendigkeit, den Bewohnern der südlichen Vorstadt eine steuerliche Erleichterung zu verschaffen, auch einig, so fanden sie doch keinen Konsens in der Frage eines Ausgleichs für die Staatskasse. Demzufolge demonstrierte der Senat mit der Ablehnung des Bürgerschaftsbeschlusses am 23. April desselben Jahres seine Unnachgiebigkeit:

"*Nachdem aber die Bürgerschaft denjenigen Theil des Vorschlags, welcher die Schadloshaltung der Staatscasse bezweckt, abgelehnt hat, wird der so modificirte Antrag der Steuerdeputation für den Senat unannehmbar. Die Gründe, aus welchen es dem Senate nicht gerechtfertigt erscheint, der Staatscasse eine regelmäßige Jahreseinnahme von ungefähr M 30.000,- ohne Ersatz zu entziehen, werden bei der allgemein bekannten Lage unserer Finanzen einer weiteren Darlegung nicht bedürfen.*"[57]

Eine endgültige Beschlußfassung kam in dieser Frage jedoch nicht zustande, so daß die Bewohner der südlichen Vorstadt, deren auf eine baldige Änderung ihrer steuerlichen Überlastung abzielende Anstrengungen bis in das Jahr 1878 zurückreichten, letztlich das Nachsehen hatten, da ihre Forderungen nach rückwirkender Entschädigung nicht erfüllt wurden, sie auch weiterhin den geltenden Gesetzen unterlagen und gegenüber anderen Bremer Gebietsteilen benachteiligt blieben.

2. Bevölkerungsentwicklung, Bautätigkeit und Wohndichte

Kontinuierlich steigende Bevölkerungszahlen, eine vorrangig in den 1870er und abermals seit den 1890er Jahren erfolgende starke Erweiterung des Wohnungsbestandes, zunehmende Wohndichte und hohe Fluktuationsraten wiesen die südliche Vorstadt im Zeitraum von 1875 bis 1914 als eines der im Bremer Stadtgebiet am stärksten expandierenden, vornehmlich jedoch als ein in steter Bewegung befindliches Viertel aus.

Im Eingemeindungsjahr 1875 zählte die Wohnbevölkerung der südlichen Vorstadt 9.089 Personen, die sich mit 2.080 Haushaltungen auf 1.279 Häuser verteilten, so daß im Durchschnitt 1,63 Haushalte und 7,1 Bewohner auf ein bewohntes Gebäude entfielen.[58] Damit erreichte dieses Viertel im innerstädtischen Vergleich bereits früh eine hohe Belegungsquote, die zwar einen Gleichstand mit der (nördlichen) Bahnhofsvorstadt zeigte, dort allerdings in erster Linie auf die weite

Verbreitung von Dienstboten in diesem überwiegend von wohlhabenden Bevölkerungsteilen bewohnten, mit ebenso komfortablen wie stattlich großen Wohngebäuden bestückten Bezirk zurückging, in der südlichen Vorstadt hingegen das Resultat einer in vergleichsweise kleinen, häufig von Anbeginn mit baulichen Mängeln behafteten und minderwertig ausgestatteten einstöckigen, seltener indessen zweigeschossigen Häusern gedrängt lebenden Bewohnerschaft darstellte.

Wie in anderen deutschen Großstädten fiel das Kerngebiet der Altstadt auch in Bremen schon seit den 1840er Jahren mehr und mehr der zum einen durch das Vorrücken von Geschäftshäusern und öffentlichen Bauten, zum anderen durch den Rückgang von Wohnhäusern gekennzeichneten Citybildung zum Opfer, infolge derer die 1842 mit 26.372 Bewohnern erlangte höchste Bevölkerungsziffer fortan mit Ausnahme der 1880er Jahre unaufhaltsam im Sinken begriffen war und im Jahre 1900 nur noch 20.241 Einwohner aufwies. Die fortschreitende Citybildung erfaßte nach und nach auch die in ihrer Bewohnerzahl seit 1871 (6.728 Personen) annähernd stagnierende Bahnhofsvorstadt sowie Teile der an die Altstadt grenzenden östlichen Vorstadt und der am linken Weserufer gelegenen Neustadt. Verlief die Ausdehnung Bremens und mit dieser einhergehend der im städtischen Raum geographisch zu verortende Hauptzuwachs der Bevölkerung bis zur Mitte des 19. Jahrhunderts vor allem gen Osten, so deutete sich schon in den 1860er Jahren ein Richtungswechsel an, der zunächst den Westen ergriff und gegen Ende dieses Jahrzehnts den Süden als begünstigtes Stadterweiterungsgebiet mit dem höchsten Bewohneranstieg hervortreten ließ. Die östliche Vorstadt hatte bereits im Jahre 1880 einen sowohl in ihrem Baubestand als auch in ihrer Einwohnerzahl hohen, wenn auch nicht vollständigen Sättigungsgrad erzielt, wohingegen die über ausgedehntes Bauland verfügenden Vorstädte im Westen und Süden Bremens in den Folgejahrzehnten einen weiteren kräftigen Aufschwung in ihrer baulichen Ausgestaltung, der Ansiedlung von Betrieben und zuziehenden Bewohnern erfahren sollten.

Die von der tiefgreifenden Gründerkrise noch nachhaltig geprägten 1880er Jahre brachten in der südlichen Vorstadt mit insgesamt 106 fertiggestellten Häusern den im Kaiserreich geringsten Umfang an Neubauten hervor. Demgegenüber war die Einwohnerzahl für einen zehnjährigen Zeitraum zwar bescheiden, im Verhältnis zum gleichzeitig bereitgestellten Wohnungsangebot allerdings durchaus beachtlich - von 11.140 immerhin um 3.716 auf 14.856 Bewohner im Jahre 1890 - gewachsen. Die für das 19. Jahrhundert überaus spärlich und undifferenziert überlieferten Informationen bzw. Daten zur Zahl der Geburten und Sterbefälle sowie zur Zu- und Abwanderung in bzw. aus den verschiedenen Bremer Stadtteilen erlauben lediglich vage, auf den Aspekt des längerfristigen Verbleibs der auswärtig geborenen Zugezogenen in diesem Viertel beschränkte Aussagen zum Wanderungsgewinn. Mit 1.037 weiblichen und 1.119 männlichen Zugezogenen,[59] deren Zuwanderung infolge des von 1880 bis 1885 in Bremen zu registrierenden Wanderungsverlustes[60] mit größter Wahrscheinlichkeit in der sich durch einen allmählich durchsetzenden wirtschaftlichen Aufschwung auszeichnenden zweiten Hälfte dieses Jahrzehnts zu datieren sein dürfte und damit der von Langewiesche hervorgehobenen Parallelität von Wanderungs- und Konjunkturzyklen[61] entspräche, stellten die insgesamt 2.156 Zuwanderer in dieser Dekade den überwiegenden Anteil (58 Prozent) der konstatierten Bevölkerungszunahme. Dieses rein rechnerisch korrekte Ergebnis wird indessen nur einen Bruchteil der in den 1880er Jahren erfolgten Zuwanderung reflektieren; handelte es sich bei den 2.156 Zugezogenen doch ausschließlich um denjenigen Personenkreis, der auch 1900 noch in der südlichen Vorstadt anzutreffen war. Die bei der Volkszählung im Jahre 1900 erstmals nach ihrem Zuzugsjahr befragten, nicht aus dem Bremer Staatsgebiet stammenden Bewohner hatten dieses Arbeiterviertel somit dauerhaft als Wohnsitz gewählt, wie auch aus den 1903 publizierten Anmerkungen des für diese Erhebung federführend zeichnenden Direktors des Bremischen Statistischen Amts, Wilhelm Böhmert, "*in der südlichen Vorstadt leben besonders viele in dem Jahrzehnt 1881-1890 Zugewanderte*",[62] hervorging.

Ein Vergleich mit der sich in anderen Bremer Stadtbezirken zwischen 1880 und 1890 vollziehenden Bevölkerungsentwicklung und deren jeweiligen Zugewinns durch die gleichfalls bis 1900 verweilenden Zugewanderten[63] relativiert die zunächst vornehmlich unter Berücksichtigung ihrer Seßhaftigkeit durchaus hoch anmutende Zuwanderungsquote in der südlichen Vorstadt in erheblichem Maße. Der wirtschaftliche Aufschwung verursachte in allen Teilen des bremischen Stadtgebietes, zu dem die Alt- und Neustadt sowie die östliche, nördliche, westliche und südliche Vorstadt zählten, einen Zuwachs der Einwohnerzahlen. Obgleich die südliche Vorstadt nicht nur in ihrer absoluten, sondern weit mehr noch in ihrer relativen Bevölkerungszunahme (33,4 Prozent) in diesem Jahrzehnt die klare Spitzenposition einnahm, fiel ihr quasi als dauerhaft zu bezeichnender, anteiliger Wanderungsgewinn doch gleichzeitig am geringsten aus. Für einen langfristigen Verbleib entschieden sich die im vorletzten Jahrzehnt des 19. Jahrhunderts Zugewanderten offensichtlich weitaus häufiger, wenn sie sich in einem der am rechten Weserufer gelegenen Bremer Stadtteile niedergelassen hatten; denn auch in der "jenseits", mithin links des Flusses belegenen, direkt an die südliche Vorstadt grenzenden Bremer Neustadt blieb die Quote der 1.064 in den 1880er Jahren zugewanderten und dort im Jahre 1900 noch ansässigen Bewohner an dem in dieser Periode zu verbuchenden Bevölkerungsanstieg mit 67 Prozent ähnlich gering wie in der südlichen Vorstadt. Sowohl in der Altstadt als auch in den drei vorgelagerten Stadtbezirken im Osten, Norden und Westen hingegen überstieg der jeweilige Wanderungsgewinn das innerhalb dieser zehn Jahre zu verzeichnende Einwohnerplus beträchtlich. Zuwachsraten von 116 bis 194 Prozent, die ausschließlich von den zehn bis zwanzig Jahre in ihrem ursprünglichen Zuzugsviertel verweilenden Zuwanderern verursacht wurden, muten vordergründig paradox an, verdeutlichen jedoch lediglich ein weiteres, in diesem statistischen Befund indirekt zum Ausdruck gelangendes und das Mobilitätsgeschehen gleichermaßen prägendes Element: das der Zuwanderung kaum nachstehende Phänomen der Abwanderung.

Bleibt das im 19. Jahrhundert in Bremen aufgekommene jährliche Wanderungsvolumen, mithin das tatsächliche Ausmaß der Zu- und Abwanderung, auch unbekannt, so läßt der selbst den Wanderungsgewinn der seßhaft gewordenen Zuwanderer unterschreitende Bevölkerungsanstieg dennoch den Schluß zu, daß die Wegzüge - ob diese nun als innerstädtische Umzüge, als über die bremische Stadtgrenze hinausreichende Abwanderungen oder gar als Auswanderungen in ein anderes Land in die Tat umgesetzt wurden - aus diesen Bezirken in nennenswerter Größenordnung erfolgt sein mußten.[64] Zahlreiche Fortzüge aus der Stadt stellten allerdings keine ungewöhnliche Erscheinungsform dar, sondern spiegelten schlicht die Kehrseite der noch unlängst als ausschließliche Richtung der regionalen Wanderungsbewegungen im 19. Jahrhundert erachteten Zuwanderung in die Stadt.[65] Die geographische Mobilität in der Hochindustrialisierungsperiode erwies sich indessen als facettenreich. Dank der von Langewiesche durchgeführten grundlegenden Mobilitätsanalysen zählt heute zum gesicherten Wissen, daß die Wanderungen keineswegs eingleisig vom Land in die Städte führten, sondern vielmehr auch in umgekehrter Richtung, von den größeren Städten auf das Land, verliefen und mit diesem Ziel ungemein weite Verbreitung fanden, wie Langewiesche auf Basis der Auswertungen zeitgenössischer lokaler Statistiken belegen konnte: "*Die gesamte Abwanderung aus den Groß- und Mittelstädten (über 50.000 Einwohner) betrug aber 1881-1912 jedes Jahr im Durchschnitt aller Städte ca. 80 % der Zuwanderung.*"[66]

Die bis zur Jahrhundertwende merklich anschwellende Zuwanderungswelle erfaßte das gesamte bremische Stadtgebiet, fand in dem zwischen 1890 und 1900 zu verbuchenden Wanderungsgewinn von 15.213 Personen[67] aber, da das Wanderungsvolumen bekanntlich den Wanderungsgewinn erheblich übertraf,[68] zwangsläufig einen nur gänzlich unzureichenden Niederschlag. Mit einem in der ersten Hälfte der 1890er Jahre eher geringen, gegenüber dem zurückliegenden Jahrfünft gar rückläufigen, zwischen 1895 und 1900 jedoch deutlich hochschnellenden Wanderungsgewinn folgte die Zuwanderung offenbar weiterhin dem Konjunkturverlauf. Die im letzten Jahrzehnt des 19. Jahrhunderts in allen Bremer Stadtteilen drastisch gestiegenen Zahlen der 1900 noch an ihrem Zuzugsort weilenden Zuwanderer fingen das unverkennbare Ausmaß der Fortzüge bzw. Abwanderungen oder auch der Mortalität nachweislich nicht in jedem Bezirk auf, da sowohl die Neustadt (-320) als auch die Bahnhofsvorstadt (-335) durch ein leichtes Sinken um zwei bzw. fünf Prozent, die Altstadt (-2.831) gar durch einen starken, zwölf Prozent aufweisenden Rückgang ihrer Einwohnerzahlen gekennzeichnet waren. Eine gegenläufige Bevölkerungsentwicklung vollzog sich im Osten, Süden und Westen Bremens. Zwar erhöhte sich die Bevölkerungszahl in der östlichen Vor-

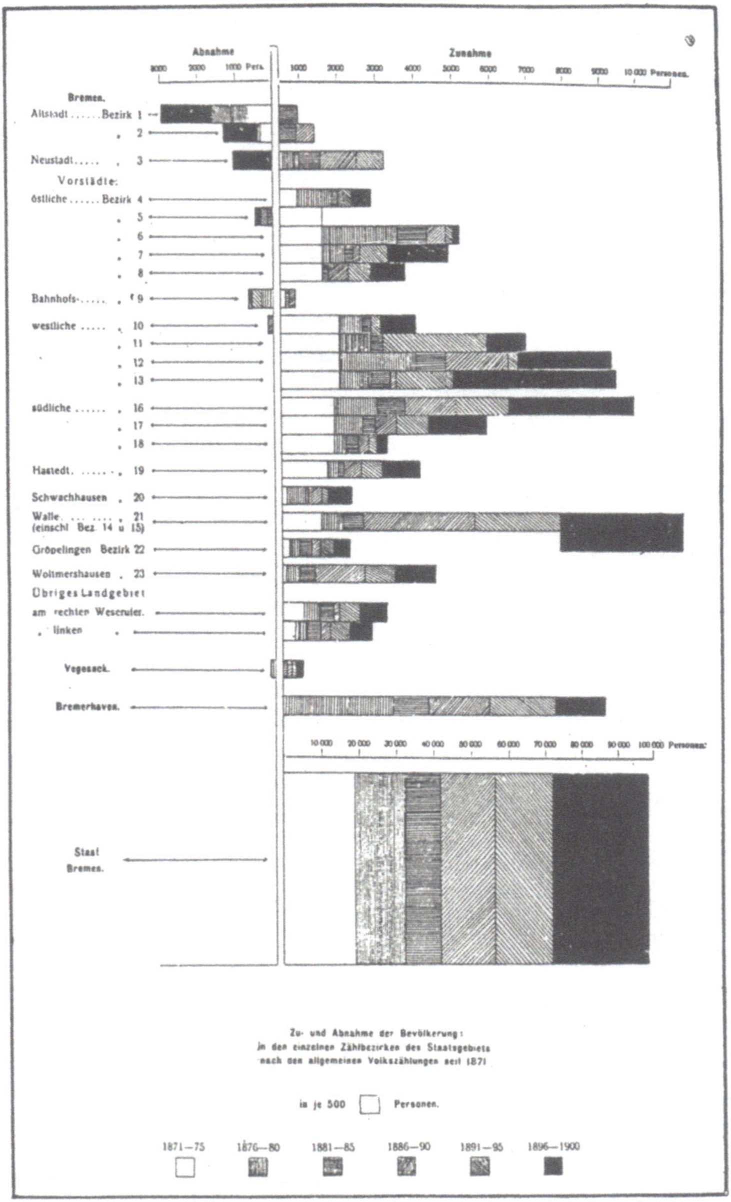

Bevölkerungsentwicklung in den statistischen Bezirken Bremens 1871-1900

stadt seit 1890 immerhin um 4.745 Personen (13 Prozent) und erlangte im Jahre 1900 eine stattliche Anzahl von 40.725 Einwohnern, doch hielt deren Zuwachs mit dem zu gleicher Zeit in der südlichen Vorstadt um 7.821 Personen (53 Prozent) als sprunghaft, in der westlichen Vorstadt um 27.149 Bewohner (91 Prozent) nachgerade als explosionsartig zu bezeichnenden Anstieg nicht annähernd Schritt. Die im letzten Jahrzehnt des 19. Jahrhunderts in die Höhe gekletterten Bevölkerungszahlen erreichten im Jahre 1900 in der südlichen Vorstadt einen Stand von 22.677 Bewohnern, während die Einwohnerschaft der westlichen Vorstadt zur Jahrhundertwende bereits 57.084 Personen zählte. Beide Arbeiterviertel hatten in diesem Jahrzehnt einen bemerkenswerten Zustrom von Ortsfremden erlebt, von denen 4.717 Zuwanderer in der südlichen und 15.036 auswärtig Geborene in der westlichen Vorstadt zumindest bis zum Jahre 1900 ansässig blieben, gemessen am jeweiligen Bevölkerungszuwachs aber nur 60 bzw. 55 Prozent ausmachten. In der östlichen Vorstadt erzielten die 9.742 Zuwanderer demgegenüber eine außerordentlich hohe, implizit erneut auf eine immense Fluktuationsrate verweisende Quote von 205 Prozent.

Die vorrangig in die Zentren erhöhter Arbeitsplatzangebote strebenden Zuwanderer fanden zwar insbesondere in den mit verstärktem Arbeitskräftebedarf einhergehenden Phasen wirtschaftlichen Aufschwungs häufig rasch eine ihrem primären Wanderungsmotiv entsprechende und sie damit - wenn auch nicht selten nur für kurze Zeit - der Sorge um den Lebensunterhalt entbindende Lohntätigkeit, keinesfalls jedoch immer eine ihrem Wohnbedürfnis entgegenkommende, befriedigende Unterkunft. So ging etwa dem lautstarken Ruf nach zahlreich benötigten Arbeitskräften für die ab 1887 zu bewerkstelligenden Arbeiten im Rahmen der Weserkorrektion und des Hafenbaus in Bremen durchaus nicht die Bereitstellung ausreichenden Wohnraums für die tatsächlich in Massen zuströmenden Arbeiter voraus. Vielmehr waren zwecks Erlangung geeigneter Zufuhrstraßen zum Freihafen im Bremer Westen zunächst mehrere mit Wohnhäusern bebaute und vollauf bewohnte Straßenzüge komplett abgebrochen worden, ohne indessen den Anwohnern dieser Straßen hinlänglichen Ersatz für den Verlust ihrer Wohnungen geboten zu haben. Die als Ausgleich zugedachten, in der westlichen Vorstadt von dem im Jahre 1887 gegründeten "Gemeinnützigen Bremer Bauverein" errichteten 27 Wohnungen und die in Woltmershausen flugs zusammengenagelten 52 Baracken glichen einem Tropfen auf den heißen Stein. Wer weder dort noch auf dem in diesen Jahren weitgehend leergefegten Mietwohnungsmarkt eine Bleibe fand, war wohl oder übel gezwungen, in der als Notunterkunft dienenden, zum Massenquartier umfunktionierten, von nun an stets voll belegten ehemaligen Kaserne am Hohentor, im südlichen Teil der Neustadt, ein Unterkommen zu suchen. Die Obdachlosigkeit blieb eine ständige Begleiterscheinung der sich in den späten 1880er Jahren zuspitzenden Wohnungsnot, zu deren Opfern nicht nur die buchstäblich das Dach über dem Kopf verlorenen Bewohner der zum Abriß freigegebenen Häuser in Hafennähe oder etwa die den ärmsten Bevölkerungskreisen angehörenden, sich selbst zur Zahlung eines geringen Mietzinses außerstande sehenden Einwohner, sondern sehr wohl auch liquide, an der Wohnungssuche gescheiterte Personen zählten, wie dem sehr eindringlich auf diesen Notstand ver weisenden Bericht der Armenpflege für das Jahr 1887 zu entnehmen war:

"Der Ortsarmenverband (Armenpflege) ist verpflichtet, Hilfsbedürftigen ein Obdach zu gewähren. Unter den Familien, die obdachlos werden, sind jedoch sehr viele, welche an sich gar nicht hilfsbedürftig sind; sie wollen und können Miete bezahlen, es fehlt aber an Mietwohnungen. Für diese zu sorgen ist daher nicht Sache der berichterstattenden Behörde, dessen ungeachtet glaubt sie sich verpflichtet, auch auf die nicht hilfsbedürftigen Obdachlosen die Aufmerksamkeit zu lenken und anheim zu geben, staatliche Fürsorge für dieselben in Erwägung zu ziehen."[69]

Die auch im Folgejahr nicht abreißende Wohnungsnot eroberte den Platz eines sozialpolitischen Themas ersten Ranges und bildete fortan den Gegenstand heftiger, vornehmlich um die Frage staatlicher Eingriffe zur Behebung des akuten Wohnungsmangels kreisender Auseinandersetzungen, die selbst auf höchster politischer Ebene eine Spaltung in zwei Lager hervorrief. Stieß der von der Armenpflege im Jahre 1888 angeregte Bau vier weiterer, jeweils mit siebzehn Mietwohnungen versehener Baracken durch den Staat bei dem Bremer Senat auf Anklang, so verweigerte die Mehrheit der Bürgerschaft ihre Zustimmung zur diesbezüglichen Verwendung der mit 54.000 Mark veranschlagten Haushaltsmittel mit der als Hauptargument ins Feld geführten Begründung, die Herstellung von Wohnungen auf Staatsrechnung fördere einerseits eine ungesunde Konkurrenz der vielmehr gerade in diesen Jahren einen berechtigten Anspruch auf staatliche Unterstützung anmeldenden privaten Bauunternehmer und leiste andererseits einer vielfach bereits erkennbaren, die Mühen intensiver Wohnungssuche scheuenden und sich überdies durch vorsätzliche Zahlungsunwilligkeit auszeichnenden, verwerflichen Arbeitermoral lediglich weiteren Vorschub. Die Gegner eines staatlichen Wohnungsbaus setzten sich in den langwierigen Debatten um die Wohnungsfrage erfolgreich durch und erwirkten ganz im Sinne ihrer vordringlich angestrebten Stärkung des bremischen Unternehmertums umfassende, auf die Belange der privaten Bauunternehmer zugeschnittene Konzessionen, die mehrmalige Änderungen diverser Bestimmungen der am 15. August 1883 verabschiedeten Bauordnung zur Folge hatten.[70] Die partielle Aufhebung der erst wenige Jahre zuvor eigens zur Verbesserung der bremischen Wohnverhältnisse in Kraft gesetzten baurechtlichen Verordnungen ebnete dem kostensparenden Bau kleiner einstöckiger Einfamilienhäuser ohne Souterrain und Vorgärten an relativ schmalen Straßen erneut den Weg, führte aber ungeachtet aller baulichen bzw. hygienischen Unzulänglichkeiten dieser in Gestalt einer der kleinsten Varianten des Bremer Hauses errichteten Neubauten bei weitem nicht zur Deckung des hohen, mit unverkennbar steigender Tendenz zu verzeichnenden Bedarfs möglichst billiger Arbeiterwohnungen. Die unvermindert fortbestehende Wohnungsnot und ausufernde Obdachlosigkeit - nicht zuletzt ablesbar an der zunehmenden Zahl derjenigen Stätten, die Wohnungslosen gleichermaßen Asyl gewährten wie die mittlerweile als unzureichend erachtete, ständig überbelegte Hohentorskaserne[71] - brachten die Wohnungsfrage auch im Jahre 1889 nicht vom Tisch und lösten nach wie vor scharfe Kontroversen in der Bürgerschaft aus, ohne allerdings die sich in den bestehenden Mehrheitsverhältnissen spiegelnden Fronten aufzubrechen und damit den schon früh festgelegten und 1888 vollends in die Praxis umgesetzten politischen Kurs zu verändern.

Wußte die stadtbremische Armenpflege in ihren Jahresberichten seit 1890 von einer entspannten, verbesserten Lage zu unterrichten, so fanden sich in der "Bremer Bürger Zeitung" weiterhin eingehende Schilderungen des unverändert anhaltenden Wohnungselends.[72] Die sich in dem Verhältnis von Bevölkerungsanstieg und Häuserbestand niederschlagende Entwicklung des Mietwohnungsmarktes in der südlichen Vorstadt Bremens ließ im letzten Jahrzehnt des 19. Jahrhunderts im Vergleich zu den 1880er Jahren keine Verbesserung der Wohnbedingungen, sondern eine fortschreitende Verdichtung einer unablässig anwachsenden Einwohnerschaft auf einem relativ immer enger bemessenen Raum erkennen. Binnen zwanzig Jahren hatte sich die Bewohnerzahl der südlichen Vorstadt von 11.140 (1880) auf 22.677 Einwohner (1900) erhöht und somit gut verdoppelt. Die in den 1880er Jahren weitgehend brachliegende, zu Beginn der 1890er Jahre langsam reger werdende und ab 1895 wieder auf "Hochtouren" laufende Bautätigkeit hinkte offensichtlich massiv hinter dem gewaltigen Bevölkerungswachstum her. Das in diesem Arbeiterviertel gleichsam Tradition besitzende, zu Ungunsten breiter Teile der Bewohnerschaft ausschlagende Ungleichgewicht im jeweiligen Bevölkerungsaufkommen und gleichzeitig verfügbaren Häuserbestand setzte sich in den 1890er Jahren kontinuierlich fort. Diese Unproportionalität zeichnete sich schon zwischen 1890 und 1895 mit 2.528 hinzugekommenen Einwohnern und einer lediglich um 288 Objekte gestiegenen Häuserzahl geradezu plastisch ab, spitzte sich aber in den folgenden fünf Jahren abermals zu und mündete in einem krassen Mißverhältnis von einem noch immer ausschließlich durch die privat betriebene Bautätigkeit erstellten, um 543 Wohngebäude erweiterten, nunmehr 2.505 Häuser umfassenden Baubestand für eine in diesem Jahrfünft um 5.290 Personen auf insgesamt 22.677 Bewohner angewachsene Stadtteilbevölkerung.

Trotz vermehrt existierender Wohnhäuser schienen die Wohnverhältnisse real durch eine Verknappung der zu Wohnzwecken dienenden Räumlichkeiten gekennzeichnet zu sein. Obgleich die zwangsläufig aus einem glättenden statistischen Verfahren hervorgehenden Mittelwerte der durchschnittlich auf ein Wohngebäude entfallenden Haushalte bzw. Bewohner nur einen begrenzten Einblick in die tatsächliche Auslastung der Wohnhäuser bieten und, solange diese nicht mit der zur Verfügung stehenden Wohnfläche in Beziehung gesetzt werden, keinen Rückschluß auf die Wohndichte zulassen, reflektieren sie dennoch zweifelsohne die sich seit ihrer Eingemeindung in das bremische Stadtgebiet in der südlichen Vorstadt vollziehende stetige Zunahme in der Belegung der Wohngebäude. Mit seiner bereits im Jahre 1875 hohen Belegungsrate (7,1 Bewohner pro Gebäude) nahm dieser Stadtteil, wie eingangs ausgeführt, im innerstädtischen Vergleich von Anbeginn eine exponierte Stellung ein. Die eklatante Diskrepanz zwischen der in den 1880er Jahren nahezu zum Stillstand gekommenen Bautätigkeit auf der einen und den in diesem Zeitraum eine deutliche Steigerung erfahrenen Einwohnerzahlen auf der anderen Seite erforderte offenbar ein noch engeres Zusammenrücken der Bewohner und setzte die Wohnverhältnisse zusehends in ein ungünstigeres Licht: 1890 kamen im Durchschnitt bereits 1,93 Haushaltungen und 8,9 Bewohner auf ein Wohnhaus - eine Belegungsquote, die in dieser Höhe im gesamten Bremer Stadtgebiet vergeblich ihresgleichen suchte. Dieser an der zunehmenden Wohndichte und der dem ersten Anschein nach größeren Ausschöpfung der wohnräumlichen Kapazitäten ersichtliche Trend zu einer verstärkten Bevölkerungskonzentration hielt auch in den 1890er Jahren beständig an. Die 1880 mit 24,9 Bewohnern pro Hektar noch geringe Wohndichte hatte sich bis 1890 auf 33,2 Personen erhöht und war bis zur Jahrhundertwende auf eine Zahl von 50,6 Einwohnern angewachsen,[73] während im Jahre 1900 jedes bewohnte Gebäude dieses Stadtteils im Mittel nunmehr 2,05 Haushaltungen und 9,1 Bewohner beherbergte. Derartige Durchschnittsangaben deuten jedoch, da die zeitgenössische Bevölkerungsstatistik in erster Linie auf die Erfassung sozialstruktureller Veränderungen der bremischen Einwohnerschaft abzielte, nur die grobe Entwicklungstendenz einer indes nicht von der Hand zu weisenden wohnräumlichen Verdichtung an, liefern aber kein zweifelsfreies Indiz für eine fortwährende, durch ein proportional zum Bevölkerungswachstum verringertes Wohnungsangebot geprägte Verschlechterung der Wohnverhältnisse in der südlichen Vorstadt Bremens.

Die im Rahmen der im Jahre 1900 durchgeführten Volkszählung gesondert erhobene Wohnungsstatistik legt hingegen mit der von 1875 bis 1900 nachgezeichneten Entwicklung der in den einzelnen Zählbezirken des bremischen Staatsgebiets existierenden Hausformen und deren jeweiliger Verbreitung eine der wesentlichen Ursachen für den in diesem Arbeiterviertel zu konstatierenden permanenten Anstieg der Bewohnerzahlen pro Wohngebäude offen.[74] Die bis zum Einsetzen der Bremer Baukrise im gesamten bremischen Stadtgebiet bevorzugt erstellten Einfamilienhäuser wichen im letzten Viertel des 19. Jahrhunderts mehr und mehr hinter den fortan vornehmlich aus Rentabilitätserwägungen verstärkt hochgezogenen zwei- und mehrgeschossigen Wohnhäusern zurück. Zwar fand die auch nach 1875 noch in leichter Zunahme begriffene kleinere Ausführung des einstökkigen Bremer Hauses bis zum Jahre 1895 in der südlichen Vorstadt noch die weiteste Verbreitung, büßte ihre Dominanz im Zuge der zweiten großen Bauphase jedoch in den letzten Jahren des 19. Jahrhunderts ein, so daß der mit zwei Stockwerken ausgestattete Wohnhaustyp seit der Jahrhundertwende in diesem

Stadtviertel die nunmehr überwiegende Gebäudeform repräsentierte. Die von Seiten der privaten Bauunternehmer forcierte Abkehr vom ehedem gängigen Einfamilienhaus und gleichzeitige Hinwendung zum fortan als unverkennbar überwiegendes Produkt ihrer Bautätigkeit entstehenden zweistöckigen Wohnhaus übte insofern maßgeblichen Einfluß auf die Entwicklung der Wohnstrukturen aus, als im Jahre 1885 nur noch eine Minderheit in den mit 918 Objekten gleichwohl überproportional vertretenen kleinen Bremer Häusern lebte, das Gros der Südervorstädter demgegenüber zu diesem Zeitpunkt bereits eines der insgesamt 643 Gebäude zählenden zweistöckigen Häuser bewohnte. Das Mitte der 1880er Jahre eher schwach ausgeprägte, latente Muster in der Verteilung der Stadtteilbewohner auf die verschiedenen Hausformen trat in den folgenden fünfzehn Jahren sehr viel markanter zutage: im Jahre 1900 existierten neben 1.070 einstöckigen Häusern mittlerweile 1.348 zweigeschossige und immerhin auch 67 dreistöckige Wohngebäude.[75] Dieser durch die veränderte Bauweise hervorgerufene, fortschreitende Wandel in der vorherrschenden Wohnform bleibt notwendig in Rechnung zu stellen, wenn es gilt, die stetig in die Höhe kletternden Zahlen der durchschnittlich in einem Gebäude lebenden Bewohner zu beurteilen.

Die südliche Vorstadt zeichnete sich indessen durch ausgesprochene Weiträumigkeit aus, erstreckte sich ihr geographischer Raum doch über 448 Hektar und übertraf damit beispielsweise den nur 89 Hektar bemessenden Flächeninhalt der benachbarten Neustadt um ein Fünffaches. Demzufolge war dieser Stadtteil vom Bremischen Statischen Amt schon früh in die drei statistischen Zählbezirke 16, 17 und 18 unterteilt worden, die sowohl in der Zahl ihrer Einwohner und Wohngebäude als auch in ihrer jeweiligen Wohndichte erheblich differierten. Die den östlichen Bereich der südlichen Vorstadt markierenden Bezirke 17 und 18, die den Buntentorsteinweg und dessen sich in erster Linie südlich anschließendes Gebiet zweiteilten, wiesen zwar den ältesten, bis zum Jahre 1900 jedoch weitaus geringeren Baubestand als der den westlichen Teil umfassende Bezirk 16 auf. Die überaus betriebsame Bautätigkeit der 1870er Jahre war nicht in gleichförmiger Verteilung über die gesamte Gemarkung der südlichen Vorstadt, sondern gezielt in einigen zur Bebauung auserkorenen Teilgebieten derselben abgewickelt worden. Als lokale Zentren bauunternehmerischen Schaffens in der Gründerzeit kristallisierten sich zwei, jeweils an den Grenzen des 16. Bezirks befindliche Bereiche heraus: zum einen das durch die Eisenbahnstrecke nach Oldenburg von Woltmershausen getrennte, in späteren Jahren als Hohentorviertel bezeichnete Areal im äußersten Westen, zum anderen das sich südlich des Buntentors ausdehnende, im Osten an den 17. Bezirk stoßende Gebiet, das gleichsam das Herzstück der südlichen Vorstadt bildete. Vornehmlich in diesem Kerngebiet mit seinen streng geometrisch angelegten, relativ nah beieinanderliegenden Straßen, unter denen sich sowohl die Wulfhoop- und Rasingstraße als auch die Gastfeld- und Kornstraße befanden, formte sich früh ein kompaktes Viertel aus, in dem sich - wenngleich als Wohngebiet deklariert - rasch handwerkliche Betriebe, Läden

Statistische Bezirke der Stadt Bremen (1900)

diversester Art und Gastwirtschaften ansiedelten. Im Jahre 1875 standen für die mehrheitlich proletarische, im übrigen durch eine bunt gemischte Sozialstruktur geprägte, 4.824 Personen zählende Bevölkerung des 16. Bezirks 319 einstöckige und 280 zweigeschossige, vorrangig Wohnzwecken zugedachte, in der Praxis jedoch mitunter sehr wohl gleichzeitig gewerblich genutzte Bauten bereit. Damit kam die Zahl der 599 privaten Wohngebäude dem Bestand aller zu diesem Zeitpunkt in den benachbarten Bezirken 17 und 18 existierenden 667 Häuser, von denen allerdings erst 117 Bauten zwei Stockwerke besaßen, sehr nah, während die Einwohnerschaft des 16. Zählbezirks diejenige beider Buntentorbezirke (4.265 Bewohner) bereits überstieg.

Auch im letzten Viertel des 19. Jahrhunderts war die Bautätigkeit in der südlichen Vorstadt durch eine punktuelle Konzentration mit klarer Präferenz des 16. Bezirks gekennzeichnet. Die mit 327 Objekten im Bezirksvergleich dieses dreigeteilten Stadtteils schon 1875 geringste Gebäudezahl des den östlichsten Bereich abdeckenden 18. Bezirks hatte sich bis zur Jahrhundertwende nur unwesentlich erhöht. Ganz im Gegensatz zu den im 16. und 17. Bezirk agierenden Bauunternehmern waren die im Gebiet des "Buntenthorsteinweg II" tätigen Bauhandwerker offensichtlich dem althergebrachten Bremer Baustil treu geblieben; denn die Mehrzahl der bis zum Jahre 1900 errichteten 115 Neubauten gelangten vorzugsweise als einstöckige Häuser (66 Objekte), seltener hingegen als zweigeschossige Gebäude (49 Bauten) zur Ausführung. In gleichem Maße wie der 18. Bezirk der allgemeinen Entwicklung des sich im bremischen Stadtgebiet bereits weitgehend vollzogenen Wandels in der Bauweise zuwiderlief, blieben dort auch die herkömmlichen Wohnstrukturen erhalten, die ihren äußerlich sichtbaren Niederschlag in den nach wie vor dominierenden, mittlerweile auf 353 Objekte angewachsenen Einfamilienhäusern und einem relativ bescheidenen Bestand von 89 zweistöckigen Gebäuden fanden. Weitaus umfänglicher und überdies der gegen Ende des 19. Jahrhunderts vorherrschenden Tendenz zum Bau zwei- und mehrgeschossiger Wohnhäuser entsprechend präsentierten sich demgegenüber die zwischen 1875 und 1900 fertiggestellten Neubauten im 17. Bezirk. Im "Buntenthorsteinweg I" war die von 263 Gebäuden lediglich um 49 Objekte auf 312 Häuser angestiegene kleine Version des Bremer Hauses kaum noch gebaut worden; vielmehr setzten die hier für die Bautätigkeit verantwortlich zeichnenden Unternehmer in erster Linie auf die infolge der angestiegenen Bodenpreise rentablere zweistöckige Variante des Reihenhauses, deren 1875 noch kleiner Bestand (77 Häuser) um 359 Neubauten beträchtlich erweitert worden war und im Jahre 1900 mit 436 Gebäuden den weitesten Verbreitungsgrad erlangte. Der in allen anderen Bremer Stadtteilen frühzeitig hochgezogene, bis zur Jahrhundertwende schon in einer das Stadtbild mitprägenden Vielzahl anzutreffende dreistöckige Wohnhaustyp galt in der südlichen Vorstadt noch als architektonisches Novum und war im Bezirk 17 erst in 29facher Anzahl vorzufinden. Als favorisiertes Baugebiet der südlichen Vorstadt trat jedoch - wie schon in den Gründerjahren, so

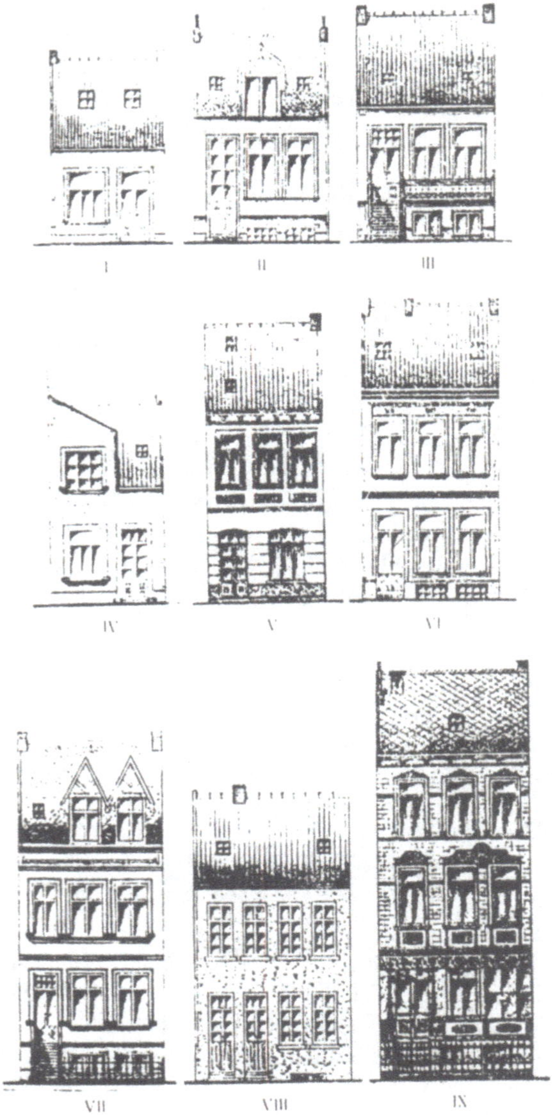

Varianten des "Bremer Hauses"

auch im letzten Viertel des 19. Jahrhunderts - abermals der 16. Bezirk hervor, dessen Gebäudezahl mit 86 einstöckigen, 583 zweigeschossigen und 38 dreistöckigen Wohnhäusern aufgestockt worden war, von denen 355 Gebäude als jüngste Produkte der Bautätigkeit aus den Jahren von 1895 bis 1900 stammten. Damit besaß das um 667 Bauten bereicherte, nunmehr insgesamt 1.266 Wohnhäuser aufweisende westliche Gebiet der südlichen Vorstadt sowohl den umfangreichsten Neubaubestand als auch eine nicht nur von beiden Buntentorbezirken abweichende, sondern selbst im innerstädtischen Vergleich außergewöhnliche Baustruktur. Zwar entsprach der relative Anteil des nur mit einem Stockwerk ausgestatteten, zur Jahrhundertwende mit 405 Gebäuden vertretenen Wohnhaustyps (32 Prozent) auch hier annähernd exakt dem städtischen Durchschnitt (31,7 Prozent); da das dreistöckige Wohngebäude aber aufgrund seiner bis zum Jahre 1900 mit 38 vorhandenen Objekten erst minimalen Stückzahl noch einen Raritätenstatus einnahm, brillierte der 16. Bezirk mit einem überdurchschnittlich hohen Verbreitungsgrad seiner 823 zweigeschossigen Bauten - einer Rate von 65 Prozent, die weit über der stadtbremischen Quote (56 Prozent) lag und nur in der östlichen Vorstadt (69 Prozent) übertroffen wurde.

Diese durchaus beachtliche, primär den 16. Bezirk begünstigende Ausweitung des zu Wohnzwecken geschaffenen Häuserbestandes in der südlichen Vorstadt Bremens stand gleichsam als Abbild einer im letzten Viertel des 19. Jahrhunderts nicht minder beträchtlichen Bevölkerungszunahme. Gemäß der im Jahre 1875 vorgefundenen Verteilung der Bewohner und der zu diesem Zeitpunkt existierenden Hausformen auf die einzelnen statistischen Bezirke dieses Stadtteils, insbesondere jedoch analog der im Zuge des Ausbaus deutlich veränderten Bau- und Wohnstrukturen hatte der 16. Bezirk den erwartungsgemäß stärksten Einwohnerzuwachs von 4.824 auf 12.998 Personen (169 Prozent) zu verzeichnen, dem der relative Bevölkerungsanstieg des 17. Bezirks um 162 Prozent, von 2.521 auf 6.594 Bewohner, indessen kaum nachstand. Nur im 18. Bezirk, dessen Bewohnerzahlen sich von 1.744 auf 3.085 Einwohner erhöht hatten, blieb die Zuwachsrate mit 77 Prozent vergleichsweise gering. Die zwischen 1875 und 1900 unverkennbar divergierende Entwicklung der Wohnstrukturen und des Bevölkerungsaufkommens in den drei Bezirken der südlichen Vorstadt hatte einen in jedem Gebietsteil zu konstatierenden, im einzelnen gleichwohl erheblich differierenden Anstieg der durchschnittlich in einem Wohngebäude lebenden Bewohner zur Folge. Der schon 1875 mit einer auffällig hohen, die Behausungsziffer der südlichen Vorstadt (7,1 Bewohner pro Gebäude) merklich übertreffenden Bevölkerungskonzentration aufwartende 16. Bezirk (8 Personen pro Haus) erfuhr binnen 25 Jahren die im Bezirksvergleich größte Steigerung in der Belegung seiner Häuser und behauptete mit der im Jahre 1900 auf 10,1 Personen gekletterten Bewohnerzahl je Wohnhaus nicht nur seine Stellung als herausragendes wohnräumliches Ballungsgebiet innerhalb dieses Stadtteils, sondern rangierte selbst im gesamtstädtischen Raum gleich hinter dem für seine hohe Wohndichte berüchtigten, in der westlichen Vorstadt gelegenen 14. Bezirk der Jutespinnerei, der im Schnitt 11,1 Bewohner unter einem Dach vereinigte. Weniger komprimiert schienen demgegenüber die Bewohner im 17. Bezirk zu leben; hier war die mittlere Kopfzahl pro Wohngebäude seit 1875 von 7,3 Personen auf 8,4 Einwohner gestiegen und fiel demnach noch unter den Stadtteildurchschnitt, der 1900 eine Anzahl von 9,1 Bewohnern erreichte. Klar unterhalb der seit 1890 ohne jede Abweichung bis zur Jahrhundertwende bei 7,7 Personen ruhenden stadtbremischen Behausungsziffer liegende Bewohnerzahlen waren lediglich im 18. Bezirk zu registrieren. Eine relativ niedrig anmutende, 1875 erst 5,3 Einwohner zählende, 1900 exakt 7 Personen umfassende Zahl der auf ein Wohnhaus kommenden Bewohner war für einen durch veraltete Baustrukturen geprägten, in erster Linie mit kleinen Häusern bestückten Bezirk allerdings als Zeichen einer außerordentlich hohen, zur Überbelegung tendierenden Auslastung zu werten.

Der geographische Raum der auch zur Jahrhundertwende noch von ausgedehnten agrarischen Nutzflächen durchzogenen südlichen Vorstadt wies somit kein Gleichmaß in der Bebauung auf, sondern verfügte über mehrere, teils durch erhebliche Distanzen weitgehend voneinander isolierte, nur durch die staatlich geplanten Hauptstraßen verbundene Wohngebiete, die sich von Anbeginn durch gravierende, im letzten Viertel des 19. Jahrhunderts noch verstärkt herausbildende Unterschiede in ihren jeweiligen Wohnstrukturen und der hausinternen Wohndichte auszeichneten. Da die skizzierte Entwicklung der bezirksspezifischen Behausungsziffern ausschließlich Auskunft über die im Laufe der Jahre kontinuierlich steigende durchschnittliche Zahl der in einem Hause zusammenlebenden Menschen erteilt, reduziert sich der Informationsgehalt auf die Existenz dreier Agglomerationsräume mit variierender Bevölkerungskonzentration und Wohndichte, ohne allerdings eine auch nur annähernd genaue Einschätzung der tatsächlichen Auslastung der Wohnhäuser zu ermöglichen. Demzufolge deutet die im 16. Bezirk zu verortende hohe Behausungsziffer ebensowenig auf beengte Wohnbedingungen wie die im gegenteiligen Falle niedrige Durchschnittszahl der auf ein Wohngebäude kommenden Einwohner des 18. Bezirks etwa auf vergleichsweise günstige Wohnverhältnisse schließen läßt.

Vermitteln die insbesondere in den zeitgenössischen Bevölkerungs- und Wohnungsstatistiken zwecks interstädtischer Vergleiche bevorzugt herangezogenen Behausungsziffern nur ein diffuses Bild lokal zu verortender Wohndichte, so erweist sich der Wohnraum - im Gegensatz zum Wohngebäude - bereits als zweckmäßigerer, wenn auch nicht optimaler Gradmesser zur Beurteilung des bestehenden Versorgungsstandards und damit der - im wörtlichen Sinne - erzielten wohnräumlichen Verdichtung. Sofern die amtliche Statistik Bremens im 19. Jahrhundert Fragen des Zusammenlebens und Wohnens in ihre Untersuchungen einbezog, orientierte sie sich in erster Linie am äußeren Gebilde des umbauten Raumes, mithin an den als Ein- oder Mehrfamilienhäuser in Erscheinung tretenden Wohngebäuden, deren Inneres allenfalls auf die vorhandene Zahl und Lage der zu Wohnzwecken dienenden Stockwerke hin in den Blick genommen wurde. Da eine differenziertere wohnungsstatistische Erhebung erstmals im Jahre 1900 auf Anordnung des Bremischen Statistischen Amts durchgeführt wurde, hat eine auf die innere Ausstattung und die Binnenstrukturen in den Bremer Häusern ausgerichtete Betrachtung der bremischen Wohnbedingungen jedoch notgedrungen den Nachteil impraktikabler Komparabilität in Kauf zu nehmen und bleibt - einer Momentaufnahme gleichkommend - auf das die Jahrhundertwende markierende Jahr 1900 beschränkt. In diesem Stichjahr existierten in den 2.485 bewohnten Privatgebäuden der südlichen Vorstadt insgesamt 5.121 Wohnungen mit 15.831 Wohnräumen, so daß die auf 22.518 Bewohner[76] angewachsene Bevölkerung dieses Stadtteils im Schnitt mit 1,42 Personen in einem Wohnraum lebte bzw. jedem Bewohner 0,70 Wohnräume zur Verfügung standen.[77]

Der als Maßstab zur Eruierung der Wohndichte gewählte Wohnraum bietet zweifelsohne den Vorzug, die Belegungsdichte plastischer widerzuspiegeln und selbst aus historischer Perspektive besser nachvollziehen zu können, teilt jedoch mit der Behausungsziffer den Mangel eines durch Ungenauigkeit gekennzeichneten und damit nur bedingt geeigneten Indikators, da die zugunsten der Vergleichbarkeit in den Vordergrund gestellte Nutzungsart der Räumlichkeiten keinerlei Rückschluß auf die verfügbare Wohnfläche zuläßt. Diese aus der fehlenden Operationalisierbarkeit resultierende methodische Schwäche räumte auch der für die Sonderdarstellungen zur Wohnungsstatistik verantwortliche Wilhelm Böhmert im Rahmen seiner Erläuterungen der für die Volkszählung des Jahres 1900 angewandten Verfahrensweisen zur Untersuchung der bremischen Wohnverhältnisse ein:

"*Der Wohnraum bildet eben, mag man ihn auch noch so gleichmäßig definieren, keinen gleichmäßigen Maßstab. Ein Wohnraum mit einem Dachfenster ist etwas ganz anderes, als ein solcher mit sechs oder mehr Fenstern Front. Wäre es möglich, die Wohnräume nach der Grundfläche oder dem Kubikraum zu spezialisieren, so würde man damit schon eher zu einem dem Vergleichsbedürfnis entsprechenden Maßstabe gelangen.*"[78]

Gemäß der von Böhmert mitgelieferten Definition des als Meßlatte für die Belegungsdichte angelegten Wohnraumes ging ein solcher in die Zählung ein, wenn er die Voraussetzung eines zum Wohnen oder Schlafen dienenden, rundum durch Wände separierten sowie mit einer Tür und Fensteröffnung versehenen Raumes erfüllte.[79] Da weder meßbare Merkmale wie die Größe und Lage noch funktionale Bedingungen wie etwa die Heizbarkeit bzw. gleichzeitige Küchennutzung oder gar die Beschaffenheit und Ausstattung in die behördlich aufgestellten Kriterien eines Wohnraumes einflossen, fügte sich der geräumigste, sonnendurchflutete Salon auf der Beletage eines Bürgerhauses gleichermaßen in das grobmaschig entworfene Raster ein wie die kleinste, nicht heizbare Kammer im dunklen, feuchten Kellergeschoß eines der kleinsten Bremer Häuser. Trotz aller angebrachten Kritik an einer solch erdenklich weitgefaßten Begriffsbestimmung entsprach diese letztlich den eklatanten Unterschieden bestehender Wohnverhältnisse nicht nur zwischen den verschiedenen Stadtteilen, sondern auch innerhalb der einzelnen Wohnviertel.

Im interstädtischen Vergleich hielt sich Bremens wohnräumliche Versorgung mit 0,87 Wohnräumen pro Person zur Jahrhundertwende offenbar auf mittlerem, in Anbetracht der im Gegensatz zu anderen Städten in den Erhebungen unberücksichtigten Küchen eher auf tendenziell gehobenem Niveau. Eine extrem hohe Belegungsdichte (0,53 Wohnräume je Bewohner) als Ausdruck unverkennbaren Wohnraummangels herrschte hingegen in Breslau, während Leipzig, Hamburg und Frankfurt am Main schon seit den 1880er Jahren über einen relativ vorteilhaften, im Jahre 1900 noch verbesserten Versorgungsstandard verfügten, der im statistischen Durchschnitt jedem Bewohner einen Wohnraum bereitstellte.[80] Unter der veränderten Perspektive der in einem Wohnraum lebenden Personenzahl zeichnete sich Bremen in dem auf einheitlicher Bemessungsbasis realisierbaren Städtevergleich allerdings durch ausgesprochen günstige Wohnverhältnisse aus; denn mit 1,14 Bewohnern je Wohnraum bildete Bremens Wohnraumdichte nicht nur einen scharfen Kontrast zu der im Jahre 1900 erst auf 1,88 Personen gesunkenen Belegungsdichte Berlins, sondern lag auch deutlich unter derjenigen Münchens (1,21 Personen) und Hamburgs (1,28 Bewohner).[81]

Die im gesamtstädtischen Durchschnitt naturgemäß untergehenden, innerörtlich sehr wohl existierenden Disparitäten der zur Jahrhundertwende in den einzelnen Bremer Stadtteilen zu verortenden Wohnraumdichte wiesen den Nordosten und den Südwesten gleichermaßen in seiner geographischen Lage wie in seiner internen Belegungsdichte als grundlegendes Gegensatzpaar aus. Sowohl die östliche (0,92 Bewohner pro Wohnraum) als auch die Bahnhofsvorstadt (0,72 Personen je Wohnraum) trugen infolge ihrer auffallend niedrigen Bewohnungsziffern den Charakter zweier bereits auf hohem wohnräumlichem Ausstattungslevel angelangter und somit als begünstigte Wohnlagen im städtischen Raum zu identifizierender Wohnviertel. Eine für das engere bremische Stadtgebiet außergewöhnlich geringe Wohndichte und mit 1,08 bzw. 1,39 Wohnräumen pro Bewohner durchaus großzügig vorhandener Wohnraum nimmt in diesen überwiegend von ökonomisch besser gestellten bis wohlhabenden Bevölkerungskreisen bewohnten Stadtteilen, in denen noble Kaufmannsvillen, wie beispielsweise an der als eine der "ersten Adressen" Bremens bekannten Contrescarpe, architektonische Glanzlichter setzten, allerdings nicht wunder. Die westliche und südliche Vorstadt präsentierten demgegenüber mit ihrer hohen Wohnraumbelegung (1,31 bzw. 1,42 Bewohner je Wohnraum) gewissermaßen die Schattenseite städtischen Wohnens. Beengte Wohnverhältnisse stellten im 19. und frühen 20. Jahrhundert indes keine ungewöhnliche, ausschließlich zu Zeiten akuter Wohnungsnot auftretende Er-

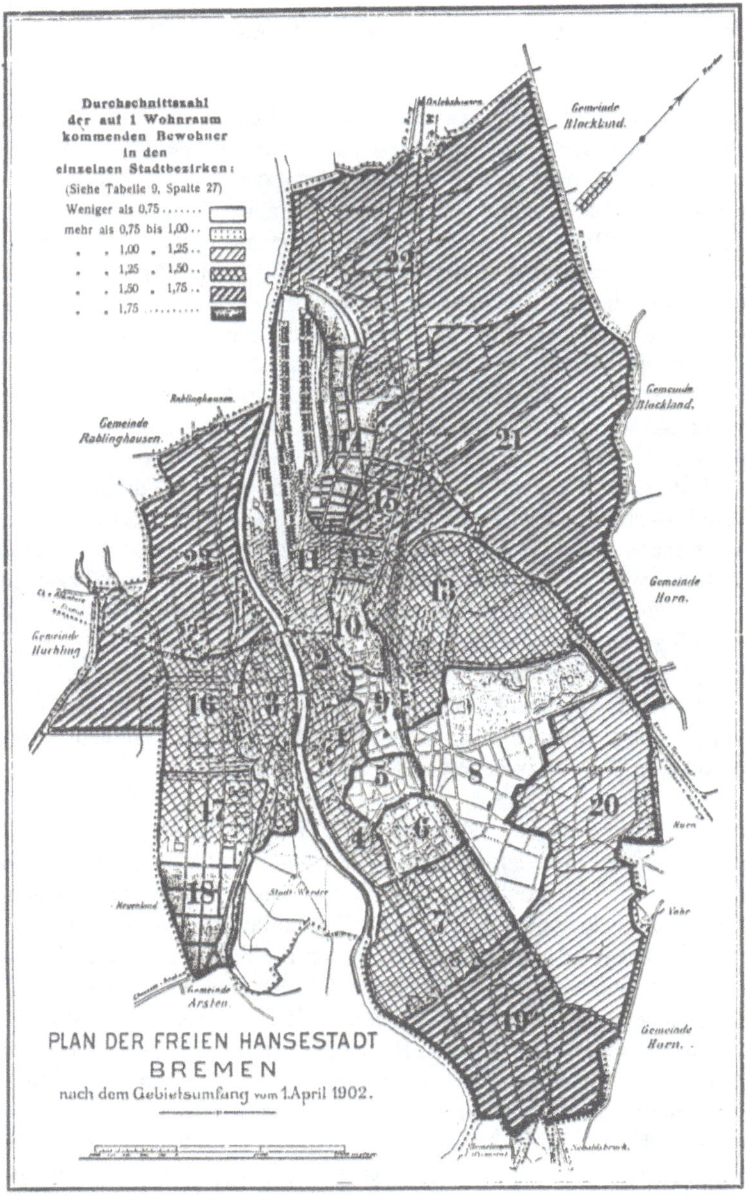

Durchschnittliche Wohnraumbelegung in Bremen (1900)

scheinungsform dar, sondern bildeten in Arbeitervierteln vielmehr weitgehend die Regel und galten gerade in den dort häufig anzutreffenden kinderreichen Familien als elementarer Bestandteil proletarischer Wohnerfahrungen.[82]

Doch auch in den Perioden grassierender Wohnungsnot war selbst in proletarischen Wohnvierteln nie die gesamte Bewohnerschaft von den extremen Engpässen in der Wohnungsversorgung betroffen; denn zum einen besaßen die durch überproportional hohe Anteile an Arbeitern geprägten Quartiere wie etwa die südliche Vorstadt Bremens keinesfalls eine durch und durch homogene Sozialstruktur, sondern beherbergten in aller Regel auch "kleine" Angestellte, Beamte oder Kleinunternehmer aus Handwerk, Handel bzw. Dienstleistung.[83] Zum anderen wies die Arbeiterklasse ihre eigene Binnenstruktur mit nicht zu verkennendem sozialem Gefälle auf, da innerhalb des vom ungelernten Tagelöhner bis zum qualifizierten Facharbeiter reichenden beruflichen Spektrums je nach erlangtem Qualifikationsgrad, konkret ausgeübter Tätigkeit und Gewerbe- sowie Branchenzugehörigkeit sowohl die Arbeitsintensität und die Höhe des Lohns wie auch zumindest die relative Sicherheit des Arbeitsplatzes erheblich differierten.[84] Entschied die Einkommenslage primär über das "Wo", das heißt, über den zur engeren Wahl stehenden Ort des Wohnens, so hing das "Wie", mithin die zu realisierende Art des Wohnens, darüber hinaus von einer Reihe weiterer Faktoren ab: Alter, Lebenszyklus, Familienstand und die etwaige Kinderzahl übten maßgeblichen Einfluß sowohl auf den Wohnstatus, der vom Vorstand eines eigenständig geführten Haushalts über den Zimmermieter bis hin zum Schlafgänger verschiedenste Variationsmöglichkeiten offenhielt, als auch auf die mit diesem in enger Wechselbeziehung stehende Qualität der Wohnform aus, die sich nicht zuletzt an dem verfügbaren Wohnraum abzeichnete.

Geräumiges Wohnen schien in der südlichen Vorstadt vor dem Hintergrund der von diesem Stadtteil erzielten höchsten wohnräumlichen Verdichtung im bremischen Stadtgebiet kaum möglich zu sein. Doch ebenso wie die Bevölkerung dieses Arbeiterviertels keine uneingeschränkte Gleichförmigkeit in ihrer beruflichen und sozialen Zusammensetzung aufwies, waren die dort bestehenden Wohnverhältnisse durch kein vollkommenes Ebenmaß gekennzeichnet. Hielten sich die Wohnraumbelegung des westlichen Bezirks 16 (1,37 Bewohner pro Wohnraum) und des unmittelbar angrenzenden Buntenthorbezirks 17 (1,38 Personen je Wohnraum) zur Jahrhundertwende in etwa die Waage und lagen noch leicht unter dem Stadtteildurchschnitt, so genoß der den östlichsten Bereich der südlichen Vorstadt abdeckende Bezirk 18 aufgrund seiner extrem hohen Wohnraumauslastung (1,83 Bewohner pro Wohnraum) den zweifelhaften Ruf des im städtischen Raum mit den ungünstigsten Wohnbedingungen aufwartenden Wohngebiets und liefert damit ein anschauliches Beispiel für den grundlegenden Fehlschluß, niedrige Behausungsziffern, wie sie dieser Bezirk mit 7 Bewohnern je Wohngebäude selbst im Jahre 1900 noch vorzuweisen hatte, mit geringer Wohndichte gleichzusetzen.

Hohe Wohnraumdichte stand allerdings keineswegs grundsätzlich im Widerspruch zu der im Jahre 1900 auch in der südlichen Vorstadt noch durchaus gehäuft anzutreffenden Minimalzahl der in einem Wohnhaus lebenden Haushalte. Diese ausschließlich von einem Haushalt bzw. nur von einer Familie bewohnten "reinen" Einfamilienhäuser waren zwar in allen drei Bezirken mit einer nur geringfügig schwankenden Absolutzahl vertreten, erlangten jedoch infolge des gravierend voneinander abweichenden Häuserbestandes in jedem statistischen Bezirk eine beträchtlich differierende relative Verbreitung. Auf eine extrem niedrige Rate von 19,7 Prozent (250 Häuser) kam der von seiner hohen Anzahl zweistökkiger Wohngebäude dominierte 16. Bezirk, während der Bezirk 17 immerhin über eine Quote von 35,3 Prozent (274 Gebäude) verfügte. Die wider Erwarten stärkste Verbreitung fanden die Einfamilienhäuser in dem sich durch seine beengten Wohnbedingungen auszeichnenden Bezirk 18: 289 von 442 Wohnhäusern - eine außerordentlich hohe Rate von 65,4 Prozent - wurden lediglich von einem Haushalt zu Wohnzwecken genutzt, so daß diese Wohnform im "Buntenthorsteinweg II" auch im Jahre 1900 noch als vorherrschend galt. Die Unterschiede zwischen den drei Stadtteilbezirken beschränkten sich nicht nur auf den Verbreitungsgrad der Einfamilienhäuser, sondern setzten sich ebenso in der von den Bewohnern eingenommenen Rechtsstellung fort. Da die Mehrzahl dieser Wohnhäuser im 16. Bezirk in 163 Fällen (65,2 Prozent) seinen Besitzern als Eigenheim diente, traten die 87 Mietobjekte (34,8 Prozent) deutlich hinter der Eigenbedarfsnutzung zurück. Eine nahezu komplette Umkehrung dieses Rechtsverhältnisses war im 18. Bezirk zu konstatieren. Hier nahm das Gros der Bewohner (196 Haushaltsvorstände analog 67,8 Prozent) einen Mieterstatus ein; die lediglich von 93 Eigentümern (32,2 Prozent) realisierte Verknüpfung von Hausbesitz und Befriedigung eigener Wohnbedürfnisse im Einfamilienhaus war eher selten zu verorten. Ein ausgewogeneres Verhältnis der alternativ existierenden Rechtsformen fand sich hingegen im Bezirk 17, dessen Einfamilienhäuser überwiegend von Mietern (144 Bewohner entsprechend 52,6 Prozent), aber auch in nennenswerter Anzahl von den Eignern (130 Haushaltsvorstände analog 47,4 Prozent) bewohnt wurden. Darüber hinaus sank mit steigendem Anteil der in ihrem Hause lebenden Eigentümer offensichtlich die Zahl bzw. der Anteil der Arbeiter unter den Haushaltsvorständen der Einfamilienhausbewohner. So waren proletarische Haushaltsverbände in den mehrheitlich von ihren Besitzern genutzten Häusern des Bezirks 16 mit einem Anteil von 26 Prozent (65 Personen) zweifelsohne stark unterrepräsentiert, unter den sich überwiegend aus Mietern zusammensetzenden Haushaltungen der Einfamilienhäuser im 18. Bezirk mit einer Rate von 57,3 Prozent (166 Bewohner) indessen unverkennbar dominant und unter den Bewohnern des Bezirks 17 immerhin mit einer Quote von 45,3 Prozent (124 Haushaltsvorstände) vertreten.

813 der insgesamt 2.485 Wohngebäude dieses Bremer Stadtteils (32,7 Prozent)[85] entsprachen somit dem ersten Anschein nach der ursprünglich für die Bremer Häuser entwickelten Konzeption, ausschließlich einer Familie ausreichenden Wohnraum zu bieten. Doch nicht für alle dieser alleinigen Bewohner eines Hauses kam die bloße Tatsache, den verfügbaren Raum mit keiner weiteren Wohnpartei teilen zu müssen, in der Praxis des Wohnalltags einer begünstigten, geräumigen oder gar komfortablen Wohnform gleich. In aller Regel besaßen die in der südlichen Vorstadt zahlreich vorhandenen schmalen Arbeiterhäuser als kleine Varianten des Bremer Hauses eine ohnehin nur geringe Grundfläche, die überdies zu nicht unerheblichen Teilen vom Flur und Treppenhaus vereinnahmt wurde und die Ausmaße der bewohnbaren Räumlichkeiten äußerst bescheiden ausfallen ließen. Selbst in den Mietskasernen Berlins oder anderer Großstädte waren die mitunter durchaus großzügig geschnittenen Zimmer gewöhnlich mit einer umfangreicheren Wohnfläche ausgestattet als die der bremischen Arbeiterhäuser.

3. Die überfüllten Wohnungen: Standard, Verbreitung und Charakteristika

Da die Wohnungsfrage im letzten Viertel des 19. Jahrhunderts keineswegs an Brisanz eingebüßt hatte, sondern vornehmlich um die Jahrhundertwende in den deutschen Großstädten zu vermehrt erfolgten Wohnungsenqueten führte, sah sich auch Bremens zuständige Behörde veranlaßt, die Zahl der überbelegten Wohnungen im bremischen Stadtgebiet erfassen zu lassen und in ihre Sonderuntersuchungen des Jahres 1900 miteinzubeziehen.[86] Die Beurteilung dessen, ob eine Wohnung als überfüllt anzusehen war, erforderte indes, analog der Wohnraumdichte, die Festlegung eines entsprechenden Maßstabes. In Ermangelung einer verbindlichen und demzufolge einheitlichen deutschen Richtschnur schuf das Bremische Statistische Amt - offenkundig in Anlehnung an die Frankfurter Statistik - seine eigene Bemessungsgrundlage. Eine Übervölkerung der Wohnungen lag gemäß der für Bremen festgeschriebenen Norm vor, wenn mehr als drei Personen, ungeachtet ihres Alters, in einem Wohnraum lebten.[87] Damit setzte Bremen einen vergleichsweise eng begriffenen Überfüllungsstandard an, der demjenigen Frankfurts a.M. sehr nahe kam.[88] Die preußische Statistik hingegen operierte mit einer wesentlich freizügigeren Auslegung, laut derer eine Überfüllung der Wohnungen erst dann eintrat, wenn ein heizbares Zimmer von sechs und mehr Personen bewohnt bzw. zwei heizbare Räume von zehn und mehr Bewohnern bevölkert wurden.[89] Dieser erstmals 1861 für Berlin angewandte Standard machte in der zweiten Hälfte des 19. Jahrhunderts aus gutem Grund rasch Furore; denn die ungünstigen Wohnbedingungen in zahlreichen deutschen Städten hätten unter Zugrundelegung strengerer Maßstäbe eine kaum zu rechtfertigende Verbreitung übervölkerter Wohnungen zutage befördert. Die für die Wohnungsstatistik zuständigen Kommunen waren indessen vordringlich bestrebt, den ohnedies heftig geführten Auseinandersetzungen um die Wohnungsfrage[90] keinen zusätzlichen Zündstoff zu liefern und eine unliebsame Zuspitzung dieser Kontroversen tunlichst zu vermeiden. Unter Anwendung einfachster Methoden konnte sich die um Beschönigung der lokalen Wohnverhältnisse bemühte Städtestatistik allerdings ihrer angestrebten Wunschresultate sicher sein. Gleichzeitig warfen die vielfältig existierenden,[91] teils drastisch voneinander abweichenden Definitionen[92] amtlich anerkannter Überbelegung jedoch ein schwerlich zu ignorierendes methodisches Problem auf: sie erschwerten bereits zeitgenössischen Statistikern den interstädtischen Vergleich.

Verstellt die beträchtliche Schwankungsbreite der erlassenen Übervölkerungskriterien in den einzelnen Städten vornehmlich komparativ ausgerichteten historischen Analysen auch nicht selten den Blick, so läßt der überlieferte statistische Befund das allen Städten gemeinsame Charakteristikum überfüllter Wohnungen dennoch deutlich hervortreten. Als übervölkert erwiesen sich in erster Linie die kleinen Ein- und Zweizimmerwohnungen. In der zweiten Hälfte des 19. und zu Beginn des 20. Jahrhunderts lebte die Masse der städtischen Bevölkerung in sogenannten Kleinwohnungen.[93] Die mit maximal drei heizbaren Zimmern bestückten Kleinwohnungen stellten im Kaiserreich zwar die höchsten Anteile des städtischen Wohnungsbestandes,[94] kennzeichneten aber zugleich den am stärksten nachgefragten und trotz einer unverkennbaren Zunahme[95] bis zum Jahre 1914 insbesondere in Zeiten akuter Wohnungsnot gänzlich unzureichend vorhandenen Wohnungstypus, so daß Zeitgenossen denn auch den Begriff der "Kleinwohnungsfrage" prägten. Gerade die kleinsten, lediglich ein heizbares Zimmer mit oder ohne Zubehör umfassenden Wohnungen fielen, sowohl gemessen am Einkommen als auch im Verhältnis zu dem für größere Wohnungen geforderten Mietzins, in die höchsten Mietpreisklassen.[96] Solange Angehörige der städtischen Unterschichten um die Sicherung des Existenzminimums zu kämpfen hatten und die hohen Lebenshaltungskosten erhebliche Teile ihrer geringen Einkünfte für Nahrungsmittel verschlangen, vermochten diese minder bemittelten Bevölkerungsteile allenfalls die Miete für Kleinstwohnungen aufzubringen.

Mietkosten galten aber als eine der wenigen Ausgaben, die sich bis zu einem gewissen Grad verringern ließen. Da vorrangig die Bewohner proletarischer Viertel, zumal wenn es sich um kinderreiche Familien handelte, ihr schmales Budget durch die Aufnahme familienfremder Personen aufzubessern suchten, blieb eine Überfüllung dieser Räumlichkeiten unausweichlich. Die in proletarischen Kreisen gängige Praxis der Beschneidung des ohnehin eng bemessenen eigenen Wohnraums zwecks Erlangung zusätzlicher Einnahmen kannte im Deutschen Kaiserreich verschiedene Spielarten. Untervermietung, Einlogierung oder

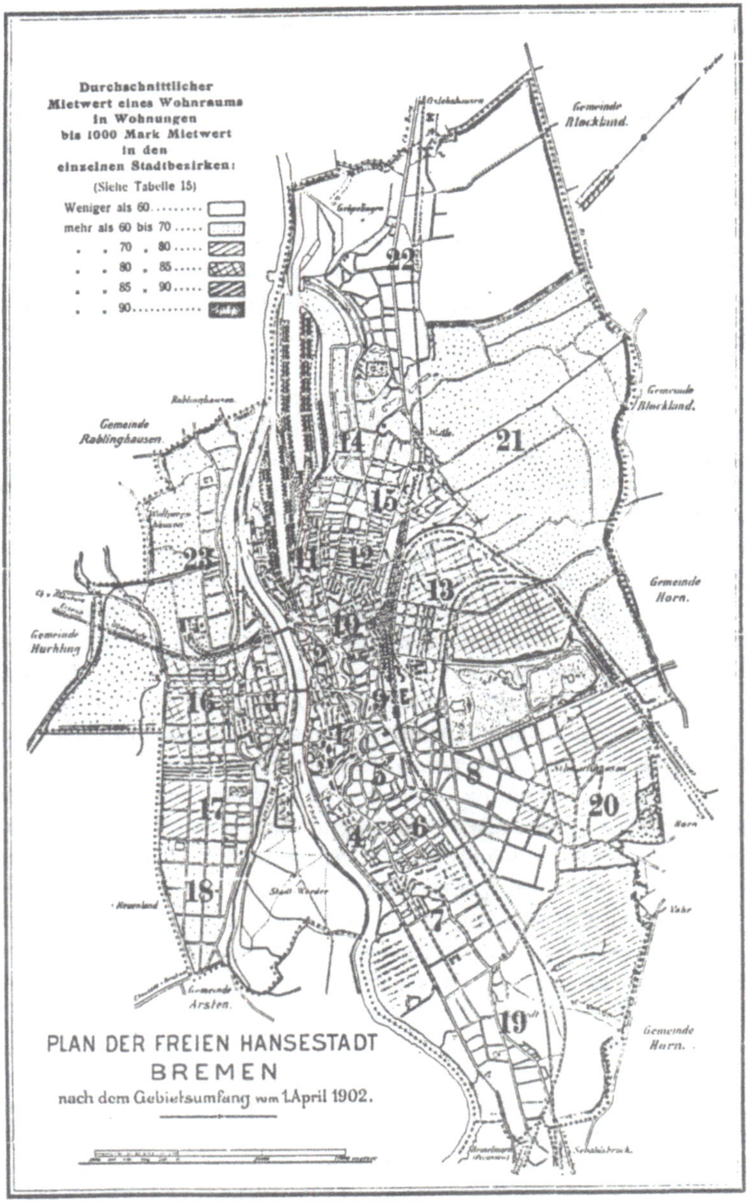

Durchschnittlicher Mietwert eines Wohnraums in Bremen (1900)

auch Verköstigung in unterschiedlichstem Umfang bildeten die gängigsten Problemlösungsstrategien einkommensschwacher Haushalte, sich eine aufgrund des permanenten Bedarfs kaum versiegende Quelle von Nebeneinkünften zu sichern. Gingen die verschiedenen Formen der Abvermietung auch oft mit einer drastischen Verminderung des eigenen Wohnbereichs und einem weitgehenden Verlust der Privatsphäre[97] einher, so boten diese doch vielfach die einzige Möglichkeit eines Zuverdienstes oder stellten gar die alleinigen Bezüge dar, wenn Kinderreichtum, Krankheit, Invalidität, Alter oder die angespannte Lage des lokalen Arbeitsmarktes eine reguläre Erwerbstätigkeit versagten. Derartige Zwangslagen erforderten jedoch, sollte die zu erzielende Höhe dieser Einnahmen bestimmte Kosten decken, entweder die Überlassung beträchtlicher Teile der gemieteten Räumlichkeiten oder die Aufnahme mehrerer Einlogierer bzw. Kostgänger. Eine dieser Alternativen bestand folglich in der Abtretung ganzer Bereiche einer Mietwohnung an die im zeitgenössischen Sprachgebrauch als "Aftermieter"[98] bezeichneten zusätzlichen Wohnungsnutzer. Aftermiete lag im wohnungsstatistischen Sinne aber nur dann vor, wenn zwei räumlich separierte und demnach selbständig geführte Haushalte in einem Haus oder einer Mietwohnung parallel liefen und auch die Voraussetzung eigenständiger Verpflegung erfüllten. Tatsächlich war eine strikte Trennung der Wohneinheiten häufig nicht gegeben. In Bremen war eine solch klare Abgrenzung einzelner Wohnbereiche in den Bremer Häusern schon aufgrund der festgelegten inneren Aufteilung schwerlich realisierbar. Gleichwohl war das Aftermietwesen zur Jahrhundertwende auch hier offiziellen Angaben zufolge immerhin in 1.053 Häusern (5,2 Prozent aller bremischen Wohngebäude) anzutreffen, in denen sich 3.867 Bewohner auf 1.250 Aftermietwohnungen verteilten.[99] Trotz aller finanziellen Anreize, die diese Art der Abvermietung vielen Mietern in Anbetracht dessen bieten mußte, daß der für eine Aftermietwohnung abzuverlangende Mietzins in der Regel den Preis einer vergleichbaren Mietwohnung überschritt,[100] war bereits aus Platzgründen nur eine Minderheit der zur Miete lebenden Stadtbevölkerung in der Lage, den für eine Aftermietwohnung aufgestellten Postulaten zu entsprechen. Demzufolge wich das Gros der auf Nebeneinkünfte angewiesenen Mieter auf die bei weitem verbreitetere Hereinnahme von Einlogierern aus.

Die lokale Statistik zog innerhalb der unter dem Sammelbegriff gefaßten Gruppe der Einlogierer eine Trennungslinie zwischen Zimmermietern und Schlafgängern.[101] Das übereinstimmende Merkmal der für alle Einlogierer typischen Wohnverhältnisse beschränkte sich auf die Tatsache, daß sie keinen eigenständigen Haushalt führten, sondern lediglich ein Unterkommen in fremdem Haushaltungen gefunden hatten, in denen sie möglicherweise auch nach dem Prinzip von "Kost und Logis" verpflegt wurden. Die auch als "Chambregarnisten" titulierten Zimmermieter genossen gegenüber den Schlafleuten zweifelsohne den Vorzug eines ihnen alleinig abgetretenen Wohnraumes, der allerdings nicht selten mehreren Personen als Bleibe diente. Schlafgänger hingegen hatten sich nur mit einer zur

Verfügung gestellten Schlafstelle zu begnügen, deren Mietpreis unter Umständen einen Morgenkaffee einschloß. Unter günstigen Konditionen konnten Schlafleute auf ein eigenes Bett hoffen. Aufgrund der räumlichen Enge und des überdies verbreiteten Mobiliarmangels war die gleichzeitige oder mitunter auch im "Schichtwechsel" erfolgende Nutzung ein und desselben Bettes von mehreren Personen weitaus gebräuchlicher. Häufig teilten sich mithin mehrere Schlafleute ein Bett, um entweder überhaupt eine Unterkunft zu finden oder auf diese Weise die Kosten für das Wohnen gering zu halten. Doch auch eine sowohl einzelnen Familienmitgliedern der offiziellen Mietparteien als auch Schlafgängern gleichzeitig dienende Schlafstatt bildete durchaus keine ungewöhnliche Erscheinungsform. Ein solch enges Beieinander war den bürgerlichen Wohnungsreformern ein steter Dorn im Auge; erblickten sie doch in dieser Art engsten Zusammenlebens eine sittliche und gesundheitliche Gefährdung für Familie und Öffentlichkeit.[102] Unverhohlene Kritik an den üblichen Abvermietungspraktiken, einhergehend mit einer Anprangerung der hieraus resultierenden sozialen Folgen, war auch den Kommentaren Wilhelm Böhmerts in der 1905 veröffentlichten Berichterstattung über die bremischen Wohnverhältnisse zu entnehmen:

"*Die schwersten Schäden des großstädtischen Wohnungswesens (...) beruhen sowohl darauf, daß durch die Teilung der ohnehin knapp bemessenen Wohnungen der unbemittelten Klassen sehr oft eine tatsächliche Überfüllung der Wohnung des Vermieters, des Aftermieters oder beider eintritt, als auch darauf, daß die aus der Teilung hervorgehenden Wohnungen fast stets nur mangelhaft gegeneinander abgeschlossen sind, wodurch ein in sozialer Hinsicht sehr unbefriedigendes Zusammenleben mit der Möglichkeit zahlreicher Konflikte geschaffen wird. In dieser Hinsicht berührt sich das Aftermietwesen sehr nahe mit dem Schlafgängerwesen, dem zweiten und vielleicht noch bedenklicheren Krebsschaden der großstädtischen Wohnungsverhältnisse. (...) Hat die Bautätigkeit bei starkem Anwachsen der Bevölkerung nicht für genügenden Vorrat an Wohnungen gesorgt, so drängt sich die Bevölkerung notgedrungen in den vorhandenen Wohngebäuden zusammen. Die Mieten steigen und mancher läßt sich durch die leichte Möglichkeit eines Nebenerwerbs zur Abgabe von Teilen seiner Wohnung verlokken, indem er auf die behaglicheren und gesunderen Verhältnisse, die ihm seine ungeteilte Wohnung bot, verzichtet. Bald lernt er mit diesem Nebenverdienst rechnen und wenn er ihm dann durch eine bessere Konjunktur des Wohnungsmarktes abgeschnitten wird, kann er sich den veränderten Verhältnissen nur schwer anpassen. So trägt das Aftermietwesen dazu bei, daß das Verständnis für die hygienischen und sittlichen Vorteile einer guten Wohnung in weiten Kreisen erstickt wird.*"[103]

Zielte Böhmerts Einschätzung der Ursachen und Folgen weitverbreiteten Wohnungselends im Kaiserreich auch an der Realität vorbei, so forderten die als typisches Element der übervölkerten Kleinst- und Kleinwohnungen in den Arbeiterquartieren anzusehenden Untervermietungsvarianten, wie im folgenden auszuführen sein wird, in der Tat ihren sozialen Preis.

All diese Phänomene waren demnach auch in Bremen vorzufinden. Gemäß der vorgegebenen Überfüllungsrichtlinien galten im Jahre 1900 insgesamt 1.077 Wohnungen des alten bremischen Stadtgebietes[104] (3,1 Prozent) und unter Hinzuziehung des ab 1902 geltenden neuen Gebietsstandes 1.327 Wohnungen (3,4 Prozent) als übervölkert.[105] Ein vom Bremischen Statistischen Amt unter vereinheitlichten Bewertungsmerkmalen gezogener Vergleich des Verbreitungsgrades überbelegter Kleinwohnungen in mehreren deutschen Städten[106] unterstreicht abermals die verhältnismäßig günstigen Wohnbedingungen Bremens. Mit 1.312 überfüllten Ein-, Zwei- und Dreizimmerwohnungen (3,3 Prozent) rangierte Bremen gleich hinter dem für seine außerordentlich vorteilhaften Wohnverhältnisse bekannten Frankfurt am Main (663 Wohnungen analog 1,1 Prozent). Auch Essen (1.796 Wohnungen entsprechend 4,9 Prozent) und Altona (1.943 Wohnungen analog 5,2 Prozent) wiesen noch relativ niedrige Quoten überbelegter Wohnungen auf. Deutlich erhöhte Anteile solch hoch ausgelasteter Wohnungen besaßen demgegenüber etwa bereits Charlottenburg (6.740 Wohnungen analog 15,4 Prozent) und Schöneberg (3.805 Wohnungen entsprechend 16,3 Prozent). Katastrophale Ausmaße amtlich attestierter Übervölkerung im Kleinwohnungsbestand herrschten hingegen sowohl in Berlin (101.262 Wohnungen analog 21,6 Prozent) als auch in Rixdorf, das mit 7.009 betroffenen Objekten (31,3 Prozent) über eine exzeptionell hohe Rate überfüllter Wohnungen verfügte.[107]

Konnte Bremen sich somit rühmen, im interstädtischen Vergleich überdurchschnittlich gut abgeschnitten zu haben, so schmälerte dies doch nicht die Not derer, die in der bedrückenden Enge übervölkerter Wohnungen zu leben gezwungen waren. Im Jahre 1900 drängten sich offiziellen Angaben zufolge 7.950 Einwohner des alten Weichbildes (4,9 Prozent) bzw. 9.751 Bewohner des 1902 erweiterten bremischen Stadtraumes (5,4 Prozent) in solch unzulänglichen Behausungen. Insgesamt 1.062 und damit die überwiegende Mehrzahl der in ihrer Belegungsfrequenz als überfüllt akzeptierten Wohnungen (98,6 Prozent) entstammten auch in Bremen dem Kleinwohnungsbestand, so daß größere Wohnungen mit vier Zimmern (13 Wohnungen) oder gar mit fünf bzw. sechs Wohnräumen ausgestattete Wohneinheiten (2 Fälle) zu den raren Ausnahmefällen überbelegter Wohnungen im engeren Stadtgebiet zählten.[108] Eine genauere Verortung dieser hoch ausgelasteten Wohnobjekte und ihrer relativen Verbreitung in den einzelnen Stadtteilen weist die südliche Vorstadt mit 258 Wohnungen (5 Prozent) und die benachbarte Neustadt mit 129 Wohnungen (4,6 Prozent) als die am stärksten von der Misere überfüllter Wohnungen betroffenen Stadtviertel aus. Höher noch beliefen sich allerdings die Anteile überbelegter Wohnungen in vier der 1902 eingemeindeten und überwiegend von Arbeitern bewohnten Vorstädte. Walle (5,4 Prozent), Hastedt (6,2 Prozent), Woltmershausen (6,6 Prozent) und Gröpelingen (7,8 Prozent) teilten mit der südlichen Vorstadt offenkundig die Nachteile proletarischer Wohnbedingungen. Das Phänomen übervölkerter Wohnungen nahm indes selbst in den sich durch hohe Wohnraumdichte auszeichnenden städtischen Ungunstlagen keinen gleichsam flächendeckenden Umfang an, sondern konzentrierte sich vielmehr auf Teilbereiche derselben. Mitunter erfaßte dieses zugespitzte soziale Problem des Wohnens ganze Straßenabschnitte; häufiger jedoch verdichtete sich die Überbelegung in den kleineren räumlichen Einheiten der einzelnen Wohnhäuser. Unter den 47 Straßenzügen und diversen unbefahrbaren Gängen sowie Höfen Bremens, in denen mehr als fünf überfüllte Wohnungen existierten, gehörten bereits zehn Straßen und sechs Höfe dem Gebiet der südlichen Vorstadt an.[109] In diesem Arbeiterviertel fand sich mithin sowohl die stärkste Verbreitung als auch eine mehrfach zu konstatierende Extremauslastung der überfüllten Wohnungen (vgl. Tabelle 1).

Tabelle 1: Überfüllte Wohnungen in der südlichen Vorstadt Bremens (1900)[110]

Wohnungen mit	Bezirk		
	16	17	18
1 Wohnraum und ... Bewohnern			
4	12	10	12
5	8	7	6
6	3	6	6
7	1	0	2
8	0	0	6
9	0	3	0
10	0	0	1
2 Wohnräumen und ... Bewohnern			
7	45	13	26
8	19	10	16
9	6	4	6
10	3	2	4
11	0	0	1
12	0	1	0
3 Wohnräumen und ... Bewohnern			
10	10	4	0
11	2	1	1
12	0	0	0
13	0	0	0
14	1	0	0
Gesamtzahl der überfüllten Wohnungen	110	61	87

Gemessen am heutigen wohnräumlichen Versorgungsstandard überschritt die von Bremen bei drei Personen pro Wohnraum angelegte Schwelle tolerierter Belegungshöhe bereits bei weitem die Grenzen zumutbarer Wohnbedingungen. Wie die nach vorhandener Wohnraum- und Personenzahl spezifizierte Übersicht (vgl. Tabelle 1) der als übervölkert anerkannten Wohnungen in den drei Zählbezirken der südlichen Vorstadt veranschaulicht, schienen dem Ausmaß der Überbelegung selbst in den kleinsten Wohnungen kaum Grenzen gesetzt zu sein. Ein derartiger Fall extremer Überfüllung lag fraglos im Bezirk 18 vor, dem auch das Bremische Statistische Amt solch ungewöhnlichen Charakter zuschrieb, daß dieser - neben diversen Fallbeispielen aus anderen Stadtteilen - zumindest einer knappen Schilderung der zugrundeliegenden Lebensbedingungen für wert befunden wurde. Die betreffende Haushaltung lebte im Gebiet des "Buntentorsteinweg II" mit zehn Personen in einem Wohnraum.

"*Die Familie (Ehepaar mit 8 Kindern von 1 bis 16 Jahren) bewohnt (...) ein Einfamilienhaus, in welchem zu dem einen Wohnraum noch Flur und Dachraum hinzutreten. Vater ist Silberarbeiter, der älteste Sohn Tischlerlehrling, der zweite Arbeiter in einer Silberwarenfabrik. Die Miete beträgt 130 Mark.*"[111]

In Anbetracht der spektakulär hohen Personenzahl sprengte dieses Beispiel zweifelsohne den Rahmen des Üblichen und kann als Sonderfall unter den zahlreich existierenden übervölkerten Wohnungen und deren Bewohnerschaft eingestuft werden. Unter dem Aspekt der erkennbaren Begleitumstände jedoch entsprach diese zusammengepfercht wohnende Arbeiterfamilie sehr wohl den sich als typisch herauskristallisierenden Bedingungen der über zu knappen Wohnraum verfügenden Stadt(teil)bevölke-rung. So wurden die insgesamt 258 als überfüllt klassifizierten Wohnungen in der südlichen Vorstadt überwiegend (198 Fälle analog 76,7 Prozent)[112] zur Miete bewohnt. Entsprechend ihres geringen Verbreitungsgrades stellten Aftermieterwohnungen mit 21 Objekten (8,1 Prozent) und mietfreie Wohnungen (2 Fälle) auch in diesem Zusammenhang kaum nennenswerte Anteile. Keineswegs atypisch war hingegen eine Überfüllung der von ihren Besitzern selbst bewohnten Räumlichkeiten. Finanzielle Nöte bildeten auch in diesen 37 Fällen (14,3 Prozent) die Hauptursache für die registrierte Überbeanspruchung der wohnräumlichen Kapazitäten, wie das Bremische Statistische Amt aufgrund des beachtlichen Aufkommens überbelegter Eigentümerwohnungen in Bremen (190 Fälle analog 17,6 Prozent) zu erläutern wußte:

"*Eine nicht unbeträchtliche Zahl der überfüllten Wohnungen waren von Hauseigentümern selbst bewohnt, ihre Überfüllung war meist eine Folge des Umstandes, daß der größte Teil des Hauses vermietet und für den Eigentümer selbst zu wenig Raum zurückgeblieben war. Vielfach hängt das damit zusammen, daß der Eigentümer das Haus mit unzulänglichen Mitteln gekauft hat und nun die Zinsen der geliehenen Gelder dadurch einbringen muß, daß er 'mietfrei' wohnt.*"[113]

Die Charakteristika überfüllter Wohnungen beschränkten sich indessen nicht nur auf die geringe Wohnungsgröße und den als Rechtsform vorherrschenden Mieterstatus; klare Dominanzen zeichneten sich auch bei den Mietpreisklassen, der Ausstattung dieser Wohnungen und der Berufszugehörigkeit ihrer als Haushaltsvorstand fungierenden Bewohner ab. In der südlichen Vorstadt repräsentierten die dem Bremer Überfüllungsstandard entsprechenden Wohnungen ausschließlich Objekte des Kleinwohnungsbestandes, die mehrheitlich zwei Wohnräume (60,5 Prozent) besaßen, in aller Regel mit einer zusätzlichen Küche (74 Prozent)[114] bestückt waren und zu überwiegenden Teilen in die Mietpreiskategorie von 100 bis 150 Mark (54,7 Prozent) entfielen. Die gewöhnlich von Ehepaaren (86,4 Prozent)[115] gemeinschaftlich geführten Haushalte hatten ihren Lebensunterhalt in 205 Fällen (79,5 Prozent) mit dem niedrigen Lohn der sich in Industrie (156 Personen), Handel, Schiffahrt, Verkehr (38 Bewohner) oder im Dienstleistungsbereich (11 Fälle) als Arbeiter[116] verdingten Ehemänner zu bestreiten. Kinderreichtum trug unverkennbar weitaus häufiger zu einer Überfüllung der Wohnungen bei als die Aufnahme von Schlafgängern. Mit einer Ausnahme lebten in all diesen übervölkerten Wohnungen auch Kinder, deren stattliche Zahl (1.231 Kinder entsprechend 66,9 Prozent) die der Erwachsenen (609 Personen) ganz erheblich übertraf. Ebenso wie im gesamten bremischen Stadtgebiet überwogen auch in diesem proletarischen Viertel die überbelegten Haushalte mit fünf (83 Fälle analog 32,2 Prozent) oder mit sechs Kindern (48 Fälle entsprechend 18,6 Prozent).[117] Schlafgänger beherbergten hingegen lediglich 41 der 258 Haushalte (15,9 Prozent). Da die meisten Wohnungen folglich bereits durch die hohe Anzahl der Familienmitglieder eine Überfüllung erreicht hatten, blieb die Zahl der zusätzlich aufgenommenen Schlafgänger üblicherweise auf eine Person (29 Fälle) begrenzt.[118]

Trotz weitreichender Übereinstimmungen mit dem stadtbremischen Durchschnitt trafen diese "klassischen" Kennzeichen selbstredend nicht auf alle der als überfüllt geltenden Wohnungen und deren Bewohnerschaft in diesem Stadtviertel zu. Eine erstaunlich starke Verbreitung erzielten hier beispielsweise die 78 komplett überbelegten Einfamilienhäuser (30,2 Prozent), deren geringe Wohnraumzahl und kleine Wohnfläche ihren Nutzern unter quantitativen Gesichtspunkten mithin kaum ersichtliche Vorteile verschafften. Ohne jeden Zweifel doppelt benachteiligt waren demgegenüber die in den 64 überfüllten Souterrains (24,8 Prozent) lebenden Stadtteilbewohner. Auch Küchen zählten neben den erfaßten Wohnräumen durchaus nicht immer zur selbstverständlichen Wohnungsausstattung; denn immerhin 67 der 258 Haushalte (26 Prozent) waren dazu gezwungen, die Verköstigung der überdies personenstarken Haushaltsmitglieder provisorisch zu bewerkstelligen. Zumeist (62 Haushalte) wurde auf dem Vorplatz, alternativ - und dies vorgeblich äußerst selten (5 Fälle) - im Zimmer gekocht. Für die betreffenden Haushaltsverbände bedeutete das Fehlen der Küche einen unersetzbaren Verlust, stellte diese doch gerade in Arbeiterkreisen den am stärksten frequentierten und infolge seiner mehrfachen Funktionen den zentralen und damit wichtigsten Raum der Wohnung dar.[119] Häufig wurden in der zum Kochen, Waschen, Nähen und Essen genutzten Wohnküche, die darüber hinaus den Kindern als Spielzimmer diente, zudem Heimarbeiten verrichtet, nachbarschaftliche oder andere Sozialkontakte gepflegt und nicht zuletzt auch geschlafen. Eine Trennung der verschiedenen Wohnfunktionen, die dem bürgerlichen Ideal von Separierung im Innern und Abgrenzung nach außen zur Wahrung von Intimität und Privatheit entgegengekommen wäre, war in den kleinen Wohnungen einkommensschwacher Bevölkerungskreise kaum realisierbar und blieb somit allenfalls ein Wunschziel.[120] Ob und inwiefern die den bürgerlichen Wohnvorstellungen zuwiderlaufenden beengten Wohnverhältnisse jedoch von den Betroffenen als primärer Mangel der Wohnqualität begriffen wurde, bleibt aufgrund fehlender Eigenbekundungen weitestgehend dem Feld der Spekulation überlassen. Verhindert das in diesem Kontext verstärkt zum Tragen kommende Überlieferungsproblem auch die Klärung relevanter Aspekte des proletarischen Wohnalltags und hier vorrangig die Beantwortung der Frage nach dem Wohnbedürfnis, so lassen insbesondere betont quantifizierende Arbeiten der neueren sozialhistorischen Forschung eine allzu bereitwillige Ausblendung dieses Problemkomplexes erkennen,[121] so daß die den zeitgenössischen Reformern geltende, überaus treffliche Kritik Niethammers an der auf äußere Merkmale reduzierten Sichtweise und Handhabung der sozialen Problematik des Wohnens bedauerlicherweise an Aktualität zu gewinnen scheint:

"*Denn das Wohnbedürfnis umfaßt ja nicht nur den elementaren Bedarf nach einem Nachtlager und einigen Kubikmetern Luftraum, nach einer Kochstelle und einem nicht immer besetzten und im Winter nicht eingefrorenen Abort, sondern es erfaßt auch die Ermöglichung vielfältiger Beziehungen: zur Arbeit, zur Versorgung, zur Bildung, Familie und Nachbarschaft, Identität und Kommunikation, Ästhetik und Natur.*"[122]

4. Soziale Folgen der beengten Wohnverhältnisse

Die bremische Quellenlage bildet in dem verbreiteten Mangel überlieferter Dokumente, die diesem Beziehungsgeflecht aus der Arbeiterperspektive hätten Transparenz verleihen können, keine Ausnahme. Fehlende Verlautbarungen derer, die um die Jahrhundertwende zum Kreis der in extremer Enge wohnenden Stadtteilbevölkerung zählten, hinterlassen zweifellos eine auf anderem Wege nur schwer zu schließende Lücke in der Sozialgeschichte des Wohnens. Vor dem Hintergrund der verhältnismäßig kleinen Personenzahl (1.840 Personen) dieser betroffenen Einwohnergruppe hätte sich dieses Defizit - zumal unter dem Blickwinkel der hieraus resultierenden Repräsentativitätsfrage - zumindest relativiert. Mit den vom Bremischen Statistischen Amt für das Jahr 1900 als überfüllt ausgewiesenen Wohnungen und deren Bewohnerzahl wurde jedoch, wie in anderen Städten auch, nur die Spitze des Eisbergs sichtbar. Entgegen der offiziell als akzeptabel beurteilten Wohndichte in der südlichen Vorstadt lebte das Gros der Südervorstädter in den winzigen Arbeiterhäusern kaum günstiger als die 258 über dieses Viertel verstreuten Haushalte, deren Belegungsfrequenz die äußerst fragwürdige bremische Übervölkerungsnorm erfüllten. Das nahezu generell beengte Zusammenleben in den kleinen Bremer Häusern ging überdies mit unvermeidbarem Kontaktzwang der verschiedenen Wohnparteien einher, sowie etwa Bewohner des ersten Stockwerks den Keller oder Hof des Hauses aufzusuchen und dabei notgedrungen den im (Hoch-)Parterre gelegenen, häufig vom Eigentümer genutzten Wohnbereich zu durchqueren hatten. Ein solch sicherlich nicht immer freiwilliges Zusammentreffen von Mietern und Eigentümern oder einzelner, ohnehin meist wahllos unter einem Dach vereinter Mietparteien barg insbesondere im Falle bereits schwelender Auseinandersetzungen oder gar entzündeter Streitigkeiten ein nicht zu verkennendes zusätzliches Konfliktpotential. Diese in der älteren wie neueren Literatur zum bremischen Wohnungswesen[123] übereinstimmend angenommene Kausalität engen Zusammenwohnens und auffällig erhöhter Kriminalitätsraten erscheint durchaus plausibel, wenn die Zahl der Hausfriedensbrüche in Bremen mit der anderer deutscher Städte in Beziehung gesetzt wird. Zwischen 1907 und 1910 verzeichnete die Kriminalstatistik für Bremen die mit weitem Abstand höchste, obgleich jährlich sinkende Quote der wegen derartiger Delikte erfolgten Verurteilungen. Ergingen im Jahre 1907 auf je 10.000 Einwohner in Bremen 15,4 richterliche Schuldsprüche, so lag die Vergleichsrate in Berlin bei 4,8, während in Hamburg lediglich 3,6 Hausfriedensbrüche rechtlich verfolgt und abgeurteilt wurden.[124] Die Dunkelziffer wird auch im diesbezüglichen Kontext die amtlich registrierte Zahl dieser Vergehen mit großer Wahrscheinlichkeit erheblich übertroffen haben, da nicht davon auszugehen ist, daß sämtliche der sich auf privatem Grund in Beleidigungen oder leichteren Körperverletzungen entladenen nachbarschaftlichen Zusammenstöße auch an die Öffentlichkeit getragen wurden. In all diesen Fällen wurde der häusliche Frieden zwar mehrheitlich, aber durchaus nicht immer von männlichen Erwachsenen nachhaltig gestört. Zu den im Jahre 1907 insgesamt 427 wegen Hausfriedensbruchs vor das Gericht zitierten und verurteilten Bremer Einwohnern zählten immerhin auch 30 Frauen (7 Prozent) und 46 Jugendliche im Alter von 12 bis 18 Jahren (10,8 Prozent).[125] Die enorme Anhäufung solchermaßen eskalierter Konfrontationen bestärkt die naheliegende Schlußfolgerung, daß die gravierend von anderen deutschen Großstädten abweichenden Wohnverhältnisse in Bremen keineswegs nur vorteilhafte Züge trugen.

Wenngleich konfliktbeladene Verhältnisse im unmittelbaren sozialen Wohnumfeld auch in erheblichem Maße den Wohnalltag belasteten und diesen in zugespitzten Situationen nachgerade unerträglich erscheinen lassen mochten, stand den beteiligten Wohnparteien doch immerhin die Möglichkeit offen, eine Veränderung oder Behebung der jeweiligen Störfaktoren oder Unstimmigkeiten anzustreben und somit aktiv in das Geschehen einzugreifen. Eben diese zumindest theoretisch existierenden Beeinflussungsmechanismen versagten indessen weitgehend, wenn es galt, die grundlegenden Mängel in der Beschaffenheit der Wohnungen zu beseitigen, der Enge in diesen Räumlichkeiten zu entrinnen oder gesundheitliche Beeinträchtigungen zu vermeiden. Fundamentale Mängel wiesen vornehmlich viele der in den durch blühende Spekulationsgeschäfte geprägten Gründerjahren entstandenen Wohngebäude auf.[126] Da die zügige Fertigstellung der annähernd ausschließlich mit Fremdmitteln finanzierten Reihenhäuser aus Kostengründen oberste Priorität genoß, nahm die Qualität - sei es in der Auswahl der zum Einsatz gelangenden Materialien oder auch im Hinblick auf die fachgerechte Ausführung der Bauarbeiten - einen untergeordneten Stellenwert ein. Oft war demzufolge schon während der Errichtung dieser vorzugsweise Arbeitern zugedachten Häuser der Grundstein für spätere Beanstandungen gelegt worden. Schwerwiegende Mängel in der Bausubstanz, überdies gepaart mit unzureichenden Zimmergrößen und ungenügender Licht- und Luftzufuhr, ließen die Feuchtigkeit in diesen Behausungen selbst nach dem Trockenwohnen kaum entweichen. Mit der beharrlich in den Wänden sitzenden Nässe hatten in erster Linie die in den Kellergeschossen lebenden Bewohner zu kämpfen.

Kellerwohnungen waren gerade in der südlichen Vorstadt Bremens besonders stark verbreitet. Im Jahre 1875 bewohnten bereits 1.317 Südervorstädter (15,4 Prozent) eines der 320 Souterrains (15,5 Prozent der Wohnungen in Privatgebäuden). Binnen 25 Jahren hatte sich sowohl die Zahl der zu Wohnzwecken dienenden Keller als auch deren Bewohnerschaft in diesem Stadtteil annähernd verdoppelt. Zur Jahrhundertwende beherbergten die nunmehr auf 617 Objekte angestiegenen Souterrainwohnungen (12 Prozent) 2.546 Personen.[127] Trotz der rückläufigen Entwicklung in der relativen Verbreitung dieser Wohnobjekte und deren Einwohnerschaft bewohnten im Jahre 1900 immerhin noch 11,2 Prozent der Stadtteilbevölkerung eine unter dem Straßenniveau gelegene Wohnung. Aber auch die direkt unter dem häufig nur notdürftig isolierten Dach befindlichen Räumlichkeiten zählten aufgrund ihrer in aller Regel strapaziösen Erreichbarkeit und der dort stetig auf das Raumklima einwirkenden jahreszeitlichen Temperaturschwankungen zu den ungünstigen Geschoßlagen und somit zu den benachteiligten Wohnungstypen.

Inwiefern die schlechte Beschaffenheit der Wohnungen, insbesondere wenn in diesen Feuchtigkeit und mangelhafte hygienische Verhältnisse herrschten, als Auslöser von Krankheiten anzusehen war, erregte bereits in der zweiten Hälfte des 19. Jahrhunderts die Gemüter der Zeitgenossen. Die Auseinandersetzungen um den unmittelbaren Zusammenhang von Wohnen und Krankheit nahmen in der Wohnungsfrage breiten Raum ein und bildeten die entscheidende Triebfeder für die Wohnungsreform. Die vielfach unternommenen Versuche der Sozialhygieniker, einen unumstößlichen Beweis für die krankheitsverursachende Wirkung der elenden Wohnverhältnisse vorrangig in Mietskasernen-, Keller- oder Dachwohnungen zu liefern, scheiterten offenbar an dem methodisch diffizilen Unterfangen, bei der Analyse von Krankheits- bzw. Mortalitätsstatistiken den Faktor Wohnen zweifelsfrei von anderen Ursachen und Wirkungen zu trennen.[128] Mochte etwa die Wohnungsfeuchtigkeit - vor allem bei dauerhaftem Aufenthalt in solch kaum als gesund zu bezeichnenden Räumen - auch hinreichend für die Entstehung von Krankheiten gewesen sein, so blieben die ungesunden Lebensverhältnisse unbemittelter Bevölkerungsschichten doch selten auf den Wohnbereich beschränkt; denn gleichzeitig zehrten die harten, je nach Erwerbszweig mitunter auch katastrophalen Arbeitsbedingungen und die gewöhnlich einseitige Ernährungsweise nicht minder an der Gesundheit. Mit Ausnahme einzelner, in ihrem Ursprung schwerlich fehlinterpretierbarer Berufskrankheiten mutet eine eindeutige Ursachenzuschreibung für die im späten 19. und frühen 20. Jahrhundert zahlreich existierenden, zuweilen heftig grassierenden Krankheiten aus der Retrospektive, selbst unter der Voraussetzung fundierter medizinischer Kenntnisse, aufgrund der Vielzahl potentiell gesundheitsschädigender Faktoren weitgehend unmöglich an.

Als verhängnisvoller Teufelskreis erwies sich indessen zweifelsohne die Koinzidenz von Armut, hoher Wohnraumbelegung, unzulänglicher Hygiene und bereits vorhandener Leiden. Ein solch fatales Zusammenspiel negativer Lebensumstände setzte zwangsläufig all jenen verstärkt zu, deren Gesundheit schon angegriffen war. Im günstigen Falle verzögerten diese unheilvollen Bedingungen die Rekonvaleszenz, häufig jedoch wurde der "normale" Krankheitsverlauf eher rapide vorangetrieben. Minderwertige, mehr noch allerdings beengte Wohnverhältnisse konnten aber nicht nur den Genesungsprozeß Kranker in die Länge ziehen oder gar verhindern, sondern übten vornehmlich dann maßgeblichen Einfluß auf die Gesundheit aus, wenn "Volkskrankheiten",[129] wie das breite Spektrum der Infektionskrankheiten in zeitgenössischen Fachkreisen bezeichnet wurde, um sich zu greifen drohten. Aus naheliegenden Gründen erhöhte sich die Ansteckungsgefahr mit schwindender Wohnungsgröße und zunehmender Bewohnerzahl beträchtlich. In den überfüllten Wohnungen ließ sich die erforderliche Separierung infektiös Erkrankter ebensowenig bewerkstelligen wie die notwendige Meidung des Kontakts mit diesen Kranken zu gewährleisten war. Die von mehreren Haushalts- oder Familienmitgliedern gleichzeitig genutzten Betten und die oft einer noch größeren Personenzahl gemeinsam dienenden Aborte potenzierten das Risiko der (noch) gesunden Mitbewohner, binnen kurzer Frist derselben Krankheit zum Opfer zu fallen, ganz erheblich. Die logische Schlußfolgerung, daß vorzugsweise Arbeiterkinder als Hauptbetroffene dieser Misere galten, bestätigt denn auch der statistische Befund drastisch erhöhter Säuglings- und Kindersterblichkeit in solch benachteiligten Vierteln wie der südlichen Vorstadt Bremens. Hier erlagen beispielsweise in dem kurzen Zeitraum von 1884 bis 1888 insgesamt 784 Kinder einer der sich unter den dort vorherrschenden Lebensbedingungen als unheilbar erwiesenen Krankheiten.[130]

Bremen stand anderen deutschen Städten in den vornehmlich um die Jahrhundertwende unverkennbar zunehmenden Bemühungen, den Geheimnissen des Zusammenhangs von Wohnen und Krankheit auf die Spur zu kommen und der hieraus folgenden sozialen Probleme Herr zu werden, allenfalls zeitlich nach. So legte etwa Funk im Jahre 1911 seine für das Bremische Statistische Amt erstellte Mortalitätsstudie vor, die der erklärten Absicht folgte, die Sterblichkeit mit dem Grad der Armut bzw. des Wohlstands zu korrelieren und damit einen Nachweis für den maßgeblichen Einfluß sozioökonomischer Bedingungen auf die Mortalität zu erbringen. Unter der Prämisse, daß die in Bremen stark ausgeprägte soziale Segregation[131] bereits am Beispiel einzelner Straßenzüge[132] eine Analyse der "Sterblichkeit nach sozialen Klassen" rechtfertige und ohne weiteres gewährleiste, entwarf Funk gewissermaßen einen bremischen Sterbeatlas für das erste Jahrzehnt des 20. Jahrhunderts. Die nach Altersklassen, Todesursachen und auf der Grundlage des Drei-Klassen-Schemas (der Wohlhabenden, des Mittelstandes und der Minderbemittelten) differenzierende Untersuchung brachte in der Tat spektakuläre Ergebnisse hervor, die in erster Linie den krassen Gegensatz in der Sterblichkeit von arm und reich untermauerten. Entspricht eine mit zunehmendem Wohlstand sinkende Mortalität den gängigen Erwartungen, so frappieren doch insbesondere die eklatanten Spannweiten der von Funk konstatierten Säuglingssterblichkeit[133] zwischen den verschiedenen Bremer Wohnquartieren: Im Durchschnitt der Jahre von 1901 bis 1910 kamen auf je 10.000 Säuglinge in den Gunstwohnlagen begüterter Bevölkerungskreise 489 Todesfälle, während die vergleichbare Sterbeziffer in den Wohngebieten des Kleinbürgertums mit 909 verstorbenen Säuglingen deutlich überschritten wurde. In den ärmeren Quartieren hingegen erlangte die Sterblichkeit einen traurigen Rekord; denn dort wurden 2.558 Kinder vom Tode ereilt, noch bevor sie das erste Lebensjahr erreicht hatten.[134]

Als häufigste Ursachen der Säuglingsmortalität benannte Funk in den Bezirken der Wohlhabenden die angeborene Lebensschwäche. Wenngleich letztere ebenso in den Kreisen des Kleinbürgertums starke Verbreitung fand, galten diverse Krankheiten der Atmungsorgane für Kleinstkinder als kaum minder lebensbedrohlich. Mit sinkendem Einkommen verringerten sich nicht nur die Überlebenschancen der Säuglinge in drastischer Weise; Armut ließ vielmehr auch andere Todesursachen in den Vordergrund treten. Atrophie sowie Magen- und Darmkatarrh forderten zu Beginn des 20. Jahrhunderts die meisten Todesopfer unter den Säuglingen der Arbeiterviertel. Diese für Kleinstkinder letalen Krankheiten spiegelten den verhängnisvollen Synergismus von Mittellosigkeit, mangelhafter Ernährung und unzureichender Hygiene, mithin das als Armutssyndrom anzusehende Zusammenspiel unterschiedlichster infektionsfördernder Faktoren[135] wider, zu denen zweifelsohne auch die minderwertige Wohnqualität zählte. Mit steigendem Lebensalter jedoch gewannen andere zum Tode führende Krankheiten merklich an Bedeutung. Mit Ausnahme der von Funk belegten, auffällig geringen Sterblichkeit in der Altersgruppe fünf- bis fünfzehnjähriger Kinder stand in allen anderen Altersklassen - und hier vorrangig in der Arbeiterbevölkerung, aber auch in kleinbürgerlichen Kreisen - die Lungentuberkulose als Todesursache an erster Stelle. Die signifikante Anhäufung dieser vielfach tödlich verlaufenden Krankheit löste seit Ende des 19. Jahrhunderts eine wahre Flut von Untersuchungen aus, die den krankheitsverursachenden Wirkungen sowie den Möglichkeiten zu deren Abhilfe gewidmet waren.[136] Ob die elenden Wohnverhältnisse der städtischen Unterschichten für den Ausbruch dieser gefürchteten Krankheit verantwortlich zu machen waren oder ob letztere lediglich das unsägliche Ende des mit der Armut einsetzenden Circulus vitiosus' bedeutete, galt schon den Zeitgenossen als primäre Streitfrage,[137] deren Beantwortung entsprechend konträr ausfiel. Eine der Relevanz dieser komplexen Thematik von Wohnen und Krankheit angemessene Vertiefung ist im Rahmen der vorliegenden Studie nicht zu leisten. Ungeachtet dessen bleibt Niethammers Resümee zuzustimmen, wenn er angesichts der nachweislich häufig auf die Arbeitsbedingungen zurückzuführenden Entstehung (beispielsweise) der verbreiteten Tuberkulose hervorhebt, daß die Krankheit zwar den vorprogrammierten Kreislauf von Verarmung, zwangsweisem Ausweichen in schlechtere Wohnviertel und dem dort massiv beschleunigten Krankheitsverlauf in Gang setzte, eine auf die Wohnverhältnisse beschränkte Veränderung für die Betroffenen aber kaum als hinlängliche Lösung zu betrachten war:

"*Solche Hinweise sollen keineswegs den vielfach belegbaren Zusammenhang von Armut und Ausbeutung mit Krankheit und frühem Tod verniedlichen, sondern vor der Augenwischerei warnen, als sei das Elend mit dem Abbruch seiner Gehäuse beseitigt.*"[138]

5. Zuwanderer und Ortsgebürtige: Alter, Familienstand und Berufszugehörigkeit (1900)

Die für den Zeitraum des Deutschen Kaiserreichs geschilderten Entwicklungstendenzen in den vorherrschenden Wohnbedingungen und der damit häufig verknüpften sozialen Probleme trafen in der südlichen Vorstadt Bremens gleichermaßen auf die ortsgebürtige wie die zugewanderte Bewohnerschaft zu. Vornehmlich im letzten Viertel des 19. Jahrhunderts war ein kaum abreißender Strom von Ortsfremden nach Bremen gewandert. Viele dieser Migranten jedoch verblieben nur für eine begrenzte, nicht selten außerordentlich kurze Zeitspanne an ihrem Zuzugsort, bevor sie ihre Wanderung entweder in Richtung einer anderen

Region oder einer anderen Stadt fortsetzten, so daß Bremen nur eine zwischenzeitliche Etappe auf ihrem weiteren Weg bildete. Ein kurzer Aufenthalt der Zugewanderten mußte indessen keinesfalls generell mit einer Wiederaufnahme der Wanderung gleichbedeutend sein, sondern konnte sehr wohl auch die von vornherein eingeplante Rückkehr an den Heimatort zum Ziel haben, wenn die vorübergehend Zugezogenen eine befristete Tätigkeit in einem der sich durch stark saisonalbedingten Arbeitskräftebedarf auszeichnenden Erwerbszweige, wie etwa dem Dienstleistungssektor oder dem Baugewerbe, ausübten. Für das Gros der im 19. Jahrhundert nach Bremen Gewanderten bleibt die geographische Herkunft - und damit die vom Ausgangsort bis nach Bremen zurückgelegte Wanderungsdistanz sowie die hieraus resultierende Form der Migration - ebenso unbekannt wie der weitere Verbleib der nur kurz- oder mittelfristig in Bremen verweilenden Zuwanderer. Der überaus dürftige Informationsgehalt der bremischen Statistik vermag weder quantitative Aspekte, wie den enormen Umfang der jährlich erfolgten Zu- und Abwanderung bis zum Jahre 1900, offenzulegen noch qualitative Gesichtspunkte des Mobilitätsgeschehens zu erhellen, die eine systematische Analyse der Abstammung, der sozialen Zusammensetzung, der Aufenthaltsdauer in Bremen oder gar der Motive für die ursprüngliche Zuwanderung und spätere Abwanderung der Migranten ermöglicht hätten. Weniger massive Überlieferungsprobleme liegen für denjenigen Bevölkerungsteil vor, der überwiegend in der zweiten Hälfte des 19. Jahrhunderts nach Bremen gewandert war und hier auch im Jahre 1900 noch seinen Wohnsitz innehatte. Wenngleich das gewaltige Wanderungsvolumen im 19. Jahrhundert mit einem kontinuierlichen Bevölkerungsaustausch einherging, überstieg die Zuwanderung in Bremen doch - lediglich mit Ausnahme der durch einen leichten Wanderungsverlust gekennzeichneten Jahre von 1880 bis 1885 - stets die Abwanderung.[139] Wanderungsgewinne gingen zwar auch auf diejenigen Zuwanderer zurück, die Bremen schon nach relativ kurzer Verweildauer erneut den Rücken kehrten; erhebliche Teile der bis 1900 zugezogenen Ortsfremden jedoch entschieden sich für einen längerfristigen Verbleib im Bremer Stadtgebiet. Von den insgesamt 73.725 im Laufe des 19. Jahrhunderts nach Bremen gewanderten und hier zur Jahrhundertwende noch anzutreffenden Personen zählten immerhin 33.360 Zuwanderer (45 Prozent)[140] aufgrund ihrer im Jahre 1900 erreichten zehn- und mehrjährigen Wohndauer bereits zu der seßhaft gewordenen Wohnbevölkerung Bremens. Gravierende Unterschiede zeichneten sich allerdings in der von den Zugewanderten getroffenen Wahl der Stadtviertel ab. Den stärksten Zulauf fand die westliche Vorstadt mit 26.621 zugezogenen Einwohnern. Aber auch die östliche Vorstadt genoß im 19. Jahrhundert bei den Zuwanderern (18.197 Personen) gegenüber anderen Bremer Stadtteilen die Gunst eines zum Wohnen und Arbeiten bevorzugten Viertels. Die südliche Vorstadt hingegen rangierte auf der Beliebtheitsskala bremischer Wohngebiete noch hinter der Altstadt (9.683 Zuwanderer). Nur 9.530 Zuwanderer favorisierten dieses Arbeiterviertel auf mittlere oder längere Sicht als Wohnort.[141]

Die verhältnismäßig geringe Zahl der zur Jahrhundertwende noch anwesenden Zuwanderer prägte unter dem Blickwinkel der Gebürtigkeit denn auch die soziale Zusammensetzung der Wohnbevölkerung in der südlichen Vorstadt: Mit 13.147 Personen (58 Prozent) schlug das Mehrheitsverhältnis zweifelsfrei zugunsten der im bremischen Staatsgebiet geborenen Einwohner aus, so daß die im 19. Jahrhundert zugewanderten Bewohner (9.530 Personen analog 42 Prozent) hier weitaus stärker unterrepräsentiert blieben als in allen anderen Stadtteilen.[142] Die im Stadtviertelvergleich auffälligen Abweichungen setzten sich überdies in der Altersstruktur[143] fort. Die Wohnbevölkerung der südlichen Vorstadt zeichnete sich im Jahre 1900 durch ein ausgesprochen junges Profil aus. Als typisches Merkmal eines Arbeiterbezirks besaß die südliche Vorstadt, wie im übrigen auch die sozialstrukturell verwandte westliche Vorstadt, einen außerordentlichen hohen Anteil an Kindern. Sowohl die Gruppe der Kleinkinder unter fünf Jahren (3.203 Kinder analog 14,1 Prozent) als auch die der Kinder im Alter von fünf bis fünfzehn Jahren (4.861 Kinder entsprechend 21,4 Prozent) stellten in diesem Stadtteil bereits mehr als ein Drittel der gesamten Wohnbevölkerung und übertrafen somit bei weitem die von diesen jüngsten Altersklassen im bremischen Durchschnitt erzielten Raten von 11,2 und 18,2 Prozent. Bei einem weitgehend ausgewogenen Geschlechterverhältnis dominierten allerdings die in Bremen geborenen Kinder (6.963) deutlich über die kleine Gruppe der 1.011 Kinder mit einem außerhalb des bremischen Staatsgebietes gelegenen Geburtsort.

Jugendliche und junge Erwachsene zwischen 15 und 30 Jahren hingegen waren gemessen am städtischen Mittel (32,1 Prozent) mit 3.486 männlichen und 3.039 weiblichen Personen in der südlichen Vorstadt eher rar vertreten (6.525 Personen analog 28,8 Prozent). Auch in dieser Altersgruppe überstieg die Zahl der Ortsgebürtigen (3.651 Personen) unverkennbar die der Zugewanderten (2.874 Personen) - ein Übergewicht, das in erster Linie der starken Präsenz der aus Bremen stammenden jungen Frauen (1.852 Bremerinnen gegenüber 1.187 Zuwanderinnen) zuzuschreiben war. Ausschließlich die von 5.560 Personen repräsentierte Altersklasse der Dreißig- bis Fünfzigjährigen entsprach in ihrer relativen Verbreitung exakt der stadtbremischen Quote von 24,5 Prozent. In dieser Altersgruppe überwogen indessen erstmals die Zuwanderer und zwar sowohl bei den Männern (2.009 Personen) als auch bei den Frauen (1.775), während die Ortsgebürtigen (861 Männer und 915 Frauen) klar in der Minderheit blieben. Abermals eklatante Unterschiede zum gesamtbremischen Schnitt (14 Prozent) wies die Gruppe der das 50. Lebensjahr überschrittenen, ältesten Bewohner auf. Lediglich 2.528 Einwohner gehörten diesem betagteren Personenkreis an, deren geringe Verbreitung (11,2 Prozent) ihnen in der südlichen Vorstadt einen Minoritätenstatus verlieh. Frauen (1.402 Einwohnerinnen) befanden sich innerhalb dieser Altersklasse gegenüber den Männern (1.126 Personen) eindeutig in der Überzahl. Mehr noch als bei den Dreißig- bis Fünfzigjährigen, die überwiegend (68 Prozent) zugewandert waren, trat bei der älteren Bewohnerschaft die Dominanz der Zuwanderer hervor:

1.861 Personen (73,6 Prozent) waren außerhalb der bremischen Staatsgrenzen geboren und vereinnahmten demnach nahezu drei Viertel dieser nur durch 667 Bremer(innen) (26.4 Prozent) komplettierten Gruppierung der Einwohner im Alter von über 50 Jahren. Generell überwogen in der südlichen Vorstadt mithin unter den jüngeren Einwohnern bis zum 30. Lebensjahr sowohl die männlichen als auch die weiblichen Ortsgebürtigen. Mit zunehmendem Alter der Stadtteilbewohner erfuhr dieses Verhältnis eine klare Umkehr, da die beiden höheren Altersklassen der den Dreißig- bis Fünfzigjährigen und der Personen über 50 nunmehr zweifelsohne von den Zuwanderern geprägt wurden. Damit wich die südliche Vorstadt drastisch von den älteren Bremer Stadtteilen ab, in denen gerade die Gruppen der ältesten Einwohner mehrheitlich aus Bremen stammten.

Mit einer annähernd übereinstimmenden Anzahl männlicher (11.495 Personen) und weiblicher Einwohner (11.182 Frauen) wies die Bevölkerung der südlichen Vorstadt Bremens zur Jahrhundertwende - ungeachtet der geographischen Herkunft und des jeweilig erreichten Alters - eine erstaunliche Gleichverteilung der Geschlechter auf. Insbesondere aufgrund des exzeptionell hohen Verbreitungsgrades von Kindern war der von 6.991 männlichen und 6.067 weiblichen Bewohnern eingenommene Familienstand der Ledigen in diesem Arbeiterviertel mit einer Rate von 57,6 Prozent überproportional stark vertreten. Neben 8.581 verheirateten Südervorstädtern (37,8 Prozent) lebten in diesem Stadtteil ferner 990 Verwitwete (4,4 Prozent) vorwiegend weiblichen Geschlechts (787 Frauen) und eine kleine Gruppe Geschiedener (48 Personen analog 0,2 Prozent).[144]

Kinder, alte Menschen und andere, aus unterschiedlichsten Gründen dauerhaft oder vorübergehend keinem Beruf nachgehende oder gar erwerbsunfähige Personen, zu denen sicherlich auch zahlreiche Ehefrauen und Witwen zählten, reduzierten den Kreis der Berufstätigen in der südlichen Vorstadt Bremens im Jahre 1900 offiziellen Angaben zufolge auf 9.641 Personen.[145] Da das Bremische Statistische Amt diesen vermeintlich Erwerbstätigen jedoch auch 688 sogenannte "berufslose Selbständige"[146] zurechnete, bei denen es sich in erster Linie um Renten- bzw. Armenunterstützungsempfänger handelte, verringerte sich die Zahl der ihren Beruf tatsächlich aktiv Ausübenden auf 8.953 Bewohner. Damit kam der Anteil der Erwerbstätigen an der in diesem Jahr auf 22.677 Einwohner angestiegenen Wohnbevölkerung auf 39,5 Prozent. Männliche Berufstätige befanden sich mit 7.084 Personen (79,1 Prozent) erwartungsgemäß in der überragenden Mehrzahl, wohingegen die 1.869 Frauen (20,9 Prozent) in diesem Stadtviertel nur etwa ein Fünftel des erwerbstätigen Bevölkerungsteils stellten. Die Berufsstruktur der südlichen Vorstadt wurde zur Jahrhundertwende aber nicht nur deutlich vom männlichen Geschlecht, sondern überdies auch maßgeblich von zugewanderten Bewohnern bestimmt; denn die in allen Erwerbssparten präsenten Zuwanderer befanden sich mit 5.007 Berufstätigen (55,9 Prozent) gegenüber den 3.946 Ortsgebürtigen (44,1 Prozent) in der klaren Überzahl. Allerdings ging dieses angesichts der geschlechtsspezifischen Verteilungen keineswegs generelle Gültigkeit besitzende Übergewicht der Zuwanderer ausschließlich auf die außergewöhnlich hohe Zahl der 4.233 vor 1900 zugezogenen männlichen Berufstätigen zurück. Unter den Frauen hingegen standen die Bremerinnen (1.095 Frauen) weitaus häufiger im Berufsleben als zugewanderte Frauen (774 Berufstätige).

Wie für einen Arbeiterbezirk nicht anders zu erwarten, behauptete sich die Industrie als wichtigster Erwerbszweig der Stadtteilbewohner. 5.517 Berufstätige, mithin 61,6 Prozent aller Erwerbstätigen der südlichen Vorstadt, bestritten ihren Lebensunterhalt im Jahre 1900 mit den Einkünften eines in der Industrie angesiedelten Arbeitsplatzes, wo sie sich entweder als Selbständige (935 Personen), als Angestellte (248 Bewohner) oder als Arbeiter (4.334 Personen) betätigten. Handel und Verkehr kristallisierten sich unter gewerbespezifischen Gesichtspunkten bei den Südervorstädtern als unverkennbar präferierte Alternative zur Industrie heraus. Insgesamt 2.209 Beschäftigten (24,7 Prozent) galt dieser Bereich als existenzsichernde Erwerbsquelle. Handel und Verkehr boten nicht nur einer mit 533 Personen durchaus stattlichen Bewohnerzahl die Möglichkeit zur Gründung oder Bewahrung einer selbständigen Existenz, sondern rangierten als Arbeitgeber auch für Lohnabhängige (751 Arbeiter und Arbeiterinnen) gleich hinter der Industrie. Überragende Bedeutung kam dieser Erwerbssparte allerdings für Angestellte zu; denn das Gros der zu den Gehaltsempfängern zählenden Stadtteilbewohner (835 Personen) stand auf einer der Gehaltslisten in Handel und Verkehr.[147] Alle anderen Betätigungsfelder nahmen in Anbetracht des enorm starken Zulaufs, den die sich somit als dominant erwiesenen Erwerbszweige der Industrie sowie des Handels und Verkehrs zu verbuchen hatten, aufgrund ihrer vergleichsweise geringen Beschäftigtenzahlen zwangsläufig einen weniger bedeutenden Stellenwert ein, wie dies sowohl für den öffentlichen Dienst einschließlich freier Berufe (600 Bewohner analog 6,7 Prozent) als auch für den Dienstleistungssektor mit 403 Beschäftigten (4,5 Prozent) zu konstatieren war, insbesondere jedoch auf den am schwächsten frequentierten Bereich von Landwirtschaft, Gärtnerei und Fischerei (224 Personen entsprechend 2,5 Prozent) zutraf. Zugewanderte männlichen Geschlechts waren - mit Ausnahme der in der Industrie Angestellten - in allen genannten Berufsfeldern erheblich zahlreicher vertreten als ortsgebürtige Männer. Erwerbstätige Zuwanderinnen dominierten demgegenüber lediglich unter den Selbständigen und Arbeiterinnen in Handel und Verkehr.

Die für das Jahr 1900 skizzierte Alters- und Berufsstruktur der Bevölkerung der südlichen Vorstadt Bremens unterstreicht die nicht zu unterschätzende Bedeutung der Zuwanderung im 19. Jahrhundert. Obgleich die Zuwanderer männlichen und weiblichen Geschlechts in diesem Arbeiterbezirk mit 9.530 Personen (42 Prozent) nur eine Minderheit der Wohnbevölkerung bildeten, waren diese doch in allen Berufssparten stark oder gar mehrheitlich vertreten und besetzten zudem weitaus häufiger als die ortsgebürtige Bevölkerung auch leitende Positionen, so daß der zugewanderte Bevölkerungsteil das Erwerbsleben in diesem Viertel sehr viel stärker prägte, als ihre personelle Unterrepräsentanz selbst unter Berücksichtigung der Altersstruktur dies vermuten ließ.

6. Zusammenfassung: Die Typisierung des Viertels

Die südliche Vorstadt Bremens ging aus der am linken Weserufer, unmittelbar vor den Toren der Stadt belegenen Landgemeinde Buntentorsteinweg-Neuenland hervor. Trotz des ländlichen Ursprungs und der dort dominierenden agrarischen Nutzung hatte sich entlang einer der wichtigsten Bremer Handelsstraßen, rund um den Buntentorsteinweg, bereits früh ein Wohn- und Gewerbegebiet herausgebildet, das ebenso in seiner Siedlungsstruktur wie in der sozialen Zusammensetzung seiner mehrheitlich minder bemittelten Einwohner schon in den sechziger Jahren des 19. Jahrhunderts vorstädtische Züge besaß. Die Eingemeindung dieses 1870 per Gesetz mit der Feldmark Neuenland vereinigten Gebietes galt jedoch nicht als Bestandteil ohnehin existierender Stadterweiterungspläne, sondern war in erster Linie auf die Initiativen der sich von der Bauernschaft Neuenland distanzierenden Bewohner des Buntentorsteinweges zurückzuführen. Eine auf ländliche Verhältnisse zugeschnittene, von der Ausdehnung dieses vermehrt von Arbeitern bevölkerten, überdies durch zunehmende politische Unruhe geprägten Teils der Landgemeinde deutlich überforderte Verwaltung und eine offenkundig vorherrschende (vor)städtische Mentalität gaben den entscheidenden Ausschlag für die nachdrücklich geforderte Eingliederung in die Stadt. Diesen Ansprüchen wurde der Bremer Senat erst Ende des Jahres 1875 gerecht, nachdem der Beitritt des Buntentorsteinweges zum Zollverein vollzogen war und und die Eingemeindung des zollinländischen Landgebietes der bremischen Staatskasse hohe Steuereinnahmen zu sichern versprach. Der von dem nahezu zeitgleich erfolgten Anschluß an den Zollverein und das Bremer Stadtgebiet erhoffte wirtschaftliche Aufschwung stellte sich hingegen nicht ein. Statt Wohlstand machte sich in dem jungen Bremer Stadtteil fortschreitende Armut breit, die zwar primär, aber keineswegs ausschließlich eine Folgeerscheinung der Krise bildete; denn der über Jahre hinweg angestrebte städtische Status forderte einen hohen Preis, den die Südervorstädter mit einer doppelten Besteuerung zu begleichen hatten.

Der kontinuierliche, indes zu relativ geringen Teilen auf Wanderungsgewinnen basierende Bevölkerungsanstieg und die enorme Erweiterung des Wohnungsbestandes wiesen die südliche Vorstadt als einen der im letzten Viertel des 19. Jahrhunderts am zügigsten und stärksten expandierenden Stadtteile Bremens aus, der seit seiner Eingemeindung stets mit der höchsten Wohndichte aufwartete.

Bautätigkeit und Bevölkerungswachstum hatten das weitflächige Areal dieses vom Bremischen Statischen Amt dreigeteilten Stadtviertels jedoch nicht gleichförmig ergriffen. Als favorisiertes Gebiet bauunternehmerischen Wirkens kristallisierte sich der den westlichen Bereich abdeckende Bezirk 16 heraus, dessen gewaltiger Einwohnerzuwachs den der beiden Buntentorbezirke 17 und 18 bei weitem übertraf. Die stärkste wohnräumliche Verdichtung erfuhr aber nicht dieses sowohl die zahlreichsten Wohnhäuser und Einwohner als auch die höchste Behausungsziffer aufweisende Ballungsgebiet, sondern der über den ältesten Siedlungskörper mit den geringsten Gebäude- und Bewohnerzahlen verfügende Bezirk 18 im östlichen Bereich des Buntentorsteinweges. Da hier - entgegen des überwiegend zweistöckig geschaffenen Neubaubestandes im 16. und 17. Bezirk - an der tradierten, Ende des 19. Jahrhunderts bereits überkommenen Bauweise festgehalten worden war, dominierte auch im Jahre 1900 noch das kleine eingeschossige Wohnhaus, dessen Auslastung in den seltensten Fällen mit der ursprünglich entwickelten Konzeption des einer Familie zugedachten Bremer Hauses in Einklang stand. So erlangte der 18. Bezirk den fragwürdigen Ruf des sich mit seiner extrem hohen Wohnraumbelegung durch die ungünstigsten Bedingungen im gesamten bremischen Stadtraum auszeichenden Wohngebietes. Die somit von Anbeginn benachteiligte südliche Vorstadt wurde, ähnlich wie die durch vergleichbar unvorteilhafte Wohnverhältnisse gekennzeichnete westliche Vorstadt, zum Inbegriff stadtbremischen Wohnungselends.

Dennoch konnte sich Bremen mit der zur Jahrhundertwende im Gesamtdurchschnitt verhältnismäßig geringen Ausschöpfung seiner wohnräumlichen Kapazitäten eines im interstädtischen Vergleich zweifelsohne gehobenen Versorgungsstandards rühmen. Überaus günstig schnitt Bremen im Jahre 1900 gegenüber anderen deutschen Großstädten auch in der Verbreitung übervölkerter Wohnungen ab, obwohl hier in Ermangelung einer einheitlichen deutschen Richtschnur ein eigener, eher strenger Überfüllungsmaßstab angelegt worden war. Mit dieser am häufigsten in der südlichen Vorstadt überschrittenen Toleranzschwelle repräsentierte dieser Stadtteil abermals die Schattenseite städtischen Wohnens. Die in ihrer Belegungsfrequenz als übervölkert anerkannten Wohnungen Bremens wichen allerdings in ihren typischen Merkmalen keineswegs von denen anderer Städte ab; denn von der Überfüllung waren hier wie andernorts vorrangig die Kleinst- und Kleinwohnungen betroffen. Die Folgen solch beengten Wohnens blieben auch in Bremen nicht aus und schlugen sich zum einen in einer exzeptionell hohen Rate registrierter und verurteilter Hausfriedensbrüche nieder, mit der Bremen zu Beginn des 20. Jahrhunderts im deutschen Städtevergleich an erster Stelle rangierte. Zum anderen trug die bedrückende Enge nicht unmaßgeblich zur Begünstigung verschiedenster Krankheiten wie zur Verzögerung des Genesungsprozesses bei und erhöhte im Falle infektiöser Erkrankungen die Ansteckungsgefahr. In Anbetracht dessen, daß Bremen von den Begleiterscheinungen der Wohnungsnot durchaus nicht verschont blieb, zu knapp bemessener Wohnraum vornehmlich in ausgesprochenen Ungunstlagen wie der südlichen Vorstadt eher die Regel bildete und das soziale Wohnumfeld ein nicht zu verkennendes Konfliktpotential bereitzuhalten schien, relativieren sich die vermeintlich vorteilhaften Bremer Wohnverhältnisse in erheblichem Maße.

Mißstände im Wohnungswesen nahmen indessen gewöhnlich keinen flächendekkenden Umfang ein, sondern pflegten sich in solch städtischen Teilbereichen zu konzentrieren, die als bevorzugte Standorte der Industrie vorrangig von Unterschichtsangehörigen bevölkert wurden und gleichermaßen durch die Unzulänglichkeit ihrer Behausungen wie die Armut ihrer Bewohner geprägt waren. Solch nicht zuletzt von städtischen Infrastrukturmaßnahmen vernachlässigte, von staatlichen Organen vielmehr "*für die Anlage von Fabriken, insbesondere auch von lästigen Betrieben*"[148] als prädestiniert eingestufte Gegenden erzielten, wenn es galt, die städtischen Wohnverhältnisse einer Bilanz zu unterziehen, traurige Negativrekorde. All diese Kennzeichen trafen einerseits auf die westliche, andererseits auf weite Teile der südlichen Vorstadt Bremens zu. Während die sich im letzten Viertel des 19. Jahrhunderts zum größten Bremer Arbeiterviertel entwikkelnde westliche Vorstadt hohe Wanderungsgewinne zu verzeichnen hatte, blieb der Zustrom Ortsfremder im 19. Jahrhundert in der südlichen Vorstadt überaus gering. Da die industrielle Entwicklung in diesem Stadtteil keine dem Bremer Westen vergleichbar herausragende Bedeutung gewann, hinkte auch das Arbeitsplatzangebot weit hinter dem der sich in Hafennähe angesiedelten Betriebe her. Die südliche Vorstadt bot Zuwanderern offensichtlich keinen starken Anreiz zum längerfristigen Verbleib. Hohe Zuwanderungsraten und eine in erster Linie von jungen Zuwanderern geprägte Zusammensetzung der Wohnbevölkerung galten aber nachgerade als klassische Merkmale der sich im Zuge der Industrialisierung und Urbanisierung ausformenden Arbeiterviertel deutscher Großstädte. Diesen Charakteristika wurde die südliche Vorstadt nur zu Teilen gerecht. Zeichnete sich die Altersstruktur der Wohnbevölkerung dieses Stadtteils im Jahre 1900 - wie in anderen Arbeiterbezirken - auch durch ein ausgesprochen junges Profil mit einer hohen Quote an Kindern und einem minimalen Anteil älterer Bewohner aus, so präsentierte sich unter dem Gesichtspunkt der Gebürtigkeit ein vollauf atypisches Bild; denn die jüngeren Bewohner im Alter bis zu 30 Jahren stammten mehrheitlich aus Bremen, die ältere Wohnbevölkerung hingegen wurde unverkennbar von Zuwanderern dominiert.

Trotz einer überwiegend proletarischen Wohnbevölkerung entsprach die südliche Vorstadt Bremens keineswegs in jeder Hinsicht dem gängigen Bild der während der Gründerzeit zuhauf entstandenen Arbeiterviertel deutscher Großstädte. So wichen die bestehenden Bau- und Wohnstrukturen gravierend von denen anderer Großstädte ab und besaßen selbst innerhalb dieses Viertels keine Gleichförmigkeit. Diese bereits früh existierenden, sich mit fortschreitendem Zeitraum indes deutlich verstärkenden stadtteilinternen Unterschiede machten sich nicht nur äußerlich an Alter und Art der vorhandenen Bauten bemerkbar, sondern traten zudem in einem sich merklich wandelnden Sozialgefüge der Bewohnerschaft zutage, so daß dieser Stadtteil durchaus kein homogenes Viertel bildete. Die außergewöhnlich geringe Zuwanderung und der vermehrte Zustrom kleinbürgerlicher Bevölkerungsteile konnte nicht ohne tiefgreifende Auswirkungen auf den unter sozialräumlichen Gesichtspunkten offenkundig zweigeteilten geographischen Raum bleiben und legt die Vermutung nahe, daß das Wohnverhalten - je nach Sozialgruppenzugehörigkeit, Einkommenslage und der die Wohnverhältnisse kennzeichnenden rechtlichen Stellung der Bewohner - in diesem Viertel dementsprechend facettenreiche Züge trug.

Buntentorsteinweg 79b (um 1905)

KAPITEL III

Die Straße als Abbild des Viertels - Strukturanalysen vier ausgewählter Straßen

Die allenfalls bruchstückhaft überlieferte Geschichte der südlichen Vorstadt Bremens stellt eine mit dem Anspruch auf die Einbeziehung aller für den Entwicklungsprozeß eines städtischen Teilbereichs bedeutsamen Faktoren verknüpfte Stadtteilanalyse vor nahezu unlösbare Probleme. Doch nicht nur der oben erörterte,[1] vollständige Mangel einzelner, von der Forschung bereits aufgearbeiteter Aspekte erschwert die Untersuchung eines solch komplexen Gebildes, auch die - etwa im Vergleich zu München[2] - eher ungünstige Bremer Quellenlage[3] trägt wenig zur Bewältigung dieser breit gefächerten Thematik bei. Derartige Hindernisse sind aber keineswegs gleichbedeutend mit einem zwangsläufigen Verzicht auf solch elementare Fragen wie die nach der langfristigen Entwicklung ursprünglich bestehender Immobilienbesitzverhältnisse oder der sich zwischen 1875 und 1914 vollziehenden Veränderungen in der sozialen Gliederung der Stadtteilbevölkerung.

Mit den Bremer Erbe- und Handfestenakten steht eine überaus wertvolle, indes nur mit hohem Arbeitsaufwand zu erschließende historische Quelle zur Verfügung, die alle um die Problematik des Haus- und Grundbesitzes kreisenden Fragen zu erhellen vermag. Da in der vorrangig während der Gründerzeit bebauten, seit dem letzten Jahrzehnt des 19. Jahrhunderts erneut durch rege Bautätigkeit gekennzeichneten südlichen Vorstadt die Parzellierung des Baugrundes annähernd ausnahmslos im "Kleinformat" erfolgte, hätte eine Totalerfassung dieses schon im Jahre 1875 mit 1.279 privaten Wohngebäuden bestückten Stadtteils, dessen Baubestand binnen dreißig Jahren um 1.776 Objekte erweitert wurde, 1905 mithin bereits 3.055 Häuser[4] umfaßte, die Auswertung einer identischen Anzahl bereitstehender Erbe- und Handfestenakten erfordert. Um den gigantischen Umfang des Aktenbestandes auf ein realisierbares Maß zu reduzieren, ohne diese unersetzbare Quelle unberücksichtigt zu lassen, blieb eine räumliche Eingrenzung des Untersuchungsgebietes unerläßlich. Diese Notwendigkeit wurde durch das für den Untersuchungszeitraum der Studie nicht überlieferte Bremer Melderegister, das den raschen Zugriff auf eine Vielzahl der in diesem Kontext relevanten Informationen zur Analyse der Wohnbevölkerung ermöglicht hätte, zusätzlich bestärkt; denn die zwischen 1875 und 1914 in der südlichen Vorstadt lebenden Bewohner sind ausschließlich anhand der alternativ verfügbaren Bremer Adreßbücher zu erfassen.

Die Bearbeitung dieser beiden, mit diversen anderen Quellengattungen ergänzten Primärquellen war demzufolge nur zu leisten, indem sich alle nachfolgenden Untersuchungen auf einige ausgewählte Straßen dieses Viertels konzentrierten. Unter der Prämisse, daß sämtliche zur Disposition stehenden Straßenzüge ein relativ frühes, in die gründerzeitliche Bauphase fallendes Entstehungsdatum besitzen sollten, bot sich ein vielfältiges Angebot potentiell geeigneter Straßen, das durch die gleichzeitig verfolgte Intention, eine komparative Analyse proletarischen und kleinbürgerlichen Wohnens zu realisieren, eine erste Reduzierung erfuhr. Straßenzüge mit kleinbürgerlich geprägtem Sozialgefüge waren in den siebziger Jahren des 19. Jahrhunderts in diesem Viertel rar. Arbeiterstraßen existierten und entstanden in diesen sich durch blühende Bodenspekulation auszeichnenden Jahren hingegen zuhauf. Das unter der Voraussetzung zweier sozialstrukturell divergierender Straßenpaare vorzunehmende Selektionsverfahren wurde durch die in eine zeitgenössische Untersuchung der Bremer Wohnverhältnisse[5] einbezogenen Straßen erheblich erleichtert. So fiel die Wahl zum einen auf zwei durch ihre extrem ungünstigen Wohnbedingungen zu fragwürdigem Ruhm gelangte proletarische Straßenzüge. Sowohl die Rasing- als auch die Wulfhoopstraße erfüllten die Kriterien zweier überwiegend von Arbeitern bewohnter Straßen, die eine exemplarische Untersuchung der Wohnbedingungen städtischer Unterschichten in der Zeit des Deutschen Kaiserreichs zu gewährleisten versprachen. Als Gegenstück zu diesen Arbeiterwohnstraßen wurden zwei im Bebauungsplan der südlichen Vorstadt vorgesehene Straßenzüge gewählt. Die Gastfeld- und Kornstraße ließen als projektierte Hauptstraßen eine verstärkt erfahrene staatliche Förderung, etwa im Rahmen infrastruktureller Maßnahmen, erwarten und schienen damit einen zur Auslotung eines etwaig existierenden Mißverhältnisses begünstigter und unverkennbar vernächlässigter Teilbereiche dieses Stadtteils wesentlichen Aspekt beizutragen. Darüber hinaus entsprach dieses Straßenpaar, ebenso wie die Rasing- und Wulfhoopstraße, zum einen in seiner 1875 erfolgten Anlegung und Bebauung dem Vorhaben, der Sonderstellung Bremens im deutschen Wohnungsbau des 19. Jahrhunderts auf den Grund zu gehen. Zum anderen erwiesen sich sowohl die Gastfeld- als auch die Kornstraße in der stichprobenartig überprüften sozialen Zusammensetzung ihrer Bewohner offensichtlich als zweckdienliche "Objekte" zur Untersuchung der Frage, ob und inwieweit die Lebens- und Wohnverhältnisse innerhalb dieser mit fortschreitendem Untersuchungszeitraum vermehrt von kleinbürgerlichen Bevölkerungsteilen bewohnten Straßen gravierend von denen der Arbeiterwohnstraßen abwichen.

Besitzen die nachfolgenden Analysen der vier stellvertretend für die südliche Vorstadt Bremens - gleichsam als Abbild des Viertels - in ihren Immobilienbesitzverhältnissen und ihrer Sozialstruktur beleuchteten Straßen zweifelsohne die typischen Züge einer Fallstudie, so wurde die mittels der herangezogenen Quellen exakt nachzuzeichnende strukturelle Entwicklung in dem geographisch begrenzten Gebiet dieses Stadtteils, wo immer dies möglich war, einem inner- und interstädtischen Vergleich unterzogen, um auf diese Weise gleichermaßen quartierspezifischen Charakteristika auf die Spur zu kommen wie der bremischen Sonder-

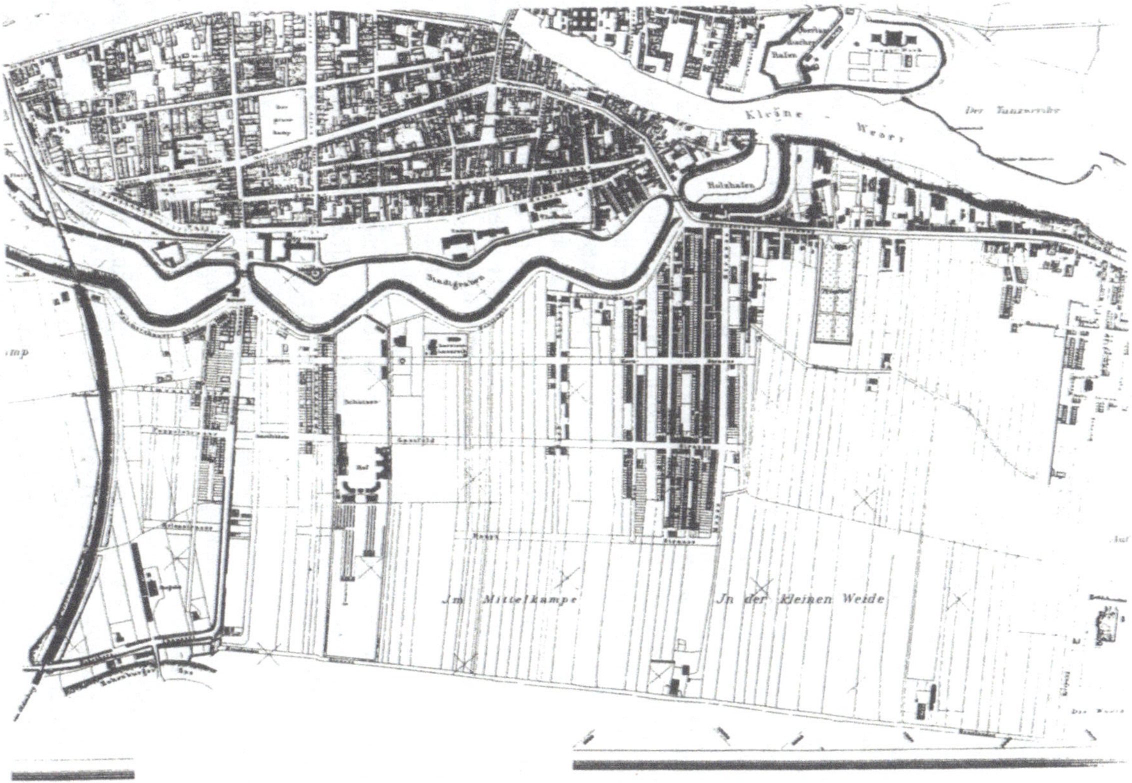

Die südliche Vorstadt Bremens (Ausschnitt Stadtplan 1884)

rolle im 19. Jahrhundert Transparenz zu verleihen oder auch mit anderen deutschen Großstädten gemeinsame Tendenzen aufzuzeigen.

1. Zur Frage des Hausbesitzes

"*Einfamilienhaus und Stadtleben waren schon vor der Urbanisierung nicht die tatsächlich vorherrschende Wohnform gewesen; sie wurden im Verlauf der Urbanisierung immer mehr unvereinbare und unrealisierbare Ziele. Es wäre sicherlich verfehlt, in dem Überwiegen städtischer Mietbevölkerung ein neues Charakteristikum des 19. Jahrhunderts zu sehen, unzweifelhaft ist aber, daß als Folge des städtischen Wachstumsprozesses und der Vorherrschaft des Massenmietshauses in der zweiten Hälfte des 19. Jahrhunderts eine rasante Verschärfung der Eigentumsverhältnisse in den Großstädten eintrat.*"[6]

Das von Clemens Wischermann skizzierte Bild tiefgreifender Wandlungsprozesse in der Urbanisierung reflektiert zweifelsohne erfolgte strukturelle Veränderungen in den großstädtischen Wohn- und Besitzverhältnissen im 19. Jahrhundert. Diese Entwicklung fand in Bremen jedoch keine Entsprechung. Trotz eines gleichermaßen, überdies schon früh ausgebildeten Mietwohnungsmarktes und einer mehrheitlich in Mietwohnungen lebenden Bevölkerung waren größere Mehrparteienmietshäuser oder gar Mietskasernen, die andernorts mehr und mehr die Siedlungsstruktur der in der zweiten Hälfte des 19. Jahrhunderts rasch expandierenden Städte prägten, in Bremen bis zum Ersten Weltkrieg nicht vorzufinden. In Bremen dominierte demgegenüber das in vielen Fällen von seinem Eigentümer auch selbst bewohnte Kleinhaus. Hausbesitz kennzeichnete hier keineswegs das einkommensstarken oder wohlhabenden Gesellschaftsschichten vorbehaltene Privileg, sondern fand selbst unter Arbeitern noch relativ weite Verbreitung.

Über die sich somit in einer atypischen städtebaulichen Entwicklung und in einer ungewöhnlich breiten Streuung des Immobilienbesitzes manifestierende Sonderstellung Bremens herrscht unter den Verfassern sowohl zeitgenössischer als auch neuerer historischer Studien[7] einhellige Auffassung - sofern diese um die Wohnverhältnisse Bremens kreisenden Untersuchungen komparative, d.h. auf interstädtische Parallelen und Divergenzen ausgerichtete Aspekte in ihre Analysen miteinbezogen. Umstritten blieben hingegen die Ursachen der bremischen Sonderentwicklung im 19. Jahrhundert. Die teils abenteuerlich anmutenden Interpretationsversuche älterer Abhandlungen wurden hinlänglich falsifiziert und scheinen der Vergangenheit anzugehören, seit jüngere Analysen dem erstmals von Klaus Schwarz[8] gelieferten Argumentationsstrang folgen, Bremens Sonderstellung auf dem deutschen Wohnungsmarkt vornehmlich auf wirtschaftliche und rechtliche Bedingungen zurückzuführen..

Diese sich Bahn brechende Erkenntnis vermag jedoch weder die offensichtlich noch immer bestehenden Unklarheiten über die Auswirkungen, Tragweite, Dauer und den Wandel der Sonderrolle Bremens zu beseitigen noch über den frappierenden Mangel an methodisch umsichtigen, empirisch fundierten Untersuchungen zur Geschichte des Bremer Wohnungsmarktes im 19. Jahrhundert hinwegzutäuschen. Ein solch defizitärer Charakter haftet allerdings nicht nur den Bremen ins engere Blickfeld rückenden lokalhistorischen Studien an; Wohnungswirtschaft und Wohnungsbaukonjunktur bilden auch heute noch Themenkomplexe, die trotz der stetig zunehmenden, explizit der Sozialgeschichte des Wohnens gewidmeten oder diese zumindest streifenden Arbeiten und trotz ihrer fundamentalen Bedeutung für die Wohnverhältnisse und das Wohnverhalten nur selten das Interesse der Historiker oder benachbarter Wissenschaftsdisziplinen wecken und demzufolge den "weißen Fleck" in der deutschen Forschungslandschaft der Stadt- bzw. Urbanisierungsgeschichte markieren.[9]

Führt eine unergiebige Quellenlage auch nicht selten zur Vernachlässigung relevanter Fragestellungen und Problemfelder, so rechtfertigt dieses häufig überzeugend ins Feld geführte Argument doch keineswegs das für Bremen zu bemängelnde Forschungsdesiderat. Ein umfangreiches, qualitativ hoch zu veranschlagendes archivalisches "Angebot" unterschiedlichster Quellengattungen[10] erlaubt vielmehr sowohl eine eingehende Analyse der Sonderstellung Bremens auf dem deutschen Wohnungsmarkt des 19. Jahrhunderts als auch eine weitgehend lückenlose Rekonstruktion der in diesem Stadtstaat herrschenden Besitz- und Wohnstrukturen.

Die im Rahmen der Stadtteilanalyse zum näheren Verständnis der quartierspezifischen Wohnbedingungen notwendig zu erörternde Problematik der Besitzverhältnisse führt zwangsläufig zu einer Auseinandersetzung mit der Sonderstellung Bremens und verleiht damit der im Vordergrund dieses Kapitels stehenden Frage nach der Finanzierung des Wohnungsbaus und des Hausbesitzes hervorragende Bedeutung. Um den Entwicklungsprozeß des im Jahre 1875 eingemeindeten Stadtviertels der südlichen Vorstadt Bremens - und in diesem Zusammenhang vornehmlich dessen Ausgangssituation - möglichst in seiner Totalität erfassen und nachvollziehen zu können, wurde der für die vorliegende Studie gewählte vierzigjährige Untersuchungszeitraum von 1875 bis 1914 auf die Zeitspanne des dritten Viertels des 19. Jahrhunderts ausgedehnt. Dieses methodisch unerläßliche Vorgehen gewährt wertvolle Einblicke in die ursprünglich bestehenden Grundbesitzverhältnisse und sichert exakte Aussagen zur Abwicklung des der Bebauung vorausgehenden Besitzwechsels zwischen den Parteien der Großgrundbesitzer und Bauunternehmer.

Die komplexe Thematik der Entwicklung stadtteilspezifischer Besitzverhältnisse erfordert hingegen - will die Analyse dem Anspruch auf Präzision und Vielschichtigkeit gerecht werden - eine Eingrenzung des Untersuchungsfeldes. Stellvertretend für die südliche Vorstadt Bremens stehen vier Straßenzüge - die Gastfeld-, Korn-, Rasing- und Wulfhoopstraße - im Mittelpunkt der anknüpfenden Betrachtungen. Trägt die Untersuchung mithin den Charakter einer Fallstudie, so wurde die gleichermaßen zur Typisierung des Viertels wie zur Einbettung in den inner- und interstädtischen Gesamtkontext unverzichtbare Vergleichsebene keinesfalls ausgeblendet.

Das der Frage des Hausbesitzes gewidmete Kapitel umfaßt fünf in ihren Fragestellungen und Methoden voneinander abweichende Teile.

Der sowohl der Einführung in das Problemfeld der bremischen Sonderstellung als auch der Herleitung ihrer im 19. Jahrhundert wirksam werdenden Ursachen dienende erste Abschnitt umreißt die wirtschaftlichen Rahmenbedingungen Bremens und referiert die wesentlichen Grundzüge der im Jahre 1833 erlassenen bremischen Erbe- und Handfestenordnung, ein außergewöhnliches Grundstücks- und Immobiliarpfandrecht, das nicht zuletzt auch aufgrund seiner in den Text einfließenden Fachterminologie genauerer Erläuterungen bedarf.

Das Folgekapitel wendet sich zunächst primär den Entstehungsbedingungen der vier ausgewählten Straßen zu, indem die Prozedur des Grundstücksgeschäfts, Schwankungen des Bodenpreisniveaus und die Finanzierung des Wohnungsbaus näher beleuchtet werden, ohne indessen die Gruppe der ursprünglichen Grundbesitzer, die zentrale Rolle der Bauunternehmer sowie die architektonische Gestalt, innere Aufgliederung und Nutzungsmöglichkeiten der zwischen 1851 und 1880 entstandenen Neubauten unberücksichtigt zu lassen. Hinterfragt wird aber auch, auf welchen Prinzipien die Bautätigkeit beruhte, ob und welche Verkaufsstrategien von den Bauführern entwickelt wurden und welcher Erfolg ihnen beschieden war. Die untrennbar mit diesen Aspekten verbundene Frage des Immobilienbesitzwechsels lenkt den Blick auf die Art der Weiterveräußerung, erzielte Verkaufspreise und die Finanzierung des Hausbesitzes und mündet in einer Skizzierung der als tiefer Einschnitt in der Entwicklung der Besitzstrukturen zu bezeichnenden Bremer Baukrise.

So setzt der dritte Teil seinen Akzent auf die Analyse der Ursachen, Formen und Folgen des gegen Ende des 19. Jahrhunderts einsetzenden Strukturwandels innerhalb der einzelnen Straßen. Veränderungen in der wohnungspolitischen Haltung des Bremer Staates und der Gesetzgebung finden hier ebenso Eingang in die Analyse wie der Einfluß konjunktureller Schwankungen, die weitere Entwicklung der Bautätigkeit und deren Finanzierung sowie die Bedeutung und Realisierbarkeit des Hausbesitzes in Arbeiterhand. Dabei wird zugunsten vielfältigerer analytischer Zugriffsmöglichkeiten zwischenzeitlich bewußt vom gängigen Pfad strenger Chronologie abgewichen.

Der anschließende Schwerpunkt dieses Kapitels konzentriert sich auf die Gruppe der Haus- und Grundbesitzer. Verleihen persönliche Merkmale wie geographische Herkunft, Familienstand, Geschlechts- und Berufszugehörigkeit dieser Gesamtgruppe erste Konturen, so zielt die Untersuchung der sozialen Zusammensetzung der zwischen 1875 und 1914 über Hausbesitz verfügenden Personen in den einzelnen Straßen sowohl auf zeitliche Veränderungen als auch auf straßenspezifische Unterschiede ab.

Der fünfte Abschnitt greift zum einen die Frage nach der Verwertung der Immobilien auf, indem sowohl das Verhältnis der ausschließlich als Kapitalanlage und der für eigene Wohnzwecke genutzten Häuser ermittelt als auch die straßeninterne Sozialstruktur der Eigenbedarf geltend machenden Besitzer analysiert wird, und diskutiert zum anderen die insbesondere für ein proletarisches Viertel bedeutsame Problematik der Kontinuität vorhandenen Immobilienbesitzes.

Zusammenfassung und Fazit spannen abschließend den Bogen zwischen der komprimierten Präsentation der im vorliegenden Kapitel gelieferten Ergebnisse und ihrer Relevanz für die historische Forschung.

1.1 Handfesten - Die Bremische Sonderform des Immobiliarkredits

Mit dem Erlaß der Erbe- und Handfestenordnung im Jahre 1833 war in Bremen ein eigenständiges und einheitliches, zum 1. Mai 1834 in Kraft tretendes und fortan für das gesamte bremische Staatsgebiet ausschließlich geltendes Immobiliarrecht geschaffen worden, das grundlegend von dem sonst überall verbreiteten deutschen Hypothekenrecht abwich und mit der gleichzeitigen Neuregelung des Immobiliarpfandrechtes, des Handfestenwesens, eine Form des Immobiliarkredits verankerte, die entscheidenden Einfluß auf den Bremer Wohnungsbau im 19. Jahrhundert ausübte.

Dieses spezifisch bremische Recht kam vornehmlich den Interessen der nach geeigneten Möglichkeiten der Kapitalanlage suchenden, wohlhabenden Bremer Kaufleute entgegen. Ein unterentwickeltes Banken- und Kreditwesen,[11] die bis zum Jahre 1871 von der in allen anderen deutschen Staaten verbreiteten Silberdeckung abweichende Goldwährung[12] und das bis zum späten Zollanschluß im Jahre 1888 weitgehende Fehlen größerer Industriebetriebe im Bremer zollausländischen Stadtgebiet standen dem im 19. Jahrhundert einen außergewöhnlich starken Aufschwung nehmenden Bremer Handel zur Unterbringung seines überschüssigen, nicht zu Reinvestitionszwecken vorgesehenen Kapitals hemmend im Wege.

In Bremen, der zweitgrößten deutschen Hafenstadt, besaß der Handel eine lange Tradition und bildete bis ins späte 19. Jahrhundert infolge fehlender Bodenschätze und eines nur spärlich besiedelten, wirtschaftlich ungünstigen Hinterlandes trotz der gleichermaßen frühen Existenz von Handwerk und Gewerbe den dominierenden Erwerbszweig. Die Bremer Handelsschiffahrt florierte bereits im letzten Viertel des 18. Jahrhunderts,[13] wurde jedoch durch die von Frankreich verhängte Kontinentalsperre - ebenso wie das Gros der vom Handel abhängigen Veredelungsbetriebe - weitreichend lahmgelegt[14] und erfuhr ab 1815 abermals einen mit der Neugründung zahlreicher Handelsfirmen[15] einhergehenden, indes auf wenige Jahre befristeten und sich erst zu Beginn der 1820er Jahre vollends durchsetzenden kräftigen Aufschwung. Obgleich die nunmehr unbehinderten Rohstoffdirektimporte aus Nord-, Mittel- und Südamerika,[16] Ostasien sowie Westafrika und die Aufhebung des Elsflether Zolls[17] nicht nur dem Handel zugute kamen, sondern auch der Bremer Tabak- und Zigarrenindustrie[18] zu einer in der ersten Hälfte des 19. Jahrhunderts marktführenden Position verhalfen, erlangte die Bremer Handelsschiffahrt ihre größte Prosperität erst, nachdem die dringlichsten, aus der Weserversandung,[19] den mangelhaften Transportverbindungen ins Binnenland und der für den Überseehandel noch behelfsmäßig und unrentabel gehandhabten Rückfrachtlücke[20] resultierenden Probleme mit der Gründung Bremerhavens, der Erstellung von Eisenbahnlinien[21] und der sich als blühendes Geschäft erweisenden Auswandererbeförderung[22] nach und nach gelöst waren. Hatte Bremen schon Mitte des 19. Jahrhunderts den Rang eines Welthandelsplatzes erworben, so sicherten die im dritten Viertel dieses Jahrhunderts zunehmend an die Stelle des Tabaks tretenden Einfuhrgüter Baumwolle und Reis sowie das seit den 1860er Jahren den Tran ablösende Petroleum zum einen die Spitzenpositionen Bremens auf dem europäischen bzw. deutschen Markt und förderten zum anderen die Entstehung neuer Industriezweige.[23] Die hohen Zuwachsraten nicht nur der Rohstoffimporte, sondern auch der Exportgüter, mithin die starke Ausdehnung des Handelsvolumens, schlugen sich in einer enormen Steigerung der vom Handelskapital zu verbuchenden Gewinne nieder.[24] Die in Bremen vorherrschende, althergebrachte Form der Familienbetriebe, die in aller Regel Handel und Reederei in einer Hand vereinigten, stieß indessen an ihre Grenzen. So kennzeichneten die im Jahre 1856 erfolgten Gründungen zweier Aktiengesellschaften - zum einen die der Bremer Bank AG, zum anderen die des Norddeutschen Lloyd - denn auch den Beginn einsetzender Konzentrationsprozesse und Verflechtungen des Handels- und Finanzkapitals.

An Geld mangelte es nicht in diesen als Blütezeit des Bremer Handels zu bezeichnenden Jahren, wohl aber an rentablen und überdies sicher gewähnten Anlagemöglichkeiten für das überschüssige Kapital. Dieses Defizit wurde durch das allein in Bremen existierende Handfestenwesen ausgeglichen. Mit den Handfesten stand hier ein, wenngleich lokal begrenztes, so doch mit größter Flexibilität ausgestattetes Kreditinstrument zur Verfügung, das vornehmlich im 19. Jahrhundert von begüterten und minderbemittelten Bevölkerungsteilen gleichermaßen genutzt wurde. Handfesten galten in Bremen ab 1834, mithin seit Erlaß der Erbe- und Handfestenordnung, als die bis 1900 einzig rechtlich anerkannte Form der Verpfändung von Immobilien.

Bildeten die Handfesten demnach eine bremen-spezifische Sonderform des Immobiliarkredits, so stellten sie doch keineswegs ein erst zu diesem Zeitpunkt geschaffenes juristisches Novum dar. Handfesten besaßen vielmehr als Gegenstück zur Hypothek eine bereits jahrzehntelange, in der exakten Datierung ihrer ursprünglichen Entstehung und Verbreitung allerdings selbst unter Experten des bremischen Rentenrechts umstrittene Tradition.[25] Bis 1833 waren - mit Ausnahme des infolge der französischen Besetzung vom Juni 1811 bis zum 31. August 1814 geltenden Code Civil - in Bremen sowohl gerichtliche Hypotheken als auch Handfesten gebräuchliche und überdies gleichwertige Rechtswirksamkeit besitzende Mittel zur Grundverpfändung. Das alte Handfestenrecht wich jedoch insofern grundlegend von dem neuen Gesetz ab, als es diverse räumliche Einschränkungen beinhaltete, infolge derer mehrere voneinander abweichende bremische Rechtsgebiete existierten. Reduzierte sich die Möglichkeit der Immobiliarverpfändung mittels Handfestenwilligung zunächst ausschließlich auf die Altstadt, so wurde der geographische Geltungsbereich des Handfestenrechts erst im Jahre 1740 auf die bis dahin römischem Recht unterliegende Neustadt ausgeweitet, während in den Vorstädten lediglich die Bestellung gerichtlicher Hypotheken zulässig und im Landgebiet - auf der Grundlage römischen Rechts - generell die formlose vertragsgemäße Verpfändung von Immobilien gebräuchlich war.

In der Praxis wurde der entscheidende Unterschied zwischen gerichtlicher Hypothek und Handfeste nicht selten verkannt. Die ohnehin nur für eine bereits bestehende Forderung eines bestimmten Gläubigers zu bestellende Hypothek, für die der Pfandnehmer einen beweiskräftigen Hypothekenschein erhielt, verlor mit Tilgung der Schuld ihre Gültigkeit, und der Hypothekenschein gewann damit die Bedeutung eines erloschenen, wertlosen Dokuments. Handfesten hingegen konnten - und dies entsprach dem gängigen Vorgehen - vorsorglich für einen später einsetzenden Bedarfsfall gewilligt werden, wie Höpken im Jahre 1874 in seiner Abhandlung zum bremischen Immobiliarpfandrecht die Bedeutung und Vorzüge der Handfestenwilligung erläuterte:

"Durch die Handfestenwilligung wurde nicht etwa der Pfandvertrag abgeschlossen, sondern nur das Recht erworben, ein Grundstück nach Massgabe der Handfeste durch einen gewöhnlichen mit Tradition des Dokuments verbundenen Vertrag zu verpfänden. Es war deshalb möglich und sehr üblich, die Handfesten auf einmal in so grosser Anzahl, dass sie den gesammten Pfandwerth eines Immobilie repräsentirten, im Voraus zu willigen für künftigen unbestimmten Gebrauch. Diese Sitte empfahl sich für die verständige Vorsicht eines jeden Geschäftsmannes so sehr, dass auch die argwöhnischesten Creditoren keinen Anstoss daran nehmen konnten. Durch dieselbe wurde es aber möglich, dass die wirkliche Verpfändung jederzeit und ganz unter der Hand geschehen konnte."[26]

Im Gegensatz zur Hypothek behielt die Handfeste auch nach vollständiger Begleichung des Darlehens ihren festgesetzten Wert und konnte somit nach Rückerhalt jederzeit erneut vom Williger "versetzt" werden.

Das gleichzeitige Bestehen dieser in ihrem Charakter und ihrer daraus resultierenden Handhabung und Zweckdienlichkeit ganz erheblich divergierenden Rechtsformen der Grundverpfändung, die räumliche Splittung des rechtlichen Geltungsgebietes und das überaus langwierige Verfahren der Handfestenwilligung[27] nach altem Recht veranlaßte die bremische Bürgerschaft, eine grundlegende Reform des Immobiliarrechts einzuleiten. Zur Vorbereitung derselben wurde am 3. Dezember des Jahres 1819 eine mit umfassender Vollmacht ausgestattete Deputation niedergesetzt, die nach jahrelangen Beratungen im Dezember des Jahres 1831 ihren Bericht erstattete.[28] Der von diesem Gremium gleichzeitig vorgelegte Gesetzesentwurf bildete die Grundlage für die am 1. November des Jahres 1833 von Senat und Bürgerschaft angenommene, im Dezember publizierte und zum 1. Mai des Folgejahres in Kraft tretende Bremer Erbe- und Handfestenordnung. Nachdem das alternativ diskutierte Hypothekenrecht zugunsten des Handfestenwesens verworfen worden war, erlangte das neu geschaffene Gesetz im gesamten bremischen Staatsgebiet ausschließliche Rechtsgültigkeit. Als ausschlaggebende Kriterien für die Bevorzugung des Handfestenrechts benannte Jaeger - in Übereinstimmung mit dem zeitgenössischen Bericht der Deputation[29] - dessen "*große Vorzüge in der Leichtigkeit und Bequemlichkeit des Geldverkehrs, speziell für eine Handelsstadt wie Bremen*".[30]

Einhergehend mit der fundamentalen Neuordnung des Immobiliarrechts erfolgte die Vereinigung aller zuvor in den Zuständigkeitsbereich verschiedener amtlicher Stellen fallenden, den Besitzwechsel oder die Verpfändung von Immobilien betreffenden Vorgänge in einer Behörde. Das eigens zu diesem Zweck instituierte Erbe- und Handfestenamt besaß als ständige Kommission des Obergerichtes volle richterliche Gewalt.
Jegliche Form der Übereignung von Grundbesitz war fortan auf gerichtlichem Wege abzuwickeln. Demnach erwarb eine Eigentumsübertragung an Grundstükken im Falle des Privatverkaufs erst mit gerichtlicher Lassung und bei öffentlicher

(Zwangs-)Versteigerung nur durch Aushändigung des sogenannten Zuschlagsprotokolls Rechtskraft. Unabhängig von der Art des Immobilienbesitzwechsels war ein vorausgehendes Abkündigungsverfahren erforderlich, das der Überprüfung des dem jeweiligen Grundstück anhaftenden Rechtsverhältnisses galt. Das dem Procedere des Aufgebots juristisch entsprechende Abkündigungsverfahren schrieb die öffentliche Ladung aller an der Übereignung des Grundstücks beteiligten Personen durch das Erbe- und Handfestenamt vor, um diesen die Möglichkeit der Geltendmachung etwaiger, zum Professionsprotokoll zu gebender Ansprüche einzuräumen. Behielten vor Erlaß der Erbe- und Handfestenordnung früher gewilligte Handfesten auch bei einem Grundstücksverkauf ihre Gültigkeit, so diente die neue Vorschrift der Wahrung des Grundsatzes, nur von allen Schulden befreite Immobilien nachweislich zur Veräußerung berechtigter Besitzer einer Eigentumsübertragung zuzuführen. Die Rechte der Gläubiger indessen wurden ausschließlich durch den Beispruch gesetzlich geregelt.

Die Bremer Handfesten erfüllten im 19. Jahrhundert - und in der überwiegenden Mehrzahl der bremischen Gebietsteile gar bis in die 1920er Jahre hinein - eine zweifache Funktion: Für Geschäftsleute versprach die Versetzung der Handfesten bei Bedarf die rasche Verfügbarkeit über ein vergleichsweise zinsgünstiges Darlehen, während den Erwerbern von Immobilien auf diese Weise eine Fremdfinanzierung in voller Höhe des Kaufpreises ermöglicht wurde. Wenngleich die Finanzierung von Haus- und Grundbesitz keinesfalls im Mittelpunkt der dem neuen Gesetz vorausgehenden Erwägungen stand, sondern mit dem Erlaß der Erbe- und Handfestenordnung vielmehr die Schaffung eines flexiblen Kreditwesens für den Handel intendiert war, so blieben die Bedingungen zur Erlangung eines Immobiliarkredits ab 1834 für jeden Kreditsuchenden identisch - unabhängig davon, zu welchem Zweck Grundstücke als "*Stellvertreter des baaren Geldes*" mit Handfesten, die im 19. Jahrhundert den Ruf genossen, "*fast ebenso negotiable Papiere wie Wechsel*"[31] zu sein, belastet wurden.

Das Recht zur Grundverpfändung erforderte den "Gang durch die Behörde", mit dem in aller Regel ein Notar beauftragt wurde. Dieser hatte den Eigentumsnachweis und damit die Berechtigung zur Immobiliarverpfändung seines Mandanten zu erbringen, bevor die geplante Handfestenwilligung zweimal in vierzehntägigem Turnus vom Erbe- und Handfestenamt in den "Bremer Nachrichten" publik gemacht wurde. Durch die Bekanntgabe der beabsichtigten Willigung wurde etwaigen anspruchsberechtigten Gläubigern die Möglichkeit eingeräumt, innerhalb von vier Wochen ihren Beispruch einzulegen. Erst nach Ablauf dieser Frist, mit der die Forderungen Dritter erloschen, stellte das zuständige Amt die beantragte Urkunde, das Handfestenformular, aus. Der Inhalt dieses gerichtlichen Dokuments beschränkte sich auf die Bestätigung der erfolgten Handfestenwilligung eines Eigentümers auf sein Grundstück. Ganz im Sinne vorsorglich zu erhaltender Handfesten wies die Urkunde lediglich den Namen des Willigers, eine exakte Bezeichnung des Grundstücks sowie Wert und Rang der Handfeste explizit aus; ein Gläubiger hingegen wurde nicht benannt. Über die Anzahl, jeweilige Höhe und Festsetzung des Gesamtwertes der auf ein Grundstück zu willigenden Handfesten entschied einzig der Eigentümer. Die mithin völlig im Ermessen des Grundbesitzers liegende Form der Kreditgestaltung gestattete demnach auch eine den Kaufpreis übersteigende Belastung der Immobilien, die indessen erst mit der sogenannten Versetzung eintrat. Auf diesen elementaren juristischen Unterschied zwischen dem Vorgang der Willigung und Versetzung von Handfesten verwies auch Höpken:

"*Jede Handfeste repräsentirt nur einen bestimmten in Geld ausgedrückten Theil des Pfandwerths eines Immobile. Durch ihre Willigung wird derselbe, so zu sagen, von dem Immobile losgelöst und erhält in der Handfeste eine selbständige Existenz. Durch die Versetzung der Handfeste wird dann der Werttheil des Grundstücks, welchen sie repräsentirt, versetzt; erst jetzt entsteht ein Pfandrecht. Der Besitz einer Handfeste als solcher ertheilt keinerlei Pfandrecht; die Handfeste selbst ist Gegenstand der Verpfändung an Stelle des von ihr repräsentirten Grundstücks, sie ist nicht etwa eine Urkunde über die Verpfändung oder ein das Pfand r e c h t vertretendes Dokument.*"[32]

Erst durch die Übergabe der Handfeste an einen Gläubiger entstand folglich das bremisch-rechtliche Immobiliarpfandrecht. Da jedoch mit dem Versatz noch keinerlei Rückzahlungsmodalitäten vereinbart waren und die Handfestenurkunde aus juristischer Perspektive "*sogenannte unvollkommene Werthpapiere*"[33] darstellten, entsprach es in Bremen allgemeinem Usus, gleichzeitig mit der Handfeste eine Obligation auszuhändigen, die zum einen den vertraglich ausgehandelten Zinssatz und verbindliche Fristen zur Begleichung desselben festlegte und zum anderen dem Gläubiger im Falle der Zahlungsunfähigkeit des Schuldners das sofortige, ohne vorherigen Prozeß wirksame Zwangsvollstreckungsrecht sicherte. Vereinbarungen zur Tilgung des Handfestendarlehens wurden demgegenüber nur selten getroffen; wären diese doch den wirtschaftlichen Interessen vieler Gläubiger, denen in Bremen bis ins späte 19. Jahrhundert keine äquivalenten Möglichkeiten der Kapitalanlage offenstanden, deutlich zuwidergelaufen.

Für den Darlehensgeber war das eingegangene Risiko am Rang der entgegengenommenen Handfeste, aus der die Höhe der voranstehenden handfestarischen Gesamtbelastung hervorging, tendenziell absehbar. Da mit steigendem Rang der Handfesten auch die potentielle Gefahr des Gläubigers wuchs, seine berechtigten Forderungen bei einem Zwangsverkauf des Grundstücks nicht einlösen zu können, hatte der Schuldner auf nachfolgende Handfesten höhere Zinszahlungen in Kauf zu nehmen. Ein Nachrücken des Pfandgläubigers - beispielsweise vom dritten auf den zweiten Rang - fand allerdings selbst dann nicht statt, wenn der Grundeigentümer die auf der versetzten Handfeste zweiten Rangs lastende Schuld vollständig getilgt hatte. Die eingelöste Handfeste ging vielmehr erneut in den

Besitz des Willigers über und konnte von diesem abermals zum ursprünglich festgelegten Wert versetzt werden.

Den wirksamsten Schutz zur Minimierung ihres finanziellen Risikos genossen die Gläubiger zweifelsohne durch das ihnen laut Erbe- und Handfestenordnung ausdrücklich eingeräumte unmittelbare Immobiliarpfandrecht mit einem direkten Exekutionsrecht. Kam ein Schuldner seinen vertraglichen Verpflichtungen zur fristgerechten Zahlung der Zins- oder Tilgungsrate nicht nach, so stand dem Handfestarier der Antrag auf Zwangsversteigerung des betreffenden Grundstücks zu. Handfestarische Forderungen besaßen in diesem Falle stets Priorität gegenüber anderweitigen Ansprüchen an den zahlungssäumigen Schuldner. Zwecks Einklagung seiner Gelder hatte der Gläubiger den Beweis seiner berechtigten Forderungen, d.h. einen Beleg für sein rechtskräftiges Pfandrecht an der Handfeste, etwa durch Vorlage einer entsprechenden Urkunde oder durch Schuldanerkenntnis des Beklagten, zu erbringen. Mit Erfüllung dieser formal-juristisch erforderlichen Voraussetzung erwirkte der Kläger den Vorteil einer beschleunigten Vollstreckung im Exekutivprozeß.

Die auf Antrag des handfestarischen Gläubigers, des sogenannten Extrahenten, betriebene Distraktion wurde indessen ausschließlich auf Beschluß und Anordnung des Erbe- und Handfestenamtes eingeleitet, die der Schuldner durch sofortige Beschwerde zwar anzufechten, aber schwerlich abzuwenden vermochte, solange er nicht über ausreichende Gelder zur Begleichung seiner Schuld verfügte. Einen juristischen Ausnahmefall bildete die fristgerechte Deposition der Kaufgelder durch den Erwerber aus einer freiwilligen Veräußerung. Die Hinterlegung der Kaufgelder schloß eine Zwangsversteigerung des Grundstücks grundsätzlich aus, da das betreffende Objekt auf diese Weise von den darauf haftenden Schulden befreit wurde.[34]

Lagen demgegenüber keinerlei rechtswirksame Hinderungsgründe vor, so setzte das Erbe- und Handfestenamt das strikten Regeln folgende Distraktionsverfahren in Gang. Der festgelegte Prozeßablauf wurde mit dem dreimaligen, jeweils in zweiwöchentlichen Abständen erfolgenden Aufgebot eröffnet, das der eigentlichen Abkündigung des Grundstücks galt. Darüber hinaus wurde der vom Amt verfaßte, für die Zwangsversteigerung unerläßliche Anschlag zur öffentlichen Kenntnisnahme an der Gerichtstafel ausgehängt und in der Kanzlei des Erbe- und Handfestenamts ausgelegt. Der dem Lassungsentwurf des unter der Hand abgewickelten Privatverkaufs entsprechende Anschlag enthielt neben der behördlich angefertigten Beschreibung den zur Erlangung eines angemessenen Kaufpreises vom Erbe- und Handfestenamt festgesetzten, als Mindestforderung geltenden Einsatzpreis[35] des zu versteigernden Grundstücks sowie die für den Versteigerungstermin verbindlichen Verkaufsbedingungen.[36]

In dem öffentlich bekanntgegebenen Termin der Zwangsversteigerung erfolgte schließlich der "Verkauf bei brennender Kerze".[37] Hier nahm nicht der beklagte Schuldner, sondern der Extrahent die rechtliche Funktion des Verkäufers ein. Als Käufer des Versteigerungsobjektes galt derjenige Bieter, der bis zum Erlöschen der bei Versteigerungsbeginn entzündeten Kerze das höchste Gebot nach dreimaligem Ausruf der Summe behielt. Der den Zuschlag erhaltene, meistbietende Versteigerungsteilnehmer war indessen keineswegs zur umgehenden Entrichtung des Einsatz- oder gar Kaufpreises, wohl aber zu einer Anzahlung auf die Verkaufskosten in Höhe von 100 Mark unmittelbar nach Erlöschen der Kerze, also noch im Versteigerungstermin, verpflichtet, während die volle Kaufsumme innerhalb von vierzehn Tagen bei der Gerichtskasse zu hinterlegen war.[38] Das Eigentumsrecht erwarb der Käufer mit der sowohl bei freiwilligen Versteigerungen als auch bei Zwangsverkäufen an die Stelle der Lassung tretenden Einhändigung des Zuschlagsprotokolls.

Mit der ursprünglich im Interesse des Handels erlassenen Erbe- und Handfestenordnung, deren revidierte Fassung aus dem Jahre 1860 nur geringfügige Modifikationen aufwies, existierte in Bremen ein Grundstücks- und Immobiliarpfandrecht, das den Bedürfnissen unterschiedlichster Interessengruppen gerecht zu werden schien. Einerseits bot sich für Kapitalanleger eine vermeintlich sichere und rentable Möglichkeit zur Unterbringung ihrer Gelder, andererseits versprach die bequeme Form der Handfestenwilligung Kreditsuchenden die weitgehend unproblematische und rasche Erlangung eines überdies relativ zinsgünstigen Darlehens. Infolge seiner unverkennbaren Vorteile gegenüber dem Hypothekenrecht erfreute sich das Handfestenwesen in breiten Bevölkerungskreisen größter Popularität. Besondere Bedeutung gewann die bremische Sonderform des Immobiliarkredits jedoch für den Wohnungsbau im 19. Jahrhundert. Einhergehend mit den gewerberechtlichen Begünstigungen der Gewerbeordnung und der Gewerbefreiheit, die für Gesellen den Weg ebneten, zunächst auf eigenem, später ebenso auf fremdem Grund ohne Aufsicht und Anweisungen eines Meisters auf eigene Rechnung Häuser zu bauen, schuf das Handfestenwesen die entscheidende Voraussetzung für den Schritt in die Selbständigkeit. Auch ohne jegliches Eigenkapital waren die ehemaligen Handwerksgesellen als selbsternannte Bauunternehmer imstande, ausschließlich mit Fremdmitteln, d.h. gegen Handfestenwilligung und Übergabe von Obligationen, vornehmlich in den Bremer Vorstädten Bauland zu erwerben und nach erfolgter Parzellierung mit Häusern zu versehen. Die fortschreitende Produktion für den anonymen Markt erreichte in den Gründerjahren ihren Höhepunkt. Das Gros der auf Spekulationsbasis hochgezogenen Neubauten blieb indessen unverkäuflich und gehörte den zahlreichen Objekten der in den 1870er und 1880er Jahren gleichsam auf der Tagesordnung stehenden, stets nach dem skizzierten Muster des Distraktionsverfahrens verlaufenden Zwangsversteigerungen an.

Versteigerung bei "brennender Kerze"

Die Erbe- und Handfestenordnung - und damit das bremen-spezifische Immobiliarpfandrecht - behielt bis zum Jahre 1900 im gesamten bremischen Staatsgebiet seine Gültigkeit. Mit Einführung des Bürgerlichen Gesetzbuches hingegen kehrte auch Bremen zum Hypothekenrecht zurück. Die aufwendige Umorganisation vom alten Handfesten- zum neuen Hypothekenrecht ging indessen äußerst schleppend voran, so daß die erforderliche Anlegung der Grundbücher nur sukzessiv realisiert wurde. Bis zum Jahre 1914 war erst für rund ein Drittel aller Grundstücke das Grundbuch angelegt, annähernd zwei Drittel der bremischen Immobilien unterlagen mithin auch zu diesem fortgeschrittenen Zeitpunkt noch dem alten Handfestenrecht. Die vollständige Umstellung auf das neue Grundbuchsystem war erst in den 1920er Jahren vollzogen. Der bereits vor 1834 existierende Dualismus zweier gravierend voneinander abweichender Rechtsformen war zu Beginn des 20. Jahrhunderts wiederhergestellt und währte über zwei Jahrzehnte.[39] Da das alte Recht der 1860 verabschiedeten Erbe- und Handfestenordnung erst mit der Anlegung des Grundbuches außer Kraft trat, vermochten die Haus- und Grundeigentümer der spät umorganisierten Bezirke die Vorzüge des Handfestenwesens auch im ersten Viertel des 20. Jahrhunderts noch voll auszuschöpfen.

Diese einzigartigen, ausschließlich in Bremen herrschenden Rechtsverhältnisse zeitigten nicht nur nachhaltige Auswirkungen auf die sich im 19. Jahrhundert herausbildenden Wohnstrukturen, sondern nahmen überdies maßgeblichen Einfluß auf die Entwicklung der Immobilienbesitzverhältnisse. Eine weiträumige, durch die Dominanz von Kleinhäusern geprägte Bebauung und eine durch die starke Präsenz niedriger Einkommensklassen gekennzeichnete Sozialstruktur der Immobilienbesitzer bildeten denn auch die wesentlichen Merkmale der von Bremen eingenommenen Sonderstellung auf dem deutschen Wohnungsmarkt, deren ursächliche Entstehungsbedingungen am Beispiel der Geschichte der südlichen Vorstadt Bremens im folgenden näher zu beleuchten sein werden.

1.2 Die Entwicklung der Besitzstrukturen

Mit dem Fortfall der Torsperre und dem Erlaß der Gewerbeordnung, insbesondere aber mit dem ausreichend zur Verfügung stehenden Kapital für den Grundstücksmarkt boten sich Mitte des 19. Jahrhunderts in den nunmehr der Altstadt rechtlich gleichgestellten Vorstädten Bremens überaus günstige Bedingungen für den Bau von Häusern. Noch zählte das Gebiet der erst 1875 eingemeindeten südlichen Vorstadt zur Landgemeinde Buntentorsteinweg-Neuenland, doch kam ihm aufgrund seiner stadtnahen geographischen Gunstlage gegenüber anderen Bremer Landgemeinden eine Sonderstellung zu. Die bereits geschaffenen und durch die Einführung der Gewerbefreiheit im Jahre 1861 noch umfangreicheren Vorteile für das Baugewerbe kamen gleichermaßen dem Landgebiet zugute, so daß dort schon im dritten Viertel des 19. Jahrhunderts mehrere Straßen angelegt und bebaut wurden.

Zum näheren Verständnis der hier im Mittelpunkt der Analyse stehenden Problematik des Hausbesitzes bedarf es der Erhellung der Entwicklung der Besitzstrukturen, die ihren Beginn mit dem Grundstückserwerb, der Erschließung des Grund und Bodens und unmittelbar anschließender Anlegung und Bebauung der vier ausgewählten Straßen nahm. Die in diesem Kontext erforderliche Ausweitung des von 1875 bis 1914 gesteckten Untersuchungszeitraumes auf die gesamte zweite Hälfte des 19. Jahrhunderts gewährleistet einen umfassenden Einblick in die ursprünglich herrschenden Besitzverhältnisse, die zwangsläufig nur einen kleinen Personenkreis als Großgrundbesitzer auswiesen. Das Interesse gilt jedoch nicht nur dem Umfang des vorhandenen Grundbesitzes, sondern ebenso der Frage, welche Auswirkungen die zunehmende Attraktivität des zwecks Bebauung zum Verkauf bereitgestellten Landes im Hinblick auf die Entwicklung der Bodenpreise zeitigte.

Darüber hinaus wird denjenigen Personen besondere Beachtung geschenkt, die nach erfolgtem Kauf mehr oder minder großer Grundstücke an der Bautätigkeit in der Gastfeld-, Korn-, Rasing- und Wulfhoopstraße teilhatten. Die Auswertung der als Primärquelle herangezogenen Bremer Erbe- und Handfestenakten[40] erlaubt in gleichem Maße die Beantwortung der Fragen, zu welchen Konditionen die jeweiligen Besitzwechsel erfolgten und welche sozialen Schichten die Bebauung trugen, wie sie das Geheimnis sämtlicher um den Haus- und Grundbesitz kreisender finanzieller Transaktionen zu lüften vermag. Indem sich die anknüpfende Analyse der Entstehungsgeschichte der vier Straßen zuwendet, rückt mithin die Gruppe der Bauunternehmer, der in dieser Ausgangssituation eine zentrale Rolle zukam, ins engere Blickfeld. In diesem Rahmen ist die Aufmerksamkeit zum einen dem Aspekt gewidmet, auf wessen Veranlassung die Bautätigkeit initiiert und unter welchen Bedingungen dieselbe abgewickelt wurde, zum anderen gewinnt die Frage an Bedeutung, welche architektonische Gestalt den Produkten der Bauführer verliehen wurde und welchen Nutzungsmöglichkeiten die Bauten zugeführt werden sollten. Doch nicht zuletzt bleibt zu hinterfragen, ob und inwieweit den zahlreichen Bauunternehmern des 19. Jahrhunderts mit ihren Tätigkeiten und der Abwicklung ihrer Geschäfte Erfolg beschieden war.

"*Von jeher ist es in Bremen Gebrauch gewesen, daß mit dem Wachsen der Stadt Grundbesitzer ihren Grund und Boden an Bauunternehmer verkauften, die dann durch Anlegung von Straßen das Gelände aufschlossen und bebauten. Sie bauten kleine Häuser, denn diese konnten sie am schnellsten verkaufen. Bis in die jüngste Zeit herrscht hier die niedersächsische Gewohnheit, wenn auch in einem kleinen, so doch im eigenen Hause zu wohnen. Es hat in*

Bremen immer eine sehr gesunde Art der Aufschließung des Grund und Bodens geherrscht. Der Bauunternehmer kauft den Grund und Boden vom Urbesitzer und verkauft ihn mit Haus an den zukünftigen Besitzer."[41]

Mit ähnlichen Hoffnungen und Erwartungen an einen unkomplizierten, risikolosen, gewissermaßen glatten Geschäftsablauf werden sich die zahlreichen Bauunternehmer, die der südlichen Vorstadt in der zweiten Hälfte des 19. Jahrhunderts ihr Gepräge verliehen, getragen haben, als sie mehr oder minder große Grundstücksflächen käuflich erwarben, um diese nach erfolgter Parzellierung möglichst rasch mit Wohnhäusern zu bebauen und weiterzuveräußern. Doch dieser von dem Bremer Stadtbaurat Bahnson, einem leidenschaftlichen Verfechter der Erhaltung des Bremer Kleinhauses, im Jahre 1918 skizzierte Prozeß der Stadterweiterung Bremens seit den 1870er Jahren, der seinen Niederschlag vermeintlich in dem stereotypen Muster von Kauf, Bebauung und Verkauf fand, entsprach insbesondere in den siebziger Jahren des 19. Jahrhunderts weder in der südlichen Vorstadt noch in anderen Bremer Stadtteilen[42] der tatsächlichen Entwicklung des Wechsels von Immobilienbesitz.

Am Beispiel der südlichen Vorstadt Bremens - namentlich für die Gastfeld-, Korn-, Rasing- und Wulfhoopstraße -, deren bauliche Ausgestaltung ebenso wie die anderer Bremer Stadtviertel im letzten Viertel des 19. Jahrhunderts vorzugsweise von kleinen Bauunternehmern vorangetrieben und realisiert wurde, wird sich erweisen, daß die Baugeschichte und die Entwicklung der Besitzstrukturen keineswegs einen solch geradlinigen Verlauf nahmen, wie ihn Bahnson nachzeichnete. Gerade für viele Handwerker, die in den scheinbar vorteilhaften Bremer Verhältnissen der 1861 erworbenen Gewerbefreiheit[43] und in den relativ leicht zu erlangenden Krediten[44] die Gunst der Stunde erblickten und nunmehr ihr Glück als Bauunternehmer versuchten, eröffnete sich mit dem Schritt in die Selbständigkeit und der damit einhergehenden Verschuldung ein hürdenreicher Weg, der nicht selten in einen totalen Bankrott mündete und der kurzen beruflichen Karriere dieser Kleinunternehmer ein jähes Ende setzte. Die 1870er Jahre kennzeichneten somit für die meisten im Baugewerbe tätigen Handwerker und Arbeiter, in erster Linie aber für eine ganze Reihe von Bauunternehmern, ein dunkles Kapitel in der Bremer Baugeschichte und in ihrem persönlichen Werdegang.

Die Geschichte der südlichen Vorstadt hingegen nahm nicht erst mit ihrer Eingemeindung in das Bremer Stadtgebiet ihren Ausgangspunkt. Zwar trug die Region der Bremer Landgemeinde Buntentorsteinweg-Neuenland aufgrund der dominierenden Acker- bzw. Gemüselandflächen überwiegend agrarischen Charakter, doch waren bereits in der ersten Hälfte des 19. Jahrhunderts in dessen östlichen Teil einige Straßen angelegt und mit Wohnhäusern bebaut worden. Insbesondere am Buntentorsteinweg hatten sich früh kleinere Fabriken, Handwerksbetriebe und Gastwirtschaften angesiedelt. Die mehrheitlich proletarische Wohnbevölkerung, unter der vor allem die Zigarrenarbeiter stark vertreten waren, lebte in kleinen Einfamilienhäusern und zählte im Jahre 1855 immerhin schon 2.358 Personen.[45]

Auch die Wulfhoopstraße zählte zu diesen älteren Straßenzügen, die sich um den Buntentorsteinweg gruppierten. Am 27. März des Jahres 1851 unterzeichneten die beiden am Buntentorsteinweg lebenden Handwerker Johann Eilert Wulfhoop und Johann Hinrich Warnken einen Kaufvertrag, den sie mit der wohlhabenden, ebenfalls am Buntentorsteinweg wohnenden Witwe Anna Rumpsfeld, geb. Struthoff, abschlossen und der ihnen zu einem Gegenwert von 4.000,- Talern (13.333,33 Mark)[46] den Besitz über ein rund 4.019 m^2 großes, aus Ackerland bestehendes Grundstück sicherte. Das in der Neuenlander Feldmark belegene Land grenzte mit einer Breite von 80 Fuß (23,15m) an die südliche Seite des Buntentorsteinweges und erstreckte sich von dort über 600 Fuß (173,61m)[47] in die Länge. Nachdem der Besitzwechsel vollzogen, der Kaufkontrakt vom Landherrn für das Gebiet am linken Weserufer bestätigt und die Parzellierung dabei ausdrücklich genehmigt worden war,[48] begannen der zu diesem Zeitpunkt 36jährige Maler- und Glasermeister J.E. Wulfhoop und dessen gleichberechtigter Kompagnon, der Tischlermeister J.H. Warnken, unverzüglich mit dem Bau der ersten Häuser. Auf den übereinstimmend großen Grundstücken - jeweils 6,08 m breit und 17,36 m tief - sollten gleichermaßen identische Wohnhäuser mit kleinen Hinterhöfen und einem sich über die gesamte Länge hinziehenden, gemeinschaftlichen Gang entstehen. Erst nach Beginn der Bauarbeiten, am 18. Juli desselben Jahres, richteten die beiden Bauunternehmer ein Gesuch zur Genehmigung der Anlage dieser neuen Straße an den Bremer Senat.

Bis zum Jahre 1841 war die Bautätigkeit in Bremen weder im Land- noch im Stadtgebiet durch gravierende baurechtliche Verordnungen eingeschränkt worden. Erste durchgreifende Reglementierungsmaßnahmen setzte der Bremer Staat mit seiner am 12. Juli 1841 in Kraft getretenen "Verordnung, die Anlage neuer Straßen und Gänge und Bauten betreffend"[49] durch, die fortan die Anlage von Gängen strikt verbot und Neubauten nur noch an befahrbaren Straßen gestattete. Hatten sowohl die Bremer Bürgerschaft als auch der Senat mit dem Erlaß dieses Gesetzes für das bremische Stadtgebiet im Jahre 1841 vorrangig die Sicherung polizeilicher Kontrollierbarkeit unliebsamer Bevölkerungsschichten im Blick, so richtete sich ihr Augenmerk schon zwei Jahre später über die städtische Grenze hinaus auf die noch dem Landgebiet angehörende Region um den Buntentorsteinweg. Eigens für diese Landgemeinde war die "Verordnung in Betreff der Bauten am Buntenthorssteinwege"[50] entworfen worden, die mit dem 2. Oktober 1843 ihre Anwendung fand und weitgehend dem Gesetz von 1841 entsprach. Bescheinigten die staatlichen Instanzen dem Gebiet am Buntentorsteinweg mit dieser Vorschrift, die nicht zuletzt darauf beruhte, daß die Bevölkerung infolge der Stadtnähe und des lebhaften Durchgangsverkehrs rasch zunahm und eine "*Anhäufung von Wohnhäusern auf verhältnismäßig beschränktem Raum*"[51] hervorrief, indirekt bereits den dort im Ansatz vorhandenen städtischen Charakter, so wurde ihm eben dieser etwa dreißig Jahre später zunächst abgesprochen, als es galt, der Landgemeinde durch die Einbindung in das Stadtgebiet offiziell städtischen Status zu verleihen.[52]

Die Verordnung aus dem Jahre 1843 bildete auch für den acht Jahre später von Wulfhoop und Warnken eingereichten Antrag die rechtliche Grundlage. Am 5. September des Jahres 1851 genehmigte der Bremer Senat die projektierte Straßenanlage mit detaillierter Angabe der von den Bauunternehmern einzuhaltenen Auflagen.[53] Da die Errichtung von Wohnhäusern lediglich an der östlichen Seite geplant war, reduzierte sich die Mindestbreite dieser neu herzustellenden Straße auf das Maß von 12 Fuß (3,42m). Die Straße war auf Kosten der beiden Bauunternehmer acht Fuß breit zu pflastern, zur Häuserseite hin mit einem vier Fuß breiten Trottoir zu versehen und an ihrem Ende mit einem gepflasterten Wendeplatz auszustatten. Straßengrund und Wendeplatz waren unentgeltlich per Lassung an den Staat abzutreten. Noch im gleichen Jahr stellten Wulfhoop und Warnken die ersten sechs der von ihnen als *"städtisch eingerichtete Wohnhäuser"*[54] bezeichneten Gebäude fertig und nahmen den Bau sechs weiterer Häuser in Angriff. Nicht zuletzt aus Kostengründen werden die Wohngebäude nahtlos aneinandergefügt worden sein; ersparte die Reihenhausbebauung doch zum einen viel Raum, zum anderen einen beträchtlichen Teil kostspieligen Baumaterials, der für die Herstellung freistehender Häuser erforderlich geworden wäre. Die von Wulfhoop und Warnken gewählte und angewandte Bauweise indes erlaubte ihnen die für ihre Zwecke größtmögliche Ausnutzung ihres Grund und Bodens. Immerhin sicherten sie sich mit der von ihnen vorgegebenen Grundstücksbemessung, die jedem Einzelgrundstück nur eine Breite von etwa sechs Metern zubilligte, die Erzielung von 24 Immobilien, zu deren Bereitstellung für den privaten Markt sie nur noch die Vollendung sämtlicher Bauten zu forcieren hatten. Wulfhoop und Warnken blieben nicht untätig, um ihren Plan in die Tat umzusetzen; schon im Folgejahr 1852 war die Hälfte der angestrebten Anzahl von 24 Reihenhäusern bezugsfertig hergestellt. Keines dieser im ersten Bauabschnitt errichteten Häuser war in Auftrag gegeben worden; Wulfhoop und Warnken produzierten vielmehr für den anonymen Markt. Hatten sie bei der Planung ihres Straßenprojektes noch die Hoffnung zum Ausdruck gebracht, einzelne Häuser verkaufen zu können,[55] so war bis zum Anfang des Jahres 1853 noch nicht ein Käufer für die zur Auswahl stehenden Neubauten in der Wulfhoopstraße gefunden worden. Dies mag - sofern darüber hinaus andere Gründe existierten - eine der Ursachen gewesen sein, die Warnken dazu bewog, die geschäftliche Verbindung zu Wulfhoop zu lösen, als er am 6. Januar des Jahres 1853 per Veräußerungsurkunde seinen Besitz an Wulfhoop abtrat und den halben Eigentumsanteil in Höhe von 6.328,59 Talern (21.095,30 Mark) vertraglich festsetzen ließ.[56] Die annähernd zwei Jahre währende Geschäftspartnerschaft hatte Warnken zwar nicht zu übermäßigem Reichtum verholfen, da ihm nur der geringe Anteil von 506,18 Talern (1.687,27 Mark), den

Wulfhoop in zwei Raten an Warnken zu zahlen hatte, als Gewinn verblieb; doch unter der Berücksichtigung, daß das Existenzminimum in diesem Jahr etwa bei 150 Talern lag und ein Bremer Arbeiterhaushalt mit einem Jahreseinkommen von ca. 150 bis 250 Talern[57] sämtliche Kosten zu bestreiten hatte, stellte der Reinertrag Warnkens allerdings eine beträchtliche Summe dar. Der bei weitem größte Teil des sogenannten Eigentumsanteils (5.822,41 Taler entsprechend 19.408,03 Mark) hingegen befreite Warnken lediglich von seinem Schuldenberg, der aus dem Kauf des Grundstücks und der in den zwei Jahren entstandenen Kosten für die Wohnhäuser angewachsen war.

Von einem profitablen Geschäftsabschluß konnte aus Wulfhoops Perspektive vermutlich kaum die Rede sein. Wenn sich auch sein Immobilienbesitz durch den Austritt des ehemaligen Teilhabers verdoppelt hatte und damit ein ansehnliches Besitztum repräsentierte, so galt dies gleichermaßen für die nunmehr ausschließlich auf seinen Schultern lastenden Schulden. Die aufgenommenen Darlehen[58] und die sich mittlerweile angesammelten, unbeglichen gebliebenen Rechnungen beliefen sich auf 11.644,82 Taler[59] (38.816,07 Mark), wovon - gemäß der im Kaufkontrakt von 1851 vereinbarten Zahlungsmodalitäten[60] - u.a. zumindest ein Teil des von der Witwe Rumpsfeld gewährten Immobilienkredits zu Ostern des Jahres 1853 fällig wurde. Da bis zu diesem Zeitpunkt keines der zwölf Wohnhäuser den Besitzer gewechselt hatte, bestand die einzige Einnahmequelle, die Wulfhoop aus seinem Immobilienbesitz ziehen konnte, in dem von den Bewohnern zu entrichtenden Mietzins.[61] Aber weder das Ausscheiden Warnkens aus dem gemeinsamen Baugeschäft noch die hohe persönliche Verschuldung setzten dem unternehmerischen Tatendrang und der Risikofreudigkeit Wulfhoops ein Ende. Noch im gleichen Jahr begann er mit der Fortsetzung seines ursprünglichen Vorhabens, die Lücken des bisher unbebaut gebliebenen Teils seines Grundstücks mit zwölf weiteren Miethäusern zu schließen. Für den unbehinderten Fortgang der Bauarbeiten war erneut die Verfügbarkeit ausreichender Gelder vonnöten. Aus diesem Grunde willigte er Handfesten in Höhe eines Gesamtbetrages von 12.000 Talern (40.000 Mark) in seine 24 Grundstücke[62] und belastete damit sowohl die zwölf fertiggestellten als auch die im Bau befindlichen Häuser mit je 500 Talern (1.666,66 Mark). Nachdem eine von der Witwe Rumpsfeld angestrengte Klage[63] gegen Wulfhoop wegen Nichteinhaltung vertraglicher Vereinbarungen die Bautätigkeit zwischenzeitlich zum Erliegen gebracht hatte, reichte Wulfhoop im August des Jahres 1856 nachträglich den Antrag zur Bauerlaubnis seiner zwölf Häuser ein. Statt einer Baugenehmigung ereilte Wulfhoop ein auf Grenzstreitigkeiten basierender landherrlicher Befehl, der ihm die Fortsetzung seiner Bauten unter Androhung einer Geldstrafe untersagte und erst im Januar des Jahres 1857 per Senatsbeschluß aufgehoben wurde.[64]

Mit Vollendung der Bauten im Jahre 1857 waren nunmehr 24 Reihenhäuser errichtet, die etwa die Hälfte der späteren Gesamtlänge der Wulfhoopstraße einnahmen und ausnahmslos zu Wohnzwecken vermietet wurden. Schon in den 1850er Jahren wiesen diese Häuser eine weitgehende Übereinstimmung in der Höhe ihrer Belegung und in der Berufszugehörigkeit ihrer Bewohner[65] mit den noch zwanzig Jahre später vorzufindenden Verhältnissen auf. Die sich überwiegend aus Arbeitern und Handwerksgesellen zusammensetzende Bevölkerung der Wulfhoopstraße nutzte den zur Verfügung stehenden Wohnraum dieser zweistöckigen Häuser in den meisten Fällen mit nur einer Haushaltsgemeinschaft; selten lebten zwei Wohnparteien unter einem Dach.

Wulfhoops Konzept, den Wohnungsmarkt mit Mietobjekten zu bereichern, muß sich als lohnendes Geschäft bewährt haben; denn bereits nach etwa vierjähriger Unterbrechung der Bautätigkeit in der Wulfhoopstraße erwarb er erneut von der Witwe Rumpsfeld ein südlich an seinen Besitz angrenzendes Grundstück, dessen Ausmaße die Bebauung mit zehn weiteren Gebäuden gestattete.[66] Gemäß seiner Weisungen war nach Beginn dieser neuen Bauphase im Jahre 1862 das erste der geplanten Gebäude in Form eines Packhauses hochgezogen worden. Als einzig freistehendes Haus in dem bereits vorhandenen Straßenzug bildete dieser Neubau, dem später die Hausnummer 25 erteilt wurde, in jeder Hinsicht eine architektonische Ausnahme unter den bisher von Wulfhoop erstellten Gebäuden. Ausgestattet mit einem Flachdach wich das eine erheblich größere Breite und Tiefe aufweisende Packhaus nicht nur in seinem äußeren Erscheinungsbild von den 24 mit einem traufenständigen Giebel versehenen Reihenhäusern ab, sondern besaß auch eine andere Innenaufteilung. Während die Miethäuser der Nummern 1 bis 24 im Parterre und in der ersten Etage mit maximal 5 Räumen bestückt waren, wartete das Packhaus mit acht Zimmern auf. Da die Herstellung dieses Gebäudes die Kosten der bisherigen Bauten bei weitem überschritt, war Wulfhoop auf einen entsprechend hohen Immobiliarkredit angewiesen. Mit 2.500 Talern (8.333,33 Mark) stellte die in das Packhaus gewilligte Handfestensumme die höchste Belastung aller von Wulfhoop errichteten Häuser dar.[67] Auch das verbliebene Land lag nicht lange brach, sondern wurde mit der Erstellung der Rohbauten von neun Reihenhäusern noch im Jahre 1862 der von Wulfhoop angestrebten Zweckdienlichkeit, der möglichst raschen Einbringung des Mietzinses, ein gutes Stück nähergebracht.

Das zügige Voranschreiten der Bauarbeiten bildete für alle am Bau Beteiligten ein notwendiges Übel; denn Zeit bedeutete für Wulfhoop - wie für alle anderen Bauunternehmer, die den Wohnungsbau mit Fremdmitteln finanzierten, - im sprichwörtlichen Sinne tatsächlich Geld. Zur Realisierung seines jüngsten Unternehmens, der Bereitstellung dieser neun Miethäuser für den Wohnungsmarkt, hatte Wulfhoop in diesem Jahr abermals Darlehen in Form von Handfesten über eine Gesamtsumme von 9.500 Talern (31.666,66 Mark) aufgenommen.[68] Da jegliche Verzögerung in der Fertigstellung der Bauten für Wulfhoop aufgrund der zu tragenden Zinslast mit Kosten verbunden war, galt für die beschäftigten Bau-

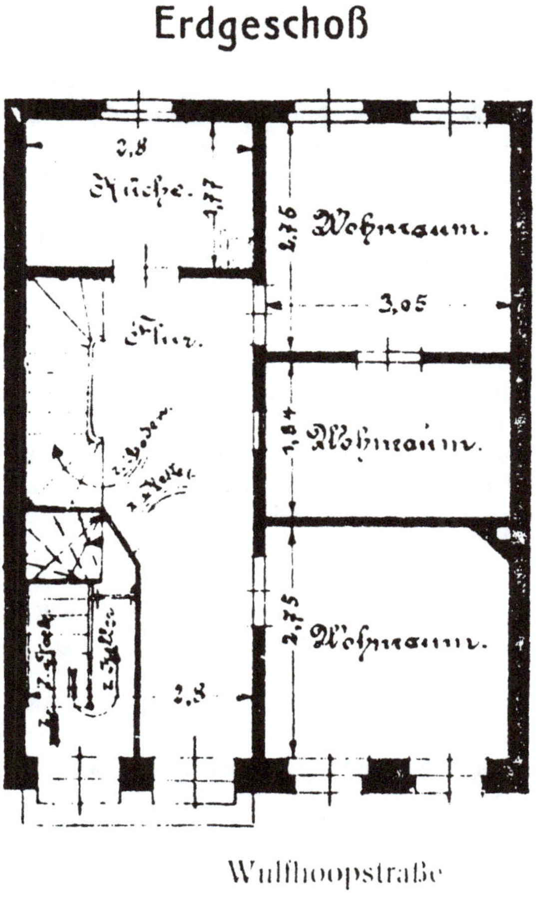

Grundriß Wulfhoopstraße 1-24, Erdgeschoß

handwerker Schnelligkeit als oberstes Gebot. Im Gegensatz zu den als wohlhabend geltenden Zimmer- und Maurermeistern[69] hatten die Gesellen - sofern sie nicht selbständig arbeiteten - an den gut florierenden Geschäften der Bremer Bauwirtschaft in den 1860er Jahren keinen Anteil. Zwar hatten sich die staatlich festgesetzten Löhne der Gesellen von etwa 170 Talern (566 Mark) in den 1850er Jahren nach Fortfall der staatlichen Lohntaxe[70] und nach Einführung der Gewerbefreiheit auf 219 Taler (730 Mark), also um ca. 29 Prozent erhöht, doch hielt diese Lohnerhöhung mit der seit den 1840er Jahren anhaltenden drastischen Teuerungsrate für Lebensmittel, die je nach Produkt zwischen 50 und 100 Prozent schwankte, nicht Schritt, so daß von einem Anstieg der Reallöhne keine Rede sein konnte.[71] Aus diesem Grunde waren die gering entlohnten Maurer- und Zimmergesellen zur Sicherung ihres Lebensunterhalts schon im 18. Jahrhundert auf einen zusätzlichen Verdienst angewiesen. Um die Lebenshaltungskosten in erträglichen Grenzen zu halten, bevorzugten sie gezwungenermaßen einen Wohnsitz vor den Toren der Altstadt, wo bis zur Mitte des 19. Jahrhunderts noch zu günstigen Preisen Land zu erwerben war. Auch wenn sich der Besitz nicht über ausgedehnte Ländereien erstreckte, so bot doch selbst ein kleineres Stück Ackerland die Möglichkeit zur Ausübung eines Nebenerwerbs. Gemüseanbau und Viehhaltung drängten sich in dieser Umgebung förmlich als naheliegendste Einnahmequelle auf und stellten überdies Tätigkeiten dar, die auch von Frau und Kindern verrichtet werden konnten. Diese Art der Existenzsicherung fand nicht nur unter den Bremer Bauhandwerksgesellen weite Verbreitung, sondern bildete auch in anderen Städten - so z.B. in Düsseldorf - eine gängige Problemlösungsstrategie.[72]

Mit Fertigstellung der letzten Gebäude fand die von Wulfhoop initiierte Bautätigkeit in der nach ihm benannten Straße im Jahre 1863 ihr vorläufiges Ende. Wulfhoop, der für seine 34 Immobilien insgesamt 24.000 Taler (80.000 Mark) in Handfesten gewilligt hatte, unterschied sich mit seiner Vorgehensweise, sämtliche Häuser ausschließlich als Mietobjekte zu verwerten, grundlegend vom modernen Typ des Bauunternehmers, dessen vorrangiges Ziel darin bestand, die mit Handfestengeldern finanzierten, für den anonymen Markt erstellten Bauten möglichst gewinnbringend weiterzuveräußern. Im Gegensatz zu vielen anderen Bauunternehmern, die aufgrund ihrer dünnen Kapitaldecke auf einen raschen Verkauf ihrer Häuser angewiesen waren, konnte Wulfhoop es sich nicht zuletzt mit Hilfe der ihm eingeräumten Kreditwürdigkeit offenbar leisten, längerfristige Planungen anzustellen. Die Mieteinnahmen aus den 34 Häusern werden aller Wahrscheinlichkeit nach nicht nur die auf den Handfesten lastenden Zinsen[73] gedeckt, sondern im Laufe der Jahre auch die Tilgung der Darlehen ermöglicht haben. Nur so läßt sich erklären, daß diese 34 Wohnhäuser zu Wulfhoops Lebzeiten nie den Besitzer wechselten und auch nach seinem Tode im Familienbesitz verblieben.[74] Zwar gewähren die überlieferten Quellen keinen über den nachweislich vorhandenen Hausbesitz hinausgehenden Einblick in die weitere Einkommens- und

Vermögenslage Wulfhoops, seine näheren Lebensumstände, die es ihm erlaubten, Dienstboten[75] in seinem Hause am Buntentorsteinweg zu beschäftigen, lassen jedoch darauf schließen, daß er in durchaus begüterten Verhältnissen lebte. Wie die weitere Entwicklung der Besitzstrukturen sowohl in der Wulfhoop- und Rasingstraße als auch in der Gastfeld- und Kornstraße zeigen wird, galt die von Wulfhoop erreichte lange Dauer der Aufrechterhaltung seines Hausbesitzes nicht nur unter den Bauunternehmern dieser vier Straßen als atypische Erscheinungsform, sondern bildete auch unter den späteren Hausbesitzern keineswegs die Regel.

Über einige Jahre hinweg blieb die Wulfhoopstraße in der Form, wie Wulfhoop sie zwischen 1851 und 1863 seinen Möglichkeiten und Vorstellungen entsprechend erschaffen hatte, unverändert bestehen, bis sich zu Beginn der 1870er Jahre die Entstehungsgeschichte der Wulfhoopstraße - der Neuaufführung eines alten Theaterstücks mit ausgetauschter Besetzung nicht unähnlich - dem ersten Anschein nach zu wiederholen schien. Südlich des fertiggestellten Teils dieser Straße befand sich nach wie vor Ackerland, das zum umfangreichen Grundbesitz der inzwischen verstorbenen Witwe Rumpsfeld zählte.[76] Gewissermaßen dem Beispiel Wulfhoops und Warnkens folgend taten sich etwa zwanzig Jahre später wiederum zwei Handwerker zusammen, um ein gemeinsames Bauunternehmen zu gründen. Sowohl Johann Carl Georg Bode, der seinen Beruf stets selbstbewußt als Bauunternehmer angab, als auch der Maurergeselle Franz August Willig zählten zu den Einwohnern der Landgemeinde Buntentorsteinweg-Neuenland, als sie sich entschlossen, ein in unmittelbarer Nähe ihrer Wohnsitze zum Verkauf stehendes Grundstück zu erstehen. Am 7. Dezember 1872 kam es zum Vertragsabschluß zwischen Bernhard Joseph Christian Rasing und dessen Ehefrau Gesina, geb. Rumpsfeld, als Erben der Witwe Rumpsfeld auf der einen und den beiden Bauunternehmern auf der anderen Seite. Bode und Willig erwarben das im Kataster der Feldmark Neuenland mit III225Aab bezeichnete Grundstück mit einem Flächeninhalt von rund 2.644 m^2 (23,5 m in der Breite und 112,5 m in der Tiefe) zu einem Kaufpreis von 17.400 Mark.[77] Hatten Wulfhoop und Warnken ihr Land 1851 noch zu dem günstigen Preis von 3,32 Mark pro Quadratmeter in ihren Besitz bringen können, so schlug sich die mit der Stadterweiterung Bremens einhergehende Entwicklung seit Aufhebung der Torsperre im Jahre 1849, die weite Flächen des ursprünglichen Ackerlandes in wertvolles Bauland verwandelt hatte, nunmehr - insbesondere in den Gründerjahren - in einem deutlichen Anstieg der Bodenpreise nieder. Auch Bode und Willig kamen nicht umhin, im Jahre 1872 annähernd den doppelten Quadratmeterpreis (6,58 Mark) für ihr angekauftes Grundstück zu entrichten. Die beiden Bauunternehmer hatten allen Anlaß, keine kostbare Zeit verstreichen zu lassen, da dem expandierenden Baugewerbe in diesen Jahren der Baukonjunktur qualifizierte Handwerker und Arbeiter durchaus nicht in beliebiger Anzahl zur Verfügung standen. Mit dem Argument, "*augenblicklich im Besitz der nöthigen Arbeitskräfte*"[78] zu sein, unterstrichen sie

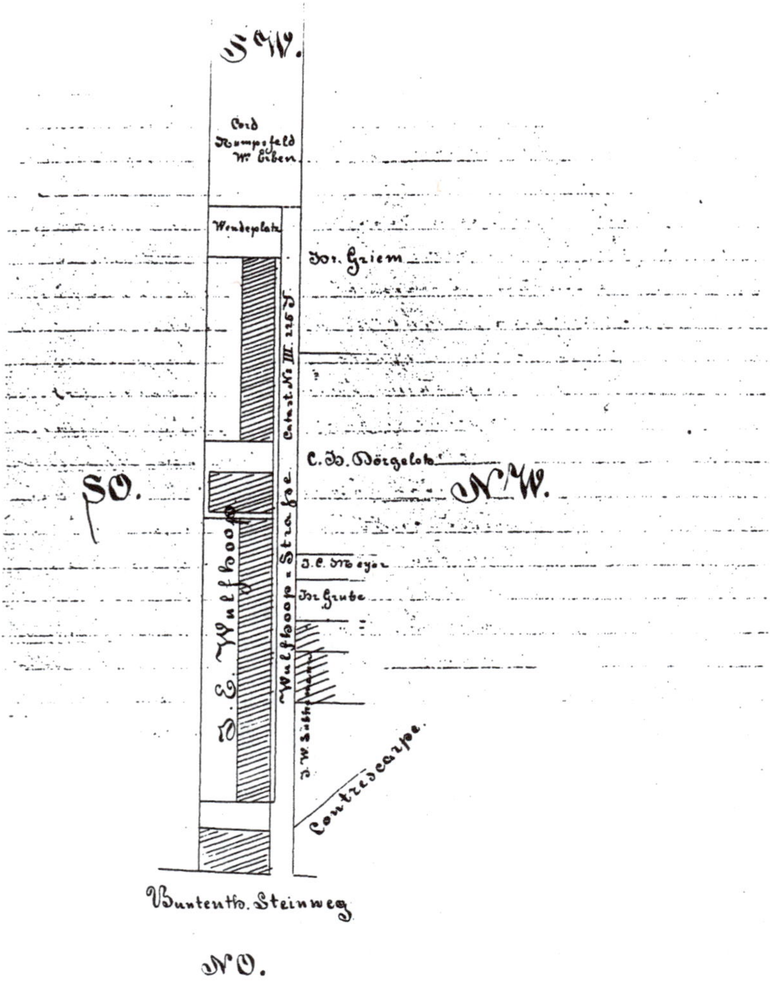

Skizze Verlängerung der Wulfhoopstraße (1873)

denn auch die Dringlichkeit ihres am 22. Oktober 1872 an den Bremer Senat gerichteten Antrages zur Genehmigung der beabsichtigten Verlängerung der Wulfhoopstraße. In ihrem parallel eingereichten Gesuch an die Baukommission, dem Bau von insgesamt 21 Wohnhäusern stattzugeben, von denen achtzehn in der Wulfhoop- und drei in der staatlich projektierten Kornstraße errichtet werden sollten, unterschlugen Bode und Willig die Tatsache, daß sie sechs der geplanten Häuser ohne Baugenehmigung bereits in den 1860er Jahren fertiggestellt hatten.[79] Nachdem der Senat am 20. Januar des Jahres 1873 die Anträge bewilligt hatte,[80] setzten die beiden Bauunternehmer ihre Bautätigkeit in der Wulfhoopstraße nunmehr unter Einhaltung der Rechtsvorschriften fort und erstellten noch im gleichen Jahr acht Gebäude. Im Folgejahr wurde mit Vollendung der letzten vier Bauten die geplante Straßenzeile komplettiert. Wie der ältere, nach den Maßgaben Wulfhoops ausgeführte Teil dieses Straßenzuges entstanden auch diese achtzehn Wohnhäuser in Reihenhausbebauung. Mit Ausnahme der Wulfhoopstraße 35 glichen sich diese siebzehn einstöckigen Wohnhäuser quasi wie ein Ei dem anderen. Kaum wahrnehmbare Unterschiede existierten lediglich in der Breite und Tiefe der Häuser, die minimale Abweichungen in der Grundfläche - von mindestens 50 und höchstens 53 Quadratmetern - hervorriefen. Bode und Willig hatten offensichtlich keine Zeit mit aufwendigen Planungen für ihre Häuser verschwendet, sondern nach stets gleichbleibendem Schema gearbeitet, das für jedes dieser kleinen Gebäude ein ausgebautes Souterrain, ein Parterre und Bodenraum vorsah. Gestalterischer Abwechslungsreichtum war weder an den Fassaden noch an den Grundrissen erkennbar. So erhielt jedes Dachgeschoß lediglich Bodenraum, während Parterre und Souterrain zu Wohnzwecken dienten. In den niedrigen Untergeschossen, deren Höhe zwischen 1,70 und 2,20 Metern variierte, befanden sich je eine heizbare Stube, Kammer, Küche und ein Kellerraum. Dagegen boten die im Erdgeschoß eingerichteten Wohnungen vergleichsweise günstigere Bedingungen, da diese je zwei heizbare Stuben, eine Kammer und eine Küche umfassenden Etagen zumindest bessere Licht- und Luftverhältnisse aufwiesen.

Die Finanzierung der Bauten war auf dem üblichen Wege der Handfestenwilligung erfolgt. Während Wulfhoop seine im gleichen Bauabschnitt fertiggestellten Häuser jeweils mit weitgehend identischen Summen beliehen hatte, schwankten die von Bode und Willig aufgenommenen Kredite für die einzelnen Immobilien zwischen 3.600 und 4.200 Mark und summierten sich auf insgesamt 65.700 Mark.[81]

Doch nur zwei der achtzehn Wohnhäuser fanden einen Käufer. Im Februar des Jahres 1873 wurde eines der älteren und schon seit mehreren Jahren zu Wohnzwecken vermieteten Gebäude, die Nr. 35, zum Preis von 8.500 Mark an den in unmittelbarer Nachbarschaft, in der parallel zur Wulfhoopstraße laufenden Lehnstedterstraße lebenden Zimmermann H.W. Bröcker verkauft. Bröcker strebte mit dem Hauserwerb offenbar nicht nur den Wechsel seines Wohnsitzes, sondern

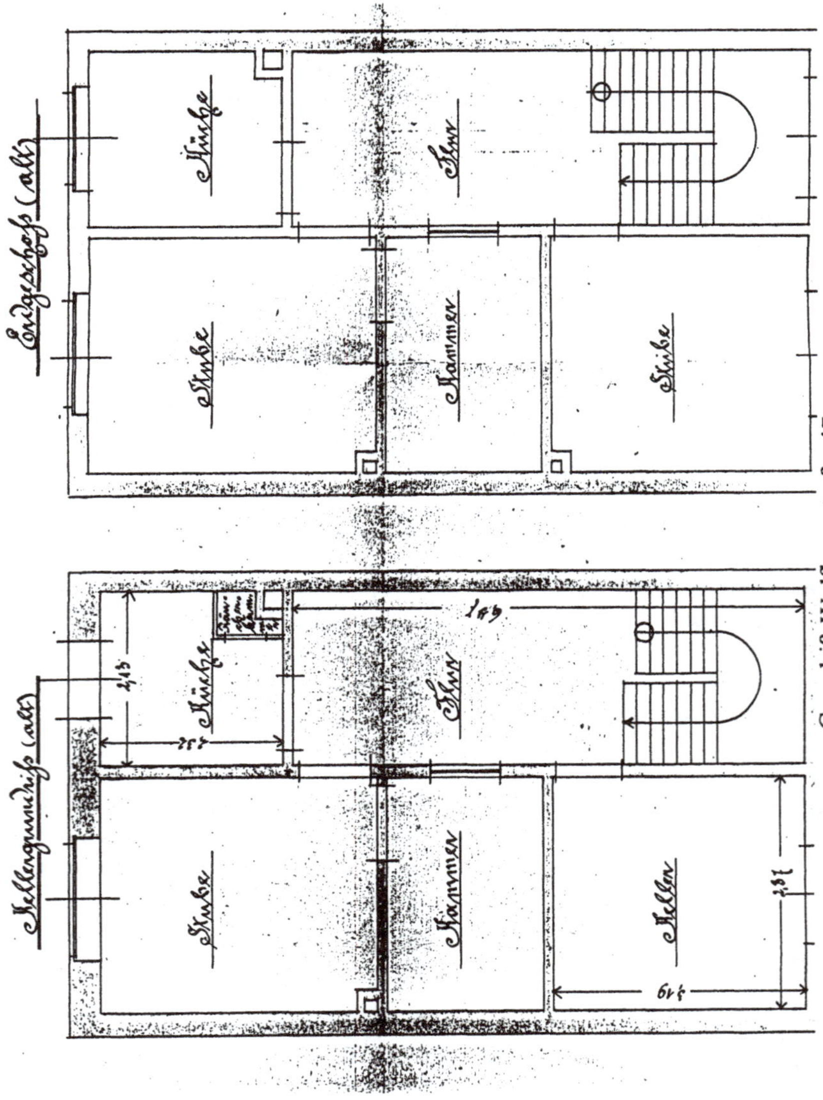

Grundriß Wulfhoopstraße 47

eine grundlegende Veränderung seiner Lebenssituation an, indem er seinen Handwerksberuf zu Gunsten eines Detailhandels aufgab. Zur Durchsetzung seiner Ziele kündigte er den beiden ehemaligen Mietparteien und paßte die Räumlichkeiten des zweistöckigen Hauses, das im Gegensatz zu allen anderen von Bode und Willig hochgezogenen Gebäuden statt des ausgebauten Souterrains neben dem Parterre einen ersten Stock und gar ein Schlafzimmer unter dem Dach besaß, seinen neuen Bedürfnissen an. Bei dem Einzug in sein neu erworbenes Haus[82] standen ihm im Erdgeschoß zur Ausübung seines Gewerbes ein Kramladen, eine Wirtschaftsstube und Küche zur Verfügung.[83] Um in den Besitz des Hauses zu gelangen, hatte Bröcker den Hauptteil der Kaufsumme mit Handfesten in Höhe von 8.300 Mark abgedeckt und den Restbetrag von 200 Mark als Eigenanteil eingebracht. Zur Minimierung seiner laufenden Kosten entschloß er sich, einen Teil seines Hauses - die erste Etage, in der sich zwei Stuben, zwei Kammern und eine Küche befanden -, an eine Arbeiterfamilie abzutreten, deren Mietzahlungen für ihn eine fest einplanbare Summe bilden sollten. Bereits ein Jahr später jedoch war das Mietverhältnis aufgelöst und die Arbeiterfamilie ausgezogen, so daß Bröcker als alleinigem Bewohner des Hauses keine zusätzlichen Einnahmen mehr zur Verfügung standen. Sehr schnell stellte sich heraus, daß Bröcker sich in jeder Beziehung verkalkuliert hatte; denn auch sein Detailhandel brachte ihm nicht die erhofften Erträge ein. Mit dem vollzogenen Berufswechsel, dem Verlust seiner Mieter und der Finanzierung seines Hauses hatte er sich derart übernommen, daß er schon zwei Jahre nach Tätigung des Hauskaufs seinen Konkurs anmelden mußte. Weder der Hausbesitz noch die Veränderung seines beruflichen Betätigungsfeldes hatten ihm zur Verbesserung seiner Lebensverhältnisse verholfen, sondern ihn vielmehr in den Ruin geführt. Am 19. Februar des Jahres 1875 gelangte sein Haus zur öffentlichen Versteigerung.

Anders als im Falle des Grundstücks Nr. 35 vollzog sich der zweite Besitzwechsel. Obwohl auch das Wohnhaus Nr. 52 - wie sämtliche von Bode und Willig geplanten und errichteten Bauten - nicht in Auftrag gegeben worden war, konnten die beiden Bauunternehmer noch vor der Fertigstellung dieses letzten Gebäudes den Tischler W. Kopp als Käufer gewinnen. Auch Kopp, der im November des Jahres 1873 die Kaufsumme in Höhe von 6.144,64 Mark[84] beglichen hatte, wohnte nahe der neu angelegten Wulfhoopstraße, in der parallel gelegenen Hermannstraße. Sowohl sein Wohnort als auch der Zeitpunkt des Hauserwerbs werden vorteilhafte Möglichkeiten der Einflußnahme auf die weitere Ausgestaltung seines Hauses geschaffen haben, da noch während der Bauarbeiten ohne aufwendige Veränderungen eine Tischlerwerkstatt im Souterrain eingeplant und zur Schaffung zusätzlichen Wohnraums im Dachgeschoß eine Stube und eine Kammer untergebracht werden konnten. Das Einkommen aus seinem Tischlerhandwerk hatte Kopp nicht in die Lage versetzt, auch nur geringste, über die zum täglichen Bedarf erforderlichen Mittel hinausgehende Summen Eigenkapitals zu erübrigen; zur Realisierung des Hauskaufs war er somit gänzlich auf eine Finanzierung aus Fremdmitteln angewiesen. Vorsorglich willigte er Handfesten in sein Grundstück, deren Höhe den Kaufpreis um ca. 255 Mark überschritt. Diese hohe Belastung sollte sich bald als grobe Fehlkalkulation erweisen; denn offenbar hatte Kopp nicht in Rechnung gestellt, daß die Überverschuldung mit entsprechend hohen Zinszahlungen einherging. Einen Teil der Kosten suchte er - wie auch Bröcker - auf seine Mieter, den Haushalt eines Schuhmachers, abzuwälzen. Doch auch diese Einnahmequelle war rasch versiegt. Nachdem seine Mieter, die gleich nach Fertigstellung des Hauses im Jahre 1874 gemeinsam mit ihm Einzug gehalten hatten, schon im Folgejahr ihren Wohnsitz wechselten, war der Tischler nicht mehr lange imstande, sein Haus ausschließlich auf eigene Kosten zu halten. Nach zweijähriger Wohndauer hatte ihn die Zinslast erdrückt, so daß er nicht nur gezwungen war, eine günstigere Unterkunft zu suchen, sondern seinen Hausbesitz aufzugeben, indem er das Grundstück samt Haus am 11. Mai des Jahres 1877 öffentlich versteigern ließ.

Mit dem im Jahre 1873 getätigten Verkauf dieser beiden Grundstücke hatten Bode und Willig 14.644,64 Mark erzielt; diesen Einnahmen standen jedoch noch immer die handfestarischen Belastungen von 62.100 Mark für die sechzehn bis zu diesem Zeitpunkt in ihrem Besitz verbliebenen Wohnhäuser gegenüber, die ihre Konten erheblich belasteten. Auch das Jahr 1874 bescherte ihnen keinerlei Geschäftserfolg, so daß Willig den gleichen Weg einschlug, wie ihn Warnken als ehemaliger Teilhaber Wulfhoops im Jahre 1853 gewählt hatte. Am 13.10.1874 einigten sich die beiden Bauunternehmer vertraglich, daß die Immobilien Wulfhoopstraße 36 bis 51 vollständig in den Besitz Bodes übergingen. Willig erhielt für die Abtretung seines Eigentumsanteils die Summe von 44.100 Mark, die sich - wie schon im Falle Warnkens - wiederum zum Großteil aus unbeglichenen Krediten zusammensetzte und somit in erster Linie der Entlastung seiner Schulden diente.[85] Bode verfuhr nach dem Ausscheiden Willigs zunächst in gleicher Weise wie Wulfhoop, indem er unverzüglich neue Handfesten in seine sechzehn Immobilien willigte. Die identische Belastung jedes Grundstücks mit 5.500 Mark ließ seine Kredite auf insgesamt 88.000 Mark anwachsen. Als einer der Hauptgläubiger fungierte der per Heirat an das umfangreiche Erbe der Witwe Rumpsfeld gelangte Ökonom Bernhard Joseph Christian Rasing, dem Bode verzinste Darlehen in Höhe von 36.000 Mark schuldete[86].

Doch mit der Neubelastung und Vermietung seiner Immobilien in der Wulfhoopstraße endeten die Übereinstimmungen mit Wulfhoops Werdegang und Vorgehensweise. Im Gegensatz zu dem ökonomisch gut abgesicherten Bauunternehmer Wulfhoop hatte Bode sich den Verkauf sämtlicher von ihm errichteten Bauten zum Ziel gesetzt. Dieses Ziel sollte er allerdings ebensowenig erlangen, wie ihm die Herstellung eines Teils der Arbeiterstraße Anerkennung oder gar höheres gesellschaftliches Ansehen eingebracht hatte. Schon im Jahre 1874 beklagten Behördenvertreter den schlechten Zustand dieser Straßenanlage, als es zu erörtern galt, ob die Wulfhoopstraße zu kanalisieren sei. "*Die Wulfhoopstraße ist eine der niederträchtigsten Anlagen, die man sich nur vorstellen kann (...)*",[87] lautete das vernichtende Urteil des zuständigen Bauinspektors auf eine Anfrage des Landherrn am linken Weserufer. Konnte Bode möglicherweise auf öffentliches Lob verzichten, so blieb er dennoch darauf angewiesen, seine sechzehn Grundstücke gewinnbringend zu veräußern. Wie viele andere Bremer Bauunternehmer, die in diesen Jahren auf Spekulationsbasis in den Vorstädten Häuser aneinandergereiht und mit einem profitablen Geschäftsabschluß gerechnet hatten, scheiterte auch Bode daran, daß er keinen Käufer für seine Häuser fand. Da er bis Ende des Jahres 1876 noch keinen Verkauf getätigt hatte, war er mit den zu entrichtenden Zinsen bereits derart in Zahlungsverzug geraten, daß Rasing ebenso wie andere Gläubiger Bodes den öffentlichen Verkauf der Immobilien erwirkten. So wurden - wie aus Tabelle 2 ersichtlich - Bodes sechzehn Grundstücke zwischen Januar und Mai des Jahres 1877 zu wahren "Spottpreisen" versteigert.

Tabelle 2: Versteigerungen der Immobilien Wulfhoopstraße 36-51 im Jahre 1877

Hausnummer	Taxwert (Mark)	Datum	Preis (Mark)	Käufer	Handfestar. Belastung (Mark)
36	6.000	20.04.	3.000	Schumacher	3.000
37	6.000	12.01.	3.000	Rasing	0
38	6.000	20.02.	3.100	Rasing	0
39	6.000	12.01.	3.100	Rasing	0
40	6.000	12.01.	3.100	Rasing	0
41	6.000	12.01.	3.100	Rasing	0
42	6.300	12.01.	3.000	Rasing	0
43	6.500	20.04.	3.100	Schumacher	3.500
44	6.200	20.04.	3.100	Schumacher	3.500
45	6.200	20.04.	3.000	Schumacher	3.500
46	6.200	20.04.	3.000	Schumacher	3.500
47	6.200	20.04.	3.000	Schumacher	3.500
48	6.200	04.05.	2.100	Knüpling GmbH	0
49	6.000	20.04.	3.000	Schumacher	3.000
50	6.000	12.01.	3.000	Schumacher	3.600
51	6.000	12.01.	3.700	Schumacher	3.600
Summe	97.800		48.400		27.000

Quelle: Erbe- und Handfestenakten Wulfhoopstraße 36-51;
eigene Auswertungen.

Erwartungsgemäß wurde der zwischen 6.000 und 6.500 Mark liegende Taxwert für die einzelnen Immobilien bei den Versteigerungen auch nicht annähernd erreicht. Lediglich für die Wulfhoopstraße 51 wurde ein Höchstgebot von 3.700 Mark abgegeben; das Grundstück Nr. 48 hingegen ging für ein Minimalgebot von 2.100 Mark in das Eigentum der Handelsgesellschaft Knüpling über, während alle anderen Immobilien für 3.000 bzw. 3.100 Mark den Besitzer wechselten. Den amtlich genannten Schätzwerten für die sechzehn Immobilien in einer Gesamthöhe von 97.800 Mark stand der geringe Versteigerungserlös von insgesamt 48.400 Mark gegenüber. Um ihre Verluste gering zu halten, ersteigerten die Eheleute Rasing, die sowohl ursprüngliche Grundbesitzer als auch Gläubiger Bodes waren, sechs der zum öffentlichen Verkauf stehenden Immobilien zu einer Gesamtsumme von 18.400 Mark. Die verbliebenen neun Grundstücke der Wulfhoopstraße brachte der in der Bremer Neustadt ansässige Kaufmann H.C. Schumacher für 27.900 Mark in seinen Besitz. Anders als seine mitbietenden Kontrahenten in der öffentlichen Versteigerung, die ihre Kaufbeträge ausschließlich aus eigenen Mitteln beglichen, vermied es Schumacher, sein Eigenkapital unnötig in Immobilienbesitz zu investieren, sondern willigte sogleich Handfesten über 27.000 Mark, also annähernd den gesamten Kaufpreis. Mit dieser Herangehensweise stellte Schumacher seine typisch kaufmännische Mentalität unter Beweis, verhielt er sich doch nicht anders als viele andere Bremer Kaufleute in diesen Jahren.

"*Solche Schulden gereichen dem Kredit des bremischen Immobilienbesitzers nicht etwa wie in Mitteldeutschland zum Nachteil, sondern sie werden als selbstverständliche, im Interesse des Geschäfts oder der wirtschaftlichen Verhältnisse des Betreffenden liegende Maßregeln angesehen; wird doch in den meisten Fällen der Kaufmann oder Gewerbetreibende mit dem angeliehenen Gelde größeren Gewinn machen als 4 bis 5 % Zinsen, welche es ihm kostet.*"[88]

Dieser sachkundige Kommentar im Bremer Handelsblatt wird nicht weit an der Realität Schumachers vorbeigegangen sein. Wenngleich im dunkeln bleibt, mit welch speziellen Tätigkeiten der Kaufmann seine Gewinne verbuchte, so zielte die Ersteigerung der Immobilien doch nachweislich nicht auf ein schnelles Geschäft ab; denn Schumacher hielt seinen Besitz über dreizehn Jahre aufrecht.

Obwohl die Wulfhoopstraße in den Folgejahren noch um fünf Gebäude erweitert wurde, hatte die Bautätigkeit mit ihrer in mehreren Bauabschnitten erfolgten Anlegung und der Errichtung von insgesamt 52 Wohnhäusern doch in den 1870er Jahren weitgehend ihren Abschluß gefunden. Während Wulfhoop, der das Land in den 1850er bzw. 1860er Jahren noch zu vergleichsweise günstigen Preisen erstehen konnte, in der Lage war, seine Kredite fristgerecht zurückzuzahlen und durch die Mieteinnahmen aus seinen 34 Immobilien gewissermaßen die Früchte seiner Investitionen und langjährigen Bauarbeiten zu ernten, stand der über keinerlei finanziellen Rückhalt verfügende Bauunternehmer Bode, der zu Beginn der 1870er Jahre einen wesentlich höheren Bodenpreis in Kauf nehmen mußte und seine Bauten vor dem Einsetzen der Bremer Baukrise im Jahre 1875 nicht rechtzeitig "an den Mann" bringen konnte, im Jahre 1877 aufgrund des erlittenen Bankrotts gänzlich mit leeren Händen da.

Der Konkurs des Bauunternehmers Bode sollte in diesen Jahren allerdings kein Einzelfall bleiben. Am Beispiel der im folgenden zu skizzierenden Entstehungsgeschichte der Rasingstraße, einem proletarischen Straßenzug in der südlichen Vorstadt, der in späteren Jahren mit der Wulfhoopstraße um die ungünstigsten Wohnbedingungen in Bremen wetteifern sollte, wird deutlich, wie die Spekulationsgeschäfte verschiedener Bauunternehmer insbesondere in den 1870er Jahren zum Scheitern verurteilt waren.

Am 4. Juni des Jahres 1873 richteten der Landmann Johann Conrad Meyer und der Ökonom Bernhard Joseph Christian Rasing sowie dessen Sohn, der Kaufmann Hermann Heinrich Rasing, eine gemeinschaftlich verfaßte Petition zur Bewilligung neuer Straßenanlagen in der Landgemeinde Buntentorsteinweg-Neuenland an den Bremer Senat. Neben der Verlängerung bereits bestehender Straßen[89] und dem weiteren Ausbau staatlich geplanter Straßenzüge[90] war die Neuanlegung einer kleineren Wohnstraße "*zur weiteren Ausnutzung ihrer Grundstücke als Baugrund*"[91] vorgesehen, die den Namen "Rasingstraße" tragen sollte. Die staatliche Genehmigung wurde noch im gleichen Monat unter Auflage der zu diesem Zeitpunkt geltenden Bauvorschriften[92] erteilt. Anders als im Falle der Wulfhoopstraße teilte sich der Besitz des zu erschließenden Grund und Bodens in der Rasingstraße in zwei Hälften: Das östlich gelegene Land an der herzustellenden Straße zählte zum umfangreichen Grundbesitz J.C. Meyers, während Rasing und Sohn als Eigner Verfügungsberechtigung über das gegenüberliegende westliche Land besaßen. Nach erfolgtem Parzellierungskonsens durch den Landherrn vom 30. Dezember desselben Jahres verstrich noch geraume Zeit, bis beide Parteien Käufer für ihre als Bauland freigegebenen Grundstücke gefunden hatten. Im März und April des Jahres 1874 ging sowohl Rasings als auch Meyers Land zwecks Bebauung in den Besitz von sechs verschiedenen Bauunternehmen über.

Alle zehn Bauunternehmer, die sich der Errichtung von einfachen Arbeiterhäusern in der neu anzulegenden Rasingstraße verschrieben hatten, entstammten handwerklichen Berufen. Doch keiner dieser - teils im Alleingang, teils zu zweit oder gar zu dritt - am Aufbau beteiligten Bauhandwerker hatte den Meistertitel erworben. Da diese höchste in ihrem jeweiligen Handwerk zu erlangende Qualifikation schon seit Jahren keine Voraussetzung mehr für die Fertigstellung von Gebäuden bildete, stellten die zehn Gesellen unter den in diesen Jahren förmlich wie Pilze aus dem Boden schießenden, neu gegründeten Bauunternehmen keinesfalls eine Ausnahme dar. Abgesehen von den beiden in der östlichen bzw. westlichen Vorstadt lebenden Unternehmern Bellmer & Westenfeld hatten die anderen acht Handwerker einen Wohnsitz in der Nähe der Rasingstraße inne. Die Maurer

Lambers und Podewitz bewohnten die benachbarte Neustadt, während Hasselbring, Kühtmann, Schmidt, Koppelmeyer, Willig und Tietjen in den nahegelegenen Straßen der Landgemeinde Buntentorsteinweg-Neuenland lebten. Waren berufliche Qualifikation und geographische Herkunft für die erfolgreiche Realisierung ihres Vorhabens von untergeordneter Bedeutung, so sollte sich der allen zehn Bauunternehmern gemeinsame Mangel an Eigenkapital nicht nur als nachteilig, sondern als ausschlaggebendes Kriterium für ihren späteren Mißerfolg erweisen. Da der Erwerb von Grundbesitz auch im Jahre 1874 nicht von der Liquidität der Käufer abhing und kapitalkräftige Grundbesitzer wie Meyer und Rasing sich durch das herrschende Erbe- und Handfestenrecht und entsprechende, vorsorglich in die Kaufverträge eingebaute Klauseln, durch die sie sich bis zu geleisteter Zahlung ihr Eigentumsrecht referierten, vor finanziellen Verlusten sicher wähnten, bildete die Mittellosigkeit der zehn am Kauf der Grundstücke in der Rasingstraße interessierten Bauunternehmer keinen Hinderungsgrund für die Tätigung der Verkaufsabschlüsse im März und April des Jahres 1874 (vgl. Tabelle 3).

Tabelle 3: Erster Besitzwechsel der Immobilien Rasingstraße 1-56 im Jahre 1874[93]

spätere Haus-Nr.	Grund-besitzer	Käufer (Bauunternehmer)	Kaufpreis (Mark)	Handfestar. Belastung (Mark)
1-12	Rasing	F.A. Willig	unbekannt	67.800
13-20	Rasing	C.C. Tietjen	20.160	40.200
21-28	Rasing	F. Bellmer & H.C. Westenfeld	20.160	44.800
31-48	Meyer	C.G. Hasselbring, F. Kühtmann & H. Schmidt	65.100	184.200
49-52	Meyer	C.C. Koppelmeyer & J.H. Lambers	11.700	26.800
53-56	Meyer	J.W. Podewitz	11.700	27.100

Die Grundbesitzer Rasing und Meyer hatten aufgrund der von ihnen zum Ansatz gebrachten Bodenpreise mit dem Verkauf ihrer Grundstücke ein überaus lukratives Geschäft abgeschlossen. Rasing, der im Dezember des Jahres 1872 sein Land in der verlängerten Wulfhoopstraße noch zu einem Preis von 6,58 Mark pro Quadratmeter veräußert hatte, wußte die Zeichen der Zeit zu nutzen und forderte in dem Bewußtsein um die zunehmende Begehrtheit seines Baulandes nunmehr etwa das Vierfache für seinen Grund und Boden in der Rasingstraße. Unter Zugrundelegung der Quadratmeterpreise, die zum einen von Bellmer & Westenfeld

(23,48 M) und zum anderen von Tietjen (26,93 M) zu entrichten waren, läßt sich trotz des nicht überlieferten Kaufvertrages zwischen Rasing und Willig ermessen, daß Rasing für die 1.228 m^2 große Grundstücksfläche mindestens 28.833 Mark und maximal 33.070 Mark von Willig erhalten haben dürfte. Rasing hatte, da er alle drei Verträge am 24. März des Jahres 1874 abschloß, durch den Verkauf der drei betreffenden Grundstücke an einem einzigen Tag eine Gesamtsumme erzielt, die vermutlich zwischen 69.153 und 73.390 Mark lag. Noch höher beliefen sich die Einnahmen, die Meyer aus seinen Grundstücksverkäufen verbuchen konnte. Der drastische Anstieg der Bodenpreise schlug sich für die drei Kaufaspiranten in einem zwischen 28,09 Mark und 29,49 Mark schwankenden Quadratmeterpreis nieder, so daß Meyer, nachdem er Ende April alle drei Verträge unter Dach und Fach gebracht hatte, ein Gesamtbetrag von 88.500 Mark zukam.

Der in der Landgemeinde Buntentorsteinweg-Neuenland lebende Landmann Johann Conrad Meyer zählte zu den wenigen Personen, die nicht nur über Grundbesitz in allen vier untersuchten Straßen verfügten, sondern deren verstreute Ländereien sich in der gesamten Landgemeinde fanden. Meyer, der durch Erbschaft an diesen umfangreichen Besitz gelangt war, blieb bis zu seinem Tode im Januar des Jahres 1879 unverheiratet. Mangels näherer Verwandter setzte er in seinem Testament seine Nichte Adelheid Meyer als Alleinerbin seiner sämtlichen Besitztümer ein.[94] Für den Landmann Hermann Langrehr erwies sich die kurz nach dem Tode Meyers geschlossene Heirat mit der Universalerbin Adelheid Meyer als überaus günstige Partie, zumal keine Gütertrennung vollzogen wurde, so daß Langrehr künftig die Abwicklung aller in Zusammenhang mit dem Haus- und Grundbesitz stehenden Geschäfte übernahm.

Auch Bernhard Joseph Christian Rasing gehörte - gemeinsam mit seiner Ehefrau Gesina - dem kleinen Kreis der Großgrundbesitzer im Gebiet der späteren südlichen Vorstadt Bremens an. Rasing wurde am 19. November des Jahres 1803 als ehelicher Sohn des Krämers Stephan Rasing in Dinklage geboren. Nachdem er beruflich in die Fußstapfen seines Vaters getreten war, bestritt er seinen Lebensunterhalt als Krämer und Handelsmann. Am 30. November 1833 schloß er im Alter von 30 Jahren in der Pfarre Dinklage die Ehe mit der gebürtigen Bremerin Gesina Rumpsfeld, der ehelichen Tochter des über ausgedehnte Ländereien verfügenden, am Buntentorsteinweg ansässigen Land- und Ackermanns Cord Rumpsfeld. Bereits ein Jahr nach der Eheschließung, am 6.11.1834, wurde das erste Kind, die Tochter Anna Maria Catharina, geboren. Von den insgesamt acht zwischen 1834 und 1851 aus der Ehe hervorgegangenen Nachfahren Rasings erreichten nur drei Kinder das Erwachsenenalter, während fünf Kinder entweder Opfer der im 19. Jahrhundert weit verbreiteten Säuglingssterblichkeit[95] wurden oder den in diesen Jahren noch schwer zu bekämpfenden Kinderkrankheiten erlagen.[96] Die Eheleute Rasing erhielten nach der Heirat über 24 Jahre ihren Wohnsitz in Rasings Geburtsort aufrecht und lebten von den Einkünften, die Rasing als

Krämer und Handelsmann erzielte. Rasings Tochter schloß bereits mit neunzehn Jahren, im Mai des Jahres 1854, die Ehe mit dem in Dinklage ansässigen Landmann Johann Friedrich Joseph Burwinkel. Nachdem das älteste Kind versorgt war, verließ Rasing, nunmehr im Alter von 54 Jahren, Dinklage 1857 gemeinsam mit seiner Frau und seinen beiden Söhnen, um sich in Bremen niederzulassen, wo auch seine inzwischen verwitwete Schwiegermutter Anna Rumpsfeld, geb. Struthoff, lebte. Nur wenige Jahre später verstarb die Witwe Rumpsfeld, die nach Publikation der Ablöseordnung[97] die nach dem Tod ihres Mannes auf sie übertragenen Ländereien am 24. Januar des Jahres 1851 freigekauft hatte,[98] und hinterließ ihren ansehnlichen Besitz laut Testament vom 16. Juni 1862[99] ihrer Tochter Gesina Rasing als sogenannter Stell- und Haupterbin. Diese testamentarische Verfügung erfolgte mit Rücksicht auf die erstgeborene Tochter und den inzwischen einzig noch lebenden Sohn, Hermann Heinrich Rasing, unter folgenden Einschränkungen:

"*Durch Testament von Frau Cord Rumpsfeld Witwe, Anna geborene Struthoff, ist Mitcomparentin Joseph Rasing Ehefrau zur Stell- und Haupterbin derselben ernannt, mit der Auflage, die fragliche auf sie vererbte, in der Feldmark Neueland belegene, gutsherrnfreie Stelle nebst allem Inventar und Mobiliar dem Comparenten Hermann Heinrich Rasing, ihrem Sohne, als Anerben zu hinterlassen, wogegen dieser auf die Nachlassenschaft seines Vaters, des Mitcomparenten Joseph Rasing, zu Gunsten seiner Schwester, der Mitcomparentin Burwinkel Ehefrau nach dem Testamente verzichten soll.*"[100]

Aufgrund dieser rechtswirksamen Bestimmungen bedurfte jeglicher Verkauf der zum früheren Besitz der Witwe Rumpsfeld gehörigen Grundstücke einerseits der jeweiligen Zustimmung des Anerben Hermann Heinrich Rasing, andererseits "*wegen nicht völlig klar liegender Güterverhältnisse von Joseph Rasing und Frau*"[101] des stets gemeinsamen Auftretens beider Ehepartner als Veräußerer.

Sowohl Meyer als auch die Eheleute Rasing traten jedoch nicht nur als Veräußerer ihrer Grundstücksflächen - vor allem in den 1870er Jahren - häufig in Erscheinung, sondern gleichermaßen als Darlehnsgeber für die in den meisten Fällen zahlungsunfähigen, aber kaufwilligen jungen Bauunternehmer, die schon bei Vertragsabschluß entsprechende Vereinbarungen mit den ursprünglichen Grundbesitzern trafen. Ohne die gleichzeitige Aufnahme entsprechend hoher Kredite wäre keiner der zehn am Grundstückserwerb in der anzulegenden Rasingstraße beteiligten Bauunternehmer in der Lage gewesen, die erforderlichen Verträge mit Rasing oder Meyer zu unterzeichnen. Wie im Falle des Ein-Mann-Unternehmens Carl Christoph Tietjen, der seinen Kaufkontrakt unter der Bedingung signierte, daß er "*den ganzen Betrag von den Veräußerern zu 4 % Zinsen vom 15. October 1874 anlaufend gegen Obligation und zu willigende erste Handfesten als Darlehn behält*",[102] verfuhren auch alle anderen Bauunternehmer. Im Gegensatz zur Handfeste, die für den Gläubiger keinen Wert besaß, sicherte die Obligation dem

Gläubiger sein Eigentum, indem es ihn berechtigte, den Schuldner ohne vorherigen Prozeß einer sofortigen Zwangsvollstreckung zu unterwerfen.[103] Da über die Deckung der Kaufsumme hinaus jedoch auch alle mit dem geplanten Bau der Wohnhäuser einhergehenden Kosten zu finanzieren waren, wurden von den verschiedenen Bauunternehmern weitere Handfesten gewilligt, so daß die Gesamthöhe der handfestarischen Belastungen abermals den Grundstückspreis erreichte oder gar überschritt (vgl. Tabelle 3).

Unter diesen zehn Bauunternehmern, die sich mit dem Grundstückserwerb und der Aufnahme hoher Immobiliarkredite der Herstellung einer neuen Arbeiterstraße verpflichtet hatten, befand sich auch der Maurergeselle Franz August Willig, der - geboren im Jahre 1846 - als Zweitältester mit neun Geschwistern in der kinderreichen Familie eines Bremer Zigarrenmachers aufgewachsen war. Während der Vater, Bernhard Willig, zum Zigarrenfabrikanten aufstieg, bevorzugte sein Sohn Franz August das Erlernen eines im Baugewerbe angesiedelten handwerklichen Berufes und setzte damit gewissermaßen die berufliche Familientradition seines Großvaters, der sich als Zimmermann betätigt hatte, fort. Bereits im Alter von zwanzig Jahren schloß er seine erste Ehe und gründete mit seiner aus einer Bremer Handwerkerfamilie stammenden Frau einen eigenständigen Haushalt am Buntentorsteinweg. Nur eines der drei aus dieser Ehe gebürtigen Kinder, der nach seinem Vater benannte erstgeborene Sohn, überlebte das Kindesalter. Im Jahre 1872, sieben Monate nach dem Tode seiner ersten Frau, heiratete Willig ein zweites Mal, nunmehr die Tochter eines Landmanns aus dem Umland Bremens. Aus dieser zweiten ehelichen Verbindung sollten in den folgenden Jahren weitere fünf Kinder hervorgehen, die es zu versorgen galt.[104] Zum Zeitpunkt seines jüngsten Vertragsabschlusses mit Rasing, im Frühjahr 1874, war für den 27jährigen Willig, der an der Verlängerung der Wulfhoopstraße mitgewirkt hatte und bereits auf mehrjährige Erfahrungen im Baugeschäft zurückblicken konnte, das Ende der Bauarbeiten im südlichen Teil der Wulfhoopstraße vermutlich schon absehbar, wenngleich noch annähernd sechs Monate verstreichen sollten, bis er seine Teilhaberschaft an dem mit Bode geführten Bauunternehmen aufkündigte, um fortan ausschließlich in Eigenverantwortung Arbeiterhäuser zu errichten.

Nach Abschluß der notwendigen Obliegenheiten gelangten alle für die gesetzmäßige Herstellung erforderlichen Arbeiten zur Anlegung der Straße durch die zuständige Baudeputation zur Ausführung.[105] Es entstand die 197 m lange und 10m breite Rasingstraße, die im Nordosten in die staatlich projektierte Gastfeldstraße und im Südwesten in die damalige Hauptstraße[106] mündete. Zu beiden Seiten der frisch angelegten Straße begannen alle zehn beteiligten Bauunternehmer noch im Frühjahr des Jahres 1874 mit der Errichtung der ersten Häuser auf den vorhandenen Bauplätzen. Welche Ursachen letztlich auch den entscheidenden Ausschlag gegeben haben mochten - ob nun aufgrund finanzieller Erwägungen oder in Ermangelung weitreichenderer architektonischer Fähigkeiten der zuständigen Bauführer -, das äußere Erscheinungsbild dieser in Windeseile hochgezogenen Bauten entbehrte mit seiner gleichförmigen Schmucklosigkeit jeglichen Reizes. Wie schon in der zu diesem Zeitpunkt annähernd vollständig bebauten Wulfhoopstraße wies auch die Rasingstraße die insbesondere in den Vorstädten Bremens seit Mitte des 19. Jahrhunderts typische städtebauliche Struktur der Reihenhausbebauung - seit Anfang des 20. Jahrhunderts als "Bremer Haus" bezeichnet - auf. Die Betrachtung dieser grauen Arbeiterstraße, deren spätere Gestalt sich aufgrund der zügig vorangetriebenen Bautätigkeit schon Mitte der 1870er Jahre auszuformen begann, gibt Anlaß zu der naheliegenden Vermutung, daß Zeitgenossen, die das Wohnen in den Bremer Vorstädten als besonders erstrebenswert und vorbildlich für andere deutsche Großstädte hervorhoben, kaum das Bild der gänzlich steinernen, mit keinerlei Grün bereicherten Rasingstraße vor Augen gehabt haben konnten. So ging denn auch Wortmanns idealisierende Beschreibung bremischer Wohnverhältnisse im 19. Jahrhundert an der Realität vorbei:

"*Die bremischen Vorstädte haben durch diese Bauweise mit ihren ruhigen, schmalen Wohnstraßen, dem Grün der Vorgärten und der liebevollen Pflege des Hausbesitzes ihr ganz bestimmtes Gepräge bekommen, das sie so sehr von den unpersönlichen steinernen Wohngebieten anderer Großstädte, wie sie dort in derselben Zeit entstanden sind, unterscheidet.*"[107]

Im Gegensatz zu manchen - etwa in der östlichen Vorstadt zur gleichen Zeit errichteten - Prachtbauten handelte es sich bei den Häusern in der Rasingstraße um die einfachste Ausführung der verschiedenen zum "Bremer Haus" zählenden Wohnhaustypen, die vor allem einkommensschwachen Arbeiterfamilien eine Unterkunft bieten sollten. Noch im Jahre 1874 waren 37 der später insgesamt 54 zur Rasingstraße zählenden Wohnhäuser fertiggestellt. In wenigen Monaten hatten die vier an der Bebauung dieser Arbeiterstraße mitwirkenden Unternehmer Willig, Koppelmeyer & Lambers sowie Podewitz ihre Arbeiten abgeschlossen. Willig war seinem bereits in der Wulfhoopstraße angewandten und somit erprobten Stil treu geblieben und hatte die zwölf Reihenhäuser, die vom Landherrnamt die Hausnummern 1 bis 12 erhielten, stets gleichbleibend ausgeführt. Alle zwölf von ihm errichteten einstöckigen Wohnhäuser hatten mit ihren identischen Abmessungen (von 5,64 m in der Breite und 9,55 m in der Tiefe) eine Fläche von 54 m^2 auf jeder bewohnbaren Etage erhalten. Zu Wohnzwecken ausgebaut und damit nutzbar waren nur zwei der drei vorhandenen Ebenen, das Souterrain und das Parterre. Im Untergeschoß fanden sich jeweils ein beheizbares Zimmer, eine fensterlose Kammer, eine Küche und ein zur Lagerung des in diesen Jahren am weitesten verbreiteten Feuerungsmaterials dienender Raum, der sogenannte Torfkeller. Das Parterre wies dagegen zwei heizbare Zimmer, eine dazwischenliegende dunkle Kammer und eine Küche auf. Unter dem Dach lag lediglich Bodenraum, der zu Lagerzwecken oder zum Trocknen der Wäsche vorgesehen war. Nur das Wohnhaus Nr. 9 zeigte geringfügige Abweichungen in der Innenaufteilung

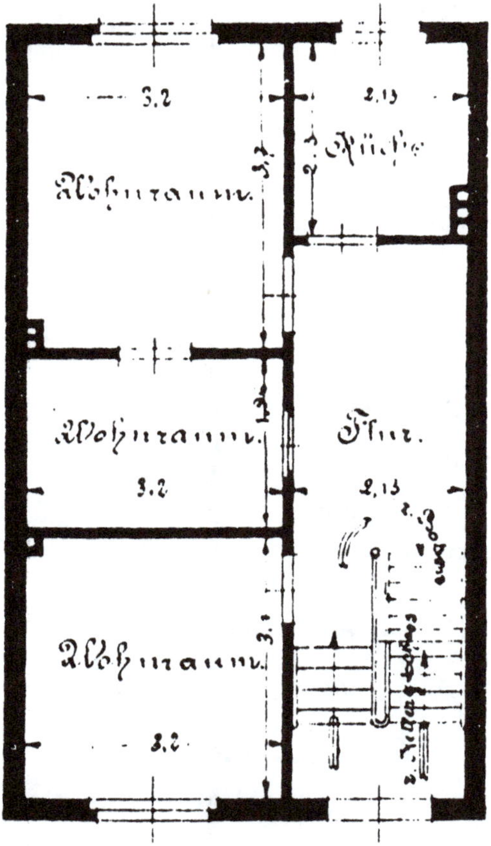

Rasingstraße

Grundriß Einfamilienhäuser Rasingstraße (Parterre)

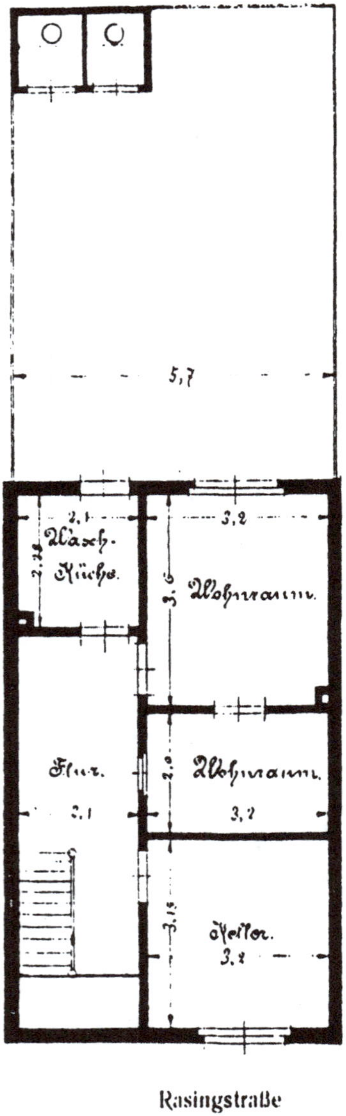

Grundriß Einfamilienhäuser Rasingstraße (Souterrain)

dieser schablonenhaft erstellten Häuser, da das ausgebaute Dachgeschoß den zur Verfügung stehenden Wohnraum dieses Hauses um zwei Zimmer und eine Küche erweiterte. Auch die beiden Bauunternehmen Koppelmeyer & Lambers und Podewitz hatten sich auf die zeit- und kostensparende Herstellung eingeschossiger Häuser in der Rasingstraße verlegt. Koppelmeyer & Lambers zeichneten für den Bau der Hausnummern 49 bis 52 und Podewitz für die sich lückenlos anschließenden Bauten Nr. 53 bis 56 verantwortlich. Die geringere Breite dieser Gebäude wurde durch eine größere Tiefe wettgemacht, so daß die Wohnflächen Übereinstimmung mit den von Willig fertiggestellten Häusern aufwiesen. Bestand schon äußerlich kein Unterschied zu Willigs Bauten, so setzten sich die Ähnlichkeiten ebenso im Innern der Häuser fort. Auch hier befanden sich die bewohnbaren Räume im Souterrain und im Parterre, während ein zu Wohnzwecken hergerichtetes Dachgeschoß mit zwei Zimmern und einer Küche lediglich in der Nr. 50 vorzufinden war.

Die anderen drei Bauunternehmen hatten ebenfalls im Jahre 1874 ihre Tätigkeit aufgenommen, jedoch nur Teile ihrer Bauvorhaben in diesem Jahr zu Ende gebracht. Sowohl Tietjen (Rasingstraße 13 bis 17) als auch Bellmer & Westenfeld (Nr. 21 bis 24) hatten jeweils vier einstöckige Reihenhäuser hochgezogen, deren Grundriß wiederum den von Willig errichteten Häusern entsprach. Eine architektonische Ausnahme bildeten hingegen die acht von dem Unternehmen Hasselbring, Kühtmann & Schmidt in diesem Jahr hergestellten Wohnhäuser, die die Hausnummern 41 bis 48 erhielten. Der Wohnraum dieser Gebäude erstreckte sich - wie dies auch für die weiteren acht in den Folgejahren noch anzufertigenden Häuser zutraf - über drei Etagen, vom Souterrain über das Parterre bis zum ersten Stock. Neben der gewissermaßen in allen 1874 in dieser Straße erstellten Häusern als gängig zu bezeichnenden Aufteilung und Zimmeranzahl im Untergeschoß und im Parterre boten diese zweistöckigen Häuser in der ersten Etage darüber hinaus eine aus zwei Stuben, einer Kammer und einer Küche bestehende Wohnungen, die den künftigen Hausbesitzern die Möglichkeit verschafften, eine weitere Mietpartei in ihrem Hause unterzubringen. Die nutzbare Grundfläche der von Hasselbring & Co. fertiggestellten Reihenhäuser schwankte zwischen 57 m^2 und 59 m^2 und überstieg somit die der eingeschossigen Bauten um wenige Quadratmeter. Doch die augenscheinlichen Abweichungen der Häuser beschränkten sich nicht nur auf die erhöhte Stockwerkanzahl und die erweiterte Nutzfläche; drei der Gebäude zeichneten sich überdies durch die bereits vor Baubeginn eingeplante gewerbliche Nutzung einzelner Grundstücksflächen aus. Die in der Rasingstraße 48 eingerichtete Tischlerwerkstatt[108] erstreckte sich über das gesamte Souterrain, so daß lediglich das Parterre und das erste Stockwerk Wohnzwecken vorbehalten blieben. Im Hause Nr. 42 nahm eine Schenkwirtschaft[109] die gesamte Fläche des Parterres ein. Auf dem Nachbargrundstück Nr. 41 war die gewerbliche Nutzfläche nicht in das Haus integriert, sondern ein separates Werkstattgebäude[110] mit einer Grundfläche von 51 m^2 auf dem Hinterhof errichtet worden. In jedem dieser

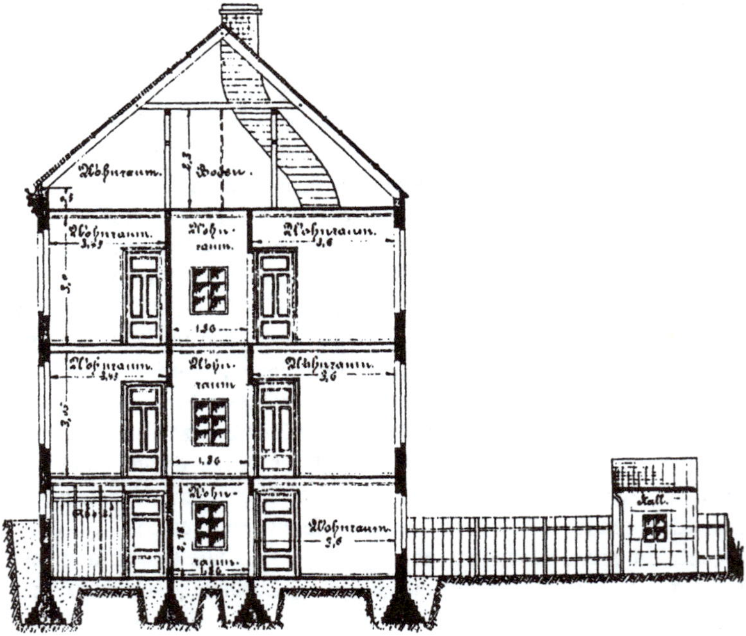

Längsschnitt Zweifamilienhäuser Rasingstraße

drei Fälle liegt die Vermutung nahe, daß es sich um Auftragsbauten handelte, da nicht anzunehmen ist, daß Hasselbring, Kühtmann und Schmidt aus eigener Initiative infrastrukturelle Konzeptionen entwickelten und in die Tat umsetzten.

Die überwiegende Mehrzahl dieser 37 zwar in einfachster Bauweise, aber doch vollauf bezugsfertig hergestellten Häuser in der Rasingstraße nahmen noch im Jahre 1874 - aller Wahrscheinlichkeit nach zum üblichen Termin der Oktoberfahrnißzeit[111] - ihre ersten Bewohner auf. In der gerade erst angelegten Straße herrschte ein geschäftiges Treiben; hielten doch 75 Haushaltungen mehr oder weniger gleichzeitig ihren Einzug in eines der 35 Reihenhäuser.[112] Da die Neubauten noch Feuchtigkeit enthielten, mußten diese Erstbewohner wohl oder übel die damit verbundenen Nachteile des Trockenwohnens in Kauf nehmen. Auch zwei der an der Bebauung dieser Straße beteiligten Bauunternehmer, der Maurer Heinrich Schmidt und der Tischler Franz Kühtmann, nahmen eines der von ihnen errichteten Häuser in Besitz. Kühtmann hatte die Nr. 48, in deren Souterrain eine Tischlerwerkstatt eingerichtet worden war, offenbar von vornherein zur Eigennutzung geplant[113]. Den verbliebenen Wohnraum trat er zur Hälfte an eine Mietpartei, den Haushalt eines Hutmachers, ab[114]. Schmidt hingegen hatte in das von ihm gewählte Wohnhaus Nr. 45[115] gleich zwei Mietvertragspartner aufgenommen, zum einen die Witwe Fuhrken, die ihren Lebensunterhalt als Näherin bestritt, zum anderen den Mieter Kailwait, der als Maler und Glaser seine Einkünfte bezog[116]. Mit Ausnahme der beiden Bauunternehmer wohnten alle neuen Bewohner der Rasingstraße zur Miete. Doch zwei der fertiggestellten Gebäude, das von Willig erbaute Haus Nr. 2 und die von Bellmer & Westenfeld erstellte Nr. 23, blieben ungenutzt und können gleichsam als Symbolträger der zu diesem Zeitpunkt herannahenden Baukrise betrachtet werden.

Nur eines der 37 in kürzester Zeit von den verschiedenen Unternehmern errichteten Wohnhäuser war 1874 verkauft worden. Das unter der Leitung von Bellmer & Westenfeld entstandene Wohnhaus Nr. 21 wurde laut Kaufkontrakt vom 29. August 1874 zum Folgejahr an den Arbeitsmann Johann Christian Russmann zu einem Preis von 6.900 Mark veräußert. Russmann, der zuvor in der östlichen Vorstadt gewohnt hatte, belieh seinen neu erworbenen Haus- und Grundbesitz weit über die Kaufsumme hinaus. Seine in vier Handfesten gewilligten Gelder erreichten eine Gesamtschuld von 8.200 Mark.[117]

1875 setzten die drei in der Rasingstraße noch tätigen Bauunternehmen ihre Arbeiten fort und erweiterten die bisher bestehenden Häuserreihen beidseits der Straße um sieben einstöckige und zwei zweigeschossige Wohngebäude. Erneut war auf zwei Grundstücken die gewerbliche Nutzbarkeit berücksichtigt worden. Tietjen errichtete auf dem Hof des Grundstücks Nr. 20 ein vom Wohnhaus getrennt liegendes Tischlerwerkstattgebäude,[118] während Bellmer & Westenfeld im Parterre des Hauses Nr. 28 eine Schenkstube herrichteten[119]. Beide letztgenannten

Unternehmen hatten mit der Fertigstellung dieser Bauten nunmehr ebenfalls ihre Bautätigkeit in dieser Arbeiterstraße abgeschlossen, so daß die vorgesehenen acht restlichen Gebäude ausschließlich der Bauführung von Hasselbring, Kühtmann & Schmidt unterlagen.

Wenngleich mittlerweile ein Großteil der geplanten Bauten fertiggestellt und auch von den ersten Bewohnern in Gebrauch genommen worden war, so entsprach die Abvermietung der zahlreichen neu entstandenen Wohnungen doch keinesfalls der ursprünglichen und sicherlich noch bestehenden Intention der Bauunternehmer. Letztere ließen sich in erster Linie von Rentabilitätserwägungen leiten und waren aufgrund der hohen Schulden, die sie sich zwecks Grundstückserwerb und Realisierung der Bauarbeiten aufgebürdet hatten, auf den gewinnbringenden Verkauf der Immobilien angewiesen. Doch auch das Jahr 1875 machte ihre diesbezüglichen Erwartungen zunichte.

Carl Christoph Tietjen überließ gleich zu Beginn dieses Jahres, am 8. Januar 1875, das von ihm mit einem einstöckigen Wohnhaus bebaute Grundstück Rasingstraße 13 seinem Sohn, dem Zigarrenmacher Gerhard Tietjen, der zu diesem Zeitpunkt noch am Buntentorsteinweg, in einem Nachbarhaus des Vaters, lebte. Gerhard Tietjen hatte im Mai des Vorjahres seine erste Ehe geschlossen und wird wegen des zu erwartenden Familienzuwachses[120] die Gelegenheit genutzt haben, eines der von seinem Vater erstellten Häuser zu erwerben. Zur Deckung des Kaufpreises in Höhe von 6.900 Mark brachte er immerhin 1.200 Mark Eigenkapital ein, während er den Restbetrag von 5.700 Mark mit der Willigung von drei Handfesten finanzierte.[121]

Mit dem Verkauf dieses Hauses hatte Tietjen seinen ersten und auch letzten erfolgreichen Vertragsabschluß erzielt. Nachdem das Grundstück in den Besitz des Sohnes übergegangen war und auch seine letzten drei Häuser in der Rasingstraße in einen schlüsselfertigen Zustand versetzt worden waren, zog sich Carl Christoph Tietjen aus dem Baugeschäft zurück und beteiligte sich nach vollzogenem Berufswechsel fortan als Detaillist am Kleinhandel in der südlichen Vorstadt. Damit hielt er zumindest seine selbständige berufliche Stellung aufrecht. Unter den zehn Bauunternehmern der Rasingstraße blieb Tietjen zwar zunächst der einzige, der einen neuen Berufsweg einschlug, doch das Unvermögen, die Immobilien durch Privatverkäufe in klingende Münzen zu verwandeln, einte ihn mit allen anderen ehemaligen Berufskollegen, die bis zum Ende des Jahres 1875 nicht einen Geschäftsabschluß vorzuweisen hatten. Dennoch gab das sich aus dem Zimmermann Christian Gottlieb Friedrich Hasselbring, dem Tischler Franz Kühtmann und dem Maurer Heinrich Schmidt zusammensetzende Bauunternehmen sein Projekt, die letzten acht in der Rasingstraße vorhandenen Bauplätze mit weiteren Wohnhäusern zu versehen, nicht auf. Im Jahre 1876 jedoch wurden nur drei Bauten vollendet, darunter das im Parterre einen Laden aufweisende Wohnhaus Nr. 40, auf dessen Hof zusätzlich ein 45 m^2 großes Schlachterhaus hochgezogen worden war. Der Bau sämtlicher im gleichen Jahr in Angriff genommenen fünf Häuser geriet demgegenüber merklich ins Stocken und kam schließlich gänzlich zum Erliegen. Drei dieser Gebäude wurden nach zwei Jahren, die letzten beiden Häuser gar erst nach vier Jahren fertiggestellt, so daß die Bautätigkeit in der Rasingstraße mit dem Jahre 1880 ihren endgültigen Abschluß fand.

Der Verkauf der beiden Grundstücke Rasingstraße 21 und 13 in den Jahren 1874 und 1875 blieben Ausnahmefälle; für alle anderen in dieser Arbeiterstraße gelegenen Immobilien konnten die zehn Bauunternehmer keine Abnehmer finden. Der Bankrott des Bauunternehmers Johann Carl Georg Bode, der gemeinsam mit Franz August Willig die Verlängerung der Wulfhoopstraße durchgeführt hatte und an seinen Spekulationsgeschäften gescheitert war, bildete in der zweiten Hälfte der 1870er Jahre keinen Sonderfall. Kein persönlicher Schicksalsschlag hatte Bode ereilt, als seine geschäftliche Existenz mit der Versteigerung der von ihm errichteten Bauten zugrunde ging, sondern die am Bedarf des Marktes vorbeizielende Überproduktion der reihenweise auf Spekulationsbasis erstellten Bauten führte vielmehr gesetzmäßig zum Ausbruch einer Krise, die ihren ersten Ausdruck in den zahlreichen Leerständen der fertiggestellten Häuser fand und schließlich darin mündete, daß etwa zwei Drittel der Bremer Bauunternehmer in Konkurs gerieten.[122] Ebenso wie Bode erging es auch allen zehn in der Rasingstraße tätig gewordenen Bauunternehmern, deren insgesamt 52 unverkäuflich gebliebene Grundstücke zwischen 1876 und 1882 versteigert wurden (vgl. Tabelle 4) und wiederum zu Preisen bzw. Höchstgeboten, die weit unter den amtlich genannten Schätzwerten lagen, den Besitzer wechselten.

Hatte der Versteigerungserlös der zuvor in Bodes Besitz befindlichen Immobilien in der Wulfhoopstraße mit einer Gesamtsumme von 48.400 Mark immerhin gut die Hälfte der Taxwerte (97.800 Mark) erzielt, so brachten die für die 52 Immobilien der Rasingstraße erlangten Zuschlagsummen in Höhe von 145.438 Mark noch nicht einmal ein Drittel der sich auf etwa 431.700 Mark summierenden Schätzwerte ein. Zu den verschiedenen Kaufinteressenten, die an den sich über mehrere Jahre hinziehenden Versteigerungen dieser Immobilien mitwirkten und eines oder mehrere Grundstücke zu überaus günstigen Preisen erwarben, zählten wiederum diverse handfestarische Gläubiger. Dies entsprach, seit die Bremer Baukrise ihre Auswirkungen zeitigte und Versteigerungen gleichsam auf der Tagesordnung standen, in der zweiten Hälfte der 1870er Jahre bereits der gängigen Praxis, wie auch ein Abgeordneter der Bremer Bürgerschaft 1878 im Rahmen einer um die Realisierung von Grundstücksschätzungen kreisenden Debatte ausführte:

"*Namentlich in den beiden ersteren (neuen Bremer Vorstädten, der Buntentors- und Stephanitorsvorstadt; M.L.) seien über Bedarf unzählige Häuser gebaut, was bewirkt habe, daß seit etwa 2 Jahren jeden Freitag 80 - 100 Häuser an die Kerze kommen. Die Häuser dieser Vorstädte, welche einen großen Procentsatz, ja fast die ganze Arbeiterbevölkerung in sich schließen, seien zum großen Theil noch in den Händen der Bauunternehmer, theilweise auch in die Hände der unglücklichen handfestarischen Gläubiger gekommen, die, weil sie Geld darin hatten, dieselben ankaufen mußten, um nur nicht Alles zu verlieren."*[123]

Tabelle 4: Versteigerungen der Immobilien Rasingstraße zwischen 1876 und 1882 (* vgl.[124])

Haus-nummer	Taxwert (Mark)	Datum	Preis (Mark)	Käufer	Handfestar. Belast. (M.)
1	7.200	27.10.76	3.800	B. Willig	5.000
2	6.900	27.10.76	3.069	Barth & Co.	2.000
3	unbek.	27.10.76	3.000	Barth & Co.	2.000
4	7.000	27.10.76	3.100	Barth & Co.	2.000
5	7.000	27.10.76	3.100	Barth & Co.	2.000
6	7.000	27.10.76	3.100	Barth & Co.	2.000
7	7.000	27.10.76	3.200	C.C. Warnecke	7.500
8	7.000	27.10.76	3.200	C.C. Warnecke	7.500
9	7.000	27.10.76	2.900	Knüpling GmbH	0
10	6.500	13.10.76	2.900	Knüpling GmbH	0
11	6.500	13.10.76	3.100	C.H. Brüning	0
12	7.500	13.10.76	3.069	R. Heise	6.000
14	7.000	13.07.77	2.100	H.W. Biermann	6.000
15	7.000	13.07.77	2.200	Knüpling GmbH	4.000
16	7.000	13.07.77	2.100	Knüpling GmbH	4.000
17	6.900	03.08.77	2.500	C. Töbelmann	3.500
18	6.900	06.07.77	2.600	*G.J. Schweers	0
19	6.900	06.07.77	2.600	J.D. Weiland	1.500
20	7.300	06.07.77	2.600	C. Behling	4.200
22	6.900	08.06.77	2.600	*Br. Hypo Bank	0
23	6.900	08.06.77	2.600	*Br. Hypo Bank	0
24	6.900	08.06.77	2.600	*Br. Hypo Bank	0
25	7.000	08.06.77	2.600	*Br. Hypo Bank	0
26	7.000	08.06.77	2.700	*C.M. Siems	0
27	7.000	08.06.77	2.700	*D. Siems	0
28	7.000	08.06.77	2.700	H. Bätjer	4.500
31	14.500	11.10.78	3.900	H.F. Kersten	6.000
32	16.500	26.02.77	4.600	*J.C. Meyer	0
33	10.000	17.08.77	2.600	*J.H. Wencke	0
34	8.000	28.09.77	2.300	*Geschw. Mennen	0
35	6.900	25.10.78	1.600	*J.C. Meyer	0
36	unbek.	25.10.78	1.600	*J.C. Meyer	0

Haus-nummer	Taxwert (Mark)	Datum	Preis (Mark)	Käufer	Handfestar. Belast. (M.)
37	13.200	28.09.77	3.600	*Geschw. Mennen	0
38	13.200	28.09.77	3.600	*Geschw. Mennen	0
39	13.200	28.09.77	3.600	*Geschw. Mennen	0
40	15.500	12.10.77	3.900	R. Levy	6.600
41	11.100	29.03.78	3.600	*J.C. Meyer	0
42	10.100	29.03.78	3.600	*J.C. Meyer	0
43	10.000	29.03.78	3.100	*J.C. Meyer	0
44	10.000	29.03.78	3.100	*J.C. Meyer	0
45	10.000	29.03.78	3.100	*J.C. Meyer	0
46	10.000	29.03.78	3.100	*J.C. Meyer	0
47	10.000	29.03.78	3.100	*J.C. Meyer	0
48	10.700	29.03.78	3.600	*J.C. Meyer	0
49	6.100	22.09.82	1.350	*A.M. Meyer	0
50	6.000	22.09.82	1.250	*A.M. Meyer	0
51	6.000	22.09.82	1.250	*A.M. Meyer	0
52	6.100	22.09.82	1.350	*A.M. Meyer	0
53	6.100	27.09.78	2.100	*J.C. Meyer	0
54	6.000	27.09.78	2.100	*J.C. Meyer	0
55	6.000	27.09.78	2.600	*J.C. Meyer	0
56	8.300	06.07.77	3.100	H. Holste	3.000
Summe	(ca.) 431.700		45.438		

Von den ursprünglich zum Grundbesitz der Eheleute Rasing zählenden Immobilien Rasingstraße 1 bis 28 gingen im Jahre 1877 lediglich sieben Grundstücke per Zuschlagsprotokoll in den Besitz von vier handfestarischen Gläubigern über. Rasing erstand - im Gegensatz zu den Versteigerungen in der Wulfhoopstraße - keines dieser Häuser, während die Bremische Hypothekenbank vier Immobilien für insgesamt 10.400 Mark erwarb. Einen nahezu entgegengesetzten Verlauf nahm die Entwicklung der Besitzstrukturen der früher dem Landmann Johann Conrad Meyer gehörenden Grundstücke, die nach der Bebauung die Hausnummern 31 bis 56 erhalten hatten. Bis auf drei Häuser gingen sämtliche Immobilien in das Eigentum der vier bei den öffentlichen Versteigerungen mitbietenden Gläubiger über. J.C. Meyer selber ersteigerte in den verschiedenen Verkaufsterminen zwischen 1877 und 1878 insgesamt 14 Grundstücke zu einem Preis von 40.900 Mark, deren Schätzwert mit ca. 130.300 Mark[125] beziffert worden war, und hatte auf diese Weise letztlich doch noch ein durchaus einträgliches Geschäft gemacht. Die vom Konto der Gläubiger stammenden Versteigerungssummen für 30 Immobilien der Rasingstraße beliefen sich auf 80.200 Mark und stellten damit den höheren Anteil des Gesamterlöses für die 52 Immobilien.

Neben den Gläubigern traten in den öffentlich abgehaltenen Verkaufsterminen auch zwei Bremer Firmen in Erscheinung. Die im Jahre 1873 von den beiden Kaufleuten F.W. Barth und G.A. Zollmann gegründete offene Handelsgesellschaft Barth & Co., die ihren Geschäftssitz am Domshof eingenommen hatte, erhielt für ihre Höchstgebote den Zuschlag für fünf der von Willig errichteten Häuser und zahlte insgesamt 15.369 Mark. Die sich in der Bremer Neustadt niedergelassene Handelsgesellschaft H.H. Knüpling beteiligte sich an drei verschiedenen Verkaufsterminen und ersteigerte in den Jahren 1876 und 1877 vier Immobilien zu einem Gesamtbetrag von 10.100 Mark. Wenngleich die bei den Auktionen aktiv werdenden Kaufinteressenten überwiegend kapitalkräftigen Gesellschaftsschichten entstammten, wie dies etwa auf die bei den Versteigerungen der Rasingstraße gehäuft auftretenden Kaufleute zutraf, so mischten sich doch, wenn auch vereinzelt, Angehörige niedriger Einkommensklassen unter dieses Publikum. Wer in diesen Jahren in der Lage war, die für den Ankauf eines Grundstücks notwendigen Gelder zu beschaffen, konnte billiger denn je ein Haus erwerben und somit in die Reihen der Haus- und Grundbesitzer gelangen. Diesen Versuch setzten immerhin neun Personen, die überdies teils bereits in einem der zum Verkauf stehenden Häuser der Rasingstraße zur Miete wohnten, erfolgreich in die Tat um. Die sich aus drei Handwerksgesellen, zwei Milchhändlern und vier Arbeitern zusammensetzenden Privatleute erwarben auf diesem Wege jeweils meistbietend eines der von ihnen begehrten Objekte und brachten den handfestarischen Gläubigern insgesamt 27.200 Mark der eingeklagten Gelder ein.[126] Nur einer dieser neun nunmehr dem Kreis der Hausbesitzer angehörenden ehemaligen Mieter verfügte offenbar über Eigenkapital, das bei der Ersteigerung der Häuser hätte eingebracht werden können. Der Tischler Heinrich Holste deckte die im Juli des Jahres 1877 in der Versteigerung ausgehandelte Kaufsumme von 3.100 Mark für das von Podewitz im Jahre 1874 erstellte eingeschossige Wohnhaus Nr. 56 mit einem bescheidenen Eigenanteil von 100 Mark ab und finanzierte die verbliebenen 3.000 Mark mit zu diesem Zweck gewilligter erster Handfeste.[127] Die anderen acht einkommensschwachen Käufer nahmen die gewilligten Handfesten nicht nur zur Begleichung der Versteigerungssummen in Anspruch, sondern belasteten ihren Immobilienbesitz weit über den erforderlichen Betrag hinaus. So belieh der Grottenbauer Heinrich Wilhelm Biermann sein zu dem günstigen Höchstgebot von 2.100 Mark erstandenes Haus Nr. 14 mit acht Handfesten, die seine Gesamtschuld auf 6.000 Mark anwachsen ließ und erreichte auf diese Weise annähernd die dreifache Summe des Kaufpreises.[128]

Die Finanzierung des Immobilienbesitzes mit Fremdmitteln, das heißt auf dem Wege der Willigung und Versetzung von Handfesten, kann jedoch keinesfalls immer als zuverlässiges Zeichen der Armut interpretiert werden. Wenngleich dies oft der Fall war, so nutzten doch auch Kaufleute diese trotz der Krisenjahre nach wie vor existierende Möglichkeit, unproblematisch an Kredite zu gelangen. Einer der größten Vorzüge dieser spezifisch bremischen Form des Immobiliarkredits bestand zweifellos darin, daß die Handfesten mit einem besonders hohen Maß an Flexibilität ausgestattet waren und die Willigung derselben auch den Verkaufswert bzw. das staatliche Taxat, also den Schätzwert, überschreiten konnten.[129]

Fehlkalkulationen mit diesen zu immensen Summen an die Hand gegebenen Geldern konnten jedoch, wie am Beispiel der fast komplett an die Kerze gelangten Immobilien in der Rasingstraße deutlich wird, zu hohen Verlusten der handfestarischen Gläubiger führen. Die zwangsweise versteigerten Häuser dieser Arbeiterstraße bildeten nur einen geringen Bruchteil der vorzugsweise in den 1870er Jahren auf gleiche Weise den Besitzer wechselnden Bauten. Im Bremer Stadtgebiet wurden zu dieser Zeit insgesamt 5.028 Gebäude - und damit etwa ein Drittel des existierenden Häuserbestandes - in öffentlichen Versteigerungen weiterveräußert.[130] Allein in der südlichen Vorstadt kamen 1.027 Immobilien unter den Hammer und stellten demnach 20,43 Prozent aller juristisch erwirkten Zwangsverkäufe in Bremen.[131] Noch größere Ausmaße nahmen die Versteigerungen in der östlichen Vorstadt an[132]; mit 1.466 an die Kerze gelangten Grundstücken[133] (29,16 Prozent) stellte dieser Stadtteil einen fragwürdigen Rekord auf. "*Die effectiven Verluste der Handfestarier mögen pl. m. 15 bis 20 Millionen Mark betragen und sind hauptsächlich von den mittleren Bevölkerungsschichten erlitten worden*",[134] kommentierte der Makler Frerichs die Auswirkungen der Bremer Baukrise im Jahre 1885.

Die finanziellen Verluste der sogenannten Handfestarier beleuchten jedoch nur eine Seite der Medaille; auf deren Kehrseite präsentierte sich gleichermaßen als Folgeerscheinung der Krise eine weit um sich greifende Arbeitslosigkeit. Das bis zur Mitte der 1870er Jahre expandierende und prosperierende Bremer Baugewerbe hatte nicht nur qualifizierte Bauhandwerker in seinen Dienst gestellt und für deren Existenzsicherung gesorgt; auch andere Branchen - ob es sich nun um die Herstellung der notwendigen Baumaterialien, deren Transport oder um einfache Hilfsarbeiten handelte - hatten direkt oder indirekt an der florierenden Bautätigkeit teilgehabt. Doch mit der Krise kam die Bautätigkeit nach und nach fast vollständig zum Erliegen und machte der sich ausbreitenden Erwerbslosigkeit Platz. Indirekt betroffen von den Auswirkungen der Arbeitslosigkeit breiter Bevölkerungsteile und der daraus resultierenden verringerten Kaufkraft waren beispielsweise die zahlreichen Bremer Kleinhändler. Auf diese Folgeerscheinung gingen auch Abgeordnete der Bremer Bürgerschaft ein, als im März des Jahres 1877 die anhaltende Arbeitslosigkeit und geeignete Maßnahmen zu deren Abhilfe erörtert wurden.

"Allerdings leiden die kleinen Händler und Gewerbetreibenden, die Bauhandwerker, schwer durch das Darniederliegen der verschiedenen Geschäftsbranchen. (...) Frage man irgendeinen der kleinen Krämer, so werde derselbe antworten: jeden Tag kommen Leute in mein Haus, die borgen wollen, und wenn ich ihnen Nichts geben will, so fangen sie an zu weinen.

Wenn der Mann sie nicht wieder los werden könne, sich erweichen lasse und ihnen etwas gebe, so erhalte er keine Bezahlung. Auf diese Weise werden auch die kleinen Krämer arm. Man erkundige sich am Buntenthorssteinweg und in der westlichen Vorstadt (...), so werde man finden, daß viele Leute in bitterer Noth leben."[135]

Infolge der zunehmenden Armut vieler zuvor Erwerbstätiger, allerdings auch durch die Zuwanderung fremder Bettler, stiegen nicht nur die Anforderungen an die bremische Armenpflege, die seit 1875 mit der Gründung des Ortsarmenverbandes staatlicher Reglementierung unterlag,[136] sondern es trat auch eine gravierende Verschlechterung der Wohnverhältnisse[137] ein. Auf der einen Seite häuften sich leer stehende Wohnungen und Häuser, wie dies auch in den proletarischen Straßenzügen der südlichen Vorstadt zu beobachten war. Insbesondere in der Rasingstraße stieg die Zahl der unbewohnten Häuser seit dem Bestehen dieser Straße von Jahr zu Jahr drastisch an und erreichte ihren Höhepunkt im Jahre 1879 mit fünfzehn vollständig ungenutzten Wohnhäusern.[138] Auf der anderen Seite waren viele Mieter nunmehr außerstande, das Geld für die fälligen Mieten aufzubringen, so daß sie dazu gezwungen waren, sich nach erschwinglicheren Unterkünften umzusehen. Mit dem Wohnortwechsel, der in aller Regel innerhalb des vertrauten Stadtteils,[139] oft sogar in der gleichen Straße[140] vollzogen wurde, mußten die Mieter in den meisten Fällen beengtere und nicht selten auch ungesunde Wohnungen in Kauf nehmen. So fanden vor allem die im Souterrain oder unter dem Dach gelegenen Wohnungen in diesen Krisenjahren verstärkten Zulauf. Im Jahre 1875 verteilten sich in der südlichen Vorstadt bereits 1.317 Mieter auf 320 Kellerwohnungen, womit dieser Stadtteil noch vor der ebenfalls überwiegend von Arbeitern bewohnten westlichen Vorstadt die höchste Auslastung dieser benachteiligtesten Stockwerklage erfuhr.[141] Insbesondere die Kellerwohnungen zeichneten sich durch mangelhafte Licht- und Luftverhältnisse aus und boten darüber hinaus aufgrund der weit verbreiteten Feuchtigkeit[142] in diesen Räumen einen guten Nährboden für diverse Krankheiten, so etwa für die Ausbreitung der Tuberkulose.[143] Eine Alternative zum Auszug aus der finanziell nicht mehr zu tragenden Wohnung bestand für viele Mieter nur noch darin, wollten sie die Mietzahlungen so gering wie möglich halten oder gar senken, den eigenen Wohnraum zu beschränken, indem die Familie enger zusammenrückte und Teile der Wohnung untervermietete oder zumindest ein Bett für Schlafgänger zur Verfügung stellte. Die Aufnahme familienfremder Personen und die dadurch erhöhte Belegung führte zwangsläufig zur Überfüllung der ohnehin kleinen Wohnungen in den "Bremer Häusern". Doch beengte Wohnverhältnisse traten nicht nur in Krisenjahren auf, sondern galten gerade in proletarischen Kreisen als eine ganz alltägliche Wohnerfahrung; stellte die Höhe der Mietzahlungen doch eine der wenigen Ausgaben dar, die minimiert werden konnten, auch wenn damit spürbare Beeinträchtigungen hingenommen werden mußten.[144] Das zeitgleiche Zusammentreffen vermehrt leer stehender Häuser und zunehmend überfüllter Wohnungen mutet auf den ersten Blick als Paradoxon an und diente den bürgerlichen Wohnungsstatistikern im Kaiserreich denn auch als gängigstes Argument zur Negierung einer existierenden Wohnungsnot.[145] Tatsächlich liegt diesem Phänomen jedoch kein Antagonismus zugrunde, sondern erklärt sich vielmehr schlicht aus der Unvereinbarkeit der ökonomischen Zwangslage der Hausbesitzer, die zur Abtragung ihrer handfestarischen Zinslast auf hohe Mieteinnahmen angewiesen waren, und der Mieter, die eben jene nicht zu zahlen vermochten. Die tiefgreifende Krise und die dadurch hervorgerufene Verschlechterung der Lebensbedingungen für breite Bevölkerungsschichten, die nicht nur zur Verelendung von Teilen der Arbeiterklasse geführt, sondern auch kleinbürgerliche Existenzen bedroht und zunichte gemacht hatte, reichte noch weit bis in die 1880er Jahre hinein.[146]

Die für die beiden proletarischen Straßenzüge der südlichen Vorstadt, die Wulfhoop- und die Rasingstraße, nachgezeichnete Entstehungsgeschichte war in erster Linie dadurch geprägt, daß eine Reihe von jungen Bauunternehmern ohne jedes Eigenkapital Grundstücke erwarben und hohe finanzielle Belastungen eingingen, um ausschließlich auf Spekulationsbasis - in der Hoffnung auf einen ebenso raschen wie rentablen Verkauf - im Eilverfahren Arbeitern zugedachte Wohnhäuser einfachster Art aneinanderzureihen. In Ermangelung zahlungsfähiger Käuferschichten gerieten diese in den 1870er Jahren an der Bautätigkeit beteiligten Unternehmer gegenüber ihren Gläubigern in Zahlungsverzug und waren nicht in der Lage, ihren bereits im Jahre 1875 absehbaren geschäftlichen Ruin abzuwenden. Die Häuser in der verlängerten Wulfhoop- und in der Rasingstraße gelangten annähernd ausnahmslos, teils noch im Rohbau, auf das Betreiben der Gläubiger zwischen 1876 und 1882 zur Zwangsversteigerung. Dieser "Ausverkauf" ganzer Straßenzüge blieb kein einmaliges, auf die südliche Vorstadt beschränktes Ereignis, sondern fand in der zweiten Hälfte der 1870er und zu Beginn der 1880er Jahre regelmäßig statt und erstreckte sich vornehmlich auf die sich durch eine rege Bautätigkeit auszeichnenden Vorstädte im Osten, Westen und Süden Bremens. In gleichem Maße wie zahlreiche Bremer Bauunternehmer ihren Bankrott erlitten und viele Gläubiger hohe finanzielle Verluste hinzunehmen hatten, fanden sich Angehörige unterschiedlicher Gesellschaftsschichten, die aus den durch die Krise hervorgerufenen Verhältnissen ihren Nutzen zu ziehen wußten und in diesen Jahren zu günstigsten Bedingungen Haus- und Grundbesitz erwarben. Die sich in der Wulfhoop- und Rasingstraße vollziehende Entwicklung der Besitzstrukturen erfuhr mit den Versteigerungen der Häuser ihre erste Zäsur.

Beide Arbeiterstraßen liefern nur zwei Beispiele der diversen zum gleichen Zeitpunkt in der südlichen Vorstadt entstandenen Straßenzüge, deren tristes äußeres Erscheinungsbild dem der Wulfhoop- und Rasingstraße in nichts nachstand und deren sich stets in Reihen hinziehende Häuser bereits früh auf die Mittellosigkeit ihrer späteren Bewohner schließen ließ. In der südlichen Vorstadt hatte die Errichtung von Arbeiterhäusern Vorrang, wenngleich in der bürgerlichen Regionalpresse schon im Jahre 1860 zu lesen war: *"Bei Arbeiterwohnungen kann ein*

Bauunternehmer nicht reich werden."[147] Der Bau aufwendigerer und repräsentativerer Gebäude jedoch erforderte einerseits einen erheblich höheren Kostenaufwand, andererseits wurden den Bauführern umfassendere Kenntnisse und Fertigkeiten abverlangt, als dies bei Kleinhäusern der Fall war.

Entsprechend der Norm, die private Bauunternehmer bei der geplanten Anlegung von Wohnstraßen einzuhalten hatten, war auch, wenn die Bebauung staatlich projektierter Straßen beabsichtigt wurde, ein formeller Antrag an den Senat zu stellen. Im Jahre 1874 wurde ein vom Bremer Senat verabschiedeter Bebauungsplan für die südliche Vorstadt aufgestellt, der im Gegensatz zur Altstadt und Teilen der sich am rechten Weserufer anschließenden Vorstädte keine unregelmäßige Bebauung in Form kleiner Gassen und unschematisch angelegter Straßen vorsah, sondern - wie in vielen anderen Großstädten üblich - "*eine unschöne und zum Theil unzweckmäßige, schachbrettartige Einteilung mit verhältnismäßig großen Häuserblocks*"[148] vorgab. Zu diesen in den Bebauungsplan aufgenommenen Straßen zählten auch die Gastfeld- und Kornstraße, die der Entlastung des starken Verkehrsaufkommens am Buntentorsteinweg dienen sollten. Von staatlicher Seite wurden keine Anstrengungen unternommen, um dieses Vorhaben in irgendeiner Weise voranzutreiben. So blieb es auch hier den verschiedenen an der Bebauung interessierten Privatleuten überlassen, diesen auf dem Papier entworfenen Plan in die Tat umzusetzen und - wie in den kleineren Nebenstraßen - die Kosten für die Herstellung der Straßen zu tragen. Da jedoch sämtliche Planstraßen in einer Breite von 17 Metern anzulegen waren, übernahm der Staat die erforderlichen Mehrkosten. Wie die Entwicklung der Bautätigkeit in diesen beiden Hauptstraßen der südlichen Vorstadt zeigen wird, kam der Ausbau bis zur endgültigen Fertigstellung sowohl in der Gastfeld- als auch in der Kornstraße nur schleppend, gleichsam als Stückwerk zustande.

Wie in der verlängerten Wulfhoop- und in der Rasingstraße wurde das zur Bebauung frei gegebene Land an der herzustellenden Gastfeldstraße in der ersten Hälfte der 1870er Jahre an verschiedene Bauunternehmer verkauft. Auch hier befand sich der noch aus Ackerland bestehende Grundbesitz in den Händen weniger Personen. Übereinstimmend mit den ursprünglichen Besitzverhältnissen in der Rasingstraße traten wiederum die Eheleute Rasing und der Landmann Johann Conrad Meyer als Veräußerer auf. Neben diesen beiden Parteien zählte jedoch auch der am Buntentorsteinweg lebende Landmann Otto Meyer zu den am Verkauf seiner Ländereien interessierten Grundbesitzern. Die auffälligen Parallelen zur Ausgangssituation der beiden Arbeiterstraßen zeigten sich nicht nur auf Seiten der Grundbesitzer, sondern setzten sich gleichermaßen in den Entstehungsbedingungen der Gastfeldstraße fort. Die hier zunächst als Erwerber des Baulandes in Erscheinung tretenden zwölf Bauunternehmer entstammten abermals ausnahmslos handwerklichen Berufen und waren zum Zeitpunkt ihrer Vertragsabschlüsse ebenso mittellos wie ihre Kollegen in der Rasingstraße. Um überhaupt in den

Besitz der Grundstücke zu gelangen, waren auch sie bereits beim Ankauf derselben zur Aufnahme hoher Immobiliarkredite gezwungen. Verglichen mit dem ersten Besitzwechsel in den beiden Arbeiterstraßen schienen die Bauunternehmer der Gastfeldstraße jedoch nur relativ kleine Grundstücksflächen, deren Ausmaße die Errichtung von maximal drei Gebäuden gestatteten, zu erwerben. Die ausschließliche Betrachtung der an der Gastfeldstraße gelegenen, in das Eigentum der Unternehmer übergehenden Grundstücke bestätigt zwar diesen Eindruck, ein Blick auf die abgeschlossenen Kaufverträge hingegen läßt erkennen, daß offenbar keiner der zwölf betreffenden Bauunternehmer ein vorrangiges Interesse an der Anlegung und Bebauung der Gastfeldstraße hatte. Der getätigte Grundstückserwerb galt - analog zur Wulfhoop- und Rasingstraße - vielmehr der Herstellung kleinerer Wohnstraßen, deren Bebauung mit einfachen Reihenhäusern sich diese Unternehmer primär zum Ziel gesetzt hatten. Da jedoch Teile der angekauften Ländereien an die staatlich geplante Gastfeldstraße angrenzten und auch mit Wohnhäusern versehen werden sollten, blieb den Unternehmern gemäß der geltenden Bauvorschriften keine andere Wahl, als einhergehend mit der Errichtung ihrer Gebäude gleichzeitig die betreffenden Teile der Gastfeldstraße anzulegen. Der Ausbau der Gastfeldstraße erfolgte somit im Gegensatz zu den zahlreich entstehenden kleinen Nebenstraßen in der südlichen Vorstadt nicht als Bestandteil zielstrebiger Planungen der Bauunternehmer, sondern bildete eher einen notgedrungen auszuführenden Pflichtteil, sollte das wertvolle Bauland nicht ungenutzt brach liegen. Erst nachdem die Bebauung der Wohnstraßen so weit vorangeschritten war, daß sie an die Nord- bzw. Südseite der Planstraße angrenzte, wurden Teile der Gastfeldstraße in die Bautätigkeit einbezogen. Auf diese Weise wurden immer nur kleine Abschnitte dieser Straße hergerichtet und mit verhältnismäßig wenigen, zu einem hohen Anteil aus Eckhäusern bestehenden Bauten versehen.

Die an der Gastfeldstraße belegenen, in die erste Bauphase einbezogenen zwanzig Grundstücke gingen zwischen 1872 und 1874 in den Besitz der zwölf Bauunternehmer über (vgl. Tabelle 5). Die von den drei Grundbesitzern geforderten Bodenpreise wiesen erhebliche Schwankungen auf, deren Spannbreite von 7,25 Mark bis 26,43 Mark für den Quadratmeter reichte. Da die Veräußerer zum gleichen Zeitpunkt differierende Preise zum Anschlag brachten, sind die erheblichen Preisspannen weder auf das unterschiedlich stark ausgeprägte Profitstreben der drei Grundbesitzer noch auf jährliche Teuerungsraten für Bauland zurückzuführen. Das dicht beieinanderliegende Land läßt ebensowenig auf eine möglicherweise verminderte Bodenqualität der verschiedenen Grundstücke schließen, wie das bei einzelnen Erwerbern etwa vorhandene Geschick im Aushandeln besonders niedriger Preise als ausschlaggebende Ursache zu belegen wäre. Mit Ausnahme des Bauunternehmers Friedrich Wilhelm Streithorst schlossen alle anderen Unternehmer ihre Kaufkontrakte direkt mit den Grundbesitzern ab. Streithorst hingegen kam über den Privatmann Albert Heinrich Gronfeld senior, der im Mai des Jahres 1873 von den Eheleuten Rasing ein 4.112 m^2 großes Grundstück zu einem Preis von 26.400 Mark[149] erworben hatte, in den Besitz der drei später die Nummern 48, 50 und 52 erhaltenden Grundstücke und profitierte von dem Niedrigpreis, den Gronfeld entrichtet hatte.

Tabelle 5: Besitzwechsel der zum ersten Bauabschnitt zählenden Grundstücke in der Gastfeldstraße[150] (1872 - 1875)

spätere Haus-nummer	Grund-besitzer	Zeitpunkt des Erwerbs	Kauf-preis (Mark)	Käufer (Bauunter-nehmer)	Handfestar. Belastung (Mark)
62	J.C. Meyer	29.10.72	2.422,44	H. Meyer	12.000
60	dto.	29.10.72	3.758,58	dto.	12.000
58	J.C. Meyer	31.10.73	2.386,33 2.179,17 2.237,84	H.W. Fischer & J.C. Col-denstrodt	9.000
56	dto.	26.06.73	2.179,17	dto.	9.000
54	dto.	26.06.73	2.237,84	dto.	9.000
52	Rasing (Gronfeld)	13.02.74	15.000,00	F.W. Streit-horst	23.000
50	dto.	13.02.74	1.051,74	dto.	13.500
48	dto.	13.02.74	1.139,32	dto.	13.500
46	J.C. Meyer	06.05.73	1.709,84	J.H. Linde-mann & Co.	8.000
44	dto.	06.05.73	1.632,63	dto.	8.000
42	dto.	06.05.73	1.688,19	dto.	8.000
40	O. Meyer	19.06.74	unbekannt	J.C. Bode	0
35	O. Meyer	25.06.74	2.348,97	F. Meyer	10.600
39/41	dto.	25.06.74	2.576,54	dto.	10.600
43	J.C. Meyer	10.06.73	3.262,57	H. Luesse	16.500
45	dto.	10.06.73	2.413,35	dto.	10.500
53	J.C. Meyer	01.12.75	Schenkung	Verein f.d. Kinderbe-wahranstalt	12.000
36	J.C. Meyer	19.06.74	unbekannt	J.C. Bode	11.500
47/49	Rasing	24.03.74	6.300,00	F.A. Willig	27.000
51	dto.	24.03.74	3.150,00	dto.	15.000
Summe					238.700

Die zwölf Bauunternehmer hatten - wie in diesen Jahren üblich -zwecks Ankauf der Grundstücke und zur Realisierung ihrer Bauvorhaben ausnahmslos, jedoch in variierender Anzahl und Höhe, Handfesten gewilligt. Streithorst bewies mit seinem Finanzgebaren eine sehr eigenwillige Gestaltung der für seine drei Grundstücke aufgenommenen Kredite und wich damit in zweifacher Hinsicht von der sich unter den anderen Bauunternehmern der Gastfeldstraße als gängig herauskristallisierenden Höhe der handfestarischen Belastungen ab. Die minimale Kredithöhe von 23.000 Mark für das rund 2.069 m^2 umfassende Grundstück Gastfeldstraße 52[151] glich er mit einer außergewöhnlich hohen Überverschuldung für die vergleichsweise kleinen, nur 145 m^2 bzw. 157 m^2 messenden Grundstücke Nr. 50[152] und 48[153] aus, deren Summen von jeweils 13.500 Mark eine astronomische Höhe erreichten. Trotz dieser ungewöhnlichen Kreditverteilung blieb Streithorst mit seiner auf diese Weise erzielten Gesamtbelastung noch weit hinter der Verschuldung, die von den anderen Bauunternehmern eingegangen wurde, zurück. Mit Kreditaufnahmen, deren Höhe die jeweiligen Grundstückspreise vier- oder gar fünffach überschritten, stellten die elf Bauunternehmer der Gastfeldstraße sogar die für die Bebauung der Rasingstraße verantwortlichen Unternehmer in den Schatten. Letztere hatten zur Herstellung einstöckiger Häuser den doppelten Wert und für die Errichtung zweigeschossiger Gebäude etwa den dreifachen Betrag der Grundstückspreise in Handfesten gewilligt. Die Anlegung und Bebauung der Gastfeldstraße war für die beteiligten Unternehmer demnach mit einem erhöhten Risiko behaftet; denn auch hier ging der Fertigstellung der in den 1870er Jahren in Angriff genommenen Bauten keine Auftragserteilung durch kaufinteressierte Privat- oder Geschäftsleute voraus. Ganz im Zeichen der Zeit widmeten sich die verschiedenen Bauunternehmer den in diesen Jahren im Bremer Baugewerbe dominierenden Spekulationsgeschäften.

Nur zwei der acht am ersten Bauabschnitt der Gastfeldstraße beteiligten Unternehmen nahmen ihre Arbeiten bereits im Jahre 1873 auf. Unter der Bauführung des Zimmermanns Hinrich Meyer entstanden die beiden ersten, mit einem Souterrain, Parterre und erstem Stockwerk versehenen Wohnhäuser Nr. 62 und 60. Das Gebäude Nr. 62 wies große Ähnlichkeit mit den von dem Bauunternehmen Hasselbring, Kühtmann & Schmidt in der Rasingstraße erstellten zweigeschossigen Häusern auf. Auch hier stand den späteren Bewohnern auf den drei bewohnbaren Etagen eine Grundfläche von 56 m^2 zur Verfügung. Neben der identischen Stockwerkzahl und Wohnfläche läßt der Grundriß dieses Hauses weitere Übereinstimmungen in der Aufteilung der einzelnen Geschosse erkennen. Während das Souterrain nur ein heizbares Zimmer, eine Küche und eine Waschküche enthielt, befanden sich im Parterre zwei heizbare Stuben und eine fensterlose Kammer. Im ersten Stock wiederholte sich die Aufgliederung vom Parterre lediglich mit dem Unterschied, daß statt der Kammer eine weitere Küche eingebaut war. Da der Vergleich mit den Häusern der Rasingstraße keinerlei Differenzen zu Tage treten läßt, die den Wert des Hauses in der Gastfeldstraße hätten erhöhen können, bleiben die Beweggründe, die den Bauunternehmer Hinrich Meyer zu einer derart hohen Belastung dieses Grundstücks[154] veranlaßten, umso weniger nachvollziehbar. Verständlicher hingegen wäre eine höhere Verschuldung für das zweite Wohnhaus, die Nr. 60, gewesen. Dieses Grundstück wies mit seinen 163 m^2 nicht nur eine etwa 50 m^2 umfangreichere Gesamtfläche auf als der benachbarte Baugrund, sondern erhielt auch ein Wohngebäude erheblich größeren Ausmaßes, das eine Wohnfläche von 90,5 m^2 für jedes Stockwerk bereitstellte. Die Innenaufteilung dieses Hauses wich von der zuvor erstellten Nr. 62 nur insofern ab, als der Wohnraum in der ersten Etage um eine Kammer erweitert war und selbst der Bodenraum zwei Räume erhalten hatte. Noch vor der endgültigen Fertigstellung dieses Hauses hatte der Zimmermann H. Meyer einen Käufer gefunden. Der aus der östlichen Vorstadt stammende Bäcker Carl Moritz Schulze sicherte sich seinen Haus- und Grundbesitz in der Gastfeldstraße mit dem am 3.09.1874 abgeschlossenen Kaufkontrakt, in dem der vereinbarte Kaufpreis von 21.900 Mark festgehalten wurde. Um sein Nahrungsgewerbe nach der Übersiedelung in die am linken Weserufer belegene Landgemeinde auch weiterhin ungehindert ausüben zu können, ließ er von H. Meyer auf dem Hof seines Grundstücks ein massiv gebautes Hinterhaus in einer Größe von 26 m^2 errichten, in dem sein Bäckereibetrieb untergebracht wurde. H. Meyer hatte trotz zunächst risikoreicher handfestarischer Belastung mit der erzielten Kaufsumme ein gutes Geschäft gemacht. Der Bäcker Schulze indessen stand, da er den Besitz ohne vorhandenes Eigenkapital ausschließlich mit elf gewilligten Handfesten in Höhe von 24.000 Mark[155] zu finanzieren gedachte, erst am Anfang seiner mit hohen Zinsen rückzahlbaren Belastungen.

Etwa zur gleichen Zeit wie H. Meyer machten sich die beiden Maurergesellen Heinrich Wilhelm Fischer und Johann Conrad Coldenstrodt, die - wie die meisten der in der Gastfeldstraße tätig werdenden Bauunternehmer - in der Landgemeinde Buntentorsteinweg-Neuenland lebten, an die Errichtung ihrer drei an der Gastfeldstraße geplanten Bauten, wenngleich der Ankauf größeren Baulandes im Jahre 1873 und damit ihr gemeinsam gegründetes Unternehmen zweifellos in erster Linie auf die Herstellung von Wohnhäusern in der Lehnstedterstraße, einer von der Planstraße abzweigenden Seitenstraße, ausgerichtet war.[156] Alle drei Gebäude mit einer Wohnfläche von etwa 55 m^2 werden dem von H. Meyer erstellten Wohnhaus Nr. 62 weitgehend entsprochen haben. Obwohl weder eine Beschreibung noch Grundrisse dieser Häuser mit den späteren Nummern 54, 56 und 58[157] überliefert sind, findet die sich auf den entrichteten Grundstückspreis, die Höhe der Belastungen und die bekannten Ausmaße der Grundstücke und der Gebäude stützende Schlußfolgerung, daß Fischer & Coldenstrodt sich dem Bau zweistökkiger Häuser widmeten, in einem zeitgenössischen Photo seine Bestätigung (vgl. Schaubild S.7).

Auch der Bauunternehmer F.W. Streithorst zählte zu den wenigen Männern der "ersten Stunde", von denen der Auftakt zur Bebauung dieser staatlich geplanten Hauptstraße gebildet wurde. Das im Vergleich zu den anderen fünf Bauplätzen mit seinen 2.069 m^2 schon fast gigantische Ausmaße besitzende Grundstück Nr. 52 wurde von Streithorst mit einem angemessen geräumigen Wohnhaus, dessen bewohnbare Grundfläche immerhin 117 m^2 umfaßte, bereichert. Den noch verbliebenen, nicht zu Wohnzwecken bebauten Teil dieses Grundstücks verplante Streithorst nicht, wie es sich in einer Landgemeinde etwa hätte anbieten können, als Garten- oder Gemüseland, sondern für eine breite Durchfahrt und einen 1.483 m^2 großen Zimmerplatz.[158]

Mit diesen sechs, sämtlich im Jahre 1874 fertiggestellten Wohnhäusern ist bereits der älteste, in seinem Umfang gegenüber anderen zur gleichen Zeit entstandenen Straßenzügen äußerst bescheidene Baubestand der Gastfeldstraße umrissen. Während sowohl für den Bauunternehmer Hinrich Meyer als auch für Fischer & Coldenstrodt die planmäßig durchgeführten Bauarbeiten in dieser staatlich projektierten Straße ihren Abschluß fanden, hatten vier andere Bauunternehmen im selben Jahr gerade erst ihre Tätigkeit aufgenommen. Neben Streithorst, der noch mit dem Bau zwei weiterer Wohnhäuser befaßt war, ging das vierköpfige, sich ausschließlich aus Zimmerleuten zusammensetzende Bauunternehmen Lindemann, Klose, Wendel & Wendel ebenso an sein Werk wie die drei in Eigenregie arbeitenden Unternehmer, zu denen der Zimmermann Friedrich Meyer, der Maurer Heinrich Luesse und der in der verlängerten Wulfhoopstraße tätig gewesene Johann Carl Georg Bode zählten. Alle vier Unternehmen hatten entweder von Johann Conrad Meyer oder Otto Meyer größere Baulandflächen erstanden und waren mit ihren in den diversen Nebenstraßen errichteten Bauten nunmehr an die Gastfeldstraße gestoßen, wo sie nur noch einzelne Gebäude als Abschluß ihrer Reihenhausbebauung gewissermaßen "um die Ecke zogen". Wie die 1874 vollendeten Gebäude wurden auch die zehn im Jahre 1875 bezugsfertigen Wohnhäuser in ähnlicher Ausführung, also mit ausgebautem Souterrain, Parterre und erstem Geschoß, erstellt. Vom jeweiligen Umfang der teils erheblich variierenden Wohnflächen, die von 55 m^2 bis 120 m^2 reichten, hing die Anzahl der in den einzelnen Stockwerken vorzufindenden Zimmer ab. In der Gastfeldstraße machte sich - ganz im Gegensatz zu den weitgehend einheitlich erscheinenden Reihenhäusern in den Nebenstraßen - nun doch deutlich der Einfluß der verschiedenen, gleichzeitig wirkenden Bauführer bemerkbar. Unter ihren Händen nahmen Wohngebäude unterschiedlichster Art Gestalt an, deren Gemeinsamkeit lediglich auf die Stockwerkanzahl beschränkt zu sein schien.[159] Zwei dieser zehn im Jahre 1875 fertiggestellten Häuser erhielten nicht nur zu Wohnzwecken dienende Räumlichkeiten, sondern boten zu Teilen auch die Möglichkeit zur Ausübung eines Gewerbes. In dem von Lindemann & Co. erstellten Gebäude Gastfeldstraße 42, dessen nutzbare Grundfläche ca. 60 m^2 aufwies, waren gleich mehrere Bereiche einerseits der Herstellung von Backwaren, andererseits dem Verkauf derselben vorbehalten. Das Souterrain war ausnahmsweise nicht als Wohnraum konzipiert; stattdessen hatten die Bauunternehmer dort die Installation einer Backofenanlage berücksichtigt, während sich das restliche Untergeschoß in Kellerräume aufteilte. Im Parterre lag neben einer Stube und einer Küche der Verkaufsladen, in dem künftig die erzeugten Backwaren über den Tresen gereicht werden sollten. So blieb nur der aus zwei Stuben und einer Küche bestehende erste Stock als ausschließliche Wohnetage in diesem Gebäude übrig. Auf dem Hinterhof hatten die Zimmerleute Lindemann & Co. ein 35 m^2 großes massives Hinterhaus errichtet, das eine Backstube, eine Kammer und einen Bodenraum enthielt.[160] Übereinstimmend imposante Ausmaße wie das im Vorjahr von Streithorst erbaute Wohnhaus Nr. 52 nahm das von H. Luesse ausgeführte, offenbar einem Schenkwirt zugedachte Gebäude Gastfeldstraße 43 ein. Auch hier war das Untergeschoß lediglich mit vier Kellerräumen versehen worden. Das 118 m^2 große Erdgeschoß stellte ausreichenden Platz bereit, um neben einer Bierhalle auch noch eine Stube, eine Kammer und eine Küche unterzubringen. Ungewöhnlich präsentierte sich hingegen die von Luesse vorgenommene Raumaufteilung im ersten Stockwerk; mit seinen drei Stuben, zwei Kammern und drei Küchen war in dieser Etage offenbar schon im voraus die Beherbergung drei getrennter Haushalte festgelegt worden.[161]

Eine Sonderrolle kam dem Grundstück Gastfeldstraße 53 zu. Der Landmann Johann Conrad Meyer hatte das 390 m^2 messende Land im Frühjahr des Jahres 1874 dem "Verein für die Kinderbewahranstalt an der Gastfeldstraße", ohne eine Gegenleistung zu erhalten, als Eigentum überlassen. Obwohl der Schenkungsvertrag[162] erst mit dem 1. Dezember des Jahres 1875 Rechtwirksamkeit erlangte, war schon Ende des Vorjahres mit den notwendigen Bauarbeiten auf dem in unmittelbarer Nähe der Rasingstraße gelegenen Grundstück zur Errichtung der Kinderbewahranstalt begonnen worden. Der "Verein für die Kinderbewahranstalt an der Gastfeldstraße" war von mehreren Mitgliedern der Sankt-Pauli-Gemeinde, zu der nicht nur das Gebiet der Bremer Neustadt, sondern auch das der südlichen Vorstadt zählte, gegründet worden. Auf ein Gesuch der Gründungsmitglieder, denen auch J.C. Meyer angehörte, erteilte der Bremer Senat dem Verein im September des Jahres 1875 die Rechte einer juristischen Person.[163] In dem erst 1876 vollständig hergerichteten Gebäude dieser Kinderbewahranstalt waren einzelne Räume für die Abhaltung von Sonntagsschulen und Bibelstunden sowie für Wohnungen von Lehrerinnen, Diakonissinnen und Stadtmissionaren eingeplant. Das übergeordnete Ziel des Vereins bestand, wie bereits der Name vermuten läßt und aus den Statuten hervorgeht, darin, "*in ähnlicher Weise wie die übrigen hiesigen Kinderbewahranstalten den noch nicht schulpflichtigen Kindern unbemittelter Eltern, während diese außerhalb des Hauses ihrer Arbeit nachgehen, Pflege und Erziehung zu gewähren und sie vor körperlicher und sittlicher Verwahrlosung zu behüten.*"[164] Der Ort für die Einrichtung einer solchen Anstalt war mit Bedacht gewählt; auch alle anderen vergleichbaren Bremer Institutionen[165] fanden sich ausschließlich in Stadtteilen, in denen sich vorzugsweise Arbeiterfamilien niedergelassen hatten, also vornehmlich in der südlichen und westlichen Vorstadt sowie in Woltmershausen, allerdings auch in der östlichen Vorstadt,[166] die eher eine kleinbürgerlich-proletarisch geprägte Sozialstruktur aufwies. Gerade in den häufig kinderreichen proletarischen Familienverbänden waren nicht selten beide Elternteile auf eine außerhäusliche Erwerbstätigkeit angewiesen, die ihnen eine Beaufsichtigung und Pflege der Kinder verwehrte. Aus diesem Grunde wird diesen Familien die Existenz einer solchen Spielschule entgegengekommen sein, entband es sie doch der Sorge um die Unterbringung ihrer Kinder während der Arbeitszeit. Inwieweit die in ihrem Statut deutlich zum Ausdruck gebrachten Zielsetzungen der Kinderbewahranstalt jedoch den Anschauungen der diese Einrichtung gezwungenermaßen in Anspruch nehmenden Bewohner entsprachen, bleibt dem Feld der Spekulation überlassen. In denjenigen Stadtbezirken, die aufgrund ihrer Gunstlagen von wohlhabenderen Gesellschaftsschichten favorisiert wurden, wären derartige Anstalten demgegenüber fehl am Platz und demzufolge gänzlich überflüssig gewesen. In Familien mit hohem Einkommen bestand weder die ökonomische Notwendigkeit eines zusätzlichen Einkommens der Ehefrau noch eine Nachfrage nach einer sogenannten "Bewahrung vor körperlicher und sittlicher Verwahrlosung". Bürgerlichen Familien standen andere Mittel und Möglichkeiten zur Verfügung, ihre Kinder im Bedarfsfall wohl behütet zu wissen, ohne kirchliche Einrichtungen dieser Art frequentieren zu müssen. In diesen Kreisen kam die Verpflichtung privater Dienstleister, etwa in Gestalt von Kindermädchen, keinesfalls einer Utopie gleich.[167] Für die einkommensschwachen Bewohner der südlichen Vorstadt jedoch stellte die Versorgung und Beaufsichtigung der Kinder eine schlichte Kostenfrage dar, so daß die Niederlassung der Kinderbewahranstalt in direkter Nachbarschaft vermutlich als Bereicherung betrachtet wurde.

Die Gastfeldstraße wurde in den 1870er Jahren nur noch um drei Gebäude erweitert. Bode hatte sein Wohnhaus Nr. 36 im Jahre 1877 fertiggestellt, während sein ehemaliger Teilhaber Franz August Willig sein hier nur auf die Errichtung von zwei Wohnhäusern (Nr. 47/49 und 51) reduziertes Projekt erst 1878 vollendete. Zwischen 1873 und 1878 hatten die acht Bauunternehmen lediglich neunzehn Privathäusern Gestalt verliehen - in Anbetracht der (quantitativen) Leistungen, die sie in den kleineren Wohnstraßen der südlichen Vorstadt vollbrachten, ein sehr karger Beitrag. Willig hatte mit seinen Bauten nicht nur einen zwischenzeitlichen Schlußpunkt unter die Bauarbeiten in der Gastfeldstraße gesetzt, mit dem Jahr 1878 wurde vielmehr eine langjährige Periode einer gänzlich stagnierenden Bautätigkeit in dieser Straße eingeleitet, die erst nach achtzehn Jahren überwunden und 1896 von einem erneuten Aufschwung im Baugewerbe abgelöst wurde.

Doch welche Erfolge hatten die Bauunternehmer mit ihren in dieser Straße bezugsfertig hergerichteten Wohn- und Geschäftshäusern zu verzeichnen? Neben dem bereits 1874 von Hinrich Meyer getätigten Verkaufsabschluß mit dem Bäkker Schulze, der das Wohnhaus Nr. 60 erworben hatte, blieben Fischer & Coldenstrodt und Johann Carl Georg Bode die einzigen Bauunternehmer, die noch einen Privatverkauf vorzuweisen hatten. Am 7. Juli des Jahres 1875 schloß Bode mit dem zu diesem Zeitpunkt in einer Nebenstraße der Gastfeldstraße wohnenden Schenkwirt Christian Diedrich Klinker einen Kaufvertrag, in dem die Eigentumsübertragung des Grundstücks Gastfeldstraße 40 besiegelt und ein Kaufpreis von 22.800 Mark festgeschrieben wurde. Auch Klinker hatte kein Eigenkapital erwirtschaften können, das ihm eine geringere Kreditaufnahme zur Finanzierung seines Besitzes ermöglicht hätte. Die in zehn Handfesten gewilligten Gelder in Höhe von 23.300 Mark überschritten vielmehr den zu begleichenden Kaufpreis um 500 Mark.[168] Ebenso wie der Bäcker Schulze organisierte auch Klinker unmittelbar nach Abschluß der Bauarbeiten seinen Umzug in die Gastfeldstraße noch im Jahre 1875. Für den Schenkwirt, der keine Mieter in sein Haus aufgenommen hatte, währte sein neuer Status als Haus- und Grundbesitzer nicht lang; bereits im Folgejahr befand er sich im Zahlungsrückstand, so daß seine Gläubiger nicht zögerten, den juristischen Weg einzuschlagen, um zumindest Teile ihres Kapitals zu retten. Noch im September fand der öffentliche Verkaufstermin statt, in dem das Grundstück Gastfeldstraße 40 samt Wohnhaus einem Kaufmann für 11.200 Mark zugeschlagen wurde. Ähnlich erging es dem Bäcker Schulze, der mit Ausnahme des ersten Jahres den Wohnraum seines Hauses allein nutzte. Im Oktober des Jahres 1879 wurde auch sein Haus versteigert und von einem Kapitän zu einem Preis von nur 4.400 Mark übernommen.[169] Im Gegensatz zu dem Schenkwirt Klinker verließ Schulze das sich nicht mehr in seinem Besitz befindende Wohnhaus jedoch nicht unmittelbar nach erfolgtem Besitzwechsel, sondern lebte und arbeitete dort noch bis zum Jahre 1881.

Fischer & Coldenstrodt hatten offenbar keine Eile, ihre drei Häuser an den Mann zu bringen. Der private Verkauf des Wohnhauses Nr. 58 erfolgte erst im Jahre 1885 und erwies sich für den neuen Besitzer keinesfalls als eine mit finanziellen Verlusten und Mißerfolg gekrönte Fehlentscheidung. Christian Friedrich Griepenstroh hatte bereits 1884 das im Folgejahr erstandene Gebäude als Mieter bezogen. Stand er zu diesem Zeitpunkt noch als Arbeitsmann in einem lohnabhängigen Arbeitsverhältnis, so hatte er laut Kaufvertrag bereits 1885 diesen Beruf gewechselt, um fortan selbständig eine Schenkwirtschaft zu betreiben, der er später einen Detailhandel angliederte.[170] Griepenstroh hielt den für einen Betrag von 10.400 Mark in sein Eigentum übergegangenen Haus- und Grundbesitz über zwei Jahrzehnte aufrecht, bis er ihn 1905 an seinen Sohn abtrat, wenngleich sowohl sein Wohnsitz als auch die Ausübung seines Gewerbes in diesem Hause von dem Besitzwechsel unberührt blieben. Der Wirt hatte beim Ankauf seines Hauses gute Voraussetzungen für die hohe Dauer der Beibehaltung seines Besitzes mitgebracht; denn im Gegensatz zu vielen anderen Erwerbern eines Hauses in der südlichen Vorstadt war Griepenstroh in der Lage, einen beträchtlichen Anteil Eigenkapitals einzubringen. Mit 4.400 Mark deckte er mehr als ein Viertel der geforderten Kaufsumme ab und finanzierte den Restbetrag in Höhe von 6.000 Mark mit in vier Handfesten gewilligten Geldern. Die Grundstücke Gastfeldstraße 54 und 56 fungierten stets als Mietobjekte und blieben bis zum Tode der beiden

Bauunternehmer Fischer und Coldenstrodt im Jahre 1892 bzw. 1903 in deren Besitz.

Alle verbliebenen vierzehn Wohnhäuser jedoch waren durch die gleiche Entwicklung der Besitzverhältnisse gekennzeichnet wie das Gros der in der verlängerten Wulfhoopstraße und in der Rasingstraße erstellten Bauten. Ebenso wie letztere wurden diese Gebäude in der Gastfeldstraße zwischen 1876 und 1885 Verhandlungsgegenstand der zahlreich abgehaltenen öffentlichen Versteigerungen in Bremen (vgl. Tabelle 6).

Tabelle 6: Versteigerungen der Immobilien Gastfeldstraße zwischen 1876 und 1885

Hausnummer	Taxwert (Mark)	Datum	Preis (Mark)	Käufer	Handfestar. Belastung (Mark)
62	13.700	09.02.77	6.600	O. Huck	0
52	16.500	13.01.82	13.500	Neustadts-Brüderschafts-Sterbekasse	11.000
50	11.200	04.08.82	2.400	dto.	0
48	11.000	04.08.82	2.300	Gildemeister Stipendium	0
46	14.400	15.06.77	6.100	Vegesacker Sparkasse	0
44	14.100	15.06.77	6.100	dto.	0
42	19.100	29.06.77	6.100	dto.	0
35	9.000	23.01.85	2.300	O. Meyer	0
39/41	11.300	23.04.80	5.400	dto.	0
43	15.000	04.07.79	7.100	D. Knübel	0
45	8.000	04.07.79	5.100	dto.	0
36	14.500	08.12.76	3.600	Bremische Hypo Bank	0
47/49	4.000	18.08.76	4.050	B.J.C. Rasing	0
51	4.000	18.08.76	4.050	dto.	0
Summe	165.800		74.700		

Wie auch einige Gebäude in der Rasingstraße gelangten die drei von Bode und Willig geplanten Bauten Nr. 36, 47/49 und 51 bereits vor ihrer Fertigstellung zum öffentlichen Verkauf. Die Versteigerung im Rohbau befindlicher Gebäude kennzeichnete nicht das einzige Merkmal offensichtlich existierender Übereinstimmungen zwischen den zwangsweise erwirkten Verkäufen der Immobilien in der Rasing- und Gastfeldstraße. In beiden Straßen waren überdies mehrere Häuser errichtet worden, deren spezielle Nutzungsmöglichkeiten die Bauunternehmer schon in der Planungsphase festgelegt und bei der Ausgestaltung berücksichtigt hatten. Von diesen sich durch eine Kombination von Wohnbereichen und gewerblicher Nutzfläche auszeichnenden Bauten waren in der Rasingstraße sechs Gebäude vorhanden, die ausnahmslos an die Kerze gebracht wurden. In der Gastfeldstraße lag der relative Anteil der gleichermaßen zu Wohn- und Gewerbezwecken dienenden Häuser gemessen an den insgesamt zwanzig fertiggestellten Gebäuden mit 25 Prozent noch höher als in der benachbarten Arbeiterstraße (16,66 Prozent). Doch auch in der Gastfeldstraße ging - mit Ausnahme des von dem Bäcker Schulze erstandenen Hauses Nr. 60 - keines dieser fünf zur Ausübung eines Gewerbes vorgesehenen Gebäude auf dem Wege eines Privatverkaufs in den Besitz eines Handwerkers oder Schenkwirts über. Das gehäufte Vorkommen solcher, von den privaten Bauunternehmern gezielt auf die Schaffung von spezifischen Arbeitsbereichen ausgerichteten Gebäude gibt Anlaß zu der Vermutung, daß für diese Häuser ursprünglich sehr wohl Kaufinteressenten zur Verfügung standen, die ein entsprechendes Gewerbe betrieben, später jedoch nicht in der Lage oder bereit waren, die erforderlichen Schritte für einen verbindlichen Vertragsabschluß mit den Bauunternehmern zu vollziehen. Die Bauunternehmer hatten aufgrund nicht zustande gekommener Kaufverträge und damit einhergehender Liquiditätsprobleme abermals das Nachsehen; auch diese auf die Anforderungen und Bedürfnisse von Gewerbetreibenden unterschiedlichster Art zugeschnittenen Häuser[171] kamen zur Versteigerung.

Der nach Abschluß sämtlicher öffentlicher Verkaufstermine erzielte Versteigerungserlös in Höhe von 74.700 Mark brachte für die betroffenen Immobilien der Gastfeldstraße nicht einmal die Hälfte der mit 165.800 Mark bezifferten Taxwerte ein, überstieg allerdings erheblich die geringe Gesamtsumme, die bei den Versteigerungen der in der Rasingstraße gelegenen Grundstücke erlangt wurde. Auch hier floß ein Teil des zur Finanzierung des Wohnungsmarktes bereitgestellten Kapitals nach den Versteigerungen - nunmehr in Form hypostasierten Haus- und Grundbesitzes - erneut in das Eigentum der ursprünglichen Grundbesitzer bzw. Gläubiger zurück. Neben den beiden Grundbesitzern Otto Meyer und Bernhard Joseph Christian Rasing, die jeweils zwei Gebäude ersteigerten, sicherten sich zwei als Gläubiger fungierende Banken ihre den Unternehmern Bode bzw. Lindemann & Co. zur Realisierung der Bauarbeiten gewährten Kredite. Während die Bremische Hypothekenbank nur ein Gebäude erstand, erhielt die Vegesacker Sparkasse gleich in drei Fällen den Zuschlag für das abgegebene Höchstgebot. Sechs der vierzehn zur Versteigerung angebotenen Immobilien konnten jedoch von Privat- bzw. Geschäftsleuten günstig erworben werden. So erstand ein zu diesem Zweck autorisierter Vertreter der 1812 gegründeten Neustadts-Brüderschafts-Sterbekasse "Die blühende Rose" die beiden zuvor im Besitz des Bauunternehmers Streithorst befindlichen Immobilien Gastfeldstraße 50 und 52 zu Höchstgeboten von insgesamt 15.900 Mark. Der Erwerb dieser beiden

Grundstücke samt Wohnhäusern durch die Sterbekasse wird nicht auf bloßen Zufall oder existierenden Bedarf zurückzuführen gewesen sein, unterhielt der Bauunternehmer Streithorst doch aufgrund verwandtschaftlicher Beziehungen zu dem Rechnungsführer enge Kontakte zu den Mitgliedern der Sterbekasse. Beide für die Dauer von zwanzig bzw. zwölf Jahren im Besitz der Sterbekasse verbleibenden Gebäude wurden bis zu deren Besitzwechsel im Jahre 1902 bzw. 1894 stets ausschließlich als hoch ausgelastete Mietobjekte,[172] und damit als sichere Anlage der Sterbekasse, genutzt.

Der für die Gastfeldstraße skizzierte Entwicklungsgang der im ersten Bauabschnitt der 1870er Jahre entstandenen zwanzig Gebäude, unter denen der auf dem Grundstück Nr. 53 errichteten Kinderbewahranstalt eine Sonderrolle zukam, glich im wesentlichen dem sich in der Rasing- und der verlängerten Wulfhoopstraße vollziehenden Verlauf der Besitzstrukturen. In allen drei genannten Straßenzügen bildeten die Versteigerungen der Immobilien den ersten tiefgreifenden Einschnitt in der Entwicklung bzw. für den Wandel der Besitzverhältnisse. Ein Straßenvergleich läßt demgegenüber die Rasingstraße in zweierlei Hinsicht mit deutlichen Abweichungen von der Gastfeld- und Wulfhoopstraße hervortreten. Zum einen fielen die unter dem Blickwinkel der mit den Versteigerungen erzielten Verkaufssummen in diesem proletarischen Straßenzug zweifellos am geringsten aus. Dies mag zugleich eine der Ursachen dafür gebildet haben, daß zum anderen ausschließlich bei den Versteigerungen der in der Rasingstraße zum Verkauf gebotenen Arbeiterhäuser Privatpersonen auftraten, die gering entlohnten bzw. einkommensschwachen gesellschaftlichen Schichten entstammten und, ohne über Eigenkapital zu verfügen, zunächst erfolgreich in den Genuß von Haus- und Grundbesitz gelangten, der - im Gegensatz zu den mitbietenden Gläubigern und vermögenden Kaufleuten - erstmals nicht der Anhäufung von Besitz oder der Abwicklung eines lukrativen Geschäfts, sondern vielmehr der Befriedigung persönlicher Bedürfnisse diente. Diese von Arbeitern, Handwerkern und Kleinhändlern zu günstigen Preisen erstandenen Immobilien in der Rasingstraße wurden ausnahmslos für den Eigenbedarf, d.h. zu persönlichen Wohn- oder auch Gewerbezwecken in Anspruch genommen. In der Gastfeld- und Wulfhoopstraße dienten die versteigerten Gebäude ausschließlich als Miethäuser, bis sie von den Gläubigern oder Kaufleuten erneut weiterveräußert wurden.[173]

In der Kornstraße, einer weiteren staatlich projektierten Hauptstraße der südlichen Vorstadt, wiesen die ursprünglichen Besitzverhältnisse weitgehende Kongruenz zu der nachgezeichneten Ausgangssituation in der Gastfeldstraße auf. Sowohl die Gastfeld- als auch die parallel verlaufende Kornstraße sollten nach Realisierung des sich im Bebauungsplan niederschlagenden staatlichen Konzepts in ihrer Ausdehnung vom Hohentor bis zur Huckelriede den beiden bisher längsten Straßen in diesem Stadtteil, der Neuenlanderstraße und dem in seiner Bebauung bereits weit vorangeschrittenen Buntentorsteinweg, den Rang streitig machen. Die praktische Umsetzung dieser im ersten Ansatz vorhandenen Bremer Stadtplanung erfolgte - wie am Beispiel der überaus langsam fortschreitenden Anlegung der Gastfeldstraße in den 1870er Jahren erkennbar war und sich in der Kornstraße als nahezu identischer Verlauf abzeichnete - erst im 20. Jahrhundert. Der Grundstücksverkauf an der Kornstraße fiel in den 1860er und 1870er Jahren ebenso gering aus wie in der Gastfeldstraße (vgl. Tabelle 7).

Tabelle 7: Besitzwechsel der zur ersten Bauphase zählenden Grundstücke in der Kornstraße[174] zwischen 1863 und 1875

spätere Hausnummer	Grundbesitzer	Zeitpunkt des Erwerbs	Kaufpreis (Mark)	Käufer (Bauunternehmer)	Handfest. Belastung (Mark)
101	G.H. Rust	04.05.63	6.166	G.W. Waterann	20.000
45	J.C. Meyer	13.04.71	1.327	J.C. Lüdeke	3.333
48/52	J.C. Meyer	15.11.72	unbek.	H. Luesse & H. Schmidt	10.000
46	Rasing	27.06.73	829	J.C. Bode & F.A. Willig	0
44	dto.	27.06.73	829	dto.	9.000
42	dto.	27.06.73	829	dto.	0
34	O. Meyer	09.01.72	1.417	H. Holle	12.000
39	Rasing (Gronfeld)	09.04.74	952	J.L.A. Barg	0
43	dto.	09.04.74	1.085	dto.	12.000
90	Struthoff/ Schnoor sen.	16.06.74	12.000	Schnoor jun.	45.000
35	O. Meyer	10.01.72	2.000	C.H. Lübkeann	7.000
37	Rasing (Gronfeld)	09.04.74	17.638	J.L.A. Barg	36.000
41	dto.	09.04.74	952	dto.	0
179	B. Lampe (F. Meyer)	05.09.74	2.135	H.J. Gross	8.000
181	dto.	05.09.74	1.997	dto.	6.900
183	dto.	05.09.74	4.900	dto.	7.900
195	unbekannt	30.04.75	unbek.	Behnken & Co.	5.800
197	dto.	30.04.75	dto.	dto.	6.100
199	dto.	30.04.75	dto.	dto.	0
22	unbekannt	05.05.74	7.800	A.H. Kaste	36.000
208	unbekannt	1874	unbek.	F.A. Willig	20.000
193	unbekannt	30.04.75	unbek.	Behnken & Co.	5.800
Summe					250.833

Die schon in der Gastfeldstraße als Grundbesitzer figurierenden Personen waren abermals in der Kornstraße vertreten, als es galt, ihr im Wert gestiegenes Land zur Bebauung bereitzustellen und zu möglichst einträglichen Preisen an verschiedene Kaufinteressenten abzutreten. Der sich aus dem Landmann Johann Conrad Meyer, den Eheleuten Rasing und dem Landmann Otto Meyer zusammensetzende Personenkreis wurde in der Kornstraße noch um die Witwe Beta Lampe und den Landmann Diedrich Struthoff erweitert. Die Landgemeinde markierte nicht nur das Gebiet, in dem die als Veräußerer auftretenden Personen über ausgedehnte Ländereien verfügten, sondern bildete im 19. Jahrhundert auch den zentralen Lebens- und Wirkungskreis dieser Grundbesitzer, die sich ausnahmslos entweder an der Neuenlanderstraße oder am Buntentorsteinweg niedergelassen hatten.

Übereinstimmend mit dem ersten Besitzwechsel in der Gastfeldstraße wurde auch in der Kornstraße nur eine kleine Anzahl von Grundstücken an eine Käuferschicht, die sich dort erstmals nicht ausschließlich aus Bauunternehmern zusammensetzte, weiterveräußert. So blieb der Umfang der in die erste Bauphase der Kornstraße einbezogenen Grundstücke, deren Entstehung - mit Ausnahme des breits 1864 fertiggestellten Gebäudes Kornstraße 101 - mit den 1870er Jahren zu datieren war, ähnlich gering wie in der Gastfeldstraße. Den zu konstatierenden Parallelen zwischen den beiden Planstraßen lagen identische Ursachen zugrunde. Weder in der Gastfeld- noch in der Kornstraße war der getätigte Grundstückserwerb auf das vorrangige Interesse der Bauunternehmer an der Anlegung und Bebauung dieses staatlich projektierten Straßenzuges zurückzuführen; die Unternehmer bezweckten vielmehr mit dem Ankauf umfangreicher Baulandflächen, von denen nur ein minimaler Teil an der Kornstraße belegen war, die Herstellung oder Verlängerung kleinerer Nebenstraßen, deren Bebauung mit Reihenhäusern ihr Hauptinteresse galt. Die Anlegung der Kornstraße blieb somit als ein quasi obligatorisch zu verrichtendes Werk auf die Fertigstellung kleiner Abschnitte reduziert.

Auch in der Kornstraße ging der Abwicklung des Bodengeschäfts - wie im Falle des Bauunternehmers Streithorst, dessen Grundstücksankauf in der Gastfeldstraße im Jahre 1874 über einen Zwischenhändler erfolgt war - in zwei Fällen der Erwerb größerer Baulandflächen durch Dritte voraus, die das relativ günstig erstandene Land keinesfalls zu erschließen beabsichtigten, sondern lediglich die Gunst der Stunde erkannten, indem sie - im Extremfall innerhalb kürzester Zeit - das Bauland mit hohen Gewinnspannen an Bauunternehmer weiterverkauften und auf diese Weise Spekulation in ihrer reinsten Form vorexerzierten. Zu diesen offensichtlichen Spekulanten zählte abermals der Privatmann Albert Heinrich Gronfeld senior, der auch in der Gastfeldstraße einen solch gewinnbringenden Geschäftsabschluß erzielt hatte. Ob Gronfeld senior sich nun durch großes Geschick im Aushandeln von Niedrigstpreisen auszeichnete oder schlicht gute Beziehungen zu den Grundbesitzern besaß - die vorzugsweise mit den Eheleuten

Rasing abgeschlossenen Verträge erwiesen sich für den Privatmann in jedem Fall als außerordentlich vorteilhafte Geschäftsverbindung. So konnte er mit dem am 30. Januar des Jahres 1874 angekauften, 4.086 m^2 umfassenden Bauland, für das er 26.400 Mark, also einen Quadratmeterpreis von 6,46 Mark an Rasing gezahlt hatte,[175] nach der Weiterveräußerung an den vom gelernten Tischler zum selbsternannten Bauunternehmer aufgestiegenen Johann Ludwig August Barg etwa binnen zwei Monaten eine erkleckliche Summe als Reingewinn verbuchen. Barg entrichtete für sein frisch erworbenes Grundstück, das mit 2.044 m^2 nur etwa die Hälfte des von Gronfeld gekauften Landes ausmachte, immerhin stattliche 20.400 Mark, mithin einen Preis von 9,98 Mark pro Quadratmeter.[176] Friedrich Meyer, Kaufmann und Besitzer einer Bleiche in der Landgemeinde Buntentorsteinweg-Neuenland, hatte hingegen schon im Jahre 1861 Ländereien in seinen Besitz gebracht, die ursprünglich zum Grundbesitz der Witwe Beta Lampe zählten. Dieser im Handel versierte Kaufmann bewies Langmut und damit Geschäftssinn, indem er mit dem Verkauf des Landes so lange wartete, bis die Erzielung eines hohen Bodenpreises gesichert war. Im September des Jahres 1874 trat er ein 2.026 m^2 großes Grundstück an den Bauunternehmer Heinrich Johann Gross ab, der mit 39.200 Mark, also 19,34 Mark für den Quadratmeter, einen bei weitem höheren Preis als Barg zu zahlen hatte[177]. Friedrich Meyer ließ mit seinem Geschäftsgebaren letztlich keinen Unterschied zu dem Verhalten anderer Grundbesitzer in dieser Landgemeinde erkennen, die vornehmlich zu Beginn der 1870er Jahre ihr Ackerland zur Bebauung abtraten und maßgeblichen Einfluß auf die Bodenpreisgestaltung ausübten. Erkennbare Differenzen zwischen Friedrich Meyer und anderen sich am Bodengeschäft bereichernden Personen dieses überschaubaren Grundbesitzerkreises beschränkten sich lediglich auf die Art und Weise, wie sie in den Besitz der Ländereien gelangt waren. Unter diesem Aspekt fiel Friedrich Meyer tatsächlich aus dem Rahmen, da allen anderen Grundbesitzern das Eigentum per Erbschaft übertragen worden war.

Ein Vergleich der von den verschiedenen Käufern entrichteten Preise für den Baugrund in der Kornstraße spiegelt abermals starke Schwankungen wider, die keinesfalls auf sich durchsetzende jährliche Steigerungsraten zurückzuführen waren. So erhob Johann Conrad Meyer bereits 1871 einen Preis von 12,84 Mark pro Quadratmeter[178] für das von dem Maurer Lüdeke erworbene Grundstück, und auch Otto Meyer forderte von dem Bauunternehmer Hermann Holle[179] im Folgejahr mit 11,84 Mark einen in der Größenordnung zwar vergleichbaren, aber immerhin niedrigeren Betrag für die identische Bodenfläche. Demgegenüber nahm sich der von Gronfeld senior zum Anschlag gebrachte Preis in Höhe von 9,98 Mark im Jahre 1874 insbesondere in Relation zu der von Friedrich Meyer im selben Jahr verlangten Summe von 19,34 Mark minimal aus. Diese erheblichen Preisunterschiede erklären sich jedoch ebensowenig aus etwa existierenden Staffelpreisen, die mit zunehmendem Umfang der erworbenen Baulandflächen hätten geringer ausfallen können, da alle genannten Bauunternehmer als Abnehmer größerer Grundstücke identifizierbar waren. Noch extremere Abweichungen in den veranschlagten Bodenpreisen treten im Straßenvergleich für das Jahr 1874 zutage. Unter den vier untersuchten Straßen rangierte die Rasingstraße mit dem teuersten Baugrund an erster Stelle. Rasing und J.C. Meyer hatten ihr Land zu wahren Wucherpreisen, die andernorts vergeblich ihresgleichen suchten, an die Bauunternehmer weitergegeben. Ein Maximalpreis von 29,49 Mark für den Quadratmeter stellte selbst die von Friedrich Meyer für sein Bauland in der Kornstraße eingestrichene Summe von 19,34 Mark weit in den Schatten.

Das Preisniveau für den erworbenen Baugrund in der Kornstraße hielt sich in den 1860er und 1870er Jahren für die aus fünfzehn Personen bestehenden Käufer somit noch in erträglichen Grenzen. Im Gegensatz zur Wulfhoop-, Rasing- und Gastfeldstraße setzte sich die Käuferschicht jedoch nicht ausschließlich aus Bauunternehmern zusammen; unter den Erwerbern fanden sich vielmehr auch drei Privatpersonen, die nach althergebrachter Methode ihr Baugrundstück auswählten und erstanden, um anschließend Bauhandwerker mit der Errichtung eines Wohnhauses zu beauftragen, das ebenso ihren Anforderungen und Bedürfnissen wie ihren finanziellen Möglichkeiten gerecht wurde. Diesen Weg beschritten sowohl der Arbeitsmann C.H. Lübkemann[180] als auch der Milchhändler J.H.F. Schnoor junior und der Detaillist A.H. Kaste. Für beide Kleinhändler diente der Grundstückskauf nicht nur einem wunschgemäßen Wechsel ihres Wohnsitzes, sondern gleichermaßen der örtlichen Verlagerung ihres Betätigungsfeldes. So kam für den Milchhändler nur ein angemessen großes Grundstück in Betracht, das ihm die Möglichkeit bot, auf 1.915 m^2 neben einem Wohnhaus auch einen großen Stall errichten zu lassen, ohne auf Obst- und Gemüseland verzichten zu müssen.[181] Wesentlich bescheidenere Ausmaße nahm das von dem Detaillisten Kaste käuflich erworbene Land ein. Auf dem 221 m^2 umfassenden Grundstück ließ Kaste ein Wohn- und Geschäftshaus erstellen, das mit einer Grundfläche von 137 m^2 auf drei Etagen eine geräumige Wohnfläche bot. Blieb der Keller dieses 1876 fertiggestellten Hauses in erster Linie der Lagerung von Waren vorbehalten, so fand sich im Parterre neben dem aus drei Zimmern und einer Küche bestehenden Wohnbereich noch ein Laden. Das erste Stockwerk stellte weitere vier Zimmer und zwei Küchen bereit, während die Dachwohnung nur mit einem heizbaren Zimmer und zwei Kammern ausgestattet war.[182]

Neben diesen drei späteren Bewohnern der Kornstraße war auch der Tischlermeister G.W. Watermann, obwohl er als Bauführer in Erscheinung trat, diesem Personenkreis zuzurechnen, da er das bereits im Jahre 1863 von dem Detaillisten Rust erstandene, 1.333 m^2 große Grundstück an der Kornstraße nicht dem Wohnungsmarkt zur Verfügung stellte, sondern das Wohnhaus für seinen späteren Eigenbedarf errichtete.[183] Alle anderen in der Kornstraße als Baulanderwerber auftretenden Bauhandwerker entsprachen dem Bild des modernen Bremer Bauunternehmers in den 1870er Jahren. Diese elfköpfige, annähernd ausnahmslos aus der Landgemeinde Buntentorsteinweg-Neuenland stammende Unternehmergruppe[184] nahm hohe handfestarische Belastungen in Kauf, um auf diese Weise sowohl den Ankauf als auch die Bebauung der Grundstücke zu finanzieren (vgl. Tabelle 7). Wie auch in anderen Straßen galten diese mit hohen Risiken behafteten Unternehmungen ausschließlich dem raschen und gewinnbringenden Weiterverkauf der Immobilien.

Dieses persönlich gesteckte Ziel erreichte der Maurer J.C. Lüdeke offensichtlich problemlos, nachdem er eine größere Fläche Baulandes, die vornehmlich in der Lehnstedterstraße die Errichtung mehrerer Häuser ermöglichte, im April des Jahres 1871 von dem Landmann Johann Conrad Meyer erworben hatte. Sein für 1.327 Mark erstandenes, mit 3.333 Mark belastetes und schon im Folgejahr vollständig hergerichtetes Gebäude Kornstraße 45 konnte er im Juli des Jahres 1872 erfolgreich, das heißt mit finanziellem Gewinn, an den Arbeitsmann G. Ehlers zu einem Preis von 5.979 Mark verkaufen.[185] Unter der Bauleitung der vier Unternehmen Luesse & Schmidt, Bode & Willig, Holle und Barg entstanden im Jahre 1874 lediglich sieben Gebäude an der Kornstraße, da diese Unternehmer vornehmlich mit der Bautätigkeit in verschiedenen von dieser Planstraße abzweigenden Wohnstraßen befaßt waren. Bode und Willig, die zum Zeitpunkt des Grundstückserwerbs, am 27.06.1873, noch als Geschäftspartner gemeinsam tätig waren, widmeten sich dem Bau drei zweistöckiger Wohnhäuser an der Kornstraße. Bereits wenige Monate später waren zwei Grundstücke auf dem Wege des Privatverkaufs in den Besitz von zwei Handwerksgesellen übergegangen. Der frühe Zeitpunkt des vollzogenen Besitzwechsels und die spätere Ausgestaltung der Häuser, nicht zuletzt jedoch auch die in diesen Jahren ungewöhnlichen Finanzierungsmodalitäten, die sich dadurch auszeichneten, daß keinerlei Handfestengelder für die Immobilien Kornstraße 46 und 42 das Konto der Bauunternehmer belasteten, lassen die Schlußfolgerung zu, daß es sich bei beiden Gebäuden um Auftragsbauten handelte. Der Klempner L.H. Mathies stellte nach Abschluß des Kaufvertrages 14.000 Mark für sein von Bode und Willig zu errichtendes Gebäude Nr. 42 bereit,[186] indem er eine identische Summe in sechs Handfesten willigte. Dem Bäcker Hermann Heinrich Schüttenberg stand ebenfalls kein Eigenkapital zur Verfügung, als die Begleichung des Kaufbetrages in Höhe von 13.000 Mark für die Fertigstellung seines Wohn- und Geschäftshauses Nr. 46 fällig wurde, so daß er in gleicher Weise wie der Klempner Mathies verfuhr und den Kaufpreis ausschließlich über Handfesten finanzierte.[187] Der aus der Neustadt stammende Bäcker Schüttenberg wies die Bauunternehmer Bode und Willig an, im Souterrain seines Hauses eine Backstube einzubauen und im Parterre neben zwei Stuben und einer Küche einen Verkaufsladen unterzubringen. Im ersten Stock wurde die nur 54 m^2 abmessende Wohnfläche in zwei Stuben, zwei Kammern und eine Küche aufgeteilt, während im Dachgeschoß nur eine Kammer ausgebaut wurde. Bode und Willig übergaben dieses ganz auf die Belange des Bäckers abgestimmte Wohn- und Geschäftshaus, das im Souterrain und Erdgeschoß zu großen Teilen der Ausübung seines Nahrungsgewerbes gewidmet war, zwar fristgerecht im Jahre 1874, Schüttenberg jedoch war es nicht vergönnt, vor seinem Ableben Einzug in sein neu erstandenes Haus zu halten. So wurde der Neubau an der Kornstraße im ersten Jahr von der gerade verwitweten Louise Schüttenberg, geborene Wiedhorn, bezogen, die nunmehr das überwiegend aus Schulden bestehende Erbe ihres Mannes übernahm. Als Mieter nahm sie nicht, wie es naheliegend gewesen wäre, einen Bäcker auf, sondern den Haushalt eines Watten- und Spreedeckenfabrikanten. Erst im Folgejahr überließ die Witwe die dazu vorgesehenen Räumlichkeiten dem Betätigungsfeld eines Weißbäckers, der in diesem Hause jedoch lediglich seinem Handwerk nachging und - offiziellen Angaben zufolge - andernorts wohnte.[188]

Das dritte von Bode & Willig errichtete Wohnhaus Nr. 44 übernahm Bode im Rahmen der Auflösung seiner Geschäftspartnerschaft mit Willig am 13.10.1874, indem er Willig 6.800 Mark auszahlte und einen Betrag von 11.000 Mark in Handfesten willigte.[189] Auch der Bauunternehmer Hermann Holle, dessen Bautätigkeit sich auf die nah gelegene Hermannstraße konzentrierte, konnte sein mit 12.000 Mark beliehenes Grundstück Kornstraße 34 noch vor Fertigstellung des Gebäudes im November des Jahres 1873 an die Ehefrau eines Gastwirts veräußern, die mit der Kaufsumme die auf dem Grundstück lastenden Handfestengelder von Holle ausglich und sich selber mit einer Kredithöhe von 13.000 Mark[190] einer Überverschuldung aussetzte. Luesse & Schmidt verkauften ihr an der Einmündung zur Meyerstraße gelegenes Eckhaus Nr. 48/52 mit einer guten Gewinnspanne für 24.000 Mark im Januar des Jahres 1874 an den Bäckergesellen A.F.W. Schwarz. Für den Bäcker machte sich der ausschließlich mit Handfestengeldern finanzierte Kauf bezahlt, da er seinen Haus- und Grundbesitz nur wenige Monate später für 28.500 Mark an einen Arbeitsmann abtrat und auf diese Weise einen Gewinn in Höhe von 4.500 Mark erzielte, für dessen Erlangung er jahrelang hätte arbeiten müssen[191]. Schwarz lieferte mit dieser Geschäftsabwicklung nur ein Beispiel für die in zahlreichen Varianten existierenden Blüten, die die Spekulation in diesen Jahren hervortrieb.

Diese auf dem Wege des Privatverkaufs erfolgten Besitzwechsel der im Jahre 1874 fertiggestellten Gebäude in der Kornstraße erwecken den Anschein, als wären die an der Bautätigkeit mitwirkenden Unternehmer von Mißerfolgen, die in den 1870er Jahren in anderen neu entstehenden Straßenzügen der südlichen Vorstadt weitgehend die Regel bildeten, verschont geblieben. Der erfolgreiche Verkauf dieser ältesten Bauten an der Planstraße legte jedoch nur Zeugnis für die sich in der Realität häufig bewahrheitende sprichwörtliche Weisheit "Ausnahmen bestätigen die Regel" ab. Den Beweis für den zutreffenden Sinngehalt dieser aus Alltagserfahrungen abgeleiteten Maxime traten indessen mehrere in diesem Straßenzug agierende Bauunternehmen[192] an, deren zwischen 1874 und 1878 für den anonymen Markt erstellte Gebäude[193] keine Käufer fanden.[194] Auch in diesen

Fällen stellten die von den - überdies ständig wechselnden - Mietparteien erlangten Einnahmen keine ausreichende finanzielle Absicherung zur Gewährleistung der erforderlichen Zinsabträge dar, so daß das Gros dieser Neubauten auf das Betreiben der Gläubiger an die Kerze gelangte und somit zu den zahlreichen Versteigerungsobjekten der südlichen Vorstadt zählte.

Annähernd identisch mit dem Entwicklungsgang der Bautätigkeit in der Gastfeldstraße war in der Kornstraße nur eine geringe Anzahl von 22 Gebäuden im ersten Bauabschnitt entstanden. Die markanten Übereinstimmungen zwischen den beiden staatlich projektierten Straßenzügen setzten sich ebenfalls in der weiteren Entwicklung fort, die vom Brachliegen der Bautätigkeit geprägt war. In der Kornstraße wurde die lang anhaltende Stagnation des Baugewerbes erst nach siebzehn Jahren, 1895, von einer nur zögerlich erneut in Bewegung gesetzten Bautätigkeit abgelöst. Beide Planstraßen spiegelten mit dem sich auf dem Bausektor durchsetzenden Stillstand, der in der zweiten Hälfte der 1870er Jahre seinen Ausgang nahm, eine nicht nur für das Gebiet der südlichen Vorstadt, sondern tendenziell für das gesamte Bremer Stadtgebiet erkennbare gesellschaftliche Entwicklung wider. Sowohl in der Alt- und Neustadt als auch in den Bremer Vorstädten war ab 1876 ein drastischer Rückgang der Bautätigkeit zu verorten, der sich insbesondere in der ersten Hälfte der 1880er Jahre nur noch in einem zu identifizierenden Minimum an erstellten Neubauten niederschlug. Ein Vergleich der in den verschiedenen Stadtbezirken im Zeitraum von 1876 bis 1895 neu errichteten Gebäude weist für die südliche Vorstadt einen zeitlich verzögerten Neuaufschwung im Baugewerbe aus. Während in diesem Stadtviertel erst mit dem Jahr 1891 ein sprunghafter Anstieg der Neubauten zu verzeichnen war, vollzog sich die konjunkturelle Wende in den Vorstädten am rechten Weserufer bereits im Jahre 1888, da mit diesem Jahr der Ausbau des Hafens begann, der eine kaum zu befriedigende Nachfrage nach Arbeiterwohnungen auslöste.[195]

Doch bevor die Krisenjahre überwunden waren, gelangten dreizehn der im ersten Bauabschnitt errichteten Gebäude in der Kornstraße auf Veranlassung der handfestarischen Gläubiger zwischen 1877 und 1881 zur Versteigerung (vgl. Tabelle 8).

Die Versteigerungen der dreizehn Immobilien an der Kornstraße brachten - wie auch bei den öffentlichen Verkäufen der an der Wulfhoop-, Rasing- und Gastfeldstraße belegenen Immobilien - erwartungsgemäß wiederum nur einen Bruchteil der behördlich genannten Schätzwerte ein.

Der amtlich überlieferte Versteigerungserlös[196] in Höhe von 45.300 Mark fiel - gemessen am Taxat - erheblich geringer als in der sich durch auffällige Parallen zur Kornstraße auszeichnenden Gastfeldstraße aus. Eine komparative Betrachtung der in den vier untersuchten Straßen erzielten Versteigerungserträge der in unterschiedlicher Anzahl an die Kerze gelangten Immobilien weist die Rasingstraße, deren Häuser annähernd vollständig in öffentlichen Terminen zum Verkauf standen, mit dem für die handfestarischen Gläubiger ungünstigsten Ergebnis aus; brachten die 52 Immobilien doch nur 33,69 Prozent[197] des Taxats ein. Mit nur leicht verringerten Verlusten gingen die Versteigerungen der Immobilien in der Kornstraße einher, die 38,13 Prozent des Schätzwertes eintrugen. Demgegenüber brachten die Versteigerungen des Haus- und Grundbesitzes in der Gastfeldstraße mit 45,05 Prozent und in der Wulfhoopstraße mit 49,49 Prozent wesentlich einträglichere Resultate hervor.

Tabelle 8: Versteigerungen der Immobilien Kornstraße zwischen 1877 und 1881

Hausnummer	Taxwert (Mark)	Datum	Preis (Mark)	Käufer	Handfestar. Belastung (Mark)
44	9.700	09.03.77	6.100	H.G. Siedenburg	0
39	unbek.	18.11.81,	unbek.	G. Rasing	0
43	10.400	04.03.81.	2.500	G. Rustmann	4.000
37	17.400	10.12.80	8.100	dto.	6.000
41	unbek.	18.11.81	unbek.	G. Rasing	0
179	9.500	27.06.79	5.100	G.H. Kastens	12.000
181	8.800	26.09.79	1.250	D. Meyer	4.000
183	10.200	26.09.79	1.450	dto.	6.000
195	4.800	06.04.77	2.600	J.F.W. Becker	0
197	5.200	06.04.77	2.600	dto.	0
22	30.000	18.05.77	8.100	C.H. Haake Handelsges.	0
208	8.000	02.03.77	4.900	H.C.F. Probst	0
193	4.800	06.04.77	2.600	J.F.W. Becker	0
Summe	118.800		45.300		32.000

Die gravierend voneinander abweichenden Versteigerungserlöse in den vier untersuchten Straßen waren keinesfalls auf eine bei den Käufern erkennbare Favorisierung einzelner, etwa durch eine vergleichsweise besser ausgestattete Wohnlage deutlich prädestinierter Straßenzüge zurückzuführen, da in diesem Falle die erzielten Verkaufssummen in der Gastfeld- und Kornstraße hätten annähernd identisch ausfallen müssen. Die Ursache dieser differierenden Ergebnisse in den einzelnen Straßen, deren Versteigerungserlöse zwischen einem Drittel und der Hälfte des Taxats schwankten, erklärt sich vielmehr aus der ökonomischen Interessenlage der an den diversen Versteigerungsterminen aktiv mitwirkenden Teilnehmer, denen - so sie sich ernsthaft mit dem Gedanken trugen, eines oder mehrere der zur Auswahl stehenden Häuser zu erwerben - nicht daran gelegen sein konnte, ein Höchstgebot abzugeben, das auch nur annähernd dem amtlichen

Taxwert entsprach. Diese Intention, mit der sicherlich das Gros der Kaufinteressenten an den Versteigerungen teilnahm, lief den Interessen der handfestarischen Gläubiger einerseits notgedrungen zuwider; galt es doch, mit diesen Zwangsverkäufen der Immobilien ihr Kapital zu sichern. Andererseits einte sie dieser Beweggrund mit den im Privat- oder Geschäftsinteresse auftretenden Auktionsteilnehmern, wenn sie ihrerseits Immobilien, die zu ihren Anlageobjekten zählten, in ihren Besitz bringen wollten. Eine andere Ursache leitete der Makler Frerichs für die erlittenen Verluste der Gläubiger her, als er im Jahre 1885 das Ausmaß und die Folgen der Krise beklagte:

"*Es gelangten nach und nach mehr als 5000 Grundstücke an die Kerze. Die meisten derselben mußten von den ersten Handfestengläubigern zu regelmäßig fabelhaft niedrigen Preisen übernommen werden. (...) Den amtlichen hohen Schätzungen der Grundstücke nach dem in der Gründerzeit entstandenen Gesetze vom 13. März 1873 ist zweifellos ein großer Theil Schuld an den riesigen Verlusten beizumessen.*"[198]

Frerichs, dessen implizit geäußerter Vorwurf sich in erster Linie gegen den Staat richtete, da dieser mit den künstlich in die Höhe getriebenen Grundstücksschätzungen der Spekulation Tür und Tor geöffnet und folglich die Verantwortung für die erlittenen Verluste der Gläubiger zu tragen habe, verkannte mit seiner am Kern der Sache vorbeigehenden Schuldzuweisung, daß der Staat mit den von ihm erlassenen Gesetzen immer nur die Bedingungen der gesellschaftlichen Produktion zum Ausdruck brachte, wie Friedrich Engels so trefflich im Rahmen der Auseinandersetzung um die Wohnungsfrage in seiner Polemik gegen Proudhon ausführte:

"*Von diesem Standpunkt aus, dem jede Ahnung des Zusammenhangs der Staatsgesetze mit den Produktionsbedingungen der Gesellschaft abgeht, erscheinen diese Staatsgesetze notwendigerweise als rein willkürliche Befehle, die jeden Augenblick ebensogut durch ihr direktes Gegenteil ersetzt werden können.*"[199]

Der Bremische Staat - und damit die Gesetzgebung - orientierte sich vielmehr an den Interessen der Besitzenden, die ihr Kapital mangels alternativer Anlagemöglichkeiten im 19. Jahrhundert dem Wohnungsmarkt zur Verfügung stellten. Bis Mitte der 1870er Jahre bot diese spezifisch bremische Form des Realkredits günstige Bedingungen, das Kapital sicher und nicht zuletzt zu einem profitablen Zinssatz anzulegen[200]. Die stetig steigenden Bodenpreise, die ihren Niederschlag ebenso in überhöhten Taxwerten fanden, kamen den anlagesuchenden Kapitalgebern über einen langen Zeitraum zugute, so daß keine Veranlassung bestand, der grassierenden Spekulation Einhalt zu gebieten. Mit der 1875 ausbrechenden Krise jedoch rächte sich für viele Gläubiger ihre zu kurz greifende Sichtweise; die an den Bedürfnissen des Marktes vorbeizielende Überproduktion und das Anheizen einer in dieser Form nicht vorhandenen Nachfrage nach überteuerten Häusern führte viele am Bodengeschäft beteiligte Gläubiger wie auch Schuldner gleichermaßen in den finanziellen Ruin.

Die Versteigerungen der dreizehn an der Kornstraße gelegenen Immobilien statuierten - ebenso wie die in der Wulfhoop-, Rasing- und Gastfeldstraße erwirkten Zwangsverkäufe - gleichsam ein Exempel der in den 1870er Jahren zuhauf fehlgeschlagenen, risikoreichen finanziellen Manöver, an deren Inszenierung die Bauunternehmer ebenso teilhatten wie die als Gläubiger fungierenden Grundbesitzer. Für beide Parteien hatten sich die Erwartungen an ein rentables Geschäft nicht erfüllt, sondern sich vielmehr in ihr Gegenteil verkehrt.

Unter diesen als erfolgreiche Käufer aus den Versteigerungen hervorkehrenden Haus- und Grundbesitzern fanden sich abermals Darlehnsgeber, die ihre ursprünglichen Anlageobjekte zu Minimalpreisen in ihren Besitz überführten. Der in der Bremer Neustadt ansässige Brennmaterialiengeschäftsinhaber Johann Friedrich Wilhelm Becker erhielt den Zuschlag für drei Immobilien, die ihm eine Gesamtsumme von 7.800 Mark abverlangten. Becker hatte sein Kapital nicht nur den in der Kornstraße tätigen Bauunternehmern Behnken & Co. zur Verfügung gestellt, sondern war in den 1870er Jahren auch in der Rasingstraße gehäuft als Kapitalgeber vornehmlich dritter Handfestengelder aufgetreten. Da in den öffentlichen Verkäufen die Darleiher erster Handfestengelder Vorrang gegenüber Gläubigern genossen, die Handfesten mit schlechteren Rangstellen besaßen, konnten letztere häufig nicht befriedigt werden. So erklärten sich auch die teils exorbitante Ausmaße angenommenen, bis zum Ruin der Kapitalanleger führenden finanziellen Verluste derjenigen handfestarischen Gläubiger, die dem Wohnungsmarkt zwar vegleichsweise geringe Beträge überlassen, mit diesem festgelegten Kapital jedoch auf die verläßliche Einnahme der Zinsen gesetzt hatten, die ihnen häufig zur Alterssicherung dienen sollten, wie dies etwa auf Witwen zutraf. Die Herkunft der Handfestengelder ließ insbesondere bis zum Jahre 1875 eine breite Streuung der von den Kapitalanlegern repräsentierten gesellschaftlichen Schichten erkennen.[201] Eine sehr geringe, mithin untergeordnete Rolle spielten die Banken bis zum Jahre 1870. Wie auch die Sparkasse, die ohnehin nur begrenzte Einlagen annahm, verzinste die zu den alteingesessenen Bremer Bankinstituten zählende, im Jahre 1856 gegründete Bremer Bank Sparanlagen lediglich mit 2 bis 3 Prozent,[202] während gegen erste Handfesten unproblematisch ein Zinssatz von 4 Prozent und für zweite Handfesten bereits 4,5 bis 5 Prozent zu erhalten waren. Selbst die erst 1871 gegründete Bremer Hypothekenbank übernahm in den Folgejahren keine hervorragende Position in der Kreditierung gegen Handfesten.

Unter den in diesen Jahren überdurchschnittlich stark vertretenen privaten Kapitalanlegern fand sich abermals die mittlerweile verwitwete Grundbesitzerin Gesina Rasing. Nachdem der Ökonom Bernhard Joseph Christian Rasing im Jahre

1880 im Alter von 77 Jahren verstorben war, übernahm die Witwe Rasing infolge der testamentarischen Verfügungen ihrer Mutter bis zu ihrem Tode im Jahre 1885 die Abwicklung der um den Haus- und Grundbesitz bzw. um die gewährten Kredite kreisenden Geschäfte. So erstand sie im Jahre 1881 zwei der von dem Tischlermeister Barg errichteten Gebäude an der Kornstraße, deren exekutiven Verkauf sie mittels des ihr auf Grundlage der herrschenden Erbe- und Handfestenordnung zustehenden Rechts als Gläubigerin erwirkt hatte. Während sowohl die renommierte Bremer Bierbrauerei C.H. Haake Handelsgesellschaft als auch der Privatmann H.G. Siedenburg sowie der Hufschmied H.C. Probst je eines der zum öffentlichen Verkauf stehenden Gebäude an der Kornstraße erwarben, ohne anschließend Handfestengelder zu beanspruchen, gingen drei der aus den Versteigerungen als Haus- und Grundbesitzer hervorgegangenen Personen ihrerseits handfestarische Belastungen ein, um die Finanzierung ihres Eigentums sicherzustellen. Hatte die aus Barnstorf bei Diepholz stammende Witwe Gesine Rustmann immerhin einen geringen Anteil Eigenkapitals von 600 Mark zur Begleichung der 10.600 Mark betragenden Kaufsumme für ihre beiden Häuser Kornstraße 43 und 37 eingebracht, so überstieg die von dem Schenkwirt Georg Hinrich Kastens eingegangene Verschuldung von 12.000 Mark ganz erheblich den entrichteten Kaufpreis von 5.100 Mark für die Kornstraße 179. Auch den in der südlichen Vorstadt lebenden Privatmann Diedrich Meyer schienen die wenig vorbildlichen Beispiele der wegen ausgebliebener Zinszahlungen zur Zwangsvollstreckung genötigten Schuldner keinesfalls zu veranlassen, seine handfestarischen Belastungen gering zu halten. Obwohl er sich rühmen konnte, einen überaus geringen Betrag von 2.700 Mark für die beiden Immobilien Nr. 181 und 183 ausgehandelt zu haben, glänzte er dennoch mit der Inanspruchnahme eines vergleichsweise hohen Immobiliarkredits von 10.000 Mark. Alle dreizehn Gebäude verblieben, wenn auch über einen unterschiedlich langen Zeitraum, zunächst im Besitz dieser an den Versteigerungen erfolgreich teilgenommenen Personen. Der Schenkwirt Kastens blieb jedoch der einzige unter diesen Hausbesitzern, der das Gebäude in den Folgejahren für eigene Wohnzwecke nutzte.

Die Versteigerungen der insgesamt 95 Immobilien an der Wulfhoop-, Rasing-, Gastfeld- und Kornstraße in der zweiten Hälfte der 1870er und zu Beginn der 1880er Jahre markierten nicht nur das "letzte Kapitel" in der Entstehungsgeschichte dieser vier Straßen in der südlichen Vorstadt, sondern setzten auch der zentralen Rolle, die den Bauunternehmern in der Ausgangssituation der einzelnen Straßenzüge zukam, ein Ende. Diese mehrheitlich aus der Landgemeinde Buntentorsteinweg-Neuenland stammenden, teils noch sehr jungen Bremer Unternehmer[203] rekrutierten sich annähernd ausnahmslos aus dem Bauhandwerk. Doch nur die wenigsten dieser sich aus Zimmerleuten, Maurern, Tischlern, Malern und Glasern zusammensetzenden Handwerker hatten den Meistertitel erworben, bevor sie sich entschlossen, entweder in Eigenregie oder gemeinsam mit anderen Handwerksgesellen ein

Bauunternehmen zu gründen. Die Verwirklichung der sicherlich zunächst primär angestrebten Selbständigkeit wurde mit Einführung der Gewerbefreiheit im Jahre 1861 zwar wesentlich erleichtert, erforderte jedoch neben dem bloßen Wunschziel, fortan nicht mehr in einem lohnabhängigen Verhältnis nach den Anweisungen eines Meisters zu arbeiten, in erster Linie einen finanziellen Grundstock oder aber hinlänglich vorhandene Kreditwürdigkeit. Baulandflächen standen in der Landgemeinde in ausreichendem Umfang zur Verfügung; Eigenkapital zum Ankauf derselben hatte hingegen keiner dieser jungen Unternehmer vorzuweisen. Mit der besonderen Form des in Bremen herrschenden Immobiliarkredits schienen sämtliche Hürden aus dem Wege geräumt zu sein; denn *"Credit war leicht zu erhalten, auf die Höhe des Zinsfußes für Anleihen kam es bei der Aussicht auf raschen Verkauf nicht besonders an. Einer Anzahlung auf gekaufte Bauplätze oder auf zu Bauzwecken gekaufte größere Terrains bedurfte es selten, mochte die Kaufsumme eine kleine oder große sein. Häuser und Bauterrain wurden fast tagtäglich gekauft und verkauft, von wem und an wen, darauf wurde nicht viel gesehen."*[204]

Tatsächlich gingen Ankauf, Kreditaufnahme, Parzellierung und Bebauung der gerade erst erworbenen Grundstücke wahrlich in solch "flottem" Tempo voran, wie Frerichs diese Jahre der Gründerzeit beschrieb, in denen es vornehmlich galt, dem Glück hinterherzujagen. Ohne Risikofreudigkeit hätte keiner der am Aufbau der vier Straßen beteiligten Bauunternehmer sein Vorhaben realisieren können. Doch dem zweifellos von all diesen Unternehmern unter Beweis gestellten Wagemut folgte wenige Jahre später die Ernüchterung, als sich für das Gros der auf Spekulationsbasis erstellten Häuser keine Käufer fanden. Die wenigen erfolgreich abgeschlossenen Privatverkäufe und die damit erzielten Gewinne vermochten die extrem hohen handfestarischen Belastungen der Bauunternehmer ebensowenig in ausreichendem Maße zu schmälern wie die Mieteinnahmen, die sie aus den notgedrungen dem Mietwohnungsmarkt bereitgestellten Gebäuden bezogen. Für viele dieser Bauunternehmer blieb der Konkurs ihrer jungen Unternehmen unabwendbar. Mit den Zwangsverkäufen der von ihnen errichteten Häuser fand ihre kurze unternehmerische Karriere ein jähes Ende.

Mehrere Bauunternehmer hatten eines der von ihnen in den verschiedenen Straßenzügen erstellten Häuser für ihren Eigenbedarf gebaut und unmittelbar nach dessen Fertigstellung bezogen. Die Versteigerungen der Immobilien bedeutete für diese Personen, die zu den ersten Bewohnern der Rasing-, Gastfeld- oder Kornstraße zählten, nicht nur einen beruflich erlittenen Bankrott, sondern auch den persönlichen Verlust ihres Eigenheims. Ging das Scheitern ihrer beruflichen Karriere für diese Bauunternehmer demnach mit einem Zwangsumzug einher, so bot der Mißerfolg für einige von diesen im Baugeschäft tätigen Unternehmern den entscheidenden Ausschlag, sich beruflich umzuorientieren und ein neues Betätigungsfeld zu wählen. Wie am Beispiel von Carl Christoph Tietjen, der sich nach

Abschluß seiner Bauarbeiten in der Rasingstraße als Detaillist dem Kleinhandel verschrieben hatte, ersichtlich, war auch bei anderen Bauunternehmern eine deutliche Präferenz derjenigen Berufe erkennbar, die eine Beibehaltung ihrer selbständigen Position gewährleistete. So gab etwa Friedrich Wilhelm Streithorst, nachdem er sich gezwungenermaßen aus dem Baugeschäft zurückgezogen hatte, dem Beruf des Schenkwirts den Vorzug. Auch Christian Gottlieb Friedrich Hasselbring bewies berufliche Fexibilität; nach Auflösung des mit Kühtmann und Schmidt gemeinsam geführten Bauunternehmens betätigte er sich fortan als Wirt. Der gelernte Zimmermann widmete sich in der Gastfeldstraße, wo er sich 1880 niedergelassen und fünf Jahre später das zunächst angemietete Wohnhaus Nr. 39/41 käuflich erworben hatte, dreizehn Jahre lang ausschließlich diesem neuen Metier, bis er im Jahre 1892 zusätzlich einen Detailhandel eröffnete, den er im Folgejahr noch um einen Fleischverkauf erweiterte. Diese berufliche Dreierkonstellation erhielt er bis zum Jahre 1900 aufrecht. Einhergehend mit dem lukrativen Verkauf seines Hauses in der Gastfeldstraße[205] gab er nicht nur seinen langjährigen Wohnsitz, sondern auch seinen Beruf als Schenkwirt auf. Hasselbring bezog für kurze Zeit ein Haus in der nahegelegenen Kantstraße und betrieb dort bis 1902 einen Kleinhandel. Nachdem seine erste Ehe im März desselben Jahres geschieden worden war, erwarb er wenige Monate später erneut Haus- und Grundbesitz, nunmehr in der Kornstraße. Das Wohnhaus Nr. 160 kostete ihn 19.200 Mark. Doch obwohl Hasselbring erst eineinhalb Jahre zuvor 23.000 Mark für sein Haus in der Gastfeldstraße erhalten hatte, investierte er keinen nennenswerten Anteil Eigenkapitals, sondern finanzierte das neue Haus wiederum mit Handfestengeldern in Höhe von 19.000 Mark.[206] In der Kornstraße führte er auch weiterhin seinen Detailhandel, den er in den Jahren 1905 bis 1908 noch mit einer gleichzeitig betriebenen Bettfedernreinigungsanstalt ergänzte. Bis zu seinem Tode im Jahre 1913 behielt er seinen Beruf als Detaillist bei. Hasselbring hatte seinen geschäftlichen Mißerfolg als Bauunternehmer überwinden können, indem er sich eine neue berufliche Existenz aufgebaut hatte, die nicht nur seine selbständige Stellung sicherte, sondern auch für ein ausreichendes Einkommen der achtköpfigen Familie sorgte und gleichzeitig den Erwerb von Haus- und Grundbesitz ermöglichte. Eine solch positive Wende vermochten nur wenige der in den 1870er Jahren gescheiterten Bauunternehmer ihrem weiteren beruflichen Werdegang zu verleihen.

Der Maurer Franz August Willig zählte zu den aktivsten und offenbar risikofreudigsten Bauunternehmern in der südlichen Vorstadt Bremens. Willigs Bautätigkeit beschränkte sich in den 1860er und 1870er Jahren keineswegs nur auf die Errichtung von Wohnhäusern in der Wulfhoop-, Rasing-, Gastfeld- und Kornstraße; der junge Bauunternehmer zeichnete auch für die Anlegung und Bebauung der nach ihm benannten Willigstraße verantwortlich. Im Juli des Jahres 1875 beantragte er überdies die Erlaubnis zur Anlage einer weiteren, südöstlich von der Willigstraße geplanten Straße. Seinem Gesuch wurde noch im August desselben Jahres vom

Bremer Senat unter den üblichen Auflagen stattgegeben. Dieses jüngste Projekt gelangte jedoch nicht einmal im ersten Ansatz zur Ausführung. Willig, dessen handfestarische Verschuldung für die insgesamt fünfzehn in der Rasing- und Gastfeldstraße erstellten Bauten sich bereits auf 109.800 Mark belief, hatte auch seine Immobilien in der Willigstraße ausschließlich mit Handfestengeldern finanziert und sich nicht gescheut, gegen diverse Obligationen nebst dabei versetzten Handfesten für die von der Bremischen Hypothekenbank erhaltenen Gelder einen Zinssatz von 5 oder gar 6 Prozent auf erste Handfesten in Kauf zu nehmen. Seine Zahlungsunfähigkeit führte unweigerlich zu zahlreichen Klagen seitens der Gläubiger, so auch der Bremischen Hypothekenbank, die für zwei Immobilien in der Rasingstraße und drei Immobilien in der Willigstraße einen Gesamtbetrag von 27.900 Mark nebst Zinsen am 24. April des Jahres 1876 gegen die Deputierten der Debitmasse von Franz August Willig einklagte.[207] Der Bauunternehmer Willig sah vermutlich keinen anderen Ausweg aus seiner katastrophalen finanziellen Situation, als sich wenig elegant aus der Affäre zu ziehen, indem er - wie der Senat später verkündete - spurlos "verschwand".[208]

Weder Hasselbring noch Willig werden mit dem von ihnen eingeschlagenen Weg als typische Repräsentanten der so zahlreich in den 1870er Jahren an ihren Spekulationsgeschäften gescheiterten Bremer Bauunternehmer gegolten haben, sondern liefern nur zwei Beispiele für die unterschiedlichen Perspektiven, die ihnen nach dem Konkurs ihrer Unternehmen noch offenstanden. Auch wenn das weitere Schicksal vieler an der Bautätigkeit in der südlichen Vorstadt Bremens beteiligter Bauunternehmer unbekannt bleibt, so gilt doch als gesichert, daß keiner von ihnen mit dem Bau von Arbeiterhäusern reich geworden war.

1.3 Der Strukturwandel innerhalb der einzelnen Straßen

Konkurse, Zwangsversteigerungen, Arbeitslosigkeit und eine drastische Verschlechterung der Wohnverhältnisse begleiteten die Mitte der 1870er Jahre auch in Bremen ausbrechende Krise, die sowohl einen Schlußpunkt unter die Entstehungsgeschichte der Rasing- und Wulfhoopstraße setzte als auch das vorläufige Ende im Ausbau der Gastfeld- und Kornstraße markierte und damit die erste Zäsur in der nachgezeichneten Entwicklung der Besitzstrukturen bildete.

Fragen des Strukturwandels stehen demzufolge im Mittelpunkt der anknüpfenden Analysen, die zum einen den weiteren Entwicklungsgang der Besitzverhältnisse des älteren Baubestandes in den vier Straßen bis zum Jahre 1914 verfolgen und zum anderen gleichermaßen die Bedingungen wie das Ausmaß und die Produkte der in den 1890er Jahren wiederaufgenommenen Bautätigkeit beleuchten. So gilt es zunächst zu erörtern, ob und welche strukturellen Veränderungen die nach der lang anhaltenden Krise gehäuft zu verzeichnenden Immobilienbesitzwechsel hervorriefen, von wem die neuerliche Bautätigkeit initiiert, zu welchen Konditionen dieselbe abgewickelt und mit welchen Mitteln der Wohnungsbau finanziert wurde. In diesem Zusammenhang gewinnt auch die Frage an Bedeutung, inwieweit der bremische Staat Einfluß auf die Stadtentwicklung ausübte, ob der Stadterweiterungsprozeß mithin von staatlichen Interventionen begleitet wurde und welche Reaktionen die in der Handhabung baurechtlicher Verordnungen zum Ausdruck kommende wohnungspolitische Haltung auslöste.

Über diese grundlegenden Entwicklungstendenzen hinaus richtet sich das Erkenntnisinteresse auf die insbesondere für ein proletarisches Viertel relevante Problematik des Hausbesitzes in Arbeiterhand. Wirft der als ein wesentliches Charakteristikum der Sonderstellung Bremens geltende, relativ hohe Anteil proletarischer Hauseigentümer die Frage auf, welche Gründe Arbeiter und vergleichbar einkommensschwache Bevölkerungteile primär zum Kauf eines Hauses veranlaßten, so bleibt überdies zu untersuchen, ob und unter welchen Voraussetzungen diese formal-juristischen Eigentümer ihren zumeist in voller Höhe des Kaufpreises mit Handfesten belasteten Immobilienbesitz auf Dauer zu halten vermochten.

Grundlegende Veränderungen in der wirtschaftlichen und rechtlichen Lage Bremens legen die nicht zuletzt zu überprüfende Schlußfolgerung nahe, daß die sich gegen Ende des 19. Jahrhunderts allmählich wandelnden Finanzierungsbedingungen nicht ohne Folgen für den Bremer Wohnungsbau und damit für die äußerlich sichtbare Siedlungsstruktur bleiben konnten. Inwiefern diese Veränderungen jedoch auch in der südlichen Vorstadt Bremens zum Tragen kamen und auf die sich bereits in den 1870er Jahren herausbildenden unterschiedlichen Charaktere der vier untersuchten Straßen einwirkten, wird gleichermaßen Gegenstand der folgenden Untersuchungen sein.

Bereits in den 1860er Jahren hatte sich im Bremer Baugewerbe zunehmend die Produktion für den anonymen Markt durchgesetzt, die ihren Höhepunkt in den siebziger Jahren des 19. Jahrhunderts fand und vornehmlich in den Bremer Vorstädten nicht nur einzelne Gebäude, sondern ganze Straßenzüge in Reihenhausbebauung entstehen ließ, die fast ausschließlich auf Spekulationsbasis hochgezogen wurden. Da in Bremen ausreichendes Kapital zur Verfügung stand, das für den Ankauf von Bauplätzen und die Herstellung von Häusern unproblematisch auf dem Wege der Handfestenwilligung in Anspruch genommen werden konnte und da das Bevölkerungswachstum eine erhöhte Nachfrage nach Wohnungen auslöste, war die Expansion des Bausektors sowohl durch einen sprunghaften Anstieg der Neubauten als auch durch eine deutliche Zunahme der Gründungen von Bauunternehmen gekennzeichnet. Zwar zeigten in erster Linie zahlreiche

Bauhandwerksgesellen ein Streben nach Selbständigkeit, deren Erlangung ihnen durch den Fortfall der alten Zunftschranken erleichert worden war und entweder im Alleingang oder durch den Zusammenschluß mehrerer Gesellen realisiert wurde, doch das gut florierende Baugewerbe zog auch eine Reihe von branchenfremden Personen an, die als selbsternannte Bauunternehmer auftraten und mehr oder minder qualifizierte Arbeitskräfte in ihren Dienst stellten, denen die Durchführung sämtlicher Bauarbeiten vom Fundament bis hin zur Fertigstellung der Gebäude übertragen wurde. Während der Schritt in die Selbständigkeit den Handwerksgesellen dazu diente, auf eigene Rechnung zu arbeiten, blieb die Tätigkeit der in diesem Gewerbe neu auf den Plan tretenden Bauunternehmer auf die Abwicklung der Geschäfte und nicht zuletzt auf die Kontrolle der beauftragten Handwerker und Arbeiter beschränkt. Dieser moderne Typ des Bauunternehmers konnte sich keineswegs rühmen, in der breiten Masse der Bevölkerung Beliebtheit zu genießen, wie Klaus Schwarz in seiner Analyse der wirtschaftlichen Grundlagen der Sonderstellung Bremens im deutschen Wohnungsbau des 19. Jahrhunderts am Beispiel der östlichen Vorstadt resümierte.

"Für die Menschen mit geringem Einkommen repräsentierte der Bauunternehmer den Typ des Geschäftsmannes, der scheinbar rasch und mühelos reich geworden war und nun seine gesellschaftliche Stellung voller Hochmut hervorkehrte."[209]

Doch auch Fachleuten, so etwa den Mitgliedern des Deutschen Malerbundes, waren diese "Emporkömmlinge" ganz offensichtlich ein Dorn im Auge, da sie ausschließlich unter Ausübung unlauterer Geschäftspraktiken, die auf dem Rükken qualifizierter Bauhandwerker ausgetragen würden, ihre finanziellen Vorteile sicherten. Aus diesem Grunde forderte der im Jahre 1876 gegründete Deutsche Malerbund in seiner 1883 verfaßten Petition an den Bremer Senat den Erlaß gesetzlicher Maßregeln gegen Schwindelbauten, die der Übervorteilung der Bauhandwerker durch Bauunternehmer Einhalt gebieten sollten.

"Nicht bloß wohlhabende Leute ließen durch Fachleute Bauten ausführen, sondern es beschäftigten sich Maurer und Zimmerpolirer und sogar Personen, die vom Bauen nichts verstanden, damit und suchten durch Bauen von Häusern zu profitiren, indem sie Bauunternehmer wurden. Die meisten dieser Leute waren indeß mittellos, das Häuserbauen wurde ihnen jedoch dadurch möglich, daß Geldleute und auch Hypothekenbanken sich fanden und noch finden, welche die seit dieser Zeit üblich gewordenen sogenannten Baugelder hergaben, die im Wege des regelmäßigen Hypotheken-Verkehrs gegen den üblichen Zinsfuß nicht zu erlangen sind. (...) Der Bauunternehmer, der nichts zu verlieren hat, bezahlt von dem empfangenen Gelde zum großen Theile die Baustelle und benutzt dann den Rest, um davon zu leben, indem er sich bei den Handwerkern Credit verschafft, die ihm Arbeit und Material zur Herstellung des Baues liefern. (...) Während des Baues werden dann auch diese Anweisungen (auf Baugelderraten; M.L.) oder auch vom Bauunternehmer die ersten geringen Arbeiten zum Theil bezahlt; ist der Bau aber fast fertig, und der Handwerker kommt nunmehr zur Aufstellung

seiner vollen Rechnung, dann wird entweder das noch zu zahlende Baugeld von einem andern Gläubiger des Bauunternehmers mit Beschlag belegt, oder der Baugeldgeber und der Bauunternehmer gerathen in Streit, der Baugelder-Vertrag wird plötzlich aufgehoben und damit der Baugeldgeber von seiner Verpflichtung, noch ferner Baugelder zahlen zu müssen, befreit, während doch die volle Baugelderforderung mit allen ihren enormen Vortheilen bereits im Grundbuche eingetragen steht. Von dem mittellosen Bauunternehmer ist nichts zu erlangen und eine Pfändung an dem Grundstücke ist unnütz, weil dieselbe immer erst hinter der stets hohen Baugelder-Hypothek möglich wäre und an dieser Stelle werthlos ist."[210]

Die mit der - seitens des Senats abschlägig beschiedenen - Forderung nach gesetzlicher Sicherung ihrer Arbeits- und Materialaufwendungen verknüpften Ausführungen des Deutschen Malerbundes zu den seit 1871, verstärkt jedoch seit 1874 vorherrschenden Verhältnissen auf dem Bausektor spiegeln sich indirekt in der hohen Anzahl der zur Versteigerung gelangten Bauten in den Bremer Vorstädten wider.[211] Die Mehrzahl von 95 Immobilien der zum ältesten Baubestand zählenden 151 Häuser in den vier Straßen der südlichen Vorstadt - mithin ein relativer Anteil von rund 63 Prozent - war in den 1870er und 1880er Jahren auf das Betreiben der handfestarischen Gläubiger versteigert worden. Besonders drastisch nahm sich der Anteil der Zwangsverkäufe in der Rasingstraße aus, in der 96,3 Prozent aller Immobilien an die Kerze gelangten. Die demgegenüber scheinbar geringe Rate von 29 Prozent der zum öffentlichen Verkauf stehenden Häuser in der Wulfhoopstraße ging in erster Linie auf den hohen Anteil der im Besitz des Bauunternehmers Wulfhoop verbliebenen und als Mietobjekte verwerteten Gebäude zurück. Während die Versteigerungen der Immobilien in der Gastfeldstraße mit 70 Prozent ebenfalls einen beachtlichen Umfang einnahmen und somit gleich hinter der Rasingstraße rangierten, schlugen sich die fehlgeschlagenen Spekulationsgeschäfte der Bauunternehmer in der Kornstraße mit einer Rate von 59 Prozent versteigerter Gebäude nieder.

Diese hohen Anteile der auf dem Wege von Zwangsversteigerungen den Besitzer wechselnden Häuser lassen bereits darauf schließen, daß Privatverkäufe auf dem Grundstücksmarkt relativ selten getätigt wurden oder gar eine Ausnahme bildeten. Tatsächlich war es den Bauunternehmern nur in wenigen Fällen möglich, erfolgreiche Kaufkontrakte für ihre geplanten oder schon fertiggestellten Bauten in den vier Straßen der südlichen Vorstadt abzuschließen. In der Wulfhoopstraße gingen fünf Gebäude auf diese Weise in das Eigentum von Handwerksgesellen bzw. Meistern über, während in der Rasingstraße lediglich zwei Arbeitern der Kauf eines Reihenhauses gelang. Auch in der Gastfeldstraße konnten nur drei Häuser samt Grundstücken an Käufer, die sich aus zwei Schenkwirten und einem Bäcker zusammensetzten, veräußert werden. Einen größeren Anreiz schienen hingegen die in der Kornstraße gelegenen Immobilien auf Kaufinteressenten auszuüben; hier gelangten immerhin neun von zweiundzwanzig Grundstücken auf die von seinen Vorbesitzern angestrebte Art der Privatveräußerung in den Besitz einer in dieser Straße erstmals als heterogen zu bezeichnenden Käuferschicht. Neben der berufslosen Ehefrau eines Gastwirts, einem Kleinhändler und einem Landmann traten zwei Arbeiter, zwei Handwerksgesellen und ein Meister als Erwerber dieser neun Immobilien auf. Andere Formen des Besitzwechsels der zuvor zum Eigentum der Bauunternehmer zählenden Grundstücke beschränkten sich auf zwei in der Gastfeldstraße nach dem Tode der Bauunternehmer Fischer und Coldenstrodt per Nachlaß in den Besitz von Erbengemeinschaften gelangenden Immobilien.[212]

Doch welche Entwicklung vollzog sich in den vier Straßen, nachdem das Gros der Häuser versteigert und nur ein geringer Teil der von den Bauunternehmern vorzugsweise in den 1870er Jahren erstellten Gebäude privat veräußert worden war? Blieben die insgesamt neunzehn auf dem Privatwege käuflich erworbenen Immobilien dauerhaft im Besitz der einzelnen Erwerber oder erwies sich der Haus- und Grundbesitz auch für diese Personen als ein zu hoch eingegangenes finanzielles Risiko, so daß die Häuser erneut den Besitzer wechselten?

Nur neun Personen konnten langfristig ihren privat erstandenen Haus- und Grundbesitz in der Wulfhoop-, Rasing-, Gastfeld- oder Kornstraße bewahren.[213] Trotz individuell schwankender Zeitspannen, deren Dauer von 20 bis 51 Jahren reichte, erfolgte ein neuerlicher Besitzwechsel bei sechs Hausbesitzern erst nach deren Ableben, während sich drei Eigner nach einem relativ langen Zeitraum von 20 bis 26 Jahren zum Verkauf ihrer Häuser entschlossen. Diese für alle neun in ihrem eigenen Hause lebenden Stadtteilbewohner charakteristische Kontinuität in der langen Beibehaltung ihres Besitzes zeugte keinesfalls von einer ausschließlich vorhandenen privilegierten beruflichen Stellung; gehörten dieser Gruppe doch vom Arbeitsmann über den Milchhändler, Handwerksmeister und Schenkwirt bis hin zum Fabrikanten eine erhebliche Bandbreite unterschiedlicher Berufsgruppen an. Die differierende berufliche Stellung dieser Hausbesitzer ging nicht zuletzt mit abweichenden Einkommensverhältnissen der einzelnen Vertreter ihrer Erwerbszweige einher. Die Finanzierung des Immobilienbesitzes hingegen machte keine gravierenden Diskrepanzen in der Vermögenslage dieser Personen sichtbar; Eigenkapital wendeten vielmehr nur der Zigarrenmacher Tietjen senior für sein Haus in der Rasingstraße und der sich in der Gastfeldstraße niederlassende Schenkwirt Griepenstroh auf. Alle anderen, durch eine lang anhaltende Dauer ihres Hausbesitzes zur Auffälligkeit gelangenden Bewohner hatten den Kauf ihrer Immobilien realisiert, indem sie handfestarische Belastungen auf sich nahmen, die den Kaufpreis bei weitem überschritten. Ihre laufenden Einkünfte - sei es aus ihrer Erwerbstätigkeit oder aus zusätzlichen Mieteinnahmen - ermöglichten ihnen in den Folgejahren allerdings sowohl den fristgerechten Zinsabtrag als auch die sukzessive Tilgung ihrer Darlehen.

Eine mehr oder weniger rasche Weiterveräußerung ihrer privat erworbenen Immobilien bevorzugten sowohl der einen schnellen Gewinn anstrebende und damit auch bereits nach sechs Monaten erfolgreiche Bäcker Schwarz in der Kornstraße als auch der über Grundbesitz in der Wulfhoopstraße verfügende Schlossermeister Bode, der nach fünf Jahren sein Eigentum an einen Bauunternehmer abtrat. Für acht der durch ihren Privatkauf von Immobilien in den Kreis der Haus- und Grundbesitzer aufgestiegenen Bewohner der Wulfhoop-, Gastfeld- und Kornstraße endete die Gunst, im eigenen Hause zu "residieren", mit der von den Gläubigern beantragten Zwangsvollstreckung wegen ausgebliebener Zinszahlungen und anschließender Versteigerung ihrer Grundstücke und Gebäude. Für den Schenkwirt Klinker blieb der Aufenthalt in seinem 1875 erworbenen Hause in der Gastfeldstraße auf die extrem kurze Frist von einem Jahr begrenzt, bis seine Schuld eingeklagt und der Immobilienbesitz im öffentlichen Verkaufstermin von einem Kaufmann ersteigert wurde, der seinen Besitz fortan für neun Jahre wechselnden Haushaltsvorständen, die dort ihr Bäckergewerbe ausübten, als Mietobjekt überließ. Auch für fünf weitere Bewohner, die sich aus vier Handwerksgesellen und einer verwitweten Bäckereibesitzerin zusammensetzten, währte der Hausbesitz nur für eine Zeitspanne von zwei bis sieben Jahren. Eine erhöhte Verweildauer und Aufrechterhaltung ihres Besitzes hatte die Ehefrau eines Schenkwirts in der Kornstraße erreicht, deren Ehemann immerhin elf Jahre lang eine Bierhalle nebst Kegelbahn in diesem Hause betrieb, bevor das Gebäude samt Grundstück im Jahre 1884 an die Kerze gelangte.

Den längsten Bestand hatte jedoch der Immobilienbesitz des Tischlermeisters Schulz, der sein Grundstück in der Wulfhoopstraße bereits im Jahre 1869 erstanden hatte und über mehrere Jahre in der Lage war, seine Zinszahlungen fristgerecht zu leisten. Sofern nicht andere Ursachen den Ausschlag für seine im Jahre 1877 einsetzende Zahlungsunfähigkeit gaben, liegt die Vermutung nah, daß die Krisenjahre die Einkünfte aus seinem Meisterhandwerk merklich geschmälert haben werden. Schulz blieb seinem handfestarischen Gläubiger Franz Holscher seit dem 8. Januar des Jahres 1877 Zinszahlungen in Höhe von 364,06 Mark schuldig, die dieser vergeblich einklagte. Die auf Veranlassung Holschers durchgeführte Zwangsvollstreckung endete erfolglos, da der Tischlermeister - abgesehen von seinem unbeweglichen Haus- und Grundbesitz - über keinerlei pfändbare Güter verfügte. Sämtliches Hab und Gut zählte zum Besitz seiner im Mai des Jahres 1879 angetrauten Ehefrau, mit der er jedoch in Gütertrennung lebte. So griff sein Gläubiger zu dem letzten Mittel, das ihm die Erlangung seiner Außenstände zu sichern vermochte, und machte von seinem Recht des exekutiven Verkaufs des Immobilienbesitzes in der Wulfhoopstraße Gebrauch. Am 12. November des Jahres 1886 wurde das Grundstück Wulfhoopstraße 60 zwangsversteigert. Die vereinbarte Gütertrennung der Eheleute Schulz hatte sich als vorteilhaft erwiesen; Marie Adelheid Schulz, geborene Nüstedt, ging erfolgreich aus dem öffentlichen Verkaufstermin hervor. Für 4.000 Mark erhielt sie den Zuschlag für das unter den Hammer gekommene, zu einem Wert von 6.500 Mark taxierte Haus, ohne auch nur den geringsten Anteil Eigenkapitals einzubringen; zur Finanzierung willigte sie vielmehr auf ihren Namen drei Handfesten im Wert von 5.000 Mark. Die Ehefrau des Tischlermeisters hatte nicht nur entscheidend zur Bewahrung des Immobilienbesitzes beigetragen, sondern bewies auch in den Folgejahren ein ausgeprägtes Geschick in der Abwicklung finanzieller Geschäfte. Vier Jahre nach der zunächst ausschließlich mit Hilfe von Fremdmitteln bewerkstelligten Rückgewinnung des Immobilienbesitzes veräußerte sie das seither zu ihrem persönlichen Eigentum zählende Haus für 7.000 Mark an die Ehefrau eines Bauunternehmers und hatte auf diese Weise einen guten Ertrag erzielt.[214]

Eine solch positive Wendung vermochten andere Hausbesitzer, deren Grundstükke zwangsversteigert wurden, ihrer aus Liquiditätsproblemen erwachsenen persönlichen Misere nicht zu verleihen. Das Beispiel der in der Wulfhoopstraße lebenden Eheleute Schulz bildete in dieser Hinsicht eine Ausnahme. Für die Mehrzahl der ohnehin kleinen Gruppe der Hausbesitzer, die infolge privat abgeschlossener Kaufverträge an den Immobilienbesitz gelangt waren und deren Einkünfte sie nicht in die Lage versetzte, ihre für die gewilligten Handfestengelder erforderlichen Zinsabträge fristgerecht zu zahlen, bedeutete der von ihren Gläubigern eingeschlagene Weg der Versteigerung nicht nur den Verlust des sich ohnehin auf ein formales Eigentum reduzierenden Haus- und Grundbesitzes, da keiner dieser Stadtteilbewohner das in Anspruch genommene Darlehen getilgt hatte, sondern vielmehr das zwangsweise erwirkte Verlassen ihrer im Laufe der Jahre vertraut gewordenen Behausung, die einigen dieser Personen in gleichem Maße als privater Wohnbereich und Arbeitsplatz gedient hatte. Von langfristigem Bestand für ihre Besitzer blieb somit nur eine minimale Anzahl der privat erworbenen Häuser in den vier Straßen der südlichen Vorstadt.

Während die Privatverkäufe der zum ältesten Baubestand der vier in der südlichen Vorstadt gelegenen Straßen zählenden Immobilien sich ohnehin nur auf den geringen Anteil von knapp 13 Prozent beschränkten, wurde die Mehrzahl von 95 mit Häusern versehenen Grundstücken in öffentlichen Versteigerungsterminen erstanden. Insgesamt 51 dieser Immobilien, ein relativer Anteil von 54 Prozent, ging auf diesem Wege zwischen 1876 und 1885 in den Besitz verschiedener handfestarischer Gläubiger über, die damit ihr Kapital zu sichern suchten und die Gebäude für einen unterschiedlich langen Zeitraum dem Mietwohnungsmarkt überließen, bis die Häuser abermals den Besitzer wechselten (vgl. Tabelle 9).

Die Art des Besitzwechsels der von den Gläubigern ersteigerten Immobilien reduzierte sich zum einen auf die passive Form der infolge des Todes einzelner Gläubiger per Erbschaftsantritt erfolgten Eigentumsübertragung, zum anderen auf die aktiv und bewußt angestrebten, erfolgreich abgeschlossenen privaten Verkäufe. Beide Formen des Besitzwechsels existierten in identischer Häufigkeit, wenngleich die Immobilien in der Wulfhoop- und Gastfeldstraße nur von einer dieser beiden Varianten betroffen waren.

Tabelle 9: Besitzwechsel der von Gläubigern zwischen 1876 und 1885 ersteigerten Immobilien

Straße/ Hausnummer	Besitzer (Gläubiger)	Versteigerungsjahr	Art des Besitzwechsels	Jahr Besitzwechsel
Wulfhoop				
37-42	Eheleute Rasing	1877	Erbfolge	1885
Rasing				
18	G.J. Schweers	1877	Privatverkauf	1880
22-25	Brem. Hypo Bank	1877	dto.	1898-1903
26	C.M. Siems	1877	Erbfolge	1894
27	D. Siems	1877	dto.	1879
32	J.C. Meyer	1877	dto.	1879
34,37-39	Geschwister Mennen	1877	Privatverkauf	1887
35,36	J.C. Meyer	1878	Erbfolge	1879
41-48	J.C. Meyer	1878	Erbfolge	1879
53-55	J.C. Meyer	1878	Erbfolge	1879
49-52	A.M. Meyer	1882	Privatverkauf	1895-1899
Gastfeld				
36	Brem. Hypo Bank	1876	Privatverkauf	1912
47/49,51	Rasing	1876	Privatverkauf	1877
42,44,46	Veges. Sparkasse	1877	Privatverkauf	1884-1888
39/41	O. Meyer	1880	Privatverkauf	1885
35	dto.	1885	Privatverkauf	1898
Korn				
44	H. Siedenburg	1877	Erbfolge	1880
93,195,197	J.F.W. Becker	1877	Privatverkauf	1888-1889
22	C.H. Haake	1877	dto.	1880
39,41	G. Rasing	1881	Erbfolge	1884

Lediglich fünf der insgesamt 25 privat weiterveräußerten Gebäude wechselten binnen weniger Jahre erneut den Besitzer. Von diesen am möglichst raschen Verkauf ihrer ersteigerten Immobilien interessierten Gläubigern Schweers, Rasing, O. Meyer und Haake, die ihren Besitz maximal fünf Jahre beibehielten, gelangte Rasing innerhalb kürzester Zeit an sein Ziel; bereits ein Jahr nach der 1876 erfolgten Versteigerung fand er in dem aus der südlichen Vorstadt stammenden Milchhändler Friedrich Carl Schröder zwar keinen kapitalkräftigen, aber offenbar einen ausreichende Kreditwürdigkeit genießenden Käufer für die beiden Immobilien Gastfeldstraße 47/49 und 51. Für die ausgehandelte Kaufsumme von 9.000 Mark nahm Schröder Handfestengelder in Höhe von 15.000 Mark in Anspruch, deren Abtrag sichergestellt zu sein schien; denn erst nach 36 Jahren gab der Milchhändler seinen Besitz auf, indem er ihn für 22.000 Mark einem Verwandten überließ.[215]

Mit dem Verkauf aller anderen Immobilien hielten sich die ehedem als Gläubiger fungierenden und teils hohe Verluste erlittenen Privatpersonen und Geldinstitute deutlich zurück. Das merkliche Zögern spiegelte in zweifacher Hinsicht die Schattenseiten der Krisenjahre wider. Transaktionen, wie sie vornehmlich von Anfang bis Mitte der 1870er Jahre auf dem Bremer Grundstücksmarkt vorgenommen worden waren, galt es für die Gläubiger, wollten sie nicht erneut ihr Kapital gefährden, nunmehr zu vermeiden. Gleichzeitig kam das Ansinnen, Haus- und Grundbesitz zu erwerben, in diesen durch grassierende Arbeitslosigkeit gebrandmarkten Jahren für die breite Masse der Bevölkerung einer Illusion gleich. Diese wechselseitig wirksam werdenden Ursachen hatten zur Folge, daß erst ab Mitte der 1880er Jahre erneut, wenn auch zunächst gleichsam im Zeitlupentempo, Bewegung auf dem Immobilienmarkt zu registrieren war. Die Vegesacker Sparkasse nahm im Jahre 1884 mit dem Verkauf zweier in der Gastfeldstraße gelegener Immobilien, die sie sieben Jahre lang als Mietobjekte gehalten hatte, die Vorreiterposition in der Ankurbelung von Grundstücksgeschäften ein. Ihr folgten die per Erbschaft in den Besitz ihres verstorbenen Vaters gelangten, in Amerika lebenden fünf Geschwister Mennen, deren Interessen von dem als Kurator eingesetzten D.F. Meyer vertreten wurden. Meyer hatte im Jahre 1877 nicht nur für die Versteigerung der zur Rasingstraße zählenden Häuser gesorgt, sondern übernahm zehn Jahre später auch auftragsgemäß den Verkauf dieser Immobilien, die den ohnehin schon beachtlichen Umfang des Immobilienbesitzes von Johann Eilert Wulfhoop erweiterten. Doch der Verkauf dieser vier Immobilien gereichte der Erbengemeinschaft Mennen keineswegs zum Vorteil, sondern erwies sich zweifelsohne als Verlustgeschäft. Hatte der Kurator durch die Ersteigerung der Häuser 13.100 Mark aufgewendet, so konnte der sich aus dem aktiven Baugeschäft zurückgezogene, nunmehr als Privatmann auftretende Wulfhoop diesen Besitz im Jahre 1887 zu einem Niedrigpreis von insgesamt 8.000 Mark vereinnahmen, den er überdies mit weit über der Kaufsumme liegenden Handfestengeldern in Höhe von 12.000 Mark finanzierte.[216] Zur Vereinbarung eines solch günstigen Preises für den Erwerber ließ sich keiner der Veräußerer, die sich in den kommenden Jahren nach und nach auf Basis privater Kaufkontrakte von ihrem Immobilienbesitz trennten, hinreißen. Für alle anderen Gläubiger schienen lukrative Vertragsabschlüsse die einzige Alternative zu der Aufrechterhaltung ihres Haus- und Grundbesitzes zu bieten. Nach dieser Devise verfuhren sowohl der Brennmaterialienhändler Becker als auch der Landmann Otto Meyer und die Witwe A.M. Meyer, als sie nach elf bis siebzehn Jahren ihren unbeweglichen Besitz gewinnbringend verkauften. Erst nach einem außerordentlich langen Zeitraum zeigte hingegen die Bremische Hypothekenbank Verkaufsbereitschaft für ihre in der Versteigerung vom 6. Juni des Jahres 1877 übernommenen Immobilien Rasingstraße 22 bis 25. Zwischen 1898 und 1903 leitete die Bank den Besitzwechsel für das betreffende Haus- und Grundeigentum in dieser Arbeiterstraße ein. Waren diese vier Immobilien schon 21 bis 26 Jahre im Besitz der Bremischen Hypothekenbank verblieben, so wurde diese lange Zeitspanne noch von der Dauer eines in der Gastfeldstraße befindlichen Grundstücks übertroffen, das bereits 1876 ersteigert worden war und nach 36 Jahren unterschriftsreif zum Kaufvertragsabschluß gelangte. Mit Ausnahme des von der Erbengemeinschaft Mennen an Wulfhoop übergegangenen Besitzes hatte sich die von den meisten Gläubigern bewiesene Beharrlichkeit und Zurückhaltung in der Tätigung übereilter Grundstücksgeschäfte rentiert.

In gleicher Weise verfuhren die nach dem Tode der früheren Gläubiger ihre Erbschaft antretenden Personen, die nunmehr das Verfügungsrecht über 25 Immobilien in der Wulfhoop-, Rasing- und Kornstraße besaßen. Der Landmann Johann Conrad Meyer hatte in den Jahren 1877 und 1878 vierzehn Immobilien der Rasingstraße ersteigert, nachdem seine Schuldner in Zahlungsverzug geraten waren. Der 1879 verstorbene J.C. Meyer hinterließ diesen Immobilienbesitz seiner Nichte Adelheid Langrehr, geborene Meyer, und deren Ehemann, dem Landmann Hermann Langrehr. Mit Ausnahme der Rasingstraße 35 trat Langrehr - und nach seinem Tode im Jahre 1897 dessen Ehefrau - sämtliche Immobilien in Form privat abgeschlossener Kaufverträge zwischen 1886 und 1899 vorzugsweise an Arbeiter, Handwerker und Kleinhändler ab. Nachdem die Witwe Langrehr im Jahre 1909 ebenfalls gestorben war, ging der einzig in dieser Straße verbliebene Haus- und Grundbesitz, die Rasingstraße 35, in das Eigentum des Rittergutsbesitzers Hermann Conrad Langrehr über. Auch die Weiterveräußerung der acht in der Wulfhoop- und Kornstraße gelegenen Immobilien durch den Kaufmann Hermann Heinrich Rasing erfolgte in diesem Zeitraum. Rasing hatte gemeinsam mit seiner Schwester Anna Maria Catharina Burwinkel, geborene Rasing, das sich durch umfangreichen Immobilienbesitz auszeichnende Erbe der im Jahre 1884 verstorbenen Mutter, der Witwe Gesina Rasing, angetreten, verzichtete jedoch zu Gunsten seiner Schwester auf den Nachlaß seines bereits 1880 verschiedenen Vaters, wie dies noch zu Lebzeiten der Eheleute Rasing in einem Schenkungsvertrag vom 9. Februar des Jahres 1875[217] vereinbart worden war und von Hermann Heinrich Rasing am 28. Oktober des Jahres 1884[218] abermals in einer Verzichtserklärung rechtskräftig bestätigt wurde. Basierte die Verzichtserklärung auf der testamentarischen Verfügung[219] der wohlhabenden Witwe Rumpsfeld, die ihren gesamten Haus- und Grundbesitz zunächst ihrer Tochter Gesina Rasing und in weiterer Erbfolge ihrem Enkel Hermann Heinrich Rasing hinterlassen hatte, so kam der Schenkungsvertrag auf den expliziten Wunsch Hermann Heinrich Rasings zustande. *"Da (...) die früher Rumpsfeld'sche Stelle einen sehr erheblichen Werth gewonnen hat in Folge der veränderten Verhältnisse in der Feldmark Neuenland, so wünscht Hermann Heinrich Rasing, seine Schwester an dem Gewinne entsprechend Theil nehmen zu lassen...",*[220] lautete die Begründung für die enorme Summe von 360.000 Mark, die der Ehefrau A.M.C. Burwinkel auf diese Weise überlassen wurde. So floß ein Teil des erzielten Gewinns aus den zwischen 1887 und 1896 annähernd ausschließlich an Arbeiter und Zigarrenmacher verkauften acht Immobilien in der Wulfhoop- und Kornstraße in das Vermögen der Eheleute Burwinkel. Sorgte die Erbengemeinschaft Siedenburg ebenfalls für die in diesem Falle sehr rasche Weiterveräußerung ihres 1880 rechtskräftig gewordenen Besitzes, indem sie die Kornstraße 44 bereits 1881 an einen Klempnermeister abtrat, so blieben die beiden im Nachlaß der Gläubiger Siems als Folgebesitzer der Immobilien Rasingstraße 26 und 27 eingesetzten Erben die einzigen Personen, die diesen Immobilienbesitz bis zum Beginn des 20. Jahrhunderts als Anlageobjekt nutzten. Mit Ausnahme der beiden letztgenannten Immobilien und des von 1877 bis 1914 aufrechterhaltenen Haus- und Grundbesitzes durch den ehemaligen Gläubiger Wenke wurden sämtliche von den Handfestariern ersteigerten Grundstücke, somit eine Anzahl von 48 Immobilien, vornehmlich in den 1880er und 1890er Jahren auf der Grundlage privat abgeschlossener Kaufverträge ihren neuen Besitzern überlassen.

Die von den Gläubigern übernommenen und entweder von ihnen persönlich oder von deren Erben weiterverkauften Objekte bildeten zwar die Mehrzahl des zur Versteigerung gelangten Haus- und Grundbesitzes in den vier Straßen der südlichen Vorstadt, eine annähernd identische Anzahl von 44 Immobilien war hingegen in den öffentlichen Versteigerungen von Privat- und Geschäftsleuten erworben worden. Diese Käuferschicht teilte sich aufgrund ihrer differierenden Interessenlage offenkundig in zwei Lager. Diente dieser außerordentlich günstig erstandene Besitz vor allem den Kaufleuten einerseits als Anlageobjekt, andererseits als Mittel, um die Möglichkeit eines vergleichsweise niedrig verzinsten Darlehens auszuschöpfen, so nutzten demgegenüber die als Käufer auftretenden, überwiegend niedrigen Einkommensklassen entstammenden Privatpersonen die sich in den 1870er und 1880er Jahren bietende Gelegenheit, billiger denn je Haus- und Grundbesitz zu erlangen, der den Ansprüchen eines Eigenheims oder auch der unbehelligten Ausübung eines Gewerbes unter eigenem Dach Genüge leisten sollte. Unter diesen Gesichtspunkten gewinnt die Frage, wie lange die Besitzverhältnisse von diesen Personen unverändert bewahrt wurden, in weit höherem Maße an Bedeutung als im Falle der von den Gläubigern ersteigerten Immobilien, da das vorrangige Interesse der Kapitaleigner kaum darauf ausgerichtet war, lediglich den Mietzins für ihre dem Wohnungsmarkt zur Verfügung gestellten Bauten einzustreichen, wenn die Alternative in einem lukrativen Vertragsabschluß bestand, der ihre Gelder wieder flüssig machte und die Aussicht auf eine erneute Anlage mit rentablem Zinsertrag bot.

Tabelle 10: Besitzwechsel der von Privatleuten zwischen 1876 und 1882 ersteigerten Immobilien

Straße/ Haus-nummer	Besitzer	Versteigerungs-jahr	Art des Besitz-wechsels	Jahr Besitz-wechsel
Wulfhoop				
48	H.H. Knüpling	1877	Privatverkauf	1877
36,43-47, 49-51	H.C. Schumacher	1877	dto.	1890
Rasing				
1	B. Willig	1876	Erbschaft	1890
2-6	F.W. Barth & Co.	1876	Privatverkauf	1888-1889
7,8	C.C. Warnecke	1876	Versteigerung	1885
9,10	H.H. Knüpling	1876	Privatverkauf	1876
11	C.H. Brüning	1876	Erbschaft	1881
12	R.W. Heise	1876	dto.	1911
14	H.W. Biermann	1877	Privatverkauf	1892
15,16	H.H. Knüpling	1877	dto.	1891/1889
17	C. Töbelmann	1877	dto.	1893
20	C. Behling	1877	Versteigerung	1880
28	H. Bätjer	1877	Privatverkauf	1911
40	R. Levy	1877	dto.	1893
56	H. Holste	1877	dto.	1880
31	H.F. Kersten	1878	Erbschaft	1892
Gastfeld				
62	O. Huck	1877	Privatverkauf	1890
43,45	D. Knübel	1879	Erbschaft	1884
52	Neustadts-Brüderschafts-Sterbekasse	1881	Privatverkauf	1894
50	dto.	1882	dto.	1902
48	Gildemeisters Stipendium	1882	dto.	1896
Korn				
208	H.C.F. Probst	1877	Privatverkauf	1888
179	G.H. Kastens	1879	Erbschaft	1893
181,183	D. Meyer	1879	Erbschaft	1896
37	G. Rustmann	1880	Privatverkauf	1889
43	dto.	1881	dto.	1891

Die überwiegende Mehrzahl dieser 44 Immobilien wurde von Geschäftsleuten oder von Privatpersonen, die größtenteils über ausreichendes Kapital verfügten und nach geeigneten Anlagemöglichkeiten suchten, ersteigert. In der Wulfhoop- und Gastfeldstraße gingen sämtliche von Zwangsverkäufen betroffenen Gebäude, sofern sie nicht von Gläubigern ersteigert wurden, in den Besitz dieser Käuferschicht über. Während sich vier Personen auf die Ersteigerung eines Objektes beschränkten, brachten neun sich vorrangig im Handel betätigende Käufer gleich zwei oder gar mehrere Immobilien in ihren Besitz. So erwarben die beiden Handelsgesellschaften H.H. Knüpling und F.W. Barth & Co. jeweils fünf und der Kaufmann H.C. Schumacher gar neun der zum öffentlichen Verkauf gebotenen Immobilien in der Rasing- bzw. Wulfhoopstraße. Die Firma Knüpling veräußerte drei dieser günstig erlangten Objekte, für die keine Handfestengelder in Anspruch genommen wurden, binnen kürzester Frist und erzielte auf diese Weise innerhalb eines Monats einen Gewinn von 1.860 Mark.

Das Gros der 33 von diesem Personenkreis ersteigerten Immobilien verblieb jedoch mindestens bis zum Ende der 1880er Jahre, d.h. für einen Zeitraum von neun bis zwanzig Jahren in deren Eigentum, bevor abermals ein Besitzwechsel in die Wege geleitet wurde. Dieser weitgehend mit dem Verhalten der Gläubiger übereinstimmende Umgang mit ihrem Haus- und Grundbesitz führte keineswegs für alle dieser Geschäftsleute, nachdem sie über Jahre hinweg übereilte Vertragsabschlüsse vermieden hatten, zu rentablen und somit für die Veräußerer zufriedenstellenden Resultaten. Der Kaufmann Schumacher etwa hatte seine neun in der Wulfhoopstraße gelegenen Immobilien gegen Höchstgebote für insgesamt 27.900 Mark erstanden und diesen Haus- und Grundbesitz mit der Willigung und Versetzung von Handfestengeldern in Höhe von 30.700 Mark finanziert. Der Verkauf aller neun Immobilien im Jahre 1890 überstieg die von ihm entrichtete Kaufsumme zwar um 9.000 Mark, glich jedoch nur einen Bruchteil der im Laufe von 13 Jahren fällig gewordenen und geleisteten Zinsbeträge aus, so daß Schumacher - auch unter Berücksichtigung seiner Mieteinnahmen - mit der Veräußerung seiner Immobilien letztlich keinen erkennbar gewinnbringenden Abschluß seiner Geschäfte zu verzeichnen hatte. Noch geringer fielen die finanziellen Einnahmen aus dem Verkauf der sieben Immobilien in der Rasingstraße, von denen fünf Objekte ersteigert und zwei Häuser von der Firma H.H. Knüpling übernommen worden waren, für die Handelsgesellschaft Barth & Co. nach zwölf bzw. dreizehn Jahren aus.[221]

Neben diesen Bremer Kaufleuten, die ihre Immobiliengeschäfte wenig gewinnträchtig abwickelten oder aus diesen sogar als Bankrotteure hervorgingen, existierte jedoch ebenso eine Reihe von Geschäftsleuten, die ihr Metier vollauf beherrschten und deren brillante Verkaufsabschlüsse sich ohne weiteres mit dem Verhandlungsgeschick der Gläubiger messen konnten. Hohe Gewinne verbuchten sowohl die Handelsgesellschaft H.H. Knüpling in der Rasingstraße als auch sämtliche, nunmehr als Veräußerer ihrer Immobilien auftretenden Besitzer in der Gastfeldstraße (vgl. Tabelle 10, oben). Die erfolgreiche Weiterveräußerung von Haus- und Grundbesitz erwies sich - im Gegensatz zu den meisten beruflichen Betätigungsfeldern - keinesfalls als Domäne der Vertreter des männlichen Geschlechts; Frauen stellten in gleichem Maße ihre Gewandtheit im Aushandeln gewinnbringender Kaufkontrakte unter Beweis, wie am Beispiel der Witwe G. Rustmann und der ledigen G. Meyer, Erbin des im Jahre 1894 verstorbenen Privatmanns D. Meyer, deutlich wurde, die je zwei Immobilien in der Kornstraße auf dem Wege des Privatverkaufs mit Gewinnen, die zwischen 5.000 und 6.050 Mark lagen, an verschiedene Erwerber abtraten.

Die Berufszugehörigkeit der neuen Haus- und Grundbesitzer ließ in allen vier Straßen die Präsenz unterschiedlichster Berufsgruppen erkennen, wenngleich nicht alle Personen sowohl männlichen als auch weiblichen Geschlechts ihre Immobilien zwecks Befriedigung eigener Wohnbedürfnisse erworben hatten. Innerhalb dieses neuen Kreises der Hausbesitzer fanden sich Vertreter verschiedener Branchen des Handwerks, Unternehmer, Dienstleister, Beamte und Händler, aber auch Arbeiter und Berufslose. Mit Ausnahme der Unternehmer, Beamten und Berufslosen deckte sich die Berufsgruppenzugehörigkeit mit der von den elf Privatleuten, die in der zweiten Hälfte der 1870er Jahre eines der zur Versteigerung stehenden Gebäude in der Rasing- bzw. Kornstraße mit der Abgabe eines Höchstgebotes günstig erstanden und selber bezogen hatten. Nur zwei dieser Häuser wechselten bereits drei Jahre später erneut den Besitzer. Während der Tischler H. Holste das Endhaus Rasingstraße 56 unter Einbeziehung seiner in den drei Jahren angefallenen Zins- und Unterhaltszahlungen gewissermaßen zum Selbstkostenpreis verkaufte,[222] verlor der Arbeitsmann C. Behling den Besitz seines Hauses Rasingstraße 20 infolge einer Überverschuldung, deren Abtrag seine geringen Einkünfte trotz zusätzlicher Mieteinnahmen nicht mehr gewährleisteten. Auch die von Jahr zu Jahr höhere Auslastung seines Hauses, das er ursprünglich nur mit einer Mietpartei, zwei Jahre später jedoch schon mit drei Haushalten teilte, konnte die Zwangsversteigerung seines Immobilienbesitzes im Jahre 1880, die sein Gläubiger, der in Bremen ansässige Arzt Dr. med. J.H.G. von Eelking, wegen ausgebliebener Zinszahlungen in Höhe von 57,38 Mark erwirkt hatte, nicht verhindern[223].

Doch Behling blieb der einzige unter diesen Hausbesitzern, der an der Finanzierung seines Hauses scheiterte; alle anderen Personen waren zumindest in der Lage, ihre Zinszahlungen auf die gewilligten Handfestengelder über Jahre hinweg fristgerecht zu leisten, auch wenn sie ihre Darlehen nicht zu tilgen vermochten. Ein Privatverkauf der Häuser erfolgte im frühesten Falle nach elf Jahren. Einige Besitzer erhielten ihr Haus- und Grundeigentum jedoch über Jahrzehnte aufrecht und zählten zu denjenigen Stadtteilbewohnern, die sich durch eine extrem lange Wohndauer auszeichneten. Der Zigarrenmacher Johann Diedrich Weyland, der seinen Immobilienbesitz Rasingstraße 19 im Jahre 1877 für 2.600 Mark ersteigert und mit 1.500 Mark belastet hatte, verweilte noch im Jahre 1914, mithin 37 Jahre nach dem Hauskauf, in seinem Hause.[224] Auch der Milchhändler Hermann Bätjer konnte auf eine lange Wohndauer von 34 Jahren zurückblicken, als er sich im Jahre 1911 entschloß, das Haus Rasingstraße 28 für 6.500 Mark weiterzuveräußern[225].

In anderen Fällen führte der Tod der ehemaligen Ersteigerer zwar zu einem Wechsel der Hauseigentümer, der jedoch eher als formal-nomineller Art zu bezeichnen war, da die Immobilien im Familienbesitz verblieben und den Angehörigen - in aller Regel der hinterbliebenen Witwe und ihren Kindern - auch weiterhin als Wohnsitz dienten. Der bloße Erbantritt, d.h. die Übernahme des Immobilienbesitzes, kam für die Hinterbliebenen hingegen keiner Existenzsicherung gleich, solange zum einen der Hausbesitz mit handfestarischen Belastungen befrachtet war und es zum anderen minderjährige Kinder zu versorgen galt. Einer solchen Doppelbelastung war Meta Marie Dorothea Kersten, geborene Rajes, ausgesetzt, nachdem ihr Mann, der Milchhändler Heinrich Friedrich Kersten im Dezember des Jahres 1892 verstorben war. Kersten hinterließ seiner Witwe den mit 6.000 Mark belasteten Hausbesitz Rasingstraße 31, für dessen Zinsabtrag er vierzehn Jahre lang aufgekommen war. In seinem letzten Lebensjahr hatte er seinen Milchhandel noch um eine Steinkohlenhandlung erweitert. Obwohl die mit sechs minderjährigen Kindern zurückgebliebene Witwe Kersten beide Geschäfte nach dem Tode ihres Mannes fortführte, deckten deren Einkünfte offenbar nicht die für den Lebensunterhalt erforderlichen Kosten für die siebenköpfige Familie. Um den Hausbesitz aufrechterhalten zu können, war die sich als Händlerin betätigende Witwe gezwungen, abermals ihren Immobilienbesitz mit der Willigung von elf Handfesten zu einem Gesamtwert von 6.000 Mark zu belasten. Die Witwe Kersten hatte, wenn auch nur unter großen Anstrengungen und Entbehrungen, den Hausbesitz in dieser Arbeiterstraße bewahren können, indem sie stets ihren eigenen Wohnraum zwecks Aufnahme mehrerer Mietparteien beschnitten hatte und bis an ihr Lebensende erwerbstätig geblieben war. Der Hausbesitz hatte ihr zu hoher Seßhaftigkeit, einer sich auf 35 Jahren belaufenden Wohndauer, in diesem durch starke Fluktuation geprägten Arbeiterviertel verholfen. Nach ihrem Tode im Jahre 1913 fiel der Hausbesitz den fünf noch lebenden, mittlerweile verheirateten Kindern zu, die das Gebäude fortan dem Mietwohnungsmarkt zur Verfügung stellten.[226]

Die in ihrer jeweiligen beruflichen, sozialen, finanziellen sowie familiären Situation und der daraus resultierenden Interessenlage divergierenden, aus den Zwangsversteigerungen als Eigentümer hervorgegangenen Hausbesitzer zeigten ein auffällig übereinstimmendes Verhalten in der Handhabung ihres zu günstigen Konditionen erstandenen Besitzes. Die Krisenjahre hemmten nicht nur die Verkaufsabsichten der über mehr oder minder umfangreichen Immobilienbesitz verfügenden

Personen, sondern machten gleichermaßen die Hoffnungen und Möglichkeiten breiter Bevölkerungsteile, den Erwerb von Haus- und Grundbesitz in Erwägung zu ziehen und realisieren zu können, über einen längeren Zeitraum zunichte. Das Zusammenspiel beider Faktoren hatte zur Folge, daß das Gros der in den 1870er bzw. 1880er Jahren zur Versteigerung gelangten Immobilien in der Gastfeld-, Korn-, Rasing- und Wulfhoopstraße mindestens bis Ende der 1880er Jahre, in den meisten Fällen jedoch bis in das letzte Jahrzehnt des 19. Jahrhunderts hinein, in Händen der Immobilienbesitzer verblieb. Ehemalige Gläubiger oder deren Erben hatten ebenso Zurückhaltung in der Tätigung von Grundstücksgeschäften geübt, wie dies bei Geschäftsleuten oder Privatpersonen, die die Häuser zum Eigenbedarf ersteigert hatten, erkennbar war. Die mit der Krise einhergegangene Stagnation auf dem Bremer Grundstücksmarkt erfuhr erst gegen Ende der 1880er Jahre eine Wiederbelebung. Die gleichsam verkrusteten Besitzstrukturen des Immobilienmarktes wurden zum einen durch die nunmehr gehäuft abgewickelten Verkäufe von Haus- und Grundbesitz, zum anderen durch eine neu einsetzende Bautätigkeit aufgebrochen.

Der neuerliche Besitzwechsel dieser Immobilien führte nicht nur zu einem bloßen Austausch der Hauseigner, sondern rief gleichzeitig einen Wandel in der sozialen Zusammensetzung dieser Immobilienbesitzer hervor[227]. Diese sich seit den 1880er Jahren vollziehende strukturelle Veränderung in der personellen und sozioökonomischen Gliederung der Hausbesitzer zog ebenso einen Wandel der Wohnstrukturen[228] nach sich. Hatte die Mehrzahl der zum alten Baubestand der vier Straßen der südlichen Voradt zählenden Gebäude ihren Besitzern als Anlageobjekt gedient, so erfuhr der Mietwohnungsmarkt durch den erfolgten Besitzwechsel eine spürbare Minimierung der noch zur Verfügung stehenden Objekte, da die Mehrheit der neuen Besitzer, nachdem ihr Kaufkontrakt Rechtswirksamkeit erlangt hatte, unverzüglich den Einzug in ihr Haus in die Wege leitete. Auf diese Weise bewirkte der Besitzwechsel sowohl eine deutliche Zunahme der in ihrem eigenen Hause wohnenden Immobilienbesitzer als auch eine erheblich breitere Streuung des Hausbesitzes, der sich zuvor in den Händen eines wesentlich kleineren Besitzerkreises befunden und damit eine punktuell vorhandene Konzentration aufgewiesen hatte. Mit der rechtskräftigen Inbesitznahme ihrer Immobilien oblag es fortan den neuen Hauseigentümern, Entscheidungen über die künftige Nutzung der Häuser - sei es ausschließlich zu Wohn- oder auch zu Gewerbezwecken - nach eigenem Ermessen zu fällen. Diese Entscheidungsbefugnis implizierte darüber hinaus die Möglichkeit der Anwendung weitgehend arbiträrer Selektionsprinzipien, wenn die Alternative, vorhandenen Wohnraum an Mietparteien abzutreten, gegenüber einer alleinigen Beanspruchung der Gebäude bevorzugt wurde. Zwar wurde die Frage, ob oder wieviele Mieter in das eigene Haus aufgenommen werden sollten, primär von der jeweiligen Einkommenslage der Hausbesitzer bzw. der Höhe ihrer eingegangenen handfestarischen Belastungen diktiert, die Befürwortung oder Ablehnung einzelner Mietparteien, mithin die personelle Auswahl ihrer Untermieter, unterlag hingegen einzig der Willkür der Hauseigentümer. Der Hausbesitz versetzte diese Personen somit nicht nur in die Lage, bestehende Wohnstrukturen zu verändern, sondern gab ihnen auch das Mittel an die Hand, Einfluß auf das Wohnverhalten auszuüben. Da Mieter im 19. Jahrhundert nur einen eingeschränkten rechtlichen Kündigungsschutz genossen und den Hausbesitzern unter dem Motto "Kauf bricht Miete"[229] ein breiter Handlungsspielraum eingeräumt wurde, bildeten Zwangsumzüge von Mietern als unmittelbare Folge veränderter Besitzverhältnisse bis zur Jahrhundertwende keine Seltenheit. Hausbesitzer trugen nicht nur die Verantwortung für den Auszug einzelner Mietparteien, sondern veranlaßten nach Übernahme des Haus- und Grundbesitzes häufig gar den kompletten Austausch der Mieterschaft und trugen somit ursächlich zu erhöhten Fluktuations- bzw. Mobilitätsraten bei.[230]

Strukurelle Veränderungen rief zudem der in den 1890er Jahren in Angriff genommene weitere Ausbau der beiden staatlich projektierten Straßenzüge, der Gastfeld- und Kornstraße, hervor. Die mit der Schaffung weiteren Wohnraums einhergehende Verlängerung der beiden Planstraßen erfolgte - ähnlich wie die bis zum Jahre 1878 durchgeführte Bautätigkeit, der sich einzelne Bauunternehmer annähernd ausschließlich auf Spekulationsbasis gewidmet hatten - wiederum als Bestandteil größerer Bauvorhaben, die vornehmlich der Anlegung neuer oder der Verlängerung bereits bestehender Nebenstraßen auf noch unbebautem Terrain galten. Wiesen die jüngeren Bauarbeiten auch insofern Parallelen zu der etwa zwei Jahrzehnte zuvor abrupt beendeten Bautätigkeit auf, als die dem Bebauungsplan Rechnung tragende Erweiterung der Hauptstraßen abermals als Stückwerk zustandekam, so existierten doch gravierende Unterschiede im Geschäftsablauf der seit Mitte der 1890er Jahre in der südlichen Vorstadt ein breites Betätigungsfeld findenden Bauunternehmer, die offensichtlich nicht um den gewinnbringenden Absatz ihrer Grundstücke fürchten mußten. Das Bodengeschäft wurde zwar auch in dieser neuen Bauphase noch nach althergebrachtem Muster abgewickelt, indem Bauunternehmer größere Baulandflächen von Grundbesitzern erstanden, nachdem letztere die Genehmigung des Senats zur Anlegung von Straßen und Bebauung ihrer Ländereien eingeholt hatten, immer häufiger bevorzugten jedoch Privatleute den Direktbezug ihrer Bauplätze vom Vorbesitzer, um nach Abschluß des Kaufkontraktes Fachleute des Baugewerbes mit der Errichtung von Wohnhäusern auf ihren neu erworbenen Baugrundstücken zu beauftragen. Wie bereits in den 1870er Jahren schritt die neu aufgenommene Bautätigkeit zunächst sehr schleppend voran. In der Gastfeldstraße wurden bis zur Jahrhundertwende lediglich neun Neubauten fertiggestellt. Einen verstärkten Zuwachs neuer Wohngebäude brachte hingegen das erste Jahrzehnt des 20. Jahrhunderts mit der Errichtung von 27 Bauten hervor. Nach der Vollendung vier weiterer Häuser war die Gastfeldstraße zwischen 1896 und 1913 um vierzig Neubauten bereichert worden und wies nunmehr insgesamt 64 Gebäude auf.[231] In der Kornstraße herrschte demgegenüber eine erheblich regere Bautätigkeit. Waren in den letzten fünf Jahren des ausklingenden 19. Jahrhunderts schon fünfzehn Häuser hochgezogen, so stellten die zahlreich mobilisierten Fachkräfte des Baugewerbes zwischen 1900 und 1909 die stattliche Anzahl von 49 Wohnhäusern in einen bezugsfertigen Zustand. Mit der Komplettierung 24 zusätzlicher Neubauten bis zum Jahre 1913 erreichte der Baubestand dieser staatlichen Planstraße einen Gesamtumfang von 110 Gebäuden.[232]

Doch nicht immer verlief die praktische Umsetzung der nach getätigtem Grundstückskauf geplanten und bei der zuständigen Baupolizeibehörde zu beantragenden Bauvorhaben in diesen beiden Straßen der südlichen Vorstadt reibungslos. Insbesondere in den ersten Jahren des 20. Jahrhunderts häuften sich die Fälle beanstandeter Neubauten oder seitens der Baupolizei gar abschlägig beschiedener Bauanträge. Die ausgeprägte Betriebsamkeit des Baugewerbes, die in den 1870er Jahren zu einem wahren Bauboom geführt hatte, war zwar gleichermaßen der Kontrolle staatlicher Instanzen unterworfen, Verstöße gegen die zu diesem Zeitpunkt geltenden baurechtlichen Verordnungen wurden hingegen nur selten amtlich registriert. So riefen etwa die zu Wohnzwecken dienenden Souterrainwohnungen in der Rasing- und Wulfhoopstraße schon im Jahre 1876 das Einschreiten behördlicher Vertreter hervor, nachdem das Bremer Medizinalamt Bedenken hinsichtlich gesundheitsschädigender Wirkungen für die Bewohner dieser Kellerräume angemeldet und eine Begutachtung der betreffenden Häuser durch den Gesundheitsrat angeregt hatte.[233] Die im März des Jahres 1876 erfolgte Begehung dieser niedrigen, sich durch mangelhafte Licht- und Luftzufuhr auszeichnenden Souterrainwohnungen blieb indessen ohne rechtliche Konsequenzen für die Bauführer oder Besitzer dieser Wohnhäuser; denn annähernd drei Jahrzehnte später waren die gleichen Mängel noch immer nicht beseitigt, sondern bildeten vielmehr erneut den Gegenstand amtlicher Ermittlungen. Die vom Bremischen Statistischen Amt durchgeführte Wohnungsinspektion im Jahre 1904 veranlaßte die Berichterstatter, den in diesen beiden Arbeiterstraßen der südlichen Vorstadt herrschenden Wohnbedingungen ein äußerst ungünstiges Prädikat zu erteilen:

"Die Rasingstraße gehörte mit der Wulfhoopstraße zu denjenigen, bei denen die Untersuchung die schlechtesten Verhältnisse feststellte. Viele Häuser waren stark verwahrlost. Vor allem aber geben (...) die Kellergeschosse zu vielen Bedenken Anlaß."[234]

Auf eine strikte Einhaltung der im letzten Viertel des 19. Jahrhunderts erst in geringem Umfang erlassenen Bauvorschriften war bei den in Windeseile hochgezogenen Bauten einfachster Art in der Rasing- und Wulfhoopstraße ohnehin nicht geachtet worden, so daß auch andere Mängel in der Bausubstanz der Häuser bereits nach wenigen Jahren zutage traten. Die weitgehend unter Verwendung minderwertigen Materials unzulänglich ausgeführten Bauarbeiten machten sich vornehmlich nach mehrjährigem Gebrauch der Feuerungsanlagen bemerkbar. Die teils schweren Defekte der Schlote lösten in der Wulfhoopstraße zwei und in der

Rasingstraße gar fünf Schornsteinbrände aus, die vorrangig in den 1880er Jahren gehäufte Einsätze der Feuerwehr erforderlich machten.[235]

Waren die in den 1870er Jahren im Bau befindlichen Häuser der südlichen Vorstadt trotz ihrer offensichtlichen Mängel fertiggestellt worden, ohne daß die Bautätigkeit durch das Einschreiten autorisierter Amtspersonen zwischenzeitlich unterbrochen oder deren Fortsetzung gänzlich untersagt worden war, so gingen die zu Beginn des 20. Jahrhunderts geltenden, erheblich verschärften Bauordnungen sowohl mit peniblen Überprüfungen der Bauanträge als auch mit verstärkten Kontrollen der Bauarbeiten einher. Zwei Beispiele für die Wirksamkeit staatlicher Interventionen mögen hier genügen.

Im Gegensatz zu den einfachen Ausführungen der kleinen Arbeiterhäuser in der Rasing- und Wulfhoopstraße entstanden in der Gastfeld- und Kornstraße insbesondere in der neuen Bauphase zwischen 1895 und 1914 zum einen Wohnhäuser größeren Ausmaßes, die keinesfalls schablonenhaft errichtet wurden, sondern deren ästhetische äußere Erscheinung mit ihren teils stuckverzierten Fassaden eine ebenso zweckdienliche wie harmonische Verbindung von handwerklichem Können und sorgfältiger Ausführung erkennen ließen; zum anderen wurde ebenso imposanten, aus einer Kombination von Wohn- und Geschäftshäusern bestehenden Gebäuden Gestalt verliehen, deren Errichtung bereits im baukonzeptionellen Vorfeld die Kenntnisse hochqualifizierter Fachkräfte - etwa für exakte statische Berechnungen - voraussetzte.

Ein solch aufwendiges Wohn- und Geschäftshaus wurde im März des Jahres 1906 von dem in Verden ansässigen Besitzer eines noch unbebauten Eckgrundstücks in der Gastfeldstraße geplant. Der mit allen notwendigen Unterlagen eingereichte, außerordentlich umfangreiche Bauantrag, dessen beigefügte statische Berechnungen bereits 20 Seiten umfaßte, löste einen wahren behördeninternen Papierkrieg aus und wurde seitens des zuständigen Baurats im Folgemonat April abschlägig beschieden, da die vorgeschriebene Abtretung des Straßengrundes noch nicht erfolgt und demnach die Höhe der auf den Staat zukommenden Kosten für die Anlegung eines Teils dieser Planstraße nicht zu ermessen war. Nachdem sich die zwischen den beteiligten Baubehörden geführten Auseinandersetzungen über neun Monate hingezogen hatten und zwischenzeitlich auf dem Bauplatz eine Bildhauerwerkstatt errichtet worden war, verzichtete der Besitzer Hogrefe wegen der ungebührlichen Zeitverzögerung auf sein ursprüngliches Bauvorhaben und trat seinen Grundbesitz an den für die Ausführung des Bauantrags verantwortlichen H. Büssenschütt ab, der daraufhin im Dezember des Jahres 1907 seinerseits den Bau eines dreistöckigen Wohnhauses, in dessen Erdgeschoß eine Speisewirtschaft und ein Laden untergebracht werden sollten, beantragte und nach erteilter Genehmigung auch in die Tat umsetzte.[236]

Andere amtlich dokumentierte Fälle, deren Akten einen Einblick in die Auseinandersetzungen um die strikte Befolgung der geltenden Bauvorschriften gewähren, liefern anschauliche Beispiele dafür, daß die Erteilung baupolizeilicher Befehle von den als Bauherren fungierenden Haus- und Grundbesitzern keineswegs immer widerspruchslos hingenommen und befolgt wurde, sondern teils erstaunlich selbstbewußte Reaktionen auslösten, die indirekt Kritik an den als Behördenwillkür empfundenen Auflagen zum Ausdruck brachten und in Form schriftlicher Beschwerden gegen die amtlichen Weisungen beim Senat eingereicht wurden. Diesen Weg beschritt der einen Neubau in der Kornstraße in Auftrag gegebene Grundbesitzer F. Nienstaedt, nachdem ihm ein sich auf die Bauordnung stützender baupolizeilicher Befehl zugestellt worden war, der ihm die Beseitigung der als Folge seiner Bauarbeiten am Nachbarhaus entstandenen Beschädigung auferlegte. Doch Nienstaedt, der sich *"durch den Befehl der Polizeidirektion beschwert"* fühlte und sich *"durchaus nicht für verpflichtet"* hielt, dieser Order nachzukommen, wurde trotz seines vehement eingelegten Widerspruchs vom Senat rasch eines Besseren belehrt und mußte die Erfahrung machen, daß der "Arm des Gesetzes" weiter reichte, als er vermutet hatte.[237]

Keineswegs durchweg konnten sich jedoch die Behörden durchsetzen, zumal die Bauunternehmer sich ihrer Interventionen wehrten und auch vom Staat Recht erhielten, wie das Beispiel Biermanns zeigt.

Der aus der südlichen Vorstadt stammende, als Bauunternehmer tätige Maurermeister Johann Diedrich Biermann, unter dessen Bauleitung zu Beginn des 20. Jahrhunderts mehrere Häuser in der Gastfeldstraße errichtet wurden, hatte im Februar des Jahres 1908 die beiden Grundstücke Gastfeldstraße 69 und 71 von dem Landmann C.J. Garbade erworben[238] und im Mai die Bauerlaubnis für zwei Gebäude, ein Wohn- sowie ein Wohn- und Geschäftshaus, erhalten. Biermann ging bei der Forcierung der Bauarbeiten allerdings bei weitem zu eifrig ans Werk. Die Baupolizei stellte bei einer im August 1909 durchgeführten Kontrolle erhebliche Abweichungen von den 1908 genehmigten Bauplänen fest und legte dem Bauunternehmer die Unterlassung eines Antrages auf amtliche Rohbauabnahme zur Last. Wegen mehrfacher Umgehung der Bauvorschriften wurde Biermann im September zunächst eine Geldstrafe von 40 Mark und kurz darauf die Einstellung der Bauarbeiten auf den fraglichen Grundstücken auferlegt, bis eine neu einzuholende, den baulichen Veränderungen Rechnung tragende Baugenehmigung erteilt sei. Im Oktober erhielt der Bauunternehmer eine Strafverfügung der Polizeidirektion wegen Zuwiderhandlung gegen den erhaltenen Befehl der Baupolizeibehörde, die ihn vor die Alternative stellte, entweder 30 Mark Geldstrafe zu zahlen oder drei Tage Haft in Kauf zu nehmen. Während Biermann eine Beschwerde einlegte, nahm die Immobilienbesitzerin ihre lediglich auf 20 Mark festgesetzte Geldstrafe mit Gelassenheit und ohne Widerspruch hin. Zwar konnte Biermann noch im Jahre 1909 beide Neubauten vollenden, seine Beschwerde wurde jedoch

Ansicht Gastfeldstraße 71 (1910)

zum Anlaß für akribische, sich über mehrere Monate erstreckende amtliche Nachforschungen genommen, deren Ergebnisse in einem Offizialbericht mündeten. Entgegen der seitens der Polizeidirektion ausgesprochenen Empfehlung, den Widerspruch Biermanns als unbegründet zu verwerfen, beschloß der Bremer Senat im März des Jahres 1910, der Beschwerde des Bauunternehmers stattzugeben und die Strafverfügung aufzuheben.[239]

Hatten die Bauunternehmer Wulfhoop, Bode und Willig im 19. Jahrhundert noch diverse Häuser in der Wulfhoopstraße eigenmächtig und trotz nicht beantragter Baugenehmigung völlig unbehelligt hochziehen können, ohne etwa nach deren Fertigstellung gemaßregelt zu werden, so waren die von den ausführenden Organen weitgehend leger gehandhabten Baugesetze mehrmals revidiert, ausgeweitet und verfeinert worden, bis sie im 20. Jahrhundert einen deutlichen Wandel erfahren hatten.[240] Wenngleich die zu Beginn des 20. Jahrhunderts nicht nur für den privaten Wohnungsmarkt erlassenen, sondern gleichermaßen für die Errichtung gewerblicher Anlagen ihre Anwendung findenden Bremer Baugesetze auch gehäuft mit Auseinandersetzungen um die Erteilung von Baugenehmigungen oder die Einhaltung der Bauvorschriften einhergingen, so führten diese Rechtsstreitigkeiten in den meisten Fällen lediglich zu einer Verzögerung im Baubeginn bzw. im Fortschritt der Bauarbeiten, selten hingegen zu Beeinträchtigungen solchen Ausmaßes, daß die geplanten Bauten nicht zur Ausführung gelangten.

Trotz einer deutlichen Zunahme der Neubauten, die seit den 1890er Jahren im Zuge der verstärkt wiedereinsetzenden Bautätigkeit vornehmlich als Zwei- oder Dreifamilienhäuser entstanden waren[241] und nicht nur zahlreichen Hausbesitzern als Eigenheim dienten, sondern auch den Bestand des Mietwohnungsmarktes erweitert hatten, deckte der zur Verfügung stehende Wohnraum in der südlichen Vorstadt Bremens auch nicht annähernd die stets hohe und in Folge des starken Bevölkerungswachstums[242] steigende Nachfrage nach möglichst billigem Wohnraum. Ein Teil derjenigen Hauseigentümer, deren kleine Häuser bereits in den 1870er Jahren errichtet worden waren, begegneten dem Wohnungsmangel mit dem Ausbau ihrer zuvor lediglich "nackten" Bodenraum enthaltenden Dachgeschosse. Allein in der Rasingstraße wurden zwischen 1883 und 1906 neun Dachböden nachträglich in Wohnungen umgewandelt.[243] Diese auf Eigeninitiative beruhende Schaffung zusätzlichen Wohnraums entsprang vorrangig finanziellen Leitmotiven. Ließen sich schon dunkle und feuchte Kellerräume umproblematisch abvermieten, so stellte das Anbieten einer Dachwohnung noch einen erheblich einträglicheren Mietzins in Aussicht, der den eigenen Abtrag der auf dem Haus lastenden Kredite erleichterte.

Die Koinzidenz akuten Wohnraummangels auf der einen und drückender Zinslast der Hausbesitzer auf der anderen Seite erwies sich als eine Konstellation, die einige der aufgrund ihrer hohen Verschuldung in heftige Bedrängnis geratene

Immobilienbesitzer zu abwegigen Plänen veranlaßte. Ein solch ungewöhnliches Ansinnen unterbreitete der Besitzer des Hauses Rasingstraße 40 im Jahre 1889 der zuständigen Baubehörde, indem er in seinem bisher als Schlachterhaus genutzten, massiv gebauten Hinterhaus den Umbau für zwei Wohnungen beantragte, die auf nur 45 m^2 Grundfläche entstehen sollten. Der gelernte Schlachter Levy bezweckte mit seinem Bauvorhaben die Unterbringung zwei weiterer Haushalte in dem ehemaligen Schlachterhaus und eine zusätzliche Abvermietung an zwei Wohnparteien in einer im Dachgeschoß herzurichtenden Wohnung. Jeder neuen Mietpartei sollte eine Wohnfläche von 22 bzw. 30 m^2 zur Verfügung gestellt werden. Beide Gesuche wurden mit der Begründung abgelehnt, daß die gemäß der geltenden Bauordnung erforderliche Unterbringung einer ausreichenden Anzahl von Aborten im Hause nicht realisierbar war. Der behördeninterne Schriftverkehr legte hingegen die ausschlaggebenden Ursachen für die Abweisung der Bauanträge offen:

"Bei Levy ist außerdem eine derartig armselige Bevölkerung in Miete, daß es im gesundheitlichen Interesse der Bewohner liegt, die Abortanlagen im Freien angelegt zu fordern, dafür ist aber dort kein Platz vorhanden. Aus demselben Grunde dürfte eine Beschränkung der Höhe der Dachwohnung im Vorderhause nicht zu befürworten sein."[244]

Levy, der seine berufliche Tätigkeit auf den Viehhandel verlegt hatte, reagierte auf die ablehnende Verfügung der Baupolizei, indem er den vorhandenen Wohnraum neu unterteilte, um im Folgejahr bereits vier Mieteinheiten in seinem Hause unterbringen und entsprechend erhöhte Zahlungen empfangen zu können.[245]

Nicht immer lagen jedoch finanzielle Nöte der Hausbesitzer als Beweggrund vor, wenn die Häuser einer Höchstauslastung ausgesetzt oder die Nutzung derartiger Unterkünfte zu Wohnzwecken beabsichtigt wurde, die ihren Bewohnern die Akzeptanz weitestgehend unzumutbarer Wohnbedingungen abverlangte. Mittellose Wohnungssuchende hingegen konnten es sich gerade in Krisenzeiten nicht leisten, Ansprüche an ihre Behausungen zu stellen, sondern mußten sich mit den Räumlichkeiten begnügen, die ihnen überhaupt ein Unterkommen boten.

So mußten selbst Ställe zwischenzeitlich als sogenannte Wohnungen herhalten. Mancher Immobilienbesitzer schien gleichermaßen von dem Gedanken beseelt wie vom Handeln darauf ausgerichtet, aus der Wohnungsnot gutes Kapital ziehen zu können. Zum Anhänger dieser höchst eigennützigen Denkweise entwickelte sich auch der aus dem Bremer Umland stammende Landmann Wilhelm Friedrich Diedrich Siemering, der im Jahre 1889 eines der zweistöckigen Reihenhäuser in der Rasingstraße für 9.000 Mark erstanden hatte. Wenngleich seine handfestarischen Belastungen, die den Kaufpreis seines Hauses um 1.000 Mark überschritten,[246] den Anschein erweckten, als teilte Siemering das schwere Los derjenigen Hauseigentümer, die kaum imstande waren, ihren Besitz zu finanzieren, so liefer-

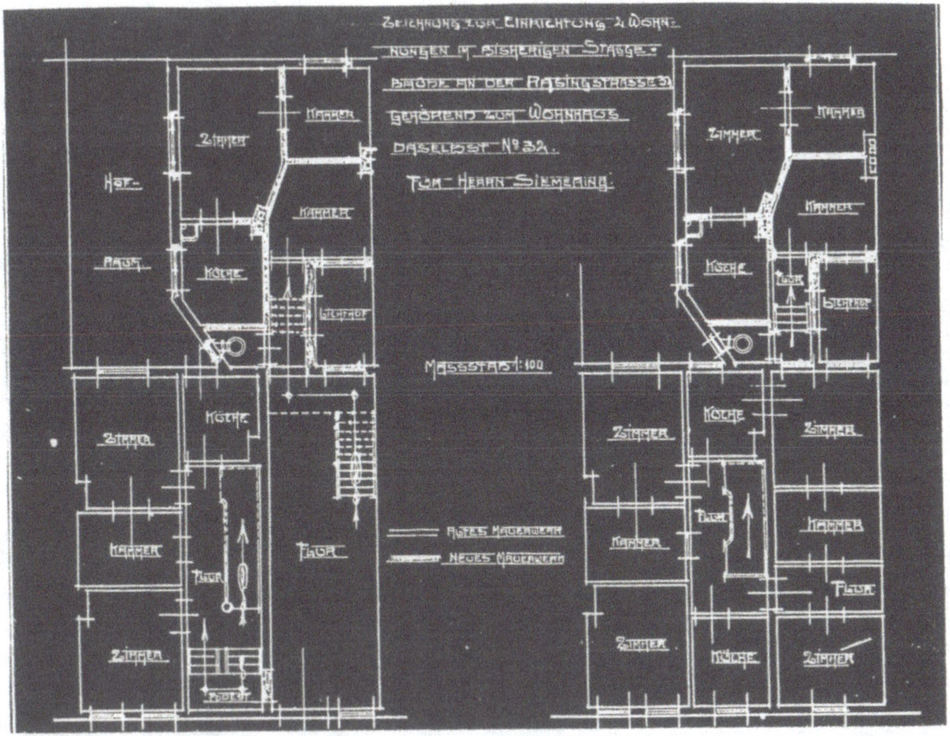

Grundriß zum Bauantrag für den Umbau eines Stallgebäudes, Rasingstraße 32 (1906)

te Siemering ein anschauliches Beispiel dafür, daß eine ursprünglich eingegangene Überverschuldung des Immobilienbesitzes keineswegs grundsätzlich mit der Mittellosigkeit des Schuldners gleichzusetzen war. Siemering veranlaßte nach Abschluß des Kaufkontraktes die Exmittierung dreier Mietparteien, um nach seinem Einzug in die Rasingstraße 32 den Wohnraum des Hauses zunächst mit nur einem Haushalt zu teilen. Schon im Folgejahr quartierte der seine Einkünfte aus einer Milchwirtschaft und einem Fuhrwerksunternehmen beziehende Hausbesitzer drei weitere Haushalte ein, die seine Mieteinnahmen merklich erhöhten. Obwohl die sich häufig verändernde personelle und soziale Zusammensetzung der auch in ihrer jährlichen Anzahl variierenden Mieterschaft im Laufe der Jahre maßgeblich dazu beigetragen hatte, die handfestarischen Belastungen zu mindern, betrachtete Siemering die Höhe seiner Mieterträge als unzureichend und steigerungswürdig. Da sich der Fuhrwerksbesitzer ohnehin zur örtlichen Verlagerung seiner bisher in der Rasingstraße 32 gleichzeitig betriebenen Milchwirtschaft entschlossen hatte, wurde er im Dezember des Jahres 1906 bei der Baubehörde vorstellig, um die Einrichtung von zwei Wohnungen in dem bislang als Kuhstall genutzten Gebäude auf dem Hinterhof seines Grundstücks amtlich absegnen zu lassen. Siemering erhielt die Genehmigung seines fragwürdigen Bauvorhabens, obgleich bereits die Baupläne keinen Zweifel an gravierenden Mängeln der herzurichtenden Wohnungen aufkommen ließen. Trotz heftiger Einwände seitens des Baurats, die sich auf gesundheitliche Bedenken für die potentiellen Bewohner dieser Behausung stützten und dadurch bekräftigt wurden, daß "*in der Rasingstraße (...) sehr viele minderwertige Wohnungen vorhanden (seien)*",[247] die keiner zusätzlichen Bereicherung bedurften, sah der zwecks Beratung eingeschaltete Gesundheitsrat keine rechtliche Handhabe, um den Umbau zu verhindern. Siemering bewies mit dem wenige Wochen später getätigten Kauf eines in der Gastfeldstraße gelegenen Grundstücks, daß von finanzieller Kalamität in seinem Falle keine Rede sein konnte. Das noch im Bau befindliche Gebäude Gastfeldstraße 67 kostete ihn samt Grund und Boden 46.000 Mark. Da er die Frist zur Durchführung seines Umbaus in der Rasingstraße verstreichen ließ, gab er der Baubehörde die Möglichkeit, nachträglich einen abschlägigen Bescheid zu erteilen. Siemering, der unmittelbar nach Fertigstellung seines neuen Hauses in die Gastfeldstraße umzog, brachte der fehlgeschlagene Versuch, sich mit der Herstellung minderwertiger Räumlichkeiten an der Wohnungsmisere zu bereichern, nicht im mindesten in pekuniäre Verlegenheit; denn er war nicht nur in der Lage, einen Kredit in Höhe von 53.000 Mark für den Immobilienbesitz in der benachbarten Gastfeldstraße[248] zu erhalten und für dessen fristgerechte Zinszahlungen sowie Tilgung Sorge zu tragen, sondern seine Einkommensverhältnisse, die er auch in den Folgejahren stets durch eine hohe Belegung seiner Häuser[249] aufzubessern wußte, erlaubten ihm überdies, den Haus- und Grundbesitz in der Rasingstraße weiterhin als Kapitalanlage zu nutzen.

Die Überfüllung der Wohnungen in diesem Arbeiterviertel blieb ein unausweichliches Begleitphänomen der anhaltenden Wohnungsnot, deren soziale Folgen einen hohen Preis forderten. Doch selbst der höchsten Auslastung der zu Wohnzwecken genutzten Räume waren letztlich Grenzen gesetzt. Bot der Mietwohnungsmarkt den in der südlichen Vorstadt überproportional vertretenen einkommensschwachen Bevölkerungsteilen[250] keine Möglichkeit mehr, ein Unterkommen in Wohnungen zu finden, deren Mietzins erschwinglich blieb, so zog ein Teil der Wohnungssuchenden, um nicht der Obdachlosigkeit zum Opfer zu fallen, den Erwerb eines Hauses in Betracht. Diese Erwägungen stellten keineswegs den Inbegriff einer bewußt angestrebten Lebensform oder das Ideal einer ohnehin das Denken und Handeln bestimmenden Lebensperspektive dieser über keinerlei Vermögen verfügenden Erwerbstätigen dar. Das geringe Einkommen von Arbeitern, einem Großteil der Handwerker oder etwa kleinen Gewerbetreibenden reichte auch zu Beginn des 20. Jahrhunderts oft kaum zur Deckung der hohen Lebenshaltungskosten, insbesondere wenn der Verdienst des Mannes die ausschließliche Einnahmequelle der Familie blieb. War der Alltag breiter Bevölkerungsteile somit in erster Linie durch den Kampf um die Sicherung des Lebensunterhalts geprägt und ging stets, verstärkt jedoch in Krisenjahren, mit der Angst um den Verlust des Arbeitsplatzes einher, so mußte der Erwerb von Haus- und Grundbesitz primär aus ökonomischen Gründen als vollauf unrealistisches Ansinnen erscheinen. Für das Heer der lohnabhängigen Arbeiter gewann darüber hinaus der untrennbar mit dem Grundeigentum verbundene Aspekt der örtlichen Bindung an Bedeutung. Hausbesitz konnte sich rasch als bedrohliche Fessel entpuppen, wenn es aufgrund drohender oder bereits eingetretener Erwerbslosigkeit einen neuen Arbeitsplatz zu suchen galt. Mit der Kettung an den Hausbesitz ging dem Arbeiter eine wesentliche Voraussetzung für die Ausübung seines Berufes verloren; er büßte seine Flexibilität ein.

Doch die Schar der Bauunternehmer, deren Hauptinteresse stets dem raschen und gewinnbringenden Verkauf ihrer Immobilien galt, wußte den grundlegenden Vorbehalten, die die breite Masse der besitzlosen Bevölkerung notgedrungen der Frage des Immobilienbesitzes entgegenbringen mußte, durchaus wirksam entgegenzutreten. Um die berechtigten Zweifel, die bereits theoretische Erwägungen einer Aneignung von Haus- und Grundbesitz im Keim erstickten und ernsthafte Kaufabsichten im Vorfeld verhinderten, zu zerstreuen und auch einkommensschwache Erwerbstätige mit dem Gedanken vertraut zu machen, ein Eigenheim zu erwerben, starteten zahlreiche Bauunternehmer insbesondere zu Beginn des 20. Jahrhunderts geschickte Werbefeldzüge,[251] die die Nachfrage nach Häusern anheizen sollten. Unter der Parole "Käufer wohnt frei!" wurde der Hauskauf all jenen schmackhaft gemacht, denen die Finanzierung des Immobilienbesitzes als unrealistisches Unterfangen und unüberwindbares Hindernis erschienen war. Die Bauunternehmer legten mit ihren verlockenden Angeboten gleichsam den Finger auf die Wunde der Zeit; mußte doch gerade den nur über geringe Einkünfte verfügenden Erwerbstätigen, deren Wohnerfahrung sich auf beengte und ungesunde, nicht selten auch konfliktbeladene Verhältnisse beschränkte und die dennoch stets einen erheblichen Teil ihres Einkommens für die regelmäßig zu entrichtende Miete opfern mußten, der Besitz eines dieser hoch angepriesenen Häuser unter dem Blickwinkel der von den Bauunternehmern gleichermaßen verheißungsvoll wie überzeugend in Aussicht gestellten Finanzierungsmöglichkeiten der Eröffnung einer paradiesischen Perspektive gleichkommen. Der mit Bedacht ökonomische Aspekte akzentuierende Anreiz, den die Bauunternehmer für den Kauf ihrer gerade errichteten Neubauten boten, blieb nicht ohne Resonanz, sondern trug maßgeblich dazu bei, daß selbst Teile der Arbeiterbevölkerung dahin tendierten, ihre Bedenken über Bord zu werfen und ein Wohngebäude in ihren Besitz zu bringen. Der Hausbesitz versprach - so die Rechnung der Bauunternehmer aufging - nicht nur materielle Vorteile; für viele Kaufinteressenten werden ebenso immaterielle Gesichtspunkte den Entscheidungsprozeß, auf die Seite der Immobilienbesitzer überzuwechseln, mitgeprägt haben; bot diese Form der Eigentumsbildung doch die vermutlich einmalige Chance, dem Wohnungselend zu entrinnen. Als "Herr im eigenen Hause" war sowohl der oft erfolglosen Wohnungssuche als auch der demütigenden Abhängigkeit von der Willkür des Hausbesitzers ein Ende gesetzt.

Um jedoch in den Genuß des von Bauunternehmerseite garantierten mietfreien Wohnens zu gelangen, war der Erwerb eines kleinen Einfamilienhauses von vornherein auszuschließen; das potentielle Kaufobjekt mußte wenigstens drei Haushalten ausreichenden Wohnraum bieten, da der Zinsabtrag für den vom Käufer zu beanspruchenden Immobilienkredit nur dann gewährleistet war, wenn mindestens zwei Wohnparteien ihren Mietzins entrichteten. Waren diese grundlegenden Voraussetzungen erfüllt, so durfte sich der Hausbesitzer vermeintlich sicher wähnen, seiner finanziellen Sorgen fortan entbunden zu sein. Als größten Risikofaktor hatten die nach dem Kauf eines solchen Wohngebäudes als Vermieter fungierenden Hausbesitzer jedoch die in Frage zu stellende Liquidität ihrer Mieter einzukalkulieren. Ein in erster Linie aus der Notlage ehemaliger Mieter resultierender Hauskauf stellte indessen keineswegs ein erst im 20. Jahrhundert auftretendes gesellschaftliches Phänomen dar. Auch im 19. Jahrhundert war die Wohnungsnot - wenn auch unter anderen Prämissen[252] - von den als Haus- und Grundbesitzern auftretenden Bauunternehmern mitunter skrupellos ausgenutzt worden. Nach altem Recht konnten Mieter unproblematisch vor die Alternative gestellt werden, entweder das zur Miete bewohnte Gebäude käuflich zu erwerben oder binnen kürzester Frist die Kündigung zu erhalten und sich in die langen Schlangen der Wohnungssuchenden einzureihen.[253] Die solchermaßen unter Druck gesetzten und somit zum Hauskauf gezwungenen Arbeiter und vergleichbar einkommensschwachen Berufstätigen waren auch im 19. Jahrhundert aufgrund der hohen Zinslast, die der Immobilienerwerb zwangsläufig mit sich brachte, auf zusätzliche Einnahmen angewiesen, die sie durch eine möglichst große Anzahl von Mietern zu erlangen trachteten. Doch selbst eine hohe Auslastung der Häuser erwies sich in der Praxis des letzten Viertels des 19. Jahrhunderts keinesfalls als Garant zur Aufrechterhaltung eines solchen Scheinbesitzes. Der Hausbesitz dieser mittellosen Eigentümerschicht stand stets auf wackligen Füßen, solange sich die Finanzierung der Häuser primär auf die Zahlungen der Mieterschaft gründeten. Das Gros der Mieter in diesem proletarischen Viertel hingegen rechnete, wie von offizieller Seite - so etwa im Rahmen verschiedener Bürgerschaftsdebatten - zu vernehmen war und hinlänglich beklagt wurde,[254] zur ärmsten Bevölkerung Bremens. Die Armut vieler Südervorstädter hatte nicht selten zur Folge, daß die verfügbaren finanziellen Mittel kaum zum Leben reichten, so daß vom Wochen- oder gar Tagelohn, wollte die Familie satt werden, nicht genug für den zu entrichtenden Mietzins übrigblieb.

Ausgebliebene Mietzahlungen bildeten zwangsläufig den Gegenstand heftiger Auseinandersetzungen zwischen den beiden Mietvertragsparteien und werden vornehmlich jene Hausbesitzer in Konflikte gestürzt haben, die noch unlängst das Los der Mieter geteilt hatten und deren Einkünfte aus ihrer Berufstätigkeit sich kaum von denen ihrer jetzigen Mieter unterschied. Durch den neu erworbenen Status als Hausbesitzer verkehrte sich jedoch die frühere Perspektive in ihr Gegenteil; denn die sich in einer direkten finanziellen Abhängigkeit manifestierende ökonomische Zwangslage dieser - wenn auch nur formal-juristisch - zum Lager der Besitzenden zählenden Hauseigentümer verlangte den unfreiwillig an ihre Immobilien gelangten Eignern die Aneignung einer neuen Denkweise und deren Umsetzung in repressive Handlungsformen ab, wollten sie den Verlust ihrer Häuser nicht tatenlos hinnehmen.

Dem Vermieter war auf Grundlage des alten, bis Ende April des Jahres 1877 geltenden bremischen Pfändungsrechts die Möglichkeit gegeben, bei schuldig gebliebenen Mietzahlungen den Weg der Zwangsvollstreckung seiner Schuldner zu beschreiten, um auf diese Weise zwecks Befriedigung seiner Forderungen notfalls auch das letzte bewegliche Hab und Gut seiner Untermieter verpfänden zu lassen. Die zunehmende Verelendung der breiten Masse der Bevölkerung schlug sich nicht zuletzt in einer drastischen Häufung derartiger Fälle nieder, in denen die zahlreichen Schuldner selbst ihres bescheidensten "Besitzes" im Zuge der als Pfändungen vollzogenen Zwangsvollstreckungen beraubt wurden. Der Pauperismus hatte Mitte der 1870er Jahre solch bedrohliche Ausmaße angenommen, daß sich der bremische Staat veranlaßt sah, mit dem Erlaß eines neuen Gesetzes dem unaufhaltsamen Fortschritt der sich förmlich als Massenelend präsentierenden Verarmung zumindest partiell Einhalt zu gebieten, indem fortan lebensnotwendige Güter der Schuldner als unpfändbar definiert wurden. Das "Gesetz, betreffend die Pfändung beweglicher Gegenstände"[255] wurde zwar am 27. Oktober des Jahres 1876 vom Senat beschlossen und verkündet, trat jedoch erst zum 1. Mai des Jahres 1877 in Kraft. So sah denn auch der zu den Befürwortern eines beschleunigten Inkrafttretens dieser gesetzlichen Bestimmungen zählende Bürgerschaftsabgeordnete Mohrhoff "*den Grund des Nothstandes*" in der erfolgten Verzögerung des Gesetzes:

"*Hätte die Bürgerschaft den Senatsantrag, das Pfändungsgesetz am 1. November 1876 in Kraft treten zu lassen, anstatt am 1. Mai 1877, angenommen, so wären nicht so viele Familien kleinerer Leute an den Bettelstab gekommen.*"[256]

In der Tat genossen all die mittellosen, wegen Zahlungsunfähigkeit verklagten Mieter seit Mai 1877 immerhin einen minimalen Schutz, wenn der Gerichtsvollzieher seines Amtes waltete, indem er die Pfändbarkeit ihres beweglichen Besitzes einer Prüfung unterzog. Die nunmehr von der Debitmasse ausgeschlossenen Güter werfen ein Licht auf die fatalen Folgen für die nach altem Recht einer Zwangsvollstreckung unterworfenen Schuldner: "*1) die Kleidungsstücke, die Betten, das Haus- und Küchengeräth, insbesondere die Heiz- und Kochöfen, soweit diese Gegenstände für den Schuldner, seine Familie und sein Gesinde unentbehrlich sind; 2) die für den Schuldner, seine Familie und sein Gesinde auf zwei Wochen erforderlichen Nahrungs- und Feuerungsmittel*"[257] galten noch unlängst ebenso selbstverständlich zum pfändbaren, in öffentlichen Versteigerungen feilgebotenen Gut wie etwa die zur Ausübung eines Gewerbes unentbehrlichen Gegenstände und Gerätschaften. Das neue Pfändungsgesetz schaffte somit zwar Erleichterung, vermochte aber keinesfalls die grundlegende Not der Bevölkerung zu lindern oder gar zu beseitigen. Die Vermieter indessen taten sich mit der Erlangung ihres Mietzinses erheblich schwerer, seit das neue Dekret rechtswirksam geworden war. Doch auch Hausbesitzer blieben von Zwangsvollstreckungen nicht verschont, wenn sie gegenüber ihren handfestarischen Gläubigern in Zahlungsverzug gerieten. In den Arbeiterstraßen der südlichen Vorstadt war das Erscheinen der amtlich ermächtigten Vollziehungsbeamten gerade in den von der Krise geprägten 1870er und 1880er Jahren kein seltener Anblick; so manchen Stadtteilbewohnern werden die, wie es im Volksmund hieß, "mit dem Kuckuck drohenden" Gerichtsvollzieher wohlbekannt gewesen sein.

Es ist nachgerade bekannt, daß die Einkommenssituation der arbeitenden Klassen ihnen Ersparnisse nur selten erlaubten und daß die Unsicherheit der Anstellung und der Gesundheit mit regelmäßigen Zinszahlungen im Widerspruch standen.[258] Wie häufig allerdings die Versuche fehlschlugen, auf dem Wege der Zwangsvollstreckung von Immobilienbesitzern die finanziellen Forderungen der Gläubiger zu befriedigen, war bereits an der hohen Anzahl der in den 1870er und 1880er Jahren durchgeführten Zwangsversteigerungen der Immobilien erkennbar. Unfruchtbar blieben nicht zuletzt die bei den in ihrem eigenen Hause lebenden Hausbesitzern erfolgten Pfändungsversuche. Die lediglich vereinzelt überlieferten Pfändungsprotokolle der in Zahlungsverzug geratenen Hausbesitzer erweitern und konkretisieren nicht nur den begrenzten Einblick in die tatsächlich existierenden

Besitzverhältnisse dieser sich mit der Höhe ihrer beanspruchten Handfestengelder überbürdeten Schuldner, sondern gestatten überdies, gleichsam einen Schritt über die Schwelle der Haustür zu setzen und mit der Betrachtung des Wohnungsinventars, das stets auch Rückschlüsse auf seinen Besitzer zuläßt und Auskunft über die für den Handlungsspielraum maßgebenden Nutzungsmöglichkeiten liefert, einzelne Aspekte der Wohnbedingungen zu beleuchten und damit gewissermaßen das Innenleben der Häuser in Augenschein zu nehmen.

Ein solcher Pfändungsbefehl erging im April des Jahres 1882 an den Schenkwirt Friedrich Wilhelm Streithorst, der Mitte der 1870er Jahre als Bauunternehmer an der Anlegung und Bebauung der Gastfeldstraße mitgewirkt hatte.[259] Streithorst befand sich gegenüber seiner Gläubigerin, der Witwe Rasing, mit 1.125 Mark im Zahlungsrückstand, den er nicht auszugleichen vermochte, so daß sein unverkäuflich gebliebenes, am höchsten belastetes und abvermietetes Haus, Gastfeldstraße 52, im Januar des Jahres 1882 zwangsversteigert wurde.[260] Doch die Einkünfte aus seinem neu gewählten, erst über einen kurzen Zeitraum ausgeübten Beruf langten kaum, um die achtköpfige Familie zu versorgen. Auch die nun ausschließlich aus der Vermietung des ihm zusätzlich verbliebenen Hauses, Gastfeldstraße 50, erzielten Mieteinnahmen vermochten die miserable Finanzlage des Schenkwirts Streithorst nicht gravierend zu verbessern. Neben den regelmäßig fälligen Zinszahlungen für die beanspruchten Handfestengelder standen dem Immobilienbesitzer weitere Rechnungen ins Haus, die vornehmlich der Staat forderte und für deren Begleichung keine Stundung gewährt wurde. Nicht nur die Grund- und Gebäudesteuer sowie Deichkosten und Beiträge zur Beleuchtung und Reinigung der Straßen belasteten stets aufs neue das Konto der Hausbesitzer, auch zum eigenen Schutz dienende, unumgänglich abzuschließende Versicherungspolicen, wie etwa die gegen Feuer oder Wasserschäden, wollten pünktlich gezahlt sein, sollten die Entschädigungsklauseln nicht unwirksam werden und im Notfall außer Kraft treten. Streithorst war der Flut regelmäßig eingehender Zahlungsaufforderungen für seine beiden Häuser nicht gewachsen und blieb die Beiträge zur Grund- und Gebäudesteuer schuldig. Steuerschulden hingegen konnte der Staat nicht billigen und veranlaßte demzufolge eine Zwangsvollstreckung des Schenkwirts, um per Pfändungsbefehl vom Gerichtsvollzieher im April des Jahres 1882 die Außenstände, deren Höhe für die Gastfeldstraße 50 mit 7,58 Mark und für das von Streithorst bewohnte Nachbarhaus Nr. 48 mit 11,01 Mark beziffert wurde, eintreiben zu lassen. Im Hause des Schuldners war jedoch kein Geld zu holen, wie aus dem "Protocoll über einen fruchtlosen Pfändungs-Versuch" hervorging:

"In Gegenwart der Ehefrau des abwesenden Schuldners (wurden) nach fruchtloser Aufforderung zur Zahlung und nach Vorzeigen des Pfändungsbefehles die von dem Schuldner benutzten Räume und die in denselben befindlichen Behältnisse durchsucht, jedoch nur folgende Gegenstände vorgefunden:

1. 7 Stühle
2. 1 Tisch
3. 1 Commode
4. 2 Bettstellen mit Betten
5. 1 Kinderbett
6. nothwendiges Haus- und Küchengeräth
7. 1 Pult "

Der Vollzugsbeamte schlußfolgerte:

"(...) Die Zwangsvollstreckung blieb erfolglos und ich bescheinige die Nichtpfändbarkeit des Schuldners."[261]

Das Beispiel des Hausbesitzers Streithorst stellte weder einen Extrem- noch einen Ausnahmefall dar. Sowohl im letzten Viertel des 19. als auch zu Beginn des 20. Jahrhunderts befand sich ein Teil der Häuser im Besitz der zu den städtischen Unterschichten zählenden Bevölkerungskreise.[262] War der Hauserwerb aufgrund der spezifisch bremischen Form des Immobilienkredits noch relativ unproblematisch zu realisieren, so erwies sich die Finanzierung und damit die Aufrechterhaltung des Hausbesitzes - zumal wenn die zur finanziellen Absicherung aufgenommenen Mieter ihren Mietzins nicht zahlten - für viele dieser nur über ein geringes Einkommen verfügenden Eigentümer als nahezu unlösbares Problem. Wie im Falle Streithorsts besaßen auch andere Immobilienbesitzer kaum das Nötigste zum Leben, so daß der Ablauf und das Ende der sich um den Hausbesitz rankenden Geschichte dieser unbemittelten Eigentümer förmlich vorprogrammiert zu sein schien und in der Praxis tatsächlich oft nach dem stets gleichbleibenden Handlungsmuster von Zahlungsrückstand, Pfändung und Zwangsversteigerung des Haus- und Grundbesitzes ablief. Für die mit enorm hohen Summen verschuldeten, an ihren Spekulationsgeschäften in den 1870er Jahren reihenweise gescheiterten Bauunternehmer hingegen präsentierte sich die Zwangsvollstreckung in modifizierter Form; ihr Bankrott erforderte - gemäß § 2 des neuen Pfändungsgesetzes - in aller Regel die Leistung des Offenbarungseides, bevor ihr teils sehr umfangreicher Immobilienbesitz öffentlich versteigert wurde.

Nachdem die als Gläubiger fungierenden, teils hohe Verluste erlittenen Handfestarier nach 1875 den zuvor zur Anlage ihres Kapitals präferierten Wohnungsbau über einen langen Zeitraum gemieden hatten, da das Grundstücksgeschäft, wie die zahlreichen Zwangsversteigerungen belegten, als ein mit zu hohen Risiken behaftetes Unternehmen galt, standen erst in den 1890er Jahren wieder Gelder zur Verfügung, die gegen Handfesten beliehen werden konnten.[263] Das Bremer Baugewerbe verlegte sich seit Ende der 1880er zunehmend auf die Herstellung von Zwei- und Dreifamilienhäusern, so daß die kleinen Einfamilienhäuser[264] ihre hervorragende Stellung und Bedeutung zusehends einbüßten.[265] Auf diese

Entwicklung machte erstmals Wilhelm Böhmert, Direktor des Bremischen Statistischen Amtes, im Jahre 1905 in seiner Analyse der "Untersuchung der Wohnungen der minder bemittelten Klassen in Bremen" aufmerksam:

"Diese Änderung (in der Bauweise; M.L.) macht sich zwar in den Abmessungen der Grundstücke, ihrer Tiefe und Straßenbreite wenig bemerkbar, wohl aber in der Höhe der Häuser, insbesondere in der Stockwerkzahl. (...) Man gibt dem zweistöckigen Haus den Vorzug, weil es eine bessere Ausnützung zum Abvermieten gestattet. In der westlichen und südlichen Vorstadt hat die vorwiegend aus dem Binnenlande zugewanderte Arbeiterschaft wohl noch weniger Neigung zum Einfamilienhaus. (...) Das Ergebnis der Entwicklung ist somit, daß das einstökkige Einfamilienhaus als typisches Wohnhaus der minder bemittelten Klassen seine Rolle ausgespielt hat. An seine Stelle ist jedoch nirgends die Mietkaserne, sondern das zweistöckige Wohnhaus getreten, das in Bezug auf den Grundriß nur wenig von dem früheren einstöckigen Hause abweicht."[266]

Nach dem späten Zollanschluß im Jahre 1888 war Bremen für die Ansiedelung von Industriebetrieben attraktiv geworden. Neue Industriestandorte und der mehrfache Ausbau der Hafenanlagen übten eine magnetische Wirkung auf arbeitssuchende Zuwanderer aus, die wiederum ein Unterkommen finden mußten. Der nach 1888 somit stark erhöhte Flächenbedarf für Gewerbe- und Wohngebiete ließ die Bodenpreise in die Höhe klettern. Trotz einer drastischen Verteuerung der Baulandpreise, etwa für einfache Arbeiterhäuser am westlichen Stadtrand Bremens, war dort selbst im Jahre 1912 mit 18 bis 25 Mark pro Quadratmeter[267] noch nicht das ungewöhnlich hohe Preisniveau erreicht, das in der südlichen Vorstadt schon in den 1870er Jahren beispielsweise in der Rasingstraße von den Grundbesitzern J.C. Meyer oder B.J.C. Rasing gefordert worden war.[268] Der Bau von kleinen Einfamilienhäusern auf teurem Grund erwies sich jedoch in erster Linie für die Bauunternehmer, aber auch für die Kaufinteressenten und späteren Hausbesitzer, als unrentabel. Die starke Zunahme der Zwei- oder gar Dreifamilienhäuser resultierte infolgedessen nicht aus individuellen Neigungen der zugewanderten Arbeiterbevölkerung, wie Böhmert resümierte, sondern primär aus ökonomischen Motiven. Auf diesen Aspekt setzten die Bauunternehmer denn auch folgerichtig, als sie zu Beginn des 20. Jahrhunderts ihre Werbetrommel rührten, um auch Arbeiter zum Kauf eines mehrgeschossigen Wohnhauses zu animieren. Werbung wie das vorzugsweise propagierte und als Lockmittel genutzte mietfreie Wohnen für den Erwerber von Haus- und Grundbesitz war insbesondere seit der Jahrhundertwende vonnöten; denn zu diesem Zeitpunkt war aufgrund des nunmehr auch in Bremen eingeführten, im Deutschen Reich bereits überall geltenden Hypothekenrechts des Bürgerlichen Gesetzbuches ein Hauskauf ohne Einbringung von Eigenkapital nicht mehr realisierbar. Der in Bremen gängigen Praxis, den Immobilienbesitz voll oder über den Kaufpreis hinaus zu belasten, schien damit seit Beginn des 20. Jahrhunderts endgültig ein Ende gesetzt zu sein. Eine Anzahlung von 8 Prozent auf den Kaufpreis eines Hauses galt bis zum

Ersten Weltkrieg als Mindestforderung der privaten Bauunternehmer.[269] Unter diesen Bedingungen wird die ernsthafte Erwägung, Haus- und Grundbesitz zu erwerben, für die Mehrheit der Arbeiterbevölkerung zu einem bloßen Wunschtraum verkommen sein.

Bis zu Beginn der 1920er Jahre liefen das neu eingeführte Hypotheken- und das alte Handfestenrecht in Bremen jedoch parallel, so daß in denjenigen Bezirken, in denen das sukzessiv eingeführte Grundbuch noch nicht angelegt war, das Handfestensystem weitergeführt wurde. Auch die südliche Vorstadt zählte aufgrund der späten Grundbuchanlegung zu den Gebietsteilen, in denen das alte Recht lange seine Gültigkeit behielt. Kaufinteressenten konnten - so sie Darlehnsgeber fanden, die ihr Kapital nicht in der nunmehr als Anlagesphäre begünstigten Industrie,[270] sondern nach wie vor auf dem Grundstücksmarkt unterbrachten - in diesem Bezirk demnach auch im ersten Viertel des 20. Jahrhunderts noch eine Finanzierung nach altem Modus einkalkulieren, der ihnen die Möglichkeit einräumte, ihren Immobilienbesitz in voller Höhe oder gar über den Kaufpreis hinaus zu belasten. Für die Mehrzahl der Arbeiterbevölkerung bildete diese Finanzierungsmodalität die grundlegende Voraussetzung zum Kauf eines Hauses. Dennoch fanden sich unter den Erstbesitzern der zwischen 1900 und 1914 fertiggestellten Neubauten in der Gastfeld- und Kornstraße nur sehr vereinzelt Arbeiter oder entsprechend geringe Einkünfte beziehende Erwerbstätige.

In Anbetracht der hohen Preise, die für die Mehrzahl dieser Neubauten gefordert wurden, nimmt die soziale Zusammensetzung der Hausbesitzer nicht wunder. Nur wer aufgrund seines Einkommens über ein ausreichendes finanzielles Polster verfügte, war imstande, eines dieser zu Beginn des 20. Jahrhunderts errichteten Häuser in seinen Besitz zu bringen und vor allem auch finanzieren zu können. Selbst unter der Bedingung, daß für den Haus- und Grundbesitz ein Kredit in voller Höhe zu erlangen war, kam der Erwerb eines dieser relativ großen und entsprechend kostspieligen Wohnhäuser in den beiden sich immer stärker zu Geschäftsstraßen entwickelnden Hauptstraßen der südlichen Vorstadt für Angehörige der Arbeiterbevölkerung kaum in Betracht. Ein Arbeiter hätte sich allenfalls den Kauf eines Bauplatzes leisten können; denn sowohl in der Gastfeld- als auch in der Kornstraße wurden den Käufern infolge der in die Höhe kletternden Bodenpreise bereits lediglich für die Grundstücke vierstellige Summen abverlangt. Mit Quadratmeterpreisen von 20 bis 25 Mark hatte ein Teil der Erwerber den Grund und Boden noch günstig erstehen können, häufiger wurden jedoch 30 Mark und vereinzelt sogar bis zu 38 Mark[271] für die identische Grundfläche dieser Bauplätze verlangt. Doch selbst vermeintlich kompetenten Zeitgenossen, so etwa dem Staatsbaurat Karl Bahnson, schien die sich seit den 1870er Jahren vollziehende Preisentwicklung auf dem Bremer Grundstücksmarkt, wie dessen Ausführungen aus dem Jahre 1918 zu entnehmen war, offenbar entgangen zu sein.

" Für übertriebene Preistreibereien mit dem Boden blieb (in Bremen; M.L.) kein Raum, und die Werte für den Grund und Boden haben sich Jahrzehnte lang etwa auf gleicher Höhe gehalten. Um ein Beispiel anzuführen, sei erwähnt, daß für die bessere Wohngegend in den Vorstädten sich der Preis seit den siebziger Jahren des vorigen Jahrhunderts auf 25-36 M. für das qm gehalten hat; in Gegenden mit einfacheren Wohnungen etwa auf 15-20 M. für das qm."[272]

Immobilienbesitzer und Bewohner dieser beiden Straßen konnten sich - gemessen an der hohen Bodenpreiskategorie - trotz des schlechten Rufs, den die südliche Vorstadt Bremens in der bürgerlichen Öffentlichkeit genoß, somit rühmen, einen Wohnsitz in einer der Gunstlagen Bremens innezuhaben.

Tatsächlich wies nicht nur die soziale Zusammensetzung der Hausbesitzer in der Gastfeld- und Kornstraße eine zunehmende Präsenz einkommensstärkerer Erwerbstätiger auf, in beiden Straßen war einhergehend mit der Schaffung neuen Wohnraums vornehmlich zwischen 1905 und 1914 ein deutlicher Bevölkerungszuwachs zu verzeichnen, der gleichermaßen eine Veränderung der sozialen Gliederung der zur Miete lebenden Bewohner hervorrief.[273] Fanden sich unter der Wohnbevölkerung dieser beiden Wohn- und Geschäftsstraßen, die im Gegensatz zu den sich durch steinerne Eintönigkeit auszeichnenden benachbarten Nebenstraßen auch staatsseitig größere Aufmerksamkeit genossen und für deren attraktives Erscheinungsbild etwa durch Baumpflanzungen Sorge getragen wurde,[274] auch nach wie vor zahlreiche Arbeiter, Handwerksgesellen und andere gering entlohnte Berufstätige und Berufslose, so wurden diese beiden gewissermaßen als Repräsentationsobjekte der südlichen Vorstadt auserkorenen und fungierenden Hauptstraßen nunmehr zunehmend von Angehörigen derjenigen Berufsgattungen, die ihren Mitgliedern ein höheres Einkommen sicherten und in den umliegenden Arbeiterstraßen kaum oder gar nicht anzutreffen waren, als bevorzugter Wohnort begehrt. Freiberufler, Beamte, Angestellte oder auch Handwerksmeister und Dienstleister prägten im 20. Jahrhundert immer stärker die Sozialstruktur der Gastfeld-, insbesondere aber der Kornstraße. Die Nachfrage nach Mietwohnungen blieb in Bremen - und hier vorzugsweise in den Arbeiterbezirken - bis 1914 stets höher als das vorhandene Angebot, so daß neue wie alteingesessene Hausbesitzer kaum um einen Leerstand ihrer Wohnungen und demzufolge ausbleibende Mieten fürchten mußten. Der nicht abreißende Wohnungsmangel versetzte die Hauseigentümer vielmehr in eine äußerst vorteilhafte Position; *"denn zeigte der Wohnungsmarkt nicht einen für den Vermieter so sehr günstigen Stand, dann könnten diese in der Auswahl der Mieter eben nicht so wählerisch sein,"*[275] lautete der Kommentar Friedrich Eberts im Jahre 1902.

Auf diese Vorzüge einer aller Wahrscheinlichkeit nach unproblematischen Abvermietung, der freien Wahl seiner Mieter und auf die für seine Familie angestrebte Perspektive des kostenlosen Wohnens wird auch der sich als Händler betätigende Ludwig Michael Dittmar, einer der wenigen zu den minder bemittelten Berufstätigen zählenden Kaufinteressenten, gesetzt haben, als er sich im März des Jahres 1907 entschloß, das Wagnis einzugehen, einen der zum Verkauf stehenden Bauplätze in der Gastfeldstraße zu erwerben. Der in einer Nebenstraße lebende Händler bezog das 276 m^2 umfassende Eckgrundstück an der geplanten, aber noch nicht angelegten Hegelstraße direkt von den beiden in Hannover ansässigen Grundbesitzern Ebell, einem Kreisboniteur und einem Plantagenbesitzer, für 8.241,15 Mark,[276] mithin ein Quadratmeterpreis von 29,86 Mark, der bereits der gehobenen Bodenpreisklasse zuzurechnen war. Für den nunmehr dem Grundbesitzerkreis der südlichen Vorstadt angehörenden Dittmar kam der Bau eines einfachen Kleinhauses, wie sie reihenweise in den Seitenstraßen vorzufinden waren, nicht in Frage. Da er bereits ausschließlich für den Baugrund eine Kaufsumme entrichtet hatte, für deren identischen Wert er ebenso kompletten Haus- und Grundbesitz in einer der umliegenden Arbeiterstraßen hätte erlangen können, ließ er sich primär von Rentabilitätserwägungen leiten und gab ein dreistöckiges, unterkellertes Wohn- und Geschäftshaus bei dem Bauunternehmer G.H. Kastens in Auftrag, der das Gebäude nach erhaltener Baugenehmigung noch im gleichen Jahr in einen bezugsfertigen Zustand versetzte. Die Baukosten für sein Haus bezifferte Dittmar ohne Berücksichtigung der Erd-, Glaser-, Maler- und inneren Dekorationsarbeiten gegenüber der Baupolizei mit 22.100 Mark.[277] Eigenkapital wendete er für die angefallenen Kosten seines Immobilienbesitzes offenbar nicht auf, sondern nutzte die bequeme Form des in der südlichen Vorstadt noch verbreiteten Handfestensystems, indem er gegen Willigung von fünf Handfesten eine Gesamtsumme von 34.000 Mark[278] belieh. Nach erfolgter Schlußabnahme im Oktober des Jahres 1907 siedelte der von nun an "bis über beide Ohren" verschuldete Dittmar von der Ottostraße in die Gastfeldstraße 20 über.

Der Händler gab mit dem Wechsel seines Wohnortes offiziellen Angaben zufolge auch seinen alten Beruf auf und bestritt den Lebensunterhalt für seine Familie fortan als Zigarrenmacher. Damit beschritt Dittmar eher einen ungewöhnlichen beruflichen Werdegang; waren doch viele unter den Bewohnern der Gastfeld-, Korn-, Rasing- und Wulfhoopstraße zwischen 1875 und 1914 anwesende Arbeiter bestrebt, ihre Lohnabhängigkeit selbst gegen die bescheidenste selbständige Existenz, wie beispielsweise die eines Kleinhändlers, zu tauschen.[279] Für Dittmar, der im Parterre seines Hauses über zwei kleine Ladenräume von jeweils 13,5 m^2 verfügte, wäre die Beibehaltung seines ehedem erwerbsmäßig geführten Händlerdaseins naheliegend gewesen. Als Zigarrenmacher hingegen konnte er - so er seinen Beruf nicht in Heimarbeit ausübte - im günstigsten Falle auf ein maximales Jahreseinkommen von rund 1.300 Mark[280] bei einer durchschnittlichen Arbeitszeit von 57 bis 60 Stunden in der Woche[281] hoffen. Dies setzte allerdings die Erlangung eines Spitzenlohns voraus, denn das Durchschnittseinkommen eines Bremer Zigarrenmachers lag lediglich bei 853 Mark und galt demzufolge als ein Jahresverdienst, der zu Beginn des 20. Jahrhunderts am unteren Ende der Lohnskala

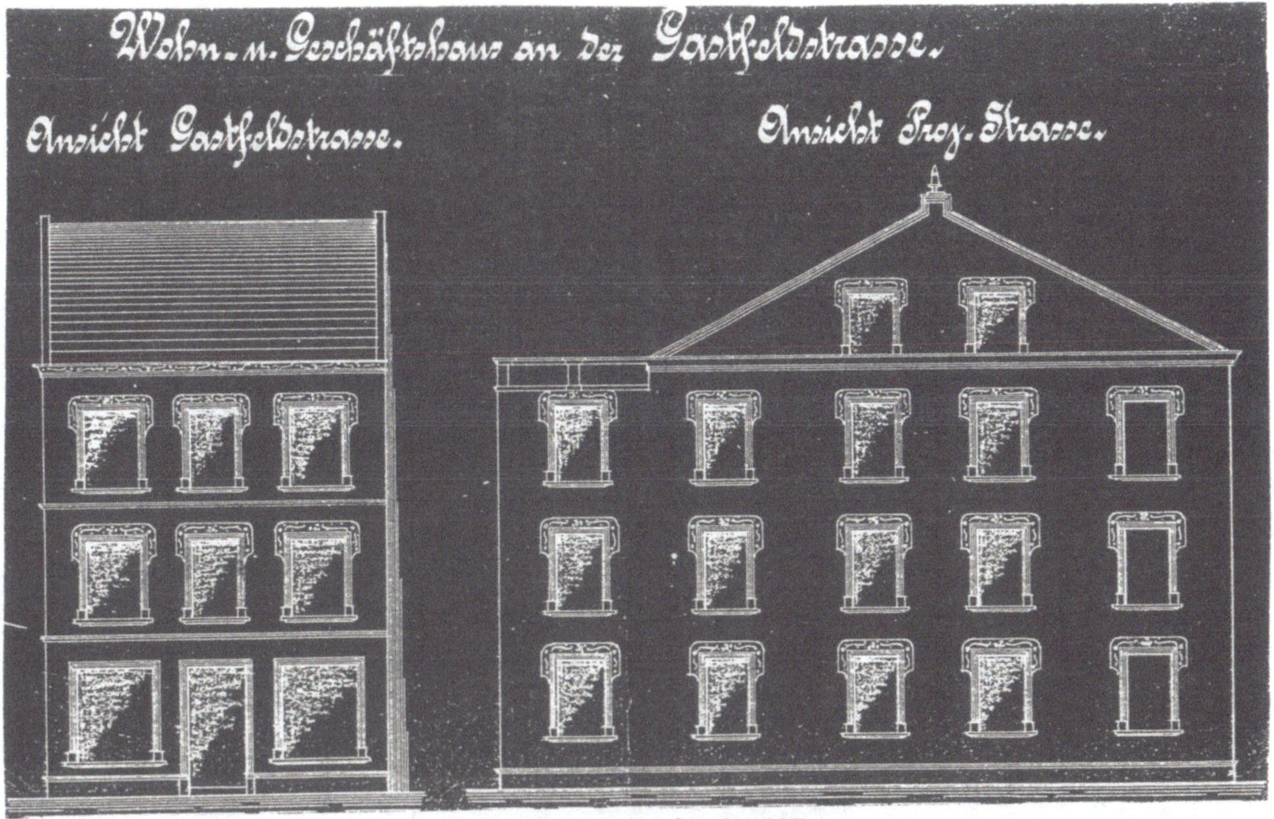

Ansicht Gastfeldstraße 20 (1907)

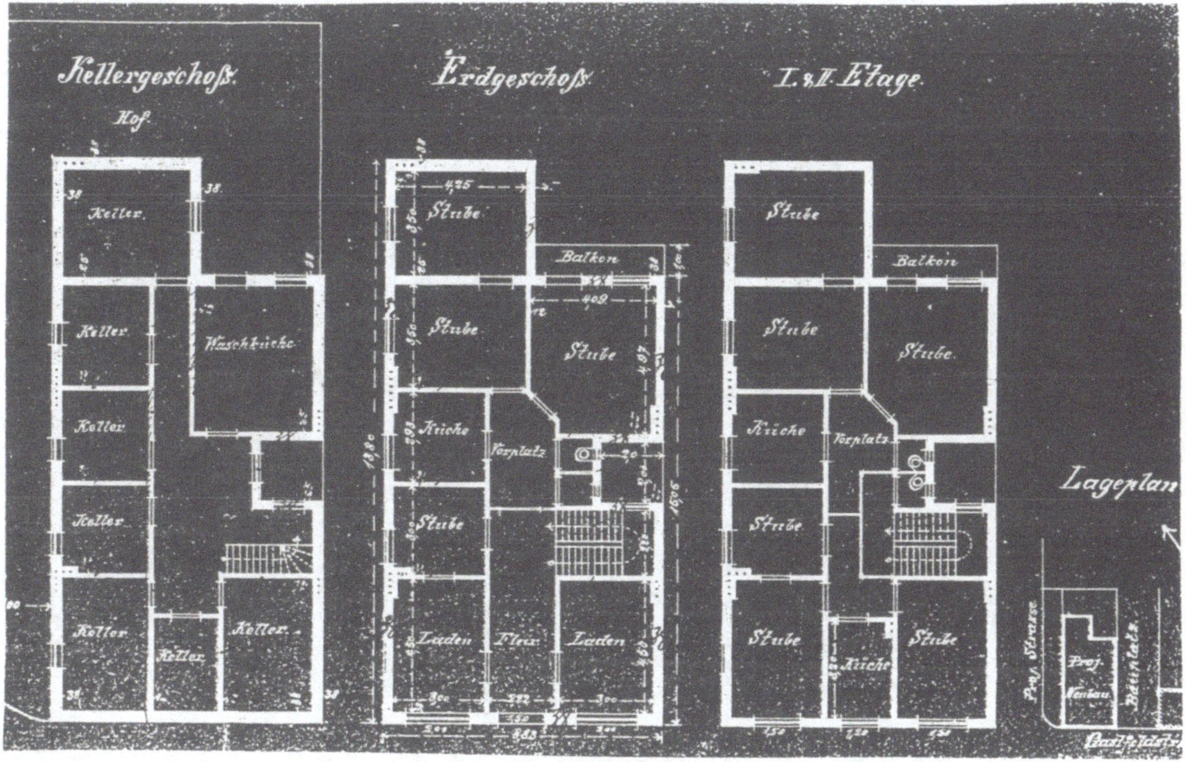

Grundrisse Gastfeldstraße 20 (1907)

eines Arbeiters rangierte.[282] Unter solch kärglichen Finanzverhältnissen war ein Arbeiterhaushalt, der bereits für Nahrungsmittel etwa 53 Prozent der zur Verfügung stehenden Einnahmen zu veranschlagen hatte,[283] auch ohne belastenden Hausbesitz bestrebt, zusätzliche Einkünfte zu beziehen, die entweder von den Familienangehörigen oder durch eine Nebentätigkeit des männlichen Haushaltsvorstandes aufzubringen waren.

Dittmar, dessen dreigeschossiges Haus ausreichenden Wohnraum bot,[284] um mehrere Mietparteien aufzunehmen, hatte - die Werbung der Bauunternehmer vor Augen - von vornherein die vorteilhafte Möglichkeit, die zur Zahlung seines Kapitalzinses erforderlichen Kosten in erster Linie auf seine Untermieter abzuwälzen, in seine Rechnung einbezogen. Da für seinen in Höhe von 34.000 Mark beanspruchten Immobilienkredit selbst bei einem gering angesetzten Zinssatz von nur 4,5 Prozent jährlich ein Betrag von 1.530 Mark fällig wurde, stellte die Unterbringung einer möglichst hohen Anzahl von Mietparteien für den Zigarrenmacher schlicht eine ökonomische Notwendigkeit dar. Wollte er kostenfrei in seinem eigenen Hause wohnen, so mußte er für eine Dreizimmerwohnung, die in der Gastfeldstraße 20 gleich in fünffacher Anzahl vorhanden war, vermutlich eine über dem Bremer Durchschnittssatz liegende Jahresmiete[285] fordern. Doch auch wenn ihm sein imposanter Neubau gestattete, die üblichen Ortsmieten nicht als Richtschnur zu betrachten und für seine Mietwohnungen eine andere Meßlatte anzulegen, indem er über 300 Mark verlangte, so waren damit zwar ein für ihn unentgeltliches Wohnen und ebenso die Abdeckung seiner Zinszahlungen sichergestellt; eine Tilgung seiner außerordentlich hohen handfestarischen Belastungen indessen war auf diese Weise noch immer nicht zu bewerkstelligen. Sollte sich sein Schuldenberg nach und nach reduzieren, mußte er wohl oder übel einen bei weitem höheren Mietzins einstreichen oder unter Einsatz eigener Mittel für den sukzessiven Abtrag seines Immobilienkredits Sorge tragen. Die beiden in seinem Hause vorhandenen Ladenräume ebneten ihm allerdings den Weg, seine Einkünfte merklich zu steigern. Ebenso unwahrscheinlich wie unverständlich mutet die offizielle Version[286] an, daß Dittmar diese sich nur wenigen Hausbesitzern bietende Chance in den ersten Jahren ungenutzt ließ und sich mit der ausschließlichen Abvermietung zu Wohnzwecken begnügte.

Das Bremer Adreßbuch weist für das Jahr 1908 neben dem in seinem Hause lebenden Besitzer Dittmar fünf Mietparteien - die Haushaltungen von zwei Kistenmachern, einem Schuhmachergesellen, einem Revisionsaufseher und einer berufslosen Witwe - auf. Für die Mieter dieses Neubaus riß ein veranschlagter jährlicher Mietzins von 300 Mark[287] ein tiefes Loch in die Haushaltskasse, wenn das durchschnittliche Jahreseinkommen eines Kistenmachers bei einem Wochenlohn von 21,93 Mark[288] nur knapp 1.100 Mark betrug. Für den Schuhmacher, dessen Beruf gemeinhin der Kategorie mit notdürftigem Einkommen zugezählt wurde,[289] hing die Höhe seines Verdienstes - und damit der relative Anteil, den die Miete von den Einnahmen verschlang - maßgeblich davon ab, ob er sein Handwerk in Heimarbeit ausübte und etwa 1.400 Mark im Jahr nach Hause brachte oder in den Dienst der Industrie stellte und mit einem Jahresverdienst von 640 Mark[290] seinen Lebensunterhalt zu bestreiten hatte. In jedem Falle kam das Beziehen einer solch teuren Mietwohnung für Erwerbstätige dieser Einkommensklassen einem wahren Luxus gleich, der kaum von langer Dauer sein konnte. Finanzielle Beweggründe werden den Ausschlag gegeben haben, daß bereits im Folgejahr ein annähernd kompletter Austausch der Mieterschaft - ob nun primär auf das Drängen des Hausbesitzers, den eigenen Wunsch der Mieter oder etwa in beidseitigem Einverständnis - erfolgte. Mit Ausnahme des Revisionsaufsehers hatten alle an der Einweihung des Hauses beteiligten Erstmieter schon nach einem Jahr die Wohnungen geräumt, um sie nunmehr einem Werkmeister, einem Kutscher und einem Schneider zu überlassen. Jedes Jahr fand aufs neue ein Wechsel der Wohnparteien statt, der die hausinterne Sozialstruktur einem steten Wandel unterwarf und das nicht zu verkennende Ziel des Vermieters widerspiegelte, möglichst einkommensstärkere Erwerbstätige in seinem Hause zu wissen. Unter dem Motto "Weniger kann mehr sein" nahm Dittmar im Jahre 1910 zwischenzeitlich auch den Rückgang in der Anzahl seiner Mietparteien in Kauf, stellten Beamte und Unternehmer doch im Gegensatz zu Schneidern, Kistenmachern oder ähnlich unbemittelten Berufstätigen willkommene Mieter dar, die keine leidigen Liquiditätsprobleme erwarten ließen, sondern pünktlich ihren Mietzins zu zahlen in der Lage waren, den der verschuldete Hausbesitzer in halbjährlichen Raten seinen Gläubigern überließ. Der Zigarrenmacher Dittmar, der ab 1911 in einem neuaufgenommenen Barbier und Friseur auch erstmals einen Nutzer für seine Ladenräume fand, vermochte mit Hilfe seiner in den meisten Jahren zahlreichen Mieterschaft seinen Immobilienbesitz aufrechtzuerhalten, ohne gegenüber seinen Darlehnsgebern in Zahlungsverzug zu geraten. Die bescheidene Höhe seines Einkommens als Zigarrenmacher verhinderte jedoch selbst auf lange Sicht eine Tilgung seines Darlehens aus eigenen Mitteln. Ob ihn allerdings seine Mieter im Laufe der Jahre dazu befähigten, den entscheidenden Statuswechsel vom bloßen juristischen zum tatsächlichen Eigentümer des betreffenden Haus- und Grundbesitzes in der Gastfeldstraße zu vollziehen, hing in Anbetracht seiner hohen Verschuldung maßgeblich von der Höhe der seinen Mietern abverlangten Beträge ab. Die Höhe der handfestarischen Belastungen und das damit eingegangene finanzielle Risiko lassen den Zigarrenmacher Dittmar unter den Immobilienbesitzern der Gastfeld- und Kornstraße als selten vorzufindenden Ausnahmefall hervortreten.

Wenngleich der Erwerb von Haus- und Grundbesitz um die Jahrhundertwende durch veränderte Finanzierungsbedingungen nunmehr auch für breite Teile der Bremer Bevölkerung erschwert wurde, so rangierte das nach wie vor durch eine weiträumige Bauweise gekennzeichnete Bremen mit seinem hohen, wenn auch nicht dominierenden Anteil an Eigentümerwohnungen im interstädtischen Vergleich auch im Jahre 1900 noch an erster Stelle.[291] Die Berufszugehörigkeit der in ihrem eigenen Hause lebenden Immobilienbesitzer wies - unabhängig davon, ob sie ihr Haus alleine oder mit zusätzlich aufgenommenen Mietern bewohnten - in Bremen ein klares, mit der Höhe des Einkommens korrespondierendes soziales Gefälle auf. So waren unter den Hauseigentümern vornehmlich Unternehmer und Selbständige, gefolgt von Beamten und Freiberuflern stark vertreten, der Anteil der Angestellten hingegen deutlich verringert, während Arbeiter in ihrer relativen Verbreitung innerhalb dieser gesellschaftlichen Gruppierung an letzter Stelle plaziert waren. *"Ihr Anteil an der Gesamtzahl der Wohnungen betrug 37,0 %, an den Eigentümerwohnungen allein 23,9%."*[292] Arbeiter bildeten unter den Bremer Immobilienbesitzern somit zwar eine Minderheit, gemessen an dem in anderen deutschen Großstädten existierenden Verbreitungsgrad von Haus- und Grundbesitz in der Arbeiterbevölkerung waren die in Bremen herrschenden Besitzverhältnisse als ungewöhnlich anzusehen. Hausbesitz in Arbeiterhand galt in Bremen folglich keineswegs als Rarität, spielte sich jedoch in aller Regel zum einen in einer anderen finanziellen Größenordnung ab, als das eher atypische Beispiel des Zigarrenmachers und Immobilienbesitzers Dittmar in der Gastfeldstraße erkennen ließ, und ging zum anderen keinesfalls zwangsläufig mit einer wirklichen Eigentumsbildung einher, da gering entlohnte Erwerbstätige bereits häufig mit den regelmäßig anfallenden Unterhaltskosten und Zinszahlungen für die auf ihrem Hausbesitz lastenden Darlehen überfordert waren. Auf welchem Wege ein Arbeiter auch an seinen Hausbesitz gelangte, blieb insofern unerheblich, als ein hoch verschuldeter Hausbesitzer dem Status eines Mieters doch sehr nahe kam oder aufgrund seiner zahlreichen Verpflichtungen gar schlechter gestellt sein konnte. Diese Auffassung kam auch in einer im Jahre 1913 an die "Bremer Nachrichten" gesandten Zuschrift unmißverständlich zum Ausdruck:

> *"Ein so erstandenes Haus (ist) ein recht fragwürdiges Eigentumsstück. Nicht nur, daß die Höhe der Hypotheken einer freien Verfügungsmöglichkeit hemmend im Wege steht, muß der Hauseigentümer in steter Sorge leben, daß ihm gerade die letzten, am höchsten zu verzinsenden und am schwersten neu aufzunehmenden Gelder gekündigt werden. Es ist sein ewiges Hangen und Bangen, ob er die Zinsen auch pünktlich zusammenbringen kann. Gelingt ihm dies nicht, dann pflegt der Gläubiger nicht viel Federlesens mit ihm zu machen. Tatsächlich ist ein Hauseigentümer, dessen Haus hoch belastet ist, nur ein Mieter, mit dem Unterschiede, daß er sehr viel mehr Pflichten hat als dieser, viel gebundener ist und viel mehr Gefahr läuft."*[293]

Ungeachtet der ursächlichen bzw. primären Beweggründe für den Erwerb von Haus- und Grundbesitz wurde von Arbeitern in erster Linie eines der zahlreichen kleineren und einfacheren Reihenhäuser in den zwischen den Hauptstraßen verlaufenden Wohnstraßen der südlichen Vorstadt bevorzugt, die für ihren Geldbeutel noch gerade erschwinglich schienen. Solch potentiell geeignete Kaufobjekte fanden sich beispielsweise in der Rasing- und Wulfhoopstraße. In der Zeitspanne von 1900 bis 1914 schwankten die Preise für den kleineren Haustyp der lediglich im Souterrain und Parterre zu Wohnzwecken ausgebauten Einfamilienhäuser in der Rasingstraße zwischen 4.500 und 6.000 Mark. Ein Zweifamilienhaus, das entweder ein zusätzliches erstes Stockwerk oder ein nachträglich ausgebautes Dachgeschoß besaß, war dort auf dem Wege des Privatkaufs im gleichen Zeitraum für 6.100 bis 8.000 Mark zu erstehen.[294] Die in ihrer Art, Größe und Ausführung weitgehend mit den Bauten der Rasingstraße identischen eingeschossigen Häuser in der Wulfhoopstraße entfielen in die gleiche Preisklasse, obgleich vereinzelt bis zu 6.600 Mark für ein solch kleines Bremer Haus gefordert wurde.[295] Einem Arbeiter mußte die Höhe dieser Hauspreise, die mehreren Jahreseinkommen entsprachen, noch immer exorbitant erscheinen. Bei einem Kaufpreis von 6.000 Mark, der auch in anderen Bremer Arbeitervierteln für ein Reihenhaus einfachen Typs zu zahlen war,[296] hätte ein Gold- bzw. Silberarbeiter, der wie viele andere in der Metallindustrie Beschäftigte bereits zu den hoch entlohnten Arbeitern zählte, unter der sich in Bremen zunehmend durchsetzenden Bedingung einer zu entrichtenden Mindestanzahlung von 8 Prozent ca. 18 Wochenlöhne zurücklegen müssen.[297] In der südlichen Vorstadt blieben Kaufinteressenten von derart behindernden Voraussetzungen offenbar noch verschont, wie aus der dort auch bis 1914 durchaus gebräuchlichen, wenn auch nicht generellen Finanzierung des Immobilienbesitzes, der in voller Höhe des Kaufpreises und mitunter über diese Summe hinaus handfestarisch belastet zu werden pflegte, geschlußfolgert werden kann.[298] Nur selten brachten Arbeiter, die in den ersten beiden Jahrzehnten des 20. Jahrhunderts eines der zum Verkauf stehenden Häuser in der Rasingstraße erwarben, Eigenkapital auf.

In zwei Fällen allerdings ging der Immobilienerwerb in dieser Arbeiterstraße mit ungewöhnlich hohen Einsätzen von Eigenmitteln seitens der Käufer einher. Beide von den Bauunternehmern Bellmer und Westenfeld erstellten Einfamilienhäuser waren im Juni des Jahres 1877 von der als Hauptgläubigerin dieser Unternehmer fungierenden Bremischen Hypothekenbank für jeweils 2.600 Mark ersteigert worden und über den langen Zeitraum von 25 bzw. 26 Jahren in deren Besitz verblieben. Im Mai des Jahres 1902 unterzeichnete der aus einer Arbeiterfamilie stammende Brauereiarbeiter Diedrich Albert Köster, der zu diesem Zeitpunkt noch im Hause seines Vaters, in der Rasingstraße 13, lebte,[299] den Kaufkontrakt für das in der Nachbarschaft seines Wohnortes gelegene Haus Rasingstraße 24, dessen Kaufpreis die Veräußerin auf 4.800 Mark festgesetzt hatte. Köster wandte beim Vertragsabschluß die stolze Summe von 1.000 Mark auf und deckte damit bereits 20,83 Prozent des Gesamtbetrages für seinen Haus- und Grundbesitz. Zur Finanzierung der noch verbliebenen Restschuld in Höhe von 3.800 Mark willigte er zwei Handfesten.[300] Da er mit dem hohen Anteil eingebrachten Eigenkapitals den aufzunehmenden Immobilienkredit gering zu halten vermochte, hielt sich die von ihm zu tragende Zinslast im Gegensatz zu den meisten hoch verschuldeten Hausbesitzern noch in erträglichen Grenzen. Unter diesen vergleichsweise günstigen Voraussetzungen wäre der Brauereiarbeiter, dessen durchschnittliches Jahreseinkommen bei 1.070 Mark[301] lag, imstande gewesen, seine mit ca. 160 Mark[302] zu beziffernden jährlichen handfestarischen Zinsbelastungen aus eigener Tasche zu zahlen. Wenngleich in diese Rechnung noch keine Unterhaltskosten für den Haus- und Grundbesitz einbezogen waren und eine Tilgung seines Darlehens unberücksichtigt blieb, so lag die Höhe seiner Aufwendungen, die etwa 15 Prozent seines Jahreseinkommens beanspruchten, noch unter dem Anteil, den eine Arbeiterfamilie in diesen Jahren für Mietausgaben einzukalkulieren hatte[303]. Köster schien jedoch bestrebt, seine eigenen Kosten so weit wie möglich zu senken, indem er nach seinem Einzug in die Rasingstraße 24 im Jahre 1903 stets Teile seines Hauses abvermietete. Doch nicht nur die Mietzahlungen seiner im Laufe der Jahre zwar sowohl personell als auch in ihrer Anzahl mehrfach wechselnden, jedoch ausnahmslos zur Arbeiterbevölkerung zählenden Untermieter besserten seine Einkünfte auf, der Brauereiarbeiter konnte überdies, nachdem beide Elternteile verstorben waren, gemeinsam mit seinen fünf Geschwistern das Erbe antreten und aus dem im Jahre 1905 abgewickelten Verkauf des Elternhauses 833 Mark einstreichen. Auf diese Weise war er ohne außergewöhnliche Mühen imstande, sein Darlehen zu tilgen und zum tatsächlichen Haus- und Grundbesitzer aufzusteigen.

Vergleichbare Ausgangsbedingungen lagen dem Verkauf des Hauses Rasingstraße 22 zugrunde, das laut abgeschlossenem Kaufkontrakt mit der Bremischen Hypothekenbank im Jahre 1903 für 4.900 Mark in den Besitz des Arbeiters Heinrich Carl Baumann überging. Mit 1.000 Mark Eigenkapital beglich dieser bereits 20,4 Prozent der vereinbarten Gesamtsumme und willigte für den zu entrichtenden Differenzbetrag von 3.900 Mark vier Handfesten.[304] Seine jährlichen Belastungen überschritten infolge der ungünstigeren Kreditverteilung zwar zweifellos die des Hausbesitzers Köster, blieben aber mit ca. 190 Mark[305] offenbar immer noch tragbar,[306] zumal ihn selbst der zwischenzeitliche Leerstand seines Hauses in den Jahren 1912 und 1913[307] nicht in finanzielle Bedrängnis brachte.

Das Einbringen anteiligen Eigenkapitals galt indessen weder als grundsätzliche Verkaufsbedingung der Bremischen Hypothekenbank noch bildete diese Finanzierungsmodalität eine etwa ausschließlich von einkommensschwachen Kaufinteressenten geforderte Voraussetzung für den Immobilienerwerb.[308] Ein Haus war ohne Eigenkapital demzufolge nicht nur über Privatleute zu beziehen, sondern blieb - zumindest in der südlichen Vorstadt - zu Beginn des 20. Jahrhunderts auch dann realisierbar, wenn ein Geldinstitut die Funktion des Verkäufers erfüllte.

Im letzten Jahrzehnt des 19. Jahrhunderts wurden mithin, wie sich resümieren läßt, erste Anzeichen eines sich vollziehenden Strukturwandels auf dem Bremer Immobilienmarkt sichtbar. Nach Überwindung der lang anhaltenden Krise, die bis zum Ende der 1880er Jahre nicht nur die Bautätigkeit fast vollständig zum Erliegen gebracht, sondern auch breite Teile der Bevölkerung zur Arbeitslosigkeit verdammt und in direkter Folge zu einer Verschlechterung der Wohnverhältnisse geführt hatte, erfuhr der Wohnungsmarkt zum einen durch die vermehrt wiederaufgenommene Abwicklung von Grundstücksgeschäften, zum anderen durch den Neuaufschwung des Baugewerbes eine deutliche Wiederbelebung. Während die auf dem Wege von Privat(ver-)käufen vollzogenen Besitzwechsel einzelner Häuser, die den älteren Baubestand kennzeichneten und in den Krisenjahren häufig notgedrungen als Kapitalanlage genutzt worden waren, eine breitere Streuung des Immobilienbesitzes nach sich zogen und einen gleichzeitigen Anstieg der in ihrem eigenen Hause lebenden Eigentümer zeitigten, widmeten sich private Bauunternehmer, die in Bremen nach wie vor den größten Anteil der Neubauten errichteten, infolge des aus dem erhöhten Flächenverbrauch Bremens resultierenden Bodenpreisanstiegs fortan verstärkt dem Bau von Zwei- und Dreifamilienhäusern, so daß das zuvor die städtebauliche Struktur Bremens prägende Einfamilienhaus seine dominante Rolle einbüßte. Mit der Jahrhundertwende setzte überdies ein grundlegender Wandel in den herrschenden Rechtsverhältnissen ein. Genossen Mieter nunmehr mit Inkraftreten des Bürgerlichen Gesetzbuches einen erweiterten Kündigungsschutz, so wurde der Erwerb von Haus- und Grundbesitz durch die Einführung des Hypothekenrechts, das mit der sukzessiven Anlegung des Grundbuchs künftig auch in Bremen das bis dahin geltende Erbe- und Handfestenrecht ablöste, merklich erschwert. Ein Hauskauf ohne Eigenkapital war unter diesen veränderten Bedingungen nicht mehr realisierbar und traf vornehmlich einkommensschwache Bevölkerungsteile, die ein Haus nur unter der Voraussetzung einer ausschließlichen Finanzierung über Fremdmittel zu erstehen in der Lage waren.

In der südlichen Vorstadt hingegen behielt das alte Handfestenrecht noch bis in die 1920er Jahre seine Gültigkeit und bot Kaufinteressenten nach wie vor die Möglichkeit, die spezifisch bremische Form des Immobiliarkredits zu nutzen und mittels Handfestenwilligung ein Haus in voller Höhe zu belasten. Die anhaltende Wohnungsnot - mithin das insbesondere für Angehörige der städtischen Unterschichten zutreffende Unvermögen, ein Unterkommen in erschwinglichen Wohnungen zu finden, - bildete sowohl in der zweiten Hälfte des 19. als auch zu Beginn des 20. Jahrhunderts die entscheidende Triebfeder für den Erwerb von Hausbesitz durch Teile der Arbeiterbevölkerung. Hausbesitz in Arbeiterhand kam jedoch, da diese hoch verschuldeten, über keinerlei Vermögen verfügenden und somit lediglich formal-juristischen "Eigentümer" ihre handfestarischen Belastungen in den meisten Fällen nicht zu tilgen vermochten, einem Teufelskreis gleich. Als Mieter in ihrem eigenen Hause waren diese Besitzer gezwungen, ihren Wohnraum drastisch zu beschneiden, um möglichst einen Großteil der regelmäßig fälligen Kosten für den Zinsabtrag und den Unterhalt des Hauses auf ihre zumeist zahlreich aufgenommenen Mieter abzuwälzen. Eine Überfüllung der ohnehin kleinen, häufig auch dunklen und feuchten Wohnungen in den Bremer Häusern blieb unter diesen Vorzeichen eine unabwendbare Folgeerscheinung und bildete den Nährboden für ein mitunter rasches Grassieren der durch die ungesunden Wohnverhältnisse hervorgerufenen oder begünstigten Krankheiten. Eine primär auf die Mietzahlungen gegründete Finanzierung des Hausbesitzes erwies sich als risikoreiches Unterfangen und nahm, zumal wenn die Mieter ihren Zins schuldig blieben, nicht selten den stets gleichbleibenden Verlauf von Zahlungsrückstand und Pfändung dieser Eigentümer, der in der Versteigerung ihrer Immobilien mündete und diese ehemaligen Hausbesitzer und Vermieter nach ihrem Zwangsumzug abermals in den alten Mieterstatus zurückversetzte.

Hatte der in den 1890er Jahren verstärkt einsetzende Strukturwandel der herrschenden Besitzverhältnisse in der überwiegend von Arbeitern bewohnten südlichen Vorstadt Bremens die soziale Zusammensetzung der Hausbesitzer insofern verändert, als Arbeiter, Handwerksgesellen, (Klein-)Händler und auch Witwen in den zahlreich existierenden proletarischen Straßenzügen, unter denen die Rasing- und Wulfhoopstraße als charakteristische Stellvertreter anzusehen waren, zunehmend auf die Seite der Hauseigentümer überwechselten, so galt die in den staatlichen Planstraßen, der Gastfeld- und Kornstraße, massiv vorangetriebene Bautätigkeit in erster Linie der Erstellung von ebenso stattlichen wie kostspieligen Bauten, die offensichtlich vorrangig einer einkommensstärkeren Käuferschicht vorbehalten blieben. Diese verhältnismäßig großen und teuren, oft aus einer Kombination von Wohn- und Geschäftshäusern bestehenden Gebäude wurden von ihren Eignern, deren Berufszugehörigkeit auf Liquidität oder das Vorhandensein eines Kapitalstocks schließen ließ, gleichermaßen unter Beanspruchung eines Immobiliarkredits finanziert, dessen Höhe sich allerdings annähernd ausnahmslos auf fünfstellige Beträge summierte. Die hohe Verschuldung der Besitzer dieser Neubauten erforderte zwangsläufig die Erlangung eines weit über dem ortsüblichen Mietpreisniveau liegenden Mietzinses. In der Gastfeld- und Kornstraße wurden somit zwar die gleichen ökonomischen Mechanismen wirksam wie in den angrenzenden Arbeiterstraßen dieses Viertels, der gravierende Unterschied dieser in ihrer jeweiligen Schichtzugehörigkeit divergierenden Hausbesitzer, deren Herkunft und soziale Stellung sich gleichsam in ihren Immobilien manifestierte, lag in der Durchsetzbarkeit ihrer - in der Funktion als Vermieter ökonomisch übereinstimmenden - Interessenlage. Einte sie demnach das Bestreben, die zwecks Immobilienerwerb eingegangenen Belastungen so weit wie möglich ihren Mietern aufzubürden, so scheiterte der Wunsch nach zahlungskräftiger Mieterschaft für die proletarischen Hausbesitzer an der Unzulänglichkeit ihrer bereitgestellten Unterkünfte, so daß erhöhte Einnahmen nur durch eine maximale Auslastung ihrer Häuser zu erzielen waren. Da teure Mietobjekte demgegenüber für das Gros niedrig entlohnter Arbeiter und vergleichbar geringe Einkünfte beziehender Erwerbstätiger unbezahlbar blieben, löste sich das Problem einer womöglich zahlungsunfähigen Mieterschaft für diese Besitzer in gewisser Weise von selbst. In gleichem Maße wie Arbeitern die Aussicht auf besser ausgestattete Unterkünfte versperrt wurde, öffnete sich einkommensstärkeren Wohnungssuchenden der Zugang zu eben diesen Räumlichkeiten.

1.4 Herkunft und soziale Zusammensetzung der Hausbesitzer

Geographische Herkunft, Geschlechtszugehörigkeit, Familienstand und Berufszugehörigkeit der Haus- und Grundbesitzer bilden die Eckpfeiler, mittels derer die gesellschaftlich relevante Gruppe, deren Mitglieder im Zeitraum von der Mitte des 19. Jahrhunderts bis zum Ersten Weltkrieg über mehr oder minder umfangreichen Immobilienbesitz in der ehemaligen Landgemeinde Buntentorsteinweg-Neuenland verfügten, zu charakterisieren sind. Da die überlieferten Quellen[309] eine Vollständigkeit biographischer Daten der Hausbesitzer vermissen lassen, verdichten sich die Informationen, die ein zusätzliches Schlaglicht auf die soziale Abstammung, Geburt, Heirat, Kinderanzahl und den Tod dieser Grundeigentümer werfen, nur vereinzelt zu einem persönlichen Gesamtbild, das zur Erhellung herrschender bzw. sich wandelnder Besitz- und Wohnstrukturen in der südlichen Vorstadt Bremens beizutragen vermag. Verhindert die Unvollständigkeit der Personenstandsdaten demzufolge auch eine komplexe Analyse der Altersstruktur und des Heiratsverhaltens, so vermittelt doch zum einen das Wissen um den Wohnort wertvolle Hinweise auf den geographischen Rekrutierungsbereich dieser Erwerber von Haus- und Grundbesitz, während zum anderen die Betrachtung der von den Immobilienbesitzern ausgeübten Berufe einen Einblick in die soziale Zusammensetzung dieser nicht nur die Stellung eines Hausbesitzers, sondern zumeist auch die Position eines Vermieters einnehmenden Personen in der Gastfeld-, Korn-, Rasing- und Wulfhoopstraße gewährt.

Geographische Herkunft

Das Gebiet der alten, am linken Weserufer Bremens gelegenen Landgemeinde Buntentorsteinweg-Neuenland bestand um die Mitte des 19. Jahrhunderts noch zum überwiegenden Teil aus Acker- und Weideland. Seinen agrarischen Charakter behielt diese Region, auch nachdem im östlichen Bereich mit der Anlegung von Straßen und deren Bebauung mit Wohnhäusern begonnen worden war, noch über Jahrzehnte bei. Den Besitz über ausgedehnte Ländereien teilte sich eine kleine Gruppe von Grundbesitzern, die fast ausnahmslos per Erbschaft an ihr Grundeigentum gelangt waren. Zu diesem, sich durch umfangreichen Besitz an Grund und Boden auszeichnenden Personenkreis zählten der zeit seines Lebens ledig gebliebene Landmann Johann Conrad Meyer, die Witwe Anna Rumpsfeld, geborene Struthoff, und ab 1864 deren Erbin Gesina Rasing, geborene Rumpsfeld, nebst deren Ehemann, dem Ökonom Bernhard Joseph Christian Rasing, der Landmann Otto Meyer, die Witwe Beta Lampe und der Landmann Gerhard Meybohm. Als bevorzugten Wohnsitz hatten diese Grundbesitzer ausnahmslos eine der beiden ältesten, die nördliche bzw. südliche Grenze des späteren Stadtteils markierenden Straßen, entweder den Buntentorsteinweg oder die Neuenlander Straße, gewählt. Dort residierten sie oder ihre späteren Anerben auch noch, als die Einbindung der Landgemeinde in das bremische Stadtgebiet Ende des Jahres 1875 vollzogen war und sich in diesem, nunmehr als südliche Vorstadt bezeichneten Stadtteil zusehends städtische Strukturen herausbildeten, die den ehemaligen Landsitz dieser Grundeigentümer in einen ausgesprochen städtischen Wohnsitz verwandelten, der vornehmlich am Buntentorsteinweg durch anwachsenden Verkehr und pulsierendes Leben infolge sich zahlreich niederlassender Gewerbebetriebe, Schenkwirtschaften und Läden, aber auch durch eine zunehmende, sich überwiegend aus Arbeitern zusammensetzende Wohnbevölkerung geprägt war. Im Zuge der Stadterweiterung Bremens und aufgrund der günstigen Bedingungen, die zunächst mit dem Erlaß der Gewerbeordnung und wenig später mit der Einführung der Gewerbefreiheit für das Bremer Baugewerbe geschaffen worden waren, stieg nicht nur die Nachfrage nach Bauland im Stadt- und Landgebiet durch zahlreiche, die Gründung eines eigenen Unternehmens anstrebende Bauhandwerker, sondern gleichermaßen auch der Wert der zuvor überwiegend landwirtschaftlich genutzten Ländereien merklich an. Die Grundbesitzer nahmen die sich bietende Gelegenheit wahr, mit dem Verkauf ihres Landes gute Preise zu erzielen, die mit Ausnahme der Krisenjahre bis 1914 noch ein erheblich höheres Niveau erlangen sollten, und wußten - so sie gleichzeitig als handfestarische Gläubiger fungierten - den Verkaufswert durch einträgliche Zinssätze noch deutlich zu steigern.

Mit dem ersten Besitzwechsel traten die mehrheitlich einen handwerklichen Beruf im Baugewerbe erlernten, aber nur selten einen Meistertitel erworbenen Bauunternehmer als zweite "Riege" der Grundbesitzer an. Unter ihren Händen oder ihrer Leitung nahmen, rasch hochgezogen und aneinandergereiht, meist kleine und nur einfach ausgestattete eingeschossige Bauten Gestalt an, die vornehmlich in den 1870er Jahren einen Straßenzug nach dem anderen entstehen ließen. Die Mehrzahl der an der Bautätigkeit in der Wulfhoop-, Rasing-, Gastfeld- und Kornstraße beteiligten Bauunternehmer hatte zum Zeitpunkt des Vertragsabschlusses mit den Grundbesitzern einen Wohnsitz in der Landgemeinde Buntentorsteinweg-Neuenland bzw. in der südlichen Vorstadt inne.[310] Alle fünf für die Anlegung und Bebauung der Wulfhoopstraße verantwortlich zeichnenden Bauhandwerker lebten in unmittelbarer Nähe dieser zu den ältesten Straßenzügen der südlichen Vorstadt gehörenden Arbeiterstraße. Unter den am Aufbau der Rasing-, Gastfeld- und Kornstraße mitwirkenden Unternehmern fanden sich neben dem Gros der Südervorstädter je sechs aus der nah gelegenen Neustadt oder der westlichen Vorstadt stammende Bauhandwerker und vier Bauunternehmer mit

Wohnsitz in der östlichen Vorstadt. Vornehmlich diverse im Rahmen der Verlängerung der Kornstraße, mithin in der zweiten Bauphase errichtete Gebäude verdankten ihre Entstehung verschiedenen, sich zum Meister ihres jeweiligen Bauhandwerks qualifizierten und in der westlichen Vorstadt lebenden Bauunternehmern. Mit 48 Personen (75 Prozent) stellten die in der südlichen Vorstadt wohnenden und teils auch nachweislich aus der ehemaligen Landgemeinde stammenden Bauunternehmer jedoch die überwiegende Mehrheit der insgesamt 64 ermittelten[311] Bauführer in den vier Straßen dieses Bremer Arbeiterviertels. In etlichen Fällen wird der in den Kaufkontrakten benannte Wohnsitz dieser privaten Bauunternehmer, die mit den von ihnen vorzugsweise für den anonymen Markt erstellten und in erster Linie ihrem finanziell vorgegebenen Rahmen sowie ihren handwerklichen Fertigkeiten entsprechenden Wohnhäusern maßgeblichen Einfluß auf die sich herausbildenden Wohnstrukturen ausübten und damit auch das äußere Erscheinungsbild der südlichen Vorstadt Bremens entscheidend prägten, nicht mit ihrem nur selten überlieferten jeweiligen Geburtsort identisch gewesen sein. Bleibt somit für viele an der baulichen Ausgestaltung dieses Stadtviertels teilhabenden Bauunternehmer im Dunkeln, ob und aus welcher Region diese Bauhandwerker, bevor sie ihre Unternehmen gründeten, nach Bremen wanderten, so bildeten die in anderen Bremer Stadtteilen lebenden Bauführer, die zum Ort ihres Schaffens weite Arbeitswege zurückzulegen hatten, doch stets die Minderheit. Das Gros der Bauunternehmer zog demgegenüber einen Wohnsitz in unmittelbarer Nähe ihres Arbeitsortes vor und behielt diesen zumeist dauerhaft aufrecht.[312] Die unverkennbaren Vorteile, die eine Ansässigkeit in der näheren Umgebung ihrer Bauplätze mit sich brachte, wußten auch einige aus der westlichen oder östlichen Vorstadt stammenden Bauhandwerker zu schätzen und siedelten noch vor Abschluß ihrer Bauarbeiten in die südliche Vorstadt über, die sich auf diese Weise von einem bloßen örtlichen Wirkungskreis künftig zu ihrem zentralen Lebensraum entwickelte.

Die südliche Vorstadt Bremens galt nicht nur bei den ursprünglichen Grundbesitzern und den in diesem Stadtteil zahlreich tätig werdenden Bauunternehmern als favorisiertes Wohngebiet, sondern kennzeichnete auch den geographischen Herkunftsbereich, dem die Mehrzahl der späteren Hausbesitzer der Wulfhoop-, Rasing-, Gastfeld- und Kornstraße entstammten. Von der Mitte des 19. Jahrhunderts bis zum Jahre 1914 summierte sich die Anzahl der - zu geringen Teilen auch zeitgleichen[313] - Immobilienbesitzer in diesen vier Straßen auf insgesamt 496 unterschiedliche Personen.[314] Lediglich 30 dieser Haus- und Grundbesitzer (6,05 Prozent) lebten zu dem Zeitpunkt, als die Immobilien in ihr Eigentum übergingen, außerhalb des Bremischen Stadt- und Landgebietes, also entweder im Ausland, in einer anderen deutschen (Groß-)Stadt, in einem der deutschen Bundesstaaten oder in einer der preußischen Provinzen. Selbst das Bremer Landgebiet[315] wurde nur von einer aus acht Besitzern bestehenden Kleinstgruppe (1,61 Prozent) als räumliche Herkunftsregion repräsentiert. Von 435 Personen (87,70 Prozent) hingegen wurde das Bremer Stadtgebiet als Wohnsitz benannt und rangierte damit unter den Immobilienbesitzern der vier Straßen an erster Stelle.[316] Eine Binnendifferenzierung dieses zum Zeitpunkt des Immobilienerwerbs überproportional vertretenen geographischen Rekrutierungsbereiches nach den einzelnen Bremer Stadtteilen läßt die südliche Vorstadt mit weitem Abstand gegenüber allen anderen Bezirken als das am häufigsten bewohnte Herkunftsgebiet hervortreten. Insgesamt 315 Personen, somit ein beachtlich hoher Anteil von 63,5 Prozent aller Hausbesitzer, zählte zu den Bewohnern dieses in seinem Baubestand und seiner Einwohnerzahl bis 1914 einen erheblichen Zuwachs verzeichnenden Viertels. Obgleich immerhin 120 Eigentümer (24,2 Prozent) einen Wohnsitz in anderen Bremer Stadtbezirken innehatten, kristallisierte sich die Neustadt als die am häufigsten von den Immobilienbesitzern der vier Straßen vertretene Wohnlage heraus.[317] Bleibt für die sich aus 496 Personen zusammensetzende Gruppe der Haus- und Grundbesitzer auch in vielen Fällen unbekannt, wie lange sie an dem von ihnen benannten Wohnort ansässig waren, bevor sie mehr oder minder umfangreichen Immobilienbesitz in der Gastfeld-, Korn-, Rasing- oder Wulfhoopstraße erwarben, so läßt die sich auf die südliche Vorstadt und die an diesen Stadtteil unmittelbar angrenzende Neustadt konzentrierende geographische Herkunft der Eigentümer doch darauf schließen, daß Hausbesitz nicht in beliebigen Regionen, sondern vorzugsweise in einem örtlich nah gelegenen und bekannten oder gar vertrauten Gebiet erstanden wurde.

Der geringen Repräsentanz außerhalb Bremens gelegener Wohngebiete der Immobilienbesitzer lagen vornehmlich juristische und ökonomische Ursachen zugrunde, die primär durch das in Bremen herrschende Erbe- und Handfestenrecht bedingt waren. Während sich ortsfremde Kapitaleigner im 19. Jahrhundert insbesondere aufgrund fehlender Kenntnisse dieses spezifisch bremischen Rechts scheuten, ihre Gelder auf dem bremischen Grundstücksmarkt anzulegen,[318] wurde für außerhalb Bremens lebende Kaufinteressenten der Erwerb von Haus- und Grundbesitz durch verschiedene Paragraphen des Erbe- und Handfestenrechts merklich erschwert. Nicht nur von fremden, sondern selbst von solchen Personen, die das Bremer Bürgerrecht besaßen, aber zur Zeit des Immobilienkaufs nicht im Bremer Staatsgebiet wohnten bzw. beabsichtigten, in absehbarer Zukunft ihren Bremer Wohnsitz aufzugeben, wurde die bremisch-rechtliche Wahrsmannschaft gefordert. Wer diese einschränkenden Bedingungen erfüllte, hatte einem bremischen Staatsbürger die Vollmacht zu erteilen, ihn einerseits in jeder Beziehung, insbesondere im Falle handfestarischer Schulden und diesbezüglicher Kündigungen, zu vertreten und andererseits für ihn als Selbstschuldner sämtlicher um den Haus- und Grundbesitz kreisender Staats- und Gemeindelasten zu figurieren. Wurden diese laut Erbe- und Handfestenordnung geltenden Voraussetzungen der Eigentümerwahrsmannschaft nicht erfüllt, so teilte das Erbe- und Handfestenamt ihnen weder per Lassung oder durch Zuschlagsprotokoll das Eigentum zu, noch wurde im Erbschaftsfalle eine Umschreibung auf ihren Namen veranlaßt. Diese

Restriktionen kamen demnach nicht nur bei Privatkäufen zum Tragen, sondern fanden ebenso bei öffentlichen Verkäufen und bei der Aufgabe zur Willigung von Handfesten ihre Anwendung. Die überaus geringe Verbreitung ortsfremder Käufer bleibt indessen nicht erstaunlich, da das überschüssige Kapital nicht in verschiedenen Orten in Immobilien angelegt zu werden pflegte. Investiert wurde vielmehr vor allem in der Nähe. Der Immobilienmarkt des 19. Jahrhunderts zeichnete sich somit nicht nur als lokal gebundener, sondern überdies als ausgesprochen engräumiger Markt aus, wie am Beispiel der südlichen Vorstadt Bremens deutlich wird.

Das überproportional gehäufte Vorkommen eines in der südlichen Vorstadt Bremens gelegenen Wohnsitzes von immerhin 315 Personen kann keinesfalls als reine Zufallserscheinung interpretiert werden. Es legt vielmehr die Schlußfolgerung nahe, daß zumindest Teile dieser Haus- und Grundbesitzer, zumal wenn eine Eigennutzung der Häuser beabsichtigt wurde, mit dem Immobilienerwerb eine bewußte Wahl aufgrund der örtlichen Gegebenheiten trafen. Unter diesen werden das Arbeitsplatzangebot, die infrastrukturelle Ausstattung bzw. Versorgung, das Vereins- oder politische Leben bzw. dessen Ausprägung sowie die kulturellen Möglichkeiten, nicht zuletzt jedoch auch die Wohnbedingungen eine wichtige Rolle gespielt haben. Selbst wenn die Entscheidung der letztlich getroffenen Wahl eines der zum Verkauf stehenden Objekte in der Gastfeld-, Korn-, Rasing- oder Wulfhoopstraße primär durch andere Faktoren, wie Einkommen, Kaufpreis oder familiäre Bindungen, beeinflußt wurde, so ging der Immobilienkauf bei diesen Personen doch in jedem Falle mit dem Verbleib in dem bereits zuvor ihren vertrauten Wohn- und Lebensraum kennzeichnenden Viertel einher.[319]

Die Mehrzahl des ohnehin beachtlich hohen Anteils der sich aus den vier Straßen rekrutierenden Hausbesitzer entschied sich indessen keinesfalls für ein beliebiges, auf dem Immobilienmarkt feilgebotenes Objekt in ihrer Nachbarschaft, 66 Personen präferierten vielmehr den Erwerb desjenigen Hauses, das schon über eine mehr oder minder lange Zeitspanne ihren persönlichen Wohnbereich kennzeichnete. In vielen Fällen wurde mit dem Kauf eines solchen Hauses somit der Wandel des juristischen Status vom Mieter zum Hausbesitzer - und damit häufig auch der Rollenwechsel vom Mieter zum Vermieter - vollzogen. Lediglich zehn dieser 66 späteren Immobilienbesitzer gelangten per Erbschaft an ihr unbewegliches Eigentum in einer der vier Straßen; alle anderen diesem spezifischen Kreis angehörigen Immobilienbesitzer erstanden ihr Haus entweder zu günstigen Preisen in einer der zahlreichen öffentlichen Versteigerungen oder auf dem gängigen Wege des Privatkaufs. Vor allem in der Rasing- und Kornstraße war die Praxis verbreitet, dasjenige Haus zu kaufen, in dem bereits vor der Übernahme des Besitzes gewohnt wurde. Hauskäufe zwischen und außerhalb der hier untersuchten vier Straßen blieben hingegen selten.

Die Wahl des Wohnortes, die für Arbeiter ohnehin oftmals nur theoretisch existierte, wurde stets durch eine mehr oder weniger breite Palette verschiedener Faktoren vorgegeben oder beeinflußt. Dies galt in der zweiten Hälfte des 19. und zu Beginn des 20. Jahrhunderts nicht nur für Wohnungssuchende, sondern gleichermaßen für Interessenten am Bremer Immobilienmarkt. Weitgehend ungeachtet der tatsächlich bestehenden Nachfrage vornehmlich nach günstigen Häusern oder Wohnungen richtete sich das bereitgestellte Angebot auf dem Wohnungsmarkt primär nach den durch das Profitstreben der ihre überschüssigen Gelder in Erwartung rentabler Zinssätze dem Wohnungsbau zur Verfügung stellenden Kapitaleigner und der privaten Bauunternehmer geprägten und von diesen diktierten Gesetzen. Diese fanden in der südlichen Vorstadt ebenso wie in anderen Bremer Stadtteilen zuhauf in Gestalt rasch hochgezogener, oft unzulänglich ausgeführter, an den Bedürfnissen des Marktes vorbeizielender Bauten ihren Niederschlag. Die Höhe des Einkommens und die soziale Stellung entschieden im weiteren über die Wohnlage, die Wohnungssuchende oder Kaufinteressenten als privaten und öffentlichen Lebensraum in die engere Wahl zu ziehen vermochten.

Wurde die südliche Vorstadt und insbesondere deren früh bebauter östlicher Bereich bis zum Jahre 1914 auch als Arbeiterviertel par excellence beschrieben und beurteilt, so stand die westliche Vorstadt diesem Stadtteil doch in nichts nach und bot Arbeitern und vergleichbar gering entlohnten oder einkommensschwachen Erwerbstätigen als eine ihrem schmalen Geldbeutel entsprechende Wohngegend theoretisch eine realistische Alternative. Zwecks Vermeidung weiter und damit strapaziöser Arbeitswege, die zeitlich nur durch die Nutzung der jeweilig existierenden öffentlichen Verkehrsmittel verkürzt werden konnten, wurde, so dies irgend möglich war, aus Zeit- und Kostengründen ein Wohnort in der Nähe des Arbeitsplatzes bevorzugt. Sofern der Immobilienerwerb demnach nicht das negative Resultat einer Zwangslage bzw. die positive Folge einer angetretenen Erbschaft bildete, wird das engere Wohnumfeld sehr wohl mit Bedacht gewählt worden sein.

Nicht nur verweist der hohe Anteil der aus dem Gebiet der südlichen Vorstadt stammenden Hausbesitzer bereits auf einen favorisierten Verbleib der Stadtteilbewohner in diesem Viertel, sondern der Kauf eines in der Nachbarschaft ihrer Wohnstraße gelegenen oder gar des zuvor zur Miete bewohnten Gebäudes deutet darauf hin, daß sich der das Viertel umfassende geographische Raum der südlichen Vorstadt für seine Bewohner abermals in kleinere, eng begrenzte oder abgesteckte Sozialräume untergliederte. In diesen spielten die einzelnen Straßen eine zentrale Rolle. Eine umfassende Beurteilung einer Milieubildung im Viertel wird für den vierzigjährigen Untersuchungszeitraum von 1875 bis 1914 aus historischer Perspektive allerdings erschwert. Ob und wo solch etwaige, für den außenstehenden Betrachter unsichtbare Grenzen verliefen, welche Netzwerke sich innerhalb eines in seinen Besitz-, Wohn- und Sozialstrukturen wandelnden und keineswegs als homogen zu bezeichnenden Viertels spannen, welche Bedeutung familiären Bindungen, nachbarschaftlichen Beziehungen und anderen Sozialkontakten zukam, an welchen neuralgischen Punkten sich soziale Konflikte entzünden oder gar entluden, welchen Stellenwert in diesen vielfältigen Zusammenhängen und komplexen Wechselbeziehungen die heute fraglos mit verändertem Sinngehalt behafteten und erfüllten Begriffe wie "Stadtteil", "Viertel", "Straße", "Haus" oder "Wohnung" im letzten Viertel des 19. und zu Beginn des 20. Jahrhunderts bei den Südervorstädtern einnahmen, läßt sich an der gleichermaßen begrenzten wie zu kurz greifenden Frage nach der geographischen Herkunft der Haus- und Grundbesitzer allein nicht messen und beurteilen. Da die spärlich überlieferten, qualitativen Quellen nur selten tiefere Einblicke in das Denken und die das Handeln leitenden Motive der überwiegend mittellosen Stadtteilbewohner und der ökonomisch oft kaum bessergestellten Hausbesitzer gewähren, liefert die Kenntnis des geographischen Rekrutierungsbereiches der Immobilienbesitzer in der Gastfeld-, Korn-, Rasing- und Wulfhoopstraße allerdings erste wertvolle Hinweise auf diesen noch näher zu beleuchtenden Kontext.

Geschlechtszugehörigkeit und Familienstand

Die Sozialgruppe der Immobilienbesitzer in den vier Straßen der südlichen Vorstadt wurde deutlich vom männlichen Geschlecht dominiert. Mit 369 Personen (74,39 Prozent) bildeten die Vertreter männlichen Geschlechts die überragende Mehrheit unter den 496 Haus- und Grundeigentümern in der Rasing-, Wulfhoop-, Gastfeld- und Kornstraße. Eine Differenzierung der männlichen Besitzer nach dem Familienstand war auf Grundlage der verfügbaren Quellen hingegen nur in 91 Fällen möglich und wies drei dieser Besitzer als ledig, eine Person als geschieden und 87 Eigentümer als verheiratet aus, während keiner der Männer den Familienstand eines Witwers einzunehmen schien.[320] Tatsächlich wird jedoch eine erheblich höhere Anzahl, wenn nicht gar die Mehrzahl der männlichen Hausbesitzer verheiratet gewesen sein und als Haushaltsvorstand einer Familie fungiert haben. Der Kauf eines Hauses ging in aller Regel mit der Gründung einer Familie bzw. eines eigenständigen Haushalts einher. Insofern konnte der Immobilienerwerb durch ledige Männer im 19. und zu Beginn des 20. Jahrhunderts, vornehmlich wenn sie zur Arbeiterbevölkerung zählten, eher als atypisch angesehen werden; war das Wohnverhalten lediger Männer - und dies galt nicht nur für Arbeiter, sondern auch für Handwerker, Beamte und Angestellte - doch vielmehr dadurch gekennzeichnet, daß sie das Los der zahlreichen familienfremden Hausgenossen teilten und als sogenannte Einlogierer, also entweder als Zimmermieter oder als Schlafgänger, bei einer Familie lebten, die mit diesen zusätzlichen Einnahmen ihr Haushaltseinkommen aufzubessern suchten.[321]

Dem aufgrund der herrschenden geschlechtsspezifischen Rollenverteilung erwartungsgemäß dominanten Anteil männlicher Haus- und Grundbesitzer standen insgesamt 98 Immobilienbesitzerinnen (19,76 Prozent) gegenüber, deren jeweiliger Familienstand annähernd lückenlos überliefert ist. Hausbesitz in Frauenhand war in den vier Straßen der südlichen Vorstadt am häufigsten bei Ehefrauen (43 Personen) und Witwen (38 Frauen) anzutreffen. Fünfzehn Frauen waren ledig, nur eine dieser über Immobilienbesitz verfügenden Frauen war geschieden.[322] Wird der Immobilienbesitz danach unterschieden, ob er durch keine besonderen zielgerichteten Aktivitäten oder gerade durch diese erworben wurde, so fand die erste Variante aus naheliegenden Gründen insbesondere bei den Witwen (23 Frauen) und Ledigen (9 Frauen) relativ weite Verbreitung, während Ehefrauen (13 Personen) seltener die Vorteile auf sie übertragener Immobilien ausschöpfen konnten. Verheiratete Frauen zeichneten sich demgegenüber dadurch aus, daß sie aktiv an der Geschäftsabwicklung auf dem Bremer Immobilienmarkt teilhatten, indem sie mehrheitlich (26 Frauen) als Unterzeichnerinnen privat abgeschlossener Kaufkontrakte auftraten. Erstanden Ledige (3 Frauen) und Witwen (7 Frauen) auch seltener auf dem Wege eines Privatkaufs ihre Immobilien, so war dies doch keineswegs damit gleichbedeutend, daß sich diese Frauen vom Grundstücksgeschäft fernhielten; Witwen waren vielmehr dann gehäuft vertreten, wenn es galt, Immobilien möglichst günstig in ihren Besitz zu bringen. So gingen vornehmlich verwitwete Frauen (8 Personen) aufgrund eines von ihnen abgegebenen Höchstgebotes aus den öffentlichen (Zwangs-) Versteigerungen der in den vier Straßen gelegenen Immobilien als erfolgreiche Besitzerinnen hervor, wohingegen nur vier Ehefrauen und eine Ledige diese Form des Immobilienerwerbs präferierten bzw. praktizierten. Das persönliche Verfügungsrecht über Haus- und Grundbesitz stellte bei den 98 Frauen somit zwar gehäuft, aber keinesfalls überwiegend, das Resultat erfolgter Eigentumsübertragungen dar.

Neben diesen 467 Immobilienbesitzern existierten ferner insgesamt 29 in ihrer Personenanzahl variierende Besitzergemeinschaften (5,85 Prozent). Eine Aufsplittung des Immobilienbesitzes erfolgte in aller Regel, wenn aufgrund testamentarischer Verfügungen des Vorbesitzers kein Universalerbe, sondern mehrere Personen als Erbfolger eingesetzt wurden. Dies war vornehmlich nach dem Tode bereits verwitweter, zumal im Falle kinderreicher Haus- und Grundeigentümer mehrfach zu konstatieren. Solche Erbengemeinschaften, deren Mitglieder meist der engeren Verwandtschaft des Verstorbenen angehörten, stellten mit 18 verschiedenen Parteien die Mehrzahl dieser zeitgleichen Besitzer in den vier untersuchten Straßen der südlichen Vorstadt. Auch sechs Firmen - so die beiden renommierten Bremer Bierbrauereien "C.H. Haake" und "Beck & Co. KG" sowie verschiedene Handelsgesellschaften - erwarben zwischenzeitlich oder längerfristig Immobilienbesitz, der ausnahmslos als Kapitalanlage dem Mietwohnungsmarkt zur Verfügung gestellt und verwertet wurde.[323] Von den bis 1914 existierenden Geldinstituten hielten lediglich die Bremische Hypothekenbank und die

Vegesacker Sparkasse Haus- und Grundbesitz, nachdem sie diesen - neben wenigen im Jahre 1890 privat erstandenen Immobilien - vorzugsweise als zuvor fungierende Gläubigerinnen wegen unbeglichener Zinsraten ihrer Schuldner in verschiedenen Versteigerungsterminen in den Jahren 1876/77 übernommen hatten. Die verbliebenen drei, sich nicht aus Einzelpersonen, sondern mehrköpfigen Vereinigungen zusammensetzenden Besitzergemeinschaften reduzierten sich auf den "Verein für die Kinderbewahranstalt an der Gastfeldstraße", der den Haus- und Grundbesitz per Schenkung erhalten hatte, und die ebenfalls in der Gastfeldstraße befindliche St.-Pauli- Kirche sowie die Neustadts-Brüderschafts-Sterbekasse "Die blühende Rose".

Die Beantwortung der Frage, inwieweit die Geschlechtszugehörigkeit in diesen Zusammenhängen überhaupt eine wesentliche Rolle spielte bzw. als relevante Größe zu betrachten war, die nachhaltige Auswirkungen etwa auf die Dauer in der Aufrechterhaltung des Haus- und Grundbesitzes, auf die Höhe der Belegung und auf die sich in der hausinternen Sozialstruktur niederschlagende Art des Zusammenlebens in deren Häusern zeitigte, wird im folgenden noch eingehender zu erörtern sein.

Berufszugehörigkeit

Die soziale Zusammensetzung sämtlicher bis zum Jahre 1914 über Haus- bzw. Grundeigentum in den vier Straßen der südlichen Vorstadt verfügenden Immobilienbesitzer bestätigt die in verschiedenen Untersuchungen mehrfach und übereinstimmend konstatierte Sonderstellung, die Bremen im deutschen Wohnungsbau des 19. Jahrhunderts einnahm und die damit einhergehenden, in den mehrheitlichen Bremer Gebietsteilen bis in die 1920er Jahre reichenden nachhaltigen Auswirkungen auf die herrschenden Besitzstrukturen.[324] Die Betrachtung der von diesen Personen zum Zeitpunkt ihres Immobilienerwerbs ausgeübten Berufe bzw. ihrer Berufslosigkeit liefert ein Bild breit gefächerter Betätigungsfelder, unter denen sich sechs unterschiedliche Berufsgruppen erkennen lassen.

Immobilienbesitz kennzeichnete keineswegs das annähernd ausschließliche Privileg kapitalkräftiger Unternehmer und Selbständiger, wie dies in anderen deutschen Großstädten weitgehend die Regel bildete, sondern war gleichermaßen bei den Erwerbsgruppen der Dienstleister, Beamten und Angestellten, Handwerker, Händler und Arbeiter anzutreffen. Deutliche Differenzen traten hingegen in der jeweiligen Häufigkeit der aufgrund ihres Betätigungsfeldes von den Immobilienbesitzern repräsentierten Sozial- bzw. Berufsgruppenzugehörigkeit hervor. Die hier zunächst in ihrer Gesamtheit[325] über das soziale Gefüge der Immobilienbesitzer durchgeführte Untersuchung (vgl. Abbildung 1) zeitigt insofern ein erstaunliches Ergebnis, als die Gruppe der Berufslosen das Gros der Hausbesitzer auf sich vereinigte. Insgesamt 144 Personen übten, als die betreffenden Immobilien erstanden bzw. auf sie übertragen wurden, keinen Beruf aus. Mit dieser durchaus als spektakulär hoch zu bezeichnenden absoluten Anzahl blieben die Berufslosen auch im relativen Vergleich mit einem Anteil von 27,69 Prozent die gegenüber allen anderen existierenden Berufsgruppen am stärksten unter den Immobilienbesitzern vertretene Sozialgruppe. Die Berufslosigkeit der Mitglieder dieser zahlenstarken Gruppe war jedoch - auch wenn dies in Einzelfällen zutreffend gewesen sein mag - nicht grundsätzlich mit einer zwischenzeitlich oder längerfristig existierenden Arbeitslosigkeit gleichzusetzen. Eine zusätzliche Differenzierung

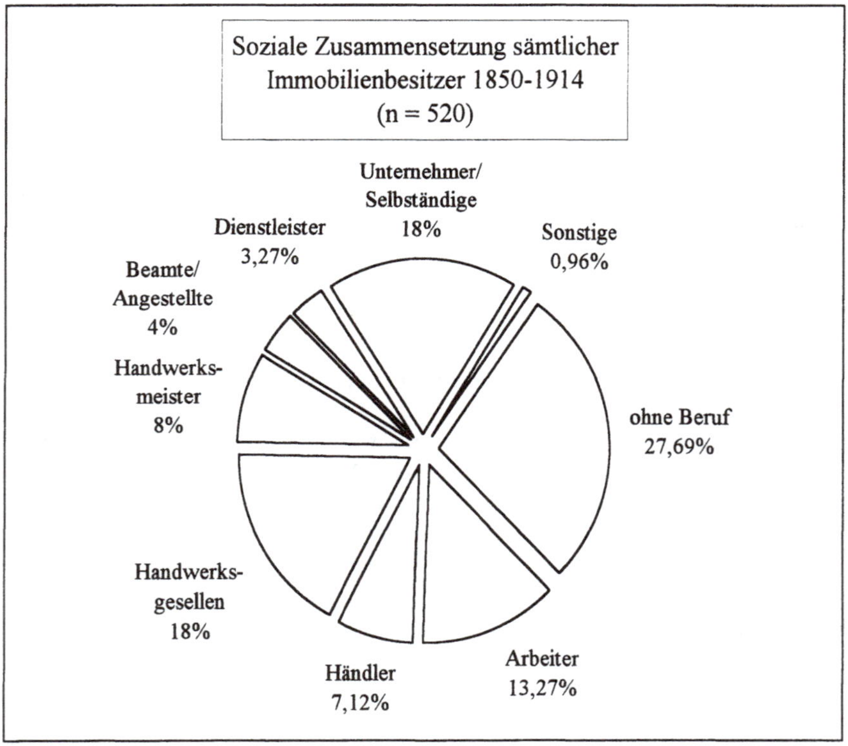

Abbildung 1: Soziale Zusammensetzung sämtlicher Immobilienbesitzer (1850-1914)

nach Geschlechtszugehörigkeit und Familienstand erlaubt eine über das gemeinsame Kriterium der Berufslosigkeit hinausgehende Spezifizierung dieses Besitzerkreises und legt deren gruppeninterne Zusammensetzung offen (vgl. Abbildung 2). Frauen jeglichen Familienstandes beherrschten mit 93 Personen deutlich die

Szene der zum Zeitpunkt des Immobilienerwerbs keinen Beruf ausübenden Eigentümer. Ehefrauen (43) stellten - gefolgt von den Witwen (35) und ledigen Frauen (13) - die Mehrzahl der Haus- und Grundbesitzerinnen, während sich der Status der Geschiedenen auf einen Einzelfall beschränkte.[326] Unter den männlichen Eigentümern war eine Berufslosigkeit hingegen seltener zu registrieren; neben 19 Personen, deren Berufslosigkeit weder durch Eigenangaben noch durch anderweitige Informationen zu erhellen war, gehörten 12 Privatleute, die sich aus dem aktiven Berufsleben zurückgezogen hatten, dem Kreis der berufslosen Immobilienbesitzer an. Doch nicht nur Einzelpersonen prägten die Sozialgruppe der Berufslosen, auch insgesamt 20 sich aus einer unterschiedlich hohen Personenzahl beiderlei Geschlechts zusammensetzende Besitzergemeinschaften[327] verschiedener Art vervollständigten die hohe Gesamtanzahl von 144 Immobilienbesitzern ohne Beruf.

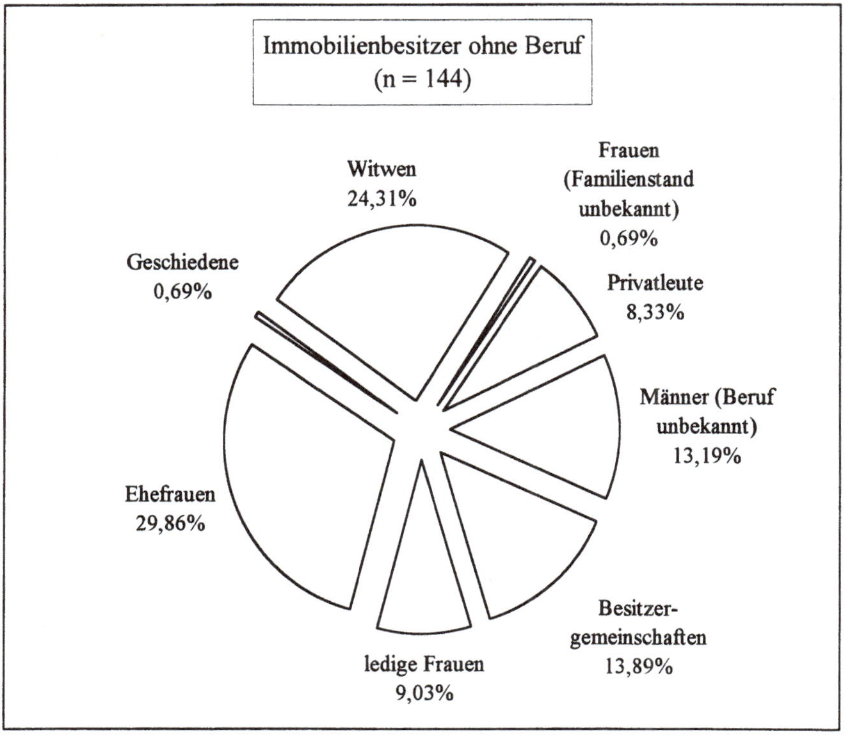

Abbildung 2: Immoblienbesitzer ohne Beruf

Unter den Erwerbstätigen nahmen die Handwerker mit 134 Personen (25,77 Prozent) die Vorrangstellung ein. Die weiteste Verbreitung fand Immobilienbesitz im Baugewerbe (48 Personen). An zweiter Stelle rangierten die Nahrungsmittelhandwerker (30), und auch in der Metallbranche (21 Personen) sowie im Holzgewerbe (17 Personen) war Haus- und Grundbesitz noch gehäuft anzutreffen. Die Textilbranche blieb mit einer Anzahl von zehn Handwerkern bereits deutlich hinter diesen vier Gewerbezweigen zurück, während sowohl Handwerker des Gesundheits- und Reinigungsgewerbes (5 Personen) als auch Angehörige der Glas-, Papier- und Keramikbranche (3 Personen) nur sehr vereinzelt mit Immobilienbesitz aufwarteten (vgl. Abbildung 3). Der relativ hohe Verbreitungsgrad von Haus- und Grundeigentum unter den Handwerkern des Bau-, Metall- und Holzgewerbes war zwar nicht ausschließlich, aber doch zu erheblichen Teilen darauf

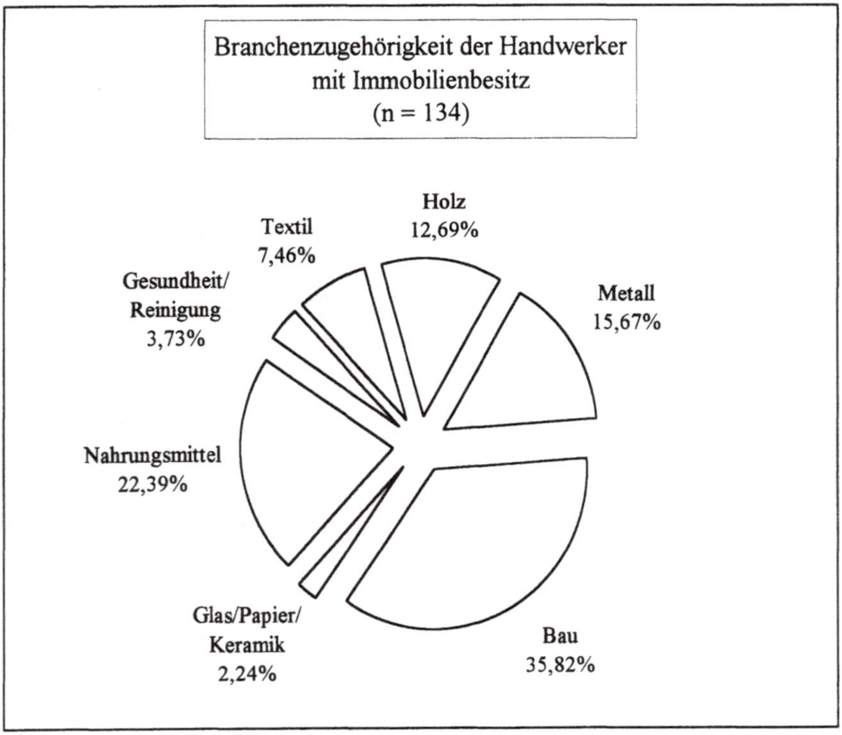

Abbildung 3: Branchenzugehörigkeit der Handwerker mit Immobilienbesitz

zurückzuführen, daß diese drei Branchen jene handwerklichen Berufe in sich vereinigten, die im Rahmen der Bautätigkeit ihren unverzichtbaren Einsatz fanden. Andere Ursachen werden für die gehäufte Präsenz der über Immobilienbesitz verfügenden Nahrungsmittelhandwerker wirksam geworden sein; ging doch insbesondere die Ausübung des Bäckergewerbes (17 Personen) und in eingeschränktem Maße auch das Schlachterhandwerk (10 Personen) mit einer Kopplung von handwerklicher Tätigkeit und Verkauf der hergestellten oder zubereiteten Waren einher, die eine Aneignung von Haus- und Grundbesitz zum Eigenbedarf ebenso naheliegend wie erstrebenswert erscheinen lassen mußte.Die unter den Immobilienbesitzern so zahlreichen Berufsgruppenmitglieder der Handwerker differierten nicht nur in ihrer jeweiligen Branchenzugehörigkeit, als wesentliches Unterscheidungsmerkmal ist darüber hinaus der von ihnen erlangte Qualifikationsgrad zu erachten. Die überwiegende Mehrheit der Handwerker (91 Personen gleich 67,91 Prozent) nahm zum Zeitpunkt des Immobilienerwerbs den Status eines Gesellen ein, während etwa ein Drittel der im Handwerk Tätigen (43 Personen analog 32,09 Prozent) den Meistertitel erworben hatte. Diese fachliche Befähigung, die seit Einführung der Gewerbefreiheit zwar nicht mehr als Voraussetzung zur Erlangung der Selbständigkeit galt, diesen Personen jedoch - so sie nicht eines der sich seit der Mitte des 19. Jahrhunderts durch drastisch verschlechternde Verdienstmöglichkeiten auszeichnenden Massenhandwerke wie das des Schneiders oder des Schuhmachers ausübten[328] - zu einer Verbesserung ihrer Einkommenslage verhalf, existierte weder in allen handwerklichen Berufen, denen diese Immobilienbesitzer nachgingen, noch in allen Gewerbezweigen. Die Berechtigung zur Führung eines Meistertitels blieb den Angehörigen von zehn Berufen vorbehalten. Gemessen an der Häufigkeit der Meisterhandwerke zeichnete sich unter gewerbespezifischen Aspekten[329] eine nur zu Teilen mit dem Verbreitunggrad der einzelnen Branchen korrespondierende Rangfolge ab. Das Baugewerbe stellte nicht nur die größte Handwerkeranzahl, sondern brillierte überdies mit den meisten der sich in ihrem Beruf bis zum Meister qualifizierten Personen. Insgesamt sechzehn Bauhandwerker hatten in den von ihnen erlernten Berufen als Zimmermann, Maurer oder Maler den Meistertitel erlangt.[330] Diese Hierarchie entsprach keinesfalls jener, die sich abzeichnet, wenn nach dem relativen Anteil gefragt wird, den diese Handwerksmeister innerhalb ihrer Branchen einnahmen.

Die statistische Häufung der handwerklichen Berufe sagt noch nichts über ihre reale Bedeutung aus;[331] denn die sich insbesondere nach Einführung der Gewerbefreiheit im einzelnen stark verwischenden Grenzen zwischen Meistern und Gesellen verzerrten nicht selten das Bild der von den Handwerksgesellen eingenommenen beruflichen Stellung bzw. der von ihnen ausgeübten Funktion. Wurde der Schritt in die Selbständigkeit auch häufig im Alleingang vollzogen, so traten diese Gesellen doch, gerade wenn sie sich dem Bausektor verschrieben hatten, zuhauf als Auftrag- und Arbeitgeber diverser Hilfskräfte oder auch gelernter Handwerker auf. Die Trennung zwischen Meistern und Gesellen rückt den zunächst überproportional ermittelten Anteil, den die Berufsgruppe der Handwerker besaß, in ein anderes Licht; die den unterschiedlichsten Berufen nachgehenden 91 Handwerksgesellen stellten einen Anteil von 17,5 Prozent, während sich die Rate der Handwerksmeister auf 8,27 Prozent belief.

Die Gruppe der Unternehmer und Selbständigen war, über den gesamten Zeitraum betrachtet, unter den Immobilienbesitzern in der Wulfhoop-, Rasing-, Gastfeld- und Kornstraße erwartungsgemäß besonders stark vertreten. Mit insgesamt 93 Eigentümern - einer Personenanzahl, die dem Kreis der berufslosen Haus- und Grundbesitzerinnen gleichgestellt war - übertraf diese Erwerbsgruppe noch die der Handwerksgesellen und erzielte mit einer Quote von 17,88 Prozent den höchsten Anteil aller berufstätigen Immobilieneigner. Innerhalb dieser privilegierten Erwerbsklasse fanden sich sowohl Firmen als auch diverse als Kopf und Besitzer eines Unternehmens in Erscheinung tretende Einzelpersonen. Die Berufe des Landmanns (24 Personen), des Bauunternehmers (23 Personen) und des Kaufmanns (19 Personen) kristallisierten sich als bevorzugte Tätigkeitsfelder dieser Erwerbsgruppenangehörigen heraus, die teils umfangreichen und wertvollen Grundbesitz, Bauplätze oder eine stattliche Anzahl an Immobilien ihr eigen nennen konnten. Bierbrauereien, Handelsfirmen, Geldinstitute und einzelne Fabrikanten reihten sich ebenso in den exklusiven Kreis der Unternehmer und Selbständigen ein wie Plantagen-, Ritterguts-, Hof- und Mühlenbesitzer. In gleichem Maße wie die breite Masse der besitzlosen Bevölkerung stets unzulängliche, beengte und häufig ungesunde Wohnverhältnisse in Kauf zu nehmen hatte, galt Immobilienbesitz in den Händen der besitzenden Klasse nicht nur für den Eigenbedarf, sondern auch als Kapitalanlage gewissermaßen als Selbstverständlichkeit.

Neben den drei dominanten Gruppierungen der Berufslosen, der Unternehmer und der Handwerksgesellen kam nur der Berufsgruppe der Arbeiter mit einem relativen Anteil von 13,27 Prozent eine das soziale Gefüge der Immobilienbesitzer noch entscheidend mitprägende Funktion zu. Hausbesitz in Arbeiterhand blieb demnach nicht auf Einzelfälle beschränkt, sondern fand in den vier Straßen der südlichen Vorstadt eine beachtlich weite Verbreitung. Die Mehrzahl der aus 69 Personen bestehenden Gruppe der proletarischen Hauseigentümer bezeichnete sich, wenn eine Berufsangabe gefordert wurde, schlicht als "Arbeiter" (19 Personen) oder als "Arbeitsmann" (21 Personen). Immerhin 29 Lohnabhängige lieferten detailliertere Berufsinformationen. Diese Arbeiter massierten sich in der Nahrungs- und Genußmittelindustrie, innerhalb derer die Zigarrenfabrikation (10 Personen) deutlichen Vorrang gegenüber den Brauereien (7 Personen) und der Weinherstellung (2 Personen) genoß. Während die Metallindustrie - und hier vornehmlich die Silberwarenfabrikation - sieben Arbeiter beschäftigte, stammten die proletarischen Hausbesitzer nur selten aus anderen Industriezweigen, so aus der Holz- und Textilindustrie, und waren lediglich vereinzelt in der Schiffahrt oder beim Telegraphenamt tätig. Sofern exakte Berufsangaben der zu den Haus- und Grundbesitzern zählenden Arbeiter Rückschlüsse auf den Ort ihres Schaffens zuließen, war ein Arbeitsplatz in der Industrie gegenüber anderen Erwerbsbereichen somit am häufigsten vorzufinden.

Alle anderen Berufsgruppen erzielten nicht die Zehn-Prozent-Grenze. Die überwiegend einen Kleinhandel betreibenden, teils jedoch auch als reisende bzw. hausierende Händler ihren Lebensunterhalt bestreitenden Hauseigentümer (37 Personen entsprechend 7,12 Prozent) bestachen sowohl durch die Variationsbreite ihrer Handelstätigkeiten, auf die sie sich spezialisiert hatten, als auch durch die daraus resultierende Vielfalt ihres sehr unterschiedlichen, zum Verkauf bereitgestellten Warensortiments. Beamte und Angestellte (21 Personen analog 4,04 Prozent) waren unter den Haus- und Grundbesitzern der vier Straßen nur selten anzutreffen. Noch vereinzelter - und damit lediglich als Kleinstgruppe - waren Dienstleister (17 Personen entsprechend 3,27 Prozent), die sich überwiegend dem Gaststättengewerbe widmeten oder den Waren- bzw. Personentransport betrieben, unter den Immobilienbesitzern vertreten. Gleichsam als Rarität nahm sich die fünfköpfige Gruppe der "Sonstigen" (0,96 Prozent) aus, die zum einen den Beruf der Haushälterin und des Gärtners, zum anderen künstlerische Erwerbszweige wie den des Musikers und des Restaurators in sich vereinigten.

Die soziale Gliederung der Immobilienbesitzer in der Gastfeld-, Korn-, Rasing- und Wulfhoopstraße zeichnete sich durch großen beruflichen Facettenreichtum aus, der zunächst auf eine breite Streuung des vorhandenen Haus- und Grundbesitzes auf die unterschiedlichsten Gesellschaftsschichten schließen ließ. Wenngleich unter quantitativen Gesichtspunkten die Dominanz der Unternehmer und Selbständigen dem gängigen Bild eines mit der ökonomischen Lage der Eigentümer korrespondierenden sozialen Gefälles entspricht, so waren die starke Präsenz der Berufslosen, der Handwerksgesellen sowie der zu den Hauseigentümern zählenden Arbeiter und nicht zuletzt die hohe Gesamtrate aller ferner existierenden, als Minoritäten zu charakterisierenden Berufsgruppen (23,66 Prozent) innerhalb dieses Besitzerkreises als Indizien einer von anderen deutschen Großstädten drastisch abweichenden Besitzstruktur zu werten, die Bremen mithin zweifelsohne eine Sonderstellung auf dem deutschen Wohnungsmarkt zuwies, wie in den anschließenden Analysen noch detaillierter zu diskutieren und nachzuweisen sein wird.[332]

Die soziale Zusammensetzung der Immobilienbesitzer in den einzelnen Straßen (1875-1914)

Anhand der nachgezeichneten Entwicklung der Besitzstrukturen[333] und des in den 1890er Jahren einsetzenden Strukturwandels[334] in den vier Straßen der südlichen Vorstadt Bremens wurde ersichtlich, welch zentrale Bedeutung der Berücksichtigung des Zeitfaktors für die Betrachtung des Entwicklungsgangs der Besitzverhältnisse auf dem Grundstücksmarkt beizumessen war. Vornehmlich in den Jahren blühender Grundstücksspekulation hatte wertvolles Bremer Bauland in großem Umfang binnen kürzester Frist den Besitzer gewechselt. Der von den ursprünglichen Grundbesitzern getätigte, oft außerordentlich rentable Verkauf ihrer Ländereien an Bauunternehmer ging nicht nur mit einem Wechsel der Grundeigentümer einher, sondern zog überdies einen grundlegenden Wandel der sich fortan darbietenden sozialen Zusammensetzung der Immobilienbesitzer nach sich. Jeder abermalige Besitzwechsel rief - so der Folgebesitzer eine von seinem Vorgänger abweichende Berufsgruppenzugehörigkeit aufwies - erneut mehr oder minder gravierende Veränderungen in den herrschenden Besitzstrukturen hervor. Vor dem Hintergrund des die Entstehungsbedingungen der vier Straßen begleitenden, tiefgreifenden Wandels der Besitzverhältnisse gewinnt die Frage an Bedeutung, ob die über den gesamten Untersuchungszeitraum als dominant identifizierten Sozialgruppen der Berufslosen, der Unternehmer und der Handwerksgesellen auch unter dem Aspekt sich vollziehender zeitlicher Veränderungen ihre Vorherrschaft und gewichtige Position auf dem Immobilienmarkt bis 1914 gleichförmig beibehielten oder ob das personelle Übergewicht insbesondere der Unternehmer und Handwerksgesellen vielmehr in erster Linie aus den die Ausgangssituation kennzeichnenden, zahlreich abgewickelten Grundstücksgeschäften resultierte. Die im folgenden zu skizzierende temporale Entwicklung der sozialen Zusammensetzung der Immobilienbesitzer erfolgt über den Untersuchungszeitraum von 1875 bis 1914. Steckte die Bautätigkeit in den beiden staatlich projektierten Straßen der Gastfeld- und Kornstraße noch in ihren Anfängen, so war die Bebauung der beiden proletarischen Straßenzüge der Wulfhoop- und Rasingstraße schon weit vorangeschritten und die den Bauarbeiten vorausgehenden ersten Besitzwechsel des Grund und Bodens zwischen den beiden Parteien der Grundbesitzer und der sich zum Bauunternehmer ernannten Handwerker bereits in vielen Fällen vollzogen. Indem die anknüpfende Analyse in diesem vierzigjährigen Zeitraum nunmehr die Entwicklung des Sozialgefüges der Haus- und Grundbesitzer in jeder einzelnen Straße in den Mittelpunkt rückt und markanten Verschiebungen einzelner Besitzgruppen nachspürt, werden unter Einbeziehung komparativer Gesichtspunkte gleichermaßen straßenspezifische Charakteristika bzw. Divergenzen sichtbar.

In der bereits Mitte des 19. Jahrhunderts angelegten und bebauten Wulfhoopstraße, deren Verlängerung und erweiterter Baubestand bis zum Jahre 1874 fertiggestellt worden war, blieb der größte Teil des vorhandenen Haus- und Grundbesitzes über den gesamten Untersuchungszeitraum bis zum Jahre 1914 in Händen der Unternehmer. Diese kontinuierliche, außergewöhnlich stark ausgeprägte Prävalenz der Unternehmer resultierte zum einen aus der hohen Anzahl der stets im Besitz des Bauunternehmers Wulfhoop verbliebenen Immobilien, zum anderen zählte auch die Mehrzahl der von Bode und Willig errichteten Häuser trotz mehrfachen Besitzwechsels - insbesondere nach dem von Bode erlittenen Konkurs - zum Eigentum verschiedener unternehmerisch tätiger Personen. Wenngleich die von dieser Berufsgruppe gehaltenen und als Anlageobjekte genutzten Immobilien seit Ende der 1870er Jahre (66) bis zur Jahrhundertwende (38) merklich zurückgingen, so erlangte doch keine andere berufliche Gruppierung eine auch nur annähernd vergleichbare Bedeutung unter den Immobilienbesitzern dieses proletarischen Straßenzuges. Während die Berufslosen mit einer schwankenden Gesamtanzahl immerhin beständig vertreten waren, wie dies auch für die wenigen Handwerksmeister zutraf, brachten Arbeiter erst zu Beginn und Handwerksgesellen mit einigen Jahren Verzögerung seit Ende der 1890er Jahre leicht vermehrt Immobilien in ihren Besitz. Nur sehr vereinzelt mischten sich Angestellte und Dienstleister unter die Haus- und Grundbesitzer, ihre Anwesenheit beschränkte sich hingegen auf kurze Zeitspannen, vornehmlich auf das letzte Jahrzehnt des 19. Jahrhunderts.

Die Besitzverhältnisse in der Rasingstraße entwickelten sich deutlich abweichend von denen der Wulfhoopstraße. Unternehmer und Selbständige nahmen zwar auch in diesem Straßenzug zunächst eine Vorrangstellung ein, doch büßten sie im Gegensatz zur Wulfhoopstraße bereits seit Ende der 1870er Jahre erhebliche Teile ihres zuvor umfangreichen Besitzes ein und verloren ein Jahrzehnt später ebenfalls ihre überragende Position unter den Haus- und Grundbesitzer. Diese durch eine drastische Verringerung ihrer Immobilien geprägte Entwicklung vollzog sich bis zum Jahre 1884 bei den Handwerksgesellen weitreichend ähnlich und spiegelte somit die Entstehungsbedingungen der Rasingstraße wider. Handwerksgesellen und Bauunternehmer galten nicht nur als Träger der in den 1870er Jahre weitestgehend abgeschlossenen Bebauung dieser Arbeiterstraße, sondern wurden gleichermaßen Opfer ihrer Spekulationsgeschäfte. Das Gros der unverkäuflich gebliebenen Immobilien wechselte zwischen 1876 und 1882 in zahlreich abgehaltenen konkursbedingten Zwangsversteigerungen den Besitzer. Gelangte nahezu der gesamte Immobilienbestand der Rasingstraße an die Kerze und erfuhr auf diese Weise einen Eigentümerwechsel, so konnte die Gruppe der Unternehmer dennoch ihre dominante Stellung unter den Haus- und Grundbesitzern bis Ende der 1880er Jahre behaupten. Die als Gläubiger fungierenden ursprünglichen Grundbesitzer gingen ebenso als Folgebesitzer aus den Versteigerungen hervor wie andere zur Gruppe der Unternehmer zählende Personen oder auch Firmen. Das Sozialgefüge der Immobilienbesitzer in der Rasingstraße wurde von Anbeginn überdies durch die Präsenz berufsloser Personen mitbestimmt. Diese offiziellen und eigenen Angaben zufolge keiner beruflichen Tätigkeit nachgehenden Personen setzten sich in erster Linie aus Frauen unterschiedlichen Familienstandes und mehrköpfigen Besitzergemeinschaften zusammen, deren Einkommens- und Vermögenslage indessen im einzelnen erheblich differierte. So fanden sich unter den Berufslosen sowohl begüterte Immobilienbesitzer und Gläubiger als auch weitgehend mittellose Hausbesitzerinnen. Mit ihrer steten, bis zur Jahrhundertwende andauernden Zunahme übertrafen sie bereits zu Beginn der 1880er

Jahre den Umfang des in Händen der Handwerksgesellen befindlichen Besitzes und lösten gegen Ende desselben Jahrzehnts die Gruppe der Unternehmer als dominante Sozialgruppe ab. Diese exponierte Stellung behielten die Berufslosen fortan bis in die ersten Jahre des 20. Jahrhunderts aufrecht. Doch auch zwei weitere Berufsgruppen, die der Arbeiter und Händler, waren seit den 1870er Jahren, wenngleich zunächst eher rar, unter den Haus- und Grundbesitzern der Rasingstraße vorzufinden. Im Gegensatz zu allen anderen Erwerbsgruppen fand die Aneignung von Haus- und Grundbesitz in der Rasingstraße sowohl bei den Arbeitern als auch bei den Händlern im gesamten vierzigjährigen Betrachtungszeitraum konstant immer stärkere Verbreitung. Die bis 1879 lediglich sechsköpfige Gruppe der Arbeiter hatte in den späten 1880er Jahren die in starker Abnahme begriffenen Handwerksgesellen und 1895 ebenfalls die Gruppe der sich rapide verringernden Unternehmer überrundet. Durch ihre beharrliche Vermehrung blieben die Arbeiter zwischen 1895 und 1905 hinter den mit dem unfangreichsten Immobilienbesitz hervortretenden Berufslosen an zweiter Stelle plaziert, bis sich im Jahre 1906 gleichsam ein Rollentausch dieser beiden Gruppierungen vollzog, der die proletarischen Hausbesitzer bis zum Ersten Weltkrieg als größte Gruppe unter den Immobilienbesitzern dieses Straßenzuges auswies.

Der Immobilienbesitz von Unternehmern und Handwerksgesellen war nicht nur durch massive, in den 1870er und 1880er Jahren erlittene Verluste gekennzeichnet, sondern ging bis zum Jahre 1914 weiterhin beständig zurück. Als Nutznießer dieser "Trendwende" erwiesen sich in erster Linie Arbeiter und Berufslose; doch auch die bis zum Ende des 19. Jahrhunderts lediglich vereinzelt über Haus- und Grundeigentum verfügende Berufsgruppe der Händler bereicherte zunehmend den Kreis der Immobilienbesitzer, ohne indessen je einen dem hohen Verbreitunggrad der Arbeiter und Berufslosen entsprechend bedeutsamen Stellenwert in den Reihen der Hausbesitzer in der Rasingstraße zu erlangen. Die Übernahme eines in der Rasingstraße gelegenen kleinen Arbeiterhauses durch Dienstleister, Handwerksmeister oder Angestellte und Beamte blieb auf wenige, erst ab 1895 bzw. in den ersten Jahren des 20. Jahrhunderts überaus selten anzutreffende und sich überdies durch eine kurze Dauer in der Aufrechterhaltung ihres Besitzes zur Auffälligkeit gelangende Ausnahmefälle beschränkt. Zwischen 1910 und 1914 zählten 26 Arbeiter, 24 Berufslose, sieben Händler und jeweils sechs Handwerksgesellen und Unternehmer, zwei Angestellte und ein Dienstleister zu den Haus- und Grundbesitzern dieses proletarischen Straßenzuges.[335] Die als bunte Mischung unterschiedlicher Gesellschaftsschichten anmutende straßeninterne Sozialstruktur der Immobilieneigner erfuhr zwischen 1875 und 1914 einen grundlegenden Wandel. Die ursprüngliche Konzentrierung des Immobilienbesitzes auf die Gruppen der Unternehmer und Handwerksgesellen hatte in der Rasingstraße einer zunehmend breiteren Streuung des vorhandenen Hausbesitzes Platz gemacht, an der vorrangig Berufslose und Arbeiter, vereinzelt jedoch auch Händler partizipierten.

In dem staatlich projektierten Straßenzug der Gastfeldstraße, der bis Mitte der 1890er Jahre zwar umfangreichen Grundbesitz, jedoch nur einen geringen Bestand fertiggestellter Häuser umfaßte, zeichnete sich eine sowohl im Vergleich zur Wulfhoop- als auch gegenüber der Rasingstraße divergierende Entwicklung ab. Wie für die Mehrzahl der in den 1870er Jahren annähernd ausschließlich auf Spekulationsbasis angelegten und bebauten Straßen der südlichen Vorstadt zutreffend, war die Dominanz der Unternehmer auch in der Gastfeldstraße auf das starke Übergewicht der zwar in aller Regel hoch verschuldeten, aber rechtmäßig als Besitzer anerkannten Bauunternehmer zurückzuführen. Das Unvermögen dieser häufig noch sehr jungen Bauunternehmer, ihre möglichst rasch hochgezogenen Bauten gewinnbringend weiterzuveräußern, mündete - je nach dem, ob die aus den eingegangenen handfestarischen Belastungen resultierende Zinslast etwa durch Mieteinnahmen aufgefangen wurde und damit tragbar blieb - in einer zwischenzeitlichen, in ihrer Dauer variierenden Beibehaltung des Immobilienbesitzes und gipfelte bei eingetretener Zahlungsunfähigkeit, die unweigerlich Zinsrückstände in beachtlicher Höhe nach sich zog, in vielen Fällen in sogenannten konkursgemäßen öffentlichen Verkäufen, die der Karriere eines Großteils der Bauunternehmer ein Ende setzten. Obgleich auch in der Gastfeldstraße der überwiegende Teil des Baubestandes zwischen 1876 und 1885 gewissermaßen unfreiwillig den Eigentümer wechselte, schlugen sich die erfolgten Eigentumsübertragungen keinesfalls in einem Rückgang der in Händen der Unternehmer befindlichen Immobilien nieder. Bis in die letzten Jahre des 19. Jahrhunderts blieb der Umfang des Immobilienbesitzes dieser Erwerbsgruppe stets hoch, zwischen 1900 und 1903 sank er indes drastisch ab. Auch Handwerksgesellen, die mit neunzehn Personen zwischen 1875 und 1879 über ansehnlichen Immobilienbesitz verfügten und gleich hinter den Unternehmern rangierten, machten sich bis zum Ende des 19. Jahrhunderts unter den Haus- und Grundeigentümern beständig rarer. Berufslose fungierten demgegenüber im gesamten vierzigjährigen Untersuchungszeitraum als eine das Sozialgefüge der Immobilienbesitzer stark prägende Sozialgruppe. Berufslose hatten durch die vermehrte Übernahme von Haus- und Grundbesitz zwischen 1880 und 1884 mit 26 Personen selbst den zuvor dominierenden Unternehmern zwischenzeitlich ihre Vorrangstellung streitig gemacht. Trotz eines merklichen, bis in die späten 1890er Jahre anhaltenden Rückgangs der berufslosen Immobilieneigner blieb deren gewichtige Rolle als zweitstärkste Besitzgruppe hinter den Unternehmern bis zum Jahre 1903 dennoch unangetastet. Das zeitliche Zusammentreffen eines deutlich im Schwund befindlichen Umfangs der von den Unternehmern gehaltenen Immobilien auf der einen und die gehäufte Inbesitznahme diverser Häuser durch die Gruppe der Berufslosen auf der anderen Seite beraubte die Unternehmer und Selbständigen ihrer über einen langen Zeitraum innegehabten Vorherrschaft unter den Immobilienbesitzern der Gastfeldstraße, die bis zum Jahre 1914 nunmehr von den Berufslosen eingenommen wurde.

Die zwischen 1879 bis 1895 vollkommen brachliegende und erst im Jahre 1896 wiederaufgenommene Bautätigkeit in der Gastfeldstraße brachte bis zum Ersten Weltkrieg eine stattliche Anzahl von Neubauten hervor, die nicht nur in Form reiner Wohnhäuser, sondern zu Teilen auch als kombinierte Wohn- und Geschäftshäuser Gestalt annahmen. In dem Maße, in dem die Gastfeldstraße im Laufe der Jahre, insbesondere jedoch seit der Jahrhundertwende, zusehends den Charakter einer Geschäftsstraße herausbildete, wurde der Kreis der Immobilienbesitzer durch eine sich auffallend vermehrende Personenzahl der in den Jahren des 19. Jahrhunderts nur rar anzutreffenden Händler bereichert. Der mit dem Ausbau der Gastfeldstraße einhergehende Wandel in der sozialen Zusammensetzung der Immobilienbesitzer wies die Berufslosen und die Händler seit 1903 bzw. 1905 als unverkennbar das soziale Gefüge der Hausbesitzer bestimmende Gruppierungen aus. Zwischen 1910 und 1914 verteilte sich der Immobilienbesitz dieser Straße auf 17 Berufslose, 15 Händler, je sieben Handwerksgesellen und Meister, fünf Unternehmer, vier Dienstleister und einen Angestellten. Neben den deutlich dominierenden Gruppen der Berufslosen und Händler nahmen mithin lediglich die Handwerksgesellen und Meister einen in der sozialen "Hierarchie" der Haus- und Grundbesitzer noch bedeutsamen Rang ein. Damit verkörperte die Gastfeldstraße offensichtlich den reinen Typus der Geschäftsstraße.

In der ebenfalls staatlich konzipierten Kornstraße, deren Entstehungsbedingungen und weitere Entwicklung bis zum Jahre 1914 enge Parallelen zur Gastfeldstraße erkennen ließen, sicherte die außergewöhnlich starke, wenn auch nicht stets gleichbleibende Verbreitung der zu den Unternehmern und Selbständigen zählenden Personen dieser Berufsgruppe - mit Ausnahme einer kurzen, von 1890 bis 1894 andauernden Zeitspanne - annähernd im gesamten Zeitraum von 1875 bis 1914 die Vorrangstellung unter den Immobilienbesitzern. Der 1895 einsetzende weitere Ausbau dieser Straße zeitigte ganz im Gegensatz zur artverwandten Gastfeldstraße keinen endgültigen Bruch, sondern bewirkte vielmehr, daß Unternehmer und Selbständige noch in weit höherem Maße Haus- und Grundbesitz in diesem Straßenzug erwarben. Die anfänglich schon stattliche Anzahl von 41 Erwerbsgruppenangehörigen (1875 bis 1879) erhöhte sich auf 47 Personen in den letzten Jahren des 19. Jahrhunderts. Mit fortschreitender Bebauung der Kornstraße, deren bis 1914 geschaffener Neubaubestand den der Gastfeldstraße erheblich überstieg, nahm auch die Anzahl der von Unternehmern und Selbständigen erstandenen Immobilien im ersten Jahrzehnt des 20. Jahrhunderts abermals zu. Eine konträre Entwicklung vollzog sich hingegen in den letzten fünf Jahren. Die Zahl der Unternehmer ging in kürzester Zeit von 51 auf 28 Personen zurück, ohne daß diese jedoch ihre dominante Stellung unter den Immobilienbesitzern der Kornstraße eingebüßt hätten.

Wie in der Rasing- und Gastfeldstraße und in eingeschränktem Maße auch in der Wulfhoopstraße kam den Berufslosen ebenso in der Kornstraße die Rolle einer das Gefüge der Haus- und Grundbesitzer im gesamten Zeitraum von 1875 bis 1914 maßgeblich prägenden Sozialgruppe zu. Der geringe Bestand der im ersten Bauabschnitt bis 1878 fertiggestellten Häuser kennzeichnete das Eigentum sich auf sechs Berufsgruppen verteilender Erwerbstätiger. Zwischen 1890 und 1894 beschränkte sich der noch kleine Kreis der Hausbesitzer auf sieben Arbeiter, fünf Angestellte bzw. Beamte, je drei Handwerksgesellen und Meister sowie zwei Händler und zwei Dienstleister. Waren Dienstleister sowie Angestellte und Beamte bis zum Jahre 1914 nur in bescheidener Anzahl unter den Hausbesitzern anzutreffen, so zeichneten sich in erster Linie Handwerksmeister und Gesellen, leicht vermindert jedoch auch Arbeiter und Händler durch eine sich von 1900 bis 1914 merklich vermehrte Präsenz in der Kornstraße aus. Einschneidende Veränderungen in den herrschenden Besitzverhältnissen begleiteten mithin den seit Mitte der 1890er Jahre zügig voranschreitenden Ausbau beider staatlich projektierter Planstraßen. Machte sich der Wandel im Sozialgefüge der Immobilienbesitzer in der Gastfeldstraße primär durch die fortan gehäufte Existenz von Händlern bemerkbar, so leisteten in der Kornstraße die Vertreter von vier Berufsgruppen durch ihre vermehrt getätigten Hauskäufe einen Beitrag zu der sich dort vollziehenden Wende. Zwischen 1910 bis 1914 befanden sich die bis dahin existierenden Immobilien im Besitz von 28 Unternehmern, 26 Handwerksmeistern, 21 Berufslosen, 20 Handwerksgesellen, 14 Händlern, 7 Angestellten bzw. Beamten, 3 Dienstleistern und zwei den "Sonstigen" zuzurechnenden Erwerbstätigen. Veränderungen in der sozialen Zusammensetzung der Hausbesitzer hatten im Gegensatz zur Wulfhoop-, Rasing- und Gastfeldstraße in der Kornstraße demnach zu einer vergleichsweise breiten, wenn auch nicht gleichförmigen Streuung des Immobilienbesitzes geführt.

Die Entwicklung der Besitzstrukturen, namentlich die soziale Zusammensetzung der Immobilienbesitzer, nahm in jeder der vier untersuchten Straßen im Zeitraum von 1875 bis 1914 einen weitgehend eigenständigen Verlauf.

In der Wulfhoopstraße überdeckte der von Anbeginn außerordentlich hohe Anteil der zum Eigentum der Unternehmer zählenden Immobilien die - obgleich geringe, so doch seit den 1890er Jahren leicht zunehmende - Existenz und Verbreitung anderer Sozialgruppen unter den Hausbesitzern dieser Arbeiterstraße, die sich aus Berufslosen, Arbeitern, Handwerksgesellen und Meistern zusammensetzten. In der Rasingstraße hingegen begann sich in den 1890er Jahren ein merklicher Wandel in der Sozialstruktur auszuformen, der die bis dahin vorherrschenden Erwerbsgruppen der Unternehmer und Handwerksgesellen in den Hintergrund rücken und an deren Stelle vornehmlich Berufslose und Arbeiter treten ließ. Wie in den beiden proletarischen Straßen, in denen erhebliche Teile des Immobilienbestandes aufgrund zahlreicher Konkurse der Bauunternehmer an die Kerze gelangten, bildeten die in geringerem Umfang stattfindenden Versteigerungen auch in der Gastfeld- und Kornstraße keinesfalls den Stein des Anstoßes für grundlegende Veränderungen in den zuvor herrschenden Besitzverhältnissen. Die in allen vier Straßen ursprünglich das soziale Gefüge der Immobilienbesitzer dominierende Gruppe der Unternehmer behielt ihre Vorherrschaft vielmehr trotz erfolgter und mit einem personellen Austausch der Eigentümer einhergehender Besitzwechsel bei. Die bis Ende der 1880er Jahre andauernde Krise hatte der Risikofreudigkeit der zuvor als Gläubiger fungierenden, teils hohe Verluste erlittenen Grundbesitzer, die Teile ihrer Immobilien zurückersteigert hatten, ein Ende gesetzt und nicht nur die Bautätigkeit annähernd zum Erliegen gebracht, sondern sich auch hemmend auf eine neuerliche Tätigung von Grundstücksgeschäften ausgewirkt.

Erst in den 1890er Jahren erfuhr der Immobilienmarkt der südlichen Vorstadt eine unverkennbare Wiederbelebung, indem nunmehr sowohl die den älteren Baubestand kennzeichnenden Gebäude auf dem Wege des Privatverkaufs abermals den Besitzer wechselten als auch das im Aufschwung befindliche Baugewerbe für die Schaffung neuen Wohnraums Sorge trug. Da dem Wohnungsmarkt wieder ausreichendes Kapital zur Verfügung stand, nahmen zahlreiche Neubauten rasch Gestalt an. Der Mitte der 1890er Jahre einsetzende Ausbau der beiden staatlichen Planstraßen zeitigte in der Gastfeldstraße allerdings gravierend von der Kornstraße abweichende Auswirkungen auf die soziale Zusammensetzung ihrer Immobilienbesitzer. Während in der Gastfeldstraße zwei soziale Gruppierungen, die stets weitverbreiteten Berufslosen und die erst in den 1890er Jahren gehäuft anzutreffenden Händler, das Übergewicht gewannen und die Berufsgruppe der Unternehmer und Selbständigen sich seit der Jahrhundertwende drastisch verringerte, behielten zum einen Unternehmer und Berufslose in der Kornstraße annähernd im gesamten Untersuchungszeitraum ihre Vorherrschaft unter den Haus- und Grundbesitzern bei und hatten zum anderen gleich vier Berufsgruppen, die der Handwerksmeister, Gesellen, Händler und Arbeiter, durch die gehäufte Übernahme von Immobilienbesitz Anteil an der sich vorrangig im 20. Jahrhundert durchsetzenden Veränderung im Sozialgefüge der Immobilienbesitzer.

Trotz dieser straßenspezifischen Charakteristika, die in erster Linie Divergenzen im Entwicklungsgang der Besitzstrukturen zwischen 1875 und 1914 hervortreten ließen, existierten doch gleichermaßen diverse die Sozialstruktur der Immobilienbesitzer aller vier Straßen maßgeblich prägende Übereinstimmungen. Weitgehend identisch gestalteten sich bereits die für die Ausgangssituation jeder einzelnen Straße richtungsweisend wirkenden Entstehungsbedingungen. Nicht nur die auf Privatinitiativen beruhende Herstellung der Wulfhoop- und Rasingstraße, sondern auch die staatlichen Plänen gerecht werdende Anlegung der Gastfeld- und Kornstraße wie auch die Bebauung dieser vier Straßen erfolgte ausschließlich durch private Bauunternehmer. Doch kaum eines dieser in den 1870er Jahren vorzugsweise von noch jungen Bauhandwerksgesellen neu gegründeten Bauunternehmen, die zur Realisierung ihrer Bauvorhaben in der südlichen Vorstadt sowohl überteuerte Bodenpreise für den Baugrund als auch hohe handfestarische Belastungen in Kauf nahmen, war in der Lage, die annähernd ausnahmslos auf Spekulationsbasis erstellten Häuser gewinnbringend zu veräußern. Obwohl das Gros dieser unverkäuflich gebliebenen, zwischenzeitlich notgedrungen als Mietobjekte verwerteten Gebäude infolge der reihenweise in Konkurs geratenen Bauunternehmer in den 1870er und 1880er Jahren in öffentlich abgehaltenen Zwangsversteigerungen zu ungewöhnlich niedrigen Preisen den Besitzer wechselte, hielt die bereits zuvor überproportional stark vertretene Berufsgruppe der Unternehmer ihre Dominanz unter den Immobilienbesitzern über einen in jeder Straße unterschiedlich langen Zeitraum aufrecht. Die über den gesamten Zeitraum verortete Vorherrschaft dieser Erwerbsgruppe blieb somit nicht auf die vornehmlich in den frühen 1870er Jahren gehäuft abgewickelten Grundstücksgeschäfte zwischen Grundbesitzern und Bauunternehmern beschränkt, Unternehmer bewahrten sich vielmehr ihre Vorrangstellung in der Rasingstraße bis Ende der 1880er Jahre, in der Gastfeldstraße bis zur Jahrhundertwende und in der Wulfhoop- und Kornstraße gar über 40 bzw. 35 Jahre hinweg.

Als weiteres, allen vier Straßen gemeinsames Merkmal in der sozialen Zusammensetzung kristallisierte sich die starke Präsenz der Berufslosen unter den Haus- und Grundbesitzern heraus. In der Gastfeld-, Korn- und Rasingstraße, selbst in der Wulfhoopstraße, in der die Verbreitung aller anderen Berufsgruppenangehörigen durch die beständig überragenden Anteile der Unternehmer kaum zur Geltung kam, nahmen die sich durch Berufslosigkeit auszeichnenden Personen neben den Unternehmern zwischen 1875 und 1914 jederzeit eine gewichtige Position im Sozialgefüge der Immobilieneigner ein. Im Gegensatz zu den Unternehmern, deren Personenzahl und Umfang des Immobilienbesitzes mit bzw. nach Einsetzen des Strukturwandels in den einzelnen Straßen zu unterschiedlichen Zeitpunkten durch einen Rückgang gekennzeichnet war, vermochten die Berufslosen einhergehend mit den sich vollziehenden Veränderungen in der sozialen Zusammensetzung der Hausbesitzer ihre Vorrangstellung entweder weitgehend zu behaupten oder noch zu verstärken, wie dies insbesondere in der Gastfeldstraße zu erkennen war, und bewiesen damit ein hohes Maß an Kontinuität. Während die Berufsgruppen der Arbeiter, Händler, Handwerksgesellen und Meister demgegenüber in ihrem Verbreitungsgrad unter den Hausbesitzern in jeder Straße eine eigenständige Entwicklung nahmen, blieben Dienstleister, Beamte und Angestellte sowie "Sonstige" sowohl in der Wulfhoop- und Rasing- als auch in der Gastfeld- und Kornstraße stark unterrepräsentiert und bereicherten die Sozialstruktur der Immobilienbesitzer überdies nur für begrenzte Zeiträume.

Die soziale Zusammensetzung der Immobilienbesitzer in den vier Straßen der südlichen Vorstadt zeichnete im Spiegel zeitlicher Veränderungen zwischen 1875 und 1914 vornehmlich seit den 1890er Jahren, die einen unverkennbaren Strukturwandel einleiteten, für jede Straße ein eigenständiges, in der Akzentuierung dominanter wie auch hinter diesen zurücktretender Berufs- bzw. Sozialgruppen variierendes Bild, ohne jedoch übereinstimmende Merkmale vermissen zu lassen. Unternehmer und Berufslose prägten primär die Sozialstruktur der Haus- und Grundbesitzer im gesamten vierzigjährigen Zeitraum. Handwerksgesellen, deren Mehrzahl an der Bautätigkeit dieser vier Straßen mitgewirkt und zwischenzeitlich als Eigentümer zahlreicher Immobilien in Erscheinung getreten waren, büßten ihre sich auf die 1870er Jahre beschränkende Dominanz noch während der Krisenjahre, in denen Versteigerungen gleichsam auf der Tagesordnung standen, ein. Im Zuge der Neubelebung des Immobilienmarktes trat eine ebenso deutliche wie nachhaltige Veränderung in den herrschenden Besitzverhältnissen ein. Nachdem seit den 1890er Jahren mit den gehäuft vollzogenen Besitzwechseln der bereits existierenden und der neu erstellten Immobilien die den Hausbesitz markierenden Karten gewissermaßen neu gemischt worden waren, präsentierte sich sowohl in den beiden Arbeiterstraßen als auch in den staatlichen Straßenzügen ein - verursacht durch die Berufszugehörigkeit der neuen Hausbesitzer - nachhaltig gewandeltes Sozialgefüge. Trotz eindeutiger Dominanzen einzelner Sozialgruppen erhielt die Besitzstruktur jeder Straße ein sich bis 1914 immer klarer ausformendes, eigenes Gepräge. In den beiden zwischen 1875 und 1914 überwiegend von Arbeitern, Handwerksgesellen und Berufslosen bewohnten Straßenzügen der Rasing- und Wulfhoopstraße fand die soziale Zusammensetzung ihrer Bewohner somit auch in der sozialen Gliederung ihrer Immobilienbesitzer weitgehende Entsprechung. Dieses Pendant blieb kein spezifisches, sich auf die beiden Arbeiterstraßen reduzierendes Charakteristikum, sondern zeichnete sich auch in den staatlich konzipierten Straßen ab. Mit dem Ausbau der Gastfeld- und Kornstraße veränderten sich die Sozialstruktur der Hausbesitzer und der Wohnbevölkerung gleichermaßen. Meister und Handwerksgesellen, Händler, Angestellte und Beamte sowie zu geringen Teilen auch Dienstleister waren im Laufe der Jahre gehäuft unter der Bewohnerschaft dieser immer mehr die typischen Merkmale von Wohn- und Geschäftsstraßen herausbildenden Straßenzüge vorzufinden. Vornehmlich in der stark erweiterten Kornstraße trug auch der Kreis der Immobilienbesitzer zunehmend die Züge breit gestreuter Berufs- bzw. Sozialgruppenzugehörigkeit.

Die grobe Charakterisierung der innerhalb des vierzigjährigen Untersuchungszeitraumes Verfügungsberechtigung über Haus- und Grundbesitz in den vier Straßen der südlichen Vorstadt Bremens erlangenden Personen läßt eine Reihe von Fragen offen, so die nach der Verwertung der Immobilien und der Dauer des Hausbesitzes, die in den anknüpfenden Untersuchungen aufzugreifen sein werden.

1.5 Die Verwertung der Immobilien und die Dauer des Immobilienbesitzes

Bremens Sonderstellung auf dem deutschen Wohnungsmarkt des 19. Jahrhunderts fand ihren äußerlich sichtbaren Niederschlag in einer weiträumigen Bauweise, die sich in der Dominanz von Ein- und Zweifamilienhäusern manifestierte. Die Sonderrolle Bremens begründete sich überdies durch eine ungewöhnliche Ausprägung des sogenannten Rechtsverhältnisses der Bewohner. Lebte andernorts die überragende Mehrheit der deutschen Bevölkerung zur Miete, so wies Bremen im Jahre 1900 mit einer Rate von 40,32 Prozent[336] einen außerordentlich hohen Anteil an Eigentümerwohnungen auf. Die Mehrzahl aller zu diesem Zeitpunkt existierenden Wohnungen (58,09 Prozent) wurde allerdings auch in Bremen zur Miete bewohnt.[337] Bremens städtebauliche Struktur wurde nicht nur vielfach als nachahmenswertes Beispiel gerühmt, sondern veranlaßte darüber hinaus zahlreiche Zeitgenossen des 19. Jahrhunderts, die in Bremen herrschenden Wohn- und Besitzverhältnisse schlechthin als vorbildlich anzupreisen und zu glorifizieren:

"*Bremen ist die einzige von den größeren und zugleich schnell anwachsenden Städten Deutschlands, aus welcher keine Spur einer Klage über Mangel und schlechte Beschaffenheit von Arbeiterwohnungen, vielmehr die höchste Befriedigung über die gleichzeitige Verbesserung der Wohnungsverhältnisse zu vernehmen ist.*"[338] "*Die Sitte in einem eigenen Hause zu wohnen, ist in Bremen bis in die ärmsten Classen hinein verbreitet.*"[339]

Diese sich vornehmlich unter den Befürwortern des Kleinhauses hartnäckig haltende Auffassung, in Bremen sei selbst der Ärmste in der Lage, ein Haus zu erwerben, klang gar noch Mitte des 20. Jahrhunderts an und führte zu einer beispiellosen Überzeichnung und Verzerrung des im 19. Jahrhundert vermeintlich existierenden Verbreitungsgrades von Haus- und Grundbesitz unter der bremischen Bevölkerung.

"*Dank der Eigenart der einheimischen Bevölkerung mit ihrem Streben nach eigener Häuslichkeit konnten bis zur Jahrhundertwende fast drei Viertel aller vorstädtischen Familien zu einem eigenen Wohnhaus kommen.*"[340]

Vereinzelt gipfelte die Ablehnung der im bremischen Sprachgebrauch bis 1914 als "Etagenhäuser" bezeichneten Mehrfamilienmietshäuser, die einer größeren Anzahl von Mietparteien Wohnraum unter einem Dach boten und in Bremen bis zum Ersten Weltkrieg tatsächlich kaum Verbreitung fanden, in der kategorischen, jeglicher Grundlage entbehrenden und infolgedessen notgedrungen den Nachweis schuldig bleibenden Behauptung, in Bremen habe - im Gegensatz zu anderen deutschen Großstädten, für die Berlin mit seinen Mietskasernen als bevorzugtes Beispiel herangezogen wurde, - ein erwerbsmäßiger Hausbesitzerstand nie existiert.[341] Liefert die in Bremen eine langjährige Tradition besitzende amtliche

Statistik ebenso umfassende wie wertvolle Informationen zur Entwicklung der bremischen Bevölkerung, so blieb die Wohnungsstatistik bis zum Jahre 1900 demgegenüber lückenhaft. Während das jährliche Ausmaß der Bautätigkeit, die Verbreitung der verschiedenen Haustypen und selbst die unterschiedlichen Formen sowie der Umfang der erfolgten Besitzwechsel anhand der verfügbaren Daten zu rekonstruieren sind, scheitert der Versuch, die Entwicklung der im Zeitraum von 1875 bis 1914 erfolgten Verwertung der Immobilien, somit auch den Wandel des Verhältnisses der ausschließlich als Kapitalanlage und der zum Eigenbedarf dienenden Immobilien nachzuvollziehen, an den für das gesamte 19. Jahrhundert in keiner der bremischen Statistiken diesbezüglich enthaltenen Informationen. Erst in der am 1. Dezember des Jahres 1900 durchgeführten "Volkszählung im Bremischen Staate", die sich erstmals separat einerseits der Bevölkerungsstatistik, andererseits den Gebäuden und Wohnungen in Form einer Sonderuntersuchung, mithin explizit der Wohnungsstatistik widmete, fand auch der wesentlich zur Erhellung herrschender Wohnverhältnisse beitragende Aspekt des Rechtsverhältnisses der Bewohner, das. heißt der Verteilung der Hausbesitzer und Mieter auf die unterschiedlichen Hausformen, in den einzelnen Stadtteilen Berücksichtigung.

Seit ihrer Eingemeindung in das bremische Stadtgebiet im Jahre 1875 war die Einwohnerzahl der südlichen Vorstadt von 9.089 auf 22.677 Personen[342] im Jahre 1900 angewachsen. Rund zehn Prozent der in diesem Jahr auf 224.882 Einwohner[343] angestiegenen bremischen Bevölkerung hatten somit einen Wohnsitz in diesem am linken Weserufer gelegenen Stadtteil inne. Den Südervorstädtern standen in den bis dahin angelegten Straßen 1.070 lediglich ein Stockwerk aufweisende, 1.348 zweigeschossige und 67 dreistöckige Wohnhäuser zur Verfügung.[344] Das im 19. Jahrhundert die Bremer Wohnstrukturen maßgeblich prägende und dominierende Einfamilienhaus war zwischen 1895 und 1900 in der südlichen Vorstadt von den verstärkt hochgezogenen zweigeschossigen Wohnhäusern überrundet worden und hatte damit, obgleich diese kleinere Ausführung des Bremer Hauses noch immer in leichter Zunahme begriffen war, seine zentrale Rolle als bevorzugter Wohnhaustyp eingebüßt.[345] Die als quantitativer Gradmesser für die Qualität der Wohnverhältnisse dienende Wohndichte wies die südliche Vorstadt im innerstädtischen Vergleich als den Stadtteil mit der höchsten Bevölkerungskonzentration, mithin als das Viertel mit den ungünstigsten Wohnbedingungen aus. Die starke Verdichtung in der südlichen Vorstadt kam selbst in solch fragwürdigen statistischen Durchschnittswerten wie der auf ein Wohngebäude entfallenden Anzahl von Haushalten (2,05) und der sogenannten Behausungsziffer (9,1), mithin der durchschnittlich in einem Wohnhaus lebenden Bewohnerzahl, klar zum Ausdruck.[346] Insgesamt 1.508 aller im Jahre 1900 in der südlichen Vorstadt existierenden 2.485 privaten Wohngebäude, ein Anteil von 60,7 Prozent, wurden ausschließlich oder gemeinsam mit anderen Mietparteien vom Eigentümer bewohnt.[347] Diese im Gegensatz zu anderen Städten bereits sehr hoch anmutende Quote der Besitzer, die ihr Wohnhaus zum Eigenbedarf nutzten, wurde in allen anderen Bremer Vorstädten noch überschritten.[348] Wenngleich die Mehrzahl der privaten Wohnhäuser demnach auch ihren Besitzern als eigener Wohnsitz diente, so war das für die Häuser zutreffende Rechtsverhältnis der Bewohner doch keinesfalls mit dem Verbreitungsgrad von Eigentums- und Mietwohnungen gleichzusetzten. In der südlichen Vorstadt lag der relative Anteil der Eigentümerwohnungen mit 29,7 Prozent[349] erheblich unter der für Bremen ermittelten Gesamtrate von 40,3 Prozent.[350] Während etwa die Bewohner der sich durch die geringste Wohndichte auszeichnenden und damit eine Gunstlage einnehmenden Bremer Bahnhofsvorstadt mit 60,3 Prozent[351] mehrheitlich zu den Haus- und Grundbesitzern zählten, wurde in der südlichen Vorstadt das Gros der verfügbaren Wohnungen entweder zur Miete (66 Prozent) oder zur sogenannten Aftermiete (4,3 Prozent) bewohnt,[352] wie dies auch für die Wohnungen in der Gastfeld-, Korn-, Rasing- und Wulfhoopstraße galt.[353]

Die vom Bremischen Statistischen Amt durchgeführte Volkszählung aus dem Jahre 1900 stellte vorrangig die Erfassung äußerer und innerer Wohnstrukturen - wie die Verbreitung verschiedener Hausformen, Art, Nutzung und Auslastung der Wohneinheiten und die Ermittlung des Mietpreisniveaus - in den Mittelpunkt ihrer Sonderuntersuchung. Mit dieser Bestandsaufnahme bremischer Wohnungsverhältnisse wurden zwar erstmals auch detaillierte Informationen geliefert, mittels derer Rückschlüsse auf die Wohnbedingungen in den einzelnen Stadtteilen gezogen werden können; die sich lediglich auf die Existenz und Verbreitung von Eigentümer- und Mietwohnungen reduzierende Frage nach den zugrundeliegenden Besitzverhältnissen hingegen rückte deutlich in den Hintergrund, während die Berufszugehörigkeit der Bewohner, ebenso wie die straßen- bzw. hausinterne Sozialstruktur, völlig unberücksichtigt blieben. An der Offenlegung herrschender Besitzstrukturen, die der Beantwortung der elementaren und zentralen Frage nach der Verwertung der einzelnen Immobilien, der Anzahl und sozialen Zusammensetzung der Hausbesitzer sowie dem Umfang ihres Besitzes hätten Rechnung tragen können,[354] bestand von offizieller, amtlicher Seite offenkundig kein Interesse.[355]

Immobilien als Kapitalanlage

Die Immobilien der Wulfhoop-, Rasing-, Gastfeld- und Kornstraße wurden, nachdem die ersten Eigentumsübertragungen von den Grundbesitzern auf die Bauunternehmer vollzogen und die Grundstücke von letzteren mit Häusern versehen worden waren, von ihren Folgebesitzern in unterschiedlicher Weise verwertet.[356] Ein Teil des Häuserbestandes in diesen vier Straßen der südlichen Vorstadt Bremens diente seinen Eigentümern, obgleich einzelne Objekte mehrfach den Besitzer wechselten, stets ausschließlich als Kapitalanlage. Mit insgesamt 89 seit ihrer Fertigstellung bis zum Jahre 1914 kontinuierlich als Mietobjekt verwerteten Gebäuden entsprach der relative Anteil von 35 Prozent zwar annähernd der für dieses Stadtviertel im Jahre 1900 ermittelten Rate der nicht zum Eigenbedarf genutzten Häuser; diese Gesamtquote resultierte jedoch keineswegs aus einer in allen vier untersuchten Straßen existierenden Gleichverteilung dieser Immobilien, sondern basierte auf der außergewöhnlich hohen Anzahl derart genutzter Immobilien in der Wulfhoopstraße. Dort fungierten 38 von 56 Wohngebäuden über den gesamten Untersuchungszeitraum hinweg als Anlageobjekt, rund zwei Drittel des Immobilienbestandes (67,9 Prozent) dieser Arbeiterstraße wurden demnach stets vermietet. In den anderen drei Straßen verkehrte sich demgegenüber das in der Wulfhoopstraße vorzufindende Verhältnis der als Anlage und der zum Eigenbedarf beanspruchten Immobilien weitgehend in sein Gegenteil. Das Gros der in diesen drei Straßenzügen gelegenen Häuser erfüllte vielmehr, auch wenn etwa nach einem Besitzwechsel zwischenzeitlich eine abweichende Verwertung zu verzeichnen war oder häufig umfangreiche Teile der Wohnhäuser zwecks Erlangung zusätzlicher Einnahmen an Mieter abgetreten wurden, für seine Besitzer die Funktion eines Eigenheims. Die in den beiden staatlichen Planstraßen deutlich höher liegenden Anteile der als bloße Anlageobjekte zu identifizierenden Immobilien auf der einen (26,1 bzw. 27,6 Prozent) und die außerordentlich geringe Rate der dieser spezifischen Verwertungsform unterliegenden Häuser in der Rasingstraße (22,2 Prozent) auf der anderen Seite unterstreichen den für die Bremer Wohn- und Besitzverhältnisse und insbesondere den für dieses Arbeiterviertel ungewöhnlichen Charakter, den die Wulfhoopstraße aufgrund ihrer Besitzstrukturen als proletarische Wohnstraße einnahm.

Ebenso atypisch wie die Entstehungsbedingungen einiger dieser ohne Baugenehmigung bereits in den 1850er Jahren errichteten Wohngebäude erwiesen sich auch der Werdegang des Bauunternehmers Johann Eilert Wulfhoop[357] und die Verwendung der 34 von ihm erstellten und ursprünglich zum Verkauf vorgesehenen Bauten in dem nach ihm benannten Straßenzug. Obgleich Wulfhoop mit dem für die Fertigstellung der Bauarbeiten notgedrungen in Anspruch genommenen Immobiliarkredit, der sich in den 1860er Jahren auf 24.000 Taler (80.000 Mark) belief, eine enorm hohe handfestarische Verschuldung in Kauf genommen hatte, war er ganz im Gegensatz zu den zahlreichen Bauunternehmern, die - gleichsam seinem Beispiel folgend - vornehmlich in den 1870er Jahren reihenweise Häuser auf Spekulationsbasis hochgezogen hatten und in Konkurs geraten waren, stets in der Lage, die auf seinen gewilligten Handfestengeldern lastenden Zinsen pünktlich zum Fälligkeitstermin zu zahlen und alle 34 in seinem Besitz befindlichen und von Anbeginn vermieteten Wohnhäuser bis zum Jahre 1914 zu halten.[358] Gemäß der wohnungsstatistischen Erhebungen im Rahmen der im Jahre 1900 durchgeführten Volkszählung existierten in der Wulfhoopstraße insgesamt 95 Wohnungen, von denen in diesem Jahr vierzehn von Eigentümern und 81 von Mietern bewohnt wurden. Der gleichzeitig ermittelte Mietspiegel legte offen, daß

36 Haushaltsvorstände bis zu 150 Mark an Mietzins entrichteten und damit in die niedrigste Mietpreisklasse entfielen. Die Mehrzahl von 39 Mietparteien zahlte für ihre relativ kleinen Wohnungen zwischen 151 und 200 Mark Jahresmiete, während sechzehn Wohnparteien ein Zins in Höhe von 201 bis 300 Mark abverlangt wurde und ein Bewohner gar der bereits gehobeneren Preiskategorie von 301 bis 500 Mark angehörte.[359] Bleibt die tatsächliche Höhe der von Wulfhoop geforderten Mieten, die über mehrere Jahrzehnte hinweg sicherlich eine deutliche Steigerung erfuhren, auch unbekannt, so werden die Mieteinnahmen aus seinen 34 Häusern dem Besitzer und Vermieter Wulfhoop im Laufe all der Jahre nicht nur den Zinsabtrag erleichtert, sondern darüber hinaus die sukzessive Tilgung seiner Darlehen ermöglicht und nach vollständiger Rückzahlung ein ansehnliches Einkommen gesichert haben. Der den Beruf des Glasers und Malers erlernte, sich zum Meister dieser Handwerke qualifizierte und seit Mitte des 19. Jahrhunderts als Bauunternehmer in der südlichen Vorstadt tätige Wulfhoop, der sich in späteren Jahren zwar aus dem aktiven Berufsleben zurückzog, als Privatmann jedoch auch weiterhin Grundstücksgeschäfte tätigte, indem er beispielsweise im Jahre 1887 vier in der Rasingstraße zum Verkauf stehende Häuser zu überaus günstigen Konditionen erstand, bildete mit der stattlichen Anzahl seiner Immobilien und insbesondere aufgrund der außergewöhnlich langen Beibehaltung seines Haus- und Grundeigentums eine Ausnahme unter allen bis 1914 über Immobilienbesitz in den vier Straßen der südlichen Vorstadt verfügenden Personen. Übertraf Wulfhoop infolge seines umfangreichen Immobilienbesitzes auch zweifellos den genossenen Grad an Wohlhabenheit vieler anderer Hausbesitzer, so blieb er doch keinesfalls der alleinige diese Verwertungsform seiner Immobilien präferierende Haus- und Grundeigentümer in den vier Straßen der südlichen Vorstadt.

Insgesamt 262 Personen,[360] somit 52,8 Prozent aller im gesamten Untersuchungszeitraum ermittelten 496 Immobilienbesitzer in der Rasing-, Wulfhoop-, Gastfeld- und Kornstraße, verwerteten ihren unbeweglichen Besitz, ebenso wie Wulfhoop, als reine Kapitalanlage. Die insgesamt 89 explizit dieser Funktion zugedachten und stets als Anlageobjekt dienenden Immobilien in den vier untersuchten Straßen sicherten, nachdem die Häuser in einen bezugsfertigen Zustand versetzt worden waren, ihren sich aus 72 Personen zusammensetzenden Eigentümern[361] mittels des von den Bewohnern zu entrichtenden Mietzinses ein zusätzliches, vereinzelt - etwa im Falle erwerbsloser Frauen - möglicherweise auch ausschließliches Einkommen. Diese permanent dem Mietwohnungsmarkt bereitgestellten Wohngebäude befanden sich erwartungsgemäß überwiegend im Besitz von Unternehmern (24 Personen) und Berufslosen (24 Personen), mithin in Händen derjenigen Berufs- bzw. Sozialgruppenangehörigen, die ohnehin das Sozialgefüge der Immobilienbesitzer in den vier Straßen weithin dominierten.[362] Doch auch Handwerksmeister (10 Besitzer) traten noch gehäuft als Eigner solchermaßen genutzter Häuser in Erscheinung, während Händler (6 Personen), Dienstleister (3 Eigentümer) und Handwerksgesellen (3 Besitzer) nur in wenigen Fällen ein derartiges

Objekt zu halten vermochten.[363] Eine lange, bis zu mehreren Jahrzehnten anhaltende Dauer in der Aufrechterhaltung ihres Immobilienbesitzes beschränkte sich indessen nicht nur auf Personen, deren Berufszugehörigkeit und gesellschaftliche Stellung auf begüterte Einkommensverhältnisse schließen ließen, sondern kennzeichnete ebenso den zutreffenden zeitlichen Rahmen der Besitzverhältnisse von verschiedenen Hausbesitzern, deren Berufstätigkeit ihnen weder eine solch privilegierte Position noch eine auch nur annähernd vergleichbare Einkommenshöhe sicherte wie etwa den Unternehmern. So brachte der seit 1883 in der Rasingstraße 5 zur Miete wohnende Arbeitsmann Johann Diedrich Heitmann, nachdem er bereits Ende des Jahres 1889 das in der gleichen Straße gelegene, eingeschossige Wohnhaus Nummer 16 für eigene Wohnzwecke erstanden und den Kaufpreis von 4.200 Mark[364] ohne Beanspruchung eines Immobiliarkredits vollständig aus eigenen Mitteln beglichen hatte, im Jahre 1896 - nunmehr gleichzeitig zum einen als Weinarbeiter, zum anderen mit der Führung eines Detailgeschäfts den Lebensunterhalt für die siebenköpfige Familie bestreitend - die beiden zweigeschossigen Wohnhäuser Rasingstraße 45 und 46 für jeweils 8.000 Mark in seinen Besitz und willigte zur Finanzierung derselben in jedes Haus drei Handfesten über einen Gesamtbetrag von 7.000 Mark.[365] Über einen Zeitraum von 21 Jahren blieb Heitmann imstande, diese beiden, in all den Jahren diversen, teils wechselnden Wohnparteien als Mietobjekte zur Verfügung gestellten Gebäude zu halten, bis sie nach seinem Tode im Jahre 1917 auf seine fünf in Amerika lebenden Kinder übertragen wurden. Über 30 Jahre, länger noch als im Falle des Weinarbeiters und Kleinhändlers in der Rasingstraße, diente das von dem in der Kornstraße lebenden Klempner Georg Wilhelm Albert Nehrmann im Jahre 1884 zu einem Vorzugspreis von 3.900 Mark auf dem Wege des Privatkaufs in sein Eigentum übergehende, zunächst in voller Höhe mit Handfesten finanzierte Einfamilienhaus Wulfhoopstraße 52[366] als Kapitalanlage.

Für die seit ihrer Fertigstellung bis zum Jahre 1914 ausschließlich als Anlageobjekte verwerteten Häuser in der Rasing-, Wulfhoop-, Gastfeld- und Kornstraße existierten sowohl eine Reihe von Fällen, die den Beleg für eine lange Dauer in der Aufrechterhaltung der Besitzverhältnisse lieferten, als auch diverse, sich auf Monate oder wenige Jahre reduzierende, demzufolge durch ausgesprochene Kurzlebigkeit gekennzeichnete Beispiele. Ob der Hausbesitz nun von langer Dauer zeugte oder kurz befristet blieb, für beide Kategorien bildete die Berufszugehörigkeit der ohnehin in den meisten Fällen zu den ökonomisch Begünstigten zählenden Eigentümer, die neben dem Besitz ihrer zum Eigenbedarf dienenden Wohnhäuser Miethäuser zu erwerben, finanzieren und halten vermochten, nicht das für die Dauer ihres als Anlageobjekte gehaltenen Immobilienbesitzes entscheidende Kriterium. Für die über ausreichendes Kapital verfügenden Eigentümer war die Entscheidung, wie lange sie den Hausbesitz aufrechterhielten, primär darauf ausgerichtet, welche Attraktivität der Immobilienmarkt unter Rentabilitätsaspekten besaß und ob bzw. welche Alternativen sich ihnen zur gleichermaßen einträglichen wie sicheren Anlage ihrer überschüssigen Gelder boten. Diese Beweggründe erwiesen sich auch als ausschlaggebend für die in den Krisenjahren zu registrierende deutliche Zurückhaltung in der Abwicklung von Grundstücksgeschäften und die erst seit Ende der 1880er Jahre erneut gehäuft getätigten Verkäufe der zum älteren Baubestand zählenden Häuser in den vier Straßen der südlichen Vorstadt, die zu erheblichen Teilen von den Gläubigern der gescheiterten Bauunternehmer ersteigert und fortan notgedrungen dem Mietwohnungsmarkt überlassen worden waren.[367] Das erfolgreiche Bestreben derjenigen Immobilienbesitzer, die Teile ihres Kapitals über einen mehr oder minder langen Zeitraum in Immobilien festgelegt hatten, ihre Gelder nunmehr durch Weiterveräußerung dieser Häuser wieder flüssig zu machen, zog, nachdem zahlreiche Immobilien den Besitzer gewechselt hatten, einen Anstieg der ihre Wohngebäude für eigene Wohnzwecke nutzenden Haus- und Grundeigentümer nach sich.

Die Eigenbedarfsnutzung der Häuser

Eigenbedarf machten indes nicht nur die neuen Besitzer dieser älteren Bauten geltend, sondern wurde auch bei einem Großteil der im Rahmen der in den letzten Jahren des 19. Jahrhunderts wiederaufgenommenen Bautätigkeit neu entstehenden Häuser in der Gastfeld- und Kornstraße von seinen Eigentümern von vornherein eingeplant. Insgesamt 165 der in den vier Straßen der südlichen Vorstadt gelegenen Wohnhäuser, ein relativer Anteil von 65 Prozent, wurden von ihren Eigentümern im vierzigjährigen Untersuchungszeitraum zwischen 1875 und 1914 auch selber bezogen.[368] Aufgrund teils mehrfach erfolgter, auf unterschiedlichen Ursachen basierender Besitzwechsel, die demzufolge wiederum verschiedene von den Folgebesitzern vollzogene Erwerbsarten nach sich zogen, und infolge einer individuell stark voneinander abweichenden Dauer in der Eigennutzung dieser Häuser durch die einzelnen Haus- und Grundeigentümer überstieg die Anzahl der Hausbesitzer bei weitem die der zum Eigenbedarf dienenden Gebäude. Mit 234 Personen stellten die ihr Haus auch bewohnenden Eigentümer einen beachtlich hohen Anteil von 47,2 Prozent aller bis 1914 in diesen vier Straßen existierenden 496 Immobilienbesitzer.[369]

Ein Straßenvergleich weist die 29 in ihrem Hause in der Wulfhoopstraße lebenden Eigner erwartungsgemäß als die kleinste Gruppe aus, da die Mehrzahl von 38 Wohnhäusern als Mietobjekte fungierten und in diesem Straßenzug demnach auch die Mehrheit der Bewohner einen Mieterstatus einnahm. In der Gastfeldstraße bewohnten 48 Eigentümer und in der Rasingstraße gar 65 Besitzer zumindest Teile ihres Hauses. Besonders zahlenstark präsentierte sich der Personenkreis von 92 Immobilienbesitzern in der ohnehin den umfangreichsten Häuserbestand aufweisenden und mit der größten (absoluten) Zahl der zum Eigenbedarf verwerteten Bauten aufwartenden Kornstraße. Gehörte das Gros dieser ihr

Wohnhaus für sich beanspruchenden Immobilienbesitzer dem männlichen Geschlecht an (207 Personen analog 88,5 Prozent), so waren Frauen lediglich mit 27 Personen, einer gegenüber dem Gesamtverbreitungsgrad weiblicher Immobilienbesitzer (19,8 Prozent) deutlich verringerten Rate von 11,5 Prozent, vertreten. Diese Hausbesitzerinnen, deren Häuser ihnen auch zur Befriedigung eigener Wohnbedürfnisse dienten, setzten sich in erster Linie aus Witwen (14 Frauen) und Ehefrauen (11 Besitzerinnen) zusammen, während lediglich zwei Frauen den Familienstand der Ledigen bzw. der Geschiedenen einnahmen.[370] Hausbesitz in Frauenhand wurde - unabhängig vom jeweiligen Umfang und der Dauer in der Beibehaltung des Immobilienbesitzes - von 71 Eigentümerinnen (72,4 Prozent) somit mehrheitlich - und dies vorrangig von Ehefrauen und Ledigen, hingegen nur in wenigen Fällen von Witwen - als Kapitalanlage verwertet. Demzufolge nutzte nur ein relativ kleiner Kreis der Frauen die überwiegend auf dem Wege des Privatkaufs erstandenen, seltener hingegen per Erbschaft erlangten Häuser[371] in diesen vier Straßen der südlichen Vorstadt zum Eigenbedarf.

Die Berufszugehörigkeit sämtlicher Immobilienbesitzer, die ihre Häuser zu eigenen Wohnzwecken vereinnahmten, verdichtete sich zu einem Bild einer bunt gemischten Erwerbslandschaft, in der vom ungelernten Arbeiter bis zum Unternehmer eine Fülle unterschiedlichster beruflicher Tätigkeitsfelder erkennbar waren. Ganz im Gegensatz zu all jenen Haus- und Grundbesitzern, deren Immobilien ausschließlich als Kapitalanlage gehalten wurden, dominierten unter diesen gleichzeitig zur Wohnbevölkerung der Gastfeld-, Korn-, Rasing- oder Wulfhoopstraße zählenden 234 Eigentümern vorrangig Arbeiter (26 Prozent), Handwerksgesellen (23 Prozent) und Händler (12 Prozent), aber auch Handwerksmeister (11 Prozent) und Berufslose (11 Prozent), während Angestellte und Beamte (7 Prozent), Unternehmer (6 Prozent) sowie Dienstleister (3 Prozent) und "Sonstige" (1 Prozent) nur rar vertreten waren. Diese für die Gesamtgruppe der Eigenbedarf geltend machenden Hausbesitzer zutreffende, aus dem Verbreitungsgrad ihrer Berufe resultierende Rangfolge der einzelnen Berufs- bzw. Sozialgruppen fand in der jeweilig zu verortenden straßenspezifischen Sozialstruktur keinesfalls ihre volle Entsprechung.[372]

Die straßeninterne Sozialstruktur der Eigenbedarf geltend machenden Immobilienbesitzer

Die sich durch die geringste Anzahl der zum Eigenbedarf verwerteten Häuser auszeichnende und aufgrund ihrer frühen Anlegung als ältester der vier Straßenzüge gleichermaßen die längste Tradition besitzende Wulfhoopstraße trug nicht nur infolge der zahlreich zur Miete bzw. Aftermiete lebenden oder gar nur als Schlafgänger eine bescheidene Unterkunft findenden Bewohnerschaft die typischen Merkmale einer proletarischen Wohnstraße, sondern spiegelte sich ebenso in der Berufs- und Sozialgruppenzugehörigkeit derjenigen Immobilienbesitzer wider, die eines dieser kleinen, von den beiden Bauunternehmern Bode und Willig in stereotyper Bauweise hochgezogenen Wohnhäuser erwarben, um selbige sowohl für eigene Wohnzwecke nutzbar zu machen als auch durch die Abtretung von Teilbereichen an Mietparteien zusätzliche, die auf dem Hause ruhenden handfestarischen Belastungen minimierende Einnahmen zu erlangen. Diese Absicht setzten in erster Linie Arbeiter (12 Personen) und in bereits verminderter Anzahl auch Gesellen (6 Besitzer) sowie berufslose Ehefrauen und Witwen (5 Besitzerinnen) erfolgreich in die Tat um. Andere Erwerbssparten wie die der Handwerksmeister (3 Eigentümer) blieben unter den in ihren Häusern lebenden Eignern in der Wulfhoopstraße entweder deutlich unterrepräsentiert oder bildeten, wie dies für die drei als Händler, Beamter bzw. Dienstleister tätigen Immobilienbesitzer galt, berufliche Ausnahmeerscheinungen. Unternehmer oder die den "Sonstigen" angehörenden Berufstätigen ließen sich in dieser Arbeiterstraße der südlichen Vorstadt allenfalls für einen kurz befristeten Zeitraum als Bewohner nieder, waren jedoch unter den gleichzeitig als Hausbesitzer fungierenden Einwohnern bis zum Jahre 1914 nicht präsent.

Die Rasingstraße bildete mit der in dieser Wohnstraße vorherrschenden Verwertungsform der Immobilien als Eigenbedarfsobjekte gleichsam die funktionelle Antithese zu der sozialstrukturell verwandten Wulfhoopstraße. Insgesamt 42 von 54 Wohnhäusern, ein im Vergleich zu den beiden staatlich projektierten Straßen und vornehmlich gegenüber der Wulfhoopstraße außerordentlich hoher Anteil von 77,8 Prozent, dienten ihren Besitzern zwischen 1875 und 1914 als privater Wohnsitz. Das soziale Gefüge der sich aus 66 Personen zusammensetzenden, ihre Immobilien solchermaßen beanspruchenden Eigentümer in der Rasingstraße wurde maßgeblich durch die zum Zeitpunkt des Kaufvertragsabschlusses bzw. der rechtskräftigen Eigentumsübertragung[373] als Arbeiter ihren Lebensunterhalt bestreitenden Besitzer geprägt. Mit 31 Personen (47 Prozent) stellten die in den unterschiedlichsten Erwerbsbereichen tätigen Arbeiter die am häufigsten unter den in ihrem Hause lebenden Immobilienbesitzern anzutreffende Berufsgruppe und nahmen in ihrer gleichzeitigen Funktion als Vermieter entscheidenden Einfluß auf die soziale Zusammensetzung der Bewohner in diesem proletarischen Straßenzug.[374] Doch nicht nur die zweifellos als dominant zu bezeichnenden Arbeiter, auch Handwerksgesellen (12 Personen) und berufslsoe Frauen (9 Eignerinnen) erfüllten mehrfach die Doppelfunktion als Eigner und Bewohner eines der in den 1870er Jahren errichteten kleinen Bremer Häuser. Sehr viel seltener brachten reisende, hausierende oder ein Geschäft betreibende Händler (5 Personen) ein zum privaten oder öffentlichen Verkauf stehendes Haus in ihren Besitz und mischten sich unverzüglich, nachdem der erfolgte Besitzwechsel Rechtswirksamkeit erlangte, unter die Wohnbevölkerung der Rasingstraße.

In beiden Arbeiterstraßen der südlichen Vorstadt Bremens reflektierte die soziale Zusammensetzung der in ihrem Hause lebenden Besitzer mithin das sich im Laufe des vierzigjährigen Untersuchungszeitraumes kaum gravierend wandelnde Sozialgefüge der Gesamtbewohnerschaft. Arbeiter, in verschiedenen Branchen wirkende Handwerksgesellen und Berufslose blieben die drei sozialen Gruppierungen, die der Sozialstruktur der Wulfhoop- und der Rasingstraße ihren Stempel aufdrückten und diese bis zum Jahre 1914 nachhaltig prägten.

Einen auffällig von den beiden Arbeiterstraßen abweichenden Charakter trug die soziale Zusammensetzung der Eigenbedarf geltend machenden Immobilienbesitzer in der Gastfeldstraße. In diesem staatlich projektierten Straßenzug erwarben vorzugsweise Kleinhändler (12 Besitzer) und Handwerksgesellen (11 Eigentümer) entweder eines der älteren, aus den 1870er Jahren stammenden Häuser oder eines der zahlreichen, den seit 1896 geschaffenen Neubaubestand markierenden Privatgebäude, unter denen einige die zweckdienliche Verbindung eines Wohn- und Geschäftshauses aufwiesen, um sich dort nicht nur häuslich niederzulassen, sondern auch ihrem jeweiligen Gewerbe nachzugehen. Die Vielzahl der ein variierendes Warensortiment bereithaltenden Läden und die Anhäufung des gleichermaßen mit dem Verkauf der selbsterzeugten Backwaren einhergehenden, immerhin von fünf Personen ausgeübten Berufes des Bäckers waren - ebenso wie etwa die Ansässigkeit des seine handwerklichen Dienste anbietenden Barbiers - in einer Hauptverkehrs- und Verbindungsstraße, die im Gegensatz zu kleineren Wohnstraßen nicht nahezu ausschließlich auf die aus unmittelbarer Nachbarschaft stammende Kundschaft angewiesen war, durchaus naheliegend und trugen überdies zur infrastrukturellen Bereicherung dieses Viertels bei.[375] Dies traf auch auf einen Teil der sich zum Meister ihres jeweiligen Gewerbes qualifizierten Handwerker (6 Personen) zu, unter denen abermals mehrere Nahrungsmittelhandwerker zu verzeichnen waren und die nach dem Kauf eines Hauses in der Gastfeldstraße gleichzeitig ihren künftigen Wohn- und Arbeitsplatz gewählt hatten. Selbst für sechs Unternehmer, die in den beiden nahgelegenen Arbeiterstraßen keine oder nur im Ausnahmefall Ambitionen zeigten, ein den eigenen Wohnbedürfnissen dienendes Haus zu erstehen, schien die Gastfeldstraße eine ihren Ansprüchen genügende, den Erwerb eines Hauses rechtfertigende Wohnlage zu bieten. Die in dieser Straße unverkennbar existierende berufliche Vielfalt setzte sich bei den als Angestellte oder Beamte ihr Gehalt beziehenden Immobilienbesitzern fort, wenngleich diese mit nur vier Personen vergleichbar unterrepräsentiert blieben wie die Dienstleister (3 Besitzer). Repräsentierten immerhin fünf Frauen die Sozialgruppe der Berufslosen, so waren Arbeiter (1 Person), die in der Rasing- und Wulfhoopstraße aufgrund ihres hohen Verbreitungsgrades eine gewichtige Position innehatten, in der Gastfeldstraße nur als rarer Ausnahmefall zu verorten und wiesen im Straßenvergleich den geringsten Anteil auf.

In der staatlich konzipierten Kornstraße, deren zunächst sehr zögerlich voranschreitende Anlegung und Bebauung jedoch, ebenso wie die Entstehung der Gastfeldstraße, ausschließlich auf Privatinitiativen zurückging, präsentierte sich eine die Gastfeldstraße in ihrer breiten beruflichen Streuung der als Bewohner ihrer Häuser identifizierbaren Immobilienbesitzer noch übertreffende Diversifikation existierender Erwerbstätigkeiten. Im Gegensatz zu der Wulfhoop-, Rasing- und auch Gastfeldstraße setzten sich die Handwerksgesellen unter den ansässigen Eigentümern der Kornstraße als die mitgliederstärkste berufliche Gruppierung (26 Personen) deutlich von allen anderen Erwerbsgruppen ab. Repräsentierten die Gesellen mit ihrem jeweilig ausgeübten Handwerk auch sieben verschiedene Branchen, so konzentrierte sich das Gros doch auf die beiden Gewerbezweige des Metall- und Nahrungsmittelhandwerks. Arbeiter (16 Besitzer), die in der Gastfeldstraße so rar vertreten waren, nahmen im Sozialgefüge der Kornstraße - wie auch in den beiden Arbeiterstraßen - eine durchaus bedeutsame Stellung ein. Besonders hohe Anziehungskraft übte dieser gleichermaßen als Wohn-, Geschäfts- und Hauptverkehrs- sowie Verbindungsstraße fungierende Straßenzug auf die Ansiedlung von Handwerksmeistern aus. Keine der vier untersuchten Straßen beherbergte eine solch hohe Anzahl dieser höchstqualifizierten Handwerker wie die Kornstraße (15 Personen). Vornehmlich die in der Baubranche und im Nahrungsmittelgewerbe agierenden Meister strebten den Kauf eines Hauses in der durch den umfangreichsten Baubestand gekennzeichneten Kornstraße an, um diese nach erfolgreich abgeschlossenem Kaufvertrag für eigene Wohn- oder auch Gewerbezwecke in Anspruch zu nehmen. Dieses Ziel einer zweckmäßigen Verknüpfung von Wohnen und Arbeiten unter einem Dach, das sowohl Privat- als auch Geschäftsinteressen gerecht wurde, suchten auch diverse Händler zu erreichen. Der Besitz eines Wohn- und Geschäftshauses in der Kornstraße war für Angehörige dieser Berufsgruppe ebenso erstrebenswert wie Immobilienbesitz in der parallel verlaufenden Gastfeldstraße. Trotz eines zweifellos stärker ausgeprägten Konkurrenzdrucks diente der Immobilienerwerb den in diesen beiden staatlichen Planstraßen in annähernd identischer Anhäufung anzutreffenden Händlern (11 Personen) vorrangig der Ausschöpfung des sich in barer Münze bezahlt machenden Vorteils einer außerordentlich günstigen Geschäftslage, den kleinere Wohnstraßen nicht zu bieten vermochten. Die bis 1914 nicht nur von Geschäftsleuten, sondern gleichermaßen von Privatleuten als Wohnstraße zunehmend favorisierte Kornstraße erwies sich aufgrund der in den 1890er Jahren abermals in die Höhe gestiegenen Bodenpreise - insbesondere wenn der Kauf eines der zu den Neubauten zählenden, kostspieligen Gebäude in Betracht gezogen wurde - im Vergleich zu den zahlreichen kleineren Nebenstraßen in der südlichen Vorstadt als ausgesprochen "teures Pflaster". So fanden sich unter den Käufern, die eines dieser erst spät errichteten Häuser für eigene Wohnzwecke erstanden, auch mehrere Unternehmer (6 Personen) und die in den anderen drei Straßen nur vereinzelt anzutreffenden Angestellten und Beamten (8 Besitzer). Berufslose waren mit sechs Personen in dieser Straße vertreten; die Berufsgruppen der Dienstleister (2 Besitzer) und der "Sonstigen" (2 Personen) blieben hingegen als in ihrem eigenen Hause lebende Immobilienbesitzer in der Kornstraße ebenso rar wie in den beiden Arbeiterstraßen und in der Gastfeldstraße.

Die soziale Zusammensetzung der zwischen 1875 und 1914 in ihrem eigenen Hause lebenden Immobilienbesitzer präsentierte in jeder der vier untersuchten Straßen der südlichen Vorstadt Bremens ein eigenständiges Profil. Ungeachtet einer in den meisten Fällen gleichzeitig existierenden Abtretung von mehr oder minder umfangreichen Bereichen ihrer Häuser an Mietparteien wurden die insgesamt 165 als Eigenbedarfsobjekte verwerteten Gebäude vornehmlich von Arbeitern, Handwerksgesellen und Händlern für eigene Wohn- und mitunter auch Gewerbezwecke genutzt. Die zu verortende straßeninterne Sozialstruktur der Eigenbedarf geltend machenden Haus- und Grundbesitzer zeichnete indessen ein von der sich aus 234 Personen zusammensetzenden Gesamtgruppe deutlich abweichendes Muster in den jeweilig dominierenden Sozialgruppen. Arbeiter bewohnten vorzugsweise eines der kleineren, aufgrund des relativ niedrigen Preisniveaus gerade noch erschwinglichen Häuser in der Rasing- oder Wulfhoopstraße. Ein Großteil der in der Kornstraße lebenden Arbeiter mit Hausbesitz zählte bereits zu den besser verdienenden Facharbeitern, wie dies etwa für eine Reihe von Silberarbeitern galt, während proletarische Hausbesitzer in der Gastfeldstraße kaum vorzufinden waren. Handwerksgesellen wählten demgegenüber bevorzugt ein Haus in der Korn- oder Gastfeldstraße, wenngleich diese Berufsgruppe auch in der Rasingstraße relativ stark vertreten war. Der annähernd ausschließlich von Frauen eingenommene Status der Berufslosen war unter den in ihrem Hause wohnenden Eigentümern noch vergleichsweise gehäuft anzutreffen und rangierte in den beiden proletarischen Straßenzügen hinter den dominierenden Arbeitern und Gesellen an dritter Stelle. Allen anderen Erwerbsgruppen kam sowohl in der Wulfhoop- als auch in der Rasingstraße untergeordnete Bedeutung zu. Händler, Handwerksmeister, Unternehmer sowie Beamte und Angestellte hingegen ließen sich in den beiden staatlich konzipierten Straßen gehäuft nieder.

Unter komparativen Gesichtspunkten kristallisierten sich mithin zwei in der Sozialstruktur derjenigen Immobilienbesitzer, die ihr Haus für eigene Wohn- bzw. Gewerbezwecke nutzbar machten, deutlich voneinander abweichende Straßenpaare heraus. Weitgehende Kongruenz herrschte zum einen im sozialen Gefüge der ihr Haus bewohnenden Eigentümer in der Rasing- und Wulfhoopstraße, zum anderen in den beiden staatlichen Planstraßen, die im vierzigjährigen Zeitraum zwischen 1875 und 1914 zunehmend - und dies vornehmlich seit deren ab 1895/1896 erneut erfolgtem weiteren Ausbau - den ihnen von vornherein zugeschriebenen multifunktionalen Charakter von Wohn-, Geschäfts-, Hauptverkehrs- und Verbindungsstraßen in der südlichen Vorstadt herausbildeten. Dieses auf dem Papier entwickelte staatliche Konzept trug maßgeblich zur Gestaltung des Bodenpreisniveaus und infolgedessen zu einer von den Nebenstraßen divergierenden Baustruktur bei, die in Form von vermehrt entstehenden Zwei- und Dreifamilienhäusern nicht selten als kombinierte Wohn- und Geschäftshäuser Gestalt annahmen. Die für die Gastfeld- und Kornstraße gleichermaßen staatsseitig intendierte Funktion konnte insofern greifen, als der Kauf eines dieser exorbitant hohe Preise erzielenden Gebäude für einkommensschwache Bevölkerungskreise einem illusionären Unterfangen gleichkam, jedoch für Gewerbetreibende als eine sich perspektivisch rentierende Investition erscheinen mußte, die selbst außerordentlich hohe handfestarische Belastungen rechtfertigte, wie sie von der Mehrzahl auch der zu den kapitalkräftigeren Käufern zählenden Personen eingegangen wurden, die künftig nicht nur als Eigentümer, sondern auch als Bewohner und Vermieter ihrer Häuser fungierten. Diese sich wechselseitig bedingenden Ursachen der sich bis 1914 immer plastischer ausformenden Züge der beiden ebenso als Wohn- wie Geschäftsstraßen zunehmend begehrten Straßenzüge wirkten sich zwangsläufig auch auf die Berufs- und Sozialstruktur ihrer Bewohner aus. Auffällige Übereinstimmungen in der sozialen Gliederung der Immobilienbesitzer und der überwiegend zur Miete lebenden Bewohner blieben allerdings kein sich auf die Gastfeld- und Kornstraße beschränkendes Phänomen; diese weitreichenden Parallelen zeichneten sich vielmehr auch in der Rasing- und Wulfhoopstraße ab.[376]

Die in den vier Straßen der südlichen Vorstadt Bremens gelegenen Immobilien unterlagen zwischen 1875 und 1914 differierenden Verwertungsformen. Dienten 89 Gebäude ihren 72 Eigentümern im gesamten vierzigjährigen Untersuchungszeitraum ausschließlich als Kapitalanlage, die dem Mietwohnungsmarkt bereitgestellt wurden, so präferierte das Gros der Besitzer doch die sich als Alternative anbietende Form der Eigenbedarfsnutzung ihrer Immobilien, die eine gleichzeitige Ausübung eines Gewerbes ebensowenig ausschloß wie die sich als gängig erweisende zusätzliche Abvermietung einzelner Etagen oder Wohnräume an Mieter, sogenannte Aftermieter oder Einlogierer. Das Ausmaß der Abvermietung in den 165 auch von seinen 234 Eignern bewohnten Häusern richtete sich keineswegs vorrangig nach der Größe des zur Verfügung stehenden Wohnraumes, sondern primär nach den Einkommensverhältnissen der zwar den Rechtsstatus eines Besitzers einnehmenden, in aller Regel jedoch mit einem in Höhe des Kaufpreises beanspruchten Immobiliarkredit hoch verschuldeten Vermieter. Gerade in den ohnehin kleinen, eng bemessenen und nicht selten aufgrund baulicher Mängel von Anbeginn durch gesundheitsschädigende Wohnverhältnisse zur Auffälligkeit gelangten Bremer Häusern der beiden Arbeiterstraßen fand sich die höchste Belegung, eine Wohndichte, die selbst Behördenvertreter veranlaßte, die Häuser der Rasing- und Wulfhoopstraße in ihre auf Veranlassung verschiedener Bürgerschafts- und Senatsbeschlüsse im Jahre 1904 durchgeführte "Untersuchung der Wohnungen der minder bemittelten Klassen in Bremen" miteinzubeziehen.[377] Eine hohe Auslastung ihrer Wohngebäude war insbesondere für all jene Eigentümer, deren geringes Einkommen den Zinsabtrag der auf ihrem Hause lastenden Handfesten nicht aus eigenen Mitteln zu bestreiten vermochten, naheliegend; boten diese zusätzlichen und für Berufslose gar die alleinige Erwerbsquelle darstellenden Einkünfte des von den Mietparteien entrichteten Zinses doch die einzige Möglichkeit zur Bewahrung ihres Immobilienbesitzes.

Die Dauer des Immobilienbesitzes

Die im vorliegenden Kapitel bereits aus unterschiedlichen Perspektiven erörterte Problematik des Hausbesitzes legt die schlichte Frage nahe, wie lange die in den vier Straßen der südlichen Vorstadt gelegenen Immobilien im Besitz der einzelnen Eigentümer verblieben. Eine erwartungsgemäß breite, keinesfalls jedoch gleichförmige Verteilung erheblich variierender Zeitspannen in der Aufrechterhaltung vorhandenen Hauseigentums wirft indessen einen zur Ergründung der wesentlichen Ursachen kurz-, mittel- oder langfristigen Immobilienbesitzes unerläßlichen Set weiterer Fragen auf:

Setzte die Verwertung der Immobilien als Kapitalanlageobjekte unter zeitlichen Aspekten insofern deutliche Akzente, als sie gegenüber der Eigenbedarfsnutzung längeren Bestand hatte, so daß die Verwertungsform der Häuser (und damit implizit die Einkommens- bzw. Vermögenslage der Eigentümer) mithin als Gradmesser für die Wahrung des Immobilienbesitzes anzusehen war? Oder erwies sich - unabhängig von der zugrundeliegenden Nutzungsart - vielmehr die jeweilige Berufszugehörigkeit der Eigner als entscheidendes Kriterium für die erzielte Dauer des Haus- und Grundbesitzes? Existierte unter den Immobilienbesitzern einerseits eine klar zu definierende Gruppe, deren Hausbesitz ausgesprochen kurzlebig blieb, und kristallisierte sich andererseits eine etwa in ihrer Berufsgruppenzugehörigkeit weitgehend homogene Schicht von Langzeitbesitzern heraus? Zeichneten sich demzufolge gravierende Abweichungen zum einen in den beiden Arbeiterstraßen, zum anderen in den staatlich konzipierten, kleinbürgerlich-proletarischen Straßenzügen ab?

Über diesen vorrangig auf ökonomische Ursachen abzielenden Fragenkomplex hinaus wird gleichermaßen zu untersuchen sein, ob und welche alternativen Faktoren bzw. Mechanismen die Dauer des Immobilienbesitzes bedingten, inwiefern Kontinuität somit ein auf die Finanzierungsfrage reduzierbares Phänomen blieb oder ob eine längerfristige Besitzstandswahrung - selbst wenn dies persönliche Einschränkungen und Entbehrungen voraussetzte - unter den vergleichsweise günstigen Bedingungen des Handfestensystems sehr wohl auch das erfolgreiche Resultat zielstrebigen Handels einkommensschwacher Hauseigentümer sein konnte.

In den vier untersuchten Straßen der südlichen Vorstadt Bremens zeugte der Haus- und Grundbesitz bis zum Jahre 1914 von kurzem Bestand; denn das Gros der Immobilien blieb nur für wenige Jahre im Besitz der Eigentümer (vgl. Tabelle 11).

Tabelle 11: Die Dauer des Immobilienbesitzes im Straßenvergleich von der Mitte des 19. Jahrhunderts bis zum Jahre 1914

absolut					
	Straße				
Dauer Jahre	Gastfeld	Korn	Rasing	Wulfhoop	Summe
0-5	76	169	151	97	493
6-10	45	78	91	61	275
0-10	121	247	242	158	768
11-20	62	83	62	20	227
21-30	12	22	24	7	65
31-40	7	11	6	3	27
>40	0	5	0	35	40
Summe	202	368	334	223	1.127

realtiv (in %)					
	Straße				
Dauer Jahre	Gastfeld	Korn	Rasing	Wulfhoop	im Mittel
0-5	37,62	45,92	45,21	43,50	43,75
6-10	22,28	21,20	27,25	27,35	24,40
0-10	59,90	67,12	72,46	70,85	68,15
11-20	30,69	22,55	18,56	8,97	20,14
21-30	5,94	5,98	7,18	3,14	5,77
31-40	3,47	2,99	1,80	1,35	2,39
>40	0,00	1,36	0,00	15,69	3,55
Summe					100,00

Quelle: Erbe- und Handfestenakten; eigene Auswertungen

Durch ausgesprochene Kurzlebigkeit waren die lediglich bis zu fünf Jahren bestehenden Besitzverhältnisse in 493 Fällen gekennzeichnet, einem relativen Anteil von 43,75 Prozent;[378] mit 275 weiteren, nur über sechs bis zehn Jahre gehaltenen Objekten (24,4 Prozent) entfiel die überwiegende Mehrzahl von 768 Immobilien (68,15 Prozent) somit in die Kategorie kurzfristigen Haus- und Grundbesitzes.

Immerhin für elf bis zwanzig Jahre - und damit von mittelfristiger Dauer - verblieben 227 Immobilien (20,14 Prozent) in den Händen ihrer Eigentümer, bevor sie erneut einen Besitzwechsel erfuhren. Durch längerfristigen Bestand waren hingegen bereits die 21 bis 30 Jahre aufrechterhaltenen Eigentumsverhältnisse von 65 Häusern (5,77 Prozent) geprägt. Besondere Stetigkeit und Stabilität bewiesen indes die Eigner von 27 Immobilien (2,39 Prozent), die ihren Haus- und Grundbesitz 31 bis 40 Jahre bewahrten und deren Kontinuität nur noch durch eine extrem lange, vierzig Jahre überschreitende, gar auf 40 Immobilien (3,55 Prozent) zutreffende Dauer übertroffen wurde.

Dieses im Zeitraum von der Mitte des 19. Jahrhunderts bis zum Jahre 1914 ermittelte Gesamtergebis läßt unter dem Blickwinkel der in den einzelnen Straßen erlangten Dauer des Immobilienbesitzes teils markante Divergenzen zutage treten. Wenngleich die verortete Dominanz kurzfristigen Haus- und Grundeigentums auf der einen und die geringe Verbreitung langfristigen Immobilienbesitzes auf der anderen Seite sich auch in den einzelnen Straßen widerspiegelte, die im Straßenvergleich erkennbaren Differenzen mithin kein solch weitreichendes Ausmaß einnahmen, daß diese Disproportionalitäten etwa in einer der vier Straßen keine Entsprechung fanden, so mündeten diese doch in einer tendenziellen Polarisierung zweier Straßenpaare.

Gemessen an der durchschnittlich erzielten Dauer des Immobilienbesitzes wiesen die Korn- und Rasingstraße zwar lediglich geringfügige, wohl aber unverkennbar gegenläufige Abweichungen auf, wohingegen der Fortbestand des Haus- und Grundeigentums in der Gastfeld- und Wulfhoopstraße nicht nur auffällige Kontraste zur mittleren Dauer setzte, sondern diese beiden Straßenzüge überdies als extremes Gegensatzpaar auswies. Deutliche Unterschiede existierten in allen drei Zeitspannen des grob entworfenen Rasters kurz-, mittel und langfristigen Immobilienbesitzes. In den proletarischen Wohnstraßen, der Rasing- und Wulfhoopstraße, waren kurz befristete, maximal bis zu zehn Jahren währende Besitzverhältnisse mit einem relativen Anteil von 72,46 bzw. 70,85 Prozent erheblich stärker verbreitet als in der Gastfeld- und Kornstraße (59,9 bzw. 67,12 Prozent). Eklatante Diskrepanzen traten jedoch insbesondere im elf- bis zwanzigjährigen Zeitraum hervor. Außerordentlich niedrig blieb die Rate der mittelfristig beibehaltenen Immobilien in der Wulfhoopstraße mit 8,97 Prozent; doch auch in der Rasingstraße lag die Quote von 18,56 Prozent deutlich unter dem Mittelwert (20,14 Prozent). Geradezu umgekehrt präsentierten sich demgegenüber die Anteile der durch diesen zeitlichen Rahmen geprägten Eigentumsverhältnisse der in den beiden staatlichen Straßenzügen gelegenen Immobilien. In der Kornstraße verblieben immerhin 22,55 Prozent und in der Gastfeldstraße sogar ein beachtlich hoher Satz von 30,69 Prozent der Immobilien für elf bis zwanzig Jahre in gleicher Hand. Die mit einem relativen Verbreitungsgrad von 8,16 Prozent insgesamt zweifelsohne unterrepräsentierten, im 21- bis 40jährigen Zeitraum angesiedelten Fälle langfristigen Haus- und und Grundbesitzes verdeutlichen im Straßenvergleich abermals die unter dem Aspekt der Dauer stark ausgeprägte Divergenz vorzufindender Immobiliarverhältnisse in der Gastfeld- und Wulfhoopstraße, reflektieren aber keineswegs die beim kurz- und mittelfristigen Immobilienbesitz vorhandene Polarität zwischen den Arbeiter- und den kleinbürgerlich-proletarischen Straßen. In der Gastfeld- (9,41 Prozent) und in der Kornstraße (8,97 Prozent) war ein solch langlebiger Haus- und Grundbesitz erwartungsgemäß gehäuft anzutreffen. Obgleich die überaus geringe Präsenz der zwei bis vier Jahrzehnte gehaltenen Immobilien in der Wulfhoopstraße (4,49 Prozent) darauf hinzudeuten scheint, daß dieses gewissermaßen Seltenheitswert besitzende Phänomen ein explizit Arbeiterstraßen auszeichnendes Charakteristikum darstellte, so relativiert sich diese (unter anderen Fragestellungen indessen erneut zu überprüfende) Schlußfolgerung nicht nur vor dem Hintergrund der durchaus beträchtlichen Quote langfristiger Eigentumsverhältnisse in der artverwandten Rasingstraße (8,98 Prozent), sondern vornehmlich unter Berücksichtigung der ungewöhnlich starken Verbreitung längsten Bestand aufweisenden Hausbesitzes in der Wulfhoopstraße. Eine Zeitspanne von 31 bis 40 Jahren markierte bereits das Maximum in der erzielten Dauer des Immobilienbesitzes sowohl in der Gastfeld- als auch in der Rasingstraße. Länger noch blieben demgegenüber die Besitzverhältnisse von fünf in der Kornstraße gelegenen Immobilien (1,36 Prozent) unverändert bestehen, während 35 Häuser der Wulfhoopstraße (15,69 Prozent) mit einer derart außergewöhnlichen, 40 Jahre überragenden Höchstdauer brillierten.

Ungeachtet dieser graduell existierenden straßenspezifischen Unterschiede vermittelt die im Gesamtüberblick präsentierte, von sämtlichen Haus- und Grundeigentümern zwischen der Mitte des 19. Jahrhunderts und 1914 jeweils erlangte Dauer in der Wahrung ihres Immobilienbesitzes vordringlich den Eindruck ausgeprägter Instabilität. Doch waren die Eigentumsverhältnisse tatsächlich durch eine solche Unbeständigkeit gekennzeichnet, wie die hohen Raten kurzfristigen Immobilienbesitzes in allen vier Straßen schlußfolgern lassen, und bestätigt sich demzufolge das naheliegende Fazit sowohl offenbar mehrheitlich in rascher Abfolge den Eigner wechselnder Häuser als auch einer in ihrer personellen (und demnach auch in ihrer sozialen) Zusammensetzung einem steten Wandel unterworfenen Hausbesitzerschicht? Um diesen Fragen, in erster Linie jedoch den Ursachen der ermittelten Dauer vorhandenen Immobilienbesitzes auf den Grund zu gehen, bedarf die Analyse insofern einer genaueren Differenzierung, als die Verwertungsform der einzelnen Immobilien ebenso unberücksichtigt blieb wie die Berufszugehörigkeit ihrer Besitzer. Überdies gilt in Rechnung zu stellen, daß dem für die Problematik der Dauer des Immobilienbesitzes herangezogenen, etwa 65jährigen Untersuchungszeitraum mit dem Stichjahr 1914 ein künstliches Ende gesetzt wurde, das in zahlreichen Fällen keinesfalls in Einklang mit den real vielmehr fortwährenden Besitzverhältnissen stand.

Kapitalanlage und Eigennutzung der Immobilien bildeten nicht nur zwei in ihrer Zweckdienlichkeit grundsätzlich differierende Verwertungsformen, sondern kontrastierten auch unter dem Gesichtspunkt der Beibehaltung des Haus- und Grundeigentums. Eine komparative Betrachtung der je nach zugrundeliegender Nutzungsart erzielten Dauer liefert erste Hinweise auf die Ursachen vorgefundener Verteilungen kurz-, mittel- und langfristigen Immobilienbesitzes und läßt die konstatierte, im Gesamtresultat eher schwach ausgeprägte Polarisierung der beiden Straßenpaare weitaus deutlicher zutage treten.

So ging die unverhältnismäßig starke Verbreitung kurzfristiger Besitzverhältnisse primär auf die außerordentlich hohen Raten der ihren Eigentümern nur für wenige Jahre als Anlageobjekte dienenden Immobilien zurück. Nahezu flüchtigen Charakter besaßen die maximal fünf Jahre aufrechterhaltenen Eigentumsverhältnisse in 427 Fällen (47,8 Prozent). Da zudem 220 Immobilien (24,7 Prozent) lediglich über eine sechs- bis zehnjährige Zeitspanne in Händen des gleichen Besitzers verblieben, waren insgesamt 72,5 Prozent aller 893 in den vier untersuchten Straßen von ihren Eignern ausschließlich als Wertobjekte unterhaltenen Immobilien durch Kurzlebigkeit gekennzeichnet. Im Spiegel straßeninterner Verteilungen nahmen die Rasing- (81,3 Prozent) und Wulfhoopstraße (73,7 Prozent) abermals eine in den ermittelten Quoten kurzfristiger Anlageobjekte klar über dem Durchschnitt liegende, im Vergleich zur Kornstraße (70,1 Prozent), mehr noch allerdings gegenüber der Gastfeldstraße (59,7 Prozent) exponierte Stellung ein. Eine detaillierte Analyse der Berufszugehörigkeit der zahlreichen Kurzzeitbesitzer, der Art ihres Immobilienerwerbs, der exakten Datierung der Besitzdauer und der Form des schließlich erfolgten Besitzwechsels, nicht zuletzt jedoch auch der von diesen eingenommenen Stellung und Funktion auf dem Bremer Immobilienmarkt sowie der Höhe ihrer eingegangenen handfestarischen Belastungen legt zweifelsfrei den Ursprung einer derartigen Anhäufung kurzwährender Besitzverhältnisse offen. Das Übergewicht eines solch temporären Haus- und Grundbesitzes ging zu erheblichen Teilen auf das Konto der in dem Gebiet der alten Landgemeinde Buntentorsteinweg-Neuenland bzw. der gerade eingemeindeten südlichen Vorstadt zahlreich agierenden Bauunternehmer und spiegelte damit indirekt das zu Beginn der 1870er Jahre florierende Bodengeschäft und die unmittelbar anschließende, überaus rege Bautätigkeit sowie die bereits in der Mitte dieses Jahrzehnts einsetzende, von Konkursen und Zwangsverkäufen begleitete Bremer Baukrise wider. Der in aller Regel auf Fremdfinanzierung basierende Ankauf des Baulandes erforderte nicht nur eine zügige Vollendung der Bauarbeiten, sondern insbesondere den schnellen Verkauf der Neubauten. Das der Bautätigkeit zugrundeliegende Prinzip erwies sich indessen für die Dauer des von den Bauunternehmern gehaltenen Immobilienbesitzes als ebenso irrelevant wie die von diesen Bauführern nach Abschluß ihrer Arbeiten zu ziehende Bilanz; denn ob die Bauten in althergebrachter Weise als Auftragsarbeiten risikolos ausgeführt und demzufolge gewinnbringend veräußert wurden oder aber als Spekulationsobjekte am Markt keinen Absatz fanden, in jedem Falle zählten die Häuser nur für einen kurzbefristeten Zeitraum zum Besitz der Bauunternehmer, bis sie auf dem Wege des Privatverkaufs oder der Zwangsversteigerung den Eigentümer wechselten. Vorrangig galt die Dominanz kurzfristigen Besitzes jedoch als Ausdruck der in den Krisenjahren zwischen 1876 und 1885 zuhauf an die Kerze gelangten, häufig von den handfestarischen Gläubigern oder anderen, überwiegend wohlhabenden Personen günstig ersteigerten Häuser, die als Mietobjekte nur vorübergehend den Wohnungsmarkt der südlichen Vorstadt bereicherten. Kurzlebiger Hausbesitz als Abbild der Krise fand in der Rasingstraße, deren teils noch im Rohbau befindliche Neubauten annähernd vollzählig das in diesen Jahren gängige Distraktionsverfahren durchliefen, zwangsläufig den im Straßenvergleich stärksten Niederschlag. Eine Reihe per Erbschaftsantritt übernommener Immobilien fungierten gleichermaßen nur für kurze Zeit als Kapitalanlage ihrer neuen Eigentümer, bevor diese offenbar den Erlös aus dem relativ rasch eingeleiteten Verkauf ihres unbeweglichen Besitzes bevorzugten, und komplettierten in allen vier Straßen die hohe Zahl kurzfristig gehaltener Immobilien.

Analog der überproportional starken Verbreitung nur vorübergehend als Kapitalanlage verwerteter Immobilien präsentierten sich die Raten mittelfristig (17,0 Prozent) oder gar länger währenden Immobilienbesitzes (6,1 Prozent) in allen vier Straßen erheblich vermindert. Gemäß der vorgefundenen straßenspezifischen Verteilungen[379] des als kurzfristig klassifizierten Haus- und Grundbesitzes verkehrten sich die unverkennbaren Disparitäten der beiden Straßenpaare sowohl im elf- bis zwanzigjährigen als auch im zwei bis vier Jahrzehnte umfassenden Besitzzeitraum zwangsläufig in ihr Gegenteil. Ein relativ umfangreicher Immobilienbestand in der Gastfeld- und Kornstraße und demgegenüber drastisch dezimierte Quoten mittel- und längerfristig gehaltener Immobilien in der Rasing- und Wulfhoopstraße weist die beiden Hauptverkehrs-, Wohn- und Geschäftsstraßen für Kapitalanleger auch auf längere Sicht als rentabel und durchaus begehrt anmutende Lagen aus, während die proletarischen Wohnstraßen auf dem Immobilienmarkt der südlichen Vorstadt mit dem Attribut der Unattraktivität belegt zu sein schienen.

Eine elf- bis zwanzigjährige Eigentumszeitspanne kennzeichnete zum einen die ursprünglichen Grundbesitzverhältnisse des späteren Bauerwartungslandes in den vier untersuchten Straßen, zum anderen erhebliche Teile des Häuserbestandes, der sich in den 1870er und 1880er Jahren während der zu registrierenden weitgehenden Stagnation des gesamten Bremer Immobilienmarktes als schwer verkäuflich erwies und infolgedessen notgedrungen dem Mietwohnungsmarkt überlassen wurde. Dieser mittelfristig als Anlage genutzte Immobilienbesitz befand sich in Händen einer in ihrer sozialen Zusammensetzung zwar nicht vollauf homogenen, aber dennoch fraglos überwiegend entweder einer begüterten Vermögenslage entstammenden oder stabile Einkommensverhältnisse aufweisenden Haus- und

Grundbesitzerschicht, wie dies in besonderem Maße auf die per Erbschaft in den Genuß umfangreichen Grundbesitzes gelangten Ökonomen, Kaufleute und Witwen und kaum minder auf diverse Handelsfirmen, Banken und kapitalkräftige Bauunternehmer zutraf. Da zehn dieser in ihrer Besitzdauer als mittelfristig eingestuften Häuser (6,6 Prozent) über das Jahr 1914 hinaus das Eigentum von vier Händlern, drei Berufslosen, zwei Unternehmern und einem Handwerksmeister markierten und somit die schmale Schnittstelle zwischen mittel- und langfristigem Immobilienbesitz überschritten, waren diese Grenzfälle den sich durch langen Bestand auszeichnenden Kapitalanlageobjekten zuzuordnen.

Eine ohne Zweifel lange Dauer wiesen die für 21 bis 40 Jahre unverändert aufrechterhaltenen Besitzverhältnisse von 55 weiteren Immobilien auf. Dieser zu Teilen noch unbebautes Terrain darstellende, in anderen Fällen allerdings einen einträglichen Mietzins garantierende langfristige Haus- bzw. Grundbesitz war - mit Ausnahme zweier Häuser, die einem Milchhändler und einem Klempnermeister zusätzliche Einnahmen sicherten - erwartungsgemäß vorrangig den privilegierten Kreisen wohlhabender Erwerbstätiger, Privatleute und Geldinstitute vorbehalten, die auch die soziale Zusammensetzung der mittelfristig über Anlageobjekte verfügenden Besitzer bestimmten.

Nur drei Personen erreichten indessen eine ungewöhnlich lange, vier Jahrzehnte übersteigende Besitzdauer. Das 1861 ererbte Land vierer in der Kornstraße gelegener Immobilien verblieb für 41 bzw. 42 Jahre im Besitz des Landmanns Hermann Seekamp, bis dieser nach Einsetzen der zweiten Bauphase in diesem staatlichen Straßenzug seine vier Grundstücke in den Jahren 1902 und 1903 auf dem Wege des Privatverkaufs an vier verschiedene Parteien abtrat und mit dem Gesamterlös von 20.510,- Mark eine zwar ansehnliche Summe erzielte, unter Berücksichtigung der in diesen Jahren bereits sehr hohen Bodenpreise mit 25 Mark für den Quadratmeter jedoch keineswegs überzogene Forderungen stellte. Ebenfalls 41 Jahre währte der 1851 erstandene Grundbesitz des Tischlermeisters Lübkemann in der Wulfhoopstraße, dem erst der Tod im Jahre 1892 ein Ende setzte. Im Gegensatz zu diesen beiden Dauerbesitzern, deren Grundeigentum im Laufe der Jahrzehnte vornehmlich aufgrund der Eingemeindung und des damit erfolgten Wandels vom ländlichen zum städtischen Besitz in seinem Wert einen deutlichen Anstieg zu verzeichnen hatte, verfügte der Begründer und Namensgeber der Wulfhoopstraße nicht nur über umfangreichen, aus 34 Objekten bestehenden Haus- und Grundbesitz, dem er selbst in den 1850er und 1860er Jahren Gestalt verliehen hatte, sondern erzielte - amtlichen Quellen zufolge - auch eine ihresgleichen suchende, extrem lange Dauer in der Wahrung seines Besitzes.[380] Da seitens der zuständigen Behörde des Erbe- und Handfestenamtes über das Jahr 1914 hinaus kein Besitzwechsel registriert wurde, befand sich das von dem 1814 geborenen Bauunternehmer Wulfhoop im Jahre 1862 erworbene, unverzüglich mit Wohnhäusern versehene und nach deren Fertigstellung die Hausnummern 25 bis

34 erhaltende Land für 52 Jahre in seinem Besitz. Länger noch wiesen die Erbe- und Handfestenakten Wulfhoop als Eigentümer des bereits 1853 mit seinem damaligen Geschäftspartner Warnken gekauften Baulandes aus. Unter der Voraussetzung eines von Wulfhoop erreichten "biblischen" Alters konnte dieser im Jahre 1914 auf eine 61jährige Besitzdauer seiner den ältesten Baubestand kennzeichnenden Immobilien Wulfhoopstraße 1 bis 24 zurückblicken. Wieviele Jahrzehnte die 34 in der proletarischen Wohnstraße befindlichen Häuser auch Wulfhoops Besitz verkörperten, in jedem Falle zählte der ehedem handfestarisch hoch verschuldete Bauunternehmer doch zu den wenigen Langzeitbesitzern der südlichen Vorstadt, die in Anbetracht der im Untersuchungszeitraum stark verbreiteten Eigenbedarfsnutzung außergewöhnlich zahlreiche Anlageobjekte zu erstehen, unterhalten und - nicht zuletzt dank ihrer stattlichen Mieteinnahmen - auch dauerhaft zu wahren vermochten.

Ein proportional zum steigenden Einkommen und der sozialen Stellung der Kapitalanleger zunehmender Umfang wie auch längerer Bestand des Immobilienbesitzes entspricht den naheliegenden Erwartungen. Doch welche Besitzdauer wiesen die in ihrem eigenen Hause lebenden Eigentümer auf, deren Berufs- bzw. Sozialgruppenzugehörigkeit eine breite Streuung erkennen ließ und deren überwiegend auf Lohnabhängigkeit basierende, schmale Einkünfte eine langfristige Aufrechterhaltung ihres Hausbesitzes zweifelhaft erscheinen lassen?

Die Gesamtgruppe der 234 ihr Haus- und Grundeigentum zu eigenen Wohnzwekken nutzenden Personen offerierte ein von den Eignern der als Kapitalanlage verwerteten Immobilien augenfällig abweichendes Verteilungsmuster in der jeweilig erzielten Dauer ihres Besitzes. Der als kurzfristig definierte, von einigen Monaten bis zu zehn Jahren währende Hausbesitz dominierte auch im Falle der Eigennutzung (51,7 Prozent), stand jedoch der hohen Rate nur kurz gehaltener Kapitalanlageobjekte (72,5 Prozent) deutlich nach. Sowohl in der Gastfeld- (60,4 Prozent) als auch in der Kornstraße (58,3 Prozent) zählte die Mehrzahl der ihr Haus bewohnenden Eigentümer zu den Kurzzeitbesitzern, während das Übergewicht kurzlebiger Besitzverhältnisse in der Wulfhoopstraße (51,7 Prozent) exakt dem Durchschnitt entsprach und damit eher schwach ausgeprägt blieb. Einen Gegenpol bildete indessen die Rasingstraße. In dieser proletarischen Wohnstraße war nicht nur der im Straßenvergleich geringste Anteil maximal zehn Jahre andauernder Eigentumsverhältnisse zu verzeichnen, mit einer Quote von 36,4 Prozent kam dem kurzfristigen Hausbesitz auch straßenintern eine untergeordnete, lediglich zweitrangige Bedeutung zu. Tatsächlich blieb die Zahl und demzufolge die relative Verbreitung der Kurzzeitbesitzer in allen vier Straßen jedoch erheblich geringer; denn in 66 von 121 Fällen (54,5 Prozent) überdauerte der vermeintlich kurzlebige Hausbesitz das letzte Betrachtungsjahr des in diesem Zusammenhang relevanten Untersuchungszeitraumes von der jeweiligen Fertigstellung der Häuser bis zum Jahre 1914. Die soziale Zusammensetzung der sich nunmehr nachweislich auf 55 Personen reduzierenden Gruppe Eigenbedarf geltend machender und maximal zehn Jahre über ihren Hausbesitz verfügender Immobilieneigner (23,5 Prozent) bot in jeder Straße ein breites Spektrum unterschiedlichster Berufe dar, so daß sich keine der existenten Sozialgruppen oder gar einzelne Berufsgattungen für eine kurze Besitzdauer gleichsam prädestiniert erwiesen, wie dies gleichermaßen für die als Ursache zu vermutenden, indessen vielfältig zu verortenden Formen der jeweilig erfolgten Besitzwechsel der betreffenden Häuser galt.[381]

Ähnliche Verschiebungen - allerdings erheblich weitreichenderen Ausmaßes als beim kurzfristigen Immobilienbesitz - verursachte die zwecks Ermittlung der tatsächlich erlangten Besitzdauer erforderliche Berücksichtigung des über das Jahr 1914 hinausreichenden Haus- und Grundeigentums auch in den Fällen scheinbar mittelfristig gehaltener Häuser. Bis zum Jahre 1914 erreichten insgesamt 75 in ihrem Hause lebende Besitzer eine elf- bis zwanzigjährige Eigentumsdauer (32,1 Prozent). Da das Gros dieser Eigentümer (55 Personen) ihre Wohnhäuser auch nach 1914 noch ihr eigen nennen konnte und immerhin 66 der zunächst als Kurzzeitbesitzer identifizierten Personen keineswegs bis 1914 ihr Wohneigentum einbüßten, kamen insgesamt 86 der gleichzeitig zu den Bewohnern der südlichen Vorstadt zählenden Hausbesitzer auf eine bis zu zwanzig Jahren währende Eigentumsdauer. Damit überstieg die Rate des de facto mittelfristig aufrechterhaltenen, mit Eigennutzung einhergehenden Immobilienbesitzes (36,7 Prozent) ganz erheblich den Verbreitungsgrad kurzlebiger Eigentumsverhältnisse (23,5 Prozent).

Mittelfristig bewahrtes Wohneigentum war in den einzelnen Straßen in sehr unterschiedlicher Häufigkeit vertreten. Die (absolute) Anzahl der bis zu zwei Jahrzehnten über ihren Haus- und Grundbesitz verfügenden Personen blieb vornehmlich in der Wulfhoopstraße (7 Eigentümer) äußerst begrenzt; weitaus zahlreicher hingegen war ein durch mittelfristigen Bestand gekennzeichneter Immobilienbesitz bereits in der Gastfeld- (20 Personen) und in der Rasingstraße (25 Besitzer) anzutreffen, während die Kornstraße den größten Personenkreis (34 Eigner) der mit einer solchen Besitzdauer aufwartenden Eigentümer stellte. Die erheblich variierende Zahl der ihren Besitzern auch als Eigenheim dienenden Gebäude in den einzelnen Straßen wies indessen die Gastfeldstraße mit dem straßenintern höchsten und hier auch dominierenden Anteil (41,6 Prozent) elf bis zwanzig Jahre fortbestehender Eigentumsverhältnisse aus. Vereinnahmte der Hausbesitz mittlerer Dauer sowohl innerhalb der Korn- (37,4 Prozent) als auch binnen der Rasingstraße (37,9 Prozent) relativ hohe, jeweilig die zweitstärkste Verbreitung findende Raten, so nahm diese Besitzdauer in der Wulfhoopstraße (24,1 Prozent) den geringsten Stellenwert ein.

Im Gegensatz zum kurzfristigen Hausbesitz, der sich in jeder der vier Straßen durch alle vorhandenen sozialen Schichten zog, zeichneten sich unter dem Aspekt straßenspezifischer sozialer Besitzstrukturen doch immerhin klare, dahingehende Tendenzen ab, daß der als mittelfristig zu bezeichnende Hausbesitz mit Eigenbedarfsnutzung einerseits die vermehrte Präsenz einzelner, von Straße zu Straße indessen keinesfalls identischer Berufsgruppen, andererseits das gänzliche Fehlen anderer beruflicher Gruppierungen erkennen ließ. In der Gastfeldstraße kam den (Klein-)Händlern ohne jeden Zweifel die Rolle der in dieser Eigentumszeitspanne übergewichtig vertretenen Berufsgruppe zu, wohingegen Arbeiter unter der im weiteren bunt gemischten sozialen Zusammensetzung nicht vorzufinden waren. Die ohnehin durch eine breit gefächerte Sozialstruktur ihrer Immobilienbesitzer geprägte Kornstraße gelangte insofern zur Auffälligkeit, als die Eigentümer auch unter dem eingeschränkten Blickwinkel des elf bis zwanzig Jahre andauernden Hausbesitzes alle Sozialgruppen repräsentierten. Handwerksgesellen und Meister vertraten nicht nur diverse Gewerbezweige, sondern bildeten, dicht gefolgt von den Beamten und Angestellten, auch unverkennbar die Mehrheit innerhalb dieses Besitzerkreises. Demgegenüber ließ die Rasingstraße für den hier in Frage stehenden Eigentumszeitraum gleich zwei Berufsgruppen, die der Handwerksmeister sowie die der Beamten und Angestellten, vermissen. Figurierten Arbeiter in dieser proletarischen Wohnstraße erwartungsgemäß als die das soziale Gefüge deutlich bestimmende Erwerbsgruppe, so traten die überwiegend im Baugewerbe tätigen Handwerksgesellen ebenfalls gehäuft als Eigenheimbesitzer mit mittelfristiger Dauer hervor. Ähnliche Strukturen wies die soziale Gliederung der indes kleinen Eigentümergruppe mit elf- bis zwanzigjähriger Besitzdauer in der Wulfhoopstraße auf. Neben der minimalen Prävalenz von Arbeitern und Gesellen zeichnete sich dieser Straßenzug weitaus stärker durch die fehlende Anwesenheit mehrerer über Hausbesitz verfügender und gleichzeitig zur Wohnbevölkerung zählender Berufsgruppen aus. Waren Beamte und Berufslose immerhin noch als Einzelfälle in der Wulfhoopstraße auszumachen, so glänzten die unter den Kurzzeitbesitzern dieser Straße vereinzelt präsenten Gruppen der Dienstleister, Händler und Handwerksmeister ebenso wie die unter den in ihrem Hause lebenden Eignern gänzlich fehlenden Unternehmer bzw. Selbständigen auch in der bis zu zwei Jahrzehnten währenden Eigentumsspanne durch Abwesenheit.

Mit steigender Besitzdauer ging demnach eine zunehmende Verdichtung in der sozialen Gliederung der Eigentümer, die ihre Häuser zur Befriedigung eigener Wohnbedürfnisse und mitunter auch zu Gewerbezwecken nutzten, einher. Die sich in allen vier Straßen abzeichnende Tendenz einer verstärkten Konzentration auf einzelne Berufsgruppen, deren Angehörige durchaus eine gewisse Konstanz in der Wahrung ihres Wohneigentums bewiesen, unterstreicht nicht nur erneut die bereits mehrfach verortete Polarität der beiden Straßenpaare, sondern deutet überdies darauf hin, daß eine erhöhte Besitzdauer keinesfalls nur den einkommensstarken Bevölkerungsteilen vorbehalten blieb. Diese sich beim mittelfristig bewahrten Hausbesitz herauskristallisierenden sozialstrukturellen Kennzeichen setzten sich beim langfristig aufrechterhaltenen Haus- und Grundeigentum vornehmlich in den beiden Arbeiterstraßen, in eingeschränktem Maße jedoch auch in den staatlichen Hauptstraßen der südlichen Vorstadt fort.

Die hohe Anzahl nach 1914 weiterbestehenden Hauseigentums führte zu einer drastischen Verringerung der vordergründig kurzlebig erscheinenden Besitzverhältnisse auf der einen und verursachte demzufolge einen merklichen Anstieg sowohl des mittel- als auch des langfristigen Immobilienbesitzes auf der anderen Seite. Mit Ausnahme der Gastfeldstraße, in der eine elf- bis zwanzigjährige Eigentumszeitspanne mit 41,6 Prozent klar dominierte und sich der kurz- und langfristige Hausbesitz (je 29,2 Prozent) exakt die Waage hielten, fand in der Korn- (39,6 Prozent), Rasing- (47 Prozent) und auch Wulfhoopstraße (41,4 Prozent) das sich durch besondere Stetigkeit auszeichnende, zwei Jahrzehnte überdauernde Wohneigentum die stärkste Verbreitung. Unterschritten die in den staatlichen Planstraßen ermittelten Quoten auch die der langlebigen Eigentumsverhältnisse in den beiden Arbeiterstraßen, so war die von 14 Besitzern in der Gastfeldstraße und von 36 Eigentümern in der Kornstraße mit einer 21- bis 40jährigen Besitzdauer zweifelsohne unter Beweis gestellte Beständigkeit doch insbesondere vor dem Hintergrund, daß im Gegensatz zur Rasing- und Wulfhoopstraße, deren Bebauung bereits in den 1870er Jahren abgeschlossen worden war, erhebliche Teile des Häuserbestandes der staatlichen Straßenzüge erst in der zweiten, Mitte der 1890er Jahre einsetzenden Bauphase entstanden, als beachtlich anzusehen.

Modifiziert präsentierte sich indessen die soziale Zusammensetzung der Dauerbesitzer gegenüber den mittelfristig über ihren Immobilienbesitz verfügenden Eigentümergruppen vornehmlich in den beiden kleinbürgerlich-proletarisch geprägten Straßen. Divergenzen traten nicht nur in der noch stärkeren Reduktion auf wenige Sozialgruppen, sondern auch in den nunmehr veränderten Dominanzen hervor.

Unter den vierzehn Langzeitbesitzern der Gastfeldstraße waren weder Arbeiter noch Dienstleister oder Beamte und Angestellte vertreten. Vier Handwerksgesellen, je drei Händler und berufslose Frauen sowie zwei Meister des Nahrungsmittelgewerbes und zwei Unternehmer stellten hier den Kreis der dauerhaft ihr Wohneigentum und den in Einzelfällen überdies gewerblich genutzten Haus- und Grundbesitz bewahrenden Eigner. In der Kornstraße ging die zu konstatierende Dezimierung von neun auf sechs Sozialgruppen zu Lasten der Berufslosen, der Beamten und Angestellten sowie der auf dem landwirtschaftlichen bzw. künstlerischen Sektor agierenden "sonstigen" Erwerbstätigen. Handwerksgesellen, die in erster Linie dem Metall- oder Baugewerbe angehörten und unter den Eignern mit mittlerer Besitzdauer ein deutliches Übergewicht besaßen, waren zwar auch innerhalb der durch den längsten Bestand ihres Hauseigentums gekennzeichneten

36-köpfigen Gruppe in dieser Wohn- und Geschäftsstraße gehäuft anzutreffen (elf Besitzer), büßten ihre Prävalenz jedoch ein, da der langlebige Hausbesitz vielmehr unter den mit zwölf Personen vertretenen Arbeitern die stärkste Verbreitung fand. Doch auch Händler und Handwerksmeister (je 5 Eigentümer), deren Haus- und Grundeigentum ihnen die Möglichkeit bot, Wohnort und Arbeitsplatz unter einem Dach zu vereinigen, zählten zu den konstanten "Größen" und boten den Stadtteilbewohnern mit ihren über Jahrzehnte aufrechterhaltenen Verkaufsstätten vertraute Stabilitätsareale innerhalb des zwischen 1875 und 1914 in seiner Sozial- und Infrastruktur einen Wandel erfahrenden Viertels, wie dies gleichermaßen für die Vertreter dieser Berufssparten in der Gastfeldstraße galt. Zwei Unternehmer und ein im Gaststättengewerbe tätiger Dienstleister vervollständigten die im Straßenvergleich zahlreichste Gruppe der Langzeitbesitzer in der Kornstraße. Der verminderten oder gar fehlenden Präsenz verschiedener sozialer Gruppierungen unter den Eignern mit mittelfristiger und mehr noch in den Kreisen mit ausgesprochen langer Besitzdauer lagen in beiden staatlichen Hauptstraßen identische Ursachen zugrunde. Bereicherten die im Vergleich zu den Lohnabhängigen ein sicheres bzw. höheres Einkommen beziehenden Erwerbstätigen wie etwa die der Beamten und Angestellten oder auch der Handwerksmeister - ob nun als Besitzer oder als Mieter - doch erst mit fortgeschrittenem Untersuchungszeitraum zunehmend die Reihen der Wohnbevölkerung in der Gastfeld- und Kornstraße, nachdem die gegenüber den älteren Bauten weitaus komfortableren, neu errichteten Wohn- und Geschäftshäuser gegen Ende des 19. oder zu Beginn des 20. Jahrhunderts in einen bezugsfertigen Zustand versetzt worden waren, so daß diese Eigenheimbesitzer zwangsläufig auf eine kürzere Eigentumsdauer kamen als die bereits früh ihr Hauseigentum zu eigenen Wohnzwecken nutzenden Eigner der Altbauten.

Kaum gravierende, in Relation zu den staatlichen Straßenzügen indes leicht gegenläufige Unterschiede zum mittelfristig bewahrten Wohneigentum wiesen die sozialstrukturellen Merkmale der Langzeitbesitzer in den beiden proletarischen Wohnstraßen auf. Ein mit 31 Personen bemerkenswert großer Kreis und ein somit beachtlich hoher Verbreitungsgrad langfristiger Eigenheimbesitzer (47 Prozent) sowie eine in Anbetracht des sich auf 54 Objekte summierenden Häuserbestandes nicht minder stattliche Anzahl der durch stabile Eigentumsverhältnisse gekennzeichnete Immobilien verliehen der Rasingstraße im Straßenvergleich - allen Erwartungen zum Trotz - gleichsam das Prädikat des durch ein Höchstmaß an Persistenz geprägten Straßenzuges. Arbeiter (14 Personen) blieben auch unter den Langzeitbesitzern die eindeutig dominierende Berufsgruppe, ebenso wie die Handwerksgesellen (5 Besitzer) noch einen maßgeblichen Beitrag zu der hohen Beständigkeit des Wohneigentums in dieser Straße leisteten. Reisende Händler, berufslose Witwen und selbst die innerhalb der elf- bis zwanzigjährigen Eigentumsdauer fehlenden Beamten und Angestellten bereicherten immerhin mit je drei Personen das soziale Gefüge der Eigenheimbesitzer, während sich die Gruppe der

Unternehmer und Selbständigen auf zwei und die der Dienstleister lediglich auf einen Besitzer beschränkten. Handwerksmeister mit einer erhöhten Eigentumsdauer waren in der Rasingstraße hingegen nicht zu ermitteln.

Auch in der Wulfhoopstraße hatten Arbeiter (7 Besitzer) den größten Anteil an dem von insgesamt zwölf Eigentümern langfristig bewahrten Haus- und Grundbesitz. Handwerksgesellen des Metallgewerbes stellten gleichermaßen wie die unter den Langzeitbesitzern nunmehr vorzufindenden Meister je zwei Angehörige ihres Erwerbszweiges. Da die als rare Ausnahmeerscheinung zu verortende berufslose Witwe bereits den begrenzten Kreis der Immobilienbesitzer komplettierte, die ihr Wohneigentum dauerhaft aufrechtzuerhalten vermochten, zeichnete sich die Wulfhoopstraße abermals infolge des Fehlens mehrerer, in den anderen drei Straßen unter den Langzeitbesitzern sehr wohl vertretener Berufsgattungen, wie die der Händler, Dienstleister, Beamten und Angestellten sowie der Unternehmer bzw. Selbständigen, durch eine außerordentlich "karge" Sozialstruktur ihrer Besitzer aus.

Eine langfristige Besitzstandswahrung fand mithin in erster Linie unter den Eigenheimbesitzern und keineswegs - wie eingangs hypothetisch formuliert - unter den Eignern der als Kapitalanlage verwerteten Immobilien eine auffallend starke Verbreitung. Die entscheidenden Kriterien für die erzielte Dauer des Haus- und Grundbesitzes lagen indessen nicht in der jeweiligen Verwertungsform der Immobilien, sondern in den (sich allerdings weitgehend gegenseitig bedingenden) konträren Vermögens- und Interessenlagen der Eigentümergruppen. Leitete sich die Dauer in der Aufrechterhaltung des als Kapitalanlage dienenden Immobilienbesitzes primär aus Rentabilitätserwägungen und damit stets auch aus der jeweils herrschenden Marktlage ab, wie dies nicht zuletzt am Beispiel der in den 1870er Jahren zahlreich gescheiterten Spekulationsgeschäfte der Bauunternehmer ersichtlich wurde, so flossen im Falle des mit Eigenbedarfsnutzung einhergehenden Hausbesitzes über die Finanzierungsfrage hinaus eine Reihe anderer, den Entscheidungsprozeß über die Beibehaltung oder Aufgabe des betreffenden Objektes mitbestimmende Aspekte ein, die vorrangig aus der persönlichen, familiären oder beruflichen Situation der Eigenheimbesitzer erwuchsen.

Mit 93 Personen (40 Prozent) stellten die ihr Wohneigentum langfristig bewahrenden Besitzer in der Gastfeld-, Korn-, Rasing- und Wulfhoopstraße die unter dem Aspekt der Dauer des Hausbesitzes dominante Gruppe. Auch eine mittelfristige Besitzdauer (86 Eigner analog 37 Prozent) war unter den 234 in ihrem Hause lebenden Eigentümern relativ häufig anzutreffen, während der kurzlebige Immobilienbesitz in den vier Straßen dieses Arbeiterviertels erstaunlich gering (55 Personen entsprechend 23 Prozent) und - unter quantitativen Gesichtpunkten - von untergeordneter Bedeutung blieb.

Ungeachtet der im Fortbestand des Haus- und Grundbesitzes zweifelsohne existierenden straßenspezifischen Unterschiede, die in einer tendenziellen, mit zunehmendem Besitzzeitraum deutlicher hervortretenden Polarisierung zwischen den beiden Straßenpaaren mündeten, kristallisierte sich keine in ihrer Sozial- bzw. Berufsgruppenzugehörigkeit homogene Schicht von Kurz- oder Langzeitbesitzern heraus. Die Gesamtgruppe der 234 ihren Hausbesitz zu eigenen Wohnzwecken vereinnahmenden Eigentümer präsentierte vielmehr sowohl im kurz, mittel- als auch langfristigen Eigentumszeitraum eine breit gefächerte Sozialstruktur.

Nur wenige der von den 93 Langzeitbesitzern repräsentierten acht Sozialgruppen besaßen infolge ihrer auffällig gehäuften Präsenz eine die im großen und ganzen breit gestreute soziale Gliederung prägende Wirkung. So behauptete die Berufsgruppe der Arbeiter mit 33 teils ungelernten, teils fachlich qualifizierten Lohnabhängigen selbst innerhalb dieser Besitzergruppe (35 Prozent) ihre unter der Wohnbevölkerung dieses Stadtteils ohnehin exponierte Stellung. Neben dieser überproportional stark vertretenen Berufsgruppe kam lediglich den 22 Handwerksgesellen (24 Prozent) und den elf Händlern (12 Prozent) eine noch gewichtige Position im sozialen Gefüge der ihren Hausbesitz überaus dauerhaft aufrechterhaltenden Eigentümer zu.[382] Langfristig bewahrtes Wohneigentum konzentrierte sich somit keinesfalls in den Händen ausgesprochen einkommensstarker Erwerbsgruppen, sondern war in den vier Straßen der südlichen Vorstadt vornehmlich unter den sich durch geringe Einkünfte auszeichnenden Berufstätigen überraschend stark verbreitet. Arbeiter, Handwerksgesellen und Gewerbetreibende bewiesen mit ihrer langen Besitzdauer, die indessen durchaus nicht immer mit der Wohndauer korrespondierte,[383] ein hohes Maß an Beständigkeit. Da das schmale Budget insbesondere im Falle der auf Lohnarbeit basierenden Berufstätigkeit jedoch auch auf längere Dauer eine Tilgung der in aller Regel beim Hauskauf eingegangenen hohen handfestarischen Belastungen verhinderte, blieben selbst diese Langzeitbesitzer, die nicht zuletzt mit Hilfe ihrer zahlreich aufgenommenen Mieterschaft lediglich die aus ihren Immobiliarkrediten erwachsenden Zinsen zu begleichen vermochten, letztlich Mieter in ihrem eigenen Hause. Die nachweislich lange Eigentumsdauer dieser einkommensschwachen Hausbesitzer, deren Mieter oft eine identische Berufsgruppenzugehörigkeit aufwiesen oder aber vergleichbar geringe Einkünfte bezogen, trug gerade in den Arbeiterstraßen maßgeblich zu einer weitreichenden Homogenität in der sozialen Gliederung der Wohnbevölkerung bei.[384] Der relativ hohe Verbreitungsgrad langlebigen Hausbesitzes unter den Angehörigen niedrig entlohnter Erwerbsgruppen läßt mithin keinen Zweifel an der überragenden Bedeutung des in Bremen herrschenden Erbe- und Handfestenwesens, das - wenn auch ursprünglich anders intendiert[385] - eben jene Bevölkerungsteile erst in die Lage versetzte, Haus- und Grundbesitz zu erstehen und, so die verfügbaren finanziellen und möglichst zusätzlichen Einnahmen den fristgerechten Zinsabtrag ermöglichten, überdies dauerhaft zu bewahren.[386]

1.6 Zusammenfassung und Fazit

Die für eine historische Stadtteilanalyse unumgängliche Auseinandersetzung mit der als elementar und zentral zu definierenden Frage des Hausbesitzes erlaubt über die bloße Deskription bestehender Besitzverhältnisse hinaus, den Ursprüngen vorgefundener Besitzstrukturen nachzugehen und somit gleichermaßen die Ausgangssituation im dritten Viertel des 19. Jahrhunderts wie die weitere Entwicklung und den Wandel der sich um den Hausbesitz rankenden Geschichte dieses Arbeiterviertels weitgehend lückenlos zu erschließen und offenzulegen.

Die vier exemplarisch vorgestellten Straßen der südlichen Vorstadt galten als typische Repräsentanten zweier voneinander abweichender Straßenpaare. Während die Wulfhoop- und Rasingstraße gleichsam den Prototyp der zahlreich in diesem Viertel existierenden proletarischen Wohnstraßen verkörperten, standen die Gastfeld- und Kornstraße als Stellvertreter diverser staatlicher Planstraßen, die als Hauptverkehrs- und Verbindungsstraßen aufgrund ihrer Gunstlage einerseits magnetische Anziehungskraft auf Kleinhändler, Schenkwirte und Handwerker ausübten, und andererseits - verstärkt zu Beginn des 20. Jahrhunderts - neben die Arbeiterwohnbevölkerung zunehmend Bewohner treten ließen, die einkommensstärkeren Gesellschaftsschichten angehörten. Diese bevorzugten in erster Linie die komfortableren Wohnungen der seit 1895/96 entstandenen Neubauten, so daß beide Straßen mit fortschreitendem Untersuchungszeitraum zusehends dem Bild einer kleinbürgerlich-proletarisch gemischten Sozialstruktur entsprachen.

Trotz dieser evidenten Disparitäten unterlagen beide Straßenpaare weitgehend identischen Entstehungsbedingungen, die sich in dem stereotypen Muster der in den 1870er Jahren erfolgten ursprünglichen Anlegung bzw. (im Falle der Wulfhoopstraße) Verlängerung und der ausschließlich auf privater Bautätigkeit beruhenden Bebauung dieser vier Straßenzüge widerspiegelten. Das in den 1850er und 1860er Jahren noch relativ günstig zu erstehende Land ging binnen kürzester Frist in den Besitz überwiegend junger Handwerksgesellen über, die nach Fortfall der alten Zunftschranken, ohne sich dem mühseligen Erwerb des Meistertitels zu unterziehen, den risikoreichen Schritt in die Selbständigkeit wagten, indem sie entweder im Alleingang oder gemeinsam mit anderen Gesellen ein Bauunternehmen gründeten und annähernd ausnahmslos - in Ermangelung jeglichen Eigenkapitals - nicht nur den Baugrund, sondern auch sämtliche Bauarbeiten ausschließlich über Fremdmittel finanzierten. Überteuerte Bodenpreise resultierten primär aus den die Gründerzeit kennzeichnenden Spekulationsgeschäften unterschiedlichster Ausprägung und trieben in direkter Folge die von den Bauunternehmern zu beanspruchenden, in Bremen auf dem Wege der Handfestenwilligung und in aller Regel gegen zusätzliche Obligation unproblematisch zu erlangenden

Immobiliarkredite in die Höhe. Kostengründe gaben den entscheidenden Ausschlag, daß die mehrheitlich in dem Gebiet der alten Landgemeinde ansässigen Bauführer nach Parzellierung ihres zumeist ansehnlichen Umfang einnehmenden Baulandes in Windeseile Häuser aneinanderreihten, die - nach stets gleichbleibendem Schema hochgezogen - überwiegend die Gestalt des einfacheren Typs des in späteren Jahren als "Bremer Haus" bezeichneten Einfamilienreihenhauses annahmen, seltener hingegen als Zweifamilienhaus zur Ausführung gelangten.

Auftragsbauten traten seit Einführung der Gewerbefreiheit als rare Ausnahmen hinter die sich nunmehr durchsetzende Fremdbedarfsdeckung der privat betriebenen Wohnungswirtschaft zurück, die in den Gründerjahren in einem Bauboom zuvor ungekannten Ausmaßes gipfelte. Die in der südlichen Vorstadt tätig werdenden Bauführer entsprachen in der Mehrzahl dem zu dieser Zeit zuhauf in Erscheinung tretenden Typ des modernen Bauunternehmers, dessen Hauptinteresse darauf ausgerichtet war, seine - unter dem obersten Gebot der zügigen Vollendung - auf Spekulationsbasis errichteten Gebäude ebenso rasch wie gewinnbringend weiterzuveräußern. Da die dominierende Produktion für den anonymen Markt, die vorrangig in den Bremer Vorstädten einen Straßenzug nach dem anderen entstehen ließ, an den realen Bedürfnissen des Marktes vorbeizielte, blieb eine Vielzahl der lediglich nach dem Prinzip des Zufallserfolgs erbauten Häuser unverkäuflich. Ein Großteil der mit hohen handfestarischen Belastungen überfrachteten, keinerlei Verkaufsstrategie entwickelnden Bauunternehmer, deren vorprogrammierter Mißerfolg sich an gehäuft leerstehenden Neubauten abzeichnete, geriet nach eingetretenem Zahlungsverzug gegenüber den Gläubigern in Konkurs. Die auf diese Weise zwischen 1876 und 1885 an die Kerze gelangten 95 Häuser der in den 1870er Jahren errichteten Neubauten in der Wulfhoop-, Rasing-, Gastfeld- und Kornstraße stellten nur einen Bruchteil der in den Krisenjahren gleichsam auf der Tagesordnung stehenden Zwangsversteigerungen in Bremen.

Bodenspekulation, Finanzierung des privaten Wohnungsbaus mit Fremdmitteln und Produktion für den anonymen Markt blieben seit den 1860er Jahren jedoch keine sich auf Bremen beschränkenden Spezifika, sondern bildeten auch in anderen Großstädten (wenngleich etwa in Hamburg oder Berlin kapitalkräftige Terraingesellschaften das spekulative Bodengeschäft in großem Stil betrieben) fundamentale Bestandteile einer gängigen Praxis der in Deutschland bis zum Ersten Weltkrieg existierenden sogenannten ungesteuerten Wohnungswirtschaft - ebenso wie die infolge der Überproduktion erlittenen Konkurse kapitalschwacher Bauunternehmer, deren nicht absetzbare Häuser reihenweise auf dem Wege der Zwangsversteigerung den Besitzer wechselten, auch andernorts systemimmanente Begleiterscheinungen der den Wohnungsmarkt "heimsuchenden" Krisen kennzeichneten.

Ungeachtet gleichwohl bestehender regionaler Besonderheiten widmete sich das private Baugewerbe in den rasch anwachsenden deutschen Großstädten in der zweiten Hälfte des 19. Jahrhunderts doch vorzugsweise der sich durch ein Höchstmaß an Grundstücksausnutzung auszeichnenden Errichtung von größeren Miethäusern, die ihren Besitzern mittels einer stattlich unterzubringenden Bewohnerzahl einen einträglichen Mietzins zu sichern versprachen. Während demnach das in großer Vielfalt Gestalt annehmende Mehrparteienmiethaus zunehmend den vorherrschenden Wohnhaustyp repräsentierte, konzentrierte sich die Bautätigkeit in Bremen auf die Erstellung von Ein- und Zweifamilienhäusern. Die weiträumige, vom Kleinhaus dominierte Bauweise wies Bremen mithin - gleichermaßen wie das von seinen Mietskasernen beherrschte, gewissermaßen die städtebauliche Antithese zu Bremen versinnbildlichende Berlin - als großstädtischen Sonderfall der deutschen Bau- bzw. Wohnungsgeschichte im 19. Jahrhundert aus.

Bremens Sonderstellung reduzierte sich indessen keinesfalls auf das von anderen deutschen Großstädten abweichende, als Bremer Haus in diversen Varianten die äußerlich erkennbaren Wohnstrukturen prägende Stadtbild, sondern beruhte überdies auf außergewöhnlichen Rechts- und Finanzierungsbedingungen, die in Bremen den Bau bzw. Kauf eines Hauses ohne die Einbringung von Eigenkapital ermöglichten. Mangels alternativer Anlagemöglichkeiten, deren Ursachen in erster Linie auf ein unterentwickeltes Bankenwesen und die aufgrund des späten Zollanschlusses verzögert einsetzende Industrialisierung Bremens zurückgingen, genoß der Immobilienmarkt als sicher gewähnte, zinsträchtige Kapitalanlage in Bremen oberste Priorität. Einhergehend mit dem seit 1834 alleinig geltenden, diesen ökonomischen Bedingungen Rechnung tragenden Erbe- und Handfestenrecht waren in Bremen die entscheidenden Voraussetzungen geschaffen worden, die selbst Angehörige niedriger Einkommensklassen in die Lage versetzten, ein Haus zu erstehen. Der auf diese Weise zu realisierende Erwerb eines mit Handfestengeldern in voller Höhe des Kaufpreises belastbaren Hauses war für all jene bereits mit ihren Unterhaltskosten und Zinszahlungen überforderten, somit lediglich einen formal-juristischen Status einnehmenden Eigentümer, selbst wenn zahlreiche Mieter oder Einlogierer zwecks Minimierung der laufenden Kosten aufgenommen wurden, insbesondere nach Inkrafttreten des neuen Pfändungsgesetzes im Jahre 1877 kein Garant zur Bewahrung ihres Besitzes, so daß der Hausbesitz nicht selten von kurzer Dauer blieb.

Das als spezifisch bremische Form des Immobiliarkredits aufgrund seiner unverkennbaren Vorteile von mittellosen und wohlhabenden Bevölkerungsteilen in gleichem Maße genutzte Handfestenwesen büßte seit Einführung des Bürgerlichen Gesetzbuches zwar zunehmend, keineswegs jedoch vollends seine Gültigkeit ein. Im ersten Viertel des 20. Jahrhunderts existierten infolge der sukzessiven Anlegung des Grundbuches in Bremen vielmehr zwei divergierende Rechtsformen, das neue Hypotheken- und das alte Handfestenrecht, nebeneinander her. Diese juristische Duplizität zog mithin eine Segregation des Bremer Stadtraumes in Bezirke unterschiedlich geltenden Rechts und damit einschneidende Konsequenzen für die Finanzierung des Wohnungsbaus nach sich. Die Abschaffung des Handfestensystems bewog ehemalige Handfestarier zu einem Wechsel in andere Anlagesphären und erschwerte aufgrund der nunmehr geforderten anteiligen Eigenfinanzierung vornehmlich einkommensschwachen Bevölkerungsteilen den Erwerb von Haus- und Grundbesitz.

Entgegen der in neueren Forschungen aufgestellten These, in Bremen sei bereits nach 1888 ein Hauskauf ohne Eigenkapital generell nicht mehr möglich gewesen, wurden sowohl die in den 1890er Jahren wieder vermehrt zu registrierenden privaten Haus(ver)käufe als auch die erneut einsetzende Bautätigkeit in der nach wie vor altem Recht unterliegenden südlichen Vorstadt nach herkömmlichem Modus, das heißt über die bequeme Form der Handfestenwilligung, die sehr wohl eine Fremdfinanzierung in voller Höhe des Kaufpreises gestattete, abgewickelt. Die nach der lang anhaltenden Krise zunächst verhaltene, in den Jahren des konjunkturellen Aufschwungs deutliche Wiederbelebung des Immobilienmarktes leitete einen Strukturwandel ein, der in der Phase der Hochindustrialisierung und rasch fortschreitenden Urbanisierung nicht nur das räumliche, sondern auch das soziale Gefüge dieses Bremer Arbeiterviertels nachhaltig veränderte. Die gehäuft erfolgten Besitzwechsel der zuvor das Eigentum eines überschaubaren, kapitalkräftigen Personenkreises markierenden und als Anlageobjekte dem Mietwohnungsmarkt zur Verfügung gestellten Wohngebäude führten einerseits zu einer breiteren Streuung des von nun an einen erhöhten Eigenbedarfsnutzungsanteil aufweisenden Hausbesitzes und andererseits zu einer neu formierten sozialen Gliederung der Immobilieneigner und deren zur Miete lebenden Bewohnerschaft.

Wenngleich dem abermals ausschließlich von privaten Bauunternehmern durchgeführten Ausbau der staatlich konzipierten Gastfeld- und Kornstraße das "traditionelle", aus den 1870er Jahren bekannte Procedere des spekulativen Bodengeschäfts vorausging, so traten doch klare Divergenzen in der sich ausformenden Baustruktur und in den Verwertungsstrategien der Bauunternehmer zutage. Der als unmittelbare Folge der Parallelität von Industrialisierung und erhöhtem Flächenverbrauch zu verzeichnende drastische Anstieg der Bodenpreise legte unter Rentabilitätsaspekten den Bau von Zwei- und Dreifamilienhäusern und damit die Abkehr von dem um die Jahrhundertwende tatsächlich seine zentrale Rolle im Bremer Wohnungsbau einbüßenden Einfamilienhaus nahe. Ganz im Gegensatz zu all den während des gründerzeitlichen Baubooms planlos agierenden Bauführern war das von den Bauunternehmern in der neuen Bauphase entwickelte Konzept, ihr unternehmerisches Risiko gering zu halten, indem sie die Nachfrage mit einer unter der Parole "Käufer wohnt frei" geführten Werbekampagne künstlich anheizten, von Erfolg gekrönt.

Der Bremer Staat hatte im 19. Jahrhundert mit seiner durch extreme Zurückhaltung geprägten liberalen Wohnungspolitik den privaten Bauunternehmern trotz mehrfach erlassener, erweiterter und revidierter Bauordnungen und eines grobmaschig entworfenen Bebauungsplanes das Feld, auf dem die Stadtgestalt Konturen annahm, bereitwillig überlassen, ohne die Befolgung seiner gesetzgeberischen Minimalrichtlinien einer konsequenten Prüfung zu unterziehen, so daß selbst mit starken Mängeln behaftete Bauten wie die in den beiden Arbeiterstraßen der südlichen Vorstadt unbehelligt zur Ausführung gelangen konnten. Seit Beginn des 20. Jahrhunderts hingegen unterlag die Einhaltung dieser baurechtlichen Verordnungen einer zunehmend penibel und rigide gehandhabten Kontrolle durch den nunmehr sein Planungsprivileg beanspruchenden Bremer Staat. Vermehrt zu konstatierende staatliche Interventionen verharrten indes auf der Ebene beanstandeter Bauanträge oder noch unvollendeter Bauten und bewirkten in aller Regel lediglich zeitliche Verzögerungen im Beginn bzw. Fortschritt der Bauarbeiten, signalisierten jedoch in aller Deutlichkeit, daß die wohnungspolitische "laisser-faire-Ära" der Vergangenheit angehörte. Mit der Ausweitung des für die Stadtplanung bisher unzureichenden Behördenapparates, dem Erlaß der Staffelbauordnung und umfangreichen Bebauungsplänen waren im Jahre 1909 die richtungweisenden Weichen gestellt worden, die dem Staat künftig die Lenkung der Stadtentwicklung sicherten.

Da bestehende Rechts- und Besitzverhältnisse jedoch nicht nur primär und grundlegend auf die sich ausformende äußere Siedlungsstruktur einwirkten, sondern darüber hinaus entscheidenden Einfluß auf die sich bis zum Ersten Weltkrieg herausbildenden bzw. wandelnden quartierspezifischen Wohn- und Sozialstrukturen ausübten, kam der sich von der Mitte des 19. Jahrhunderts bis zum Jahre 1914 auf 496 Personen summierenden Gruppe der Immobilienbesitzer in der Wulfhoop-, Rasing-, Gastfeld- und Kornstraße eine zentrale Rolle zu. Diese unter sozioökonomischen Aspekten näher beleuchteten Schlüsselfiguren traten in ihrer sozialen Zusammensetzung quasi den personifizierten Nachweis für Bremens Sonderstellung auf dem deutschen Wohnungsmarkt an, die sich nicht zuletzt auch in der über die Kapitalanlage dominierenden Verwertungsform der als Eigenbedarfsobjekte fungierenden Häuser in den vier untersuchten Straßen dieses Arbeiterviertels manifestierte.

Die geographische Herkunft der Haus- und Grundbesitzer weist die südliche Vorstadt als überproportional vertretenen Rekrutierungsbereich aus und liefert damit ein erstes, klares Indiz für den favorisierten Verbleib im Stadtteil, der zugleich ein ebenso fundamentales wie signifikantes Konstituierungsmerkmal des die Quartierbildung in der Urbanisierung begleitenden Prozesses reflektierte, die eminente sozialräumliche Bindung eines seßhaften Bevölkerungsteils an ein durch starke Fluktuation und hohe Mobilität geprägtes Viertel.

Die weitreichende, zur Ausformung der differierenden Straßencharaktere maßgeblich beitragende Kongruenz in der Sozialgruppenzugehörigkeit der (die Funktion eines Vermieters einnehmenden) Hausbesitzer und der (als Mieter aufgenommenen) Bewohner, die das vorrangig ökonomischen Mechanismen folgende Selektionsverfahren der Immobilieneigner, die trotz des im Bürgerlichen Gesetzbuch verankerten, erweiterten Kündigungsschutzes für Mieter auch zu Beginn des 20. Jahrhunderts das Wohnverhalten breiter Bevölkerungsteile zu steuern vermochten, zum Ausdruck brachte, gilt als gesichert.

Die am Beispiel der südlichen Vorstadt Bremens vertiefte, komplexe Problematik der auch in jüngeren Studien weitgehend vernachlässigten Frage (der Finanzierung) des Hausbesitzes schließt - dank einer reichhaltigen, wenn auch verstreuten Quellenlage - eine der zahlreichen Lücken des noch hinlänglich existierenden Forschungsdefizits der Urbanisierungsgeschichte und verweist auf die Notwendigkeit, bestehenden Besitzstrukturen Transparenz zu verleihen; determinierten diese doch ganz entschieden Entwicklung und Wandel der sich im Stadtteil vollziehenden historischen Prozesse und Strukturen, deren Ursachen und jeweilige Erscheinungsformen nur vor dem Hintergrund des interdependenten Systems wirtschaftlicher, rechtlicher, politischer und sozialer Bedingungen zu erschließen sind.

Zielt das Erkenntnisinteresse auf die Erforschung der Wohnverhältnisse und des Wohnverhaltens ab, die - im Sinne des qualitativen Prozesses der Urbanisierung - als Frage der Raumerfahrung, der Aneignung und Beherrschung desselben zu begreifen sind, so bleibt die Relevanz der zur Erklärung dieser räumlichen Dimensionen als grundlegend zu bezeichnenden Geschichte des Immobilienbesitzes, die auf das Engste mit der Entwicklung des Baugewerbes, des Wohnungsbaus und den konjunkturellen Schwankungen des Wohnungsmarktes verwoben war, unumstritten. Somit wird der Blick auf eine Reihe neuer, in der sozialhistorischen Forschung bisher unzureichend berücksichtigter Fragestellungen und Zusammenhänge gelenkt, die der sozialräumlichen Binnengliederung im Viertel gewidmet sind.

2. Die berufliche und soziale Gliederung der Bevölkerung

Die südliche Vorstadt Bremens fand im Gegensatz zu anderen Bremer Stadtteilen - wie etwa die östliche oder westliche Vorstadt - sowohl in zeitgenössischen als auch in neueren Studien,[387] die sich den Wohnverhältnissen Bremens zuwandten, kaum Beachtung und gilt demzufolge als ein äußerst mangelhaft dokumentiertes Viertel.

Beek, der in seiner Dissertation aus dem Jahre 1925 eine Kategorisierung der einzelnen Bremer Stadtteile aufgrund der vorhandenen Sozialstrukturen vornahm, differenzierte umsichtig zwischen dem östlichen und westlichen Teil der südlichen Vorstadt und kam zu dem Urteil, der östliche Teil sei als "reines Arbeiterviertel", der westliche demgegenüber als überwiegend von kaufmännischen Angestellten und Beamten bewohntes Gebiet zu klassifizieren.[388]

Von den 9.641 männlichen und weiblichen Berufstätigen, die das Bremische Statistische Amt im Jahre 1900 bei seiner Volkszählung für die gesamte südliche Vorstadt erfaßte, waren 5.685 (58,97 Prozent) der Bewohner in der Industrie sowie in Handel und Verkehr als Arbeiter oder Arbeiterin beschäftigt.[389] Wenngleich demnach die Volkszählungsergebnisse des Bremischen Statistischen Amts für das Jahr 1900 den hohen Arbeiteranteil in diesem Bezirk bestätigen, soll im Folgenden dennoch der Frage nachgegangen werden, wie sich die Berufs- und Sozialstruktur innerhalb der vier ausgewählten Straßen, die zu dem älteren, relativ früh bebauten westlichen Teil der südlichen Vorstadt zählen, im Zeitraum von 1875 bis 1914 entwickelte, das heißt ob bzw. welche Veränderungen in diesen vierzig Jahren zu verzeichnen waren. Das besondere Interesse gilt in diesem Zusammenhang sowohl dem jeweiligen Wandel innerhalb der einzelnen Straßen als auch der übergeordneten Frage, ob sich Veränderungen der Berufs- und Sozialstruktur in allen vier Straßen gleichförmig vollzogen, ob der Strukturwandel jeder einzelnen Straße ein einzigartiges Verlaufsmuster aufwies oder ob sich etwa zwei voneinander abweichende Entwicklungen herauskristallisierten.

Als Primärquelle für die Analyse der Berufs- und Sozialstruktur wurden die Bremer Adreßbücher der Jahrgänge 1875 bis 1914 herangezogen, die eine lückenlose Erfassung aller als Haushaltsvorstand ausgewiesenen Personen, die in diesen vierzig Jahren in der Gastfeld-, Korn-, Rasing- und Wulfhoopstraße lebten bzw. arbeiteten, ermöglichen. Die verfügbaren Daten lassen zwar insofern eine Vollständigkeit vermissen, als sich die Informationen auf die Person des jeweiligen Haushaltsvorstands beschränken und lediglich jährliche Veränderungen widerspiegeln, während wertvolle Hinweise zum Alter und zur Haushalts- bzw. Familiengröße vollständig fehlen. Dennoch erlaubt die Auswertung dieser personenbezogenen Daten[390] exakte Aussagen zur Berufszugehörigkeit, vollzogenem Berufswechsel, Mehrfachbeschäftigungen, Wohndauer und Umzugshäufigkeit der verschiedenen Personen. Obgleich demzufolge der berufliche Werdegang derjenigen Bewohner, die eine hohe Wohndauer aufwiesen, verfolgt und nachgezeichnet werden kann, dient die Analyse doch vorrangig dem Zweck, zum einen die berufliche bzw. soziale Zusammensetzung der Bewohner sowohl innerhalb der vier Straßen aufzuzeigen, zum anderen diejenigen Berufe bzw. Berufsgruppen, die in den Straßenzügen deutlich überrepräsentiert waren, eingehender zu beleuchten. Darüber hinaus gilt es, signifikante Sonderformen der Berufsausübung - wie etwa Mehrfachbeschäftigungen - aufzuspüren und deren Ursachen, Praktikabilität und Relevanz zu hinterfragen. Die Analyse der Berufs- und Sozialstruktur verfolgt damit in erster Linie das Ziel, einen Einblick in den Zusammenhang von Wohnen und Arbeiten zu gewinnen und die existierenden Wechselwirkungen zwischen der Stellung, die die Menschen zum bzw. im Produktionsprozeß einnahmen, und den Reproduktionsbedingungen - das heißt hier den Wohnverhältnissen als wesentlicher Bestandteil derselben - zu verdeutlichen.

In den anschließenden Untersuchungen wird bewußt zwischen der Berufsstruktur und der Sozialstruktur differenziert. Diese inhaltliche Trennung wird als methodisch sinnvoll erachtet, da in den vier untersuchten Straßen ein relativ hoher Anteil an nicht berufstätigen Bewohnern zu verzeichnen war. Diese Haushaltsvorstände, die offiziellen Angaben zufolge keiner beruflichen Tätigkeit nachgingen, gehörten annähernd ausnahmslos dem weiblichen Geschlecht an. Die Analyse der Berufsstruktur berücksichtigt folglich ausschließlich diejenigen Bewohner, die einen oder mehrere Berufe ausübten, während in die Untersuchung der Sozialstruktur zusätzlich die Personen ohne Beruf miteinbezogen werden.

Um den anknüpfenden Analysen erste Konturen zu verleihen, sei zunächst der in diesem Rahmen als Grundlage dienende Datenbestand präsentiert.

Über den gesamten Untersuchungszeitraum von 1875 bis 1914 wurden für die vier ausgewählten Straßen 16.244 Datensätze angelegt. Dieser Wert ist jedoch nicht mit der Anzahl der in diesen Straßen ansässigen Personen identisch, da für die anschließenden Analysen zu berücksichtigen ist, daß in den vierzig Jahren in allen vier Straßen 20 Häuser sich noch im Bauzustand befanden und weitere 106 bereits fertiggestellte Häuser leerstanden, also ebenfalls unbewohnt blieben. Ferner wurden 49 Räumlichkeiten (sowohl ganze Gebäude, in denen beispielsweise eine Fabrik untergebracht war, als auch einzelne Etagen oder Räume, in denen etwa ein Handwerk oder ein Kleinhandel betrieben wurde) ausschließlich zu beruflichen Zwecken genutzt, während sich der Wohnort der dort tätigen Personen in einem anderen Haus bzw. einer anderen Straße, in den meisten Fällen allerdings im selben Viertel oder gar in unmittelbarer Nähe zum Arbeitsplatz befand.

Von 1875 bis 1914 wurden in den vier Straßen 16.065 Personen erfaßt, die das Bremer Adreßbuch als Haushaltsvorstände benannte. Von diesen 16.065 Personen lebten 3.106 in der Gastfeldstraße, 3.562 in der Kornstraße, 5.183 in der Rasingstraße und 4.214 in der Wulfhoopstraße.

Wird die unterschiedlich hohe Verweildauer der jeweiligen Personen in den einzelnen Straßen in Rechnung gestellt, so verringert sich die Anzahl der Haushaltsvorstände erheblich, so daß auf die Gastfeldstraße nunmehr 969, auf die Kornstraße 1.245, auf die Rasingstraße 1.295 und auf die Wulfhoopstraße nur noch 1.127 tatsächlich unterschiedliche Bewohner entfallen. Dennoch ist die Summe dieser in den einzelnen Straßen als unterschiedliche Haushaltsvorstände ausgemachten Personen nicht mit 4.636 zu beziffern, da nachweislich immerhin 333 dieser Bewohner (7,79 Prozent) ihren ursprünglichen Wohnsitz ein- oder auch mehrmals in eine andere dieser vier Straßen verlegten. Unter Berücksichtigung der geographischen Mobilität der Stadtteilbewohner[391] sind im Zeitraum von 1875 bis 1914 somit 4.274 unterschiedliche Personen in allen vier Straßen zu verzeichnen.

Da sich die Analyse der Berufs- und Sozialstruktur auf die einzelnen Straßen konzentriert, bilden die oben genannten straßenspezifischen Werte auch weiterhin die Grundlage näherer Betrachtungen.

In dem vierzigjährigen Untersuchungszeitraum lebten in den vier Straßen 976 Personen, die mindestens ein Jahr lang keinen Beruf ausübten und von denen 309 auf die Rasing-, 288 auf die Wulfhoop-, 196 auf die Gastfeld- und 183 Personen auf die Kornstraße entfielen. Demgegenüber verteilten sich die insgesamt 3.660 unterschiedlichen berufstätigen Personen mit 773 auf die Gastfeld-, mit 1.062 auf die Korn-, mit 986 auf die Rasing- und mit 839 auf die Wulfhoopstraße. Von diesen berufstätigen Bewohnern wechselten in der Gastfeldstraße 33, in der Kornstraße 44, in der Rasingstraße 54 und in der Wulfhoopstraße 46 Personen mindestens einmal ihren ursprünglichen Beruf. Gemessen an der Gesamtzahl der unterschiedlichen Personen in den einzelnen Straßenzügen betrug der relative Anteil der Berufstätigen zu den Personen ohne Beruf folglich in der Gastfeldstraße 79,77 zu 20,23 Prozent, in der Kornstraße 85,30 zu 14,70 Prozent, in der Rasingstraße 76,14 zu 23,86 Prozent und in der Wulfhoopstraße 74,45 zu 25,55 Prozent.

Aufgrund dieser Verteilungen können bereits erste, wenn auch nur tendenzielle Aussagen getroffen werden, die einer genaueren Überprüfung bedürfen.

Werden einfachste statistische Berechnungen angestellt, so ergeben sich für den vierzigjährigen Untersuchungszeitraum als durchschnittliche Wohndauer der unterschiedlichen Personen in den einzelnen Straßen für die Gastfeldstraße 3,21 Jahre, für die Kornstraße 2,86 Jahre, für die Rasingstraße 4,00 Jahre und für die Wulfhoopstraße 3,74 Jahre. Demnach wiesen die Bewohner der Rasing- und Wulfhoopstraße eine im Durchschnitt deutlich höhere Verweildauer auf als die Bewohner der Gastfeld- und Kornstraße.

Auffällig abweichende Werte sind auch bei dem jeweiligen Anteil der berufstätigen und berufslosen Personen in den verschiedenen Straßen erkennbar. Wiederum stehen sich auf der einen Seite die Rasing- und Wulfhoopstraße mit einem hohen Anteil berufsloser Bewohner und die Gastfeld- und Kornstraße auf der anderen Seite mit einem vergleichsweise höheren Prozentsatz berufstätiger Personen gegenüber.

Die oben bereits zweifach konstatierte tendenzielle Polarisierung der beiden "Straßenpaare" zeichnet sich auch für den Anteil der Personen, die ihren Beruf wechselten, ab. Während die Bewohner der Gastfeld- und Kornstraße mit einem annähernd übereinstimmenden Anteil (von 3,41 bzw. 3,53 Prozent) an Berufswechslern ihren Beruf häufiger beibehielten, lag die Rate der beruflichen Mobilität der Bewohner in der Rasing- und Wulfhoopstraße (4,17 bzw. 4,08 Prozent) etwas höher.

Ein wesentlicher Bestandteil der vorliegenden Studie wird darin bestehen, der Frage nachzugehen, ob sich die oben skizzierten Tendenzen, das heißt die voneinander divergierenden Strukturen der beiden Arbeiterstraßen Rasing- und Wulfhoopstraße und der in ihrer beruflichen Zusammensetzung eher als kleinbürgerlich-proletarische Mischformen zu bezeichnenden Gastfeld- und Kornstraße, auch unter dem Blickwinkel zeitlicher Veränderungen bestätigen oder erhärten lassen und ob dies gleichzeitig bedeutete, daß die Lebens- und Wohnverhältnisse in diesen beiden Straßengruppen gravierend voneinander abwichen.

Die Analyse der Berufs- und Sozialstruktur gliedert sich in drei Abschnitte.

Zunächst werden die einzelnen, im Zeitraum von 1875 bis 1914 in den vier Straßen vertretenen Berufe und Berufsgruppen vorgestellt, bevor sich der zweite Teil den Veränderungen der Berufs- und Sozialstruktur zuwendet. Das Interesse gilt hier nicht nur den sich im 40jährigen Betrachtungszeitraum jeweilig vollzogenen straßeninternen Veränderungen, sondern auch der Entwicklung der verschiedenen Sozialgruppen im Straßenvergleich. Darüber hinaus werden in diesem Rahmen sowohl die Dauer der Berufsausübung als auch die Frage des Berufswechsels erörtert. Der dritte Teil widmet sich den sogenannten Mehrfachbeschäftigungen, also denjenigen Personen, die zwei oder drei Tätigkeiten zur gleichen Zeit nachgingen. Diese Untersuchung kreist um den zentralen Aspekt, ob Mehrfachbeschäftigungen auf Dauer ausgeübt wurden oder ob sie als Übergangslösung dienten.

2.1 Die einzelnen Berufe und Berufsgruppen

Ungeachtet jeglicher Veränderungen der Berufsstruktur in der Gastfeld-, Korn-, Rasing- und Wulfhoopstraße im Zeitraum von 1875 bis 1914 wiesen die Bewohner dieser vier Straßen eine breite Palette unterschiedlichster Berufe auf, die vom Fabrikanten über den Handwerksmeister, Kleinhändler, Schutzmann und Schenkwirt bis zum Arbeiter reichte. Selbst Künstler, Angehörige des Militärs oder etwa Vertreter derjenigen Berufszweige, die sich dem körperlichen oder seelischen Wohl ihrer Mitmenschen widmeten - wie etwa Ärzte, Hebammen, Pastoren, Prediger oder Stadtmissionare -, trugen zum beruflichen Facettenreichtum der in diesen Straßen lebenden bzw. arbeitenden Stadtteilbewohner bei. Im engeren Bereich der Straßen konnten demnach offensichtlich wichtige, lebensnotwendige Funktionen erfüllt werden.

Diese Fülle verschiedenartigster Berufe schlug sich nicht zuletzt in einer großen Anzahl divergierender Berufsbezeichnungen, die hier in den vierzig Jahren vorzufinden waren, nieder. Die berufstätigen Bewohner der vier Straßen konnten mit insgesamt 487 voneinander abweichenden Berufsbezeichnungen aufwarten. An erster Stelle rangierte die Kornstraße mit der stattlichen Anzahl von 305 beruflichen Titulierungen, gefolgt von der Gastfeldstraße mit 244 Bezeichnungen. Doch selbst die beiden Arbeiterstraßen konnten mit 160 unterschiedlichen Berufsbezeichnungen in der Rasingstraße und mit 156 derselben in der Wulfhoopstraße einen erstaunlich hohen Beitrag zum Abwechslungsreichtum in der beruflichen Landschaft der südlichen Vorstadt leisten.

Wenngleich jede der vier untersuchten Straßen in dem 40jährigen Zeitraum ein breites berufliches Spektrum zu bieten hatte, so existierte zum einen eine Vielzahl von Berufen, die in allen Straßen in unterschiedlicher Häufigkeit anzutreffen waren, zum anderen blieb eine große Anzahl beruflicher Betätigungsfelder ausschließlich den Bewohnern einer der vier Straßen vorbehalten.

Überaus gering präsentierte sich demgegenüber der Anteil derjenigen Berufe, die von den weiblichen Bewohnern der vier Straßen ausgeübt wurden. Von 1875 bis 1914 konnten lediglich 45 verschiedene Berufsbezeichnungen ermittelt werden, die auf die in der Gastfeld-, Korn-, Rasing- oder Wulfhoopstraße lebenden berufstätigen Frauen entfielen. Diesem relativ unerheblichen weiblichen Beitrag zur beruflichen Bandbreite innerhalb der vier Straßen lagen verschiedene Ursachen zugrunde.

Als eine dieser Ursachen kann die Quelle des zur Datenerhebung herangezogenen Adreßbuchs benannt werden. Die ohnehin nur begrenzte Informationen liefernden Adreßbücher der Jahrgänge 1875 bis 1914 wiesen ausschließlich diejenigen Personen, die als Haushaltsvorstand fungierten und anerkannt waren, namentlich aus, während alle anderen diesem Haushalt angehörigen Personen - seien es Familienangehörige, wie Ehefrauen und Kinder oder auch beherbergte Eltern, oder familienfremde Haushaltsmitglieder, wie etwa Untermieter, Schlafgänger oder freie Kost und Logis genießende Gesellen eines Handwerksmeisters - keinen Eingang in das Adreßbuch fanden. Da in den meisten Fällen den Männern die Funktion des Haushaltsvorstands zukam, blieb beispielsweise die Ehefrau selbst dann, wenn sie einer Erwerbstätigkeit nachging, in den Adreßbüchern unsichtbar. In den vier Straßen der südlichen Vorstadt Bremens fanden sich für den gesamten Untersuchungszeitraum nur wenige Ausnahmefälle, in denen sich die Berufstätigkeit der Ehefrau bei Ortsanwesenheit des Ehemannes ausdrücklich im Adreßbuch niederschlug. Dies war gewöhnlich dann der Fall, wenn Frauen einen Kleinhandel betrieben.

Eine zweite Ursache für den vergleichsweise geringfügigen Anteil an Berufen, die bei den Bewohnerinnen der vier Straßen anzutreffen waren, ist in der Erwerbslosigkeit der überwiegenden Mehrzahl dieser Frauen zu suchen, die - unabhängig von ihrem jeweiligen Familienstand - einen eigenständigen Haushalt führten und folglich als Haushaltsvorstand in den Adreßbüchern aufgeführt waren. Berufstätige Frauen bildeten - soweit den Angaben in den Adreßbüchern Glauben geschenkt werden kann - somit ohnehin eine Minderheit im sozialen Gefüge der vier untersuchten Straßen.[392]

Dennoch bleibt grundsätzlich in Rechnung zu stellen, daß auch denjenigen Frauen, die sich auf Arbeitssuche begaben - ob es sich nun um einen Zuverdienst, um die notwendige Sicherung des Lebensunterhalts oder womöglich um den einfachen Wunsch nach Berufstätigkeit handelte -, sowohl im letzten Viertel des 19. als auch zu Beginn des 20. Jahrhunderts in beruflicher Hinsicht nur sehr eingeschränkte Betätigungsmöglichkeiten offenstanden. Je nach Klassen- bzw. Schichtzugehörigkeit blieb den meisten Frauen bereits die notwendige Ausbildung verwehrt, da von ihnen ohnehin das traditionelle Rollenverhalten erwartet wurde, daß sie heiraten, Kinder aufziehen und den Familienhaushalt führen würden. Darüber hinaus blieb die Ausübung einer Vielzahl von Berufen das mehr oder weniger unbestreitbare Privileg der männlichen Bevölkerung. In Anbetracht des weitreichenden Mangels an weiblichen Arbeitsfeldern nimmt es nicht wunder, daß die ohnedies kleine Gruppe berufstätiger Frauen in der Rasing-, Wulfhoop-, Gastfeld- und Kornstraße denjenigen Arbeitsbereichen angehörten, die auch heute noch zu den herkömmlichen und weitverbreiteten "Frauenberufen" zählen. So finden sich unter den weiblichen Berufstätigen diverse Händlerinnen bzw. Verkäuferinnen unterschiedlichster Art und ebenso Angehörige im weiten Betätigungsfeld des Pflegebereiches, aber auch im Textilgewerbe und im Dienstleistungsbereich.

Der Eindruck bunter beruflicher Vielfalt, den die Betrachtung aller in den vier Straßen existierenden Berufe erweckt, verändert sich unter dem Blickwinkel der Berufsgruppenzugehörigkeit dieser Stadtteilbewohner. Während die Beantwortung der Fragen, welche Berufe im gesamten Untersuchungszeitraum von 1875 bis 1914 in den vier ausgewählten Straßen vorzufinden waren und welche Betätigungsfelder von Frauen gewählt wurden, noch nicht zur Erhellung der aufzuzeigenden Strukturen in den einzelnen Straßen beiträgt, bietet die Zuordnung aller erfaßten Berufe in Berufsgruppen die Möglichkeit, einen tieferen Einblick in die herrschenden Berufsstrukturen zu gewinnen und anhand ermittelter Häufigkeiten die Dominanz, das Gleichgewicht oder auch die Unterrepräsentanz einzelner Berufssparten aufzuspüren. Alle in den Straßen vertretenen Berufe verteilen sich mittels dieses Selektionsverfahrens auf eine von zehn verschiedenen beruflichen Kategorien.

Die Gruppe der Arbeiter, die immerhin 36 unterschiedliche Betätigungen umfaßt, beinhaltet sowohl ungelernte als auch qualifizierte Facharbeiter.

Zu der Kategorie der Händler zählen einerseits überwiegend als Kleinhändler zu identifizierende Berufstätige, die mit 47 Varianten eine imposante Auswahl verschiedenster Waren anboten und in vielen Fällen ein Geschäft ihr eigen nennen konnten, andererseits fünf Arten von reisenden Händlern.

Die aufgrund ihrer zahlreichen Arbeitsbereiche zweifellos größte Berufsgruppe bilden die Handwerker. Um die unterschiedlichen Wirkungskreise der Handwerker nicht unberücksichtigt zu lassen, schien es angemessen, dieselben nochmals in sieben Branchen zu unterteilen. Die Nahrungsmittelhandwerker konnten 17 Tätigkeitsbereiche aufweisen; im Textilgewerbe waren zehn Beschäftigungsformen auszumachen; im Holzgewerbe handelte es sich lediglich um 11 verschiedene Berufe, während die Anzahl unterschiedlicher Betätigungen im Gesundheits- und Reinigungsgewerbe nur noch mit zehn zu beziffern war. Mit 12 verschiedenen Erwerbsformen war das Glas-, Papier- und Keramikgewerbe vertreten; demgegenüber galt das Metallgewerbe mit 42 Berufsspezifikationen als die am breitesten gefächerte Branche des Handwerks. In der siebten Unterkategorie des Baugewerbes fanden sich nochmals 18 voneinander abweichende handwerkliche Lehrberufe zusammen. Fast allen Branchen des Handwerks gehörten sowohl Meister als auch Gesellen an. Ausnahmen bildeten lediglich das Gesundheits- und Reinigungsgewerbe sowie die Glas-, Papier- und Keramikbranche, die keinen der Handwerker explizit als Meister auswiesen.

Beamte und Angestellte vereinigen sich in der vierten Berufsgruppe, die mit 109 verschiedenen Berufen gleichzeitig die zweitgrößte Kategorie darstellt. Die Gruppe der Beamten und Angestellten zeichnete sich nicht zuletzt durch ihre mannigfaltigen Betätigungsfelder aus. Die Skala der Berufe reichte vom sogenannten kleinen Angestellten bis zum hochqualifizierten Akademiker; mitsamt der zahlreichen Vertreter der Beamten, die annähernd jede Stufe der Leiter repräsentierten, die innerhalb der Beamtenlaufbahn zu erklimmen war, verkörperte diese Gruppe gleichsam ein Höchstmaß beruflicher Vielfalt. Die breitgestreuten Arbeitsgebiete der Beamten und Angestellten fanden sich nicht nur bei staatlichen bzw. städtischen Institutionen, wie etwa beim Zoll, beim Gericht, bei der Post, im Schuldienst oder in Krankenhäusern, sondern erstreckten sich darüber hinaus von den Banken bzw. Sparkassen über die Kirche bis hin zur Gewerkschaft.

Wesentlich überschaubarer bleibt die Berufsgruppe der Dienstleister, die lediglich 21 voneinander abweichende Formen der Erwerbstätigkeit umfaßt und der sowohl Selbständige als auch Lohnabhängige bzw. Gehaltsempfänger angehörten. Berufstätige im Gaststättengewerbe zählten ebenso zu dieser Gruppe wie Mitglieder aus dem Dienstbotenbereich oder verschiedene Vertreter aus Transport und Verkehr.

Die Gruppe der Unternehmer und Selbständigen beeindruckt wiederum durch die Bandbreite unterschiedlichster Waren, die sie in ihren Fabriken produzierten bzw. herstellen ließen oder mit denen sie ihren Handel betrieben. Mit 37 verschiedenen Ausprägungen erzielten die Unternehmer und Selbständigen zwar nicht annähernd die Spitzenwerte, mit denen die Berufstätigen im Handwerk oder die Gruppe der Beamten und Angestellten brillieren konnten, dennoch überrascht die Vielgestaltigkeit, die diese Berufsgruppe selbst innerhalb von vier Straßen der als Arbeiterviertel klassifizierten südlichen Vorstadt erlangen konnte. Neben diversen Fabrikanten reihten sich verschiedene Geschäftsinhaber sowie solche Personen, die über anderes Privateigentum verfügten und selbiges gewinnbringend zu vermehren suchten, in diese Gruppe ein.

Zu einer weiteren Berufsgruppe formieren sich die in der Schiffahrt Beschäftigten. Mit sieben unterschiedlichen Funktionen, die diese Berufstätigen zu Wasser ausübten, handelte es sich, wenngleich vom Matrosen bis zum Kapitän mehrere der in dieser Kategorie möglichen Berufsvarianten vorzufinden waren, um eine der kleinsten Berufsgruppen.

Lediglich die Berufsgruppe der beim Militär Tätigen unterbietet die Kategorie der Schiffahrtsangehörigen. Die minimale Anzahl von sechs variierenden Diensträngen, die diese Vertreter der Streitkräfte einnahmen, läßt diese Berufsgruppe als die kleinste hervortreten.

Auch die Künstler bilden nur eine kleine Berufsgruppe. Obwohl ihre Mitglieder lediglich mit sieben künstlerischen Ausbildungs- bzw. Berufsformen aufwarten konnten, repräsentierten sie doch immerhin als Vertreter der bildenden Kunst, der

Musik und der darstellenden Kunst drei gewichtige Bereiche dieser kreativen Berufssparte.

In der zehnten Berufsgruppe der sogenannten "Sonstigen" versammeln sich all diejenigen Berufsangehörigen, deren Tätigkeit keiner der vorstehenden Gruppen zuzuordnen sind. Unter den acht verschiedenen Berufen waren neben dem Gärtner, dem Landmann, dem Lotteriegehilfen und dem Lotteriekollekteur auch der Privatmann und Rentier anzutreffen, wobei die beiden letzteren ihren Lebensunterhalt nicht bzw. nicht mehr mit aktiver Berufsausübung sichern mußten. Aber ebenso die wenig verbreitete Erwerbsform der Leichenbekleiderin und die abenteuerlich anmutende Tätigkeit des Privatdetektivs gehörten dieser Gruppe an.

Die nachfolgend zu skizzierende, in der Tabelle 12 dargestellte Berufsstruktur spiegelt keine jährliche Bestandsaufnahme , sondern bietet vielmehr für jede der vier untersuchten Straßen einen Überblick über den gesamten Untersuchungszeitraum.[393] Ein Vergleich der in den einzelnen Straßen für den Zeitraum von 1875 bis 1914 vorgefundenen Berufsstrukturen bestätigt die bereits eingangs mehrfach konstatierte Tendenz zwei voneinander abweichender Straßenpaare.

Tabelle 12: Berufsstruktur 1875-1914
(Angaben in Prozent)

Berufe	Gastfeld-straße n=859 (=100%)	Korn-straße n=1176 (=100%)	Rasing-straße n=1123 (=100%)	Wulfhoop-straße n=946 (=100%)
Arbeiter	40.17	26.53	65.97	57.28
Unternehmer	3.73	4.93	1.25	0.74
Handwerks-gesellen	26.31	29.59	21.55	23.89
Handwerks-meister	4.07	3.66	1.34	2.96
Beamte/ Angestellte	8.85	16.24	1.69	3.07
Dienstleister	4.89	3.66	2.05	2.33
Schiffahrt	1.51	1.62	0.89	3.17
Händler	7.68	10.37	4.90	6.24
Sonstige	2.79	3.40	0.36	0.32
Summe	100.00	100.00	100.00	100.00

Quelle: Bremer Adreßbücher, Jge. 1875-1914;
eigene Auswertungen

Auf der einen Seite treten die Rasing- und die Wulfhoopstraße mit einem überproportional vorhandenen Anteil an Arbeitern (65,97 bzw. 57,28 Prozent) hervor. Während die Berufsgruppe der Handwerker in diesen beiden offenkundig zu recht als Arbeiterstraßen zu klassifizierenden Straßenzügen mit 22,89 bzw. 26,85 Prozent als zweitgrößte Gruppe auftraten und das Bild der beruflichen Landschaft entscheidend mitprägten, kam allen anderen Berufszweigen nur noch eine untergeordnete Bedeutung zu.

Auf der anderen Seite weisen sowohl die Gastfeld- als auch die Kornstraße eine bunt gemischte Berufsstruktur auf. Zwar fungierten die Arbeiter mit 40,17 Prozent auch in der Gastfeldstraße noch als die am stärksten vertretene Berufsgruppe, doch existierte gleichzeitig ein hoher Handwerkeranteil (30,38 Prozent). Überdies stellten alle anderen sechs Berufsgruppen - obgleich keine von ihnen zehn Prozent erreichte - insgesamt betrachtet mit 29,45 Prozent noch eine durchaus relevante Größe dar. Den stärksten Kontrast zu den beiden Arbeiterstraßen bildete die Kornstraße. Ihre auffälligen Abweichungen bestanden zum einen in dem niedrigsten Arbeiteranteil (26,53 Prozent) aller vier untersuchten Straßen, zum anderen in der höchsten Rate dort ansässiger Handwerker, die mit 33,25 Prozent zugleich die größte Berufsgruppe innerhalb der Kornstraße ausmachte. Einen im Gegensatz zu der Rasing- und Wulfhoopstraße ungewöhnlich hohen Anteil erzielte die Gruppe der Beamten und Angestellten, die mit 16,24 Prozent den dritten Platz im beruflichen Gefüge der Kornstraße einnahmen. Aber auch die Händler ragten im Straßenvergleich mit 10,37 Prozent in dieser Straße deutlich hervor. Offensichtlich wurde die Kornstraße von dieser Berufsgruppe gleichermaßen als beruflicher Standort wie als Wohngebiet bevorzugt, wie dies auch auf die Gruppe der Unternehmer zutraf. Angehörige des Dienstleistungssektors favorisierten demgegenüber die Gastfeldstraße, wenngleich sie -gemessen an den teils beachtlichen Anteilen, die die Gruppen der Arbeiter, Handwerker, Beamten und Angestellten oder auch Händler für sich verbuchen konnten - mit einem Anteil von 4,89 Prozent in dieser Straße ähnlich unterrepräsentiert blieben wie in der Korn-, Rasing- und Wulfhoopstraße.

Wenngleich jede der vier Straßen ein eigenständiges berufliches Verteilungsmuster erkennen läßt, reichte die Prägnanz der jeweiligen Strukturmerkmale doch nicht so weit, daß eine vergleichende Analyse vier völlig voneinander abweichende Erscheinungsformen attestieren könnte. Vielmehr kann trotz der nicht zu leugnenden Charakteristika festgestellt werden, daß je zwei der vier untersuchten Straßen eine weitgehende Übereinstimmung in ihrer von 1875 bis 1914 vorzufindenden Berufsstruktur aufwiesen. Waren die Rasing- und die Wulfhoopstraße eindeutig als Arbeiterstraßen zu kennzeichnen, so trugen die den Gegenpol bildenden Gastfeld- und Kornstraße alle Merkmale kleinbürgerlich-proletarisch geprägter Berufsstrukturen in sich. Solch signifikante Abweichungen in der beruflichen Gliederung der beiden Straßenpaare stellten selbstredend keine bloßen

Zufallserscheinungen dar. Wie bereits anhand der in diesem Stadtteil vorherrschenden Wohnhältvernisse[394] und der um die Frage des Haus- und Grundbesitzes kreisenden Analysen[395] deutlich wurde und insbesondere das noch zu erörternde Wohnverhalten der Bewohner dieser vier Straßen[396] zu unterstreichen vermag, reflektierte das soziale Gefüge in den einzelnen Straßenzügen der südlichen Vorstadt schlicht die mit den Einkommensverhältnissen der Bewohner korrespondierende Wohnlage. Geringe, vielfach sicherlich auch unregelmäßige Einkünfte ließen vornehmlich ungelernten Arbeitern und vergleichbar unbemittelten Bevölkerungsschichten bei der Wohnungssuche keine andere Wahl, als mit solch unzulänglichen, aber gerade noch erschwinglichen Unterkünften, wie sie sowohl die Rasing- als auch die Wulfhoopstraße bereithielten, Vorlieb zu nehmen. Wer indes über ein regelmäßiges und hinlängliches Einkommen verfügte, war bestrebt, eine der besser ausgestatteten, allerdings auch kostspieligeren Wohnungen in der Gastfeld- oder Kornstraße zu beziehen.

Angesichts der aufgezeigten Berufsstrukturen bleibt zu fragen, welche der zahlreich existierenden Berufe im Zeitraum von 1875 bis 1914 maßgeblich zu der Dominanz verschiedener Berufsgruppen in den vier Straßen beitrugen.

Arbeiter, deren gängige Berufsbezeichnung etwa bis zur Jahrhundertwende "Arbeitsmann" lautete, beherrschten nicht nur in ihrem relativen Verbreitungsgrad das Berufsfeld, sondern kamen auch in ihrer absoluten Anzahl auf die höchste Summe aller in den vier Straßen existierenden Berufe. Wenn auch mit weitem Abstand kein anderer Beruf an die Position der Arbeiter, die mit einer Gesamtanzahl von 191 in der Gastfeld-, 171 in der Korn-, 492 in der Rasing- und 357 in der Wulfhoopstraße auftraten, heranreichte, so konnten für die Zigarrenmacher doch ebenfalls ungewöhnlich hohe Werte registriert werden. In der Gastfeldstraße belief sich deren Anzahl auf 100, in der Kornstraße lediglich auf 42, während in der Rasingstraße 179 und in der Wulfhoopstraße 112 Zigarrenmacher zu verzeichnen waren. Innerhalb der Berufsgruppe der Arbeiter existierten nur noch zwei Berufe, die durch ihr gehäuftes Auftreten zur Auffälligkeit gelangten. Beide Berufe zeichneten sich dadurch aus, daß sie ausschließlich in einer der vier Straßen als nennenswerte Bereicherung für ihre Berufsgruppe zu bezeichnen waren. Der Beruf des Kistenmachers wurde in der Wulfhoopstraße von 29 Berufstätigen ausgeübt, während sich die Silberarbeiter in der Kornstraße mit einer Anzahl von 46 Angehörigen dieses Berufes konzentrierten.

Bei den Händlern jedoch sprang lediglich der Beruf des Handlungsgehilfen in der Kornstraße mit einer Anzahl von 33 ins Auge.

Demgegenüber vereinigten sich in der Gruppe der Handwerker mehrere Berufe, die durch ihr vermehrtes Vorhandensein auffielen. Für die der Textilbranche angehörenden handwerklichen Berufe waren zum einen die Schneider - insbesondere in der Korn- und Wulfhoopstraße -, zum anderen die Schuhmacher - vorzugsweise in der Korn- und Rasingstraße - vorzufinden. Im Holzgewerbe taten sich die Tischler mit einer relativ hohen Anzahl in allen vier Straßen hervor. Dem Beruf des Schlossers, der zwar in allen Straßen gehäuft vorkam, jedoch die größte Anzahl in der Kornstraße stellte, wurde innerhalb der Metallbranche der Vorrang gegeben. Gleich drei verschiedene Berufe repräsentierten das Baugewerbe durch einen herausragenden Anteil ihrer jeweiligen Berufsangehörigen. Während die Maler gleichgewichtig in der Korn- und Wulfhoopstraße ansässig waren, stellte der Beruf des Maurers den am stärksten verbreiteten bzw. den bevorzugten handwerklichen Lehrberuf in dieser Branche dar. Am häufigsten wurde dieser Beruf von den Bewohnern der Rasingstraße ausgeübt; aber auch in allen anderen drei Straßen waren die Maurer unter den Bewohnern relativ zahlreich vertreten. Der Beruf des Zimmermanns dominierte dagegen deutlich in der Kornstraße. Waren die Zimmerleute in beiden proletarischen Straßenzügen der Rasing- und Wulfhoopstraße mit einer identischen Anzahl noch relativ häufig anzutreffen, so fand sich in der Gastfeldstraße nur noch eine bescheidene Anzahl der Vertreter dieser Berufsgattung.

Obgleich keine der verbleibenden Berufsgruppen einzelne Berufe in ihren Reihen aufweisen konnte, die über eine annähernd hohe Anzahl gleicher Berufsangehöriger verfügte, wie dies bei den Arbeitern, Händlern und Handwerkern zu verorten war, so bleiben doch diejenigen Berufe erwähnenswert, die sich gegenüber allen anderen, lediglich vereinzelt vorzufindenden Erwerbsformen dahingehend abgrenzten, daß sie noch ein Mindestmaß an auffälligen Häufigkeiten präsentierten.

Innerhalb der Berufsgruppe der Beamten und Angestellten setzten sich lediglich die Buchhalter und Telegraphenassistenten mit einer herausragenden Anzahl vom Gros aller anderen Berufsgruppenmitglieder ab. Beide Berufe erlangten diese relative Signifikanz jedoch ausschließlich in der Kornstraße.

Für den Dienstleistungssektor konnte nur der Beruf des Gast- bzw. Schenkwirts eine noch beachtliche Anzahl für sich verbuchen. Wirte beiderlei Geschlechts fanden sich in erster Linie in der Gastfeldstraße und fast ebenso häufig in der Kornstraße.

Während selbst unter den Schiffahrtsangehörigen noch der Beruf des Heizers zu verzeichnen war, der sich allerdings vorwiegend bei den Bewohnern der Wulfhoopstraße einer gewissen Beliebtheit erfreute, war weder in der Gruppe der Unternehmer noch innerhalb der Gruppe der "Sonstigen" eine Tätigkeit zu identifizieren, die einen solchen Zulauf fand, daß sie die durchschnittlich niedrige Anzahl anderer Berufe überschritt.

Die Fülle aller verbleibenden Berufe war somit dadurch gekennzeichnet, daß sie nur vereinzelt von den Bewohnern der Gastfeld-, Korn-, Rasing- und Wulfhoopstraße ausgeübt wurden. Die schillernde berufliche Vielfalt, die sich bei der Betrachtung sämtlicher von 1875 bis 1914 existierenden Berufe in den vier Straßen darbietet, war mithin nicht den eine weite Verbreitung unter den Bewohnern findenden Berufen zu verdanken, sondern resultierte vielmehr aus dem reichen Repertoire derjenigen Erwerbsformen, die letztlich unter quantitativen Aspekten als berufliche Ausnahmefälle zu charakterisieren waren.

In der Rasing- und Wulfhoopstraße besaßen Arbeiter und Handwerksgesellen zweifelsohne ein klares Übergewicht. Wenngleich die auffällige Anhäufung einer identischen Berufszugehörigkeit mehrerer Bewohner eines Gebäudes in beiden proletarischen Straßenzügen eine mitunter erstaunlich homogene hausinterne Sozialstruktur erkennen ließ, die auf eine offenbar mehrfach praktizierte gewerbliche Nutzung der Räumlichkeiten zu verweisen scheint, so dominierte doch eine außerhäusliche Erwerbstätigkeit der mehrheitlich im Produktionsbereich als Lohnempfänger agierenden Bewohner. Sowohl die Rasing- als auch die Wulfhoopstraße erfüllten mithin in erster Linie die Funktion typischer Wohnstraßen. In der Gastfeld- und Kornstraße hingegen formte sich bereits frühzeitig ein abweichender Charakter aus. Neben einem gleichwohl bemerkenswert vertretenen Arbeiteranteil verliehen hier vorrangig Handwerker, Beamte und Angestellte, Kleinhändler und Dienstleister diesen unverkennbar mehreren Funktionen gerecht werdenden staatlichen Hauptstraßen ihr sich, wie noch näher auszuführen sein wird, mit fortschreitendem Zeitraum deutlicher herausbildendes, spezifisches Gepräge zweier ausgesprochener Geschäftsstraßen. Elementare Funktionen wie Arbeiten, Wohnen und Konsum wurden hier somit in gleichem Maße abgedeckt.

2.2 Veränderungen der Berufs- und Sozialstruktur

Galt die Untersuchung der einzelnen Berufe und Berufsgruppen über den gesamten Untersuchungszeitraum von 1875 bis 1914 der Gewinnung eines ersten Überblicks über die zahlreichen Berufsfelder, in denen die Bewohner der vier Straßen der südlichen Vorstadt Bremens wirkten, so ist die in der Tabelle 12 gewissermaßen im Zeitraffer präsentierte Berufsstruktur der einzelnen Straßenzüge insofern zu präzisieren, als zeitliche Veränderungen - das heißt die Entwicklung bzw. der Wandel, den die ursprünglich vorgefundenen Berufsstrukturen durchliefen, - innerhalb der 40jährigen Zeitspanne zunächst ausgeblendet blieben. Neben der unter verändertem Blickwinkel erneut aufzugreifenden Analyse der Berufsstruktur wendet sich die Untersuchung im folgenden gleichermaßen denjenigen Personen zu, die keinen Beruf ausübten. Durch die Einbeziehung dieses Personenkreises kann ein exaktes Bild der sich von 1875 bis 1914 wandelnden Sozialstruktur jeder Straße nachgezeichnet werden. Über die Darstellung der sozialen Zusammensetzung der berufstätigen und berufslosen Bewohner in der Gastfeld-, Korn-, Rasing- und Wulfhoopstraße hinaus gilt das Interesse ebenso der zentralen Fragestellung, welche strukturellen Charakteristika die vier Straßen aufwiesen und ob sich die These einer deutlichen Polarisierung von zwei Straßenpaaren erhärten läßt. Aspekte des Straßenvergleichs fließen ebenso in die anknüpfenden Untersuchungen zur Dauer der Berufsausübung und zur Frage des Berufswechsels wie in die abschließende Diskussion der dem Strukturwandel zugrundeliegenden Ursachen ein.

Zeitliche Veränderungen der Berufs- und Sozialstruktur

Bevor sich die Analyse den strukturellen Veränderungen, die sich in der beruflichen bzw. sozialen Zusammensetzung der Bewohner innerhalb der einzelnen Straßen im Zeitraum von 1875 bis 1914 vollzogen, zuwendet, sei zunächst für jede der vier Straßen die Ausgangssituation des Jahres 1875 näher beleuchtet.

Für die Bewohner der südlichen Vorstadt war das Jahr 1875 durch einschneidende Veränderungen gekennzeichnet. Nach jahrelangen Bemühungen seitens der Einwohner der ehemaligen Landgemeinde Buntentorsteinweg-Neuenland und damit einhergehenden, zähen Verhandlungen und Auseinandersetzungen mit den zuständigen Bremer Behörden war das angestrebte Ziel, dem überholten Status als Landgemeinde entronnen und durch den vollzogenen Anschluß an die Stadt fortan als Bremer Stadtteil anerkannt zu sein, erreicht. Da dieses neue Stadtviertel fast gleichzeitig dem Zollverein angeschlossen worden war, stellte dieses durchaus als bedeutsam zu bezeichnende Jahr in zweifacher Hinsicht einen Wendepunkt in der Geschichte der südlichen Vorstadt dar.

Die Bevölkerung der südlichen Vorstadt war in diesem Jahr auf insgesamt 9.089 Einwohner angewachsen, von denen allein im statistischen Zählbezirk 16, in dem sich alle vier untersuchten Straßen befanden, 4.824 Personen lebten und somit ca. 53 Prozent der Gesamteinwohnerzahl dieses Stadtteils stellten. Die verbleibenden Einwohner verteilten sich mit 2.521 Personen auf den Zählbezirk 17 und mit 1.744 Bewohnern auf den Zählbezirk 18.[397]

In der südlichen Vorstadt Bremens waren im Jahre 1875 insgesamt 1.266 bewohnte Privatgebäude zu verzeichnen, deren Verteilung auf die drei Zählbezirke in etwa derjenigen der Bevölkerung entsprach. Im Bezirk 16 befanden sich 599 Häuser, während zum Bezirk 17 lediglich 340 Gebäude zählten und der Bezirk 18 nur noch 327 Häuser aufzuweisen hatte. In allen drei Zählbezirken fanden diejenigen Wohngebäude, die nur ein Stockwerk besaßen, mit einer Gesamtanzahl von 869 (68,64 Prozent) die weiteste Verbreitung. Neben diesen einstöckigen Häusern galten die 397 Gebäude mit zwei Stockwerken (31,36 Prozent) als die einzige zu diesem Zeitpunkt in der südlichen Vorstadt existierende architektonische Variante.[398] Das ausschließliche Vorhandensein von Ein- und Zweifamilienhäusern in diesem Stadtviertel ließ die südliche Vorstadt zwar als Ausnahme unter den bis zum Jahr 1875 eingemeindeten Gebietsteilen Bremens hervortreten, da in allen anderen Stadtbezirken bereits dreistöckige oder gar vier- und mehrgeschossige Wohngebäude vorzufinden waren; dennoch galt die Dominanz von Ein- und Zweifamilienhäusern keinesfalls als ein Spezifikum der südlichen Vorstadt, sondern bildete vielmehr eines der Charakteristika, das die Bremer Wohnverhältnisse im 19. Jahrhundert auszeichnete.[399] Doch die Südervorstädter bewohnten nicht nur den ersten oder - soweit in den einzelnen Häusern vorhanden - den zweiten Stock eines Bremer Hauses, sondern ein nicht unerheblicher Anteil der Einwohner mußte sich mit einer Kellerwohnung begnügen. Im Jahre 1875 waren in der südlichen Vorstadt bereits 320 Kellergeschosse von insgesamt 1317 Personen bewohnt.[400] Mit dieser hohen Auslastung der Untergeschosse zu Wohnzwecken rangierte dieses Stadtviertel in Bremen an erster Stelle. Diese zweifelhafte Spitzenposition wurde der südlichen Vorstadt von keinem anderen Stadtteil streitig gemacht, wenngleich auch in der westlichen Vorstadt Bremens in diesem Jahr 1095 Bewohner in 270 Kellerwohnungen lebten. So sah das Bremische Statistische Amt denn auch im Rahmen ihrer im Jahre 1904 durchgeführten Untersuchung der Bremer Wohnverhältnisse "*in den Kellerwohnungen den hauptsächlichsten Herd des bremischen Wohnungselends*".[401]

Welche Rahmenbedingungen fanden sich nun für das Jahr 1875 in den vier ausgewählten Straßen? Die Gastfeld-, Korn- und auch die Rasingstraße fanden im Jahre 1875 erstmals ihren Eingang in das Bremer Adreßbuch; eine Ausnahme bildete lediglich die Wulfhoopstraße, die bereits auf eine mehr als zwanzigjährige Tradition zurückblicken konnte.

In der im Vorjahr gerade angelegten Rasingstraße waren im ersten Bauabschnitt 37 Reihenhäuser errichtet worden, von denen 1875 bereits 35 Häuser ihre ersten Bewohner aufgenommen hatten und zwei derselben unbewohnt blieben. In diesem Jahr wiesen die Häuser der Rasingstraße noch keine hohe Wohndichte auf; ihren fragwürdigen Ruf als eine derjenigen Straßen Bremens, die im 19. und zu Beginn des 20. Jahrhunderts vor allem aufgrund ihrer überfüllten Wohnungen durch die schlechtesten Wohnbedingungen gekennzeichnet waren, erlangte die Rasingstraße erst in späteren Jahren.[402] Von den insgesamt 75 zur Rasingstraße zählenden Haushalten galten drei als die alleinigen Bewohner eines Hauses, während das Gros von 48 Haushalten sich den Wohnraum eines Hauses mit einer weiteren Wohnpartei teilten. Die verbleibenden 24 Haushalte bewohnten Häuser, die jeweils drei Haushalte beherbergten. Das Bremer Adreßbuch wies 67 Personen als männliche und acht Personen als weibliche Haushaltsvorstände aus. Unter den Frauen fanden sich in diesem Jahr sechs Witwen und zwei Ehefrauen.

Den 68 berufstätigen Bewohnern der Rasingstraße (90,67 Prozent) standen in diesem Jahr sieben erwerbslose Frauen (9,33 Prozent) gegenüber. 39 Haushaltsvorstände zählten zur Berufsgruppe der Arbeiter, denen auch die berufstätige Witwe angehörte, und stellten somit die überwiegende Mehrzahl der Bewohner (52 Prozent). Im Handwerk betätigten sich 24 Personen, die in dieser Straße die zweitgrößte Gruppe bildeten (32 Prozent) und in erster Linie das Baugewerbe vertraten, gefolgt von Handwerkern aus der Holz- und Textilbranche. Alle anderen Berufe standen den relativ zahlreichen Arbeitern, Handwerkern und auch erwerbslosen Personen in der Rasingstraße erheblich nach.[403] Die im Jahre 1875 in der Rasingstraße vorzufindende Sozialstruktur läßt somit bereits die für den gesamten Untersuchungszeitraum konstatierte Dominanz der Arbeiter und Handwerker erkennen.

Die Wulfhoopstraße zählt zu den ältesten Straßen der südlichen Vorstadt bzw. der ehemaligen Landgemeinde Buntentorsteinweg-Neuenland. Mitte des 19. Jahrhunderts war ein Teil der Straße angelegt und bebaut, so daß das Bremer Adreßbuch in den 1850er Jahren ihre ersten Bewohner verzeichnen konnte. Die 1872 beantragte, im Folgejahr bewilligte und unmittelbar umgesetzte Verlängerung der Wulfhoopstraße in südlicher Richtung - und damit an die Kornstraße angrenzend - hatte zur Folge, daß die Wulfhoopstraße im Jahre 1875 insgesamt 51 Häuser umfaßte, von denen 12 als Neubauten den Jahren 1874 und 1875 entstammten. Im Gegensatz zur Rasingstraße lag hier kein Wohnraum brach, alle 51 Privatgebäude wurden vielmehr zu Wohnzwecken genutzt. Weitere Differenzen zeigten sich auch im Belegungsmuster dieser Straße. Die Mehrzahl von 45 der insgesamt 109 als Haushaltsvorstand ausgewiesenen Bewohner der Wulfhoopstraße lebte in Häusern mit drei Haushaltungen, 22 Wohnverbände bewohnten zu zweit und 20 Haushalte als einzige Bewohner ein Haus. Doch es existierten auch Gebäude mit einer höheren Belegung, da immerhin 16 Haushalte mit drei anderen Parteien ein Haus nutzten, während ein Wohnhaus gar von sechs Wohnparteien ausgelastet wurde.

Neben 98 männlichen Bewohnern fungierten hier elf Frauen als Haushaltsvorstand. Die Bewohnerinnen der Wulfhoopstraße repräsentierten gleich drei verschiedene Formen des Familienstandes. Sieben der elf Frauen waren verwitwet, zwei der Bewohnerinnen verheiratet und zwei Frauen vertraten den Status der Ledigen. Mit 6,42 Prozent blieb der Anteil der sieben erwerbslosen Frauen, zu denen sechs Witwen und eine Ehefrau zählten, gegenüber den 102 Berufstätigen (93,58 Prozent) im Jahre 1875 gering. Unter den berufstätigen Bewohnern der Wulfhoopstraße ragte die Gruppe der 60 Arbeiter (55,05 Prozent) deutlich hervor. Doch auch die 31 Handwerker (28,44 Prozent) nahmen eine gewichtige Position im Sozialgefüge der Wulfhoopstraße ein. Eine Untersuchung der jeweiligen Branchenzugehörigkeit der Handwerker weist das Holzgewerbe für dieses Jahr als das am stärksten verbreitete Betätigungsfeld aus, während sich die im Textil- und Baugewerbe Tätigen mit einer annähernd gleich großen Anzahl den zweiten Rang streitig machten. Die drei Berufsgruppen der Händler, Dienstleister und Beamten und Angestellten blieben auch in der Wulfhoopstraße mit je drei diesen Berufszweigen Angehörigen unterrepräsentiert. Noch geringere Bedeutung kam jedoch den zwei verbleibenden Gruppen der in der Schiffahrt Beschäftigten und der "Sonstigen" zu. Sowohl der Schiffer als auch der Gärtner stellten die alleinigen Vertreter ihrer Berufsgattung dar.

Die nähere Betrachtung der sozialen Zusammensetzung der Bewohner der Wulfhoopstraße im Jahre 1875 weist für diese Straße bereits im ersten Untersuchungsjahr eine starke Kongruenz mit der für den gesamten Zeitraum vorgefundenen Berufsstruktur auf.[404] Diese weitgehende Übereinstimmung läßt sich nicht zuletzt aus der früh erfolgten Anlegung und Bebauung dieser Straße sowie der damit einhergehenden raschen Ansiedlung von Menschen ableiten. Die Wulfhoopstraße hob sich folglich von den vier untersuchten Straßen insofern ab, als hier im Zeitraum von 1875 bis 1914 keine gravierenden Unterschiede in der jährlichen Gesamtanzahl der Haushalte auszumachen waren. Diese ausschließlich in der Wulfhoopstraße existierende Kontinuität in der Wohndichte liefert zwar noch keine umfassende Herleitung der Ursachen für die oben konstatierte Kongruenz, bietet jedoch die vorteilhafte Voraussetzung für eine weitreichende Vergleichbarkeit aller anknüpfenden Analysen. Während in der Gastfeld-, Korn- und Rasingstraße das Jahr 1875 den Zeitpunkt markierte, zu dem die ersten Bewohner in diesen neu errichteten Häusern ihren Einzug hielten und somit die Geschichte dieser drei Straßen erst ihren Ausgangspunkt nahm, strebte die Wulfhoopstraße - und gegebenenfalls deren Bewohner, soweit diese eine lange Wohndauer aufwiesen - zur gleichen Zeit bereits ihrem 25jährigen Bestehensjubiläum entgegen.

Die voneinander abweichenden Ausgangsbedingungen der vier Straßen treten besonders deutlich zutage, wenn die oben skizzierten, für das Jahr 1875 maßgeblichen Strukturen in der Rasing- und Wulfhoopstraße den zur gleichen Zeit in der Gastfeld- und Kornstraße herrschenden Verhältnissen gegenübergestellt werden.

Obwohl die ursprüngliche Anlegung und Bebauung der Gastfeld- und Kornstraße mit demselben Jahr zu datieren ist wie die der Rasingstraße, zeigen sich im Jahre 1875 deutliche Unterschiede in der baulichen Ausgestaltung der beiden erstgenannten Straßen auf der einen und der Rasingstraße auf der anderen Seite. War die Rasingstraße in diesem Jahr bereits vollständig angelegt und mit 37 errichteten und größtenteils bewohnten Häusern auch schon in der Bebauung weit vorangeschritten, so war sowohl in der Gastfeld- als auch in der Kornstraße zum gleichen Zeitpunkt nur ein kleiner Teil des späteren Umfangs der Straßen angelegt und auch nur ein verschwindend geringer Bruchteil der Häuser fertiggestellt. Diese deutliche Diskrepanz kann sicherlich auf die zugrundeliegenden Planungsziele zurückgeführt werden. Verdankte die Rasingstraße ihre Entstehung ihrem namensgleichen Grundbesitzer und Bauunternehmer, der diese Straße aus Eigeninitiative, die nicht zuletzt finanziellen Interessen diente, als Wohnstraße konzipiert hatte, so entsprang die Anlegung der Gastfeld- und Kornstraße staatlichen Planungsabsichten. Waren diese beiden Straßen im Rahmen der staatlichen Projekte gewissermaßen schon auf dem Reißbrett als zwei der wenigen Hauptverbindungsstraßen in der südlichen Vorstadt vorgesehen, so liegt auf der Hand, daß sämtliche mit der Durchführung der neu anzulegenden Straßen verbundenen Arbeiten mit umfangreicheren Auflagen behaftet waren, als dies für kleinere Wohnstraßen der Fall war, obgleich die entstehenden Mehrkosten vom Staat getragen wurden. Die Abweichungen zwischen Wohn- und Hauptstraßen bemaßen immerhin sieben Meter in der Straßenbreite, die es in der vorgeschriebenen Weise herzurichten und entsprechend der jeweilig geltenden Bauordnung an die Stadt unentgeltlich abzutreten galt. Neben dem erheblich variierenden Arbeitsaufwand trugen vermutlich auch die divergierenden Funktionen, die einerseits den Hauptverbindungsstraßen und andererseits den Wohnstraßen zukamen, dazu bei, daß die Bebauung zu Wohnzwecken in der Gastfeld- und Kornstraße nicht so schnell vorangetrieben wurde wie in der Rasingstraße.

So fanden sich im Jahre 1875 lediglich sechs fertiggestellte Gebäude in der Gastfeldstraße, die nur von insgesamt elf unterschiedlichen Haushalten bewohnt wurden. Zwei dieser Haushalte befanden sich in der günstigen Lage, ein Haus als einzige Wohnpartei nutzen zu können, während sechs Haushaltungen jeweils zu zweit ein Haus bewohnten und nur ein Haus mit drei Haushaltsverbänden belegt war. Zu den zehn männlichen Haushaltsvorständen gesellte sich nur eine berufstätige Witwe, so daß sich die Gastfeldstraße in diesem Jahr dadurch auszeichnete, daß sämtliche Bewohner einer beruflichen Tätigkeit nachgingen. Neben sechs Arbeitern, denen auch die Witwe zuzurechnen war, lebten zwei Bauunternehmer, ein Schneidermeister, ein Maschinist und ein Schenkwirt in der neu entstandenen Gastfeldstraße.

Ähnliche Verhältnisse wies die Kornstraße im Jahre 1875 auf. Auch hier existierten im Entstehungsjahr lediglich sechs Häuser. Selbst die Verteilung der insgesamt zwölf Haushalte zeigte sich weitgehend identisch zu derjenigen in der Gastfeldstraße. Ein Unterschied war ausschließlich in dem Haus mit der höchsten Belegung von vier Wohnparteien auszumachen. Abgesehen von ihren Namen wiesen die drei weiblichen Haushaltsvorstände keinerlei Unterscheidungsmerkmale auf; alle drei Frauen waren verwitwet und übten keine berufliche Tätigkeit aus. Demgegenüber fanden sich unter den neun berufstätigen männlichen Bewohnern drei Arbeiter, zwei Handwerker, zwei Dienstleister und zwei Unternehmer.

Sowohl in der Gastfeld- als auch in der Kornstraße waren somit von Anbeginn Angehörige derjenigen Berufsgruppen vorzufinden, die weder in der Rasing- noch in der Wulfhoopstraße im Jahre 1875 ansässig und im gesamten Untersuchungszeitraum nur als Minderheit anzutreffen waren. So trugen die Unternehmer nur selten zur Abwechslung in der beruflichen Zusammensetzung der beiden Arbeiterstraßen bei, während sie in der Gastfeldstraße gleich im ersten Jahr zu verzeichnen waren und in der Kornstraße gar mit einer Fabrik ihren Einzug hielten. Ähnliche Feststellungen lassen sich für die Gruppe der Dienstleister treffen. Zwar betätigten sich auch einige der Bewohner der beiden Arbeiterstraßen auf dem Dienstleistungssektor, doch blieb ihr Anteil über den gesamten Zeitraum gering. Demgegenüber war sowohl die Gastfeld- als auch die Kornstraße offenbar als bevorzugter Standort für Wirte einzustufen, zumal sich bereits im Jahre 1875 der erste Schenkwirt in der Gastfeldstraße niederließ und in der Kornstraße ein anderer Bewohner diesen Stadtteil mit der Eröffnung einer Bierhalle und Kegelbahn bereicherte.

In den anschließenden Analysen wird zu erörtern sein, wie sich die jeweilige Berufs- und Sozialstruktur der vier Straßen veränderte, ob etwa die berufliche bzw. soziale Zusammensetzung der Bewohner in der Rasing- und Wulfhoopstraße, die schon im ersten Betrachtungsjahr durch nennenswerte Bewohnerzahlen zur Auffälligkeit gelangten, von 1875 bis 1914 weitgehend gleichbleibende Verteilungen aufwiesen und demnach von zeitlichen Veränderungen relativ unberührt blieben.[405]

Die durchgeführte Totalerhebung - das heißt die lückenlose Erfassung sämtlicher Personen, die in den vier Straßen lebten, und deren jeweiliger Berufszugehörigkeit über den gesamten Untersuchungszeitraum von 1875 bis 1914 - bietet die Möglichkeit bzw. Voraussetzung, die Methode einer jeweils für Fünfjahreszyklen vorgenommenen Summenbildung der Sozialgruppenzugehörigkeit der Bewohner anzuwenden, ohne mit statistischen Werten operieren zu müssen, wie dies in Querschnittuntersuchungen ein übliches und unumgängliches Vorgehen darstellt. Der zu methodischen Vergleichszwecken durchgeführte Versuch, zeitliche Veränderungen der Sozialstruktur auf der Basis von sechs ausgewählten Jahren - entsprechend einer Querschnittanalyse - zu ermitteln, hatte zur Folge, daß am Beispiel der Rasingstraße 85 von insgesamt 150 verschiedenen Berufsbezeichnungen "verloren-gingen"; durch die stichprobenartige bzw. punktuelle Betrachtung der Sozialstruktur wäre ein Großteil (56,67 Prozent) der im gesamten Untersuchungszeitraum nachweislich existierenden Berufe nicht erfaßt worden, so daß die Nachteile einer derartigen Methode klar auf der Hand liegen.

Andere Mängel, die auf die Ungenauigkeit der für die Datenerhebung genutzten Quelle zurückzuführen sind, waren auch durch die angewandte Methode der Längsschnittuntersuchung nicht zu vermeiden. So mußte in Kauf genommen werden, daß die Bremer Adreßbücher für den zugrundeliegenden Untersuchungszeitraum zwar Auskunft über die Berufszugehörigkeit der einzelnen Bewohner erteilen, jedoch keine Informationen über eine zwischenzeitliche oder auch länger andauernde Arbeitslosigkeit der Personen liefern. Mitteilungen zur Erwerbslosigkeit finden sich annähernd ausschließlich für die weiblichen Haushaltsvorstände, die - mit Ausnahme der ledigen Frauen - ohnehin über den Ehemann definiert wurden, da das Adreßbuch sowohl bei Ehefrauen als auch bei Witwen den bzw. die Vornamen des Ehemannes in seinem Verzeichnis aufnahm. Ob die fehlenden Informationen zur Arbeitslosigkeit nun denjenigen Personen, denen die Zuständigkeit für die Eintragungen im Adreßbuch zukam, zuzuschreiben waren oder etwa auf die beschönigenden Eigenangaben der jeweiligen von Arbeitslosigkeit betroffenen Bewohner zurückgingen, bleibt Gegenstand von Spekulationen und erweist sich insofern als unerheblich, als diese Lücken in den Personendaten heute nicht mehr zu schließen sind und auch anhand anderer zur Verfügung stehender Quellen kein Nachweis für die tatsächliche Berufstätigkeit der verschiedenen Bewohner erbracht werden kann. So sind ebenfalls gelegentlich Abweichungen in den Angaben zur Berufszugehörigkeit, beispielsweise zwischen den Eintragungen in den Trauregistern[406] und den Bremer Adreßbüchern, festzustellen.

Die Betrachtung der sozialen Zusammensetzung in der Rasingstraße (vgl. Abbildung 4) läßt deutlich erkennen, daß über den gesamten Untersuchungszeitraum die Mehrzahl der Bewohner als Arbeiter bzw. Arbeiterin tätig war. Galt diese Berufsgruppe auch als unangefochtener "Spitzenreiter", so konkurrierten in den ersten zehn Jahren die Handwerker mit den Bewohnern, die keinen Beruf ausübten, um den zweiten Platz im Sozialgefüge dieser Straße, bis der Anteil der erwerbslosen Bewohner durch einen erheblichen Anstieg bis zum Jahre 1894 den Sieg um die zweite Position davontrug und die Gruppe der Handwerker fortan auf den dritten Rang verwies. Mit Ausnahme der Händler, deren Berufszweig seit 1894 einen sichtbaren Zuwachs unter den Berufstätigen der Rasingstraße verzeichnen konnte, fanden alle anderen Berufsgruppen so geringen Zulauf, daß sie unter den dominanten Sozialgruppen kaum auszumachen waren und somit keine tragende Rolle in der Sozialstruktur der Rasingstraße spielten. Ähnliche Strukturmerkmale lassen sich in der Wulfhoopstraße verorten (vgl. Abbildung 5).

Auch hier fand über die gesamten 40 Jahre kein anderes berufliches Betätigungsfeld so weite Verbreitung unter den Bewohnern wie die Berufsgruppe der Arbeiter und Arbeiterinnen. Selbst der Wettstreit um die zweitstärkste Position im Sozialgefüge glich dem der Rasingstraße, wenngleich sich die Ausgangssituation in der Wulfhoopstraße dahingehend präsentierte, daß die Gruppe der Handwerksgesellen zunächst deutlich stärker vertreten war als die erwerbslosen Bewohner. Diese Gewichtung erfuhr zu Beginn der 1880er Jahre eine klare Umkehr, als der Anteil der Handwerker sich auffällig verringerte und die Gruppe der Berufslosen zur gleichen Zeit einen bis zur Jahrhundertwende anhaltenden, steten

Anstieg für sich verbuchen konnte. Wie schon in der Rasingstraße zu beobachten war, so fand sich auch in der Wulfhoopstraße keine andere berufliche Gruppierung, die eine so große Anhäufung von Bewohnern auf sich vereinigte, daß sie

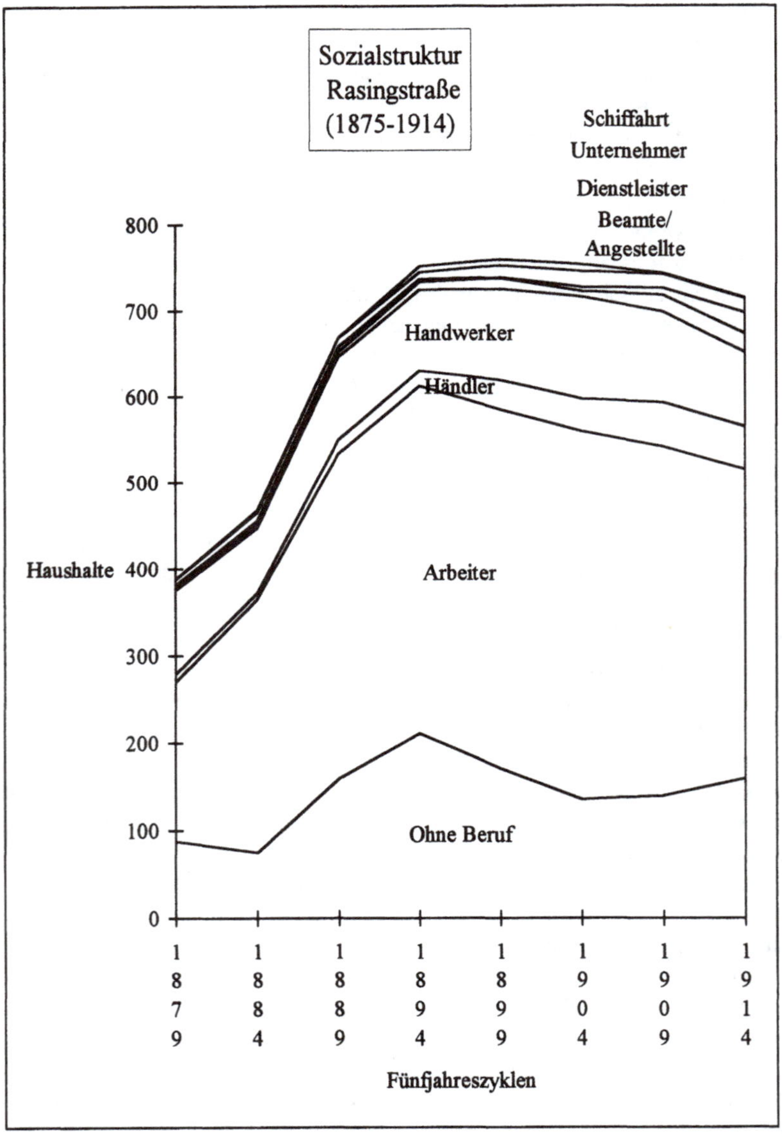

Abbildung 4: Sozialstruktur Rasingstraße (1875-1914)

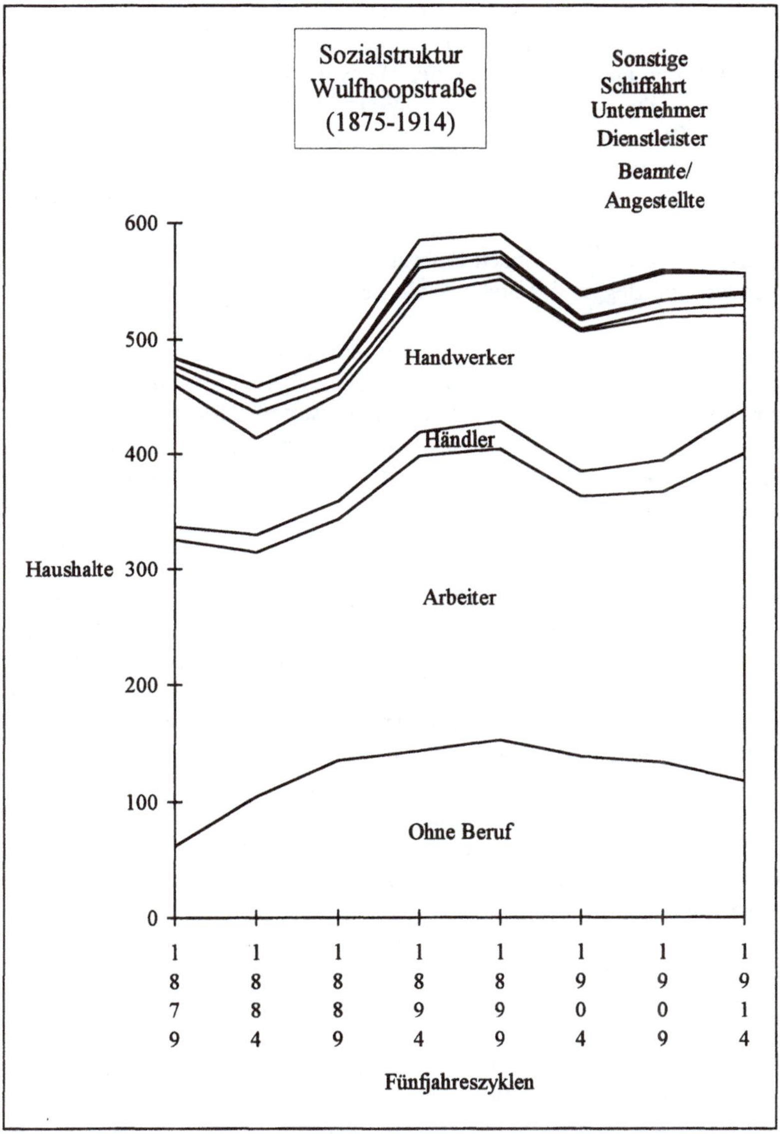

Abbildung 5: Sozialstruktur Wulfhoopstraße (1875-1914)

sich an den drei erstgenannten Sozialgruppen messen konnte. Stellten die hohen Anteile der Arbeiter, Erwerbslosen und Handwerker somit sämtliche verbleibenden Berufsgruppen in den Schatten, so setzten sich sowohl die Händler als auch die in der Schiffahrt tätigen Bewohner von den stark unterrepräsentierten Kategorien der Beamten und Angestellten, der Dienstleister, der Unternehmer sowie der "Sonstigen" in der Wulfhoopstraße ab. Während die Händler in dieser Straße von 1875 bis 1914 einen kontinuierlichen Zuwachs für ihren Berufszweig verzeichnen konnten und ab 1887 beständig als viertgrößte Gruppe unter den Bewohnern rangierten, zeichneten sich in dem Anteil der in der Schiffahrt Beschäftigten stärkere Schwankungen ab, die durch zwei zeitliche, mit einem Rückgang ihrer Mitgliederzahl einhergehenden Einbrüche - zum einen zur Jahrhundertwende, zum anderen zu Beginn des Ersten Weltkriegs - gekennzeichnet waren.

Die Rasing- und die Wulfhoopstraße glichen einander folglich nicht nur in der sozialen Zusammensetzung ihrer Bewohner, deren hervorstechendste Strukturmerkmale in der Dominanz von Arbeitern, erwerbslosen Bewohnern und Handwerkern bestanden, sondern auch in dem Verlauf ihres kaum als gravierend zu bezeichnenden Strukturwandels innerhalb des 40jährigen Untersuchungszeitraumes.

Sowohl die Gastfeld- als auch die Kornstraße unterschieden sich insofern von den beiden Arbeiterstraßen, als hier von 1875 bis 1914 keine nahezu gleichbleibenden Bewohnerzahlen vorzufinden waren (vgl. Abbildung 6), sondern sich vielmehr ein bis zu den ersten Jahren des 20. Jahrhunderts andauernder, weitgehend kontinuierlicher Anstieg in der jährlichen Anzahl der Haushalte vollzog, der in der Kornstraße im Jahre 1904 und in der Gastfeldstraße zwei Jahre später durch eine sprunghafte Zunahme der Bewohner abgelöst wurde.

Die Gastfeldstraße (vgl. Abbildung 7) änderte ihren dominanten Charakter von einer Arbeiter- zu einer Handwerkerstraße. Zählte die Mehrzahl der Bewohner in den ersten drei Dekaden des Untersuchungszeitraumes zur Berufsgruppe der Arbeiter, so wandelte sich im Jahre 1906 die soziale Zusammensetzung dahingehend, daß bis zum Jahre 1914 nunmehr die handwerklichen Berufe unter den Bewohnern dieser Straße überwogen. Stellten die Handwerker in den ersten acht Jahren bereits die zweitgrößte Berufsgruppe, so wurden sie zwischenzeitlich von 1882 bis 1886 von der Gruppe der erwerbslosen Bewohner überrundet. Diese Konstellation erfuhr jedoch durch den starken Zulauf, den die Gruppe der Handwerker zu verzeichnen hatte, ab 1887 eine erneute Wende, so daß die erwerbslosen Bewohner fortan bis zum Jahre 1914 als drittgrößte Gruppe im Sozialgefüge der Gastfeldstraße fungierte, während die Handwerker über den relativ langen Zeitraum von 1887 bis 1905 den zweiten Rang beibehielten und in den letzten neun Jahren gar an erster Stelle plaziert blieben. Obgleich diese drei Gruppen der Arbeiter, Handwerker und erwerbslosen Personen zweifellos das Gros der Bewohner der Gastfeldstraße ausmachte, so verdrängten sie - im Gegensatz zur Rasing- und Wulfhoopstraße - andere Berufsgruppen doch nicht völlig. Die Kategorien der in der Schiffahrt Beschäftigten und der "Sonstigen" bewegten sich hinsichtlich ihrer Verbreitung annähernd über den gesamten Zeitraum im unteren Bereich der sozialen Skala der Gastfeldstraße, aber auch die Unternehmer waren nur vereinzelt und erst in den letzten fünf Jahren in einer minimalen Anhäufung

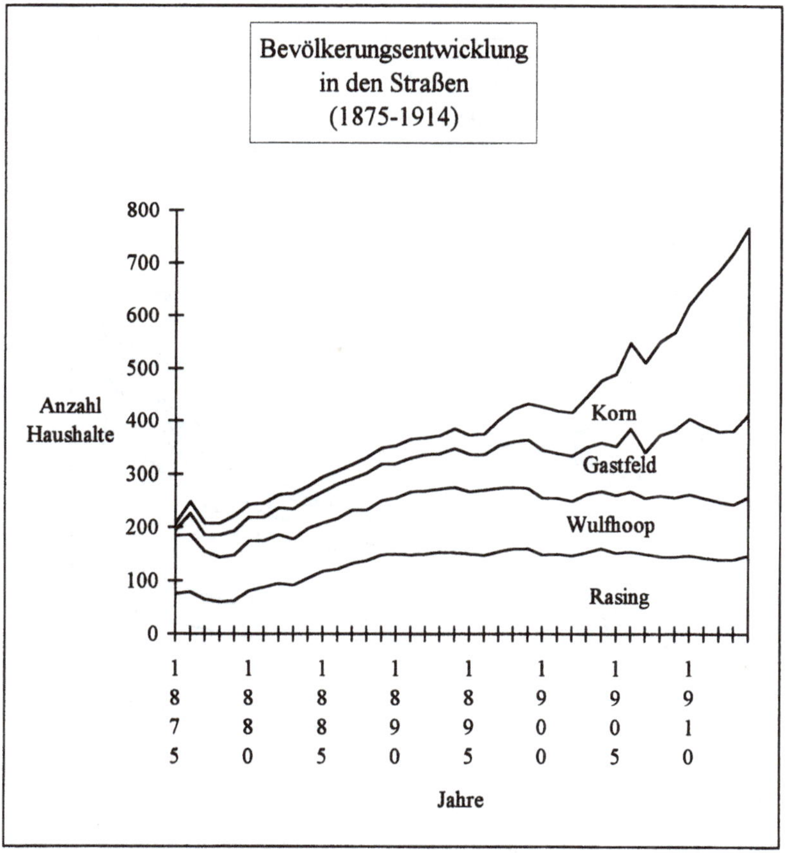

Abbildung 6: Bevölkerungsentwicklung in den Straßen (1875-1914)

unter den Bewohnern dieser Straße anzutreffen. Demgegenüber galten die drei Gruppierungen der Händler, der Beamten und Angestellten sowie der Dienstleister in der Gastfeldstraße durchaus als begehrte berufliche Betätigungsfelder. Alle drei Berufsgruppen waren in den ersten fünf Jahren bis 1879 in übereinstimmend geringer Anzahl anzutreffen und konnten über den gesamten 40jährigen Zeitraum einen weitgehend gleichbleibenden Zuwachs für sich verzeichnen. Gegen Ende der 1880er Jahre setzten sich die Händler jedoch von den anderen beiden Berufsgruppen ab und bildeten künftig stets die viertgrößte berufliche Kategorie in dieser Straße, wenngleich in den Jahren 1894, 1904 und 1914 ein Gleichstand mit der Anzahl der Beamten und Angestellten erreicht wurde. Lediglich die Dienstleister durchbrachen das Verlaufsmuster des für die Händler und Beamten und

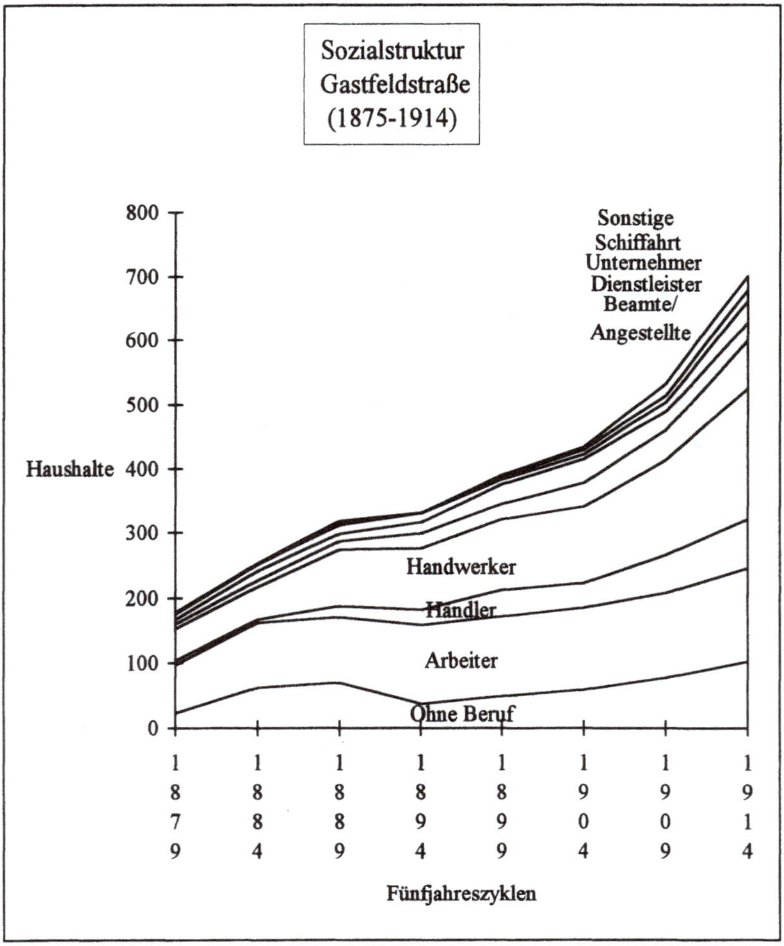

Abbildung 7: Sozialstruktur Gastfeldstraße (1875-1914)

Angestellten zutreffenden kontinuierlichen Anstiegs ihrer Berufsgruppenmitglieder, da ihr Anteil seit dem Jahre 1904, das zugleich das Jahr kennzeichnete, in dem die Dienstleister ihre weiteste Verbreitung fanden und eine identische Anzahl aufweisen konnten wie die Händler und Beamten und Angestellten, auffällig zurückging. Obwohl die Anzahl der Beamten und Angestellten im gesamten Zeitraum gleichförmig zunahm, wurde sie doch vorübergehend, zum einen Mitte der 1880er Jahre, zum anderen um die Jahrhundertwende, von der Gruppe der Dienstleister überflügelt.

Wenngleich die oben skizzierte Entwicklung der Sozialstruktur in der Gastfeldstraße den tatsächlichen Verlauf nachzeichnet, der sich auf die ermittelten absoluten Werte der einzelnen Sozialgruppen für den 40jährigen Zeitraum stützt, so gilt es doch - wie oben bereits kurz angerissen -, diese Strukturen vor dem Hintergrund der enorm starken Bevölkerungszunahme zu überprüfen bzw. dahingehend erneut aufzugreifen, daß in dieser Straße ein eklatanter Unterschied zwischen der anfänglich niedrigen Anzahl an Haushalten im Jahre 1875 (11) und dem im Jahre 1914 beachtlich hohen Wert (152) in Rechnung zu stellen bleibt. Um diesen auffälligen Abweichungen in der Gesamtanzahl der Haushaltungen gerecht zu werden, erschien es unerläßlich, die Absolutzahlen insofern zu relativieren, als eine beispielsweise in der Wulfhoopstraße real existierende Gleichförmigkeit in der Höhe der Belegung für die Gastfeldstraße dahingehend simuliert wurde, daß auf Grundlage einer Faktorberechnung, die den für die letzten fünf Jahre ermittelten Höchstwert auf 100 Prozent setzt, die vorherigen Fünfjahreszyklen entsprechend angeglichen wurden.

Auf Basis dieser mit der Simulation geschaffenen Angleichung an die Bevölkerungszunahme präsentiert sich die Entwicklung der Sozialstruktur in der Gastfeldstraße in einem geringfügig von der Absolutdarstellung abweichenden Verlauf.

Zwar rangiert die Berufsgruppe der Arbeiter auch hier noch von 1875 bis 1914 an erster Stelle unter den Bewohnern, doch zeigt der Verlauf keine Aufwärtsentwicklung mehr, sondern läßt eine abnehmende Tendenz erkennen, die lediglich in den Jahren von 1889 bis 1894 durch einen Anstieg unterbrochen wurde. Die angewandte Methode zeitigte jedoch keineswegs bei allen anderen Gruppierungen derartig tiefgreifende Auswirkungen im zeitlichen Verlauf. Blieben die für die absoluten Werte oben beschriebenen Gewichtungen der drei dominierenden Gruppen der Arbeiter, Handwerker und erwerbslosen Bewohner von dieser Relativierung weitgehend unberührt, so war die Zunahme der Handwerker von 1909 bis 1914 keinesfalls so stark ausgeprägt, wie die Absolutdarstellung dies suggeriert. Ebenso war die Gruppe der erwerbslosen Bewohner im Zeitraum von 1884 bis 1889 nicht durch einen Aufwärtstrend, sondern durch ein relatives Absinken gekennzeichnet, das sich bis 1894 fortsetzte. Für die Gruppen derHändler und der in der Schiffahrt tätigen Bewohner lassen sich ebensowenig Unterschiede im Entwicklungsverlauf konstatieren wie für die Gruppen der Unternehmer und der

Beamten und Angestellten. Demgegenüber verlief einerseits der Abstieg der Dienstleister von 1904 bis 1914, andererseits die Zunahme der "Sonstigen" im gleichen Zeitraum signifikanter als dies an den absoluten Werten abzulesen war. Trotz des von 1875 bis 1914 starken Bevölkerungszuwachses in der Gastfeldstraße blieb die soziale Zusammensetzung bzw. die Gewichtung der einzelnen Sozialgruppen somit proportional weitgehend identisch.

Für die Untersuchung der sozialstrukturellen Entwicklung in der Kornstraße erweist sich die bereits für die Gastfeldstraße durchgeführte vergleichende Analyse ebenfalls als sinnvoll, da in der Kornstraße die Bevölkerungszunahme im 40jährigen Untersuchungszeitraum besonders stark ausgeprägt war und die anfängliche Anzahl der Haushalte im Jahre 1875 (12) gegenüber der im Jahre 1914 erreichten Höchstanzahl an Haushaltungen (347) noch weiter auseinanderklaffte als in der Gastfeldstraße.

Obwohl die Kornstraße über den gesamten Zeitraum einen kontinuierlichen Zuwachs ihrer Bewohner zu verzeichnen hatte, belief sich die Gesamtanzahl der Haushaltsvorstände bis zum Jahre 1903 stets auf weniger als hundert Personen. Diese Summe wurde erstmals im Folgejahr 1904 übertroffen, bis die Kornstraße im letzten Jahr des Betrachtungszeitraumes die beachtliche Anzahl von 347 Haushalten aufwies. Diese Entwicklung der bis zum Jahre 1903 permanent relativ geringen, erst in der letzten Dekade sprunghaft ansteigenden Bewohnerzahl findet auch in der Darstellung der sozialen Zusammensetzung ihren Niederschlag (vgl. Abbildung 8).

Bis zum Jahre 1889 setzten sich in der Kornstraße lediglich die zwei unter den Bewohnern stark verbreiteten Berufsgruppen der Handwerker und Arbeiter vom Gros aller anderen, keine nennenswerte Anzahl für sich verbuchenden beruflichen Gruppierungen ab. Handwerker und Arbeiter hielten sich in diesen ersten 15 Jahren anteilig die Waage. Vermehrte sich der Anteil der Bewohner, die als Arbeiter ihren Lebensunterhalt zu sichern suchten, von 1889 bis 1904 und ließ sie für diese Zeitspanne als dominierende Berufsgruppe hervortreten, so erweckt die bis 1899 gleichbleibende Anzahl der Handwerker in dieser Straße den Eindruck, als würden Veränderungen jeglicher Art an dieser Erwerbsgruppe spurlos vorbeiziehen. Diese lang andauernde, durch Stagnation gekennzeichnete Periode erfuhr einen grundlegenden Wandel, als diese handwerklichen Berufe seit der Jahrhundertwende vermehrten Zulauf unter den Bewohnern der Kornstraße fanden. Bereits im Jahre 1904 hatten die Handwerker abermals einen Gleichstand mit der Gruppe der Arbeiter erlangt und ragten fortan - entsprechend der gewaltigen Bevölkerungszunahme - bis zum Jahre 1914 mit weitem Abstand als gewichtigste Gruppe in der Kornstraße hervor. Trotz fortgesetzt ansteigender Mitgliederzahlen bis zum Jahre 1914 erwies sich diese zweite Position im Sozialgefüge der Kornstraße für die Berufsgruppe der Arbeiter keinesfalls als dauerhaft, da sie im Jahre 1912 von der Gruppe der Beamten und Angestellten auf den dritten Platz verwiesen wurde.

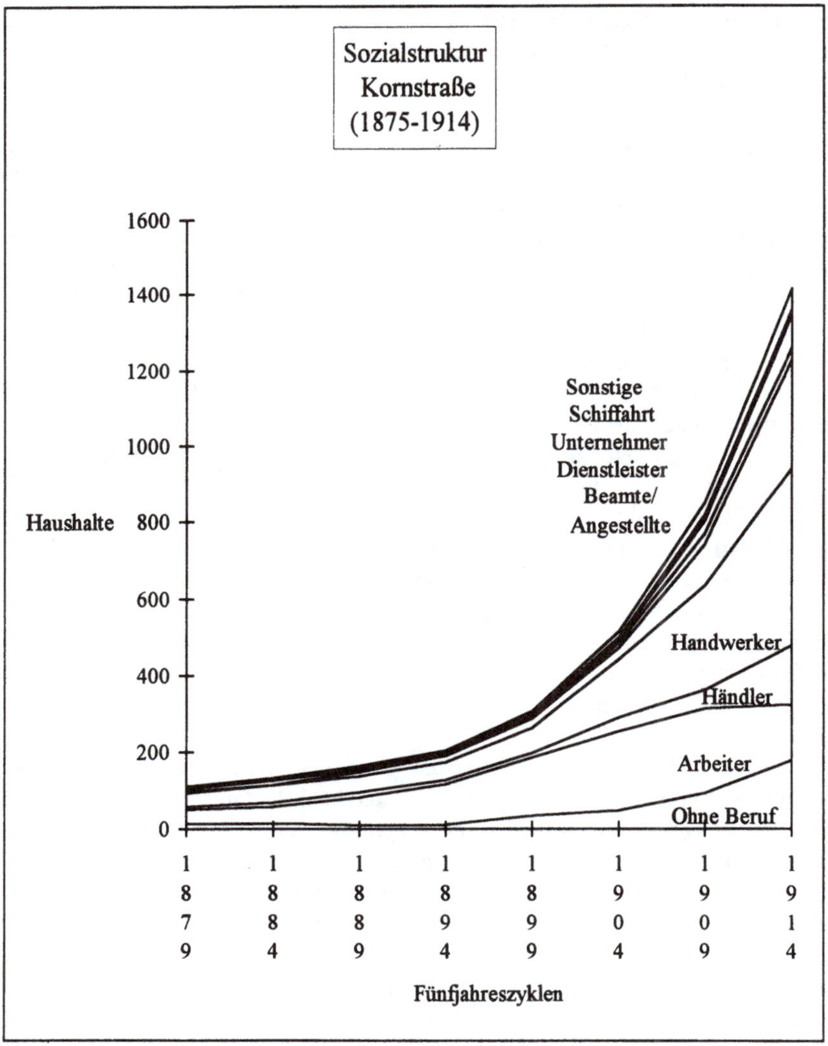

Abbildung 8: Sozialstruktur Kornstraße (1875-1914)

Welche Entwicklung zeichnete sich demgegenüber bei den sieben verbleibenden Sozialgruppen im gleichen Zeitraum in der Kornstraße ab? Diejenigen Bewohner, die ihren Beruf in der Schiffahrt ausübten, waren über den gesamten 40jährigen Zeitraum überaus gering in der Kornstraße vertreten. Doch auch die Dienstleister, Unternehmer und die "Sonstigen" zählten zu den stark unterrepräsentierten Berufsgruppen, wenngleich sie zwischen 1899 und 1909 einen leichten Zuwachs verzeichnen konnten, der sich bei den beiden letztgenannten Gruppen - im Gegensatz zu den Dienstleistern - bis 1914 noch verstärkte. Wie schon für die dominanten Berufsgruppen zu konstatieren war, so schlug sich auch bei den Händlern, erwerbslosen Personen und insbesondere bei der Gruppe der Beamten und Angestellten das Hochschnellen der Einwohnerzahlen ab 1904 in einem deutlichen Anstieg der jeweiligen Berufsgruppenmitglieder nieder. Dieser Zuwachs war für die Erwerbslosen bereits mit dem Jahr 1894 zu datieren, während diese Tendenz bei den Händlern fünf Jahre später und bei den Beamten und Angestellten erst ab 1904 einsetzte. Alle drei Gruppen hatten jedoch in erster Linie im letzten Fünfjahreszyklus an den rapide ansteigenden Bevölkerungszahlen in der Kornstraße Anteil. Der Zeitraum von 1894 bis 1909 war überdies im Rahmen der "Konkurrenzkämpfe" um den dritten Rang im sozialen Gefüge dieser Straße durch mehrmalige Überschneidungen in den jeweiligen Höchstanteilen dieser drei Gruppierungen geprägt. Im Jahre 1895 nahm die Gruppe der erwerbslosen Bewohner diese Position immerhin für eine Zeitspanne von zwölf Jahren ein. In diesem Zeitraum galten die Beamten und Angestellten als viertgrößte Gruppe. Diese Funktion übernahm die Gruppe der Händler lediglich für das Jahr 1903, während die Beamten und Angestellten ab 1904 so weite Verbreitung fanden, daß sie zunächst im Jahre 1907 die Erwerbslosen und im Jahre 1912 auch die Arbeiter überrundeten. So verblieben die Händler für die letzten zehn und die erwerbslosen Bewohner für die verbleibenden sieben Jahre als fünft- bzw. viertgrößte Gruppe in der Kornstraße.

Die für die Kornstraße entsprechend der Gastfeldstraße angewandte Faktorberechnung weist für das Jahr 1914, das durch die höchste Anzahl an Haushalten in dieser Straße gekennzeichnet war, eine identische Rangfolge in der Verbreitung der neun unterschiedlichen Sozialgruppen aus wie die Absolutdarstellung. Signifikante Unterschiede im Entwicklungsverlauf lassen sich wiederum vorrangig bei den anteilig stark vertretenen Gruppen ablesen. So erweist sich der vermeintlich extreme Zuwachs der Handwerker eher als ein gleichbleibender, wohingegen sich der Anteil der Arbeiter etwa ab 1906 durch einen Rückgang auszeichnete. Alle anderen Gruppen blieben in ihrem jeweiligen Verlauf von der durch die Faktoranalyse herbeigeführten Anpassung an die Bevölkerungszunahme weitgehend unbeeinflußt.

Sowohl in der Gastfeld- als auch in der Kornstraße zeitigten die vierzig Jahre gravierendere Veränderungen in der sozialen Zusammensetzung ihrer Bewohner als in den beiden Arbeiterstraßen. Blieben die vorherrschenden Gruppen der Arbeiter, erwerbslosen Bewohner und Handwerker in der Rasing- und in der Wulfhoopstraße über den gesamten Zeitraum von 1875 bis 1914 zwar nicht gänzlich von zeitlichen Veränderungen unberührt, so erfuhren sie doch weder einen grundlegenden Wandel noch waren derart auffällige Verschiebungen der einzelnen Sozialgruppen zu beobachten wie in der Gastfeld- und Kornstraße.

Die Entwicklung der einzelnen Sozialgruppen im Straßenvergleich

Gibt die für den vierzigjährigen Zeitraum nachgezeichnete Entwicklung der Sozialstruktur Aufschluß über den straßenintern erreichten quantitativen Stellenwert der einzelnen Sozialgruppen und die sich herausbildenden Charaktere der einzelnen Straßenzüge, so kreist die anknüpfende Analyse um die Frage, wie sich die skizzierten Verläufe dieser sozialen Gruppierungen im Straßenvergleich konkret zueinander verhielten.

Eine bis 1894 überaus geringe Verbreitung erwerbsloser Bewohner korrespondierte in der Kornstraße mit den bis zur Jahrhundertwende anhaltend niedrigen Einwohnerzahlen dieser staatlichen Hauptstraße. Trotz einer mit dem Ausbau dieses Straßenzuges einsetzenden, kontinuierlichen Zunahme wartete die Kornstraße bis zum Jahre 1906 stets mit der im Straßenvergleich geringsten Anzahl erwerbsloser Bewohner auf. Einhergehend mit dem starken Bevölkerungszuwachs mehrte sich jedoch auch hier derjenige Bewohnerkreis, der offiziellen Angaben zufolge keinen Beruf ausübte und deren im Jahre 1914 mit 178 Haushaltsvorständen außerordentlich hohe Anzahl die aller anderen Straßen nunmehr überragte.

Die Gastfeldstraße hatte demgegenüber einen bemerkenswerten Zulauf der anfänglich kleinen Gruppe erwerbsloser Bewohner (23) zu verzeichnen, deren Mitgliederzahlen nach fünfzehn Jahren immerhin auf 70 Personen angestiegen waren, sich ab 1990 indes etwa um die Hälfte verringerten. Wie in der Kornstraße so sorgte auch die nahezu zeitgleich erfolgte Erweiterung des Wohnhausbestandes für einen abermaligen, bis 1914 beständigen Zustrom erwerbsloser Haushaltsvorstände, doch blieb deren sich auf 103 Personen erhöhte Bewohnerzahl in den letzten fünf Jahren weit hinter den in der Korn-, Rasing- und auch Wulfhoopstraße sehr viel zahlreicher anzutreffenden Erwerbslosen zurück.

Abweichende Tendenzen waren in der Wulfhoopstraße zu verorten. Ausgehend von einer ursprünglich 62 Personen umfassenden Einwohnergruppe hatte sich die Zahl erwerbsloser Bewohner in dieser Arbeiterstraße bis zum Ende des 19. Jahrhunderts unablässig erhöht und war im Jahre 1899 auf die beachtliche Anzahl von 152 Personen angewachsen. Obgleich diese Sozialgruppe um die Mitte der 1880er Jahre in der Wulfhoopstraße am zahlreichsten anzutreffen war und fortan, bis zum Jahre 1910, den zweitstärksten Verbreitungsgrad erzielte, vollzog sich mit dem Übergang ins 20. Jahrhundert eine rückläufige Entwicklung. Die im Zeitraum von 1910 bis 1914 auf 117 Personen geschrumpfte Bewohnergruppe der Haushaltsvorstände ohne Beruf rangierte in diesen letzten Jahren im Straßenvergleich vor der Gastfeldstraße an vorletzter Stelle.

Die stärksten Abweichungen im Entwicklungsverlauf der sich durch Erwerbslosigkeit auszeichnenden Sozialgruppe wies zweifelsohne die Rasingstraße auf. Heftige Schwankungen im straßeninternen Aufkommen erwerbsloser Wohnparteien waren einzig in diesem proletarischen Straßenzug zu verorten. Diese hier zunächst mitgliederstärkste Gruppe (88 Personen) war von 1880 bis 1884 - entgegen dem in allen anderen Straßen relativ gleichförmigen, durch einen starken Zuwachs gekennzeichneten Entwicklungsgang - deutlich im Schwund begriffen. Diese zwischenzeitliche "Talfahrt" wurde Mitte der 1880er Jahre von einem jähen Hochschnellen der zehn Jahre später ihre maximale Anzahl von 211 Personen erreichten Bewohnerzahl abgelöst, bevor sich erwerbslose Haushaltsverbände bis zum Jahre 1905 in der Rasingstraße erneut rarer machten und einen Gleichstand mit der Wulfhoopstraße hielten. Die dennoch von 1887 bis 1904 im Vergleich aller vier Straßen gewahrte Spitzenposition der die meisten Erwerbslosen beherbergenden Wohnstraße nahm die Rasingstraße abermals in der Zeitspanne von 1907 bis 1912 ein. Die ab 1905 neuerlich stattgefundene Zunahme der sich keinerlei beruflicher Betätigung zuwendenden Bewohner ließ die Zahl der Erwerbslosen bis 1914 auf 160 Haushaltsvorstände ansteigen, so daß die Rasingstraße in den letzten beiden Betrachtungsjahren lediglich von den in der Kornstraße lebenden Einwohnern ohne Beruf übertroffen wurde.

Ein Vergleich der vier Straßen läßt zwar zeitweilig ähnliche Entwicklungsverläufe für die Sozialgruppe der Erwerbslosen erkennen, doch ebenso waren gegenläufige Tendenzen im vierzigjährigen Untersuchungszeitraum auszumachen, wie etwa der starke Zugewinn in den Jahren 1890 bis 1894 in der Rasingstraße und der gleichzeitig erfolgte Rückgang in der Gastfeldstraße. Selbst die beiden unverkennbar sozialstrukturell verwandten Straßenpaare durchliefen zwischenzeitlich konträre Entwicklungsphasen. Trotz aller Divergenzen machte sich Erwerbslosigkeit zwischen 1875 und 1914 doch primär in den beiden Arbeiterwohnstraßen breit, die zwar keine gleichbleibend hohe, wohl aber bis 1910 eine stets stattlichere Zahl erwerbsloser Wohnverbände in den Reihen ihrer Wohnbevölkerung besaßen als die Gastfeld- und Kornstraße. Mußte Erwerbslosigkeit auch nicht immer gleichbedeutend mit Mittellosigkeit sein, so waren doch viele der sich annähernd ausschließlich aus Witwen und Ehefrauen zusammensetzenden Personen ohne Beruf vornehmlich in der Rasing- und Wulfhoopstraße harten Daseinsbedingungen ausgesetzt. Da räumliche Mobilität, wie weiter unten eingehend darzulegen sein wird,[407] nicht selten das Leben oder doch zumindest einen begrenzten Lebensabschnitt dieser erwerbslosen Frauen maßgeblich prägte, kann aus der ab

1910 zu konstatierenden starken Präsenz erwerbsloser Bewohner in der Kornstraße durchaus nicht zwangsläufig auf eine längerfristige Ansässigkeit geschlossen werden; denn oft beschränkte sich der Aufenthalt einkommensschwacher Bevölkerungsteile in den vergleichsweise besser ausgestatteten Wohnstraßen auf eine extrem kurze Zeitspanne, innerhalb derer diese Bewohner allenfalls das Trockenwohnen der Neubauten absolvierten.

Welche Entwicklung zeichnete sich bei der Gruppe der Arbeiter ab? Die in der Kornstraße ansässigen Arbeiter, deren Anzahl sich vom ersten (36) bis zum dritten Fünfjahreszyklus (46) nur sehr geringfügig erhöhte, fanden im Zeitraum von 1890 bis 1914 zwar verstärkten Zulauf, verharrten jedoch, gemessen an allen anderen Straßen, bis zur Jahrhundertwende als zahlenschwächste Gruppe auf dem untersten Rang. Die zunehmende Ansiedlung von Arbeitern in der Kornstraße führte zu Beginn des 20. Jahrhunderts zu einem Positionswechsel mit der Gastfeldstraße, in der Arbeiter bis zu diesem Zeitpunkt ähnlich unterrepräsentiert blieben und stets die vorletzte Stelle in diesem Straßenquartett einnahmen. Kam die Berufsgruppe der Arbeiter in den letzten fünf Jahren in der staatlichen Kornstraße auf 220 Personen, so lebten in der Gastfeldstraße lediglich 144 proletarische Haushaltsverbände. Ohnehin verlief die Entwicklung dieser Berufsgruppe in der Gastfeldstraße relativ geradlinig. Die anfänglich kleine Gruppe der ihren Lebensunterhalt als Arbeiter bestreitenden Bewohner (74 Personen) hatte sich in diesem Straßenzug sehr gleichförmig gesteigert und bis zum Jahre 1914 immerhin verdoppelt.hin

Einen wellenförmigen Verlauf nahm die binnen vierzig Jahren zu registrierende Entwicklung der Arbeiter demgegenüber in der Wulfhoopstraße. Mit 263 Personen standen die Arbeiter der Wulfhoopstraße bis 1879 als umfangreichste Gruppe den drei anderen Straßen zunächst weit voran. Diese Vorreiterposition hatten sie jedoch nur bis zum Jahre 1882 inne. Zu diesem Zeitpunkt übernahm die überaus mitgliederstarke Arbeitergruppe der Rasingstraße diese exponierte Stellung. Nach dem erfolgten Rollentausch blieben die Arbeiter der Rasingstraße bis zum Jahre 1914 konkurrenzlos an erster und die Arbeiter der Wulfhoopstraße an zweiter Stelle plaziert. Der eklatanteste Unterschied in der Entwicklung dieser Berufsgruppe vollzog sich in der Wulfhoopstraße mit einem über zehn Jahre andauernden Rückgang der dort lebenden Arbeiter in der Zeit von 1880 bis 1889. Gegenüber der anfänglich so zahlenstarken Gruppe von 263 Personen hatten sich die Reihen der Arbeiter in der Wulfhoopstraße in den Jahren von 1885 bis 1889 mit nur noch 207 Mitgliedern erheblich gelichtet. Die Verringerung proletarischer Haushaltsvorstände um mehr als ein Fünftel blieb jedoch nicht dauerhaft. Fünf Jahre später hatte die 255 Personen zählende Arbeiterbevölkerung der Wulfhoopstraße fast wieder den Stand des ersten Fünfjahreszeitraumes erreicht. Diesem Aufschwung folgte von 1895 bis 1904 ein wiederholter Rückgang, der die Gruppenzahl auf 233 Personen absinken ließ. Erst in den Jahren 1910 bis 1914 erlangten die in dieser Straße ansässigen Arbeiter ihren Höchststand mit nunmehr 283 Berufsgruppenmitgliedern.

Derartige Schwankungen wie in der Wulfhoopstraße waren bei den Arbeitern der Rasingstraße nicht zu beobachten. Während die Arbeiter der Wulfhoopstraße wiederkehrende Einbußen in ihrer Gesamtzahl zu verzeichnen hatten, war der Entwicklungsgang dieser Berufsgruppe in der Rasingstraße vielmehr durch eine von 1875 bis 1904 andauernde, beständige Aufwärtstendenz geprägt. Lebten von 1875 bis 1879 bereits 182 proletarische Wohnverbände in der Rasingstraße, so hatte sich die Arbeiterbevölkerung dieser Straße 30 Jahre später auf 424 Personen erhöht. Diese beträchtliche Zunahme um 242 Personen wurde in den Jahren von 1905 bis 1914 von einem Rückgang abgelöst. Im Zeitraum von 1910 bis 1914 bewohnten nur noch 355 Arbeiter die Rasingstraße und erlangten damit eine Anzahl, die sie bereits in den Jahren von 1885 bis 1889 überschritten hatten. Allen vier Straßen kann mithin ein relativ konstanter, gleichsam "ruhiger" Verlauf in der straßeninternen Entwicklung der sich als Arbeiter betätigenden Wohnbevölkerung bescheinigt werden.

In der vierzigjährigen Zeitspanne waren zwar sowohl Zu- als auch Abnahmen in den Reihen der Arbeiterbevölkerung der einzelnen Straßen festzustellen, die sich jedoch keineswegs so drastisch ausnahmen wie beispielsweise die signifikanten Einbrüche bei den Gruppen der erwerbslosen Bewohner. Ebenso weisen die Entwicklungstendenzen der Arbeiter stärkere Übereinstimmungen zwischen den vier Straßen über länger andauernde Zeitspannen auf als die Bewohner ohne Beruf. Dennoch kann für die Gruppe der Arbeiter keine weitreichende Kongruenz im Entwicklungsgang der zwei Straßenpaare konstatiert werden. Während die Arbeiterbevölkerung der Gastfeldstraße nicht mit der enormen Zunahme dieser Gruppe in der Kornstraße Schritt hielt, kann die Ge-samtentwicklung in den beiden Arbeiterstraßen - mit Ausnahme der sich gleichzeitig vollziehenden Zunahme in den Jahren von 1890 bis 1894 - nur als diametral entgegengesetzt bezeichnet werden.

Die dritte, in allen vier Straßen anteilig stark repräsentierte Berufsgruppe der Handwerker entwirft in ihrer 40jährigen Entwicklung wiederum ein eigenständiges Bild. Weitreichende Übereinstimmungen mit der oben skizzierten Entwicklung der sozialen Gruppierungen der Erwerbslosen und der Arbeiter waren für die sich in der Kornstraße niedergelassenen Handwerker zu konstatieren. Eine sich bis zum Jahre 1899 lediglich von 35 auf 64 Personen erhöhte Bewohnerzahl der im Handwerk agierenden Haushaltsvorstände wies die Kornstraße bis 1902 mit dem im Straßenvergleich niedrigsten Handwerkeranteil aus. Seit der Jahrhundertwende jedoch erfuhr das Handwerk in dieser Straße einen kräftigen Aufschwung. Übten von 1900 bis 1904 bereits 152 Wohnverbände ein Handwerk aus, so war diese Erwerbsgruppe in den folgenden fünf Jahren auf 273 Personen angewachsen und erreichte in den Jahren von 1910 bis 1914 mit der stattlichen Anzahl von 463 Handwerkern in dieser Straße ihren Höhepunkt. Da weder in der Rasing- und Wulfhoopstraße noch in der Gastfeldstraße eine derart große Anhäufung dieser Berufsgruppenmitglieder unter deren Einwohnern anzutreffen war, setzten sich die Handwerker der Kornstraße vom Beginn des 20. Jahrhunderts bis zum Jahre 1914 weit von den anderen Straßen ab.

In den ersten Jahren des Untersuchungszeitraumes lag die Anzahl der Handwerker in der Gastfeldstraße nur minimal über derjenigen der Kornstraße. Mit anfänglich 49 Personen hatten sich die Handwerker dieser Straße erst zwischen 1895 und 1899 verdoppelt. Nahm die Zahl dieser Gruppe auch beständig zu, so erfolgte eine bevorzugte Ansiedlung von Handwerkern in der Gastfeldstraße doch erst ab 1905. Die letzten zehn Jahre bis 1914 duplizierten die Anzahl der Handwerker dieser Straße, die nunmehr mit 205 Personen zu beziffern war, abermals, so daß sie im Straßenvergleich in diesem Zeitraum die zweitgrößte Gruppe hinter der Kornstraße bildeten.

Im Vergleich zur Korn- und Gastfeldstraße verlief die Entwicklung der Handwerker in den beiden Arbeiterstraßen zeitweilig - insbesondere in den ersten und letzten zehn Jahren - nahezu entgegengesetzt. Die Betrachtung dieser Erwerbsgruppe in allen vier Straßen läßt gleichsam ein spiegelverkehrtes Bild mit den beiden Arbeiterstraßen auf der einen und den als kleinbürgerlich-proletarisch charakterisierten Straßenzügen auf der anderen Seite erkennen.

Die Gruppe der Handwerker umfaßte zu Beginn des Untersuchungszeitraumes in der Rasingstraße 96 Personen und in der Wulfhoopstraße 123 Haushaltsvorstände. Mit dieser jeweils relativ hohen Anzahl überragten diese beiden Straßen sowohl die Korn- als auch die Gastfeldstraße bei weitem. War in den beiden letztgenannten Straßenzügen von 1880 bis 1884 zumindest ein leichter Anstieg der Handwerkerzahlen zu registrieren, so machte sich in der Rasing- und Wulfhoopstraße zur gleichen Zeit ein merklicher Rückgang auf nunmehr 76 bzw. 84 Personen bemerkbar. Durch beständige, leichte Zunahmen in den anschließenden zwanzig Jahren erzielte die Handwerkergruppe in der Rasingstraße in den ersten fünf Jahren des 20. Jahrhunderts eine Anzahl von 119 Personen. In der Wulfhoopstraße hatte der vergleichbare Entwicklungsprozeß erheblich früher eingesetzt, so daß eine annähernd identische Gruppenstärke (120) dort schon zu Beginn der 1890er Jahre auszumachen war. Über zwanzig Jahre behielten die Handwerker in der Wulfhoopstraße eine konstante Gruppengröße bei, so daß unter quantitativen Gesichtspunkten von einem Entwicklungsstillstand gesprochen werden kann. Erst in den Jahren von 1910 bis 1914 war eine spürbare Bewegung in den Reihen der Handwerker zu beobachten, die mit einem gewichtigen Rückgang der in dieser Straße lebenden Berufsgruppenangehörigen einherging. Mit 83 Personen in den letzten fünf Jahren des Betrachtungszeitraumes hatte sich die über lange Zeitspannen hinweg zahlenstärkste Gruppe der vier Straßen um ein Drittel verringert und war mit dieser niedrigen Anzahl sowohl straßenintern als auch im Straßenvergleich an ihrem tiefsten Punkt angelangt. In der Rasingstraße war die Verminderung der Handwerker unter den Bewohnern bereits mit dem Jahr 1905 zu datieren. Der beständige Rückgang stellte die Zahl der Handwerker in dieser Straße in den Jahren 1910 bis 1914 mit 87 Personen auf die gleiche Stufe, die diese Berufsgruppe schon in der zweiten Hälfte der 1880er Jahre erklommen hatte.

Im Gegensatz zu den Gruppen der Berufslosen und der Arbeiter treten bei den Handwerkern erstmals zu verortende, markante Übereinstimmungen im Entwicklungsverlauf auf, die die bereits mehrmals konstatierte Polarität der zwei Straßenpaare untermauern. Über den gesamten Untersuchungszeitraum kann ein weitgehend gleichförmiger Entwicklungsprozeß einerseits für die Rasing- und Wulfhoopstraße, andererseits für die Gastfeld- und Kornstraße festgestellt werden. Besonders ausgeprägte Parallelen zeigen sich bei den beiden Arbeiterstraßen, die sowohl im ersten als auch im letzten Jahrzehnt des 40jährigen Betrachtungszeitraumes durch erhebliche Verluste an Handwerkern unter ihren Einwohnern geprägt waren. Beide vergleichbare Perioden, insbesondere jedoch die Jahre des 20. Jahrhunderts, zeitigten in der Gastfeld- und Kornstraße, die eine erhebliche Bereicherung an Handwerkern unter ihren Bewohnern zu verzeichnen hatten, geradezu entgegengesetzte Verläufe in ihrer Entwicklung.

Welche Tendenzen sind nun bei den anteilig weniger stark unter der Wohnbevölkerung der vier Straßen vertretenen Berufsgruppen ersichtlich?

Die Gruppe der Händler, die sowohl Selbständige als auch Lohnabhängige bzw. Gehaltsempfänger umfaßt, gewann im Hinblick auf ihre absolute Anzahl in allen vier Straßen erst im 20. Jahrhundert an Bedeutung. Für alle vier Straßen läßt sich übereinstimmend die Feststellung treffen, daß die Entwicklung dieser Berufssparte im Gegensatz zu der anfänglich geringen Verbreitung durch eine vornehmlich seit der Jahrhundertwende deutliche Zunahme der sich im Handel betätigenden Bewohner gekennzeichnet war. Dies traf ebenso für die Berufslosen und Arbeiter (mit Ausnahme der Wulfhoopstraße) zu, bestätigte sich jedoch bei den Handwerkern nur für die Gastfeld- und Kornstraße.

In der Kornstraße bildeten die im Handel tätigen Bewohner bis zum Jahre 1899 stets eine überaus kleine Gruppe, deren maximale Anzahl in den Jahren 1885 bis 1889 lediglich 13 Personen umfaßte. Mit der Jahrhundertwende setzte in dieser Straße ein durch beständige Zunahmen gekennzeichneter Entwicklungsprozeß ein, der die Anzahl dieser Berufsgruppe bis zum Jahre 1909 auf 49 Personen ansteigen ließ und somit annähernd vervierfacht hatte. In den folgenden fünf Jahren fand dieser Erwerbszweig solch vermehrten Zulauf, daß sich diese Gruppenanzahl nochmals verdreifachte. Mit 156 in der Kornstraße ansässigen Händlern nahmen sich die in den anderen drei Straßen einen Handel treibenden Personengruppen eher gering aus.

Die Gastfeldstraße übte bereits in früheren Jahren eine offenbar größere Anziehungskraft auf diejenigen Personen aus, die sich im Handel betätigten, als die Kornstraße. Von 1885 an vergrößerte sich der Kreis der Händler fünfzehn Jahre lang und erlangte im Zeitraum von 1895 bis 1899 eine Anzahl von 41 Personen. Trotz zwischenzeitlich abfallender Tendenzen bis zum Jahre 1904 (38), die fortan von einem erneuten Anstieg abgelöst wurden, galt die Gastfeldstraße unter den vier untersuchten Straßenzügen für zwanzig Jahre (1890 bis 1909) als das am stärksten von den Händlern favorisierte Gebiet. Mit 74 Personen lebte zum Ende des Betrachtungszeitraumes zwar eine im Vergleich zur Kornstraße erheblich kleinere Händlergruppe in der Gastfeldstraße, gegenüber den beiden Arbeiterstraßen herrschte in der Gastfeldstraße jedoch eine äußerst rege Händlertätigkeit. Wie in der Gastfeldstraße war auch in der Rasingstraße von 1885 bis 1909 ein unaufhörlicher Zuwachs an Händlern in dieser Straße zu verorten. Für eine überwiegend von Arbeitern bewohnte Straße erlangte diese Erwerbsgruppe mit 51 Personen (1905 - 1909) eine durchaus beachtliche, auch in den letzten fünf Jahren (50) annähernd gleichbleibenden Anzahl.

Die in ihrer Sozialstruktur vergleichbare Wulfhoopstraße übte augenscheinlich weniger magnetische Wirkung auf die Berufsgruppe der Händler aus als alle anderen drei Straßen, obgleich sie in den ersten fünfzehn Jahren die größte in dieser Berufssparte tätige Personenzahl stellte. Bis zum Jahre 1904 hatte sich die Anzahl der ursprünglich 11 Personen zählenden Händler lediglich auf 22 erhöht. Aber auch die leicht ansteigenden Zahlen dieser Berufsgruppe im letzten Jahrzehnt verhalfen der Arbeiterstraße nicht dazu, sich mit den wesentlich größeren Gruppen der anderen Straßen messen zu können. Unter komparativen Aspekten erweckt die Wulfhoopstraße seit Beginn des 20. Jahrhunderts den Eindruck, als sei ihr ein Stempel der Unattraktivität aufgedrückt worden, der eine größere Ansiedlung von Händlern verhinderte. Selbst mit 37 Händlern in den Jahren von 1910 bis 1914 konnte die Wulfhoopstraße diesen Status nicht überwinden.

Die Entwicklung der Berufsgruppe der Händler läßt für alle vier Straßen ein Spezifikum erkennen, das weder bei den Berufslosen und Arbeitern noch bei den Handwerkern zu beobachten war. Über den gesamten Untersuchungszeitraum war kein merklicher Rückgang in der jeweiligen Gruppenstärke der Händler in den vier Straßen auszumachen. Lediglich die Gastfeldstraße hatte leichte Verluste in den Jahren von 1900 bis 1904 zu verzeichnen. Der skizzierte Entwicklungsverlauf läßt die Schlußfolgerung zu, daß die Händler einem tendenziell aufstrebenden Berufszweig angehörten. Die Ausübung einer im Handel angesiedelten Erwerbstätigkeit blieb überdies nicht nur der männlichen Bevölkerung vorbehalten, sondern fand auch bei den weiblichen Haushaltsvorständen oder den im Adreßbuch explizit ausgewiesenen Ehefrauen relativ weite Verbreitung.

Ein Vergleich der jeweiligen Entwicklungsverläufe weist die Gastfeld- und die Rasingstraße als diejenigen Straßen aus, die über lange Zeitspannen hinweg (1875 - 1899, 1905 - 1909) eine nahezu übereinstimmende Entwicklung durchliefen, während sowohl die Korn- als auch die Wulfhoopstraße einen eher eigenständigen, zuweilen abweichenden Verlauf nahmen.

Beamte und Angestellte waren unter den Bewohnern der beiden Arbeiterstraßen im Zeitraum von 1875 bis 1914 lediglich vereinzelt anzutreffen. Da mit je 22 Personen - in der Wulfhoopstraße in den Jahren von 1880 bis 1884 und in der Rasingstraße zwischen 1910 und 1914 bereits die größte "Anhäufung" dieser Berufsgruppenmitglieder erzielt wurde, läßt sich ermessen, daß sich Beamte bzw. Angestellte in diesen beiden Arbeiterstraßen im Vergleich zu den dort stärker vertretenen Sozialgruppen gewissermaßen als berufliche Raritäten ausnahmen.

Doch auch die Gastfeld- und Kornstraße wurden bis zum Jahre 1899 nur von wenigen Beamten und Angestellten bewohnt. Durch kontinuierliche Zunahmen belief sich diese anfänglich nur aus sieben Personen bestehende Berufsgruppe in der Gastfeldstraße in den Jahren 1900 bis 1904 zwar auch erst auf 37 Gruppenmitglieder, bis zum Jahre 1914 hatte sich diese Anzahl aber immerhin verdoppelt. Enge Parallelen zeichnete der Entwicklungsverlauf in der Kornstraße bis zum Jahre 1904. Auch hier lebten zu Beginn des 20. Jahrhunderts lediglich 31 Haushaltsvorstände, die in einem Angestelltenverhältnis standen oder sich auf einer der diversen Sprossen der Beamtenlaufbahn befanden. Schon in den folgenden fünf Jahren konnte diese Berufsgruppe eine sprunghafte Zunahme verbuchen. Mit 106 Personen hatte diese Erwerbsgruppe bis zum Jahre 1909 eine beträchtliche Vergrößerung erfahren; ihren Höchststand erlangten die in der Kornstraße wohnenden Beamten und Angestellten allerdings erst in den Jahren von 1910 bis 1914. Die hohe Anzahl von 288 Berufsgruppenangehörigen in diesen Jahren räumten den Beamten und Angestellten in der Kornstraße eine Spitzenposition ein, die nur noch von den dort ebenfalls äußerst zahlreich ansässigen Handwerkern überragt wurde.

Unübertroffen blieb infolgedessen auch der Rang, den die Beamten und Angestellten der Kornstraße im Rahmen des Straßenvergleichs im letzten Betrachtungsjahrzehnt einnahmen. Auf die überaus geringe Funktion, die den Beamten und Angestellten innerhalb des Sozialgefüges der Rasing- und der Wulfhoopstraße zukam, wurde bereits hingewiesen. Die ausgeprägte Diskrepanz, die der jeweilige Entwicklungsverlauf der Beamten und Angestellten zwischen der Gastfeld- und der Kornstraße von 1905 bis 1914 zutagetreten ließ, entsprach zum einen dem zu Beginn des 20. Jahrhunderts in der Kornstraße sehr viel umfangreicher bereitgestellten Wohnungsangebot, spiegelt zum anderen implizit aber auch das Bestreben dieser Erwerbsgruppenangehörigen, sich in der gleichsam als erste Adresse in der südlichen Vorstadt anzusehenden Kornstraße wohnlich niederzulassen. Während Beamte und Angestellte in der Kornstraße seit dem Jahre 1905 eine der bedeutsamsten Sozialgruppen darstellten, spielte diese Berufsgruppe in der Gastfeldstraße stets eine untergeordnetere Rolle.

Wenngleich die Gruppe der Dienstleister aufgrund ihrer in allen vier Straßen relativ geringen Anzahl sich dicht an der unteren Grenze statistischer Signifikanz befindet, wird deren Entwicklung innerhalb des 40jährigen Untersuchungszeitraumes dennoch Beachtung geschenkt, da dieser Erwerbsgruppe einzelne Berufe angehörten, die zum einen das jeweilige Straßenbild entscheidend mitprägten und deren Ansässigkeit zum anderen für die Bewohner der vier Straßen, wenn nicht gar für das Stadtviertel, durchaus von erheblicher Bedeutung war. Tätigkeiten, die im Bereich des Transports und Verkehrs angesiedelt waren, sind hier ebenso zu nennen wie der Beruf der Gast- bzw. Schenkwirte. Sorgten Erstere für die gewünschte bzw. erforderliche Beförderung von Personen oder Waren, so erfüllten Letztere - ungeachtet dessen, daß die Ausübung dieses Berufes ebenso der Sicherung des Lebensunterhalts zu dienen hatte wie jede andere Erwerbstätigkeit - eher eine soziale Funktion. Mit dem Betreiben einer Schenkwirtschaft trugen sie maßgeblich zur Bereicherung des infrastrukturellen Angebots bei und boten den Bewohnern einen Ort, an dem verschiedene Formen der Geselligkeit und Kommunikation praktiziert werden konnten.[408] Nicht ein gehäuftes Auftreten, sondern das bloße Vorhandensein bzw. die Ausübung dieser dem Dienstleistungssektor angehörigen Berufe in den einzelnen Straßen verlieh dieser Berufsgruppe bereits Bedeutsamkeit.

Im Vergleich zu den oben bereits erörterten Sozialgruppen liefert die 40jährige Entwicklung der Dienstleister in der Gastfeld-, Korn-, Rasing- und Wulfhoopstraße ein überaus bizarres Bild, zu dem der durch starke Schwankungen geprägte Entwicklungsverlauf jeder Straße seinen Beitrag leistete. Trat die Gruppe der Dienstleister von 1875 bis 1879 in allen vier Straßen mit einer niedrigen Gesamtanzahl in der gerade eingemeindeten südlichen Vorstadt an, so zeichneten sich nach dieser weitgehend übereinstimmenden Ausgangsposition erste erkennbare Unterschiede in der weiteren Entwicklung bereits wenige Jahre später ab.

In der Gastfeldstraße hatte sich die Anzahl der im Dienstleistungsbereich tätigen Bewohner bis zum Jahre 1884 von sieben auf fünfzehn Personen erhöht. Doch selbst diese niedrige, in den nächsten fünf Jahren gar auf elf Personen absinkende Gruppenanzahl sicherte den Dienstleistern in der Gastfeldstraße gegenüber den anderen drei Straßen eine exponierte Stellung. Die verstärkte Ansiedlung von Dienstleistern in den Jahren von 1895 bis 1904 läßt keinen Zweifel daran, daß die Gastfeldstraße als Gunstlage für diesen Erwerbszweig galt. Mit 37 Personen war zu Beginn des 20. Jahrhunderts zwar die größte Konzentration der sich auf dem Dienstleistungssektor betätigenden Bewohner erreicht, ihre dominante Stellung behielt diese favorisierte Straße aber trotz absteigender Tendenzen bis zum Jahre 1909 (29) bei. Erst eine weitere Verringerung dieser Berufsgruppe auf 27 Personen führte dazu, daß die Kornstraße von 1910 bis 1914 mit ihrer 30köpfigen Dienstleistergruppe der Gastfeldstraße den ersten Rang ablief.

Die Entwicklung der in der Kornstraße ansässigen Dienstleister wies sowohl in den ersten fünfzehn Jahren (1875 bis 1889) als auch in der Zeitspanne von 1900 bis 1909 weitgehend mit der Gastfeldstraße parallellaufende Tendenzen auf. Gravierende Differenzen bestanden jedoch in der zeitgleichen Gesamtanzahl sowie in den auseinanderklaffenden Entwicklungsverläufen der 1880er Jahre und des letzten Betrachtungsjahrzehnts. Die ursprünglich mit acht Personen zu beziffernde Dienstleistergruppe erlangte ihren vorläufigen Höchststand in der Kornstraße Mitte der 1880er Jahre (13). Ebenso wie in der Gastfeldstraße gingen die anschließenden fünf Jahre mit einem Rückgang einher, der diese Berufsgruppe auf fünf Personen schrumpfen ließ, aber erst zu Beginn des 20. Jahrhunderts von einem merklichen Aufschwung abgelöst wurde. Die als zunehmende Attraktivität interpretierbare, vermehrte Ansiedlung von Dienstleistern fand ihren quantitativen Niederschlag in einer Ausweitung dieses Personenkreises von 13 (1900 - 1904) über 29 (1905 - 1909) auf 30 Erwerbsgruppenmitglieder.

In der Rasingstraße gewann die bis zum Jahre 1909 unter den Bewohnern stets überaus gering (mit maximal acht Personen zwischen 1905 und 1909) vertretene Gruppe der Dienstleister erst in den Jahren von 1910 bis 1914 an Bedeutung. Mit einer sprunghaften Zunahme von acht auf 24 Personen näherte sich die Gesamtzahl der sich dem Dienstleistungsektor verschriebenen Erwerbstätigen dieser Arbeiterstraße in den letzten fünf Jahren zumindest der diesbezüglichen Berufsgruppenstärke in der Gastfeldstraße.

In der Wulfhoopstraße jedoch war zu keinem in den Betrachtungszeitraum fallenden Zeitpunkt eine annähernd große Anhäufung von Dienstleistern zu verorten wie in der Gastfeld-, Korn- oder Rasingstraße. Ebensowenig war der Entwicklungsverlauf dieser beruflichen Gruppierung durch jähes Ansteigen oder abruptes Absinken der Personenzahl innerhalb der vierzig Jahre gekennzeichnet. Die Berufe der Dienstleister fanden in den ersten zwei Dekaden bis zum Jahre 1894 zwar eine geringfügig zunehmende Verbreitung, hatten aber mit 15 Personen in den Jahren von 1890 bis 1894 bereits die höchste "Verdichtung" in diesem Straßenzug erreicht. Die Jahrhundertwende leitete zudem einen Rückgang der Dienstleister ein. Bis zum Jahre 1904 fanden sich in der Wulfhoopstraße nur noch acht Bewohner, die ihren Lebensunterhalt mit dem Erbringen von Dienstleistungen bestritten. Im Gegensatz zur Korn- und Rasingstraße, deren Entwicklung im 20. Jahrhundert durch einen sichtbaren Aufwärtstrend geprägt war, veränderte sich die geringe Anzahl der Dienstleister in den Jahren von 1905 bis 1914 in dieser proletarischen Straße kaum merklich. Mit nur neun Dienstleistern nahm sich die Wulfhoopstraße im Straßenvergleich zum Ende des Untersuchungszeitraumes eher unscheinbar aus.

Die Entwicklung der Dienstleister, die sich trotz zwischenzeitlicher Einbrüche sowohl in der Gastfeld- und Kornstraße als auch in der Rasingstraße durch eine Zunahme dieses Berufszweiges unter den Bewohnern auszeichnete, zeitigte somit in erster Linie in der Wulfhoopstraße grundlegend abweichende Tendenzen. Während die Dienstleister in der Wulfhoopstraße ihre größte Gruppenstärke in den 1890er Jahren zu verzeichnen hatten, erzielten sie in den drei anderen Straßen ihren Höchststand erst im 20. Jahrhundert - eine Entwicklung, die fraglos der zu Beginn des 20. Jahrhunderts erfolgten drastischen Bevölkerungszunahme und der hieraus resultierenden verstärkten Nachfrage nach Dienstleistungen unterschiedlichster Art Rechnung trug.

Obgleich auch die Gruppe der Unternehmer und Selbständigen eine deutliche Minderheit im Sozialgefüge der vier untersuchten Straßen bildete, soll deren Entwicklung nicht unberücksichtigt bleiben, da die Präsenz dieser Berufsgruppe in der südlichen Vorstadt zumindest für Teile der Bevölkerung von fundamentaler Bedeutung war. Insbesondere die diversen Fabrikanten entschieden mit der Ansiedlung ihrer jeweiligen Betriebe maßgeblich über das Arbeitsplatzangebot in diesem Stadtteil und somit über die Möglichkeiten der Existenzsicherung und die Frage der Zu- und Abwanderung bzw. des Verbleibs im Viertel. Unternehmer verfügten mithin sowohl über die Macht, die Lebensbedingungen verschiedener Bevölkerungsteile weitgehend zu diktieren als auch wesentlichen Einfluß auf die Wohnstrukturen und Wohnbedingungen der Südervorstädter zu nehmen. Bot das Wohnen in der Nähe der Fabrik für die dort beschäftigten Arbeiter und Angestellten unverkennbare Vorteile, so war diese Nähe gleichermaßen mit einer Reihe nachteiliger Auswirkungen - wie etwa mit Lärmbelästigung bzw. Luftverschmutzung - verbunden, denen nicht nur die unmittelbaren Anwohner ausgesetzt waren. Wurde schon bei der Berufsgruppe der Dienstleister ein vom quantitativen Verbreitungsgrad abweichender Bewertungsmaßstab angelegt, so rechtfertigt bzw. erfordert die oben skizzierte evidente Relevanz, die die Gruppe der Unternehmer besaß, noch in weit höherem Maße die Betrachtung ihrer 40jährigen Entwicklung in den vier Straßen, als dies für die Dienstleister geltend zu machen war.

Im Gegensatz zu der schon seit den 1850er Jahren existierenden Wulfhoopstraße waren die anderen drei Straßenzüge erst im Jahre 1875 neu entstanden und erstmals bewohnt. Dennoch fanden sich dort bereits im ersten Jahrfünft einige Unternehmer. Trotz minimaler Bebauung und entsprechend geringer Einwohnerzahlen wies die Kornstraße drei und die Gastfeldstraße gar neun ihrer Bewohner in dieser Anfangsperiode als Unternehmer aus. Damit rangierte diese Berufsgruppe in der Gastfeldstraße zu Beginn des Untersuchungszeitraumes an erster Stelle. Auch der weitere Entwicklungsgang läßt erkennen, daß die kleine Unternehmergruppe sich bis in die zweite Hälfte der 1890er Jahre vorzugsweise in dieser Straße niederließ. Der Zuwachs dieses Personenkreises blieb allerdings gering. So markierte die Periode von 1885 bis 1894 mit 14 Unternehmern nicht nur den vorläufigen Höchststand dieser Berufsgruppe in der Gastfeldstraße, sondern unter dem Aspekt ihrer Verbreitung innerhalb der vier betrachteten Straßen gewissermaßen die "Hochphase" der Unternehmer und Selbständigen im letzten Viertel des 19. Jahrhunderts. Nachdem der 1895 einsetzende, über zehn Jahre anhaltende, gegenläufige Trend die Zahl der Unternehmer und Selbständigen um die Hälfte verringert hatte, gingen die letzten zehn Jahre mit einem Aufschwung einher, der die zuvor so zahlenschwache Unternehmergruppe auf 34 Personen erhöhte und damit bis zum Ersten Weltkrieg die zweitstärkste Position nach der Kornstraße einnehmen ließ.

Wie schon die Entwicklung aller anderen Sozialgruppen im Zeitraum von 1875 bis 1914 hatte erkennen lassen, vollzog sich ein mehr oder minder stark ausgeprägter Aufwärtstrend bei den verschiedenen Gruppierungen in der Kornstraße in erster Linie in den letzten fünf bzw. zehn Jahren. Mit Ausnahme der Berufsgruppe der Arbeiter, die in dieser Straße auch anteilig nur in der fünfzehnjährigen Zeitspanne von 1890 bis 1904 die gewichtigste Sozialgruppe bildeten, dann jedoch von den zahlreichen Handwerkern sowie Beamten und Angestellten überrundet wurden, erzielten sämtliche verbleibenden Sozialgruppen zum Ende des Betrachtungszeitraumes die höchste Personenzahl innerhalb der vier Straßen. Diese Feststellung trifft auch für die Gruppe der Unternehmer zu, wenngleich diese dort keineswegs im gesamten Untersuchungszeitraum vermehrt anzutreffen waren. Bis zur Jahrhundertwende blieb diese maximal sechsköpfige Berufsgruppe, die die Privilegien der Selbständigkeit und des Besitzes an Privateigentum genoß, vielmehr äußerst klein und war zwischenzeitlich, in den Jahren von 1880 bis 1884, in der Kornstraße nicht präsent. Doch die in den Jahren des 20. Jahrhunderts zu konstatierende, merklich zunehmende Ansiedlung bzw. Niederlassung von Fabrikanten und anderen der Gruppe der Unternehmer zuzurechnenden Selbständigen verweist in aller Deutlichkeit auf den sich im Rahmen des Ausbaus erheblich wandelnden Sozialcharakter dieser Straße, wie dies auch, wenngleich in abgeschwächter Ausprägung, auf die Gastfeldstraße zutraf. Die Kornstraße galt in gleichem Maße als angemessene und begehrte Wohnlage wie als lohnender Standort zur Abwicklung der jeweiligen Geschäfte. Mit 32 Personen hob sich die unternehmerische Gruppe bereits in den Jahren von 1905 bis 1909 von der Gastfeld-, Rasing- und Wulf-hoopstraße ab und blieb durch den enormen Zugewinn in den letzten fünf Jahren (87) weiterhin an erster Stelle plaziert.

Während demnach in der Gastfeld- und Kornstraße zumindest in den Jahren des 20. Jahrhunderts eine in ihrer Anzahl durchaus beachtliche Gruppe an Unternehmern und Selbständigen unter den Bewohnern vorzufinden war, konnten in den beiden Arbeiterstraßen zum einen nur vereinzelt, zum anderen keinesfalls über den gesamten Zeitraum Mitglieder dieser Berufsgruppe ausgemacht werden. Während die Rasingstraße in den gesamten vierzig Jahren noch eine Kleinstgruppe dieser beruflichen Kategorie unter ihren Einwohnern auswies, deren höchste Anzahl in den ersten fünf Jahren des 20. Jahrhunderts achtzehn Personen umfaßte, waren Unternehmer und Selbständige in der Wulfhoopstraße nur in den Jahren von 1890 bis 1904 sowie im letzten Jahrfünft ansässig und mit maximal sechs Personen in der ersten Häfte der 1890er Jahre vertreten.

Unternehmer und Selbständige bildeten im gesamten vierzigjährigen Untersuchungszeitraum in beiden proletarischen Straßen der südlichen Vorstadt rare Ausnahmen unter deren Wohnbevölkerung. Wer imstande war, eine selbständige Existenz aufzubauen und zu wahren, strebte in eine günstigere Wohn- und Geschäftslage, wie sie zweifelsohne sowohl die Gastfeld- auch auch die Kornstraße zu bieten hatten. So nimmt der zu Beginn des 20. Jahrhunderts zu registrierende, beachtliche Zuwachs dieser privilegierten Erwerbsgruppe in beiden nunmehr mit komfortablen Wohn- und Geschäftshäusern bestückten Hauptstraßen dieses Stadtviertels denn auch nicht wunder, da einkommensschwache Bevölkerungsteile den für eine solche Gunstlage zu entrichtenden Preis nicht zu zahlen vermochten.

Auch die beiden verbleibenden Sozialgruppen der in der Schiffahrt Beschäftigten und der "Sonstigen" waren im Zeitraum von 1875 bis 1914 nur in geringer Anzahl unter den Bewohnern der vier Straßen anzutreffen. Mit einer Höchstanzahl von 23 Personen (1905 bis 1909) wurde lediglich in der Wulfhoopstraße vorübergehend eine minimale Anhäufung der zu Wasser tätigen Bewohner erreicht. Nahm sich demgegenüber die Gruppe der "Sonstigen" in der Kornstraße mit maximal 56 Personen (1910 bis 1914), denen immerhin 21 Künstler angehörten, auch umfangreicher aus, so bleibt doch für beide beruflichen Gruppierungen festzuhalten, daß sie ausschließlich in einer der vier Straßen zur Auffälligkeit gelangten, während sie in den anderen Straßenzügen nur äußerst rar zu verorten waren. Verhindert somit zum einen die ungleiche Verteilung dieser Berufsgruppen einen Straßenvergleich, bleibt zum anderen überdies die Tatsache in Rechnung zu stellen, daß sich beide Gruppierungen - gemessen an der Größe der Untersuchungsgruppe der Einwohner aller vier Straßen - unterhalb der Signifikanzgrenze befinden. Galt für die Berufsgruppen der Dienstleister und Unternehmer trotz ihres geringen Verbreitungsgrades in den vier untersuchten Straßen deren Funktion bzw. Relevanz als ausschlaggebendes Kriterium zur Betrachtung ihrer 40jährigen Entwicklung, so kann dies weder für die Gruppe der in der Schiffahrt Beschäftigten noch für die "Sonstigen" geltend gemacht werden. Keine der beiden letztgenannten beruflichen Gruppierungen weist in ihren Reihen Berufe auf, denen eine annähernd vergleichbare Bedeutung zukam wie etwa den Schenkwirten oder den Fabrikanten.

Die unter dem zentralen Gesichtspunkt des Straßenvergleichs skizzierte Entwicklung der verschiedenen, in allen vier untersuchten Straßen existierenden Sozialgruppen in der Zeitspanne von 1875 bis 1914 unterstreicht trotz gleichwohl zeitweilig zuwiderlaufender Trends die Polarität der beiden Straßenpaare. Arbeiter, Erwerbslose und Handwerker blieben im gesamten Betrachtungszeitraum in der Rasing- und Wulfhoopstraße die dominierenden sozialen Gruppierungen der dort ansässigen Wohnbevölkerung. Die seit der Jahrhundertwende zu verzeichnende leichte Zunahme von Kleinhändlern in diesen Wohnstraßen kündet von dem Bestreben der Bewohner, mit dem Schritt in die Selbständigkeit eine Verbesserung der Daseinsbedingungen zu erlangen. Da alle anderen Erwerbsgruppen hingegen nur vereinzelt und überdies offenbar lediglich vorübergehend in diesen Straßenzügen vertreten waren, bleibt anzunehmen, daß beide Arbeiterstraßen vielfach die Funktion einer Übergangslösung und Zwischenstation bildeten, bis die Einkommensverhältnisse oder auch die familiäre Situation eine Übersiedlung in eine bessere Wohnlage gestattete.

Demgegenüber vollzog sich in der Gastfeldstraße und mehr noch in der Kornstraße binnen dieser vierzig Jahre ein fundamentaler Wandel im sozialen Gefüge der dort lebenden bzw. arbeitenden Einwohner. Hatte die gewaltige Bevölkerungszunahme in diesen beiden Hauptstraßen der südlichen Vorstadt auch einen Zuwachs an Arbeitern und Erwerbslosen zur Folge, so erfuhren doch insbesondere das Handwerk, der Kleinhandel, das Unternehmertum und der Dienstleistungssektor einen kräftigen Zugewinn bzw. Aufschwung. Ihren im 19. Jahrhundert noch vorherrschenden Charakter zweier zwar bereits mit diversen Läden, handwerklichen Betrieben und Schenkwirtschaften aufwartender, indes noch überwiegend Wohnzwecke erfüllender Straßen legten die Gastfeld- und Kornstraße im Zuge ihrer Erweiterung mehr und mehr ab. In gleichem Maße, wie sich diese beiden Straßenzüge zu Geschäftsstraßen ersten Ranges entwickelten, mehrten sich auch unter der Wohnbevölkerung einkommenskräftigere Personen, so etwa in der Kornstraße die zahlreich im Angestellten- oder Beamtenverhältnis stehenden Bewohner, deren Einkünfte offenkundig mit der gewählten Wohnlage im Einklang standen.

Die Dauer der Berufsausübung

Wie lange übten die Bewohner der vier Straßen ihren jeweiligen Beruf aus? Welche Berufe waren demzufolge durch deutliche Stabilität oder aber durch Instabilität gekennzeichnet? Diese unmittelbar zusammenhängenden Fragestellungen bilden die Grundlage für den übergeordneten Leitgedanken, ob die südliche Vorstadt Bremens - hier stellvertretend die vier ausgewählten Straßen dieses Viertels - ihren Einwohnern einen Anreiz zum Verbleib bot. Dabei wird zu berücksichtigen sein, ob und inwieweit das Aufkommen räumlicher Mobilität und die Verweildauer der Bewohner in diesem Arbeiterviertel die Beibehaltung desselben Berufes oder die Wahl einer neuen Erwerbstätigkeit beeinflußte.

Die Analyse der Dauer der Berufsausübung ermöglicht einen geeigneten Ansatzpunkt und ersten Zugang zur Beantwortung der Frage, ob bzw. in welchem Umfang Attraktivität von dem Viertel für die unterschiedlichen Berufsgruppen ausging. Dennoch bleibt hervorzuheben, daß diese Untersuchung verschiedenen Einschränkungen unterworfen ist, die in erster Linie auf die begrenzte Aussagekraft der zugrundeliegenden Quellen zurückzuführen sind. Die herangezogenen Bremer Adreßbücher der Jahrgänge 1875 bis 1914 gewähren keinen Einblick in die in diesem Zusammenhang durchaus relevante Frage der Altersstruktur. Die für sämtliche erfaßten Personen der vier Straßen weitgehend fehlenden, lediglich vereinzelt mit Hilfe der noch verfügbaren Eintragungen in den Trauregistern gewonnenen Altersangaben erschweren eine umfassende Beurteilung der erzielten Ergebnisse etwa dahingehend, daß einer kurzen Dauer der Berufsausübung in einer der vier Straßen je nach Alter der Berufsangehörigen ein unterschiedlicher Stellenwert beizumessen ist. Eine weitere, gewissermaßen vorgegebene Beschränkung resultiert aus dem zeitlichen Bezugsrahmen. Der von 1875 bis 1914 abgesteckte Untersuchungszeitraum erlaubt in diesem Rahmen nur begrenzte Schlußfolgerungen, die sich beispielsweise aus dem Umstand ergeben, daß diejenigen Erwerbstätigen, die erst gegen Ende des Betrachtungszeitraumes in eine der vier Straßen zogen, zwangsläufig in die Kategorie der kurzen Dauer der Berufsausübung fielen. Nicht zuletzt bleibt zu berücksichtigen, daß die angewandte Methode ihre eigenen Fallen birgt. Da die strukturell ausgerichtete Untersuchung notwendig von den Berufen der Bewohner ausgeht und an dieser Stelle kein biographischer Ansatz verfolgt wird, fließen erfolgte Berufswechsel zwar in die Resultate ein, werden jedoch nicht explizit berücksichtigt und tragen somit ebenfalls dazu bei, daß sich der Anteil der Bewohner, die nur eine kurze Dauer der Berufsausübung aufwiesen, erhöht. Als Grundlage der Untersuchung fungierte ausschließlich der erste Beruf bzw. die Berufslosigkeit der Bewohner; Mehrfachbeschäftigungen finden keinen Eingang in die Ergebnisse. Mithin reflektiert die anknüpfende Analyse ausschließlich, wie lange die Bewohner als Arbeiter, Handwerker oder etwa als Dienstleister in der Gastfeld-, Korn-, Rasing- oder Wulfhoopstraße tätig waren bzw. berufslos blieben. Aufgrund der diversen Einschränkungen sind die Untersuchungsergebnisse somit zu relativieren.

Trotz Berücksichtigung der vorausgeschickten Restriktionen überrascht das Resultat der Untersuchung (vgl. Tabelle 13). Wenngleich nicht zu erwarten war, daß sich viele Bewohner durch eine Langzeitbeschäftigung auszeichneten, präsentiert sich der Anteil der nur eine kurze Zeitspanne ihren jeweiligen Beruf ausübenden Personen mit Wohnsitz in einer der vier Straßen doch erstaunlich hoch. In allen untersuchten Straßen wies der bei weitem größte Teil der Bevölkerung eine überaus kurze, sich lediglich auf ein bis fünf Jahre erstreckende Dauer der Berufsausübung auf. Der diesbezügliche relative Anteil dieses Personenkreises lag in allen vier Straßen über 80 Prozent; ein Straßenvergleich läßt lediglich geringfügige, graduelle Differenzen erkennen.

Tabelle 13: Dauer der Berufsausübung (1875-1914)

Gastfeldstraße									
in Jahren	1-5	6-10	11-15	16-20	21-25	26-30	31-35	36-40	Summe
Ohne Beruf	174	17	3	2	0	0	0	0	196
Arbeiter	304	23	5	5	3	0	0	0	340
Händler	58	6	6	1	0	1	0	0	72
Handwerker	216	30	7	4	3	1	0	0	261
Beamte/ Ang.	64	7	2	1	0	1	0	0	75
Dienstleister	34	2	2	1	2	0	0	0	41
Unternehmer	24	5	0	0	0	0	1	0	30
Schiffahrt	12	0	1	0	0	0	0	0	13
Sonstige	23	0	1	0	0	0	0	0	24
Summen absolut	909	90	27	14	3	3	1	0	1.052
relativ(in %)	86,41	8,56	2,57	1,33	0,28	0,28	0,09	0,00	100,00

Kornstraße									
in Jahren	1-5	6-10	11-15	16-20	21-25	26-30	31-35	36-40	Summe
Ohne Beruf	211	13	2	0	0	0	0	0	226
Arbeiter	327	32	13	6	1	1	0	0	380
Händler	128	9	5	1	0	0	0	0	143
Handwerker	434	47	9	7	2	0	0	0	499
Beamte/ Ang.	225	14	0	2	0	0	0	0	241
Dienstleister	45	2	1	1	0	0	0	0	49
Unternehmer	60	6	0	1	0	0	0	0	67
Schiffahrt	25	0	0	0	0	0	0	0	25
Sonstige	39	5	6	0	0	0	0	1	51
Summen absolut	1.494	128	36	18	3	1	0	1	1.681
relativ(in %)	88,88	7,61	2,14	1,07	0,18	0,06	0,00	0,06	100,00

Rasingstraße									
in Jahren	1-5	6-10	11-15	16-20	21-25	26-30	31-35	36-40	Summe
Ohne Beruf	261	25	13	6	2	3	0	0	310
Arbeiter	588	91	37	11	7	6	1	0	741
Händler	45	4	2	3	0	0	1	0	55
Handwerker	217	18	16	3	1	0	0	0	255
Beamte/ Ang.	15	2	1	0	1	0	0	0	19
Dienstleister	25	1	1	0	0	0	0	0	27
Unternehmer	8	1	2	3	0	0	0	0	14
Schiffahrt	10	0	0	0	0	0	0	0	10
Sonstige	4	0	0	0	0	0	0	0	4
Summen absolut	1.173	142	72	26	11	9	2	0	1.435
relativ(in %)	81,74	9,89	5,02	1,81	0,77	0,63	0,14	0,00	100,00

Wulfhoopstraße									
in Jahren	1-5	6-10	11-15	16-20	21-25	26-30	31-35	36-40	Summe
Ohne Beruf	238	32	8	7	1	1	1	0	288
Arbeiter	477	64	20	8	3	1	2	0	575
Händler	52	7	1	0	0	0	0	0	60
Handwerker	209	21	9	7	3	1	0	0	250
Beamte/ Ang.	27	2	0	0	0	0	0	0	29
Dienstleister	19	1	0	1	1	0	0	0	22
Unternehmer	7	0	0	0	0	0	0	0	7
Schiffahrt	24	2	2	2	0	0	0	0	30
Sonstige	3	0	0	0	0	0	0	0	3
Summen absolut	1.056	129	40	25	8	3	3	0	1.264
relativ(in %)	83,54	10,21	3,16	1,98	0,63	0,24	0,24	0,00	100,00

Quelle: Bremer Adreßbücher (1875-1914); eigene Auswertungen

Mit 88,88 Prozent (N = 1.681) stellte die Kornstraße den höchsten Anteil an Personen, deren Berufsausübung sich auf die Minimaldauer von ein bis fünf Jahren beschränkte. Diese sich auf alle neun Sozialgruppen verteilenden Bewohner der Kornstraße bildeten im Straßenvergleich nicht nur relativ, sondern mit einerAnzahl von 1.494 Personen auch absolut die bei weitem größte Gruppe. In der Gastfeldstraße fand sich zwar der zweitgrößte, kaum gravierend von der Kornstraße abweichende Anteil von 86,41 Prozent (N = 1.052), zu der Einwohnergruppe mit der kürzesten Beschäftigungsdauer zählten in diesem Straßenzug allerdings nur 909 Personen. Beide Arbeiterstraßen zeichneten sich demgegenüber durch geringere Anteile an demjenigen Personenkreis, dessen Mitglieder nur ein ausgesprochen kurzlebiges berufliches Dasein in einer der Straßen fristeten, aus. In der Wulfhoopstraße betrug diese Rate noch 83,54 Prozent (N = 1.264) und umfaßte 1.056 Personen. Den niedrigsten Prozentsatz aller vier Straßen wies jedoch die Rasingstraße auf. Mit 81,74 Prozent (N = 1.435) rangierte die betreffende Einwohnergruppe der Rasingstraße im relativen Vergleich an letzter Stelle, obgleich die Anzahl der Bewohner, die sich durch eine kurzfristige Erwerbstätigkeit von maximal fünf Jahren hervortat, immerhin mit 1.173 Personen zu beziffern war.

Die in allen vier Straßen beachtlich hohen Anteile derjenigen Stadtteilbewohner, die der Kategorie der äußerst kurzen Beschäftigungsdauer angehörten, erwecken den Eindruck, als dienten die vier Straßen diesen Personen im Zeitraum von 1875 bis 1914 lediglich als (berufliche) Durchgangsstation. Wenngleich diese Hypothese noch zu überprüfen sein wird, soll zunächst der Frage nachgegangen werden, ob die hohen Prozentsätze der nur vorübergehend ihren jeweiligen Beruf ausübenden bzw. berufslosen Bewohner der vier Straßen etwa auf einzelne, durch außerordentlich kurzlebige Zugehörigkeitsdauer ihrer Mitglieder gekennzeichnete Sozial- bzw. Berufsgruppen zurückzuführen waren oder ob vielmehr eine annähernde Gleichverteilung auf alle sozialen Gruppierungen existierte.[409]

In der Gastfeldstraße reichte die Spannbreite der maximal fünfjährigen Berufsausübung zwischen den einzelnen Sozialgruppen von 80,0 bis 95,8 Prozent. Der größte Anteil entfiel auf die Gruppe der "Sonstigen" (95,83 Prozent), aber auch die in der Schiffahrt Beschäftigten (92,31 Prozent), die Arbeiter (89,41 Prozent) und die berufslosen Bewohner (88,78 Prozent) dieser Straße trugen in hohem Maße zu der bereits konstatierten, starken beruflichen Fluktuation in der Gastfeldstraße bei. Geringere Werte fanden sich bereits bei den Beamten und Angestellten (85,33 Prozent) und den Dienstleistern (82,93 Prozent) sowie bei den Handwerkern (82,76 Prozent). Die niedrigsten Anteile wiesen jedoch die als Händler bzw. Händlerinnen tätigen Bewohner (80,56 Prozent) und die Unternehmer (80,0 Prozent) auf.

Ein Vergleich dieser gewissermaßen als zeitliches Gefälle zu bezeichnenden Rangfolge mit den herrschenden Sozialstrukturen in der Gastfeldstraße läßt keine Übereinstimmungen erkennen. Naheliegender scheint die Schlußfolgerung, daß das Vorhandensein von Privatbesitz oder das Betreiben eines Handels bzw. Gewerbes eine längere Ansässigkeit dieser Einwohner (und in diesem Zusammenhang folglich einen niedrigeren Anteil an Personen mit kurzer Dauer der Berufsausübung) begünstigte.

In der in noch stärkerem Maße kleinbürgerlich geprägten, in ihrer Sozialstruktur mit der Gastfeldstraße durchaus vergleichbaren Kornstraße sind für die nur ausgesprochen kurzfristig ihren jeweiligen Beruf ausübenden Bewohner auffällig starke Abweichungen sowohl in den jeweiligen Anteilen der Sozialgruppen als auch in deren Abstufung gegenüber der Gastfeldstraße ersichtlich. Selbst das vorzufindende prozentuale Spektrum der sozialen Gruppierungen zeigte von 76,47 bis 100,0 Prozent eine breitere Fächerung als die Gastfeldstraße. Sämtliche in der Schiffahrt tätigen Bewohner übten ihren Beruf, während sie in der Kornstraße lebten, nur ein bis fünf Jahre aus und stellten somit den höchsten Anteil von 100,0 Prozent. Doch auch das Gros der Berufslosen (93,36 Prozent), der Beamten und Angestellten (93,36 Prozent) und der Dienstleister (91,84 Prozent) konnte nur auf eine kurze Zeitspanne ihrer Berufsausübung mit gleichzeitigem Wohnsitz in dieser Straße zurückblicken. Nur unwesentlich geringer präsentierten sich die Anteile der Unternehmer (89,55 Prozent) und der Händler (89,51 Prozent). Die einzige Übereinstimmung mit der Gastfeldstraße läßt sich für die Gruppe der Handwerker (86,97 Prozent) nachweisen, die in der Kornstraße ebenfalls an siebter Stelle plaziert waren. Demgegenüber bestanden erhebliche Abweichungen in der Positionierung der Arbeiter (86,05 Prozent), die in der Gastfeldstraße an dritter, in der Kornstraße jedoch an achter Stelle postierten. Noch eklatanter differierte der Rang, den die Sozialgruppe der "Sonstigen" in den beiden Straßen einnahm. War diese Gruppe in der Gastfeldstraße durch den höchsten Anteil derjenigen Erwerbstätigen mit einer kurzen Dauer der Berufsausübung gekennzeichnet, so kam dem vergleichbaren Personenkreis in der Kornstraße die entgegengesetzte Bedeutung zu. Mit dem geringsten Anteil von 76,47 Prozent setzten sich die der Gruppe der "Sonstigen" angehörenden Erwerbstätigen nicht nur von allen anderen Sozialgruppen der Kornstraße weit ab, sondern übten auch den geringsten Einfluß auf die in diesem Straßenzug insgesamt hohe Rate an Kurzzeitbeschäftigten aus.

Die aus den unterschiedlich hohen Anteilen an ein- bis fünfjähriger Dauer der Berufsausübung resultierende Rangordnung der neun Sozialgruppen in der Kornstraße korrespondiert - mit Ausnahme der übereinstimmenden Position der Handwerker - in keiner Weise mit dem in der Gastfeldstraße vorgefundenen sozialen Gefälle. Ließ die Hierarchie der Sozialgruppen in der Gastfeldstraße einen Zusammenhang zwischen dem Sozialstatus und der Ansässigkeitsdauer erkennen, so kann diese vermeintlich existierende Wechselwirkung (je niedriger der Sozialstatus desto höher die Mobilität) für die Bewohner der Kornstraße nicht bestätigt werden. Hohe Quoten allem Anschein nach kurzlebiger Berufsausübung im selben Erwerbszweig sind indes nicht zwangsläufig mit beruflicher Mobilität oder vollzogenen sozialen Auf- bzw. Abstiegen gleichzusetzen. In der Kornstraße entfielen offenkundig vornehmlich die Angehörigen derjenigen Sozialgruppen in die Sparte kurz befristeter Berufsausübung, die sich erst spät, im 20. Jahrhundert, vermehrt in diesem Straßenzug niedergelassen hatten und demzufolge bis zum

Jahre 1914 keine lange Erwerbstätigkeitsdauer aufbringen konnten. So erklärt sich etwa die sowohl in der Gastfeld- als auch in der Kornstraße verhältnismäßig niedrige Rate kurzlebig im Handwerk agierender Bewohner mit deren von Anbeginn relativ starker Präsenz. Die erheblich voneinander abweichende Dauer der Berufsausübung von Arbeitern in diesen beiden Straßen dürfte hingegen darauf zurückzuführen sein, daß in der Kornstraße ein nicht unmaßgeblicher Teil der Arbeiter zu den besser entlohnten Metallarbeitern zählte, der vielfach auch über Hausbesitz verfügte.

Welches Bild zeichnet sich bei der Betrachtung der kurzen Dauer der Berufsausübung unter den Bewohnern der Rasingstraße ab? Ein erstes, von allen anderen Straßen eminent kontrastierendes Merkmal liegt in der breiten Streuung der auf die verschiedenen Sozialgruppen entfallenden Mindest- und Höchstanteile, die von 57,14 bis 100,0 Prozent reichten. Im Gegensatz zu beiden kleinbürgerlich-proletarischen Straßen existierten in der überwiegend von Arbeitern bewohnten Rasingstraße gleich mehrere soziale Gruppierungen, die eine relativ niedrige Quote in der Rubrik der kurzfristigen Erwerbstätigkeit besaßen. Aber auch die in diesem Kontext den Gegenpol bildenden Berufsgruppen waren gleich zweifach vertreten und hielten sich mit ihrem identischen Anteil von 100,0 Prozent, der darauf verweist, daß sämtliche Berufsgruppenangehörigen während ihrer Ansässigkeit in dieser Arbeiterwohnstraße maximal fünf Jahre lang ihrem Beruf nachgingen, die Waage. Bei den letztgenannten Gruppierungen handelte es sich zum einen um die "Sonstigen", zum anderen um die in der Schiffahrt Beschäftigten. Beide Berufsgruppen waren in dieser Arbeiterstraße ohnehin nur vereinzelt unter der Einwohnerschaft vertreten. Die Mehrzahl der im Dienstleistungssektor tätigen Bewohner (92,59 Prozent) erbrachten ihre verschiedenartigen Dienste ebenfalls nur für den eng befristeten Zeitraum von ein bis fünf Jahren. Sowohl die Handwerker (85,10 Prozent) als auch die Berufslosen (84,19 Prozent) stellten in der Rasingstraße bereits geringere Anteile derjenigen Bewohner, deren Sozialgruppenzugehörigkeit die kurze Zeitspanne von höchstens fünf Jahren nicht überschritt. Noch niedrigere Quoten wiesen die Gruppen der Händler (81,82 Prozent), der Arbeiter (79,35 Prozent) und der Beamten und Angestellten (78,95 Prozent) auf. Der sowohl straßenintern als auch im Straßenvergleich weitaus geringste Prozentsatz entfiel jedoch auf die Gruppe der Unternehmer (57,14 Prozent).

Eine Gegenüberstellung der in der Gastfeld-, Korn- und Rasingstraße herrschenden, auf die im einzelnen vorgefundenen prozentualen Verteilungen zurückzuführende Rangfolge der Sozialgruppen läßt enge Parallelen zwischen der Gastfeld- und der Rasingstraße erkennen. In beiden Straßenzügen brillierten die dort ansässigen Unternehmer mit den höchsten Anteilen derjenigen Sozialgruppenmitglieder, die eine sechs- und mehrjährige Dauer ihrer Berufsausübung aufweisen konnten. Entsprechende Übereinstimmungen finden sich für die am entgegengesetzten Ende dieser Skala positionierten Berufsgruppen der Sonstigen und der in der Schiffahrt Beschäftigten.

In der Wulfhoopstraße, deren Sozialstruktur im Zeitraum von 1875 bis 1914 weitgehend der Rasingstraße glich, präsentierte sich eine mit der Gastfeldstraße identische, 80,0 bis 100,0 Prozent bemessende Reichweite der auf die verschiedenen Sozialgruppen entfallenden Raten nur kurz befristeter Berufsausübung. Entsprechend der Rasingstraße kam auch in der Wulfhoopstraße gleich zwei Berufsgruppen ein Spitzenanteil von 100,0 Prozent zu. "Sonstige" und Unternehmer zeichneten sich dadurch aus, daß ihre jeweilige Berufsausübung im Laufe ihrer Anwesenheit in dieser Straße auf ein bis fünf Jahre begrenzt blieb. Doch auch die überwiegende Mehrheit der zur Gruppe der Beamten und Angestellten (93,10 Prozent) zählenden Bewohner verharrte lediglich für diesen Mindestzeitraum in ihrem Beruf. Eine geringfügig erhöhte Verweildauer der betreffenden Berufsangehörigen läßt sich aus den leicht verringerten Anteilen der Händler (86,67 Prozent) und der Dienstleister (86,36 Prozent) schlußfolgern. Während die Anteile der Handwerker (83,60 Prozent), der Arbeiter (82,96 Prozent) und der Berufslosen (82,64 Prozent) sehr eng beieinanderlagen und bereits den Gruppierungen zuzuzählen sind, die immerhin noch beachtliche Quoten in den Kategorien der sechs- und mehrjährigen Dauer der Berufsausübung hervorbrachten, glänzten die in der Schiffahrt tätigen Bewohner durch ihren Minimalanteil (80,0 Prozent) an Kurzzeitbeschäftigten in der Wulfhoopstraße.

Eine auf ein bis fünf Jahre begrenzte Dauer der Berufsausübung der in der Wulfhoopstraße lebenden Personen läßt zwar auf der einen Seite punktuelle Übereinstimmungen mit der strukturell verwandten Rasingstraße erkennen, die ihren Niederschlag in der identischen Plazierung der "Sonstigen" und der Arbeiter fanden, auf der anderen Seite sind jedoch auch konstrastierende Positionierungen anderer Sozialgruppen auszumachen, die besonders stark bei den beiden Gruppen der Unternehmer und der Schiffahrtsangehörigen ausgeprägt waren.

Ein Vergleich aller vier Straßen unter dem spezifischen Gesichtspunkt der Parallelität von kurzer Dauer der Berufsausübung und Sozialgruppenzugehörigkeit der Bewohner weist die Gastfeld-, Rasing- und Wulfhoopstraße als diejenigen Straßenzüge mit tendenziell übereinstimmenden Ergebnissen aus, die darin mündeten, daß auf die Gruppe der "Sonstigen" in diesen drei Straßen jeweils die höchsten Anteile der nur kurzfristig in ihrem Beruf tätigen Bewohner entfielen. Dennoch liefert dieses Resultat keinen zweifelsfreien Beleg für die naheliegende Vermutung, daß die sich in dieser Gruppierung vereinenden Berufe den betreffenden Erwerbstätigen lediglich als berufliche Übergangslösung dienten, da in der Kornstraße gerade diese Berufsgruppe den entgegengesetzten Rang einnahm und durch die geringste Quote an Kurzzeitbeschäftigten hervorragte.

Kann anhand der für das Gros der Bewohner aller vier Straßen zutreffenden, überaus kurzen Dauer der Berufsausübung kein eindeutiger Nachweis für den Zusammenhang von Berufszugehörigkeit und (beruflicher) Verweildauer erbracht werden, so bleibt zu ermitteln, ob sich der vergleichsweise geringe Anteil der Bewohner, deren Berufsausübung fünf Jahre überschritt, etwa nur auf wenige Sozialgruppen konzentrierte und auf welche Zeitspannen sich deren Erwerbstätigkeit erstreckte.

Innerhalb dieser erheblich kleineren, insgesamt jedoch noch 800 Mitglieder umfassenden Einwohnergruppe waren - wiederum übereinstimmend in allen vier Straßen - diejenigen Personen am häufigsten anzutreffen, deren Berufsausübung sechs bis zehn Jahre andauerte. Die höchsten Anteile der zu dieser nach zeitlichen Maßstäben angelegten Kategorie zählenden Bewohner stellten die beiden Arbeiterstraßen. Mit 10,21 Prozent (129 Personen) rangierte die Wulfhoopstraße noch vor der Rasingstraße, deren Einwohneranteil sich auf 9,89 Prozent (142 Personen) belief. Weitaus geringer nahmen sich demgegenüber die jeweiligen Quoten der maximal zehnjährigen Berufsausübung in der Gastfeldstraße mit 8,56 Prozent (90 Personen) und in der Kornstraße mit 7,61 Prozent (128 Personen) aus.
Während die Gruppe der "Sonstigen" weder in der Gastfeld- noch in der Rasing- oder Wulfhoopstraße mit einer sechs- bis zehnjährigen Dauer der Berufsausübung ihrer Erwerbstätigen vertreten war, fand diese Gruppierung in der Kornstraße den weitesten relativen Verbreitungsgrad innerhalb dieser Beschäftigungszeitspanne. In der Gastfeldstraße entfielen die höchsten Anteile auf die Unternehmer, und in der Rasingstraße kam den Arbeitern dieser Rang zu, wohingegen in der Wulfhoopstraße die Händler diese Vorreiterposition innehatten.

Mit zunehmender Ausdehnung des Beschäftigungszeitraumes ist in allen vier Straßen eine drastische Reduzierung der jeweiligen Einwohneranzahl zu beobachten, die eine längere berufliche Verweildauer aufwies.

Konnte für die sechs- bis zehnjährige Dauer der Berufsausübung ein noch verhältnismäßig zahlreicher Personenkreis von 489 Erwerbstätigen in den vier Straßen der südlichen Vorstadt ausgemacht werden, so war in der Gruppe mit 11- bis 15jähriger Beschäftigungsdauer schon eine deutliche Verringerung zu verzeichnen, da dieser zeitlichen Sparte lediglich 175 Einwohner angehörten. Eine noch stärkere Minimierung erfuhren jedoch diejenigen Personengruppen, die ihrer beruflichen Tätigkeit 16 bis 20 Jahre lang mit gleichzeitigem Wohnsitz in einer der vier Straßen nachgingen. Die geringe Gesamtanzahl von 83 Bewohnern läßt erkennen, daß in jeder Straße nur Kleinstgruppen mit dieser identischen beruflichen Permanenz existierten. In allen verbleibenden, eine noch längere Beschäftigungsdauer aufweisenden Sparten waren ausschließlich einzelne Bewohner vorzufinden. Diese insgesamt 53 als Einzelfälle zu bezeichnenden Personen übten ihren jeweiligen Beruf länger als 20 Jahre aus und bewiesen somit ein hohes Maß beruflicher Beständigkeit. Einige Bewohner verbrachten offenbar ihr gesamtes Berufsleben in einer der vier Straßen.

In sämtlichen dieser Untersuchung als Betrachtungsgrundlage dienenden Fünfjahreszeitspannen, die den kürzesten Zeitraum von ein bis fünf Jahren überschritten, brachte die Einwohnerschaft der beiden Arbeiterstraßen, in erster Linie jedoch die Bevölkerung der Rasingstraße, die höchsten Anteile mit längerer Beschäftigungsdauer ihrer Erwerbstätigen hervor.

Die Untersuchungsergebnisse erlauben keine eindeutige Beantwortung der Frage nach der Stabilität bzw. Instabilität einzelner Berufe. Die Mehrzahl aller Bewohner der vier Straßen betätigte sich zwischen 1875 und 1914 nur für einen relativ kurzen Zeitraum von ein bis fünf oder aber sechs bis maximal zehn Jahren in ihrem jeweiligen Beruf. Die wenigen existierenden Sonderfälle unter den Bewohnern, die sich aufgrund der langen Dauer ihrer Berufsausübung durch berufliche Kontinuität hervortaten und den unterschiedlichsten Sozialgruppen angehörten, können keineswegs als typische Repräsentanten dieser Gruppierungen oder gar als Indiz für deren Stetigkeit angesehen bzw. geltend gemacht werden.

Die Dauer der Berufsausübung der in der Gastfeld-, Korn-, Rasing- oder Wulfhoopstraße lebenden Stadtteilbewohner liefert nur einen Stein des sich aus zahlreichen Teilen zusammensetzenden Mosaiks herrschender Strukturen und sozialer Verflechtungen, die das berufliche und soziale Leben in diesem Viertel bedingten und prägten. Aus der nachweislich weitverbreiteten, kurzlebigen Beschäftigungsdauer der Südervorstädter im Zeitraum von 1875 bis 1914, also seit der Eingemeindung dieses Stadtteils bis zum zeitlichen Einschnitt des Ersten Weltkrieges, kann noch keinesfalls geschlossen werden, daß dieses Viertel insgesamt durch eine starke, aus einem ständigen "Kommen und Gehen" der offenkundig mobilen Einwohnerschaft resultierenden Fluktuation gekennzeichnet war. Ebenfalls unbeantwortet bleibt damit zunächst noch die Frage, ob, in welchem Ausmaß und für welche Teile der Einwohnerschaft eine Bindung an das Viertel existierte. Nicht zuletzt bleibt zu ergründen, welche Ursachen der überwiegend kurzen Dauer der Betätigung in ein und demselben Beruf zugrundelagen. Stellte diese relativ kurzfristige berufliche Verweildauer etwa das Produkt häufig erfolgter Berufswechsel dar, und inwiefern korrespondierte die Dauer der Berufsausübung auch mit der Wohndauer der Personen in den vier untersuchten Straßen? Mit der sozialen und geographischen Mobilität sind die beiden naheliegendsten, wenn auch vorerst potentiellen Faktoren benannt, die zur Erhellung des Phänomens der kurzen Dauer der Berufsausübung so vieler Einwohner der vier Straßen beitragen können.

Berufswechsel

Ging die Analyse der Dauer der Berufsausübung ausschließlich von den Berufen der Stadtteilbewohner aus, ohne die individuellen, beruflichen Werdegänge zu berücksichtigen, so wendet sich die hier im Mittelpunkt stehende Untersuchung der sozialen Mobilität der Einwohner notwendig den verschiedenen Personen, die zwischen 1875 und 1914 zur Bevölkerung der vier ausgewählten Straßen zählten, zu, um deren Karrieren aufzuspüren. Hohe Mobilitätsraten erscheinen als ein plausibler Erklärungsansatz zur Benennung der möglichen Ursachen für die kurze berufliche Verweildauer der bei weitem überwiegenden Mehrheit der Stadtteilbewohner. Die Betrachtung sämtlicher persönlicher Laufbahnen in den einzelnen Straßen, die der Ermittlung der jeweiligen Mobilitätsraten dient, zeitigt abermals ein erstaunliches, dieser Vermutung zuwiderlaufendes Ergebnis. Die Bewohner aller vier Straßen zeichneten sich, obwohl das Gros nur eine kurze Dauer der Berufsausübung aufwies, keineswegs durch einen häufigen Wechsel ihrer Tätigkeitsfelder, sondern vielmehr durch berufliche Persistenz aus.

Die höchsten Anteile an Berufswechslern fanden sich in den beiden Arbeiterstraßen. Die Einwohner der Rasingstraße zeigten sich im Straßenvergleich mit 4,17 Prozent (54 Personen) am mobilsten. Unwesentlich geringer belief sich die Mobilitätsrate von 4,08 Prozent (46 Personen) in der Wulfhoopstraße. Doch die Bewohner beider kleinbürgerlich-proletarisch geprägten Straßen schienen offenbar noch weniger zu beruflichen Veränderungen geneigt bzw. gezwungen zu sein. In der Kornstraße gaben nur 3,53 Prozent (44 Personen) der Einwohnerschaft ihren ursprünglichen Beruf zugunsten einer anderen Tätigkeit auf, während die Gastfeldstraße lediglich mit einer minimalen Quote von 3,41 Prozent (33 Personen) aufwartete und deren Bewohner somit am immobilsten zu charakterisieren waren.

Die Untersuchung der sozialen Mobilität der in der Gastfeld-, Korn-, Rasing- oder Wulfhoopstraße lebenden Einwohner erfolgt ausschließlich unter der Maßgabe, daß die Erwerbstätigen im Laufe des 40jährigen Zeitraumes tatsächlich einen oder mehrere Wechsel ihrer zuvor ausgeübten Tätigkeit vollzogen. Keine Berücksichtigung finden in diesem Rahmen diejenigen Personen, die sich innerhalb ihres jeweiligen Berufes zwar dahingehend veränderten, daß sie sich entweder qualifizierten - wie etwa der berufliche Aufstieg eines Handwerksgesellen zum Meister - oder aber dequalifizierten, indem sie nunmehr eine vom ehemaligen Sozialstatus geringschätzigere Tätigkeit ausübten, wie dies beispielsweise bei dem Wechsel eines Vorarbeiters zum Arbeiter der Fall war. Ebensowenig fließen diejenigen Personen in die Analyse ein, die zwischen Berufslosigkeit und Berufstätigkeit pendelten, wie dies insbesondere bei verschiedenen weiblichen Haushaltsvorständen zu beobachten war.

Zunächst sei der Frage nachgegangen, welche Berufe vorzugsweise in den einzelnen Straßen aufgegeben wurden und welches berufliche Betätigungsfeld an die Stelle der ehemaligen Erwerbstätigkeit trat.

Unter den Bewohnern der Gastfeldstraße stellten die Arbeiter den größten Personenkreis, der sich einer anderen Erwerbsform zuwandte. Während zwei Personen weiterhin der Berufsgruppe der Arbeiter zuzurechnen waren, verteilten sich die verbleibenden zwölf Arbeiter relativ gleichmäßig auf die Gruppen der Händler, Handwerker, Beamten und Angestellten, Dienstleister, Unternehmer und Schiffahrtsangehörigen. Den Arbeitern folgte die achtköpfige Handwerkergruppe, deren Mitglieder sich lediglich auf drei berufliche Gruppierungen konzentrierten. Fünf der zuvor einen handwerklichen Beruf ausübenden Bewohner betätigten sich fortan als Arbeiter, zwei Personen griffen eine Tätigkeit im Handel auf und ein Einwohner wechselte in die Schiffahrt. Die sich aus sechs Personen zusammensetzende Gruppe der Beamten und Angestellten gelangte insofern zur Auffälligkeit, als vier Personen trotz ihres Berufswechsels auch weiterhin in ihrer Berufsgruppe verblieben, während die anderen beiden Einwohner künftig als Arbeiter bzw. Händler ihre Einkünfte bezogen. Die je nur aus zwei Personen bestehenden Gruppen der Dienstleister und "Sonstigen" stimmten dahingehend überein, daß jeweils eine Person in ihrer Berufsgruppe verharrte und die anderen beiden Einwohner eine Tätigkeit im Handel aufgriffen. Demgegenüber wies die Gruppe der Unternehmer und Selbständigen nur einen Bewohner der Gastfeldstraße auf, der fortan im Dienstleistungssektor agierte. Weder bei den Händlern noch bei den Schiffahrtsangehörigen konnte eine berufliche Veränderung ausgemacht werden.

Auch in der Kornstraße bewiesen Arbeiter die größte berufliche Flexibilität. Bei dem von 14 Arbeitern vollzogenen Berufswechsel wurde offensichtlich das Handwerk als neuer Wirkungskreis präferiert, da sich immerhin fünf Personen einem handwerklichen Beruf zuwandten. Betätigten sich drei ehemalige Arbeiter fortan im Kleinhandel, so behielten zwei Bewohner ihr proletarisches Dasein bei, während je eine Person in die Berufsgruppen der Dienstleister, der Unternehmer, der Schiffahrtsangehörigen oder der "Sonstigen" überwechselte. Strukturelle Verwandtschaftsmerkmale zur Gastfeldstraße waren bei den die zweitgrößte Gruppe unter den Berufswechslern bildenden Handwerkern der Kornstraße zu verorten. Doch nicht nur in der Gruppenstärke, sondern auch in der Wahl ihrer neuen Tätigkeitsbereiche machten sich unverkennbare Übereinstimmungen bemerkbar. Acht der insgesamt elf Handwerksgesellen wechselten zur Berufsgruppe der Arbeiter, zwei Personen betätigten sich weiterhin im Handwerk und ein Bewohner avancierte zur Gruppe der Unternehmer. Beamte und Angestellte rangierten - entsprechend der Position, die ihnen in der Gastfeldstraße zukam - mit sechs Personen an dritter Stelle. Die Analogie setzte sich sowohl in der bei ebenfalls vier Bewohnern zutreffenden Aufrechterhaltung ihrer Berufsgruppenzugehörigkeit fort als auch in dem Wechsel einer Person zum Handel. Die einzige Abweichung zur Gastfeldstraße vollzog der verbleibende Bewohner, der das Betätigungsfeld der Angestellten fortan gegen den Wirkungskreis der Unternehmer tauschte. Im Gegensatz zur Gastfeldstraße jedoch veränderten in der Kornstraße immerhin sechs Unternehmer ihre berufliche Position. Nur einer von ihnen zählte auch künftig zu dieser privilegierten Gruppe, während sich zwei dieser ehemals Selbständigen nunmehr dem Handwerk widmeten und je eine Person als Arbeiter, Händler bzw. Dienstleister ihr Dasein fristeten. Bewiesen bereits die in der Gastfeldstraße ansässigen Händler ein hohes Maß an beruflicher Beharrlichkeit, so traf dies - wenn auch in eingeschränktem Umfang - ebenfalls auf die im Kleinhandel tätigen Bewohner der Kornstraße zu. Wenngleich drei Händler dieses Straßenzuges einen neuen Beruf aufnahmen, so ging dieser Wechsel lediglich für einen Bewohner mit einer veränderten Berufsgruppenidentität einher. Die neue, im Dienstleistungssektor angesiedelte Tätigkeit ließ indes große Artverwandtschaft zum ursprünglichen Beruf erkennen. Dienstleister strebten fraglos primär nach Selbständigkeit, wie aus der von zwei Bewohnern vorgenommenen Gründung eines Unternehmens und dem von einem Einwohner eröffneten Kleinhandel geschlossen werden kann. Ein in der Schiffahrt tätiger Bewohner ergriff zwar einen anderen Beruf, blieb allerdings auch weiterhin zu Wasser tätig.

Die Bewohner der Rasingstraße bildeten hinsichtlich der dominierenden Berufsgruppenzugehörigkeit der Berufswechsler keine Ausnahme. Wie in der Gastfeld- und Kornstraße kam auch in diesem ohnehin überwiegend von Proletariern bewohnten Straßenzug den Arbeitern die Rolle der mobilsten beruflichen Gruppierung zu. Ein beruflicher Wechsel wurde hier von insgesamt 28 Arbeitern angestrebt und scheinbar zu Teilen von Erfolg gekrönt. Zehn dieser Bewohner tauschten allerdings nur einen der vielfältig existierenden, sich in den meisten Fällen lediglich graduell voneinander unterscheidenden Arbeiterberufe gegen einen anderen ein, so daß sie auch nach ihrem Berufswechsel der Gruppe der Arbeiter angehörten. Fünf Arbeiter sattelten hingegen zu einem der im Handel angesiedelten Berufe über. Gleichermaßen bevorzugt wurden von je vier Arbeitern der Rasingstraße einerseits die breit gefächerten handwerklichen Berufe, andererseits unternehmerische Tätigkeiten. Nur noch drei Bewohner bekundeten mit ihrem beruflichen Wechsel Interesse an einer der Dienstleistungstätigkeiten, wohingegen sich die beiden verbleibenden, ehemals Arbeiterberufen nachgehenden Personen fortan zu den Angestellten zählen konnten. Auch in der Rasingstraße stellten die Handwerker gleich nach den Arbeitern die zweitgrößte Gruppe derjenigen Erwerbstätigen, die ihren Wirkungskreis zu verändern suchten oder aber zu einem Berufswechsel gezwungen waren. Entsprechend der in der Gastfeld- und Kornstraße zu beobachtenden Tendenzen reihte sich auch hier mit zehn Personen die Mehrzahl der insgesamt 14köpfigen Handwerkergruppe künftig in die Reihen der zahlreichen Arbeiter ein. Zwei Handwerker traten dem Handel bei, ein Bewohner bezog seine Einkünfte fortan als Angestellter, doch nur eine Person verblieb auch weiterhin im Handwerk. Abweichend von der Gastfeld- und

Kornstraße drängten in der Rasingstraße nicht die Beamten und Angestellten, sondern fünf Dienstleister nach beruflichen Veränderungen, die ihre Tätigkeit aufgaben und sich nun alle als Arbeiter verdingten. Orientierten sich die Händler in den beiden kleinbürgerlich-proletarischen Straßenzügen bei einem erforderlichen Berufswechsel auch weiterhin in ihrem bereits zuvor ausgeübten Betätigungsfeld, so traten in der proletarischen Rasingstraße vier Händler in andere Berufsgruppen über. Zwei von ihnen verbrachten ihr neues berufliches Dasein als Arbeiter, eine Person als Angestellter und ein Händler strebte als Unternehmer dem Ufer der Selbständigkeit zu. Andererseits schlugen zwei Bewohner der Rasingstraße den umgekehrten Weg ein, indem sie ihre Unternehmen aufzulösen gezwungen waren und fortan als lohnabhängige Arbeiter ihren Lebensunterhalt zu sichern hatten. Diesen beruflichen Werdegang vollzog auch ein zuvor der Schiffahrt angehöriger Einwohner, der nunmehr einen Arbeiterberuf ergriff. Weder in der Gruppe der Beamten und Angestellten noch bei den "Sonstigen", die beide überdies nur vereinzelt unter der Einwohnerschaft der Rasingstraße anzutreffen waren, tätigte ein Mitglied dieser Berufsgattungen einen Berufswechsel.

Arbeiter nahmen auch in der Wulfhoopstraße den ersten Platz unter denjenigen Bewohnern ein, die ihren Wunsch nach einer beruflichen Veränderung oder die Notwendigkeit, ihren ursprünglichen Beruf aufzugeben, in die Tat umsetzten. Von diesen 25 Arbeitern bevorzugte die Mehrzahl von elf Personen eine andere Tätigkeit innerhalb ihrer eigenen Berufsgruppe. In Übereinstimmung mit der Rasingstraße wurde als alternatives Berufsfeld in erster Linie - hier immerhin von sechs ehemaligen Arbeitern - eine der im Handel zur Verfügung stehenden Erwerbsformen gewählt. Bei vier Personen fiel die Wahl auf einen handwerklichen Beruf, und jeweils zwei Bewohner entschlossen sich dazu, künftig als Angestellte oder als Unternehmer ihren beruflichen Werdegang fortzusetzen. Wie schon in der Gastfeld-, Korn- und Rasingstraße zu beobachten war, bildeten Handwerker mit elf Personen auch in der Wulfhoopstraße die zweitstärkste Berufsgruppe unter den Berufswechslern. Als vorherrschende berufliche Veränderungsperspektive ergab sich wiederum ein Arbeiterberuf, dem sich sechs Handwerker zuwandten. Zwei Bewohner übten auch nach ihrem Berufswechsel eine handwerkliche Tätigkeit aus, und je eine Person ließ sich im Handel, bei der Gruppe der Angestellten oder bei den Schiffahrtsangehörigen nieder. Je vier Bewohner entstammten dem Kleinhandel und der Gruppe der Beamten und Angestellten. Ähnliche Erscheinungsformen des Berufswechsels wie in der Rasingstraße traten bei den Händlern der Wulfhoopstraße zutage. Zwei Händler wechselten zur Berufsgruppe der Arbeiter, ein Bewohner machte sich als Unternehmer selbständig, während der vierte Händler auch weiterhin im Handel agierte. Von den vier Beamten und Angestellten bevorzugte ebenfalls nur eine Person den Verbleib in ihrer Berufsgruppe. Zwei Bewohner wechselten hingegen zu den Arbeitern und eine Person zur Schiffahrt über.

In allen vier Straßen läßt sich somit übereinstimmend konstatieren, daß allen anderen Berufsgruppen voran die der Arbeiter als mobilste berufliche Gruppierung einzustufen war. Zwar vollzog ein Großteil der Arbeiter, die ihren Beruf wechselten, keinen gravierenden Wandel, da ihre neue Tätigkeit dem alten Beruf weitgehend vergleichbar war. Dennoch zeichnen sich durch den vollzogenen Berufswechsel anderer, zuvor in Lohnarbeit stehender Arbeiter sehr wohl auch entgegengesetzte Tendenzen ab, die darauf hindeuten, daß einzelnen Berufszweigen offensichtlich der Vorrang gegeben wurde. Sowohl in den beiden Arbeiterstraßen als auch in den beiden kleinbürgerlich-proletarischen Straßenzügen wurde von Arbeitern, wie dies anhand der gehäuft auftretenden Wechsel zu erkennen war, einerseits der Handel, andererseits das Handwerk als geeignetes neues Betätigungsfeld gewählt, mithin zwei Erwerbszweige, die für Arbeiter gleichermaßen als erstrebenswerte wie erreichbare soziale Gruppen galten. Andere, vergleichbar eindeutige Präferenzen der Arbeiter sind, da es sich bei dem Hinwenden zu anderen Berufsgruppen lediglich um Einzelfälle handelte, weder ersichtlich noch zu belegen.

Aber auch die Handwerker aller vier Straßen können noch als relativ mobile Berufsgattung bezeichnet werden. Allerdings erwies sich die von den Handwerkern durch ihren Wechsel eingeschlagene berufliche Laufbahn in den meisten Fällen als ein im Vergleich zu den angestrebten Veränderungen der Arbeiter eher gegenläufiger Trend, der darin mündete, daß die überwiegende Mehrheit der Handwerker zu den Arbeitern überwechselte. Ähnliche Favoriten unter den möglichen Berufsvarianten, wie sie bei den Arbeitern nachweislich existierten, sind für die Handwerker nicht erkennbar.

Durch berufliche Persistenz zeichneten sich in erster Linie die Gruppen der "Sonstigen" und der Schiffahrtsangehörigen, aber auch die der Unternehmer und der Dienstleister aus. Bei den Händlern tritt die Polarität der beiden Straßenpaare zu Tage. Tendierte diese Berufsgruppe in der Gastfeld- und Kornstraße deutlich zu einer Beibehaltung ihrer Händlertätigkeit, so können in den beiden Arbeiterstraßen, die im Gegensatz zur Gastfeld- und Kornstraße ohnehin nur wenige Händler beherbergten, im Ansatz zuwiderlaufende Bestrebungen ausgemacht werden, wie dies auch auf die Gruppe der Beamten und Angestellten zutraf.

Kann nun aus der beruflichen Persistenz verschiedener Berufsgruppen, mithin aus der Beibehaltung des ursprünglichen Berufes sowie aus dem nicht existenten Wunsch bzw. Zwang, einen Berufswechsel zu vollziehen, geschlußfolgert werden, daß diese Berufstätigen ökonomisch gut abgesichert waren und daß die entsprechenden Erwerbszweige florierten? Bedeutete dies im umgekehrten Falle gleichzeitig, daß die bei den Arbeitern und Handwerkern zu verortende, relativ hohe soziale Mobilität gleichzusetzen war mit einem unsicheren beruflichen Dasein, einhergehend mit dem Kampf um die Sicherung des Existenzminimums?

Waren folglich einzelne Berufe bzw. ganze Berufsgruppen für einen beruflichen Wechsel prädestiniert? Eine Bejahung dieser Fragen käme einer vorschnellen Interpretation gleich. Grundsätzlich bleibt in Rechnung zu stellen, daß die Einwohnerschaft der vier ausgewählten Straßen nur einen Bruchteil der Bevölkerung der südlichen Vorstadt ausmachte, so daß strukturelle Merkmale, Veränderungen derselben sowie Fragen des sozialen Wandels nicht zwangsläufig als Abbild dieses Viertels betrachtet werden können, sondern nur einen kleinen Ausschnitt der gesellschaftlichen Verhältnisse widerspiegeln, wie sie im 40jährigen Zeitraum von 1875 bis 1914 herrschten.

Die Beurteilung sozialer Mobilität im letzten Viertel des 19. und zu Beginn des 20. Jahrhunderts, die Ergründung ihrer ursächlichen Zusammenhänge, ihrer Erscheinungsformen und Verläufe, nicht zuletzt aber auch ihrer zeitlichen Einordnung und das Eruieren eines etwaigen Zusammentreffens sozioökonomischer Ereignisse sowie der Folgen für die sozial Mobilen, erfordert eine umfassende Analyse der gesellschaftlichen Verhältnisse und insbesondere die Berücksichtigung der sozialen Lage der unterschiedlichen Berufe bzw. Branchen. So kann keinesfalls etwa aus einer selbständigen Tätigkeit eines Einwohners - sei es nun ein Fabrikant, ein Kleinhändler mit Ladenbesitz oder beispielsweise ein Fuhrwerkseigner - zwangsläufig darauf geschlossen werden, daß dieser Selbständige tatsächlich die Privilegien der besitzenden Klasse genoß, zumal ein Großteil der in dem Arbeiterviertel der südlichen Vorstadt ansässigen Unternehmer und Selbständigen sowohl ökonomisch als auch sozial oft kaum besser gestellt war als andere Gehalts- bzw. Lohnempfänger. Die Beispiele der vereinzelt anzutreffenden ehemaligen Unternehmer - wie der Fall eines Bauunternehmers in der Gastfeldstraße, der diese Tätigkeit aufgab und fortan als Wirt seinen Lebensunterhalt bestritt, oder die beiden Exempel der Zigarrenfabrikanten in der Korn- und Rasingstraße, die künftig nur noch dem Beruf des Zigarrensortierers bzw. des Zigarrenmachers nachgingen - legen Zeugnis dafür ab, daß die ökonomische Stellung und das gesellschaftliche Ansehen dieser Personen keineswegs identisch sein mußten und oft auch nicht von Bestand waren. Art und Umfang des Besitzes an Privateigentum entschieden maßgeblich über dessen Fortbestand, Vermehrung oder aber Verlust.

Die nähere Betrachtung der Branchenzugehörigkeit der Handwerker, die bei einem Berufswechsel in allen vier Straßen übereinstimmend vorzugsweise den Beruf des Arbeiters ergriffen und mit dieser gewählten Alternative dem im Kaiserreich weitverbreiteten Trend folgten bzw. entsprachen,[410] liefert keinerlei Beleg für die Vermutung einer vorhandenen Konzentrierung auf einzelne Gewerbe, sondern unterstreicht vielmehr, daß die sozial mobilen Handwerker in jeder Straße die ganze Bandbreite der existierenden Branchen repräsentierten.

Doch wie häufig wechselten die Bewohner ihren Beruf, und kehrten möglicherweise einige dieser insgesamt 177 Personen zählenden Berufswechsler zu ihrem ursprünglichen Beruf zurück? Mit 151 Personen (85,31 Prozent) bildeten diejenigen Bewohner, die nur einmal während ihrer Anwesenheit in einer der vier Straßen den Beruf wechselten, die überwiegende Mehrheit unter den sozial Mobilen. Einen zweifachen Berufswechsel vollzogen nur noch 20 Personen (11,30 Prozent), von denen drei Berufstätige die Gastfeldstraße bewohnten und lediglich eine Person in der Kornstraße lebte, während die Wulfhoopstraße immerhin sieben und die Rasingstraße neun Einwohner mit doppeltem Berufswechsel aufzuweisen hatte. Doch es fanden sich auch sechs Südervorstädter (3,39 Prozent), die selbst dreimal einen neuen Beruf wählten. Diese beruflich flexibelsten Personen waren unter den Bewohnern der Gastfeldstraße nicht anzutreffen, und auch die Korn- und Wulfhoopstraße zählte nur je einen dieser Einwohner. Demgegenüber bewiesen in der Rasingstraße gleich vier Bewohner dieses hohe Maß an beruflicher Mobilität.

Im Gegensatz zur Gastfeld- und Kornstraße, deren Bewohner übereinstimmend nach einem zwei- oder gar dreifachen Berufswechsel keine ihrer zuvor ausgeübten Tätigkeiten erneut aufgriffen, stellte diese Rückkehr in den "alten" Beruf bei den Einwohnern der beiden Arbeiterstraßen keine Ausnahme dar. In der Rasingstraße wandten sich sechs der dreizehn Bewohner, die einen zwei- bzw. dreifachen Berufswechsel vollzogen hatten, ihrer ursprünglichen Betätigung abermals zu. Bei allen sechs Personen handelte es sich um Arbeiter bzw. Zigarrenmacher, die zwischenzeitlich für wenige Jahre eine andere Erwerbsform gewählt hatten. Die verbleibenden sieben Bewohner veränderten ihre berufliche Position dauerhaft, wenngleich keine gravierenden sozialen Auf- bzw. Abstiege mit diesen neuen Berufen einhergingen und in einigen Fällen auch die Berufsgruppenzugehörigkeit als Arbeiter bzw. Handwerker beibehalten wurde.

Nur einer dieser Bewohner, der sich überdies durch die lange Wohndauer von 37 Jahren in der Rasingstraße hervortat, schlug offenbar einen erfolgreichen Weg ein. Bereits im Jahre 1875 hatte er als Arbeitsmann eines der neu erstellten Arbeiterhäuser bezogen. Dieser Tätigkeit ging er jedoch nur für die Dauer von fünf Jahren nach und ließ sich im Jahre 1880 nach seinem ersten Berufswechsel mit einer Wichsefabrik dort nieder. Sein unternehmerisches Wirken in der Rasingstraße währte immerhin elf Jahre lang, bis er abermals einen anderen Beruf wählte. Mit diesem zweiten Berufswechsel im Jahre 1891 versuchte er sich für zwei Jahre als Handelsmann. Doch nach diesem kurzen beruflichen Intermezzo kehrte er schon im Jahre 1893 zu seiner selbständigen Position als Wichsefabrikant zurück, die er daraufhin noch für achtzehn Jahre innehatte. Erst im Jahre 1911 wies das Bremer Adreßbuch diesen Bewohner als Privatmann aus. Sein beruflicher Werdegang weist diesen Einwohner der Rasingstraße durch seinen dreifachen Berufswechsel als einen der sozial mobilsten und gleichzeitig offensichtlich erfolgreichsten Bewohner aus.

Kaum minder skurril präsentiert sich die berufliche Laufbahn eines anderen, ebenfalls über diesen langen 37jährigen Zeitraum in der Rasingstraße lebenden Bewohners, der im Jahre 1878 als Arbeitsmann in diese Arbeiterstraße zog und seinen ursprünglichen Beruf schon ein Jahr später gegen das Betätigungsfeld des Schenkwirts wechselte. Elf Jahre lang stand er hinter dem Tresen einer Schenkwirtschaft, bis er im Jahre 1890 wieder als Arbeitsmann seinen Lebensunterhalt bestritt. In diesem Beruf verharrte er nunmehr erneut vierzehn Jahre. Doch auch dieser zweite, mit der Rückkehr zum Arbeiterdasein einhergehende Berufswechsel blieb nicht von Dauer; denn im Jahre 1904 legte er diese Erwerbsform ein zweites Mal ab, um sie erneut gegen die des Schenkwirts einzutauschen und letztere bis zum Jahre 1914 aufrechtzuerhalten.
In der Wulfhoopstraße waren die insgesamt acht zwei- oder dreifachen Berufswechsel der Einwohner in sechs Fällen mit einer späteren Wiederaufnahme des ersten Berufes verbunden. Wie in der Rasingstraße, so entstammten diese Bewohner fast ausnahmslos der Berufsgruppe der Arbeiter. Doch im Gegensatz zur Rasingstraße fanden sich in der Wulfhoopstraße weder vergleichbar auffällige berufliche Veränderungen oder Karrieren noch einzelne Personen, deren Werdegang mit einer annähernd langen Wohndauer korrespondierte, wie dies für die beiden Bewohner der Rasingstraße zutraf.

Ein mehrfacher Berufswechsel war somit in erster Linie in den beiden Arbeiterstraßen anzutreffen und kam dort in den meisten Fällen einer Rückkehr zum ursprünglichen Beruf gleich. Wenngleich mangels überlieferter Eigenbekundungen der betreffenden Personen die persönlichen Beweggründe für die mehrmals vollzogenen beruflichen Veränderungen offenbleiben, so läßt sich anhand der gehäuft auftretenden Wiederaufnahme des alten Berufes schließen, daß sich diesen Bewohnern trotz ihrer Flexibilität offenkundig nur selten eine dauerhafte alternative Berufsperspektive bot und der Wechsel zu anderen Tätigkeitsformen nur ein - nachweislich meist kurzfristiges - berufliches Übergangsstadium darstellte. Doch ob der Berufswechsel nun einmalig - und damit auf Dauer - oder mehrfach - und oft mit einer Rückkehr zur ehemals ausgeübten Tätigkeit verbunden - von den Erwerbstätigen vorgenommen wurde, erweist sich insofern als unerheblich, als der Anteil, den die Berufswechsler in den vier Straßen stellten, hiervon unberührt bleibt. Das Gros der Bewohner behielt den Beruf bei, so daß die berufliche Mobilität in den vier Straßen dieses Arbeiterviertels im Zeitraum von 1875 bis 1914 eher als gering einzustufen ist. Folglich kann die soziale Mobilität auch nicht als Ursache für die überwiegend kurze Dauer der Berufsausübung benannt werden. Der für den Großteil der Bewohner zutreffende kurze Beschäftigungszeitraum ist offenbar in erster Linie auf die Wohndauer zurückzuführen und legt somit die Schlußfolgerung nahe, daß das Ausmaß räumlicher Mobilität das der sozialen

Beweglichkeit bei weitem übertraf. Eine möglicherweise weitgehende Übereinstimmung von Beschäftigungs- und Wohndauer der Personen würde allerdings auch eine Relativierung der Untersuchungsergebnisse, die die Analyse des Berufswechsels der Bewohner zeitigte, erfordern bzw. eine Erklärung für die relativ niedrigen Raten beruflicher Mobilität liefern.

Beide im Rahmen der Berufs- und Sozialstruktur relevanten Untersuchungsergebnisse bzw. Erscheinungsformen der kurzen Dauer der Berufsausübung und der relativ geringen Verbreitung des Berufswechsels werden insbesondere im Zusammenhang der Analysen zur geographischen Mobilität der Bewohner der vier Straßen erneut den Gegenstand der Diskussion bilden.

2.3 Mehrfachbeschäftigungen

Eine Minderheit der Bevölkerung übte nicht ausschließlich einen, sondern mehrere Berufen gleichzeitig aus. Das Phänomen der Mehrfachbeschäftigung war auch in der sich von einer agrarischen Region zu einem Arbeiterviertel entwickelnden südlichen Vorstadt Bremens anzutreffen.

Wandte sich die Analyse der Berufs- und Sozialstruktur zunächst ausschließlich den von den Bremer Adreßbüchern als erster Beruf ausgewiesenen Tätigkeiten der Bewohner und deren strukturellen Veränderungen in den vier ausgewählten Straßen der südlichen Vorstadt im Zeitraum von 1875 bis 1914 zu, so gilt das Interesse im folgenden denjenigen Einwohnern, die zwei oder gar drei Berufen zur gleichen Zeit nachgingen. Zwar beschränkte sich die Mehrzahl der Bevölkerung auf die Ausübung eines Berufes, doch es fanden sich auch insgesamt 168 Personen (3,62 Prozent), die zwischenzeitlich oder dauerhaft einer sogenannten Mehrfachbeschäftigung nachgingen. Personen mit doppelter oder dreifacher Berufsausübung waren in allen vier Straßen zu verorten, allerdings stellten die Gastfeld- und Kornstraße einen deutlich höheren (absoluten und relativen) Anteil dieser Erwerbstätigen als die beiden Arbeiterstraßen. Die geringste Verbreitung fanden Mehrfachbeschäftigungen unter den Einwohnern der Wulfhoopstraße, deren Gruppe lediglich 25 Personen (2,21 Prozent) umfaßte. Aber auch die Rasingstraße konnte nur mit 34 diesbezüglichen Mitgliedern (2,62 Prozent) aufwarten. Demgegenüber wies die Gastfeldstraße 43 Bewohner (4,43 Prozent) und die Kornstraße immerhin 66 ihrer Einwohner (5,30 Prozent) mit zwei bzw. drei Berufen auf. In allen vier Straßen blieb die gleichzeitige Ausübung von drei Berufen eine Ausnahme. Während in der Rasingstraße Mehrfachbeschäftigungen ausschließlich in Form von zwei Berufen vorzufinden waren, lebte in der Wulfhoopstraße nur eine Person, die sich drei Tätigkeiten widmete. Selbst in der sich durch den höchsten Anteil an Mehrfachbeschäftigungen auszeichnenden Kornstraße bestritten lediglich zwei Bewohner ihren Lebensunterhalt mit drei Berufen. Nur die Gastfeldstraße tat sich mit sieben Erwerbstätigen hervor, die drei Berufen zur gleichen Zeit nachgingen. Mehrfachbeschäftigungen blieben somit in der Regel auf die gleichzeitige Praktizierung von zwei Berufen begrenzt.

Die verschiedenen Arten von Mehrfachbeschäftigungen

Die Beschränkung auf zwei Erwerbstätigkeiten war jedoch nicht gleichzusetzen mit einer eingegrenzten Anzahl an Zweitberufen. Die 168 Bewohner der vier Straßen boten mit ihren zweiten Beschäftigungen vielmehr ein breites Spektrum unterschiedlicher Berufe. Diese berufliche Vielfalt schlug sich in 97 voneinander abweichenden Berufsbezeichnungen nieder, von denen 21 in der Wulfhoopstraße, 27 in der Rasingstraße, 37 in der Gastfeldstraße und 40 in der Kornstraße vorzufinden waren. Ein Vergleich mit den sogenannten Erstberufen weist 43 dieser 97 verschiedenen Erwerbsformen und Bezeichnungen als Tätigkeiten aus, die in den vier Straßen ausschließlich als Zweitberuf ausgeübt wurden. Doch wurden mit diesem Reichtum beruflicher Titulierungen auch alle in diesen Straßenzügen existierenden Berufsgruppen gleichermaßen repräsentiert und war somit diese Form der doppelten Berufstätigkeit in allen Arbeitsbereichen anzutreffen oder blieb die gleichzeitige Ausübung von zwei Berufen nur wenigen Berufssparten bzw. Branchen vorbehalten?

Die überwiegende Mehrzahl der Zweitberufe war dem Handel zuzuordnen. Mit 51 unterschiedlichen Tätigkeiten brillierte der Handel nicht nur mit der größten Bandbreite existierender Erwerbsformen bei Mehrfachbeschäftigungen, sondern galt in gleichem Maße als begehrtestes Berufsfeld bei den Bewohnern aller vier Straßen. Der Berufsgruppe des Handwerks gehörten 15 Zweitberufe an. Die drittgrößte Anzahl entfiel auf die Gruppe der Unternehmer und Selbständigen mit elf Berufsvarianten. War der Dienstleistungssektor noch mit acht Berufen vertreten, so fanden sich bei der Gruppe der Beamten und Angestellten nur noch fünf, bei den Arbeitern vier und innerhalb der Gruppe der "Sonstigen" lediglich drei Erwerbsformen, während in der Schiffahrt keine Zweittätigkeit ausgeübt wurde. Mit Ausnahme der zahlreichen, im Handel angesiedelten Berufe und der nicht präsenten Gruppe der Schiffahrtsangehörigen kann aus der Anzahl der unterschiedlichen Berufsspezifikationen noch nicht auf deren Verbreitungsgrad unter den Einwohnern, die zwei oder drei Berufen nachgingen, geschlossen werden.

Die Ermittlung der unter den diversen Mehrfachbeschäftigungen existierenden Berufskombinationen und deren jeweilige Einordnung in die entsprechenden

Berufsgruppen erlaubt zum einen die Beantwortung der Frage, welchen beruflichen Gruppierungen die Erstberufe der betreffenden Personen entstammten und ob sich etwa auch in diesem Zusammenhang eine Konzentrierung auf wenige Berufsgattungen abzeichnete, und gewährt zum anderen einen Einblick in die hier im Mittelpunkt des Interesses stehende Problematik, welche Berufsgruppen unter den Bewohnern der vier Straßen als zweite Tätigkeit verstärkten Zulauf fanden und welche Berufsfelder sich als weniger begehrt erwiesen.

In der Gastfeldstraße waren Mehrfachbeschäftigungen bei weitem am häufigsten bei den Handwerkern anzutreffen. Neunzehn dieser Bewohner, die als Erstberuf eine handwerkliche Tätigkeit ausübten, verteilten sich mit der Wahl ihres Zweitberufes lediglich auf zwei Berufsgruppen. Von dreizehn Handwerkern wurde ein ebenfalls zum Handwerk zählender Beruf bevorzugt, während sich sechs Personen dem Handel mit Waren unterschiedlichster Art zuwandten. Acht Bewohner entstammten der Berufsgruppe der Arbeiter, die mit sieben Personen ihren Zweiterwerb fast ausschließlich durch eine händlerische Tätigkeit bezogen. Nur ein Arbeiter hatte gleichzeitig einen im Angestelltenbereich angesiedelten Beruf inne. Eine geringe Anhäufung fand sich auch noch bei den fünf Dienstleistern, die mit vier Personen wiederum in erster Linie eine der vielfältigen Beschäftigungsformen im Handel bevorzugten. Nur noch je drei Bewohner repräsentierten die Berufsgruppen der Händler, der Unternehmer und Selbständigen und der "Sonstigen". Fiel die Wahl aller "Sonstigen" auch bei ihrer Zweitbeschäftigung auf eine dieser Berufsgruppe angehörenden Tätigkeit, so betrieben zwei der Selbständigen zugleich einen Handel, während ein Unternehmer eine zweite selbständige Position einnahm. Aus der Gruppe der Beamten und Angestellten sicherten nur zwei Personen ihren Lebensunterhalt durch doppelte Berufsausübung, deren zweites Tätigkeitsfeld im Handel bzw. bei der Gruppe der Unternehmer vorzufinden war. Lediglich innerhalb der Gruppe der Schiffahrtsangehörigen fand sich kein Bewohner der Gastfeldstraße, der einer Mehrfachbeschäftigung nachging.

Unter den Zweitberufen wurde dem Handel gegenüber sämtlichen anderen Berufsgruppen von allen Berufsangehörigen der Gastfeldstraße deutlich der Vorrang eingeräumt. Insgesamt 20 Personen favorisierten eine derartige Tätigkeit neben ihrem ersten Beruf. Aber auch das Handwerk genoß als zweite Erwerbsform einen relativ regen Zulauf; widmeten sich doch immerhin fünfzehn Personen einem handwerklichen Beruf. Alle anderen Berufsgruppen wurden nur vereinzelt als Mehrfachbeschäftigung gewählt.

Weitgehend übereinstimmende Strukturmerkmale, wie sie in der Gastfeldstraße zu ermitteln waren, herrschten in der Kornstraße vor. Auch in dieser kleinbürgerlich-proletarischen Straße übten - allen anderen Berufsgruppen voran - die Handwerker mit der größten Anzahl von 34 Personen zwei Berufe zur gleichen Zeit aus. Die Parallelen zur Gastfeldstraße resultierte jedoch nicht nur aus der identischen Berufsgruppenzugehörigkeit der zahlenkräftigsten Personengruppe unter den Doppelberuflern, sondern schlugen sich auch in den präferierten Tätigkeitsbereichen dieser Handwerker nieder. Der Gastfeldstraße entsprechend fiel die Wahl des Zweitberufes in erster Linie erneut auf eine handwerkliche Tätigkeit, wie dies für fünfzehn Personen zutraf. Alternativ - und damit an zweiter und zugleich letzter Stelle - rangierten verschiedene Tätigkeiten im Handel, die von elf Handwerkern neben ihrem Erstberuf bevorzugt ausgeübt wurden. Auch in der Kornstraße galten die Arbeiter mit dreizehn Bewohnern als zweitgrößte Gruppe unter den Personen mit doppelter Berufsausübung. Zwölf Personen, mithin nahezu alle Arbeiter der Kornstraße, entschieden sich zwecks Erlangung eines Zweitverdienstes wiederum für eine Beschäftigungsform im Handel. Nur ein Arbeiter verpflichtete sich dem Dienstleistungsbereich. Die dritte Position wurde im Gegensatz zur Gastfeldstraße von den Händlern eingenommen, die mit neun Bewohnern vertreten waren. Zwar betrieben fünf dieser Personen mit einem Zweithandel eine verwandte Tätigkeit, doch zwei der Händler erbrachten zugleich eine Dienstleistung, während je ein Angehöriger dieser beruflichen Gruppierung sich in seinem Zweitberuf als Handwerker bzw. als Unternehmer betätigte. Mit jeweils sechs Personen waren die Gruppen der Beamten und Angestellten und der Unternehmer und Selbständigen unter den Bewohnern der Kornstraße anzutreffen. Die Gunst beider Gruppen in der Wahl ihres Zweitberufes fiel auf den Dienstleistungssektor, dem sich je drei dieser Berufsgruppenangehörigen verschrieben. Zwei der Unternehmer betrieben nebenher einen Handel und ein Selbständiger erweiterte seine Position durch zwei gleichzeitig geführte Unternehmen. Je einer der drei verbleibenden Beamten und Angestellten entfiel auf die Gruppen der Händler, der Unternehmer und auf die eigene Gruppe der Beamten und Angestellten. Von den insgesamt fünf zu den "Sonstigen" zählenden Mehrfachbeschäftigten bekundeten je zwei Personen ihr Interesse an Dienstleistungsberufen bzw. am Handel, während sich ein Bewohner dem Handwerk verpflichtete. Unter den Dienstleistern waren Mehrfachbeschäftigungen nur sehr selten anzutreffen. Lediglich zwei Personen wiesen diese Form der doppelten Berufsausübung auf, von denen je ein Bewohner als Unternehmer und als Kleinhändler tätig war.

Als unangefochtener Favorit unter den Zweitberufen gingen die dem Handel zuzuordnenden Tätigkeiten hervor, die von 34 Bewohnern der Kornstraße gewählt und ausgeübt wurden. Ein ebenfalls hohes Ansehen genossen jedoch auch die handwerklichen Berufe in dieser Straße, die bei 17 Einwohnern Priorität unter den Mehrfachbetätigungen erhielten. Aber auch der Dienstleistungssektor erfreute sich noch relativ großer Beliebtheit; wurden die verschiedensten Dienste doch immerhin von elf Personen erbracht. Diesen Erwerbszweigen standen die unternehmerischen bzw. selbständigen Berufe weit nach. War der Beamten- oder Angestelltenstatus nur für eine Person als Zweitbeschäftigung erreichbar, so fanden sich in der Kornstraße gleich drei Berufsgruppen, die den Stempel der Unattraktivität trugen. Weder einer der zahlreichen Arbeiterberufe noch die Schiffahrt wurden - wie schon in der Gastfeldstraße - als Zweitberuf ausgeübt. Doch selbst die Gruppe der "Sonstigen", deren Berufsgruppenmitglieder in der Kornstraße im Gegensatz zu den anderen drei Straßen recht häufig unter den Erstberufen vertreten waren, fanden als zweite Erwerbsform keinerlei Anklang.

Welche beruflichen Kombinationen wurden demgegenüber in den beiden Arbeiterstraßen bevorzugt? Eine erste Divergenz zur Gastfeld- und Kornstraße tritt bereits in der am stärksten vertretenen Berufsgruppe zutage. Die Bewohner der Rasingstraße entstammten mit insgesamt 17 Personen überwiegend der Gruppe der Arbeiter. Die Mehrzahl der Arbeiter suchte ihren Zuverdienst mit Hilfe einer im Handel angesiedelten Tätigkeit zu erlangen. Fand der Handel mit Waren unterschiedlichster Art bei vierzehn Arbeitern als zweite Erwerbsform große Resonanz, so zogen die verbleibenden drei Proletarier andere Tätigkeitsfelder vor. Je ein Bewohner dieser Arbeitergruppe arbeitete eigenen Angaben zufolge gleichzeitig als Angestellter, als Dienstleister oder in einem dem Erstberuf entsprechenden Arbeiterberuf. Die zweitstärkste Verbreitung fand die Gruppe der Händler mit sechs Bewohnern der Rasingstraße, doch wählten nur zwei dieser Personen abweichende Tätigkeiten als Zweitberuf. Je ein Bewohner verdingte sich als Arbeiter oder erbrachte nebenbei eine Dienstleistung, während vier Händler ihre Doppelbeschäftigung ausschließlich auf den Handel beschränkten. An dritter Stelle war die fünfköpfige Unternehmergruppe plaziert. Zwei Unternehmer stärkten ihre eigenständige Position durch eine zweite selbständige Tätigkeit, und je ein Bewohner ging einem Händler-, Dienstleistungs- oder gar Arbeiterberuf zur gleichen Zeit nach. Erst an vierter Stelle rangierte die Gruppe der Handwerker mit vier Personen. Unterschiede zur Gastfeld- und Kornstraße waren jedoch nicht nur in deren Verbreitung auszumachen, sondern auch in ihrer differierenden Berufswahl für die Zweitbeschäftigung. Zeichneten sich die Handwerker der Gastfeld- und Kornstraße in erster Linie durch die Beibehaltung ihrer handwerklichen Berufe auch im Zweitberuf aus, so entsprach dieser Tendenz in der Rasingstraße nur ein Handwerker, wohingegen drei seiner Berufskollegen und Nachbarn einer im Kleinhandel angesiedelten Beschäftigung den Vorrang gaben. Von den Angestellten wählten nur zwei Personen einen Zweitberuf, der in einem Falle mit dem Verbleib in der Berufsgruppe, im anderen Falle mit der Erbringung von Dienstleistungen einherging. Die ohnehin relativ kleine Dienstleistergruppe stellte nur einen Vertreter aus ihren Reihen, dessen Zweitberuf im Handel wiederzufinden war. Schiffahrtsangehörige und "Sonstige" wurden in der Rasingstraße nur innerhalb der Erstberufe repräsentiert und waren als zweite Erwerbsform nicht vorzufinden.

Wenngleich in der Rasingstraße einerseits auffällige strukturelle Unterscheidungsmerkmale zur Gastfeld- und Kornstraße zutage traten, die sich in der Verbreitung der Berufsgruppenzugehörigkeit der Bewohner, die einer Doppelbeschäftigung nachgingen, ihren Niederschlag fanden, so zeichneten sich andererseits klare Parallelen in den von den Stadtteilbewohnern präferierten Zweitberufen ab. In allen drei Straßen stellten die im Handel anzutreffenden Berufe die begehrteste Erwerbsform unter den Mehrfachbeschäftigungen dar. Gemessen am relativen Zulauf dieser Zweitberufe bildete die Rasingstraße somit keine Ausnahme; vielmehr kam dem Handel in dieser Arbeiterstraße noch größere Bedeutung zu als in der Gastfeld- und Kornstraße. Insgesamt 23 Einwohner dieser Arbeiterstraße sicherten ihren Lebensunterhalt durch eine zusätzliche berufliche Betätigung im Handel. Keine andere Berufsgruppe konnte eine annähernd große Personenzahl für sich gewinnen. Nur die Dienstleistungsberufe schienen bei den Bewohnern der Rasingstraße noch als alternatives Berufsfeld für eine Mehrfachbeschäftigung erreichbar zu sein. Im Gegensatz zur Gastfeld- und Kornstraße war das Handwerk als Zweitberuf offenbar kaum realisierbar; denn nur ein Bewohner übte zusätzlich eine handwerkliche Tätigkeit aus.

Eine doppelte Berufsausübung bei den Bewohnern der Wulfhoopstraße erwies sich als seltene Erscheinungsform. Doch auch innerhalb dieser vergleichsweise kleinen Gruppe von Mehrfachbeschäftigten waren klare Tendenzen sowohl in der Häufigkeit der von ihnen vertretenen Berufsgruppen als auch in der Begünstigung der gewählten Zweitberufe ersichtlich. Auch in diesem proletarischen Straßenzug gehörte die Mehrzahl der Bewohner mit zwei Berufen der Gruppe der Arbeiter an. Das Gros dieser insgesamt zwölf Arbeiter konzentrierte sich in ihren Nebentätigkeiten auf den Bereich des Handels, dem sich elf Personen zuwandten. Nur ein Arbeiter ergriff als Zweitberuf eine handwerkliche Betätigung. Im Gegensatz zur Rasingstraße bildeten die Handwerker die zweitgrößte Gruppe der Bewohner, die gleichzeitig zwei Berufe ausübten. Von diesen zehn Handwerkern waren vier Personen nebenberuflich im Handel tätig. Drei Bewohner konnten gleichzeitig unternehmerische bzw. selbständige Tätigkeiten vorweisen, während nur zwei Handwerker auch mit ihrem zweiten Beruf handwerkliche Beschäftigungsformen bevorzugten und eine Person auf den Dienstleistungsbereich auswich. Sowohl die dreiköpfige Händlergruppe als auch der den Angestellten angehörende Bewohner zeichneten sich durch den Verbleib in ihren Berufsgruppen aus. Die Wulfhoopstraße stellte den einzigen Bewohner aus der Schiffahrt, der zwei Berufe innehatte und sich gleichzeitig im Handel betätigte.

Die Wulfhoopstraße entspricht mit den am häufigsten von ihren Bewohnern ausgeübten Zweitberufen den in der Gastfeld-, Korn- und Rasingstraße herrschenden Verhältnissen. Mit einer Anhäufung von neunzehn Personen, die im Handel ihrer zweiten Beschäftigung nachgingen, dominierte dieses Berufsfeld gegenüber allen anderen Berufsgruppen.

Mehrfachbeschäftigungen wurden in den vier untersuchten Straßen nur von kleinen Einwohnergruppen ausgeübt und können folglich im Zeitraum von 1875 bis

1914 als berufliche Sonderformen angesehen werden. Dennoch kristallisieren sich selbst bei diesen beruflichen Ausnahmefällen von Doppelbeschäftigten klare Strukturen heraus. Die gleichzeitige Ausübung von zwei Berufen war keinesfalls bei den Mitgliedern sämtlicher in den vier Straßen existierenden Berufsgruppen anzutreffen oder verbreitet. In den beiden kleinbürgerlich-proletarischen Straßen wurden Mehrfachbeschäftigungen vorrangig von Handwerkern ausgeübt. Erst in zweiter Linie, aber immer noch relativ häufig, prägten dort Zweifachbeschäftigungen den Berufsalltag von Arbeitern. In den beiden Arbeiterstraßen hingegen waren die Arbeiter überproportional unter den Einwohnern mit doppelter Berufsausübung vertreten. Nur die Wulfhoopstraße wies noch einen beachtlichen Anteil an Handwerkern auf, die diesem Personenkreis zuzuzählen waren. Bei allen verbleibenden Berufsgruppen, insbesondere jedoch bei den Gruppierungen der in der Schiffahrt Beschäftigten und der "Sonstigen", können Mehrfachbeschäftigungen als ungewöhnliche, gleichsam atypische berufliche Erscheinungform charakterisiert werden.

In der Wahl ihrer Zweitberufe zeigten die Bewohner aller vier Straßen weitgehende Übereinstimmung. Die Favorisierung einer der mannigfaltigen Beschäftigungsformen im Handel legt die Vermutung nahe, daß diese Berufssparte nicht aufgrund ihrer reizvollen Tätigkeiten oder Verdienstmöglichkeiten Priorität unter den Zweitberufen genoß, sondern daß der Handel - neben wenigen anderen Betätigungsfeldern, wie etwa dem Dienstleistungssektor - den Bewohnern, die einen Zuverdienst anstrebten bzw. eine zweite Einnahmequelle zur Sicherung ihres Lebensunterhalts benötigten, den geeignetesten Arbeitsbereich bot, um die Ausübung zweier Berufe zur gleichen Zeit realisieren zu können. Gerade eine Zweitbeschäftigung im Kleinhandel stand einer breiten Bevölkerungsschicht offen, stellten diese Tätigkeiten doch keine mit hohen spezifischen Qualifikationen verbundenen, unüberwindbaren Hürden selbst für unausgebildete Bewohner dar. So wird vielfach der gehäuft vom männlichen Haushaltsvorstand angegebene Zweitberuf im Kleinhandel von der Ehefrau ausgeübt worden sein. Der Großteil aller anderen von den Bewohnern der vier Straßen gewählten Berufskombinationen läßt erkennen, daß sich der Erst- und Zweitberuf oft insofern weitreichend glichen, als beide Tätigkeiten den Doppelberuflern keine gravierend voneinander abweichenden Arbeitsanforderungen auferlegten oder dieselben völlig anderen Arbeitsbedingungen unterwarfen. Noch deutlicher tritt dieser Umstand bei denjenigen Berufskopplungen hervor, die den gleichen Tätigkeitsbereichen entstammten, wie dies insbesondere bei den Handwerkern, aber auch bei den Händlern und Unternehmern sowie bei den Angestellten relativ häufig der Fall war.

Mehrfachbeschäftigungen auf Dauer oder als Übergangslösung

Um der Relevanz von Mehrfachbeschäftigungen auf die Spur zu kommen, erweist sich die bloße Betrachtung der Erstberufe sowie der verschiedenen Formen doppelter Berufsausübung als ebenso unzulänglich wie die Ermittlung signifikanter Anhäufungen bestimmter Berufskombinationen. Trotz ihres geringen Verbreitungsgrades unter den Einwohnern der vier Straßen können diese beruflichen Sonderformen keineswegs als bedeutungslos eingestuft werden. Angesichts der im letzten Viertel des 19. und zu Beginn des 20. Jahrhunderts herrschenden Arbeitsbedingungen, die gerade den beiden unter den Mehrfachbeschäftigten dominierenden Berufsgruppen der Arbeiter und Handwerker ein hohes Maß an Arbeitsintensität abverlangten und einerseits durch lange, tägliche Arbeitszeiten, andererseits durch wenig Freizeit geprägt waren, gewinnt die Frage an Bedeutung, wie lange mehrere Berufe gleichzeitig von den Bewohnern ausgeübt wurden. Diente eine Mehrfachbeschäftigung den jeweiligen Berufstätigen nur als zwischenzeitliche Übergangslösung, um beispielsweise persönliche bzw. familiäre, mit finanziellen Engpässen einhergehende Krisenzeiten zu überbrücken, und wurden die Doppelbeschäftigungen möglicherweise vorübergehend ausgesetzt, um später erneut aufgegriffen zu werden, oder wurde die gleichzeitige Ausübung von zwei oder drei Berufen auf Dauer praktiziert?

Die Mehrzahl der Bewohner aller vier Straßen ging ihrer jeweiligen Mehrfachbeschäftigung nur für einen kurzen Zeitraum nach. Ein bemerkenswert hoher Anteil entfiel bereits auf die kürzeste Zeitspanne von einem Jahr. Insgesamt 62 Bewohner beschränkten die gleichzeitige Ausübung ihrer zwei oder gar drei Berufe auf einen maximal einjährigen Zeitraum und stellten damit immerhin 36,9 Prozent aller Mehrfachbeschäftigten in den vier untersuchten Straßen der südlichen Vorstadt. Dabei brachten die Einwohner der Rasingstraße mit 44,12 Prozent die höchste, die der Kornstraße hingegen die geringste Quote (30,3 Prozent) in dieser kurzen Beschäftigungsdauer hervor.

Die zusätzliche Einbeziehung derjenigen Personen, die ihren Berufen bis zu vier Jahren nachgingen und infolgedessen immer noch eine relativ kurze Zeitspanne mit Mehrfachbeschäftigungen verbrachten, erhöht den Anteil der über zwei oder drei Erwerbsquellen verfügenden Bewohner beträchtlich und hebt überdies die bei der einjährigen Dauer erkennbaren Differenzen zwischen den vier Straßen weitgehend auf. In allen vier Straßen fristete die Mehrzahl von 124 Bewohnern (73,81 Prozent) nur für den kurzen Zeitraum von ein bis vier Jahren ihr berufliches Dasein mit der gleichzeitigen Erwerbstätigkeit in zwei oder drei Berufen, so daß sich die Vermutung zu bestätigen scheint, daß Mehrfachbeschäftigungen in erster Linie die Funktion einer zwischenzeitlichen Übergangslösung zukam.

Unabhängig von der Dauer ihrer doppelten oder gar dreifachen Berufsausübung kann für fast alle Personen der vier Straßen die übereinstimmende Feststellung getroffen werden, daß Mehrfachbeschäftigungen kontinuierlich betrieben wurden; d.h. die Gesamtdauer setzte sich nicht aus einzelnen Jahren, die durch ein- oder mehrjährige Pausen unterbrochen wurden, zusammen, sondern die Entscheidung zur Beendigung von Mehrfachbeschäftigungen wurde von den betreffenden Personen endgültig getroffen, um fortan nur noch einem Beruf nachzugehen. Verhindert die oft kurz befristete Wohndauer in den vier Straßenzügen auch vielfach das Nachvollziehen des langfristigen beruflichen Werdegangs der einzelnen Bewohner, so bestätigt sich in den meisten Fällen der nachweislich in zwei oder drei Berufen tätigen Personen, daß Mehrfachbeschäftigungen in aller Regel auf einen bestimmten Lebensabschnitt begrenzt blieben.

Doch bevor sich die Analyse der Frage zuwendet, für welchen der zwei oder drei Berufe sich die Bewohner nach gänzlicher Aufgabe ihrer Mehrfachbeschäftigung entschieden und künftig nunmehr ausschließlich widmeten, bleibt zu untersuchen, welche Höchstdauer in der gleichzeitigen Ausübung von zwei oder drei Berufen die Bewohner der einzelnen Straßen erzielten und welche Berufskombinationen über längere Zeiträume praktiziert wurden und infolgedessen durch Beständigkeit gekennzeichnet waren.

Den längsten Zeitraum verbrachte ein Bewohner der Gastfeldstraße mit der gleichzeitigen Praktizierung zweier Berufe. Bereits im Jahre 1885 war dieser sich durch die höchste Beschäftigungsdauer unter den Mehrfachbeschäftigten aller vier Straßen auszeichnende Einwohner in die Gastfeldstraße gezogen, doch betätigte er sich zu diesem Zeitpunkt noch als Arbeitsmann. Erst fünf Jahre später gab er seinen Arbeiterstatus auf und vollzog einen Berufswechsel, um sich fortan zwei anderen Tätigkeiten zu widmen. Von 1890 bis 1914 bestritt dieser Bewohner 25 Jahre lang seinen Lebensunterhalt als Schenkwirt und als Detaillist. Während seiner insgesamt 30jährigen Anwesenheit in der Gastfeldstraße lebte er stets im gleichen Hause, das er bis zum Jahre 1906 sein eigen nennen konnte, bevor der Hausbesitz 1907 an seinen Sohn überging.

Wenngleich kein anderer Südervorstädter der vier untersuchten Straßen auf eine 25jährige Dauer seiner Doppel- oder Dreifachbeschäftigung zurückblicken konnte, so zeigte doch ein Bewohner der Rasingstraße ebenfalls große Beständigkeit in der gleichzeitigen Ausübung seiner beiden Berufe. Auch dieser Einwohner lebte bereits über einen längeren Zeitraum in der von ihm als Wohnort gewählten Straße und bezog für zwölf Jahre von 1880 bis 1891 seine Einkünfte ausschließlich als Arbeitsmann. Erst im Folgejahr 1892 eröffnete er - unter Beibehaltung seines Erstberufes - eine Milchhandlung im gleichen Hause, das er seit 1880 als Eigner bewohnte. Zwanzig Jahre lang hielt er - offenbar bis zu seinem Lebensende - sowohl seinen Beruf als Arbeiter als auch seine Zweitbeschäftigung als

Milchhändler aufrecht. Im Jahre 1912 war sein Eintrag im Verzeichnis des Bremer Adreßbuches gelöscht und ein Verwandter gleichen Namens an dessen Stelle getreten, der künftig nicht nur den Hausbesitz weiterführte, sondern auch beruflich als Milchviehhalter einen ähnlichen Weg einschlug.

Nur noch siebzehn Jahre galten als Höchstdauer in der Ausübung von Mehrfachbeschäftigungen unter den Bewohnern der Wulfhoopstraße. Das Jahr 1892 markierte für den betreffenden Einwohner sowohl seinen Einzug in diese Arbeiterstraße als auch das vorläufig letzte Jahr mit der ausschließlichen Erwerbstätigkeit in einem Beruf. Zwar ging er auch weiterhin seinem Schneiderhandwerk nach, in dem er sich bereits zum Meister qualifiziert hatte, doch schon im Jahre 1893 betrieb er neben seinem Textilhandwerk eine Manufakturwarenhandlung und erwarb darüber hinaus weitere Bezüge aus der zusätzlichen Betätigung als Detaillist. Diese berufliche Dreierkonstellation erwies sich offenkundig als unhaltbare oder auch ungeeignete Dauerbeschäftigung, da sie in dieser Form nur für drei Jahre praktiziert wurde. Bereits im Jahre 1896 hatte er die Handlung aufgegeben, behielt aber sein Schneiderhandwerk und den Beruf des Detaillisten bis zum Jahre 1909 - und somit insgesamt für siebzehn Jahre - bei. Erst 1910 schlug dieser Schneidermeister, der auch im Handel langjährige Erfahrungen gesammelt hatte, abermals einen neuen, wenn auch vertrauten Berufsweg ein, indem er nunmehr eine Brennmaterialienhandlung gründete, die er bis zum Ende des Betrachtungszeitraumes im Jahre 1914 leitete. Als Eigentümer des Wohn- und über mehrere Jahre auch Geschäftshauses, in dem dieser Bewohner der Gastfeldstraße all die Jahre lebte und arbeitete, blieb auch diesem Mehrfachbeschäftigten der ein- oder mehrmalige Wechsel seines Wohnsitzes erspart.

Mit lediglich vierzehn Jahren war in der Kornstraße bereits die Höchstdauer bei Mehrfachbeschäftigungen erreicht. Auch dieser sich in zwei verschiedenen Arbeitsbereichen betätigende Bewohner ging zum Zeitpunkt seines Einzuges in die Kornstraße im Jahre 1900 zunächst nur einer Tätigkeit, dem Beruf des Schlossers, nach, bis er sich im Folgejahr für die berufliche "Zweigleisigkeit" entschied und künftig neben seinem Metallhandwerk eine Weiß-, Woll- und Kurzwarenhandlung führte, die in seinem als Eigenheim dienenden Hause untergebracht war. Von 1901 bis 1914 behielt er sowohl seine Berufskombination als auch seinen Wohnsitz bei.

Alle vier Bewohner, die sich durch die Höchstdauer in der Ausübung von Mehrfachbeschäftigungen auszeichneten und je eine der vier Straßen repräsentierten, betrieben neben ihrem Erstberuf einen (Klein-)Handel. Doch nicht nur die sich weitgehend gleichenden Zweitberufe bildeten ein übereinstimmendes Merkmal dieser vier Personen, sondern auch der ihnen zuzuschreibende Rechtsstatus erwies sich als identisch. Der Besitz des jeweiligen Hauses, in dem sie sowohl wohnten als auch Teile ihres Arbeitstages verbrachten, trug vermutlich maßgeblich zu der für alle vier Mehrfachbeschäftigten zutreffenden beruflichen Permanenz und relativ langen Wohndauer bei.

Diese Koinzidenz von Hausbesitz und relativ langer Beschäftigungsdauer der Doppelberufler kann nicht als Zufallsprodukt gewertet werden, galt dieses Zusammentreffen doch als Charakteristikum, das alle Mehrfachbeschäftigten in der Gastfeld-, Rasing- und Wulfhoopstraße, die länger als acht Jahre ihre beiden Berufe ausübten, gleichermaßen aufwiesen. Eine Ausnahme bildeten lediglich zwei Bewohner der Kornstraße, die zehn bzw. zwölf Jahre lang ihrer beruflichen Doppelbelastung ausgesetzt waren und über den gesamten Zeitraum als Mieter in dieser Straße lebten.

Unabhängig von ihrem Rechtsstatus als Hausbesitzer oder Mieter waren diejenigen Berufstätigen, deren Erstberuf mit einer im Handel angesiedelten Tätigkeit gekoppelt war, unter den Mehrfachbeschäftigten mit längerer, zwischen fünf und fünfundzwanzig Jahren andauernder Berufsausübung deutlich am stärksten vertreten. Während in der Gastfeld-, Korn- und Rasingstraße der Anteil dieser Berufskombinationen unter den Bewohnern mit hoher Beschäftigungsdauer 53 bis 63 Prozent betrug, stellte diese Verbindung zweier Berufe in der Wulfhoopstraße gar die einzige Variante dar, der sich die Bewohner über einen längeren Zeitraum widmeten. Eine Zweitbeschäftigung im Handel erwies sich somit als die von den meisten Bewohnern auf Dauer gewählte Erwerbsform. Neben dieser, gewissermaßen als gängig zu bezeichnenden Berufskombination zeigten jedoch auch einige Bewohner durch ihre kontinuierliche Ausübung zweier Berufe, daß verschiedene Tätigkeiten, die dem Handwerk oder dem Dienstleistungssektor zuzuordnen waren, wie etwa der Beruf des Friseurs oder der des Schenkwirts, ebenfalls durch Beständigkeit glänzen konnten.

Eine fünf- und mehrjährige Dauer in der gleichzeitigen Ausübung von zwei oder drei Berufen war unter den Erwerbstätigen aller vier Straßen zwischen 1875 und 1914 zwar nur selten zu registrieren, dennoch stellte der sich durch einen längeren Beschäftigungszeitraum auszeichnende Personenkreis mit insgesamt 44 Berufstätigen unter allen erfaßten Mehrfachbeschäftigten immerhin einen relativen Anteil von 26,19 Prozent. Die demgegenüber hohe Rate der sich lediglich kurzfristig, für ein bis maximal vier Jahre einer Mehrfachbeschäftigung widmenden Bewohner untermauert jedoch keineswegs zweifelsfrei die oben formulierte Annahme, daß diese berufliche Sonderform in erster Linie als Interimslösung fungierte. Die Verfolgung des jeweiligen beruflichen Werdegangs dieser Mehrfachbeschäftigten in den vier Straßen der südlichen Vorstadt scheint diese Hypothese weitgehend zu widerlegen.

Lediglich 27 Erwerbstätige (16,07 Prozent) der insgesamt 168 Mehrfachbeschäftigten gaben nachweislich ihre berufliche Zweigleisigkeit auf, um fortan nur noch einer Tätigkeit nachzugehen. Die Mehrzahl von 18 Personen legte ihren zweiten Beruf ab, während nur drei Bewohner ihren Erstberuf zu Gunsten der ehemaligen Nebenerwerbstätigkeit niederlegten. Doch sechs Einwohner entschlossen sich gar zu einer vollständigen beruflichen Umorientierung, indem sie sowohl ihren ersten als auch ihren zweiten Beruf gegen ein neues Tätigkeitsfeld eintauschten. Die Entscheidung, künftig den Lebensunterhalt mit der ausschließlichen Ausübung eines Berufes zu bestreiten, wurde von den ehemals Mehrfachbeschäftigten in den beiden Arbeiterstraßen wesentlich häufiger gefällt als von den Bewohnern der beiden kleinbürgerlich- proletarischen Straßenzüge. Die höchsten Quoten fanden sich in der Rasingstraße (32,35 Prozent) und in der Wulfhoopstraße (20 Prozent); in der Kornstraße (12,12 Prozent) und Gastfeldstraße (6,97 Prozent) lagen die Vergleichsraten hingegen wesentlich niedriger.

Bei dem Großteil der Mehrfachbeschäftigten allerdings sind berufliche Veränderungen kaum ersichtlich, so daß kein eindeutiger Beleg für deren Beibehaltung oder Aufgabe ihrer Doppeltätigkeiten erbracht werden kann.

Für 46 Personen (27,38 Prozent) war die lediglich einjährige Dauer ihrer Mehrfachbeschäftigung darauf zurückzuführen, daß diese Berufstätigen nur für ein Jahr in einer der vier Straßen ihren Wohnsitz innehatten. Besonders häufig war eine identische Beschäftigungs- und Wohndauer unter den Mehrfachbeschäftigten in der Kornstraße (18 Personen) und in der Gastfeldstraße (13 Personen) anzutreffen; seltener ließ sich diese Kongruenz in der Rasingstraße (8 Personen) und in der Wulfhoopstraße (7 Personen) belegen. Die Korrelation des Beschäftigungszeitraumes mit der Wohndauer der Berufstätigen verdeutlicht am Beispiel der kürzesten Zeitspanne von einem Jahr, daß die vermeintlich überaus kurze Dauer der Berufsausübung so vieler Bewohner der vier Straßen in den meisten Fällen lediglich das Resultat ihrer kurzen Ansässigkeit - und somit vermutlich ihrer ausgeprägten räumlichen Mobilität - darstellte. Bei den insgesamt 62 Bewohnern, die zwischen 1875 und 1914 nur für ein Jahr zwei bzw. drei Berufe zur gleichen Zeit ausübten, war diese allem Anschein nach berufliche Kurzlebigkeit in 46 Fällen (74,19 Prozent) die Folgeerscheinung ihrer übereinstimmend kurzen Anwesenheit in einer der vier Straßen. Nur 16 Personen (25,81 Prozent) mit einer maximal einjährigen Dauer ihrer Mehrfachbeschäftigung wiesen demgegenüber eine längere Wohndauer auf.

Die Mehrzahl von 89 Mehrfachbeschäftigten (52,98 Prozent) behielt ihre Berufskombination entweder bis zum letzten Jahr ihrer Anwesenheit in einer der Straßen oder bis zum letzten Betrachtungsjahr 1914 kontinuierlich bei. Gemessen an der straßenspezifischen Gesamtanzahl der Mehrfachbeschäftigten war die Aufrechterhaltung ihrer Berufskombination am weitesten unter den Bewohnern der Gastfeldstraße verbreitet (62,79 Prozent). Auch in der strukturell verwandten Kornstraße stellte dieser Personenkreis einen beträchtlichen Anteil (54,55 Prozent), und selbst in der Wulfhoopstraße lag der entsprechende Prozentsatz relativ hoch (52,0 Prozent). Nur die Rasingstraße bildete insbesondere aufgrund der hohen Anteile der Mehrfachbeschäftigten dieser Straße, die ihre Doppelbeschäftigung aufgaben, mit einer vergleichsweise geringen Quote (38,24 Prozent) eine Ausnahme.

Merkliche berufliche Veränderungen traten bei den Mehrfachbeschäftigten nur sehr selten zutage. Eine zwischenzeitliche Unterbrechung ihrer zweifachen Berufsausübung nahmen nur zwei Personen vor. Sowohl im Falle des in der Kornstraße ansässigen Kistenfabrikanten, der seinen ursprünglich alleinigen Beruf als Schenkwirt zunächst für drei Jahre gegen seine neue Position als Unternehmer aufgegeben, dann jedoch die Schenkwirtschaft für zwei Jahre als Zweitbeschäftigung wiedereröffnet hatte, als auch im Falle des in der Rasingstraße lebenden Schlossers, der gleichzeitig eine Eisenwarenhandlung betrieb, wurde die zweite Tätigkeit nur für den kurzen Zeitraum von ein bzw. zwei Jahren ausgesetzt, um anschließend erneut aufgenommen und bis zum Jahre 1914 bzw. bis zum letzten Anwesenheitsjahr beibehalten zu werden.

Einen Berufswechsel unter Aufrechterhaltung ihrer Doppelbeschäftigung vollzogen nur vier Personen. Bei zwei Bewohnern der Kornstraße kam der Wechsel ihres Zweitberufes eher einer beruflichen Spezialisierung gleich, wohingegen die beiden ihren Erstberuf gegen eine andere Erwerbstätigkeit eintauschenden Personen ihre berufliche Stellung deutlich veränderten. So blieb die Betätigung des in der Rasingstraße lebenden Zigarrenfabrikanten und -verkäufers nur auf die beiden Jahre 1903 und 1904 begrenzt. Nach einjähriger Abwesenheit kehrte er in die Rasingstraße zurück. Mit dem Wechsel seines Wohnortes in dieser Arbeiterstraße ging auch seine berufliche Veränderung einher, wenngleich er dem Metier der Zigarrenproduktion treu blieb, indem er nunmehr seinen Erwerb als Zigarrenmacher sicherte und statt der aufgegebenen Zigarrenfabrik eine Zigarrenhandlung eröffnete. Diese berufliche Konstellation behielt er abermals lediglich für zwei Jahre bei, um im Jahre 1908 offenbar endgültig einen anderen Wohnort zu wählen. Die Betrachtung des beruflichen Werdegangs des in der Kornstraße wohnenden Redakteurs und Arbeitersekretärs beschränkt sich auf zwei Jahre, da dieser Bewohner sich erst im Jahre 1913 in dieser Straße niederließ. Doch bereits im Folgejahr tauschte er das von ihm alleinig bewohnte Haus gegen eine andere Wohnung in der Kornstraße ein. Zur gleichen Zeit legte er seine Redaktionstätigkeit nieder und räumte stattdessen dem Beruf des Arbeitersekretärs den ersten Rang ein. Im Gegensatz zu dem Bewohner der Rasingstraße, der sich sowohl vor als auch nach seinem Berufswechsel zwei artverwandten Tätigkeiten widmete, präsentierte sich die Wahl der neuen Nebenerwerbsquelle des Bewohners der Kornstraße als äußerst kontrastreich zur ursprünglich ausgeübten Zweifachbeschäftigung, da er anstelle des Berufs als Redakteur fortan die Betätigung als Wirt bevorzugte.

Für die Mehrzahl der Personen, die im Zeitraum von 1875 bis 1914 in einer der vier untersuchten Straßen der südlichen Vorstadt Bremens lebten, bleibt die Betrachtung ihres beruflichen und persönlichen Werdegangs auf die Dauer ihrer Anwesenheit in der Gastfeld-, Korn-, Rasing- oder Wulfhoopstraße begrenzt. Da breite Teile der Bevölkerung dieses Stadtteils häufig ihren Wohnort oder auch ihren Beruf wechselten und somit ein hohes Maß räumlicher und sozialer Mobilität aufwiesen, gewährt die Analyse in vielen Fällen nur einen geringen Einblick in deren Leben und Wirken in diesem Arbeiterviertel. Nicht selten beschränkte sich die Wohndauer der Haushaltsvorstände auf wenige Jahre, so daß nach deren Fortzug lediglich in Ausnahmefällen Aussagen über deren veränderte Lebensbedingungen getroffen werden können. Auch für das Gros der Mehrfachbeschäftigten reduzieren sich die Möglichkeiten einer Skizzierung der unterschiedlichen Berufswege, die von diesen Doppelverdienern eingeschlagen wurden - sei es die Beibehaltung, ein Wechsel oder die gänzliche Aufgabe ihrer zwei bzw. drei Tätigkeiten -, auf die Frist ihrer Anwesenheit. Doch die hohe geographische Mobilität der Stadtteilbewohner ging nicht in allen Fällen mit einem Verlassen des vertrauten Lebensraumes einher; viele Einwohner wechselten hingegen lediglich ihren ursprünglichen Wohnort mit einem anderen Wohnsitz innerhalb des gleichen Viertels. Ein solches Wohnverhalten war ebenfalls bei sechs Personen, die zum Kreis der Mehrfachbeschäftigten zählten, erkennbar. Vier dieser zwei bzw. drei Berufen nachgehenden Erwerbstätigen ließen sich nach ihrem Fortzug aus der Rasing-, Gastfeld- oder Kornstraße in einer anderen, zu den vier untersuchten Straßenzügen zählenden Wohnstraße nieder. Zwei Personen vollzogen zwar gleichzeitig einen Berufswechsel, doch keiner dieser Berufstätigen gab nach erfolgtem Wohnungswechsel seine Mehrfachbeschäftigung auf.

Erhöht sich für diese vier Personen bereits die nachweisliche Dauer ihrer Berufsausübung, so trifft dies in noch verstärktem Maße für die beiden Bewohner zu, die gar in drei der vier ausgewählten Straßen ansässig waren. Beide Bewohner zeichneten sich durch eine große Umzugshäufigkeit aus, da sie nicht nur zwischen diesen drei bekannten Straßen pendelten, sondern während ihrer zwischenzeitlichen Abwesenheit darüber hinaus in einer anderen, ebenfalls in der südlichen Vorstadt angesiedelten Straße lebten. Beide Personen bewohnten ursprünglich die Rasingstraße. Bereits im Jahre 1876 hielt der an der Bautätigkeit in der Rasingstraße maßgeblich beteiligte Bauunternehmer C.G.F. Hasselbring seinen Einzug in eines der neu errichteten Häuser. Nachdem er zwei Jahre später in ein benachbartes Wohnhaus umgesiedelt war, verließ er diese Arbeiterstraße nach nur dreijähriger Wohndauer und bezog nach einjähriger Abwesenheit im Jahre 1880 nunmehr als Schenkwirt ein in der Gastfeldstraße gelegenes Haus. Zwölf Jahre lang fristete er dort sein Dasein, ohne abermals seinen Wohnsitz oder Beruf zu wechseln. Erst 1892 entschied er sich für die zusätzliche berufliche Betätigung als Detaillist, und schon ein Jahr später erweiterte er diese Berufskombination um eine dritte Erwerbsquelle, indem er fortan einen Fleischverkauf betrieb. Diese berufliche Dreierkonstellation behielt er bis zum Jahre 1901 bei. Nach 22jähriger Wohndauer und 10jähriger doppelter bzw. dreifacher Berufsausübung in der Gastfeldstraße wechselte er, obwohl er das von ihm bewohnte Haus erworben hatte, erneut seinen Wohnsitz und siedelte für ein Jahr in die benachbarte Kantstraße über. Doch schon im Jahre 1903 ließ er sich in der Kornstraße nieder. Auch dort brachte er das von ihm gewählte Haus in seinen Besitz und betrieb zunächst für zwei Jahre ausschließlich ein Detailgeschäft, bis er sich im Jahre 1905 wiederum einer Mehrfachbeschäftigung widmete, indem er zusätzlich eine Bettfedernreinigungsanstalt eröffnete, die er jedoch nach vier Jahren wieder schloß. In den letzten fünf Jahren seiner Anwesenheit in der Kornstraße bezog er seine Einkünfte nur noch durch seine Handelstätigkeit als Detaillist. Der im Jahre 1913 verstorbene ehemalige Bauunternehmer hatte somit - ungeachtet des vorhandenen Hausbesitzes - mehrmals seinen Wohnsitz gewechselt. Trotz seiner hohen Mobilität zählte er mit seiner 36jährigen Ansässigkeit in den drei Straßen sowohl zu den Bewohnern, die eine besonders lange Wohndauer aufwiesen, als auch aufgrund seiner 14jährigen Praktizierung von zwei bzw. drei Berufen zu den Mehrfachbeschäftigten, die ihre berufliche Zwei- bzw. Dreigleisigkeit über einen relativ langen Zeitraum ausübten.

Wenngleich weder die Wohndauer noch die berufliche Mobilität des Schlossers und Eisenwarenhändlers J.Z. mit derjenigen des ehemaligen Bauunternehmers Hasselbring vergleichbar war, so übertraf dieser Metallhandwerker und Händler doch die hohe Umzugshäufigkeit dieses Stadtteilbewohners, der vorübergehend auch zu seinen Nachbarn zählte. Mit gleichbleibendem Wohnsitz in der Rasingstraße betätigte er sich von 1893 bis 1896 gleichermaßen in seinem Handwerk und in dem von ihm betriebenen Handel. Nachdem er seine Handlung für zwei Jahre aufgegeben hatte und sich anschließend für ein Jahr andernorts aufhielt, ließ er sich im Jahre 1900 in der Gastfeldstraße nieder und ging dort erneut lediglich für den Zeitraum von zwei Jahren seinen beiden Tätigkeiten nach. Schon 1902 kehrte er unter Beibehaltung seiner Berufskombination in die Rasingstraße zurück. Doch dieses Mal währte seine Anwesenheit in dieser Arbeiterstraße nur ein Jahr. Blieb sein Aufenthaltsort im Jahre 1903 wiederum unbekannt, so wies ihn das Bremer Adreßbuch im Folgejahr als Bewohner der Wulfhoopstraße mit den beiden Berufen des Schlossers und Eisenwarenhändlers aus. Aber auch sein Wohnsitz in diesem proletarischen Straßenzug reizte ihn offenbar nicht zum Verbleib. Ab 1905 blieb auch dieser Mehrfachbeschäftigte unter den zahlreichen Haushaltsvorständen der vier Straßen bis zum Ende des Untersuchungszeitraumes unauffindbar. In dem begrenzten Zeitraum von 1893 bis 1905 hatte dieser Bewohner sechsfach seinen Wohnort gewechselt und wies dennoch eine zehnjährige Wohndauer und achtjährige Dauer seiner Mehrfachbeschäftigung auf.

Handelte es sich auch bei denjenigen Personen, die eine Mehrfachbeschäftigung ausübten und zwischen 1875 und 1914 zwei oder gar drei der vier herangezogenen Straßen bewohnten, um Einzelfälle, die aufgrund ihrer geringen Anzahl keinesfalls als repräsentativ anzusehen sind, so veranschaulichen diese wenigen Beispiele doch abermals die Bedeutsamkeit der Wohndauer; und damit die Notwendigkeit, die Beschäftigungsdauer mit der Wohndauer zu korrelieren. Darüber hinaus deuten diese nachweislich existenten Fälle der Mehrfachbeschäftigten, die auch nach ihrem Wegzug aus einer der Straßen ihre Tätigkeiten beibehielten, tendenziell darauf hin, daß die Ausübung zweier bzw. dreier Berufe zur gleichen Zeit bei den betreffenden Stadtteilbewohnern nicht so kurz befristet blieb, wie die jeweilig straßenspezifische Beschäftigungsdauer dieser Doppelberufler zunächst den Anschein erweckte.

Mehrfachbeschäftigungen, die annähernd ausschließlich von der männlichen Bevölkerung ausgeübt wurden, verlängerten und erschwerten in erster Linie den Werktag von Arbeitern und Handwerkern, deren Arbeitsbedingungen keinen beliebigen Spielraum zur Praktizierung anderer Tätigkeiten ließen, so daß die Zweitbeschäftigungen demzufolge vorzugsweise in jenen Bereichen angesiedelt waren, die einen Zuverdienst nach Feierabend ermöglichten oder aber von der Ehefrau zu bewerkstelligen waren. Doch ob diese Berufstätigen ihre Doppelbeschäftigung nun auf einen kurzen Zeitraum begrenzten oder über relativ lange Zeitspannen beibehielten, wurde vermutlich - ebenso wie die Entscheidung, sich einer beruflichen Doppelbelastung auszusetzen, - vorrangig von den jeweiligen finanziellen Verhältnissen und Erfordernissen abhängig gemacht.

2.4 Zusammenfassung

Die Analyse der beruflichen und sozialen Gliederung der zwischen 1875 und 1914 in den vier ausgewählten Straßen ansässigen Bevölkerung weist die südliche Vorstadt Bremens als ein kleinbürgerlich-proletarisch gemischtes Viertel aus.

Eine erste Betrachtung der Berufszugehörigkeit dieser Stadtteilbewohner vermittelt den Eindruck bunter beruflicher Vielfalt; waren doch innerhalb des 40jährigen Untersuchungszeitraumes insgesamt 487 unterschiedliche Berufsbezeichnungen zu ermitteln, deren Gros auf die männlichen Erwerbstätigen entfiel. Demgegenüber blieb das Spektrum weiblicher Betätigungsfelder äußerst gering und beschränkte sich auf wenige, gleichsam "herkömmliche" Bereiche. Das Bild einer facettenreich anmutenden Berufslandschaft erfährt jedoch unter dem Blickwinkel der Berufsgruppenzugehörigkeit der Einwohner einen erheblichen Wandel. Während die Rasing- und Wulfhoopstraße mit ihrem überproportional vorhandenen Arbeiteranteil diesem proletarischen Viertel gewissermaßen zur Ehre gereichten und lediglich noch einen beachtlichen Handwerkeranteil stellten, waren sowohl die Gastfeld- als auch die Kornstraße eher als kleinbürgerlich-proletarisch geprägte Straßenzüge zu charakterisieren, da sie neben Handwerkern und Arbeitern nennenswerte Quoten anderer Berufsgruppenangehöriger - in erster Linie Beamte und Angestellte sowie Händler, aber auch Dienstleister und Unternehmer - unter ihrer Wohnbevölkerung zu verzeichnen hatten. Kristallisieren sich somit zwei voneinander abweichende Straßenpaare heraus, so galt trotz dieser Polarität die starke Präsenz berufsloser Personen, die fast ausnahmslos dem weiblichen Geschlecht angehörten und sich mehrheitlich aus Ehefrauen und Witwen zusammensetzten, als ein allen vier Straßen gemeinsames, signifikantes sozialstrukturelles Merkmal. Über den gesamten Zeitraum von 1875 bis 1914 waren weder in der Rasing- noch in der Wulfhoopstraße gravierende Veränderungen in der sozialen Zusammensetzung ihrer Bewohner erkennbar. Mit den stets dominanten Sozialgruppen der Arbeiter, Handwerksmeister und Gesellen sowie Erwerbslosen hielten beide Straßen ihre Tradition als Arbeiterstraßen aufrecht. Demgegenüber vollzog sich in der Gastfeld- und Kornstraße ein merklicher Strukturwandel, der seinen Niederschlag in mehrmaligen deutlichen Verschiebungen der von den verschiedenen Gruppierungen eingenommenen Positionen im Sozialgefüge fand. Einhergehend mit starken Bevölkerungszunahmen zu Beginn des 20. Jahrhunderts erfolgte in diesen beiden Straßen eine vermehrte Ansiedlung von Handwerkern, Beamten und Angestellten sowie Händlern, nicht zuletzt jedoch auch von erwerbslosen Bewohnern.

Berufliche Beharrlichkeit bewiesen aufgrund ihrer langen Beschäftigungsdauer allerdings nur wenige Erwerbstätige der südlichen Vorstadt. Die Mehrzahl der Bewohner betätigte sich vielmehr lediglich für den kurz befristeten Zeitraum von ein bis fünf Jahren in ihrem jeweiligen Beruf mit gleichzeitigem Wohnsitz in einer der vier Straßen. Auch die Raten beruflicher Mobilität, die sich in den meisten Fällen auf einen einmalig vollzogenen Berufswechsel beschränkte, blieben in allen vier Straßen, insbesondere jedoch in der Gastfeld- und Kornstraße, gering. Arbeiter und Handwerker erwiesen sich als die mobilsten Berufsgruppen. Doch während von den Arbeitern bevorzugt Tätigkeiten im Handel oder Handwerk als Veränderungsperspektive angestrebt und ergriffen wurden, bot sich den meisten Handwerkern lediglich einer der diversen Arbeiterberufe als alternatives Betätigungsfeld. Als berufliche Sonderformen traten die sogenannten Mehrfachbeschäftigungen hervor, die in der Regel der gleichzeitigen Ausübung zweier Berufe und nur vereinzelt einer dreifachen Erwerbstätigkeit entsprachen und in den kleinbürgerlich-proletarischen Straßen eine stärkere Verbreitung fanden als in den Arbeiterstraßen. Wenngleich diese Doppelberufler in der Gastfeld- und Kornstraße primär dem Handwerk entstammten, in der Rasing- und Wulfhoopstraße hingegen in erster Linie den Arbeitern angehörten, so zeigten sie mit der deutlichen Präferenz einer im Handel angesiedelten Beschäftigung doch weitreichende Übereinstimmung in der Wahl ihres Zweitberufes. Unabhängig von der jeweiligen

Berufskombination wurden Mehrfachbeschäftigungen von den Stadtteilbewohnern zwar überwiegend kontinuierlich, aber nur selten über einen langen Zeitraum praktiziert.

Eine scheinbar kurze Dauer der Berufsausübung auf der einen und ein vermeintlich geringes Ausmaß beruflicher Mobilität auf der anderen Seite kennzeichneten das Verhalten breiter Bevölkerungsteile der südlichen Vorstadt zwischen 1875 und 1914. Beide am Beispiel der vier ausgewählten Straßen zu registrierenden Phänomene verweisen jedoch vorrangig auf die offenkundig stark ausgeprägte räumliche Mobilität der "breiten Masse". Seßhaftigkeit und berufliche Persistenz indessen waren in erster Linie in Zusammenhang mit gleichzeitig vorhandenem Hausbesitz zu verorten.

Die Analyse der beruflichen und sozialen Gliederung der Bevölkerung gewährt einen ersten Einblick in den noch näher zu beleuchtenden Kontext von Wohnen und Arbeiten. Mit der für den Großteil der Stadtteilbewohner notwendigen Nähe zum Arbeitsplatz, der Höhe des Einkommens oder den herrschenden Besitzverhältnissen sowie der Frage einer existierenden Bindung an das Viertel sind die ausschlaggebenden Faktoren für die Wahl eines Wohnortes benannt, die eine umfassende Beurteilung der vorgefundenen sozialen Strukturen zu liefern vermögen.

KAPITEL IV

Mobilität und Seßhaftigkeit im Stadtviertel

Mobilität und Seßhaftigkeit bilden nicht erst in jüngster Zeit Themenkomplexe, die in demographisch ausgerichteten Arbeiten vermehrt Beachtung finden und in den letzten Jahren einen erfreulichen Zuwachs an historischen Mobilitätsstudien hervorbrachten, sondern galten bereits den Zeitgenossen des 19. bzw. frühen 20. Jahrhunderts als ein offenkundig unter den Nägeln brennendes gesellschaftliches Phänomen. Vornehmlich die Verfechter bürgerlicher (Wohnungs-)Reformbestrebungen, unter denen solch namhafte Vertreter wie Hermann Schwabe[1] und Gustav Schmoller[2] ihrem Unmut über die zunehmend durch Unstetigkeit geprägten Wohn- und Arbeitsverhältnisse Ausdruck verliehen, zeichneten infolge der bis zum Ersten Weltkrieg tatsächlich enorme Ausmaße annehmenden Mobilität ein finsteres Bild von der vermeintlich entwurzelten, heimat- und bindungslosen, in steter Bewegung wahllos hin- und herziehenden Masse der arbeitenden Bevölkerung. Seßhaftigkeit und Beständigkeit als Inbegriff jeder höheren Kultur[3] schienen jenen Zeitgenossen mehr und mehr von der als neuer Lebensstil erachteten und mit dem Stigma des Nomaden- oder Vagabundentums belegten Mobilität verdrängt zu werden.

Gehen die Auffassungen bezüglich der Auswirkungen sozialer und geographischer Mobilität und in diesem Rahmen insbesondere ihrer Bedeutung für die Mobilen auch deutlich auseinander,[4] so kommt der neueren Mobilitätsforschung ungeachtet dieser Kontroversen das Verdienst zu, mit dem im 19. Jahrhundert fußenden Mythos einer allumfassenden, chaotische Züge tragenden, hochmobilen Gesellschaft, in der Stetigkeit und Stabilität kaum Platz greifen konnten, entgegengetreten zu sein und - wenn auch noch lückenhaft - exaktere Kenntnisse über das Ausmaß und die verschiedenen Formen der mit der Industrialisierung einhergehenden Mobilität geschaffen zu haben. Bei aller begrüßenswerten Vielfalt der bislang verfolgten Forschungsansätze, Fragestellungen und Methoden, die sich teils an den Konzepten der im Gegensatz zur deutschsprachigen Forschung weitaus traditionsreicheren amerikanischen "New Urban History" orientieren, kristallisiert sich unter quantitativen Gesichtspunkten eine deutliche Favorisierung der um die Problematik sozialer Mobilität kreisenden Untersuchungen heraus, die den Fragen inter- bzw. intragenerationeller Veränderungen nachgehen und in diesem Zusammenhang vorrangig auf die Aspekte sozialen Auf- bzw. Abstiegs abzielen, ebenso wie die der geographischen Mobilität gewidmeten Arbeiten in erster Linie um regionale Wanderungsbewegungen kreisen. Verschwindend gering nimmt sich hingegen die Zahl derjenigen Studien aus, die ihr Schwergewicht auf die Analyse innerstädtischer Mobilität legen. Dieses Ungleichgewicht in der Themenwahl deutschsprachiger Mobilitätshistoriker dürfte weniger einem eher mäßig ausgeprägten Interesse an der innerörtlichen Umzugshäufigkeit bzw. am Umzugsverhalten der städtischen Wohnbevölkerung entspringen als vielmehr Ausdruck dieses lange Zeit völlig verkannten historischen Phänomens sein. Dieter Langewiesche korrigierte mit seinem richtungweisenden Aufsatz[5] die überkommene Vorstellung einer eingleisig, vom Land in die Stadt verlaufenden Wanderungsbewegung und lenkte überdies den Blick auf die unterschiedlichen Mobilitätsmuster. Umso erstaunlicher bleibt, daß die von Langewiesche eröffnete Perspektive, neue Wege der Mobilitätsforschung zu beschreiten, die nicht zuletzt der aufgezeigten Bedeutung des innerstädtischen Wohnungswechsels als der quantitativ signifikantesten Form räumlicher Mobilität im Deutschen Kaiserreich Rechnung tragen, nur wenigen Historikern als Anreiz für eine verstärkte Hinwendung zu diesem Problemfeld diente.[6]

Dieses mithin bis heute existierende Forschungsdesiderat mag den umfänglichen Anforderungen zuzuschreiben sein, mit denen sich jede Mobilitätsanalyse konfrontiert sieht. So erfordert bereits die Erfassung der für die ausgewählte Untersuchungsgruppe notwendigen personenbezogenen Daten - auch unter der nur selten vorzufindenden Bedingung einer exzellenten Quellenlage - einen außerordentlich hohen Arbeitsaufwand, der ebenfalls bei der Konzeption und Realisierung der Datenauswertung nicht zu unterschätzen ist. Trotz gleichwohl zeitsparender quantifizierender Verfahren sind selbst um methodische Sorgfalt bemühte Lokalstudien zur Wohnmobilität, insbesondere wenn diese - wie im Falle der vorliegenden Arbeit - primär auf Adreßbucheintragungen basieren, vor den Tücken quellenbedingter Fehlerquoten, die schlicht aus der gerade im 19. Jahrhundert besonders stark verbreiteten Namensgleichheit unterschiedlicher Personen[7] resultieren und heute gern mit dem modischen Begriff des "record linkage"[8] umschrieben werden, kaum gefeit. Andere Mängel und Verwirrung stiftende Ungenauigkeiten, die einer Reihe von Mobilitätsuntersuchungen anhaften[9] und in erster Linie aus der unkritischen Übernahme gängiger Methoden und einer zu vermissenden begrifflichen Klarheit erwachsen, wären jedoch, wie etwa die vorbildlichen und überaus anregenden Arbeiten Langewiesches und Lengers eindrucksvoll verdeutlichen, durchaus vermeidbar, ohne indessen dem gegenteiligen Extrem eines ermüdenden Handbuchs zur Datenanalyse huldigen zu müssen.

Mobilität und Seßhaftigkeit als geeignete Indikatoren zur Untersuchung des Wohnverhaltens städtischer Bevölkerungsteile im Deutschen Kaiserreich kennzeichnen auch die thematischen Schwerpunkte des vorliegenden Kapitels. Dabei konzentrieren sich die anschließenden Untersuchungen auf die Aspekte innerstädtischer Mobilität und Persistenz der als zentrale Untersuchungsgruppe dienenden, zwischen 1875 und 1914 in den vier ausgewählten Straßen der südlichen Vorstadt Bremens lebenden Einwohner. Indem die Umzugshäufigkeit und Wohndauer dieser insgesamt 4.274 unterschiedlichen Haushaltsvorstände innerhalb der räumlichen Grenzen der Gastfeld-, Korn-, Rasing- und Wulfhoopstraße nachvollzogen werden, folgt die Analyse primär den quellenimmanenten Vorgaben des Machbaren. Eine vergleichsweise ungünstige Quellenlage[10] verhindert bereits die Ermittlung des Wanderungsvolumens für das gesamtbremische Stadtgebiet bis zum Jahre 1900,[11] so daß auf Stadtteilebene zugeschnittene Fragen der Zu- und Abwanderung noch weitreichenderen Überlieferungsproblemen ausgesetzt sind[12] und demzufolge nicht explizit thematisiert werden. Im Bewußtsein der Begrenztheit des hier unter dem eingeschränkten Blickwinkel der vier Straßenzüge verfolgten Ansatzes bietet die für den vierzigjährigen Betrachtungszeitraum von 1875 bis 1914 durchgeführte Längsschnittuntersuchung doch den Vorteil, jährliche Veränderungen erfassen und damit sowohl das Ausmaß der Wohnmobilität in Form von Zuzügen, Umzügen und Wegzügen sowie der Rückkehr zwischenzeitlich abwesender Bewohner als auch die jeweilig erlangte Wohndauer dieser Stadtteilbewohner äußerst exakt benennen zu können. Überdies gestatten die verfügbaren Daten, geschlechts- und berufsspezifischen Differenzierungen der Mobilitätsvorgänge nachzugehen.

Werden somit gleichermaßen die quantitative und qualitative Seite des Mobilitätsgeschehens beleuchtet, so sollten auf dieser Basis folgende Kernfragen zu beantworten sein:

Wechselte der in den anknüpfenden Analysen näher zu charakterisierende mobile Teil der Wohnbevölkerung tatsächlich in solch plan- und zielloser Manier seinen Wohnsitz, wie manche Zeitgenossen dies zu suggerieren suchten, oder wohnten dem Umzugsverhalten vielmehr erkennbare Mobilitätsmuster inne? Markierten Mobilität und Seßhaftigkeit im zugrundeliegenden Untersuchungszeitraum von 1875 bis 1914 denn wirklich zwei vollauf gegensätzliche Verhaltensweisen bzw. gar unvereinbare Lebensformen oder muteten diese lediglich als scheinbarer Widerspruch an, der sich bei ganzheitlicher Betrachtung dahingehend auflöste, daß selbst hochmobile Bewohner eine bemerkenswerte Wohndauer im Viertel aufzuweisen hatten? Und nicht zuletzt: Bildeten sich trotz beachtlich hoher Mobilität und Fluktuation klare Stabilitätsareale heraus, so daß die als Abbild dieses Stadtviertels fungierenden Straßen summa summarum durch die Gleichzeitigkeit von starker Bewegung - und damit sehr wohl existenter Unstetigkeit - und Kontinuität geprägt waren?

Das dem Wohnverhalten gewidmete Kapitel gliedert sich in drei Schwerpunkte.

Die im ersten Abschnitt beleuchteten Rahmenbedingungen fragen nach dem sich zwischen 1875 und 1914 vollziehenden Wandel ursprünglich vorgefundener Wohnstrukturen in den vier Straßen dieses Viertels. Dabei liefern zum einen das an der Erweiterung des Baubestandes und der Entwicklung der Wohnbevölkerung ablesbare Verhältnis von Angebot und Nachfrage vorhandenen Wohnraums, zum anderen die spezifische Nutzung und die Auslastung der Häuser den zum näheren Verständnis des Mobilitätsgeschehens unverzichtbaren Hintergrund.

Das in den einzelnen Straßen erreichte Mobilitätsvolumen steht im Mittelpunkt des zweiten Teils. Ankunft, Aufbruch und Verbleib der Bewohner markieren die entscheidenden Ereignisse, die den Umfang der jährlich erfolgten straßeninternen Fluktuation determinierten. Indem die Analyse des durch die alljährlich stattgefundene Zahl der Zuzüge und Wegzüge verursachten Bewohneraustausches den vierzigjährigen Verlauf des Fluktuationsprozesses in jeder einzelnen Straße in den Blick nimmt, werden gleichermaßen Spitzenzeiten wie Flauten, aber auch die Geschwindigkeit, mit der diese räumlichen Bewegungen eine kontinuierliche Erneuerung der Bewohnerschaft auslösten, sichtbar.

Varianten des Wohnverhaltens bilden schließlich den dritten Schwerpunkt der Analyse. In diesem Rahmen konzentriert sich die Untersuchung zunächst auf die verschiedenen Formen der Wohnmobilität. Die auf der Ebene des Straßenvergleichs angelegte Erörterung straßeninterner Umzüge zielt primär auf etwaige Unterschiede im Wohnverhalten der Bevölkerung beider sozialstrukturell voneinander abweichender Straßenpaare ab. Wohnungswechsel zwischen den Straßen werden hingegen vorrangig unter dem Gesichtspunkt der von den Mobilen erworbenen Wohnsitzkombinationen thematisiert, um auf dieser Basis ebenso die Beweggründe wie die Bedeutung dieser stadtteilgebundenen Wohnsitzveränderungen zu diskutieren. Die in einem kurzen Abriß vorzustellenden hochmobilen Wohnverbände wecken nicht nur durch ihre Umzugshäufigkeit, sondern mehr noch mit ihrer Umzugsmanier das Interesse, bevor in einem konzentrischen Schritt die soziale Zusammensetzung der Mobilen und der Mobilitätsgrad der einzelnen Sozialgruppen darzulegen und abschließend die Ursachen stadtteilinterner Wohnmobilität unter Einbeziehung der neueren Forschungsergebnisse zu analysieren sein werden. Aspekte der Wohndauer vervollständigen das Bild dieses im Zeitraum von 1875 bis 1914 keineswegs nur durch Mobilität geprägten Bremer Stadtviertels. Zur Auslotung des Verhältnisses von Mobilität und Seßhaftigkeit folgen die Untersuchungen zur Wohndauer gleichsam den vorgefundenen Mustern der Wohnmobilität. So ermöglicht eine Differenzierung der von den Bewohnern in den verschiedenen räumlichen Einheiten verbrachten Zeitspannen einerseits Einblicke die Bezugsdauer der Häuser und vermag andererseits die in den einzelnen Straßen erreichte Wohndauer und nicht zuletzt den Verbleib im Viertel offenzulegen, so daß auf dieser Grundlage auch die Frage, welche Bewohner den seßhaften Kern der Wohnbevölkerung bildeten, zu beantworten sein wird.

1. Die Rahmenbedingungen in den vier Straßen (1875-1914): Einwohnerzuwachs, Erweiterung des Wohnungsbestandes, Leerstände, Belegung und Nutzung der Häuser

Ein beachtlicher Bevölkerungszuwachs, einhergehend mit einer starken Erweiterung des ursprünglich geringen Baubestandes und merklich zunehmender Wohndichte, war zwischen 1875 und 1914 insbesondere in der Gastfeld- und Kornstraße, aber auch in der Rasingstraße, mithin in drei der vier Straßen der südlichen Vorstadt Bremens zu verzeichnen, deren Entwicklung und Wandel im Mittelpunkt der vorliegenden Studie und der anknüpfenden Analysen stehen.[13] Mit Ausnahme der Wulfhoopstraße, die als einer der ältesten Straßenzüge dieses Stadtteils infolge ihrer frühzeitigen Anlegung, Bebauung und Bevölkerung zum Zeitpunkt ihres weiteren Ausbaus, zu Beginn der 1870er Jahre, bereits eine langjährige Tradition besaß[14] und in den vier Jahrzehnten bis zum Ersten Weltkrieg keine nennenswerten Schwankungen in der Gesamtzahl ihrer sich auf die einzelnen Häuser verteilenden Haushaltungen erfuhr, vollzog sich in allen anderen Straßen ein erheblicher Anstieg der im Jahre 1875 noch ausgesprochen niedrigen Einwohnerzahlen (vgl. Abbildung 6). Die Wulfhoopstraße verfügte im Jahre 1875 mit 51 fertiggestellten Wohnhäusern, denen in den Folgejahren nur fünf Neubauten hinzugefügt werden sollten, schon über einen nahezu vollständigen Häuserbestand. In diesen komplett belegten Gebäuden lebten insgesamt 109 Haushalte. Damit übertraf die Bewohnerschaft dieser Arbeiterstraße die kleinen Einwohnergruppen in der Gastfeldstraße (11 Haushalte) und Kornstraße (12 Haushaltungen) um ein Vielfaches, überstieg aber auch deutlich die mit 75 Haushalten noch begrenzte Bewohnerzahl der Rasingstraße.

Die Mitte der 1870er Jahre einsetzende Krise hinterließ vornehmlich in den zur Gründerzeit entstandenen oder erweiterten Arbeiterstraßen ihre Spur. Hinlänglich verfügbares Kapital zur Finanzierung des Wohnungsbaus und die zumindest zeitweilig bestens florierenden Spekulationsgeschäfte auf dem Bremer Immobilienmarkt hatten nicht nur Bauhandwerker, sondern auch zahlreiche Branchenfremde animiert, ihr Glück als Bauunternehmer zu versuchen. Diese selbsternannten Bauunternehmer hatten fast ausnahmslos ohne jegliches Eigenkapital Bauland zu teils astronomisch hohen Preisen in den Vorstädten erworben, um auf selbigem unverzüglich Straßen anzulegen und diese überwiegend mit Reihenhäusern einfachster Art zu versehen. Da allerdings nur ein geringer Bruchteil dieser für den anonymen Markt erstellten Wohnhäuser auf privatem Wege den Besitzer wechselte, das Gros der Spekulationsbauten indessen unverkäuflich blieb, suchten sich viele der handfestarisch hoch verschuldeten Bauunternehmer mit der, wie sie hofften, nur vorübergehenden Bereitstellung ihrer Häuser für den Mietwohnungswohnungsmarkt und mittels der auf diese Weise bezogenen Mieteinkünfte finanziell über Wasser zu halten. In den meisten Fällen ging diese ohne den

Gläubiger gemachte Rechnung nicht auf. Vermehrte Leerstände dieser neu errichteten Gebäude kündeten nicht etwa von einer dahingehenden Übersättigung des Wohnungsangebots, daß die bestehende Nachfrage vorrangig nach günstigen Arbeiterwohnungen vollauf gestillt worden wäre, sondern galten als symbolträchtiger Ausdruck einer vielmehr an den Bedürfnissen des Marktes vorbeizielenden Produktion und einer unter diesen Bedingungen vorprogrammierten Krise. Solch zuhauf gescheiterte Fehlkalkulationen verhinderten nicht selten die Fertigstellung der Neubauten oder führten zu einem Brachliegen sehr wohl benötigten Wohnraums auch in der südlichen Vorstadt Bremens. Zwangsversteigerungen setzten dem oft gleichermaßen kurzen wie erfolglosen Werdegang der Bauunternehmer ein schnelles Ende und sorgten kaum minder häufig für einen Wechsel der Bewohner oder für den zwischenzeitlichen Leerstand bezugsfertiger und auch bereits bewohnter Gebäude.

Gähnende Leere machte sich mithin plötzlich in etlichen Häusern breit, die ihren Mietern kurz zuvor noch als privater Wohnsitz und mitunter auch als Arbeitsort gedient hatten. Die Häuser der Kornstraße blieben zwar von den seit Mitte der 1870er Jahre auf der Tagesordnung stehenden Distraktionsverfahren mit dreizehn an die Kerze gelangten Objekten keinesfalls unberührt, wohl aber von den in anderen Straßenzügen dieses Stadtteils vielfach zu konstatierenden Leerständen als Folgeerscheinung der Krise weitgehend verschont. Nur fünf Haushalte räumten infolge zweier in den Jahren 1877 und 1882 zwangsweise erwirkter Besitzwechsel ihre ursprünglichen Wohnungen. Auch in der Gastfeldstraße hielt sich das Phänomen ungenutzten Wohnraums mit fünf zwischen 1876 und 1878 betroffenen Häusern ebenso in Grenzen wie die geringe Zahl der acht kaum freiwillig ihre Behausungen aufgegebenen Haushalte. Die Bewohner beider staatlich geplanter Hauptstraßen hatten demnach trotz der auch hier mehrfach erfolgten Zwangsverkäufe sehr viel seltener die sozialen Kosten der Krise zu tragen als die in den benachbarten Arbeiterstraßen lebende Einwohnerschaft.

Immerhin fünf von 51 im Vorjahr noch bewohnten Häusern standen im Jahre 1878 in der Wulfhoopstraße leer, so daß deren Einwohnerzahl in diesem Jahr mit 84 Haushaltungen den zwischen 1875 und 1914 niedrigsten Stand erreichte. Obgleich die Zahl der Leerstände in den Folgejahren zurückging, hatten sich bis 1886 insgesamt fünfzehn Haushalte dieser zehn für einen befristeten Zeitraum unbewohnten Gebäude eine neue Bleibe zu suchen. Flexibilität wurde aber, wie der Straßenvergleich unschwer erkennen läßt, in erster Linie den Bewohnern der Rasingstraße abverlangt, die sich als Hauptbetroffene der Misere unter den vier untersuchten Straßen erwiesen. Gleich im ersten Jahr nach ihrer Entstehung wartete die Rasingstraße mit brachliegendem Wohnraum auf. Zwei der 37 im Jahre 1875 schlüsselfertig existierenden Häuser fanden, wie im übrigen auch 33 weitere Gebäude dieses Straßenzuges, keinen Absatz auf dem Immobilienmarkt und harrten im Gegensatz zu den 35 bewohnten Häusern zudem vergeblich ihrer ersten, zum Trockenwohnen benötigten Bewohner. Hatten sich Letztere nach einjähriger Verzögerung offenbar finden lassen, so standen nunmehr bereits fünf andere Wohnhäuser leer. Im Jahre 1877 stieg nicht nur die Zahl der mittlerweile bezugsfertig hergerichteten Häuser, sondern auch die der gänzlich ungenutzten Bauten merklich an und schlug sich in einem Mißverhältnis von zehn unbewohnten und 39 bewohnten Gebäuden nieder, wie dies zwar gleichermaßen im Folgejahr, aber nur in einem Falle für dasselbe Objekt festzustellen war. Das Jahr 1878 markierte mit nur noch 59 Haushaltungen zugleich den im gesamten 40jährigen Zeitraum tiefsten Einwohnerstand in dieser Arbeiterstraße. Das gleichsam den Charakter einer grassierenden Krankheit annehmende Phänomen reihum ein Haus nach dem anderen erfassender Leerstände gipfelte im Jahre 1879 in einem Höchststand von 15 unbewohnten Häusern. Damit hatte sich der Anteil leerstehender Häuser von 20 Prozent in den beiden Vorjahren in diesem Jahr auf 29 Prozent des Wohnhausbestandes erhöht. Mit dem Übergang in die 80er Jahre des 19. Jahrhunderts kündigte der deutliche, 1880 nur noch drei Objekte ausweisende Rückgang in den Leerständen eine allmählich einsetzende Beruhigung der krisengeschüttelten Immobilienmarktlage an. Im Jahre 1882 waren die Bauarbeiten in der Rasingstraße endgültig abgeschlossen, so daß die vorgesehene Zahl der Reihenhäuser mit 54 Objekten ihre Vollständigkeit erreicht hatte. Dennoch vergingen fünf weitere Jahre, bis auch jedes dieser Häuser zu Wohnzwecken genutzt wurde. Bis 1886, mithin zwölf Jahre lang, währte das paradox anmutende Phänomen vereinzelt oder auch gehäuft leerstehender Wohnhäuser und damit verfügbaren Wohnraums auf der einen und gleichzeitig herrschenden Wohnungsmangels sowie bedrückender Enge in den bewohnten Gebäuden auf der anderen Seite. Innerhalb dieses gegenüber den anderen drei Straßen der südlichen Vorstadt auffällig langen Zeitraumes blieben 34 unterschiedliche Gebäude (63 Prozent), also annähernd zwei Drittel des gesamten Häuserbestandes dieser Straße, mindestens ein Jahr lang (21 Objekte) unbewohnt. Sieben der betroffenen Reihenhäuser standen zwei Jahre, vier Bauten immerhin drei Jahre und die beiden zuletzt fertiggestellten Häuser gar für fünf Jahre leer. Zwischen 1875 und 1882 waren 58 Haushalte bereits nach ausgesprochen kurzer Zeit aus einem dieser durch zwischenzeitliche Leerstände gekennzeichneten Reihenhäuser in der Rasingstraße ausgezogen. Eine kurze Wohndauer erwies sich indessen, wie noch eingehender auszuführen sein wird, gerade in solch neu angelegten Straßen bzw. Häusern durchaus nicht als ungewöhnlich. Vielen der zur Miete lebenden Erstbewohner dieser soeben bezugsfertig hergerichteten Wohnhäuser wird der in naher Zukunft liegende Auszugstermin schon vor ihrem Einzug bekannt gewesen sein. Ob einem solch kurz befristeten Mietverhältnis nun klare Absprachen mit dem Vermieter vorausgingen oder ob der kurzen Verweildauer persönliche Zukunftspläne der Mieter zugrundelagen, läßt sich aufgrund der desolaten Quellenlage nicht zweifelsfrei beantworten. Vieles spricht jedoch dafür, daß ein Großteil der ersten Bewohner in den Straßen der südlichen Vorstadt lediglich das auf Monate begrenzte Trokkenwohnen der Neubauten besorgten, wie dies auch in anderen Großstädten die

Regel bildete. Das damit eingegangene Risiko gesundheitlicher Beeinträchtigungen in diesen feuchten Behausungen wird von den ohnehin weitgehend unbemittelten Mietern sicherlich zugunsten des verhältnismäßig geringen Mietzinses entschieden und in Kauf genommen worden sein.

Einhergehend mit der allmählichen Konsolidierung des Immobilienmarktes in den 1880er Jahren kletterten auch die Einwohnerzahlen beider Arbeiterstraßen von Jahr zu Jahr in die Höhe. Die Wulfhoopstraße erzielte im Jahre 1890 mit 106 Haushaltungen einen annähernden Gleichstand mit ihrer 1875 vorhandenen Bewohnerzahl (109 Haushalte). Vier Jahre später konnte die mittlerweile mit 53 Häusern bestückte Wohnstraße sowohl den maximalen Bewohnerstand (123 Haushalte) als auch die höchste Behausungsziffer (2,32 Haushalte pro Wohnhaus) verzeichnen. Die Bewohnerschaft der in den beiden Folgejahrzehnten nur noch um drei weitere Häuser bereicherten Arbeiterstraße blieb bis zum Jahre 1914 - ungeachtet ihrer personellen und sozialen Zusammensetzung oder etwaig erfolgter Bewohnerwechsel - zumindest in ihrer Personenzahl relativ konstant. Im letzten Betrachtungsjahr lebten in der Wulfhoopstraße 110 Haushaltsverbände in einem der 56 Reihenhäuser, so daß minimale Unterschiede zu dem im Eingemeindungsjahr 1875 registrierten Bevölkerungsaufkommen und Häuserbestand allenfalls in der von 2,14 auf 1,98 (Haushalte pro Wohnhaus) gesunkenen Belegungsziffer zutagetraten. Ganz im Gegensatz zur Rasingstraße, in erster Linie aber entgegen der noch zu skizzierenden Entwicklungen in der Gastfeld- und Kornstraße, hatten sich in der Wulfhoopstraße binnen 40 Jahren somit keinerlei spektakuläre Veränderungen in der jährlichen Gesamtzahl ihrer Bewohner oder der durchschnittlich in einem Hause lebenden Haushalte vollzogen. Vielmehr kann dieser proletarischen Wohnstraße auf der Ebene rein quantitativer Trends eine weitgehend "ruhige" Entwicklung bescheinigt werden.

Eine kontinuierliche Steigerung der Einwohnerzahlen kennzeichnete hingegen die Bevölkerungsentwicklung in der Rasingstraße seit 1879. Nach der 1878 mit 59 Haushalten erreichten Talsohle stieg der Einwohnerstand dieser Arbeiterstraße bis zum Jahre 1886 auf 121 Haushaltungen an und hatte sich demnach innerhalb weniger Jahre verdoppelt. Da jedoch die Bautätigkeit Ende der 1870er Jahre bereits weit vorangeschritten war, schlug sich das durchaus beachtliche Bevölkerungswachstum notgedrungen in einer verstärkten Auslastung der zur Verfügung stehenden Wohnhäuser nieder. Die mit 1,51 Haushalten pro Wohnhaus 1878 noch relativ niedrige durchschnittliche Belegungsziffer war acht Jahre später schon auf 2,33 Haushalte hochgeschnellt. Dieser Aufwärtstrend setzte sich - abgesehen von den sich durch minimale Rückgänge der Bewohnerzahlen auszeichnenden Jahren 1891 und 1894 bis 1896 - nahezu unaufhaltsam fort, um im letzten Jahr des 19. Jahrhunderts gleichermaßen in einem Einwohnerhöchststand wie in einem Extrem wohnräumlicher Verdichtung zu gipfeln. Das Wohnen in den ohnehin kleinen Häusern dieses proletarischen Straßenzuges war mithin durch zunehmende Enge geprägt; denn im Jahre 1899 drängten sich nunmehr 160 Haushalte in 54 Häusern. Die durchschnittliche Belegung eines Wohnhauses mit 2,96 Haushaltungen mutet vordergründig kaum hoch an. Wie bereits mehrfach hervorgehoben, besitzen solch statistische Mittelwerte indes wenig Aussagekraft. So bleibt zu betonen, daß - entsprechend der für die Bremer Häuser entwickelten Konzeption - auch die einstöckigen Reihenhäuser der Rasingstraße explizit einer Familie zugedacht waren. Eingeschossige Wohnbauten waren in der Rasingstraße bevorzugt gebaut worden und stellten mit 35 Objekten gegenüber den 19 zweistöckigen Gebäuden die Mehrzahl des Wohnhausbestandes. Durch den schmalen Zuschnitt dieser nahtlos aneinandergefügten Häuser war die von 53 bis 59 Quadratmeter schwankende Grundfläche keinesfalls großzügig geraten.[15] Sehr viel kleiner fiel indessen die durchschnittlich zur Verfügung stehende Wohnfläche[16] in den einzelnen Wohnungen aus, die mit knapp 30 m^2 kaum noch schien unterschritten werden zu können.

Doch nicht nur die geringen Ausmaße dieser wenig komfortablen Wohnungen wirkten sich nachteilig auf die Wohndichte aus. Auch die zur Jahrhundertwende noch stattliche Personenzahl der im Schnitt 4,41 Mitglieder umfassenden Haushalte in der südlichen Vorstadt Bremens[17] trug maßgeblich zur Enge bei. Zudem diente nicht jedes Gebäude dieses Straßenzuges ausschließlich zum Wohnen. Das Bremer Adreßbuch wies für den Jahrgang 1899 immerhin sieben der 54 Häuser mit gewerblicher Nutzung aus. Neben einer hier ansässigen Wichsefabrik und des von einem Bewohner betriebenen Doppelgewerbes einer Milchwirtschaft nebst Fuhrgeschäft fanden sich in diesem Jahr auch zwei Detailgeschäfte, je eine Gemüse- und Milchhandlung sowie eine kombinierte Milch- und Steinkohlenhandlung. Über diese offiziell verzeichneten Gewerbe hinaus lassen die Berufsangaben der als Haushaltsvorstand fungierenden Bewohner darauf schließen, daß vielfach auch die gerade in Arbeiterstraßen keineswegs außergewöhnliche Kopplung von Arbeiten und Wohnen unter einem Dach vorgelegen haben dürfte. Eine solche Verquickung liegt insbesondere im Falle derjenigen Tätigkeiten nahe, die in der Zigarrenfabrikation zum Einsatz gelangten. Insgesamt 26 Bewohner (16,3 Prozent) bestritten im Jahre 1899 ihren Lebensunterhalt entweder als Zigarrenmacher (22 Personen) bzw. Zigarrensortierer (2 Bewohner) oder als Zigarrenfabrikant (2 Personen) und waren in 22 Häusern der Rasingstraße anzutreffen. Die verschiedenartigen, mit der Herstellung oder dem Verkauf von Waren einhergehenden Erwerbstätigkeiten gingen aber, sofern diese nicht in separaten Räumlichkeiten ausgeübt wurden, zwangsläufig zu Lasten des bereitstehenden Wohnraums und konnten darüber hinaus, etwa bei permanentem Lärm oder emissionsbedingter Geruchsbelästigung und Luftverschmutzung, nicht zuletzt auch die Wohnqualität ganz erheblich mindern. All diese zur Verknappung des privaten Wohnraums beitragenden Bedingungen vermögen statistische Durchschnittsangaben wie die der Behausungsziffer ebensowenig widerzuspiegeln wie die tatsächlich existierende Verteilung der Haushalte auf die einzelnen Wohngebäude.

Die 1899 erreichte Belegziffer (2,96 Haushalte pro Wohnhaus) galt immerhin für 24 von 54 Häusern in der Rasingstraße (44,4 Prozent) als zutreffend. 72 Haushaltsverbände (45 Prozent) lebten demnach in einem der von drei Wohnparteien belegten Reihenhäuser. Eine geringere Auslastung erfuhren fünfzehn lediglich von zwei Haushaltungen bewohnte Gebäude. Nur zwei zu den Hausbesitzern zählende Personen befanden sich indessen in der vergleichsweise günstigen Lage, ihr Haus einzig für eigene Zwecke nutzen zu können. Nicht immer erwies sich allerdings der Hausbesitz als Garant für solch privilegiertes Wohnen; denn auch in denjenigen Häusern, deren Belegung den Mittelwert dieses Jahres deutlich überstieg, lebten die Eigentümer gewöhnlich mit ihrer verhältnismäßig zahlreichen Mieterschaft gemeinsam unter einem Dach. Eigenbedarfsnutzung und gleichzeitig praktizierte, umfangreiche Abvermietung im eigenen Hause trafen vorrangig dann zusammen, wenn die männlichen Hausbesitzer sich als Arbeiter verdingt hatten und das schmale Einkommen bereits den für die handfestarische Verschuldung erforderlichen Zinsabtrag erschwerte. Ähnliche Verhältnisse kamen zum Tragen, wenn Frauen nach dem Tod des Ehemannes das Hauseigentum übernahmen. Selbiges sicherte insbesondere Arbeiterwitwen allenfalls in Ausnahmefällen einen Ruhesitz. In aller Regel wurde den Frauen vielmehr hochbelasteter Hausbesitz hinterlassen, für dessen Finanzierung sie nunmehr, wollten sie ihr Haus nicht verlieren, Sorge zu tragen hatten. So nimmt es nicht wunder, daß die am stärksten ausgelasteten Wohnhäuser in dieser Straße tatsächlich ausschließlich den Besitz von Arbeitern und Witwen markierten, wie dies für zwei von fünf Haushalten bewohnte Häuser und für ein gar mit sechs Wohnparteien überfrachtetes Gebäude, aber auch für zehn der jeweilig vier Haushaltsverbänden als Heim dienenden Wohnhäuser festzustellen war. Besaß die einfache Formel - je geringer das Einkommen und je höher die handfestarischen Belastungen, desto stärker die wohnräumliche Auslastung - in den Arbeiterstraßen der südlichen Vorstadt nahezu generelle Gültigkeit, so ging die Umkehrung dieser Regel, also eine mit steigenden Einkünften sinkende Belegung, in der Praxis eher selten auf; denn auch die als Kapitalanlage verwerteten Immobilien erfreuten sich einer durchaus beachtlichen Belegungshöhe.

Nachdem sich die Zahl der in der Rasingstraße lebenden Haushalte zur Jahrhundertwende auf 148 verringert und demzufolge die mittlere Belegung der Häuser einen entsprechenden Rückgang zu verzeichnen hatte (2,74 Haushalte pro Wohnhaus), wurde im Jahre 1904 ein zweites Mal der schon 1899 registrierte, jedoch abermals nur für ein Jahr währende Einwohnerspitzenwert erzielt. Leichte Zu- und Abnahmen im Bevölkerungsaufkommen und hieraus resultierende Schwankungen in der Ausschöpfung der wohnräumlichen Kapazitäten standen auch in den Folgejahren als Ausdruck eines durch stete Bewegung und kontinuierliche

Veränderungen geprägten Straßenzuges. Im Jahre 1914 setzte sich die Wohnbevölkerung der Rasingstraße aus 147 Haushalten zusammen und wies eine durchschnittliche Anzahl von 2,72 Wohnparteien pro Gebäude auf. Im Gegensatz zur Wulfhoopstraße, die im ersten und letzten Betrachtungsjahr mit einer annähernd exakt übereinstimmenden Bewohnerzahl aufwartete, hatte sich die Bevölkerung der Rasingstraße innerhalb dieser vier Jahrzehnte nahezu verdoppelt. Da aber der verfügbare Wohnraum keineswegs proportional zur Bevölkerungszunahme erweitert worden war, sondern seit 1880 mit Ausnahme einiger Um- und Ausbauten ein weitgehend gleichbleibendes Angebot bereithielt, hatte die Wohnqualität - zumindest unter dem Aspekt der deutlich zunehmenden Verdichtung in den Häusern - eine tendenzielle Verschlechterung erfahren.

Mit einer überaus kleinen, lediglich elf Haushalte umfassenden Einwohnergruppe und einem nur sechs Neubauten zählenden Wohnhausbestand präsentierte sich die gravierend von der Wulfhoop- und Rasingstraße abweichende Ausgangssituation des Jahres 1875 in der Gastfeldstraße. In dieser zwar staatlichen Plänen entsprungenen, indes - ebenso wie die kleineren Wohnstraßen in diesem Stadtteil - ausschließlich von privaten Bauunternehmern angelegten und bebauten Hauptstraße kam die Bautätigkeit im Jahre 1879 für annähernd zwei Jahrzehnte zum Erliegen, obgleich im ersten Bauabschnitt erst 24 Wohnhäuser errichtet worden waren. Trotz der bis 1895 unverändert geringen Gebäudezahl erhöhte sich die 1879 noch kleine Bewohnergruppe bis zum Jahre 1894 von 45 auf 72 Wohnparteien und ließ die ursprünglich niedrige Behausungsziffer (1,88 Haushalte je Wohnhaus) in den ein- und zweistöckigen Häusern auf 3,0 Haushalte ansteigen. Weitaus häufiger als in der benachbarten Rasingstraße wurden Teilbereiche der Wohngebäude dieses noch unvollständig bebauten Straßenzuges für gewerbliche Zwecke genutzt. Schon Mitte der 1890er Jahre fand sich in jedem zweiten Haus der Gastfeldstraße ein Geschäft, ein handwerklicher Betrieb oder eine Bewirtungsstätte, mithin ein breitgefächertes Versorgungsangebot, das im Zuge des Ausbaus dieser Planstraße in den Folgejahren noch erheblich ausgeweitet werden sollte. Nahezu ausnahmslos wurde der Kleinhandel, das Nahrungsmittelhandwerk[18] oder die Dienstleistung im eigenen, gleichzeitig als Wohnsitz dienenden Hause betrieben.

Nach Einsetzen der zweiten Bauphase war der Wohnhausbestand der Gastfeldstraße innerhalb von zehn Jahren mit 22 Neubauten aufgestockt worden, so daß im Jahre 1906 nunmehr 46 Wohnhäuser zur Verfügung standen, die mittlerweile 118 Haushaltsverbände beherbergten. Der damit einhergehende Rückgang in der Wohndichte (2,57 Haushalte pro Wohnhaus) jedoch erwies sich lediglich als ein vorübergehender. Im Rahmen der Stadtplanung war in der Gastfeldstraße nicht nur eine zweimalige, 1905 und 1906 wirksam werdende Umnumerierung sämtlicher Häuser vorgenommen, sondern überdies der zwischen der Hohentors-Chaussee und Bachstraße belegene Teil, mithin ein beträchtlicher Abschnitt dieser Planstraße, umbenannt worden, der künftig die Bezeichnung "Pappelstraße" erhielt.[19] Infolge der auf einem Beschluß des Bremer Senats vom 12. Dezember 1905 basierenden Umbenennung war im Jahre 1907 sowohl der nur noch 31 Gebäude umfassende Wohnhausbestand als auch die 85 Haushalte zählende Einwohnerschaft merklich "geschrumpft". Die wenigen bis 1914 zusätzlich erstellten Neubauten schienen dem vermehrten Zuzug neuer Bewohner und dem von diesen nachgefragten Wohnraum kaum gerecht werden können. Gerade in den von zahlreichen Nebenstraßen flankierten Hauptstraßen der südlichen Vorstadt aber hatte sich die veränderte Bauweise vollends durchgesetzt, indem bevorzugt zwei- oder dreistöckige, häufig von Anbeginn als kombinierte Wohn- und Geschäftshäuser vorgesehene Bauten hochgezogen wurden. Dies galt auch für die mit etlichen Eckhäusern bestückte Gastfeldstraße. Die im Jahre 1910 mit 3,3 Haushaltungen im gesamten vierzigjährigen Zeitraum erzielte höchste Behausungsziffer hatte demnach in diesem Straßenzug keinesfalls eine solch starke wohnräumliche Verdichtung zur Folge wie etwa in der überwiegend mit außerordentlich kleinen Arbeiterhäusern versehenen Rasingstraße. Bis zum Jahre 1914 hatte die private Bautätigkeit die einige Jahre zuvor erheblich verkürzte Planstraße auf ihre mit 47 Gebäuden zwischen 1875 und 1914 höchste Wohnhauszahl gebracht. Aber auch die Bewohnerschaft der insbesondere seit ihrem Ausbau zunehmend von einkommensstärkeren Erwerbstätigen als Wohnsitz begehrten Gastfeldstraße war in diesem Jahr auf ihrem Höchststand angelangt. Das Bremer Adreßbuch wies für 1914 insgesamt 155 Haushaltsverbände als Bewohner der Gastfeldstraße aus.

Enorm angewachsen war zudem die Zahl der nicht ausschließlich dem Wohnen vorbehaltenen, sondern auch beruflichen Zwecken unterschiedlichster Art dienenden Häuser. "Reine" Wohnhäuser befanden sich in diesem Jahr mit 16 Objekten gegenüber den 31 gleichzeitig oder gar vollauf anderweitig genutzten Gebäuden deutlich in der Minderheit. Ganz und gar auf Erwerbszwecke abgestellt blieben drei, allerdings die verschiedensten Funktionen erfüllenden Immobilien. Eine agrarische Nutzung lag im Falle der für einen im Nebenhaus betriebenen Milchhandel benötigten Stallung vor, während ein zweites Grundstück von einer Kistenfabrik vereinnahmt wurde und in einem weiteren Gebäude ein Barbier- und Friseurgeschäft untergebracht war. Handwerkliche Dienste letztgenannter Art waren in der Gastfeldstraße gleich in vierfacher Anzahl vertreten. Das schon zwanzig Jahre zuvor mit fünf Betriebsstätten in auffälliger Anhäufung vorhandene Nahrungsmittelhandwerk war im Jahre 1914 in annähernd gleichbleibender Anzahl anzutreffen. Noch immer wurde die Gastfeldstraße von vier in unmittelbarer Nachbarschaft befindlichen Bäckereien und inzwischen von zwei immerhin mit einiger Entfernung voneinander getrennt liegenden Schlachtereien bereichert. Nur zwei dieser Handwerker und Ladenbesitzer gingen auch 1914 noch ihrem Beruf nach; in drei der bereits 1894 existierenden handwerklichen Betriebe hatte sich hingegen ein personeller Wechsel der ursprünglichen Inhaber vollzogen. Textilhandwerkliche Fertigkeiten offerierten überdies ein Schuhmacher und ein Schneider in ihren Geschäften. Das mannigfaltige Versorgungsangebot in der Gastfeldstraße wurde jedoch nicht nur von mehreren Handwerksbranchen abgedeckt, sondern auch von Dienstleistungen getragen. Während ein Droschkenunternehmen den Personentransport übernahm, sorgten gleich fünf Schenkwirtschaften für das leibliche Wohl oder für die Unterhaltung und Zerstreuung ihrer Gäste. Die zweifelsohne größte Bandbreite im infrastrukturellen Angebot dieser Straße wiesen allerdings die hier zahlreich agierenden Kleinhändler mit ihren teils gemieteten, teils im eigenen Hause eingerichteten Geschäften auf. Getränke, Lebens- und Genußmittel aller Art hielten insgesamt dreizehn Verkaufsstätten bereit, deren variierendes Sortiment mitunter über die Nahrungsmittel hinaus auch Spezialartikel wie etwa Farben oder Papierwaren beinhaltete. Wurden Waren des alltäglichen Bedarfs - wie Weiß-, Woll- und Kurzwaren, Steinzeug und Schreibmaterialien - in vier weiteren Fachgeschäften feilgeboten, so komplettierte ein sich auf den Verkauf von Fahrrädern spezialisierter Händler die beeindruckende Vielfalt des Einzelhandels in der Gastfeldstraße, die sich unverkennbar zu einer der wichtigsten Geschäftsstraßen der südlichen Vorstadt entwickelt hatte.

An Einkaufsmöglichkeiten herrschte in diesem gleichzeitig als Wohn-, Haupt- und Geschäftsstraße fungierenden Straßenzug mithin kein Mangel. Gravierend gewandelt hatten sich indessen die zwei Jahrzehnte zuvor eindeutig zu Gunsten der Hauseigentümer ausschlagenden Besitzverhältnisse der diversen Gewerbetreibenden. Im Jahre 1914 konnten nur noch sechzehn Handwerker, Kleinhändler oder Dienstleister das Haus, in dem sie ihre Erwerbstätigkeiten ausübten, ihr eigen nennen; das Gros der zur infrastrukturellen Ausstattung beitragenden Personen (20 Gewerbetreibende) hatte die erforderlichen Räumlichkeiten lediglich angemietet. Ein enormer Bevölkerungsanstieg, ein trotz staatlicher Lenkungsmaßnahmen beachtlich erweiterter Häuserbestand und ein facettenreiches, vornehmlich seit Ende der 1890er Jahre noch reichhaltigeres Versorgungsangebot treten als markanteste Merkmale der sich von 1875 bis 1914 vollziehenden Entwicklung in der staatlich projektierten Gastfeldstraße hervor.

Nicht minder eindrucksvoll verlief die vierzigjährige Entwicklung in der gleichermaßen auf dem Reißbrett staatlicher Planer konzipierten Kornstraße. Der 1875 mit zwölf Haushalten und sechs Bauten schon seine Vollzähligkeit erreichte Bewohner- und Wohnhausbestand läßt in der Kornstraße weitreichende Übereinstimmungen zu den in der Gastfeldstraße vorgefundenen Ausgangsbedingungen erkennen. Geringer noch als in der parallel verlaufenden Gastfeldstraße blieben hier sowohl die Zahl der bis 1879 im ersten Bauabschnitt errichteten, nur sechzehn Objekte umfassenden Wohngebäude als auch die Zunahme der Wohnbevölkerung, die zwischen 1879 und 1895 lediglich von 29 auf 36 Haushaltungen angestiegen war. Analog des minimalen Bevölkerungswachstums hielt sich die wohnräumliche Verdichtung mit durchschnittlich 2,25 Wohnparteien je Wohnhaus auch 1895 noch auf einem quantitativ niedrigen, qualitativ wohl eher hohen

Niveau, zumal die Kornstraße überwiegend zweigeschossige Bauten besaß. Die im Adreßbuch des Jahres 1895 verzeichneten Gewerbe dieses Straßenzuges verteilten sich auf sechs der sechzehn Häuser und waren mit fünf handwerklichen Betrieben, einer Schenkwirtschaft und einem Milchhandel vollständig aufgelistet.

Die 1895 zwecks Verlängerung der Kornstraße neuerlich in Angriff genommene Bautätigkeit setzte der seit ihrer Entstehung über zwei Jahrzehnte hinweg nachgerade als "träge" zu bezeichnenden Entwicklung in dieser Planstraße ein rasches Ende. Zügig und effizient abgewickelte Bauarbeiten trieben die Zahl der Neubauten von Jahr zu Jahr in die Höhe, so daß der neu erstellte Wohnraum seinerseits magnetische Anziehungskraft auf Wohnungssuchende ausübte. Infolge der kontinuierlichen Erweiterung des Wohnungsbestandes und des unablässigen Zuzugs neuer Bewohner hatten die bezugsfertigen und auch unverzüglich in Gebrauch genommenen Häuser nach zehn Jahren den annähernd dreifachen Umfang angenommen und die Einwohnerzahlen die Grenze zum dreistelligen Bereich bereits deutlich überschritten. So verfügte die Kornstraße im Jahre 1904 nunmehr über 46 Gebäude mit 119 Wohnparteien und wies eine mittlere Belegung von 2,59 Haushalten auf. Auffällig vermehrt hatte sich auch die gewerbliche Nutzung auf den Grundstücken bzw. in den Häusern dieser Hauptstraße. In achtzehn von 46 Gebäuden, also in jedem dritten Haus, war mittlerweile ein Geschäft, ein Handwerksbetrieb oder eine Schenkwirtschaft untergebracht. Galt die auf einem der Grundstücke angesiedelte Zigarrenfabrik als gewerblicher Ausnahmefall, so erfreute sich der Verkauf von Lebensmitteln, wie aus der beträchtlichen Anzahl zwölf derartiger Läden geschlossen werden kann, in dieser Straße offenkundig besonderer Beliebtheit. Sieben Detailgeschäfte, zwei Kolonialwarenhandlungen, denen in einem Falle noch ein Delikatessenladen angegliedert war, zwei Bäckereien und eine Schlachterei befanden sich in naher Nachbarschaft, nicht selten Wand an Wand und vereinzelt gar im selben Hause. Gut bestückt war die Kornstraße zudem mit drei in diesem Jahr vorhandenen Schenkwirtschaften. Der Verkauf von Weiß-, Woll- und Kurzwaren, Schreibmaterialien, Porzellan und Steingut, Wein und Spirituosen sowie Klempner-, Barbier- und Schuhmacherdienste vervollständigten hier das durchaus nennenswerte infrastrukturelle Angebot. Im Gegensatz zur vergleichbar gut ausgestatteten Gastfeldstraße mit ihren zahlreichen Gewerbetreibenden wurde der Kleinhandel in der Kornstraße offenbar mehrfach als Nebenerwerb, mithin nicht hauptberuflich ausgeübt; denn immerhin in sechs von 23 Fällen gaben die Kleinhändler einen von ihrer Handelstätigkeit abweichenden Erstberuf als Arbeiter oder Handwerker an. Zur Aufbesserung der Familieneinkünfte dienten zweifelsohne auch ein Detailgeschäft und eine Schenkwirtschaft, die jeweilig unter der Leitung von Ehefrauen betrieben wurden.

Obgleich der Bremer Senat auch in der Kornstraße eine zweimalige Umnumerierung der Häuser veranlaßt und die Umbenennung eines in der Länge mit dem betroffenen Abschnitt der ehemaligen Gastfeldstraße übereinstimmenden, fortan als "Lahnstraße" bezeichneten Teils erwirkt hatte,[20] ging die Verkürzung der Planstraße doch keineswegs mit einem der Gastfeldstraße entsprechenden Rückgang der Wohnhaus- und Bevölkerungszahlen einher. Machte sich die Straßenverkürzung lediglich in einer zwischenzeitlichen Verringerung um zwei Wohngebäude bemerkbar, so stiegen die Bewohnerzahlen ungeachtet dessen kontinuierlich und ab 1910 geradezu sprunghaft an, um im Jahre 1914 eine mit 355 Haushalten außerordentlich imposante Einwohnerzahl zu erreichen. Eine solch ebenso gewaltige wie rapide Bevölkerungszunahme wäre ohne die auch nach der 1905 beschlossenen Straßenteilung regelrecht auf Hochtouren laufende Bautätigkeit allerdings kaum möglich gewesen. Die Bauarbeiten in der Kornstraße hatten indessen an Betriebsamkeit nicht eingebüßt, sondern den Wohnhausbestand bis 1914 auf die stattliche Zahl von 95 Gebäuden gebracht. Im Vergleich zur Wulfhoop-, Rasing- und auch Gastfeldstraße hatte die Kornstraße somit sowohl das stärkste Bevölkerungswachstum als auch die umfangreichste Erweiterung ihres Wohnraumangebots aufzuweisen. Im Gegensatz zu den einfachen Behausungen in den proletarischen Wohnstraßen lockten die durchaus komfortablen und in ihrer Miethöhe sicherlich entsprechend kostspieligen Neubauten dieser Hauptstraße in zunehmendem Maße Haushaltsverbände mit besser gefülltem Geldbeutel an. Unternehmer, Geschäftsinhaber, Prokuristen, Beamte der oberen Laufbahnstufe oder auch Handwerksmeister mischten sich mehr und mehr unter die Wohnbevölkerung der offenkundig die Gunst einer angesehenen und favorisierten Wohnlage genießenden Kornstraße. Die von diesem Straßenzug unverkennbar ausgehende Attraktivität machte aber bei den Wohnungssuchenden keinesfalls halt; vielmehr waren auch Gewerbetreibende bestrebt, sich in diesem mittlerweile den Charakter einer Geschäftsstraße ersten Ranges besitzenden Straßenzug niederzulassen, um vorzugsweise in einem der neu erstellten Häuser ihre Ladentüren für eine möglichst gleichermaßen zahlreiche wie kauffreudige und nicht zuletzt zahlungsfähige Kundschaft zu öffnen.

Eine detaillierte Auflistung aller im Jahre 1914 existierenden Gewerbe ließ denn auch den aufgrund der mitgliederstarken Bewohnerschaft ohnedies ansehnlichen Umfang der Adreßbucheintragungen für die Kornstraße merklich anschwellen. Trotz weitgehender Kongruenz in der relativen Verbreitung der zu Erwerbszwekken genutzten Häuser in beiden staatlichen Planstraßen (Gastfeldstraße: 66 Prozent, Kornstraße: 63 Prozent aller Gebäude) hatte die Kornstraße die artverwandte Gastfeldstraße an gewerblicher Vielfalt längst übertroffen. Insgesamt 85 Gewerbetreibenden, mithin 24 Prozent der in dieser Straße lebenden Bewohnern, diente eines der 60 Grundstücke oder Gebäude als Arbeitsplatz, an dem sie ein beeindruckend breites Angebot aus den Bereichen Handwerk, Kleinhandel und Dienstleistung präsentierten. Neben zwei Kistenfabriken und einer Sägerei existierten im Jahre 1914 ferner 31 Handwerksbetriebe, die mit Ausnahme des Glas-, Papier- und Keramikgewerbes sämtliche Branchen vertraten und deren handgefertigte Produkte oder fachliches Können in einem eigens für diese Zwecke eröffneten Geschäft zu erstehen bzw. in Anspruch zu nehmen waren. Backwaren etwa standen in sieben Bäckereien bzw. Konditoreien zum Verkauf bereit, während inzwischen vier Schlachtereien ihre Fleischerzeugnisse anpriesen. In auffälliger Anhäufung waren auch die dem Textilhandwerk angehörenden Schuhmacher(meister) anzutreffen, die in sieben verschiedenen Läden in erster Linie Reparaturarbeiten an Schuhen und Lederwaren übernahmen. Günstig plaziert hatten sich zudem fünf Barbier- und Friseursalons, die im Gegensatz zu den in nächster Nachbarschaft geradezu geballt vorzufindenden Bäckereien den zwangsläufig gegebenen Konkurrenzdruck durch einen angemessenen räumlichen Abstand zu mindern suchten. Handwerkliche Betriebsstätten, denen in aller Regel Verkaufs-, Ausstellungs- oder Bedienungsräume angeschlossen waren, hatten binnen zehn Jahren in dieser Hauptstraße den zweifelsohne stärksten Zuwachs zu verzeichnen, kam deren Zunahme um 25 neue Betriebe - von nur sechs Kleinunternehmen im Jahre 1904 auf die im Jahre 1914 stolze Anzahl von 31 - doch einem wahren Boom gleich.

Aber nicht nur das Handwerk zeichnete sich durch starke Expansion aus; enorm vermehrt hatten sich auch die in kurzer Zeit förmlich wie Pilze aus dem Boden geschossenen Einzelhandelsgeschäfte. Die schon 1904 mit dreizehn Läden aufwartenden Kleinhändler hielten nunmehr in 37 Geschäften nahezu alle erdenklichen Produkte in ihren gut gefüllten Regalen bereit, so daß deren überwältigendes Warensortiment kaum einen Kundenwunsch offengelassen haben dürfte. Allein die Zahl der auf den Verkauf von Getränken, Lebens- und Genußmitteln setzenden Handlungen hatte sich in zehn Jahren von zehn auf 25 Läden erhöht. Konkurrenz machte diesen die 1908 in der Kornstraße eröffnete Filiale der Konsumgenossenschaft "Vorwärts". Als einer von 30 Ablegern im bremischen Stadtgebiet (1914) bot diese erst 1906 von den Gewerkschaften in Bremen gegründete kollektive Selbsthilfeorganisation ihren Mitgliedern Waren des täglichen Bedarfs wie auch Genußmittel zu sehr viel moderateren Preisen als die benachbarten Kleinhändler, denen diese Niederlassung ein steter Dorn im Auge gewesen sein mußte.[21] Nicht von ungefähr wurden gerade die Arbeiterbezirke der bremischen Vorstädte bevorzugt von Zweigstellen der Konsumgenossenschaft abgedeckt; lebte doch in diesen Vierteln ein hoher Satz sozialdemokratischer Wähler.[22] Inwieweit die Konsumgenossenschaft den zahlreichen Kleinhändlern indessen die proletarische Stammkundschaft fortlockte, bleibt in Anbetracht des vom "Vorwärts" zur Gewährleistung ihrer Liquidität zum Prinzip erhobenen Barzahlung fragwürdig. Da die stete Barzahlung der Einkäufe in aller Regel dem schmalen Budget von Arbeitern und anderen einkommensschwachen Bevölkerungskreisen entgegenstand, blieben deren Mitgliederzahlen in den Konsumgenossenschaften eher gering. Die starke Zunahme kleiner Läden in der südlichen Vorstadt spricht vielmehr dafür, daß das Gros der unbemittelten Bewohner auch weiterhin die von den Kleinhändlern gewährten Kredite in Anspruch nahmen.[23]

Zwölf weitere Kleinhändler hatten sich auf den Handel mit Spezialartikeln eingerichtet. Nahmen die vier sich auf den Handel mit Pferdewagen, Fahrrädern, Firmenschildern oder Porzellan beschränkenden Geschäfte eine gewisse Monopolstellung ein, so waren langlebige Gebrauchsgüter, wie Kurz-, Weiß-, Woll-, Bijouterie-, Papier- und Manufakturwaren, gleich in acht Läden erhältlich. Der Kleinhandel erwies sich darüber hinaus - nicht nur in der Kornstraße - als "prädestinierter" Erwerbszweig von Frauen. Unter den 37 Kleinhändlern, die das Bremer Adreßbuch für das Jahr 1914 in der Kornstraße erfaßt hatte, fanden sich immerhin zehn Frauen (27 Prozent), denen die Leitung einer Kolonialwaren-, Detail-, Honigkuchen-, Zigarren-, Porzellan-, Woll- und Kurz- oder Bijouteriewarenhandlung oblag. Sechs Ehefrauen und vier Witwen, mithin nicht eine ledige Frau, betrieben eines dieser Geschäfte. Tatsächlich werden insbesondere Ehefrauen weitaus häufiger im Laden gestanden haben, als die offiziellen, den Ehemann als Händler ausweisenden Eintragungen dies suggerieren. Mit an Sicherheit grenzender Wahrscheinlichkeit dürfte die Ehefrau immer dann an die Stelle des Mannes getreten sein, wenn der angegebene Erstberuf als Arbeiter oder Handwerker (sieben Personen) mit einer gleichzeitigen, aktiven Betätigung als Kleinhändler schlicht unvereinbar war. Ungeachtet dessen, daß die Zahl der im Kleinhandel agierenden Frauen somit generell weitaus höher gelegen haben dürfte, bot diese Form der Berufstätigkeit doch sowohl im Gegensatz zur Heimarbeit als auch entgegen anderer außerhäuslicher Erwerbstätigkeit den Vorteil, in unmittelbarer Nähe der Wohnung wirken und gegebenenfalls auch in den Ladenräumen die Kinder beaufsichtigen zu können, ohne aber den eigenen Wohnraum zwecks Erlangung zusätzlicher Familieneinkünfte beschneiden zu müssen.

Die außergewöhnlich starke Anhäufung solch mehr oder minder kleiner Läden mit einem überdies mehrfach gleichartigen Warenangebot kam einer an Übersättigung grenzenden Vielfalt gleich, die sich wohl nur eine Hauptgeschäftsstraße mit zahlreicher Laufkundschaft "leisten" konnte, in einer weniger belebten, auf den Kundenkreis aus der engeren Nachbarschaft angewiesenen Straße allerdings undenkbar gewesen wäre. Auf diesen Aspekt mußten zumindest auch die Angehörigen des Dienstleistungssektors gebaut haben, die das im Jahre 1904 mit drei vorhandenen Schenkwirtschaften schon ausreichend erscheinende Bewirtungsangebot um zwei zusätzliche Lokalitäten - eine Gast- und Schenkwirtschaft sowie einen Privatmittagstisch - erweiterten oder gleich mit fünf Agentur- und Kommissionsgeschäften ihr Glück versuchten.

Ausgehend von einem ursprünglich mit sechs Bauten äußerst bescheidenen Wohnhausbestand und einer entsprechend kleinen, nur zwölf Haushaltsverbände zählenden Einwohnergruppe entsprach die ehedem unscheinbare Kornstraße seit ihrem Ausbau ab Mitte der 1890er Jahre zusehends der ihr von Staatsseite zugeschriebenen Funktion einer stark frequentierten Hauptverkehrs- und Wohnstraße. Der ab 1896 anhaltende Zustrom neuer Haushaltsverbände ließ die Bewohnerzahlen kontinuierlich in die Höhe klettern und gipfelte 1914 in einem von 355 Wohnparteien getragenen Einwohnerhöchststand, der in erster Linie der regen Bautätigkeit zu verdanken war. So weist ein Straßenvergleich die Kornstraße gleichermaßen mit der umfangreichsten und raschesten Bevölkerungszunahme aus, mit der selbst die durchaus bemerkenswerte Entwicklung in der Gastfeldstraße nicht Schritt zu halten vermochte. Trugen die Wulfhoop- und Rasingstraße trotz gleichwohl in verschiedenen Häusern vereinzelt anzutreffender gewerblicher Nutzung die typischen Züge proletarischer Wohnstraßen, so hatten sich die Gastfeld- und Kornstraße seit ihrer Verlängerung zu ausgesprochenen Geschäftsstraßen gewandelt. Deutlich verändert hatte sich im Zuge des Ausbaus dieser staatlichen Planstraßen zudem die soziale Zusammensetzung der Wohnbevölkerung, die zu erheblichen Teilen infolge ihres späten Zuzugs im Jahre 1914 auf eine vergleichsweise geringe Wohndauer zurückblicken konnte, wie dies notgedrungen auch für eine ganze Reihe der sich erst zu Beginn des 20. Jahrhunderts dort angesiedelten Gewerbetreibenden galt.

2. Die Fluktuation in den Straßen

Bevölkerungsentwicklung, Bautätigkeit und Wohndichte sowie zunehmende gewerbliche Nutzung der Immobilien beleuchten grundlegende und wesentliche Aspekte der sich zwischen 1875 und 1914 vollziehenden Entwicklungen in den vier Straßen der südlichen Vorstadt Bremens, vermögen allerdings das Ausmaß der in diesen vier Jahrzehnten erfolgten räumlichen Bewegungen und personellen Veränderungen allenfalls anzudeuten. Fluktuation schien das einer ausgegebenen Parole gleichkommende "Zauberwort" für die ab 1875 über zehn Jahre hinweg zu konstatierenden Umwälzungen in allen vier Straßenzügen zu sein. Jedes Jahr aufs Neue sorgten zahlreiche Zuzüge und Fortzüge der oft nur für kurze Zeit in einer Straße verweilenden Bewohner für immense Fluktuationsraten, die innerhalb weniger Jahre in einem nahezu kompletten Austausch der Bewohnerschaft mündeten.

Die in den anknüpfenden Abschnitten unter unterschiedlichsten Blickwinkeln vorzunehmende Mobilitätsanalyse konzentriert sich an dieser Stelle zunächst ausschließich auf die zur Erlangung eines ersten Gesamtüberblicks unerläßlichen Ausgangsfragen, welchen jährlichen Umfang die räumliche Mobilität in Form von Zu- und Wegzügen zwischen 1875 und 1914 in den einzelnen Straßen annahm, ob und wann auffällige Spitzenzeiten der Fluktuation zu verzeichnen waren und ob etwa gravierende Unterschiede zwischen den vier untersuchten Straßen existierten, die einerseits auf ein hohes Maß an Beständigkeit, andererseits auf den weitgehenden Mangel derselben hindeuteten.

Die anhand der Bremer Adreßbucheintragungen durchgeführte Längsschnittuntersuchung, das heißt die vollständige Erfassung sämtlicher im vierzigjährigen Untersuchungszeitraum in den vier ausgewählten Straßen der südlichen Vorstadt lebenden bzw. arbeitenden Personen, ermöglicht präzise Aussagen zum jährlich erreichten Mobilitätsvolumen in der Gastfeld-, Korn-, Rasing- und Wulfhoopstraße. Gefragt wird hier mithin für jeden Jahrgang zum einen nach der straßenspezifischen Gesamtzahl aller erfolgten Zuzüge und Wegzüge. Die im Mittelpunkt des Interesses stehende straßeninterne Fluktuation bliebe indessen unzulänglich reflektiert und damit insbesondere im Hinblick auf die übergeordnete Frage nach dem Verhältnis von Mobilität und Seßhaftigkeit wenig aussagekräftig, würde zum anderen nicht auch die in diesem Zusammenhang unverzichtbar zu ermittelnde dritte Variable gleichzeitig ins Visier genommen, die Zahl bzw. Rate der Verbliebenen, also derjenigen Bewohner, die weder neu zugezogen waren noch abwanderten, sondern sowohl im vorhergehenden als auch im jeweiligen Betrachtungsjahr in derselben Straße weilten. Im Gegensatz zu den wohl primär aufwandsbedingt favorisierten Querschnittuntersuchungen vermag die in der vorliegenden Studie angewandte Vorgehensweise somit äußerst exakt das jährliche Ausmaß des Bewohneraustausches und der von einem auf das nächste Jahr verbleibenden Personen auszuweisen, ohne auf statistische Methoden zurückgreifen zu müssen, mittels derer - etwa im gängigen Falle gewählter Zehnjahresschnitte - zwar der Nachweis für einen annähernd stattgefundenen Gesamtwechsel der Bewohnerschaft zu erbringen, die tatsächliche Fluktuationsgeschwindigkeit aber zwangsläufig ebensowenig zu belegen wäre wie zwischenzeitliche Schwankungen im Mobilitätsumfang.

Zur Vermeidung begrifflicher Unklarheiten sei betont, daß der oben wie in den sich anschließenden Analysen mehrfach verwandte Terminus der Fluktuation nicht der von Dieter Langwiesche gelieferten Definition[24] folgt. Unter Fluktuation wird hier generell - im streng wörtlichen Sinne eines sich rasch vollziehenden Wechsels - der aus der Summe zeitgleich erfolgter Zuzüge und Wegzüge resultierende Bewohneraustausch verstanden. Entsprechend erklärt sich die Fluktuationsrate aus eben jener vorgenannten Summe in Relation zu der jeweiligen Gesamtbewohnerzahl.

Die für den Zeitraum von 1875 bis 1914 skizzierte Entwicklung in den vier Straßen der südlichen Vorstadt bietet allen Anlaß zu der Annahme, daß mit der überwiegend in den frühen 1870er Jahren abgewickelten Schaffung neuen Wohnraums insbesondere die ersten Jahre durch starke Fluktuation geprägt waren, wie dies in den staatlichen Planstraßen auch der 1895/1896 einsetzende Ausbau derselben erwarten läßt. So bleibt selbst unter der Berücksichtigung, daß dieses

Arbeiterviertel offenkundig weniger Anziehungskraft auf Ortsfremde ausübte als andere Bremer Stadtteile und Zugewanderte seltener zum längerfristigen oder gar dauerhaften Verbleib anregte, zu vermuten, daß sich unter den Erstbewohnern der diversen Neubauten ein nicht unbeträchtlicher Teil zugewanderter Personen befand, denen ein in der Gastfeld-, Korn-, Rasing- oder Wulfhoopstraße befindlicher Wohnsitz nur als vorübergehende Zwischenstation diente. Werden etliche, wenn nicht das Gros der betreffenden Wohnhäuser in den vier Straßen nicht zuletzt auch infolge der gängigen Praxis des Trockenwohnens anfänglich einen raschen Wechsel ihrer Bewohner erfahren haben, so sollte nach Ablauf dieser - theoretisch kurz befristet anzusetzenden - unsteten Anfangsphase doch insofern mit einer allmählichen Glättung der Wogen zu rechnen sein, als sich spätestens nach einigen Jahren erhebliche Teile der Straßenbewohner niedergelassen und einen festen Bewohnerstamm gebildet haben dürften und demzufolge ein deutlicher Rückgang in der Fluktuation eingetreten sein müßte. Überdies wird eine mit größter Wahrscheinlichkeit abermals zutagetretende, sich in diversen anderen Zusammenhängen bereits mehrfach herauskristallisierte Polarisierung zweier Straßenpaare wenig Überraschungskraft besitzen; spricht doch die in den klassen- und schichtenspezifisch differenzierenden Mobilitätsstudien[25] übereinstimmend belegte Tendenz einer mit sinkendem Einkommen steigenden Mobilität einerseits für höhere Fluktuationsraten in den beiden Arbeiterstraßen und andererseits für einen geringeren Umfang des Bewohneraustausches in den eher kleinbürgerlich-proletarischen Straßenzügen.

Diese naheliegenden Hypothesen entsprechen indes nur zu Teilen der sich in den Untersuchungsergebnissen spiegelnden historischen Realität (vgl. Abbildung 9-a und 9-b).

Beachtliche Fluktuationsraten wiesen alle vier Straßen im gesamten Untersuchungszeitraum von 1875 bis 1914 auf. Dabei lagen die Mittelwerte der binnen vierzig Jahren erreichten Fluktuation in der Wulfhoopstraße (55,55 Prozent) und in der Rasingstraße (58,12 Prozent) weit unter denjenigen der Gastfeldstraße (66,75 Prozent) und Kornstraße (68,93 Prozent). Damit bestätigt ein Straßenvergleich zwar die vermutete Polarisierung zweier differierender Straßenpaare, der aber insofern ein sehr wohl überraschendes Ergebnis birgt, als sich nicht die proletarischen Wohnstraßen, sondern vielmehr die kleinbürgerliche Züge tragenden staatlichen Planstraßen durch einen erheblich umfangreicheren Wechsel ihrer Bewohnerschaft auszeichneten (vgl. Abbildungen 10-a, 10-b, 10-c, 10-d unten).

Eine nähere Betrachtung dieser vierzigjährigen Entwicklung stützt denn auch die Annahme einer keineswegs gleichbleibend hohen Fluktuation; signifikante Unterschiede ließen ganz im Gegenteil in jeder Straße einen klaren, wenn auch unterschiedlich stark ausgeprägten und in seiner Datierung von Straße zu Straße variierenden Umbruch nach Ablauf der ausgesprochen wechselhaften ersten Jahre erkennen. So erwies sich die Anfangsperiode in der Gastfeld-, Korn- und Rasingstraße seit deren Bestehen in der Tat als außerordentlich turbulent. Der jeweilig erreichte Umfang der Fluktuation und die lange Dauer dieser unbeständigen Phase übertrafen indessen alle Erwartungen. Nicht nur in den ersten zwei, drei Jahren, sondern über den ungewöhnlich langen, bis zu zehn Jahren andauernden Zeitraum herrschte in den Straßen dieses eben erst den Status eines Bremer Stadtteils erlangten und noch im Konstituierungsprozeß befindlichen Viertels alljährlich ein unablässiges Kommen und Gehen.

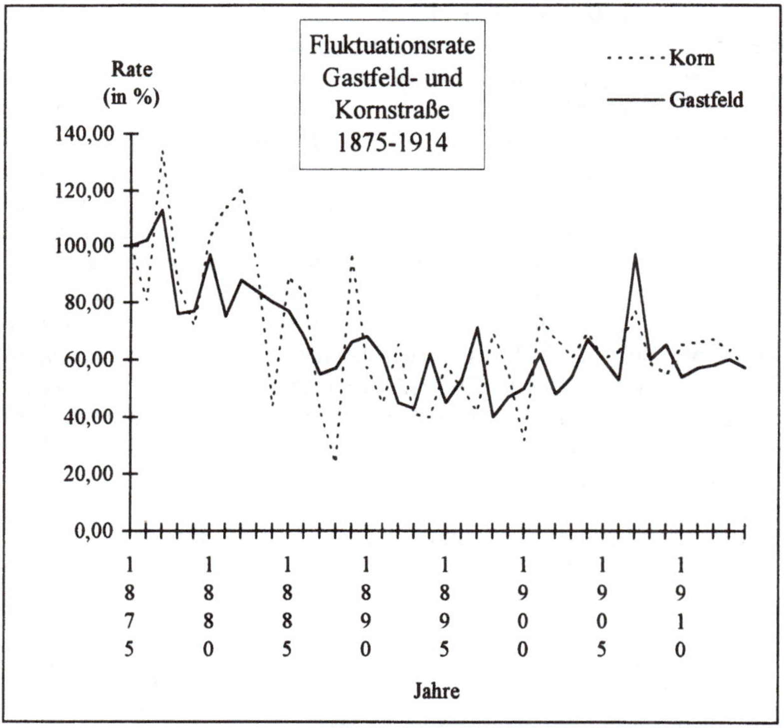

Abbildung 9-a: Fluktuationsraten Gastfeld- und Kornstraße (1875-1914)

Dieser rasche und umfängliche Wechsel einer sich demnach stets erneuernden Bewohnerschaft sei am Beispiel der überaus bewegten Geschichte der proletarischen Rasingstraße veranschaulicht. Kaum waren die ersten 37 Häuser dieser frisch angelegten und noch unvollständig bebauten Wohnstraße im Jahre 1874 fertiggestellt, strömten Wohnungssuchende gleichsam in Scharen herbei; denn Wohnraum galt in diesen Krisenjahren auch in der südlichen Vorstadt als Mangelware. Insgesamt 75 Haushalte hielten mehr oder minder gleichzeitig ihren

Einzug in eines von 35 Reihenhäusern. Zwei Neubauten blieben hingegen schon im Jahre 1875 ungenutzt. Doch 36 Personen, also annähernd die Hälfte (48 Prozent) dieser sich in erster Linie als Arbeiter (39 Personen) oder Handwerker (24 Personen) betätigenden Haushaltsvorstände, räumten noch im selben Jahr ihre unlängst bezogenen Wohnungen und verließen die Rasingstraße samt ihrer Angehörigen, um entweder in eine der benachbarten Straßen oder in einen anderen Bremer Stadtteil zu ziehen, wenn nicht mit einem ferneren Ziel Bremen gänzlich den Rücken zu kehren. An den Fortzügen dieser allenfalls das Trockenwohnen der Neubauten absolvierenden Haushalte war jedoch eine weitaus größere Personenzahl beteiligt, als die spärlichen, lediglich auf den Haushaltsvorstand beschränkten Adreßbucheintragungen den Anschein erwecken. Hinter den im Folgejahr nicht mehr in der Rasingstraße lebenden 36 Wohnungsvorständen standen der bremischen Statistik zufolge 121 weitere Bewohner; denn die durchschnittliche Haushaltsgröße belief sich im Jahre 1875 in der südlichen Vorstadt auf 4,37 Personen[26]. Privat anzumietender Wohnraum war im Jahre 1876 nicht minder gefragt als im Vorjahr, so daß die zahlreichen Wegzüge keine Lücken hinterließen. Im zweiten Jahr ihres Bestehens hatte die Rasingstraße 40 Neuzuzüge zu verzeichnen. Sofern der Bewohneraustausch reibungslos vonstatten ging, drückten sich Fortziehende und Neuankömmlinge gewissermaßen die Klinken in die Hand. Gemessen an der in diesem Jahr auf 79 Haushalte angestiegenen Bewohnerzahl erreichte die von 76 Wohnparteien verursachte Fluktuationsrate mithin 96,2 Prozent. Immerhin 39 der zu den Erstbewohnern des Jahres 1875 zählenden Haushaltsverbände (52 Prozent) verbrachten demgegenüber auch das zweite Jahr in dieser Straße. Verbliebene und neue Bewohner hielten sich demnach 1876 in dieser Arbeiterstraße nahezu die Waage.

Die Quote der zumindest für zwei Jahre verweilenden Bewohner blieb im Jahre 1877 mit 49,2 Prozent (32 Haushalte) ebenso gering wie ein Jahr zuvor (49,4 Prozent). Drastisch erhöht hatte sich allerdings die Zahl der 1876 mit ihren Habseligkeiten vondannenziehenden Wohnparteien. 47 Haushalte - 59,5 Prozent aller Straßenbewohner dieses Jahrgangs - gaben ihren nur für kurze Zeit aufrechterhaltenen Wohnsitz in der Rasingstraße auf und tauschten diesen gegen eine neue Bleibe. Wegzüge solch kolossalen Ausmaßes wurden durch die 33 Neuzuzüge in diesem Straßenzug erstmals nicht wettgemacht. Ein Rückgang der Einwohnerzahlen war gleichermaßen die logische Folge dieser durch Fortzüge dominierten Mobilität wie eine Fluktuation enormen Umfangs. Mit insgesamt 80 am Fluktuationsgeschehen beteiligten, teils scheidenden, teils eintreffenden Wohnparteien übertraf der Bewohneraustausch die auf 65 Haushalte gesunkenen Einwohnerzahlen in solch erheblichem Maße, daß der erfolgte Wechsel die magische Hundertprozent-Grenze merklich überschritt. Sollte die erreichte Fluktuationsrate von 123 Prozent auch alleinig dem Jahr 1877 vorbehalten bleiben, so stand die Vergleichsquote des Folgejahres (118,6 Prozent) diesem Spitzenwert doch kaum nach. 1878 hatte sich das rege Umzugstreiben in dieser proletarischen Wohnstraße somit keinesfalls entscheidend vermindert. Abermals waren die zahlreichen Fortzüge (38 Haushalte) durch die Neuzugänge (32 Haushaltungen) nicht in dem Maße aufgefangen worden, daß letztere immerhin für einen Gleichstand der Bewohnerzahlen mit dem Vorjahr gesorgt hätten. Vielmehr hatten sich die Reihen der Wohnbevölkerung noch stärker gelichtet und waren mit nunmehr 59 Haushaltungen an ihrem im gesamten vierzigjährigen Untersuchungszeitraum tiefsten Punkt angelangt. Ein stattliches, wenn auch bereits verringertes Volumen nahm die Fluktuation auch im Jahre 1879 an. 59 mobile Haushaltsverbände ließen die Fluktuationsrate (95,2 Prozent) zum vierten Male in Folge gewaltig in die Höhe klettern.

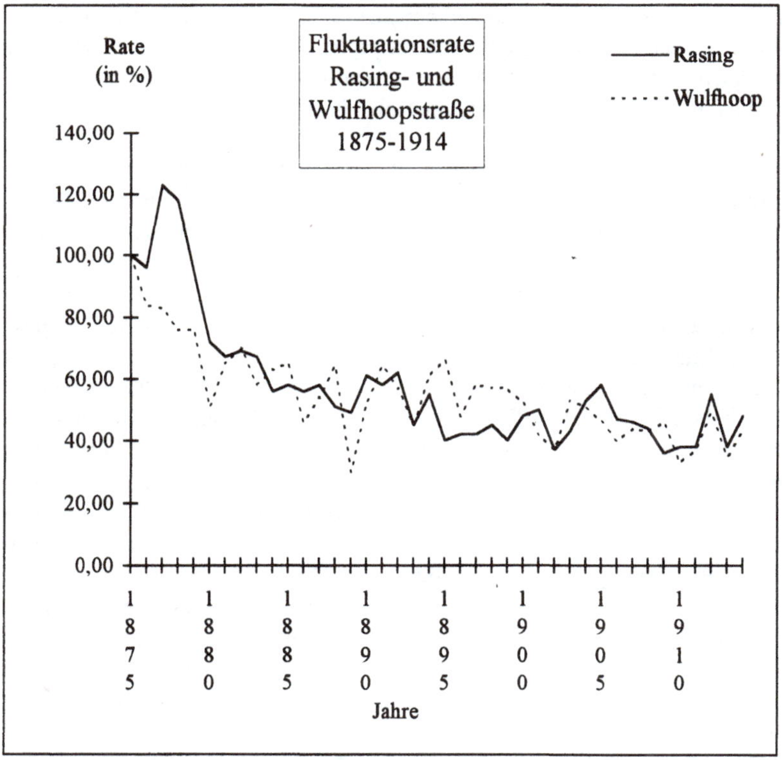

Abbildung 9-b: Fluktuationsraten Rasing- und Wulfhoopstraße (1875-1914)

Erst mit dem Übergang in die 1880er Jahre ging der jährliche Bewohneraustausch allmählich - von 72,5 Prozent (1880) über 69,1 Prozent (1882) auf 67 Prozent (1883) - zurück, um nach zehn Jahren erstmals auf eine verhältnismäßig niedrige Quote von 56,7 Prozent zu kommen. Analog zur rückläufigen Fluktuation, insbesondere aber aufgrund der abnehmenden Wegzüge, hatte sich der jährliche Verbleib im Laufe dieser zehn Jahre auffällig gesteigert. Nachdem der Anteil derjenigen Bewohner, die zumindest zwei Jahre am Stück in der Rasingstraße verbrachten, im Jahre 1878 mit 45,8 Prozent seinen zwischen 1875 und 1914 tiefsten Stand zu verbuchen hatte, stieg dieser jährliche Satz - mit Ausnahme des durch einen leichten Rückgang gekennzeichneten Jahres 1882 - kontinuierlich an, bis nach zehnjährigem Bestehen dieser Arbeiterstraße immerhin annähernd zwei Drittel der Einwohner (65,4 Prozent) eine Mindestverweildauer von zwei Jahren aufwiesen. Fünf Jahre lang hatte die Rasingstraße mithin eine extrem hohe jährliche Fluktuation und im Gegenzug äußerst geringe Raten im Verbleib ihrer Bewohner zu verzeichnen. Da indes der Bewohnerwechsel bis 1883 noch immer imposante Ausmaße besaß, eine unverkennbare Beruhigung und damit ein gewisses Maß an Beständigkeit hingegen erst im Jahre 1884 einsetzte, formierte sich die Bewohnerschaft dieses Straßenzuges infolge der umfangreichen personellen Veränderungen somit nahezu über ein Jahrzehnt hinweg alljährlich neu.

Eine in den ersten zehn Jahren erreichte durchschnittliche Fluktuationsrate von 86,6 Prozent weist die Rasingstraße als einen offenbar in erster Linie durch Unstetigkeit geprägten Wohn- und Lebensbereich der südlichen Vorstadt aus, in dem ein unaufhörliches Kommen und Gehen das einzig Konstante zu sein schien. Dieser sich förmlich aufdrängende erste Eindruck vorherrschender Kurzlebigkeit und mangelnder Kontinuität gibt Anlaß zu der Vermutung, als könnten diese überwiegend nur für außerordentlich kurze Zeitspannen ansässigen Bewohner eine Bindung an die Straße, deren Behausungen oder Nachbarschaft schwerlich entwickelt haben. Wie aber im Rahmen der um die Kernfragen der Mobilität und Seßhaftigkeit kreisenden Analysen aufzuzeigen sein wird, findet dieser zwar naheliegende, jedoch voreilige Rückschluß durchaus keine generelle Bestätigung. So bleibt an dieser Stelle zu betonen, daß anhand des jährlichen, anteiligen Verbleibs der Bewohner in den vier untersuchten Straßen keineswegs auf die Wohndauer dieser Personen geschlossen werden kann. Da die Untersuchung der Fluktuation in den einzelnen Straßen dieses Arbeiterviertels vorrangig auf jährliche Veränderungen abzielt, indem nach der jeweilig straßeninternen Gesamtzahl der Einwohner, der Zuzüge und Wegzüge sowie der von einem auf das nächste Jahr verweilenden Bewohner gefragt wird, sämtliche in diesem Kontext relevante Betrachtungen demzufolge auf zwei Jahre beschränkt bleiben, findet die von 1875 bis 1914 erzielte Wohndauer einzelner Personen in den referierten Ergebnissen allenfalls für die tatsächlich nur ein oder zwei Jahre dort lebenden Bewohner ihren Niederschlag. Das phänomenale Ausmaß der Fluktuation wurde indessen, wie in verschiedenen neueren Mobilitätsstudien zu recht mit Nachdruck hervorgehoben wird,[27] keinesfalls immer von verschiedenen Personen verursacht. Ebenso wie das (gängig in Mobilitätskennziffern präsentierte) Wanderungsvolumen die Summe der als über die Stadtgrenzen hinausreichenden Wohnortwechsel zu begreifenden Zu- und Abwanderungen (auf je 1000 Einwohner) widerspiegelt und nicht die Rate der Zu- bzw. Abwandernden wiedergibt, reflektiert die im vorliegenden Kapitel behandelte Fluktuation ausschließlich den Umfang der Zu- und Wegzüge in den kleineren Untersuchungseinheiten der einzelnen Straßen, also den Umschlag der Ereignisse bzw. Bewegungen, nicht aber die Quote der mobilen Bewohner. Nicht selten - und so nachweislich auch in den vier Straßen der südlichen Vorstadt - war ein und dieselbe Person mehrfach am Fluktuationsgeschehen beteiligt und trug so, wie noch eingehend darzustellen sein wird, zu den erstaunlich hoch anmutenden Mobilitätsraten beispielsweise in der Rasingstraße bei.

Bewegte Zeiten herrschten aber nicht nur in der Rasingstraße. Ein fortwährendes Hin und Her zuziehender und fortstrebender Bewohner zeichnete vielmehr auch die ersten Jahre in den beiden zeitgleich mit der Rasingstraße angelegten staatlichen Planstraßen aus. Der an der Rasingstraße beispielhaft konkretisierte Fluktuationsprozeß verlief zwischen 1875 und 1884 in der Gastfeld- und Kornstraße weitgehend identisch. Dennoch zu konstatierende Unterschiede zu der proletarischen Wohnstraße waren zum einen in der ursprünglich nur spärlichen Bebauung der beiden Hauptstraßen der südlichen Vorstadt auszumachen. Zum anderen setzte ein bescheidener Wohnhausbestand mit einer entsprechend geringen Zahl an Wohnungen dem Maximum unterzubringender Wohnparteien selbst im Falle einer hohen Wohnraumauslastung letztlich Grenzen. So blieben die Bewohnerzahlen im Jahre 1883, das sowohl in der Gastfeld- als auch in der Kornstraße den innerhalb der ersten zehn Jahre erlangten Einwohnerhöchststand markierte, mit 57 bzw. 30 Haushaltungen weit hinter denen der Rasingstraße (104 Haushalte im Jahre 1884) zurück. Ungeachtet der gravierend voneinander abweichenden Einwohnerzahlen lag der im ersten Jahrzehnt ihres Bestehens erfolgte Bewohneraustausch in den Hauptstraßen noch über der mit 86,6 Prozent bereits sehr hoch erscheinenden Quote in der Rasingstraße. Fluktuationsraten von 89,5 Prozent in der Gastfeldstraße und 95,3 Prozent in der Kornstraße zeugten von extremen Wechsellagen und damit von einer offensichtlich primär durch Instabilität gekennzeichneten Anfangsphase. Die im Straßenvergleich hervortretenden Divergenzen beschränkten sich jedoch nicht nur auf das Ausmaß des Bewohnerwechsels, sondern setzten sich zudem in der Dauer desselben fort. Im Gegensatz zu der benachbarten Rasingstraße kündigte sich in den staatlichen Straßenzügen kein nach fünf Jahren erkennbarer Rückgang des überaus voluminösen Austausches der Bewohnerschaft an; auf bemerkenswert hohe, gemessen an ihren 1877 zu datierenden Spitzenwerten (113,3 bzw. 134,8 Prozent) allerdings verringerte Fluktuationsraten kamen die Gastfeldstraße (84,2 Prozent) und Kornstraße (93,3 Prozent) vielmehr auch noch im Jahre 1883. Jährliche Bewohnerwechsel, die solch außergewöhnliche Dimensionen annahmen und über einen solch langen Zeitraum währten, konnten auf der Kehrseite nur geringe Quoten der anteilig verbleibenden Wohnparteien zur Folge haben. So nehmen die diesbezüglichen, im Durchschnitt der Jahre von 1875 bis 1884 ermittelten Raten von 45,0 Prozent in der Kornstraße, 45,6 Prozent in der Gastfeldstraße und immerhin 50,4 Prozent in der Rasingstraße, die gleichsam das Gegenstück zur Fluktuation bilden, denn auch nicht wunder.

Nur die Wulfhoopstraße bildete unter komparativen Gesichtspunkten mit einem auffällig geringeren Ausmaß ihres von der Mitte der 1870er bis zur Mitte der 1880er Jahre stattgefundenen jährlichen Bewohneraustausches eine Ausnahme. Die sich binnen dieser zehn Jahre lediglich auf 72,9 Prozent belaufende mittlere Fluktuationsrate stand nicht nur im krassen Gegensatz zu den immensen Quoten in der Gastfeld- (89,5 Prozent) und Kornstraße (95,3 Prozent), sondern kontrastierte sogar deutlich zu dem Bewohnerwechsel in der sozialstrukturell verwandten Rasingstraße (86,6 Prozent). 1876 und 1877 galten im gesamten vierzigjährigen Betrachtungszeitraum als die bewegtesten Jahre in der Wulfhoopstraße; denn beide Jahrgänge brachten mit 90 bzw. 75 erfolgten Zu- und Fortzügen unverkennbare Superlative in den zu registrierenden Fluktuationsraten von 84,4 bzw. 83,3 Prozent hervor - Quoten, die infolge der ungewöhnlich zahlreichen, selbst die beträchtlichen Neuzugänge übersteigenden Wegzüge mit einem Absinken der Einwohnerzahlen einhergingen, wie dies abermals im Jahre 1878 der Fall war. In exakter Übereinstimmung mit der zeitlichen Entwicklung des Fluktuationsprozesses in der Rasingstraße trat im Jahre 1880 in der Wulfhoopstraße ebenfalls eine markante Wende ein. Der auf 51,1 Prozent zurückgegangene Bewohneraustausch signalisierte in aller Deutlichkeit ein Abebben der Umzugsströme abziehender und eintreffender Wohnparteien. Ein nachhaltiges Abflauen der Mobilität war aber auch in dieser Arbeiterstraße der südlichen Vorstadt erst ab Mitte der 1880er Jahre festzustellen.

Eine von 1875 bis 1884 in ihrem Volumen gegenüber allen anderen Straßen erheblich verminderte, in ihrem zeitlichen Ablauf hingegen sehr wohl weitreichende Parallelen zur Rasingstraße aufweisende Fluktuation vermag in Anbetracht der langjährigen Geschichte, auf die diese proletarische Wohnstraße schon im Jahre 1875 zurückblicken konnte, kaum zu überraschen. Die bereits in den 1850er Jahren zur Hälfte angelegte und zu Beginn der 1870er Jahre lediglich verlängerte Wulfhoopstraße besaß - ganz im Gegensatz zu den in der Gründerzeit entstandenen Straßen dieses Stadtteils - eine lange Tradition, infolge derer sich nicht zuletzt auch straßenspezifische Wohnstrukturen hatten herausbilden und verfestigen können. So blieben die Wohnhäuser des älteren Straßenabschnitts ab 1875 zwar von Wegzügen und Neuzugängen durchaus nicht unberührt, erfuhren aber keineswegs das für gerade bezugsfertig hergerichtete Neubauten offenkundig typische Ausmaß der Mobilität wie in der Gastfeld-, Korn- und Rasingstraße, selbstredend jedoch auch in dem eben erst gebauten Teil der Wulfhoopstraße. Die Auswirkungen der Mitte der 1870er Jahre in Bremen ausbrechenden Krise in Form zuhauf in Konkurs geratener Bauunternehmer, sich unmittelbar anschließender Zwangsversteigerungen der ehedem zumindest das formal-juristische

Eigentum letzterer markierenden Gebäude und grassierender Arbeitslosigkeit breiter Teile der Bevölkerung trugen überdies maßgeblich dazu bei, das Wohnverhalten der im 19. Jahrhundert rechtlich weitgehend ungeschützten Mieter zu steuern und etwa durch Exmittierungen die sicherlich ohnedies vielfach aus Zwangslagen resultierende Fluktuation in den einzelnen Straßen noch zu steigern. In der Wulfhoopstraße war allerdings in erster Linie der jüngst fertiggestellte Teil derselben von den in diesen Jahren vorherrschenden Bedingungen betroffen. Insofern dämmte die in dem älteren Baubestand lebende Bewohnerschaft, in deren Reihen sich etliche seßhaft gewordene Einwohner fanden, den an der Gesamtpopulation gemessenen jährlichen Umfang des Wohnparteienwechsels ebenso ein, wie die Rate der im Mittel der Jahre von 1875 bis 1884 anteilig verbleibenden Bewohner (59,5 Prozent) infolgedessen sehr viel stattlicher auszufallen vermochte als in der Gastfeld-, Korn- und Rasingstraße.

Gegenläufige Entwicklungen zwischen den privat angelegten Wohnstraßen und den staatlich geplanten Hauptstraßen der südlichen Vorstadt Bremens zeichneten sich somit einerseits in differierenden jährlichen Fluktuationsraten ab. Andererseits trat die Trennungslinie zwischen den beiden Straßenpaaren aber sehr viel deutlicher in der über mehrere Jahre auseinanderklaffenden Dauer des die Anfangsphase aller vier Straßen begleitenden, umfänglichen Bewohneraustausches zutage. Ruhigere Zeiten brachen in der Rasing- und Wulfhoopstraße bereits im Jahre 1880, in der Gastfeld- und Kornstraße hingegen erst 1884 an. Dieser beträchtliche, immerhin vier Jahre umfassende Zeitunterschied bis zur Überwindung der durch ausgesprochene Unrast geprägten ersten Jahre deutet darauf hin, daß sich in den Arbeiterstraßen erheblich rascher als in den kleinbürgerlich-proletarischen Straßenzügen ein Teil der Wohnbevölkerung auf den Verbleib für mehrere Jahre eingerichtet, wenn nicht auf längere Sicht niedergelassen haben dürfte. Inwieweit der bis zur Mitte der 1890er Jahre andauernde, durch den schmalen Baubestand erworbene Charakter der "Unvollständigkeit" demgegenüber das Gros der Bewohner in den Anfangsjahren davon abhielt, in der Gastfeld- oder Kornstraße seßhaft zu werden, ob sich in den proletarischen Straßen tatsächlich relativ früh eine Stammbewohnerschaft formierte und ob das Verweilen in diesen Straßen lediglich das unfreiwillige Resultat der sich durch fehlende bzw. verwehrte (Wohn-)Alternativen auszeichnenden Armut bildete oder vielmehr auf bewußte Entscheidungen zum Verbleib zurückging und als erstes Anzeichen einer schnell aufkeimenden Verbundenheit und der vergleichsweise zügigen Herausbildung einer besonderen Lebensform verwies, bewegt sich an dieser Stelle noch notgedrungen auf der Ebene der Spekulation. Diese überaus relevanten, indes den übergeordneten Komplex der Raumerfahrung tangierenden Fragen werden nur in Kenntnis der von jedem Bewohner der vier Straßen zwischen 1875 und 1884 erlangten Wohndauer zu beantworten und im Rahmen der anknüpfenden Untersuchungen erneut aufzugreifen sein.

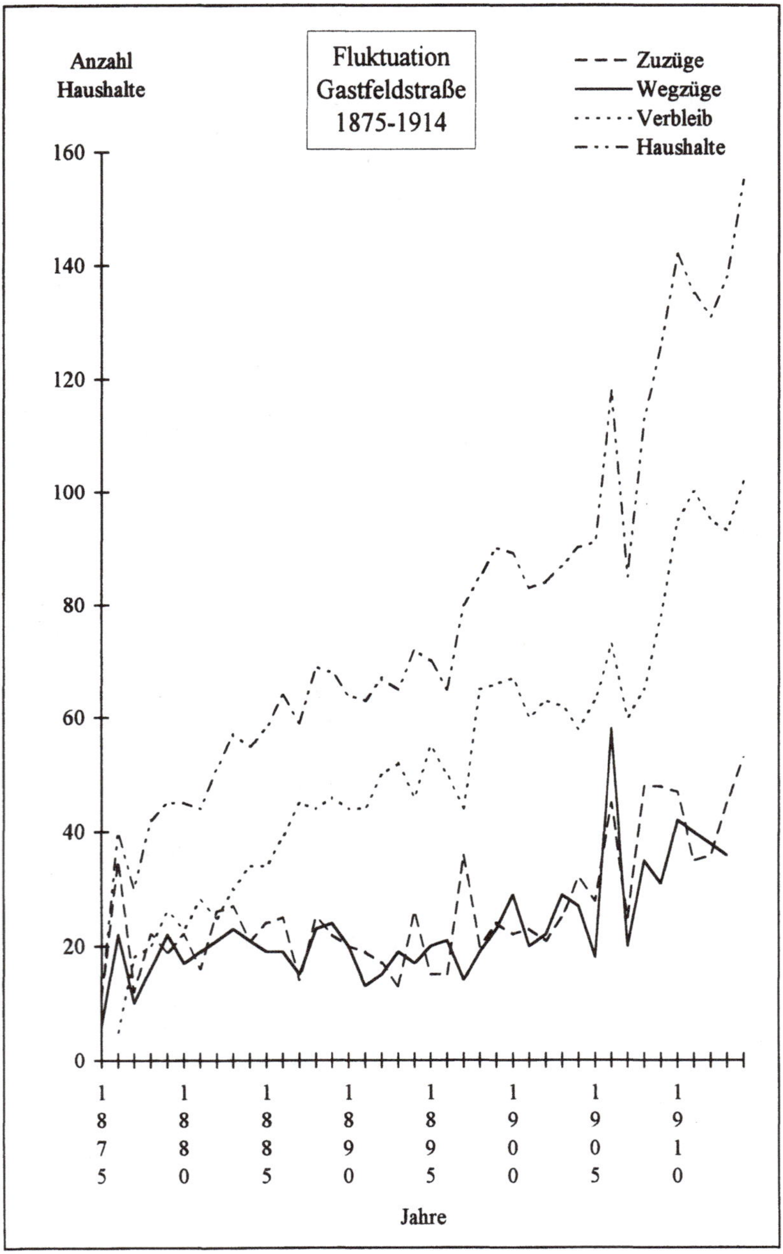

Abbildung 10-a: Fluktuation Gastfeldstraße (1875-1914)

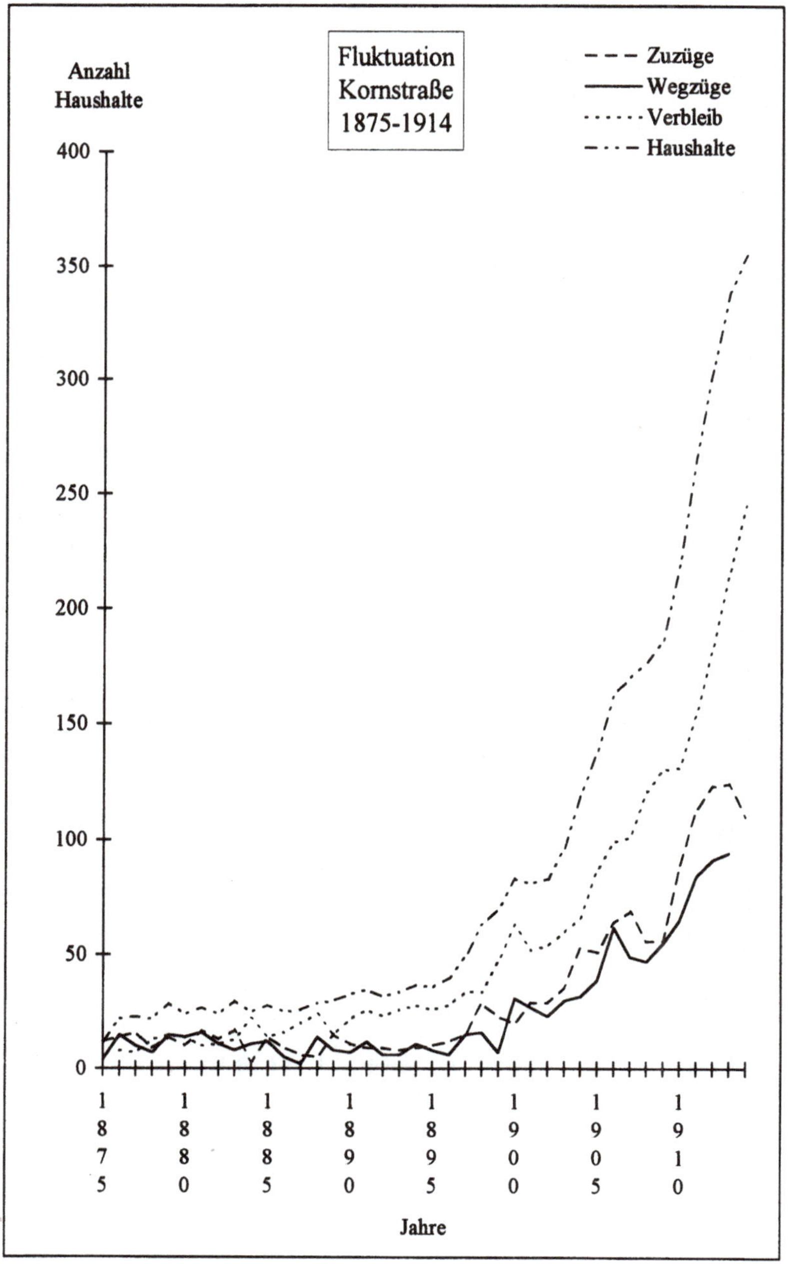

Abbildung 10-b: Fluktuation Kornstraße (1875-1914)

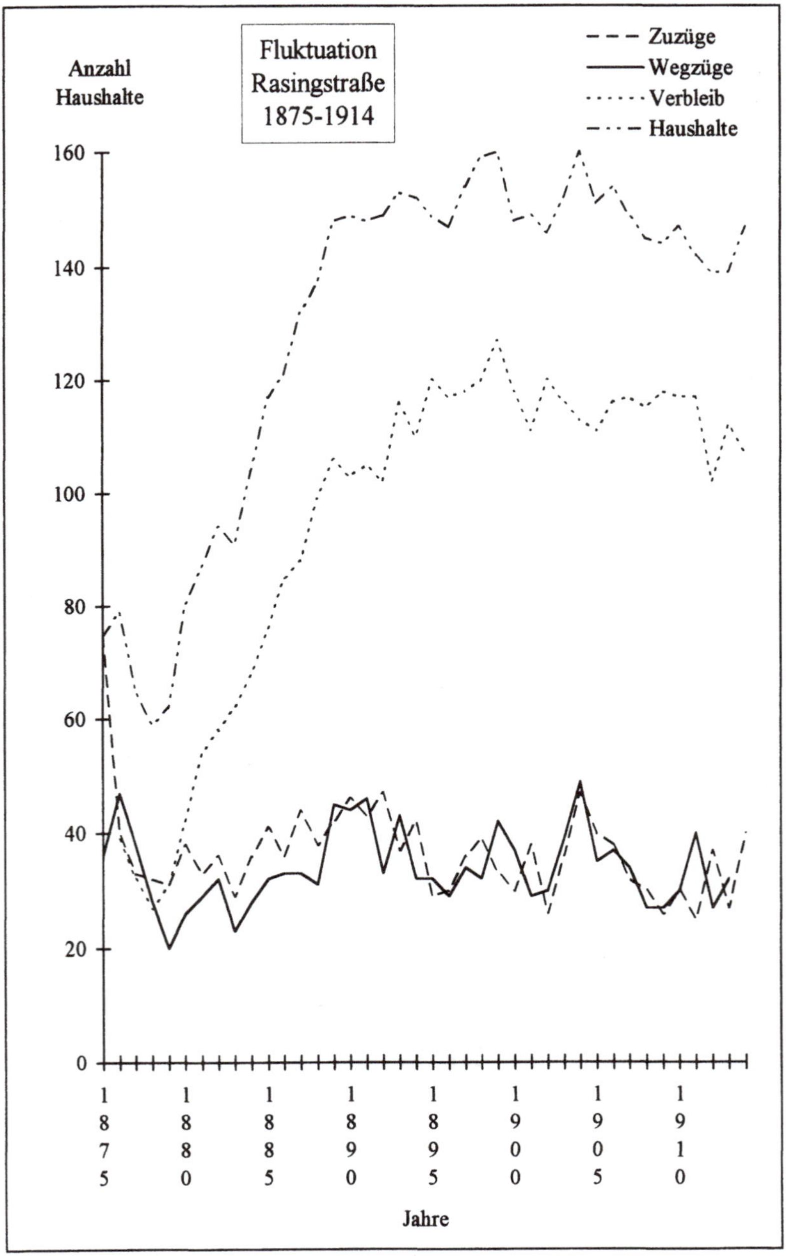

Abbildung 10-c: Fluktuation Rasingstraße (1875-1914)

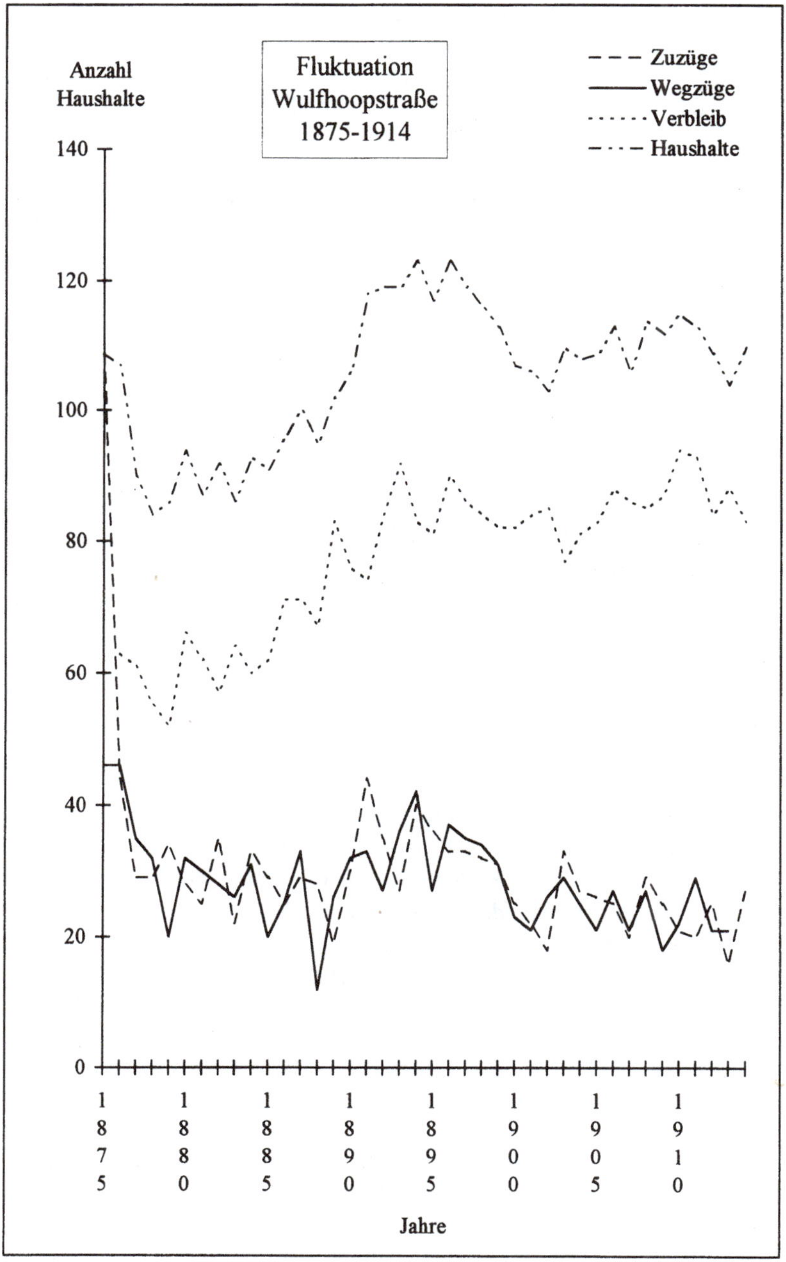

Abbildung 10-d: Fluktuation Wulfhoopstraße (1875-1914)

Lassen sich auf Basis des in den vier Straßen ermittelten Bewohneraustausches infolge der in den kleinstmöglichen Zeitabständen vorgenommenen Betrachtungen jährlichen Wandels solch beziehungsreiche Hintergründe und insbesondere Fragen der Seßhaftigkeit auch nicht zweifelsfrei erhellen, so vermag die Analyse doch Aufschluß über den weiteren Verlauf der Fluktuation zu erbringen.

Nach zehnjährigem Bestehen dieser 1875 erstmals im Bremer Adreßbuch verzeichneten drei Straßen und des neueren Abschnitts der Wulfhoopstraße hatte sich somit die durch alljährlich hohe Austauschquoten zu- und wegziehender Bewohner hervorgerufene extreme Unbeständigkeit mittlerweile in jedem Straßenzug gelegt. Wie die zwischen 1885 und 1914 im Durchschnitt erreichten Fluktuationsraten in der Gastfeld- (59,2 Prozent), Korn- (60,2 Prozent), Rasing- (48,6 Prozent) und Wulfhoopstraße (49,8 Prozent) verdeutlichen, war mit dem gegenüber der ersten Dekade durchaus drastischen Rückgang des Bewohnerwechsels allenfalls eine relative Ruhe eingekehrt. Steht grundsätzlich kaum zu erwarten, daß binnen dreier Jahrzehnte in den einzelnen Straßen allein aufgrund zahlreich anzunehmender Todesfälle und eines zwar stattlichen, gleichwohl begrenzt vorauszusetzenden Anteils seßhafter Bewohner kein nennenswerter Austausch der Einwohnerschaft erfolgte, so frappiert doch die im Straßenvergleich augenfällige, sich nach 1884 sehr viel klarer ausformende und nunmehr berechtigt als signifikant zu bezeichnende Divergenz der beiden Straßenpaare. Vornehmlich in den staatlichen Straßen hatten sich innerhalb dieser dreißig Jahre indessen tiefgreifende strukturelle Veränderungen vollzogen, die auch für die Anzahl und personelle Zusammensetzung der Straßenbewohner nicht ohne substantielle Folgen bleiben konnten.

Als wesentliche Ursache für die zwischen 1885 und 1914 abweichenden Entwicklungen der Straßengruppen kristallisiert sich bei Betrachtung der in den enger gesetzten, zehnjährigen Zeitabschnitten erzielten Fluktuation die 1895/1896 im Rahmen der Verlängerung beider Planstraßen wiederaufgenommene Bautätigkeit heraus. Erhebliche Abnahmen des anfänglich immensen Bewohneraustausches hatten von 1885 bis 1894 alle vier Straßen aufzuweisen. Der stärkste Rückgang war jedoch in der zuvor mit dem umfangreichsten Wechsel ihrer Bewohnerschaft aufwartenden Kornstraße zu verzeichnen. Sank die Fluktuationsrate in der Gastfeldstraße immerhin um 28,8 auf 60,7 Prozent, so verminderte sich diese in der Kornstraße gar um 36,5 auf 58,7 Prozent. Ein im darauffolgenden Jahrzehnt in der Gastfeldstraße (54,2 Prozent) eher geringer, in der Kornstraße (58,2 Prozent) nahezu ausbleibender weiterer Schwund war vorrangig dem mit beachtlichen Zuzügen neuer Bewohner einhergehenden, neugeschaffenen Wohnhausbestand zuzuschreiben. In den letzten zehn Jahren von 1905 bis 1914 schnellte der Bewohnerwechsel in beiden Hauptgeschäftsstraßen dieses Stadtteils nochmals merklich in die Höhe und kam in der Gastfeldstraße auf eine Rate von 62,5 Prozent, in der Kornstraße auf die noch leicht erhöhte Quote von 63,6 Prozent. Der Ausbau beider Planstraßen und die Bereitstellung zusätzlichen Wohnraums in Gestalt imposanter Wohn- und Geschäftshäuser sorgte für einen in dieser Größenordnung zuvor ungekannten Zustrom neuer Wohnverbände, so daß die Einwohnerzahlen allein in diesem zehnjährigen Zeitraum in der Gastfeldstraße von 90 auf 155 Haushalte und in der Kornstraße von 119 auf 355 Wohnparteien anschwollen. Der zwischen 1904 und 1914 zu registrierende Bewohneranstieg um 65 bzw. 236 neue Haushaltungen vermochte aber zwangsläufig nur einen Bruchteil der spektakulär hohen Anzahl erfolgter Zuzüge widerzuspiegeln. In der Gastfeldstraße waren ab 1905 insgesamt 410 und in der Kornstraße 854 Wohnverbände eingetroffen. Offenbar verblieb jedoch nur ein Teil dieser neu hinzugezogenen Bewohner bis zum Jahre 1914; denn diesem gewaltigen Zuzugsstrom und bemerkenswerten Bevölkerungswachstum stand eine gleichermaßen beeindruckende Zahl erfolgter Fortzüge gegenüber. Innerhalb des letzten Jahrzehnts gaben 345 Haushaltungen ihren in der Gastfeldstraße gelegenen Wohnsitz auf, während in der gleichen Zeit 618 Wohnverbände die Kornstraße verließen. Allerdings bleibt abermals zu unterstreichen, daß ohne eine genaue Identifizierung der betreffenden Haushaltsvorstände und der von diesen erlangten, individuellen Wohndauer in den einzelnen Straßen unmöglich zu ermessen ist, ob die außerordentlich zahlreichen Wegzüge tatsächlich oder überwiegend von den erst innerhalb der letzten zehn Jahre zugezogenen Bewohnern verursacht wurden oder vielmehr auf das Konto der sich dort bereits zuvor angesiedelten Haushalte gingen. Vieles spricht indes dafür, daß sich unter diesen gleichsam in Massen aus den beiden Hauptstraßen Fortziehenden beide vorgenannten Bevölkerungsteile befanden. So verweist insbesondere die außergewöhnlich hohe Fluktuationsrate des Jahres 1907 sowohl in der Gastfeldstraße (97,65 Prozent) als auch in der Kornstraße (77,06 Prozent) auf die 1905 per Senatsbeschluß veranlaßten und 1906 durchgeführten Umbenennungen beträchtlicher Abschnitte beider Planstraßen, die - zumindest unter formalen Kriterien - vermehrte "Wegzüge"[28] ebenso von Bewohnern mit kurzer wie mit längerer Verweildauer zur Folge hatten. Die zwischen 1905 und 1914 verstärkte Fluktuation in den staatlichen Straßen basierte somit zwar in erster Linie auf der hohen Zahl der vorzugsweise in die Neubauwohnungen strebenden Neuankömmlinge, wurde aber auch - und dies nicht nur als künstlich ausgelöstes Phänomen staatlicher Lenkungsmaßnahmen - von einer alljährlich stattlichen Anzahl abziehender Haushaltungen bestimmt. Ein gegenüber beiden zurückliegenden Jahrzehnten drastisch erhöhtes Aufkommen der in diesen Jahren die Gastfeld- oder Kornstraße verlassenden Bewohner mutet wie eine "Neuauflage" der unsteten Anfangsperiode an und dürfte denn auch durch dahingehende Parallelen gekennzeichnet gewesen sein, daß die im zweiten Bauabschnitt fertiggestellten Neubauten, ebenso wie die in den 1870er Jahren errichteten Wohnhäuser, einem Teil der Bewohner nur für kurze Zeit zum Trokkenwohnen überlassen wurden. Unter diesen Voraussetzungen war ein rascher und umfänglicher Wechsel der Einwohnerschaft förmlich vorprogrammiert, zumal gerade einkommensschwache, auf den für die Beeinträchtigungen des Trockenwohnens eingeräumten Zinsnachlaß angewiesene Wohnverbände den regulär geforderten Mietpreis für diese Wohnungen schwerlich aufzubringen vermochten. Ein kärgliches Budget hatte diese Bewohner mithin nicht nur in die Gunstlagen der südlichen Vorstadt gelockt, sondern zwang sie wenig später auch zum Verlassen derselben. Das aus der finanziellen Not geborene Übersiedeln in erschwinglichere Wohnlagen erforderte indes, sollte dieses Viertel weiterhin als unmittelbarer Lebensbereich auserkoren sein, nur eine kurze Umzugsdistanz; denn an minder komfortablen Unterkünften herrschte hier kein Mangel. Ob letztere allerdings im Bedarfsfall kurzfristig anzumieten waren, erscheint aufgrund der hohen Nachfrage nach eben solchen Räumlichkeiten zweifelhaft, in Anbetracht der auch nach 1904 noch nennenswerten Fluktuation, etwa in der Wulfhoop- oder Rasingstraße, wiederum durchaus nicht unrealisierbar.

Ein von 1885 bis 1894 noch mit der Gastfeld- und Kornstraße übereinstimmender, ab 1895 hingegen weitgehend konträrer Verlauf markierte die Entwicklung der Fluktuation in beiden untersuchten Arbeiterstraßen. Der im zweiten Jahrzehnt ihres Bestehens zu konstatierende "Schrumpfungsprozeß" in der Rasingstraße stand dem enormen Rückgang des Bewohnerwechsels in den Hauptstraßen keinesfalls nach, sondern übertraf mit einem gegenüber den ersten zehn Jahren um 30,8 Prozent verringerten, nunmehr 55,9 Prozent erreichenden Volumen selbst die Gastfeldstraße. Weniger drastisch, aber deutlich abgeschwächt hatte sich auch das zwischen 1875 und 1884 ohnedies eher mäßig ausgeprägte Treiben in der Wulfhoopstraße. Mit einer um 18,6 Prozent rückläufigen, in der zweiten Dekade lediglich auf 54,3 Prozent kommenden Fluktuationsrate zeichnete sich diese Arbeiterstraße abermals durch den geringsten Bewohneraustausch aus. Hielt sich die in den folgenden zehn Jahren lediglich auf 52,8 Prozent gesunkene Austauschquote in der Wulfhoopstraße in etwa auf dem gleichen Level, so hatte sich die in Zu- und Fortzügen in Erscheinung tretende Mobilität in der Rasingstraße demgegenüber noch weiter gelegt. Infolge der erneuten Abnahme ihres Fluktuationsumfangs um 11,3 Prozent hatte die Rasingstraße zwischen 1895 und 1904 erstmals den zuvor immerhin über zwanzig Jahre von der Wulfhoopstraße eingenommenen Rang der mit dem geringsten Bewohnerwechsel hervortretenden Straße erobert. Ungewöhnlich gering nahm sich die lediglich 45,6 Prozent erlangende Fluktuationsrate aber nicht nur im Straßenvergleich, sondern auch unter straßeninternen Aspekten aus; denn dieses Jahrzehnt sollte im gesamten vierzigjährigen Untersuchungszeitraum als das ruhigste im Fluktuationsgeschehen in die Geschichte der Rasingstraße eingehen. Schon wenig später wendete sich indessen das Blatt, indem sich ein neuerlicher Rollentausch zwischen den beiden Arbeiterstraßen vollzog. Ein starkes Nachlassen der Zu- und Abgänge in der Wulfhoopstraße (um 10,6 Prozent) und eine durchaus bescheidene Austauschrate von 42,2 Prozent verliehen dieser in der Zeitspanne von 1905 bis 1914 zum dritten Male den Status eines offenbar die beständigste Bewohnerschaft beherbergenden Straßenzuges. Der auf 45,4 Prozent kaum nennenswert angestiegene, aber deutlich unter 50 Prozent liegende Bewohneraustausch in der Rasingstraße unterstreicht auch in den letzten zehn Jahren die unverkennbare Parallelität in der Entwicklung beider Arbeiterstraßen, wenngleich ausschließlich die Wulfhoopstraße mit einem zwischen 1875 und 1914 kontinuierlichen Rückgang der Fluktuation zur Auffälligkeit gelangte.

Im Gegensatz zu der in allen vier Straßen überaus bewegten, unbeständigen Anfangsperiode kündete der in den 1880er Jahren einsetzende Schwund im Umfang des Bewohneraustausches von einer erheblichen Steigerung der in den einzelnen Straßen anteilig verweilenden Bewohner. Die in der ersten Dekade lediglich von 45,0 Prozent (Kornstraße) bis 59,5 Prozent (Wulfhoopstraße) reichenden Quoten der von einem auf das folgende Jahr in der gleichen Straße verbliebenen Bewohner hatten sich in den letzten dreißig Jahren tatsächlich enorm erhöht. Zuwachsraten mit einer Schwankungsbreite von 15 bis 25 Prozent ließen die straßenintern erzielten Anteile der ununterbrochen für zwei Jahre ansässig gebliebenen Einwohner in jedem Straßenzug beachtlich ansteigen. So sprechen die zwischen 1885 und 1914 durchschnittlich erlangten Verweilquoten in der Gastfeld- (69,1 Prozent), Korn- (65,9 Prozent), Rasing- (75,1 Prozent) und Wulfhoopstraße (74,9 Prozent) mit großer Wahrscheinlichkeit für eine vermehrte Bewohnerzahl mit insgesamt längerer Wohndauer.

Der von 1875 bis 1914 in der Gastfeld-, Korn-, Rasing- und Wulfhoopstraße jährlich erfolgte Bewohneraustausch ließ insbesondere im ersten und letzten Jahrzehnt gravierende Unterschiede erkennen. Diese sich in zwei polarisierenden Straßenpaaren niederschlagenden Abweichungen im straßeninternen Entwicklungsgang des Bewohnerwechsels erwuchsen indessen vorrangig aus den gleichermaßen divergierenden Bedingungen, die einerseits in den proletarischen Wohnstraßen, andererseits in den Hauptgeschäftsstraßen vorzufinden waren. Eine relativ früh abgeschlossene Bautätigkeit und eine dementsprechend zeitig "vollzählige" Einwohnerschaft markierten die zumindest äußerlich zu identifizierenden Voraussetzungen in der Wulfhoop- und Rasingstraße. Mit einer außerordentlich geringen Anzahl vorhandener Gebäude und einer ebenso kleinen wie überschaubaren, obgleich im Laufe der Jahre anwachsenden Einwohnergruppe traten hingegen beide staatlichen Straßen auf den Plan. Schwankungen in den Bewohnerzahlen, die in der Rasingstraße bis 1914 eine steigende Tendenz aufwiesen und mit einer zunehmenden wohnräumlichen Verdichtung einhergingen, schienen die einzigen Anzeichen sichtbar werdenden Wandels in den proletarischen Straßenzügen zu sein. Eine seit Mitte der 1890er Jahre starke Expansion des Wohnungsbestandes und nahezu unaufhörlich in die Höhe kletternde Einwohnerzahlen prägten die weitgehend parallel laufenden Entwicklungen in den Planstraßen, deren Sozialstruktur sich zudem bedeutsam veränderte.

Solch erheblich voneinander abweichende Rahmenbedingungen erschweren zum einen den zur Ermittlung bestehender Gegensätze oder Übereinstimmungen unverzichtbaren Straßenvergleich. Zum anderen liefern aber gerade die in den staatlichen Straßen ab 1895/1896 wirksam werdenden Ursachen für die dort erneut ansteigende Fluktuation den entscheidenden Fingerzeig, daß die zwischen den einzelnen Straßen existierenden Divergenzen nicht überbewertet werden sollten. Unter ähnlichen - und damit besser vergleichbaren - Bedingungen in allen vier Straßen dürften die oben erläuterten Straßenunterschiede im Bewohnerwechsel vornehmlich in den letzten beiden Jahrzehnten sehr viel geringer ausgefallen sein. Auf eine entsprechende, methodisch unproblematisch realisierbare Simulation wird hier jedoch bewußt verzichtet, da die mit einem solchen Kunstgriff zu erwartenden Ergebnisse keine annähernd so große Treffsicherheit zu erzielen vermögen wie die im folgenden Abschnitt dieses Kapitels zu referierende Wohndauer eines jeden Bewohners in den vier Straßen der südlichen Vorstadt.

Werden indessen jegliche Unterschiede im Fluktuationsgeschehen der einzelnen Straßenzüge ausgeblendet und alle vier Straßen gleichsam gebündelt als Abbild des Viertels betrachtet, so zeichnet sich ein klares zeitliches Gefälle der zwischen 1875 und 1914 in Form von Zu- und Wegzügen stattgefundenen Mobilität ab. Spitzenzeiten der Fluktuation herrschten ohne jeden Zeifel in den ersten zehn Jahren, nachdem die in den Gründerjahren florierenden Bodengeschäfte auch die ausgedehnten Ländereien der alten Landgemeinde Buntentorsteinweg-Neuenland erfaßt und private Bauunternehmer in kürzester Zeit zahlreiche Straßenzüge angelegt und mit Wohnhäusern versehen hatten. Von 1875 bis 1884 gipfelte der starke Zustrom neuer Bewohner und der Abzug schon nach kurzem Aufenthalt erneut aufbrechender Wohnverbände in einer Fluktuationsrate von 86,1 Prozent. Ankunft und Aufbruch prägten die weitgehend instabilen ersten Jahre dieses noch jungen Bremer Stadtteils. Allein in den vier Straßen der südlichen Vorstadt waren im ersten Jahrzehnt ihres Bestehens 1.107 Zuzüge und 921 Wegzüge, mithin 2.028 Bewegungen, zu verzeichnen. Der jährliche Verbleib fiel demgegenüber spärlich aus. Lediglich 52,5 Prozent, kaum mehr als die Hälfte der Stadtteilbewohner verharrte im Durchschnitt dieser ersten Dekade für zwei Jahre am Stück. Bereits im zweiten Jahrzehnt waren die höchsten Mobilitätswogen verebbt. Ein um 28,7 Prozent verringerter, zwischen 1885 und 1894 nur noch 57,4 Prozent umfassender Bewohneraustausch signalisierte den Anbruch ruhigerer und offenbar beständigerer Zeiten in diesem Arbeiterviertel. Dieser Trend setzte sich, wenn auch in erheblich abgeschwächter Form, gleichermaßen in der Periode von 1895 bis 1904 fort, die durch das mit 52,5 Prozent geringste Fluktuationsaufkommen zwischen 1875 und 1914 gekennzeichnet war. In mehrjähriger Verzögerung gegenüber anderen Bremer Stadtteilen war nach dem in der südlichen Vorstadt ausgesprochen lang währenden Brachliegen der Bautätigkeit erst in den 1890er Jahren die nunmehr zweite große Bauphase in Angriff genommen worden. Noch immer verdankte das Gros der Bauten ihre Entstehung privaten Bauunternehmern, deren auf das mietfreie Wohnen der Immobilienbesitzer ausgerichtete Verkaufsstrategie für einen guten Absatz ihrer nach wie vor auf Spekulationsbasis errichteten und in aller Regel fremdfinanzierten Objekte sorgte.[29] Da diese überwiegend als Zwei- und Drei-, selten hingegen als Mehrfamilienhäuser Gestalt annehmenden Neubauten über erheblich größere wohnräumliche Kapazitäten verfügten als die vor oder während der Gründerzeit entstandenen kleinen Bremer Häuser, löste das somit breite Angebot des Immobilien- und Mietwohnungsmarktes der südlichen Vorstadt vornehmlich zwischen 1905 und 1914 eine wahre Flut zuziehender Bewohner aus. Der massenhafte Zuzug sowohl Ortsgebürtiger als auch Zugewanderter sollte allerdings, wie die gleichzeitig zahlreich zu registrierenden Wegzüge belegen, nicht für all diese Neuankömmlinge den Auftakt eines dauerhaften Verbleibs in diesem Viertel bilden, so daß die Fluktuation - trotz eines sehr wohl existenten seßhaften Bevölkerungsteils - innerhalb dieser zehn Jahre (53,4 Prozent) eine steigende Tendenz besaß.

3. Varianten des Wohnverhaltens: Mobilität, Seßhaftigkeit und "Stippvisiten" in der südlichen Vorstadt Bremens zwischen 1875 und 1914

Der Fortzug unterschiedlich dauerhaft verbliebener Wohnverbände und das nahezu zeitgleich erfolgte Eintreffen neuer Wohnparteien sorgten, wie die Fluktuationsanalyse aufzuzeigen vermochte, alljährlich für einen Bewohneraustausch beachtlichen Umfangs, der zwischen 1875 und 1914 im Durchschnitt aller untersuchten Straßen eine Fluktuationsrate von 62,3 Prozent erreichte. Gingen die Zu- und Wegzüge auch mit einer steten Erneuerung der Bewohnerschaft einher, so reflektieren diese gleichwohl überaus zahlreich zu verortenden Bewegungen doch nur zwei Erscheinungsformen der indes facettenreicheren räumlichen Mobilität in der südlichen Vorstadt Bremens.

Die Mobilität der Stadtteilbevölkerung erschöpfte sich somit keinesfalls in dem stereotypen Muster von Ankunft, Einzug, mehr oder minder langer Verweildauer in den nutzbar gemachten Räumlichkeiten und endgültigem Wegzug. Wenngleich ein solches Wohnverhalten sowohl auf ausgesprochen seßhafte als auch auf mobile Einwohner zutreffen konnte, gaben Teile der Wohnbevölkerung - nur scheinbar diesem Muster entsprechend - ihre ursprünglichen Wohnungen auf, ohne jedoch das bremische Stadtgebiet zu verlassen. Innerstädtische Umzüge bildeten aber bekanntlich, so das schon in den 1970er Jahren einhellig gezogene und empirisch fundierte Fazit Langewiesches[30] und Niethammers,[31] in der Zeit des Deutschen Kaiserreiches die quantitativ bedeutsamste Form geographischer Mobilität. Insbesondere der breit angelegten und mit hochaggregierten Daten operierenden Studie Langewiesches kommt das Verdienst zu, nicht nur das komplexe Phänomen regionaler und interstädtischer Wanderungsbewegungen differenziert ausgeleuchtet und tradierte Auffassungen widerlegt, sondern überdies nachdrücklich auf die Relevanz innerurbaner Mobilität verwiesen und auf vorhandene Forschungsdefizite aufmerksam gemacht zu haben. Einige Lücken dieses allerdings bis heute nicht gänzlich behobenen Forschungsdesiderats konnten bereits in neueren Mobilitätsstudien geschlossen werden. Zu letzteren zählt in erster Linie die auf Stadtteilebene angelegte Untersuchung Stephan Bleeks, der am Beispiel des überwiegend von Arbeitern bewohnten Münchner Westends den Nachweis für die stark ausgeprägte Quartiergebundenheit der innerstädtischen Umzüge erbrachte.[32] Diese nennenswerten Arbeiten setzten deutliche Akzente in der Mobilitätsforschung, so daß wir heute über tiefere Kenntnisse nicht nur des Ausmaßes, sondern auch der verschiedenen Arten sowie geschlechts-, alters- und schichtenspezifischer Differenzierungen und Charakteristika des Mobilitätsgeschehens verfügen.

Die anknüpfenden Analysen verdanken diesen grundlegenden Arbeiten mithin wichtige Impulse, verfolgen indes einen - nicht zuletzt quellenbedingt - abweichenden Ansatz. Da ein bremisches Melderegister für den Untersuchungszeitraum von 1875 bis 1914 nicht überliefert ist, lassen sich vornehmlich Aspekte innerstädtischer Wohnmobilität lediglich mittels der alternativ zur Verfügung stehenden Bremer Adreßbücher erschließen. Die auch in den folgenden Untersuchungen als Primärquelle dienenden Adreßbucheintragungen bieten die unvermeidbaren Nachteile, einerseits Fragen des Alters und lebenszyklische Gesichtspunkte weitgehend ausklammern zu müssen und andererseits keinen Einblick in die Größe und Zusammensetzung der einzelnen Haushalte gewinnen zu können.

Eine vollständige Erhebung aller zwischen 1875 und 1914 in den vier ausgewählten Straßen der südlichen Vorstadt Bremens lebenden Personen und die vielfältigen Möglichkeiten der selbstredend nur unter Einsatz aufwendiger quantifizierender Verfahren realisierbaren Datenauswertung hingegen entschädigen gleichsam den notwendigen Verzicht auf vorgenannte Fragestellungen. Auf diese Weise ist die einer jeden Mobilitätsstudie zugrundeliegende, gleichermaßen schlichte wie zentrale Ausgangsfrage "Wer hat wann wo wie lange gelebt?" selbst für eine Personengruppe stattlicher Anzahl über den langen Zeitraum von vierzig Jahren zu beantworten. Die solchermaßen gewonnenen Informationen zur Mobilität und Wohndauer der erfaßten Stadtteilbewohner werfen ein Licht auf unterschiedlichste Verhaltensmuster. Mobile und immobile, unstete und seßhafte Einwohner bildeten dem ersten Anschein nach Bewohnergruppen, die wenig miteinander gemein hatten. Darüber hinaus fanden sich Einzelpersonen, deren bizarr anmutendes Umzugsverhalten geradezu uninterpretierbar erschien, und die damit - insbesondere aufgrund eines weitreichenden Mangels zusätzlich verfügbarer, qualitativer Quellen - einer schlüssigen Analyse alle erdenklichen Stolpersteine in den Weg legten.

Varianten des Wohnverhaltens stehen denn auch im Mittelpunkt der sich hier anschließenden Betrachtungen. Dabei folgen die Schwerpunkte der Analyse zunächst den vorgefundenen Mustern der Wohnmobilität.

Als eine dieser Formen kristallisieren sich die im ersten Abschnitt vorzustellenden Wohnungswechsel *innerhalb* der einzelnen Straßen heraus. Diese erstaunlich häufig festzustellenden straßeninternen Umzüge werden zum einen auf etwaige Spitzenzeiten der Umzugsbewegungen, zum anderen in einem vorzunehmenden Straßenvergleich auf existierende Unterschiede zwischen den verschiedenen Straßenzügen zu beleuchten sein.

Umzüge *zwischen* den Straßen erwiesen sich, wie im folgenden zu zeigen sein wird, auch in der südlichen Vorstadt als gängig. Bei diesem weiteren Muster der somit nicht über die Grenzen des Viertels hinausreichenden räumlichen Mobilität gilt das Interesse insbesondere den erkennbaren Mobilitätszielen, also primär der Frage, ob und welche Straßen bei Umzügen innerhalb des Stadtteils bevorzugt wurden und ob eine Anhäufung bestimmter Wohnsitzkombinationen zu verzeichnen war. Überdies kommt der Frage, ob diese Art des Wohnungswechsels als Direktumzug erfolgte, ebenso Bedeutung zu wie dem Zeitpunkt der stattgefundenen Übersiedelung.

Die Mobilitätsanalyse vermag folglich sehr genau auszuweisen, wieviele der Bewohner innerhalb der jeweiligen oder zwischen den untersuchten Straßen umzogen. Gleichzeitig lassen sich die Umzugshäufigkeit der einzelnen Personen, die Zahl der im Viertel vollzogenen Bewegungen und die dabei eingeschlagenen Richtungen aufzeigen.

Unter diesen sehr wohl ein unterschiedlich hohes Maß an Beweglichkeit aufbringenden Stadtteilbewohnern fand sich jedoch eine weitere Gruppe, deren Umzugsmanier ein drittes Muster räumlicher Mobilität erkennen ließ. Die Mitglieder dieser allerdings relativ kleinen Einwohnergruppe tauschten sowohl innerhalb der einzelnen als auch zwischen den Straßenzügen ihren Wohnsitz und kehrten mitunter auch in eine der zuvor bewohnten Straßen zurück. So können etliche dieser gewissermaßen eine Mischform aus den beiden vorgenannten Mustern aufweisenden Personen berechtigt als hochmobil bezeichnet werden und verdienen damit besondere Beachtung.

Ungeachtet der jeweilig praktizierten Form und der dadurch erzielten Häufigkeit stadtteilinterner Mobilität stellten diese nachweislich mobilen Bewohner mit insgesamt 789 Personen (18,5 Prozent) doch nur einen eher unterrepräsentierten Teil der Wohnbevölkerung. Das Gros der zwischen 1875 und 1914 in den vier untersuchten Straßen lebenden Einwohner erwies sich demgegenüber offenbar als immobil. Diese immobilen Bewohner bedürfen indessen einer eingehenden Betrachtung; denn viele derjenigen Personen, die während ihrer Ansässigkeit in diesem Viertel ihren Wohnsitz nicht veränderten, kamen lediglich auf eine ausgesprochen kurze Wohndauer. So wendet sich die Analyse im zweiten Teil und damit in einem vierten Schritt der Frage zu, wie lange die 4.274 verschiedenen Personen in der südlichen Vorstadt wohnten, um somit den eingangs perspektivisch anvisierten Aspekt des Ausmaßes existierender Stabilität oder Instabilität in diesem Arbeiterviertel zu erhellen.

3.1 Formen der Mobilität

Umzüge innerhalb der Straßen

Ein reges Kommen und Gehen, begleitet von zeitweilig auffälligen Schwankungen der Einwohnerzahlen, herrschte zwischen 1875 bis 1914 in allen untersuchten Straßen der südlichen Vorstadt Bremens. Differierende Häuser- und Wohnungsbestände, unterschiedlich starke Auslastungen der Wohneinheiten und eine ganz erheblich schwankende Wohndauer der einzelnen Bewohner bildeten wesentliche Ursachen für die von Straße zu Straße variierenden Bewohnerzahlen. In der Gastfeldstraße lebten innerhalb dieser vierzig Jahre 969 und in der Kornstraße 1.245 verschiedene Haushaltsverbände, während die Bewohnerschaft der Rasingstraße im gleichen Zeitraum 1.295 Wohnparteien aufwies und die Wulfhoopstraße 1.127 Haushaltungen als Wohnsitz diente.

Die überragende Mehrzahl dieser sich somit auf 4.636 Haushaltsvorstände summierenden Stadtteilbewohner entsprach offensichtlich sehr wohl dem oben skizzierten, stereotypen Wohnverhalten, da die einmal bezogene Wohnung von den meisten Bewohnern beibehalten wurde, bis entweder der Tod ihrer Anwesenheit ein natürliches Ende setzte oder aber zwingende äußere bzw. persönliche Beweggründe den Anstoß für ihren endgültigen Fortzug aus der Straße gaben. 568 Wohnverbände, also immerhin 12,25 Prozent aller Einwohner, zeichneten sich hingegen durch ein von diesem Schema deutlich abweichendes Verhaltensmuster aus. Sie gaben ihren ursprünglichen Wohnsitz zwar ebenso wie die im Laufe der vier Jahrzehnte zahlreich wegziehenden Bewohner auf, aber lediglich, um die erste Wohnung gegen eine andere in derselben Straße zu wechseln. Ein solcher auf die gegenüberliegende Seite, an das entgegengesetzte Ende oder gar nur wenige Häuser weiter führender Umzug brachte zweifelsohne klare Vorteile mit sich; denn die Umzugsdistanz konnte kürzer kaum sein. Diese unverkennbaren Vorzüge wird ein Teil der sich innerhalb "ihrer" Straßen räumlich verändernden Bewohner im Blick gehabt haben, als es galt, eine neue Bleibe zu finden. Straßeninterne Umzüge waren allerdings auch nicht in annähernd vorhandener Gleichverteilung in allen Straßen zu registrieren, sondern erfreuten sich vorrangig in den proletarischen Straßenzügen einer auffälligen Beliebtheit. Wohnungswechsel dieser Art praktizierten in erster Linie die Bewohner der Rasingstraße. 288 Wohnparteien, ein überaus bemerkenswerter Anteil von 22,2 Prozent aller zwischen 1875 und 1914 in dieser Arbeiterstraße vorgefundenen Haushalte, zogen mindestens einmal während ihrer Ansässigkeit innerhalb der Rasingstraße um. Eine solch starke Verbreitung dieser spezifischen Form des Wohnsitzwechsels war in keiner anderen Straße zu konstatieren. Immerhin 159 Wohnverbände (14,1 Prozent) siedelten jedoch auch innerhalb der Wulfhoopstraße um. In den staatlichen Straßen blieben die straßengebundenen Umzüge ein eher rares Phänomen. Nur 71 Einwohner der Gastfeldstraße (7,3 Prozent) und lediglich 50 Bewohner der Kornstraße (4 Prozent) tauschten ihre ursprünglich bezogenen Wohnungen gegen eine neue Unterkunft in einem der benachbarten Häuser.

Beeindruckender noch als die Gesamtzahl der 568 straßenintern umziehenden Bewohner präsentierten sich, wie aus der Tabelle 14 ersichtlich, die von diesen mobilen Personen erzielte Umzugshäufigkeit und die damit erreichte Anzahl der Bewegungen.

Tabelle 14: Umzugshäufigkeit innerhalb der Straßen (1875-1914)

Anzahl der Umzüge	Gastfeld-straße	Korn-straße	Rasing-straße	Wulfhoop-straße	Summe
1	61	36	193	115	405
2	8	11	65	20	104
3	2	1	20	9	32
4	0	2	5	1	8
5	0	0	2	2	4
6	0	0	2	0	2
12	0	0	1	0	1
Summe der Mobilen	71	50	288	159	568
Summe der Umzüge	83	69	437	196	785

Quelle: Bremer Adreßbücher, Jge. 1875-1914; eigene Auswertungen

Ein einmalig vollzogener Wohnungswechsel in dem bereits zuvor bewohnten Straßenzug erwies sich als die in allen Straßen dominierende Umzugshäufigkeit; denn 405 Wohnparteien lebten in zwei verschiedenen Häusern der jeweiligen Straßen und stellten damit die überragende Mehrheit (71,3 Prozent) aller straßenintern Mobilen. 104 Haushaltsverbände (18,3 Prozent) - eine noch durchaus beachtliche Bewohnerzahl - ließen es indes nicht bei einem Umzug bewenden, sondern siedelten ein zweites Mal in ein unweit ihrer alten Behausungen gelegenes Wohnhaus. Mit steigender Umzugshäufigkeit verringerte sich indes zusehends der Kreis dieser Mobilen. So bildeten die insgesamt 32 dreimalig ihren Wohnsitz innerhalb derselben Straße tauschenden Bewohner (5,6 Prozent) nur noch eine Kleinstgruppe. Auf acht Haushaltungen geschrumpft, aber mit Ausnahme der Gastfeldstraße in jedem Straßenzug anzutreffen, waren diejenigen Bewohner, die im Laufe ihrer Ansässigkeit vier Umzüge bewältigt und somit fünf Wohnsitze in der gleichen Straße aufzuweisen hatten. In den beiden Arbeiterstraßen allerdings übertrafen einzelne Mietparteien selbst dieses hohe Quantum geographischer Mobilität innerhalb der eng gesetzten Grenzen eines Straßenzuges. Jeweils zwei Haushaltsvorstände veränderten fünfmal ihre Wohnadresse in der Rasing- und Wulfhoopstraße, wobei diese stattliche Zahl der Wohnsitzwechsel gleichzeitig das in der Wulfhoopstraße erlangte Maximum vorgefundener Umzugshäufigkeit kennzeichnete. Die Rasingstraße beherbergte demgegenüber Bewohner, deren Mobilität auch diesen Rahmen noch zu sprengen vermochte. Während zwei Wohnparteien auf sechs Umzüge kamen, gipfelte das schlichtweg exotisch anmutende Wohnverhalten des mobilsten Haushalts dieser Arbeiterstraße in zwölf räumlichen Veränderungen.

Das binnen vierzig Jahren zu verortende Umzugstreiben in den Straßen der südlichen Vorstadt wurde folglich keineswegs ausschließlich von Neuzuzügen und Abgängen verursacht, sondern darüber hinaus - zumindest in den Arbeiterwohnstraßen - ganz maßgeblich auch durch straßeninterne Bewegungen bestimmt. Unter komparativen Aspekten behauptete sich die Bevölkerung der Rasingstraße als die mobilste Einwohnergruppe aller untersuchten Straßen; denn hier fanden sich sowohl der mitgliederstärkste Kreis mobiler Bewohner (288 Haushalte) als auch die größte Umzugshäufigkeit. Demzufolge rangierte die Rasingstraße ebenso mit den zahlreichsten Bewegungen an erster Stelle: 437 Wohnungswechsel gingen mit dem Verbleib der Umziehenden in dieser Straße einher. Hatten die Einwohner der Wulfhoopstraße einen derartigen Tapetenwechsel im Vergleichszeitraum auch sehr viel seltener vollzogen, so überragten deren 196 straßengebundene Umzüge doch bei weitem das vergleichsweise geringe Aufkommen dieser Form der Wohnmobilität in der Gastfeldstraße (83 Umzüge) und in der Kornstraße (69 Wohnungswechsel).

Zwischen 1875 und 1914 führten somit 785 der von Bewohnern der Gastfeld-, Korn-, Rasing- und Wulfhoopstraße abgewickelten Wohnungswechsel nicht über das begrenzte Terrain dieser Straßenzüge hinaus. Ein Blick auf den jeweiligen Zeitpunkt der erfolgten Bewegungen läßt erkennen, daß im vierzigjährigen Betrachtungszeitraum jede Straße gleichermaßen ruhigere wie bewegtere Zeiten zu verzeichnen hatte. Übereinstimmungen existierten hingegen weder in den turbulenten, durch zahlreiche straßeninterne Umzüge geprägten Jahren noch in den eher verhaltenen Perioden. Als Spitzenzeiten dieser Umzugsbewegungen galten in der Rasingstraße die späten 1880er Jahre, in der Wulfhoopstraße jedoch die frühen 1890er Jahre. Gemessen an der geringen Zahl diesbezüglicher Wohnungswechsel in den staatlichen Straßen setzte eine erhöhte Mobilität in der Gastfeldstraße Mitte der 1890er Jahre ein, wohingegen in der Kornstraße erst von 1910 bis 1914 vermehrte straßeninterne Wohnsitzveränderungen zu registrieren waren. Analog der sprichwörtlichen "Ruhe vor dem Sturm" zeichneten sich die diesen Höhepunkten vorausgehenden Jahre sowohl in der Gastfeld- und Korn- als auch in der Rasingstraße durch ein Minimum vollzogener Wohnungswechsel aus. Lediglich die Wulfhoopstraße bildete mit ihrer von 1905 bis 1909 zu datierenden ruhigsten Phase eine Ausnahme. Die zeitlichen Abweichungen im Aufkommen straßeninterner Mobilität reichten mithin so weit, daß sich auf Basis des durchgeführten Vergleichs weder eine tendenzielle Kongruenz der sozialstrukturell verwandten Straßenpaare bestätigen noch für alle vier Straßen verbindliche Gesetzmäßigkeiten ableiten ließen.

Doch selbst die Untersuchung der Berufszugehörigkeit dieser mobilen Bewohner bietet nur wenig Einblick in die zu erhellenden Hintergründe straßeninterner Umzüge. Zwar trat in diesem Kontext sehr wohl eine weitreichende Deckungsgleichheit beider Straßenpaare hervor, doch nehmen die Übereinstimmungen der sich als dominant erweisenden Berufsgruppen unter den Mobilen insofern kaum wunder, als sie schlicht das ohnedies vorherrschende soziale Gefüge der Bevölkerung in den einzelnen Straßen widerspiegelten. So waren in den staatlichen Planstraßen die zu überwiegenden Teilen von Gesellen und nur vereinzelt von Meistern repräsentierten Handwerker bei straßeninternen Umzügen am häufigsten vertreten. An zweiter Stelle rangierte die Berufsgruppe der Arbeiter, in der Gastfeldstraße gefolgt von der ausnahmslos von Frauen getragenen Gruppe berufsloser Personen und in der Kornstraße von den dort zahlreich anzutreffenden Beamten und Angestellten. In den proletarischen Straßenzügen hingegen stellten Arbeiter und Arbeiterinnen erwartungsgemäß das Gros der trotz Wohnungswechsels in ihrer Straße verbleibenden Bewohner. Aber auch die als Haushaltsvorstände ausgewiesenen Witwen und Ehefrauen ohne Berufsangaben siedelten häufig sowohl innerhalb der Rasing- als auch in der Wulfhoopstraße um, während Handwerker in diesen beiden Arbeiterwohnstraßen seltener an straßeninternen Umzügen beteiligt und übereinstimmend als dritthäufigste Sozialgruppe unter diesen Mobilen auszumachen waren.

Die vorgefundene Anhäufung bestimmter Sozial- bzw. Berufsgruppen läßt vornehmlich im Falle eines solch relativ kleinen und noch überschaubaren Bewohnerkreises (568 Personen) keinesfalls zwangsläufig den Schluß zu, beispielsweise Handwerksgesellen als besonders mobil zu klassifizieren. Denn wie Langewiesche sehr zu recht betonte, erfordert die Ermittlung des Mobilitätsgrades verschiedener Erwerbszweige, also des Anteils der Mobilen innerhalb einer Berufssparte, grundsätzlich die Korrelation desselben mit dessen Verbreitungsgrad innerhalb der gesamten Stadtbevölkerung.[33] Folgt die vorliegende Untersuchung diesem methodisch unerläßlichen Vorgehen, so liefert die starke Präsenz von Arbeitern, Handwerksgesellen und berufslosen Frauen unter den innerhalb der vier Straßen umziehenden Bewohnern noch keinen qualitativ wertvollen Hinweis auf einen existierenden Zusammenhang straßen- und damit stadtteilgebundener räumlicher Mobilität und schichtenspezifischer Ausprägungen dieses Wohnverhaltens.

Einen alternativen Zugang zu den zwecks Ergründung dieses Mobilitätsmusters bereits diskutierten Aspekten bietet die Frage, ob straßeninterne Umzüge den gesamten Wohnhausbestand in den untersuchten Straßen der südlichen Vorstadt erfaßten oder ob nur einzelne Gebäude eine erhöhte Bewohnerfrequenz erfuhren. Eine Betrachtung der von den mobilen Bewohnern jeweilig innegehabten verschiedenen Wohnsitze läßt erkennen, daß zwischen 1875 und 1914 die überwiegende Mehrzahl der Wohnhäuser jedes Straßenzuges mindestens einmal in straßengebundene Wohnungswechsel einbezogen worden war. Die im Straßenvergleich auffälligen Übereinstimmungen setzten sich zudem darin fort, daß indes nicht alle zum Wohnen dienenden Gebäude in gleichem Maße von den Umzugsbewegungen betroffen waren. Vielmehr kristallisierten sich nur wenige Häuser der Gastfeld-, Korn-, Rasing- und Wulfhoopstraße als offenkundig von den mobilen Bewohnern präferierte oder aber für das Phänomen straßeninterner Wohnungswechsel gewissermaßen prädestinierte Objekte heraus. So zählten in der Gastfeldstraße ausschließlich und in der Kornstraße ebenfalls zu überwiegenden Teilen Wohnhäuser des alten, in den 1870er Jahren entstandenen Baubestandes zu den besonders stark in das Umzugsgeschehen eingebundenen Gebäuden, wohingegen die seit 1895/96 errichteten neueren Bauten bei den wohnräumlichen Veränderungen der Bewohner kaum beteiligt waren. Dieser Befund spricht deutlich gegen die aufgrund der relativ spät einsetzenden Spitzenzeiten straßeninterner Umzüge in den staatlichen Hauptstraßen naheliegende Vermutung, als wären gerade die Neubauten bei einem erforderlichen Wohnungswechsel das bevorzugte Ziel der Straßenbewohner gewesen.

Die augenfällige Konzentration straßengebundener Wohnmobilität auf wenige Einzelobjekte des Baubestandes reflektiert in erster Linie die starke Fluktuation in eben jenen Gebäuden. Dabei beschränkten sich die Umzüge durchaus nicht auf einzelne Jahre oder klar befristete Zeitspannen, die etwa eine direkte Begleiterscheinung erfolgter Besitzwechsel hätten gewesen sein können. Wenngleich die unverkennbare Anhäufung diverser zeitgleich vollzogener oder in rascher Folge eingetretener Bewohnerwechsel in einigen Wohnhäusern sehr wohl auf einen solchen Kausalzusammenhang verweist, bildeten veränderte Besitzverhältnisse doch nur eine der offenbar vielfältiger existierenden Ursachen straßeninterner Umzüge. Wie die eruierten Zeitpunkte der jeweiligen Aus- und Umzüge belegen, fand in den wenigen, besonders häufig vom Umzugsgeschehen betroffenen Gebäuden in den vier Straßen nahezu alljährlich ein - zumindest partieller - Austausch der Mieterschaft statt. Ob es sich um vermehrte Fort- oder Umzüge, um den ersten, zweiten oder gar dritten Wohnsitz der straßenintern Mobilen handelte, stets waren es dieselben Wohnhäuser,[34] die infolge zahlreicher Ab- und Neuzugänge innerhalb kurzer Zeit eine sich in ihrer personellen Zusammensetzung kontinuierlich wandelnde Bewohnerschaft beherbergten. Die Größe der Häuser spielte ganz offensichtlich keine Rolle, da sich unter den betreffenden Objekten selbst solch kleine Gebäude wie einige lediglich im Souterrain und Parterre ausgebaute, auf 54 m^2 Grundfläche begrenzte Reihenhäuser, mithin typische Vertreter der knapp bemessenen Bremer Arbeiterhäuser, fanden.

Aber auch die den Immobilien zugrundeliegende Verwertungsform erwies sich keineswegs als ausschlaggebendes Kriterium für das rege Treiben in diesen Häusern. Als Kapitalanlage gehaltene Miethäuser waren ebenso stark vertreten wie privater Hausbesitz mit gleichzeitiger Eigenbedarfsnutzung und Abvermietung. Rentabilitätsaspekte mochten, wenn auch unter verschiedenen Vorzeichen, die entscheidende Triebfeder für den häufigen und mitunter auch sehr schnell erfolgten Wechsel der Bewohner gebildet haben. Sofern die Zahlungsunfähigkeit der Mieter als Stein des Anstoßes galt, werden Kapitalanleger - wie die Sterbekasse "Die blühende Rose", deren in der Gastfeldstraße gelegene Immobilien[35] sich durch besonders starke Fluktuation ihrer Bewohnerschaft hervortaten, oder die gleich in zwei diesbezüglichen Fällen[36] als Besitzerin in Erscheinung tretende Bremische Hypothekenbank - kaum gezögert haben, gegen mietsäumige Bewohner entsprechende Maßnahmen einzuleiten, um entweder den schuldig gebliebenen Mietzins eintreiben oder insolvente Mieter exmittieren zu lassen. Konnte von ökonomischen Zwangslagen bei derart kapitalkräftigen Immobilieneignern schwerlich die Rede sein, so folgte und entsprach ein solches Gebaren doch zu allererst den kühlen Kalkulationen, die einer jeden Geschäftsverbindung oder vertraglichen Vereinbarung vorausgingen und auch fortan das Vorgehen bestimmten. Finanzielle Nöte werden indes bei jenen Hausbesitzern im Vordergrund gestanden haben, deren in voller Höhe des Kaufpreises fremdfinanzierte Eigenheime nur zu halten waren, indem die aufgenommene Mieterschaft die fristgerecht zu zahlenden Zinsabträge für die auf den Häusern ruhenden handfestarischen Belastungen erleicherte oder gar ausschließlich gewährleistete. Eine längerfristige Stundung ausgebliebener Mietzahlungen dürfte für einkommensschwache Berufstätige oder Erwerbslose,[37] die in erster Linie unter den Eigentümern dieser durch extrem häufige Bewohnerwechsel geprägten Wohnhäuser in den vier Straßen anzutreffen waren, schlechterdings unmöglich gewesen sein. In all diesen Fällen wird die Kündigung des Mietverhältnisses die unausweichliche Folge für in Zahlungsverzug geratene Wohnparteien gewesen sein.

Obgleich wirtschaftliche Beweggründe oder Zwänge insbesondere in hoch belasteten Wohnhäusern als Auslöser für gehäuft erfolgte Mieterwechsel durchaus zu überzeugen vermögen, so setzt ein solches Ursache-/Wirkungsprinzip doch generell die einer Opferrolle gleichkommende, passive Haltung zahlungsunfähiger Bewohner voraus, deren Handlungsweise auf einen unfreiwilligen Aus- bzw. Umzug reduziert blieb. Der im 19. und auch zu Beginn des 20. Jahrhundert weitgehend fehlende rechtliche Mieterschutz[38] stützt indes die Wahrscheinlichkeit selbst eines massierten Vorkommens derartiger Fälle. Dennoch sprechen die stattliche Anzahl der straßenintern mobilen Bewohner und die Vielzahl der von diesen vollzogenen Bewegungen vornehmlich innerhalb der Rasing- und Wulfhoopstraße dafür, daß parallel zu diesen ursächlichen Zusammenhängen, auf die im folgenden noch zurückzukommen sein wird, auch andere Beweggründe existierten, die für die ausgeprägte Wohnmobilität verantwortlich waren. Die signifikante Anhäufung straßengebundener Umzüge in den proletarischen Wohnstraßen auf der einen und das weitreichende Ausbleiben derselben in den staatlichen Straßenzügen auf der anderen Seite unterstreichen die sich im divergierenden Wohnverhalten unterschiedlicher Bevölkerungsteile spiegelnden, abweichenden Charaktere beider Straßenpaare. Armut und ein Leben am Rande des Existenzminimums prägten in der Rasing- und Wulfhoopstraße den Alltag nicht aller, wohl aber der meisten Bewohner. In der Gastfeld- und Kornstraße war demgegenüber ein weitaus geringerer Teil der Einwohner vergleichbar ungünstigen Lebensbedingungen unterworfen. Mit fortschreitendem Untersuchungszeitraum mehrten sich darüber hinaus zusehends die in diesen Hauptgeschäftsstraßen der südlichen Vorstadt von Anbeginn ansässigen Erwerbstätigen mit hinlänglichen oder gar ansehnlichen Einkünften. Stand letzteren im Bedarfsfall die Möglichkeit offen, ihre Wohnsituation zu verbessern oder ihren Wohnstandard zu wahren, so hatten Angehörige unbemittelter Gesellschaftsschichten bei der Wohnungssuche keine nennenswerte Wahl. Ein niedriges und nicht selten wohl auch unregelmäßiges Einkommen bildete quasi den Garant für nahezu gleichbleibende Lebens- und Wohnverhältnisse.

Wenn ein Wohnungstausch jedoch für minder bemittelte Bevölkerungsteile in aller Regel keine grundlegende Verbesserung mit sich brachte, stellt sich notgedrungen die Frage nach dem Zweck der so überaus zahlreich bewerkstelligten Umzüge vorrangig innerhalb der Arbeiterstraßen. Ein für innerstädtische Umzüge bekanntermaßen oft ausschlaggebender Arbeitsplatzwechsel erscheint im Falle straßeninterner Umzüge grundsätzlich - und selbst für die zur Ausübung ihres Gewerbes eine Vereinigung von Arbeiten und Wohnen im selben Hause anstrebenden Handwerker - wenig plausibel. Ebensowenig vermag ein ins Nachbarhaus führender Wohnungswechsel aus finanziellen Erwägungen einzuleuchten, da das Mietpreisniveau innerhalb der proletarischen Wohnstraßen kaum gravierende Spannbreiten besessen haben dürfte.[39] Wirtschaftliche Gründe gewinnen allerdings an Überzeugungskraft, sowie diese in Verbindung mit einer Veränderung der Wohnungsgröße standen. Ob letztere durch den Tod des Ehepartners, den Auszug der Kinder oder aber aufgrund eines zu erwartenden Kindes erforderlich wurde - nur selten folgte dem Zuwachs oder Rückgang in der Haushaltsgröße der Umzug in eine größere Wohnung. Gewöhnlich waren solch familiäre Veränderungen gleichbedeutend mit einer Verringerung des zuvor verfügbaren Wohnraumes.[40] War die Aufnahme familienfremder Personen, also die Hereinnahme von Zimmermietern oder Schlafgängern,[41] nicht realisierbar oder womöglich unerwünscht, stellte ein Wohnungswechsel die einzige Alternative dar. Der Umzug in eine kleinere Wohnung galt mithin in jedem Falle dem übereinstimmenden Ziel, die Mietkosten so weit wie möglich zu senken, um auf diese Weise verminderte Einkünfte oder absehbar ansteigende Haushaltskosten aufzufangen.

Zu diesen durchaus überzeugenden Ursachen mögen sich als weiteres Motiv für straßeninterne Umzüge massive Konflikte der Mieter mit den Hausbesitzern gesellt haben. Ganz im Gegensatz zu anderen deutschen Großstädten sorgten in Bremen die Dominanz des Kleinhauses und das in weiten Teilen des Stadtgebietes bis in die 1920er Jahre aufrechterhaltene Handfestenwesen[42] für die starke Verbreitung der entweder alleinig, häufiger indes mit mehr oder minder zahlreichen Mietern in ihrem Hause lebenden Eigentümer. Die exzeptionell hohe Rate der in Bremen registrierten, sicherlich nicht zuletzt durch den Kontaktzwang in den ohnedies meist überfüllten Bremer Häusern geförderten Hausfriedensbrüche[43] legt Zeugnis ab über das ungewöhnlich ausgeprägte Konfliktpotential im sozialen Wohnumfeld. Mußten zwischen Hauseignern und Mietern ausgebrochene Zwistigkeiten auch nicht in einem Hausfriedensbruch eskalieren, so konnten heftige Zerwürfnisse, zumal wenn diese länger andauerten, sehr wohl einen hinlänglichen Anlaß geboten haben, das Mietverhältnis zu beenden und die Wohnung zu wechseln.

Die tatsächlichen Hintergründe für das hohe Aufkommen straßeninterner Wohnmobilität liegen mangels überlieferter Eigenaussagen der Bewohner im dunkeln. Bewegt sich die Analyse demzufolge notgedrungen auf der Spekulationsebene, so bekräftigen die spezifischen Erscheinungsformen dieser Wohnsitzwechsel die Annahme, daß das Verweilen so zahlreicher Bewohner in der bereits zuvor bewohnten Straße kein bloßer Zufall gewesen sein konnte. Sofern der Wohnungswechsel das Resultat einer Zwangslage bildete und demnach unfreiwillig erfolgte, mag ein Teil der Umziehenden das sogenannte kleinere Übel des bei einer kurzen Umzugsdistanz geringeren Aufwands präferiert haben, ohne damit eine den finanziellen Möglichkeiten und persönlichen Wünschen entgegenkommende oder entsprechende Wahl getroffen zu haben. Die in der Rasing- und Wulfhoopstraße nicht nur in wenigen Fällen, sondern überaus häufig zu verzeichnenden Umzüge in eines der direkt angrenzenden Nachbarhäuser, die für die Mobilen das Zurücklegen der kürzesten Umzugsentfernung bedeuteten, verweist indessen deutlich auf eine bewußte Entscheidung der Bewohner, weder den geographischen Raum noch das unmittelbare soziale Wohnumfeld zu verlassen, sondern allenfalls die "eigenen vier Wände" zu wechseln. Klarer noch als in der Rasingstraße kam der offensichtlich bewußte Verbleib vieler Wohnparteien in der direkten Nachbarschaft bei den innerhalb der Wulfhoopstraße vollzogenen wohnräumlichen Veränderungen zum Ausdruck. Die stattliche Anzahl der 196 straßeninternen Umzüge führte auch hier bevorzugt in die engere Nachbarschaft. Nur selten wurde jedoch im Rahmen dieser Wohnungswechsel die gleichsam unsichtbare Grenze zwischen dem alten, in den 1850er Jahren entstandenen Teil und dem neueren, etwa zwei Jahrzehnte später angelegten Straßenabschnitt überschritten. Wer innerhalb der Wulfhoopstraße einen Tapetenwechsel plante, zog entweder in der alten, traditionsreicheren, komplett mit Miethäusern bestückten Straßenhälfte um oder konzentrierte sich bei der Suche auf die überwiegend auch von ihren Besitzern bewohnten Privatgebäude im jüngeren Straßenteil. Ein solches Wohnverhalten deutet zum einen auf die starke Verwurzelung vieler Bewohner mit der vertrauten Umgebung, weitaus mehr aber wohl auf die enge Verbundenheit mit der Nachbarschaft hin, der im proletarischen Milieu eine wesentliche Bedeutung zukam.[44] Zum anderen reflektiert die bei den straßeninternen Umzügen in der Wulfhoopstraße erkennbare Trennung zweier sich offenbar keineswegs beliebig vermengender Einwohnergruppen, daß es langjähriger gemeinsamer Erfahrungen bedurfte, bis aus bloßer Nachbarschaft wichtige Sozialkontakte erwuchsen und eine tatsächliche Bindung entstand.

Gleichzeitig liefern die Umzüge in dem betagteren Teil der Wulfhoopstraße den schlüssigsten Gegenbeweis für die oben erörterte These weit verbreiteter Zahlungsunfähigkeit einkommensschwacher Wohnparteien als eine der ausschlaggebenden Ursachen für straßeninterne Wohnungswechsel. Sämtliche Bauten dieses Straßenteils waren von dem Bauunternehmer J.E. Wulfhoop errichtet worden, die diesem fortan als Kapitalanlage dienten und auf Dauer einen einträglichen Mietzins sicherten. Diese 34 unterschiedlich hoch ausgelasteten Wohnhäuser blieben vom regen Mobilitätsgeschehen keineswegs unberührt. Neuzugänge und endgültige Fortzüge vieler Mieter waren hier im vierzigjährigen Untersuchungszeitraum ebenso zu konstatieren wie eine beträchtliche Anzahl derjenigen Umzüge, die nicht über diesen Straßenabschnitt hinausreichten, sondern in eines der Nachbarhäuser führten. Gingen die Ein-, Aus- und Umzüge - insbesondere in den Häusern Wulfhoopstraße 25, 29 und 31 - mit einem steten Bewohnerwechsel und demzufolge nicht selten mit einer sich überdies wandelnden hausinternen Sozialstruktur einher, so erfuhren die von Anbeginn bestehenden Besitzverhältnisse bis zum Jahre 1914 keinerlei Veränderung. Schuldig gebliebene Mietzahlungen wird ein resoluter Geschäftsmann wie Wulfhoop, der geschickt sein Geld zu sichern wußte, ebensowenig geduldet haben wie andere als Vermieter fungierende Hauseigentümer. Wer als mietsäumiger Bewohner von Wulfhoop des Hauses verwiesen worden war, wird in einem anderen Mietobjekt desselben Straßenteils von diesem schwerlich eine neue Bleibe erhalten haben. Eine aus der Insolvenz resultierende Exmittierung der Mietparteien ist somit als Ursache für straßeninterne Wohnungswechsel im älteren Teil der Wulfhoopstraße auszuschließen. Aber auch in der relativ kleinen und übersichtlichen Rasingstraße - einer Wohnstraße, in der "Jeder jeden kannte" und die Besitzer ihr Haus mehrheitlich zu eigenen Wohnzwecken nutzten - entbehrt ein solches ins Feld geführtes Hauptargument letztlich der Zugkraft, da vollauf unnachvollziehbar bleibt, aus welchen Gründen Mieter, die ihren Zins im Nachbarhaus nicht beglichen hatten, dem Vermieter eines der nächstgelegenen Häuser fortan willkommen gewesen sein sollten.

Das geringe Ausmaß straßengebundener Wohnmobilität in den beiden staatlichen Straßen unterstreicht hingegen, daß das Wohnverhalten dieser Straßenbewohner markant von dem der überwiegend proletarischen Bevölkerung in der Rasing- und Wulfhoopstraße abwich. Wie die hohen Fluktuationsraten in der Gastfeld- und Kornstraße[45] verdeutlichen, herrschte an räumlicher Mobilität durchaus kein Mangel. Geographische Mobilität machte sich hier allerdings vorrangig in Form von (erstmaligen) Zuzügen und (endgültigen) Fortzügen bemerkbar. Die Bewohner kamen und gingen, zogen aber nachweislich in den seltensten Fällen innerhalb der Straße um. Die bessere Ausstattung dieser als "Aushängeschild" der südlichen Vorstadt dienenden Hauptgeschäftsstraßen und deren Neubauten verlangten ihren zur Miete lebenden Bewohnern einen entsprechend hohen Mietzins ab. Wer letzteren zu zahlen imstande war und sich wohnräumlich verändern wollte, zielte vermutlich auf eine Verbesserung der Wohnbedingungen ab, die in den Straßen der südlichen Vorstadt kaum zu erlangen war. Zahlungskräftige Mietparteien behielten ihren Wohnsitz offenbar entweder längerfristig bei - zumal wenn das Wohnen mit der Arbeit verquickt wurde, wie im Falle diverser Gewerbetreibender - oder siedelten, so sie ihren Wohnstandard heben wollten und konnten, in einen anderen Stadtteil um. Fortzüge besaßen folglich sowohl in der Gastfeld- als auch in der Kornstraße weitaus häufiger als in den Arbeiterstraßen einen endgültigen Charakter. Inwieweit dieses auffällige Phänomen indessen als Ausdruck mangelnder oder aber vielmehr stark ausgeprägter Kontinuität anzusehen war, wird im Rahmen der um die Frage der Seßhaftigkeit kreisenden Analysen zu beantworten sein.

Die Ziele der 568 mobilen Bewohner, die samt ihrer Angehörigen und ihres kompletten Hab und Guts zwischen 1875 und 1914 insgesamt 785 Wohnsitzwechsel innerhalb der Gastfeld-, Korn-, Rasing- und Wulfhoopstraße bewältigten, waren mithin - so weit wird geschlußfolgert werden können - keinesfalls beliebig austauschbar. Insbesondere die mehrfach innerhalb einzelner Straßen umziehenden Bewohner untermauern die Annahme, daß diese - ungeachtet der den Umzügen zugrundeliegenden Motive - ganz bewußt den Verbleib in ihrer Straße anstrebten und damit trotz der unter Beweis gestellten, ausgeprägten Mobilität auf eine, wie im folgenden noch eingehend darzulegen sein wird, beachtliche Wohndauer kamen.

Mobilität zwischen den Straßen

Wohnungswechsel innerhalb einzelner Straßen bildeten, wie eingangs skizziert, nur eine Form der zwischen 1875 und 1914 in der südlichen Vorstadt zu verzeichnenden räumlichen Mobilität. Eine kurze Umzugsdistanz und das offenkundig angestrebte Ziel vieler Stadtteilbewohner, trotz einer Veränderung des Wohnsitzes in der Nähe desselben - und damit in der vertrauten Umgebung - zu verbleiben, kennzeichnete jedoch nicht nur straßeninterne Umzüge. Auch im Falle der in eine andere Straße dieses Arbeiterviertels führenden Wohnungswechsel konnte von einer beträchtlichen Entfernung zum alten Wohnort kaum die Rede sein. Bei einem im Rahmen des Umzugs vollzogenen Straßenwechsel änderte sich zwar die Nachbarschaft, nicht aber zwangsläufig das soziale Gefüge oder etwa das gewohnte Milieu. Die Mehrzahl der im 19. Jahrhundert von privaten Bauunternehmern angelegten Straßenzüge der südlichen Vorstadt glich vielmehr sowohl in ihrem äußeren Erscheinungsbild als auch in der Sozialstruktur ihrer Bewohnerschaft weitgehend der Rasing- und Wulfhoopstraße. Abweichende Akzente setzten in diesem Stadtteil allenfalls die wenigen Hauptstraßen, wie die Gastfeld- und Kornstraße, oder das erst spät, zu Beginn des 20. Jahrhunderts, entstandene und vornehmlich von Angestellten und Beamten bewohnte sogenannte "Flüsseviertel" im westlichen Bereich des Bezirks. Sofern die Übersiedelung lediglich den Tausch eines proletarischen Straßenzuges gegen einen der zahlreich existierenden anderen bedeutete, wurde den Mobilen somit keine gravierende Umgewöhnung in ein gänzlich verändertes soziales Umfeld abverlangt. Doch nicht alle Umzüge im Viertel spielten sich ausschließlich zwischen den Arbeiterwohnstraßen ab. Nicht selten galten die staatlichen Hauptstraßen, wie anhand des exemplarisch untersuchten Mobilitätsgeschehens in den vier Straßen deutlich wird, als Ausgangspunkt oder Ziel des Wohnungswechsels.

Gemessen an der erstaunlich hohen Rate straßenintern umziehender Bewohner (568 Wohnverbände analog 12,25 Prozent) schienen die sich im Stadtteil als mobil erweisenden Wohnparteien weitaus geringere Verbreitung zu finden. Insgesamt 333 Haushalte verlegten zwischen 1875 und 1914 ihren ursprünglichen Wohnsitz ein- oder auch mehrmals in eine andere Straße. 306 Wohnverbände, mithin die überragende Mehrheit dieser Mobilen, bewohnten im Laufe ihrer Ansässigkeit zwei der untersuchten Straßen. Immerhin 25 Haushaltsvorstände lebten für mehr oder minder lange Zeit in drei dieser vier Straßenzüge, während zwei

Bewohner im Zuge ihrer Wohnungswechsel sowohl eines der Häuser in der Gastfeld- und Kornstraße bezogen als auch ihren Einzug in die Rasing- und Wulfhoopstraße hielten. Da diese mobilen Personen innerhalb des vierzigjährigen Untersuchungszeitraumes zwei, drei oder gar alle vier ausgewählten Straßen der südlichen Vorstadt bevölkerten, reduzierte sich die Gesamtzahl der tatsächlich unterschiedlichen Wohnparteien auf 4.274 Haushaltungen. Der relative Anteil dieser zwischen den vier Straßen umziehenden Bewohner an der erfaßten Gesamtbevölkerung lag mit 7,79 Prozent demnach erheblich unter der Quote derjenigen Wohnverbände, die innerhalb der einzelnen Straßen die Wohnungen tauschten.

Dennoch läßt dieser Befund keineswegs den generellen Schluß zu, daß sich stadtteilgebundene Wohnmobilität durch die Dominanz straßeninterner Umzüge über die zwischen den Straßen vollzogenen Wohnungswechsel auszeichnete. Das vermeintlich klar zugunsten straßengebundener Wohnsitzveränderungen ausschlagende Ungleichgewicht beider Mobilitätsmuster basiert vielmehr vorrangig auf der primär quellen- und aufwandsbedingt gewählten Methode, vier Straßenzüge der südlichen Vorstadt als zentrale Untersuchungselemente herangezogen und deren Entwicklung und Wandel von 1875 bis 1914 verfolgt zu haben. Sowohl eine personenzentrierte Vorgehensweise als auch eine Totalerfassung des von weit mehr als hundert Straßen durchzogenen Stadtteils hätten mit allergrößter Wahrscheinlichkeit gleichermaßen einen höheren Anteil mobiler Bewohner wie eine stärker ausgeprägte Quartiergebundenheit der innerstädtischen Umzüge zutage treten lassen. Das durchaus bemerkenswerte Aufkommen der allein innerhalb des eng abgezirkelten Gebietes der vier ausgewählten Straßen umziehenden Bewohner, insbesondere jedoch die imposante Zahl der hier zu verortenden Bewegungen verweist, wie noch näher auszuführen sein wird, auf ein enormes Ausmaß der Wohnmobilität im gesamten Stadtviertel.

Die nachfolgenden Untersuchungen konzentrieren sich indes notgedrungen auf die geographische Mobilität zwischen der Gastfeld-, Korn-, Rasing- und Wulfhoopstraße. Die angesichts des verhältnismäßig kleinen Personenkreises zunächst gering anmutende Verbreitung der zwar über die einzelnen Straßen, nicht jedoch über das Viertel hinausweisenden Wohnungswechsel relativiert sich grundlegend unter dem Blickwinkel der in der Tabelle 15 dargestellten Umzugshäufigkeit dieser Mobilen. Obgleich diese Form der Wohnmobilität von relativ wenigen Bewohnern praktiziert zu werden schien, mündeten 713 Wohnsitzveränderungen der als mobil auszumachenden Bewohner in einem Straßenwechsel. Damit lag die Gesamtzahl dieser Umzüge nur knapp unter derjenigen straßengebundener Wohnungswechsel (785 Umzüge).

Anders als im Falle straßeninterner Umzüge, bei denen ein einmaliger Wohnungstausch (405 Personen analog 71,3 Prozent) gewissermaßen die Regel bildete, galten zwei Wohnsitzwechsel als gängigste Umzugshäufigkeit der in eine andere Straße übersiedelnden Bewohner. 163 Wohnparteien (49 Prozent), also annähernd die Hälfte und damit die Mehrzahl dieser Mobilen, bewältigten zwei mit einem Straßentausch einhergehende Umzüge. Nur 105 Bewohner (31,5 Prozent) hingegen kamen aufgrund eines einzigen Wohnungswechsels auf das Mindestmaß erkennbarer Mobilität. Als ausgesprochen mobil behaupteten sich diejenigen Haushaltsverbände, die infolge ihrer zahlreichen Umzüge drei und mehr Wohnungen und dabei stets auch die zuvor bewohnte Straße verließen. Dieser Kreis auffällig mobiler Personen setzte sich immerhin aus 65 Bewohnern (19,5 Prozent) zusammen, die drei- bis zu zehnmal ihren Wohnsitz verlegten.

Tabelle 15: Umzugshäufigkeit zwischen den Straßen (1875-1914)

Umzugshäufigkeit	Mobile	Anzahl der Umzüge
1	105	105
2	163	326
3	19	57
4	28	112
5	8	40
6	3	18
7	3	21
8	3	24
10	1	10
Summe	333	713

Quelle: Bremer Adreßbücher, Jge. 1875-1914; eigene Auswertungen

Doch wie erklären sich so frappierend hohe Umzugszahlen in Anbetracht der Tatsache, daß das Gros der zwischen den Straßen Umziehenden (306 von insgesamt 333 mobilen Mietparteien analog 91,9 Prozent) nur zwei der vier Straßen bewohnten? Da die in drei oder allen vier Straßen vorzufindenden Bewohner (27 Personen) eine verschwindend geringe Minderheit bildeten, läßt sich unschwer ermessen, daß diese - trotz ihrer zwangsläufig vermehrt abgewickelten Umzüge - alleinig zweifelsohne kein solch enormes Mobilitätsaufkommen erzeugt haben konnten.

Eine exakte Eruierung der zeitlichen Abfolge dieser Mobilitätsvorgänge und die Ermittlung der von den Umziehenden in den jeweiligen Straßen verbrachten Zeitspannen bieten wertvolle Einblicke in das aus der räumlich eingeschränkten Perspektive der vier Straßenzüge allenfalls bruchstückhaft zu rekonstruierende Wohnverhalten der Mobilen. Auf dieser Grundlage wird indessen deutlich, daß ein verhältnismäßig geringer Teil der zwischen den vier Straßenzügen bewerkstelligten Wohnungswechsel unmittelbar in die Gastfeld-, Korn-, Rasing- oder Wulfhoopstraße führte. Lediglich 165 der im Zeitraum von 1875 bis 1914 nachvollziehbaren Wohnsitzveränderungen, mithin 23,1 Prozent aller registrierten Umzüge zwischen den Straßen, gingen quasi "lückenlos", also als Direktumzüge, vonstatten. In allen anderen Fällen erfolgten die Wohnungswechsel gleichsam auf Umwegen. Diese offenkundig mit Abstechern verbundenen Umzüge erklärten sich aus einer zwischenzeitlichen Abwesenheit der Mobilen. Eine solch zeitweilige Abwesenheit einzelner Wohnverbände war vorrangig, aber keineswegs ausschließlich, dann festzustellen, wenn die Wahl eines neuen Wohnsitzes zwar auf eine der vier untersuchten Straßen fiel, zwischen dem Auszug der Bewohner - etwa aus der Rasingstraße - und deren Ankunft - beispielsweise in der Wulfhoopstraße - jedoch mehr oder minder lange Zeitspannen klafften. Insgesamt 274 Umzüge (38,4 Prozent) waren auf dieses demnach durchaus verbreitete Phänomen zurückzuführen. Dabei handelte es sich keinesfalls um die in diesem Zusammenhang grundsätzlich außer acht gelassenen, letztmaligen Fortzüge mobiler Mietparteien. In all diesen Fällen trafen die zwischenzeitlich andernorts untergekommenen Bewohner entweder erneut in der bereits vor ihrem Wegzug bewohnten Straße ein oder siedelten in einen anderen der vier hier in Frage stehenden Straßenzüge über. Beträchtliche Fortzüge mit unbekanntem Ziel und (selbstredend in übereinstimmender Anzahl zu konstatierende) abermalige Zuzüge galten folglich als Hauptursache für das überraschend hohe Ausmaß stadtteilgebundener Wohnmobilität.

Wenngleich der Aufenthaltsort der Mobilen während deren ein- oder auch mehrjähriger Abwesenheit annähernd ausnahmslos unbekannt blieb, werden die Umzüge erheblicher Teile dieser sich bereits in zwei, drei oder vier Straßen niedergelassenen Wohnverbände vielfach eine weitere Straße dieses Arbeiterviertels zum Ziel gehabt haben. Die innerhalb des vierzigjährigen Betrachtungszeitraumes lokalisierten 713 Wohnungswechsel spiegeln somit nur die nachweislich stattgefundene Mindestzahl der Umzüge wider. Insbesondere bei langjähriger Abwesenheit der Bewohner bis zu deren neuerlichen Einzug in eine der erfaßten Straßen wird die Umzugshäufigkeit, zumal wenn diese Mieter sich ohnehin durch zahlreiche Wohnungswechsel hervortaten, noch erheblich höher gelegen haben.

Mitunter erfolgte die Rückkehr der ihren Wohnsitz für gewisse Zeit in eine andere der vier Straßen verlagerten Wohnparteien in eine schon ehedem bewohnte und vertraute Straße auch auf direktem Wege. Zumeist lag jedoch eine Kopplung beider vorgenannten Verhaltensmuster vor, die aus naheliegenden Gründen vornehmlich bei den Mobilen mit erhöhter Umzugshäufigkeit auszumachen war. Vorübergehende Abwesenheit, gepaart mit der späteren Rückkkehr in die Gastfeld-, Korn-, Rasing- oder Wulfhoopstraße gipfelte in Einzelfällen der als hochmobil zu bezeichnenden und im folgenden noch näher zu charakterisierenden

Bewohner in einer nahezu permanenten "Pendelei" zwischen den verschiedenen Straßen der südlichen Vorstadt.

Die stattliche Zahl der zwischen den Straßen vollzogenen Umzüge legt die Frage nahe, welche Richtung die Mietparteien einschlugen, nachdem sie eine der Wohnstraßen verlassen hatten. Wie schon bei den straßeninternen Umzügen zu beobachten war, wurde auch durch straßenübergreifende Wohnungswechsel Bewegung in allen vier Straßenzügen ausgelöst. In 395 Fällen fungierten die vier Straßen dieses Arbeiterviertels als Objekte stadtteilgebundener Mobilität. Dabei kam jeder Straße zeitweilig die Rolle des einerseits verlassenen, andererseits angestrebten Wohnortes zu. Die auf diese Weise zustandegekommenen Wohnsitzkombinationen präsentierten auf den ersten Blick ein wirr verknüpftes Netz aller erdenklich vertretenen Straßenpaare. Dennoch herrschte in den einzelnen Straßen durchaus kein gleichförmiges Maß diesbezüglicher Wohnmobilität. Klare Unterschiede zeichneten sich vielmehr sowohl bei den Ausgangsorten als auch bei den Zielen der Wohnungswechsel ab. Vom Aufbruch betroffen war in erster Linie die Rasingstraße. 124 Umzüge führten mit der für die mobilen Wohnverbände sicheren Perspektive, in einer der drei nur unweit gelegenen Straßen eine neue Bleibe beanspruchen und nutzen zu können, aus diesem proletarischen Straßenzug hinaus. Eine nur unwesentlich verminderte Umzugszahl galt dem Ziel zahlreicher Bewohner, die Wulfhoopstraße (110 Wohnsitzwechsel) oder die Gastfeldstraße (107 Umzüge) hinter sich zu lassen, um sich im Viertel wohnlich zu verändern. Eine unverkennbare Ausnahme bildete indes die Kornstraße; denn hier nahmen lediglich 54 Wohnungswechsel mit der beabsichtigten Übersiedelung in eine der benachbarten Straßen ihren Ausgangspunkt.

Doch welche Präferenzen kristallisierten sich bei den Mobilitätszielen heraus? Ungeachtet dessen, daß etlichen Umzügen mindestens ein weiterer Wohnungswechsel mit unbekanntem Ziel vorausgegangen war, stand die Rasingstraße als häufigstes Umzugsziel an erster Stelle. Bei 134 Wohnsitzveränderungen (33,9 Prozent), also einem Drittel aller 395 in die vier betrachteten Straßen führenden, stadtteilinternen Umzüge, war die Wahl der Wohnungssuchenden auf eine in dieser Arbeiterstraße gelegene Unterkunft gefallen. Bereits sehr viel seltener als dieser beim Wohnungswechsel zweifelsohne bevorzugte Straßenzug galt die Gastfeldstraße als das in 104 Fällen auserkorene unmittelbare Wohnumfeld. Immerhin 92mal wurde die Wulfhoopstraße bei einer Übersiedelung der Bewohner angesteuert. Als vergleichsweise rares Phänomen erwies sich jedoch ein Umzug der Südervorstädter in die Kornstraße. Nur 65 Verlegungen des Wohnsitzes (16,5 Prozent) zielten in eine der Wohnungen dieser Hauptgeschäftsstraße.

Vom Umzugsgeschehen in der südlichen Vorstadt blieb demnach kein Straßenzug unberührt. Ob die alte Wohnung aufgegeben und dabei auch die Straße verlassen wurde, oder ob die bereits zur Stadtteilbevölkerung zählenden, aber eine Veränderung ihrer Wohnsituation anstrebenden Haushaltsverbände ihren Einzug in einer neuen Wohnlage hielten - jede der untersuchten Straßen hatte im Laufe der vier Jahrzehnte mehr- oder auch vielfach Bewegungen in beiden Richtungen zu verzeichnen. Allerdings kam den einzelnen Straßen im Rahmen stadtteilgebundener Mobilität, wie schon im Falle straßeninterner Wohnungswechsel deutlich wurde, ganz offensichtlich eine unterschiedliche Bedeutung zu. Dabei markierten die Rasing- und Kornstraße das auffälligste Gegensatzpaar. So trug die Rasingstraße fraglos das Kennzeichen einer in jeder Beziehung außerordentlich stark frequentierten Wohnstraße. Die Kornstraße bildete indes bei allen sich auf das Viertel konzentrierenden Umzügen stets das "Schlußlicht". Weder straßeninternen noch straßenübergreifenden Wohnsitzverlegungen war - zumindest unter quantitativen Gesichtspunkten - in dieser staatlichen Planstraße mit ihrem sehr eigenen sozialen Gepräge eine wesentliche Bedeutung beizumessen. Ein ausgesprochen geringes stadtteilinternes Mobilitätsaufkommen mußte jedoch durchaus kein Ausdruck mangelnder Attraktivität eines solchen Straßenzuges sein. Äußerliche Reize dürften aber für die überwiegend der Arbeiterbevölkerung angehörenden Bewohner dieses Viertels bei einem erforderlichen Wohnungswechsel ebensowenig zur Diskussion gestanden haben wie ein gehobener innerer Komfort der die Wohnstraße zierenden Gebäude. Das Gros der Mobilen hatte bei einer Umorientierung auf dem Mietwohnungsmarkt der südlichen Vorstadt in erster Linie finanzielle Erwägungen in den Vordergrund zu stellen. Zwar hielt auch die Kornstraße, wie nicht zuletzt aus der starken Fluktuation in diesem Straßenzug geschlossen werden kann,[46] verfügbare Mietwohnungen bereit, doch forderte eine solche Gunstlage ihren Preis - ein Preis, der mit den schmalen Einkünften vieler Stadtteilbewohner schwerlich zu begleichen war. So wird die Höhe der Mieten als entscheidende Ursache für die so selten in die Kornstraße führenden Umzüge anzusehen sein, selbst wenn überdies soziale Auswahlkriterien der Hausbesitzer eine nicht zu verkennende Rolle bei der Vermietung ihrer frei gewordenen Wohnungen gespielt haben mochten.

Das Wohnungsangebot der Rasingstraße kam der hohen Nachfrage nach relativ erschwinglichen und möglicherweise zudem rasch beziehbaren Unterkünften allem Anschein nach am nächsten. Da die Wulfhoopstraße trotz eines weitgehend gleichwertigen Mietwohnungsbestandes jedoch sehr viel seltener das Ziel stadtteilinterner Wohnungswechsel bildete, die Gastfeldstraße mit ihrem vergleichsweise kostspieligeren Wohnraumangebot indes sehr wohl einen begehrten Platz bei der erfolgreich in die Tat umgesetzten Wohnungssuche einnahm, mußten für die mit einem Straßenwechsel einhergehenden Umzüge neben diesen gleichwohl relevanten finanziellen Aspekten noch andere Gesichtspunkte eine gewichtige Rolle gespielt haben.

Eine Betrachtung der verschiedenen Wohnsitzkombinationen mag nähere Aufschlüsse über die den Umzügen zugrundeliegenden Beweggründe der Mobilen geben. Alle im Zusammenspiel der vier Straßen potentiell existierenden zwölf Verknüpfungen waren auch durch die in jedweder Richtung zu verzeichnenden Umzüge vertreten. Ein Großteil der im Viertel vollzogenen Wohnungswechsel verlief zwischen der Rasing- und der Gastfeldstraße. Immerhin 117 der 395 zwischen den Straßen abgewickelten Umzüge (29,6 Prozent) entfielen auf dieses Straßenpaar. Dabei hielten sich die in 59 Fällen zu registrierenden Übersiedelungen von der Rasing- in die unmittelbar angrenzende Gastfeldstraße und die in umgekehrter Richtung zu verortenden 58 Umzüge in etwa die Waage. Eine auffällig kurze Umzugsdistanz war zweifellos sowohl den erstgenannten als auch den entgegengesetzt realisierten Wohnsitzverlegungen gemeinsam. Aber auch zwischen den beiden Arbeiterwohnstraßen fand ein reger Bewohneraustausch statt. In exakter Übereinstimmung mit den von der Gastfeldstraße ausgehenden Umzügen führten ebenfalls von der Wulfhoopstraße 58 Wohnungswechsel in die Rasingstraße, während die Wulfhoopstraße von ehemaligen Bewohnern der Rasingstraße bei 52 Umzügen angesteuert wurde. Alle anderen Wohnsitzkombinationen basierten demgegenüber auf erheblich geringeren Umzugszahlen. An den wenigen in die Kornstraße zielenden Übersiedelungen waren lediglich zuvor in der Gastfeldstraße lebende Bewohner mehrfach beteiligt (29 Umzüge). In den seltensten Fällen jedoch fanden Wohnungswechsel von der Rasing- in die Kornstraße (13 Umzüge) statt.

Die vorgefundenen Ausgangsorte und Ziele stadtteilinterner Wohnungswechsel sowie die hieraus resultierenden Wohnsitzkombinationen der zwischen den Straßen umziehenden Bewohner liefern keine eindeutigen Hinweise auf Ursachen, Motive und Bedeutung dieser Form der Wohnmobilität. Eine (wechselseitig quellen- und methodenbedingt) eher schmale Datenbasis diesbezüglich nachweisbarer Mobilitätsvorgänge und die relativ breite Streuung der von den Mobilen in allen erdenklichen Konstellationen innegehabten Wohnsitze lassen mithin keine generellen Schlüsse zu. Überdies wird eine Analyse dieses Wohnverhaltens durch die zahlreich als "weißer Fleck" in Erscheinung tretenden, mehrheitlich unbekannt gebliebenen Aufenthaltsorte der zwischenzeitlich fortgezogenen Bewohner merklich erschwert. Sowohl die gehäuft auftretenden als auch die nur vereinzelt auszumachenden Wohnsitzkombinationen stützen indes die sich bereits im Rahmen straßeninterner Umzüge abzeichnende Tendenz, daß Wohnungswechsel zwischen den Straßen keineswegs wahllos erfolgten. Zu knapp bemessene Einkünfte der überwiegend die proletarischen Wohnstraßen bevölkernden Angehörigen städtischer Unterschichten verhinderten in aller Regel deren Übersiedelung in eine bessere und angesehenere Wohnlage, wie sie etwa die Kornstraße darstellte, und sorgten gleichzeitig dafür, daß die ökonomisch und sozial besser abgesicherten Einwohner einer solchen Straße weitgehend unter sich blieben. Am Beispiel der aufällig selten, vornehmlich aber von der artverwandten Gastfeldstraße in die Kornstraße führenden stadtteilgebundenen Umzüge wird deutlich, daß sich deren Bewohnerschaft in erster Linie aus ihren eigenen Reihen rekrutierte. Dies galt, wenngleich unter entgegengesetzten Vorzeichen, auch für die Arbeiterwohnstraßen, wie die zahlreich zwischen der Rasing- und Wulfhoopstraße zu lokalisierenden Wohnungswechsel belegen. So findet das von Stephan Bleek präzise auf den Punkt gebrachte Fazit - "*Soziale Segregation stellt sich über Mobilitätsvorgänge her*"[47] - in der südlichen Vorstadt Bremens offensichtlich seine Bestätigung.

Doch es existierten, wie das Umzugsverhalten einer Reihe der sich in diesem Stadtteil umorientierenden Bewohner erkennen läßt, sehr wohl auch Versuche, die Barrieren sozialer Trennung zu durchbrechen. Von Erfolg gekrönt schienen all jene Umzüge, die es den Bewohnern der Rasing- oder Wulfhoopstraße ermöglichten, den bescheidenen Behausungen dieser durch ihre elenden Wohnverhältnisse im Bremer Stadtgebiet zu zweifelhaftem Ruhm gelangten Straßenzüge[48] den Rücken zu kehren, um zwar unweit entfernt, aber gleichermaßen in einem veränderten sozialen Gefüge wie unter günstigeren Wohnbedingungen Fuß zu fassen. Insgesamt 124 entweder direkt oder auf Umwegen vollzogene Wohnungswechsel zeugten von dem mutmaßlich angetriebenen Bestreben ehemaliger Bewohner der beiden Arbeiterstraßen, in einer der staatlich geplanten Hauptstraßen eine Verbesserung ihrer Wohnsituation zu erzielen. Wird im gegenteiligen Falle der von den Hauptgeschäftsstraßen in Richtung der proletarischen Wohnstraßen verlaufenden 116 Umzüge kaum ein geplantes Wunschziel unterstellt werden können, so gingen diese Wohnungswechsel zwar mit einer Verschlechterung der Wohnverhältnisse einher, mußten aber keineswegs in jedem Falle den naheliegenden sozialen Abstieg ehedem besser situierter Bewohner der Gastfeld- oder Kornstraße bedeuten.

Wie schon die hohe Anzahl der innerhalb dieses Stadtteils vorgenommenen Wohnsitzverlegungen signalisiert und schließlich die ermittelte Umzugshäufigkeit der mobilen Wohnparteien unter Beweis stellt, beschränkten sich nur 105 Bewohner, also knapp ein Drittel aller 333 zwischen den Straßen Umziehenden (31,5 Prozent), auf einen einmaligen Wohnungswechsel. Zwei oder mehrfach bewältigte Wohnsitzveränderungen führten jedoch, wie oben erläutert, durchaus nicht bei jedem Wechsel in einen neuen Straßenzug. Mit zunehmender Umzugshäufigkeit der Mobilen mehrte sich die spätere Rückkehr in eine bereits früher bewohnte Straße, so daß diese Erscheinungsform stadtteilinterner Mobilität als charakteristisches Wohnverhalten hochmobiler Wohnverbände angesehen werden kann. Eine einmal eingeschlagene Richtung und die mit dem Umzug in eine andere Straße scheinbar erfolgreich in die Tat umgesetzte Absicht, beispielsweise den gleichermaßen beengten wie ungesunden Wohnverhältnissen in der Rasingstraße zu entrinnen, um etwa in der Gastfeldstraße günstigere Bedingungen vorzufinden, erwies sich vielfach als kurzes Intermezzo, dem kein dauerhafter Bestand vergönnt war. Insbesondere die ohnedies am häufigsten von der proletarischen Rasingstraße ausgehenden Wohnungswechsel im Viertel (124 Umzüge) führten die Mobilen über kurz oder lang in diesen Straßenzug zurück. Keine andere der vier untersuchten Straßen hatte einen solch starken Rücklauf ihrer zwischenzeitlich in eine benachbarte Straße umgezogenen Bewohner aufzuweisen wie diese Arbeiterstraße. Gut ein Viertel (26,6 Prozent) aller von den aufbrechenden Mietparteien sicherlich mit der Hoffnung auf verbesserte Wohnbedingungen verknüpften Umzüge stellten sich lediglich als Zwischenstation auf dem oft nur wenig später erneut aufgenommenen Weg durch die südliche Vorstadt heraus, der die ehemaligen Bewohner der Rasingstraße in die "alten" Verhältnisse zurückwarf. Wohnsitzwechsel, die von einer Arbeiterwohnstraße in die vergleichsweise gut ausgestatteten Hauptstraßen zielten, boten mithin durchaus nicht zwangsläufig die Gewähr für eine nachhaltige Verbesserung der Wohnsituation. Die erstaunlich häufig zu verzeichnenden Umzüge von der Gastfeld- in die Rasingstraße gingen demnach zu erheblichen Teilen auf die vielfach gescheiterten Versuche derjenigen Wohnverbände zurück, deren Wohnungswechsel mit dem ursprünglich verfolgten Ziel, die Rasingstraße endgültig zu verlassen, zuvor in umgekehrter Richtung verlaufen waren.

Die bloße Betrachtung der bei stadtteilinternen Umzügen eingeschlagenen Richtungen birgt offenkundig die Gefahr eklatanter Fehlinterpretationen, da die Ausgangsorte und Ziele sowie die hieraus erwachsenen Wohnsitzkombinationen der Mobilen insofern einen begrenzten Informationsgehalt besitzen, als sich aus dieser rein räumlichen Perspektive allenfalls das quantitative Mobilitätsaufkommen in bzw. zwischen den einzelnen Straßen ermitteln läßt. Eine Einschätzung dessen, welche Bedeutung den jeweilig vollzogenen Bewegungen zukam, ist jedoch, wie am Beispiel der nach einem Umzug häufig den Rückweg antretenden Bewohner aufgezeigt werden konnte, nur möglich, indem die Subjekte des Mobilitätsgeschehens, also die innerhalb des Viertels agierenden, mobilen Personen, in den Mittelpunkt der Analyse gerückt werden. So liegt bei allen über die Straßen hinausweisenden Umzügen die Frage nahe, ob eingetretene Veränderungen in der Lebenssituation der mobilen Bewohner den Auslöser für solch räumliche Wechsel bildeten.

Arbeitsplatzwechsel, die als Ursache straßeninterner Umzüge wenig plausibel erschienen, mochten mitunter durchaus den Anlaß für die erfolgten Übersiedelungen in eine andere Straße der südlichen Vorstadt geboten haben, sind allerdings anhand der auf die Berufsangaben beschränkten Adreßbucheintragungen nur in Ausnahmefällen nachvollziehbar. Ein stattgefundener Berufswechsel der Bewohner schlug sich hingegen in diesen Verzeichnissen ebenso nieder wie eine gegenüber dem Vorjahr abweichende Wohnadresse. Überaus selten jedoch gingen den Umzügen zwischen den Straßen berufliche Veränderungen dieser Art voraus. Nur 13 Haushaltsvorstände, ein mit 3,9 Prozent äußerst geringer Teil all dieser mobilen Wohnverbände, zogen in einen anderen Straßenzug, nachdem sich ihre Erwerbslage infolge beruflicher Veränderungen entweder verbessert oder, wie dies häufiger zu konstatieren war, merklich verschlechtert hatte.

Eine grundlegende Verbesserung der Einkommensverhältnisse war lediglich bei einem dieser sich gleichermaßen sozial wie räumlich als mobil erweisenden Bewohner erkennbar. Der berufliche Werdegang vom Tischler zum Kistenfabrikanten ebnete diesem ehemaligen Handwerker den Weg, das Mietverhältnis in der Wulfhoopstraße aufzukündigen, um sich in der Meyerstraße, einer zu den älteren Straßenzügen dieses Viertels zählenden Wohnstraße, häuslich einzurichten und im Jahre 1909 in der Gastfeldstraße mit der Inbetriebnahme seiner Fabrik gewerblich niederzulassen. Eine deutliche Aufstiegstendenz war auch einem sich im Jahre 1876 noch als Lohndiener verdingenden und in der Rasingstraße zur Miete lebenden Bewohner zu bescheinigen, der nach nur einjähriger Wohndauer dieser Arbeiterstraße den Rücken zuwandte und im Folgejahr, nunmehr als selbständiger Dienstleister, die Gastfeldstraße mit der Eröffnung einer Bierhalle bereicherte. Der Gründung seiner selbständigen Existenz war indes kein Erfolg beschieden; denn schon im Jahre 1878 hatte dieser Bewirtungsbetrieb seine Türen endgültig geschlossen und der Lokalbesitzer auch diese Straße verlassen. Die berufliche Karriere währte demzufolge ebenso kurz wie die damit verbundene Hebung des Wohnstandards. Zum Scheitern verurteilt schien auch der 1907 von einem zunächst in der Gastfeldstraße wohnenden Handlungsgehilfen unternommene Versuch, nach zweijähriger Abwesenheit mit der Ansiedlung einer Woll- und Kurzwarenhandlung in der Kornstraße "auf eigenen Beinen" zu stehen. Bereits 1908 hielt in diesen Verkaufsräumen eine Filiale der Konsumgenossenschaft "Vorwärts" ihren Einzug, nachdem der sich offenbar übernommene Handlungsgehilfe abermals mit unbekanntem Ziel fortgezogen war. Im Falle zweier in ihrem Beruf verbliebenen, sich aber vom Gesellen zum Meister qualifizierten Bewohner der Rasingstraße ließ der erworbene Titel, zumal es sich um die wenig lukrativen Textilgewerbe eines Schuhmachers und eines Schneiders handelte, zwar keinen übermäßigen Wohlstand erwarten, verhalf diesen jedoch immerhin zu einem dauerhaften Abgang aus der Rasingstraße. Mobilität prägte allerdings auch weiterhin das Leben dieser beiden Handwerksmeister; denn ihr nach mehrjähriger Abwesenheit folgender Umzug in die Wulfhoop- bzw. Gastfeldstraße bildete keinesfalls den Auftakt für eine langjährige Seßhaftigkeit, sondern lediglich eine weitere Etappe auf ihrem nach ein- bzw. sechsjähriger Wohndauer erneut angetretenen Weg, der sich vermutlich auf den geographischen Raum der südlichen Vorstadt beschränkte.

Sowohl Berufswechsel, die eine Verbesserung der Einkommenslage versprachen oder gar einen zweifelsohne stattgefundenen sozialen Aufstieg einleiteten, als auch die Erlangung einer höheren Qualifikation galten insbesondere den Bewohnern der Arbeiterstraßen als hinlänglicher Anlaß, die sich darbietende Chance zu nutzen, mit einem aus diesen Straßen hinausführenden Wohnungswechsel gleichzeitig ihre Wohnsituation zu verbessern. Selbst die wenigen, oben geschilderten Beispiele zeugen von dem vordringlichen Bestreben dieser Wohnverbände, auch ohne die Gewißheit, ob die vorgenommene berufliche Veränderung von Bestand sein würde, unverzüglich in eine vorteilhaftere Wohnlage überzusiedeln. Da die Unsicherheit des Arbeitsplatzes und weitgehend fehlende soziale Absicherungen gerade proletarischen Bevölkerungsteilen kaum eine Möglichkeit ließen, längerfristige Zukunftsplanungen anzustellen, wurde ganz offensichtlich jede Gelegenheit beim Schopfe gepackt, die eine Hebung des Lebensstandards in Aussicht stellte.

Berufswechsel bildeten jedoch nicht nur ein geeignetes Vehikel oder eher die entscheidende Voraussetzung für eine Verbesserung der Wohnbedingungen, sondern erwiesen sich oft auch als Wegbereiter einer gegenteiligen Entwicklung. Ein Abrutschen auf der sozialen Leiter ließ die Wahrung des zuvor genossenen Lebensstandards nur selten zu und hatte in aller Regel eine rasche Veränderung in der Wohnsituation zur Folge, die den verminderten Einkünften oder der einsetzenden Verarmung Rechnung trugen. Von diesem Los waren in erster Linie Handwerksgesellen mit unterschiedlichster Branchenzugehörigkeit betroffen. In sechs Fällen gaben die sich als Bäcker, Schlachter, Maler, Schuhmacher oder Tischler betätigenden Gesellen ihre handwerklichen Tätigkeiten auf, um fortan ihren Lebensunterhalt als Arbeiter zu bestreiten. Der Berufswechsel zog offenbar ein geringeres Einkommen nach sich, das die Beibehaltung des alten Wohnsitzes verhinderte. Alle sechs in der Gastfeld-, Korn- oder Wulfhoopstraße lebenden Bewohner siedelten in die proletarische Rasingstraße über. Schmalere Bezüge und hieraus erwachsende finanzielle Nöte trafen aber nicht nur jene Erwerbstätigen, die ihren früheren Beruf gegen eine völlig anders geartete und schlechter entlohnte Tätigkeit tauschten. Auch Arbeitslosigkeit - ob diese nun als Folgeerscheinung einer Krise, als Resultat einer aktiven Streikteilnahme oder durch Krankheit zum Tragen kam - machte sich gerade in Arbeiterbezirken regelmäßig breit. Ein Verlust des Arbeitsplatzes fand in den Adreßbüchern gewöhnlich keinen Niederschlag, wohl aber die Aufgabe eines zuvor betriebenen Gewerbes. Solch veränderte Existenzbedingungen waren mit großer Wahrscheinlichkeit für eine kurzfristige Verlegung des Wohnsitzes einer in der Gastfeldstraße ansässigen Altwarenhändlerin verantwortlich. Im Jahre 1896 war diese verwitwete Trödlerin in der Gastfeldstraße eingetroffen, um sich in einem der älteren Häuser einzumieten und dort auch ihr Geschäft zu eröffnen, das sie immerhin über einen Zeitraum von acht Jahren führte. Die Schließung des Ladens diente nicht etwa der Hinwendung zu einem neuen Betätigungsfeld, sondern leitete vielmehr die bei den in der südlichen Vorstadt lebenden Witwen stark verbreitete Erwerbslosigkeit ein. Unmittelbar nach Einsetzen des Erwerbslosenstatus zog die ehemalige Trödlerin in die Rasingstraße, die indes nur für zwei Jahre deren Wohnsitz kennzeichnete, bevor die Witwe einen neuerlichen Wohnungswechsel vornahm.

Eine Koinzidenz sozialer und geographischer Mobilität war nur in wenigen Fällen festzustellen. Die Mehrzahl der sich innerhalb des Viertels räumlich verändernden Bewohner behielt ihren Beruf offenkundig bei oder blieb erwerbslos - ungeachtet dessen, wie häufig der Wohnsitz und dabei auch die Straße gewechselt wurde. Berufswechsel schienen somit bei stadtteilinternen Umzügen keine tragende Rolle zu spielen. Wird davon ausgegangen werden können, daß die vertikale ebenso wie die horizontale Mobilität weitaus stärker verbreitet war, als die geringe Zahl diesbezüglich nachweisbarer Fälle den Anschein erweckt, so zeichnen sich doch selbst an diesen wenigen Beispielen klare Tendenzen ab, welche Auswirkungen ein beruflicher Auf- oder Abstieg auf das Wohnverhalten zu nehmen pflegte. So deuten die mit finanziellen Einbußen einhergehenden Berufswechsel darauf hin, daß das Wohnen in der Gastfeld- oder Kornstraße zumindest relativ stabile Einkommensverhältnisse voraussetzte. Eine merkliche Verknappung der Einkünfte ließ den betroffenen Bewohnern nur die Wahl, am Kostenfaktor Wohnen zu sparen und in eine billigere, aber auch ungünstigere Wohnlage auszuweichen. Die proletarische Rasingstraße hielt zwar weniger kostspielige Mietwohnungen bereit, bot jedoch alle damit in Kauf zu nehmenden Nachteile eines niedrigen Wohnstandards. Das Bestreben der in diesen kleinen Wohnungen ein Unterkommen gefundenen Mietparteien, diese Arbeiterstraße unverzüglich zu verlassen, sowie eine verbesserte Einkommenslage dies zuließ, spricht zweifelsohne für die Unzulänglichkeit der dort herrschenden Wohnbedingungen.

Eingetretene Veränderungen in den finanziellen Verhältnissen der Bewohner dürften - ob diese nun eine Verbesserung oder Verschlechterung bedeuteten - sehr viel häufiger für die im Stadtteil registrierten Umzüge verantwortlich gewesen sein, als am Beispiel der Berufswechsler zu belegen war. Bestehende Erwerbs- oder Besitzverhältnisse konnten aber nicht nur durch stattgefundene Berufswechsel einen entscheidenden Wandel erfahren. Auch der Kauf oder Verlust eines Hauses rief einschneidende Veränderungen hervor, die überdies zumeist mit einem Wohnungswechsel verbunden waren. In dreizehn Fällen hatten Bewohner der Rasing-, Wulfhoop-, Gastfeld- oder Kornstraße mit der Übersiedelung in eine andere dieser vier Straßen nicht nur den Wohnsitz, sondern gleichzeitig auch ihren Rechtsstatus verändert. Der damit mehrheitlich erfolgte Wechsel vom Wohnungsmieter zum Hausbesitzer (11 Bewohner) verweist auf die längerfristig ausgerichteten Zukunftsplanungen dieser Wohnverbände, mit dem Immobilienerwerb den ersten und grundlegenden Schritt auf dem Wege zu einer dauerhaften Ansiedlung in der südlichen Vorstadt zu vollziehen. Im Gegensatz zu den vielfach gescheiterten Versuchen etlicher Bewohner, mit einer beruflichen Neuorientierung und dem anschließenden Umzug in eine andere Wohnstraße eine beständige Verbesserung ihrer Lebenssituation zu erwirken, waren die Bemühungen der unter Einsatz hoher Investitionen in die Reihen der Hausbesitzer gelangten ehemaligen Mieter in den meisten Fällen sehr wohl von Erfolg gekrönt. Für neun dieser dreizehn sich sämtlich in ihrem eigenen Hause niedergelassenen Bewohner setzte mit dem Immobilienerwerb eine langjährige, von elf bis zu 25 Jahren währende, in sieben Fällen gar über das Stichjahr 1914 hinausreichende Seßhaftigkeit in diesem Arbeiterviertel ein.

Mobilität und Seßhaftigkeit mußten allerdings keinesfalls einen Antagonismus bilden, wie das Beispiel eines sowohl räumlich als auch beruflich mobilen Bewohners veranschaulichen mag. Bereits 1874 bezog dieser verheiratete Arbeitsmann und Vater zweier Kinder eines der im älteren Abschnitt der Wulfhoopstraße gelegenen Mietshäuser. Immerhin acht Jahre verbrachte die Arbeiterfamilie mit zwei und zeitweilig auch drei anderen Mietparteien in diesem Hause, in dem auch das dritte und vierte Kind geboren wurden. Obgleich weder gravierende Einschnitte in der beruflichen oder familiären Situation noch Veränderungen in den Wohn- und Besitzverhältnissen auszumachen waren, kündigte der Arbeitsmann den mit Wulfhoop geschlossenen Mietvertrag und siedelte im Jahre 1883 in die Rasingstraße über. Die Aussicht auf eine umfangreichere Wohnfläche als in der zuvor angemieteten Etagenwohnung und vielfältigere Nutzungsmöglichkeiten des neuen Mietobjektes mochten einen hinreichenden Anreiz für den Wohnungs- und Straßenwechsel geboten haben. Die Vorteile des Umzuges in die Rasingstraße lagen klar auf der Hand; denn hier wurde dem mittlerweile sechsköpfigen Arbeiterhaushalt das von der Handelsgesellschaft Barth & Co. als Kapitalanlage gehaltene, im Souterrain und Parterre ausgebaute Haus samt kleinem Hinterhof komplett zur alleinigen Nutzung überlassen. Mit Ausnahme des im Jahre 1885 erneut erfolgten Familienzuwachses traten im Leben der sich offenbar auf längere Sicht in diesem Hause eingerichteten Familie keine erkennbaren Veränderungen ein, bis das Haus im Juli des Jahres 1889 den Besitzer wechselte. Das zum Kaufpreis von 3.500 Mark veräußerte Reihenhaus kennzeichnete nunmehr das Eigentum eines in der Lehnstedterstraße, also unweit von der Rasingstraße entfernt lebenden Zimmermanns, der den Haus- und Grundbesitz in voller Höhe fremdfinanziert hatte.[49] Sollten sich die hohen handfestarischen Belastungen des frisch erworbenen Kapitalanlageobjektes minimieren, so lag entweder eine drastische Mieterhöhung oder die Aufnahme einer weiteren Mietpartei nahe. Der als neuer Vermieter fungierende Zimmermann entschied sich für die insofern unproblematische Teilung des verfügbaren Wohnraumes, als ohnehin beide Wohnetagen dieses Einfamilienhauses mit einer Küche ausgestattet waren. Für die siebenköpfige Arbeiterfamilie nahmen die Vorzüge des nunmehr sechs Jahre währenden alleinigen Wohnens somit ein Ende. Der sich nach wie vor als Arbeitsmann betätigende Haushaltsvorstand wartete die weitere Entwicklung einer womöglich zusätzlich steigenden Miete in dem merklich beschnittenen Wohnraum nicht ab, sondern orientierte sich seinerseits unverzüglich auf dem Immobilienmarkt der südlichen Vorstadt. Bereits nach fünf Monaten war die Suche nach einem neuen Wohnobjekt erfolgreich beendet und der Kaufkontrakt für ein in unmittelbarer Nähe gelegenes Einfamilienhaus desselben Typs im Dezember 1889 mit der Handelsgesellschaft Knüpling rechtskräftig abgeschlossen. Das ebenfalls in der Rasingstraße gelegene Reihenhaus ging für 4.200 Mark nicht nur als formal-juristisches, sondern als tatsächliches Eigentum in den Besitz des Arbeiters über, da dieser imstande war, den Kaufpreis ohne Beanspruchung eines Immobiliarkredits zu begleichen.[50] Eine solch stattliche Summe konnte ein Arbeiter, der zudem Frau und fünf Kinder zu ernähren hatte, schwerlich erspart haben, so daß die prompte Begleichung des Kaufpreises auf eine vorausgegangene Erbschaft oder anderweitig erhaltene Gelder schließen läßt. Bis der Kauf des Hauses rechtswirksam wurde, überbrückte die Arbeiterfamilie die verbleibenden Monate in dem Mietshaus, das sie fortan mit dem Haushalt einer erwerbslosen Ehefrau teilten.

Im April des Folgejahres 1890 bezog die Familie des nunmehr als Weinarbeiter tätigen Immobilienbesitzers die eigenen vier Wände ihres in nächster Nähe gelegenen Hauses. Abgesehen von den veränderten Rechts- und Besitzverhältnissen dürften die Wohnbedingungen keinen grundlegenden Wandel erfahren haben, da das eigene dem früher zur Miete bewohnten Haus sowohl in der Größe als auch in der Aufteilung weitestgehend glich. Allerdings diente der Hausbesitz nur für kurze Zeit ausschließlich den eigenen Wohnzwecken. Schon im Jahre 1892 hatte der Weinarbeiter, der diesen Beruf auch weiterhin ausübte, in seinem Hause ein Detailgeschäft eingerichtet, das bis zum Jahre 1907 vermutlich von seiner Ehefrau betrieben wurde und für eine Erhöhung der familiären Einkünfte sorgte. Der Arbeiter und Kleinhändler mußte indes schon früher zu relativem Wohlstand gelangt sein; denn im Jahre 1896 hatte er seinen Immobilienbesitz um zwei ebenfalls in der Rasingstraße befindliche Anlageobjekte erweitert. Beide Zweifamilienhäuser, die er jeweils für 8.000 Mark erstanden und mit 7.000 Mark belastet hatte,[51] trugen ihm künftig durchaus nennenswerte Mieteinnahmen ein. Bis über das Jahr 1914 hinaus vermochte der mit seinen Angehörigen alleinig in seinem Hause lebende Weinarbeiter seinen Besitz zu wahren und kam trotz zweier Umzüge auf eine außerordentlich lange Wohndauer, die in der Rasingstraße 31 Jahre und im Viertel gar 41 Jahre währte. Der 1917 verstorbene Weinarbeiter zählte damit zu den seßhaftesten Bewohnern der vier untersuchten Straßen.

Wird dieser infolge seiner zweimalig bewältigten Umzüge zwar bewegliche, aber kaum hochmobile Arbeiter nicht zuletzt aufgrund seiner finanziellen Lage als eher atypischer Vertreter der sich innerhalb der südlichen Vorstadt räumlich verändernden Bewohner bezeichnet werden können, so verweist dieses Beispiel doch auf zwei wesentliche Ursachen stadtteilinterner Wohnmobilität. Die Suche nach einer geeigneten, besseren Unterkunft bewog sicher nicht nur diesen Arbeiter zu einem Umzug, sondern wird häufig das Leitmotiv der Bewohner für die vollzogenen Wohnsitzveränderungen in diesem Viertel gebildet haben. Allerdings stand dieses Beispiel nicht nur Pate für ein aktives, zielgerichtetes und insbesondere aus eigenem Antrieb erfolgtes Handeln, sondern zeugte gleichermaßen davon, daß Wohnungswechsel aus der Not geborene Reaktionen auf äußere Eingriffe in die bestehenden Wohnverhältnisse sein konnten. Besitzwechsel der zur Miete bewohnten Häuser sind in diesem Kontext geradezu als Paradebeispiel für eine verstärkte Fluktuation, mithin als Auslöser einer vielfach unfreiwilligen Wohnmobilität, zu nennen.[52] Nur die wenigsten Mieter waren indes imstande, ihre Wohnsituation so positiv zu wenden, wie der oben geschilderte Ausnahmefall des

Weinarbeiters dies mit dem rasch abgewickelten Kauf eines zudem vollständig mit eigenen Mitteln finanzierten Hauses vermochte. Gewöhnlich war die im Stadtteil zu verzeichnende räumliche Mobilität gleichbedeutend mit dem Tausch einer gegen die andere Mietwohnung.

Aber selbst eine lange Aufrechterhaltung des zum Eigenbedarf genutzten Haus- und Grundbesitzes setzte der Wohnmobilität nicht immer ein endgültiges Ende. So veräußerte der vor dem Kauf eines in der Wulfhoopstraße gelegenen Hauses am Buntentorsteinweg lebende Zimmermann seinen 1890 erstandenen Immobilienbesitz im Jahre 1908 an einen Fensterputzer.[53] Über den langen Zeitraum von achtzehn Jahren hatte das einstöckige, im Souterrain und Parterre mit Wohnräumen ausgestattete Haus nicht nur ihm, sondern stets auch mehreren Mietparteien als Wohnsitz gedient. Der gewinnbringende Verkauf des Hauses hätte den Bauhandwerker, dessen Beweggründe für die Aufgabe des Immobilienbesitzes unnachvollziehbar blieben, sehr wohl in die Lage versetzt, ein vergleichbares Einfamilienhaus in einer anderen Arbeiterwohnstraße zu erstehen. Doch der Zimmermann bevorzugte die Wiederaufnahme des Mieterdaseins, die in diesem Falle eine erhöhte Wohnmobilität nach sich zog; denn der ehemalige Hausbesitzer und Vermieter wechselte künftig in zweijährigem Rhythmus seine jeweils in anderen Straßen befindlichen Unterkünfte, zu denen in den Jahren 1911 und 1912 eine Wohnung in der Kornstraße zählte.

Im Gegensatz zu diesem unergründlichen Wohnverhalten lagen die Motive für zwei von einer erwerbslosen Bewohnerin vollzogene Wohnungswechsel in der südlichen Vorstadt dank der überlieferten Vorgeschichte weitgehend offen. Die geplante Familiengründung hatte für einen sich als Schlachter betätigenden angehenden Ehemann den entscheidenden Ausschlag gegeben, im Jahre 1877 eines der zweistöckigen Reihenhäuser in der Rasingstraße zu ersteigern. Das weit unter dem amtlichen Taxwert von 15.500 Mark zum Höchstgebot von 3.900 Mark erstandene, aber mit 6.600 Mark außerordentlich hoch belastete Haus schien gewissermaßen wie für den Schlachter gemacht.[54] Zum einen bot das Wohngebäude genügend Platz, um künftig sowohl eigenen Wohnzwecken zu dienen als auch die Aufnahme von Mietern zu gewährleisten. Zum anderen ermöglichte ein geräumiger, massiver Hausanbau die erforderliche Ausübung des Nahrungsmittelgewerbes, während ein im Parterre gelegener Laden den Direktverkauf der Schlachtereierzeugnisse erleichterte. Nachdem im Oktober 1879 die Ehe geschlossen worden war, bezog das frisch getraute Ehepaar ihr günstig erworbenes Haus, das fortan allen Anforderungen gerecht zu werden schien. Eine außerhäusliche Erwerbstätigkeit stand für die vermutlich den Verkaufsladen führende Ehefrau außer Frage, zumal im Laufe der folgenden Jahre vier Kinder aus der Ehe hervorgingen. Beruflicher Erfolg, Eheglück und Haussegen währten aber nicht auf Dauer. Schon im Jahre 1882 geriet der hoch verschuldete Schlachter bei der als Hauptgläubigerin fungierenden Sparkasse in Zinsverzug, konnte jedoch eine

Zwangsversteigerung seines Hauses verhindern. Eine zahlreiche Mieterschaft vermochte seine finanziellen Verhältnisse allerdings ebensowenig aufzubessern wie der im Jahre 1885 erfolgte Berufswechsel. Der vom Schlachter zum Handlungsreisenden umgesattelte Hausbesitzer konnte mit den Bezügen aus seiner neuen Erwerbsquelle eine fristgerechte Zahlung der aus dem Immobiliarkredit erwachsenden Zinsen nicht sicherstellen. Neuerliche Zinssäumigkeiten bescherten ihm in den Jahren 1886 und 1887 drei vom Gerichtsvollzieher durchgeführte Pfändungen. Dennoch hatte die mehrköpfige Familie Glück im Unglück, da ihr das Haus in der Rasingstraße auch weiterhin erhalten blieb. Die finanzielle Misere überschattete indes zusehends die eheliche Beziehung. Immer häufiger eskalierten die heftig geführten Auseinandersetzungen in körperlicher Gewalt. Die zum Aggressionsobjekt degradierte, ökonomisch abhängige Ehefrau schritt aber erst zur Tat, als der mittlerweile den Lebensunterhalt als Agent bestreitende Gatte eine außereheliche Beziehung mit der Haushälterin einging. Ein "Leben zu dritt" überschritt für diese denn doch bei weitem das Maß des Erträglichen. Die Ehefrau verließ das gemeinsame Haus und reichte die Scheidung ein. Das Gericht befand den Ehemann der wiederholten Mißhandlungen seiner Frau sowie des Ehebruchs mit der Haushälterin, die seit 1892 mit ihm in "wilder Ehe" lebte und von diesem ein Kind erwartete, für schuldig. Im Oktober des Jahres 1892 wurde die Ehe für geschieden erklärt.[55] Die erwerbslose, geschiedene Ehefrau fand in der Kornstraße ein zwischenzeitliches Unterkommen. Ein Jahr später kehrte diese, nunmehr als Hausbesitzerin, in die Rasingstraße zurück; denn das früher gemeinsam bewohnte Haus war im April des Jahres 1893 zu einem Kaufpreis von 7.400 Mark in ihren Besitz übergegangen. Die Aufnahme mehrerer, allerdings jährlich wechselnder Mietparteien verhalf ihr zu einer immerhin elfjährigen Aufrechterhaltung ihres mit 9.000 Mark hoch belasteten Immobilienbesitzes, den sie im Jahre 1904 gewinnbringend an einen Brauereiarbeiter veräußerte, bevor sie die Rasingstraße für immer verließ.

Zerrüttete Ehebeziehungen, die eine räumliche Trennung zur Folge hatten, sind aus den eher spärlichen Eintragungen in den Adreßbüchern nicht ersichtlich. Dies galt gleichermaßen für eine eingetretene Veränderung des Familienstandes. Frauen - ob verheiratet oder geschieden - wurden ausnahmslos als "Ehefrau" ausgewiesen, es sei denn, sie waren noch ledig oder vertraten den Witwenstatus. Ehefrauen waren unter den Bewohnern der vier untersuchten Straßen allerdings erstaunlich stark verbreitet. Relativ selten blieb die von den überwiegend erwerbslosen Ehefrauen übernommene Rolle des Haushaltsvorstands nur kurz befristet, bis der zwischenzeitlich abwesende Ehemann nach seiner Rückkehr die ihm gleichsam angestammte Funktion erneut übernahm. Für die meisten dieser Frauen entwickelte sich die ursprünglich möglicherweise als Interimslösung vorgesehene Situation zum Dauerzustand. Wird ein Teil dieser im Alltag auf sich gestellten Ehefrauen vergleichbar leidvolle Erfahrungen gesammelt haben wie die Bewohnerin der Rasingstraße, so war doch keine von ihnen in der Lage, ihrem Schicksal mit dem Kauf eines Hauses eine positive Entwicklung zu verleihen.

Fehlendes Eigenkapital stellte zwar keinen zwingenden Hinderungsgrund dar, in die Reihen der Immobilienbesitzer überzuwechseln, barg aber, so die Finanzierung und Einkommenslage in gleichem Maße auf wackeligen Füßen standen, das Risiko, den Hausbesitz schon nach kurzer Zeit zu verlieren. Diese Möglichkeit verkannten offenbar zwei sich bei dem Erwerb eines Hauses extrem hoch verschuldete Bewohner. Bereits nach einem Jahr war der Versuch eines schon vor dem Immobilienerwerb in der südlichen Vorstadt lebenden Wirts gescheitert, 1876 mit der Eröffnung einer Schenkwirtschaft in der Gastfeldstraße eine solide Existenz aufzubauen.[56] Der sich in der Versteigerung seines Hauses manifestierende Mißerfolg zwang den Schenkwirt zu räumlicher und beruflicher Mobilität. Der nunmehr in den Mieterstatus zurückversetzte Bewohner fristete 1879 nach zweijähriger Abwesenheit für ein Jahr als Arbeiter in der Kornstraße sein Dasein, bevor er auch hier seine "Zelte" abbrach.

Unverkennbare Risikofreudigkeit stellte auch ein aus der Bremer Neustadt stammender, verheirateter Klempner unter Beweis, als er Ende des Jahres 1873 Haus und Grund in der staatlichen Kornstraße erwarb und sich zu diesem Zweck mit 14.000 Mark verschuldete.[57] Unmittelbar nach der Fertigstellung des Neubaus bezog die Handwerkerfamilie im Jahre 1875 ihr Eigenheim. Nur in diesem ersten Jahr besorgte eine zur Miete aufgenommene, erwerbslose Witwe das Trockenwohnen von Teilen des Hauses. Das in den folgenden vier Jahren einzig von seinen Besitzern genutzte Haus war ohne zusätzliche Einkünfte jedoch nicht zu halten. Wie das fehlgeschlagene Bestreben des sich in der Gastfeldstraße niedergelassenen Schenkwirts, auf Dauer in den eigenen vier Wänden zu leben, mißglückte auch das auf fundamentalen Fehlkalkulationen basierende Ansinnen des Klempners, seinen Besitz ausschließlich mit den Einnahmen aus seinem Metallhandwerk finanzieren zu können. Nach nur fünfjähriger Wohndauer im eigenen Hause gelangte der Immobilienbesitz im Juni des Jahres 1880 an die Kerze und ging in den Besitz des Hauptgläubigers über. Von nun an zählte der Klempner erneut zur Masse der rechtlich ungeschützten Mieter und, wie sich in den Folgejahren abzeichnete, zu demjenigen Teil der Wohnbevölkerung, der stets Ausschau nach einer neuen Wohnung hielt, die den eigenen Wohnbedürfnissen Genüge leistete. So führte der Verlust des Hauses die Handwerkerfamilie zunächst für zwei Jahre an einen unbekannten Wohnort, bis sie sich 1883 in der Rasingstraße einquartierte, um auch von dort nach einem Jahr wieder zu einem anderen Ziel aufzubrechen.

Ein zeitliches Zusammentreffen grundlegender Veränderungen in den Lebensumständen der Bewohner und hieraus resultierender Wohnsitzwechsel war nur in wenigen Fällen nachzuweisen. Berufswechsel, die einen sozialen Auf- oder Abstieg bedeuteten, oder der in jedem Falle einen veränderten juristischen Status nach sich ziehende Erwerb bzw. Verlust von Haus- und Grundbesitz kennzeichnen jedoch nur zwei potentielle Ursachen stadtteilinterner Mobilität. Die oben skizzierten Fallbeispiele verweisen indessen darauf, daß auch eine Reihe anderer Faktoren das Wohnverhalten maßgeblich beeinflussen konnte. Wesentliche Bedeutung kam fraglos jeglichen Veränderungen in der familiären Situation zu. So brachte die Gründung ebenso wie der Zerfall eines Familienverbandes, aber auch der Familienzuwachs oder der Tod des Ehepartners, neue Anforderungen an die Wohnverhältnisse mit sich, die gewöhnlich einen Wohnungswechsel erforderlich machten. Die Suche nach einer sowohl den finanziellen Verhältnissen als auch den sich wandelnden individuellen Ansprüchen angepaßten Wohnung stand somit bei einem jeden Umzug im Vordergrund. Eine nachhaltige, dauerhafte Verbesserung der Wohnbedingungen erzielten aber nur die wenigsten der sich innerhalb der südlichen Vorstadt räumlich verändernden Bewohner.

Die Berufszugehörigkeit der zwischen den Straßen umziehenden Wohnparteien und das im vierzigjährigen Untersuchungszeitraum von 1875 bis 1914 erheblich schwankende Aufkommen stadtteilinterner Mobilität deuten darauf hin, daß Wohnungswechsel durchaus nicht immer einer Hebung des Wohnniveaus galten, sondern vielfach schlicht das Bemühen der Bewohner reflektierten, überhaupt ein Unterkommen zu finden. Nahezu übereinstimmend mit der sozialen Zusammensetzung der straßenintern Mobilen präsentierte sich das soziale Gefüge derjenigen Bewohner, die ihren Wohnsitz in eine andere Straße verlegten. Arbeiter (165 Bewohner) stellten auch innerhalb dieser 333 Personen umfassenden Einwohnergruppe die überragende Mehrheit (49,6 Prozent). Stärker noch als bei straßengebundenen Umzügen (18,8 Prozent) waren allerdings erwerbslose Ehefrauen und Witwen (85 Bewohnerinnen) an den mit einem Straßenwechsel einhergehenden Wohnsitzveränderungen beteiligt (25,5 Prozent). Handwerker, die zu überwiegenden Teilen den Gesellenstatus innehatten und bevorzugt innerhalb der Hauptgeschäftsstraßen ihre Wohnungen tauschten, waren bei straßenübergreifenden Umzügen weitaus seltener (67 Personen) vertreten (20,1 Prozent). Alle anderen, gleichwohl von Einzelpersonen repräsentierten Berufsgruppen spielten im Rahmen stadtteilinterner Wohnmobilität keine nennenswerte Rolle. Ob der neue Wohnsitz innerhalb der bereits zuvor bewohnten Straße lag oder ob der Umzug in einen anderen Straßenzug der südlichen Vorstadt zielte, Arbeiter, erwerbslose Frauen und Handwerksgesellen bildeten stets die offenkundig mittellose Mehrheit der zu den Umzugsterminen die Straßen mit ihrem wenigen Hab und Gut bevölkernden mobilen Wohnverbände.

Wohnungswechsel zwischen der Gastfeld-, Korn-, Rasing- und Wulfhoopstraße waren zwar alljährlich, aber nicht in gleichförmiger Verteilung über die vier Jahrzehnte zu registrieren. Flauten und Höhepunkte prägten den Verlauf des sich auf den geographischen Raum der südlichen Vorstadt beschränkenden Mobilitätsaufkommens, so daß sich am Beispiel dieses Viertels, mithin im Kleinen, die im Kaiserreich auf gesamtstädtischer Ebene zu verzeichnende Entwicklung innerurbaner Mobilität deutscher Großstädte widerspiegelte. So bildeten Umzüge in der krisengeschüttelten zweiten Hälfte der 1870er Jahre rare Ausnahmefälle, die in erster Linie auf das gängige Phänomen des Trockenwohnens zurückzuführen waren. Ein zu Beginn der 1880er Jahre einsetzender Anstieg der Mobilitätskurve entsprach der allmählichen, indes sehr zögerlichen Beruhigung des Immobilienmarktes und der zu diesem Zeitpunkt vereinzelt wiederaufgenommenen Tätigung von Grundstücksgeschäften, blieb aber von kurzer Dauer, um bis zum Ende dieses Jahrzehnts einer merklich rückläufigen Entwicklung zu weichen. Die ersten Jahre im letzten Jahrzehnt des 19. Jahrhunderts brachten, einhergehend mit dem wirtschaftlichen Aufschwung, ein unverkennbares Höchstmaß stadtteilgebundener Mobilität hervor. Ein neuerliches Abebben der Umzugsströme setzte bereits um die Mitte der 1890er Jahre ein und leitete einen bis zum Jahre 1914 unvermindert anhaltenden, kontinuierlichen Rückgang stadtteilinterner Wohnungswechsel ein. Eine weitestgehende Deckungsgleichheit mit dem Konjunkturverlauf erwies sich somit nicht nur als Charakteristikum der über die Stadtgrenzen hinausweisenden Wanderungsbewegungen,[58] sondern markierte gleichermaßen das innerstädtische Mobilitätsaufkommen[59] - eine Parallelität, die selbst auf Stadtteilebene auszumachen war.

Hochmobile Bewohner

Straßeninterne Umzüge und Wohnungswechsel, die in eine andere Straße der südlichen Vorstadt führten, präsentierten sich unter räumlichen Aspekten als zwei voneinander abweichende Muster der Wohnmobilität. Beide mit dem Verbleib im Stadtteil einhergehende Varianten des Umzugsverhaltens mobiler Bewohner stellten selbstredend keine unvereinbaren Gegensätze dar. Immerhin 112 Wohnverbände tauschten sowohl innerhalb der einzelnen als auch zwischen den untersuchten Straßen die Wohnungen. Da diese mobilen, mindestens zweimal umgezogenen Bewohner in beiden oben getrennt betrachteten Einwohnergruppen enthalten waren, belief sich die Zahl aller zwischen 1875 und 1914 innerhalb des Viertels als mobil identifizierbaren Wohnparteien auf 789 Personen. 18,5 Prozent der erfaßten Wohnbevölkerung verlegte somit im Laufe ihrer Ansässigkeit mindestens einmal den ursprünglichen Wohnsitz, ohne dabei das begrenzte Gebiet der Gastfeld-, Korn-, Rasing- oder Wulfhoopstraße zu verlassen.

Wie an mehreren oben erläuterten Beispielen deutlich wurde, erfüllten einzelne Bewohner mit ihren stadtteilgebundenen Umzügen zwar die Kriterien räumlicher Mobilität, entsprachen damit jedoch noch keineswegs dem vorzugsweise von Zeitgenossen entworfenen Bild in steter Bewegung befindlicher, wahl- und ziellos den Wohnort wechselnder und gänzlich bindungsloser Individuen.[60] Bleibt ein solch planloses Wohnverhalten vermeintlich vagabundierender Bevölkerungsteile grundsätzlich in Frage zu stellen, so schienen einzelne Bewohner der südlichen Vorstadt diesem überzogen anmutenden Bild doch erstaunlich nahe zu kommen. Die Umzugshäufigkeit vieler sich durch beide Formen räumlicher Mobilität hervorhebenden Bewohner lag, wie an der Tabelle 16 erkennbar, vergleichsweise hoch. Dabei kam das Gros dieser Mobilen auf drei (38 Personen) oder auch vier Umzüge (28 Bewohner), während 35 Bewohner fünf und mehr Wohnsitzwechsel bewältigten. Mobil waren fraglos alle Mitglieder dieser mit 112 Personen (2,6 Prozent aller Bewohner) indes relativ kleinen Einwohnergruppe. Dennoch werden nicht alle der sowohl innerhalb als auch zwischen den Straßen umziehenden Bewohner als hochmobil bezeichnet werden können. Eine klare Abgrenzung sogenannter hochmobiler Bewohner von einem allenfalls als beweglich zu nennenden Bevölkerungsteil dürfte in Ermangelung eines geeigneten Maßstabes zur Beurteilung dessen, wo und in welcher Weise sich Mobile denn von Hochmobilen schieden, allerdings schwerlich zu erbringen sein. Wer beispielsweise fünfmal umzog, aber in jeder Wohnung mehrere Jahre lebte und damit auf eine stattliche Wohndauer von drei oder gar vier Jahrzehnten kam, wird kaum dem gängigen, wenngleich eher diffusen Bild einer hochmobilen Person entsprechen. Wohnparteien, die während ihrer Ansässigkeit im Stadtteil "nur" drei Wohnungswechsel vollzogen, diese indessen in jährlichem Turnus absolvierten und demzufolge eine kurze Verweildauer aufwiesen, näherten sich mit diesem Wohnverhalten vermutlich bereits in weit höherem Maße der Vorstellung von ausgesprochen mobilen Bewohnern.

Tabelle 16: Umzugshäufigkeit der innerhalb und zwischen den Straßen umziehenden Bewohner (1875-1914)

Umzugshäufigkeit	Mobile	Anzahl der Umzüge
2	11	22
3	38	114
4	28	112
5	14	70
6	8	48
7	4	28
8	5	40
10	1	10
11	1	11
14	1	14
16	1	16
Summe	112	485

Quelle: Bremer Adreßbücher, Jge. 1875-1914; eigene Auswertungen

Eine beachtliche Umzugshäufigkeit erreichten zweifellos auch etliche der ausschließlich innerhalb oder zwischen den Straßen umziehenden Bewohner. Ein ganz erheblicher Teil der 1.498 binnen vierzig Jahren stattgefundenen Umzugsbewegungen wurde jedoch von den hier näher zu betrachtenden 112 Wohnverbänden verursacht.

Obgleich diese 112köpfige Einwohnergruppe nur ein Siebtel aller Mobilen (789 Bewohner) stellte, gingen 485 Wohnungswechsel, mithin 32 Prozent sämtlicher im Viertel lokalisierten Umzüge, einzig auf deren Konto. Dabei ließ die Umzugsmanier dieser mobilen Wohnparteien eine annähernde Gleichverteilung beider Mobilitätsformen zutage treten; denn die 215 straßeninternen Umzüge standen den gleichwohl leicht dominierenden 270 mit einem Straßentausch einhergehenden Verlegungen des Wohnsitzes nur geringfügig nach. Ein leicht erhöhtes Aufkommen der zwischen den Straßen verlaufenden Wohnungswechsel erklärte sich abermals aus der mehrfach zu konstatierenden Rückkehr einzelner Wohnverbände in eine bereits zuvor bewohnte Straße. Immerhin 76 Bewegungen gingen auf dieses vornehmlich in der Rasingstraße (46 Umzüge als Rückkehr) auftretende Phänomen zurück. Wie bei allen Erscheinungsformen geographischer Mobilität deckte sich auch in diesem Falle die Summe der Umzugsbewegungen durchaus nicht mit der Anzahl zurückkehrender Bewohner, da einzelne Mobile mehrfach zwischen den Straßen hin- und herzogen. Analog der starken Verbreitung straßengebundener Wohnsitzveränderungen in den proletarischen Wohnstraßen spielte sich die Mehrzahl diesbezüglicher Umzüge erwartungsgemäß in der Rasingstraße (131 Umzüge) ab. Die kleine Gruppe der in und zwischen den Straßen umziehenden Bewohner hielt mit ihrem Umzugsverhalten quasi in gebündelter Form das ganze Repertoir räumlicher Mobilität bereit, das schon im Rahmen straßeninterner und straßenübergreifender Wohnungswechsel zur Auffälligkeit gelangte.

Mitunter vereinten sich die verschiedensten Mobilitätsmuster in einer Person. Eine hohe Umzugshäufigkeit, gepaart mit allen erdenklich praktizierten Varianten geographischer Mobilität, kennzeichnete beispielsweise das Wohnverhalten einer Bewohnerin namens Kähler. Im Jahre 1882 traf die erwerbslose Witwe in der Wulfhoopstraße ein, in deren jüngeren Abschnitt sie eines der erst vor wenigen Jahren errichteten Häuser bezog, das zu diesem Zeitpunkt von dem Bauunternehmer Rasing als Kapitalanlage gehalten wurde. Nachdem sie ein Jahr gemeinsam mit einer Mieterin gleichen Familienstandes in diesem Hause verbracht hatte, räumten beide Frauen ihre angemieteten Wohnungen, um fortan getrennter Wege zu ziehen. Witwe Kähler siedelte in die angrenzende Kornstraße über. Hier teilte sie sich den vorhandenen Wohnraum des wiederum ausschließlich von Mietern bewohnten Hauses mit drei anderen Wohnparteien, den Haushalten eines Tischlers, einer Witwe und einer Ehefrau. Auch dieses Mietshaus wurde von allen drei weiblichen Haushaltsvorständen bereits nach einem Jahr gleichzeitig verlassen. In diesem Falle machte sich die Witwe jedoch gemeinsam mit einer ihrer Mitbewohnerinnen auf den Weg und steuerte die Rasingstraße an. Der Aufenthalt in diesem zusätzlich von einem Schuhmachermeister bewohnten Mietshaus blieb für die erwerbslosen, verwitweten Frauen ebenso kurz befristet wie in der Kornstraße. Nach Ablauf eines Jahres war sowohl das Mietverhältnis als auch die zweijährige, enge Nachbarschaft der beiden Frauen beendet. Ging die nunmehr getrennt verlaufende Wohnungssuche für die ehemalige Mitbewohnerin mit einem neuerlichen Straßenwechsel einher, so fand die Witwe Kähler in einem der Nachbarhäuser ein Unterkommen. Dort traf sie gewissermaßen auf vertraute Verhältnisse, da sie auch hier - wie schon in der Wulfhoopstraße - einzig mit einer verwitweten Mieterin unter einem Dach lebte. Schon im Folgejahr verließ sie nach insgesamt zweijähriger Ansässigkeit die Rasingstraße, um sich in der Gastfeldstraße, dem mittlerweile vierten von ihr bewohnten Straßenzug der südlichen Vorstadt, niederzulassen. Immerhin drei Jahre am Stück verblieb sie im selben Wohnhaus, in dem sie die offenbar von ihr bevorzugte weibliche Gesellschaft gleich mehrfach vorfand; denn vier der fünf Haushalte wurden von Frauen geführt. Im Jahre 1889 nahm sie ihren fünften Tapetenwechsel in diesem Arbeiterviertel vor, der sie auf die gegenüberliegende Seite der Gastfeldstraße führte. Zwei Jahre verharrte sie in einem erstmals ausschließlich von männlichen Haushaltsvorständen besetzten Mietshaus, bevor sie im Jahre 1891 mit unbekanntem Ziel fortzog. In ihrer elfjährigen Abwesenheit wird die Witwe - so sie ihr bisheriges Wohnverhalten nicht grundlegend änderte - eine Reihe weiterer Wohnungswechsel bewältigt haben. Nach der Jahrhundertwende, im Jahre 1902, kehrte die nach wie vor erwerbslose, scheinbar alleinstehende Witwe in die Rasingstraße zurück. Ganz entgegen ihrer in zurückliegenden Jahren möglicherweise auf prinzipiellen Erwägungen basierenden "Gewohnheit", ausschließlich Mietshäuser zu beziehen, die den Besitzern als reine Kapitalanlage dienten und somit von diesen nicht zum Eigenbedarf genutzt wurden, lebte sie nunmehr zum ersten Male mit dem Eigentümer Wand an Wand in einem der kleinen Bremer Häuser, dessen einzelne Wohnbereiche kaum voneinander separiert waren. Der Beweggrund für die eher ungewöhnliche Wohnungswahl der Witwe Kähler lag indessen klar auf der Hand; denn der sich als Colporteur des "Vereins zur Verbreitung christlicher Schriften" betätigende Wohnungsinhaber gleichen Namens stand in engem, obgleich nicht näher bekanntem Verwandtschaftsverhältnis zu dieser Bewohnerin. Doch selbst die engen Familienbande brachten keine Ruhe in das von Mobilität geprägte Leben der Witwe. Nach vier Jahren fand in diesem Reihenhaus ein kompletter Bewohneraustausch statt, obwohl die bestehenden Besitzverhältnisse bis über das Jahr 1914 hinaus keine Veränderung erfuhren.[61] So markierte der Jahrgang 1905 das letzte Jahr ihrer Anwesenheit in einer der vier Straßen dieses Viertels. Trotz langjähriger zwischenzeitlicher Abwesenheit kam die nicht nur in Anbetracht ihrer Umzugshäufigkeit, sondern mehr noch aufgrund ihrer in rascher Folge vorgenommenen Wohnungswechsel als ausgesprochen mobil zu charakterisierende Witwe Kähler nach fünf straßenübergreifenden und zwei straßeninternen Umzügen, die sie in alle vier untersuchten Straßenzüge führten, immerhin auf eine Gesamtwohndauer von 13 Jahren.

Eine hohe Umzugshäufigkeit und eine Umzugsmanier, die gleichsam die ganze Palette unterschiedlichster Mobilitätsmuster umfaßte, kennzeichneten allerdings nicht nur das Wohnverhalten dieser erwerbslosen Bewohnerin. Die Witwe Kähler fügte sich vielmehr mit ihrem rastlos anmutenden Wohngebaren in die Reihen derer, die in kurzen Abständen die Wohnungen und dabei mehrfach auch die Straßen tauschten, vorübergehend andernorts lebten, häufig jedoch in eine der zuvor bewohnten Straßen zurückkehrten und nicht zuletzt gewisse "Vorlieben" bezüglich der zum Wohnen auserkorenen Häuser und vornehmlich deren Bewohnerschaft erkennen ließen. All diese Merkmale trafen zwar nicht einzig, wohl aber in erster Linie auf die als Haushaltsvorstand fungierenden, meist erwerbslosen Frauen zu. Ehefrauen und Witwen stellten einen beachtlichen Teil der Wohnbevölkerung und waren, wie noch darzulegen sein wird, auch unter den sich als mobil erweisenden Bewohnern zahlreich vertreten. Gut ein Viertel aller 112 sowohl innerhalb als auch zwischen den Straßen umziehenden Wohnverbände gehörten dem weiblichen Geschlecht an. Dabei vertraten diese 29 (hoch)mobilen Bewohnerinnen (25,89 Prozent) mehrheitlich den Witwenstatus (25 Frauen), während nur vier Frauen verheiratet waren, aber vorübergehend ohne ihren Ehemann lebten. Unter diesen nahezu vollzählig erwerbslosen Bewohnerinnen fand sich als rare Ausnahme lediglich eine Witwe, die ihren Lebensunterhalt als Detaillistin bestritt. Glich das Wohnverhalten dieser mobilen Frauen dem der Witwe Kähler weitestgehend, so wurde deren Umzugshäufigkeit von einigen Bewohnerinnen noch deutlich übertroffen. Mit steigender Umzugshäufigkeit schrumpfte die Zahl der Mobilen indessen auf wenige Einzelpersonen, deren soziale Zusammensetzung sich zudem auf Arbeiter und erwerbslose Witwen reduzierte. All diese Hochmobilen, die in kurzen Intervallen ihre Wohnungen wechselten, zogen sowohl mehrfach zwischen den Straßen als auch gehäuft innerhalb der proletarischen Straßenzüge, insbesondere aber in der Rasingstraße, um. Ein Höchstmaß an räumlicher Mobilität brachte die zwischen 1881 und 1914 in der südlichen Vorstadt lebende erwerbslose Witwe Schwemmert auf, die in diesem Zeitraum sechzehn Umzüge bewältigte. Trotz vier straßenübergreifender Wohnsitzveränderungen, die sie für ein Jahr auch in die Gastfeldstraße führten, kehrte sie stets in die ursprünglich bewohnte Rasingstraße zurück, innerhalb derer sie insgesamt zwölf Umzüge vollzog und damit nahezu in jedem vierten Haus eigene Wohnerfahrungen gesammelt hatte.

Erkennbare Unterschiede im Umzugsverhalten dieser 112 Mobilen beschränkten sich somit auf die mehr oder minder stattliche Anzahl der im Viertel bewerkstelligten Wohnungswechsel. Dennoch bleibt nicht nur die Ergründung eines solch bizarren Wohnverhaltens, wie es etwa die beiden beschriebenen Fälle der erwerbslosen Witwen demonstrierten, auf Spekulationen verwiesen. Der weitreichende Mangel zusätzlich verfügbarer qualitativer Quellen erschwert generell das Aufzeigen der ursächlichen Zusammenhänge ausgeprägter Mobilität eines zwar unterrepräsentierten, indes sehr wohl relevanten Teils der Wohnbevölkerung. Das soziale Gefüge dieser sich vorrangig aus Arbeitern (60 Personen), aber auch einer Reihe erwerbsloser Frauen (28 Bewohnerinnen) und Handwerksgesellen (21 Haushaltsvorstände) sowie wenigen Kleinhändler und -händlerinnen (3 Mobile) zusammensetzenden Einwohnergruppe stützt die Annahme, daß mit sinkendem Einkommen die Notwendigkeit geographischer Mobilität deutlich zunahm. Die Sozialstruktur des lediglich von vier verschiedenen Gruppierungen getragenen Kreises (hoch)mobiler Bewohner besitzt jedoch, wie oben ausgeführt, wenig Aussagekraft, solange der Mobilitätsgrad dieser Sozialgruppen unberücksichtigt bleibt (vgl. Tabelle 17).

Tabelle 17: Sozialgruppenzugehörigkeit der Mobilen und Mobilitätsgrad

	Mobile		Wohnbevölkerung	Mobilitätsgrad
	absolut	relativ	(absolut)*	(in %)
Arbeiter	380	48,16	1.938	19,61
Erwerbslose	164	20,79	976	16,80
Handwerksgesellen	157	19,90	1.041	15,08
Händler	28	3,55	302	9,27
Beamte/ Angestellte	22	2,79	315	6,98
Handwerksmeister	20	2,53	122	16,39
Unternehmer/ Selbstständige	8	1,01	111	7,21
Dienstleister	6	0,76	130	4,62
Sonstige	4	0,51	143	2,80
Summe	789	100,00	5.078	-
im Mittel	-	-	-	15,54

Quelle: Bremer Adreßbücher, Jge. 1875-1914; eigene Auswertungen;
* (Wohnbevölkerung einschließlich sämtlicher Berufswechsler)

Ob mobile Wohnverbände ausschließlich innerhalb der Straßen umzogen, zwischen den Straßen ihren Wohnsitz verlegten oder gar beide Formen räumlicher Mobilität praktizierten, in jedem Falle stellten Arbeiter und Arbeiterinnen die mitgliederstärkste Berufsgruppe unter diesen insgesamt 789 unterschiedlichen mobilen Bewohnern. Eine mit 380 proletarischen Wohnparteien erreichte relative Verbreitung von 48,16 Prozent vermag in einem Arbeiterbezirk kaum zu erstaunen. Ein ausgeprägtes Übergewicht nahmen Arbeiter allerdings innerhalb des 112köpfigen Einwohnerkreises (hoch)mobiler Personen ein; denn hier kamen sie auf eine durchaus imposante Rate von 53,57 Prozent. Proletarische Haushaltsverbände waren im Zeitraum von 1875 bis 1914 in den vier untersuchten Straßen der südlichen Vorstadt zwar stets zahlreich vertreten (1.938 Haushalte), kamen jedoch im Durchschnitt dieser vierzig Jahre lediglich auf 38,33 Prozent - eine Quote, die weit unter dem Anteil mobiler Arbeiter lag.

Mit einem Mobilitätsgrad von 19,61 Prozent erwiesen sich Arbeiter mithin als die beweglichste Berufsgruppe. Doch auch die in der Wohnbevölkerung zu überwiegenden Teilen von Frauen repräsentierte Sozialgruppe der Erwerbslosen war maßgeblich am stadtteilinternen Mobilitätsgeschehen beteiligt. Insbesondere am Beispiel der Handwerksmeister wird indessen deutlich, daß eine geringe Verbreitung dieser Berufsgattung unter den Mobilen (2,53 Prozent) keineswegs mit einem niedrigen Mobilitätsgrad korrespondieren mußte. In abgeschwächter Form zeigte sich dies auch im entgegengesetzten Falle der sehr wohl zahlreich umziehenden, aber den bei 15,54 Prozent liegenden, mittleren Mobilitätsgrad noch unterschreitenden Handwerksgesellen.

Die Gruppe dieser (allerdings nur einen Bruchteil aller im Stadtteil umziehenden Personen spiegelnden) 789 Bewohner wies, wie ein Vergleich mit den nachfolgend kurz zu skizzierenden Ergebnissen der neueren Mobilitätsforschung erkennen läßt, die typischen Merkmale der sich durch räumliche Mobilität auszeichnenden Bevölkerungsteile in der Zeit des Deutschen Kaiserreichs auf. So fügte sich die kleine Bewohnergruppe der südlichen Vorstadt Bremens sowohl in ihrer sozialen Zusammensetzung als auch mit ihrem Umzugsverhalten paßgerecht in das Bild der mobilen städtischen Bevölkerungskreise, die - gemessen an dem seßhaften Bevölkerungsteil - zwar stets unterrepräsentiert blieben, das Leben in den bis 1914 enorm expandierenden deutschen Großstädten aber sehr wohl entscheidend mitprägten.

Die komplexe Thematik des Wanderungsgeschehens im 19. und 20. Jahrhundert wurde von deutschen Historikern lange Zeit vernachlässigt. Die jüngere Migrationsforschung[62] brachte indes mit der erfolgreichen Erprobung neuer Forschungsansätze, Methoden und Fragestellungen eine Fülle von Informationen hervor, die diesem historischen Phänomen eine hohe Transparenz verliehen. Dank der solchermaßen gewonnenen Kenntnisse lösen die grundlegenden Fragen nach dem Ausmaß, dem zeitlichen Verlauf und den verschiedenen Formen sowie der Bedeutung der Wanderungsvorgänge nun schon seit geraumer Zeit kein Achselzukken mehr aus. Da gleichzeitig die zeitgenössischen Akteure und deren Wanderungsverhalten ins engere Blickfeld gerückt wurden, liegen zudem geschlechts-, alters- und schichtenspezifische Differenzierungen der am Mobilitätsgeschehen beteiligten Bevölkerungsgruppen offen. So zählt heute zum gesicherten Wissen, daß im Rahmen der von Einzelwanderungen dominierten, überwiegend als Nahwanderung identifizierbaren Binnenwanderung[63] Männer stets einen höheren

Anteil am Wanderungsumschlag hatten als Frauen. Überdies war die männliche Migration in stärkerem Maße von konjunkturellen Schwankungen abhängig.[64] Dabei prägte die geographische Mobilität gewöhnlich nur einen zeitlich begrenzten Abschnitt im Leben der vom Land in die Stadt, in umgekehrter Richtung oder von einer in die andere Stadt ziehenden und vielfach auch pendelnden Migranten.[65] Als mobilste Phase erwies sich das dritte Lebensjahrzehnt. Setzte der mobile Lebensabschnitt bei Frauen generell früher ein, so machten sich klassenspezifische Unterschiede sowohl im Beginn als auch in der Dauer dieser Lebenspassage bemerkbar. Sank die regionale Mobilität bei Arbeitern - entsprechend ihrer früh abfallenden Leistungskurve und des schon mit Ende 30 beginnenden sozialen Altersabstiegs - bereits ab dem Alter von 30 Jahren, so dauerte die zeitlich verzögert aufgenommene Mobilitätsphase des Bürgertums in aller Regel um ein Jahrzehnt länger an.[66] Doch nicht für alle Mobilen wurde der durch hohe Beweglichkeit gekennzeichnete Lebensabschnitt von einer nunmehr eintretenden Seßhaftigkeit abgelöst. Für einen Teil der Mobilen, die auch im höheren Alter beweglich blieben, mithin außerstande waren, diesen Wechsel zu vollziehen, hatte die Mobilität den Charakter einer fortwährenden Lebensform angenommen. Die in erster Linie von Arbeitern und Witwen getragene Altersmobilität diente nicht mehr der von jüngeren Mobilen primär angestrebten Verbesserung der Lebensbedingungen, sondern vielmehr der aus der Not geborenen Sicherung des Existenzminimums.

Innerstädtische Mobilität stand der Binnenwanderung in der Kaiserzeit jedoch keineswegs nach. Im Zuge der fortschreitenden Industrialisierung und Urbanisierung nahmen innerstädtische Umzüge solch enorme Ausmaße an, daß sie das Wanderungsvolumen, also die Summe der Zu- und Fortzüge, in den einzelnen Städten gewöhnlich übertrafen.[67] Dieses lange Zeit verkannte Phänomen innerurbaner Mobilität steht, obgleich in seiner Relevanz mittlerweile unumstritten, noch immer im Schatten der unvergleichlich stärker favorisierten Untersuchungen regionaler Wanderungsbewegungen oder auch sozialer Mobilität. Als "Stiefkind" der Mobilitätsforschung weckte diese bedeutsame Form geographischer Mobilität, wie aus der bescheidenen Zahl vorliegender Studien geschlossen werden darf, bis heute nur selten das Interesse deutscher Historiker. Ungeachtet dessen vermitteln diese Arbeiten wertvolle Einblicke in das vor 1914 rege Umzugstreiben innerhalb der deutschen Großstädte. Jährliche Mobilitätskennziffern mit einer im Durchschnitt der deutschen Mittel- und Großstädte von 290 bis 395 (Umzugsbewegungen auf je 1.000 Einwohner) reichenden Schwankungsbreite spiegeln auf eindrucksvolle Weise das Ausmaß der innerörtlichen Wohnungswechsel.[68] Traten im Städtevergleich auch erhebliche Unterschiede im jährlichen Umzugsaufkommen der einzelnen Städte hervor, so zeichnete sich doch langfristig eine weitgehend kongruente Entwicklung ab, die durch einen unverkennbaren Höhepunkt innerstädtischer Wohnungswechsel zu Beginn der 1890er Jahre und ein deutliches Abebben der Umzugsströme seit dem Ende des 19. Jahrhunderts gekennzeichnet war.[69] Wie bei den über die Stadtgrenzen hinausweisenden Wanderungen war auch bei innerstädtischen Wohnsitzverlegungen ein Teil der Mobilen mehrfach am Umzugsgeschehen beteiligt und trug so maßgeblich zu den mitunter extrem hohen Mobilitätskennziffern bei. Eine hohe Umzugshäufigkeit hatte auf der Kehrseite eine ausgesprochen kurze Bezugsdauer der Wohnungen zur Folge. Nahezu in allen deutschen Großstädten entfiel auf die bereits vor Ablauf eines Jahres erneut ihre Bewohner wechselnden Wohnungen der höchste relative Anteil.[70] Annähernd jede dritte Wohnung erfuhr binnen dieser kürzesten Frist einen erneuten Bewohneraustausch. Dabei wiesen die kleinen, billigen Wohnungen die stärkste Fluktuation auf.

Wohnungsversorgung, Ausmaß und Formen der Wohnmobilität, selbst Umzugsdistanzen und die Bezugsdauer der Wohnungen lassen - trotz eines gleichwohl nach wie vor bestehenden Mangels an Lokalstudien - kaum mehr Fragen offen. Überdies gehören eine vielfach außer acht gelassene methodische Umsicht und vernachlässigte begriffliche Präzision mehr und mehr der Vergangenheit an, so daß auf dieser Grundlage nunmehr auch das verzerrte Bild eines oft zu hoch veranschlagten mobilen Bevölkerungsteils und die im Gegenzug zu gering angenommene seßhafte Wohnbevölkerung zurechtgerückt wurde. Werfen meßbare Größen, wie die des häufig im Mittelpunkt der vorzugsweise mit Hilfe quantifizierender Verfahren durchgeführten Untersuchungen stehenden umbauten Raumes, keine gravierenden Interpretationsprobleme auf, so liegen über die Mobilen eher bescheidene Informationen vor. Im großen und ganzen wurden innerstädtisch mobile Bewohner ähnlich charakterisiert wie die an regionalen Wanderungsbewegungen beteiligten Migranten.[71] Als grundlegenden Unterschied in der Zusammensetzung dieser beiden mobilen Gruppen hob Langewiesche jedoch die bei innerurbanen Wohnsitzverlegungen ausgeprägte Mobilitätsbereitschaft von Familien hervor. *"Familien erwiesen sich also in der Hochindustrialisierungsperiode als innerörtlich hochgradig mobil, regional dagegen als relativ immobil."*[72] Dieses Resümee wird allerdings berechtigt in Zweifel gezogen werden müssen, sofern es nicht nur der Betonung einer stark voneinander abweichenden Beteiligung von Familienverbänden an den verschiedenen Formen der Mobilität galt, sondern darüber hinaus die Dominanz von Familien bei innerstädtischen Umzügen implizierte. Unter diesem Aspekt überzeugt der von Wischermann gelieferte Hinweis auf die Notwendigkeit einer quellenkritischen Begutachtung der als mobil in Erscheinung tretenden Bewohner.

"... denn es ist anzunehmen, daß gerade die Umzüge einzelner in Untermiete mit wöchentlicher oder vierzehntägiger Kündigungsfrist lebender Personen nur äußerst unvollständig offiziell gemeldet wurden. Zieht man diesen Tatbestand zusätzlich in Betracht, so ist es weniger erstaunlich, daß innerhalb der städtischen Bevölkerung, die einen völlig anderen sozialen Körper darstellte als die Gesamtheit der Wanderungen, die Familienmobilität überwog."[73]

Die neuere Forschung zeichnet in der Deskription innerstädtischer Wohnmobilität im Deutschen Kaiserreich letztlich ein weitgehend stimmiges Bild. Da die verfügbaren Quellen aber in den seltensten Fällen eindeutige Belege zur Erklärung dieses "Massenphänomens" liefern, bewegt sich die Ursachenzuschreibung eher auf der Spekulationsebene. Dennoch lassen all diese theoretischen Erwägungen oder empirisch fundierten Rückschlüsse einen gemeinsamen Nenner erkennen - die beim innerstädtischen Wohnungswechsel stets im Vordergrund stehenden wirtschaftlichen Beweggründe der Mobilen. Ob das kurz befristete Trockenwohnen der Neubauten einen verminderten Mietzins versprach, familiäre Veränderungen den Umzug in eine kleinere Wohnung erforderlich machten, ansteigende Mieten erneut zur Wohnungssuche zwangen, ein Berufs- bzw. Arbeitsplatzwechsel die gleichzeitige Verlegung des Wohnsitzes nahelegte oder ob die mit dem Versiegen der Einnahmequelle einhergehende Erwerbslosigkeit zur Übersiedelung in eine billigere Wohnlage nötigte, in jedem Falle erfolgten die innerstädtischen Umzüge vor dem Hintergrund finanzieller Engpässe, absehbar steigender Lebenshaltungskosten, verminderter Einkünfte oder selten auch in Aussicht stehender Einkommensverbesserungen.

Diese oben bereits erörterten potentiellen Ursachen innerstädtischer Mobilität reflektieren somit zum einen das dem Wohnverhalten offenkundig zugrundeliegende Bestreben der mobilen Wohnverbände, den Kostenfaktor Wohnen so gering wie möglich zu halten und damit den in Arbeiterbezirken indes vergleichsweise niedrigen Lebensstandard zumindest zu wahren. Wie am Beispiel des Mobilitätsgeschehens in der südlichen Vorstadt Bremens aufgezeigt werden konnte, waren Umzüge innerhalb dieses Viertels vielfach gleichbedeutend mit dem Tausch einer mangelhaften Wohnung gegen eine kaum minder unzulängliche Behausung. Nicht selten gingen die stadtteilinternen Wohnsitzveränderungen gar zu Lasten der zuvor genossenen Wohnqualität. Zum anderen war nur eine verschwindend geringe Minderheit der Bewohner imstande, mit dem vollzogenen Wohnungswechsel eine Hebung des Wohnniveaus zu erwirken, die zudem von Dauer gekrönt war. Wer eine grundlegende und nachhaltige Verbesserung der Wohn- und Lebensbedingungen anstrebte und zu realisieren vermochte, orientierte sich nicht mehr an dem Mietwohnungsangebot eines Arbeiterviertels, sondern konzentrierte sich bei der Wohnungssuche auf andere, besser ausgestattete Stadtteile. Zog ein sozialer Aufstieg demnach häufig einen Stadtteilwechsel nach sich, so ging ein von deutlichen Einkommenseinbußen gekennzeichneter sozialer Abstieg nahezu generell mit dem Verbleib und einer gleichzeitig zunehmenden Umzugshäufigkeit im Viertel einher. Dieses von den Daseinsbedingungen abhängige Wohnverhalten war nicht nur in der südlichen Vorstadt Bremens festzustellen, sondern deckt sich mit dem statistischen Befund des Umzugsverhaltens im Münchner Westend, einem ebenfalls in der Gründerzeit entstandenen Arbeiterviertel.[74]

Eine mit steigender Umzugshäufigkeit schwindende soziale Bandbreite der in der südlichen Vorstadt Bremens ausschließlich von Arbeitern und erwerbslosen Frauen getragenen Gruppe hochmobiler Bewohner bekräftigt die ursprünglich von Lutz Niethammer aufgestellte These der auf Mietsäumigkeiten beruhenden Exmittierungen.[75] Diese in der neueren Forschung mehrfach aufgegriffene und einhellig unterstützte Annahme[76] einer in erster Linie durch die Armut hervorgerufenen, erhöhten Wohnmobilität liegt auch im Falle der Bewohner nahe, die binnen kurzer Zeit zahlreiche Umzüge in dem überwiegend von Arbeitern bewohnten Bremer Viertel bewältigten. Weitverbreitete Mietrückstände, vornehmlich von Mietern der südlichen und westlichen Vorstadt Bremens, wurden denn auch schon früh, im Rahmen einer um die Schätzung bremischer Grundstücke kreisenden Verhandlung der Bremer Bürgerschaft im Jahre 1878, beklagt:

"*Es herrschen anormale Zustände. Es sei ihm* (dem Redner der Bremer Bürgerschaft; M.L.) *von Leuten, die in der unglücklichen Lage seien, dort Häuser zu besitzen, gesagt worden, daß die Häuser dutzendweise leer stehen, daß manche freilich bewohnt werden, aber seit Erlaß des neuen Pfändungsgesetzes die Bewohner keine Miethe bezahlen. Ziehen solche Miether aus, so finde man sie andern Tags in andern Häusern wieder, wo sie ebenfalls nicht bezahlen. Es sei eine fortwährend fluctuirende Bevölkerung. Der Hausbesitzer in der Bunthenthorsvorstadt freue sich, wenn sein Haus nur von ordentlichen Leuten bewohnt werde, wenn er auch keine Miethe erhalte. So gebe es in der ganzen Stadt keinen Maßstab, um nach dem Miethwerth die Steuer zu veranlagen.*"[77]

In der Tat nahm Bremen mit dem frühzeitig erlassenen Pfändungsschutz seiner in Zahlungsverzug geratenen Einwohner eine Vorreiterposition ein. Währte das sogenannte Kahlpfändungsrecht andernorts bis zur Jahrhundertwende, so bewahrte das in Bremen bereits am 1. Mai des Jahres 1877 in Kraft getretene "Gesetz, betreffend die Pfändung beweglicher Gegenstände" Schuldner nunmehr vor dem Verlust ihrer letzten Habseligkeiten, wenn die als Gläubiger auftretenden Vermieter den ausgebliebenen Mietzins durch den Gerichtsvollzieher eintreiben ließen. Ein solch nicht nur vereinzelt, sondern zuhauf erfolgtes "mietfreies" Wohnen wird vor dem Hintergrund der im 19. Jahrhundert üblichen Mietzahlungsmodalitäten verständlich; denn entgegen heutiger Zahlungsgepflogenheiten war der Mietzins erst nach Ablauf des gewöhnlich mit den Umzugsterminen zusammentreffenden Zeitraumes fällig. Je nach Größe des angemieteten Objektes war die Miete für Zimmer nach einem Monat und für Wohnungen in aller Regel vierteljährlich zu entrichten.[78] Da die Miete in jedem Falle nachträglich zu begleichen war, mußten Vermieter somit stets die Möglichkeit einkalkulieren, daß vornehmlich einkommensschwache Mieter mit ihren Zahlungen in Rückstand gerieten oder sich schlicht als zahlungsunfähig erwiesen. Dieser von Wischermann[79] aufgedeckte, in der neueren Forschung allerdings kaum berücksichtigte Zusammenhang macht zum einen die zeitgenössischen Klagen der Hausbesitzer, zum anderen die hohe Umzugshäufigkeit und die kurze Bezugsdauer der Wohnungen plausibel. Trotz des erweiterten Pfändungsschutzes waren zahlungssäumige Mieter in Bremen doch keineswegs vor kurzfristig erwirkten Exmittierungen durch die Vermieter gefeit, wie Heide Gerstenberger hervorhob: "*Weil dieser Bestimmung aber kein Mieterschutz entsprach, wurden nun in Bremen (...) häufiger als früher Mietschuldner mit ihren Habseligkeiten auf die Straße gesetzt.*"[80]

Einschneidende Änderungen brachte erst die Einführung des Bürgerlichen Gesetzbuches mit sich. Diese nunmehr einheitlichen gesetzlichen Bestimmungen legten die Umzugs-, Mietzahlungs- und Kündigungstermine jeweils auf den ersten Tag der Monate Januar, April, Juli und Oktober fest. Zum Ausgleich für den gleichzeitigen Fortfall des Kahlpfändungsrechts war die Miete fortan im voraus zu zahlen. Waren die als Vermieter fungierenden Hausbesitzer auf diese Weise besser abgesichert, so brachen für unbemittelte Mieter schwerere Zeiten an, da die Vorabzahlung des Mietzinses entgegen dem erst nach geleisteter Arbeit empfangenen Lohn zum Sparen zwang.

Als charakteristische Begleiterscheinung der in den vier Jahrzehnten vor dem Ersten Weltkrieg rasch fortschreitenden Industrialisierung und Urbanisierung präsentierte sich die am Beispiel der südlichen Vorstadt Bremens erörterte Wohnmobilität primär als Ausdruck instabiler Daseinsbedingungen eines indes vergleichsweise geringen Bevölkerungsteils. Wurde durch den räumlich eingeschränkten Blickwinkel auch nur ein Bruchteil der Mobilen und des zwischen 1875 und 1914 existierenden Ausmaßes geographischer Mobilität in diesem Stadtviertel sichtbar, so verweist die gleichwohl erkennbare Umzugsmanier dieser Mobilen auf die vielfältigen Ursachen innerstädtischer Wohnungswechsel. Die nur in Einzelfällen offenliegenden Beweggründe für die im Stadtteil vorgenommenen Wohnsitzverlegungen unterstreichen jedoch, daß Berufs- und Arbeitsplatzwechsel bei quartiergebundenen Umzügen eine deutlich untergeordnete Rolle spielten. Vor dem gemeinsamen Hintergrund drückender finanzieller Not dieser mehrheitlich am unteren Ende der sozialen Skala rangierenden Bewohner waren aber auch eine Reihe persönlicher, in erster Linie im familiären Umfeld angesiedelter Motivationen von ausschlaggebender Bedeutung für diese stets mit einer kurzen Umzugsdistanz verbundenen und mit dem Verbleib im Viertel einhergehenden Wohnungswechsel.

3.2 Aspekte der Wohndauer

Hohe Fluktuationsraten und eine in unterschiedlichen Formen zu verzeichnende stadtteilgebundene Mobilität erwecken den Eindruck, als seien die vier untersuchten Straßen der südlichen Vorstadt Bremens im Zeitraum von 1875 bis 1914 primär durch Unbeständigkeit geprägt gewesen. In der Tat sorgte die alljährlich stattliche Zahl der Fortzüge und Zuzüge für eine stete Neuformierung der Bewohnerschaft. Doch nicht jeder Auszug aus einem Wohnhaus der Gastfeld-, Korn-, Rasing- oder Wulfhoopstraße war gleichbedeutend mit einem endgültigen Wegzug der Wohnverbände aus diesem Arbeiterviertel. Immerhin 789 Bewohner (18,5 Prozent) konzentrierten sich bei der Wohnungssuche auf das begrenzte, aber vertraute Gebiet dieses bereits vor ihrem Umzug bewohnten und bis 1914 enorm expandierenden Stadtteils links der Weser. Wohnungswechsel innerhalb derselben Straße waren hier ebenso zu registrieren wie Wohnsitzveränderungen, die mit einem Straßentausch einhergingen. Beide Muster stadtteilinterner Wohnmobilität schlugen sich binnen vierzig Jahren - nicht zuletzt aufgrund der teils hohen Umzugshäufigkeit dieser Mobilen - in 1.498 vollzogenen räumlichen Bewegungen nieder. Wenngleich diese durchaus beachtlichen Umzugsbewegungen nur einen geringen Bruchteil der zwischen 1875 und 1914 stattgefundenen Wohnungswechsel innerhalb der südlichen Vorstadt reflektieren, so riefen diese doch gleichermaßen Veränderungen in der personellen und sozialen Zusammensetzung in den Straßen wie in den kleineren räumlichen Einheiten der einzelnen Wohnhäuser hervor und blieben zudem nicht ohne Einfluß auf die Bezugsdauer der Wohnungen bzw. Wohngebäude.

Verschiedene Aspekte der Wohndauer bilden den Schwerpunkt der anknüpfenden Untersuchungen. In diesem Rahmen wendet sich die Analyse zunächst dem kleinsten räumlichen Gebilde zu, indem nach der zwischen 1875 und 1914 erreichten Bezugsdauer in den Häusern gefragt wird. Mit einem Perspektivwechsel rücken anschließend die Bewohner der vier Straßen in den Mittelpunkt, wobei das Interesse - entsprechend der vorgefundenen Mobilitätsmuster - sowohl der Verweildauer innerhalb der jeweiligen Straßenzüge als auch dem Verbleib im Viertel gilt. Läßt sich auf diese Weise präzise benennen, wieviele Jahre die einzelnen Wohnverbände im selben Haus, in einer Straße und im Stadtteil verbrachten, so bleibt abschließend zu betrachten, welche der Bewohner den seßhaften Kern der Stadtteilbevölkerung bildeten.

Die Bezugsdauer der Häuser

Eine kurze Bezugsdauer der Wohnungen erwies sich als unausbleibliche Begleiterscheinung des zwischen 1875 und 1914 hohen innerstädtischen Mobilitätsaufkommens in den deutschen Großstädten. Die hieraus vermeintlich erwachsenden Folgen boten auch in Bremen Anlaß zur Klage. So sah sich das Bremische Statische Amt im Jahre 1905 anläßlich der Ergebnisse einer im Vorjahr durchgeführten Sonderuntersuchung der Wohnverhältnisse einkommensschwacher Bevölkerungsteile zu einem überwiegend negativen Resümee genötigt.

"*Einer der größten Mängel des großstädtischen Wohnungswesens ist bekanntlich der rasche Wechsel der Bewohner. Damit wird nicht nur ein Moment der Unruhe in unser soziales Leben hereingetragen, sondern es ergibt sich daraus auch eine Verschlechterung des Zustandes der Wohnungen, weil das Interesse an der pfleglichen Behandlung geringer wird.*"[81]

Insgesamt 313 der in diese Sonderuntersuchung einbezogenen 1.044 Wohnungen, also ein relativer Anteil von 30 Prozent, wurden im April des Jahres 1904 erst seit maximal einem Jahr von denselben Personen bewohnt. Eine solch hohe Wohnungsrate mit einer extrem kurzen Bezugsdauer war keineswegs ungewöhnlich; denn andere deutsche Großstädte, wie etwa Hamburg oder Berlin, verfügten zu diesem Zeitpunkt über vergleichbar stattliche Quoten der offenkundig häufige Bewohnerwechsel erfahrenden Wohnungen.[82] Erhebliche Unterschiede traten hingegen im interstädtischen Vergleich bei den Wohnungen mit einer langen Bezugsdauer hervor. Lagen die Raten der über zehn Jahre bewohnten Wohnungen Berlins, Hamburgs und Leipzigs im Jahre 1905 zwischen 13 und 16 Prozent, so kam Bremen auf einen beachtlichen Anteil von 23 Prozent. Die starke Verbreitung einer mehr als zehnjährigen Bezugsdauer ging bei den für die Sonderuntersuchung ausgewählten Wohnungen in erster Linie auf eine eher selten erfolgte Fluktuation in den von ihren Besitzern zum Eigenbedarf genutzten Wohnungen zurück. In 152 der 271 erfaßten Eigentümerwohnungen (56 Prozent) hatte seit mindestens elf Jahren kein Bewohneraustausch stattgefunden. Anders lagen die Verhältnisse allerdings in den zur Miete bewohnten Räumlichkeiten. Eine zehn Jahre überschreitende Bezugsdauer traf nur auf knapp 14 Prozent der Mieterwohnungen und 8 Prozent der zur Untermiete überlassenen, sogenannten Aftermieterwohnungen zu. Im Gegenzug zeichneten sich diese Wohnungen durch eine ausgesprochen hohe Fluktuation aus; mehr als ein Drittel der Mieter- und Aftermieterwohnungen (36,6 Prozent) hatten bereits nach wenigen Monaten, spätestens aber nach Ablauf eines Jahres erneut die Bewohner gewechselt.

Die Bezugsdauer der Wohnungen hing demnach entscheidend von dem jeweilig eingenommenen Rechtsstatus ihrer Bewohner ab. Eine etwa mit steigenden Mieten zunehmende Bezugsdauer war indessen an den 773 exemplarisch untersuchten Bremer Mietwohnungen nicht festzustellen. Da Bremens Wohnstrukturen nicht zuletzt aufgrund des außergewöhnlich hohen Anteils der in ihrem Hause lebenden Eigentümer gravierend von denen anderer deutscher Großstädte abwichen, dürfte eine den herangezogenen Vergleichsdaten anderer Städte entsprechende Totalerfassung des Bremer Wohnungsbestandes zwar zu einer Verschiebung der auf die verschiedenen Zeitspannen entfallenden Quoten führen, ohne jedoch zwangsläufig den Anteil längerfristig bewohnter Wohnungen drastisch zu verringern.

Anders als die Wohndauer einzelner Personen oder ganzer Bevölkerungsteile in einer Stadt bzw. innerhalb eines ausgewählten Teilbereichs derselben spiegelt die Bezugsdauer - gleichsam aus Sicht der zum Wohnen dienenden Räumlichkeiten - die am Stück verbrachte Zeitspanne einer jeden Wohnpartei in diesen Wohnungen oder Häusern wider. So steht eine kurze Bezugsdauer der Wohnungen als Ausdruck häufigen Bewohnerwechsels bzw. einer raschen und umfänglichen Fluktuation, während eine lange Bezugsdauer demgegenüber von Kontinuität und Seßhaftigkeit kündet. Um diesem für das Sozialleben innerhalb der südlichen Vorstadt Bremens nicht unwesentlichen Verhältnis von Kurz- und Langlebigkeit auf die Spur zu kommen, nimmt die Analyse zunächst die zwischen 1875 und 1914 in den Häusern der Gastfeld-, Korn-, Rasing- und Wulfhoopstraße erreichte Bezugsdauer in den Blick (vgl. Tabelle 18).[83]

Eine kurze, maximal fünf Jahre währende Bezugsdauer war auch in den Wohnhäusern der südlichen Vorstadt stark verbreitet und besaß im Durchschnitt aller vier untersuchten Straßen ein leichtes Übergewicht von 55 Prozent. Sehr viel deutlicher tritt die vorherrschende kurze Verweildauer im Vergleich der ein bis zehn Jahre und der elf bis vierzig Jahre am Stück bewohnten Häuser hervor. Das Gros der Wohngebäude (74 Prozent) hatte im Laufe der vier Jahrzehnte spätestens nach zehn Jahren einen Bewohnerwechsel erfahren. Nur gut ein Viertel der Häuser (26 Prozent) war von seinen Bewohnern ohne Unterbrechung elf bis vierzig Jahre zum Wohnen und mitunter auch zu gewerblichen Zwecken genutzt worden. Eine lange, kontinuierliche Verweildauer in demselben Hause war demnach in den mit Reihenhäusern bestückten Straßen dieses Stadtviertels vergleichsweise selten auszumachen. Da die Mehrheit der Wohnhäuser bereits nach wenigen Jahren oder nach Ablauf einer allenfalls als mittelfristig zu bezeichnenden Zeitspanne von ihren Bewohnern verlassen wurden, besteht an der Dominanz kurzer Bezugsdauern - und somit implizit einer starken Fluktuation und hohen Mobilität - kein Zweifel.

Tabelle 18: Bezugsdauer der Häuser (in Prozent) (1875-1914)

Bezugsdauer in Jahren	Gastfeld- n=3.131	Korn- n=3.597	Rasing- n=5.253	Wulfhoop- n=4.257	Summe n=16.238
bis 1	17.53	18.25	17.71	16.10	17.39
2-5	36.66	42.55	35.12	37.33	37.69
6-10	19.35	19.94	16.98	20.67	19.07
11-20	17.00	14.54	19.25	18.25	17.47
21-40	9.46	4.72	10.94	7.65	8.38

(n = Gesamtzahl der Bezugsjahre der Häuser von 1875 bis 1914)
Quelle: Bremer Adreßbücher, Jge. 1875-1914; eigene Auswertungen

Doch welches Bild präsentierte sich in den einzelnen Straßen? Die unterschiedliche Entwicklung der Bautätigkeit bzw. des Wohnhausbestandes und des Einwohnerzuwachses einerseits in den Arbeiterstraßen, die ihre Entstehung ausschließlich der Initiative von privaten Bauunternehmern verdankten, andererseits in den staatlich geplanten, eher kleinbürgerlich-proletarisch geprägten Straßen spricht für die Wahrscheinlichkeit einer längeren Bezugsdauer in der Rasing- und Wulfhoopstraße als in der Gastfeld- und Kornstraße. Wie im Rahmen der aus unterschiedlichen Blickwinkeln vorgenommenen Mobilitätsanalysen deutlich wurde, herrschte in den Arbeiterwohnstraßen ein hohes Mobilitätsaufkommen, wohingegen straßeninterne Wohnmobilität in den staatlichen Hauptstraßen eine rare Erscheinungsform darstellte. Diese ganz erheblich divergierenden Bedingungen in den beiden Straßenpaaren konnten nicht ohne Einfluß auf die Bezugsdauer der Häuser bleiben. Gleichzeitig liefert der zwischen 1875 und 1914 stark schwankende, erst ab Mitte der 1890er Jahre erweiterte Wohnhausbestand in den beiden Planstraßen den ausschlaggebenden Grund für die hier gewählte, von anderen Studien grundlegend abweichende Methode zur Ermittlung der Bezugsdauer.

Das gängige Vorgehen, die jeweils nach Ablauf von zehn Jahren erlangte Bezugsdauer der Wohnungen einzelner Städte zu erfassen,[84] besitzt zweifelsohne den Vorteil, auf diese Weise eingetretene Veränderungen der in unterschiedlichen Zeiträumen dominierenden Bezugsdauer aufzeigen und in den übergeordneten Zusammenhang gesellschaftlichen Wandels einordnen zu können. Wie aber offenbar stets verkannt wurde, erklären sich aus diesen in relativ kurzen Zeitabständen "künstlich" gesetzten Schnitten gleichermaßen die zwangsläufig enorm hohen Raten einer kurzfristigen wie die minimalen Anteile einer langen Bezugsdauer. Überdies blieb in all diesen Studien die für eine jede komparative Betrachtung notwendig zu prüfende Voraussetzung einer tatsächlich gegebenen Vergleichbarkeit der Untersuchungsobjekte - hier in Gestalt der betrachteten Wohnungen - grundsätzlich unberücksichtigt. Vornehmlich im letzten Viertel des 19. und zu Beginn des 20. Jahrhunderts lief jedoch der Stadterweiterungsprozeß und die mit diesem aufs Engste verknüpfte Bautätigkeit in den deutschen Großstädten auf Hochtouren. Demzufolge konnte es sich bei dem in zehnjährigen Intervallen analysierten Wohnungsbestand der einzelnen Städte mit fortschreitendem Zeitraum nie um die gleichen "Größen" handeln. Je umfangreicher sich der nach einem Jahrzehnt geschaffene Neubaubestand in einer Stadt darbot, desto höher lag wiederum die Quote der Wohnungen mit einer extrem kurzen Bezugsdauer, zumal bekanntlich gerade in den neu errichteten Wohngebäuden, nicht zuletzt aufgrund des weitverbreiteten Trockenwohnens, ein rascher und umfänglicher Bewohneraustausch stattzufinden pflegte.

In Anbetracht der diversen Faktoren, die einer komparativen Analyse eher hinderlich im Wege stehen, erweist sich das vorstehend erläuterte Verfahren zur Eruierung und Interpretation der Bezugsdauer in den Häusern der vier Straßen der südlichen Vorstadt Bremens als wenig sinnvoll. Aus diesem Grunde und entsprechend dem hier verfolgten, übergeordneten Interesse, einer mit wachsendem Volumen der den Betrachtungen zugrundegelegten räumlichen Einheiten hypothetisch steigenden Verweildauer Transparenz zu verleihen, beziehen sich alle nachfolgenden Untersuchungen auf den gesamten vierzigjährigen Zeitraum von 1875 bis 1914. Binnen dieser vier Jahrzehnte summierte sich die Bezugsdauer sämtlicher Bewohner in den Häusern der vier Straßen auf insgesamt 16.238 Jahre. Entgegen der oben vorgenommenen groben Verortung des Verhältnisses von Kurz- und Langlebigkeit in diesem Stadtviertel bieten die nunmehr in kürzeren Intervallen gesetzten Zeitspannen einen tieferen Einblick in die Bezugsdauer der Häuser und existierende Unterschiede zwischen den einzelnen Straßenzügen.

Wie oben bereits erörtert und aus der Tabelle 18 ersichtlich, war eine kurze Bezugsdauer der Wohngebäude in allen Straßen vorherrschend. Eine ausgesprochen kurz befristete, nur bis zu einem Jahr umfassende Wohndauer im selben Hause fand indessen keineswegs eine solch starke Verbreitung, wie die Ergebnisse anderer Studien dies hätten erwarten lassen. Trotz der zu unterschiedlichen Zeitpunkten in anderen deutschen Großstädten sehr wohl differierenden Wohnungsraten mit einer solch kurzen Bezugsdauer, bewegten sich diese doch in aller Regel um 25 bis 30 Prozent und überstiegen diesen enormen Anteil Mitte der 1890er Jahre noch vereinzelt. Von den untersuchten Häuser der südlichen Vorstadt entfielen hingegen lediglich rund 17 Prozent in diese kürzeste Zeitspanne. Diese vergleichsweise geringe Rate beinhaltet - methodisch bedingt - allerdings auch all jene zwangsläufig in diese kurze Dauer "rutschenden" Objekte (1,29 Prozent), die erst 1914, also im letzten Betrachtungsjahr der vorliegenden Studie, bezogen worden waren. Die höchste Quote erreichten die Gebäude aller vier Straßen in der durchschnittlich bei 38 Prozent liegenden zeitlichen Kategorie der von zwei bis fünf Jahren währenden Bezugsdauer. Anders als im maximal einjährigen Zeitraum traten in dieser immer noch als kurz einzustufenden zwei- bis fünfjährigen Zeitspanne auffällige Unterschiede zwischen den einzelnen Straßen hervor. Wies die staatliche Kornstraße einen mit 42,55 Prozent außerordentlich hohen Anteil kurz bewohnter Gebäude auf, so blieben die Häuser der Rasingstraße mit 35,12 Prozent deutlich unter dem diesbezüglichen Durchschnitt aller vier Straßen. Nur knapp ein Fünftel der Wohngebäude (19,07 Prozent) wurden zumindest für sechs bis zehn Jahre, also immerhin mittelfristig, von denselben Wohnparteien bewohnt. Die Bauten der Rasingstraße fielen indes erneut mit einer erheblich geringeren Quote (16,98 Prozent) aus dem Rahmen. Eine kurz- bis mittelfristige, von einem bis zu maximal zehn Jahren währende Bezugsdauer erwies sich in den vier Straßen dieses Stadtviertels folglich als gängige Verweildauer im selben Hause. Annähernd drei Viertel (74,15 Prozent) des gesamten bis 1914 existierenden Wohnhausbestandes hatte seinen Bewohnern allenfalls bis zu einem Jahrzehnt ohne Unterbrechung zum Wohnen gedient.

Signifikante Abweichungen von dieser im Mittel zutreffenden Bezugsdauer waren vornehmlich in der Korn- und Rasingstraße, die bereits im Rahmen stadtteilinterner Mobilität als ausgeprägtes Gegensatzpaar zur Auffälligkeit gelangten, zu verorten. So waren in der proletarischen Rasingstraße nur 69,81 Prozent aller Reihenhäuser durch eine maximal zehnjährige, kontinuierliche Verweildauer ihrer Bewohner gekennzeichnet, während in der als Haupt- und Geschäftsstraße fungierenden staatlichen Kornstraße 80,74 Prozent sämtlicher bis 1914 fertiggestellten Gebäude im längsten Falle durchgängig zehn Jahre genutzt wurden - eine außergewöhnliche hohe Rate, die primär auf den immerhin 60,8 Prozent umfassenden Anteil der lediglich ein bis fünf Jahre bewohnten Häuser zurückging. Stattliche Quoten kurz- oder mittelfristig bewohnter Häuser vermögen in der Gastfeld- und Kornstraße, die sich ursprünglich durch einen spärlichen Wohnhausbestand auszeichneten und erst ab 1895/1896 mit zahlreichen Neubauten bestückt wurden, kaum zu überraschen. Erstaunlich hoch nimmt sich im Straßenvergleich jedoch der nahezu exakt mit dem Mittelwert übereinstimmende und selbst die Rate der Gastfeldstraße übertreffende Anteil der ein- bis zehnjährigen Bezugsdauer in der Wulfhoopstraße (74,1 Prozent) aus, die sich dort in erster Linie durch die starke Verbreitung einer sechs- bis zehnjährigen Bezugsdauer ihrer Häuser (20,67 Prozent) erklärte.

Auf eine elf bis zwanzig Jahre am Stück umfassende und damit bereits beachtlich lange Bezugsdauer kamen immerhin 17,5 Prozent aller erfaßten Wohngebäude. Analog der außerordentlich hohen Raten ihrer kurz- bis mittelfristig bewohnten Häuser besaß die Kornstraße den mit 14,54 Prozent geringsten Anteil solch langfristig genutzter Gebäude. Bemerkenswert hohe, deutlich über dem Durchschnitt liegende Quoten der bis zu zwei Jahrzehnten von denselben Personen bewohnten Häuser erzielten hingegen die Wulfhoopstraße (18,25 Prozent) und die Rasingstraße (19,25 Prozent). Ein kleiner Teil der Wohnhäuser (8,38 Prozent) war überdies durch eine äußerst lange, zwanzig Jahre überschreitende Bezugsdauer gekennzeichnet. Solch langfristig genutzte Gebäude waren erwartungsgemäß in der Kornstraße ausgesprochen rar (4,72 Prozent) und in der Rasingstraße am stärksten (10,94 Prozent) vertreten. Allen Erwartungen zum Trotz blieb der Anteil 21 bis 40 Jahre kontinuierlich bewohnter Häuser in der früh vollständig bebauten Wulfhoopstraße (7,65 Prozent) verhältnismäßig gering, während die spät komplett mit Wohnhäusern bestückte Gastfeldstraße über eine frappierend hohe Rate (9,46 Prozent) derartig dauerhaft genutzter Gebäude verfügte. Immense Fluktuationsraten und eine ausgeprägte Wohnmobilität ihrer Bewohner standen mithin, wie am Beispiel der proletarischen Rasingstraße deutlich wurde, ebensowenig im Widerspruch zu einer langen Bezugsdauer einiger dort vorhandener Häuser, wie ein ursprünglich spärlicher Wohnhausbestand und eine dementsprechend begrenzte Bewohnerzahl keineswegs grundsätzlich der Herausbildung eines offenkundig seßhaften Kerns der über zwei Jahrzehnte im selben Hause verbleibenden Wohnbevölkerung, etwa in der Gastfeldstraße, entgegenstanden.

Die Wohndauer in der Straße

Eine in allen vier untersuchten Straßen der südlichen Vorstadt Bremens vorherrschend kurze Bezugsdauer der Häuser liefert erste Hinweise auf die im folgenden zu thematisierende Wohndauer der zwischen 1875 und 1914 in diesen Straßenzügen lebenden Wohnverbände. Alle anknüpfenden Untersuchungen kreisen folglich - im Gegensatz zu der aus Sicht der Häuser betrachteten Bezugsdauer - nunmehr um die von jedem Bewohner erreichte Verweildauer in den einzelnen Straßen. Letztere war im Falle immobiler Wohnparteien selbstredend identisch mit der Bezugsdauer, da es sich hier um die ausschließlich im selben Hause verbrachten Zeitspannen handelte. Wer indessen einen oder auch mehrere straßeninterne Wohnungswechsel vollzogen hatte, lebte an jedem Wohnsitz möglicherweise nur wenige Jahre, konnte damit aber in der Straße auf eine beachtliche Wohndauer kommen. Schließlich gehen auch all jene Bewohner in die Analyse ein, die ihre ursprüngliche Wohnung aufgaben, um sich vorübergehend andernorts niederzulassen, jedoch über kurz oder lang in die bereits früher bewohnte Straße zurückkehrten.

Eine von Straße zu Straße differierende Anzahl mobiler Bewohner und ein demzufolge einerseits in den staatlichen Hauptstraßen, andererseits in den Arbeiterwohnstraßen erheblich schwankendes Mobilitätsaufkommen mußte nachhaltige Auswirkungen auf die in jedem Straßenzug erlangte Wohndauer ihrer Bewohner zeitigen. So lassen die geringe Zahl der straßenintern Mobilen in der Gastfeld- und Kornstraße hier eine auch aus dem Blickwinkel der einzelnen Personen überwiegend kurze Verweildauer annehmen. Der hohe Verbreitungsgrad der innerhalb der Rasing- und Wulfhoopstraße umziehenden Bewohner dürfte hingegen zumindest den Anteil der Bewohner, die extrem kurz, also im längsten Falle bis zu einem Jahr, in diesen Straßen verblieben, wesentlich geringer ausfallen lassen. Zudem bleibt in den spät ausgebauten staatlichen Planstraßen, die erst zu Beginn des 20. Jahrhunderts einen enormen Bevölkerungszuwachs erfuhren, allenfalls ein kleiner Bewohnerkreis mit langjähriger, ein Jahrzehnt überschreitender Ansässigkeit zu erwarten.

Die in der Tabelle 19 dargestellten Untersuchungsergebnisse der von sämtlichen Bewohnern in den einzelnen Straßen erreichten Wohndauer bestätigt die Annahme der auch unter dem Aspekt des Verbleibs unverkennbar voneinander abweichenden Straßenpaare. Die überwältigende Mehrheit der Einwohner blieb nur für wenige Jahre in einer der untersuchten Straßen wohnhaft. Dies traf allerdings - trotz gleichwohl existierender gradueller Unterschiede - auf die Bewohnerschaft jedes in Augenschein genommenen Straßenzuges zu. Ein von 42 bis 48 Prozent reichender, im Schnitt 44,7 Prozent umfassender Anteil der Bewohner verließ bereits nach wenigen Monaten, spätestens jedoch nach einem Jahr, die gerade erst bezogene Straße. Besonders starke Verbreitung fanden diese als ausgesprochen kurze Abstecher zu bezeichnenden Aufenthalte in der Gastfeld- und Kornstraße. Obgleich die Quoten der Haushalte mit einer maximal einjährigen Wohndauer in der Rasing- und Wulfhoopstraße deutlich unter denen der staatlichen Planstraßen lagen, fungierten diese beiden Arbeiterstraßen doch offensichtlich für einen Großteil der Bewohner gleichermaßen lediglich als Durchgangsstation. Ein mit 209 Wohnparteien durchaus nennenswerter Teil der Bewohner war aber erst im Jahre 1914 zugezogen. Den stärksten Zustrom neuer Wohnverbände hatte die zu Beginn des 20. Jahrhunderts mit einem stattlichen Neubauangebot aufwartende und damit für Wohnungssuchende attraktive Kornstraße zu verzeichnen; denn nahezu die Hälfte sämtlicher in diesem Jahr als Neuzugänge (97 Bewohner) identifizierbaren Bewohner ließ sich in einer Wohnung dieser Hauptgeschäftsstraße nieder. In Anbetracht der mit Ausbruch des Ersten Weltkrieges und nicht

Tabelle 19: Die Wohndauer in den einzelnen Straßen (1875-1914)
(in Prozent der Bewohner)

Bezugsdauer in Jahren	Gastfeld- n=3.131	Korn- n=3.597	Rasing- n=5.253	Wulfhoop- n=4.257	Summe n=16.238
bis 1	48.19	47.07	41.85	42.41	44.72
2-5	36.74	40.64	37.76	39.04	38.63
6-10	9.60	8.43	10.81	10.83	9.92
11-20	4.13	3.38	7.26	6.03	5.26
21-40	1.34	0.48	2.32	1.69	1.47

(n = Gesamtzahl der Haushaltsvorstände von 1875 bis 1914)
Quelle: Bremer Adreßbücher, Jge. 1875-1914; eigene Auswertungen

zuletzt auch aufgrund der sich in diesen Jahren außerordentlich stark zuspitzenden Wohnungsnot[85] rapide sinkenden Mobilität[86] sowie unter der Annahme einer aus vorgenannten Gründen mehr als einjährigen Verweildauer dieser neu zugezogenen Bewohner verringern sich die immens hohen Raten der nur für ein Jahr anwesenden Personen in allen vier Straßen, vornehmlich aber in der Korn- und Gastfeldstraße, beträchtlich. Unter dieser Voraussetzung beliefe sich der durchschnittliche Anteil der bis zu einem Jahr in den Straßen verweilenden Wohnparteien nunmehr auf 40,21 Prozent und hätte sich damit um 4,51 Prozent minimiert. Mit einer von 47,07 auf 39,28 Prozent sinkenden Quote ihrer extrem kurz ansässigen Bewohner wäre in der Kornstraße demzufolge der stärkste Rückgang zu registrieren.[87]

Trotz einer sich unter diesen Voraussetzungen relativierenden Verbreitung der für ein Jahr in den Straßen lebenden Haushalte blieb die Dominanz einer kurzen Wohndauer doch bestehen, zumal eine auf zwei bis fünf Jahre begrenzte Anwesenheit der Wohnparteien kaum minder häufig auszumachen war. Immerhin 38,6 Prozent aller Einwohner verbrachten im längsten Falle - und dies nicht selten mit Unterbrechungen - insgesamt fünf Jahre in einer Straße. Die Bewohner der Kornstraße stellten hier abermals einen beachtlichen und im Straßenvergleich den höchsten Anteil (40,6 Prozent) der sich nur für wenige Jahre häuslich niedergelassenen Personen. Insgesamt 83 Prozent aller Einwohner (und unter Berücksichtigung der erst 1914 eingetroffenen Personen immer noch 79 Prozent) kamen auf eine maximal fünfjährige, zumeist jedoch noch kürzere Wohndauer in einer der untersuchten Straßen der südlichen Vorstadt. Das Gros der Bewohner hielt sich somit zwischen 1875 und 1914 lediglich für kurze Zeit in einem der Straßenzüge auf, bevor sie ihren Wohnsitz in eine andere Straße dieses Viertels oder in einen anderen Bremer Stadtteil verlegten, wenn nicht über die Grenzen des Bremer Stadtgebietes hinaus abwanderten. Kurze Stippvisiten in einer der Straßen bildeten also keineswegs seltene Ausnahmen, sondern waren vielmehr als gängiger Bestandteil des Wohnverhaltens der breiten Masse anzusehen.

So präsentierte sich bereits in dem als mittelfristig einzustufenden zeitlichen Rahmen der von sechs bis zehn Jahren währenden Wohndauer ein in allen vier Straßenzügen drastisch reduzierter, gerade auf knapp 10 Prozent kommender Bewohnerteil. Beide Arbeiterstraßen beherbergten eine höhere Rate mittelfristig verbliebener Haushalte als die Gastfeld- und insbesondere die mit der geringsten Bewohnerquote (8,4 Prozent) weit unter dem Durchschnitt liegende Kornstraße. Sowohl in der Rasing- als auch in der Wulfhoopstraße ging die insgesamt sechs- bis zehnjährige Verweildauer ihrer Bewohner zu erheblichen Teilen auf die dort zahlreich vertretenen mobilen Wohnverbände zurück, die zwar in den jeweiligen Häusern nur mit einer kurzen Anwesenheit glänzten, letztlich aber oft länger in derselben Straße verblieben als viele ihrer immobilen Nachbarn.

Seßhafte Bewohner waren - analog des überproportional hohen Anteils kurz- und mittelfristig ansässiger Wohnparteien - in jeder der vier Straßen eher rar "gesät". Auf eine langfristige Wohndauer von elf bis zwanzig Jahren konnte allerdings ein mit 5,3 Prozent noch durchaus nennenswerter Teil der gesamten Bewohnerschaft zurückblicken. Mit zunehmender Verweildauer zeichnete sich im Straßenvergleich erwartungsgemäß eine stärkere Polarisierung der beiden Straßenpaare ab. So zählten in der Korn- und Gastfeldstraße nur drei bis vier Prozent ihrer Einwohner zu dem kleinen Kreis der bis zu zwei Jahrzehnten in einer dieser Geschäftsstraßen lebenden Bewohner - ein geringer Verbreitungsgrad, der sich schlicht aus den von der Rasing- und Wulfhoopstraße abweichenden Entstehungsbedingungen dieser ursprünglich spärlich bebauten und von wenigen Personen bevölkerten Straßen herleiten läßt. In den Reihen der Wohnbevölkerung beider Arbeiterstraßen fanden sich hingegen vergleichsweise hohe Bewohnerquoten (sechs bzw. sieben Prozent) mit einer solch bemerkenswerten Verweildauer.

Auf eine noch längere Wohndauer von 21 bis 40 Jahren konnten demzufolge nur wenige Bewohner kommen. Tatsächlich hob sich ein mit 1,47 Prozent minimaler Bevölkerungsteil mit einer solch langen Verweildauer vom Gros der Bewohnerschaft ab. Dennoch waren diese ausgesprochen seßhaften Wohnverbände in jeder der vier untersuchten Straßen anzutreffen. Lediglich als Kleinstgruppen zu verorten und auffällig unterrepräsentiert blieben diese länger als zwei Jahrzehnte ansässigen Haushalte sowohl in der Gastfeld- (1,34 Prozent) als auch in der Kornstraße (0,48 Prozent). Zu mitgliederstärkeren Gruppen formierten sich diese seßhaften Bewohner, die zweifelsohne eine starke Bindung an ihre Straße entwickelt hatten, allerdings in den durch hohe Mobilität gekennzeichneten proletarischen Straßenzügen. Lebten in der Wulfhoopstraße 1,69 Prozent aller Einwohner über zwei, drei oder gar vier Jahrzehnte in dieser zu den ungünstigsten Wohnlagen im Bremer Stadtgebiet zählenden Straße, so verfügte die aufgrund ihrer unvorteilhaften Wohnverhältnisse nicht minder verrufene Rasingstraße über den größten seßhaften Kern ihrer Bewohnerschaft (2,32 Prozent).

Seßhaftigkeit - soviel kann anhand der länger als ein Jahrzehnt in den einzelnen Straßen der südlichen Vorstadt Bremens verbliebenen Bewohner gefolgert werden - war mithin weder eine Frage des Geldbeutels noch das unverkennbare Resultat besonders vorteilhafter, zum dauerhaften Verweilen animierender Wohnbedingungen. Eine Differenzierung der sich als mobil erwiesenen Bewohner auf der einen und der stets im selben Hause lebenden, immobilen Wohnparteien auf der anderen Seite bestätigt indessen die Annahme, daß Mobilität und Seßhaftigkeit keineswegs zwei unvereinbare Lebensformen darstellten. Am Beispiel der von allen erfaßten Bewohnern in den jeweiligen Straßen erreichten Wohndauer zeichnet sich vielmehr eine Umkehrung dieses vermeintlichen Antagonismus ab. Mit Ausnahme der sich in der Gastfeldstraße auf lange Dauer niedergelassenen Haushaltsverbände dominierten in der Rasing- und Wulfhoopstraße vornehmlich unter den ausgesprochen seßhaften, 21 bis 40 Jahre ansässig gebliebenen Bewohnern die mobilen Personen, während diejenigen Einwohner, die ihren Wohnsitz nie verändert hatten, nur in Ausnahmefällen eine solch lange Verweildauer erzielten. In der staatlich geplanten Kornstraße setzte sich der berechtigt als seßhafter Kern zu bezeichnende Bevölkerungsteil mit einer zwei Jahrzehnte überschreitenden Wohndauer gar ausschließlich aus mobilen Wohnverbänden zusammen.

Der Verbleib im Viertel

Die alljährlich stattliche Zahl erfolgter Zuzüge und Fortzüge verursachte zwischen 1875 und 1914 in allen vier betrachteten Straßen der südlichen Vorstadt Bremens einen Bewohneraustausch gewaltigen Ausmaßes. Gleichzeitig sorgten die stadtteilinternen Umzüge zahlreicher Wohnverbände binnen dieser vierzig

Jahre für zusätzliche Bewegung. Bei einer solch umfänglichen Wohnmobilität war eine überwiegend kurze Bezugsdauer der Wohnungen bzw. Häuser förmlich vorprogrammiert und entsprach damit durchaus den Erwartungen. Als kurz erwies sich aber auch die vom Gros der Bevölkerung erlangte Wohndauer in der Gastfeld-, Korn-, Rasing- und Wulfhoopstraße. Kurzlebigkeit prägte somit gleichermaßen die zum Wohnen dienenden und mitunter auch zum Arbeiten genutzten Objekte wie die nächstgrößeren räumlichen Einheiten der einzelnen Straßen. Da lediglich eine kleine Minderheit der Bewohner über einen langen, mehr als zehn Jahre umfassenden Zeitraum in derselben Straße wohnhaft blieb, kam den Straßenzügen unter sozialräumlichen Gesichtspunkten offenbar eine untergeordnete Bedeutung zu.

Am Beispiel der 789 nachweislich mobilen Wohnparteien (18,5 Prozent aller Einwohner), die ihren Wohnsitz ein- oder gar mehrmals entweder innerhalb der schon zuvor bewohnten Straßenzüge wechselten oder aber in eine andere der vier untersuchten Straßen verlegten, bestätigt sich das in der neueren Mobilitätsforschung bereits zur Auffälligkeit gelangte Phänomen der vornehmlich in proletarischen Stadtteilen ausgeprägten Quartiergebundenheit[88] seiner Bewohner. Mit der erforderlichen Eingrenzung des Untersuchungsgebietes auf vier ausgewählte Straßen wurde selbstredend nur ein Teil der Mobilen erfaßt, so daß die lokalisierten Umzugsbewegungen lediglich ein Bruchstück des zwischen 1875 und 1914 tatsächlich stattgefundenen Mobilitätsgeschehens innerhalb der südlichen Vorstadt widerspiegelten. So waren straßenübergreifende Wohnungswechsel allenfalls dann nachvollziehbar, wenn die Wahl der Wohnungssuchenden auf eine in den vier Straßen gelegene Unterkunft fiel. Da indes immerhin 333 Haushaltsverbände, also acht Prozent aller Bewohner, selbst innerhalb dieses kleinen Teilbereichs der südlichen Vorstadt zahlreiche Umzüge bewerkstelligten, läßt sich ermessen, welch enormes Ausmaß die Wohnmobilität im gesamten Stadtteil annahm.

Unter Ausklammerung aller registrierten Abweichungen der in den einzelnen Straßenzügen erreichten Wohndauer präsentiert sich bei der Gesamtbetrachtung dieser im folgenden als Abbild des Viertels definierten vier Straßen ein modifiziertes Bild des in der Tabelle 20 dargestellten Verbleibs.

Auch aus gleichsam gebündelter Sicht verbrachte das Gros der zwischen 1875 und 1914 in der Gastfeld-, Korn-, Rasing- und Wulfhoopstraße lebenden 4.274 Einwohner nur eine kurze Zeit in diesem begrenzten Bereich der südlichen Vorstadt. Annähernd jeder zweite (1.809 Personen) der scheinbar immobilen Bewohner beschränkte seine Anwesenheit auf maximal ein Jahr, so daß solch außerordentlich kurz befristete Aufenthalte in diesem Wohngebiet einer Stippvisite gleichkamen. Einen transitorischen Charakter besaß allerdings auch eine lediglich zwei bis fünf Jahre umfassende Verweildauer, die sowohl auf die Mehrheit der

Mobilen (58 Prozent) als auch auf erhebliche Teile der vermeintlich immobilen Wohnparteien (37 Prozent) zutraf. Demnach strebten 3.473 Wohnverbände, mithin 81 Prozent der gesamten Wohnbevölkerung, spätestens nach fünf Jahren einem neuen Wohnort entgegen. Immerhin 462 Haushalte (11 Prozent) kamen hingegen auf eine mittelfristige, sechs- bis zehnjährige Wohndauer. Länger als ein Jahrzehnt währte die Ansässigkeit von 339 Bewohnern (8 Prozent) in diesem Arbeiterviertel, die damit der gängigen Definition von Seßhaftigkeit[89] entsprachen.

Tabelle 20: Die Wohndauer im Viertel (1875-1914)
(in Prozent der Bewohner)

Bezugsdauer in Jahren	Mobile zwischen den Straßen n=333	Immobile im Viertel*n=3.941	Gesamtbewohnerschaft n=4.274
bis 1	0.00	45.90	42.33
2-5	57.96	37.33	38.93
6-10	27.33	9.41	10.81
11-20	11.41	5.64	5.92
21-40	3.30	1.90	2.01

(n = Gesamtzahl der Haushaltsvorstände von 1875 bis 1914,
* Immobile Bewohner (einschließlich der straßenintern Mobilen)
Quelle: Bremer Adreßbücher, Jge. 1875-1914; eigene Auswertungen

Ein Vergleich der Verweildauer im Viertel - also in diesem Falle im geographischen Raum aller vier Straßen der südlichen Vorstadt - mit der in den einzelnen Straßenzügen erzielten Wohndauer läßt Verlagerungen in allen zur Unterscheidung kurz-, mittel- und langfristigen Verbleibs gewählten Zeitspannen zutagetreten. Schon kurz nach der Ankunft verließ ein Großteil der sich im Laufe der vierzig Jahre in einer der vier Straßen häuslich niedergelassenen Bewohner, die hier nur wenige Monate, längstens jedoch ein Jahr zugebracht hatten, die erst unlängst bezogenen Wohnstraßen, um einen neuerlichen Wohnungswechsel vorzunehmen. Ein mit 44,7 Prozent außergewöhnlich hoher Anteil aller Bewohner lebte somit nur ein Jahr lang in demselben Straßenzug. Für die Mehrzahl dieser nach kürzester Frist erneut aufbrechenden Wohnparteien blieb das Umzugsziel unbekannt. Sofern der Wohnungswechsel indessen nicht über die Grenzen des Viertels hinauswies, bot eine kurze Umzugsdistanz unverkennbare Vorteile und wurde in aller Regel, wie oben erläutert, auch von den mobilen Bewohnern der Gastfeld-, Korn-, Rasing- und Wulf-hoopstraße bevorzugt. Das weitflächige Gebiet der mit zahlreichen Straßen bestückten südlichen Vorstadt bot den nach einer neuen Bleibe Ausschau haltenden Wohnverbänden selbst unter der Voraussetzung einer möglichst gegebenen Nähe zum alten Wohnsitz eine reichhaltige Auswahl. Dennoch trafen etliche Bewohner entweder unmittelbar nach ihrem Auszug oder nach ein- bzw. mehrjähriger Abwesenheit in einer anderen der vier untersuchten Straßen ein. Teile dieser Mobilen (63 Bewohner) blieben gewissermaßen ihrem bereits eingeübten Verhaltensmuster treu, indem sie auch in der nach dem Umzug angesteuerten Straße nur bis zu einem Jahr verweilten. Das Gros der zwischen den vier Straßen ihren Wohnsitz tauschenden oder gar pendelnden Bewohner richtete sich jedoch für längere Zeit häuslich ein. Aus diesem Grunde verringerte sich die in den verschiedenen Straßen überaus starke Verbreitung der einjährigen Wohndauer (44,7 Prozent) bei ganzheitlicher Betrachtung des im Untersuchungsgebiet zu registrierenden Verbleibs immerhin um 2,39 Prozent, so daß nunmehr 42,3 Prozent aller Einwohner auf diese kürzeste Ansässigkeitsdauer kamen.

Kaum nennenswerte Veränderungen gegenüber der in den Straßen erreichten Wohndauer (38,6 Prozent) waren in der nahezu übereinstimmenden, nur leicht erhöhten Rate der insgesamt für zwei bis fünf Jahre verbliebenen Bewohner (38,9 Prozent) zu verzeichnen. Die auf straßenübergreifende Wohnungswechsel zurückgehende Reduzierung einer einjährigen Verweildauer machte sich in erster Linie in einem Zugewinn (0,89 Prozent) der sechs- bis zehnjährigen Wohndauer bemerkbar. Obgleich viele der nachweislich mobilen Personen bzw. Haushaltungen in den jeweilig bewohnten Straßen nur kurze Stippvisiten abhielten, summierte sich deren gleichsam als Stückwerk zustandegekommene Gesamtwohndauer im Viertel doch zumindest auf sechs bis zehn Jahre. Deutlich erhöht hatten sich aber auch die Quoten der langfristig, elf bis zwanzig Jahre oder gar länger als zwei Jahrzehnte in diesem Stadtviertel lebenden Bewohner. So stieg die Rate der sich in den einzelnen Straßen lediglich auf 6,7 Prozent belaufenden Seßhaften infolge der Wohnmobilität im gesamten Untersuchungsgebiet auf 7,9 Prozent. 339 Bewohner stellten somit den seßhaften Kern der Wohnbevölkerung in diesen vier Straßen. Diese ausgesprochen dauerhaft ansässigen und offenkundig mit dem Viertel verwurzelten Wohnverbände schienen mehrheitlich (290 Bewohner) dem immobilen, allenfalls innerhalb der Straßen umziehenden Bevölkerungsteil anzugehören, während die sich in zwei, drei oder allen vier Straßen angesiedelten, 49 mobilen Haushalte eher unterrepräsentiert blieben - eine Feststellung, die jedoch ausschließlich auf Basis der verglichenen Absolutwerte Gültigkeit besitzt. Wird Seßhaftigkeit hingegen an der relativen Verbreitung unter den mobilen und immobilen Bewohnergruppen gemessen, so ergibt sich ein vollauf konträres Verhältnis, das auch die von Zeitgenossen vielfach beklagten Folgen der vornehmlich die Entstehung jeglicher Kontinuität verhindernden, ausgeprägten räumlichen Mobilität zu widerlegen vermag. Hohe Wohnbeständigkeit war bei immobilen Bewohnern - relativ betrachtet - erstaunlich selten zu konstatieren. Mit einem minimalen Verbreitungsgrad von 7,4 Prozent erwies sich lediglich jeder 14. räumlich unbewegliche Einwohner der südlichen Vorstadt als seßhaft. Die Duplizität von Mobilität und Seßhaftigkeit barg somit durchaus keinen Widerspruch, sondern behauptete sich, wie die 49 mobilen und dennoch seßhaften Bewohner unter Beweis stellten, in der Praxis sehr wohl als vereinbar; denn ein langfristiger Verbleib traf immerhin auf 14,7 Prozent aller sich in diesem mehrheitlich von Arbeitern bewohnten Viertel zwischen den Straßen räumlich verändernden Einwohner zu. Jeder siebte Mobile zeichnete sich folglich durch eine bemerkenswerte Verweildauer im Viertel aus.

Seßhaftigkeit stellte mithin keineswegs die zwangsläufige Folgeerscheinung eines aus Bodenständigkeit und Immobilität erwachsenden Wohnverhaltens dar. Da mobile Wohnverbände etwa doppelt so häufig zum seßhaften Kern der Bewohnerschaft zählten wie immobile Wohnparteien, trug die stadtteilinterne Wohnmobilität vielmehr in hohem Maße zu einem längeren Verbleib im proletarischen Wohnquartier bei.

Ungeachtet dieses auf Grundlage der Untersuchungsergebnisse berechtigten Fazits trügt der alles in allem außerordentlich geringe Anteil der langfristig im Stadtteil verbliebenen Bewohner. Eine solch - im wörtlichen Sinne - unglaublich niedrige Persistenzrate konnte schwerlich mit der historischen Realität in Einklang stehen. Das oben erläuterte und in der Tabelle 20 dargestellte Verteilungsmuster der von sämtlichen Bewohnern im Stadtviertel erreichten Wohndauer mit einer unverkennbar dominierenden kurzen Ansässigkeit verweist implizit auf eine sehr viel stärker ausgeprägte geographische Mobilität, als mittels der verfügbaren Quellen und anhand des aus Aufwandsgründen stark eingegrenzten Untersuchungsgebietes nachgewiesen werden konnte. An der überwiegend kurzen Bezugsdauer der Häuser und dem in allen vier untersuchten Straßen mehrheitlich nach wenigen Jahren erfolgten Fortzug der Bewohner besteht kein Zweifel. In Frage zu stellen bleibt allerdings die hier stets im strengen Sinne zugrundegelegte Definition von Mobilität bzw. Immobilität. So stützen sich sämtliche Untersuchungsergebnisse zur Mobilität und Wohndauer auf die Differenzierung der sich einerseits durch räumliche Bewegung jedweder Art auszeichnenden Mobilen und der andererseits einen vollständigen Mangel derselben aufweisenden Immobilen. Gerade diese vermeintlich immobilen, stets im selben Hause wohnenden Personen taten sich aber mit einer exzeptionell hohen Rate der auf eine extrem kurze Wohndauer kommenden Bewohner hervor. Insgesamt 1.809 Haushaltungen (42,3 Prozent aller Einwohner) zogen zwar weder innerhalb der Gastfeld-, Korn-, Rasing- oder Wulfhoopstraße um, noch bewältigten sie einen Wohnungswechsel zwischen diesen Straßenzügen, verbrachten jedoch nur ein Jahr in einer dieser Wohnstraßen. Räumliche Mobilität konnte bei all diesen Bewohnern mit kürzester Aufenthaltsdauer aufgrund der nur in jährlichen Intervallen nachvollziehbaren Veränderungen schlicht nicht sichtbar werden. Doch auch die Vielzahl derer, die etwa zwei oder drei Jahre ununterbrochen im selben Hause wohnhaft blieben, also in diesem Zeitraum zweifelsfrei keinerlei Wohnsitzveränderung vorgenommen hatten, werden letztlich kaum als immobil zu bezeichnen sein. Eine kurze Wohndauer deutet somit generell auf geographische Mobilität hin, auch wenn sich selbige - gleichermaßen quellen- wie aufwandsbedingt - in der vorliegenden Studie nicht nachweisen läßt.

Eine von obigen Analysen abweichende Betrachtung vermag allerdings zu veranschaulichen, in welch hohem Maße sowohl das gering ermittelte Mobilitätsaufkommen als auch die fraglos zu niedrige Persistenzrate von der vorgegebenen Definition abhingen. Werden beispielsweise sämtliche Bewohner mit einer maximal zweijährigen Gesamtwohndauer in allen vier Straßen - und dies traf auf 2.582 Bewohner zu - als mobil definiert, so erhöht sich die lediglich für acht Prozent der Bewohnerschaft nachgewiesene Rate der Mobilen geradezu explosionsartig nunmehr auf 67 Prozent. Wie aber an den als mobil identifizierbaren Bewohnern deutlich wurde, setzte sich deren Verweildauer im gesamten Untersuchungsgebiet gewöhnlich nicht aus mehreren, nahezu übereinstimmend kurzen Einzelwohndauern an jedem Wohnort zusammen. In aller Regel lebten diese Mobilen vielmehr an einem ihrer verschiedenen Wohnsitze über einen längeren Zeitraum und erreichten auf diese Weise, auch wenn sie etwa in zwei Häusern auf eine nur einjährige Bezugsdauer kamen, eine immerhin mittelfristige Wohndauer oder gelangten gar in den Kreis der Seßhaften. Da ein langer Verbleib im Viertel primär durch Wohnmobilität zustandekam, dürfte die Seßhaftigkeit in der südlichen Vorstadt Bremens kaum gravierend von derjenigen anderer Städte abgewichen sein.

Hohe Raten seßhafter Bevölkerungsteile existierten trotz gleichwohl bestehender lokaler Unterschiede während der Hochindustrialierungsperiode in allen deutschen Großstädten, deren Schwankungsbreite von 60 bis 85 Prozent reichte. Geschlechtsspezifische Differenzierungen ließen zudem eine bei Frauen stärker ausgeprägte, um vier bis zwölf Prozent über der von Männern aufgebrachten Ortsgebundenheit erkennen.[90] In proletarischen Wohnbezirken übertraf die Wohnbeständigkeit mitunter noch die der gesamtstädtischen Population, wie etwa für das Münchner Westend nachgewiesen werden konnte. Trotz einer ausgesprochen hohen Umzugshäufigkeit[91] der Bewohner jenes Münchner Arbeiterviertels und einer kurzen Bezugsdauer[92] der Wohnungen lag die durchschnittliche Wohndauer der Haushalte dort bei über 25 Jahren,[93] während die Seßhaftigkeit zu Beginn des 20. Jahrhunderts eine Rate von 89 Prozent erzielte.[94] So liefert das durch weitreichende Parallelen zur Bewohnerschaft der südlichen Vorstadt Bremens gekennzeichnete Wohnverhalten der im Münchner Westend ansässigen Haushaltsverbände den besten Gegenbeweis für den vermeintlichen Antagonismus von Mobilität und Seßhaftigkeit.

Glaserei Wolff, Buntentorsteinweg 41, ein seßhaftes Unternehmen in der südlichen Vorstadt Bremens (1890)

Seßhaftigkeit im Spiegel geschlechts-, berufs- und gewerbespezifischer Differenzierungen

Seßhaftigkeit stellte in der südlichen Vorstadt Bremens, wie anhand der Untersuchungen zur Mobilität und Wohndauer der zwischen 1875 und 1914 in den vier ausgewählten Straßen dieses Stadtviertels lebenden Bewohner aufgezeigt werden konnte, weitaus häufiger das Resultat räumlicher Mobilität dar als das Ergebnis einer langen, kontinuierlich in derselben Straße oder gar im selben Hause erreichten Verweildauer. Das in der neueren Forschung gezogene Fazit, die großstädtische Wohnbevölkerung habe sich in der Zeit des Deutschen Kaiserreichs trotz aller existierenden Schwankungen im Mobilitätsaufkommen stets aus einem hochmobilen, aber unterrepräsentierten, und einem gut doppelt so großen, mithin deutlich dominierenden seßhaften Bevölkerungsteil zusammengesetzt,[95] kann folglich dahingehend präzisiert werden, daß sich selbst der durch Ortsgebundenheit auszeichnende Einwohnerteil immer auch aus innerstädtisch Mobilen rekrutierte.

Da in dem für die vorliegende Studie auf vier Straßenzüge begrenzten Untersuchungsgebiet nur ein kleiner Teil der Wohnbevölkerung länger als zehn Jahre wohnhaft blieb, galt eine sich durch langjährige Anwesenheit und die in diesem Zeitraum gesammelten Erfahrungen entwickelnde Bindung an den Lebensraum offensichtlich in erster Linie dem Viertel und nicht den einzelnen Straßen oder deren Behausungen. Dennoch fanden sich in dem eng abgezirkelten Teilgebiet der weitflächigen südlichen Vorstadt 339 Bewohner bzw. Wohnverbände, die mehr als ein Jahrzehnt und mit zunehmender Wohndauer gar einen erheblichen, wenn nicht den Großteil ihres Lebens in der Gastfeld-, Korn-, Rasing- oder Wulfhoopstraße zugebracht hatten. Das Gros dieser Einwohner verblieb in dem ursprünglich bezogenen Haus oder siedelte allenfalls in eine andere Wohnung derselben Wohnstraße über. 49 Wohnparteien hatten hingegen im Laufe ihrer langjährigen Ansässigkeit im Viertel mindestens einmal die Straße gewechselt. Trotz der zumeist mehrfach bewältigten stadtteilinternen Umzüge kamen 27 Mobile bereits in einem der vier Straßenzüge auf eine lange, zehn Jahre überschreitende Wohndauer, so daß die Gesamtzahl aller sich als seßhaft behauptenden, unterschiedlichen Bewohner mit 312 Personen zu beziffern ist. In 22 Fällen hatten mobile Haushaltsverbände jedoch ihre ausgesprochen lange Gesamtverweildauer in diesem Viertel ausschließlich durch die an den verschiedenen Wohnsitzen zwar relativ kurz befristeten Aufenthalte, in der quasi als Stückwerk entstandenen Summe indes als bemerkenswert dauerhaft zu bezeichnenden Anwesenheit erworben.

Bei eingehender Betrachtung all dieser durch hohe Wohnbeständigkeit geprägten Haushaltsvorstände kristallisiert sich heraus, daß der seßhafte Kern der Bewohnerschaft durchaus keine homogene Gruppe bildete. Sowohl unter geschlechts- und berufsspezifischen Gesichtspunkten als auch hinsichtlich des die Wohnverhältnisse betreffenden Rechtsstatus dieser Personen traten vielmehr Unterschiede hervor, die der eher bunt gemischten Zusammensetzung dieser Bewohnergruppe Rechnung trugen.

Erwartungsgemäß wurde die überragende Mehrzahl dieser Haushalte von Männern geführt. Ungeachtet der klaren Dominanz dieser 257 männlich geleiteten Wohnverbände (82 Prozent) zählten doch immerhin 55 Frauen (18 Prozent) zu den seßhaften Bewohnern. Das Gros der auf eine langfristige Wohndauer in diesem Viertel kommenden Frauen gehörte dem Familienstand der Witwen an (42 Bewohnerinnen). Darüber hinaus bereicherten neun Ehefrauen und vier ledige Bewohnerinnen, die somit nicht nur vorübergehend, sondern ausnahmslos auf Dauer die Funktion des Haushaltsvorstands ausgeübt hatten, den Kreis der Seßhaften. In Anbetracht des im Gegensatz zu anderen deutschen Großstädten in Bremen eine außerordentlich starke Verbreitung findenden Hausbesitzes selbst in Arbeiterhand[96] besäße ein überwiegend auf Hauseigentümer zutreffender langer Verbleib einerseits wenig Überraschungskraft. Da andererseits ein solcher Besitz aufgrund der bremischen Sonderform des Immobiliarkredits häufig - und dies insbesondere in einkommensschwachen Bevölkerungskreisen - ein rein formaljuristisches Eigentum bedeutete, galt das Wohnen im eigenen Hause weder als Garant für einen dauerhaften Fortbestand desselben noch als sichere Voraussetzung zur Erlangung einer länger als ein Jahrzehnt währenden Ansässigkeit. Tatsächlich waren Immobilienbesitzer sowohl männlichen (100 Bewohner) als auch weiblichen Geschlechts (16 Frauen) unter den Seßhaften zahlreich vertreten. Mit 116 Personen (37 Prozent) blieben diese gegenüber den 196 Mietern (63 Prozent) jedoch in der Minderheit. Obgleich eine mehrheitlich von Mietern getragene Gruppe seßhafter Bewohner weitgehend mit der vorherrschenden Rechtsform der Bewohnung in der südlichen Vorstadt korrespondierte,[97] bewiesen die Hauseigentümer - gemessen an ihrem Verbreitungsgrad in diesem Viertel (30 Prozent) - letztlich eine höhere Wohnbeständigkeit als der zur Miete lebende Bevölkerungsteil. Ob die gleichwohl starke Präsenz der dauerhaft in diesem Arbeiterviertel verbliebenen Mieter indes immer auch als ein auf überwiegend positiven Wohnerfahrungen beruhendes Resultat anzusehen war, bleibt vornehmlich im Falle der vielfach unter elenden Bedingungen ihr Dasein fristenden Bewohner der sich durch unzulängliche Wohnverhältnisse auszeichnenden Rasing- und Wulfhoopstraße durchaus fragwürdig. So wird im folgenden die These zu erörtern sein, daß Seßhaftigkeit auch aus der Not erwachsen konnte. Die stadtteilinterne Wohnmobilität reflektierte sowohl die Versuche etlicher Bewohner, insbesondere den ungünstigen Wohn- und Lebensbedingungen in der Rasingstraße zu entrinnen, als auch das vielfach zu konstatierende Scheitern dieser Bestrebungen. In gleichem Maße, wie die Armut diese Bewohner in die alten Verhältnisse zurückwarf, zeichnete sie auch verantwortlich für deren lang währende Ansässigkeit in demselben Wohnquartier.

Die aus der Tabelle 21 ersichtliche soziale Zusammensetzung der Seßhaften bietet einen geeigneten Gradmesser zur Überprüfung dieser sicherlich nur auf einen Teil der wohnbeständigen Personen zutreffenden Annahme.

Arbeiter, Handwerksgesellen und erwerbslose Frauen stellten mit 238 Personen (76 Prozent) den Großteil der seßhaften Bewohnerschaft. Vereinte allenfalls die Berufsgruppe der Kleinhändler noch eine nennenswerte Anzahl langfristig im Viertel ansässiger Einwohner auf sich, so waren alle anderen Erwerbsgruppen in den Reihen der sich langfristig niedergelassen Bewohner nur rar vertreten. Da aber gelernte und ungelernte Arbeiter, Handwerksgesellen aller Branchen und Frauen, die offiziellen Angaben zufolge keiner Erwerbstätigkeit nachgingen, in der Wohnbevölkerung der Gastfeld-, Korn-, Rasing- und Wulfhoopstraße ohnehin die mitgliederstärksten sozialen Gruppierungen bildeten, vermag deren starke Präsenz auch unter den sich durch eine ausgesprochen lange Wohndauer hervorhebenden Bewohnern weder zu erstaunen, noch verweist diese auf eine vorrangig bei Angehörigen der drei betreffenden Sozialgruppen existierende Prädestination zur Stetigkeit, wie dies bereits im gegenteiligen Falle ausgeprägter Mobilität betont wurde. Wird die Persistenz sämtlicher Sozialgruppen an ihrem jeweiligen Verbreitungsgrad zwischen 1875 und 1914 gemessen, so brachten weder Arbeiter noch Gesellen oder erwerbslose Frauen ein hohes Maß an Wohnbeständigkeit im Viertel auf. Den höchsten Seßhaftigkeitsgrad (vgl. Tabelle 21) erreichten vielmehr Handwerksmeister und Unternehmer, während die Niederlassung von Kleinhändlern weitaus seltener von langfristigem Bestand gekrönt war. Gewerbetreibende aller Art vermochten einen dauerhaften und erfolgreichen Verbleib mithin am leichtesten zu realisieren, so daß die der gängigen Vorstellung von Seßhaftigkeit entsprechende Voraussetzung einer mit zunehmendem Wohlstand steigenden Verweildauer am Beispiel dieser beiden Erwerbsgruppen ihre Bestätigung findet.

Ein Straßenvergleich unterstreicht allerdings, daß die einzelnen Straßenzüge der südlichen Vorstadt durch auffällige Unterschiede in ihren Seßhaftigkeitsmerkmalen gekennzeichnet waren. Unabhängig von der deutlich differierenden Gesamtzahl ihrer langfristig verbliebenen Bewohner fand die Polarisierung der beiden Straßenpaare (Gastfeld- und Kornstraße sowie Rasing- und Wulfhoopstraße) in dem unverkennbar divergierenden Verhältnis der über Hausbesitz verfügenden und der zur Miete lebenden Seßhaften ihren Niederschlag. Ein überwiegend von Mietern geprägter Kreis seßhafter Bewohner fand sich in beiden Arbeiterwohnstraßen. Erklärte sich das zugunsten der Mieter ausschlagende Ungleichgewicht in der Wulfhoopstraße (71 Bewohner entsprechend 82 Prozent) aus der hohen Anzahl der dort als Kapitalanlage gehaltenen Immobilien, so bleibt trotz des auch in der Rasingstraße mehrheitlich repräsentierten Mieterstatus (84 Personen analog 68 Prozent) zu berücksichtigen, daß der von 40 Bewohnern langfristig gewahrte Hausbesitz bereits einen beachtlichen Teil des lediglich 54 Objekte umfassenden Wohnhausbestandes betraf. In der Gastfeldstraße hielten sich Mieter (29 Personen analog 55 Prozent) und Hauseigentümer nahezu die Waage. Ein gegenüber den proletarischen Straßen vollauf konträres Mehrheitsverhältnis präsentierte sich jedoch in der Kornstraße. Wer sich hier auf Dauer niedergelassen hatte, verfügte gewöhnlich auch über Haus- und Grundbesitz, wie dies auf 36 seßhafte Wohnparteien (75 Prozent) zutraf.

Tabelle 21: Sozialstruktur der seßhaften Bewohner (1875-1914) und Seßhaftigkeitsgrad

Sozial-gruppe	männlich	weiblich	Summe absolut	Summe relativ (%)	Seßhaftig-keitsgrad (%)
Arbeiter	143	2	145	46.5	7.48
Gesellen	53	0	53	17.0	5.09
Handwerks-meister	17	0	17	5.4	13.93
Kleinhändler	15	8	23	7.4	7.62
Beamte/ Angestellte	10	1	11	3.5	3.49
Dienstleister	6	2	8	2.6	6.15
Unternehmer	12	2	14	4.5	12.61
Sonstige	1	0	1	0.3	0.70
ohne Beruf	0	40	40	12.8	4.20
Summe	257	55	312	100.0	-.-

Quelle: Bremer Adreßbücher, Jge. 1875-1914;
eigene Auswertungen

Der seßhafte Bewohnerstamm in den verschiedenen Straßen kontrastierte aber nicht nur in der Frage, ob ein langfristiger Verbleib mit der erfolgreichen Aufrechterhaltung von Hausbesitz einherging. Auch das soziale Gefüge der Seßhaften besaß - trotz der in allen Straßen zahlreich vorzufindenden Arbeiter und Handwerksgesellen - vornehmlich im Hinblick auf die Präsenz von Frauen ein unterschiedliches Gepräge. Sowohl in der Rasing- als auch in der Wulfhoopstraße nahmen erwerbslose Frauen eine gewichtige Position in der sozialen Zusammensetzung des wohnbeständigen Bevölkerungskreises ein; denn diese rangierten mit einer relativen Verbreitung von 18 bzw. 16 Prozent gleich hinter den überproportional stark vertretenen Arbeitern (57 bzw. 52 Prozent). Berufstätige Frauen, die ihren Lebensunterhalt entweder als Arbeiterin (2 Frauen) bestritten oder einen Kleinhandel betrieben (5 Frauen), bildeten in der seßhaften Wohnbevölkerung beider proletarischer Straßenzüge hingegen seltene Ausnahmefälle. Ein gleichsam spiegelverkehrtes Bild bot sich in den Hauptgeschäftsstraßen. Kamen in der Gastfeldstraße vier erwerbslose Frauen (8 Prozent) auf eine ausgesprochen lange Wohndauer, so schien die Kornstraße keine für einen langfristigen Verbleib solch minder bemittelter Frauen geeignete Wohnlage darzustellen. Seßhaftigkeit setzte in dieser Straße offenkundig ein regelmäßiges und hinlängliches Einkommen voraus. Diese Bedingung erfüllten allerdings nur zwei Bewohnerinnen. Sowohl der verwitweten Detaillistin als auch der verheirateten Schenkwirtin war sicherlich nicht zuletzt insofern ein dauerhafter Erfolg ihrer Selbständigkeit beschieden, als deren Verkaufs- bzw. Bewirtungslokal im eigenen Hause untergebracht war. Wie vorteilhaft sich eine solche Verknüpfung von Arbeiten und Wohnen unter dem eigenen Dach auswirkte, bestätigte sich auch am Beispiel von vier erwerbstätigen Witwen in der Gastfeldstraße, die ohne zusätzliche Miet- oder Pachtbelastungen ihr im eigenen Hause untergebrachtes Gewerbe langfristig zu wahren vermochten.

Seßhaftigkeit war in beiden staatlich projektierten Hauptstraßen der südlichen Vorstadt zwar nicht ausschließlich, wohl aber in erster Linie vor dem Hintergrund wohlgeordneter, sicherer finanzieller Verhältnisse realisierbar, wie sich dies deutlich im Falle der mehrheitlich über Hausbesitz verfügenden und gleichzeitig beruflich erfolgreichen Frauen manifestierte. Obgleich die zweifelsohne existierenden Gegensätze der beiden Straßenpaare nicht so weit reichten, daß sie in einer generellen Separierung von "Arm und Reich" mündeten, so teilte das offenkundig eher weitmaschige Netz der zwischen den Straßen verlaufenden sozialen Trennungslinie doch selbst die auf lange Dauer ansässig gebliebenen Arbeiter in zwei Lager. In der Gastfeld- und Kornstraße gehörten überwiegend die besser verdienenden, nicht selten auch zu den Immobilienbesitzern zählenden Facharbeiter, so etwa eine Reihe von Silberarbeitern, dem seßhaften Kern der Wohnbevölkerung an. In der Rasing- und Wulfhoopstraße rangierten die größtenteils als ungelernte Arbeitskräfte sogenannte Hilfsarbeiten jeglicher Art verrichtenden und entsprechend gering entlohnten Arbeiter eher am unteren Ende der sozialen Skala.

Unter gewerbespezifischen Gesichtspunkten machten sich indessen keine gravierenden Unterschiede zwischen den vier untersuchten Straßen bemerkbar. Ein dauerhafter Fortbestand der sich zwischen 1875 und 1914 überaus zahlreich angesiedelten Einzelhandelsgeschäfte, Handwerksbetriebe, Fabriken oder auch Bewirtungslokale war nur in wenigen Fällen zu registrieren. Das Gros der Gewerbetreibenden hatte sich mit dem Schritt in die Selbständigkeit übernommen und gab den zwischenzeitlich zur Bereicherung der infrastrukturellen Versorgung der Bewohner dieses Stadtviertels beitragenden Laden bzw. Kleinbetrieb oder die dargebotene Dienstleistung gezwungenermaßen schon nach kurzer Zeit auf. Präsentierte sich das diesbezügliche Angebot insbesondere in der Gastfeld- und Kornstraße als ausgesprochen umfangreich und vielfältig, so waren Gewerbetreibende in diesen Straßen zwangsläufig einem stärkeren Konkurrenzkampf ausgesetzt - ein permanenter Druck, dem nur eine Minderheit der Selbständigen standhielt. Mit insgesamt achtzehn unterschiedlichen gewerblichen Niederlassungen besaß die Gastfeldstraße den größten Bestand langfristig florierender Betriebe. Als stabil behaupteten sich in dieser Hauptgeschäftsstraße sechs Betriebe der Nahrungsmittelbranche samt angegliederter Verkaufsläden, eine Milchwirtschaft, eine Handelsgärtnerei, sieben Läden des Einzelhandels und drei Schenkwirtschaften. Auf eine mehr als zehnjährige Ansässigkeit konnten in der Kornstraße nur elf Unternehmungen - fünf Lebensmittelgeschäfte, eine Schlachterei, eine Bäckerei, drei Schenkwirtschaften und eine Kistenfabrik - zurückblicken. In beiden Hauptstraßen nahmen gewerbliche Ansiedlungen verschiedenster Art aber erst nach dem 1895/96 in Angriff genommenen Ausbau außerordentlich stark zu,[98] so daß im Jahre 1914 in der Gastfeldstraße 36 Gewerbe zu verzeichnen waren, während die enorm expandierte Kornstraße nunmehr 82 Gewerbetreibende nebst der von diesen selbständig geleiteten Betriebe, Läden und Dienstleistungsunternehmen aufwies und damit die Gastfeldstraße an gewerblicher Diversifikation bei weitem übertraf. Da die überragende Mehrzahl dieser Gewerbetreibenden erst zu Beginn des 20. Jahrhunderts, also zu einem im Rahmen des Untersuchungszeitraumes relativ späten Zeitpunkt, in einer dieser beiden Straßen eingetroffen war, ließ sich eine zehn Jahre überschreitende Ansässigkeitsdauer bis zum Jahre 1914 schwerlich erlangen.

Ganz im Gegensatz zur Gastfeld- und Kornstraße erfüllten beide proletarischen Straßenzüge von Anbeginn die Funktion typischer Wohnstraßen. Dieser bis heute beibehaltene Charakter schloß eine Eröffnung von Läden, Schenkwirtschaften und Kleinbetrieben keineswegs aus, setzte allerdings der maximalen Anzahl möglicher Gewerbe aufgrund der bereits räumlich beschränkten Kapazitäten deutliche Grenzen. An entsprechenden Versuchen etlicher Bewohner, dem proletarischen Dasein mit einem Berufswechsel und der Hinwendung zu einem selbständig ausgeübten Gewerbe eine positive Wendung zu verleihen, mangelte es weder in der Rasing- noch in der Wulfhoopstraße.[99] Häufig war der langfristige Werdegang dieser Handwerker, Kleinhändler, Dienstleister oder Unternehmer - und somit die Frage des erfolgreichen Fortbestands oder des Scheiterns ihrer Unternehmungen - indes nicht nachvollziehbar, da viele der sich als Gewerbetreibende versuchenden Bewohner in diesen beiden Wohnstraßen nur kurze Stippvisiten abhielten, um anschließend mit unbekanntem Ziel fortzuziehen.[100] Mochte sich das eingegangene Risiko einer Reihe von Erwerbstätigen, die den Schritt in die Selbständigkeit gewagt hatten, andernorts auch bewährt und mit klingender Münze ausgezahlt haben, so blieb die Zahl der mit einer langen Aufrechterhaltung ihres Gewerbes brillierenden Personen in beiden Arbeiterstraßen überaus gering. Obwohl immerhin elf der zum seßhaften Kern der Wohnbevölkerung zählenden Bewohner in der Wulfhoopstraße ein Geschäft eröffnet hatten, war ein dauerhafter Bestand lediglich den Betreibern einer Kohlenhandlung und einer verheirateten Kleinhändlerin, die einer Kolonialwarenhandlung vorstand, vergönnt.

In der artverwandten Rasingstraße waren immerhin alle acht der sich durch hohe Wohnbeständigkeit auszeichnenden Kleinhändler, Dienstleister und Unternehmer imstande, auch ihr Gewerbe auf lange Sicht beizubehalten. Die dauerhafte Präsenz einer Wichsefabrik und eines Fuhrgeschäfts brachte eher zusätzliche Beeinträchtigungen der ohnedies unzulänglichen Wohnbedingungen in dieser kleinen Wohnstraße mit sich. Die stete Verfügbarkeit von Lebens- und Genußmitteln, die gleich fünf Läden (zwei Detailgeschäfte, zwei Milchhandlungen und eine Tabak- und Zigarrenhandlung) gewährleisteten, boten den in nächster Nachbarschaft lebenden Wohnverbänden, zumal wenn ihnen in diesen Geschäften Kredit eingeräumt wurde, allerdings unverkennbare Vorteile. Auch wer Zerstreuung suchte, war keineswegs gezwungen, die Rasingstraße zu verlassen, um etwa in einer der gleich mehrfach vorhandenen Wirtshäuser in nächster Nähe einzukehren. Obgleich die Bewirtungsbetriebe in der unmittelbar angrenzenden Gastfeldstraße sich zum Leidwesen vieler Anwohner selbst zu nächtlicher Stunde großer Beliebtheit erfreuten und auch von einigen Bewohnern der Rasingstraße frequentiert wurden,[101] stand der Bewohnerschaft doch seit 1879 eine "eigene" Schenkwirtschaft offen, die durch ihre lange Ansässigkeit bis über das Jahr 1914 hinaus als fester Bestandteil dieser Straße förmlich den Charakter einer Institution erworben hatte.

Alles in allem blieb nur ein kleiner Teil der sich zwischen 1875 und 1914 zahlreich niedergelassenen Betriebe, Läden und Dienstleistungsunternehmen über einen langen Zeitraum in der Gastfeld-, Korn-, Rasing- oder Wulfhoopstraße ansässig. Hohe Fluktuationsraten kennzeichneten mithin nicht nur die sich kontinuierlich erneuernde Wohnbevölkerung. Auch die "Gewerbeland-schaft" der südlichen Vorstadt unterlag einem steten und raschen Wandel. Kaum hatte ein Geschäft geschlossen, so eröffnete kurz darauf ein anderer Inhaber oder Pächter die Türen, um entweder mit ähnlichem oder neuem Warensortiment sein Glück zu versuchen. Doch selbst unter dem Aspekt eines dauerhaften Fortbestands all dieser verschiedenen Gewerbe erwies sich das Versorgungsangebot im unmittelbaren Wohnumfeld der Stadtteilbevölkerung als reichhaltig. Weite Wege mußte in diesem Viertel keiner auf sich nehmen, da die Infrastruktur allen erdenklichen Anforderungen nicht nur des täglichen Bedarfs gerecht wurde. Die für ein stets überwiegend von Arbeitern bevölkertes Viertel erstaunliche Vielfalt dargebotener Dienste und Waren mit einem vornehmlich nach der Jahrhundertwende erweiterten, noch reichhaltigeren und gerade im Einzelhandel nunmehr auch hoch spezialisierten Angebot, das selbst außergewöhnliche Bedürfnisse, wie etwa die Nachfrage nach Delikatessen, zu befriedigen vermochte, wandte sich zweifelsohne an eine andere Kundschaft als die in den proletarischen Straßen lebende Wohnbevölkerung. Potentielle Abnehmer insbesondere für kostspieligere Waren strömten indes zu Beginn des 20. Jahrhunderts nicht nur in die Gastfeld- und Kornstraße; denn im westlichen Bereich der südlichen Vorstadt entstand zu dieser Zeit ein neues, in erster Linie von Beamten und Angestellten mit besser gefülltem Geldbeutel bevölkertes Wohnquartier, das sogenannte, in seiner Titulierung den Straßennamen entlehnte "Flüsseviertel".

Die soziale Zusammensetzung der seßhaft gewordenen Bewohner entsprach in ihrer vom ungelernten Arbeiter bis zum Fabrikbesitzer reichenden Bandbreite dem beruflichen Facettenreichtum dieses zwar überwiegend von Arbeitern, mit fortschreitendem Untersuchungszeitraum aber vermehrt auch von kleinbürgerlichen Bevölkerungsteilen bewohnten Viertels. Wie der für die einzelnen Sozialgruppen ermittelte Seßhaftigkeitsgrad (vgl. Tabelle 21) verdeutlicht, korrespondierte das starke Aufkommen an Arbeitern, Handwerksgesellen und erwerbslosen Frauen innerhalb der dauerhaft ansässigen Bewohnergruppe jedoch keinesfalls mit deren außerordentlich hohen Verbreitungsgrad in der erfaßten Gesamtpopulation. Behauptete sich mithin keine dieser drei Sozialgruppen als ausgesprochen wohnbeständig, so läuft dieser Tatbestand doch nicht zwangsläufig der oben aufgestellten These einer mitunter auch aus der Not geborenen, unfreiwilligen Seßhaftigkeit vornehmlich einkommensschwacher und mehr noch armer Bewohner zuwider. Die dem begüterteren Bevölkerungsteil zuzurechnenden Handwerksmeister und die als verhältnismäßig wohlhabend einzustufenden Kleinunternehmer konnten sich eine hohe Wohndauer im Viertel im wahrsten Sinne des Wortes leisten. Ihre privilegierte Einkommenslage räumte ihnen die Gunst ein, Haus- und Grundbesitz unproblematisch finanzieren zu können und sicherte damit gleichzeitig einen langen Verbleib im selben, da eigenen Hause. Solange das Gewerbe einträglich blieb, gab es für Angehörige dieser begünstigten Sozialgruppen keine Veranlassung, das von ihnen bewohnte Haus, die Straße oder das Viertel zu verlassen - es sei denn, eine vorteilhaftere Geschäftslage im Stadtgebiet stellte höhere Einkünfte in Aussicht.

Minder bemittelten Bewohnern blieben hingegen die Strapazen mehrmaliger Wohnungswechsel gewöhnlich nicht erspart. Da das kärgliche Budget von Arbeiterfamilien generell zum strengen Rechnen zwang, die bereits einen Großteil der Einkünfte für Nahrungsmittel verschlingenden, hohen Ausgaben aber jegliche Ersparnisse unmöglich machten,[102] bot sich insbesondere im Falle finanzieller Einbußen oder durch familiäre Veränderungen hervorgerufener Mehrkosten letztlich nur die Möglichkeit, die Mietkosten so gering wie möglich zu halten. Eine erforderliche Senkung des Mietzinses war indes selbstredend gleichbedeutend mit einem Umzug. Die Vielzahl der innerhalb des Stadtviertels bewältigten Umzüge bewirkten in aller Regel, wie im Rahmen der Mobilitätsanalysen aufgezeigt wurde, keine nachhaltige Verbesserung der Wohn- und Lebenssituation all dieser eher über notdürftige Bezüge verfügenden proletarischen Wohnverbände. Vornehmlich die zahlreich in der südlichen Vorstadt lebenden, oft die personifizierte Armut symbolisierenden, erwerbslosen Witwen, deren vielfach hohes Maß an Wohnmobilität kaum schien übertroffen werden zu können, gaben regelrechte "Paradebeispiele" für einen aus der Not entsprungenen, langfristigen Verbleib im Viertel ab. Die (Alters-)Armut zwang sie stets aufs neue zu einem Wohnsitzwechsel, der allerdings in den seltensten Fällen über die Grenzen des offenkundig ihr einziges "Zuhause" bedeutenden, vertrauten Wohnquartiers hinauswies. Wer binnen 21 Jahren nachweislich mindestens vierzehn straßeninterne und straßenübergreifende Umzüge im selben Viertel abwickelte, wie dies beispielsweise auf die sowohl in der Rasing- als auch in der Gastfeldstraße mobile Witwe Böschen zutraf, die zwischen 1878 und 1911 überdies zwischen diesen Straßen pendelte und während ihrer viermaligen, vorübergehenden Abwesenheit aller Wahrscheinlichkeit nach kein immobiles Dasein geführt haben dürfte, wird ein solch beschwerliches Leben kaum freiwillig angestrebt und begrüßt haben. Vermögen andere Beweggründe als die der finanziellen Not für ein solches Wohnverhalten nicht zu überzeugen, so steht diese - durchaus keinen Einzelfall darstellende - erwerbslose Witwe als Abbild für die Vielzahl derer, die keine andere Wahl hatten, als sich mit mangelhaften Behausungen zu begnügen, ohne die Suche nach einer billigeren, sei es nur unmerklich besseren Wohnung aufzugeben und notgedrungen auf Dauer in diesem Viertel zu verweilen.

Eine gering ermittelte Persistenzrate resultierte primär aus der auf vier Straßenzüge der südlichen Vorstadt eingeschränkten räumlichen Perspektive. Das Gros der nur für kurze Zeit in der Gastfeld-, Korn-, Rasing- oder Wulfhoopstraße anwesenden Bewohner gehörte jedoch offenkundig sehr wohl dem mobilen Bevölkerungsteil an, auch wenn die Wohnmobilität gewöhnlich nur einen Abschnitt im Leben dieser Wohnverbände prägte. Mobilität und Seßhaftigkeit bildeten indes zwei Seiten ein und derselben Medaille. Unter der Prämisse, daß das Wohnverhalten der Mehrzahl aller Mobilen dem der zwischen den vier Straßen umziehenden Bewohner weitgehend glich, werden erhebliche Teile der Wohnbevölkerung, die sich überaus kurz in einer der vier untersuchten Straßen aufhielten, in einer der zahlreich existierenden anderen Straßen dieses Viertels seßhaft geworden sein. Seßhaftigkeit galt folglich nicht als Privileg der Wohlhabenden. Während letzteren aber die Möglichkeit offenstand, entweder auf lange Dauer in den eigenen vier Wänden ansässig zu bleiben oder den Weg einzuschlagen, in eine vorteilhaftere Wohn- und Erwerbsgegend zu ziehen, ließ das im großen und ganzen eher benachteiligte Viertel die ärmeren Bevölkerungsschichten, denen es an verfügbaren Mitteln und Alternativen mangelte, sozusagen nicht los.

4. Zusammenfassung

Vor dem Hintergrund eines starken Bevölkerungszuwachses und einer in der Gastfeld- und Kornstraße beachtlichen Ausweitung des Baubestandes nahm die Entwicklung der Wohnstrukturen zwischen 1875 und 1914 einerseits in den Arbeiterstraßen, andererseits in den kleinbürgerlich-proletarischen Hauptstraßen einen deutlich abweichenden Verlauf. Konstante Verhältnisse schienen in der früh fertiggestellten und rasch bevölkerten Wulfhoopstraße zu herrschen, die binnen dieser vierzig Jahre weder nennenswerte Schwankungen ihrer Einwohnerzahlen noch gravierende Veränderungen in der gleichwohl stets hohen Wohndichte zu verzeichnen hatte. Kontinuierlich in die Höhe kletternde Bewohnerzahlen riefen in der 1882 komplett mit Wohnhäusern bestückten Rasingstraße eine zunehmende wohnräumliche Verdichtung in den ohnedies knapp bemessenen und vereinzelt auch gewerblichen Zwecken dienenden Reihenhäusern hervor. Bedrückende Enge stand mithin als Ausdruck eines Wohnraumangebots, das die unablässig hohe Nachfrage nach möglichst billigen Unterkünften in beiden proletarischen Straßenzügen nicht zu decken vermochte. In den ursprünglich spärlich bebauten und schwach besiedelten Hauptstraßen blieb die Auslastung der Wohneinheiten demgegenüber trotz des unaufhörlichen Zustroms neuer Wohnverbände vergleichsweise gering. Da die in der 1895/96 einsetzenden zweiten Bauphase entstandenen zwei- und mehrgeschossigen Wohn- und Geschäftshäuser in gleichem Maße der sich seit Ende des 19. Jahrhunderts in Bremen gewandelten Bauweise entsprachen, wie sie dem außerordentlich hohen Bedarf nach einer im selben Hause realisierbaren Kopplung von Wohnen und Arbeiten gerecht wurden, schlug sich der explosionsartige Einwohneranstieg in der Gastfeld- und Kornstraße nicht nur in einer beträchtlichen Vermehrung der Wohnbevölkerung, sondern auch in einer enormen Expansion der nunmehr an gewerblicher Vielfalt kaum zu übertreffenden handwerklichen Betriebe, Läden und Dienstleistungsunternehmen nieder. Während die Rasing- und Wulfhoopstraße den Charakter typischer Wohnstraßen bewahrten, entwickelten sich sowohl die Gastfeld- als auch die Kornstraße zu Geschäftsstraßen ersten Ranges, deren infrastrukturelles Angebot in der südlichen Vorstadt ihresgleichen suchte.

Verweisen diese Rahmenbedingungen bereits auf ein offenkundig bemerkenswertes Aufkommen räumlicher Bewegungen, so spiegelt die innerhalb von vier Jahrzehnten im Durchschnitt aller untersuchten Straßen erreichte Fluktuationsrate von 62,3 Prozent das gewaltige Ausmaß des stattgefundenen Bewohneraustausches. Die alljährlich stattliche Zahl erfolgter Zuzüge und Wegzüge sorgte für eine in jeder Straße zu konstatierende, stete Neuformierung der Wohnbevölkerung und gipfelte schon nach wenigen Jahren in einem nahezu kompletten Austausch der

Bewohnerschaft. Dabei erwies sich das jährlich ermittelte Mobilitätsvolumen im gesamten Untersuchungszeitraum keineswegs als gleichbleibend umfänglich; unverkennbare Spitzenzeiten der Fluktuation wurden vielmehr in den ersten zehn, durch ausgesprochene Unbeständigkeit geprägten Jahren erzielt. Die immensen Austauschquoten zu- und fortziehender Bewohner gingen in den Arbeiterstraßen zwar bereits im Jahre 1880 merklich zurück, ein nachhaltiges Abebben der Umzugsströme, die von einer gewissen Stabilisierung in den Reihen der Straßenbewohner kündeten, setzte aber in allen erfaßten Straßen erst nach Ablauf des ersten Jahrzehnts ein. Divergenzen in der straßenspezifischen Entwicklung des Fluktuationsprozesses existierten somit von Anbeginn und wiesen die Korn- und Gastfeldstraße mit dem umfangreichsten Austausch ihrer Bewohnerschaft, die Wulfhoopstraße indessen mit der geringsten Fluktuation aus. Klarer noch als in der unsteten Anfangsphase formten sich die Unterschiede zwischen den beiden Straßenpaaren in den Folgejahren aus. Ein bis 1914 stark rückläufiges Mobilitätsgeschehen markierte die Parallelität beider Arbeiterstraßen. In den staatlichen Hauptstraßen hingegen löste der Ende des 19. Jahrhunderts begonnene, weitere Ausbau dieser Straßen insbesondere ab 1905 abermals einen raschen und voluminösen Bewohnerwechsel aus. Die im Straßenvergleich hervortretenden, signifikanten Abweichungen ebenso im Umfang wie im zeitlichen Verlauf der Fluktuation reflektierten demnach in erster Linie die auch durch den nicht abreißenden Fluß neu eintreffender und abziehender Bewohner mitgetragenen strukturellen Veränderungen, die der Gastfeld- und Kornstraße ihr spezifisches Gepräge verliehen, in den Arbeiterwohnstraßen indes ausblieben.

Die geographische Mobilität erschöpfte sich allerdings durchaus nicht in den zahlreich zu verortenden und in einer permanenten Erneuerung der Bewohnerschaft mündenden Zu- und Wegzügen. Als weitere Form räumlicher Mobilität kristallisierte sich das in seiner Bedeutung lange Zeit verkannte, wie in anderen deutschen Großstädten, so ebenfalls in Bremen und damit auch in der südlichen Vorstadt stark verbreitete Phänomen innerstädtischer Umzüge heraus. Unter dem auf die vier untersuchten Straßen dieses Stadtteils eingeschränkten Blickwinkel behaupteten sich nur 789 Haushaltsvorstände, mithin ein gemessen an der Gesamtpopulation unterrepräsentierter Bevölkerungsteil (18,5 Prozent), als nachweislich mobil. Das von diesen Mobilen praktizierte Wohnverhalten liefert wertvolle Einblicke in die Umzugshäufigkeit, Ausgangsorte und Ziele sowie Motive und Bedeutung der ausnahmslos innerhalb der Grenzen dieses Viertels vollzogenen, also in jedem Falle durch Quartiergebundenheit gekennzeichneten Bewegungen und läßt zudem Rückschlüsse auf das kolossale Ausmaß der zwischen 1875 und 1914 im gesamten Viertel existierenden Wohnmobilität zu.

Die in den proletarischen Wohnstraßen überaus zahlreich bewerkstelligten straßeninternen Wohnungswechsel gingen nicht nur mit einer auffällig kurzen Umzugsdistanz einher, sondern zeugten überdies von dem bewußt angestrebten

Verbleib im engeren sozialen Wohnumfeld der gleicherweise vertrauten Nachbarschaft und Straße. Das weitgehende Ausbleiben dieses in der Gastfeld- und Kornstraße außergewöhnlich selten zu registrierenden Mobilitätsmusters unterstreicht das abweichende Wohnverhalten der dort ansässigen, ökonomisch oft besser situierten Bewohner, denen im Bedarfsfall die Alternative offenstand, entweder ihren ohnehin gehobenen Wohnstandard zu wahren oder in eine besser ausgestattete Wohnlage überzusiedeln. Grundlegende Veränderungen in der Wohnsituation brachten jedoch auch straßenübergreifende Umzüge mit sich. Diese relativ selten als Direktumzug erfolgten, weitaus häufiger mit einer zwischenzeitlichen Abwesenheit der vorübergehend andernorts untergekommenen Mobilen verbundenen Wohnungswechsel hinterließen gleichsam ein zwischen den vier erfaßten Straßen kreuz und quer geknüpftes Netz aller erdenklich vertretenen Wohnsitzkombinationen. Klare Präferenzen zeichneten sich indes sowohl bei den vermehrt vom Aufbruch betroffenen als auch bei den als Mobilitätsziel gewählten Straßen ab. So konnte die am stärksten frequentierte proletarische Rasingstraße den nur scheinbar widersprüchlichen Ruf des gleichermaßen am häufigsten verlassenen wie meistangesteuerten Straßenzuges für sich beanspruchen, während die den Gegenpol bildende Kornstraße durch das geringste Aufkommen stadtteilinterner Wohnmobilität zur Auffälligkeit gelangte. Die Mehrzahl der im Viertel vorgenommenen Wohnsitzverlegungen verlief zwischen der Rasing- und Gastfeldstraße. Wurde mit den von der Rasing- in die Gastfeldstraße zielenden Umzügen allenfalls in Ausnahmefällen eine dauerhafte Verbesserung der Wohnbedingungen erwirkt, so kamen die in umgekehrter Richtung bewältigten Wohnungswechsel durchaus nicht zwangsläufig einer mißglückten Karriere ehedem besser gestellter Bewohner gleich. Da dieselben Personen und insbesondere mobile Wohnverbände der Rasingstraße oft mehrfach am Mobilitätsgeschehen beteiligt waren, brachten die zwischen diesen Straßen abgewickelten Umzüge nicht nur das Bestreben der proletarischen Wohnbevölkerung, den elenden Verhältnissen mit einem straßenübergreifenden Wohnungswechsel zu entrinnen, sondern auch die vielfach gescheiterten Versuche dieser schon nach kurzer Zeit zum Antreten des Rückweges gezwungenen und sich erneut in den alten Verhältnissen wiederfindenden Bewohner zum Ausdruck. Die Mechanismen sozialer Segregation sorgten, wie sich nicht zuletzt anhand der nahezu ausschließlich von der Gastfeld- in die Kornstraße führenden Umzüge bestätigt, somit zum einen in den eher kleinbürgerlich geprägten, zum anderen in den proletarischen Straßen für eine unter sozialen Gesichtspunkten weitgehend gleichbleibende Gliederung der Wohnbevölkerung.

Die durch den Wechsel bewegter und ruhiger Zeiten geprägte Entwicklung der zu Beginn der 1890er Jahre ihren Höhepunkt erreichenden, bis 1914 in erheblichem Schwund begriffenen quartiergebundenen Umzüge korrespondierte mit dem für deutsche Großstädte typischen, unverkennbar konjunkturabhängigen Verlauf innerurbaner Mobilität. "Klassische" Züge trug überdies die soziale Zusammensetzung des mobilen Bevölkerungskreises. Arbeiter, erwerbslose Frauen und Handwerksgesellen stellten - ungeachtet der praktizierten Mobilitätsform und ihrer jeweilig erlangten Umzugshäufigkeit - das Gros der in diesem Arbeiterviertel ihre Wohnungen wechselnden Bewohner, obgleich der Mobilitätsgrad von Handwerksmeistern den der minder qualifizierten Gesellen noch übertraf.

Wirtschaftliche Ursachen bildeten, so das in der neueren Forschung einhellig gezogene und anhand des Umzugsverhaltens in der südlichen Vorstadt Bremens zu bekräftigende Fazit - die zweifelsohne stets entscheidende Triebfeder für die im Zuge der fortschreitenden Industrialisierung und Urbanisierung enorme Ausmaße annehmenden innerstädtischen Umzüge. Veränderungen in der Einkommenslage oder der familiären Situation gaben gewöhnlich den Ausschlag für die Suche nach einer den finanziellen Verhältnissen angemessenen und den sich wandelnden individuellen Anforderungen besser entsprechenden Wohnung.

Die beachtliche Zahl der 1.498 zwischen 1875 und 1914 innerhalb und zwischen den Straßen vollzogenen, indessen nur einen Bruchteil des Mobilitätsaufkommens in der südlichen Vorstadt widerspiegelnden Umzugsbewegungen hatten auf der Kehrseite eine in allen vier untersuchten Straßen vorherrschend kurze Bezugsdauer der Wohnungen zur Folge. Kurz befristet blieb aber auch die Wohndauer vieler Bewohner, denen die Gastfeld-, Korn-, Rasing- oder Wulfhoopstraße offenbar nur als Durchgangsstation dienten; denn 45 Prozent der Wohnbevölkerung hatten spätestens nach einem Jahr die erst kurz zuvor bezogenen Straßen verlassen, so daß deren Aufenthalt quasi den Charakter einer Stippvisite annahm. Überaus mitgliederschwach präsentierte sich hingegen der zudem von mobilen Haushaltsverbänden dominierte Kreis bereits in einer dieser Straßen seßhaft gewordener Einwohner. Unter sozialräumlichen Aspekten kam den Straßen mithin eine untergeordnete Bedeutung zu. Trotz einer infolge der Wohnmobilität im gesamten Untersuchungsgebiet leicht erhöhten Wohndauer verweilte lediglich eine Minderheit länger als zehn Jahre in den vier Straßen. Eine extrem niedrige, nur für acht Prozent der Gesamtbevölkerung ermittelte Persistenzrate resultierte jedoch primär aus der räumlich eingeschränkten Perspektive. Da eine längere Verweildauer im Wohnquartier aber in erster Linie durch stadtteilinterne Wohnmobilität zustandekam, Seßhaftigkeit demnach keinesfalls das Resultat immobilen Wohnverhaltens darstellte und die überwiegend kurze Ansässigkeit in den Straßen implizit auf ein gewaltiges Ausmaß räumlicher Mobilität innerhalb dieses Arbeiterviertels verweist, wird ein dauerhafter Verbleib in der südlichen Vorstadt Bremens eine kaum minder starke Verbreitung gefunden haben als in vergleichbaren proletarischen Vierteln anderer deutscher Großstädte.

Fand eine mit zunehmendem Wohlstand steigende Verweildauer am Beispiel der den höchsten Seßhaftigkeitsgrad aller im seßhaften Kern der Wohnbevölkerung repräsentierten Sozialgruppen aufweisenden Handwerksmeister und Unternehmer auch ihre Bestätigung, so bildete eine privilegierte Einkommenslage doch keineswegs die unerläßliche Voraussetzung zur Realisierung eines dauerhaften Verbleibs in der südlichen Vorstadt Bremens. Hohe Wohnbeständigkeit resultierte, wie vornehmlich die sich annähernd ausschließlich aus erwerbslosen Witwen und Arbeitern zusammensetzenden, hochmobilen Wohnverbände unter Beweis stellten, gerade in einem Arbeiterviertel vielfach auch aus der Armut, die diese Bewohner in einem solch benachteiligten städtischen Raum gleichsam gefangenhielt.

KAPITEL V

Resümee und Ausblick

Eine um die Stadtentwicklung und die Wohnverhältnisse Bremens im 19. Jahrhundert kreisende Untersuchung kommt nicht umhin, Bremen im interstädtischen Vergleich als baugeschichtlichen Sonderfall zu klassifizieren. Mit seiner von Ein- und Zweifamilienhäusern beherrschten, weiträumigen Bauweise, einer verhältnismäßig geringen Bebauungs- und Wohndichte und der außergewöhnlich starken Verbreitung des überdies einen hohen Eigenbedarfsnutzungsanteil aufweisenden Hausbesitzes bildete Bremen einen deutlichen Kontrast zu den sich in der zweiten Hälfte des 19. Jahrhunderts ausformenden Bau- und Besitzstrukturen anderer deutscher Großstädte. Gilt die Sonderstellung Bremens im deutschen Wohnungsbau des 19. Jahrhunderts gemeinhin als anerkannt, so mündete die Erörterung der für diese atypische Entwicklung verantwortlichen Ursachen in teils abenteuerlichen Thesen. Das Vorherrschen der von ihren Besitzern häufig selbst bewohnten Kleinhäuser in Bremen resultierte aber weder aus einer vermeintlich existierenden, spezifisch niedersächsischen, durch die Vorliebe zum Eigenheim und die Sitte des Alleinwohnens geprägten "Stammesart",[1] noch war das Fehlen großer Mehrparteienmietshäuser auf die mangelhaften Bremer Baugrundverhältnisse zurückzuführen[2] oder etwa einzig staatlichen Lenkungsmaßnahmen zuzuschreiben.[3]

Entgegen dieser vornehmlich in der älteren Forschung gängig gelieferten monokausalen Erklärungsansätze wurde anhand der exemplarisch untersuchten südlichen Vorstadt Bremens der Nachweis für die sich vielmehr gegenseitig bedingenden Ursachen der bremischen Sonderentwicklung erbracht. Ökonomische Interessen nahmen in diesem Beziehungsgeflecht einen herausragenden Stellenwert ein und standen unverkennbar im Vordergrund, als es galt, für das in Bremen dominierende und seit den 1820er Jahren zusehends prosperierende Handelskapital optimale Bedingungen zu schaffen. Der erst im Jahre 1888 vollzogene Beitritt Bremens zum 1834 gegründeten Zollverein sicherte dem Handelskapital hohe Zollersparnisse und unterband zudem, gleichsam als Nebeneffekt der sich zwecks Vermeidung von Einfuhrzöllen bevorzugt im zollinländischen, außerbremischen Umland niedergelassenen Industrie, das massierte Aufkommen eines unliebsamen Proletariats im bremischen Stadtgebiet. Ein noch unterentwickeltes Banken- und Kreditwesen und der bis 1871 bestehende Währungsunterschied Bremens zu anderen deutschen Staaten standen der Unterbringung des sich anhäufenden, überschüssigen Kapitals hemmend im Wege. Explizit auf die Belange der Bremer Kaufleute ausgerichtet, stellte das einhergehend mit der 1833 verabschiedeten Erbe- und Handfestenordnung neu geregelte, grundlegend vom deutschen Hypothekenrecht abweichende Immobiliarpfandrecht des von 1834 bis zur Jahrhundertwende in Bremen ausschließlich geltenden Handfestenwesens ein mit größter Flexibilität ausgestattetes Kreditinstrument bereit, das den Bremer Wohnungsbau im 19. Jahrhundert entscheidend beeinflußte.

Der Stadterweiterungsprozeß setzte jedoch rechtlich-politische Veränderungen voraus, die erst 1848/49 mit der nahezu zeitgleich erfolgten Aufhebung der Torsperre, der Eingemeindung mehrerer Landgemeinden und der rechtlichen Gleichstellung der Bremer Vorstadt mit der Stadt zum Tragen kamen. Diese um die Mitte des 19. Jahrhunderts einsetzende, mit einer die fortschreitende Citybildung begleitenden Entvölkerung der Altstadt und einem primär auf Wanderungsgewinnen basierenden Bevölkerungswachstum in den Vorstädten parallel laufende Entwicklung blieb durchaus kein nur auf Bremen zutreffendes Phänomen, sondern entsprach dem sich im Rahmen ihrer Öffnung und Expansion auch in anderen Städten vollziehenden Wandlungsprozeß.

Ausgesprochen atypische Züge trug hingegen die sich im Zusammenspiel besonderer wirtschaftlicher, politischer und rechtlicher Faktoren im dritten Viertel des 19. Jahrhunderts herausbildende, einzigartige städtebauliche Struktur Bremens. Infolge der durch die Gewerbeordnung für Bauhandwerksgesellen bereits 1851 gelockerten, mit Einführung der Gewerbefreiheit 1861 vollends beseitigten Zunftschranken und der 1859 aufgehobenen staatlichen Lohntaxe hatte sich die Leistungsfähigkeit des bremischen Baugewerbes enorm gesteigert. Mittels ausreichend verfügbaren, auf dem Wege der Willigung und Versetzung von Handfesten unproblematisch zu erlangenden Kapitals und in Anbetracht des in den 1850er und 1860er Jahren noch günstig zu erstehenden Baulandes war an die Stelle des herkömmlichen Baus auf Bestellung in Bremen frühzeitig die Wohnungsproduktion für den anonymen Markt getreten. Eine engräumige, die größtmögliche Ausnutzung des Grund und Bodens gestattende Bebauung, die in der zweiten Hälfte des 19. Jahrhunderts in anderen deutschen Großstädten mehr und mehr die Regel bildete und ihren sichtbaren Ausdruck in den Mietkasernen fand, wurde in Bremen durch die zwar dehnbaren, implizit indes sehr wohl ein Bauverbot sogenannter "Familienhäuser" verhängenden Bestimmungen der Bauordnungen aus den Jahren 1841, 1847 und 1849 erfolgreich und nachhaltig verhindert.

Dennoch florierte das spekulative Immobiliengeschäft auch in Bremens Stadt- und Landgebiet. In dem Maße, wie insbesondere die alleinig in Bremen verfassungsrechtlich verankerte Privilegien genießende Handelsbourgeoisie ihr aus den blühenden Geschäften erzieltes und im Überfluß vorhandenes, freies Kapital auf der Grundlage des sicher gewähnten Handfestensystems zur zinsträchtigen Anlage auf dem Immobilienmarkt offerierte, widmete sich die beständig wachsende Zahl der in erster Linie von Handwerksgesellen neugegründeten Bauunternehmen auf dem zur Bebauung auserkorenen, mit Fremdmitteln erworbenen Land nach erfolgter Parzellierung der gleichermaßen fremdfinanzierten, zügigen Erstellung vorwiegend einstöckig, seltener zweigeschossig ausgeführter Reihenhäuser, deren stereotypes Erscheinungsbild den Straßenzügen der Bremer Vorstädte ihr charakteristisches Gepräge verlieh.

Die in der ersten Hälfte der 1870er Jahre ihren Höhepunkt erfahrenden Spekulationsgeschäfte gipfelten in einem Bauboom zuvor ungekannten Ausmaßes. Leerstehende Neubauten kündeten - entgegen der zur Negierung existierender Wohnungsnot beliebten bürgerlichen Argumentation mit Leerziffern - keineswegs von einer rundum erfüllten Wohnungsversorgung aller sozialen Bevölkerungsschichten, sondern von einer an den realen Bedürfnissen des Marktes vorbeizielenden Überproduktion der sich durchgesetzten, auf den raschen Profit ausgerichteten Fremdbedarfsdeckung, die ungeachtet der von Bremen abweichenden Baustrukturen seit den 1860er Jahren als gängige Praxis einer privat betriebenen Wohnungswirtschaft auch andernorts bis zum Ersten Weltkrieg aufrechterhalten wurde. Konkurse einer Vielzahl hoch verschuldeter Bauunternehmer und auf der Tagesordnung stehende Zwangsversteigerungen der unverkäuflich gebliebenen Immobilien präsentierten sich ebenso als Begleiterscheinungen der seit 1875 herrschenden und die Bautätigkeit in Bremen länger als ein Jahrzehnt zum Erliegen bringenden Krise wie eine vermehrt um sich greifende Erwerbslosigkeit. Zu den Betroffenen der Krise zählten aber neben den sich verspekulierten Bauunternehmern und den häufig in Personalunion auftretenden ursprünglichen Grundbesitzern und handfestarischen Gläubigern auch die zum engeren Zusammenrücken genötigten Mieter und eine Reihe lediglich formal-juristischer Hauseigentümer.

Im Gegensatz zu der mit dem Erlaß der Erbe- und Handfestenordnung verfolgten Intention, dem Bremer Handel in Ermangelung eines flexiblen Kreditinstruments die Einbringung ihres Immobilienbesitzes als Unternehmenskapital zu ermöglichen, begünstigte das bremen-spezifische Handfestenwesen im 19. Jahrhundert doch vorrangig den Wohnungsbau und die Finanzierung des Hausbesitzes. Da der Erwerb eines Hauses ohne jegliches Eigenkapital über Handfesten finanziert werden konnte und über die Zinsvereinbarungen hinaus gewöhnlich keine Tilgungsmodalitäten festgelegt zu werden pflegten, waren selbst einkommensschwache Bevölkerungsteile in der Lage, Haus und Grund in ihren Besitz zu bringen. Hausbesitz in Arbeiterhand fand demzufolge in Bremen eine ungewöhnlich starke Verbreitung, blieb angesichts der hohen Unterhaltskosten und kärglichen Einkünfte schwerlich zu realisierenden Tilgung des Immobiliarkredits indes zumeist ein Scheinbesitz, der im Falle eingetroffener Zahlungsunfähigkeit Gefahr lief, aufgrund des dem Gläubiger eingeräumten direkten Exekutionsrechts zwangsversteigert zu werden.

Vor dem Hintergrund einer solch gleichermaßen günstigen wie mit Risiken behafteten Möglichkeit zur Finanzierung des Hausbesitzes bedienten sich vornehmlich all jene, bereits mit den Zinszahlungen überforderten Hauseigentümer der nachgerade "klassischen" Problemlösungsstrategie, einen Ausgleich der stets wiederkehrenden Kosten durch ein Maximum an Mieteinnahmen zu erwirken. Eine hohe Auslastung der wohnräumlichen Kapazitäten insbesondere in den ohnedies über eine geringe Wohnfläche verfügenden Arbeiterhäusern beschränkte sich allerdings nicht nur auf die von ihren mittellosen Besitzern selbst bewohnten Häuser, sondern war ebenso in den als Kapitalanlage verwerteten Objekten gang und gäbe. Trotz des im interstädtischen Vergleich zweifelsohne exzeptionell hohen Verbreitungsgrades von Hausbesitz und der von zeitgenössischen Verfechtern des Kleinhauses hartnäckig vertretenen These, in Bremen habe selbst der Ärmste im eigenen Hause wohnen können und eine Erwerbszwecken dienende Vermietungspraxis faktisch nicht existiert, lebte die Mehrheit der bremischen Bevölkerung sehr wohl zur Miete und dies nicht selten in reinen Mietshäusern, die sich von denen anderer (Groß-)Städte allenfalls in ihrer architektonischen Gestalt und Größe unterschieden. Die bevorzugt zur Untermauerung der vermeintlich vorbildlichen, durch ausreichend verfügbare, gesunde Wohnungen gekennzeichneten Wohnverhältnisse Bremens herangezogene, bis zum Ersten Weltkrieg in der Tat außerordentlich niedrige bremische Behausungsziffer verweist jedoch lediglich auf eine im gesamtstädtischen Durchschnitt relativ geringe räumliche Verdichtung und läßt keinerlei Rückschlüsse auf die intern erreichte Wohnraumbelegung oder die Qualität der Wohnbedingungen zu.

Die Dominanz des in diversen Varianten existierenden, in späteren Jahren als "Bremer Haus" bezeichneten Kleinhauses und eine unter komparativen Aspekten geringe Bebauungs- und Wohndichte widersprachen durchaus nicht der auch in Bremen periodisch grassierenden Wohnungsnot und eklatanter Mißstände im Wohnungswesen. Obdachlosigkeit und überfüllte Wohnungen als typische Erscheinungsformen des zudem nicht ohne Folgen bleibenden Wohnungselends machten sich hier indessen ebensowenig wie andernorts flächendeckend breit. Da sich die Wohnungsfrage als vordringlicher Mangel der primär von minder bemittelten Bevölkerungsschichten nachgefragten Kleinwohnungen erwies, erfaßte diese Misere in erster Linie die sich im Zuge des Urbanisierungsprozesses als Resultat einer fortschreitenden Ausdifferenzierung der Raumnutzungsstrukturen herausbildenden städtischen Ungunstlagen. Bremen machte mit der sich im dritten und mehr noch im letzten Viertel des 19. Jahrhunderts verstärkenden Scheidung des Stadtgebietes in ausgesprochen vorteilhafte und unverkennbar benachteiligte Viertel keine Ausnahme von der großstädtischen Regel.

Das soziale Problem des Wohnens konzentrierte sich in ganz charakteristischer Weise auf die stadtbremischen Bezirke mit überproportional hohen Arbeiteranteilen. Allen anderen Stadtteilen voran zeichnete sich die Ende des Jahres 1875 sowohl dem Zollverein als auch dem Stadtgebiet angeschlossene südliche Vorstadt durch die ungünstigsten Wohnbedingungen aus. In diesem Viertel, wie auch in der westlichen Vorstadt Bremens, korrespondierte die Unzulänglichkeit vieler

Behausungen mit der weitverbreiteten Armut seiner Bewohner. Bedrückende Enge in den winzigen, oft dunklen und feuchten Wohnungen der zu Beginn der 1870er Jahre zuhauf hochgezogenen Reihenhäuser einfachster Art galt den meist kinderreichen, zur Aufbesserung der Einkünfte vielfach auch familienfremde Personen beherbergenden, proletarischen Haushalten als alltägliche Wohnerfahrung. Ende der 1880er Jahre spitzte sich die Wohnungsfrage jedoch drastisch zu. Die infolge der verspäteten Industrialisierung bis in die 1880er Jahre verhältnismäßig schwache Bevölkerungszunahme Bremens wurde bereits kurz vor dem Zollanschluß von einem rapiden Wachstum abgelöst, das sich durch den erhöhten Bedarf an Arbeitskräften vornehmlich für die Weserkorrektion, den Hafenbau und die sich wenig später vermehrt im Bremer Stadtgebiet ansiedelnde Industrie in erster Linie aus der Zuwanderung speiste. An Arbeitsplätzen herrschte in diesen vom wirtschaftlichen Aufschwung geprägten Jahren kaum Mangel, wohl aber an verfügbaren, zumal erschwinglichen Wohnungen für die sich in der westlichen und südlichen Vorstadt Bremens anballende Arbeiterbevölkerung. Eine Bereitstellung dringend benötigten Wohnraums auf Staatskosten, die der akuten Wohnungsnot hätte Abhilfe schaffen können, scheiterte indes an den mehrheitlich opponierenden, auf die Prinzipien einer liberalen, zurückhaltenden Wohnungspolitik pochenden Mitgliedern der Bremer Bürgerschaft.

Staatliche Unterstützung erhielt stattdessen das erst ab 1890 wieder verstärkt agierende bremische Bauunternehmertum. Die durch den einhergehend mit der Industrialisierung erhöhten Flächenbedarf merklich angestiegenen Bodenpreise forcierten die Abkehr von der nunmehr unrentablen Erstellung des um die Jahrhundertwende denn auch seine überragende Bedeutung in Bremen einbüßenden Einfamilienhauses und begünstigten den fortan vorherrschenden Bau von Zwei- und Dreifamilienhäusern, deren Absatz in Anbetracht der von den potentiellen Erwerbern in stattlicher Höhe aufzunehmenden Immobiliarkredite allerdings ein wirksames Konzept erforderte. Mit der Propagierung des den Käufern unter der Voraussetzung einer zur Gewährleistung des Zinsabtrags möglichst zahlreich aufgenommenen Mieterschaft avisierten kostenlosen Wohnens hatten die Bauunternehmer eine zugkräftige Verkaufsstrategie entwickelt, die den nach der lang anhaltenden Krise erst im letzten Jahrzehnt des 19. Jahrhunderts deutlich wiederbelebten Immobilienmarkt zusätzlich ankurbelte. Eine solch künstlich gesteigerte Nachfrage trug nicht zuletzt den sich seit dem Zollanschluß allmählich und ab 1900 grundlegend wandelnden Verhältnissen in Bremen Rechnung, die durch ein gegenüber dem dritten Viertel des 19. Jahrhunderts vermindertes Kapitalangebot für den privaten Wohnungsbau und die mit Inkrafttreten des Bürgerlichen Gesetzbuches angetretene Rückkehr Bremens zum Hypothekenrecht gekennzeichnet waren. Die sukzessive Anlegung der Grundbücher rief abermals den schon vor 1834 existierenden Dualismus zweier divergierender Rechtsformen hervor, der den bremischen Stadtraum ab 1900 in Bezirke alten und neuen Grundstücksrechts unterteilte. Die Wiedereinführung des Hypothekenrechts bewog viele der Investoren, die ehedem den Immobilienmarkt präferiert hatten, zu einem Wechsel in andere Anlagebereiche und setzte überdies der bequemen Finanzierung des zuvor in voller Höhe des Kaufpreises belastbaren Haus- und Grundbesitzes in allen betroffenen Gebietsteilen Bremens ein Ende. Ein unverkennbarer Bedeutungszuwachs sowohl der Vermietung als auch der Eigenbedarfsnutzung war dagegen im gesamten Bremer Stadtraum zu verzeichnen.

Ganz im Gegensatz zu der seit den 1870er Jahren gewissermaßen Tradition besitzenden Benachteiligung als ein vom Bremer Staat kaum förderungswürdig erachteter Stadtteil erfuhr die südliche Vorstadt Bremens durch die spät realisierte Umstellung auf das Grundbuchsystem eine Begünstigung. Basierend auf dem geltenden Handfestenrecht konnten sich die in diesem Viertel tätigen Bauunternehmer, ebenso wie alle Haus- und Grundbesitzer, die Vorzüge des alten Immobiliarpfandrechts bis in die 1920er Jahre zunutze machen. Nur vor dem Hintergrund dieser überaus vorteilhaften Finanzierungsbedingungen läßt sich erklären, daß Angehörige der städtischen Unterschichten auch zu Beginn des 20. Jahrhunderts ein mitunter gar in die gehobene Preisklasse entfallendes Wohnhaus zu erstehen vermochten. Der bloße Hausbesitz war jedoch weder gleichbedeutend mit einer komfortablen Wohnsituation dieser zur umfangreichen Abvermietung gezwungenen Eigentümer, noch bildete eine auf die Mieter abgewälzte Zinslast den Garant für eine dauerhafte Wahrung des in aller Regel mit handfestarischen Belastungen überfrachteten Immobilienbesitzes. Die Vorzüge eines solch unsicheren Eigentums erschöpften sich somit häufig in dem allerdings nicht zu unterschätzenden Privileg, der vielfach entwürdigenden Mieterexistenz entronnen zu sein und durch den vollzogenen Statuswechsel vom Mieter zum Vermieter Entscheidungsbefugnis über die personelle und soziale Zusammensetzung der unter dem eigenen Dach lebenden Wohnverbände erlangt zu haben. Insofern übte das bremische Handfestenwesen nicht nur maßgeblichen Einfluß auf die Besitz- und Siedlungsstrukturen aus, sondern steuerte indirekt auch die stadtteilspezifischen Wohn- und Sozialstrukturen.

Hervorgegangen aus einer überwiegend agrarisch genutzten Landgemeinde mit einem frühzeitig entstandenen, vorzugsweise von einkommensschwachen Sozialgruppen bevölkerten Wohn- und Gewerbegebiet erzielte die südliche Vorstadt schon vor der Eingemeindung den im innerstädtischen Vergleich höchsten Bevölkerungsanstieg. Ein in den Gründerjahren erstellter, explizit Arbeitern zugedachter, größtenteils minderwertiger Baubestand und eine mehrheitlich proletarische Wohnbevölkerung wiesen diesen bis zum Jahre 1914 enorm expandierenden Bremer Stadtteil offenkundig als eines der in den 1870er Jahren zahlreich "aus dem Boden gestampften" Viertel deutscher Großstädte aus, deren Bewohner gleichermaßen den Beeinträchtigungen der in unmittelbarer Nähe befindlichen Industriebetriebe wie einer extremen räumlichen Verdichtung ausgesetzt waren. Kontinuierlich steigende Bevölkerungszahlen verschärften die Wohnungsnot in der südlichen Vorstadt angesichts der hier ungewöhnlich lange, bis zu Beginn der 1890er Jahre, nahezu brachliegenden Bautätigkeit in erheblichem Maße. Wie in anderen großstädtischen Arbeiterbezirken prägten beengte Wohnverhältnisse, mangelnde Hygiene und halboffene Familienstrukturen auch in diesem Bremer Stadtteil in geradezu typischer Weise den Wohnalltag all jener um die Sicherung des Existenzminimums kämpfender Haushaltsverbände. Die südliche Vorstadt bildete indes kein ausgesprochen homogenes Viertel. Schon in den 1870er Jahren schied sich die Wohnbevölkerung in einen überproportional von städtischen Unterschichten getragenen Bewohnerteil und einen zunächst stark unterrepräsentierten kleinbürgerlichen Einwohnerkreis. Die divergierenden Daseinsbedingungen dieser Bewohnergruppen schlugen sich zwangsläufig auch räumlich nieder. Trotz einer schwerlich zu verkennenden Konzentrierung aller mit dem Wohnungselend verbundenen Phänomene auf den östlichen Bereich des sich durch die weitverbreitete Armut seiner Bewohner und den ältesten Bestand seiner annähernd ausschließlich einstöckigen, zudem notorisch überfüllten Wohngebäude auszeichnenden Buntentorbezirks und einer tendenziell gehobenen Wohnqualität in dem mit größeren Reihenhäusern bestückten und von einkommensstärkeren Erwerbstätigen bewohnten westlichen Hohentorviertel existierte innerhalb des weitflächigen Gebietes dieses Stadtteils keine klare örtliche Trennung zweier grundlegend differierender Wohnquartiere; vielfach wiesen selbst zwei aneinandergrenzende Straßenzüge eine gravierend abweichende soziale Gliederung ihrer Bewohnerschaft auf.

Der mithin von Anbeginn uneinheitliche Charakter dieses Stadtviertels nahm seit Mitte der 1890er Jahre sehr viel plastischere Züge an. Die starke Erweiterung des vorwiegend der veränderten Bauweise Rechnung tragenden Wohnhausbestandes galt keinesfalls vordringlich der Befriedigung einer anhaltend hohen Nachfrage nach möglichst günstigen Arbeiterwohnungen, sondern zielte vielmehr auf eine zahlungskräftigere Käufer- und Mieterschicht ab. Der einhergehend mit der zweiten großen Bauphase im Jahre 1895 einsetzende und sich bis 1914 noch deutlich steigernde, außerordentlich starke Zustrom neuer Wohnverbände markierte die Phase intensivsten Bevölkerungswachstums in der südlichen Vorstadt und löste einen nachhaltigen Wandel des sozialen Gefüges der gleichwohl nach wie vor von Arbeitern dominierten, zunehmend jedoch auch von Angehörigen des Kleinbürgertums mitgetragenen Bewohnerschaft aus. Von einer Konsolidierung der Wohnbevölkerung, die sich beispielsweise im proletarischen Münchner Westend an einem bereits seit 1900 signifikant verringerten Einwohnerzuwachs abzeichnete, konnte in diesem Bremer Viertel, zumindest in der für das Münchner Quartier zu konstatierenden Tragweite, somit keine Rede sein. Die südliche Vorstadt Bremens kontrastierte indessen nicht nur in ihrer auf die bremenspezifischen Verhältnisse zurückzuführenden Bevölkerungsentwicklung und einer, zumal mit fortschreitendem Untersuchungszeitraum, von den typischen Arbeiterquartieren anderer deutscher Großstädte abweichenden Sozialstruktur, sondern differierte darüber hinaus durch ein insbesondere unter dem Aspekt des mittel- oder längerfristigen Verbleibs sowohl im inner- als auch im interstädtischen Vergleich außergewöhnlich geringes Ausmaß der im 19. Jahrhundert erfolgten Zuwanderung. Eine aus Sicht der geographischen Herkunft um die Jahrhundertwende zwar gemischte, in der Mehrzahl aber von ortsgebürtigen Bewohnern der jüngeren Altersklassen gestellte Wohnbevölkerung verweist auf die - allen mit der Eingemeindung und dem frühen Zollanschluß verknüpften Erwartungen und Prognosen der Bewohner und des Bremer Senats zum Trotz - ausgebliebene, rasche industrielle Entwicklung dieses gegenüber der westlichen Vorstadt Bremens eher im Windschatten der Industrie stehenden Stadtteils.

Eilte der südlichen Vorstadt Bremens in der bürgerlichen Öffentlichkeit der Ruf eines sich gleichermaßen durch die Verwahrlosung seiner Behausungen wie durch die Mittellosigkeit seiner Bewohner hervorhebenden Wohnbezirks voraus, so stand dieses überaus geringschätzige Ansehen in krassem Widerspruch zu der zweifelsohne vorhandenen Anziehungs- und Bindekraft, die dieses Viertel auf Teile der dort zwischen 1875 und 1914 lebenden und arbeitenden Einwohner ausübte. Analog der jeweiligen Sozialgruppenzugehörigkeit und Einkommenslage, nicht zuletzt jedoch auch in Abhängigkeit von der familiären Situation trug das Wohnverhalten der sich binnen dieser vier Jahrzehnte in der südlichen Vorstadt ansiedelnden Bewohner äußerst facettenreiche Züge. Trotz starker Fluktuation vornehmlich in der durch Instabilität geprägten, von einem annähernd kompletten Bewohneraustausch begleiteten Entstehungsphase dieses Stadtteils und hoher räumlicher Mobilität konzentrierten sich die nicht selten mehrfach, überwiegend von Arbeitern, Erwerbslosen und Handwerkern bewältigten Umzüge doch unverkennbar auf das Gebiet der südlichen Vorstadt. Vergleichbar mit dem Münchner Westend entschied sich das Gros des allerdings eine klare Minderheit bildenden, mobilen Bevölkerungsteils - ungeachtet der im einzelnen praktizierten Form und Häufigkeit vollzogener Wohnungswechsel - bewußt für den Verbleib im Viertel. Innerstädtische Umzüge waren folglich auch in diesem Bremer Wohnbezirk durch ein hohes Maß an Quartiergebundenheit gekennzeichnet. Eine kurze Bezugsdauer der Wohnungen und eine vorherrschend kurz befristete Wohndauer in den Straßenzügen war diesem zwischen 1875 und 1914 stets mehrheitlich von Arbeitern bewohnten städtischen Teilbereich mit anderen proletarischen Quartieren gemeinsam und unterstreicht die aus sozialräumlicher Perspektive untergeordnete Bedeutung der Straße gegenüber dem Viertel.

Ein vollauf konträres Wohngebaren zeichnete indes jene Bewohner aus, deren gehobene Einkommensverhältnisse sie in die Lage versetzten, sich in einer vorteilhafteren Wohnlage dieses ausgedehnten Stadtviertels niederzulassen. Räumliche Mobilität trat in diesen besser ausgestatteten, sowohl in ihrem äußeren Erscheinungbild und inneren Wohnkomfort als auch in der sozialen Gliederung ihrer Bewohnerschaft von den tristen Arbeiterwohnstraßen abweichenden Straßenzügen primär in Form erstmaliger Zuzüge und endgültiger Fortzüge zutage. In solch begünstigten Straßen blieben die in den proletarischen Straßenzügen ausgesprochen stark verbreiteten straßeninternen Wohnungswechsel ebenso rare Erscheinungsformen der Wohnmobilität wie Wohnsitzveränderungen, die in eine andere Straße der südlichen Vorstadt zielten. Das Leben in den Bremer Häusern unterschiedlichen Typs verband sich mithin - ganz im Gegensatz zu der soziale Disparitäten negierenden Ideologie des Bremer Hauses - durchaus nicht mit einheitlichen Raumerfahrungen. Wirtschaftliche Mechanismen besaßen vielmehr ausschlaggebende Bedeutung für die von den verschiedenen Bewohnergruppen zu realisierende Art des Wohnens und steuerten überdies deren auffällig divergierendes Wohnverhalten innerhalb dieses sich fraglos in zwei Sozialräume teilenden Viertels.

Eine mit steigendem Wohlstand tendenziell zunehmende Wohndauer bestätigte sich am Beispiel der den höchsten Seßhaftigkeitsgrad aller unter den Bewohnern dieses Stadtteils vertretenen Sozialgruppen erlangenden Handwerksmeister und Unternehmer. Seßhaftigkeit resultierte aber keineswegs vorrangig aus einem immobilen Wohnverhalten. Hohe Wohnbeständigkeit erwuchs - dem statistischen Befund der durchgeführten Analysen des Wohnverhaltens der stellvertretend für die Gesamtpopulation exemplarisch untersuchten Bewohner vier ausgewählter Straßen zufolge - häufiger noch aus der zur räumlichen Mobilität nötigenden Armut. Mobilität und Seßhaftigkeit bildeten demnach keinen Antagonismus, sondern waren, wie die gerade aufgrund ihrer hohen Umzugshäufigkeit eine bemerkenswerte Wohndauer im Viertel erreichenden Wohnverbände unter Beweis stellten, sehr wohl miteinander vereinbare Lebensformen.

Die Wohnverhältnisse Bremens wichen im Zeitraum von 1875 bis 1914 allenfalls graduell von denen anderer deutscher Großstädte ab. Ein im Spiegel der komparativ angelegten kommunalen Wohnungsstatistik schwerlich zu leugnendes, gehobenes Niveau der Wohnungsversorgung in Bremen kaschierte jedoch die vornehmlich in solch weitgehend vernachlässigten und benachteiligten Quartieren wie der südlichen Vorstadt gleichwohl existierenden Mißstände im Wohnbereich. Gestalteten sich proletarische Daseinsbedingungen demzufolge in diesem Bremer Stadtviertel nicht vorteilhafter als andernorts, so bekräftigen die eher dem Typ mittelgroßer Städte nahekommenden Wohnstrukturen der selbst zu Beginn des 20. Jahrhunderts noch von agrarischen Nutzflächen durchzogenen und von Kleinhäusern dominierten südlichen Vorstadt die Annahme, daß solch fraglos gravierend von den extrem verdichteten, steinernen Großstädten abweichende Rahmenbedingungen des Wohnens grundlegende und nachhaltige Auswirkungen auf das Sozialleben im Viertel zeitigten.

Die sich zwischen 1875 und 1914 erheblich wandelnde südliche Vorstadt Bremens galt Teilen ihrer Bewohner ohne jeden Zweifel als sozial bedeutsamer Lebensraum. Die nachgezeichnete Geschichte dieses Stadtviertels und die schwerpunktmäßig um die Immobilienbesitz- und Wohnverhältnisse sowie um das soziale Gefüge der Bewohner und deren Wohnverhalten kreisenden Analysen bilden die notwendigen Grundlagen für ein breites Spektrum neuer, in der sozialhistorischen Forschung bisher unberücksichtigter oder noch in den ersten Anfängen steckender Untersuchungsfelder.

Die für die vorliegende Arbeit herangezogenen Quellen und das umfangreiche, zudem für den gesamten vierzigjährigen Untersuchungszeitraum lückenlos erfaßte Datenmaterial ermöglichen über die behandelten Problemkomplexe hinaus umfassende Analysen der hausinternen Sozialstruktur, mittels derer wertvolle Einblicke in die langfristige Entwicklung sowohl der wohnräumlichen Auslastung und spezifischen Nutzung aller Gebäude als auch der Kontinuität in der personellen wie beruflichen Zusammensetzung und damit der jeweiligen Art des Zusammenlebens sowie etwaig existierender sozialer Konfliktzonen in diesen kleinsten räumlichen Einheiten zu gewinnen sind.

Verschiedene für eine Stadtviertelanalyse nicht minder relevante Problemfelder setzen die zusätzliche Nutzung anderer Bremer Quellen voraus. So halten die Standesamtsunterlagen und Bürgerrechtsakten hochwertige Informationen einerseits für eine speziell auf die Zuwanderung im 19. Jahrhundert zugeschnittene Untersuchung, andererseits für ein auf frauenspezifische Fragen oder Aspekte der anhand des Heiratsverhaltens zu eruierenden inter- bzw. intragenerationellen sozialen Mobilität abhebendes Forschungsprogramm bereit. Eingehende Analysen der Städtetechnik und aller mit der Infrastruktur verbundenen Auseinandersetzungen sind darüber hinaus auf der Basis umfänglich überlieferter Akten der diversen städtischen Behörden durchführbar. Der reichhaltige Bremer Quellenbestand stellt somit die Aufarbeitung einer Reihe stadtgeschichtlicher Themengebiete sicher, die gleichermaßen auf der Ebene einzelner Stadtteile wie für den gesamtstädtischen Raum realisierbar sind. Um die jeweiligen Funktionen und Wesenszüge der Bremer Stadtbezirke, insbesondere aber das Ausmaß und die Erscheinungsformen sozialer Ungleichheit auszuloten, empfiehlt sich der Vergleich sozialstrukturell divergierender Stadtteile.

Zielt das Erkenntnisinteresse auf die Ausformung eines soziokulturellen Milieus und Momente der Klassenbildung ab, so eröffnet sich gerade auf dem Gebiet der Stadt- bzw. Urbanisierungsgeschichte eine Forschungsperspektive, die eine der auch heute noch fraglos größten Forschungslücken dieser Wissenschaftsdisziplin zu schließen vermag. Da ein solch anspruchsvolles Forschungsvorhaben eine breit angelegte, systematische Analyse des (Sozial-)Verhaltens der ausgewählten städtischen Bevölkerung erfordert, rücken gleichermaßen Fragen des Freizeitverhaltens und der Gewohnheiten, mithin Formen der Geselligkeit, der Kommunikation, des Konsums und der Vereinsaktivitäten, wie auch der Konflikt- und Organisationsbereitschaft und nicht zuletzt des Wahlverhaltens und der politischen Betätigung in den Vordergrund der Untersuchungen. In Kenntnis dieser vielfältig auf die Bildung von Sozialräumen einwirkenden Faktoren läßt sich ermessen, ob ein zweifelsohne primär durch das Verhalten seiner Bewohner geprägter städtischer Teilbereich den Charakter eines sowohl sozial als auch politisch signifikanten Lebensraumes erwarb, der sich durch ein hochgradiges Quartier- und Klassenbewußtsein seiner mehrheitlich stark mit dem Viertel verbundenen Bewohnerschaft auszeichnete.

ANHANG

Anmerkungen

Anmerkungen zu Kapitel I

1 Renommierte Forschungseinrichtungen bilden zum einen das in Berlin ansässige "Deutsche Institut für Urbanistik" (Difu), zum anderen das 1970 gegründete "Institut für vergleichende Städtegeschichte" an der Universität Münster. Insbesondere die Arbeiten des dort im Jahre 1975 von der Deutschen Forschungsgemeinschaft eingerichteten, interdisziplinär angelegten Sonderforschungsbereichs 164 "Vergleichende geschichtliche Städteforschung" trugen maßgeblich - unter anderem mit der von Hans Jürgen Teuteberg und Peter Borscheid herausgegebenen Reihe der "Studien zur Geschichte des Alltags" - zum Fortschritt der deutschen Stadtgeschichtsforschung bei.

2 Diese Arbeitskreise können heute auf eine teils beachtliche Tradition zurückblicken. So ging der 1973 von der Akademie für Raumforschung und Landesplanung in Hannover initiierte "Arbeitskreis Geschichtliche Entwicklung des Stadtraumes" aus dem schon 1951 gegründeten "Forschungsausschuß Historische Raumforschung" hervor. Auch die 1974 ins Leben gerufene "Arbeitsgemeinschaft für Stadtgeschichtsforschung, Stadtsoziologie und Denkmalpflege" mit Sitz in Esslingen am Neckar bildete sich aus der seit 1960 existierenden "Arbeitsgemeinschaft für reichsstädtische Geschichtsforschung, Denkmalpflege und bürgerliche Bildung" heraus. Ebenfalls im Jahre 1960 nahm der "Arbeitskreis für südwestdeutsche Stadtgeschichtsforschung" (Esslingen am Neckar) seine Arbeit auf; während der sich in Bonn niedergelassene "Arbeitskreis für genetische Siedlungsforschung in Mitteleuropa" erst seit 1974 agiert.

3 Zu diesen zählen das von K.-H. Hansmeyer, W. Haus u.a. herausgegebene, ab 1962 mit zwei Ausgaben pro Jahr in Stuttgart erscheinende "Archiv für Kommunalwissenschaften" (AfK), die seit 1970 in halbjährlichem Turnus in Berlin publizierten "Informationen zur modernen Stadtgeschichte" (IMS) der Editoren Christian Engeli u.a. sowie "Die alte Stadt. Vierteljahresschrift für Stadtgeschichte, Stadtsoziologie und Denkmalpflege", ab 1974 in Stuttgart herausgegeben von O. Borst u.a., die die Nachfolge der "Zeitschrift für Stadtgeschichte, Stadtsoziologie und Denkmalpflege" (ZSSD) antrat.

4 Der Relevanz stadtgeschichtlicher Forschung trug nicht zuletzt auch der im Jahre 1986 in Trier abgehaltene 36. Historikertag Rechnung, der in jenem Jahr unter das Leitthema "Räume der Geschichte - Geschichte des Raums" gestellt wurde.

5 Einen umfassenden Überblick über die Entwicklung der älteren Forschung bieten sowohl Teuteberg als auch Reulecke. Vgl. Hans Jürgen Teuteberg, Historische Aspekte der Urbanisierung: Forschungsstand und Probleme, in: ders. (Hrsg.), Urbanisierung im 19. und 20. Jahrhundert. Historische und geographische Aspekte, Köln/Wien 1983, S. 2-34; Jürgen Reulecke, Moderne Stadtgeschichtsforschung in der Bundesrepublik Deutschland, in: Christian Engeli/Horst Matzerath (Hrsg.), Moderne Stadtgeschichtsforschung in Europa, USA und Japan, Berlin 1989, S. 21-36

6 Vgl. Jürgen Kocka, Sozialgeschichte. Begriff - Entwicklung - Probleme, Göttingen 1986, S. 51ff

7 Zur neueren Auseinandersetzung dieser seit den 1980er Jahren mehr oder minder heftig geführten Wissenschaftskontroverse zwischen Vertretern der Sozialgeschichte und der Alltagsgeschichte vgl. die überarbeiteten Beiträge der auf dem 39. Historikertag in Hannover stattgefundenen Podiumsdiskussion "Was kommt nach der Alltagsgeschichte?", in: Winfried Schulze (Hrsg.), Sozialgeschichte, Alltagsgeschichte, Mikro-Historie, Göttingen 1994

8 Vgl. etwa K. Dieter Keim, Milieu in der Stadt. Ein Konzept zur Analyse älterer Wohnquartiere, Stuttgart/Berlin/Köln/ Mainz 1979

9 Zum neueren Forschungsstand und der sich in diesen Ländern jeweilig vollzogenen Entwicklung der Stadt- und Urbanisierungsgeschichte vgl. die diesbezüglichen Forschungsberichte der Autoren François Bédarida unter Mitarbeit von Gilles Jeannot (Frankreich), Anthony Sutcliffe (Großbritannien) sowie Kathleen Neils Conzen/Michael H. Ebner (USA), in: Christian Engeli/Horst Matzerath (Hrsg.), Stadtgeschichtsforschung, S. 37-51, 53-73, 197-218; zur französischen Forschung vgl. auch Heinz-Gerhard Haupt, Außerbetriebliche Situationen und Erfahrungen von französischen Arbeitern vor 1914. Einige Ansätze in der französischen Forschung, in: Archiv für Sozialgeschichte 22 (1982), S. 491-513

10 Vgl. Stephan Thernstrom/Richard Sennett (eds.), Nineteenth-Century Cities. Essays in the New Urban History, New Haven-London 1969

11 Siehe etwa H.W. Schröder (Hrsg.), Moderne Stadtgeschichte, Stuttgart 1979

12 Statt einer an dieser Stelle den Rahmen einer groben Skizzierung der Forschungslinien sprengenden Auflistung und Darlegung all dieser, teils überaus differenzierten und anregenden Arbeiten sei auf die hervorragenden Rezensionen Friedrich Lengers verwiesen, die nicht zuletzt durch ihre kritische Reflexion bestechen. S. Friedrich Lenger, Urbanisierungs- und Stadtgeschichte - Geschichte der Stadt, Verstädterungsgeschichte oder Geschichte in der Stadt? In: Archiv für Sozialgeschichte (AfS) 26 (1986), S. 429-479; ders., Neuzeitliche Stadt- und Urbanisierungsgeschichte als Sozialgeschichte, in: AfS 30 (1990), S. 376-422

13 So beispielsweise Hans Jürgen Teuteberg, Historische Aspekte, S. 28ff; ders., Vorwort, in: ders.(Hrsg.), Stadtwachstum, Industrialisierung, Sozialer Wandel. Beiträge zur Erforschung der Urbanisierung im 19. und 20. Jahrhundert, Berlin 1986, S. 5-10; Jürgen Reulecke, Geschichte der Urbanisierung in Deutschland, Frankfurt am Main 1985, S. 11f

14 Hans Jürgen Teuteberg, Vorwort, S. 6

15 Jürgen Reulecke, Geschichte, S. 12

16 Dieser findet in der fortlaufenden Bibliographie und der Dokumentation laufender wie neuer Projekte der Stadt- und Urbanisierungsgeschichte in den "Informationen zur modernen Stadtgeschichte" (IMS) seinen Niederschlag.

17 Definitionen und zeitliche Zäsuren der Urbanisierungsepoche sind in Reuleckes Einleitung bündig dargelegt. Diesen vier Perioden folgt auch die inhaltliche Schwerpunktsetzung des sich anschließenden Forschungsüberblicks, der in dieser Form bis heute seinesgleichen sucht. S. Jürgen Reulecke, Geschichte, insbesondere S. 7-13

18 Eingehende Ausführungen zu diesem wesentlichen Aspekt der Urbanisierung finden sich bei Reulecke, eine präzise auf den Punkt gebrachte Zusammenfassung dieser Prozesse auch bei Hardtwig/Tenfelde. Vgl. Jürgen Reulecke, Geschichte, S. 10ff sowie S. 91ff; Wolfgang Hardtwig/Klaus Tenfelde (Hrsg.), Soziale Räume in der Urbanisierung. Studien zur Geschichte Münchens im Vergleich 1850 bis 1933, München 1990, S. 7ff

19 Eine vollständige Auslistung all jener Publikationen, die diesem Problemkomplex gewidmet sind, geht über den Umfang dieser Arbeit hinaus. Stellvertretend seien der richtungweisend wirkende, in den 1970er Jahren verfaßte Aufsatz von Niethammer und Brüggemeier sowie die nicht minder wichtigen, von Teuteberg und Wischermann gelieferten Beiträge zur diesbezüglichen Forschung genannt. Vgl. Lutz Niethammer/Franz Brüggemeier, Wie wohnten

Arbeiter im Kaiserreich? In: Archiv für Sozialgeschichte 16 (1976), S. 61-134; Hans Jürgen Teuteberg/Clemens Wischermann, Wohnalltag in Deutschland 1850-1914, Münster 1985; Clemens Wischermann, Wohnen in Hamburg vor dem Ersten Weltkrieg, Münster 1983

20 Siehe Stephan Bleek, Quartierbildung in der Urbanisierung. Das Münchner Westend 1890-1933, München 1991

21 Zu diesem Problemkomplex vgl. auch Stephan Bleek, Mobilität und Seßhaftigkeit in deutschen Großstädten während der Urbanisierung, in: Geschichte und Gesellschaft 15, Heft 1 (1989), S. 5-33

22 Vgl. Stephan Bleek, Quartierbildung, S. 11

23 Vgl. ebd., S. 101ff, insbesondere S. 105

24 Die Bedeutung der Topographie für die Entstehung verschiedener Stadtviertel stellt beispielsweise Reif für Oberhausen heraus. Vgl. Heinz Reif, Stadtentwicklung und Viertelbildung im Ruhrgebiet: Oberhausen 1850 bis 1929, in: Wolfgang Hardtwig/Klaus Tenfelde (Hrsg.), Soziale Räume, S. 155-174; ders., Städtebildung im Ruhrgebiet - die Emscherstadt Oberhausen 1850-1914, in: Vierteljahresschrift für Sozial- und Wirtschaftsgeschichte 69 (1982), S. 457-487; ders., Die verspätete Stadt. Industrialisierung, städtischer Raum und Politik in Oberhausen 1846-1929, Köln 1993

25 Siehe Jürgen Kocka, Sozialgeschichte, S. 97ff

26 So etwa Ludolf Parisius, Die auf dem Prinzip der Selbsthülfe beruhende Baugenossenschaft, in: Der Arbeiterfreund 2, 1865, S. 271

27 Bahnson, Stadterweiterung und Kleinhaus in Bremen, in: Bremens bauliche Kultur. Das Einfamilienhaus und das Privat-Baugewerbe, hrsg. v. Erich Leyser, Berlin 1918, S. 1-12, hier insbesondere S. 1 und 8 (Schriften des Groß-Berliner Vereins für Kleinwohnungswesen, Heft 5)

28 Dietrich Bredehorst, Über Arbeiterwohnungen, in: Allgemeine deutsche Arbeiterzeitung vom 16.10.1864; Hugo Wagner, Gemeinnützige oder private Bautätigkeit, in: Bremens bauliche Kultur, S. 21-34, hier S. 21

29 W. Wortmann, Das "Bremer Haus" und das bremische Wohnungswesen, in: Der Schlüssel, 1939, S. 275-284, hier S. 275; Rudolf Schuster, Die Entwicklung der Bremischen Vorstädte im dritten Viertel des 19. Jahrhunderts, Bremen 1949, insbesondere S.5 und S. 33 sowie S. 57 (Veröffentlichungen aus dem Staatsarchiv der Freien Hansestadt Bremen, Heft 18)

30 Vgl. Untersuchung der Wohnungen der minder bemittelten Klassen in Bremen, hrsg. v. Bremischen Statistischen Amt, Bremen 1905

31 Zur diesbezüglichen Münchner Quellensituation s. Stephan Bleek, Quartierbildung, S. 12ff

32 Vgl. Hartmut Zwahr, Das deutsche Stadtadreßbuch als orts- und sozialgeschichtliche Quelle, in: Jahrbuch für Regionalgeschichte 3 (1968), S. 204-229

33 Die ursprünglichen Erbauungsakten der zwischen 1850 und 1914 in der südlichen Vorstadt errichteten Häuser, die alle um die Entwicklung der Bautätigkeit in diesem Bremer Stadtteil kreisenden Fragen hätten beantworten können, sind annähernd vollständig verschollen.

34 Wilhelm Böhmert, Bevölkerungsstatistik. In: Hermann Tjaden (Hrsg.), Bremen in hygienischer Beziehung. Bremen 1907, S. 26-63, hier S. 29 und S. 36

35 Tabelle I: Datenstruktur Personendatei

Datenfeld	Datenfeldbeschreibung
Name_Haushalt	Name des Haushaltsvorstandes
Vorname1	1. Vorname des Haushaltsvorstandes

Vorname2	2. Vorname des Haushaltsvorstandes
Vorname3	3. Vorname des Haushaltsvorstandes
Vorname4	4. Vorname des Haushaltsvorstandes
Geschlecht	Geschlecht des Haushaltsvorstandes; m=männlich; w=weiblich
Familienstand	Familienstand des Haushaltsvorstandes; l=ledig; v=verheiratet; g=geschieden; w=verwitwet
Straße	erfaßte Straße
Hausnummer	erfaßte Hausnummer der erfaßten Straße
Haus_Index	Index zur eindeutigen Zuordnung von Straße und Hausnummer
Haus_Status	Status des Hauses mit der Hausnummer; b=in Bau; u=Unbewohnt; g=Gewerbe im Haus
Anzahl_Haushalte	Anzahl der Haushalte im Haus mit Hausnummer und im aufgenommenen Jahr
Wohnort	Wohnort der Gewerbetreibenden, die nicht im Haus wohnten
Jahr	Jahr, für das die gesamten Datenfelder aufgenommen sind; 1875,...,1914
Ident_Beruf	Anzahl der Haushalte mit identischen Berufen im Haus mit der Hausnummer des Jahres
Ident_Frau	Anzahl der weiblichen Haushaltsvorstände im Haus mit der Hausnummer im Jahr
Beruf1	1. Beruf des Haushaltsvorstandes, ausgeübt im aufgenommenen Jahr
Beruf2	2. Beruf des Haushaltsvorstandes, ausgeübt im aufgenommenen Jahr
Gewerbe1	1. Gewerbe des Haushaltsvorstandes, ausgeübt im aufgenommenen Jahr
Gewerbe2	2. Gewerbe des Haushaltsvorstandes, ausgeübt im aufgenommenen Jahr
Jur_status	Juristischer Status der Haushaltsvorstände h=Hausbesitzer; m=Mieter

36 Infolge des unvollständigen Quellenbestandes im Bremer Staatsarchiv und mitunter fehlerhafter Signaturen der Grundstücksregister war ein schneller Zugriff auf sämtlich benötigte Akten nicht zu realisieren. Im Rahmen des komplett gesichteten, für die südliche Vorstadt immerhin fünf Bezirke und mehrere tausend Einzelakten umfassenden Bestandes konnte die Mehrzahl der für die 254 in den vier untersuchten Straßen belegenen Immobilien zugehörigen Erbe- und Handfestenakten aufgefunden werden. Der Fehlbestand von neun offenbar nicht überlieferten Akten hielt sich somit in Grenzen.

37 Tabelle II: Datenstruktur Hausbesitzerdatei

Datenfeld	Datenfeldbeschreibung
Straße_Haus	Straße und Hausnummer der Immobilie
Name	Name des Immobilienerwerbers/der Immobilienerwerberin
Vor1	1. Vorname des Immobilienerwerbers
Vor2	2. Vorname des Immobilienerwerbers
Geburtsname	Geburtsname der Immobilienerwerberin
Geschlecht	Geschlecht des Immobilienerwerbers/der Immobilienerwerberin

Familienstand	Familienstand des Immobilienerwerbers/der Immobilienerwerberin
	l=ledig;
	v=verheiratet;
	g=geschieden;
	w=verwitwet

Beruf	Beruf des Immobilienerwerbers
Wohnort	Wohnort des Immobilienerwerbers
Wohnort_Nummer	Hausnummer des Wohnortes des Immobilienerwerbers

Art_Erwerb	Erwerbsart der Immobilie
	p=Privatkauf;
	v=öffentliche Versteigerung; z=Zwangsversteigerung;
	e=Erbschaft;
	h=Heirat
	u=Überschreibung/Schenkung

Datum_Hauskauf	Datum des Immobilienerwerbs
Geburt	Geburtsdatum des Immobilienbesitzers
Tod	Todesdatum des Immobilienbesitzers
Preis	Kaufpreis der Immobilie
Tax_Wert	amtlicher Schätzwert der Immobilie

Anmerkungen zu Kapitel II

1 Franz Buchenau, Die freie Hansestadt Bremen und ihr Gebiet, Bremen 1900, S. 144

2 Vgl. ebd., S. 384

3 Vgl. ebd., S. 382

4 Vgl. Rudolf Schuster, Die Entwicklung der Bremischen Vorstädte im dritten Viertel des 19. Jahrhunderts, Bremen 1949, S. 13 (Veröffentlichungen aus dem Staatsarchiv der Freien Hansestadt Bremen, Heft 18)

5 Sämtliche Angaben zur Berufszugehörigkeit der Einwohner dieser Landgemeinde sowie zur Verbreitung von Fabriken und Schenkwirtschaften im Jahre 1847 zitiert nach: Hans-Ludwig Schaefer, Bremens Bevölkerung in der ersten Hälfte des neunzehnten Jahrhunderts,

Bremen 1957, S. 253ff (Veröffentlichungen aus dem Staatsarchiv der Freien Hansestadt Bremen, Heft 25)

6 Insbesondere die handwerklichen Berufe der Zimmerleute, Schneider und Tischler waren bereits in auffälliger Anhäufung vertreten. Vgl. ebd.

7 Exakte Einwohnerzahlen liegen für das Jahr 1847 nicht vor. Die für 1842 (1.702 Einwohner) und 1849 (2.152 Bewohner) überlieferten Bevölkerungszahlen lassen annehmen, daß die Einwohnerschaft im Jahre 1847 knapp 2.000 Bewohner umfaßt haben dürfte. Angaben in: Wilhelm Böhmert, Bevölkerungsstatistik, S. 29

8 Hans-Ludwig Schaefer, Bremens Bevölkerung, S. 111f

9 Ebd., S. 115

10 Ebd., S. 261

11 Andere (Berufs-)Angaben als die der Arbeiter, Zigarrenmacher und Witwen waren für die 1847 ansässigen, ärmeren Einwohner dieses Wohngebietes in Schaefers Auslistung nicht auffindbar. Dennoch wird anzunehmen sein, daß sowohl in der Stadt als auch auf dem Lande diverse Berufe ausgeübt wurden, die gleichermaßen den städtischen wie ländlichen Unterschichten angehörten, zumal die Berufsbezeichnung des "Arbeiters" sich erst um 1900 durchsetzte. Vgl. Anm. 8-10 sowie Kap. III.2.1

12 Vgl. Kap. III.2.

13 Vgl. Kap. II.2.

14 Die Eingemeindungen des Jahres 1848 erstreckten sich auf die östliche, nördliche und westliche Vorstadt, die nunmehr von den Feldmarken Hastedt, Schwachhausen, Lehe, Niederblockland und Walle begrenzt wurden. Vgl. Rudolf Schuster, Die Entwicklung, S. 15

15 Vgl. Klaus Schwarz, Wirtschaftliche Grundlagen der Sonderstellung Bremens im deutschen Wohnungsbau des 19. Jahrhunderts, in: Bremisches Jahrbuch 54, Bremen 1976, S. 21-68, hier S. 46, sowie Kap. III.1.1

16 Vgl. Karl Reineke, Das bremische Bürgerrecht, in: Bremisches Jahrbuch 32, Bremen 1929, S. 195-232

17 Vgl. ebd., S.210ff

18 Bis zu diesem Zeitpunkt war das Bürgerrecht in der Altstadt und in der Neustadt (hier indessen ausschließlich für Hausbesitzer) mit Handlungsfreiheit ausgestattet.

19 Für das Altstadtbürgerrecht mit Handlungsfreiheit waren 500 Thaler, ohne Handlungsfreiheit 60 Thaler zu entrichten. In der Neustadt war für letzteres 50 und in der Vorstadt 40 Thaler zu zahlen. Frauen wurden zwei Drittel und Kindern ein Drittel der Gebühren abverlangt. S. Karl Reineke, Bürgerrecht, S. 217

20 Zitiert nach Karl Reineke, Bürgerrecht, S. 217

21 Zur Bedeutung des Bürgerrechts als probates Mittel auch in München, so etwa zur Selektion Wählbarer und Wahlberechtigter, vgl. Wolfgang Hardtwig, Soziale Räume und politische Herrschaft. Leistungsverwaltung, Stadterweiterung und Architektur in München 1870 bis 1914, in: Ders./Klaus Tenfelde (Hrsg.), Soziale Räume, S. 59-153, hier insbesondere S. 66ff

22 Eingehende Ausführungen zur räumlichen und sozialen Segregation finden sich etwa bei Jürgen Reulecke, Geschichte, S. 91ff

23 In der Vorstadt war die Niederlassung von Gewerbebetrieben nur dann zulässig, wenn sich in der Alt- oder Neustadt kein ausreichender Raum bot.

24 Vgl. Hans-Ludwig Schaefer, Bremens Bevölkerung, S. 51

25 Vgl. Karl Reineke, Bürgerrecht, S. 218

26 Frauen wurden mit geringeren Gebühren belegt. Alleinstehende Frauen hatten zwei Drittel, Ehefrauen die Hälfte der jeweiligen Taxe zu zahlen; Söhne unter 15 und Töchter unter 12 Jahren waren von den Kosten befreit. Vgl. ebd.

Anmerkungen zu Kapitel II

27 Ein Geselle des Metallgewerbes verdiente in dieser Zeit bei freier Kost und Logis nur ein bis zwei Thaler in der Woche. Vgl. Hans-Ludwig Schaefer, Bremens Bevölkerung, S. 106f

28 Vgl. Karl Reineke, Bürgerrecht, S. 222

29 Der Erwerb des Bürgerrechts verlangte bis zum Jahre 1863 die Beibringung einer Bürgschaft. Männliche Anwärter hatten zwei, Frauen hingegen nur einen Bürgen zu stellen, die nicht zuletzt dahingehend Fürsprache hielten, daß der Bewerber bzw. die Bewerberin über zehn Jahre hinweg nicht das Armenwesen strapazieren würde. Nach Prüfung und Bewilligung des Antrags war das Bürgergeld zu entrichten, dessen Zahlung in die Rechungsbücher eingetragen und gegen Ausgabe eines Bürgerscheins bestätigt wurde. Abschließend war der schuldige Eid zur Gelobigung des Gehorsams gegen die Obrigkeit und die pünktliche Zahlung gesetzlicher Abgaben und Steuern abzulegen, der dem Bürgerrecht erst die Rechtswirksamkeit verlieh. Vgl. Karl Reineke, Bürgerrecht, S. 221ff

30 Bedrückende Enge in den dunklen und feuchten Behausungen war ein treffenderes Charakteristikum der Wohnbedingungen insbesondere in den alten Bremer Gängen und Höfen. Vgl. Die Wohnungen in den Gängen und Höfen der Neustadt, in: Die Volkszählung vom 1. Dezember 1900 im Bremischen Staate, II. Band, 2. Teil, (Die Zählung der Gebäude und Wohnungen. Sonderdarstellungen zur allgemeinen Statistik und zur Wohnungsstatistik), hrsg. v. Bremischen Statistischen Amt, Bremen 1905, S. 1-15 (Mitteilungen des Bremischen Statistischen Amts im Jahre 1902, No. 2)

31 Zur Kritik an diesen Klischees vgl. Clemens Wischermann, Wohnungsmarkt, Wohnungsversorgung und Wohnmobilität in deutschen Großstädten 1870-1913, in: Hans Jürgen Teuteberg (Hrsg.), Stadtwachstum, S. 101-133, hier insbesondere S. 102f; sowie H.J. Teuteberg/C. Wischermann, Wohnalltag, S. 2ff

32 Wilhelm Böhmert, Bevölkerungsstatistik, S. 29 sowie S. 36

33 Erstes Gesuch der Anwohner des Buntentorsteinweges an den Bremer Senat vom 24. Januar 1871 - StAB 2-P.4.a.4.(20)

34 Senatsprotokoll vom 6. Februar 1871

35 Zweites Gesuch der Einwohner der Landgemeinde Buntentorsteinweg-Neuenland an den Bremer Senat vom 25. Oktober 1874- StAB 2-P.4.a.4.(20)

36 Schreiben des Gemeindeaussschusses der Landgemeinde Buntentorsteinweg-Neuenland an den Bremer Senat vom 31. Oktober 1874 - StAB 2-P.4.a.4.(20)

37 Ebd.

38 Auszug aus der Mitteilung des Senats vom 10. März 1875. - Deputationsbericht, die Vereinigung einiger Theile des Landgebiets mit der Stadt betreffend, S. 124

39 Zur Geschichte dieses Unternehmens vgl. K. Schaefer, Koch & Bergfeld, Bremen. In: Julius Eckstein (Hrsg.), Historisch-Biographische Blätter. Der Staat Bremen, Bd. III, Bremen 1906-1911, S. 803-814

40 So hatte die Gemeinde Buntentorsteinweg-Neuenland im Rechnungsjahr von Mai 1873 bis Mai 1874 an ihre Gemeindemitglieder 4.837,20 Mark an Armenunterstützungen gezahlt. Vgl. Anm. 38, S. 130

41 Gesetzblatt der Freien Hansestadt Bremen 1875, S. 352-354

42 Die bestehende Zugehörigkeit zur städtischen Kirchengemeinde St. Pauli in der Neustadt blieb nach der Eingemeindung ebenso aufrechterhalten wie das Begräbniswesen und das zuständige Zivilstandsamt.

43 Das Vermögen der ehemaligen Landgemeinde Buntentorsteinweg-Neuenland beschränkte sich - abgesehen von kleinen Bargeldbeträgen der Gemeinde-, Schul- und Armenkasse - auf den Immobilienbesitz der beiden Schulgebäude am Buntentorsteinweg und an der Kattenturmer Heerstraße, des Bauplatzes für eine neue Schule sowie eines weiteren Grundstücks am Geschwornenweg und eines Spritzenhauses am Buntentorsteinweg.

44 Dieser Prokopfbetrag belief sich im Jahre 1875 entsprechend dem durchschnittlichen Steuereinkommen auf 6,50 Mark. Vgl. Herbert Schwarzwälder, Geschichte der Freien Hansestadt Bremen, Bd. 2, Von der Franzosenzeit bis zum Ersten Weltkrieg (1810-1918), Bremen 1976, S. 291 sowie S. 345ff

45 Vgl. Bericht der Steuerdeputation vom 15. März 1875. (Anlage zu No. 1 der Senatsmitteilung vom 16. März 1875), StAB 2-P.4.a.4.(20)

46 Alle Angaben zu den mit der Eingemeindung und dem Zollanschluß der südlichen Vorstadt verbundenen Kosten und Einnahmen vgl. Anlage zum Auszug aus dem Beschluß der Bremer Bürgerschaft vom 9. April 1879 (Bericht der Commission wegen der Südervorstadt vom 31. Dezember 1878), S. 256-259

47 Gesuch der Bewohner der südlichen Vorstadt an den Bremer Senat vom 9. Mai 1878 - StAB 3-F.1.b.1.Nr 17

48 Die Bewohner der südlichen Vorstadt waren für den vornehmlich am Buntentor betriebenen Schmuggel stadtbekannt. Vgl. Dagmar Burgdorf, Blauer Dunst und Rote Fahnen. Ökonomische, soziale, politische und ideologische Entwicklung der Bremer Zigarrenarbeiterschaft im 19. Jahrhundert, Bremen 1984, S. 157; Heide Gerstenberger, Über die stadtbremische Armenpflege in den Jahren 1875 bis 1914, in: Beiträge zur Sozialgeschichte Bremens, Heft 2, Arme Leute, Armut und ihre Verwaltung 1875-1920, S. 7-83, hier S. 27f

49 Vgl. Anm. 46

50 Senatsinterner Schriftverkehr vom 31.5.1878 bis 2.6.1878 bezüglich des am 9. Mai 1878 eingereichten Gesuches der Südervorstädter - StAB 3-F.1.b.1.Nr. 17

51 Am 31. Dezember 1878 hatte eine aus den Reihen der Bürgerschaft gewählte Kommission ihren detaillierten Bericht vorgelegt, der sich mit der Gegenüberstellung sämtlicher durch die Eingemeindung und den Zollanschluß angefallenen Kosten und Einnahmen befaßte. Aufgrund nicht beizulegender interner Differenzen hatten sich die Mitglieder einer abschließenden Einschätzung der Verhältnisse in der südlichen Vorstadt enthalten und die Unterbreitung geeigneter Anträge der Bürgerschaft überlassen.

52 Vgl. Auszug aus der Mitteilung des Senats vom 29. Juli 1879, S. 445

53 Die vom bremischen Staat an das Reich zu zahlende Aversionalsumme differierte je nach Wohnort und Rechtsstatus des betreffenden Gebietes. So war für die städtische Bevölkerung je 6 Mark und für Bewohner der Landgemeinden 9 Mark pro Kopf abzuführen.

54 Gesuch der Einwohner der südlichen Vorstadt vom 18.9.1879 an den Senat - StAB 3-F.1.b.1. Nr. 17

55 Der sich deckende Vorschlag Grönings und der Steuerdeputation sah als Ausgleich für den auf diese Weise entstehenden Einnahmeausfall der Staatskasse einen Zuschlag zur Grund- und Gebäudesteuer im gesamten Bremer Staatsgebiet vor. Schriftlicher Kommentar Albert Grönings betreffend die "Steuerentlastung der Südervorstadt" vom 15.3.1880 sowie Bericht der Steuerdeputation, in: Mitteilung des Senats vom 19. März 1880, 7. Steuerverhältnisse in der Südervorstadt. - StAB 3-F.1.b.1. Nr. 17

56 Beschluß der Bürgerschaft vom 7. April 1880, S. 177

57 Auszug aus der Mitteilung des Senats vom 23. April 1880, S. 206

58 Sämtliche vor- wie nachstehende Zahlenangaben finden sich, so im folgenden nicht abweichend ausgewiesen, in: Die Volkszählung vom 1. Dezember 1900 im Bremischen Staate, I. Band, 1. Teil (Bevölkerungsstatistik), herausgegeben vom Bremischen Statistischen Amt, Bremen 1903, S. 40ff

59 Ebd., S. 130

Anmerkungen zu Kapitel II

60 Der Zeitraum von 1880 bis 1885 war einerseits durch rückläufige Geburtenzahlen (7.854 gegenüber 10.508 im vorherigen Fünfjahreszeitraum), andererseits durch starke Auswanderung (1876-1885: 7.950 Personen) geprägt und galt zudem, wenngleich auch der Wanderungsgewinn in den Krisenjahren zwischen 1875 und 1880 mit 822 nach Bremen gezogenen auswärts Gebürtigen überaus gering blieb, als die einzige Fünfjahresperiode mit einem Wanderungsverlust von 195 Personen. Vgl. Die Bevölkerungsentwicklung Bremens seit 1700 - Materialsammlung zur historischen Demographie einer Großstadt, hrsg. v. Statistischen Landesamt Bremen, Bremen 1979, S. 34 (Statistische Mitteilungen Heft 45)

61 Dieter Langewiesche, Wanderungsbewegungen in der Hochindustrialisierungsperiode. Regionale, interstädtische und innerstädtische Mobilität in Deutschland 1880-1914, in: VSWG 64, Heft 1 (1977), S. 1-40, hier insbes. S. 5ff

62 Die Volkszählung vom 1. Dezember 1900, S. 127

63 Tabelle III: Bevölkerungsentwicklung in Bremen (1880-1900)

Stadtteil	Einwohnerzahlen			Gewinne/Verluste (+) (-)	
	1880	1890	1900	1880 -1890	1890 -1900
Altstadt	21.666	23.072	20.241	+1.406	-2.831
Neustadt	12.762	14.343	14.023	+1.581	-320
Östliche Vorstadt	33.497	35.980	40.725	+2.483	+4.745
Nördliche Vorstadt	6.526	6.769	6.434	+243	-335
Westliche Vorstadt	26.349	29.935	57.084	+3.586	+27.149
Südliche Vorstadt	11.140	14.856	22.677	+3.716	+7.821
Bremen Stadt	111.940	124.955	161.184	+13.015	+36.229

Quelle: Die Volkszählung vom 1. Dezember 1900 im Bremischen Staate, I. Band, 1. Teil (Bevölkerungsstatistik), Bremen 1903, S. 40; eigene Berechnungen

Tabelle IV: Zuwanderung (19. Jahrhundert) der bis 1900 an ihrem Bremer Zuzugsort Verbliebenen

Stadtteil	bis 1870	1871-1880	1881-1890	1891-1900	bis 1900
Altstadt	1.534	1.327	1.637	5.185	9.683
Neustadt	898	830	1.064	3.537	6.329
Östliche Vorstadt	2.716	2.622	3.117	9.742	18.197
Nördliche Vorstadt	370	376	471	2.148	3.365
Westliche Vorstadt	2.854	3.376	5.355	15.036	26.621
Südliche Vorstadt	1.118	1.539	2.156	4.717	9.530
Bremen Stadt	9.490	10.070	13.800	40.365	73.725

Quelle: Die Volkszählung vom 1. Dezember 1900 im Bremischen Staate, I. Band, 1. Teil (Bevölkerungsstatistik), Bremen 1903, S. 130f; eigene Berechnungen

64 Selbst mathematisch-statistische Methoden vermögen die im dunkeln liegenden Abwanderungszahlen nicht annähernd genau offenzulegen, solange einerseits lediglich die Einwohner-

zahlen und damit zwar der Zuwachs bzw. Verlust der jeweiligen Population sowie die Zahl der langfristig verbliebenen Zugewanderten vorliegen, andererseits jedoch weder exakte Daten zur Gesamtzahl der im gleichen Zeitraum zu verzeichnenden Zuwanderung noch Angaben über die Geburten- und Sterbefälle überliefert sind. Die o.g. Beispiele lassen den in den 1880er Jahren tatsächlich erfolgten Wanderungsumschlag somit bestenfalls erahnen.

65 Diesem Irrtum saß etwa Peter Borscheid auf, indem er unter dem eingeschränkten Blickwinkel der Gebürtigkeit nur die auswärts Geborenen als Wanderer identifizieren konnte und hieraus den unhaltbaren Schluß zog, daß "die gesamte regionale Mobilität des 19. Jahrhunderts einspurig, d.h. fast ausschließlich vom Land in Richtung der neu entstandenen Industriezentren verlief." Peter Borscheid, Textilarbeiterschaft in der Industrialisierung. Soziale Lage und Mobilität in Württemberg (19. Jahrhundert), Stuttgart 1978, S. 190, zitiert nach Friedrich Lenger, Zwischen Kleinbürgertum und Proletariat, Studien zur Sozialgeschichte der Düsseldorfer Handwerker 1816-1878, Göttingen 1986, S. 66

66 Dieter Langewiesche, Wanderungsbewegungen, S. 5

67 Lag der Wanderungsgewinn der Stadt Bremen von 1885 bis 1890 noch bei 4.930 Personen, so war dieser zwischen 1890 und 1895 auf 3.704 Personen zurückgegangen und stieg in den letzten fünf Jahren des ausklingenden 19. Jahrhunderts auf 11.509 Personen. Vgl. Die Bevölkerungsentwicklung Bremens seit 1700, S. 34

68 Wanderungsumfang und Wanderungsgewinn standen überdies in keinem bestimmten Größenverhältnis zueinander, so daß letzterer keinen konkreten Anhaltspunkt für die tatsächlich stattgefundenen Bevölkerungsbewegungen und den erfolgten Austausch der Bewohner liefert. Vgl. Dieter Langewiesche, Wanderungsbewegungen, S. 2f

69 Vgl. Verhandlungen zwischen Senat und Bürgerschaft, 1888, S. 353

70 Eine erste Änderung der grundlegenden Bauordnung aus dem Jahre 1883 erfolgte bereits mit dem am 28.07.1888 verabschiedeten "Gesetz, betreffend zeitweilige Abweichung von Vorschriften der Bauordnung", das in den folgenden Jahren mehrfach verlängert oder leicht modifiziert wurde. Erst zu Beginn des 20. Jahrhunderts, im Jahre 1906, wurde eine umfassend überarbeitete Neufassung der "Bauordnung für die Stadt Bremen und das Landgebiet" verabschiedet und publiziert. Vgl. Bremisches Gesetzblatt 1888, S. 206; ebd. 1906, S. 309ff; Rudolf Decker, Baurechtliche Verordnungen, Proclame, obrigkeitliche Verordnungen, Gesetze und Bekanntmachungen von 1750 bis 1962, Bremen 1977; Elisabeth Hesse, Wohnungsverhältnisse und Bodenpolitik in Bremen, Bremen 1923, S. 76ff

71 So fungierten neben der Hohentorskaserne fortan auch Packhäuser und das alte Postgebäude an der Violenstraße in der Bremer Altstadt als Unterschlupf für Obdachlose. Vgl. Verhandlungen der Bürgerschaft 1889, S. 333ff

72 Vgl. Heide Gerstenberger, Armenpflege, S. 23f

73 Angaben zur Wohndichte in: Die Volkszählung vom 1. Dezember 1900, S. 39

74 Vgl. Die Volkszählung vom 1. Dezember 1900 im Bremischen Staate, II. Band, 2. Teil, S. 4f

75 Die Wohnungsstatistik wich in der angegebenen Gesamtzahl der bewohnten Privatgebäude mit 2.485 Objekten im Jahre 1900 geringfügig von der im ersten Band der Volkszählung ausgewiesenen Summe von 2.505 Häusern ab. Vgl. ebd. sowie Anm. 58

76 Im Jahre 1900 war die Einwohnerzahl der südlichen Vorstadt auf insgesamt 22.677 Personen angestiegen, von denen jedoch 159 Bewohner in öffentlichen Gebäuden lebten, wie dies etwa auf die Kinderbewahranstalt und ähnliche Einrichtungen zutraf. Für die Untersuchung der Wohnraumbelegung wurden indessen nur die privaten Wohngebäude und die in diesen lebenden Bewohner in die Betrachtung einbezogen, so daß die hier vom Statistischen Amt zugrundegelegte Personenzahl (22.518) leicht von der tatsächlichen Gesamteinwohnerschaft abwich. Vgl. Anm. 74, S. 18

77 Vgl. Anm. 74, S. 16f

78 Die überfüllten Wohnungen in der Stadt Bremen am 1. Dezember 1900, S.2, in: Die Volkszählung vom 1. Dezember 1900 im Bremischen Staate, II. Band, 2. Teil, Bremen 1905 (Mitteilungen des Bremischen Statistischen Amts im Jahre 1903, No.1)

79 Vgl. ebd., S.3

80 Insgesamt war die sich an den statistischen Durchschnittswerten abzeichnende, für Bremen jedoch nicht nachvollziehbare Entwicklung der Wohnraumdichte in den deutschen Großstädten - abgesehen von vereinzelt zu registrierenden Einbrüchen - langfristig durch eine Verbesserung gekennzeichnet. Oben zitierte sowie detailliertere Angaben zur diesbezüglichen Entwicklung in Berlin, Breslau, Dresden, Frankfurt a.M., Hamburg, Leipzig und München vgl. Elisabeth Gransche/Franz Rothenbacher, Wohnbedingungen in der zweiten Hälfte des 19. Jahrhunderts 1861-1910, in: Geschichte und Gesellschaft 14 (1988), Heft 1, S. 64-95, hier S. 76

81 Als Betrachtungsgrundlage wohnräumlicher Verdichtung in den oben genannten Städten diente jeweils die Zahl der in einem Wohnraum lebenden Personen ohne Einbeziehung der Küchen. Angaben zur Entwicklung der internen Wohndichte in deutschen Großstädten zwischen 1875 und 1910 zitiert nach Clemens Wischermann, Wohnungsmarkt, S. 117

82 Beschreibungen und Untersuchungen proletarischer Wohnbedingungen im deutschen Kaiserreich liegen heute vermehrt vor. Trotz des offenkundig zugenommenen Interesses an der Sozialgeschichte des Wohnens besticht der mittlerweile als Standardwerk zu bezeichnende Aufsatz Niethammers noch immer durch seinen hohen Informationsgehalt und seine überzeugenden kritischen Analysen. Äußerst materialreich (mit einer Fülle zeitgenössischer Quellen) und mit ausgezeichneten Einleitungen zu den überdies sinnvoll gewählten Schwerpunkten, die vom traditionellen Wohnen in Stadt und Land zur Herausbildung großstädtischer Agglomerationsräume überleiten und im weiteren ebenso die Wohnungsversorgung wie die schichtenspezifischen Wohnerfahrungen herausstellen, um abschließend die Problematik der Wohnungsreformbewegung und Wohnpolitik zu erörtern, präsentiert sich der als Einstieg und Überblick in die Geschichte des Wohnens (nicht nur der Arbeiter) gut geeignete Dokumentationsband Teutebergs und Wischermanns. Vgl. Lutz Niethammer/Franz Brüggemeier, Wie wohnten Arbeiter, S. 61-134; H.J. Teuteberg/C. Wischermann, Wohnalltag

83 Zu Fragen der sozialstrukturellen Entwicklung in der südlichen Vorstadt vgl. Kap. III.2.

84 Zur Geschichte der Arbeiter und der Arbeiterbewegung im Deutschen Kaiserreich existiert eine kaum überschaubare Fülle sowohl zeitgenössischer als auch neuerer Literatur. Zur Orientierung über die umfängliche Literatur und den neueren Forschungsstand erweisen sich die Bibliographie Tenfeldes und Ritters sowie der von Tenfelde herausgegebene Band zur internationalen Forschung als hilfreich. Unter den zahlreichen Abhandlungen zu dieser komplexen Thematik empfiehlt sich der jüngste Band Ritters und Tenfeldes, der die Sozialgeschichte der Arbeiter, eingebettet in die ökonomischen, politischen und sozialen Rahmenbedingungen, aus verschiedensten Blickwinkeln - so u.a. aus der Perspektive des Arbeitsmarktes, der gewerbe- und branchenspezifischen Arbeits- und Lohnbedingungen - nachzeichnet und überdies die Stellung der Arbeiter in Staat und Gesellschaft thematisiert wie auch Fragen des proletarischen Milieus und der Arbeiterkultur aufgreift. Vgl. Klaus Tenfelde/Gerhard A. Ritter (Hrsg.), Bibliographie zur Geschichte der deutschen Arbeiterschaft und Arbeiterbewegung 1863-1914, Bonn 1981; Klaus Tenfelde (Hrsg.), Arbeiter und Arbeiterbewegung im Vergleich. Beiträge zur internationalen historischen Forschung, München 1986; Gerhard A. Ritter/Klaus Tenfelde, Arbeiter im Deutschen Kaiserreich 1871-1914, Bonn 1992

85 Mit dieser geringen Quote vorhandener Einfamilienhäuser (32,7 Prozent) fiel die südliche Vorstadt im bremischen Stadtgebiet abermals aus dem Rahmen. In der sozialstrukturell verwandten westlichen Vorstadt galten immerhin 40,2 Prozent (2.014 Gebäude) aller Wohnhäuser im strengen Sinne als Einfamilienhäuser, während der stadtbremische Durchschnitt der ausschließlich von einem Haushalt bewohnten Gebäude im Jahre 1900 eine Rate von 50,8 Prozent (10.342 Häuser) aufwies. Angaben in: Die Volkszählung 1900, Band II, 2. Teil, S. 8f

86 Vgl. Die überfüllten Wohnungen, S. 2

87 Ebd., S. 5

88 In Frankfurt am Main - eine der im 19. Jahrhundert über vergleichsweise günstige Wohnbedingungen verfügenden deutschen Großstädte - existierte zunächst ein noch strengerer Maßstab als der im Jahre 1900 für Bremen zugrundegelegte. Bis Ende der 1870er Jahre galt eine Frankfurter Wohnung bereits dann als überfüllt, wenn mehr als zwei Personen in einem Wohnraum lebten. (Lindemann) Ab 1880 lockerte die Frankfurter Statistik ihre straffen Regeln, indem fortan erst ein mehr als drei Personen aufweisender Wohnraum in die Kategorie übervölkerter Wohnungen einging. Im Gegensatz zu Bremen hing die akzeptierte Belegungsdichte in Frankfurt a.M. überdies von der Zimmeranzahl ab. Wurde der für eine Überfüllung richtungweisende Grenzwert von mehr als drei Personen je Wohnraum in Bremen schlicht hochgerechnet, so reduzierte sich demgegenüber die zulässige Bewohnerzahl in Frankfurt a.M. bei steigender Zimmeranzahl. Demnach war eine Übervölkerung erreicht, wenn zwei Zimmer über fünf Personen, drei Räume mehr als acht, vier Zimmer über zehn, fünf Räume zwölf und mehr sowie sechs Wohnräume mehr als vierzehn Bewohner beherbergten. (Gransche/Rothenbacher) Vgl. Hugo Lindemann, Zur Wohnungsfrage, in: Die Neue Zeit, Jg. 18,2 (1900), S.87ff; E. Gransche/F. Rothenbacher, Wohnbedingungen, S. 77

89 Vgl. Die überfüllten Wohnungen, S. 7 sowie Gransche/Rothenbacher, ebd.

90 Die interne Wohndichte und starke Verbreitung übervölkerter Wohnungen bildeten einen zentralen Bestandteil der um die Wohnungsfrage kreisenden Debatten im Deutschen Kaiserreich. Im Kreuzfeuer der Kritik stand nicht zuletzt der lokal variierende, mehrheitlich jedoch der preußischen Statistik folgende Überfüllungsstandard. So thematisierte etwa Hugo Lindemann im Jahre 1900 die Fragwürdigkeit eines solchen Maßstabes in der sozialdemokratischen Wochenzeitschrift "Die Neue Zeit": "*Diese gebräuchliche Bestimmung der Übervölkerung ist aber eine rein willkürliche; sie entbehrt jedes inneren Grundes. Eine Wohnung, die nur ein heizbares Zimmer und keine weiteren Wohnräume besitzt, ist mit 4 oder 5 Bewohnern ebenso übervölkert, als mit 6 Bewohnern.*" Hugo Lindemann, Zur Wohnungsfrage, S. 93

91 München und Hamburg lieferten zwei weitere Beispiele des breitgefächerten Repertoires unterschiedlichster Definitionsmöglichkeiten und lagen mit ihren lokal geltenden Bestimmungen zwischen den für Bremen und Preußen genannten Richtwerten. So setzte München eine Überfüllung bei einer von mehr als vier Personen in einem heizbaren Zimmer lebenden Bewohnerzahl fest (Niethammer), während Hamburgs Wohnungen erst dann als übervölkert eingestuft wurden, wenn mehr als fünf Bewohner in einem heizbaren Zimmer und mehr als neun Personen in zwei heizbaren Wohnräumen lebten. Seit der Jahrhundertwende änderte indessen auch Hamburg seine Richtlinien, indem die Bewohnerzahlen von (jeweils mehr als) fünf auf sechs bzw. von neun auf zehn Personen heraufgesetzt wurden (Wischermann). Vgl. L. Niethammer/F. Brüggemeier, Wie wohnten Arbeiter, S. 87; C. Wischermann, Wohnen in Hamburg, S. 191

92 Die vielfältigen Unterschiede in den jeweilig festgelegten Normen erschöpften sich nicht in der örtlich differierenden Personenzahl der als überfüllt anerkannten Wohnungen, sondern setzten bereits bei den für die Untersuchungen herangezogenen, zu Wohnzwecken dienenden Räumlichkeiten ein. Die preußische Statistik ging generell von der Zahl heizbarer Zimmer aus und ließ zusätzlich vorhandene Räume bei der Beurteilung des Überfüllungsstandards außer acht, so daß beispielsweise eine von sechs Personen bewohnte Wohnung mit einem heizbaren und einem nicht heizbaren Zimmer in die Kategorie einer als übervölkert angesehenen Wohnung mit einem heizbaren Zimmer fiel. Abgesehen von der Bewohnerzahl folgte auch Hamburg dieser Verfahrensweise. Galt die Heizbarkeit in der preußischen Statistik übereinstimmend als Hauptkriterium für die Wohnungsenqueten, so existierten zwischen den einzelnen Städten überdies erhebliche Unterschiede in der Handhabung des sogenannten Zubehörs, zu dem sowohl Küchen als auch nicht heizbare Räume rechnen konnten. In München wiederum gingen selbst Küchen als Wohnraum in die Zählungen ein. Bremen hingegen richtete sich ausschließlich nach der Zahl der Wohnräume, ohne die etwaige Heizbarkeit zu berücksichtigen, schloß aber vorhandene Küchen grundsätzlich aus ihren Betrachtungen aus. So machte Bremen den aufgrund der relativ gering angesetzten Personenzahl vergleichsweise streng erscheinenden Maßstab erreichter Überfüllung mit einem großzügigeren Umgang der betrachteten Wohneinheiten gewissermaßen wieder wett; denn im Gegensatz zum o.g. preußischen Beispiel hätte eine von sechs Personen bewohnte Zweizimmerwohnung in Bremen nicht dem Übervölkerungsstandard entsprochen. Vgl. Die überfüllten Wohnungen, S. 8f; Clemens Wischermann, Wohnen in Hamburg, S. 191

93 Mit fortschreitendem Zeitraum nahmen die hohen Anteile der in Kleinwohnungen lebenden Stadtbevölkerung überdies deutlich zu. Vgl. L. Niethammer/F. Brüggemeier, Wie wohnten Arbeiter, S. 90

94 Vgl. G.A. Ritter/K. Tenfelde (Hrsg.), Arbeiter im Deutschen Kaiserreich, S. 587ff

95 Vgl. C. Wischermann, Wohnungsmarkt, S. 106ff

96 Vgl. L. Niethammer/F. Brüggemeier, Wie wohnten Arbeiter, S. 80

97 Zur Problematik der "halboffenen Familienstruktur" vgl. ebd., S. 122ff

98 Vgl. Das Aftermietwesen in der Stadt Bremen am 1. Dezember 1900, S. 2, in: Die Volkszählung vom 1. Dezember 1900 im Bremischen Staate, II. Band, 2. Teil, C. Sonderdarstellungen zur Wohnungsstatistik, Bremen 1905 (Mitteilungen des Bremischen Statistischen Amts im Jahre 1905, No. 2)

99 Vgl. Das Aftermietwesen, S. 3

100 Vgl. ebd., S. 2

101 Vgl. Die nicht zur engeren Familie gehörenden Hausgenossen und ihr Einfluß auf die Wohnungsverhältnisse, in: Die Volkszählung vom 1. Dezember 1900 im Bremischen Staate, II. Band, 2. Teil, C. Sonderdarstellungen zur Wohnungsstatistik, Bremen 1905, S. 20ff (Mitteilungen des Bremischen Statistischen Amts im Jahre 1904, No. 1)

102 Vgl. H.J. Teuteberg/C. Wischermann, Wohnalltag, S. 244ff sowie (zur speziellen Problematik familienfremden Wohnens von Zimmermietern und Schlafgängern die zeitgenössischen Dokumente) S. 317ff

103 Das Aftermietwesen, S. 1

104 Das engere, alte bremische Stadtgebiet umfaßte bis zum Jahre 1901 die Altstadt und Neustadt sowie die vier eingemeindeten Vorstädte im Osten, Norden, Westen und Süden. Infolge der Eingemeindungen vom 1. April 1902 erweiterte sich der Gebietsstand Bremens um die ehemaligen Vororte Hastedt, Schwachhausen, Walle, Gröpelingen und Woltmershausen. Vgl. StAB 2-P.4.a.7.

105 Die überfüllten Wohnungen, S. 7

106 Als Überfüllungsstandard für den interstädtischen Vergleich diente die bremische Norm, die mehr als drei Bewohner in einem Wohnraum, mehr als sechs Personen in zwei Wohnräumen und mehr als neun Bewohner in drei Wohnräumen ohne Berücksichtigung der

Heizbarkeit und zusätzlich vorhandener Küchen vorsah. Lediglich München sprengte diesen Vergleichsrahmen, da dort auch Küchen als Wohnräume gerechnet wurden. Vgl. ebd., S. 9

107 Alle Angaben in: ebd.

108 Ebd., S. 6

109 Ebd., S. 8

110 Ebd.

111 Ebd., S. 10f

112 Diese wie nachstehende Angaben zu den überfüllten Wohnungen in der südlichen Vorstadt bzw. im gesamtbremischen Stadtgebiet entstammen, so nicht anders ausgewiesen, ebd., S. 13

113 Ebd., S. 12

114 Ebd., S. 15

115 Von Einzelpersonen männlichen (4 Personen) oder weiblichen Geschlechts (31 Frauen) geführte Haushalte waren unter den als überfüllt eingestuften Wohnungen mithin nur vereinzelt anzutreffen. Unter den weiblichen Haushaltsvorständen überwogen laut amtlicher Angaben deutlich die Witwen. Ebd., S. 16

116 Ebd., S. 21f

117 Ebd., S. 19

118 Nur ein Haushalt hatte sieben Schlafgänger aufgenommen und zählte zu den wenigen Sonderfällen zahlreich beherbergter familienfremder Personen. Vgl. ebd.

119 Vgl. Clemens Wischermann, "Familiengerechtes Wohnen": Anspruch und Wirklichkeit in Deutschland vor dem Ersten Weltkrieg, in: Hans Jürgen Teuteberg (Hrsg.), Homo habitans. Zur Sozialgeschichte des ländlichen und städtischen Wohnens in der Neuzeit, Münster 1985, S. 169-198, hier S. 174ff (Studien zur Geschichte des Alltags, Bd.4)

120 Vgl. H.J. Teuteberg/C. Wischermann, Wohnalltag, S. 244ff

121 Eine solch offensichtliche Vernachlässigung dieser sozialhistorisch überaus relevanten Fragen kennzeichnet etwa die Arbeiten Wischermanns oder Gransches/Rothenbachers, in denen zugunsten exakter Untersuchungsergebnisse meßbare Variablen wie z.B. Einkommen, Größe, Ausstattung und Mietpreis, Belegungshöhe der Wohnungen u.a.m. absolute Priorität genießen, so daß die Menschen als Hauptakteure der Geschichte unsichtbar bleiben. Vgl. beispielhaft Clemens Wischermann, Wohnen in Hamburg; ders., Wohnungsmarkt; Elisabeth Gransche/Franz Rothenbacher, Wohnbedingungen

122 Lutz Niethammer/Franz Brüggemeier, Wie wohnten Arbeiter, S. 65

123 Vgl. etwa Elisabeth Hesse, Wohnungsverhältnisse, S. 126; Klaus Schwarz, Wirtschaftliche Grundlagen, S. 57

124 Die Rate der Verurteilungen von Hausfriedensbrüchen in Bremen war im Jahre 1908 auf 13,5 (auf 10.000 Einwohner) und im Jahre 1910 bereits auf 8,8 gesunken. Angaben in: Statistisches Jahrbuch deutscher Städte 1916, S. 212, zitiert nach E. Hesse, Wohnungsverhältnisse, Anhang Tabelle VII

125 Statistisches Jahrbuch deutscher Städte 1916, S. 214, zitiert nach E. Hesse, Wohnungsverhältnisse, Anhang Tabelle VIIa

126 Vgl. Kap. III.1.2 sowie III.1.3

127 Die bremische Statistik erfaßte hier allerdings nur diejenigen Wohnungen, die ausschließlich im Keller gelegen waren. Tatsächlich war die Nutzung sowohl einer im Hochparterre oder im ersten Stock gelegenen Wohnung als auch der im Souterrain befindlichen Räume durch eine Wohnpartei selbst in einkommensstärkeren Bevölkerungskreisen durchaus gängig. Unter Einbeziehung dieser Wohnungen hätten sich die o.a. Zahlen vorhandener Kellerwohnungen ganz erheblich erhöht. Untersuchung der Wohnungen, S. 9 sowie S. 11

128 Vgl. L. Niethammer/F. Brüggemeier, Wie wohnten Arbeiter, S. 92

129 Diese bis zum Ersten Weltkrieg in medizinischen Fachkreisen übliche Bezeichnung fand sich beispielsweise in den seit 1877 wöchentlich publizierten "Nachrichten über den Gesundheitszustand und den Gang der Volkskrankheiten" des 1876 instituierten Kaiserlichen Gesundheitsamts. Zu diesen in der Mortalitätsstatistik aufgelisteten Infektionskrankheiten zählten etwa Masern, Röteln, Scharlach, Diphterie und Krupp, Unterleibstyphus, Kindbettfieber, Lungenschwindsucht, akute Erkrankungen der Atmungsorgane oder Brechdurchfall. Vgl. Reinhard Spree, Soziale Ungleichheit vor Krankheit und Tod, Göttingen 1981, S. 25f

130 Wilhelm Böhmert, Bevölkerungsstatistik, S. 23

131 Im Gegensatz zu anderen deutschen Großstädten, in denen "*die Bevölkerung vieler Straßen (...) ein äußerst buntscheckiges soziales Bild*" bot, zeichnete sich Bremen nach den Ausführungen Funks durch weitreichende Übereinstimmung in der Sozialstruktur seiner Bewohnerschaft aus: "*In der ganz überwiegenden Mehrheit der stadtbremischen Straßen steht die Bewohnerschaft fast auf ein und demselben sozialen Niveau. Nur hin und wieder sind davon abweichende soziale Elemente eingesprengt.*" J. Funk, Die Sterblichkeit nach sozialen Klassen in der Stadt Bremen, in: Mitteilungen des Bremischen Statistischen Amts im Jahre 1911, Nr. 1, Bremen 1912, S. 1

132 Als Hauptkriterium für die Auswahl der bremischen Straßen benannte Funk die weitreichende Homogenität sowohl in der Einwohnerzahl und der Alters- sowie Berufsstruktur der Bewohnerschaft als auch in den Wohnstrukturen (Wohnraumdichte, Wohnungsgrößen und Mietpreise) und der rechtlichen Stellung der Bewohner. Einkommenshöhe und Vermögenslage fanden hingegen keine Berücksichtigung. Vgl. J. Funk, Die Sterblichkeit, S. 4

133 Zum Zusammenhang von Säuglingssterblichkeit und Wohlstand sowie Berufsstellung der Eltern vgl. R. Spree, Soziale Ungleichheit, S. 54ff

134 Vgl. S. Funk, Sterblichkeit, S. 11

135 Vgl. R. Spree, Soziale Ungleichheit, S. 69

136 Zu den überaus zahlreichen Publikationen zur Bekämpfung der (Lungen-)Tuberkulose trug auch Bremen bei. Vgl. etwa Hermann Tjaden, Die Bekämpfung der Tuberkulose in Bremen, in: Sociale Medizin und Hygiene, Bd. 1, Bremen 1906

137 Vgl. L. Niethammer/F. Brüggemeier, Wie wohnten Arbeiter, S. 92ff

138 Ebd., S. 93

139 Vgl. Die Bevölkerungsentwicklung Bremens, S. 32ff

140 Vgl. Tabelle IV in Anmerkung 63

141 Vgl. ebd.

142 Die höchste Rate an Zuwanderern wies im Jahre 1900 die nördliche Vorstadt mit 52,3 Prozent auf, gefolgt von der Altstadt (47,8 Prozent) und der westlichen Vorstadt (46,6 Prozent). Geringere Anteile waren in der Neustadt (45,1 Prozent) und in der östlichen Vorstadt (44,7 Prozent) zu verzeichnen, wenngleich diese immer noch deutlich über der Quote der südlichen Vorstadt lagen. Berechnungen nach: Die Volkszählung 1900, I. Band, 1. Teil, S. 64f

143

Tabelle V: Altersstruktur der Bevölkerung in der südlichen Vorstadt Bremens(1900)

Alterklasse (in Jahren)	männlich			weiblich		
	Ortsgegebürtig	Zugewanderte	Summe	Ortsgebürtige	Zugewanderte	Summe
unter 5	1.510	124	1.634	1.436	133	1.569
5-15	2.008	371	2.379	2.099	383	2.482
15-30	1.799	1.687	3.486	1.852	1.187	3.039

30-50	861	2.009	2.870	915	1.775	2.690
über 50	291	835	1.126	376	1.026	1.402
Summe	6.469	5.026	11.495	6.678	4.504	11.182

Quelle: Die Volkszählung vom 1. Dezember 1900 im Bremischen Staate, I. Band, 1. Teil (Bevölkerungsstatistik), Bremen 1903, S. 78ff; eigene Berechnungen

144 Sämtliche Angaben zum Familienstand in: Die Volkszählung 1900, I. Band, 1. Teil, S. 85

145 Alle Daten zur Berufsstruktur in: Ebd., S. 162ff

146 Vgl. ebd., S. 147

147 Der dem Erwerbszweig von Handel und Verkehr angehörenden Schiffahrt kam indessen mit 90 Beschäftigten lediglich untergeordnete Bedeutung zu.

148 So die Empfehlung des Bremer Gesundheitsrates, der eine Konzentration solch lästiger Fabrikanlagen in der südlichen Vorstadt für geeignet hielt. StAB 4,21-564

Anmerkungen zu Kapitel III

1 Vgl. die Einleitung zu Kapitel II

2 Vgl. Stephan Bleek, Quartierbildung, S. 9ff

3 Vgl. Kap. I

4 Angaben nach Wilhelm Böhmert, Bevölkerungsstatistik, S. 36

5 Vgl. Untersuchung der Wohnungen

6 Clemens Wischermann, "Familiengerechtes Wohnen", S. 172

7 Vgl. Kap. I

8 Klaus Schwarz, Wirtschaftliche Grundlagen. Dieser hervorragende Aufsatz erteilt nicht nur den herkömmlichen, vereinzelt an Mythenbildung grenzenden Erklärungsansätzen eine fundierte Abfuhr, sondern besticht überdies durch die vielschichtige Beweisführung und seinen Quellenreichtum.

9 Auf diese Forschungslücke verwiesen Teuteberg und Wischermann bereits im Jahre 1985. Vgl. H.J. Teuteberg/ C.Wischermann, Wohnalltag, S. 49

10 Vgl. Kap. I

11 Mit der unter Beteiligung von Bremer Kaufleuten, Reedern und der bereits seit 1817 existierenden Discontokasse erfolgten Gründung der Bremer Bank AG stand dem Handelskapital in Bremen erstmals 1856 ein seinen Anforderungen entsprechendes Geldinstitut zur Verfügung. Insgesamt wurden 383 Millionen Taler gezeichnet. Vgl. Herbert Schwarzwälder, Geschichte, S. 235f; Klaus Schwarz, Wirtschaftliche Grundlagen, S. 35f

12 Ein Ausweichen auf fremde Kapitalmärkte barg aufgrund des bis 1871 existierenden Währungsunterschiedes stets das einzukalkulierende Risiko finanzieller Verluste, die aus den Kursschwankungen zwischen Silber und Gold resultieren konnten. Vgl. ebd.

13 In dieser ersten Etappe ihres Aufstiegs konnte die Bremer Handelsschiffahrt, nachdem die Unabhängigkeit der Vereinigten Staaten im Jahre 1783 anerkannt worden war, ihre zuvor auf die nord- und westeuropäischen Küsten begrenzten Fahrtgebiete auf transatlantische, an den Ostküsten Nordamerikas gelegene Ziele erweitern. Bremer Kaufleute reagierten auf den

Freien Nordamerika-Handel mit der prompten Eröffnung von Niederlassungen in Baltimore, New York, Richmond, Charleston und New Orleans. Durch die Erschließung dieses für den Rohstoffimport so bedeutsamen Gebietes entfiel der bis dahin notwendig über England, Holland bzw. Frankreich abzuwickelnde Zwischenhandel für "Kolonialwaren", und Nordamerika entwickelte sich rasch zum wichtigsten Handelspartner Bremens. Als bevorzugte Importgüter führte die im Jahre 1778 bereits mit 119 Segelschiffen ausgestattete Bremer Handelsflotte stapelfähige Waren wie Tabak, Kaffee, Rohrzucker, Getreide. Vgl. Doris Herms, Die Anfänge der bremischen Industrie. Vom 17. Jahrhundert bis zum Zollanschluß (1888), Bremen 1952, S. 16ff (Veröffentlichungen aus dem Staatsarchiv der Freien Hansestadt Bremen, Heft 20); Dagmar Burgdorf, Blauer Dunst, S. 28ff; Georg Fuhse, Die Freie Hansestadt Bremen in wirtschaftsgeschichtlicher Entwicklung, Bremen 1927, S. 104

14 Die französische Besetzung Norddeutschlands und die von 1806 bis 1813 andauernde Kontinentalsperre hatten nicht nur eine Unterbindung jeglichen Handels mit englischen Waren, eine drastische Erhöhung der Einfuhrzölle auf Kolonialwaren und die gänzliche Einstellung der Überseehandelsfahrten zur Folge, sondern trafen gleichermaßen die zu diesem Zeitpunkt bereits existierenden, sich auf die Veredelung der importierten Rohstoffe spezialisierten Betriebe, so insbesondere die Tabak- und Zuckerfabrikation sowie Seifensiedereien und Tranbrennereien, während nur wenige Verarbeitungsbetriebe wie die Essigfabriken, die Leineweberei und die Zichorienfabriken von dem Dekret profitierten. Vgl. Doris Herms, Die Anfänge, S. 19ff; Herbert Schwarzwälder, Geschichte, S. 25

15 Die Anzahl der Bremer Handelsfirmen hatte sich innerhalb weniger Jahre deutlich erhöht; belief sich diese im Jahre 1814 noch auf 284, so waren im Jahre 1820 bereits 356 Handelsfirmen in Bremen ansässig. Herbert Schwarzwälder, Geschichte, S. 72

16 Nach Aufhebung der Festlandssperre wurden sowohl die zwischenzeitlich unterbrochenen Handelsbeziehungen mit Nordamerika wiederaufgenommen als auch eine Reihe neuer Verbindungen geknüpft. Auf diesen neueröffneten Handelsrouten liefen die Schiffe der Bremer Handelsflotte fortan Länder Mittel- und Südamerikas an, die als ehemals spanische bzw. portugiesische Kolonien sukzessiv ihre Autonomie erlangten.

17 Damit entfielen im Jahre 1820 die von Oldenburg an der Unterweser geforderten Abgaben, so daß der Seeweg für den Warentransport über Bremen von diesen Zollschranken befreit war.

18 Die Verarbeitung des im 17. und 18. Jahrhundert über Holland bezogenen Rohtabaks setzte in Bremen früh ein. Die stetig zunehmende Nachfrage nach Bremer Tabakerzeugnissen schuf einen ausgedehnten Absatzmarkt im In- und Ausland, so daß die Anzahl der Produktionsstätten bereits im 18. Jahrhundert einen signifkanten Anstieg von 14 (1710) auf 77 Betriebe (1788) zu verzeichnen hatte. Der neuerliche Aufschwung der Bremer Tabakindustrie nach Fortfall der Kontinentalsperre blieb indessen von kurzer, auf die Jahre 1815 bis 1820 beschränkter Dauer. Stattdessen entwickelte sich die in Fabrik- und insbesondere seit den 1840er Jahren immer stärker auch in Heimarbeit erfolgende Zigarrenproduktion zu einem blühenden Wirtschaftszweig, der um die Jahrhundertmitte seinen Höhepunkt erreichte. (Aufgrund der teils drastisch differierenden Angaben zu der Anzahl der Beschäftigten, der Fabriken und des Exportumfangs in der ersten Hälfte des 19. Jahrhunderts wird auf die Wiedergabe derselben an dieser Stelle verzichtet.) Vgl. Doris Herms, Die Anfänge, S. 54ff; Dagmar Burgdorf, Blauer Dunst, S. 67ff

19 Die fortschreitende Versandung der Unterweser machte Teile des Flusses für große Seeschiffe untauglich, so daß diese im oldenburgischen Brake gelöscht und die importierten Waren von dort mit anderen Transportmitteln wie Kähnen oder Fuhrwerken nach Bremen zu befördern waren. Die auch nach Abschaffung des Elsflether Zolls nicht abreißenden Rivalitäten zwischen Oldenburg und Bremen gipfelten in dem 1824 auf diplomatischem Wege unternommenen Versuch des Großherzogs von Oldenburg, Bremen mit der Streichung aus den internationalen Schiffahrtsregistern zum Binnenhafen zu degradieren und Brake zum Haupthafen an der Weser erklären zu lassen. Bremen reagierte auf diese Bestrebungen mit der Gründung Bremerhavens im Jahre 1827, nachdem mehrjährig geführte Verhandlungen mit Hannover im Kauf eines annähernd 90 Hektar umfassenden Landstrichs an der Geeste für ca. 74.000 Taler mündeten. Hier entstand in den Folgejahren ein für größere Schiffe mit Tiefgang geeigneter Seehafen, über den künftig das Gros des bremischen Seehandels abgewickelt wurde. Vgl. Herbert Schwarzwälder, Geschichte, S. 121ff

20 Der über Bremen abgewickelte Warenverkehr war in der ersten Hälfte des 19. Jahrhunderts durch ein deutliches Ungleichgewicht von Im- und Export gekennzeichnet. Umfang und Wert der eingeführten Waren überstiegen in diesem Zeitraum stets die der ausgeführten Güter. Dieses Mißverhältnis machte sich nicht nur bei den schlecht ausgelasteten Rücktouren der einen Großteil des Transports auf dem Landwege gen Süden oder Osten übernehmenden Fuhrleute bemerkbar, sondern war vor allem auch für die nach Übersee auslaufenden Seeschiffe unrentabel. Diese führten infolge des zunehmend auf den Import breiten Stauraum erfordernder, vorzugsweise aus Amerika stammender, hochwertiger Stapelwaren (so in erster Linie Tabak und in späteren Jahren Baumwolle) spezialisierten Handels mangels eines ausreichenden Absatzmarktes für Exportwaren gezwungenermaßen Ballaststoffe mit sich. Vgl. Rainer Wallentin, Schiffe und Schienen. Die Bedeutung des Bahnhofes für Bremens Handel, in: Eisenbahn in Bremen. 100 Jahre Hauptbahnhof - 75 Jahre Ausbesserungswerk, hrsg. von der Deutschen Bundesbahn, Lübbecke 1989, S. 31-36, hier S. 32f

21 Im Dezember 1847 nahm als erste die Eisenbahnlinie Bremen- Hannover ihren Betrieb auf. Erst 1862 war die zweite Strecke nach Bremerhaven und Vegesack fertiggestellt. Ihr folgte 1867 die Linie nach Oldenburg, 1873 die nach Osnabrück und im selben Jahr die als Anbindung an Berlin dienende Strecke nach Uelzen, während 1874 die Bahnverbindung nach Hamburg eröffnet wurde. Mit dem Ausbau des Eisenbahnnetzes waren die wichtigsten Anbindungen Bremens und die zur Steigerung des Warenverkehrs für den Handel notwendige Erleichterung des Gütertransports gewährleistet. Tatsächlich hatte der Eisenbahnverkehr maßgeblichen Anteil an der Erhöhung des Warenumschlags, der sich von 1847 bis 1874 immerhin verfünffachte. Die hohe Auslastung dieses neuen Transportmittels erforderte schon im Jahre 1872 Planungen für einen neuen, 1884 in Angriff genommenen und nach fünfjähriger Bauzeit eröffneten, noch heute existierenden Hauptbahnhof. Der alte Hauptbahnhof wurde 1889 stillgelegt. Vgl. Doris Herms, Die Anfänge, S. 25; Herbert Schwarzwälder, Geschichte, S. 151f sowie S. 368; Klaus Schwarz, Wirtschaftliche Grundlagen, S. 33; Rainer Wallentin, Schiffe, S. 31

22 An die Stelle unrentablen Ballasts trat bereits im zweiten Viertel des 19. Jahrhunderts die "Menschenfracht". Die Auswandererbeförderung entwickelte sich - nicht zuletzt forciert durch eine früh einsetzende Werbung und begünstigt durch das bereits im Jahre 1832 erlassene bremische Auswandererschutzgesetz - schnell zu einem profitablen Geschäft, an dem diverse, teils neu entstehende Erwerbszweige teilhatten, die sich dem Transport, der Unterbringung und Versorgung der sich in Bremen sammelnden Emigranten widmeten, so allen voran die zu Agenten der Auswanderung avancierenden Reeder und Fuhrleute, aber auch die Betreiber von Herbergen und Gastwirtschaften. Der rasch erworbene gute Ruf begünstigte Bremens Entwicklung zum größten europäischen Auswandererhafen. In der Zeitspanne von 1832 bis 1855 wurden 599.803 Emigranten auf 4.306 Schiffen über Bremen und Bremerhaven befördert. Untrennbar verbunden mit dem Ausmaß der Auswanderung war der sich im gleichen Zeitraum vollziehende Übergang zur Großreederei; Anzahl, Größe und Fassungsvermögen der zur Bremer Handelsflotte zählenden Schiffe nahmen beständig zu und verdrängten zusehends ihre Konkurrenten, wenngleich der überwiegend in Eigenreederei betriebene Überseehandel die sich allmählich durchsetzenden technischen Innovationen im Schiffbau, die das Dampfschiff an die Seite des Seglers treten ließen, erst spät für seine Zwecke zum größeren Einsatz brachte. Vgl. Werner Matti, Bevölkerungsvorgänge in den Hansestädten Hamburg und Bremen vom Anfang des 19. Jahrhunderts bis zum Ersten Weltkrieg, in: Zeitschrift des Vereins für Hamburgische Geschichte 69 (1983), S. 116f; Franz Buchenau, Die freie Hansestadt Bremen und ihr Gebiet, Bremen 1862, S. 111; Doris Herms, Die Anfänge, S. 90ff; Wolfgang Voigt, Vom Bremer Haus zur Staatswohnung. Massenwohnungsbau und Politik in Bremen 1900-1931, Hamburg 1985, S. 6; Herbert Schwarzwälder, Geschichte, S. 156ff

23 Baumwolle, Reis und Petroleum rangierten unter den wichtigsten Bremer Importgütern in dieser Zeitspanne an erster Stelle. Wenngleich die verstärkte Einfuhr von Baumwolle Bremen den Platz des führenden Baumwollmarktes auf dem europäischen Festland zuwies, siedelte sich weder im zollausländischen Stadtgebiet noch in der dem Zollverein angehörenden Region des Bremer Umlandes eine baumwollverarbeitende Industrie an. Der in den 1850er Jahren einsetzende Reishandel hingegen, dessen Importwert von 126.000 Talern im Jahre 1851 bereits Ende der 1860er Jahre sprunghaft auf 2.300.000 Taler angestiegen war, zog in Bremen die Entstehung einer neuen Veredelungsindustrie, der Reisschälmühlen, nach sich, unter denen das ab 1882 unter der Bezeichnung "Rickmers Reismühlen, Reederei und Schiffbau AG" firmierende Unternehmen in der zweiten Hälfte des 19. Jahrhunderts die größte Bedeutung erlangte. Ebenso führte das nach der Erschließung großer Ölfelder in den USA ab 1861 importierte Petroleum zur Ansiedelung der Petroleumraffinerie. Vgl. Rainer Wallentin, Schiffe, S. 35; Doris Herms, Die Anfänge, S. 41f sowie S. 80ff

24 Die starke Zunahme des über Bremen abgewickelten Warenverkehrs ging mit einer deutlichen Annäherung im jeweilig erzielten Umfang des Im- und Exports einher und spiegelte sich gleichermaßen im Anstieg des Warenwertes wie in den Gewinnen der Kaufleute.

Tabelle VI: Warenumschlag in Bremen und Einkommen der Kaufleute

im Durchschnitt der Jahre	Einfuhr (Mio. Mark)	Ausfuhr (Mio. Mark)	Einkommen der Kaufleute (Mio. Mark)
1847-1851	106,5	92,1	7,5
1857-1861	208,0	203,2	15,6
1872-1874	477,0	474,7	36,2

Liegen für die in obiger Tabelle gelieferten Werte des Gesamtverkehrs über Bremen bei der Ein- und Ausfuhr gesicherte Angaben vor, so basieren die referierten Einkommen der Kaufleute auf der zwischen 1876 und 1889 ermittelten Rate von durchschnittlich 3,8 % des Wertes der Ein- und Ausfuhr. Sämtliche Zahlenangaben nach Klaus Schwarz, Wirtschaftliche Grundlagen, S. 33

25 Während Gildemeister den Entwicklungsbeginn vom alten Rentenkaufgeschäft zur fingierten Form der Handfestenversetzung erst nach 1708 festsetzte, datierte Gätjen diesen auf die Mitte des 17. Jahrhunderts und Höpken gar auf einen noch erheblich früheren, bereits in der zweiten Hälfte des 16. Jahrhunderts anzusiedelnden Zeitraum. Vgl. Georg Jaeger, Die Entwicklung der Eigentumsübertragung an städtischen Grundstücken in Bremen, Bremen 1928, S. 7-110, hier S. 73 (Veröffentlichungen aus dem Staatsarchiv der Freien Hansestadt Bremen, Heft 1); Joh. Fr. Gildemeister, Zwo Abhandlungen aus dem Handfesten- und dem

Pfandrechte der Reichsstadt Bremen, Bremen 1794; Bernhard Gätjen, Der Rentenkauf in Bremen, Bremen 1928, S. 111-195 (Veröffentlichungen aus dem Staatsarchiv der Freien Hansestadt Bremen, Heft 1); Johann Höpken, Das Bremische Pfandrecht am liegenden Gut, in: Bremisches Jahrbuch 7 (1874), S. 68-236, hier insbes. S. 211ff

26 Johann Höpken, Pfandrecht, S. 217

27 Vor Inkrafttreten der neuen Erbe- und Handfestenordnung im Jahre 1834 fand die sogenannte Handfestenwilligung nur zweimal jährlich statt. Einerseits konnte dies für den kreditbedürftigen Aussteller, der darüber hinaus eine mehrmonatige Antragsfrist zu wahren hatte, einen erheblichen Zeitverlust bedeuten, andererseits erwies sich die Kontrolle zur Berechtigung des imaginären Rentenverkaufs durch den zuständigen Rat aufgrund der Flut regelmäßig eingehender Anträge zunehmend undurchführbarer. Überdies war dem Gläubiger im Falle der Veräußerung des Grundeigentums lediglich eine auf sechs Wochen beschränkte Beispruchsfrist eingeräumt, innerhalb derer er seine Forderungen geltend zu machen hatte. Versäumte er diese, so wurde er präkludiert. Vgl. Johann Höpken, Pfandrecht, S. 218; Georg Jaeger, Die Entwicklung, S. 73ff

28 StAB 2-P.2.n.2.b.3.

29 So betonten die Mitglieder der 1819 mit der Reformierung des alten Immobiliarrechts beauftragten Deputation gleichermaßen die Vorteile des Handfestenwesens gegenüber dem Hypothekenwesen vornehmlich für den Bremer Handel: "*Man kann gern zugeben, daß unser Handfesten Recht in einem größern Lande nicht ausführbar, wenigstens nicht von wesentlichem Nutzen seyn würde, und daß dort ein Hypothekenrecht, wie das Preußische, Vorzüge habe; - so viel ist gewiß, sehen wir auf die Leichtigkeit im kaufmännischen Verkehr und die Schonung des kaufmännischen Credits, wo Jemand ohne diesem im mindesten zu schaden, zum Voraus Handfesten willigen und diese über kurz oder lang, wenn er ein Capital bedarf, benutzen kann, so haben die Handfesten für uns gewiß wesentliche Vorzüge.*" StAB 2-P.2.n.2.b.3., S. 29

30 Georg Jaeger, Die Entwicklung, S. 97

31 So die gleichlautenden Auskünfte des Bremer Senators Heineken auf eine im Jahre 1845 eingeholte Erkundigung Preußens nach dem bremischen Immobiliarrecht. StAB 2-Qq.3.b.1.a.

32 Johann Höpken, Pfandrecht, S. 226f

33 Vgl. Richard Finger, Das Bremer Grundstücksrecht, Bremen 1910, S. 91

34 Die Deponierung der aus einem freiwilligen Verkauf hervorgehenden Kaufgelder war nur unter der Bedingung unerläßlich, daß die Gläubiger auf einer Auszahlung insistierten. Andernfalls konnte der Erwerber die offenstehende Schuld auf den Kaufpreis anrechnen und übernehmen. Grundsätzlich galt der vor dem Antrag auf Zwangsversteigerung zu deponierende Kaufpreis nur als alleiniges Exekutionsobjekt, solange gegen die Deposition kein Widerspruch eingelegt wurde. Vgl. Richard Finger, Grundstücksrecht, S. 65ff sowie S. 129f

35 Als Berechnungsgrundlage für den Einsatzpreis des Zwangsversteigerungsobjektes wurde das Taxat, d.h. der amtliche Schätzwert, herangezogen. Im ersten Versteigerungstermin belief sich dessen Höhe auf 60 %, bei der zweiten Verhandlung hingegen nur noch auf 20 % des Taxwertes.

36 Die sechzehn Paragraphen umfassenden Verkaufsbedingungen regelten im wesentlichen die im Versteigerungstermin zu wahrenden Verhaltensformen der Kaufinteressenten sowie die im Falle des zustandekommenden Grundstückskaufs geltenden Zahlungsmodalitäten. Dabei stand es dem Gericht frei, diejenigen Personen, deren Liquidität berechtigt in Zweifel gezogen wurde, als Bieter abzuweisen, sofern sie ihre Zahlungsfähigkeit nicht unverzüglich versichern konnten.

Anmerkungen zu Kapitel III

37 Dieser Begriff entsprang keinesfalls einer umgangssprachlichen Ausdrucksweise, sondern stand - resultierend aus dem Procedere des bremischen Versteigerungsverfahrens - auch im juristischen Sprachgebrauch als Synonym für die Distraktion.

38 Überschritt der Käufer diese vierzehntägige Zahlungsfrist, so trat auf Antrag des Extrahenten ein Weiterverkauf an der Kerze wegen Nichterfüllung der Verkaufsbedingungen in Kraft. Ein möglicherweise höher erzielter Kaufpreis im zweiten Versteigerungstermin fiel dem früheren Eigentümer zu.

39 Vgl. Richard Finger, Grundstücksrecht, S. 8ff; Georg Jaeger, Die Entwicklung, S. 105ff

40 Eingehende Ausführungen zum Informationsgehalt dieser überaus wertvollen Quelle zur Analyse des Hausbesitzes finden sich in Kap. I

41 Karl Bahnson, Stadterweiterung, S. 1

42 So liefert Schwarz am Beispiel der östlichen Vorstadt Bremens einen klaren Gegenbeweis für die These Bahnsons. Vgl. Klaus Schwarz, Wirtschaftliche Grundlagen, S. 55f

43 Hatte schon die im Jahre 1851 erlassene Gewerbeordnung insbesondere für Zimmer- und Maurergesellen insofern grundlegende Erleichterungen geschaffen, als diese nunmehr auf eigenem Grund und Boden - allerdings unter der Aufsicht eines Meisters - bauen durften, so fielen ein Jahrzehnt später mit Einführung der Gewerbefreiheit auch die verbliebenen Zunftschranken. Vgl. Ursula Branding, Die Einführung der Gewerbefreiheit in Bremen und ihre Folgen, Bremen 1951 (Veröffentlichungen aus dem Staatsarchiv der Freien Hansestadt Bremen, Heft 19)

44 In Bremen setzte sich nach der 1833 erlassenen Erbe- und Handfestenordnung eine besondere Form des Immobiliarkredits, das Handfestenwesen, durch. Das dem Wohnungsbau zur Verfügung gestellte Kapital kam nicht nur kleinen Bauunternehmern, sondern auch einkommensschwachen Bevölkerungsteilen zugute, da es sie in die Lage versetzte, ohne vorhandenes Eigenkapital ein Haus zu erstellen bzw. zu erwerben. Nähere Ausführung zu dieser spezifisch bremischen Finanzierungsform vgl. Kap. III.1.1

45 Zahlenangabe in: Bremische Statistik 1872, S. 10; zitiert nach Dagmar Burgdorf, Blauer Dunst, S. 157

46 Bis 1872 hielt sich die Bremer Währung in Thalern Gold. Die Mark als reichseinheitliche Rechnungseinheit wurde in Bremen am 30. April 1872 eingeführt. Die Umrechnung erfolgte hier - wie auch an allen folgenden Stellen - auf der Basis von 3 Taler = 10 Mark, also etwa 1 : 3,3. Vgl. Vom Taler zur deutschen Mark. Aus der bremischen und deutschen Geldgeschichte, hrsg. v.d. Landeszentralbank in Bremen, Bremen 1986, S. 13

47 Nach der alten Maßeinheit entsprachen 10 Bremer Fuß 2,8935 Metern. Vgl. Rudolf Schuster, Die Entwicklung, S. 150

48 Vgl. Gesuch von Seiten Johann Eilert Wulfhoops und Johann Hinrich Warnkens an den Bremer Senat aus dem Jahre 1851, in: StAB 4,45 VL 12 Bl.35

49 Bremisches Gesetzblatt 1841, S. 41-51

50 Bremisches Gesetzblatt 1843, S. 121-125

51 Ebd.

52 Die um die Frage des Anschlusses an die Stadt kreisenden Auseinandersetzungen zwischen den Einwohnern der Landgemeinde und den Bremer Behörden wurden über mehrere Jahre geführt. Die Eingemeindung erfolgte erst Ende des Jahres 1875, nachdem die Landgemeinde Buntentorsteinweg-Neuenland - im Gegensatz zum Bremer Stadtgebiet - bereits dem Zollverein angeschlossen worden war. Vgl. Kap. II.1.

53 StAB 2-P.4.o.2.b.496 (1)

54 StAB 4,45 VL 12 Bl. 35

55 Ebd.

56 StAB 2-P.4.o.2.b.496 (2)

57 Angaben in: Rolf Engelsing, Zur Sozialgeschichte deutscher Mittel- und Unterschichten, Göttingen 1978, S. 31

58 Aus den amtlichen Quellen sind weder die Höhe der aufgenommenen Kredite noch die Gläubiger ersichtlich. Bis zum Jahre 1853 wurden allerdings nachweislich keine Handfesten in die betreffenden Immobilien der Wulfhoopstraße gewilligt, so daß es sich vermutlich um privat abgeschlossene Kreditverträge gehandelt haben wird. Vgl. StAB 4,45 VL 12 Bl. 744

59 Diese Wertangabe beruht auf dem Rückschluß, daß Wulfhoop und Warnken eine "gleichberechtigte" Geschäftspartnerschaft führten, so daß beide zu gleichen Teilen für ihre Schulden hafteten. Warnkens Anteil betrug laut Veräußerungsurkunde vom 06.01.1853 die Hälfte des genannten Betrages. StAB 2-P.4.o.2.b.496 (2)

60 In dem zwischen der Witwe Rumpsfeld und den beiden Bauunternehmern Wulfhoop und Warnken abgeschlossenen Kaufvertrag vom 27.03.1851 waren neben anderen Zusatzvereinbarungen auch die Zahlungsmodalitäten und -fristen festgelegt worden, laut derer zum Frühjahr des Jahres 1852 Dreiviertel der Gesamtsumme (3.000 Taler) zu zahlen waren, während der Restbetrag (1.000 Taler) erst zu Ostern des Jahres 1853 mit einem jährlichen Zinssatz von vier Prozent fällig wurde. StAB 2-P.4.o.2.b.496 (2)

61 Für diesen Zeitpunkt liegen keine gesicherten Angaben über die Höhe der Bremer Mieten vor. Als Annäherungswert mag der im Jahre 1853 von einer Wasch- und Reinemachefrau zu entrichtende Mietzins in Höhe von 32 Talern pro Jahr für eine kleine Zweizimmerwohnung mit Küche im Dachgeschoß gelten. Angaben in: Rolf Engelsing, Sozialgeschichte, S. 31

62 Der ungewöhnlich spärliche Inhalt der Erbe- und Handfestenakten für die Grundstücke der Wulfhoopstraße Nr. 1 bis 24 dokumentiert nur die Anzahl, die jeweilige Höhe und das Jahr der von Wulfhoop gewilligten Handfesten, während die sonst, insbesondere in den älteren Akten häufig vorzufindenden Beschreibungen der Immobilien ebenso fehlen wie die Kaufverträge bzw. Lassungsbescheinigungen. StAB 4,45 VL 12 Bl. 744

63 Als ursprüngliche Besitzerin des betreffenden Grundstücks hatte die Witwe Rumpsfeld bei Abschluß des Kaufvertrages im Jahre 1851 auf der Zusatzvereinbarung bestanden, daß über die gesamte Länge des von ihr veräußerten Grundstücks ein mindestens 20 Fuß (5,59 m) breiter Gang unbebaut blieb, um den Zugang von ihrem südlich angrenzenden Land zum Buntentorsteinweg zu gewährleisten. Vermutlich hielt Wulfhoop diese Vereinbarung bei dem 1853 begonnenen Bau seiner zwölf weiteren Reihenhäuser nicht ein. Aus den überlieferten Quellen geht lediglich hervor, daß diese Zusatzvereinbarung den Anlaß zur Klage und damit zur zwischenzeitlichen Einstellung der Bautätigkeit in der Wulfhoopstraße bot. StAB 2-P.4.o.2.b.496(2)

64 Wulfhoop hatte mit seinen Bauten offiziellen Einschätzungen zufolge die zu meidende Grenze des an den Staat abzutretenden Straßengrundes überschritten und sollte das zu weit Gebaute entfernen. Die Auseinandersetzungen zwischen Wulfhoop, der gegen das vom Landherrn auferlegte Bauverbot Einspruch erhoben hatte, und den beteiligten Behörden (Wegbaudeputation, Landherrnamt, Wasserbauamt) dauerten vom August des Jahres 1856 bis zum Januar des Folgejahres an, bis der Bremer Senat Wulfhoops Gesuch zur Genehmigung seiner Bauten befürwortete. StAB 2-P.4.o.2.b.496 (2)

65 Die den Bremer Adreßbüchern entnommenen Angaben verzerren häufig das Bild der tatsächlich herrschenden Wohnverhältnisse, da nur die als Haushaltsvorstand fungierenden Personen in das Verzeichnis aufgenommen wurden. Ein Vergleich mit anderen (amtlichen) Quellen läßt nicht nur gelegentlich auftretende Abweichungen in der Berufszugehörigkeit der Bewohner erkennen, sondern insbesondere eine relativ hohe Fehlerquote in dem seit 1898 ausgewiesenen Hausbesitz zutage treten. Wegen gänzlich fehlender Angaben zur Haushaltsgröße der einzelnen Haushaltungen erweist sich eine Untersuchung und Beurteilung der Wohndichte nur unter zusätzlicher Heranziehung anderer Quellen als sinnvoll. Vgl. Kap. I

66 Für den später in zehn Einzelgrundstücke aufgeteilten Besitz, der nach erfolgter Bebauung die fortlaufenden Hausnummern 25 bis 34 erhielt, sind weder dessen exakte Ausmaße noch das genaue Datum des Kaufvertrages überliefert. Die Erbe- und Handfestenakten dieser Immobilien enthalten lediglich Angaben zur jeweiligen Höhe der Belastung, liefern aber keine Auskünfte über den Kaufpreis, den Wulfhoop mit der Witwe Rumpsfeld ausgehandelt und vereinbart hatte. Auch die Bauakten geben nur wenig Aufschluß über Größe und Aufteilung der betreffenden Häuser, da die Erbauungsunterlagen vollständig fehlen. Die Zimmeranzahl wurde den wenigen überlieferten Grundrissen entnommen. Vgl. Bauakten Wulfhoopstraße 3 und 26

67 StAB 4,45 VL 12 Bl. 743

68 StAB 4,45 VL 12 Bl. 742

69 Gemäß eines im Rahmen der Auseinandersetzungen um die Einführung der Gewerbefreiheit in Bremen erstellten Gutachtens der Bremer Handelskammer gehörten die Bremer Zimmer- und Maurermeister neben den Weißbäckermeistern bereits im Jahre 1858 zu den wohlhabendsten Handwerkern, da ihr jährliches Mindesteinkommen 500 Taler (1.666,66 Mark) überschritt und sie demzufolge zur höchsten Einkommensteuer veranlagt wurden. Vgl. Ursula Branding, Die Einführung, S. 50f

70 Die staatlich festgesetzte Lohntaxe für die Bremer Gesellen wurde im Jahre 1859 aufgehoben. Gleichzeitig entfiel die Bevorzugung einheimischer gegenüber auswärtigen Gesellen durch die Meister. Vgl. Klaus Schwarz, Wirtschaftliche Grundlagen, S. 48ff

71 Angaben zur Lohn- und Preisentwicklung in: Klaus Schwarz, Wirtschaftliche Grundlagen, S. 28f; vgl. auch Ursula Branding, Die Einführung, S. 86

72 So weist auch Lenger auf die agrarische Anbindung der unselbständigen Bauhandwerker Düsseldorfs in der ersten Hälfte des 19. Jahrhunderts hin. Vgl. Friedrich Lenger, Kleinbürgertum, S. 60

73 Eine Zinshöhe von 4 Prozent für die ersten Handfestengelder stellte offenbar die Regel dar, während die folgenden Handfesten häufig mit 4,5 bis 5 Prozent verzinst wurden. Vgl. Klaus Schwarz, Wirtschaftliche Grundlagen, S. 37

74 Die Eintragungen in den Erbe- und Handfestenakten liefern den Beweis, daß keines der 34 von Wulfhoop erstellten Häuser verkauft wurde. Obwohl nicht überliefert ist, welches Alter der im Jahre 1814 geborene J.E. Wulfhoop erreichte, kann kaum angenommen werden, daß er noch im 20. Jahrhundert, d.h. bis zum Zeitpunkt der Grundbuchanlegung, unter den Lebenden weilte. Wenn sich auch keine Angaben darüber finden, wer zu welchem Zeitpunkt sein Erbe antrat, so scheint doch gesichert, daß es sich nicht um Wulfhoops im Jahre 1844 angetraute Ehefrau handelte, da diese Wulfhoop noch um elf Lebensjahre überschritt. Mit großer Wahrscheinlichkeit fiel das gesamte Erbe Wulfhoops seiner zunächst unehelichen, im Jahre 1885 legitimierten Tochter zu. (StAB 4,45 VL 12 Bl. 744 / Bl. 743 / Bl.742); StAB 3-C.1.b.4.No.11

75 Wulfhoop verfügte immerhin über solch ausreichende Mittel, daß er bereits in den 1860er Jahren eine Haushälterin in seinem Hause am Buntentorsteinweg beschäftigen konnte. StAB 3-C.1.b.4.No.11

76 Das genaue Todesdatum der Witwe Anna Rumpsfeld, geb. Struthoff, ist nicht zu ermitteln, wird aber vermutlich im Jahre 1863 anzusiedeln sein, da ihr Testament am 15. Januar des Jahres 1864 rechtswirksam wurde, wie aus diversen Erbe- und Handfestenakten, die den früheren Immobilienbesitz der Witwe Rumpsfeld betrafen, hervorgeht. Vgl. beispielhaft für die Rasingstraße 1: StAB 4,45 VL 12 Bl. 124

77 StAB 4,45 VL 12 Bl. 740

78 StAB 2-P.4.o.2.b.496 (6)

79 Die zeitgenössischen Quellen spalten sich aufgrund ihrer widersprüchlichen Angaben zum Entstehungsdatum der sechs betreffenden Häuser (Wulfhoopstraße Nr. 35 bis 40) in zwei Lager. Während sowohl der in den Erbe- und Handfestenakten enthaltene Kaufvertrag vom 07.12.1872 als auch das Gesuch der Bauunternehmer vom 22.10.1872 die Schlußfolgerung nahelegen, daß das in Frage kommende Land bis 1872 unbebaut blieb, belegen demgegenüber die Bauakten trotz fehlender Erbauungsunterlagen, daß z.B. für das Wohnhaus Wulfhoopstraße 40 bereits 1867 ein Umbau beantragt wurde. Die frühzeitige Existenz der Bauten wird darüber hinaus auch durch die Eintragungen in den Bremer Adreßbüchern, die bereits im Jahre 1871 alle sechs Gebäude als fertiggestellt und bewohnt ausweisen, bestätigt. Demzufolge kann als gesichert angenommen werden, daß Bode & Willig schon in den 1860er Jahren zumindest über einen Teil des Grundstücks verfügten und ohne Baugenehmigung ihre Häuser hochzogen. Vgl. StAB 4,45 VL 12 Bl. 740; StAB 2-P.4.o.b.2.496 (6); Bauakten Wulfhoopstraße 35 - 40; Bremer Adreßbuch, Jg. 1871

80 Bauakten Wulfhoopstraße Generalia I

81 Lediglich für das Haus Wulfhoopstraße Nr. 35 bleibt die Höhe der Belastung unbekannt. StAB 4,45 VL 12 Bl. 741, Bl. 740, Bl. 739, Bl. 738, Bl. 737, Bl. 736, Bl. 735, Bl. 734, Bl. 733, Bl. 732, Bl. 731, Bl. 730, Bl. 729, Bl. 87, Bl. 84, Bl. 728, Bl. 727, Bl. 726 (für die fortlaufend numerierten Immobilien der Wulfhoopstraße 35 bis 52)

82 Bremer Adreßbuch, Jge. 1871-1874

83 StAB 4,45 VL 12 Bl. 741

84 StAB 4,45 VL 12 Bl. 726

85 StAB 4,45 VL 12 Bl. 740

86 StAB 4,45 VL 12 Bl. 739

87 Bauakte Wulfhoopstraße Generalia I

88 Bremer Handelsblatt, 1875, S. 896, zitiert nach Klaus Schwarz, Wirtschaftliche Grundlagen, S. 45

89 J.C. Meyer hatte bereits Teile der nach ihm benannten Meyerstraße und die Lehnstedterstraße angelegt und beabsichtigte nunmehr, deren Verlängerung durchzuführen. StAB 2-P.4.o.2.b.368

90 Der Bremer Senat hatte für die Feldmark Buntentorsteinweg -Neuenland verschiedene Straßen fest eingeplant, zu denen u.a. die Gastfeld- und Kornstraße zählten. Diese Hauptstraßen waren im Gegensatz zu den kleineren Wohnstraßen in einer Breite von 17 Metern herzustellen. Die Anleger der an die staatlich projektierten Straßenzüge angrenzenden Querstraßen erhielten in aller Regel die Auflage, ebenfalls einen Teil dieser Hauptstraßen herzustellen. Auf diese Weise fand die Verlängerung der Hauptstraßen regelrecht im Stückwerk statt. Die höheren Kosten für die Mehrbreite trug der Staat. Vgl. Karl Bahnson, Stadterweiterung, S. 2

91 StAB 2-P.4.o.2.b.368

92 Die "Obrigkeitliche Verordnung, die Bauten und Straßenanlagen im Landgebiet betreffend" vom 29.07.1871 sah die Einhaltung der vorgegebenen Straßenbreite (hier: 10 Meter), die Erhöhung und Bepflasterung der Straße, das Anlegen von Brunnen und Trottoirs auf Kosten der Grundbesitzer sowie die Abtretung des Straßengrundes an die betreffende Gemeinde vor. Bremisches Gesetzblatt 1871, S. 79-96

93 Sämtliche Angaben dieser Tabelle basieren auf der Auswertung der Erbe- und Handfestenakten für die Grundstücke Rasingstraße Nr. 1 bis 28 und Nr. 31 bis 56. Die Hausnummern 29 und 30 wurden vom zuständigen Landherrnamt nicht erteilt.
Vgl.: StAB 4,45 VL 12 Bl. 124, Bl. 125, Bl. 126, Bl. 127, Bl. 128, Bl. 129, Bl. 130, Bl. 131, Bl. 132, Bl. 133, Bl. 134, Bl. 7, Bl. 135, Bl. 136, Bl. 137, Bl. 138, Bl. 139, Bl. 140, Bl. 141,

Bl. 142, Bl. 143, Bl. 144, Bl. 145, Bl. 146, Bl. 147, Bl. 148, Bl. 149, Bl. 150, Bl. 1053, Bl. 1054, Bl. 1062, Bl. 1056, Bl. 1057, Bl. 1058, Bl. 1059, Bl. 1060, Bl. 1061, Bl. 1062, Bl. 1063, Bl. 1064, Bl. 1065, Bl. 1066, Bl. 1067, Bl. 1068, Bl. 1069, Bl. 1070, Bl. 1071, Bl. 1072, Bl. 1073, Bl. 1074, Bl. 1075, Bl. 1076

94 StAB 4,45 VL 12 Bl. 1058

95 Vgl. Wilhelm Böhmert, 100 Jahre Geburtenstatistik in Bremen nebst Angaben über die Säuglingssterblichkeit, in: Mitteilungen des Statistischen Landesamts Bremen, Nr. 3, 1926, S. 41ff

96 Sämtliche Personenstandsdaten zu den Familienmitgliedern B.J.C. Rasings entstammen den Kirchenbüchern der Pfarre Dinklage. StAB 4,45 VL 12 Bl. 133

97 Mit der Ablöseordnung vom 8. Juli des Jahres 1850 wurden die meierrechtlichen Bindungen aufgehoben. Vgl. Gesetzblatt der Freien Hansestadt Bremen, 1850, S. 87ff

98 Diese Information geht aus mehreren Erbe- und Handfestenakten hervor, ohne daß die Summen der gezahlten Beträge genannt werden. Vgl. StAB 2-P.4.o.2.b.496 (2)

99 Während sowohl das Datum als auch der wesentliche Inhalt des von der Witwe Rumpsfeld verfaßten Testaments als Bestandteil diverser Kaufverträge, in denen jeweils das sogenannte "Recht zur Veräußerung" dokumentiert wird, bekannt sind, ist das Testament selber - und damit der tatsächliche Umfang des Besitzes - nicht überliefert. Vgl. StAB 4,45 VL 12 Bl. 124

100 StAB 2-Qq.4.c.3.b.4.iii. (1308), S. 115ff

101 Ebd.

102 StAB 4,45 VL 12 Bl. 142

103 Vgl. Richard Finger, Grundstücksrecht, S. 88ff

104 Auszüge aus den Stammtafeln vom 4. Dezember 1903 (Bernhard Willig) und vom 23. Januar 1905 sowie vom 27. Februar 1905 (Franz August Willig) befinden sich in: StAB 4,45 VL 12 Bl. 124

105 Sämtliche mit der Anlegung der Straßen in Verbindung stehenden Arbeiten wurden zwar von der Straßenbaudeputation ausgeführt, die Kosten hatten jedoch die Unternehmer zu tragen. Vgl. Bremen und seine Bauten, hrsg. vom Architekten- und Ingenieur-Verein, Bremen 1900, S. 530ff

106 Im Rahmen eines in späteren Jahren erstellten Bremer Straßenplans wurden diverse, in der südlichen Vorstadt belegene Straßen umbenannt. Zu diesen in erster Linie betroffenen Hauptverbindungsstraßen zählte auch der Teil der an die Rasingstraße angrenzenden Hauptstraße, der daraufhin den Namen "Thedinghauser Straße" erhielt. Vgl. StAB 2-P.4.o.2.b.192, StaB 3-S.8.b. Hauptstraße, StAB 3-S.8.b. Thedinghauser Straße

107 Wilhelm Wortmann, Das "Bremer Haus", S. 275

108 StAB 4,45 VL 12 Bl. 1068

109 StAB 4,45 VL 12 Bl. 1062

110 StAB 4,45 VL 12 Bl. 1061

111 Im 19. Jahrhundert fanden die Umzüge der Mieter in Bremen in aller Regel zu einem der beiden Termine der sogenannten "Fahrnißzeit", d.h. entweder zu Ostern oder zum Oktober, statt. Diese Termine kamen auch häufig in Kaufkontrakten als Lieferungszeit der Grundstücke zum Tragen, so daß nicht selten eine erhebliche Zeitspanne vom Datum des Kaufvertrages bis zum Zeitpunkt des tatsächlichen Besitzwechsels verstrich.

112 Zur beruflichen und sozialen Zusammensetzung der ersten Bewohner der Rasingstraße vgl. Kap. III.2.2

113 StAB 4,45 VL 12 Bl. 1068

Anmerkungen zu Kapitel III

114 Vgl. Bremer Adreßbuch, Jg. 1875, Rasingstraße 48. Die Rasingstraße wurde erstmals im Jahre 1875 im Bremer Adreßbuch aufgeführt. Vermutlich aus zeitbedingten Gründen war das Gros der Eintragungen jedoch um ein Jahr veraltet.

115 StAB 4,45 VL 12 Bl. 1065

116 Vgl. Bremer Adreßbuch, Jg. 1875, Rasingstraße 45

117 StAB 4,45 VL 12 Bl. 143

118 StAB 4,45 VL 12 Bl. 142

119 StAB 4,45 VL 12 Bl. 150

120 Aus der ersten Ehe gingen bis zum Jahre 1881 vier Kinder hervor, von denen jedoch nur der nach dem Vater benannte Sohn überlebte. StAB 4,45 VL 12 Bl. 135

121 Quelle vgl. ebd.

122 Vgl. Klaus Schwarz, Wirtschaftliche Grundlagen, S. 56

123 Verhandlungen der Bremischen Bürgerschaft 1878, S. 238

124 Vgl. Anm. 93; bei den mit "*" versehenen Käufern in der Tabelle 4 handelt es sich um handfestarische Gläubiger.

125 Wenngleich der amtliche Taxwert für das Grundstück Rasingstraße 36 nicht überliefert ist, kann davon ausgegangen werden, daß dieser identisch mit dem für die Rasingstraße 35 benannten Schätzwert in Höhe von 6.900 Mark war. Beide Immobilien befanden sich zum Zeitpunkt der Versteigerung, am 25.10.1878, noch im Bauzustand und können sowohl von der Größe des Grundstücks als auch von den später fertiggestellten Häusern als übereinstimmend und damit gleichwertig betrachtet werden.

126 Zu dieser neunköpfigen Gruppe zählten die Käufer der Immobilien Rasingstraße 1, 14, 17, 19, 20, 28, 31, 40 und 56.

127 StAB 4,45 VL 12 Bl. 1076

128 StAB 4,45 VL 12 Bl. 136

129 Vgl. Richard Finger, Grundstücksrecht, S. 95f

130 Im bremischen Stadtgebiet war die Anzahl der Gebäude von 14.674 im Jahre 1875 auf 16.029 im Jahre 1885 angestiegen. Unter Zugrundelegung des Mitte der 1880er Jahre vorhandenen Baubestandes gelangten somit 31,37 Prozent der Häuser an die Kerze. Die 1876 (319 Häuser) einsetzenden, gewissermaßen als "Massenversteigerungen" zu bezeichnenden öffentlichen Verkäufe erlangten in den Jahren 1877 (983 Gebäude), 1878 (829 Bauten) und 1879 (961 Häuser) ihren Höhepunkt und stellten in diesen Spitzenzeiten gegenüber den Privatverkäufen und Expropriationen das Gros der zu verzeichenden Immobilienbesitzwechsel. So sah sich das Bureau für Bremische Statistik bei der Veröffentlichung ihrer statistischen Standard-Rubrik "Besitzwechsel" denn auch im Jahre 1883 zu folgendem Kommentar veranlaßt: "*Die Zahl der öffentlichen Verkäufe in den Jahren 1876 bis 1882 findet in früheren Jahren nicht ihresgleichen; sie waren eine Folge der Bauspekulation und von erheblichen Verlüsten begleitet.*" Vgl. Jahrbuch für Bremische Statistik, Hrsg. vom Bureau für Bremische Statistik, Jahrgang 1876, II. Heft: Zur Allgemeinen Statistik der Jahre 1875 und 1876, Bremen 1877, S. 96; ebd., Jahrgang 1882, II. Heft: Zur allgemeinen Statistik der Jahre 1880, 1881 und 1882, Bremen 1883, S. 126 sowie S. 134f

131 Wilhelm Frerichs, Immobiliar-Verhältnisse der westlichen Vorstadt, Bremen 1885, als Manuscript gedruckt, in: StAB 2-P.4.o.1.

132 Die östliche Vorstadt stellte zwar den höheren Anteil an den in Bremen erfolgten öffentlichen Versteigerungen, gemessen an der jeweiligen Zahl existierender Gebäude erwies sich die südliche Vorstadt jedoch weitaus stärker betroffen als der östliche Stadtteil. Entsprach die Rate der in den 1870er und 1880er Jahren versteigerten Häuser mit 29 Prozent (1.466 von insgesamt 5.001 Gebäuden) in der östlichen Vorstadt annähernd der bremischen Gesamtquote, so wechselten in der noch unvollständig bebauten, lediglich 1.674 Häuser aufweisenden südlichen Vorstadt 61 Prozent der Bauten im Distraktionsverfahren den Besitzer. Vgl. Jahrbuch für die amtliche Statistik des Bremischen Staats, Jahrgang 1891, II. Heft, Bremen 1892, S. 94

133 Vgl. Klaus Schwarz, Wirtschaftliche Grundlagen, S. 55

134 Vgl. Anm. 132

135 Verhandlungen der Bremischen Bürgerschaft 1877, S. 115f

136 Vgl. Heide Gerstenberger, Armenpflege, S. 11ff

137 An dieser Stelle ist keine umfassende Beschreibung der in diesen Jahren in Bremen herrschenden Wohnverhältnisse, sondern nur eine Skizzierung der Auswirkungen, die die Krise auf die Wohnstrukturen und das Wohnverhalten ausübte, intendiert. Nähere Ausführungen einerseits zur Wohnsituation, andererseits zum Wohnverhalten vgl. Kap. II sowie Kap. IV

138 Bremer Adreßbücher der Jahrgänge 1875 bis 1914; zur Höhe der Belegung in den Häusern der vier untersuchten Straßen der südlichen Vorstadt vgl. Kap. IV.1.

139 Diesen Verbleib im Stadtteil - selbst bei häufig erfolgten Umzügen - belegt auch Klaus Schwarz für die östliche Vorstadt Bremens. Vgl. Klaus Schwarz, Wirtschaftliche Grundlagen, S. 66

140 Umzüge innerhalb derselben Straße stellten im 19. Jahrhundert keine ungewöhnliche Form der räumlichen Mobilität dar. In der Rasingstraße konnte überdies nach dem Fortzug ehemaliger Mieter eine Rückkehr in das gleiche Haus beobachtet werden. Als durchaus gängige Praxis galt darüber hinaus das Pendeln zwischen mehreren nah beieinander liegenden Straßen. Zu den verschiedenen Formen der geographischen Mobilität bzw. zur Seßhaftigkeit der erfaßten Bewohner der südlichen Vorstadt vgl. Kap. IV.3.1

141 Untersuchung der Wohnungen der minder bemittelten Klassen in Bremen, hrsg. v. Bremischen Statistischen Amt, Bremen 1905, S. 11

142 Besonders betroffen waren die Kellerwohnungen in der südlichen und westlichen Vorstadt, wo die Souterrains aufgrund der niedrigen Lage dieser Stadtbezirke auch die weiteste Verbreitung fanden. Die Feuchtigkeit in diesen Untergeschossen war kaum zu bekämpfen, zumal die Häuser nicht kanalisiert waren, so daß das Grundwasser immer wieder in die zu Wohnzwecken genutzten Räume eindringen konnte. Vgl. Untersuchung der Wohnungen, S. 9; Elisabeth Hesse, Wohnungsverhältnisse, S. 118

143 Der vor allem (wenn auch nicht ausschließlich) bei der Tuberkulose deutlich hervortretende Zusammenhang von Wohnen und Krankheit bzw. Mortalität bildete bereits im Rahmen der um die Wohnungsfrage kreisenden Debatten im 19. und zu Beginn des 20. Jahrhunderts den Gegenstand heftiger Auseinandersetzungen. Vgl. A. Vogt, Lungentuberkulose und Bodenreform, in: Zeitschrift für Sozialwesen und Sozialpolitik VII, 1904, S. 668/9, zitiert nach Elisabeth Hesse, Wohnungsverhältnisse, S. 127.

144 Vgl. Lutz Niethammer/Franz Brüggemeier, Wie wohnten Arbeiter, S. 81 sowie S. 114ff

145 Ebd., S. 65

146 Handelsschiffahrt und Reederei erfuhren zwar bereits 1879 einen zwischenzeitlichen Aufschwung, eine grundlegende Verbesserung der wirtschaftlichen Lage Bremens setzte hingegen erst nach dem 1888 erfolgten Zollanschluß ein, dem zahlreiche Industrieneugründungen folgten. Wenngleich der von Bremen - wie auch von Hamburg - bis zum Jahre 1888 eingenommene zollausländische Sonderstatus die Ursache der deutlich verzögert einsetzenden Industrialisierung bildete, so entsprach die durch konjunkturelle Wechsellagen, d.h. wiederkehrende Krisen und Aufschwünge, gekennzeichnete wirtschaftliche Gesamtentwicklung doch (trotz leichter zeitlicher Verschiebungen) weitgehend den sich im Deutschen Kaiserreich vollziehenden Konjunkturzyklen. Vgl. Doris Herms, Die Anfänge, S. 21ff, S. 42ff sowie S. 142f;

Herbert Schwarzwälder, Geschichte, S. 331ff sowie S. 441ff; Gerhard A. Ritter/Klaus Tenfelde, Arbeiter, S. 56ff, hier insbes. S. 64f

147 Weser-Zeitung, 28. Juni 1860, zitiert nach Klaus Schwarz, Wirtschaftliche Grundlagen, S. 54

148 Bremen und seine Bauten, S. 530

149 StAB 4,45 VL 12 Bl. 936

150 Sämtliche Angaben in der Tab. 4 basieren auf der Auswertung der Erbe- und Handfestenakten für die Grundstücke Gastfeldstraße Nr. 62, 60, 58, 56, 54, 52, 50, 48, 46, 44, 42, 40, 35, 39/41, 43, 45, 53, 36, 47/49 und 51.
StAB 4,45 VL 12 Bl. 885, Bl. 886, Bl. 933, Bl. 934, Bl. 935, Bl. 936, Bl. 937, Bl. 938, Bl. 939, Bl. 940, Bl. 941, Bl. 991, Bl. 1036, Bl. 1037, Bl. 121, Bl. 122, Bl. 1077, Bl. 992, Bl. 123
Die o.g. Grundstücke bzw. Gebäude der Gastfeldstraße erhielten ursprünglich die fortlaufenden Nummern 1-12, 15, 17-19, 23, 14, 20/21 und 22. Sämtliche Häuser der Gastfeldstraße wurden jedoch zunächst im Jahre 1905 und erneut im Folgejahr 1906 umnumeriert. Diese auf Senatsbeschlüssen basierenden Maßnahmen hatten zur Folge, daß die bis 1905 erstellten Gebäude im Untersuchungszeitraum von 1875 bis 1914 (je nach Zeitpunkt) drei unterschiedliche Hausnummern besaßen. StAB 3-S.8.a.Nr.24
Um die Nummern im Rahmen der vorliegenden Studie zwecks eindeutiger Identifizierung der einzelnen Häuser konsistent zu halten, wird immer die nach der letzten Umnumerierung zutreffende Hausnummer genannt.

151 Vgl. Anm. 132

152 StAB 4,45 VL 12 Bl. 937

153 StAB 4,45 VL 12 Bl. 938

154 StAB 4,45 VL 12 Bl. 885

155 StAB 4,45 VL 12 Bl. 886

156 Diese Tatsache geht zweifelsfrei aus dem zwischen dem Landmann J.C. Meyer und den beiden Bauunternehmern Fischer & Coldenstrodt abgeschlossenen Kaufvertrag vom 26.06.1873 hervor, der den bei weitem größeren Teil des angekauften Baulandes als an der herzustellenden Lehnstedterstraße belegenes Ackerland auswies. StAB 4,45 VL 12 Bl. 934

157 StAB 4,45 Vl 12 Bl. 935, Bl. 934, Bl. 933

158 Detailliertere Informationen zur Größe und Innenaufteilung dieses Wohnhauses sind nicht überliefert. StAB 4,45 VL 12 Bl. 936

159 Obwohl auch für diese zehn Bauten nicht immer eine vollständige Beschreibung vorzufinden war, würde es an dieser Stelle zu weit führen, das äußere Erscheinungsbild und die innere Aufgliederung jedes einzelnen, im Jahre 1875 vollendeten Wohnhauses detailliert nachzuzeichnen. Aus diesem Grunde wird nur auf die gleichzeitig zu Gewerbezwecken dienenden Bauten eingegangen.

160 StAB 4,45 VL 12 Bl. 941

161 StAB 4,45 VL 12 Bl. 121

162 StAB 2-Qq.4.c.3.b.4.kkk (1309), S. 214f

163 Beschluß des Bremer Senats vom 24. September des Jahres 1875

164 Statuten des Vereins für die Kinderbewahranstalt an der Gastfeldstraße zu Bremen, § 1, in: StAB 4,45 VL 12 Bl. 1077

165 Vgl. Marlies Christofzik, Die Bremer Kinderbewahranstalten, in: Beiträge zur Sozialgeschichte Bremens, Heft 1, Kindheiten. Teil 1: Anstaltserziehung im 19. Jahrhundert, Bremen 1980, S. 111-216

166 Untersuchung der Wohnungen, S. 95

Anmerkungen zu Kapitel III

167 Im Jahre 1875 wurden im Bremer Stadtgebiet in 5.247 privaten Haushaltungen (mithin 22 Prozent aller in diesem Jahre existierenden 23.830 Privathaushalte) Dienstboten beschäftigt, die vorzugsweise dem weiblichen Geschlecht angehörten. Mit Ausnahme eines deutlichen Rückgangs in den Krisenjahren zwischen 1875 und 1880 stieg zwar die absolute Anzahl der Privathaushalte, in denen diese Dienste beansprucht wurden, bis zur Jahrhundertwende, relativ ging ihr Anteil allerdings von 1871 (24 Prozent) bis 1900 (14 Prozent) kontinuierlich zurück. Berücksichtigung findet hier jedoch nur die Verbreitung der Dienstboten aus der Perspektive des in den Privathaushalten lebenden Personals. Die (absolute) personelle Anzahl der Dienstboten lag bei weitem höher (1871: 7.209, 1875: 7.906, 1880: 6.939, 1885: 7.062, 1890: 7.308, 1895: 8.011, 1900: 7.990). Vgl. Die Volkszählung vom 1. Dezember 1900 im Bremischen Staate, I. Band, 1. Teil, S. 264f

168 StAB 4,45 VL 12 Bl. 991

169 StAB 4,45 VL 12 Bl. 886

170 Der Zeitpunkt des Berufswechsels ist nicht eindeutig zu datieren. In den Bremer Adreßbüchern wird C.F. Griepenstroh bis zum Jahre 1889 als Arbeitsmann ausgewiesen und erst im Folgejahr als Schenkwirt und Detaillist aufgeführt. Vgl. Bremer Adreßbücher der Jahrgänge 1885 bis 1890. In den Erbe- und Handfestenakten jedoch gab er bereits zum Zeitpunkt des Vertragsabschlusses seinen Beruf als Schenkwirt an. Vgl. StAB 4,45 VL 12 Bl. 933

171 Die spätere Nutzung dieser auf Gewerbezwecke ausgelegten Häuser in der Rasing- und Gastfeldstraße ließ kein einheitliches "Muster" erkennen. Da fünf Gebäude (Rasingstr. 20, 28 und 48 sowie Gastfeldstr. 48 und 52) fortan ausschließlich als Wohnhäuser fungierten, liegt die Vermutung nahe, daß die ursprünglich eigens zur Berufsausübung hergerichteten Räumlichkeiten in den Folgejahren zu Wohnräumen umfunktioniert wurden, wenngleich die Bauakten keine diesbezüglichen Informationen und Belege enthalten, wie dies ebenso im Falle der beiden nach den Versteigerungen nur noch für wenige Jahre gewerblich ausgelasteten Gebäude (Rasingstr. 40 und 41) anzunehmen ist. Lediglich drei dieser im Distraktionsverfahren veräußerten Häuser dienten ihren künftigen Besitzern bzw. Mietern auch weiterhin - und dies dauerhaft - zur Ausübung ihres jeweiligen Gewerbes. So fand sich in der Rasingstraße 42 noch im Jahre 1914 die schon in den 1870er Jahren existierende Schenkwirtschaft, deren Betreiber bereits ab 1878 zur Miete lebte, das Haus jedoch erst 1896 in seinen Besitz brachte. Eine gleichermaßen hohe Kontinuität wiesen sowohl das in der Gastfeldstraße 42 ausgeübte Bäckergewerbe als auch die in dieser Straße gelegene Schenkwirtschaft im Hause Nr. 43 auf. Für die Immobilien in der oben genannten Reihenfolge: StAB 4,45 VL 12 Bl. 142, Bl. 150, Bl. 1068, Bl. 936, Bl. 938, Bl. 1060, Bl. 1061, Bl. 1062, Bl. 941, Bl. 121; Bremer Adreßbücher der Jahrgänge 1875 bis 1914; Bauakten Rasing- und Gastfeldstraße; vgl. auch Kap. IV.3.2

172 Beide Gebäude - sowohl die Gastfeldstraße 52 als auch das benachbarte Haus Nr. 50 - zeichneten sich, solange sie sich im Besitz der Sterbekasse befanden, nicht nur durch eine relativ hohe Belegung in den 1880er und 1890er Jahren, sondern auch durch starke Fluktuation, d.h. durch ständigen Wechsel der Mietparteien, aus. Vgl. Bremer Adreßbücher der Jahrgänge von 1882 bis 1902

173 Die Dauer der Beibehaltung des auf dem Wege der öffentlichen Versteigerungen erworbenen Haus- und Grundbesitzes schwankte erheblich. Nur wenige Häuser wurden jedoch kurz nach der Versteigerung weiterverkauft. Zur Dauer des Hausbesitzes vgl. Kap. III.1.5

174 Sämtliche Angaben in der Tab. 7 beruhen auf der Auswertung der Erbe- und Handfestenakten für die Grundstücke Kornstraße Nr. 101, 45, 48/52, 46, 44, 42, 34, 39, 43, 90, 35, 37, 41, 179, 181, 183, 195, 197, 199, 22, 208, 193.
StAB 4,45 VL 10 Bl. 354, VL 12 Bl. 910, VL 12 Bl. 857, VL 12 Bl. 725, VL 12 Bl. 724, VL 12 Bl. 723, VL 12 Bl. 677, VL 12 Bl. 967, VL 12 Bl. 969, VL 11 Bl. 280, VL 12 Bl. 970, VL

12 Bl. 966, VL 12 Bl. 968, VL 10 Bl. 122, VL 10 Bl. 123, VL 10 Bl. 124, VL 8 Bl. 29, VL 8 Bl. 30, VL 8 Bl. 33, VL 12 Bl. 85, VL 8 Bl. 34, VL 8 Bl. 28
Auch die Häuser der Kornstraße erhielten zu Beginn des 20. Jahrhunderts infolge von Senatsbeschlüssen neue Hausnummern. Die ursprüngliche Numerierung änderte sich zunächst im Jahre 1904 und erneut im Jahre 1907. Wie im Falle der Gastfeldstraße werden stets die letztgültigen amtlichen Ziffern für die Immobilien der Kornstraße genannt. StAB 3-S.8.a.Nr.24

175 StAB 4,45 VL 12 Bl. 966

176 Ebd.

177 StAB 4,45 VL 10 Bl. 105

178 StAB 4,45 VL 12 Bl. 910

179 StAB 4,45 VL 12 Bl. 677

180 Für das im Jahre 1875 fertiggestellte, später die Nummer 35 erhaltende Wohnhaus in der Kornstraße war (ebenso wie bei den Häusern Nr. 90 und 22) nicht zu ermitteln, wer als Bauführer beauftragt worden war.

181 Über Typ, Größe und Innenaufteilung dieses im Jahre 1874 entstandenen Wohnhauses liegen keine Angaben vor. StAB 4,45 VL 11 Bl. 280

182 StAB 4,45 VL 12 Bl. 85

183 StAb 4,45 VL 10 Bl. 354

184 Nur zwei Bauunternehmer lebten in der östlichen Vorstadt bzw. in der Neustadt, alle anderen zu dieser Berufsgruppe zählenden Personen wohnten zum Zeitpunkt des Grundstückserwerbs in einer der benachbarten Straßen der Landgemeinde Buntentorsteinweg-Neuenland. Vgl. Kap. III.1.4

185 StAB 4,45 VL 12 Bl. 910

186 StAB 4,45 VL 12 Bl. 723

187 StAB 4,45 VL 12 Bl. 725

188 Diese Angaben liefern zumindest die Adreßbucheintragungen. Die in diesem Nahrungsmittelgewerbe herrschenden extremen Arbeitszeiten sprechen jedoch für die Wahrscheinlichkeit, daß der im Hause Kornstraße 46 seinen Beruf ausübende Weißbäcker dort nicht nur seinen Arbeitsplatz, sondern gleichermaßen seinen Wohnsitz innehatte. Wohnte er lediglich zur Untermiete bei der Witwe Schüttenberg, so wies ihn das Adreßbuch, soweit er nicht die Anforderungen an einen eigenständig geführten Haushalt erfüllte, ohnehin nicht explizit aus. Vgl. Bremer Adreßbücher der Jahrgänge 1875 und 1876

189 StAB 4,45 VL 12 Bl. 724

190 StAB 4,45 VL 12 Bl. 677

191 StAB 4,45 VL 12 Bl. 857

192 Zu diesen fünf in den Folgejahren an ihren Spekulationsgeschäften scheiternden Bauunternehmen zählten neben der dreiköpfigen Baufirma Behnken, Schildmüller & Schildmüller die jeweils im Alleingang tätigen Unternehmer H.J. Gross, J.L. Barg und abermals F.A. Willig.

193 Ohnehin blieb das Ausmaß der Bautätigkeit in der Kornstraße in diesen Jahren gering. Das Jahr 1875 brachte lediglich drei Neubauten (die Nummern 35, 37 und 41) hervor, während im Folgejahr acht Gebäude (Nr. 179,, 181, 183, 195, 197, 199, 22, 208) entstanden und das Unternehmen Behnken & Co. im Jahre 1878 mit ihrem fertiggestellten Wohnhaus Nr. 193 den vorläufigen Abschluß der Bauarbeiten in diesem Straßenzug bildete.

194 Besonders hart traf dies den aus der Bremer Neustadt stammenden, sich zum Meister seines Handwerks qualifizierten Tischler Barg, der mit dem gewinnbringenden Verkauf der unter seiner Bauleitung bereits im Jahre 1874 entstandenen Wohnhäuser Kornstraße 39 und 43 sowie des im Folgejahr hochgezogenen Gebäudes Nr. 41 gerechnet hatte, um mit diesen Mitteln sein für eigene Wohn- und Berufszwecke im Jahre 1875 fertiggestelltes, mit 36.000 Mark handfestarisch belastetes Haus Nr. 37 finanzieren zu können. Der Besitz seines immerhin 1.766 m^2 umfassenden, mit einem zweistöckigen Wohnhaus versehenen Grundstücks blieb indessen auf wenige Jahre beschränkt. Nachdem er mit 137 Mark in Zahlungsverzug geraten war, erwirkten seine Gläubiger im Jahre 1880 den exekutiven Verkauf seines Privatbesitzes und im Folgejahr die Zwangsversteigerung seiner drei dem Mietwohnungsmarkt überlassenen Häuser. StAB 4,45 VL 12 Bl. 967, Bl. 969, Bl. 966, Bl. 968; Bremer Adreßbücher der Jahrgänge 1875 bis 1881

195 Der sprunghafte Anstieg der Neubauten in den Vorstädten am rechten Weserufer schlug sich 1888 in einer Verdoppelung der errichteten Gebäude (166) gegenüber dem Vorjahr (81) nieder. Die Gebiete der Alt- und Neustadt sind, wenngleich sich die Gesamtentwicklung auch dort abzeichnete, zu Vergleichszwecken kaum geeignet, da beide Stadtteile im letzten Viertel des 19. Jahrhunderts bereits weitgehend bebaut waren und für Neubauten kaum noch Platz boten. In der südlichen Vorstadt ging die Bautätigkeit in den 1880er Jahren annähernd gegen Null. Erst 1891 entstanden wieder vermehrt neue Gebäude; der Anstieg von 39 Häusern im Jahre 1890 auf 106 Bauten im Folgejahr zeigte sich (relativ) noch ausgeprägter als in den anderen Vorstädten Bremens. Für die Entwicklung der Bautätigkeit in der südlichen Vorstadt vgl. Kap. II.2 sowie Kap. IV.1. Für den Rückgang der Bautätigkeit ab 1876 und den erneuten Aufschwung ab Ende der 1880er Jahre, deren Auswirkungen sich in der deutlich verändernden Anzahl der Neubauten in den einzelnen Stadtgebieten niederschlugen, vgl. Jahrbuch für die amtliche Statistik des Bremischen Staats, Jg. 1878, 1879, 1884, 1891, 1897 (jeweils II. Heft, Dritter Abschnitt: Das Grundeigenthum)

196 Für die beiden von der Witwe Gesina Rasing ersteigerten Immobilien Kornstraße 39 und 41, die sich zuvor im Besitz des Tischlermeisters Barg befanden, enthalten die Erbe- und Handfestenakten keine Angaben zum Taxat und zum Höchstgebot. Vgl. StAB 4,45 VL 12 Bl. 967 und 4,45 VL 12 Bl. 968

197 Vgl. Tabelle 4

198 Wilhelm Frerichs, Immobiliar-Verhältnisse, vgl. Anm. 132

199 Friedrich Engels, Zur Wohnungsfrage, in: MEW Bd. 18, Berlin 1976, S. 228

200 Detailliertere Ausführungen zum Handfestenwesen finden sich in Kap. III.1.1

201 Dieser Frage ging Klaus Schwarz in seinem für die Erforschung der Ursachen der Sonderstellung Bremens im deutschen Wohnungsbau des 19. Jahrhunderts als bahnbrechend zu bezeichnenden Aufsatz nach, indem er für das Jahr 1860 anhand der Eintragungsbücher des Erbe- und Handfestenamts exemplarisch die Herkunft und Zusammensetzung der Handfestengelder analysierte. Vgl. Klaus Schwarz, Wirtschaftliche Grundlagen, S. 40f

202 Ebd., S. 35

203 Das Alter der betreffenden Bremer Bauunternehmer war nur selten zu ermitteln. Vereinzelt liefern die Erbe- und Handfestenakten Angaben zum Todesjahr; vollständige Informationen - wie sie etwa für den Bauunternehmer Franz August Willig aus einer Abschrift der Stammtafel vorliegen - bilden die Ausnahme. Komplette Personenstandsdaten sind mithin nur mit Hilfe der Auswertung der im Bremer Standesamt gelagerten Register zu erlangen. Die zusätzliche Einbeziehung dieser nur mit hohem Zeitaufwand zu erfassenden Quelle hätte jedoch den Rahmen der vorliegenden Studie gesprengt.

204 Wilhelm Frerichs, Immobiliar-Verhältnisse, vgl. Anm. 132

205 Hasselbring hatte das Wohnhaus Gastfeldstraße 39/41 im Februar des Jahres 1885 zu einem Preis von 7.300 Mark günstig von dem Grundbesitzer Otto Meyer erstanden und mit Handfesten in Höhe von 8.000 Mark finanziert. Im November des Jahres 1900 veräußerte er seinen Haus- und Grundbesitz für 23.000 Mark an die Ehefrau eines Kaufmanns aus der südlichen Vorstadt Bremens. StAB 4,45 VL 12 Bl. 1037

Anmerkungen zu Kapitel III

206 StAB 4,45 VL 8 Bl. 66

207 StAB 4,45 VL 12 Bl. 134

208 Sowohl der Aufenthaltsort als auch der weitere berufliche Werdegang des Bauunternehmers Franz August Willig blieben unbekannt. Willig verstarb im Mai des Jahres 1889 im Alter von 43 Jahren und hinterließ seine Witwe und vier Kinder.
StAB 3-S.8.a.No.3, StAB 4,45 VL 12 Bl. 124

209 Klaus Schwarz, Wirtschaftliche Grundlagen, S. 65

210 StAB 3-B.2.No.109

211 Die vom Deutschen Malerbund beklagten Verluste lassen sich anhand der Informationen, die die Erbe- und Handfestenakten zu den einzelnen Immobilien in den vier untersuchten Straßen der südlichen Vorstadt liefern, nicht überprüfen oder bestätigen. Dies steht jedoch keinesfalls im Widerspruch zu den Darlegungen dieser Vereinigung; denn in der Tat wurden durch den exekutiven Verkauf der Immobilien in erster Linie die Forderungen der handfestarischen Gläubiger befriedigt, während alle anderen nachweislich berechtigt geltend gemachten Ansprüche untergeordnete Bedeutung erlangten und häufig nicht eingelöst werden konnten.

212 Von den insgesamt 151 in der ersten Bauphase erstellten Gebäuden in den vier untersuchten Straßen wurden in den 1870er bzw. 1880er Jahren 95 Bauten versteigert (63 Prozent), 19 Häuser (13 Prozent) privat verkauft, 34 Objekte (23 Prozent) von dem Bauunternehmer Wulfhoop vermietet, 2 Immobilien vererbt und ein Gebäude samt Grundstück per Schenkungsvertrag übertragen.

213 Diese neun, ihren Hausbesitz über einen sehr langen Zeitraum beibehaltenden Personen repräsentierten in unterschiedlicher Häufigkeit die vier Straßenzüge. Während in der Wulfhoop- und Gastfeldstraße nur je ein Hausbesitzer seinen Wohnsitz innehatte, waren in der Rasingstraße zwei Angehörige dieses Personenkreises vorzufinden. Lediglich in der Kornstraße existierten immerhin fünf Langzeitbesitzer.

214 StAB 4,45 VL 12 Bl. 710

215 StAB 4,45 VL 12 Bl. 123

216 StAB 4,45 VL 12 Bl. 1056, Bl. 1059, Bl. 1059

217 StAB 2-Qq.4.c.3.b.4.iii (1308), S. 115ff

218 StAB 4,45 VL 12 Bl. 133

219 Vgl. Kap. III.1.2

220 StAB 2-Qq.4.c.3.b.4.iii (1308), S. 116

221 Auch in diesem Falle stand einer Kaufsumme von 22.129 Mark und eingegangenen handfestarischen Belastungen in Höhe von 14.000 Mark für die sieben Immobilien lediglich ein Gesamtertrag von 23.700 Mark gegenüber. Der Kaufmann C.C. Warnecke hingegen büßte seinen Haus- und Grundbesitz nach neun Jahren gänzlich ein, da er die beiden für nur 6.400 Mark erstandenen Immobilien Rasingstraße 7 und 8 mit 15.000 Mark über Gebühr belastet hatte. Sein im wahrsten Sinne des Wortes "kapitaler" Fehler führte zunächst zur Zahlungsunfähigkeit und infolgedessen zum Zwangsverkauf seiner Grundstücke; im Jahre 1885 gelangten die beiden Immobilien ein zweites Mal an die Kerze.

222 StAB 4,45 VL 12 Bl. 1076

223 StAB 4,45 VL 12 Bl. 142

224 StAB 4,45 VL 12 Bl. 141, Bremer Adreßbücher der Jahrgänge 1878 bis 1914

225 StAB 4,45 VL 12 Bl. 150

226 StAB 4,45 VL 12 Bl. 1053, Bremer Adreßbücher der Jahrgänge 1878 bis 1914

227 Vgl. Kap. III.1.4

228 Vgl. Kap. IV

Anmerkungen zu Kapitel III

229 Dieser rechtswirksame Leitsatz verkehrte sich erst mit der Jahrhundertwende, die das Bürgerliche Gesetzbuch (BGB) am 1.1.1900 in Kraft treten ließ, in sein Gegenteil. Im 20. Jahrhundert galt mithin der Grundsatz "Kauf bricht nicht Miete", der den Erwerber eines Grundstücks verpflichtete, bestehende Mietverträge zu übernehmen. Vgl. Fritz Stier-Somlo, Unser Mietrechtsverhältnis und seine Reform, Göttingen 1902, S. 10

230 Vgl. Kap. IV.2. und Kap. IV.3.1

231 Infolge der Umbenennung einzelner Straßenabschnitte und der zweimaligen Umnumerierung der in der Gastfeldstraße gelegenen Immobilien in den Jahren 1905 und 1906 verringerte sich allerdings die offizielle Anzahl der zu diesem Straßenzug zählenden Gebäude erheblich. So wies das Bremer Adreßbuch für den Jahrgang 1914 lediglich 47 Häuser für die Gastfeldstraße aus. StAB 3-S.8.a.Nr.24, Bremer Adreßbücher der Jahrgänge 1896 bis 1914

232 Die Kornstraße war in gleichem Maße wie die Gastfeldstraße von der auf Senatsbeschlüssen basierenden Umbenennung und zweifachen Umnumerierung ihrer Grundstücke betroffen, so daß sich die im Bremer Adreßbuch niederschlagende offizielle Anzahl der zu dieser Straße rechnenden Bauten im Jahre 1914 auf 95 Gebäude reduzierte.

233 Protokolle des Gesundheitsrats vom 5. April 1876, StAB 4,21-6

234 Untersuchung der Wohnungen, S. 19

235 Von diesen schweren baulichen Mängeln waren die Wohnhäuser Wulfhoopstraße 42 und 49 sowie die Gebäude Rasingstraße 8, 9, 13, 47 und 48 betroffen. Bauakten Wulfhoopstraße und Rasingstraße

236 Dieses infolge der geltenden Bauordnung erst spät zur Ausführung gelangte Eckhaus wurde nach seiner Fertigstellung der Meyerstraße zugerechnet und findet in den anknüpfenden Strukturanalysen keine weitere Berücksichtigung. Dennoch liefert dieses nach seiner verzögerten Errichtung äußerst stattliche Haus ein typisches Beispiel für die zu Beginn des 20. Jahrhunderts gehäuft eintretenden Fälle verhinderter oder erst nach Überwindung der durch die Baubehörden eingeräumten Hindernisse realisierbaren Bauvorhaben. Bauakten Gastfeldstraße, Generalia V

237 StAB 3-B.2.No.305

238 StAB 4,45 VL 10 Bl. 186 und Bl. 185

239 StAB 3-B.2.No.580

240 Vgl. Rudolf Decker, Baurechtliche Verordnungen. Decker liefert in seinem Verzeichnis der vom 18. bis weit ins 20. Jahrhundert reichenden Bremischen Gesetze einen zur ersten Orientierung durchaus hilfreichen Überblick, wenn es gilt, juristischen Aspekten der Bautätigkeit nachzugehen. Elisabeth Hesse stellt demgegenüber in ihrer Dissertation eine breit angelegte Aufarbeitung der für den Zeitraum vom späten 18. Jahrhundert bis zum Ersten Weltkrieg erlassenen Bauvorschriften bereit. Wenngleich die insbesondere für den Untersuchungszeitraum der vorliegenden Studie (1875 bis 1914) relevanten Baugesetze ausreichend referiert werden, so empfiehlt sich hinsichtlich der von Hesse gelieferten Interpretationen und Schlußfolgerungen, die in einer Fehleinschätzung der Ursachen der Sonderstellung Bremens im deutschen Wohnungsmarkt münden, eine kritische Lektüre dieser Abhandlung. Vgl. Elisabeth Hesse, Wohnungsverhältnisse, S. 47-93

241 Vgl. Kap. II.2. sowie Kap. IV.1.

242 Ebd.

243 Diese nachträglichen Bauarbeiten, die in jedem dieser einfachen Arbeiterhäuser eine weitere Wohnung entstehen ließen, wurden ausschließlich in den Gebäuden, die zuvor nur im Souterrain und Erdgeschoß zu Wohnzwecken ausgebaut waren, durchgeführt. Ein solcher Ausbau der Dachgeschosse erfolgte in den Häusern Rasingstraße 9, 19, 21, 25, 28, 49, 50, 51 und 56. Bauakten Rasingstraße

244 Bauakte Rasingstraße 40 (I)

245 Bremer Adreßbücher der Jahrgänge 1878 bis 1893

246 StAB 4,45 VL 12 Bl. 1054

247 Bauakte Rasingstraße 32 (II)

248 StAB 4,45 VL 10 Bl. 187

249 Für die Rasingstraße 32: Bremer Adreßbücher der Jahrgänge 1890 bis 1914; für die Gastfeldstraße 67: ebd., Jg. 1908 bis 1914

250 Vgl. Kap. III.2.

251 Vgl. Wolfgang Voigt, S. 21f

252 Vgl. Anm. 230

253 Derartige Fälle schildert Klaus Schwarz für die durch maßlose Spekulationsgeschäfte geprägte Zeit zu Beginn der 1870er Jahre. So hatten sich etwa Arbeiter innerhalb von acht Tagen zum Kauf der von ihnen gemieteten Häuser zu entscheiden. Vgl. Klaus Schwarz, Wirtschaftliche Grundlagen, S. 53

254 Diese in den meisten Fällen mit einer unmißverständlichen Degradierung der Südervorstädter einhergehenden Verlautbarungen begleiteten beispielsweise die sich über Jahre hinziehenden Auseinandersetzungen um die steuerlichen Benachteilungen der Einwohner dieses Stadtteils. Vgl. Kap. II.1. Ohnehin genoß die südliche Vorstadt Bremens im Spiegel der bürgerlichen öffentlichen Meinung ein überaus geringes Ansehen.

255 Gesetzblatt der Freien Hansestadt Bremen, 1876, S. 117f

256 Verhandlungen der Bremischen Bürgerschaft vom Jahre 1877, S. 116

257 Vgl. Anm. 256

258 Vgl. Gerhard A. Ritter/Klaus Tenfelde, Arbeiter, S. 605f

259 Vgl. Kap. III.1.2

260 StAB 4,45 VL 12 Bl. 936

261 StAB 4,45 VL 12 Bl. 937

262 In ländlichen Regionen blieb der Verbreitungsgrad von Haus- und Grundbesitz bei Unterschichtsangehörigen im 19. und zu Beginn des 20. Jahrhunderts trotz eines merklichen Rückgangs seit der Jahrhundertwende - so etwa in dem schwäbischen Dorf Kiebingen von 65 bis 70 Prozent in den 1870er Jahren auf knapp 40 Prozent im Jahre 1914 - infolge des vergleichsweise niedrigen Bodenpreisniveaus stets höher als in den Städten. Ungewöhnlich hoch lag auch die Rate der Hausbesitzer unter den Arbeitern des Saarbergbaus mit rund 40 Prozent im Jahre 1895, die jedoch seit Beginn des 20. Jahrhunderts gleichfalls abnahm (Ritter/Tenfelde). In den deutschen Großstädten hingegen, in denen das Kleinhaus rasch vom zusehends dominierenden Mehrparteienmietshaus verdrängt wurde und der Anteil am Wohneigentum nur einen geringen Prozentsatz einnahm, bildeten Arbeiter unter den Haus- und Grundbesitzern aus naheliegenden Gründen rare Ausnahmen. Mangelnde Daten für die in anderen deutschen Großstädten zwischen 1850 und 1914 vorzufindenden Besitzstrukturen verhindern zwar einen umfassenden interstädtischen Vergleich, der von Voigtländer ermittelte Anteil an Hauseigentümern unter den Industriearbeitern Duisburgs, der Ende der 1860er Jahre 12 Prozent und um die Jahrhundertwende nur noch 5,6 Prozent ausmachte, unterstreicht abermals sehr deutlich die von Bremen eingenommene Sonderstellung auf dem deutschen Wohnungsmarkt. Im Jahre 1900 verfügten 2.655 der insgesamt 10.222 Personen zählenden, in Industrie und Gewerbe tätigen Bremer Arbeiter über Hausbesitz - eine außerordentlich hohe Quote von 25,97 Prozent. Zahlenangaben nach Ritter/Tenfelde, Arbeiter, S.605; Lutz Voigtländer, Der Industriearbeiter als Hauseigentümer (1865-1910). Eine Untersuchung am Beispiel Duisburgs, Sankt Augustin 1982, S. 25f (Duisburger Studien, Bd. 5); Die Volkszählung vom 1. Dezember 1900, II. Band, 2. Teil, Bremen 1905, S. 28; vgl. Kap. III.1.4 sowie Kap. III.1.5

263 Vgl. Wolfgang Voigt, Vom Bremer Haus, S. 18ff

264 Als Einfamilienhäuser wurden auch all jene, insbesondere die in der südlichen Vorstadt häufig vorzufindenden kleinen "Bremer Häuser" bezeichnet, die neben dem Erdgeschoß ein ausgebautes und zu Wohnzwecken dienendes Souterrain aufwiesen.

265 Zwar wies die südliche Vorstadt Bremens im innerstädtischen Vergleich bis 1895 den höchsten Anteil einstöckiger Wohnhäuser auf und bildete dort auch bis zu diesem Zeitpunkt den vorherrschenden Wohnhaustyp, ab 1900 jedoch dominierte bereits das Zweifamilienhaus nicht nur in seiner relativen Verbreitung, sondern auch in seiner absoluten Anzahl. Vgl. Untersuchung der Wohnungen, S. 10

266 Untersuchung der Wohnungen, S. 9

267 Rudolf Eberstadt, Handbuch des Wohnungswesens, Jena 1910, S. 128

268 Vgl. Kap. III.1.2

269 Hugo Wagner, Gemeinnützige oder private Bautätigkeit, in: Bremens bauliche Kultur, S. 27

270 Die schrittweise durchgeführte Abschaffung der Handfesten veranlaßte immer breitere Teile der ehemaligen Handfestengeber, wie Hans Beek ausführte, *"ihr überschüssiges Kapital nicht mehr auf dem Grundstücks- und Baumarkt, sondern auf dem der rasch emporblühenden Hafenindustrie"* unterzubringen. Hans Beek, Die Boden- und Wohnverhältnisse der Freien Hansestadt Bremen im 19. und 20. Jahrhundert, Bonn 1925, S. 372

271 In diese hohe Preisklasse entfielen beispielsweise die Grundstücke Kornstraße 20 (35,48 M./m^2), 56 (36,69 M./m^2) oder 86 (38,21 M./m^2). StAB 4,45 VL 12 Bl. 638/ 4,45 VL 11 Bl. 103/ 4,45 VL 11 Bl. 255
Die Gastfeldstraße wies ein vergleichbar hohes Preisniveau auf, so etwa für die Grundstücke Nr. 20 (29,86 M./m^2) oder Nr. 21 (31,05 M./m^2). StAB 4,45 VL 12 Bl. 483/ 4,45 VL 12 Bl. 52

272 Karl Bahnson, Stadterweiterung, S. 1. Auch der Bremer Architekt und Wohnungsreformer Hugo Wagner liefert in seinem Aufsatz aus dem Jahre 1918 weitgehend identische Einschätzungen und Angaben zur Bodenpreisentwicklung in Bremen. Hugo Wagner, Bautätigkeit, S. 26f

273 Vgl. Kap. III.2.2

274 StAB 3-B.2.Nr.339

275 Friedrich Ebert (Hrsg.), Ergebnis einer statistischen Erhebung über die Lebensverhältnisse der bremischen Arbeiter, Bremen 1902, S. 37. Diese vom Arbeiter-Sekretariat Bremen durchgeführte Untersuchung basierte auf einer Befragung unter den Gewerkschaftsmitgliedern im Jahre 1901 und galt vornehmlich der Offenlegung bestehender Arbeits-, Einkommens- und Wohnverhältnisse.

276 StAB 4,45 VL 12 Bl. 483

277 Gemäß § 5 des Gesetzes, betreffend Polizeigebühren, vom 12.7.1904 waren die Kosten der Bauarbeiten sowohl für Neu- als auch für Umbauten der Polizeidirektion, Abteilung Baupolizei, vom Bauherrn aufzugeben. Gesetzblatt der Freien Hansestadt Bremen, 1904, S. 248, Bauakte Gastfeldstraße 20

278 Vgl. Anm. 277

279 Vgl. Kap. III.2.2

280 Als Berechnungsgrundlage für das o.g. Jahreseinkommen eines Zigarrenmachers dienten die statistischen Angaben der im Jahre 1901 durchgeführten Untersuchung des Arbeitersekretariats Bremen, die den durchschnittlichen Höchstverdienst eines verheirateten, in einer

Fabrik arbeitenden Zigarrenmachers mit 25,87 Mark pro Woche bezifferten. Der Gesamtdurchschnitt lag mit einem Wochenlohn von 17,06 Mark erheblich niedriger. Selbst unter Berücksichtigung einer Lohnsteigerung für das (im Falle des Zigarrenmachers Dittmar zugrundezulegende) Jahr 1907 wird sein Jahreseinkommen den durchschnittlichen Verdienst eines gewerblichen Arbeiters im Kaiserreich, das sich auf rund 1.500 Mark belief (Hohorst et al.) kaum erreicht, sondern eher deutlich unterschritten haben. Friedrich Ebert, Ergebnis, S. 11; G. Hohorst, J. Kocka, G.A. Ritter (Hrsg.), Sozialgeschichtliches Arbeitsbuch II. Materialien zur Statistik des Kaiserreichs 1870-1914, München 1978, S. 112

281 Eine Arbeitszeit von 57 bis 60 Stunden war für Arbeiter und Handwerker in der Metall-, Nahrungs- und Genußmittel- sowie in der Bekleidungs- und Textilindustrie zu Beginn des 20. Jahrhunderts keineswegs ungewöhnlich, sondern entsprach den durchschnittlich zu entrichtenden Arbeitsstunden; lediglich im Baugewerbe und in der Holzindustrie kamen die Lohnarbeiter auf kürzere Arbeitszeiten. Friedrich Ebert, Ergebnis, S. 16ff

282 Der Beruf des Zigarrenmachers besaß in Bremen eine lange Tradition und war als einer der wichtigsten Produktionszweige insbesondere im 19. Jahrhundert weit verbreitet. Bis Ende der 1840er Jahre konnten sich Zigarrenmacher noch zu den am besten verdienenden Arbeitern zählen. Die örtliche Auslagerung der Zigarrenfabriken aus dem Bremer Stadtgebiet führte zu Massenarbeitslosigkeit, lohndrückendem Konkurrenzdruck und in den Folgejahren zu einem steten Rückgang der in der Zigarrenherstellung beschäftigten Arbeiterbevölkerung. Umfaßte die Zahl der Bremer Zigarrenmacher im Jahre 1877 noch 2.072 Personen, so übten diesen Beruf 1905 lediglich 1.755 Bremer aus. Zwar lag das Lohnniveau der Bremer Zigarrenarbeiter auch zu Beginn des 20. Jahrhunderts deutlich über dem anderer deutscher Großstädte (wie etwa Berlin oder Leipzig), im Vergleich zu anderen Industriezweigen - etwa gegenüber der Metallindustrie, dem graphischen oder Baugewerbe - nahmen sich die Löhne der Zigarrenmacher jedoch gering aus. Dagmar Burgdorf, Blauer Dunst, S. 77ff

283 Der Ausgabenanteil, den ein Haushalt für die Ernährung zu veranschlagen hatte, stieg proportional zum sinkenden Einkommen, und ließ sich damit auf den Nenner "Je geringer das Einkommen, desto höher die prozentualen Ausgaben für Nahrungsmittel" bringen, wie dies im übrigen auch für den Mietanteil (Schwabesches Gesetz) galt. Während ein Arbeiterhaushalt bis zur Mitte des 19. Jahrhunderts noch zwei Drittel und ein Armenhaushalt gar drei Viertel des Einkommens für Nahrungsmittel verbrauchte (Engelsing), hielt sich der in der zweiten Hälfte des 19. Jahrhunderts zwar gesunkene, das Haushaltsbudget einer proletarischen Familie aber immer noch am stärksten belastende Prozentsatz für Lebensmittel bei rund 53 Prozent (Schwarz, Hohorst et al., Teuteberg). Rolf Engelsing, Sozialgeschichte, S.45; Klaus Schwarz, Wirtschaftliche Grundlagen, S. 67; G. Hohorst et al., Arbeitsbuch, S. 113; Hans Jürgen Teuteberg, Wie ernährten sich Arbeiter im Kaisserreich? In: Werner Conze, Ulrich Engelhardt (Hrsg.), Arbeiterexistenz im 19. Jahrhundert, Stuttgart 1981, S. 60

284 Sowohl in der ersten als auch in der zweiten Etage dieses kombinierten Wohn- und Geschäftshauses Gastfeldstraße 20 standen jeweils zwei abgeschlossene Wohnungen mit drei Zimmern, einer Küche und Balkon zur Verfügung. Im Parterre existierte zwar ein identischer Grundriß, da jedoch zwei zur Straßenseite gelegene Ladenräume mit dazwischenliegendem Flur eingerichtet worden waren, reduzierte sich der verbliebene Wohnraum im vorderen Teil des Hauses auf ein Zimmer, während im rückwärtigen Bereich abermals drei Räume vorzufinden waren. Die Küche mußte im Falle einer auch im Erdgeschoß geplanten Vermietung von zwei Wohnparteien geteilt werden. Bauakte Gastfeldstraße 20

285 Für das Jahr 1901 wurde die durchschnittliche Jahresmiete einer aus drei Zimmern bestehenden Arbeiterwohnung im Bremer Stadtgebiet mit 237,50 Mark beziffert (Ebert). Diese Kostenhöhe deckt sich mit den Angaben des Bremischen Statischen Amts, laut derer das Gros der Bremer Arbeiterbevölkerung für eine solche Wohnung im Jahre 1904 zwischen 201 und 300 Mark zu zahlen hatte. Friedrich Ebert, Ergebnis, S. 47; Untersuchung der Wohnungen, S. 77

286 Bremer Adreßbücher der Jahrgänge von 1908 bis 1914

287 Über die tatsächlich geforderte Höhe der Mieten für die Wohnungen in der Gastfeldstraße 20 liegen keine Informationen vor. Das obige Rechenexempel - basierend auf der aus dem Immobilienkredit Dittmars resultierenden Zinslast - legt jedoch die Vermutung nahe, daß ein jährlicher Mietzins von 300 Mark für eine Dreizimmerwohnung in diesem Hause eher als ein zu niedrig angesetzter Betrag anzusehen ist.

288 Friedrich Ebert, Ergebnis, S. 11

289 Vgl. Friedrich Lenger, Sozialgeschichte der deutschen Handwerker seit 1800, Frankfurt a.M. 1988, S. 143

290 Friedrich Ebert, Ergebnis, S. 13

291 In Bremen splittete sich der Baubestand (bewohnter Wohnungen) im Jahre 1900 in 40,32 Prozent Eigentümerwohnungen, 58,09 Prozent Mietwohnungen und 1,59 Prozent mietfreie und Dienstwohnungen. Lediglich die Stadt Lübeck wies noch einen vergleichbar hohen Anteil an Eigentümerwohnungen (32,95 Prozent) auf. In anderen deutschen Großstädten war der Mietwohnungsanteil deutlich überrepräsentiert. So fanden sich in Düsseldorf 12,45 Prozent, in München 7,79 Prozent, in Hamburg nur noch 5,63 Prozent Eigentümerwohnungen, während das durch seine Mietskasernen dominierte Berlin, das gewissermaßen als städtebauliche Antithese zu Bremen bezeichnet werden kann, mit einer geringen Rate von 2,57 Prozent das Schlußlicht bildete. Vgl. Untersuchung der Wohnungen, S. 33

292 Die Volkszählung vom 1. Dezember 1900, II. Band, 2. Teil, S. 34

293 Bremer Nachrichten vom 12.02.1913

294 Die o.g. Summen basieren auf den in der Rasingstraße zwischen 1900 und 1914 insgesamt getätigten 21 Privatverkäufen einzelner Immobilien und den daraus erzielten Preisen für den jeweiligen Haustyp.Erbe- und Handfestenakten der Immobilien Rasingstraße 1, 2, 9, 11, 13, 14, 18, 22, 23, 24, 26, 27, 28, 36, 40, 43, 48, 51 und 53:
StAB 4,45 VL 12 Bl. 124/Bl. 125/Bl. 132/Bl. 134/Bl. 135/Bl. 136/Bl. 140/Bl. 144/Bl. 145/Bl. 146/Bl. 148/Bl. 149/Bl. 150/Bl. 1058/Bl. 1060/Bl. 1063/Bl. 1068/Bl. 1071/Bl. 1073;
Bauakten Rasingstraße 9, 28, 51. Vgl. auch Kap. III.1.5

295 Erbe- und Handfestenakten der Immobilien Wulfhoopstraße 37, 40, 41, 42, 43, 46, und 50: StAB 4,45 VL 12 Bl. 739/Bl. 736/Bl. 735/Bl. 734/Bl. 733/Bl. 730/Bl. 728

296 Im Jahre 1904 entfielen immerhin 30 Prozent der aus einem Keller- und Erdgeschoß bestehenden Einfamilienhäuser in Bremen in die Preiskategorie von 5.000 bis 6.000 Mark. Vgl. Untersuchung der Wohnungen, S. 42

297 Für das im Vergleich zu anderen Gewerbezweigen relativ hohe Einkommen dieser Metallarbeiter wurde ein durchschnittlicher Wochenlohn von 27,20 Mark zugrundegelegt. Vgl. Friedrich Ebert, Ergebnis, S. 11

298 Der Inhalt der Erbe- und Handfestenakten liefert keinerlei Hinweise darauf, ob von den Veräußerern der Immobilien eine Anzahlung gefordert wurde. Die jeweilige Gesamthöhe der von den Erwerbern eingegangenen handfestarischen Belastungen liefert jedoch den Nachweis, daß auch bei den zu Beginn des 20. Jahrhunderts erfolgten Hauskäufen die Einbringung von Eigenkapital keineswegs die Regel bildete. Vgl. Kap. III.1.5

299 StAB 4,45 VL 12 Bl. 135

300 StAB 4,45 VL 12 Bl. 146

Anmerkungen zu Kapitel III

301 Der durchschnittliche Wochenlohn eines Bremer Brauereiarbeiters belief sich im Jahre 1901 auf 21,37 Mark; unter optimalen Lohnbedingungen konnten bis zu 30 Mark Wochenlohn erzielt werden. Friedrich Ebert, Ergebnis, S. 11

302 Der Brauereiarbeiter hatte zur Finanzierung seines Immobilienbesitzes 3.000 Mark gegen erste und 800 Mark gegen zweite Handfeste gewilligt. Bei einem veranschlagten Zinssatz von 4 Prozent auf die erste und 5 Prozent auf die zweite Handfeste summierte sich die jährliche Zinszahlung somit auf 160 Mark.

303 Arbeiter mit einem (obigem Beispiel vergleichbaren) Wochenverdienst von 21 bis 27 Mark wandten zu Beginn des 20. Jahrhunderts in Bremen durchschnittlich 17,3 Prozent ihres Verdienstes für Mieten auf. Bei geringerem Einkommen stieg der für das Wohnen in Rechnung zu stellende Anteil deutlich an, so daß Lohnabhängige, deren Wochenverdienst maximal 15 Mark betrug, bereits 26,2 Prozent ihres Einkommens für die Miete opfern mußten. Vgl. Friedrich Ebert, Ergebnis, S. 47. Diese Angaben decken sich überdies mit den für das Jahr 1907 ermittelten Werten für das Kaiserreich. Vgl. G. Hohorst et al., Arbeitsbuch, S. 113. In Hamburg lag der Mietanteil bei einem geringen Jahreseinkommen von 900 bis 1.200 Mark mit 24,7 Prozent (1900/01) etwas höher. Vgl. Lutz Niethammer/Franz Brüggemeier, Wie wohnten Arbeiter, S. 79. Unabhängig von regional auftretenden Differenzen bestätigen sowohl zeitgenössische als auch neuere Untersuchungen den zutreffenden Sinngehalt des sog. Schwabeschen Gesetzes (Je geringer das Einkommen, desto höher der Anteil, der für Miete verausgabt werden mußte).

304 StAB 4,45 VL 12 Bl. 144

305 Baumanns handfestarische Gesamtbelastung in Höhe von 3.900 Mark verteilte sich mit je 1.000 Mark auf die ersten drei Handfesten und mit 900 Mark auf die vierte Handfeste. Da mit zunehmender Anzahl gewilligter Handfesten ein steigender jährlicher Zinssatz in Kauf zu nehmen war, werden sich seine Zahlungen (bei angenommenen Raten von 4; 4,5; 5 und 6 Prozent) auf 189 Mark belaufen haben.

306 Im Falle Baumanns liegen keine Informationen vor, ob er als ungelernter oder aber qualifizierter (Fach-)Arbeiter seine Arbeitskraft zur Verfügung stellte. Da neben dem Familienstand nicht nur der Qualifikationsgrad, sondern auch der betreffende Industriezweig maßgeblich über die Höhe des Einkommens eines Arbeiters entschied, bleibt der Jahresverdienst dieses Immobilienbesitzers unbekannt. Die Höhe des von ihm eingebrachten Eigenkapitals kann keinesfalls als Indiz dafür gewertet werden, daß Baumann zu den besser verdienenden Arbeitern gehörte, da die Herkunft des Geldes gleichermaßen im dunkeln liegt.

307 Ein Leerstand ganzer Häuser blieb in diesen Jahren innerhalb der vier untersuchten Straßen eine ungewöhnliche Erscheinungsform. Die Ursache für das Brachliegen dieser Räumlichkeiten war ebensowenig zu ermitteln wie der Verbleib bzw. der neue Wohnort des 1912 nicht mehr in seinem Hause lebenden Immobilienbesitzers. Ungeachtet dieser "Ungereimtheiten" war Baumann in der Lage, auch unter diesen Bedingungen seinen Hausbesitz aufrechtzuerhalten.

308 Diese vornehmlich seit Inkrafttreten des Bürgerlichen Gesetzbuches keinesfalls abwegige Vermutung wird jedoch durch die im November des Jahres 1902 erfolgte Eigentumsübertragung des von der Bremischen Hypothekenbank gehaltenen Haus- und Grundbesitzes Rasingstraße 23 an den Maler Friedrich August Bomhoff widerlegt, der die für den Immobilienerwerb aufzubringende Summe von 5.000 Mark ausschließlich über Handfesten finanzierte, obgleich er mit einem durchschnittlichen Wochenlohn von 19,68 Mark zweifelsohne zu den Angehörigen niedriger Einkommensklassen zählte. StAB 4,45 VL 12 Bl. 145; Friedrich Ebert, Ergebnis, S. 11

Anmerkungen zu Kapitel III

309 Die anknüpfenden Analysen stützen sich primär auf die in den Erbe- und Handfestenakten enthaltenen Informationen zu sämtlichen bis 1914 über Haus- und Grundbesitz in der Rasing-, Wulfhoop-, Gastfeld- oder Kornstraße verfügenden Personen. Da der Informationsgehalt dieser Quelle zu den einzelnen Haus- und Grundbesitzern - u.a. in Abhängigkeit von der jeweiligen Art des Erwerbs bzw. des Besitzwechsels - erheblich differiert, wurden die fehlenden Daten, wo immer dies möglich war, durch die in anderen Quellengattungen vorhandenen Angaben ergänzt, so unter Hinzuziehung der Bauakten, Straßenakten, Bremer Adreßbücher, Testamente und verschiedener, um Bau- oder Gewerbesachen kreisender amtlicher Untersuchungen bzw. Beschwerden und Petitionen seitens der Hausbesitzer oder Bewohner der südlichen Vorstadt. Vgl. Kap. I

310 Tabelle VII: Geographische Herkunft der Bauunternehmer

Stadtteil	Wulfhoop-straße	Rasing-straße	Gastfeld-straße	Korn-straße	Summe
Südliche Vorstadt	5	6	14	23	48
Neustadt	0	2	1	3	6
Östliche Vorstadt	0	1	2	1	4
Westliche Vorstadt	0	1	0	5	6
Summe	5	10	17	32	64

Quelle: Erbe- und Handfestenakten sowie Bauakten der vier untersuchten Straßen

311 Vornehmlich für die in der zweiten Bauphase fertiggestellten Häuser in der Gastfeldstraße war für diverse Gebäude nicht zu ermitteln, unter wessen Bauleitung diese Neubauten entstanden, da die Bauunternehmer in diesen Fällen nicht als zwischenzeitliche Besitzer auftraten, sondern von den Eigentümern, die ihre Grundstücke direkt von den betreffenden Grundbesitzern erworben hatten, erst nach dem Grundstückskauf mit den Bauarbeiten beauftragt wurden.

312 Zwar erwiesen sich auch einige dieser Bauunternehmer aufgrund ihrer Umzugshäufigkeit als mobile Bewohner der Landgemeinde Buntentorsteinweg-Neuenland bzw. der südlichen Vorstadt, ihre neu gewählten Wohnorte befanden sich jedoch stets in der Nähe ihres vorherigen Wohnsitzes. Umzüge innerhalb der gleichen Straße waren ebenso zu registrieren wie örtliche Wechsel in eine benachbarte Straße dieses Stadtteils.

313 Insbesondere bei erbschaftsbedingtem Besitzwechsel splittete sich das Eigentum in mehrere Teile, so daß mitunter mehrköpfige Erbengemeinschaften zur gleichen Zeit Verfügungsberechtigung über den betreffenden, unterschiedlich umfangreichen und damit in seinem Wert variierenden Haus- und Grundbesitz besaßen. Nur selten - so etwa während der von der Mitte der 1870er bis zum Ende der 1880er Jahre andauernden Krise - verblieben gemeinsam gehaltene Immobilien über einen längeren Zeitraum in mehreren Händen. Häufig wurde hingegen gerade in diesen Fällen ein rascher Verkauf der Immobilien angestrebt, um den Verkaufserlös unter den Erben aufteilen zu können.

314 Zu diesen 496 unterschiedlichen Immobilienbesitzern zählten auch Firmen, Geldinstitute, Vereine oder andere Zusammenschlüsse wie beispielsweise eine Sterbekasse.

315 Die in der ehemaligen Landgemeinde Buntentorsteinweg-Neuenland lebenden Immobilienbesitzer wurden der späteren südlichen Vorstadt zugezählt. Für die wenigen im Bremer Landgebiet wohnenden Eigentümer war der Zeitpunkt des Erwerbs von ausschlaggebender Bedeutung für die vorgenommene Zuordnung in eine dieser agrarischen Regionen, da breite Teile ursprünglicher Landgemeinden im zugrundegelegten Untersuchungszeitraum von der Mitte des 19. Jahrhunderts bis zum Jahre 1914 nach und nach eingemeindet wurden.

316 In 23 Fällen (4,64 Prozent) blieb der Wohnort der Haus- und Grundbesitzer trotz Überprüfung anderer verfügbarer Quellen unbekannt. Vgl. Anm. 310

317

Tabelle VIII: Geographische Herkunft der Immobilienbesitzer (Bremer Stadtgebiet)

Stadtteil	Personen-anzahl	relativer Anteil (in %)
Südliche Vorstadt	315	72,41
Neustadt	37	8,50
Östliche Vorstadt	21	4,83
Westliche Vorstadt	18	4,14
Altstadt	17	3,91
Bahnhofsvorstadt	3	0,69
Schwachhausen	1	0,23
Hastedt	1	0,23
unspezifiziert(*)	22	5,06
Summe	435	100,00

(*)Insgesamt 22 Personen gaben zwar das Bremer Stadtgebiet als Herkunftsort an, ohne jedoch die nähere Region zu spezifizieren. Die nicht genauer zu ermittelnden Adressen dieser Besitzer hätten die Personenzahl einiger Stadtteile somit erhöht.

318 So zeigten zwar beispielsweise preußische und süddeutsche Hypothekenbanken Interesse an dem Bremer Grundstücksmarkt, verzichteten jedoch mangels exakter Kenntnisse der vom Hypothekenrecht abweichenden, in Bremen herrschenden Rechtslage und des demzufolge nicht kalkulierbaren finanziellen Risikos auf die Hergabe ihres Kapitals. Vgl. Richard Finger, Grundstücksrecht, S. 7

319 Während 193 Immobilienbesitzer in einer der bis zum Jahre 1914 in ihrer Anzahl deutlich zunehmenden Straßen der südlichen Vorstadt wohnten, verteilten sich die 122 Hausbesitzer, deren Wohnort schon vor dem Immobilienkauf in einer der vier untersuchten Straßenzüge vorzufinden war, mit 17 Personen auf die Wulfhoop-, mit 40 Personen auf die Rasing-, mit 25 Personen auf die Gastfeld- und mit 40 Personen auf die Kornstraße.

320 Da Männer in erster Linie über ihre berufliche Stellung definiert wurden, trat der von ihnen eingenommene Familienstand in den Hintergrund und wurde in den herangezogenen Quellen demzufolge nur selten explizit benannt. In einigen Fällen - wie etwa bei dem in allen vier untersuchten Straßen tätigen Bauunternehmer Franz August Willig - liefern die in den Erbe- und Handfestenakten enthaltenen Informationen jedoch klare Belege für den zumindest zwischenzeitlich zutreffenden Status eines Witwers. In den häufig kinderreichen Familien war es naheliegend, daß nach dem Tod der Ehefrau durch eine baldige erneute Heirat "Ersatz" für den Verlust der Partnerin bzw. der den Kindern fehlenden Mutter geschaffen werden mußte.

321 Vgl. Die nicht zur engeren Familie gehörenden Hausgenossen, S. 20-29; Lutz Niethammer/Franz Brüggemeier, Wie wohnten Arbeiter, S. 114ff; Clemens Wischermann,

"Familiengerechtes Wohnen", S. 186ff; Stephan Bleek, Das Stadtviertel als Sozialraum. Innerstädtische Mobilität in München 1890 bis 1933, in: Wolfgang Hardtwig/Klaus Tenfelde (Hrsg.), Soziale Räume, S. 217-234

322 Lediglich in einem Falle blieb der Familienstand der Immobilienbesitzerin unbekannt.

323 Vgl. Kap. III.1.2

324 Bremens Sonderstellung, die ihren Ausdruck sowohl in der von anderen deutschen Großstädten abweichenden Bauweise, mithin in der städtebaulichen Struktur, als auch in einem deutlich divergierenden Rechtsverhältnis der Bewohner, das heißt in einem relativ hohen Anteil einkommensschwächerer Bevölkerungsteile unter den Hausbesitzern, fand, gilt sowohl in zeitgenössischen als auch in neueren Studien als unumstrittene Tatsache. Stark ausgeprägte Differenzen traten demgegenüber zutage, wenn der häufig fehlgeschlagene Versuch unternommen wurde, den Ursachen dieser Sonderstellung auf den Grund zu gehen. Eine Neubelebung dieser Diskussion ist Klaus Schwarz zu verdanken, der sich dieser zuvor vernachlässigten bzw. nur unzulänglich erörterten Problematik widmete und die Ursachen der Sonderstellung Bremens ins rechte Licht rückte. Vgl. Klaus Schwarz, Wirtschaftliche Grundlagen; ders., Bremer Reihenhäuser in vor- und frühindustrieller Zeit. Forschungsprobleme der Wohnungsbaugeschichte, in: Bremisches Jahrbuch 57 (1979), S. 125-182

325 Die Gesamtanalyse erfolgt zum einen personell vom ursprünglichen Grundbesitzer über den Bauunternehmer bis hin zum letzten rechtmäßigen Hausbesitzer, zum anderen über den gesamten Untersuchungszeitraum von der Mitte des 19. Jahrhunderts bis zum Jahre 1914. Die hier für die Berechnung der auf die einzelnen Sozialgruppen entfallenden relativen Anteile maßgebliche Gesamtanzahl der Immobilienbesitzer belief sich auf 520 Personen. Die Abweichung in der Summe gegenüber den als unterschiedliche Personen ermittelten Haus- und Grundbesitzern (496 Personen) erklärt sich aus der in dieser Untersuchung im Mittelpunkt stehenden Frage nach dem zum Zeitpunkt des Immobilienerwerbs ausgeübten Beruf bzw. existierender Berufslosigkeit. In 24 Fällen wurden einzelne Besitzer, die nicht nur ein Haus, sondern mehrere Immobilien zu unterschiedlichen Zeitpunkten erstanden, doppelt erfaßt, da sie zwischenzeitlich berufliche Veränderungen vollzogen hatten. Ein Wechsel zwischen Erwerbslosigkeit und Berufstätigkeit war in beiderlei Richtungen zu verorten (so etwa von der berufslosen zur erwerbstätigen Witwe oder vom Bauunternehmer zum Privatmann), während berufliche Qualifikationen vorzugsweise bei Handwerkern (vom Gesellen zum Meister) zu registrieren waren. Darüber hinaus war vereinzelt auch die Aufgabe des ursprünglichen zu Gunsten eines neuen Berufes festzustellen.

326 Vgl. Anmerkung 323

327 Unter diesen Zusammenschlüssen mehrerer zeitgleicher Besitzer waren neben 18 Erbengemeinschaften ferner die St.-Pauli-Kirche und der Verein für die Kinderbewahranstalt an der Gastfeldstraße vertreten.

328 Neben den Schneidern, für die seit Mitte des 19. Jahrhunderts häufig kein merklicher Einkommensunterschied zwischen der Stellung eines Meisters und der eines Gesellen sichtbar wurde, zählten die Schuhmacher gleichermaßen und zu Teilen auch die Tischler zu den am schlechtesten verdienenden Handwerkern. Vgl. Friedrich Lenger, Sozialgeschichte, S. 98f sowie S. 143ff

329 Tabelle IX: Gewerbespezifischer Verbreitungsgrad der 43 Handwerksmeister mit Immobilienbesitz

Gewerbe	erlernter Beruf	Anzahl der Meister	Summe pro Gewerbe (absolut)	relativer Anteil (in %)*

Bau-	Zimmermann Maurer Maler	7 5 4	16	33,33
Nahrungs-mittel-	Schlachter Bäcker	6 5	11	36,66
Holz-	Tischler	8	8	47,06
Textil-	Schumacher Schneider	3 2	5	50,00
Metall-	Schlosser Klempner	2 1	3	14,29

(*) Die relativen Anteile der Meister wurden auf Basis der jeweilig ermittelten Gesamtanzahl der den einzelnen Gewerbezweigen angehörenden Handwerker mit Immobilienbesitz berechnet.

330 Die Nahrungsmittelbranche wies elf, das Holzgewerbe acht, die Textilbranche fünf und das Metallgewerbe drei Handwerksmeister auf.

331 Zur Verortung der Berufszugehörigkeit sämtlicher Immobilienbesitzer und der daraus resultierenden Kategorisierung in einzelne Berufsgruppen wurde strikt den in den Erbe- und Handfestenakten niedergelegten Berufsangaben gefolgt. Lediglich wenn in dieser Quelle keine Informationen zum Beruf vorlagen, wurden diese mittels anderer Quellen ergänzt. Vgl. Anm. 310

332 Vgl. Kap. III.1.3

333 Vgl. Kap. III.1.2

334 Vgl. Kap. III.1.3

335 Die Analyse der sozialen Zusammensetzung der Immobilienbesitzer in der Wulfhoop-, Rasing-, Gastfeld- und Kornstraße im Zeitraum von 1875 bis 1914 basiert zum einen auf der Sozial- bzw. Berufsgruppenzugehörigkeit der über Haus- und Grundbesitz verfügenden Personen, zum anderen wurden zeitliche Veränderungen im herrschenden Sozialgefüge der Besitzer in den einzelnen Straßen auf der Grundlage von Fünfjahreszyklen betrachtet. Die in der Rasingstraße im letzten Zeitabschnitt von 1910 bis 1914 vorgefundene soziale Zusammensetzung der sich auf 72 Personen summierenden Immobilienbesitzer, deren Anzahl die der insgesamt 54 existierenden Häuser überschritt, spiegelt implizit die auch in diesen Jahren erfolgten mehrfachen Besitzwechsel der Immobilien wider. Die o.g. Personenzahlen beziehen sich somit nicht ausschließlich auf zeitgleiche Besitzer.

336 Untersuchung der Wohnungen, S. 33

337 Der verbleibende geringe Anteil von 1,59 Prozent setzte sich aus mietfreien und Dienstwohnungen zusammen. Vgl. ebd.

338 Ludolf Parisius, Die auf dem Prinzip der Selbsthülfe beruhende Baugenossenschaft, S. 271f

339 Dietrich Bredehorst, Über Arbeiterwohnungen, in: Allgemeine deutsche Arbeiterzeitung vom 16.10.1864

340 Rudolf Schuster, Die Entwicklung, S. 57

341 Vgl. Bahnson, Stadterweiterung, S. 7

342 Die Volkszählung vom 1. Dezember 1900 im Bremischen Staate, I. Band, 1. Teil, S. 31

343 Ebd., S. 16

344 Die Volkszählung vom 1. Dezember 1900 im Bremischen Staate, II. Band, 2. Teil, S. 4f

Anmerkungen zu Kapitel III

345 In anderen Bremer Stadtteilen setzte diese Entwicklung erheblich früher ein. In der Altstadt, der östlichen und nördlichen Vorstadt fand das Zweifamilienhaus schon im Jahre 1875 weitere Verbreitung als der kleinste Wohnhaustyp, während in der Neustadt das zuvor dominierende Einfamilienhaus 1885 und in der westlichen Vorstadt im Jahre 1900 von der Anzahl zweigeschossiger Wohnhäuser überrundet wurde. Vgl. ebd.

346 Ebd., S. 7. Die Aussagekraft derartiger Durchschnittswerte bleibt insbesondere dann fragwürdig, wenn diese Angaben nicht mit der Größe der Häuser bzw. Wohnungen in Beziehung gesetzt werden. Bleibt diese Korrelation unberücksicht - wie dies nicht nur in der Fülle zeitgenössischer Abhandlungen zur Wohnungsfrage üblich war, sondern selbst in neueren Untersuchungen noch verbreitet ist - tragen diese Analysen, vornehmlich unter komparativen Gesichtspunkten, die auf interstädtische Divergenzen bzw. Konvergenzen abzielen, kaum zur Erhellung tatsächlich herrschender Wohnverhältnisse im deutschen Kaiserreich bei. Vgl. beispielhaft: Elisabeth Hesse, Wohnungsverhältnisse, S. 102f; Barbara Händler-Lachmann, " 'n Wochenlohn die Miete", Arbeiterwohnen in Braunschweig vom Kaiserreich zur Weimarer Republik, in: Archiv für Sozialgeschichte 25 (1985), S. 169; vgl. Kap. II.2. sowie Kap. II.3.

347 Vgl. Die Volkszählung 1900, II. Band, 2. Teil, S. 16

348 Lediglich die Gebiete der Neustadt (44,3%) und der Altstadt (54,8%) wiesen noch geringere Anteile der in ihrem Hause lebenden Eigentümer auf. Selbst die überwiegend von Arbeitern bewohnte westliche Vorstadt lag mit einer Rate von 71,4 Prozent der zum Eigenbedarf genutzten Wohnhäuser deutlich über der Quote der südlichen Vorstadt. Noch stärker war die Eigennutzung in der östlichen (75,4%) und in der (nördlichen) Bahnhofsvorstadt (77,6%) verbreitet. Vgl. ebd., S. 7

349 Berechnet nach den für die drei statistischen Zählbezirke 16, 17 und 18 gelieferten Angaben der im Jahre 1900 existierenden Eigentümerwohnungen in der südlichen Vorstadt; vgl. ebd., S. 62ff

350 Vgl. Untersuchung der Wohnungen, S. 33

351 Vgl. Die Volkszählung 1900, II. Band, 2. Teil, S. 54

352 Vgl. Anm. 350

353 Tabelle X: Rechtsform der Bewohnung im Jahre 1900

Angaben in Prozent	Eigentümer-wohnungen	Miet-wohnungen	Aftermiet-wohnungen
Gastfeldstraße	23,80	62,50	13,70
Kornstraße	29,80	68,40	1,80
Rasingstraße	23,60	66,00	10,40
Wulfhoopstraße	13,60	78,60	7,80
Südliche Vorstadt	29,70	66,00	4,30

Berechnet nach: Die Volkszählung vom 1. Dezember 1900 im Bremischen Staate, II. Bd., 2. Teil, Bremen 1905, S. 62ff

354 Eine diesem Erkenntnisinteresse dienende Analyse der (Immobilien-)Besitzverhältnisse ist mithin nur auf der Basis äußerst aufwendiger Auswertungen der für Bremen als Erbe- und Handfestenakten vorliegenden Primärquelle realisierbar. Vgl. Kap. I

355 Selbst die in dem Sonderband dieser Volkszählung Eingang findende Frage nach dem Eigenbedarf der Immobilienbesitzer wurde nur unzulänglich behandelt, da die Statistiken nicht den tatsächlichen Umfang der Eigennutzung, d.h. das sich entweder auf Teilbereiche beschränkende oder das ganze Haus umfassende Ausmaß der Eigenbeanspruchung durch die Hausbesitzer, widerspiegeln.

356
Tabelle XI: Verwertung der Immobilien nach Fertigstellung der Häuser

	Eigenbedarf		Kapitalanlage		Anzahl der Häuser (absolut)
	absolut	relativ (in %)	absolut	relativ (in %)	
Gastfeldstraße	34	73,9	12	26,1	46
Kornstraße	71	72,4	27	27,6	98
Rasingstraße	42	77,8	12	22,2	54
Wulfhoopstraße	18	32,1	38	67,9	56
Summe	165	65,0	89	35,0	254

Quelle: Erbe- und Handfestenakten; eigene Berechnungen

357 Vgl. Kap. III.1.2

358 Bei den stets in Wulfhoops Besitz verbleibenden Immobilien handelte es sich um die fortlaufend numerierten Häuser Wulfhoopstraße Nr. 1 bis 34.

359 Für drei der 95 Wohnungen in der Wulfhoopstraße blieb der Mietpreis unbekannt. Vgl. Die Volkszählung 1900, II. Band, 2. Teil, Bremen 1905, S. 62f

360 Zu diesen Eigentümern zählten allerdings auch all jene Personen, die vor Fertigstellung der Häuser über Immobilien verfügten.

361 Die 89 im gesamten Untersuchungszeitraum als Kapitalanlage verwerteten Immobilien wiesen für jede Straße eine unterschiedliche Besitzerzahl aus. In der Wulfhoopstraße befanden sich diese Mietobjekte im Besitz von 13, in der Gastfeldstraße von 15, in der Rasingstraße von 16 und in der Kornstraße von 31 Personen. Drei dieser 75 Immobilienbesitzer verfügten über Haus- und Grundbesitz in zwei der vier untersuchten Straßen, so daß sich die tatsächliche Anzahl der unterschiedlichen Eigentümer insgesamt auf 72 Personen summierte.

362 Vgl. Kap. III.1.4

363 Ausnahmefälle bildeten sowohl ein per Heirat an sein Haus in der Rasingstraße gelangter Silberarbeiter als auch eine nur für zwei Jahre als Eigentümerin und Vermieterin von zwei Gebäuden in der Gastfeldstraße fungierende Haushälterin.

364 StAB 4,45 VL 12 Bl. 138

365 StAB 4,45 VL 12 Bl. 1065 (Rasingstraße 45), StAB 4,45 VL 12 Bl.1066 (Rasingstraße 46)

366 StAB 4,45 VL 12 Bl. 726

367 Vgl. Kap. III.1.2 sowie III.1.3

368 Für die jeweilige Anzahl derart genutzter Immobilien und deren prozentuale Anteile in den einzelnen Straßen vgl. Anm. 357

369 Unter der Berücksichtigung, daß bereits vor Fertigstellung der Häuser zahlreiche Vorbesitzer existierten, erlangt diese Personenzahl noch größere Bedeutung.

370 Tabelle XII: Familienstand der Eigenbedarf geltend machenden Hausbesitzerinnen

	Ehefrauen	Geschiedene	Witwen	Ledige	Summe
Gastfeldstraße	1	0	5	0	6
Kornstraße	5	0	1	0	6

Rasingstraße	2	1	6	1	10
Wulfhoopstraße	3	0	2	0	5
Summe (absolut)	11	1	14	1	27
Summe (in %)	40,7	3,7	51,9	3,7	100,0

Quelle: Erbe- und Handfestenakten sowie Bremer Adreßbücher der Jahrgänge 1875 bis 1914; eigene Auswertungen

371 Keines der in den Besitz von Frauen übergehenden und von diesen auch bewohnten Gebäude wurde ersteigert; der Übernahme des Hausbesitzes lagen lediglich zwei Erwerbsformen, die des Privatkaufs (17 Fälle) oder des Erbschaftsantritts (10 Fälle), zugrunde. Quelle: vgl. Anm. 370

372

Tabelle XIII: Sozialgruppenzugehörigkeit der in ihrem Hause lebenden Besitzer

	Gastfeld-straße	Korn-straße	Rasing-straße	Wulfhoop-straße	Summe absolut	Summe relativ (in %)
Arbeiter	1	16	31	12	60	26
Händler	12	11	5	1	29	12
Gesellen	11	26	12	6	55	23
Meister	6	15	1	3	25	11
Angestellte/ Beamte	4	8	3	1	16	7
Dienstleister	3	2	2	1	8	3
Unternehmer	6	6	3	0	15	6
Sonstige	0	2	0	0	2	1
ohne Beruf	5	6	9	5	25	11
Summe	48	92	66	29	235	100

Die minimale Differenz in der oben erwähnten Gesamtzahl der in ihrem Hause lebenden Besitzer (234 Personen) zu der in obiger Tabelle gelieferten Summe (235) resultiert daraus, daß einer der Besitzer in der Rasingstraße nicht nur zwei verschiedene Häuser besaß und zu unterschiedlichen Zeiten bewohnte, sondern überdies bei dem Wohnsitzwechsel seinen ursprünglichen Beruf als Kutscher gegen den des Milchwirts tauschte.

373 Als Betrachtungsgrundlage der von den Immobilienbesitzern ausgeübten Berufe diente in allen vier untersuchten Straßen stets die zum Zeitpunkt des Hauserwerbs - bei Vertragsabschluß, nach der per Zuschlagsprotokoll bestätigten Ersteigerung oder für die im Erbschaftsfalle eintretende Rechtswirksamkeit - von den Käufern oder Erben jeweilig angegebene Erwerbstätigkeit bzw. Erwerbslosigkeit, d.h. etwaige, nach dem Hauserwerb vollzogene berufliche Veränderungen der Eigentümer finden an dieser Stelle keine Berücksichtigung.

374 Vgl. Kap. III.2

375 Nahrungsmittelläden wie die der Bäcker und Detailgeschäfte bildeten nur eine kleine Auswahl der vielfältig existierenden, vornehmlich seit der Jahrhundertwende in starker Zunahme befindlichen Verkaufsstellen, die insbesondere in der Gastfeld- und Kornstraße vorzufinden waren. Nicht immer jedoch waren die Nahrungsmittelhandwerker oder Kleinhändler gleichzeitig auch Besitzer und Bewohner der Häuser, in denen sie ihren Beruf ausübten. Vgl. Kap. IV.1

376 Vgl. Kap. III.2

377 Vgl. Untersuchung der Wohnungen, S. 49

378 Die im Untersuchungszeitraum von der Mitte des 19. Jahrhunderts bis zum Jahre 1914 zahlreich erfolgten Besitzwechsel erhöhten - ebenso wie die Tatsache, daß diverse Eigentümer mehrere Immobilien über unterschiedlich lange Zeitspannen hielten, - die Summe der 254 untersuchten Häuser in der Gastfeld- (46), Korn- (98), Rasing- (54) und Wulfhoopstraße (56) auf 1.127 Betrachtungsobjekte (100 Prozent). In einer Reihe von Fällen war die Dauer der Besitzverhältnisse aufgrund nicht überlieferter Daten der Eigentumsübernahme nicht zu ermitteln. Trotz dieser vereinzelt fehlenden Informationen, die indessen annähernd ausschließlich die ursprünglich bestehenden Grundbesitzverhältnisse betreffen, war die Analyse der Dauer des Immobilienbesitzes seit dem jeweilig ersten Besitzwechsel der Grundstücke bis zum Jahre 1914 lückenlos durchzuführen.

379 Tabelle XIV: Besitzdauer der als Kapitalanlage verwerteten Immobilien

absolut					
	Straße				
Dauer Jahre	Gastfeld	Korn	Rasing	Wulfhoop	Summe
0-5	61	136	139	91	427
6-10	31	58	79	52	220
0-10	92	194	218	143	647
11-20	48	56	35	13	152
21-40	14	23	15	3	55
>40	0	4	0	35	39
Summe	154	277	268	194	893

relativ (in %)					
	Straße				im
Dauer Jahre	Gastfeld	Korn	Rasing	Wulfhoop	Mittel
0-5	39,6	49,2	51,9	46,9	47,8
6-10	20,1	20,9	29,4	26,8	24,7
0-10	59,7	70,1	81,3	73,7	72,5
11-20	31,2	20,2	13,1	6,7	17,0
21-40	9,1	8,3	5,6	1,5	6,1
>40	0,0	1,4	0,0	18,1	4,4
Summe					100,0

Quelle: Erbe- und Handfestenakten; eigene Auswertungen

380 Vgl. Kap. III.1.2

381 Die Art eines Immobilienbesitzwechsels liefert zwar potentiell geeignete Hinweise auf die der (in diesem Falle kurzen) Besitzdauer zugrundeliegenden Ursachen, läßt jedoch insbesondere für eine solch relativ kleine Untersuchungsgruppe wie der hier in Frage stehenden 55

Hausbesitzer keine gesicherten, generell zu treffenden Aussagen zu. So deuten die in den beiden staatlich projektierten Straßen deutlich überwiegenden Privatverkäufe (21 von 35 Fällen), die in den beiden Arbeiterstraßen (4 von 20 Fällen) hingegen unterrepräsentiert blieben, auf eine mehrheitlich aus freien Stücken erfolgte, möglicherweise gar spekulativ begründete kurze Besitzdauer der betreffenden Eigentümer. Die in den proletarischen Wohnstraßen immerhin gehäuft zu registrierenden acht Zwangsversteigerungen trafen indessen gleichermaßen auf zehn Hausbesitzer der Gastfeld- und Kornstraße zu und verweisen auf den zwangsweise herbeigeführten, zweifellos aus der Zahlungsunfähigkeit der Eigner resultierenden Verlust ihrer Wohnhäuser, wohingegen der Tod von elf Bewohnern der vier Straßen als natürliche Ursache ihrer kurzen Besitzdauer angesehen werden kann. Eine Ausnahme bildete die im Rahmen der Eheschließung erfolgte Überschreibung des in der Rasingstraße gelegenen Haus- und Grundbesitzes auf den Namen des Ehepartners.

382 Alle anderen Sozial- bzw. Berufsgruppen waren nur noch vereinzelt unter den in ihrem Hause lebenden Langzeitbesitzern vorzufinden. Handwerksmeister waren mit neun Personen, berufslose Frauen mit sieben Eigentümerinnen, Unternehmer zu sechst, Beamte bzw. Angestellte nur noch mit drei und Dienstleister lediglich mit zwei Eignern vertreten.

383 So existierten - unabhängig von der erlangten Eigentumszeitspanne - sowohl für eine den Besitzzeitraum über- als auch unterschreitende Wohndauer dieser in ihrem Hause lebenden Eigentümer in jeder der vier untersuchten Straßen eine Reihe von Fällen. Nähere Ausführungen zum Wohnverhalten, zur Mobilität und Seßhaftigkeit vgl. Kap. IV.3.1 sowie Kap IV.3.2

384 Vgl. Kap. III.1.3 sowie III.2.

385 Vgl. Kap. III.1.1

386 Am Beispiel des Arbeitsmannes F.H. Kersten wird indessen deutlich, welche Unsicherheit selbst ein langfristig aufrechterhaltenes Wohneigentum barg, wenn eine Verschlechterung in der beruflichen oder familiären und damit in der finanziellen Lage eines nur über geringe Einkünfte verfügenden Hausbesitzers eintrat. So war der bereits seit 1880 zu den Mietern mit wechselnden Wohnsitzen in der Rasingstraße zählende, verheiratete Arbeitsmann Kersten zwar in der Lage, das im Jahre 1874 fertiggestellte Wohnhaus Rasingstraße 48 im Jahre 1886 mittels der von ihm in voller Höhe des Kaufpreises von 6.000 Mark gewilligten drei Handfesten zu erwerben, vermochte jedoch zeit seines Lebens nur die Zinsen abzutragen. Sicherten der Lohn des Arbeiters und die zusätzlich bezogenen Mietzahlungen mithin 21 Jahre lang zumindest unter formal-juristischen Gesichtspunkten den Hausbesitz, so gewährleistete das verschuldete Wohneigentum doch nach seinem Tode im Jahre 1907 keineswegs einen gesicherten Ruhesitz für die hinterbliebene, berufslose Witwe. Nur wenige Jahre nach dem Tode ihres Mannes büßte die auf eine 26jährige Wohn- und Besitzdauer zurückblickende Witwe ihr Haus auf dem Wege der Zwangsversteigerung ein. StAB 4,45 VL 12 Bl. 1068; Adreßbücher der Jahrgänge 1880 bis 1911

387 Die nur vereinzelt vorzufindenden Angaben zur südlichen Vorstadt beschränken sich auf statistische Werte zur Bevölkerungsentwicklung (Beek), zur Verteilung der Hausformen (Hesse) oder zum Anteil der Hausbesitzer (Schwarz). Umfangreichere Informationen liefern lediglich die verschiedenen Veröffentlichungen des Bremischen Statistischen Amts, so in erster Linie die Volkszählungen aus den Jahren 1900, 1905 und 1910 sowie die "Untersuchung der Wohnungen der minder bemittelten Klassen in Bremen" aus dem Jahre 1905. Vgl. Hans Beek, Die Boden- und Wohnverhältnisse, S. 375 sowie 384; Elisabeth Hesse, Wohnungsverhältnisse, S. 17; Klaus Schwarz, Wirtschaftliche Grundlagen, S. 22

388 Hans Beek, Die Boden- und Wohnverhältnisse, S. 108ff

389 Die oben angeführten Zahlen wurden berechnet nach den Angaben in: Die Volkszählung vom 1. Dezember 1900 im Bremischen Staate, I. Bd., 1. Teil, S. 158ff

Anmerkungen zu Kapitel III

390 Die Adreßbücher geben Auskunft über Namen, Wohnort, Geschlecht, Familienstand der Frauen und Berufszugehörigkeit der Haushaltsvorstände und beinhalten gegebenenfalls Angaben zum Arbeitsplatz bzw. zu Ort und Art eines ausgeübten Gewerbes. Vgl. Kap. I

391 Vgl. Kap. IV.3.1

392 Tatsächlich dürfte der Anteil der berufstätigen Frauen erheblich höher gelegen haben, wie dies etwa für die Bremer Neustadt anhand verschiedener Quellen für den Bereich des Kleinhandels problematisiert und punktuell nachgewiesen wurde. Vgl. Heinz-Gerhard Haupt, Kleinhändler und Arbeiter in Bremen zwischen 1890 und 1914, in: Archiv für Sozialgeschichte 22 (1982), S. 95-132, hier S. 105ff

393 Als Datengrundlage dieser Untersuchung diente ausschließlich die jeweilige Gesamtsumme aller vorgefundenen Berufe pro Straße innerhalb des 40jährigen Zeitraumes, da im Rahmen dieser Analyse zu berücksichtigen ist, daß einzelne Personen im Laufe ihrer Anwesenheit innerhalb der vier Straßen ihren ursprünglichen Beruf wechselten. Ferner gilt zu beachten, daß Mehrfachbeschäftigungen, d.h. diejenigen Tätigkeiten, die als zweiter oder dritter Beruf von den Bewohnern der vier Straßen ausgeübt wurden, hier keine Berücksichtigung finden. Ob es sich bei den erstgenannten Berufen in den Adreßbüchern tatsächlich um den Hauptberuf der betreffenden Personen handelte oder ob die zweite bzw. dritte Tätigkeit dem ersten Beruf hinsichtlich der Arbeitsdauer und Intensität womöglich gleichstand, läßt sich nicht eindeutig beantworten und kann nur durch die Analyse der Berufskombinationen, d.h. der jeweils gleichzeitig ausgeübten Berufe, in Form von Rückschlüssen ermittelt werden. Vgl. Kap. III.2.3. Unumgänglich blieb darüber hinaus eine Reduzierung der Berufsgruppen. Diese Einschränkung erwies sich als unerläßlich, da die beiden beruflichen Kategorien der Künstler und der im Militärbereich Tätigen lediglich in zwei Straßen anzutreffen waren und ihr jeweiliger Anteil so geringen Umfang einnahm, daß sich derselbe den Möglichkeiten einer übersichtlichen Darstellung entzog. Um ein in ihren Betrachtungsgegenständen - d.h. hier in den präsentierten Berufsgruppen - einheitliches Bild zu skizzieren und nicht zuletzt eine Vergleichbarkeit der Berufsstrukturen zu gewährleisten, wurden die Künstler, deren Anzahl in der Gastfeldstraße mit sieben und in der Kornstraße mit fünfzehn zu beziffern war, und die Militärangehörigen, die sowohl in der Gastfeld- als auch in der Kornstraße lediglich mit fünf Vertretern ihrer Berufsgruppe auftraten, der Kategorie der "Sonstigen" zugezählt.

394 Vgl. Kap. II

395 Vgl. Kap. III.1

396 Vgl. Kap. IV

397 Während die vom Bureau für Bremische Statistik seit dem Jahr 1876 jährlich durchgeführten Erhebungen über die Einwohnerzahl, deren Ergebnisse regelmäßig im Jahrbuch für Bremische Statistik veröffentlicht wurden, lediglich zwischen den einzelnen Bremer Stadtteilen und Landgemeinden differenzierte, führte das Bremische Statistische Amt bei seiner Volkszählung im Jahr 1900 eine weitere Unterteilung der verschiedenen Stadtviertel ein, so daß die südliche Vorstadt nunmehr in die drei Zählbezirke 16, 17 und 18 untergliedert wurde. Dieser neuen Einteilung lag die Intention zugrunde, möglichst gleich große Bezirke zu erhalten, wenngleich zu diesem Zeitpunkt die relativ weitflächigen Vorstädte noch dünn bevölkert waren, aber bereits eine starke Bevölkerungszunahme aufwiesen und in absehbarer Zukunft dichter bebaut sein würden. - Einwohnerzahlen in: Die Volkszählung vom 1. Dezember 1900, I. Band, 1. Teil, S. 36f

398 Die Volkszählung vom 1. Dezember 1900 im Bremischen Staate, II. Band, 2. Teil, S. 4f

399 Vgl. Kap. II.2

400 Untersuchung der Wohnungen, S. 11

401 Ebd.

Anmerkungen zu Kapitel III

402 Zur Problematik der Wohndichte in den vier untersuchten Straßen vgl. Kap. IV.1.

403 Unter den restlichen Bewohnern waren nur noch je zwei Händler und Dienstleister sowie ein Haushaltsvorstand, der seinen Lebensunterhalt als Fleischbeschauer bestritt und der Gruppe der Beamten und Angestellten zuzuordnen war, auszumachen.

404 Vgl. Kap. III.2.1

405 Als Datengrundlage für die Untersuchung der strukturellen Entwicklungen bzw. Veränderungen in den vier herangezogenen Straßen diente der jeweilige Beruf bzw. die Erwerbslosigkeit sämtlicher Bewohner für den Zeitraum von 1875 bis 1914. Die Analyse zielt folglich nicht - wie in Kap. III.2.1 - darauf ab, wieviele Bewohner demselben Beruf innerhalb der 40 Jahre in den vier Straßen nachgingen, sondern wie häufig jeder Beruf pro Jahr und Straße anzutreffen war. Im Kap. III.2.1 wird ein Bewohner, der beispielsweise 30 Jahre lang den Beruf eines Arbeiters ausübte, nur einmal in der Auswertung erfaßt, während unter Berücksichtigung zeitlicher Veränderungen der Sozialstruktur dieser Arbeiter - entsprechend der Dauer seiner Berufsausübung - 30mal gezählt wird. Zur Vereinfachung der Realisierung o.g. Analysen wurden insbesondere im Hinblick auf die Überschaubarkeit des 40jährigen Untersuchungszeitraumes die Summen für sämtliche den verschiedenen Berufsgruppen zugeordneten Berufe in Form von acht Fünfjahreszyklen gebildet.

406 So z.B. in dem Trauregister der St.-Pauli-Gemeinde Bremen, das bedauerlicherweise nur noch für die Jahre von 1906 bis 1920 existiert und Auskunft über die Eheschließungen der Einwohner bzw. Gemeindemitglieder erteilt. Diese wertvolle historische Quelle liefert Informationen zum Tag der Trauung, Namen, Beruf, Geburtsdatum und Wohnsitz des Bräutigams sowie Namen und Geburtsdatum der Braut und darüber hinaus unterschiedlich detaillierte Angaben zu den jeweiligen Elternpaaren. StAB 2013-5536 (frühere DDR-Nr.) Bei dieser Quelle handelt es sich um einige Akten des aus der ehemaligen DDR zurückgeführten Bremer Quellenbestandes.

407 Vgl. Kap. IV.3.1 sowie Kap IV.3.2

408 Die Bedeutung der Wirtshäuser im städtischen wie im ländlichen Raum, insbesondere jedoch in überwiegend von Arbeitern bewohnten Stadtteilen wie der südlichen Vorstadt Bremens, ist nicht zu unterschätzen; denn das Wirtshaus bildete nicht nur einen Ort der Geselligkeit, sondern fungierte vielmehr auch als Kommunikationstreffpunkt. In den anschließenden Analysen wird zu erörtern sein, welche Verbreitung Schenkwirtschaften im Zeitraum von 1875 bis 1914 in den untersuchten Straßen der südlichen Vorstadt fanden und wie lange sie dort ansässig blieben. Vgl. Kap. IV.1. sowie Kap. IV.3.2

409 Da die neun Sozialgruppen in jeder der vier Straßen in unterschiedlicher Häufigkeit unter den Bewohnern anzutreffen waren und somit die jeweilige Bezugsgröße von Straße zu Straße (teils stark) variiert, werden im folgenden zwecks Gewährleistung der Vergleichbarkeit nur relative Werte referiert.

410 So hebt z.B. Lenger hervor, daß Handwerker bei einer beruflichen Veränderung außerhalb des Handwerks in der Zeit des Kaiserreichs zwar nicht ausschließlich, wohl aber mehrheitlich zu den Arbeitern, d.h. hauptsächlich in Fabriken überwechselten. Vgl. Lenger, Sozialgeschichte, S. 151f

Anmerkungen zu Kapitel IV

1 So beklagte der durch seine Untersuchungen zum Zusammenhang von Wohnen und Arbeiten, nicht zuletzt aufgrund des nach ihm benannten Gesetzes der wechselseitigen Abhängigkeit von Einkommen und Miete, bereits im 19. Jahrhundert zur Berühmtheit gelangte Schwabe im Jahre 1874 die verheerenden Wirkungen der Umzugshäufigkeit: "*Die Großstadt mit ihrem ewigen Wechsel und lockeren Gefüge der Gesellschaft nimmt auch der Wohnung den stabilen Charakter, der ihr unter normalen Verhältnissen eigentümlich ist; sie gewöhnt den Menschen allgemach an das Umziehen, an jene schreckliche Quartalswanderung, bei der sich das Hab und Gut von durchschnittlich 20 000 Berliner Familien auf dem Möbelwagen herumtreibt, mit allen jenen Schrecknissen von verschabten und beschädigten Wandflächen, die man verläßt und die man vorfindet, von abgestoßenen Möbelfüßen, schadhaften Haushaltsgegenständen, von tagelanger chaotischer Wirthschaft, gegen welche ein wandernder Zigeunerhaushalt ein Muster von Ordnung und Behaglichkeit genannt werden kann.*" Hermann Schwabe, Das Nomadenthum in der Berliner Bevölkerung, in: Berliner städtisches Jahrbuch für Volkswirthschaft und Statistik 1 (1874), S. 29-37, hier S. 32, zitiert nach Clemens Wischermann, Wohnungsmarkt, S. 126

2 Entrüstung klang nicht minder in den Ausführungen Schmollers an, als er fünfzehn Jahre später als Schwabe die Frage erhob: "*Ist das letzte Resultat unserer heutigen sozialen Zustände eine hausierende Vagabundage der ganzen arbeitenden Bevölkerung, ein Durcheinanderschütteln der Menschen von Ort zu Ort, von Geschäft zu Geschäft, wie es selbst die Nomaden nicht kannten?*" Gustav Schmoller, Zur Social- und Gewerbepolitik der Gegenwart (1890), S. 397, zitiert nach Franz-Joseph Brüggemeier, Leben in Bewegung, in: Richard van Dülmen (Hrsg.), Armut, Liebe, Ehre. Studien zur historischen Kulturforschung, Frankfurt 1988, S. 225-257, hier S. 230

3 "*Denn alle höhere sittliche und sonstige Kultur beruht auf einer gewissen Seßhaftigkeit und Beständigkeit der menschlichen Beziehungen, auf einer dauernden Verflechtung in Familien-, Nachbar-, Geschäftsverhältnisse, die den einzelnen immerfort kontrollieren, binden, zur Rücksicht, zur Verträglichkeit, zur Ehrlichkeit nötigen.*" So die weiteren Ausführungen Schmollers, mit denen er seine Wertschätzung alles Dauerhaften unmißverständlich bekundete. G. Schmoller, ebd., S. 399

4 Diese andauernde Streitfrage spaltet die Beiträge zur historischen Mobilitätsforschung in zwei Lager. Auf der einen Seite finden sich die Vertreter einer pessimistisch gefärbten Einschätzung, laut derer die Mobilität im 19. Jahrhundert, resultierend aus dem Bevölkerungsanstieg und dem Zerfall herkömmlicher sozialer Sicherungen, eine unfreiwillige Verhaltensform darstellte, die den Zwängen der kapitalistischen Produktion, mithin nicht zuletzt durch hohe Arbeitslosigkeit und Fluktuation gekennzeichneten Arbeitsmärkten folgte und die Mobilen vor allem unter Karriereaspekten jeglicher Perspektive beraubte. Auf der anderen Seite herrscht die positiv besetzte Einschätzung vor, horizontale (räumliche) und vertikale (soziale) Mobilität als Chance für die Mobilen zu begreifen, die diesen in der industriellen Gesellschaft erst die Möglichkeit eröffnete, eine freie Wahl ihres Arbeitsortes und Arbeitsplatzes zu treffen und damit selbständig Einfluß auf ihren beruflichen Werdegang zu nehmen. Vgl. Hartmut Kaelble, Einführung und Auswertung (Regionale und soziale Herkunft), in: Werner Conze/Ulrich Engelhardt (Hrsg.), Arbeiter im Industrialisierungsprozeß. Herkunft, Lage und Verhalten, Stuttgart 1979, S. 18ff

5 Dieter Langewiesche, Wanderungsbewegungen

6 Zu diesen äußerst rar gesäten Arbeiten im deutschsprachigen Raum zählen Wischermanns Hamburger Studie und Lengers Untersuchung am Beispiel Düsseldorfs, der allerdings nicht nur innerstädtische Umzüge in den Blick nimmt, sondern sich darüber hinaus mit den Fragen sozialer und geographischer Mobilität auseinandersetzt, wie dies auch für die von Bleek für München durchgeführte Lokalstudie gilt. Vgl. Clemens Wischermann, Wohnen in Hamburg, S. 224-234; Friedrich Lenger, Kleinbürgertum, S. 133-149 sowie S. 65-93 und S. 94-116; Stephan Bleek, Quartierbildung, S. 155-223, hier insbes. S. 192ff

7 Dieses Problem stellte sich selbstredend auch in der vorliegenden Arbeit. Namensgleichheiten betrafen in aller Regel vorzugsweise die zumindest in den Adreßbüchern dominierenden männlichen Personen und beschränkten sich keineswegs nur auf lokal bzw. regional weitverbreitete Namen wie die berühmten Beispiele der "Meier, Müller, Schulze", sondern traten auch im Falle eher seltener Namen auf, da im Kaiserreich weit mehr als heute der Vorname des Vaters üblicherweise auf den (erstgeborenen) Sohn übertragen wurde. So sich die Übereinstimmungen auch bei den in dieser Studie miterfaßten weiteren Vornamen oder gar bei dem als geeignetes Unterscheidungsmerkmal dienenden, jeweilig ausgeübten Beruf fortsetzten, wurden die betreffenden Personen bereits bei der Dateneingabe zwecks eindeutiger Differenzierung mit einem Index belegt sowie eine Überprüfung anhand anderer Quellen vorgenommen, soweit dies realisierbar war. Dennoch kann ein signifikanter Fehlerquotient für diese Untersuchung mit an Sicherheit grenzender Wahrscheinlichkeit ausgeschlossen werden.

8 Gemäß obiger Ausführungen handelt es sich um das zwar durch die Bearbeitung von Massendaten hervorgerufene, nichtsdestotrotz gleichermaßen methodisch begründete Problem, das sich bei der oft unumgänglichen Verknüpfung unterschiedlicher Quellen bzw. Dateien ergibt, sobald mehrere Personen gleichen Namens auftreten und nicht aufgrund zweifelsfreier Personenstandsdaten, wie etwa des Geburtsdatums, zu unterscheiden sind. Die Wahrscheinlichkeit einer proportional zur anwachsenden Größe der erfaßten Untersuchungsgruppe steigenden Fehlerquote dürfte sich insbesondere bei den im Rahmen von Mobilitätsstudien üblichen Querschnittuntersuchungen und den damit verbundenen Aspekten der Unüberschaubarkeit und Anonymität der Personengruppen noch deutlich erhöhen. Zur Problematik des "record linkage" vgl. Jürgen Kocka, Stadtgeschichte, Mobilität und Schichtung. In: Archiv für Sozialgeschichte 18 (1978), S. 546-558, hier S. 553f; Stephan Bleek, Mobilität, S. 8f, sowie die in dessen Anmerkungsteil vorzufindenden Literaturhinweise zum Verkettungsverfahren.

9 Eine kritische Auseinandersetzung vornehmlich mit den Methoden der neueren Mobilitätsforschung unternimmt Lenger in seiner hervorragenden Studie zur Sozialgeschichte der Düsseldorfer Handwerker. Vgl. Friedrich Lenger, Kleinbürgertum

10 Ungewöhnlich günstige Quellenlagen liegen beispielsweise in Düsseldorf und München vor. Dies trifft für Bremen indessen nicht zu. So ist das insbesondere für Mobilitätsanalysen annähernd unersetzbare Bremer Melderegister für den hier in Frage stehenden Untersuchungszeitraum von 1875 bis 1914 nicht überliefert. Innerstädtische Mobilität und Seßhaftigkeit lassen sich demnach nur über die Bremer Adreßbücher erschließen. Vgl. Kap. I

11 Für die Untersuchung der über die bremischen Staatsgrenzen hinausreichenden Wanderungsvorgänge bietet auch das Adreßbuch keinen Zugriff. Da das jährliche Ausmaß der Zu- und Abwanderung erst seit 1901 systematisch erfaßt wurde, bleiben historische Mobilitätsanalysen für das 19. Jahrhundert auf die Saldenbildung, d.h. auf die Ermittlung der Differenz zwischen dem jährlichen Bevölkerungsstand und dem natürlichen Zuwachs bzw. Rückgang der Bevölkerung infolge der Geburtenzahl bzw. Sterbefälle, verwiesen, die jedoch lediglich Aussagen zum Wanderungsgewinn oder Verlust derselben gestattet, ohne den tatsächlichen Wanderungsumfang benennen zu können. Vgl. Die Bevölkerungsentwicklung Bremens, S. 32ff

12 Fragen der Zu- und Abwanderung für die südliche Vorstadt Bremens, die Aufschluß über die geographische Herkunft der Zugezogenen bzw. über den Verbleib der Fortziehenden geben, wären demnach nur unter Heranziehung anderer Quellengattungen zu beantworten. Da jedoch selbst die zu diesem Zweck alternativ verfügbaren Bremer Bürgerrechtsakten oder Standesamtsunterlagen nur einen eingeschränkten Informationsgehalt besitzen, der allenfalls die Herkunft (eines Teils) der in dieses Arbeiterviertel Gezogenen zu erhellen vermag, wurde auf die zusätzliche, überaus aufwendige Bearbeitung dieser Quellen verzichtet.

13 Alle im folgenden für den Zeitraum von 1875 bis 1914 gelieferten Angaben zur Bevölkerungsentwicklung, zur Nutzung der Wohnhäuser und zu den Immobilienbesitzverhältnissen in der Gastfeld-, Korn-, Rasing- und Wulfhoopstraße basieren auf eigenen Auswertungen der Bremer Adreßbücher (Jahrgänge 1875 bis 1914), der Bauakten und der Bremer Erbe- und Handfestenakten.

14 Nähere Ausführungen zu den Entstehungsbedingungen der vier Straßen vgl. Kap. III.1.2

15 Nennenswerte Ausnahmen bildeten lediglich zwei mit einem Erdgeschoß und erstem Stockwerk ausgestattete Wohngebäude, deren Grundfläche immerhin 80 Quadratmeter bemaß.

16 Untersuchung der Wohnungen, S. 51

17 Die Volkszählung 1900, I. Bd., 1. Teil, S. 43

18 Die handwerklichen Betriebsstätten der Gastfeldstraße repräsentierten in diesem Jahr ausnahmlos die Nahrungsmittelbranche, zu der vier Bäckereien und eine Schlachterei zählten. Bremer Adreßbuch, Jg. 1894

19 StAB 3-S.8.a.Nr.24; vgl. auch die entsprechenden Straßenakten: StAB 2-P.4.o.2.b.151. (Gastfeldstraße), 2-P.4.o.2.b.358.(Pappelstraße) sowie 3-S.8.b. Gastfeldstraße und Pappelstraße

20 StAB 3-S.8.a.Nr.24; vgl. ferner StAB 2-P.4.o.2.b.264. (Kornstraße) sowie StAB 3-S.8.b. Kornstraße und Lahnstraße

21 Vgl. Dorlinde Köhn/Charlotte Niermann, Konsumvereine als Konkurrenten des Kleinhandels in Bremen vor 1914, in: Beiträge zur Sozialgeschichte Bremens, Heft 4, Geschäfte, Teil 1, Der Bremer Kleinhandel um 1900, Bremen 1982, S. 257-282

22 Vgl. Ulrich Böttcher, Anfänge und Entwicklung der Arbeiterbewegung in Bremen, Bremen 1953, S. 173; ebd. S. 266f; Karl-Ernst Moring, Die sozialdemokratische Partei in Bremen 1890-1914. Reformismus und Radikalismus in der Sozialdemokratischen Partei Bremens, Hannover 1968, S. 105

23 Vgl. Heinz-Gerhard Haupt, Der Bremer Kleinhandel zwischen 1890 und 1914. Binnenstruktur, Einfluß und Politik, in: Beiträge zur Sozialgeschichte Bremens, Heft 4, Geschäfte, Teil 1, Der Bremer Kleinhandel um 1900, Bremen 1982, S. 7-39, insbes. S.13f

24 Dieter Langewiesche, dessen bahnbrechender Aufsatz zur Mobilität in Deutschland sich nicht zuletzt auch durch klare Definitionen seiner zentralen Begriffe auszeichnet, legte der Fluktuation folgende Bestimmung zugrunde: "Fluktuation = Abwanderer kehrt zurück u. ist so mehrfach am Zu- und Wegzug beteiligt". Dieter Langewiesche, Wanderungsbewegungen, S. 3, (Anmerkung 7)

25 Vgl. beispielhaft Stephan Bleek, Das Stadtviertel, S. 232; Clemens Wischermann, Wohnen in Hamburg, S. 231

26 Die Volkszählung 1900, I. Band, 1. Teil, S. 43

27 Vgl. etwa Friedrich Lenger, Kleinbürgertum, S. 67; Stephan Bleek, Mobilität, S. 15

28 Tatsächlich hatte das Gros dieser zwangsläufig gehäuft auftretenden Fälle scheinbar fortgezogener Bewohner keineswegs seinen Wohnsitz gewechselt. Da aber im Rahmen der Datenerhebung strikt den Adreßbucheintragungen gefolgt und die betreffenden Teile der Gastfeld- und Kornstraße, die fortan unter den Bezeichnungen Pappel- und Lahnstraße liefen, nicht erfaßt wurden, schlug sich dieser Umstand als vermeintlich erhöhte Zahl der Wegzüge und damit in einer umfänglicheren Fluktuation nieder.

29 Vgl. Kap. III.1.3

30 Vgl. Dieter Langewiesche, Wanderungsbewegungen, S. 10

31 Vgl. Lutz Niethammer/Franz Brüggemeier, Wie wohnten Arbeiter, S. 84

32 Vgl. Stephan Bleek, Quartierbildung, S. 5-33

33 Vgl. Dieter Langewiesche, Wanderungsbewegungen, S. 34 (Anm. 82)

34 Zu diesen besonders stark frequentierten Wohnhäusern zählten die Gastfeldstraße 52, 42 und 36, die Kornstraße 41, 42 und 162, die Rasingstraße 23, 48 und 41 sowie die Wulfhoopstraße 42, 40 und 25. Vgl. Bremer Adreßbücher, Jge. 1875 bis 1914

35 Beide von der Neustadts-Brüderschafts-Sterbekasse "Die blühende Rose" im Jahre 1882 ersteigerten und für zwölf bzw. zwanzig Jahre gehaltenen Immobilien, die Gastfeldstraße 52 und 50, zeichneten sich durch eine stets hohe Belegung und einen ungewöhnlich raschen Wechsel der Mieterschaft aus.

36 Sowohl die Gastfeldstraße 36 als auch die Rasingstraße 23 kennzeichneten den Besitz der Bremischen Hypothekenbank und erwiesen sich als die am stärksten frequentierten Wohnhäuser in diesen beiden Straßen, wie dies auch für das Gros anderer Immobilien dieser Eigentümerin galt.

37 So war den Besitzern und Besitzerinnen dieser Häuser, ob sie sich als Arbeiter verdingt hatten, als Kleinhändler oder Künstler ihren Lebensunterhalt bestritten oder als Witwe erwerbslos blieben, ein schmales Einkommen gemein.

38 Vgl. Clemens Wischermann, Wohnen in Hamburg, S. 214 ff; ders., Wohnungsmarkt, S. 127f; Elisabeth Gransche/Franz Rothenbacher, Wohnbedingungen, S. 87

39 Die Höhe der Mieten in den vier Straßen der südlichen Vorstadt Bremens ist für den gesamten Untersuchungszeitraum von 1875 bis 1914 nicht überliefert. Damit bleibt auch die Entwicklung des Mietpreisniveaus unnachvollziehbar. Vereinzelte Angaben zu den Mietpreisen in verschiedenen Häusern der Rasing- und Wulfhoopstraße liegen lediglich als Ergebnis einer in Bremen durchgeführten Sonderuntersuchung der Wohnverhältnisse für das Jahr 1904 vor. Vgl. Untersuchung der Wohnungen, S. 18f, S. 20 sowie S. 75ff

40 Vgl. Lutz Niethammer/Franz Brüggemeier, Wie wohnten Arbeiter, S. 81 sowie S. 116; Stephan Bleek, Das Stadtviertel, S.228ff

41 Vgl. Kap. II.3.

42 Vgl. Kap. III.1.

43 Vgl. Kap. II.4.

44 Vgl. Stephan Bleek, Quartierbildung, S. 241ff; Gerhard Ritter/Klaus Tenfelde, Arbeiter, S. 643ff

45 Vgl. Kap. IV.2.

46 Vgl. ebd.

47 Stephan Bleek, Das Stadtviertel, S. 218

48 Vgl. Untersuchung der Wohnungen

49 StAB 4,45 VL 12 Bl. 128

50 StAB 4,45 VL 12 Bl. 138

51 StAB 4,45 VL 12 Bl. 1065 und 1066

52 Das oben geschilderte Beispiel der kurz nach erfolgtem Besitzwechsel einsetzenden Mieterfluktuation stellte keinen Einzelfall dar. Der ursächliche Zusammenhang von Immobilienbesitzwechsel und geographischer Mobilität der Mieter trat vielmehr in zahlreichen, auf die Auswirkungen der personellen Binnenstruktur untersuchten Häuser in den vier Straßen zutage. Dabei rief der Eigentümerwechsel nicht nur den Austausch einzelner Mietparteien hervor, sondern gipfelte häufig in einer kompletten Auswechselung aller zuvor in den betreffenden Häusern lebenden Wohnverbände. Vgl. Kap. III.1.3

53 StAB 4,45 VL 12 Bl. 728

54 StAB 4,45 VL 12 Bl. 1060

55 Ebd.

56 StAB 4,45 VL 12 Bl. 991

57 StAB 4,45 VL 12 Bl. 723

58 Vgl. Dieter Langewiesche, Wanderungsbewegungen, S. 8ff

59 Vgl. Clemens Wischermann, Wohnen in Hamburg, S. 225f; Lutz Niethammer/Franz Brüggemeier, Wie wohnten Arbeiter, S. 83f

60 Vgl. Kap. IV, Anm. 1-3

61 StAB 4,45 VL 12 Bl. 134

62 Vgl. Dieter Langewiesche/Friedrich Lenger, Internal Migration: Persistence and Mobility, in: Klaus J. Bade (Ed.), Population, Labour and Migration in 19th and 20th Century Germany, Leamington Spa 1987, p. 87-100

63 Vgl. Dieter Langewiesche, Wanderungsbewegungen, S. 18 sowie S. 26

64 Vgl. ebd., S. 24

65 Vgl. Stephan Bleek, Mobilität, S. 25

66 Dieter Langewiesche, Wanderungsbewegungen, S. 30ff

67 Vgl. etwa Lutz Niethammer/Franz Brüggemeier, Wie wohnten Arbeiter, S. 83

68 Vgl. Dieter Langewiesche, Mobilität in deutschen Mittel- und Großstädten. Aspekte der Binnenwanderung im 19. und 20. Jahrhundert, in: Werner Conze/Ulrich Engelhardt (Hrsg.), Arbeiter im Industrialisierungsprozeß, Stuttgart 1979, S. 70-93, hier S. 77 (Graphik)

69 Vgl. Clemens Wischermann, Wohnungsmarkt, S. 128 (Graphik)

70 Vgl. etwa H.J. Teuteberg/Clemens Wischermann, Wohnalltag, S. 116

71 Vgl. etwa Stephan Bleek, Mobilität, S. 31f

72 Dieter Langewiesche, Wanderungsbewegungen, S. 29

73 Vgl. Clemens Wischermann, Wohnen in Hamburg, S. 227

74 Vgl. Stephan Bleek, Quartierbildung, S. 192-202, hier insbesondere S. 197

75 Vgl. Lutz Niethammer/Franz Brüggemeier, Wie wohnten Arbeiter, S. 85

76 Vgl. Heide Gerstenberger, Armenpflege, S. 22; Elisabeth Gransche/Franz Rothenbacher, Wohnbedingungen, S. 87; Hans Jürgen Teuteberg/Clemens Wischermann, Wohnalltag, S. 92f; Stephan Bleek, Das Stadtviertel, S. 225

77 Verhandlungen der Bürgerschaft 1878, Bremen 1878, S. 238f

78 Vgl. Clemens Wischermann, Wohnen in Hamburg, S. 228ff

79 Vgl. ebd.

80 Vgl. Heide Gerstenberger, Armenpflege, S. 22

81 Untersuchung der Wohnungen, S. 110

82 Die vier von Langewiesche betrachteten deutschen Großstädte Berlin, Hamburg, München und Leipzig wiesen in den Jahren 1885, 1895 und 1905 vergleichbar hohe Raten in der Kategorie mit einer maximal einjährigen Bezugsdauer auf. Dabei rangierte das sich durch starke Fluktuation seiner Bewohner auszeichnende Berlin stets mit der diesbezüglich höchsten Quote an erster Stelle. Die Bezugsdauer der Wohnungen ließ jedoch binnen dieser zwanzig Jahre dahingehende Übereinstimmungen erkennen, daß Mitte der 1890er Jahre - analog der zu diesem Zeitpunkt hohen innerurbanen Wohnmobilität - in allen vier Städten eine deutliche Zunahme in der kürzesten Bezugsdauer erfolgt war, während diese hohen (mit Ausnahme Leipzigs über 30 Prozent liegenden) Anteile im Jahre 1905 noch unter denjenigen von 1885 lagen. Vgl. Dieter Langewiesche, Wanderungsbewegungen, Tabelle 3, S. 11

83 Berücksichtigung findet hier folglich ausschließlich die von den Wohnparteien erlangte "Einzelwohndauer" in den Häusern und nicht - sofern die Bewohner umzogen - deren gesamte Verweildauer in den Straßenzügen.

84 Vgl. etwa Clemens Wischermann, Wohnungsmarkt, S. 129f; Dieter Langewiesche, Wanderungsbewegungen, S. 10f; Gerhard A. Ritter/Klaus Tenfelde, Arbeiter, S. 614

85 Vgl. Stephan Bleek, Quartierbildung, S. 194

86 Vgl. etwa Dieter Langewiesche, Mobilität, S. 75ff

87 Dementsprechend kämen die vergleichbaren Raten der maximal ein Jahr ansässigen Bewohner in der Gastfeldstraße auf 42,72 %, in der Rasingstraße auf 39,23 % und in der Wulfhoopstraße auf 40,2 %.

88 Vgl. Stephan Bleek, Quartierbildung, S. 184ff sowie S. 199ff

89 So etwa bei Gerhard A. Ritter/Klaus Tenfelde, Arbeiter, S. 613

90 Vgl. Stephan Bleek, Mobilität, S. 12

91 Vgl. Stephan Bleek, Quartierbildung, S. 194

92 Ebd., S. 198

93 Ebd., S. 199

94 Ebd., S. 184

95 Vgl. etwa Gerhard A. Ritter/Klaus Tenfelde, Arbeiter, S. 614

96 Vgl. Kap. III.1.

97 Vgl. Kap. III.1.5

98 Vgl. Kap. IV.1.

99 Vgl. Kap. III.2.3

100 Vgl. Kap. III.2.2

101 Lärmbelästigungen durch die Gäste einer seit vierzehn Jahren in der Gastfeldstraße befindlichen Schenkwirtschaft bescherten dem zunächst polizeilich verwarnten und bis dahin von der Sperrstunde befreiten Betreiber des Lokals im Mai des Jahres 1891 nach wiederholten Ruhestörungen die Auferlegung der Polizeistunde. Trotz der vom Wirt beigebrachten, ausnahmslos zu den Geschäftsleuten dieser Straße zählenden Entlastungszeugen wurde das an den Bremer Senat gerichtete Gesuch zur Aufhebung der Sperrstunde nach eingehender Vernehmung diverser Anwohner, so auch einiger in der Rasingstraße wohnhafter Personen, abgewiesen. StAB 3-G.4.k.No.54

102 Vgl. Kap. III.1.3

Anmerkungen zu Kapitel V

1 Thorwald Hesberg, Das Bremer Haus, Bremen 1946, S. 3; ders., Der Grundriß des Ein- und Zweifamilien-Reihenhauses, Bremen 1947, S. 5; Elisabeth Hesse, Wohnungsverhältnisse, S. 31ff; Bahnson, Stadterweiterung, S. 1-12, hier S. 1

2 Elisabeth Hesse, Wohnungsverhältnisse, S. 94ff

3 Rudolf Schuster, Die Entwicklung, S. 5

Quellen

1. Ungedruckte Quellen

Staatsarchiv der Freien Hansestadt Bremen (StAB)

2-D.20.b.1.c.3.d.3. Kanalisation am linken Weserufer
.a. 1893-1907
.b. 1908-1911

2-P.2.n.2.b.3. Bericht der im Convente vom 3.12.1819 zur Entwerfung einer Hypotheken Ordnung und Formirung eines Lager-und Erbebuches niedergesetzten Deputation. Dem Bürger Convente mitgeteilt am 30.12.1831

2-P.4.a.4. Eingemeindung von Teilen der Landgemeinden Neuenland-Buntentorsteinweg und Woltmershausen in die Stadt Bremen, Konstituierung der selbstständigen Gemeinde Neuenland und Beratungen über den Anschluß von Hastedt 1871-1882

2-P.4.a.7. Eingemeindung der Landgemeinden Hastedt, Schwachhausen, Walle, Gröpelingen und Woltmershausen sowie von Teilen der Landgemeinden Horn, Oslebshausen, Rablinghausen, Neuenland, Arsten und Habenhausen in die Stadt Bremen und Änderung der die Bürgerschaft und die Kammer für Landwirtschaft betreffenden Gesetze vom 1. Jan. 1894
1898-1905

2-P.4.o.1. Unterhaltung der Straßen, Wege und Plätze und Straßenplanung im allgemeinen 1671-1901 (1924)

2-P.4.o.2.a. Einzelne Straßen der Vorstadt im allgemeinen und nicht genehmigte oder ausgeführte Straßenbauprojekte ohne Namensbezeichnung 1715, 1846-1897

2-P.4.o.2.b. Die einzelnen Straßen der Vorstadt.
Südliche Vorstadt
48. Bachstraße 1873- 1903
86. Bruchstraße 1846-1878
93. Buntenthorssteinweg 1876-1902
103. Delmestraße 1896-1900
118. Elbstraße 1896-1901
126. Erlenstraße 1873-1882 (1906)
146. Friedrich-Wilhelm-Straße 1897
151. Gastfeldstraße (1872-1883) 1887-1899
151. Gellertstraße 1874-1890
160. Geschwornenweg 1877-1900
165. Gneisenaustraße 1893-1899
187. Hardenbergstraße 1873-1902
192. Hauptstraße 1873-1883
205. Hermannstraße 1852-1873
209. Hoffmannstraße 1852-1903
212. Hohentors-Heerstraße 1877-1903
(bis 1915 Hohenthors-Chaussee)
236. Kantstraße 1872-1891
247. Kirchweg 1846-1902

248. Kleestraße 1870
264. Kornstraße 1870-1902
276. Lehnstedterstraße 1870-1872
302. Mainstraße 1892-1902
315. Meterstraße 1873-1902
316. Meyerstraße 1870-1890
322. Moselstraße 1895-1896
329. Neanderstraße 1874-1896
330. Neckarstraße 1898-1899
333. Neuenlanderstraße 1853-1902
335. Neustadtscontrescarpe (1872-1873) 1875-1902
340. Oderstraße 1902
353. Ottostraße 1873
358. Pappelstraße (1872) 1873-1878
368. Rasingstraße 1873-1874
376. Rheinstraße 1891-1897
418. Sedanstraße 1875-1902
455. Ulmenstraße (1872) 1900
463. Vohnenstraße 1874-1875
467. Wähmannstraße 1874-1876
471. Warturmer Heerstraße 1902
(bis 1915 Warturmer Chaussee)
474. Weizenkampstraße 1872-1898
486. Willigstraße 1874-1894
492. Woltmershauser Allee 1901
496. Wulfhoopstraße 1851-1880 (1883)
499. Yorckstraße 1889-1902

2-Qq.3.b.1. Hypothekenwesen
Im allgemeinen
a) von 1821-1889
b) von 1890-1910

2-Qq.4.c.3.b. Testamentenbücher
4.hhh. 1874-1875
iii. 1875
kkk. 1875-1876
lll. 1876-1877
mmm. 1877
nnn. 1877-1879
ooo. 1879-1880
ppp. 1880-1881
qqq. 1881-1882
rrr. 1882-1883
sss. 1883-1884

2-Qq.4.c.3.b.4.No.2.r. 1884

2-Qq.4.c.3.b.4.ttt. 1884-1885
uuu. 1885
vvv. 1885-1886
www. 1886-1887
xxx. 1887-1888

yyy. 1888-1889
zzz. 1889-1890

2-T.6.d.3.f. Armenverzeichnis 18.-19. Jahrhundert

2013-5536 Kirchenbücher St.-Pauli
Trauregister der St.-Pauli-Gemeinde Bremen 1906-1920

3-B.2. Bauwesen

Nr. 109. Petition des deutschen Malerbundes betr. gesetzliche Maßregeln gegen Schwindelbauten, de 1883 Nov.-Dez. 19

179a. Maßnahmen zur Beseitigung der Wohnungsnoth; auch Erlaß der Gesetze vom 28. Juli 1888, 24. Juli und 12. November 1889 und vom 25.Januar 1891 über zeitweilige Abweichung von Vorschriften der Bauordnung. 1888 März 7 - 1892 Nov. 15

246. Revision der Bauordnung für die Stadt und das engere Landgebiet. 1894 Sept. 14

258. Der Oberbürgermeister der Großh. Badischen Hauptstadt Mannheim ersucht um Auskunft über die Betheiligung der Gemeinden an der Lösung der Wohnungsfrage. 1899 März 30 - April 4

305. Beschwerde des F. Nienstaedt gegen einen baupolizeilichen Befehl, betr. Fertigstellung der Fundamentierungsarbeiten am Neubau Kornstraße 6 und Unterfangung der Giebelwand des Blume'schen Nachbarhauses, 1903 Juni 27 - Juli 10

333a. Ausführung der Kanalisation der Stadt am linken Weserufer, 1904 Jan 29

339. Herstellung von Fußwegbelägen und Baumpflanzungen an der Gastfeldstraße zwischen Bachstraße und Rheinstraße bzw. Hohenthorchaussee, 1905 März 21 - April 7

...366. Akte betr. Untersagung gewerblicher Anlagen in einzelnen Straßen der Vorstädte, 1906 Jan. 25
(in: Nr. 246)

496. Befestigung von Fußwegen in der Südervorstadt, 1909 März 10 -

511. Gesuch der Frau Klages Witwe um Gestattung der Benutzung einer Küche im Souterrain des Hauses Rasingstraße 20, 1909 Mai 25 - Juni 2

580. Beschwerde des J. Biermann über eine Strafverfolgung der Polizeidirektion, Abtlg. Baupolizei, betr. Ausführung von Bauarbeiten am Hause Gastfeldstraße 69/71 entgegen einem Befehle, welcher ihm die Ausführung dieser Arbeiten vor Erteilung der Bauerlaubnis untersagte. 1909 Nov. 3 - 1910 März 4

623. Merkblatt zur Hausschwammfrage. 1910 Okt. 18 - 1932

740. Beschwerde von H. Willenbrock gegen einen Bescheid der Baupolizei, wodurch sein Antrag auf Errichtung einer Kistenfabrik auf einem an der Thedinghauserstraße zwischen Kant- und Otto-
straße belegenen Grundstücke abgelehnt worden ist. (Stattgegeben). 1911 Okt. 7 - 1912 Febr. 16

968. Eingabe von D. Schwarting, betr. die Motorgeräusche aus der Kistenfabrik seines Nachbarn, des Kistenfabrikanten Reinking, Sedanstraße Nr. 87/89. 1913 Aug. 30 - Okt 7

3-C.1.b.4.No.11 Gesuch des Privatmanns Johann Eilert Wulfhoop um Legitimation seiner unehelichen Tochter Johanne Elise Christine Meyer. 1885 Mai 4 - 12

3-F.1.b.1.No.17 Steuerverhältnisse der Südervorstadt. 1878 - (1881)

3-G.4. Gewerbesachen

3-G.4.a.No.55a Acta, betr. Untersuchung der Mißstände im
Bäckereigewerbe in Bremen. 1892 März - 1893 April 15

3-G.4.k. Schenkwirtschaftsbetrieb, auch Kleinverkauf von Spirituosen

3-G.4-k.No.37 Beschwerde des Schenkwirths Gerh. Heinr. Friedr. Möhlenpah gegen die Polizeidirection wegen der ihm für seine Wirthschaft Hohethorstraße 42a auferlegten Polizeistunde, de 1886 Juli 6 - 16

3-G.4-k.No.54 Beschwerde des Schenkwirths H. Luesse gegen die Polizeidirection wegen Einhaltung der Polizeistunde. 1891 Juli 14 -24

3-G.4-k.No.63 Beschwerde des Wirths G. Möhlenpah wider eine Verfügung der Polizeidirection, betr. Aufhebung des Dispenses von der Polizeistunde. 1894 Juli 7 - 20

3-G.7.No.275 Ankauf eines Grundstücks an der Gastfeldstr. von C. J. Garbade, 1912 April 10 - Nov. 26 - Dez. 6

3-M.1.q.No.16,Akte I, II,ad-Akten Überschwemmung von Kellergeschossen, 1908 Sept. 23

3-P.1.e.No.6. Beschwerde des Anwalts Dr. Oelrichs wider das von der Polizeidirection ihm als Concursverwalter der Concursmasse des Bauunternehmers F. A. Willig ertheilte Strafmandat wegen Nichtreinigung der Trottoirs vor verschiedenen zur Concursmasse gehörigen Häusern, de 1877 März 15 - 27

3-P.1.e.No.23. Gesuch von Koch & Bergfeld um Erstattung der von ihnen für die Aufrechterhaltung des Verkehrs zu ihrer am Kirchweg belegenen Fabrik während des letzten Hochwassers aufgewandten 310 M. aus der Staatskasse. de 1881 März 30 - April 8

3-P.1.g.No.1. Beschwerde von Claus Töbelmann gegen die Polizeidirection wegen Verweigerung der Erlaubniß zum Schweinehalten auf dem Hofe seines Erbes Rasingstraße Nr. 17, de 1878 Sept. 8 - Oct. 1

3-S.8.a. Straßenanlagen

No.3 Akta, betr. die dem Bauunternehmer Willig erteilte Erlaubnis zur Anlage einer Straße in der Feldmark Neuenland südöstlich von der Willigstraße, welcher später der Name "..." beigelegt worden. 1875 Juli 26 - 1895 Jan. 15

No.8 Akta, betr. Erkundigung der Verwaltungsbehörde für städtische Gemeindeanstalten zu Lübeck nach den hiesigen Bestimmungen über Anlegung neuer Straßen. 1893 April 10 - 12

No.19 Akta, betr. die Verschiebung einer Planstraße zwischen dem Buntentorsteinweg und der projektierten Verlängerung der Kornstraße sowie Änderung des Straßenplans in der Feldmark Neuenland. 1904 Mai 6 - Juni 30

No.24 Akta, betr. Hausnumerierung und Änderung von Straßennamen. 1900 Oktober 17

No.31a Gesuch von H.H. Rasing und Joh. Bolte um Genehmigung zur Anlegung einer Straße auf ihren am Buntentorsteinweg, Kat. Nr. 716 C und 716 D, belegenen Grundstücken. 1905 April 8 - Juni 13

No.90 Akte, betr. Aufhebung und Neufestlegung von Planstraßen in der Südervorstadt. 1909 Mai 4 - 1910 Dec. 21

No.136 Akte, betr. die Einteilung und Benennung der Stadtbezirke. 1905 Dec. 5 - 1921

3-S.8. Straßenanlagen und Regulierungen und Stadtplanung

3-S.8.b. Einzelne Straßen

Südliche Vorstadt

Bachstraße 1904, 1911, 1927

Bruchstraße 1905, 1921-1922

Buntentorsteinweg, 1903-1934

Gastfeldstraße, 1898-1911, 1925, 1929, 1936

Hauptstraße, 1898-1906

Kornstraße, 1898-1912, 1925, 1954
Lahnstraße, 1898-1908, 1919, 1925
Pappelstraße, 1898-1911, 1925-1930, 1952-1953
Thedinghauser Straße, 1898, 1905-1907, 1925-1929, (1956), 1957
Wulfhoopstraße, 1925
4,125/1 Häuserakten
- Rasingstraße 27/28
- Wulfhoopstraße 49/51
Bauaufsichtsamt - 2.Abl. -
- Rasingstraße 37, 38 39
4,125/2 Kriegszerstörungen
-9 Gastfeldstraße
-88 Kornstraße
-122 Rasingstraße
-165 Wulfhoopstraße
4,14/5 Schankkonzessionen (1873-1963)
4,21/6 Protokolle des Gesundheitsrats 1875-1877
4,21/7 Protokolle des Gesundheitsrats 1878-1885
4,21/13 Protokolle des Gesundheitsrats 1899-1809
4,21-558 Gewerbeaufsicht und Gewerbehygiene, Band 1, 1896-1913
4,21-564 Belästigungen durch Gewerbebetriebe
4,45 VL 7, 8, 10, 11, 12 Akten des Erbe- und Handfestenamtes (für sämtliche Immobilien der südlichen Vorstadt Bremens)

Bauordnungsamt Bremen

Bauakten:
1064 Wulfhoopstraße
1359 Rasingstraße
4817 Kornstraße
7170 Gastfeldstraße

2. Gedruckte Quellen

Adreßbuch der Freien Hansestadt Bremen 1850-1914
Bekanntmachungen des Erbe- und Handfestenamtes, Bremen 1834-1920
Gesetzblatt der Freien Hansestadt Bremen 1841-1914
Verhandlungen der Bürgerschaft Bremen 1870ff
Verhandlungen zwischen Senat und Bürgerschaft, Bremen 1875ff

Statistiken

Bremisches Statistisches Amt (Hrsg.), Die Volkszählung vom 1. Dezember 1900 im Bremischen Staate, I. Band, 1. Teil (Bevölkerungsstatistik), Bremen 1903
-,Die Volkszählung vom 1. Dezember 1900 im Bremischen Staate, II. Band, 2. Teil (Die Zählung der Gebäude und Wohnungen. Sonderdarstellungen zur allgemeinen Statistik und zur Wohnungsstatistik), Bremen 1905
-,Die Volkszählung vom 1. Dezember 1905 im Bremischen Staate, Bremen 1909
-,Die Volkszählung vom 1. Dezember 1910 im Bremischen Staate, Bremen 1917
Bureau für Bremische Statistik (Hrsg.), Jahrbuch für die amtliche Statistik des Bremischen Staats, Bremen 1867ff
-, Jahrbuch für bremische Statistik, Bremen 1875ff
Provisorisches Bureau für die Staatsstatistik (Hrsg.), Zur Statistik des Bremischen Staats, Bremen 1862ff
Statistisches Jahrbuch Deutscher Städte, hrsg. v. Deutschen Städtetag Köln, Jg. 1 (1891)ff
Statistisches Landesamt Bremen (Hrsg.), Monatsberichte und Mitteilungen des Bremischen Statistischen Amts, Bremen 1902-1915
-,Die Bevölkerungsentwicklung Bremens seit 1700. Materialsammlung zur historischen Demographie einer Großstadt. Bremen 1979 (Statistische Mitteilungen, Heft 45/Oktober 1979)

Zeitungen und Zeitschriften

Der Arbeiterfreund. Zs. für die Arbeiterfrage. Organ des Centralvereins für das Wohl der Arbeitenden Klassen, hrsg. v. Viktor Böhmert, Halle, Jg. 2 (1865)
Bremer Bürger Zeitung, Jg. 1890f
Bremer Courier, Jg. 1878
Bremer Nachrichten, Jg. 1913
Die Neue Zeit. Wochenschrift der deutschen Sozialdemokratie, Stuttgart, Jg. 1 (1883) - Jg. 32 (1914)

Literatur

1880-1980. 100 Jahre Sedanstraße, (hrsg. vom Festausschuß "100 Jahre Sedanstraße" mit Unterstützung durch den Senator für Wissenschaft und Kunst. Verantwortlich: Reinhard Bartolles), Bremen 1980

Albrecht, Günter, Das Bremer Haus. Ein Sonderfall in der deutschen Baugeschichte um 1850, in: Lutz Niethammer (Hrsg.), Wohnen im Wandel, Wuppertal 1979, S. 233-251

Andritzky, Michael/Selle, Gert (Hrsg.), Lernbereich Wohnen. Didaktisches Sachbuch zur Wohnumwelt vom Kinderzimmer bis zur Stadt, 2 Bde., Reinbek bei Hamburg 1979

Armut und Ausgrenzung. Frankfurt/M., New York, 1987 (Soziale Bewegungen, Jahrbuch 3)

Asmus, Gesine (Hrsg.), Hinterhof, Keller und Mansarde. Einblicke in Berliner Wohnungselend 1901-1920, Reinbek bei Hamburg 1982

Bade, Klaus J. (Hrsg.), Population, Labour and Migration in 19th- and 20th-Century Germany, Leamington Spa 1987

Bahnson, Karl, Stadterweiterung und Kleinhaus in Bremen, in: Bremens bauliche Kultur, Berlin 1918, S. 1-12

Beek, Hans, Die Boden- und Wohnverhältnisse der Freien Hansestadt Bremen im 19. und 20. Jahrhundert, Bonn 1925

Berger-Thimme, Dorothea, Wohnungsfrage und Sozialstaat. Untersuchungen zu den Anfängen staatlicher Wohnungspolitik in Deutschland (1873-1918), Frankfurt/Bern 1976

Bertels, Lothar/Herlyn, Ulfert (Hrsg.), Lebenslauf und Raumerfahrung, Opladen 1990

Beuys, Barbara, Familienleben in Deutschland, Reinbek bei Hamburg 1980

Blasius, Dirk, Kriminalität und Alltag. Zur Konfliktgeschichte des Alltagslebens im 19. Jahrhundert, Göttingen 1978

Bleek, Stephan, Mobilität und Seßhaftigkeit in deutschen Großstädten während der Urbanisierung, in: Geschichte und Gesellschaft 15, Heft 1, Göttingen 1989, S. 5-33

-,Das Stadtviertel als Sozialraum. Innerstädtische Mobilität in München 1890 bis 1933, in: Wolfgang Hardtwig/Klaus Tenfelde (Hrsg.), Soziale Räume in der Urbanisierung, München 1990, S. 217-234

-,Quartierbildung in der Urbanisierung. Das Münchner Westend 1890-1933, München 1991

Böhmert, Wilhelm, Die Wohnungen in den Gängen und Höfen der Neustadt, in: Mitteilungen des Bremischen Statistischen Amts im Jahre 1902, No. 2, Bremen 1902

-,Die überfüllten Wohnungen in der Stadt Bremen am 1.12.1900, in: Mitteilungen des Bremischen Statistischen Amts im Jahre 1903, No.1, Bremen 1903

-,Die nicht zur engeren Familie gehörenden Hausgenossen und ihr Einfluß auf die Wohnungsverhältnisse, in: Mitteilungen des Bremischen Statistischen Amts im Jahre 1904, No.1, Bremen 1904

-,Das Aftermietwesen in der Stadt Bremen am 1.12.1900, in: Mitteilungen des Bremischen Statistischen Amts im Jahre 1905, No.2, Bremen 1905

-,Bevölkerungsstatistik, in: Tjaden, Hermann (Hrsg.), Bremen in hygienischer Beziehung, Bremen 1907, S. 26-63

-,Hundert Jahre Geburtenstatistik in Bremen nebst Angaben über die Säuglingssterblichkeit, in: Mitteilungen des Statistischen Landesamtes Bremen, No. 3, Bremen 1926

Böttcher, Emil, Baurecht und Baupolizeirecht nebst Bauordnung für die Stadt und das engere Landgebiet Bremen sowie obrigkeitliche Verordnung die Bauten und Straßenanlagen betreffend, Bremen 1883

Böttcher, Ulrich, Anfänge und Entwicklung der Arbeiterbewegung in Bremen von der Revolution 1848 bis zur Aufhebung des Sozialistengesetzes 1890, Bremen 1953 (Veröffentlichungen aus dem Staatsarchiv der Freien Hansestadt Bremen, Heft 22)

Borscheid, Peter, Textilarbeiterschaft in der Industrialisierung. Soziale Lage und Mobilität in Württemberg (19. Jahr-hundert), Stuttgart 1978

,-Schranken sozialer Mobilität und Binnenwanderung im 19. Jahrhundert, in: Werner Conze/ Ulrich Engelhardt (Hrsg.), Arbeiter im Industrialisierungsprozeß, Stuttgart 1979, S. 31-50

,-/Teuteberg, Hans Jürgen (Hrsg.), Ehe, Liebe, Tod. Zum Wandel der Familie, der Geschlechts- und Generationsbeziehungen in der Neuzeit, Münster 1983, (Studien zur Geschichte des Alltags, Bd.1)

Branding, Ursula, Die Einführung der Gewerbefreiheit in Bremen und ihre Folgen, Bremen 1951 (Veröffentlichungen aus dem Staatsarchiv der Freien Hansestadt Bremen, Heft 19)

Braudel, Ferdinand et al., Der Historiker als Menschenfresser. Über den Beruf des Geschichtsschreibers, Berlin 1990

Bredehorst, D., Bericht über den zweiten Vereinstag der deutschen Arbeitervereine, "Über Arbeiterwohnungen", in: Allgemeine deutsche Arbeiterzeitung, No. 94, Coburg, 16.10.1864

Bremens bauliche Kultur. Das Einfamilienhaus und das Privat-Baugewerbe, hrsg. von Erich Leyser, Berlin 1918 (Schriften des Groß-Berliner Vereins für Kleinwohnungswesen, Heft 5)

Bremen und seine Bauten, hrsg. vom Architekten- und Ingenieur-Verein, Bremen 1900

Brüggemeier, Franz-Josef, Leben in Bewegung. Zur Kultur unständiger Arbeiter im Kaiserreich, in: Richard van Dülmen (Hrsg.), Armut, Liebe, Ehre, Frankfurt 1988, S. 225-257

-,/Niethammer, Lutz, Schlafgänger, Schnapskasinos und schwerindustrielle Industrie. Aspekte der Arbeiterwohnungsfrage im Ruhrgebiet vor dem Ersten Weltkrieg, in: Jürgen Reulecke/W. Weber (Hrsg.), Fabrik, Familie, Feierabend, Wuppertal 1978, S. 135-175

Buchenau, Franz, Die freie Hansestadt Bremen und ihr Gebiet, Bremen 1862[(1)], 1882[(2)], 1900[(3)]

Claessens, Dieter/Millhofer, Petra (Hrsg.), Familiensoziologie, Königstein/Ts. 1980

Conrad, Christoph, Vom Greis zum Rentner. Der Strukturwandel des Alters in Deutschland zwischen 1830 und 1930, Göttingen 1994 (Kritische Studien zur Geschichtswissenschaft, Bd. 104)

Conze, Werner, Sozialgeschichte 1800-1850 und 1850-1918, in: Hermann Aubin/Wolfgang Zorn (Hrsg.), Handbuch der deutschen Wirtschafts- und Sozialgeschichte, Bd. 2, Stuttgart 1976, S. 426-494 und S. 602-684

-,/Engelhardt, Ulrich (Hrsg.), Arbeiter im Industrialisierungsprozeß. Herkunft, Lage und Verhalten, Stuttgart 1979

-,-,Arbeiterexistenz im 19. Jahrhundert. Lebensstandard und Lebensgestaltung deutscher Arbeiter und Handwerker, Stuttgart 1981

Crew, David F., Bochum, Sozialgeschichte einer Industriestadt 1860-1914, Frankfurt/M. 1980

Christofzik, Marlies, Die Bremer Kinderbewahranstalten, in: Beiträge zur Sozialgeschichte Bremens, Heft 1, Kindheiten, Teil 1: Anstaltserziehung im 19. Jahrhundert, Bremen 1980, S. 111-216

Damaschke, Adolf, Die Bodenreform. Grundsätzliches und Geschichtliches zur Erkenntnis und Überwindung der sozialen Not, Jena 1923

Decker, Rudolf, Baurechtliche Verordnungen, Proclame, Obrigkeitliche Verordnungen, Gesetze und Bekanntmachungen von 1750 bis 1962 in Bremen, Bremen 1977

Dirisamer, Rudolf/Figlhuber, Gernot/Uhl, Ottokar (Hrsg.), Wohnen. Ein Handbuch, Wien 1984

Dröge, Franz/Krämer-Badoni, Thomas, Die Kneipe. Zur Soziologie einer Kulturform, Frankfurt/M. 1987

Dülmen, Richard van (Hrsg.), Armut, Liebe, Ehre. Studien zur historischen Kulturforschung, Frankfurt 1988,

Eberstadt, Rudolf, Handbuch des Wohnungswesens, Jena 1910

Ebert, Friedrich (Hrsg.), Ergebnis einer statistischen Erhebung über die Lebensverhältnisse der bremischen Arbeiter, Bremen 1902

Eckstein, Julius (Hrsg.), Historisch-Biografische Blätter. Der Staat Bremen, Bd. 3, Berlin 1911

Ehbrecht, Wilfried, Thesen zur Stadtgeschichtsschreibung heute, in: Westfälische Forschung 34, 1984, S. 29-48

-,et al., Neue Veröffentlichungen zur vergleichenden historischen Städteforschung 1987-1992, in: Blätter für deutsche Landesgeschichte, 128. Jg., 1992, S. 387-852

Ehmer, Josef, Wohnen ohne eigene Wohnung. Zur sozialen Stellung von Untermietern und Bettgehern, in: Lutz Niethammer (Hrsg.), Wohnen im Wandel, Wuppertal 1979, S. 132-150

-,Zur Stellung alter Menschen in Haushalt und Familie - Thesen zur Grundlage von quantitativen Quellen aus europäischen Städten seit dem 17. Jahrhundert, in: Helmut Konrad (Hrsg.), Der alte Mensch in der Geschichte, Wien 1982, S. 62-103

Eisenbahn in Bremen. 100 Jahre Hauptbahnhof - 75 Jahre Ausbesserungswerk, hrsg. von der Deutschen Bundesbahn, Lübbecke 1989

Elias, Norbert, Der Prozeß der Zivilisation, 2 Bde., Frankfurt/M. 1970

Ellerkamp, Marlene, Industriearbeit, Krankheit und Geschlecht. Zu den sozialen Kosten der Industrialisierung: Bremer Textilarbeiterinnen 1870-1914, Göttingen 1991

-,Zeiterfahrung von Textilarbeiterinnen: Ein Leben ohne Muße, in: Bremisches Jahrbuch 64, 1986, S. 169-192

Emmerich, Wolfgang (Hrsg.), Proletarische Lebensläufe, 2 Bde., Reinbek 1974/1975

Engelhardt, Ulrich (Hrsg.), Handwerker in der Industrialisierung. Lage, Kultur, Politik vom späten 18. bis ins frühe 20. Jahrhundert, Stuttgart 1984 (Industrielle Welt, Bd. 37)

Engeli, Christian/Matzerath, Horst (Hrsg.), Moderne Stadtgeschichtsforschung in Europa, USA und Japan, Stuttgart 1989 (Schriften des Deutschen Instituts für Urbanistik, Bd. 78)

Engels, Friedrich, Zur Wohnungsfrage, MEW Bd. 18, S. 209-287 und S. 645-655

Engelsing, Rolf, Zur Sozialgeschichte deutscher Mittel- und Unterschichten, Göttingen 1978

Fehl, Gerhard, Privater und öffentlicher Städtebau. Zum Zusammenhang zwischen "Produktion und Stadt" und Form der Verstädterung im 19. Jahrhundert in Preußen, in: Die Alte Stadt, 19. Jg., 1992, S. 267-291

Finger, Richard, Das Bremer Grundstücksrecht, Bremen 1910

Flachenecker, Helmut, Vom schwierigen Umgang mit Mensch und Natur. Neuere Arbeiten aus dem Gebiet der Stadtgeschichtsforschung, in: Historisches Jahrbuch, 116. Jg., 1996, S. 476-495

Freudenthal, Margarete, Gestaltwandel der städtisch-bürgerlichen und proletarischen Hauswirtschaft zwischen 1760 und 1910, hrsg. von Katharina Rutschky, Frankfurt/M., Berlin 1986

Frick, Joachim, Lebenslagen im Wandel: Determinanten kleinräumlicher Mobilität in Westdeutschland, Frankfurt/Main; New York 1996

Friedrichs, Jürgen, Stadtanalyse. Soziale und räumliche Organisation der Gesellschaft, Reinbek bei Hamburg 1977

Fritzsche, Bruno, Das Quartier als Lebensraum, in: Werner Conze/Ulrich Engelhardt (Hrsg.), Arbeiterexistenz im 19. Jahrhundert, Stuttgart 1981, S. 92-113

-,Mechanismen der sozialen Segregation, in: Hans Jürgen Teuteberg (Hrsg.), Homo habitans, Münster 1985, S. 155-168

-,Mobilität im Stadtviertel: Zürich um 1870, in: Wolfgang Hardtwig/Klaus Tenfelde (Hrsg.), Soziale Räume in der Urbanisierung, München 1990, S. 193-216

-,Moderne Stadtgeschichte, in: Schweizerische Zeitschrift für Geschichte, Jg. 41, 1991, S. 29-37

Führ, Eduard/Stemmrich, Daniel, Nach gethaner Arbeit verbleibt im Kreise der Eurigen. Arbeiterwohnen im 19. Jahrhundert, Wuppertal 1985

Führer, Karl-Christian, Mieter, Hausbesitzer, Staat und Wohnungsmarkt. Wohnungsmangel und Wohnungszwangswirtschaft in Deutschland 1914-1960, Stuttgart 1995 (Vierteljahresschrift für Wirtschafts- und Sozialgeschichte. Beihefte. Nr. 119)
Fuhse, Georg, Die Freie Hansestadt Bremen in wirtschaftsgeschichtlicher Entwicklung, Bremen 1927
Funk, J., Die Sterblichkeit nach sozialen Klassen in der Stadt Bremen, in: Mitteilungen des Bremischen Statistischen Amts im Jahre 1911, Nr. 1, Bremen 1912
Gätjen, Bernhard, Der Rentenkauf in Bremen, Bremen 1928 (Veröffentlichungen aus dem Staatsarchiv der Freien Hansestadt Bremen, Heft 1), S. 111-195
Geist, Johann Friedrich/Kürvers, Klaus, Das Berliner Mietshaus 1740-1862, München 1980
Gerstenberger, Heide, Über die stadtbremische Armenpflege in den Jahren 1875-1914, in: Beiträge zur Sozialgeschichte Bremens, Heft 2, Arme Leute, Armut und ihre Verwaltung 1875-1920, Bremen 1981, S. 7-83
Goch, Stefan, Stadtgeschichtsforschung im Ruhrgebiet. Ein Forschungs- und Literaturbericht, in: Archiv für Sozialgeschichte 34, 1994, S. 441-475
Gransche, Elisabeth/Rothenbacher, Franz, Wohnbedingungen in der zweiten Hälfte des 19. Jahrhunderts 1861-1910, in: Geschichte und Gesellschaft, 14, Heft 1, 1988, S. 64-95
Griffen, Clyde, Occupational mobility in nineteenth-century America: Problems and possibilities, in: Journal of Social History 5, 1972, p. 310-330
Grüttner, Michael, Die Kultur der Armut. Mobile Arbeiter während der Industrialisierung, in: Armut und Ausgrenzung, Frankfurt/M., New York, 1987, S. 12-32
Grzywatz, Berthold, Stadt, Verstädterung und Vorortbildung. Zur sozialräumlichen Entwicklung Berlins im 19. Jahrhundert, in: Die Alte Stadt, 24. Jg., 1997, S. 185-221
Händler-Lachmann, Barbara, "'n Wochenlohn die Miete" - Arbeiterwohnen in Braunschweig vom Kaiserreich zur Weimarer Republik, in: Archiv für Sozialgeschichte 25, 1985, S. 159-181
Häussermann, Hartmut, Wandel der Wohnverhältnisse von Arbeitern - eine Problemskizze, in: R. Ebbinghausen/F. Tiemann (Hrsg.), Das Ende der Arbeiterbewegung in Deutschland ? Opladen 1984, S. 646-660
-,/Siebel, Walter, Neue Urbanität, Frankfurt/M. 1987
Hamm, Bernd (Hrsg.), Lebensraum Stadt. Beiträge zur Sozialökologie deutscher Städte, Frankfurt 1979
Hardtwig, Wolfgang, Soziale Räume und politische Herrschaft. Leistungsverwaltung, Stadterweiterung und Architektur in München 1870 bis 1914, in: Ders./Klaus Tenfelde (Hrsg.), Soziale Räume in der Urbanisierung, S. 59-153
-,/Tenfelde, Klaus (Hrsg.), Soziale Räume in der Urbanisierung. Studien zur Geschichte Münchens im Vergleich 1850-1933, München 1990
Haumann, Heiko (Hrsg.), Arbeiteralltag in Stadt und Land. Neue Wege der Geschichtsschreibung, Berlin 1982
Haupt, Heinz-Gerhard (Hrsg.), "Bourgois und Volk zugleich"? Zur Geschichte des Kleinbürgertums im 19. und 20. Jahrhundert, Frankfurt/M. 1978
-,Außerbetriebliche Situationen und Erfahrungen von französischen Arbeitern vor 1914. Einige Ansätze in der französischen Forschung, in: Archiv für Sozialgeschichte 22, 1982, S. 491-513
-,Kleinhändler und Arbeiter in Bremen zwischen 1890 und 1914, in: Archiv für Sozialgeschichte 22, 1982, S. 95-132
-,(Hrsg.), Die radikale Mitte. Lebensweise und Politik von Handwerkern und Kleinhändlern in Deutschland seit 1848, München 1985
-,Kleine und große Bürger in Bremen um 1900, in: Bremisches Jahrbuch 64, 1986, S. 151-167

-,Zur gesellschaftlichen Bedeutung des Kleinbürgertums in westeuröpäischen Gesellschaften des 19. Jahrhunderts, in: Geschichte und Gesellschaft 16, 1990, S. 269-317
-,/Marschalck, Peter (Hrsg.), Städtische Bevölkerungsentwicklung in Deutschland im 19. Jahrhundert. Soziale und demographische Aspekte der Urbanisierung, St. Katharinen 1994
Hausen, Karin, Familie als Gegenstand Historischer Sozialwissenschaft. Bemerkungen zu einer Forschungsstrategie, in: Geschichte und Gesellschaft 1, 1975, S. 171-206
Herms, Doris, Die Anfänge der bremischen Industrie. Vom 17. Jahrhundert bis zum Zollanschluß (1888), Bremen 1952 (Veröffentlichungen aus dem Staatsarchiv der Freien Hansestadt Bremen, Heft 20)
Hesberg, Thorwald, Das Bremer Haus, Bremen 1946 (Schriftenreihe der Bauverwaltung, Heft 2)
-,Der Grundriß des Ein- und Zweifamilien-Reihenhauses, Bremen 1947 (Schriftenreihe der Bauverwaltung, Heft 3)
Hesse, Elisabeth, Wohnungsverhältnisse und Bodenpolitik in Bremen, Leipzig 1923
Hippel, Wolfgang von, Regionale und soziale Herkunft der Bevölkerung einer Industriestadt. Untersuchungen zu Ludwigshafen a. Rh. 1867-1914, in: Werner Conze/Ulrich Engelhardt (Hrsg.); Arbeiter im Industrialisierungsprozeß, Stuttgart 1979, S. 51-69
Höpken, Johann, Das bremische Pfandrecht am liegenden Gut, in: Bremisches Jahrbuch 7, 1874, S.68-236
Hoffmann, Hans-Christian, Das Bremer Haus, Hanseatisches Bauen und Wohnen zwischen 1850 und 1914, Bremen 1974
Hohorst, Gerd/Kocka, Jürgen/Ritter, Gerhard A., Sozialgeschichtliches Arbeitsbuch II. Materialien zur Statistik des Kaiserreichs 1870-1914, München 1978
Jaeger, Georg, Die Entwicklung der Eigentumsübertragung an städtischen Grundstücken in Bremen, Bremen 1928 (Veröffentlichungen aus dem Staatsarchiv der Freien Hansestadt Bremen, Heft 1), S. 8-110
Jasper, Karlbernhard, Der Urbanisierungsprozeß, dargestellt am Beispiel der Stadt Köln, Köln 1977
Kaelble, Hartmut, Einführung und Auswertung (Regionale und soziale Herkunft), in: Werner Conze/Ulrich Engelbrecht (Hrsg.), Arbeiter im Industrialisierungsprozeß, Stuttgart 1979, S. 18-30
,-Probleme der Modernisierung in Deutschland. Sozialhistorische Studien zum 19. und 20. Jahrhundert, Opladen 1979
-,Soziale Mobilität in Deutschland, 1900-1960, in: Ders. et al., Probleme der Modernisierung in Deutschland, Opladen 1979, S. 235-327
Kamphoefner, Walter Dean, Soziale und demographische Strukturen der Zuwanderung in deutschen Großstädten des späten 19. Jahrhunderts, in: Hans Jürgen Teuteberg (Hrsg.), Urbanisierung im 19. und 20. Jahrhundert, Köln/Wien 1983, S. 95-116
Kastroff-Viehmann, Renate, Kleinhaus und Mietskaserne, in: Lutz Niethammer (Hrsg.), Wohnen im Wandel, Wuppertal 1979, S. 271-291
Keim, K. Dieter, Milieu in der Stadt. Ein Konzept zur Analyse älterer Wohnquartiere, Stuttgart/Berlin/Köln/Mainz 1979 (Schriften des Deutschen Instituts für Urbanistik, Bd. 63)
Kift, Dagmar (Hrsg.), Kirmes, Kneipe, Kino. Arbeiterkultur im Ruhrgebiet zwischen Kommerz und Kontrolle (1850-1914), Paderborn 1992 (Forschungen zur Regionalgeschichte, Bd. 6)
Kirschenmann, Jörg/Richters, Björke, "Das Bremer Haus". Vom Vorstadthaus zum Stadthaus, in: Deutsche Bauzeitung, Fachzeitschrift für Architekten und Bauingenieure 2, 1983, S. 23-30
Knop, W. (Hrsg.), Das Wohnungswesen der Freien Hansestadt Bremen, Bremen 1929
Kocka, Jürgen, Theorien in der Sozial- und Gesellschaftsgeschichte. Vorschläge zur historischen Schichtungsanalyse, in: Geschichte und Gesellschaft 1, 1975, S. 9-42

-,Stadtgeschichte, Mobilität und Schichtung, in: Archiv für Sozialgeschichte 18, 1978, S. 546-558
-,Sozialgeschichte. Begriff - Entwicklung - Probleme, Göttingen 1986
-,Arbeitsverhältnisse und Arbeiterexistenzen. Grundlagen der Klassenbildung im 19. Jahrhundert, Bonn 1990
Köhn, Dörlinde/Niermann, Charlotte, Konsumvereine als Konkurrenten des Kleinhandels in Bremen vor 1914, in: Beiträge zur Sozialgeschichte Bremens, Heft 4, Geschäfte, Teil 1, Der Bremer Kleinhandel um 1900, Bremen 1982, S. 257-282
Köllmann, Wolfgang, Sozialgeschichte der Stadt Barmen im 19. Jahrhundert, Tübingen 1960
-,Bevölkerung in der industriellen Revolution, Göttingen 1974
Konrad, Helmut,(Hrsg.), Der alte Mensch in der Geschichte, Wien 1982
Kostof, Spiro, Das Gesicht der Stadt. Geschichte städtischer Vielfalt, Frankfurt 1992
Labisch, Alfons, Die gesundheitspolitischen Vorstellungen der deutschen Sozialdemokratie von ihrer Gründung bis zur Parteispaltung (1863-1917), in: Archiv für Sozialgeschichte 26, 1976, S. 325-370
Labisch, Alfons/Vögele, Jörg, Stadt und Gesundheit. Anmerkungen zur neueren sozial- und medizinhistorischen Diskussion in Deutschland, in: Archiv für Sozialgeschichte 37, 1997, S. 396-424
Langewiesche, Dieter, Wanderungsbewegungen in der Hochindustrialisierungsperiode. Regionale, interstädtische und innerstädtische Mobilität in Deutschland 1880-1914, in: Vierteljahresschrift für Sozial- und Wirtschaftsgeschichte 64, Heft 1, 1977, S. 1-40
-,Mobilität in deutschen Mittel- und Großstädten. Aspekte der Binnenwanderung im 19. und 20. Jahrhundert, in: Werner Conze/Ulrich Engelhardt (Hrsg.), Arbeiter im Industrialisierungsprozeß, Stuttgart 1979, S. 70-93
-,/Lenger, Friedrich, Internal Migration: Persistence and Mobility, in: Klaus J. Bade (Hrsg.), Population, Labour and Migration in 19th- and 20th Century Germany, Leamington Spa 1987, S. 87-100
Lefèbvre, Henri, Die Revolution der Städte, Frankfurt/M. 1990
Lehmann, Albrecht (Hrsg.), Studien zur Arbeiterkultur, Münster 1984 (Beiträge zur Volkskultur in Nordwestdeutschland, Heft 44, hrsg. von der Volkskundlichen Kommission für Westfalen, Landschaftsverband Westfalen-Lippe)
Lehnert, Detlef, Organisierter Hausbesitz und kommunale Politik in Wien und Berlin 1890-1933. Skizzen zu einer vernachlässigten Kategorie der großstädtischen Bürgerlichkeit, in: Geschichte und Gesellschaft 20, 1994, S. 1-6
Lenger, Friedrich, Zwischen Kleinbürgertum und Proletariat. Studien zur Sozialgeschichte der Düsseldorfer Handwerker 1816-1878, Göttingen 1986
-,Urbanisierungs- und Stadtgeschichte - Geschichte der Stadt, Verstädterungsgeschichte oder Geschichte in der Stadt? In: Archiv für Sozialgeschichte 26, 1986, S. 429-479
-,Sozialgeschichte der deutschen Handwerker seit 1800, Frankfurt/M. 1988
-,Neuzeitliche Stadt- und Urbanisierungsgeschichte als Sozialgeschichte, in: Archiv für Sozialgeschichte 30, 1990, S. 376-422
-,Großstädtische Eliten vor den Problemen der Urbanisierung. Skizze eines deutsch-amerikanischen Vergleichs 1870-1914, in: Geschichte und Gesellschaft 21, 1995, S. 313-337
-,Bürgertum, Stadt und Gemeinde zwischen Frühneuzeit und Moderne, in: Neue Politische Literatur 40, 1995, S. 14-29
Leopold-Rieks, Monika, Entwicklung der Berufs- und Sozialstruktur in der südlichen Vorstadt Bremens 1875-1914, in: Heinz-Gerhard Haupt/Peter Marschalck (Hrsg.), Städtische Bevölkerungsentwicklung in Deutschland im 19. Jahrhundert, St. Katharinen 1994, S. 73-96
Lindemann, Hugo, Zur Wohnungsfrage, in: Die Neue Zeit, Jg. 18,2 (1900)

Mänz, Heinrich, Geschichtliche Entwicklung des bremischen Wohnhauses, in: Bremen und seine Bauten, hrsg. vom Architekten- und Ingenieurverein, Bremen 1900, S. 171-225
Matti, Werner, Bevölkerungsvorgänge in den Hansestädten Hamburg und Bremen vom Anfang des 19. Jahrhunderts bis zum 1. Weltkrieg, in: Zeitschrift des Vereins für Hamburgische Geschichte, Bd. 69, 1983, S. 103-155
Matzerath, Horst, Industrialisierung, Mobilität und sozialer Wandel am Beispiel der Städte Rheydt und Rheindahlen, in: Hartmut Kaelble et al., Probleme der Modernisierung in Deutschland, Opladen 1979, S. 13-79
-,Urbanisierung in Preußen 1815-1914, Stuttgart 1985 (Schriften des Deutschen Instituts für Urbanistik, Bd. 72)
-,Lokalgeschichte, Stadtgeschichte, Historische Urbanisierungsforschung? in: Geschichte und Gesellschaft 15, Heft 1, 1989, S. 62-88
Mitterauer, Michael, Problemfelder einer Sozialgeschichte des Alters, in: Helmut Konrad (Hrsg.), Der alte Mensch in der Geschichte, Wien 1982, S. 9-61
Müller, Martin L., Ein Jahrhundert sozialer Wohnungsbau. Ein Literaturbericht zur Wohnungspolitik im Konfliktfeld von Markt und Sozialstaat, in: Archiv für Sozialgeschichte 34, 1994, S. 375-396
Muesmann, A., Bautechnische und baugesetzliche Maßnahmen zur Erhaltung und Förderung des Kleinhauses in Bremen, in: Bremens bauliche Kultur, Berlin 1918, S. 13-20
Neef, Anneliese, Mühsal ein Leben lang. Zur Situation der Arbeiterfrau um 1900, Köln 1988
Niethammer, Lutz,/Brüggemeier, Franz, Wie wohnten Arbeiter im Kaiserreich? In: Archiv für Sozialgeschichte 16, 1976, S. 61-134
-,(Hrsg.), Wohnen im Wandel. Beiträge zur Geschichte des Alltags in der bürgerlichen Gesellschaft, Wuppertal 1979
-,Stadtgeschichte in einer urbanisierten Gesellschaft, in: Wolfgang Schieder/Volker Sellin (Hrsg.), Sozialgeschichte in Deutschland, Bd. 2, Göttingen 1986, S. 113-136
Ohl, Alfred, Die Wasserversorgung der Freien Hansestadt Bremen. 100 Jahre zentrale Wasserversorgung 1873 bis 1973, Bremen 1973
Ohler, Norbert, Anregungen der historischen Demographie zur Erforschung der Stadtgeschichte, in: Die alte Stadt, Jg. 13, Heft 3, 1986, S. 212-232
Parisius, Ludolf, Die auf dem Prinzip der Selbsthülfe beruhende Baugenossenschaft, in: Der Arbeiterfreund 2, 1865, S. 271
Petsch, Joachim, Eigenheim und gute Stube. Zur Geschichte des bürgerlichen Wohnens, Städtebau - Architektur - Einrichtungsstile, Köln 1989
Pfeil, Elisabeth, Großstadtforschung. Entwicklung und gegenwärtiger Stand, Hannover 1972
Priester, Karl, Bremische Wohnhäuser um 1800, Bremen 1912
Reck, Siegfried, Arbeiter nach der Arbeit. Sozialhistorische Studie zu den Wandlungen des Arbeiteralltags, Gießen 1977
Reif, Heinz (Hrsg.), Die Familie in der Geschichte, Göttingen 1982
-,Soziale Lage und Erfahrungen des alternden Fabrikarbeiters in der Schwerindustrie des westlichen Ruhrgebiets während der Hochindustrialisierung, in: Archiv für Sozialgeschichte 22, 1982, S. 1-94
-,Städtebildung im Ruhrgebiet - die Emscherstadt Oberhausen 1850-1914, in: Vierteljahresschrift für Sozial- und Wirtschaftsgeschichte 69, 1982, S. 457-487
-,Räuber, Volk und Obrigkeit. Studien zur Geschichte der Kriminalität in Deutschland seit dem 18. Jahrhundert, Frankfurt 1984
-,Stadtentwicklung und Viertelbildung im Ruhrgebiet - Oberhausen 1850-1929, in: Wolfgang Hardtwig/Klaus Tenfelde (Hrsg.), Soziale Räume in der Urbanisierung, München 1990, S. 155-174

-,Die verspätete Stadt. Industrialisierung, städtischer Raum und Politik in Oberhausen 1846-1929, Köln 1993
Reineke, Karl, Das bremische Bürgerrecht, in: Bremisches Jahrbuch 32, 1929, S. 195-232
Reulecke, Jürgen (Hrsg.), Die deutsche Stadt im Industriezeitalter. Beiträge zur modernen deutschen Stadtgeschichte, Wuppertal 1980
-,Stadtgeschichtsschreibung zwischen Ideologie und Kommerz. Ein Überblick, in: Geschichtsdidaktik 7, 1982, S. 1-18
-,Geschichte der Urbanisierung in Deutschland, Frankfurt/M. 1985
-,Stadtentwicklung und Urbanisierung. Aktuelle Diskussion, in: Sozialwissenschaftliche Informationen (Sowi) 16, Heft 2, 1987, S. 73-78
-,Das Exemplarische und das Besondere: 20 Jahre Stadtgeschichtsforschung in der Alten Stadt, in: Die Alte Stadt, 22. Jg., 1995, S. 121-136
-,Die Stadt als Dienstleistungszentrum, St. Katharinen 1995
,-/Weber, W. (Hrsg.), Fabrik, Familie, Feierabend. Beiträge zur Sozialgeschichte des Alltags im Industriezeitalter, Wuppertal 1978
Riedmüller, Barbara, Frauenarmut, soziale Sicherung und Frauenpolitik, in: Armut und Ausgrenzung, Frankfurt/M., New York, 1987, S. 110-128
Ritter, Gerhard A./Kocka, Jürgen, Deutsche Sozialgeschichte. Dokumente und Skizzen, Bd. 2, 1870-1914, München 1982
-,/Tenfelde, Klaus, Arbeiter im Deutschen Kaiserreich 1871 bis 1914, Bonn 1992
Rosenbaum, Heidi, Zur neueren Entwicklung der historischen Familienforschung, in: Geschichte und Gesellschaft 1, 1975, S. 210-225
-,Formen der Familie. Untersuchungen zum Zusammenhang von Familienverhältnissen, Sozialstruktur und sozialem Wandel in der deutschen Gesellschaft des 19. Jahrhunderts, Frankfurt/M. 1982
-,Proletarische Familien. Arbeiterfamilien und Arbeiterväter im frühen 20. Jahrhundert zwischen traditioneller, sozialdemokratischer und kleinbürgerlicher Orientierung, Frankfurt/M. 1992
Rühle, Otto, Illustrierte Kultur- und Sittengeschichte des Proletariats. Neudruck der Erstauflage von 1930, Bd. 1, Frankfurt 1971, Bd. 2, Gießen 1977
Rüsen, Jörn, Historische Vernunft. Grundlagen einer Historik I: Die Grundlagen der Geschichtswissenschaft, Göttingen 1983
-,Rekonstruktion der Vergangenheit. Grundzüge einer Historik II: Die Prinzipien der historischen Forschung, Göttingen 1986
Saldern, Adelheid von, Kommunalpolitik und Arbeiterwohnungsbau im Deutschen Kaiserreich, in: Lutz Niethammer (Hrsg.), Wohnen im Wandel, Wuppertal 1979, S. 344-362
-,Häuserleben. Zur Geschichte des städtischen Arbeiterwohnens vom Kaiserreich bis heute, Bonn 1995
Schaefer, Hans-Ludwig, Bremens Bevölkerung in der ersten Hälfte des 19. Jahrhunderts, Bremen 1957 (Veröffentlichungen aus dem Staatsarchiv der Freien Hansestadt Bremen, Heft 25)
Schaefer, Karl, Koch & Bergfeld, Bremen, in: Julius Eckstein (Hrsg.), Historisch-Biographische Blätter. Der Staat Bremen, Bd. III, Bremen 1906-1911, S. 803-814
Schieder, Wolfgang/Sellin, Volker (Hrsg.), Sozialgeschichte in Deutschland. Bd. I: Die Sozialgeschichte innerhalb der Geschichtswissenschaft, Göttingen 1986
- Sozialgeschichte in Deutschland. Bd. II: Handlungsräume des Menschen in der Geschichte, Göttingen 1986
Schmoller, Gustav, Zur Geschichte der deutschen Kleingewerbe im 19. Jahrhundert, Halle 1870, Nachdruck Hildesheim/New York 1975

Schniedewind, Karen, Begrenzter Aufenthalt im Land der unbegrenzten Möglichkeiten. Bremer Rückwanderer aus Amerika 1850-1914, Stuttgart 1994
Schötz, Susanne, Zur Konstituierung "kleiner" Selbstständiger während der bürgerlichen Umwälzung in Leipzig. Ein Beitrag zur messestädtischen Sozialgeschichte, in: Jahrbuch für Geschichte 38, 1989, S. 39-94
Schomburg, Dietrich, Die Bremer Ostertorvorstadt in ihrer historisch-topographischen Entwicklung, in: Bremisches Jahrbuch 47, 1961, S. 227-252
Schröder, Wilhelm Heinz (Hrsg.), Moderne Stadtgeschichte, Stuttgart 1979
-,Stadtgeschichte als Historische Sozialforschung, in: Informationen zur modernen Stadtgeschichte 1/1996, S. 3-9
Schubert, Dirk, Großstadtfeindschaft und Stadtplanung. Neue Anmerkungen zu einer alten Diskussion, in: Die Alte Stadt, Jg. 13, Heft 1, 1986, S. 22-41
Schulz, Günther, Neue Literatur zur Geschichte des Wohnens und der Wohnungspolitik, in: Vierteljahresschrift für Sozial- und Wirtschaftsgeschichte 73, Heft 3, 1986, S. 366-391
Schulze, Winfried (Hrsg.), Sozialgeschichte, Alltagsgeschichte, Mikro-Historie, Göttingen 1994
Schuster, Rudolf, Die Entwicklung der bremischen Vorstädte im dritten Viertel des 19. Jahrhunderts, Bremen 1949 (Veröffentlichungen aus dem Staatsarchiv der Freien Hansestadt Bremen, Heft 18)
Schwabe, Hermann, Das Nomadenthum in der Berliner Bevölkerung, in: Berliner städtisches Jahrbuch für Volkswirtschaft und Statistik 1, 1874, S. 29-37
Schwarz, Klaus, Wirtschaftliche Grundlagen der Sonderstellung Bremens im deutschen Wohnungsbau des 19. Jahrhunderts, in: Bremisches Jahrbuch 54, 1976, S. 21-68
-,Bremer Reihenhäuser in vor- und frühindustrieller Zeit, in: Bremisches Jahrbuch 57, 1979, S. 125-182
Schwarzwälder, Herbert, Geschichte der Freien Hansestadt Bremen, Bd. II: Von der Franzosenzeit bis zum Ersten Weltkrieg (1810-1918), Bremen 1976
Sieder, Reinhard, Sozialgeschichte der Familie, Frankfurt/M. 1987
Sofsky, Wolfgang, Schreckbild Stadt. Stationen der modernen Stadtkritik, in: Die Alte Stadt, Jg. 13, Heft 1, 1986, S. 1-21
Sombart, Werner, Der Begriff der Stadt und das Wesen der Städtebildung, in: Archiv für Sozialwissenschaft und Sozialpolitik, Neue Folge 25, 1907, S. 1-9
Spree, Reinhard, Soziale Ungleichheit vor Krankheit und Tod. Zur Sozialgeschichte des Gesundheitsbereichs im Deutschen Kaiserreich, Göttingen 1981
Stadt und Region - Region und Stadt. Stadtgeschichte - Urbanisierungsgeschichte - Regionalgeschichte, hrsg. von Heinz-Jürgen Priamus und Ralf Himmelmann, Essen 1993 (Schriftenreihe des Institus für Stadtgeschichte. Beiträge, Bd.4)
Steffen, Heinrich, Die bremische Zimmerer-Bewegung, Bremen 1905
Steuernagel, Wilhelm, Die Geschichte der bremischen Konsumptionssteuer und ihre Stellung im Rahmen des bremischen Systems, Bremen 1929 (Veröffentlichungen aus dem Staatsarchiv der Freien Hansestadt Bremen, Heft 2)
Stier-Somlo, Fritz, Unser Mietrechtsverhältnis und seine Reform, Göttingen 1905
Tenfelde, Klaus, Wege zur Sozialgeschichte der Arbeiterschaft und Arbeiterbewegung. Regional- und lokalgeschichtliche Forschungen (1945-1975) zur deutschen Arbeiterbewegung bis 1914, in: Geschichte und Gesellschaft, Sonderheft 4, 1978, S. 135-175
-,/Ritter, Gerhard A. (Hrsg.), Bibliographie zur Geschichte der deutschen Arbeiterschaft und Arbeiterbewegung 1863-1914, Bonn 1981
-,Großstadtjugend in Deutschland vor 1914. Eine historisch-demographische Annäherung, in: Vierteljahresschrift für Sozial- und Wirtschaftgeschichte 69, 1982, S. 182-218

-,(Hrsg.), Arbeiter und Arbeiterbewegung im Vergleich. Beiträge zur internationalen historischen Forschung, München 1986
-,(Hrsg.), Arbeit und Arbeitserfahrung in der Geschichte, Göttingen 1986
Tennstedt, Florian, Sozialgeschichte der Sozialpolitik in Deutschland, Göttingen 1983
Teuteberg, Hans Jürgen, Wie ernährten sich Arbeiter im Kaiserreich? In: Werner Conze/Ulrich Engelhardt (Hrsg.), Arbeiterexistenz im 19. Jahrhundert, Stuttgart 1981, S. 57-73
-,(Hrsg.), Urbanisierung im 19. und 20. Jahrhundert. Historische und geographische Aspekte, Köln 1983 (Veröffentlichungen des Instituts für vergleichende Stadtgeschichte in Münster, Bd. 16)
-,Historische Apekte der Urbanisierung: Forschungsstand und Probleme, in: Ders., Urbanisierung im 19. und 20. Jahrhundert, Köln/Wien 1983, S. 2-34
-,Betrachtungen zu einer Geschichte des Wohnens, in: Ders. (Hrsg.), Homo habitans, Münster 1985, S. 1-23
-,(Hrsg.), Homo habitans. Zur Sozialgeschichte des ländlichen und städtischen Wohnens in der Neuzeit, Münster 1985, (Studien zur Geschichte des Alltags, Bd. 4)
-,Stadtwachstum, Industrialisierung, Sozialer Wandel. Beiträge zur Erforschung der Urbanisierung im 19. und 20. Jahrhundert, Berlin 1986 (Schriften des Vereins für Sozialpolitik, Neue Folge, Bd. 156)
-,Vorwort, in: Ders. (Hrsg.), Stadtwachstum, Industrialisierung, Sozialer Wandel, Berlin 1986, S. 5-10
-,/Wischermann, Clemens, Wohnalltag in Deutschland 1850-1914, Münster 1985 (Studien zur Geschichte des Alltags, Bd. 3)
Thernstrom, Stephan/Sennett, Richard (Eds.), Nineteenth Century Cities: Essays in New Urban History, New Harlem - London 1969
Thienel, Ingrid, Städtewachstum im Industrialisierungsprozeß des 19. Jahrhunderts. Das Berliner Beispiel, Berlin, New York 1973
Tjaden, Hermann, Die Bekämpfung der Tuberkulose in Bremen, in: Sociale Medizin und Hygiene, Bd. 1, 1906
-,(Hrsg.), Bremen in hygienischer Beziehung, Bremen 1907
Untersuchung der Wohnungen der minder bemittelten Klassen in Bremen, hrsg. v. Bremischen Statistischen Amt, Bremen 1905
Vaskovics, Lazlo A., Soziale Folgen der Segregation alter Menschen in der Stadt, in: Lothar Bertels, Ulfert Herlyn (Hrsg.), Lebenslauf und Raumerfahrung, Opladen 1990
Vogt, A., Lungentuberkulose und Bodenreform, in: Zeitschrift für Sozialwesen und Sozialpolitik VII, 1904, S. 668f
Voigt, Wolfgang, Vom Bremer Haus zur Staatswohnung. Massenwohnungsbau und Politik in Bremen 1900-1931, Hannover 1985
Voigtländer, Lutz, Der Industriearbeiter als Hauseigentümer (1865-1910). Eine Untersuchung am Beispiel Duisburgs, Duisburg 1981
Vom Taler zur deutschen Mark. Aus der bremischen und deutschen Geldgeschichte, hrsg. von der Landeszentralbank Bremen, Bremen 1986
Wagner, Hugo, Gemeinnützige oder private Bautätigkeit, in: Bremens bauliche Kultur, Berlin 1918, S. 21-34
Wallentin, Rainer, Schiffe und Schienen. Die Bedeutung des Bahnhofes für Bremens Handel, in: Eisenbahnen in Bremen, Lübbecke 1989, S. 31-36
Weber, Max, Die "Objektivität" sozialwissenschaftlicher Erkenntnis, in: J. Winckelmann (Hrsg.), Max Weber: Soziologie, universalgeschichtliche Analysen, Politik, Stuttgart 1973, S. 186-262
Weber-Kellermann, Ingeborg, Die Familie, Frankfurt/M. 1976
Wehler, Hans-Ulrich, Das Deutsche Kaiserreich 1971-1918, Göttingen 1983

-,(Hrsg.), Geschichte und Soziologie, Köln 1984
Weichlein, Siegfried, Sozialmilieus und politische Kultur in der Weimarer Republik. Lebenswelt, Vereinskultur, Politik in Hessen, Göttingen 1996 (Kritische Studien zur Geschichtswissenschaft, Bd. 115)
Wischermann, Clemens, Wohnungsnot und Stadtwachstum. Standards und soziale Indikatoren städtischer Wohnungsversorgung im späten 19. Jahrhundert, in: Werner Conze/Ulrich Engelhardt (Hrsg.), Arbeiter im Industrialisierungsprozeß, Stuttgart 1979, S. 201-226
-,Wohnen in Hamburg vor dem 1. Weltkrieg, Münster 1983 (Studien zur Geschichte des Alltags, Bd. 2)
-,"Familiengerechtes Wohnen": Anspruch und Wirklichkeit in Deutschland vor dem Ersten Weltkrieg, in: Hans Jürgen Teuteberg (Hrsg.), Homo habitans, Münster 1985, S. 169-198
-,Wohnungsmarkt, Wohnungsversorgung und Wohnmobilität in deutschen Großstädten 1870-1913, in: Hans Jürgen Teuteberg (Hrsg.), Stadtwachstum, Industrialisierung, sozialer Wandel, Berlin 1986, S. 101-133
Witzler, Beate, Großstadt und Hygiene. Kommunale Gesundheitspolitik in der Epoche der Urbanisierung, Stuttgart 1995 (Medizin, Gesellschaft und Geschichte, Beiheft 5)
Wortmann, Wilhelm, Das "Bremer Haus" und bremische Wohnungsgwesen, in: Der Schlüssel, Jg. 1939, S. 275-284
Zimmermann, Clemens, Urbanisierung - Stadtgeschichte - Stadtentwicklung, in: Neue Politische Literatur, Jg. 38, 1993, S. 7-28
-,Die Zeit der Metropolen. Urbanisierung und Großstadtentwicklung, Frankfurt/Main 1996
Zwahr, Hartmut, Das deutsche Stadtadreßbuch als orts- und sozialgeschichtliche Quelle, in: Jahrbuch für Regionalgeschichte, Bd. 3, Weimar 1968, S. 204-229

Bildnachweis

Titelbild, S. 7	Bremer Landesmuseum für Kunst- und Kulturgeschichte (Focke-Museum)
Schaubild 1, S. 35	Staatsarchiv der Freien Hansestadt Bremen
Schaubild 2, S. 50	Statistisches Landesamt Bremen (Hrsg.), Die Bevölkerungsentwicklung Bremens seit 1700. Materialsammlung zur historischen Demographie einer Großstadt, Bremen 1979 (Statistische Mitteilungen, Heft 45/Oktober 1979)
Schaubild 3, S. 58	Bremisches Statistisches Amt (Hrsg.), Die Volkszählung vom 1. Dezember 1900 im Bremischen Staate, I. Band, 1. Teil (Bevölkerungsstatistik), Bremen 1903
Schaubild 4, S. 64	Ebd.
Schaubild 5, S. 66	Untersuchung der Wohnungen der minder bemittelten Klassen in Bremen, hrsg. v. Bremischen Statistischen Amt, Bremen 1905
Schaubild 6, S. 71	Bremisches Statistisches Amt (Hrsg.), Die Volkszählung vom 1. Dezember 1900 im Bremischen Staate, II. Band, 2. Teil (Die Zählung der Gebäude und Wohnungen. Sonderdarstellungen zur allgemeinen Statistik und zur Wohnungsstatistik), Bremen 1905
Schaubild 7, S. 76	Ebd.
Schaubild 8, S. 97	Bremer Landesmuseum für Kunst- und Kulturgeschichte (Focke-Museum)
Schaubild 9, S. 101	Kataster- und Vermessungsamt Bremen
Schaubild 10, S. 113	Herbert Schwarzwälder, Geschichte der Freien Hansestadt Bremen, Bd. II: Von der Franzosenzeit bis zum Ersten Weltkrieg (1810-1918), Bremen 1976
Schaubild 11, S. 121	Untersuchung der Wohnungen der minder bemittelten Klassen in Bremen, hrsg. v. Bremischen Statistischen Amt, Bremen 1905
Schaubild 12, S. 124	Bauakten Wulfhoopstraße, Bauordnungsamt Bremen
Schaubild 13, S. 126	Ebd.
Schaubild 14, S. 137	Untersuchung der Wohnungen der minder bemittelten Klassen in Bremen, hrsg. v. Bremischen Statistischen Amt, Bremen 1905
Schaubild 15, S. 138	Ebd.
Schaubild 16, S. 140	Ebd.

Kolibri 360 GmbH
Ferdinand-Jühlke-Straße 7
99095 Erfurt, Deutschland
produktsicherheit@kolibri360.de

Druck:
CPI Druckdienstleistungen GmbH
im Auftrag der
Kolibri 360 GmbH
Ferdinand-Jühlke-Str. 7
99095 Erfurt